高校采矿工程专业“十四五”规划教材

采 矿 学

(第3版)

顾　问　王　青
主　编　顾晓薇　任凤玉　战　凯
副主编　陈庆凯　胥孝川　孙效玉

扫码看本书
数字资源

北　京
冶 金 工 业 出 版 社
2024

内容提要

本书针对金属矿床开采，主要介绍了采矿方法、工艺、技术以及相关知识。全书共分5篇27章。第1篇讲述了对于地下和露天开采均适用的共性内容，包括：矿床的品位与矿量计算、矿床模型、岩石的力学性质与质量分级、爆破基础知识、技术经济基础、矿山总平面布置；第2篇为地下开采，讲述了矿床开拓、井巷设计和崩落、空场、充填三大类采矿方法；第3篇是露天开采，包括境界设计与优化、开采程序、采剥计划编制与优化、露天矿开拓、开采工艺（穿孔、爆破、铲装、运输和排土）以及露天转地下协同开采；第4篇讲述了矿山土地复垦、矿山生产的生态冲击与生态成本、开采方案生态化优化；第5篇介绍了智能采矿相关技术、智能开采装备以及智能安全保障技术等。

本书适合作为本科院校（含本科层次职业学校）采矿工程专业的教学用书，也可供相关专业的工程技术人员参考。

图书在版编目(CIP)数据

采矿学/顾晓薇，任凤玉，战凯主编.—3版.—北京：冶金工业出版社，2021.12（2024.1重印）

高校采矿工程专业“十四五”规划教材

ISBN 978-7-5024-8999-1

Ⅰ.①采…　Ⅱ.①顾…　②任…　③战…　Ⅲ.①矿山开采—高等学校—教材　Ⅳ.①TD8

中国版本图书馆CIP数据核字(2021)第255572号

采矿学（第3版）

出版发行	冶金工业出版社	**电　　话**	(010)64027926
地　　址	北京市东城区嵩祝院北巷39号	**邮　　编**	100009
网　　址	www.mip1953.com	**电子信箱**	service@mip1953.com

责任编辑　杨　敏　美术编辑　彭子赫　版式设计　郑小利

责任校对　郑　娟　责任印制　窦　唯

三河市双峰印刷装订有限公司印刷

2001年1月第1版，2011年4月第2版，2021年12月第3版，

2024年1月第3次印刷

787mm×1092mm　1/16；39.75印张；963千字；610页

定价75.00元

投稿电话　(010)64027932　投稿信箱　tougao@cnmip.com.cn

营销中心电话　(010)64044283

冶金工业出版社天猫旗舰店　yjgycbs.tmall.com

（本书如有印装质量问题，本社营销中心负责退换）

第 3 版前言

从 2011 年《采矿学》（第 2 版）出版到现在又过了整整十年。这十年中，国家把生态文明建设提高到前所未有的战略高度，并向全世界郑重宣布了争取在 2030 年前实现碳达峰、2060 年前实现碳中和的目标，低碳、绿色发展理念已深入人心。这十年中，新一轮科技革命加速演进，无线通信、人工智能、工业互联网、大数据、区块链、边缘计算、虚拟现实等新技术的深化应用，正在把我们带入一个新的时代——智能时代。作为国民经济重要基础产业的采矿业，也必须适应时代发展的要求，走上低碳、绿色和智能化发展之路。因此，作为采矿工程专业的专业课教材和采矿从业人员的参考用书，《采矿学》的内容也必须与时俱进，其改版势在必行。

本次再版的重大改变体现在以下三个方面：

一是适应低碳、绿色发展的需要，对第 2 版中有关矿山生产的生态压力和生态成本的内容作了重大改写，使数学模型更为实用，可以直接用于开采方案的生态化优化，并增加了生态化优化的数学模型和算法。

二是适应技术发展的需要，增加了对智能采矿技术的介绍，包括矿山智能开采相关技术、智能开采装备、智能安全保障技术等。

三是针对我国越来越多的金属露天矿正在或将要转入地下开采的现实需要，增加了露天转地下协同开采，专门论述在露天转地下过渡期实现安全、高效开采的工艺技术问题。

本次再版在其他方面较重要的改动归纳如下：

新增内容。第 10 章的阶段自然崩落法中增加了岩体可崩性指标与分级；第 12 章中增加了 2 个上向进路充填法的开采方案实例；第 17 章中增加了开拓坑线定线；第 19 章中增加了液压挖掘机和实时优化调度方法。

更新内容。对一些实际指标数据和案例进行了更新，使之更具有时效性和代表性。主要包括：第 3 章的岩体质量指标与分级；第 11 章中应用阶段矿房法的矿山的技术经济指标；第 13 章中电铲型号及其作业技术规格数据；第 14 章中最终境界优化、分期境界优化与第 16 章中采剥计划优化的案例；第 19 章中一些挖掘机和卡车的实际生产能力数据等。

精简内容。对第4章的爆破基础知识作了大幅精简，删减了大多数炸药性能的测定方法；对第10章的覆岩下放矿的基本规律作了较大幅度精简，只保留了与放矿实践直接相关的基本理论和公式，还删减了实践中很少应用的进路式单层崩落法；第18章中删减了不再使用的基建大爆破。

结构调整。在第2版第8章“矿山总平面布置”中融合了露天矿山的相关内容，使之同时服务于地下和露天矿山，所以把该章从地下开采篇（第2篇）移到了采矿基础知识篇（第1篇）；把第2版第15章中的“分期开采”一节移到了第13章“露天开采基本概念”；把第2版第16章中的“分期境界优化”移到了第14章“境界设计与优化”，因为分期境界在概念和作用上与最终境界的关系，要比与生产计划的关系更为相近。

另外，对多处的表述和文字作了改动，这里不再详述。

总之，在本次修订中，编者努力使《采矿学》在内容和结构上既体现采矿工程的特点和规律，又体现采矿工艺技术的现状和发展趋势，使之满足当今和今后一个时期的教学需要。

修订后的《采矿学》共分5篇27章，编写人员及其分工如下：

王　青：审稿；

顾晓薇：改编第4篇；

任凤玉：改编第2篇和编写第21章，参编者有：丁航行、韩智勇；

战　凯：编写第5篇，参编者有：张元生、马朝阳、黄树巍、金枫、吕潇、刘旭、郭鑫、王治宇、陈士权、张晓朴、韩志磊、刘冠洲、杜富瑞；

胥孝川：改编绪论、第6章、第14章（部分）、第15章和第16章；

陈庆凯：改编第4章、第13章、第14章（部分）和第18章；

孙效玉：改编第17章、第19章和第20章；

牛雷雷：改编第3章。

由于编者水平所限，难免存在不足之处，真诚希望广大读者批评指正并提出改进意见。

谨以此书献给热爱采矿事业的人们。

编　者
2021年11月
于东北大学

第2版前言

从《采矿学》出版到现在已整整十年，这是我国经济高速发展的十年，也是我国采矿业蓬勃发展的十年。《采矿学》作为金属矿床开采的专业课教材和采矿从业人员的参考用书，也在这一不平凡的时期逐步得到广大读者的认可，十年中共印刷9次，总印数达25000册。根据十年来的教学实践、采矿技术的发展和各方面的反馈，本次再版在内容和结构上有较大的改动，主要体现在以下几个方面。

增加了新内容。第2版增加了第4篇中的“矿山土地复垦”“矿山生产的生态压力”“矿山生产的生态成本”三章以及第2篇中的“矿山总平面布置”一章。

充实了原有内容。在边界品位的确定中增加了动态规划法；在矿床模型中增加了标高模型和定性模型；“爆破基础知识”一章比原来“炸药与起爆方法”一章的内容更为详细；在地下矿床开拓中增加了斜坡道开拓、溜井、地下破碎设施及粉矿回收、主副井布置方式等；崩落采矿法中增加了覆岩下放矿的基本规律和地压显现规律；充填采矿法中增加了进路充填采矿法和空场嗣后充填法；在露天开采境界设计中，增加了正锥排除优化算法和应用实例；露天矿生产计划中增加了全境界开采的采剥计划与生产能力同时优化及应用实例、分期境界优化及应用实例等；在露天矿采装与运输作业中增加了自动化调度系统；同时，大部分原有其他内容在论述上也有不同程度的充实。

更新。根据能获得的资料和现场调研，尽可能对工艺技术参数、实例等进行了更新。

内容删减。删除了“凿岩及其机具”一章，部分内容融合到相应采矿方法和工艺之中；删除了井巷施工，因为原有内容太简单，且井巷工程一般设置为单独课程；删除了没有实质性内容的地下矿开拓方案和采矿方法选择的专家系统，开拓方案和采矿方法选择的相关内容融合到相应章节；删除了矿山投资与生产成本，原有的内容比较简单（主要是成本构成），容易在实践中了解，而且我国的相关税费、矿业权和财务等政策法规还处于不断调整之中，需要在实践中追踪和了解；删除了矿床模型建立中已经过时的多边形法、三角形法和最近样品法。

结构调整。把对于地下和露天开采均适用的内容都归入到第一篇“采矿基础知识”。第1版露天开采篇中的边界品位的确定和价值模型、地下开采篇中的矿石损失贫化、矿山技术经济篇中的技术经济基础和投资项目评价，被移到第1篇的相应章节；矿床模型在内容充实后单独列为一章；第1版采矿基础篇中的井巷设计移到了地下开采篇；第1版“露天开采程序”一章中的台阶要素、帮坡形式、一般开采过程等内容，充实后单独列为一章——露天开采基本概念；第1版第18章的露天开采工艺，在内容充实后被分为三章。调整后的结构更具逻辑性和系统性。

另外，本书还附赠光盘一张，内含王青教授开发的具有全部自主知识产权的露天开采境界和生产计划的优化设计软件——MetalMiner（教育版）及矿床模型数据库，以及郑贵平老师指导学生制作的一些采矿工艺环节的三维动画短片，供读者参考。

总之，在本次修订中，编者努力使《采矿学》在内容和结构上既体现采矿工程的特点和规律，又体现采矿工艺技术的现状和发展趋势，使之满足当今和今后一个时期的教学要求。

修订后的《采矿学》共分4篇23章，编写人员和分工如下：

王青：统稿并编写绪论、第1、2和13章；

任凤玉：第6~8、10~12章；

顾晓薇：第5、14、16、21~23章；

屠晓利：第3、4、9章；

陈庆凯：第15、17~20章；

孙效玉：第19章19.7节。

参与资料收集和整理的人员有：赵兴东、李楠、胥效川、唐鑫、王润等。

由于编者的水平有限，难免存在不足之处，真诚希望广大读者提出宝贵意见。

编　者
2010年11月
于东北大学

第1版前言

当前，科学技术的进步日新月异，学科间的交叉日益增大，信息时代已经到来，市场全球化的进程在加快，这一切使采矿工业的生存、竞争和发展环境发生了巨大变化。21世纪的采矿工作者不但需要更新的知识，而且需要与以往不同的知识结构；不但需要掌握矿床开采方法、工艺和技术，而且需要掌握矿山资源开发的经济规律和科学决策手段。直到近年，我国金属矿床开采的教学内容体系一直沿用前苏联的模式，在结构上课程划分过细，重复较多，整体性较差；在内容上几十年来没有什么变化，新的理论、方法和技术没有得到充分的体现，已明显不能适应新时代的要求。因此，对采矿工程专业的课程内容体系实施改革势在必行。

《采矿学》就是在这种改革大潮中应运而生的。它以金属矿床开采为研究对象，内容涵盖了原《金属矿床地下开采》《金属矿床露天开采》《矿山机械》《凿岩爆破》《井巷掘进》及《矿山企业设计基础》等书。

《采矿学》初稿于1996年末完成，经过了东北大学采矿工程专业本科的三届教学实践，并经过了数位热爱采矿事业的、有丰富教学与科研经验的教授的审阅和指点，几易其稿后形成了现在这样的结构形式与内容体系。

本书的编写力求做到以下几点：

1. 内容系统化。在内容上不是上述几部教材的简单综合，而是依据采矿工程的特点和开采规律，力求各方面内容有机地融会贯通。

2. 主次得当。以原理、方法、手段及其在分析、解决问题中的应用为主，将细致的设计和计算过程放在相对次要的位置。这样做的目的是使读者能在较高的层次上以较宽的视野理解采矿，为其分析、解决矿床开采中的大问题提供知识基础；而不是注重提供采矿技能。基于这一思想，精简了以往教材中的一些详细的技术性设计和计算，如公路设计、铁路路基设计和设备牵引计算等。这些内容具有较固定的程式，原理和计算简单且实践性强，更适于在课程设计和毕业设计中体现，即使不予涉及，在实践中也很容易掌握。

3. 内容新。力求反映近几十年来较为成型的新成果，如方案选择专家系统、最终境界优化和地质统计学品位估算等。由于露天开采的特点及其在金属矿床开采中占有较大比重，新的概念和系统理论与方法在露天开采中应用较多，这一点在露天开采篇中有较充分的体现。

4. 同时考虑我国国情及其与市场经济和国际接轨。具有决策性的内容注重以经济效益为目标，以自然和技术条件为约束，适应市场经济的要求；引入国际上广泛采用的新概念和新方法，实现一定程度上的与国际接轨，如块状矿床模型、露天分期开采计划编制等。

全书分四篇二十二章。绪论对矿产资源和采矿工业在社会经济发展中的作用、采矿技术的发展以及采矿学的研究内容作了较详细的阐述；基础篇阐述矿床开采中具有共性的基础知识；地下开采篇阐述了矿床地下开拓与地下采矿方法；露天开采篇阐述露天开采境界确定、生产计划以及开采程序与工艺；技术经济篇阐述技术经济基本理论以及矿山项目的投资、成本分析与评价。

全书由王青、史维祥主编。王青编著绪论、第一、十四、十五、十六、十九、二十、二十一、二十二章；史维祥编著第六、七、八章；任凤玉编著第九、十、十一、十二、十三章；屠晓利编著第二、三、四、五章；王智静编著第十七、十八章以及第八章第二节和第十三章第四节。

本书主要作为高等学校采矿工程专业本科教学用书，建议讲授学时为90~120。本书也可作为矿山工程技术人员、管理人员和研究人员的参考用书。

在全书的编著过程中，得到了各级领导的大力支持。云庆夏教授、刘兴国教授和孙豁然教授对书稿进行了认真细致的评审，提出了许多宝贵意见和建议。苏宏志教授和付长怀教授也为书稿的改进提出了宝贵意见，在此表示衷心的感谢。

由于编者水平有限，难免存在不当和错误之处，真诚希望矿业界读者们提出改进意见。

谨以此书献给热爱采矿科学的人们。

编　者
2000年8月
于东北大学

目　　录

第1篇　采矿基础知识

第2篇　地下开采

第3篇 露天开采

第5篇　智能采矿技术

绪　论

A　矿产资源与采矿

自然资源是人类可以直接或间接利用的存在于自然界的物质或环境，与人类生存直接相关的自然资源有土地资源、水资源、气象资源、森林资源、海洋资源、矿产资源等。矿产资源则是由存在于地壳中的矿物组成的可利用物质。人类已发现并命名的105种元素的绝大部分存在于地壳中，它们组成了约3000种已命名的矿物。严格地讲，地壳的每一个部位都或多或少含有某种或多种矿物，但矿物的存在不一定就成为矿产资源。“可利用”和“潜在可利用”是成为矿产资源的前提条件，它具有两层含义：一是矿物的存在形式、存在环境及其富集程度与数量，能够使人类在现有的和潜在的技术条件下将其从地层中挖掘出来，并从中提取出有用的矿产品，即可获取性；二是从地壳中获取的矿产品，在现有的或潜在的经济环境中可为获取者带来盈利，即可盈利性。在正常的市场经济条件下，矿产资源必须同时具有可获取性和可盈利性；而在非正常环境中，如战争时期或受贸易封锁时期，为了生存和发展，矿产品的获取可以不计代价，矿产资源只需具有可获取性。可见，矿产资源是个动态的概念，随着开采、提取、利用技术及经济环境的变化而变化。

矿产资源依其在地壳中富集的物质形态的不同，可分为气态矿产（如天然气）、液态矿产（如石油）和固态矿产（如煤、铁等）三大类。固态矿产按其用途可分为能源矿产（如煤、铀）和非能源矿产（如铁、铜等）两大类。固态非能源矿产依其特性又可分为金属矿产（如铁、铜等）和非金属矿产（如石灰石、磷、金刚石等）。表1是美国地质调查署（U. S. Geological Survey，USGS）列出的现代经济系统中常见的矿产品。

表1　现代经济系统中常见的矿产品

英文名	中文名	英文名	中文名
Aluminum	铝	Cadmium	镉
Antimony	锑	Cement	水泥
Arsenic	砷	Cesium	铯
Asbestos	石棉	Chromium	铬
Barite	重晶石	Clays	黏土
Bauxite and Alumina	铝土矿和氧化铝	Cobalt	钴
Beryllium	铍	Columbium（Niobium）	钶（铌）
Bismuth	铋	Copper	铜
Boron	硼	Diamond（industrial）	金刚石（工业用）
Bromine	溴	Diatomite	硅藻土

续表 1

英文名	中文名	英文名	中文名
Feldspar	长石	Platinum-group metals	铂、铂族金属
Fluorspar	萤石	Potash	钾碱
Gallium	镓	Pumice、pumicite	浮石
Garnet(industrial)	石榴石（工业用）	Quartz crystal(industrial)	硅晶（工业用）
Gemstones	宝石	Rare earths	稀土
Germanium	锗	Rhenium	铼
Gold	黄金	Rubidium	铷
Graphite(Natural)	石墨（天然）	Rutite	金红石
Gypsum	石膏	Salt	盐
Helium	氦	Sand & gravel(construction)	砂砾石（建筑用）
Ilmenite	钛铁矿	Sand & gravel(industrial)	砂砾石（工业用）
Indium	铟	Scandium	钪
Iodine	碘	Selenium	硒
Iron ore	铁矿石	Silicon	硅
Iron & steel	钢铁	Silver	银
Iron & steel scrap	废钢铁	Soda ash	纯碱（苏打灰）
Iron & steel slag	渣钢铁	Sodium Sulfate	硫酸钠
Kyanite&related minerals	蓝晶石及相关矿物	Stone(crushed)	碎石
Lead	铅	Stone(dimension)	石材
Lime	石灰	Strontium	锶
Lithium	锂	Sulfur	硫
Magnesium compound	化合镁	Talc & Pyrophyllite	滑石和叶蜡石
Magnesium metal	金属镁	Tantalum	钽
Manganese	锰	Tellurium	碲
Manufactured abrasives	硬质磨料	Thallium	铊
Mercury	汞	Thorium	钍
Mica scrap&flake	碎云母	Tin	锡
Mica sheet	片云母	Titanium&Titanium dioxide	钛和二氧化钛
Molybdenum	钼	Tungsten	钨
Nickel	镍	Vanadium	钒
Nitrogen(fixed)、Ammonia	固氮、氨	Vermiculite	蛭石
Peat	泥煤	Yttrium	钇
Perlite	珍珠岩	Zinc	锌
Phosphate rock	磷酸盐岩	Zirconium & Hafnium	锆和铪

注：1. 表中矿产品不是以化学元素划分的，而是以能在市场上独立参与交易的产品划分的，如钢铁和废钢铁虽然元素相同，但由于它们作为两种独立商品参与交易，故列为两种矿产品。

2. 资料来源：美国地质调查署 *Mineral Commodity Summaries*。

地壳中矿物富集的区域称为矿化区域，矿化区域中的矿物富集到足够的程度且埋藏条件允许开采并值得开采时就形成矿产。对固态矿产而言，矿体是矿物富集形成的几何体，一个矿床一般包含有多个（条）矿体，也可以说矿床是由矿体组成的。

采矿是从地壳中将可利用矿物开采出来并运输到矿物加工地点或使用地点的行为、过程或工作。矿山是采矿作业的场所，包括开采形成的开挖体、运输通道和辅助设施等，开挖体暴露在地表的矿山称为露天矿；开挖体在地下的矿山称为地下矿。

B　采矿在社会经济发展中的地位

采矿是除农业耕作外人类从事的最早生产活动。从约 45 万年前旧石器时代人类为获取工具而采集石块开始，人类历史发展的每一个里程碑无不与采矿有关，事实上人类文明发展史的各个阶段就是以矿物的利用划分的，即：石器时代（公元前 4000 年以前）、铜器时代（公元前 4000 年～公元前 1500 年）、铁器时代（公元前 1500 年～公元 1780 年）、钢时代（公元 1780 年～1945 年）和原子时代（1945 年后）。表 2 是 Hartman（1987）给出的从史前到 20 世纪初机械化大规模采矿开始的采矿及矿物利用发展史简表。

表 2　采矿发展史简表[①]

时间	事　件
公元前 450000	旧石器时代人类为获取石头器具进行地表开采
40000	在非洲 Swaziland（斯威士兰）从地表开采发展到地下开采
30000	在捷克斯洛伐克首先使用黏土烧制的器皿
18000	人类开始使用自然金和铜作为装饰品[②]
5000	埃及人用火法破碎岩石
4000	加工金属的最早使用，铜器时代开始
3400	埃及人开采绿松石，最早有记录的采矿
3000	中国人用煤炼铜[②]，埃及人最早使用铁器
2000	在秘鲁出现黄金制品，黄金制品在新大陆的最早使用
1000	希腊人使用钢铁
公元 100	罗马采矿业兴旺发展
122	罗马人在大不列颠使用煤
1185	Trent 的大主教颁布法令，使矿工获得法律和社会的权利
1524	西班牙人在古巴采矿，新大陆最早有记录的采矿
1550	捷克斯洛伐克最早使用提升泵
1556	第一部采矿著作（De Re Metallica，作者 Georgius Agricola）在德国出版
1585	北美洲发现铁矿（美国北卡洲）
1600s	铁、煤、铅、金开采在美国东部开始
1627	炸药最早用于欧洲匈牙利矿山（在中国可能更早）
1646	北美第一座鼓风炉在美国麻省建成
1716	第一所采矿学校在捷克斯洛伐克建立

续表 2

时间	事 件
1780	工业革命开始，现代化机器最早用于矿山
1800s	美国采矿业蓬勃发展，淘金热打开西部大门
1815	Humphrey Davy 在英国发明矿工安全灯
1855	贝氏（Bessemer）转炉炼钢法首先在英国使用
1867	诺贝尔发明的达那炸药用于采矿
1903	第一座低品位斑岩铜矿在尤他州建成，机械化大规模开采时代在美国拉开序幕

①在我国采矿发展史上，某些开采活动和矿物利用的发生时间也许比表中所列的更早，《采矿手册》第一卷（冶金工业出版社，1988）有较完整的论述。

②可能的发生时间。

显然，采矿活动与矿物利用推动了人类历史的进步。每一个历史阶段，人类的生活水平和生产力都较前一个阶段有了很大的提高，一个主要原因就是新的、性能更优越的矿物的开采和利用，为人类提供了效能更高的工具和燃料。18 世纪末的工业革命使人类开始步入工业文明，也揭开了人类大规模开发、利用矿产资源的新纪元。工业革命以来短短的 200 多年间，科学技术的飞速进步、生产力的大幅提高和人类财富的快速积累，均是以矿产资源的大规模开发和创造性利用为基础的。采矿业在现代工业经济中的地位可从以下两个方面加以说明。

首先，采矿业是基础性工业，为许多工业部门和农业提供原材料和辅助材料。表 3 列出了主要工业部门及农业利用的主要矿产品。没有采矿业，许多工业部门（特别是金属冶炼和加工工业）就会陷入无米之炊的困境。

表 3 现代经济中主要工业及农业部门利用的主要矿产品

部门	利用的主要矿产品
冶炼及加工工业	钢铁、铅、铜、锌、锰、镍、铬、钼、钴、钨、钒、钛、铌、钽、石灰石、白云岩、硅石、萤石、黏土等
建筑业	石灰石、黏土、石膏、高岭土、花岗石、大理石、钢铁、铅、铜、锌等
化学工业	磷、钾、硫、硼、纯碱、重晶石、石灰石、砷、明矾、铅、铂族金属、钛、钨、汞、镁、锌、硒等
石油工业	重晶石、铼、稀土金属、天然碱、钾、铂族金属、铅等
运输业	钢铁、铅、铜、锌、钛等
电子工业	铜、纯金、锌、银、铍、镉、铯、钛、锂、锗、硅、云母、稀土金属、铕、钆、铊、硒等
核工业	铀、钍、硼、镉、铪、稀土金属、石墨、铍、锆、铅、镁、镍、钛、铌、钒等
航天工业	铍、钛、锆、锂、碘、铯、银、钨、钼、镍、铬、铂、铋、钽、铼等
轻工业	砂岩、硅砂、长石、硒、硼、钛、镉、锌、锑、铅、钴、锂、稀土金属、萤石、重晶石、锡等
农业	磷、钾、硫、白云石、砷、锌、铜、萤石、汞、钴、镭等
医药业	石膏、辰砂、磁石、明矾、金、铂、镍、铬、钴、钼、钛、镭等

其次，国民经济的发展和人类生活水平的提高与矿产开发和利用有着密切的正比关系。以铁矿为例，我国消费的铁矿由国产矿和进口矿组成，国产原矿的平均品位约 30%，

进口矿全部为成品矿；按85%的选矿金属回收率和65%的精矿品位计算，1t 国产原矿生产约0.3923t 精矿；按此比例把国产原矿量折算为成品矿量，再加上进口矿量，得到成品矿消费总量；以1978年为100计算铁矿消费量指数，该指数与我国同期的国内生产总值（GDP）指数的比较如图1所示。从图1中可以看出，国民经济的发展与铁矿石消费量之间的高度正相关关系。

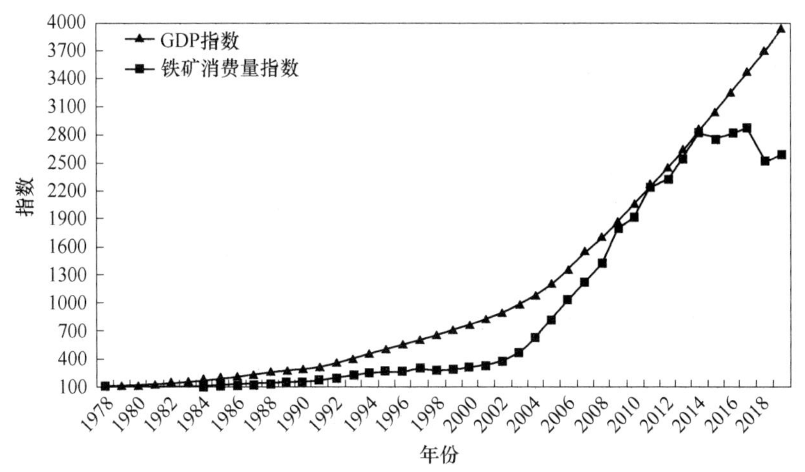

图1　我国1978~2019年GDP指数与铁矿消费量指数

矿产资源的消费强度和消费特征取决于一个国家所处的经济发展阶段。根据矿产资源消费生命周期理论，在工业化初期，矿产资源消耗强度快速增长；在工业化全面发展时期，矿产资源的消费强度继续增长，进入矿产资源的高消费阶段；在后工业化时期，矿产资源消耗强度呈下降趋势。这一由增长到成熟再到衰落的过程，形成了矿产资源消费生命周期的倒“U”形特征，如图2所示（参见文献［10］）。

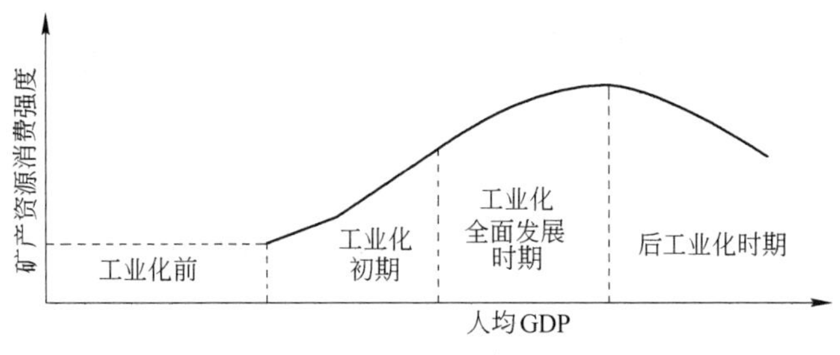

图2　矿产资源消费生命周期示意图

如果将矿产资源划分为三种类型，即传统型（主导矿种有铁、铜、铅、锌、锡、煤等）、现代型（主导矿种有铝、铬、锰、镍、钒、石油、天然气等）和新兴（主导矿种有钴、锗、铂、稀土、钛、铀等）矿种，则传统矿种是工业化初期阶段使用的主导矿产资源；现代矿种是进入工业化成熟期及技术较发达阶段后广泛使用的矿产资源；新兴矿种主要是在经济结构多样化及技术先进的发达国家（处于后工业化时期）得到应用的矿产资源。矿产资源消费生命周期的结构特征如图3所示（参见文献［10］）。

以美国为例，在1900~2008年间，其传统矿种中铁矿石的表观消费量如图4所示。这一变化趋势基本符合上述矿产资源消费的生命周期特征。

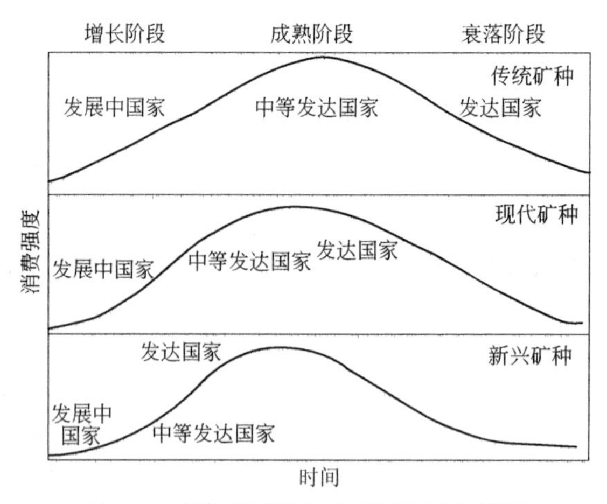

图 3 矿产资源消费生命周期的结构特征

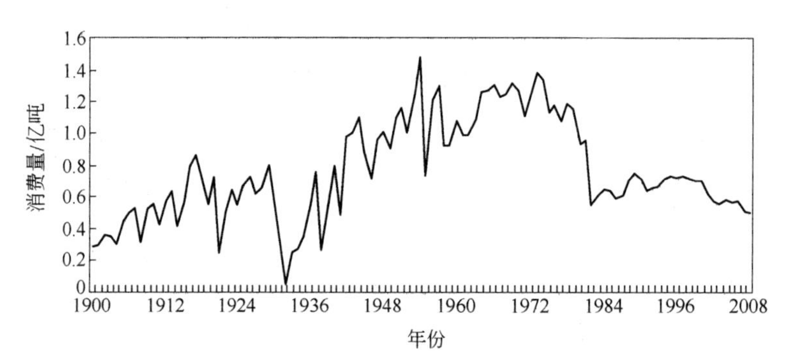

图 4 美国 1900~2008 年铁矿石的表观消费量

我国从 21 世纪初到 2014 年左右是工业化快速发展时期，铁矿石消费量增长迅速（见图 1）；之后，我国的经济发展进入新常态，由高速度增长向高质量增长转变，铁矿石消费量有在波动中趋于稳定的趋势，即开始呈现出进入工业化成熟期的特征（对照图 1 和图 3 所示）。

C 采矿技术的发展

a 古近代采矿技术发展概要

贯穿于采矿技术发展历史的主线是采矿方法的演变和采矿手段的进步。石器时代的原始采矿者用自己的双手和简单的木制、骨制和石制工具在地表砸取岩石，主要目的是获取制造工具的原料。约公元前 30000 年~公元前 20000 年，人类开始开采黏土，用于制造器皿；公元前 15000 年~公元前 5000 年，出现了在矿体的露头开采自然铜；从砂砾矿床开采自然金开始于公元前 10000 年之前。在漫长的采矿实践中，采矿工具不断改进，木锤、木楔和金属器具被用于挖掘；篮子和畜力被用于搬运矿石。随着挖掘能力的提高，采矿由地表走向地下，出现了以巷道形式开采的地下矿山。古埃及的地下宝石矿已达 240m 深，开采规模达到 400 名矿工同时作业。约在公元前 5000 年出现的火法破岩（火和水交替使用)，可以说是人类在采矿技术上的首次突破。

17 世纪初，黑火药在采矿中的应用使开采工艺发生了重大变化。18 世纪的工业革命空前地提高了人类对矿产品的需求，同时也为采矿技术的飞跃提供了革命性的工具——机器。蒸汽机的出现为采矿提供了全新的运输方式；空气压缩机的出现则促成了 19 世纪风动凿岩机的发明，动力机械凿岩开始代替手工凿岩；1867 年，诺贝尔发明的比黑火药威力更大的达纳炸药（dynamite）被用于爆破岩石。采矿技术在 20 世纪初进入了一个全新的时代——机械化大规模开采时代。

b　现代采矿技术发展概述

就固态矿物而言，主要的开采方式是露天开采和地下开采。下面就现代露天和地下开采技术的发展作一概述。

（a）现代露天开采技术的发展

露天开采有两种基本方法，即台阶式开采（open pit mining）和条带剥离式开采（strip mining)，前者主要用于开采金属矿床以及其他硬岩矿床；后者主要用于开采埋藏较浅的、矿层呈近水平产状的矿床（如煤炭）。这两种基本露天开采方法几十年来没有根本性的变化。露天开采工艺的改进主要体现在陡工作帮、分期开采以及不同的运输方式（铁路、汽车和间断-连续运输）上。

a）生产规模

露天开采自 20 世纪 50 年代开始腾飞，其技术发展的一个重要标志是生产规模不断扩大，劳动生产率不断提高。据统计，20 世纪 80 年代全世界共有年产 1000 万吨以上矿石的各类露天矿 80 多座，其中年产矿石 4000 万吨、采剥总量 8000 万吨以上的超大型露天矿 20 多座，最大的露天矿的年矿石生产能力超过 5000 万吨、采剥总量超亿吨。美国铁矿开采业的平均劳动生产率（按采、选和烧结生产工人数算）达到每人每年约 12000 吨精矿。我国目前露天矿的最大年矿石生产能力超 2000 万吨，年采剥总量超 6000 万吨。可以说，如今限制露天矿生产规模的不是开采技术，而是储量规模和经济性。

b）主要生产设备

现代露天矿能够达到如此大的开采规模和如此高的劳动生产率，其技术基础是采矿设备的快速发展，包括设备大型化及其性能的不断改进。

（1）穿爆设备。露天矿钻孔设备经历了从活塞冲击钻、钢绳冲击钻到潜孔钻、牙轮钻的发展历程。国际上牙轮钻机的研制在 1950 年前已开始，60 年代牙轮钻在露天矿得到广泛应用；进入 70 年代后，美国露天矿 90%的生产钻孔量由牙轮钻完成。俄罗斯金属矿山的牙轮钻机穿孔量约占 97%。潜孔钻在西方国家的露天矿已很少使用，主要用于辅助工程。

我国在 20 世纪 50 年代主要采用钢绳冲击钻，60 年代以孔径 100~200mm 的潜孔钻为主，70 年代开始从美国引进牙轮钻机。国产牙轮钻机的研制始于 60 年代。于 1970 年研制成功我国第一台 HYZ-250 型顶部回转连续加压的滑架式牙轮钻机，经多次改进后于 1977 年改型为 KY-250，到 80 年代中期陆续实现了 KY 型牙轮钻机的系列化。从 80 年代初开始，通过对国外技术的吸收和再创新，研制出 YZ 型牙轮钻机，并在 80 年代末实现了系列化。如今，代表国产牙轮钻机最高技术水平的是 2019 年研制成功的新一代全液压、电力柴油双动力 WKY-310 牙轮钻机。现在我国大型露天矿以牙轮钻机为主，潜孔钻机多用于中小型矿山。

穿爆设备的技术进步主要体现在以下几个方面：

牙轮钻机的轴压和孔径不断加大。美国 60R 钻机的轴压达 57~60t、德国的 HBM-550 钻机轴压达 60~70t，轴压的加大提高了钻进速度。美国钻机的钻进速度在坚硬岩石中达 9~15m/h，中硬和软岩中达 15~30m/h。加大孔径是为了增加单位孔长的爆破量。露天矿最常用的孔径是 200mm、250mm、310mm 和 330mm，最大孔径达 445mm。钻进速度和孔径的加大使穿孔效率提高、单位爆破量的穿孔费用下降。

牙轮钻头的设计和钻齿材料的改进，提高了钻岩能力和钻头寿命。钻头形式经历了拖齿钻头、二轮钻头和三轮钻头的演变，钻岩硬度和钻进效率不断提高。现代钻机全用三轮钻头。钻齿材料有钢和碳化钨，前者用于软岩穿孔，后者用于所有硬岩穿孔。钻齿材料和加工技术的改进使钻头寿命不断增加。现代牙轮钻机的钻头寿命在坚硬岩石中可达 500~1000m，中硬岩石中可达 1000~3000m。

牙轮钻机在其他方面的改进包括：增加钻杆长度以适应高台阶开采；使用布袋脉冲除尘装置以减少粉尘污染；提高回转功率和回转转速以提高钻进速度；采用滑片式空压机取代螺杆式空压机并加大排渣风量和风压，以提高凿岩效率等。

爆破技术的发展主要体现在炸药、装药设备与爆破器材的不断改进上。炸药有甘油炸药、铵油炸药、浆状炸药、乳化炸药、重铵油炸药等，性能（如威力、装药密度和抗水性）不断提高。装药作业从人工装药发展到由装药车现场混制炸药和装填炮孔，实现了装药机械化和自动化，大大提高了装药效率和安全性。引爆器材经历了从火雷管到电雷管、毫秒延时雷管再到导爆索、导爆管、电子雷管的发展历程，使爆破作业越来越安全可靠。微差和压渣爆破是爆破方式发展的代表性技术。

近年来，穿爆设备的自动化和智能化水平不断提高。智能钻机实现了自主/遥控移动，自主钻孔定位与孔深探测，自动调平、调压、注水、接卸钻杆等功能。智能装药车具有自主行驶和寻孔定位、自动配药与装填、远程调度等功能。

（2）采装设备。露天矿采装作业的常用设备是单斗挖掘机（也称为动力铲）。世界上最早的动力铲出现于 1835 年，此后经历了从小到大、由蒸汽机驱动到内燃机驱动再到电力驱动、液压驱动的发展历程。早期的动力铲在铁轨上行走，主要用于铁路建筑。20 世纪初，动力铲开始被用于露天矿山，第一台真正意义上的剥离铲于 1911 年问世，其斗容为 2.73m^3、铲臂长 19.8m、斗杆长 12.2m，为蒸汽机驱动、轨道行走。到 1927 年，轨道行走式的动力铲消失，被履带式全方位回转铲取代。挖掘机的快速大型化始于 50 年代末，60 年代初 Marion Power Shovel 公司制造出了两台 291M 型电铲，斗容达 19~26.8m^3；1982 年 P&H 的 M5700 型电铲问世，斗容为 45.9m^3。现代大型金属露天矿最常用的挖掘机斗容为 9~25m^3。

我国露天矿在 20 世纪 50~70 年代一直以仿苏 3m^3 挖掘机为主；70 年代中期开始生产 4~4.6m^3 的 WK-4 系列挖掘机；1985 年研制出 10~14m^3 挖掘机；80 年代开始从美国 P&H 公司引进技术，合作制造斗容 16.8~35.2m^3 的大型挖掘机；进入 21 世纪后，相继自主开发研制成功斗容 12~55m^3 的 WK 系列大型挖掘机。目前，我国的矿用挖掘机生产能力与技术水平已跻身世界前列。

挖掘机在机械方面的技术进步主要体现于：高性能组合斗齿的应用，减少了维护时间；采用模块化设计的全封闭提升、回转和行走减速箱，提高了齿轮的啮合精度，便于安装和维护；采用驱动轮高置的近似链轮—链条驱动的履带驱动系统，消除了节距干涉，降低了驱动轮和履带板的磨损，提高了驱动系统的使用寿命；电气系统采用可编程逻辑控制+基础变频传动控制，提高了控制和调速性能。

智能化是近年来挖掘机技术的主要发展方向。自20世纪80年代初出现无线遥控挖掘机以来，智能化程度不断提高。智能操控系统使挖掘机具有环境感知、挖掘轨迹智能控制、自主避障、无人驾驶的遥控/自主作业等功能。目前，基于轨迹规划的自动挖掘技术已经比较成熟，应用也日趋广泛；国外部分产品已达到面向现场工况的自主作业阶段，实现了在相对简单工况下的全自主作业。国内在智能挖掘机的研发上也取得了长足进展，于2019年研制成功了基于5G的远程遥控挖掘机。

（3）运输设备。露天矿运输方式主要有铁路运输、汽车运输和间断-连续运输。西方国家在第二次世界大战前，铁路运输在露天矿占主导地位。矿用汽车于20世纪30年代中期应用于露天矿山。最早的矿用汽车载重量约为14t。到50年代中期，载重量为23t和27t的矿用汽车已很普遍，最大达到54t。60年代矿用汽车大型化开始高速发展，铁路运输逐步被汽车运输取代。载重量为318t的矿用汽车在70年代诞生。80年代以来，国外各类金属露天矿约80%的矿岩量由汽车运输完成。

矿用汽车有两种传动方式，即机械传动和电力传动（通称为电动轮汽车）。20世纪80年代前，载重85t以下的矿用汽车多用机械传动，85t以上的几乎全部用电力传动。电动轮汽车由70年代初期的90~108t为主、中期的136~154t为主发展到以后的200t以上。机械传动矿用汽车的大型化是进入80年代以后矿用汽车的一个发展方向，机械传动在大型矿用汽车中占的比例不断升高。1999年Catpillar公司推出了载重量为326t、设计总重量为558t、总功率2537kW的机械传动矿用汽车CAT797。如今载重量300t以上的汽车被用于许多大型露天矿山。

我国露天矿20世纪60、70年代以12~32t汽车为主，1969年试制成功国产第一台SH380型32t矿用自卸车，但大多数从国外进口；70年代末引进100t和108t电动轮汽车；80年代引进154t电动轮汽车。国产108t电动轮汽车在80年代初投入使用，与美国合作制造的154t电动轮汽车于1985年生产成功。通过技术引进、吸收和创新，我国的矿用汽车技术不断提高，如今已能自主设计生产300t级的矿用汽车，并形成了不同吨位级别的系列化产品，整车技术也达到了世界先进水平。

露天矿汽车的最新技术进步主要体现在智能化上。自Caterpillar公司1994年开始测试无人驾驶矿用卡车以来，矿用卡车的智能化水平不断提高，能够在无人操作的情况下自主实现倒车入位、精准停靠、运输、卸载的作业循环，并能自主避障。目前已有大量自动驾驶卡车在国外露天矿运营。无人驾驶卡车与自动调度系统的结合，使露天矿运输作业实现了远程化、少人化（甚至无人化）。我国于2017年开始生产、测试大型矿用无人驾驶卡车，有的车型已通过矿山现场测试，投入生产试运营。

胶带运输机是现代露天矿采用的另一种运输设备，于20世纪50年代开始在国外一些露天矿得到应用，主要用于松软矿岩和表土运输。60年代开始扩大到中硬岩运输。固定式、半固定式和可移动式破碎站的相继问世，大大扩展了胶带运输机的应用范围，形成了间断-连续运输工艺。从80年代初开始，这一工艺得到较快的推广应用，美国、加拿大的一些大型露天矿纷纷改用“汽车-可移动式破碎机-胶带运输机”运输系统，破碎机规格达到1.5m×2.3m，胶带宽达到2.4m。间断-连续运输技术的发展主要集中在可移动式破碎机的性能提高和适应各种运输条件的胶带运输机的研制，如履带行走胶带机、可伸缩式胶带机、可移动式胶带机、可水平转弯胶带机和陡角度胶带机等。在我国，间断-连续运输工艺在露天煤矿应用较多，在露天金属矿主要用于采场外的岩石运输。

（b）现代地下开采技术的发展

地下矿开拓和开采方法随着开采技术的进步不断演变，逐步形成了以竖井、斜井、平硐和斜坡道开拓为基本方式的约十种矿床开拓方法，以及空场法、充填法和崩落法三大类共二十余种典型采矿方法。其中，应用较为广泛的采矿方法有十几种。

地下采矿方法演进的主要特点是：木材消耗量大、工效低的采矿方法的使用比重（如支柱充填和分层崩落等）逐渐下降，如今已基本消失；采用大孔径深孔落矿的高效采矿方法逐渐推广，20世纪70年代出现的大直径深孔法、VCR法（垂直后退式大直径深孔法）和分段空场法可以说是采矿方法的一大进展；随着采深的增加，充填法应用比重有增长趋势，充填法与空场法联合工艺——深孔落矿嗣后充填扩大了充填法的使用范围；地下采矿方法结构逐步简化，结构参数增大。

a）生产规模

开采规模的大型化和劳动生产率的提高是地下开采技术发展的综合体现。进入20世纪70年代以来，国外地下金属矿山生产规模不断扩大，劳动生产率显著提高。西方国家在80年代后期约有年产量100万～300万吨的矿山150座、300万吨以上的62座、500万～1000万吨的20多座，还有几座1000万吨以上的矿山。瑞典马尔姆贝律耶特铁矿年产1400万吨矿石，井下工人劳动生产率为28000t/(人·年)；美国克莱马克斯钼矿的产量为42000t/天，采矿工人劳动生产率为200t/(工·班)；加拿大克莱顿镍矿的产量为14000t/天，采矿工人劳动生产率为117t/(工·班)；智利的伊尔·萨尔瓦多铜矿产量为26000t/天，伊尔·特尼兰铜矿产量为37000～40000t/天。在地质条件允许的情况下，地下金属矿的年生产能力达到2000万吨在技术上已经是完全可行的。

b）主要生产设备

地下开采能够应用高效、高开采强度的采矿方法，能够使开采规模和劳动生产率大幅度提高的技术保障，是地下开采设备的快速发展，尤其是地下凿岩设备、井巷掘进设备和装运设备的进步。

（1）凿岩设备。1844年世界上第一台气动凿岩机研制成功，而法国1861年掘进的Mont Cenis隧道被认为是机械凿岩的诞生地。从1870年到19、20世纪之交的凿岩机为活塞式凿岩机。1897年，美国的G. Leyner发明了钢管冲水凿岩机，具有自动转杆、自动润滑和封闭气门控制，是早期凿岩机技术的一大进展。20世纪20、30年代，自动推进等技术的出现为现代风动凿岩机奠定了基础。之后凿岩机的技术进展主要集中于产品设计和冶金技术的改进，使凿岩机更快、更轻、更可靠。从机械凿岩机的诞生到1975年的130年间，凿岩机的凿岩速度从不到1mm/s提高到约28mm/s。

凿岩台车的出现大大提高了凿岩效率，减轻了劳动强度。凿岩台车有单机和多机、履带行走和轮胎行走等种类。行走驱动有风动、电动和柴油机驱动。1957年出现的天井掘进钻架，由导轨、升降驱动装置、工作平台、载人笼、保护顶和凿岩机等组成，具有灵活性高、成本低、掘进速度快的优点，很快成为使用很广的天井掘进设备。

为了增加爆破量，提高开采强度，降低开采成本，需要钻凿大孔径深孔。20 世纪 70 年代初，用于露天穿孔的潜孔钻机被引入地下矿山。地下潜孔钻机的主要技术难度是结构设计，以适应地下矿有限的作业空间。地下潜孔钻的钻孔孔径为 100~230mm,，深度可达 150m，它的诞生使大孔径深孔落矿得以实现。同一时期，开始了地下矿牙轮钻机的研制，80 年代初投入使用。

液压凿岩机是凿岩技术的一个重要进步，20 世纪 70 年代初投入使用后迅速推广应用于巷道掘进和回采凿岩，到 80 年代初，西方国家已有 17 个厂家生产 48 种型号的液压凿岩设备。液压凿岩机的优点主要有：凿岩效率高，比同规格的风动凿岩机高 50%以上；动力消耗低，是风动凿岩机的 2/3~3/4；噪声低，油雾和水雾小；不需要压风设备和风管系统。自 70 年代起，在研发液压凿岩机的同时，也开始了水压凿岩机的研制，于 90 年代初投入使用。

我国在 20 世纪 50 年代后期开始仿制手持式、气腿式、支架式和上向式风动凿岩机；70 年代研制了独立回转式凿岩机、凿岩台车和天井钻架等；80 年代研制出大孔径潜孔钻机和全液压凿岩台车。

智能化凿岩台车也称为凿岩机器人，国外在 20 世纪 80 年代就已研制成功，并在不断改进中形成了多型号、系列化产品。凿岩机器人具有自主移位、孔位定位、循环凿岩、防卡钎、退钎、停机以及远程遥控作业等功能。我国于 20 世纪末，成功研制出门架式两臂隧道凿岩机器人样机，在“十二五”期间研制成功第一台智能化全液压中深孔凿岩台车，并完成了井下工业试验。

（2）井巷掘进设备。天井钻机是地下掘进技术发展的一大成就，20 世纪 60 年代初期投入使用，80 年代已成为西方国家天井掘进的标准方法。1981 年已有约 300 台天井钻机在 25 个国家使用。天井钻机有标准型、反向型和无引孔型（盲孔型）三种，应用最多的是标准型。天井钻机可钻直径为 0.9~3.7m、高度为 90~910m 的天井，钻进速度为 1~3m/h，总功率 75~300kW，为液压或电力驱动。我国在 70 年代初开始研制天井钻机，1974 年研制成功直径为 0.5m 的钻机，到 80 年代末已有 16 台直径为 0.5~2m（常用的为 1m）的天井钻机在 14 个矿山使用，最大钻井深度 140m。

平巷钻机也是地下掘进技术的一大成就，其应用开始于 20 世纪 50 年代。平巷钻机可以钻进的巷道直径为 1.75~11.0m 以上。平巷钻机在地下矿山主要用于掘进开拓、运输大巷和较长的横穿巷道，直径一般为 1.75~6.0m。虽然有不同类型，但全断面旋转式平巷钻机应用最为广泛。不过，平巷钻机对岩石特性的适应性较差。

（3）搬运设备。采场矿石搬运、装运设备的装备水平在很大程度上决定着整个地下矿的生产能力和效率。地下开采中使用的主要搬运、装运设备有电耙绞车、装岩机和铲运机。

电耙绞车的原型是 20 世纪初的风动单卷扬耙斗。1920 年改进为两个单筒卷扬机，一个用于重耙耙矿，一个用于空耙返回，提高了耙矿效率。1923 年，第一台电力驱动电耙绞车出现。20 世纪 20、30 年代是电耙绞车改进和推广应用最快的时期。之后的发展主要是功率越来越大（由 20 年代初的 4.8kW 到 50 年代初的 110kW）和可靠性不断提高，后来又出现了遥控电耙绞车。

装岩机最早出现于20世纪30年代初期，为轨道行走，斗容0.14～0.59m^3；后来出现了履带和轮胎装岩机。不同行走方式适用于不同巷道底板状况。大多数装岩机为压气驱动。在理想条件下，小型装岩机（0.14m^3）的生产效率为25～30m^3/h；大型（0.59m^3）可达到110～120m^3/h。

无轨装运设备的应用在地下开采技术发展中占有重要地位。西方国家从20世纪50年代早期开始试验无轨装运设备，最初的努力是改造柴油驱动的地表装运设备，收效有限。到60年代中期，装运卸（LHD）设备（即铲运机）成型，并成为所谓“无轨”采矿新概念的基本要素。其高度灵活性、机动性和适应性为地下矿开采和开拓翻开了新的一页，应用迅速推广。许多老矿山被重新设计以便使用铲运机；新建矿山纷纷选用这种设备。1965年，西方国家使用铲运机的地下矿有20个，1969年上升到60个，1973年上升到119个，1980年上升到145个。铲运机适用于多种地下采矿方法。1980年，西方国家采用铲运机的145个矿山中，房柱法的占28.3%、阶段矿房法的占26.2%、VCR法的占4.8%、分层充填法的占15.2%、矿块崩落法的占3.5%、其他的占22.0%。

早期的铲运机均为柴油驱动。为解决柴油发动机的废气、烟雾、热辐射和噪声等问题，20世纪70年代初开始研制电动铲运机。虽然电动铲运机克服了柴油铲运机的上述问题，且具有作业和维修成本较低、设备利用率较高、综合经济性较好的优点，但是其拖曳电缆限制了设备的机动性和运距。目前，铲运机主导产品为0.54～10.7m^3柴油铲运机和0.4～10m^3电动铲运机。

地下矿具有较长经济运距的无轨运输设备是地下自卸汽车。西方国家地下自卸汽车的应用早于铲运机。20世纪50年代后期到70年代早期，地下自卸汽车受到铲运机的挑战，在很大程度上被铲运机代替。1975年后，地下自卸汽车的应用又开始回升。目前地下自卸汽车的载重主要为8～60t，大型地下矿山主运输水平使用的汽车载重达120t。

在我国，1966年以前电耙绞车是地下矿山唯一的机械出矿设备。1954年开始仿制电耙绞车，1960年后自行设计制造，1982年后开始标准化。我国从1966年开始生产风动装运机，由于存在许多缺点，没有得到大的发展，随着铲运机的应用逐步被淘汰。铲运机从1975年开始引进，80年代初开始自行研制。1983年，国产柴油铲运机投入使用；1986年，国产电动铲运机投入使用。到1990年，全国有40多个地下金属矿山使用铲运机共549台。

铲运机的智能化在国际上始于20世纪90年代初，如今已达到较高的智能化水平，实现了遥控铲装、自主行驶和卸载的无人驾驶作业。基于铲运机的无人驾驶技术，地下自卸汽车也实现了无人驾驶作业，同时实现了动力和传动系统的智能控制。我国在“十一五”期间开始了铲运机无人化操纵技术的研发，无人驾驶铲运机已通过井下试验，于2015年研制成功柴油-电力双动力地下智能卡车。

c 信息化与智能化

如果说20世纪80年代之前采矿技术的发展主要是采矿设备与工艺的不断进步，那么之后的发展，主要是以计算机及其网络为核心的信息技术在矿山的推广应用。这些技术的应用使采矿业逐步从机械化时代步入了一个新的时代——信息时代。而无线通信、人工智能、工业互联网、大数据、区块链、边缘计算、虚拟现实等新技术的不断深化应用，正在把采矿业带入又一个新的时代——智能时代。

(a) 优化与管理信息化

计算机在国外矿山得到应用始于20世纪60年代初，最初只是用于简单的数据计算。随着计算机速度、容量、图形能力和相应软件的快速发展，计算机在矿山的应用越来越广。到80年代，计算机辅助设计、优化设计和管理信息系统在西方国家的矿山得到广泛应用。计算机在我国矿山的应用始于80年代中期，从90年代后开始迅速推广。

计算机使许多优化理论、模型和算法走出书本，在矿山设计和生产中得到应用，并在应用中不断产生新的优化方法。常见的优化应用包括：矿床建模、露天矿境界优化、开采计划优化、生产能力优化、运输调度优化、边界品位/工业品位优化、配矿优化、设备更新策略优化、备品备件存量优化等，优化为矿山企业带来了巨大的经济效益。

计算机使矿山设计和管理从方法到手段发生了质的飞跃。开采方案设计、各种采掘计划编制、爆破设计、采场验收、爆区验收等工作均在计算机上完成，彻底丢掉了以图板、铅笔和求积仪为工具的手工作业方式。MIS、ERP等管理信息系统在矿山的应用也使矿山企业的管理手段和方式发生了质的变化，矿山管理逐步步入了信息化、网络化时代。

(b) 智能矿山

进入21世纪，特别是近十年以来，智能技术发展迅速，在生产和生活中的应用日益广泛，“智能矿山（或智慧矿山）”也由概念的提出进入实施阶段。智能化开采与经营已经成为当前以及未来全球采矿业竞争的主要领域。不少国家（包括我国）正在大力推进智能矿山建设，以期在采矿业竞争中取得主动权。

智能矿山是一个集生产要素（环境、设备、人）智能感知、生产过程智能管控、智能运营与决策等功能为一体，由许多软硬件子系统组成并由强大的通信网络链接的大系统。

生产要素智能感知，就是通过环境感知终端、智能传感器、智能摄像机、无线通信终端、无线定位终端等数字化工具和设备，融合图像识别、振动/运动感知、声音感知、射频识别、电磁感应等关键技术，实现对矿山环境数据、采矿装备状态信息、工况参数、工艺数据、人员信息等生产现场数据的全面采集，实时感知生产过程、设备运行状态以及人员的位置与身份等；通过各类通信手段接入不同设备管控系统和业务系统，形成强大的数据感知与采集网络，实现异构数据的协议转换、边缘处理和云端汇聚。作业环境数据感知和设备作业状态感知是实现采矿设备智能化作业的必备条件，也为生产系统的智能化运营与决策提供数据支持。

生产过程智能管控，就是应用智能化设备及其配套的管控系统，实现凿岩、装药、铲装、运输等生产环节的无人驾驶作业和作业参数的智能精准控制，以及提升、通风、充填、破碎、排水、压风、供电等固定生产系统的无人值守运行，达到生产高效化、作业精准化和现场少人化（甚至无人化）的目的；同时，实现对生产过程各环节的生产情况和设备运行状态的实时远程监测、监控和调度。生产过程智能管控系统同时也是设备作业环境数据和设备运行状态数据的感知和采集系统。

智能运营与决策聚焦矿山生产和运营管理层面，通过对生产过程数据的快速分析，直观发现、分析和预警数据中隐含的问题；通过智能数据集技术，实现对数据的筛选、切割、排序、汇总、统计和展示，提供科学化、可视化、智能化的数据管理和数据服务，为管理和决策人员的各种运营管理与决策提供智能化支撑；通过对实时生产数据的全面感知、实时分析、优化、科学决策和精准执行，实现面向“地质建模→矿山规划→采掘计划→采矿设计→采矿作业→选矿流程→尾矿排放”全流程的生产过程优化。

D　采矿学的研究内容

采矿学是一门综合应用性工程技术科学，其基本任务是揭示安全、经济、充分和无害地开采有用矿物的客观规律，阐述有关矿床评价、规划设计和矿床开采的理论、方法、工艺及管理知识。

采矿的工作对象是岩体，开采过程是两种目的相反的行为的矛盾统一：既要破坏岩体的原始平衡状态，使之破坏；又要维护开挖体围岩的稳定性，使之不破坏。要想把有用矿物从地壳中开采出来，这两种行为缺一不可。解决这一矛盾的知识基础是岩石/岩体的力学性质，它是开拓、采矿方法选择和各种设计参数选取的基本依据。

矿体的绝大部分（或全部）埋藏在地下，人们对矿体的了解只局限于非常有限的探矿资料。为了制定技术上可行、经济上最佳的开采方案，必须首先利用有限的探矿数据对矿床的整体状况进行估计。因此，矿床中矿物品位的估算、矿体圈定和矿量计算是采矿学的重要内容之一。

开采活动不像工厂生产那样有固定的场所，而是随着矿产的存在位置不停地移动，必须不断地“准备”出新的开采储量，才能保证矿物开采的连续进行。因此，矿床开采不同于其他生产过程的一个最大特点，是必须始终保持一定的动态时空发展顺序，这一顺序决定了矿床开采的各道工序及工艺。矿床开采程序和工艺是采矿学的核心内容。

从发现矿床（勘探完毕）到采出其中所有可采矿物，是一个周期很长的过程，矿床的开采寿命长达数年、数十年乃至上百年，需要消耗巨额的初始投资和生产经营费用，是公认的高风险投资项目。为了做出正确的投资决策，得到应有的投资回报，采矿工作者在掌握开采方法与工艺、技术的同时，还必须掌握科学评价投资项目的有关经济知识。因此，技术经济学也是采矿学的一项重要内容。

从矿物品位和矿量估算，到开采方式与开拓、采矿方法的选择，再到开采程序和工艺的确立及设备选择，以及这一系列工作中需要确定的大量参数，再加上开采条件的复杂多变和众多不确定性因素，决定了矿床开采是一个充满挑战的多层次、多环节的复杂系统；必须以系统观点应用系统工程领域的优化与决策理论和方法，才能得到最佳的矿床开采方案。因此，采矿学必须有机地融合矿山系统工程的一些重要研究成果，即优化方法。

采矿业为现代工业文明做出了不可替代的贡献，也对生态环境造成严重损害。在可持续发展的大背景下，采矿业必须注重与自然的和谐，尽可能降低对生态环境的冲击。做到：一是通过土地复垦重建被破坏的生态系统，二是在矿产开发项目的规划设计中就考虑矿山生产对生态环境的冲击问题，把“为环境设计”的新理念贯穿于技术经济决策之中。因此，矿山土地复垦和开采方案生态化设计是当代采矿学必须纳入的内容。

新一轮的科技变革正在把采矿业带入智能时代，智能化采矿已现雏形，是采矿业的未来。所以，将智能采矿技术纳入采矿学是时代的要求。

概括说来，采矿学的主要研究内容有：矿床评价、矿床开拓、采矿方法、开采程序、开采工艺、技术经济基础、优化方法、矿山土地复垦、生态化矿山设计、智能采矿技术等。

第1篇 采矿基础知识

本篇讲述对于金属矿床地下和露天开采均适用的相关知识。其中，品位与储量的分析计算和边界品位的确定、块状矿床模型的建立、岩石的力学性质与质量分级、爆破基础知识、技术经济基础等内容，是矿山设计、开采方案优化和采矿项目评价的基础。地下矿和露天矿的总平面布置有许多相同之处，所以把两者融合到一起，作为本篇的最后一章。

1 品位与储量计算

欲投资一个矿床开采项目，首先必须估算其品位和储量。一个矿床的矿量、品位及其空间分布，是对矿床进行技术经济评价、可行性研究、矿山规划设计以及开采计划优化的基础，是矿山投资决策的重要依据。因此，品位估算、矿体圈定和储量计算是一项影响深远的工作，其质量直接影响到投资决策的正确性、矿山规划设计及开采计划的优劣。从一个市场经济条件下的矿业投资者的角度看，这一工作做不好可能导致两种对投资者不利的决策：

（1）矿体圈定与品位、矿量估算结果比实际情况乐观，估计的矿床开采价值在较大程度上高于实际可能实现的最高价值，致使投资者投资于利润远低于期望值，甚至带来严重亏损的项目。

（2）与第一种情况相反，矿床的矿量与品位的估算值在较大程度上低于实际值，使投资者错误地认为在现有技术经济条件下，矿床的开采不能带来可以接受的最低利润，从而放弃了一个好的投资机会。

然而，准确地估算出一个矿床的矿量、品位绝非易事。大部分矿体被深深地埋于地下，即使有露头，也只能提供靠近地表的局部信息。进行矿体圈定和矿量、品位估算的已知数据主要来源于极其有限的钻孔岩芯取样。已知数据量相对于被估算的量往往是一比几十万乃至几百万的关系，即对1t岩芯进行取样化验的结果，可能要用来推算几十万乃至几百万吨的矿量及其品位。因此，矿体圈定与矿量、品位估算不仅是一项十分重要的工作，而且是一项极具挑战性的工作。做好这一工作要求掌握现代理论知识与手段，并应用它们对有限的已知数据进行各种详细、深入的定量、定性分析；同时也要求从事这一工作的地质与采矿工程师具有科学的态度和求实精神。

本章将较详细地介绍当今世界上常用的矿量、品位估算方法，包括探矿数据的分析与处理、边界品位的确定、矿体圈定等，为读者提供矿床评价所需的基础知识和基本方法。

1.1　探矿数据及其预处理

金属矿床的探矿工程主要有钻探、槽探和坑探。钻探是获取地质信息的主要手段，用于矿体圈定与矿量、品位估算的数据主要来源于探矿钻孔的岩芯取样。因此，这里只介绍钻探和钻孔数据。

1.1.1　探矿钻孔及其取样数据

探矿钻孔一般按照一定的网度布置在一些叫作勘探线的直线上或附近，如图1-1所示。图中，每一个圆圈表示一个钻孔，实心圈为见矿孔，空心圈为未见矿孔；ZK22等是钻孔编号。直线是勘探线，曲线是地形等高线。

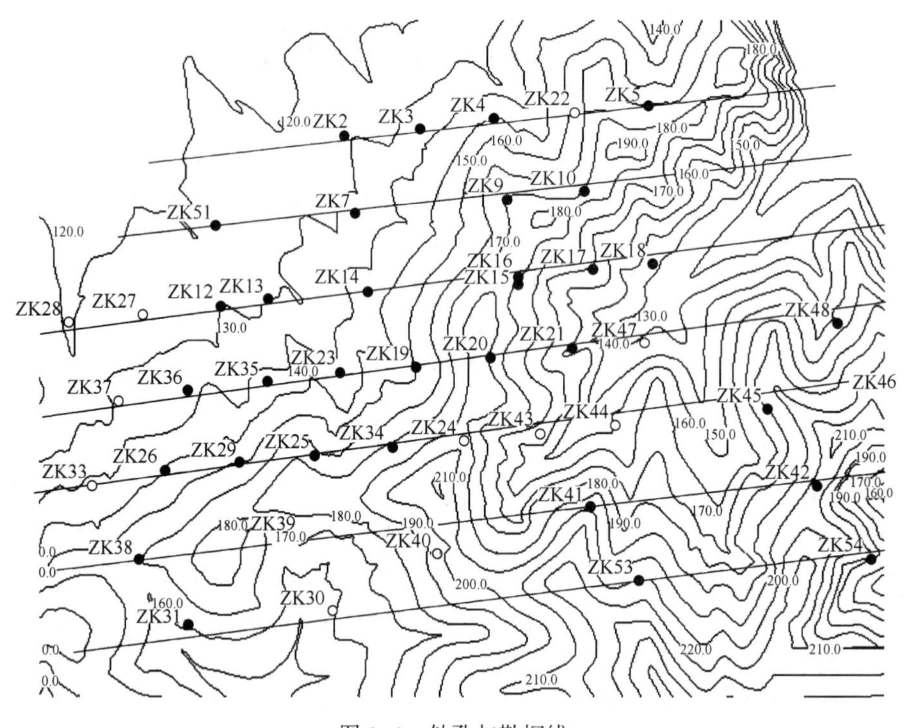

图1-1　钻孔与勘探线

在钻孔过程中，每钻一定深度（一般在3m左右）将岩芯取出，做好标记后按顺序放在箱中供搬运、贮存和化验。地质人员对取出的岩芯进行定性观察和简单的测试，以确定每一段岩芯的主要物理特性，如岩芯长度、岩性、颜色、硬度等，并记录下来，形成对钻孔穿过地段的地质特性的定性描述。表1-1是一个钻孔的岩芯观测结果的部分记录示例。

表 1-1　钻孔岩芯信息记录

钻孔号：ZK10　　孔口坐标：6086. 21E，6821. 68N，170. 01Z
设计深度：135m　　实际深度：143. 26m　　开孔方位角：　　开孔倾角：90°
开孔日期：1994 年 10 月 12 日　　终孔日期：1994 年 10 月 23 日

换层深度/m			每层提取岩芯长度/m	每层岩芯采取率/%	岩石矿石描述
自	至	共计			
0. 00	13. 93	13. 93			第四纪层
13. 93	30. 69	16. 76	1. 6	9. 5	云母石英岩：黄绿色，片状结构，主要组成矿物为石英（25%~30%），云母（约 40%）和角闪石（约 25%），其次有些磁铁矿
30. 69	43. 03	12. 34	9. 7	78. 61	阳起磁铁石英岩：钢灰色~灰白色，细粒结构，主要组成矿物为石英（40%~45%），磁铁矿（30%~35%），阳起石（15%~20%）
⋮	⋮	⋮	⋮	⋮	⋮

金属矿的许多探矿钻孔不是垂直的，即倾角（孔轴线与水平面的夹角）不是 90°，而且不同标高段的倾角一般也不相等（见图 1-2）；有的是因为钻孔穿越岩层的结构和力学

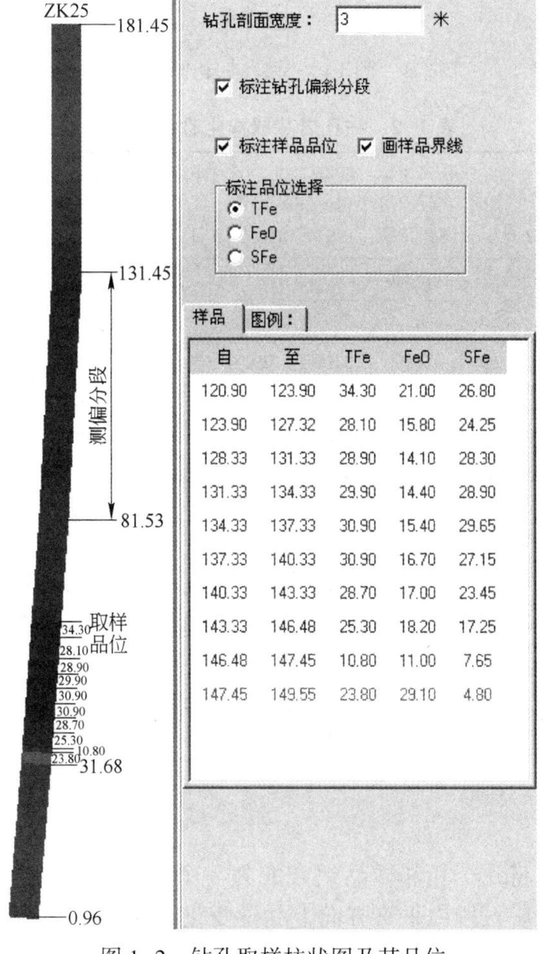

图 1-2　钻孔取样柱状图及其品位

性质的变化引起钻孔偏转，更多的是有目的地使钻孔向垂直于矿体倾斜面方向倾斜，以便获得更好的矿体信息。这种情况下需要进行测孔，分段测出钻孔的倾角和倾斜方向方位角。

为直观起见，常常把表中的数据和文字描述绘成钻孔柱状图，如图 1-3 所示。为了确定岩芯的化学成分和品位，将岩芯的一半送往化验室进行化验，另一半保存下来备用。样品的化验结果记录在表 1-2 所示的表中。手工记录时常将表 1-1 和表 1-2 合并为一个表，称为钻孔地质资料记录表。对所有钻孔的定性描述和取样化验结果构成了勘探区域的基本地质数据，这些取样化验数据是进行矿体圈定和矿量、品位估算的依据。

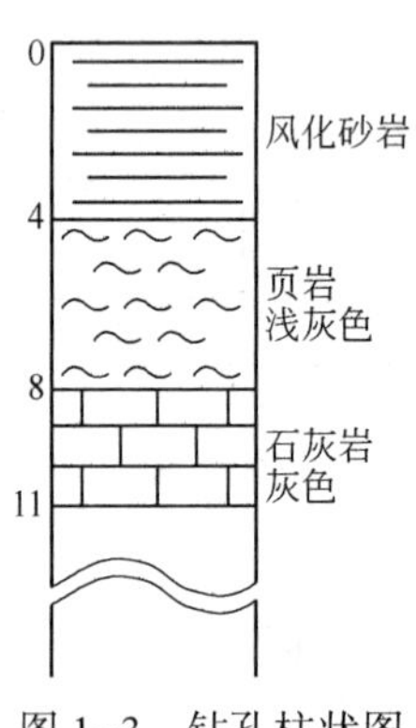

图 1-3　钻孔柱状图

表 1-2　钻孔岩芯取样化验结果记录

钻孔号：ZK10　　孔口坐标：6086. 21E，6821. 68N，170. 01Z
设计深度：135m　　实际深度：143. 26m　　开孔方位角：　　开孔倾角：90°
开孔日期：1994 年 10 月 12 日　　终孔日期：1994 年 10 月 23 日

试样号	采样间隔/m			化学分析结果/%			备　注
	自	至	共计	TFe	FeO	SFe	
1083	30. 69	33. 69	3. 00	29. 80	16. 60	22. 50	
1084	33. 69	36. 69	3. 00	32. 20	15. 60	25. 10	
1085	36. 69	39. 69	3. 00	32. 95	16. 00	28. 00	
1086	39. 69	43. 03	3. 34	26. 40	14. 00	21. 00	
⋮	⋮	⋮	⋮	⋮	⋮	⋮	

现在广泛应用计算机把上述钻孔信息形成电子文件（文档或数据库）。一些软件可依据钻孔信息自动形成钻孔柱状图，并列出取样化验结果。图 1-2 就是计算机生成的钻孔取样柱状图（图中未标岩性）和取样品位列表。

在矿量和品位计算前，一般需要对取样数据进行预处理，包括样品组合处理和“极值”样品的处理。

1. 1. 2　样品组合处理

样品组合处理就是将几个相邻样品组合成为一个组合样品，并求出组合样品的品位。当矿岩界线分明，且在矿石段内垂直方向上品位变化不大时，常常将矿石段内（即上下矿岩界线之间）的样品组合成一个组合样品（见图 1-4），这种组合称为矿段组合。组合样

品的品位是组合段内各样品品位的加权平均值，即

$$\bar{g} = \sum_{i=1}^{n} l_i g_i \Big/ \sum_{i=1}^{n} l_i \tag{1-1}$$

式中　l_i——第 i 个样品的长度；

g_i——第 i 个样品的品位；

n——组合段内样品个数。

式（1-1）中用的是长度加权，是最常用的方法。如果不同样品的比重相差较大，可以采用重量加权法。

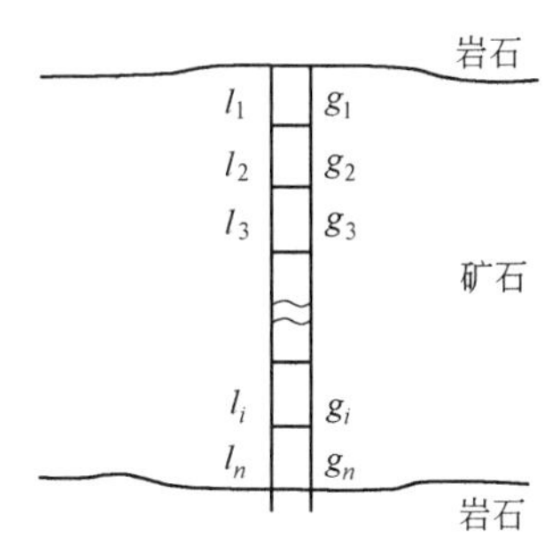

图 1-4　矿段样品组合示意图

对于拟用露天开采的矿床，更具实际意义的样品组合处理是台阶样品组合，即把一个台阶高度内的样品组合成一个组合样品，如图 1-5 所示。组合样品的品位为：

$$\bar{g} = \sum_{i=1}^{n} l_i g_i \Big/ H \tag{1-2}$$

式中　H——台阶高度。

当一个样品跨越台阶分界线时（见图 1-5 中第一和第五个样品），在计算中样品的长度取落入本台阶的那部分长度（即图 1-5 中的 l'_1 和 l'_5），样品的品位不变。

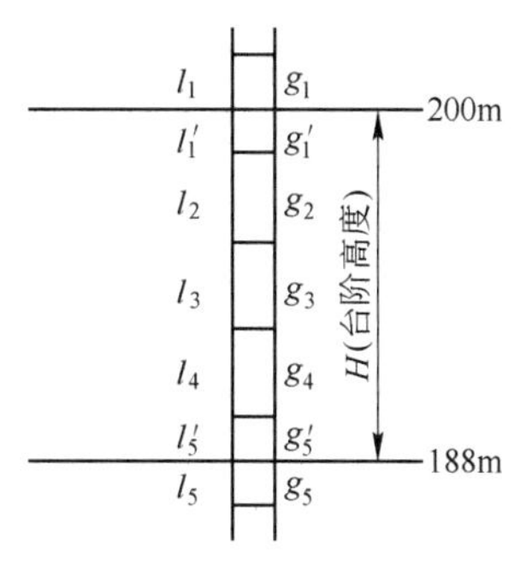

图 1-5　台阶样品组合示意图

对钻孔取样进行台阶样品组合处理的意义在于：

（1）对取样数据进行统计学、地质统计学分析，以及利用取样值进行品位估值时，只有当每个样品具有相同的支持体，即每个样品的体积相同时，分析计算结果才有意义。

（2）露天开采在垂直方向上是以台阶为开采单元的，一旦台阶的参考标高和台阶高度被确定，沿台阶高度无论品位如何变化，也无法进行选别开采。因此，在一个台阶高度内采用不同的取样品位是毫无意义的。

（3）组合样品的品位较原样品品位变化小，在一定程度上减轻了“极值”品位对分析计算的影响，也使样品的统计分布曲线和半变异函数曲线（这些概念将在以后几节讲述）趋于规则。

（4）样品组合处理减少了样品总数，节省了计算机内存和计算时间。

1.1.3　极值样品处理

极值样品（outlier）是指那些品位值比绝大多数样品的品位（或样品平均品位）高出许多的样品，它们在贵重金属矿床较为常见。例如，在一个金矿床取样 1000 个，经化验，这些样品的平均品位为 10g/t，其中有 10 个样品的品位在 100g/t 以上，这 10 个样品就可以被看成是极值样品。究竟品位比均值高出多少的样品算是极值样品，没有统一的、现成的标准，需视具体情况而定。极值样品虽然数量少，但对金属量影响大，为使品位的分析计算结果不至过分乐观，常常在实践中采用以下处理方法：

（1）限值处理。即将极值样品的品位降至某一上限值。比如在上述例子中，将所有高于 100g/t 样品的品位降至 100g/t。

（2）删除处理。即将极值样品从样本空间中删去，不参与分析计算。

使用上述处理方法时，应特别谨慎。虽然极值样品在数量上占样品总数的比例很小，但由于其品位很高，对矿石的总体品位和金属量的贡献值都很大。因此，不加分析地进行降值或删除处理，可能会严重歪曲矿床的实际品位和金属含量，人为地降低矿床的开采价值，这一点可用下面的例子说明。

假设对一金矿床进行钻探取样后得知，品位值服从对数正态分布，如图 1-6 所示。所有样品的平均品位 $\bar{g}$ = 10g/t，中值 m = 3g/t（即高于 3g/t 和低于 3g/t 的样品各占 50%）；有 1%的样品品位高于 100g/t。若将这 1%的极值样品取出，单独计算其平均值，得 190g/t。那么这 1%的样品对矿床总金属量的贡献为（190×1%）/$\bar{g}$ = 1.9/10 = 19%。也就是说，1%的数据量代表的是 19%的金属量。假如取边界品位为 3g/t（高于 3g/t 为矿石，否则为废石），矿石的平均品位（即高于 3g/t 的那部分样品的平均品位）经计算为 16g/t。如果把极值样品从样品空间删除，矿石的平均品位变为（16×50%−190×1%）/(50%−1%) = 12.45g/t，也就是说，矿石品位被低估了 22%。如果将极值样品进行限值处理，将其品位值降到 100g/t，矿石的平均品位变为（12.45×49%+100×1%）/50% = 14.2g/t，也就是说，将矿石品位低估了 11%。

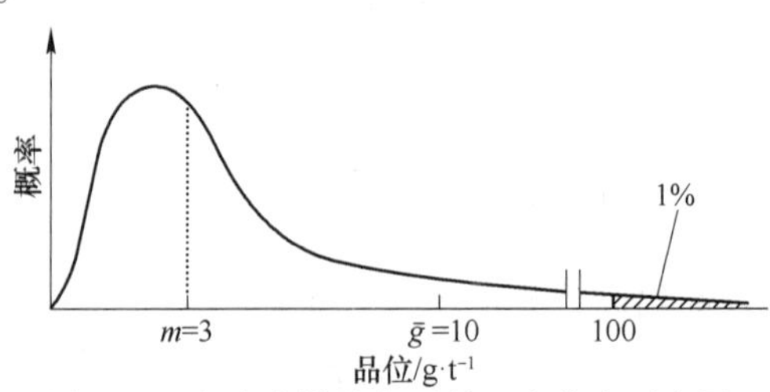

图 1-6　金矿取样品位对数正态分布示意图

在正常、稳定的经济环境中，采矿的收益率一般在 15%以下。因此，不加分析地将极值样品进行删除或限值处理，很可能将本来能够获取正常利润的矿床人为地变为没有开采价值，从而导致错误的投资决策。这对于一个在市场经济条件下，以盈利为主要目的的矿业投资者来说，无疑是一个重大的决策失误。

这里必须澄清的是，极值样品是实实在在存在的有效样品，并不是指那些由于化验或数据录入错误造成的、具有“错误品位值”的样品。如果有根据认为某些样品的品位是错误的，将这些样品从样本空间中删除，不仅是合理的，而且是必要的。

对极值样品的最理想的处理方法是，经过对探矿区域的地质构造和成矿机理进行深入分析，将这些样品的发生区域（或构造）划分出来，在进行品位与矿量的分析计算时，这些样品只参与其发生区域的品位与矿量计算，而不把它们外推到发生区域之外。但是在大多数情况下，由于钻孔间距大，已知的地质信息满足不了这种区域划分的要求。这时，可以将矿床看成是由两种不同的矿化作用形成的：样品中占绝大多数的“正常样品”可以看作是由主体矿化作用产生的样本空间；极值样品是由次矿化作用产生的样本空间。然后利用统计学方法，计算出空间任一点属于每一类矿化作用的概率，再根据这些概率计算矿床的品位与矿量。这一方法超出了本书的范畴，有兴趣的读者可参阅 Journel（1988）和 Parker 等人（1979）的论文。

1.2 矿床品位的统计学分析

对取样数据进行上述的预处理以后，做一些统计学分析，可以提供不少有关矿床的有用信息。因此，统计学分析常常是取样数据分析的第一步。对数据进行统计学分析的主要目的是确定：

（1）品位的统计分布规律及其特征值；

（2）品位变化程度；

（3）样品是否属于不同的样本空间；

（4）根据样品的分布特征，初步估计矿床的平均品位以及对于给定边界品位的矿量和矿石平均品位。

1.2.1 取样品位的统计分布规律

为了确定取样品位的统计分布规律，首先将取样品位值绘成如图 1-7 所示的直方图。图中横轴为品位，竖轴为落入每一品位段的样品数占样品总数的百分比。从直方图的轮廓线形状，可以看出品位大体上属于何种分布；从直方图在横轴方向的分散程度，可看出取样品位的变化程度。

图 1-7 给出的是几种常见的品位分布情况。图 1-7(a) 是一品位变化程度中等的正态分布，这样的分布在矿体厚大的层状或块状的硫化类矿床（如铜矿）中最为常见；图 1-7(b) 是一品位变化小的正态分布，常见于铁、镁等矿床；图 1-7(c) 是一对数正态分布（即品位的对数值服从正态分布），品位变化大，此类分布常见于钼、锡、钨以及贵重金属（如金、铂）矿床；图 1-7(d) 是一“双态”分布，即分布曲线是由两个不同分布组成的，说明样品来源于不同的样本空间。双态分布表明在矿床中很可能存在不同类型的矿石，或在不同区域呈现不同的成矿特征。如果出现图 1-7(d) 所示的情况，就需要对矿床地质和成矿机理进行深入分析，尽可能找出对应于不同分布的区域，然后对矿床进行区域划分，把来源于每一区域的样品进行分离，并做单独分析计算。

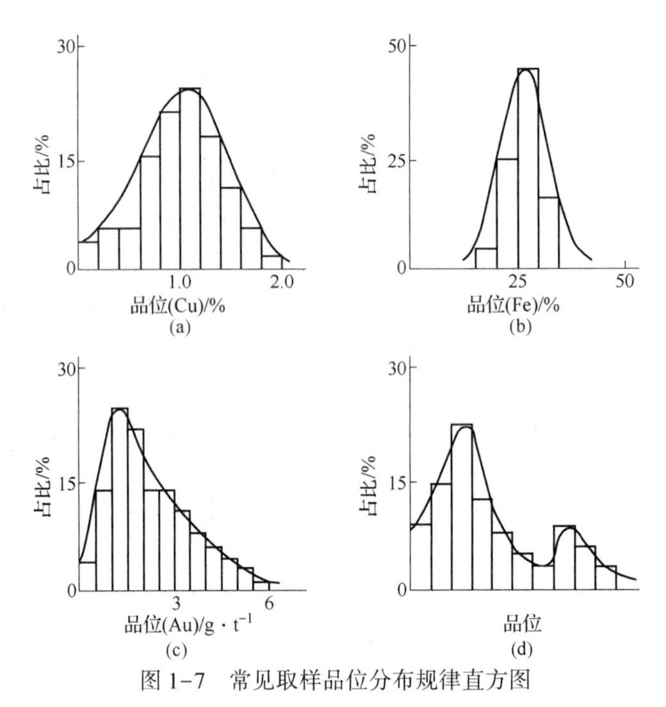

图1-7　常见取样品位分布规律直方图

不同类型的矿床，其取样品位服从不同的统计学分布规律，但大多数矿床的品位服从正态分布或对数正态分布。下面对这两种分布的特征值及置信区间计算作简要介绍。

1.2.2　正态分布

检验样品值是否服从正态分布的一个简单方法，是将样品的累计发生频率（即小于某一品位的样品数占样品总数的百分比）与品位绘在正态概率纸上，如图1-8所示。图中横

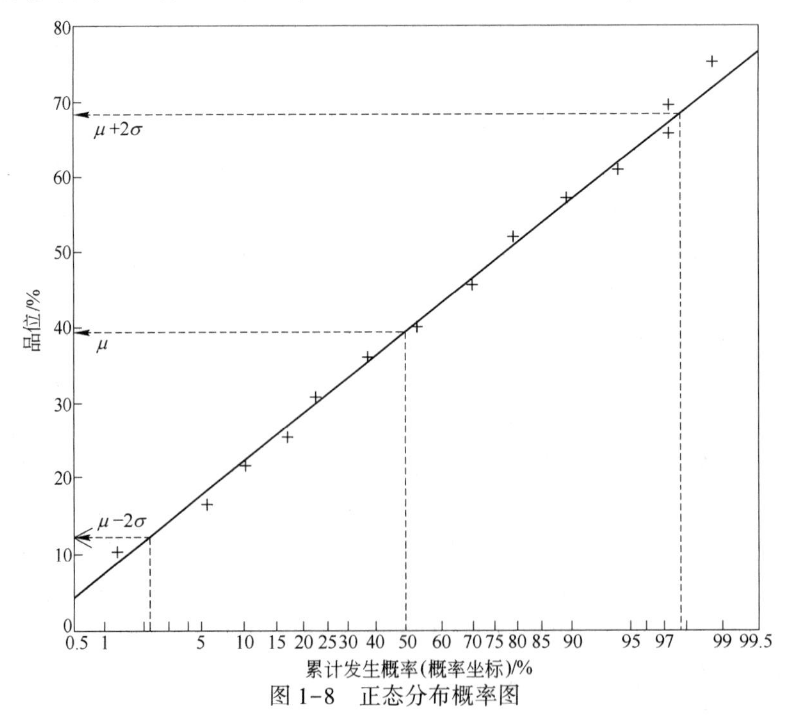

图1-8　正态分布概率图

坐标为累计概率，纵坐标为品位。如果数据点基本落在一条直线上，那么就可以将样品的分布看成是正态分布。

正态分布的特征值有均值μ和方差σ^2，μ和σ^2的真值是未知的。当我们获得n个样品，每个样品的值为x_i（$i=1$，2，…，n）时，μ和σ^2的估计值$\hat{\mu}$和$\hat{\sigma}^2$可分别用下面的式子计算：

$$\hat{\mu}=\bar{x}=\frac{1}{n}\sum_{i=1}^{n}x_i \tag{1-3}$$

$$\hat{\sigma}^2=S^2=\frac{1}{n-1}\sum_{i=1}^{n}(x_i-\bar{x})^2 \tag{1-4}$$

或

$$S^2=\frac{1}{n-1}\left(\sum_{i=1}^{n}x_i^2-n\bar{x}^2\right) \tag{1-5}$$

S^2的平方根S是样本空间均方差σ的估计值。从统计学理论可知，一个正态样本空间的均值μ的估计量$\hat{\mu}$也服从正态分布，其均值为μ，方差为：

$$S_{\hat{\mu}}^2=\frac{S^2}{n} \tag{1-6}$$

设均值μ小于μ_p的概率为p，大于μ_{1-p}的概率也为p，那么μ落在μ_p与μ_{1-p}之间的概率为$1-2p$，如图1-9所示。我们称［μ_p，μ_{1-p}］为均值在置信度为$1-2p$时的置信区间。当样品数$n\geqslant25$时，均值的68%和95%（即p为16%和2.5%）置信区间可用下面的式子计算：

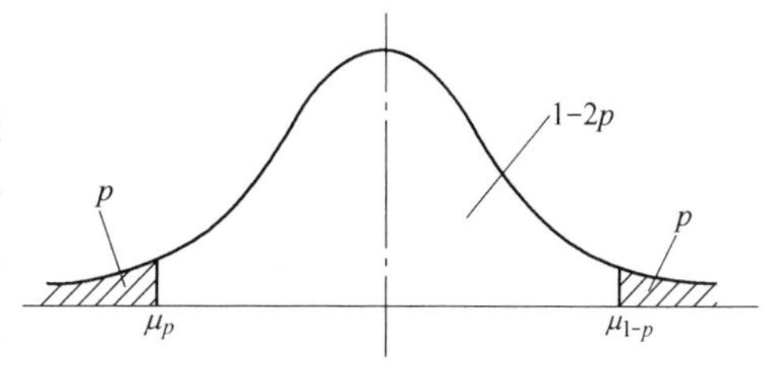

图1-9　置信区间示意图

68%置信区间：
$$[\mu_p,\ \mu_{1-p}]=\left[\bar{x}-\frac{S}{\sqrt{n}},\ \bar{x}+\frac{S}{\sqrt{n}}\right] \tag{1-7}$$

95%置信区间：
$$[\mu_p,\ \mu_{1-p}]=\left[\bar{x}-2\frac{S}{\sqrt{n}},\ \bar{x}+2\frac{S}{\sqrt{n}}\right] \tag{1-8}$$

当$n<25$时，计算任意置信度的置信区间的一般公式如下：

$$[\mu_p,\ \mu_{1-p}]=\left[\bar{x}-t_{1-p}\frac{S}{\sqrt{n}},\ \bar{x}+t_{1-p}\frac{S}{\sqrt{n}}\right] \tag{1-9}$$

式中　t_{1-p}——学生分布（也称为t分布）表中自由度为$n-1$时，$t<t_{1-p}$的概率为$1-p$时的t值，t分布表见本章附表1-1。

例如，当$n=10$，$p=5\%$，即$1-p=95\%$时，从表中可查得$t_{1-p}=1.833$。如果样品的平均品位为$\bar{x}=20\%$，均方差$S=10$。那么，置信度为$1-2p=90\%$的置信区间为：

$$\left[20-1.833\frac{10}{\sqrt{10}},\ 20+1.833\frac{10}{\sqrt{10}}\right]=[14.20,\ 25.80]$$

也就是说，平均品位的真值μ有90%的可能性是在14.2%~25.8%之间。

1.2.3　对数正态分布

当一个随机变量X的对数$\ln(X)$服从正态分布时，X就服从对数正态分布。检验样品是否服从对数正态分布的方法与检验正态分布的方法相似。将图1-8中纵坐标由算术坐标变为对数坐标，可得图1-10。如果绘于图1-10的数据点基本落在一条直线上，就可认为样品服从对数正态分布。

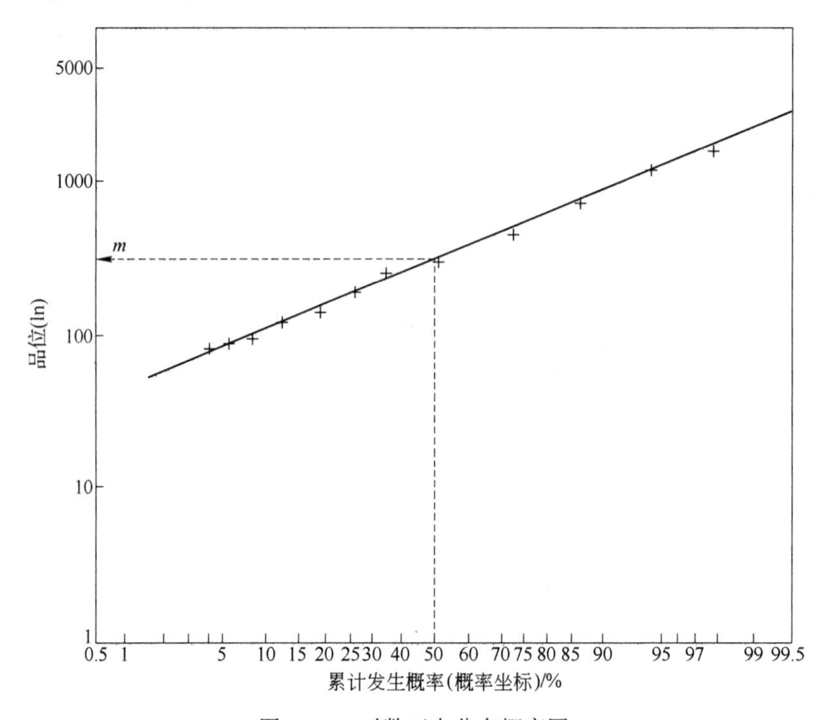

图1-10 对数正态分布概率图

对数正态分布有二参数与三参数之分。当 $\ln(X)$ 是正态分布时，X 服从二参数对数正态分布。在某些情况下，$\ln(X)$ 不是正态分布，而当 X 加上一常数 β 时，$\ln(X+\beta)$ 是正态分布，这时我们说 X 服从三参数对数正态分布。

三参数对数正态分布有三个特征值：即加数 β，$(X+\beta)$ 的对数均值和 $(X+\beta)$ 的对数方差。当我们有 n 个样品时，就可以对这三个参数进行估值。

如果样品数目足够大，β 可用下式估计：

$$\beta = \frac{m^2 - f_1 f_2}{f_1 f_2 - 2m} \tag{1-10}$$

式中 m——对应于50%累计概率的取样值，也被称为几何均值或中值；

f_1，f_2——对应于累计概率 p 和 $1-p$ 的取样值。

从理论上讲，p 可以取任意值，但 p 取5%~20%之间时得到的结果最佳。

令 y_i 为 $(x_i+\beta)$ 的自然对数，即

$$y_i = \ln(x_i + \beta) \tag{1-11}$$

那么 $(X+\beta)$ 的对数均值 $\bar{y}$ 用下式估计：

$$\bar{y} = \frac{1}{n}\sum_{i=1}^{n} y_i \tag{1-12}$$

$(X+\beta)$ 的几何均值 m 的估计值为：

$$\hat{m} = e^{\bar{y}} \tag{1-13}$$

对数方差 σ_e^2 的估计值为：

$$S_e^2 = \frac{1}{n}\sum_{i=1}^{n}(y_i - \bar{y})^2 \tag{1-14}$$

或

$$S_e^2 = \frac{1}{n}\sum_{i=1}^{n}y_i^2 - \bar{y}^2 \tag{1-15}$$

三参数对数正态分布的均值 μ，几何均值 m 与对数方差 σ_e^2 之间存在以下关系：

$$\mu = me^{\sigma_e^2/2} - \beta \tag{1-16}$$

当利用上面的公式从样品值计算出对数正态分布的特征值的估计值 β、$\hat{m}$ 和 S_e^2 以后，就可以获得均值 μ 的估计值 $\hat{\mu}$：

$$\hat{\mu} = \hat{m}\gamma - \beta \tag{1-17}$$

式中　γ——从附表 1-2 中根据 n 和 S_e^2 查得的系数。

例如，当 $n=10$，$S_e^2=1.4$ 时，γ 为 1.936。当$n>1000$ 时，γ 可用下式计算：

$$\gamma_\infty = e^{S_e^2/2} \tag{1-18}$$

置信度为 $1-2p$ 的均值置信区间计算公式为：

区间上限：
$$\mu_{1-p} = (\hat{\mu}+\beta)\ \psi_{1-p} - \beta \tag{1-19}$$

区间下限：
$$\mu_p = (\hat{\mu}+\beta)\ \psi_p - \beta \tag{1-20}$$

式中　ψ_p——从本章附表 1-3 中根据 n 和 S_e^2 查出的系数。

本章附表 1-3a 列出的是当 $p=0.95$ 时的 ψ 值，附表 1-3b 列出的是当 $p=0.05$ 时的 ψ 值。更为完整的表可以在有关概率统计的书中找到。

当 n 很大（大于 1000）时，ψ_p 可用下式计算：

$$\psi_p = e^{(\sigma_t^2/2 + t_p\sigma_t)} \tag{1-21}$$

式中，$\sigma_t^2 = \frac{S_e^2}{n}\left(1+\frac{S_e^2}{2}\right)$；$t_p$ 为从 t 分布表（附表 1-1）中查得的值。

例 1-1　设从一金矿床取样 10 个，取样品位服从二参数对数正态分布，即 $\beta=0$。应用式（1-12）~式（1-14）计算，得对数均值 $\bar{y}=0.600$，几何均值 $\hat{m}=1.822$，对数方差 $S_e^2=0.050$。试估计矿体的平均品位和 90%置信区间。

解：从附表 1-2 中查得：当 $S_e^2=0.04$ 和 $n=10$ 时，$\gamma=1.020$；当 $S_e^2=0.06$ 和 $n=10$ 时，$\gamma=1.030$。因此，对于 $S_e^2=0.05$ 和 $n=10$，线性插值得 $\gamma=1.025$。应用公式（1-17），算得平均品位的估计值为：

$$\hat{\mu} = 1.822 \times 1.025 = 1.868$$

置信度为 90%（即 0.9）时，$p=0.05$，$1-p=0.95$。从附表 1-3a 和附表 1-3b 中分别查得：$\psi_{0.95}=1.194$；$\psi_{0.05}=0.897$，因此，置信区间为：

上限：
$$\mu_{0.95} = \hat{\mu}\psi_{0.95} = 1.868\times1.194 = 2.230$$

下限：
$$\mu_{0.05} = \hat{\mu}\psi_{0.05} = 1.868\times0.897 = 1.676$$

也就是说，有 90%的可能性，平均品位的真值 μ 是在 1.676~2.230 之间。

1.3　边界品位与矿量

简单讲，边界品位是用于区分矿石与废石的临界品位值，矿床中高于边界品位的部分是矿石，低于边界品位的是废石。很显然，边界品位定得越高，矿石量也就越小。因此，边界品位是一个重要的参数，它的取值将通过矿石量及其空间分布影响矿山的生产规模、开采寿命和矿山开采规划。在一定的技术经济条件下，就一给定矿床而言，存在着一个使整个矿山的总经济效益达到最大的最佳边界品位。边界品位的确定是矿业界的重要科研课题之一。

将一系列边界品位和与之相对应的矿石量绘成曲线，就形成所谓的品位-矿量曲线，如图 1-11 所示。由上面对边界品位的定义可知，品位-矿量曲线是一条递减曲线。由于品位-矿量曲线指明了任一给定边界品位条件下的矿石量，它是对矿床进行初步技术经济评价的一个重要依据。

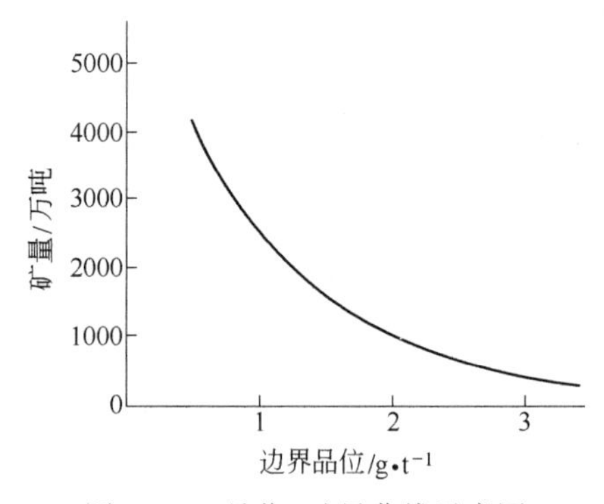

图 1-11　品位-矿量曲线示意图

当品位服从均值为 μ 和方差为 σ^2 的正态分布时，品位-矿量曲线上的每一点可由下式求得：

$$T_c = T\varphi(u_c) \tag{1-22}$$

式中　T——总矿岩量，即边界品位为零的“矿量”，对于一给定矿床或矿床中的一给定区域，T 是已知的；

$\varphi(u_c)$——高斯函数，即标准正态分布从 u_c 到∞ 的积分：

$$\varphi(u_c) = \frac{1}{\sqrt{2\pi}}\int_{u_c}^{\infty} e^{-t^2/2}dt \tag{1-23}$$

式中，u_c 为边界品位 g_c 的标准正态变量，即

$$u_c = \frac{g_c - \mu}{\sigma} \tag{1-24}$$

T_c 中含有的金属量 Q_c 可由下式计算：

$$Q_c = T\mu\varphi(u_c) + T\frac{\sigma}{\sqrt{2\pi}}e^{-u_c^2/2} \tag{1-25}$$

矿石中含有的金属量 Q_c 与边界品位 g_c 之间的关系曲线称为**品位-金属量曲线**，它也是一

条递减曲线。

对应于边界品位 g_c 的矿石平均品位，即品位高于边界品位 g_c 的那部分物料的平均品位为：

$$G_c = \frac{Q_c}{T_c} \tag{1-26}$$

当品位服从三参数对数正态分布时，可用下面的公式计算品位-矿量曲线：

$$T_c = T\varphi(u_{c1}) \tag{1-27}$$

式中，φ 和 T 与正态分布条件下的定义相同；u_{c1} 为：

$$u_{c1} = \frac{1}{\sigma_e}\ln\frac{g_c + \beta}{\mu + \beta} + \frac{\sigma_e}{2} \tag{1-28}$$

T_c 中的金属含量 Q_c 为：

$$Q_c = T\mu\varphi(u_{c2}) + \beta[\varphi(u_{c2}) - \varphi(u_{c1})] \tag{1-29}$$

式中，u_{c2} 由下式算得：

$$u_{c2} = u_{c1} - \sigma_e \tag{1-30}$$

应用品位-矿量曲线进行品位、矿量分析时，必须注意以下几点：

（1）品位分布是从样品值的分布得出的，分布的特征值 μ，σ 或 σ_e 是未知的，计算中只能用它们的估计值 $\hat{\mu}$，S 或 S_e。

（2）露天开采时，矿石不是以几千克大小的样品为单位采出的。对于选定的开采设备（电铲）和台阶高度，存在所谓的最小选别单元（SMU），矿床中的矿石是以 SMU 为单元采出的。SMU 在体积上要比样品大得多，如果把整个矿床分成体积为 SMU 的小块（称为单元体），那么这些小块的品位分布较样品品位分布更为集中（即方差更小）。因此，根据样品分布计算得出的品位-矿量曲线，并不能用来预报将被采出的品位-矿量关系。

（3）单元体的真实品位是未知的。单元体是否是矿石，不是根据其真实品位确定的，而是根据对单元体的品位的估计值确定的。由于估计有误差，根据估计值得出的品位-矿量曲线与实际采出的品位-矿量关系有一定的差别。

1.4 合理边界品位的确定

边界品位是区分矿石与废石（或称岩石）的临界品位，矿床中高于边界品位的块段为矿石，低于边界品位的块段为废石。从上一节中介绍的品位-矿量和品位-金属量曲线可知，边界品位的选择直接影响到可采矿石储量及其金属含量，进而影响矿山的生产规模、最终开采境界、设备选型和矿山生产寿命。因此，边界品位是一个对矿山总体经济效益有重大影响的技术经济参数。

国内矿山多采用“双指标”边界品位，即“地质边界品位”和“最小工业品位”，前者小于后者。品位大于等于最小工业品位的块段有工业开采价值，是开采加工的对象，称为**表内矿**；品位介于两者之间的矿段称为**表外矿**；品位低于地质边界品位的块段称为废石。国际上通用的是“单指标”边界品位，没有表内矿和表外矿之分。单指标边界品位相当于双指标边界品位中的最低工业品位，但又不完全等同。

实际上，边界品位的作用是在两种不同的情况下做出合理的选择：即采还是不采；采出后是送往选厂还是送往排土场。由于在市场经济条件下，矿业投资者的主要经营目的是获取利润，因此进行决策选择的基本准则是经济准则，即在两种选择中选取经济效益最好者。没有开采价值的块段不会增加矿山企业的收益，或不予开采，或采出后作为废石送往排土场。当为了满足短期矿量需求将部分表外矿作为矿石送往选厂时，实质上是等于将单指标边界品位临时降低了。故在任何时候，只要将某一块段采出并送往选厂，该块段就是矿石，否则就是废石。采用双指标边界品位将矿石划分为表内、表外矿意义不大。本节讨论的边界品位是单指标边界品位。

1.4.1　盈亏平衡品位计算

一个给定块段的品位越高，其开采价值就越大。只要块段中所含矿物的价值高于其开采与加工等费用，将其作为矿石开采加工就可以使矿山企业的总盈利增加。使矿物的价值等于其开采加工等费用的品位称为**盈亏平衡品位**。当对一个矿段的处理存在两种选择时，应对两种选择进行比较，取最有利者（盈利最大或亏损最小者）。使两种选择的经济效益相等的品位称为**两种选择之间的盈亏平衡品位**。实践中常将盈亏平衡品位作为边界品位，在两种选择之间进行决策。

1.4.1.1　价值与成本计算

令 M_c 为1t矿石的开采与加工成本；M_v 为1t品位为1的矿石被加工成最终产品能够带来的经济收入。当最终产品为金属时

$$M_c = C_m + C_p + C'_r \tag{1-31}$$

式中　C_m，C_p，C'_r——1t原矿的采矿成本、选矿成本和冶炼成本。

C_m 和 C_p 是按每吨原矿计算的，而冶炼成本一般按每吨精矿计算：

$$C'_r = \frac{g r_p}{g_p} C_r \tag{1-32}$$

式中　g——原矿品位；

r_p——选矿金属回收率；

g_p——精矿品位；

C_r——每吨精矿的冶炼成本。

故矿石的开采与加工成本为：

$$M_c = C_m + C_p + \frac{g r_p}{g_p} C_r \tag{1-33}$$

若金属的售价为 P_r，冶炼回收率为 r_r，M_v 可用下式计算：

$$M_v = r_p r_r P_r \tag{1-34}$$

当最终产品为精矿时：

$$M_c = C_m + C_p \tag{1-35}$$

$$M_v = \frac{r_p}{g_p} P_p \tag{1-36}$$

式中　P_p——每吨精矿售价。

1.4.1.2 可以不采块段的盈亏平衡品位

设某一块段可以采也可以不采。这时需要做的决策是采与不采，这两种选择间的盈亏平衡品位 g_c 应满足以下条件：

开采盈利=不开采盈利

因为该块段可以不采，所以要开采就是作为矿石开采，故

$$开采盈利 = g_c M_v - M_c$$

若不予开采，盈利为零。所以有：

$$g_c M_v - M_c = 0$$

$$g_c = \frac{M_c}{M_v} \tag{1-37}$$

当最终产品为金属时，将式（1-33）和式（1-34）代入上式，得：

$$g_c = \frac{C_m + C_p}{r_p r_r P_r - \dfrac{r_p}{g_p} C_r} \tag{1-38}$$

当最终产品为精矿时，将式（1-35）和式（1-36）代入式（1-37），得：

$$g_c = \frac{(C_m + C_p) g_p}{r_p P_p} \tag{1-39}$$

因此，当块段的品位大于 g_c 时，应将其作为矿石开采，否则不予开采。

1.4.1.3 必采块段的盈亏平衡品位

如果某一块段必须被开采（如为了揭露其下面的矿石），那么对该块段的决策选择有：作为矿石开采后送往选厂，或作为废石采出后送往排土场。这两种选择间的盈亏平衡品位 g_c 应满足以下条件：

作为矿石处理的盈利=作为废石处理的盈利

作为矿石处理时的盈利 $= g_c M_v - M_c$

作为废石处理时的盈利 $= -W_c$（即1t废石的剥离和排土成本）

故有

$$g_c M_v - M_c = -W_c$$

即

$$g_c = \frac{M_c - W_c}{M_v} \tag{1-40}$$

当最终产品为金属时：

$$g_c = \frac{C_m + C_p - W_c}{r_p r_r P_r - \dfrac{r_p}{g_p} C_r} \tag{1-41}$$

当最终产品为精矿时：

$$g_c = \frac{(C_m + C_p - W_c) g_p}{r_p P_p} \tag{1-42}$$

因此，当块段品位高于 g_c 时，将其作为矿石送往选厂要比作为废石送往排土场更为有利。值得注意的是，当块段的品位刚刚高于 g_c 时，将其作为矿石并不能获得盈利，

然而既然块段必须采出，将其作为矿石处理的亏损小于作为废石处理的成本，故仍然将其划为矿石。

1.4.1.4　分期扩帮盈亏平衡品位

露天矿采用分期开采时，从一个分期境界到下一个分期境界之间的区域称为**分期扩帮区域**。是否进行下一期扩帮，取决于开采分期扩帮区域是否能带来盈利。进行这一决策的盈亏平衡品位应满足以下条件：

扩帮盈利=不扩帮盈利

当分期扩帮区域内矿石的平均品位为 g_c，平均剥采比（岩石量：矿石量）为 R 时，

$$扩帮盈利=g_cM_v-M_c-RW_c$$

$$不扩帮盈利=0$$

故

$$g_cM_v-M_c-RW_c=0$$

即

$$g_c=\frac{M_c+RW_c}{M_v} \tag{1-43}$$

当最终产品为金属时：

$$g_c=\frac{C_m+C_p+RW_c}{r_pr_rP_r-\dfrac{r_p}{g_p}C_r} \tag{1-44}$$

当最终产品为精矿时：

$$g_c=\frac{(C_m+C_p+RW_c)g_p}{r_pP_p} \tag{1-45}$$

式中，g_c 称为分期扩帮盈亏平衡品位。如果分期扩帮区域内矿石的平均品位高于 g_c，将其开采比不开采更为有利。

必须注意的是，上面公式中用到剥采比 R。要计算分期扩帮区域的平均剥采比 R，就必须知道该区域内的矿石量和岩石量，这意味着在计算分期扩帮盈亏平衡品位前，已经在该区域中进行了矿岩划分，而矿岩划分需要用到边界品位。因此，首先假设决定开采分区扩帮区域，该区域变为必采区域，按上述必采块段的盈亏平衡品位计算方法计算边界品位，将该区域内每一块段按这一边界品位进行矿岩划分，得出区域内的矿石量、岩石量和剥采比 R，再按照式（1-44）或式（1-45）计算分期扩帮盈亏平衡品位。如果分期扩帮区域内矿石的平均品位高于分期扩帮盈亏平衡品位，开采分期扩帮区域比不予开采更为有利。这里需要强调的是，计算分期扩帮盈亏平衡品位的目的不是区分矿岩，而是决定是否开采整个分期扩帮区域。

1.4.2　最大现值法（Lane 法）确定边界品位

以盈亏平衡品位作为边界品位进行矿岩划分时，只要开采与加工一个单元地段能带来盈利，就将其作为矿石开采，这样划分的结果是使总盈利达到最大。因此，盈亏平衡品位的计算实质上是从静态经济观点进行经济评价的。由于资金的时间价值（即同样数额的盈利在当前和几年后具有不同的经济效益），一般用的是动态经济评价指标，即现值指标。所谓现值，就是将各年的现金流用一给定的折现率折现到项目零点的和，即

$$PV = \sum_{i=1}^{n} \frac{V_i}{(1+d)^i} \tag{1-46}$$

式中 PV——现值；

n——项目寿命，a；

V_i——从项目零点算起第 i 年末的现金流；

d——折现率。

确定边界品位的最大现值法就是以矿山生产寿命期各年现金流的总现值最大为目标，求每年应该采用的边界品位。由于这一方法是 Lane 在 1964 年首先发表的，故也称为 Lane 法。

1.4.2.1 盈利及现值计算

这里假设矿山企业是以金属为最终产品的联合企业，包括开采、选矿和冶炼三个阶段，每一阶段具有自己的最大生产能力和单位生产成本。为叙述方便，定义以下符号：

M：采场最大生产能力，即每年能够采出的最大矿、岩总量；

m：单位开采成本，即开采单位物料的成本，包括穿孔、爆破、采装、运输、取样化验等成本，设矿石和岩石的开采成本相同；

C：选厂最大生产能力，即选厂每年能够处理的矿石（原矿）量；

c：单位选矿成本，即选厂处理单位矿石（原矿）的成本，包括破碎、磨矿、浮选（磁选或其他流程）、取样化验等成本；

R：冶炼厂最大生产能力，为方便起见，冶炼厂的生产能力以每年能够生产的最终产品（金属）表示，并假设送入冶炼厂的精矿品位是常数；

r：单位冶炼成本，即生产单位金属的冶炼成本，包括冶炼、精炼（有的金属不需要精炼）、包装、运输、保险、销售等成本；

f：不变成本，即在一定的产量范围内与产量无关的成本，包括管理费用、道路和建筑物的维修费用、租金等，但不包括设备折旧，不变成本的单位是“元/a”；

s：最终产品单位售价；

y：综合回收率，即选矿回收率和冶炼回收率的乘积。

设从现在起的一段时间增量内，考虑开采的矿、岩总量为 Q_m，这一时间增量为一年或几个月。那么，发生的开采费用为 mQ_m。Q_m 的一部分为矿石，虽然在边界品位未知的情况下无法确定 Q_m 中含有的矿石量，但可设 Q_m 中的矿石量为 Q_c，故选矿费用为 cQ_c。设 Q_c 吨矿石经选冶后得到的最终产品量为 Q_r，那么冶炼费用为 rQ_r。若开采 Q_m 并将矿石加工成最终产品的时间跨度为 T（即上面提到的时间增量），则不变费用为 fT（T 应该是开采时间、选矿时间和冶炼时间中的最大者）。这样，开采 Q_m 的盈利 P 为：

$$P = (s-r)Q_r - cQ_c - mQ_m - fT \tag{1-47}$$

上式是计算盈利的基本公式。然而，我们的决策目标不是总盈利最大，而是现值最大。所以，需要构造一个开采 Q_m 可以带来的现值增量（即开采 Q_m 对总现值的贡献量）的表达式。

设折现率为 d，从当前时间算起一直到矿山开采结束的未来盈利，折现到当前的现值为 V；从开采完 Q_m（即时间 T）算起一直到矿山开采结束的未来盈利折现到 T 的现值为 W。那么有：

$$V = W/(1+d)^T + P/(1+d)^T$$

或

$$W+P=V(1+d)^T$$

由于 d 较小（一般为0.1左右），$(1+d)^T$ 可用泰勒级数的一次项近似，即

$$(1+d)^T \approx 1+Td$$

所以有

$$W+P=V(1+Td)$$

或

$$V-W=P-VTd$$

$V-W$ 即为开采 Q_m 产生的现值增量，记为 ΔV，则有

$$\Delta V = P - VTd$$

将式（1-47）代入上式，得：

$$\Delta V = (s-r)Q_r - cQ_c - mQ_m - (f+Vd)T \tag{1-48}$$

式（1-48）是现值增量的基本表达式。求作用于 Q_m 的最佳边界品位，就是求使 ΔV 最大的边界品位。由于 Q_m 是在当前时点考虑的下一个时间增量 T（如下一年）的开采量，那么将当前时点逐步（逐年）向后移，每开采一个 Q_m 对总现值的贡献值最大，意味着总现值最大。因此，ΔV 最大与总现值最大是一致的。

1.4.2.2 生产能力约束下的最佳边界品位

由于企业生产由采、选、冶三个阶段组成，每一阶段有其自己的最大生产能力，当不同阶段成为整个生产过程的瓶颈，即其生产能力制约着整个企业的生产能力时，最佳边界品位也不同。

A 采场生产能力约束下的最佳边界品位

当采场的生产能力制约着整个企业的生产能力时，时间 T 是由开采时间决定的，即 $T=Q_m/M$。这时的现值增量记为 ΔV_m，式（1-48）变为：

$$\Delta V_m = (s-r)Q_r - cQ_c - \left(m + \frac{f+Vd}{M}\right)Q_m \tag{1-49}$$

由于 Q_m 为矿岩总量，不随边界品位变化。故使 ΔV_m 最大的边界品位是使 $(s-r)Q_r-cQ_c$ 最大的边界品位。最终产品量 Q_r 为：

$$Q_r = gyQ_c \tag{1-50}$$

式中 g——Q_c 的平均品位（即矿石的平均品位）。

因此，使 ΔV_m 最大的边界品位，等同于确定一个满足下式的边界品位：

$$\max\{[(s-r)gy-c]Q_c\} \tag{1-51}$$

用微分的概念，把矿岩量 Q_m 分为许多很小的单元块，每个单元块的量为 ΔQ，如果一个单元块的品位 g 能使 $(s-r)gy-c>0$，则

$$[(s-r)gy-c]\Delta Q > 0$$

那么，将该单元块作为矿石开采（即作为 Q_c 的组成部分），对式（1-51）的贡献为正；否则就不作为 Q_c 的组成部分。所以，满足式（1-51）的边界品位，记为 g_m，应满足

$$(s-r)g_m y - c = 0$$

即

$$g_m = \frac{c}{(s-r)y} \tag{1-52}$$

g_m 就是采场生产能力约束下的最佳边界品位。

B　选厂生产能力约束下的最佳边界品位

当选厂生产能力制约着整个企业的生产能力时，时间 T 是由选矿时间决定的，即 $T=Q_c/C$。这时的现值增量记为 ΔV_c，式（1-48）变为：

$$\Delta V_c = (s-r)Q_r - \left(c + \frac{f+Vd}{C}\right)Q_c - mQ_m \tag{1-53}$$

通过与上面同样的分析，使 ΔV_c 最大的边界品位为：

$$g_c = \frac{c + \dfrac{f+Vd}{C}}{(s-r)y} \tag{1-54}$$

C　冶炼厂生产能力约束下的最佳边界品位

当冶炼生产能力制约着整个企业的生产能力时，时间 T 由冶炼时间给出，即 $T=Q_r/R$。这时的现值增量记为 ΔV_r，式（1-48）变为：

$$\Delta V_r = \left(s - r - \frac{f+Vd}{R}\right)Q_r - cQ_c - mQ_m \tag{1-55}$$

使 ΔV_r 最大的边界品位为：

$$g_r = \frac{c}{\left(s - r - \dfrac{f+Vd}{R}\right)y} \tag{1-56}$$

1.4.2.3　生产能力平衡条件下的边界品位

矿石量和金属产量是边界品位的函数。对于不同的边界品位，可由品位的统计分布求出对应的矿石量和金属量，得出品位-矿量和品位-金属量曲线（见本章1.3节）。使矿岩总量与矿石量之比等于最大采场生产能力与选厂生产能力之比的边界品位，称为采选平衡边界品位，记为 g_{mc}。g_{mc} 应满足下列条件：

$$\frac{Q_c}{Q_m} = \frac{C}{M} \tag{1-57}$$

也就是说，当采场与选厂均以最大生产能力满负荷运行时，在采场开采 Q_m 所需的时间里，选厂能够处理的矿石恰好是以 g_{mc} 为边界品位得到的矿量 Q_c。

同理，满足以下等式的边界品位称为采冶平衡边界品位，记为 g_{mr}。

$$\frac{Q_r}{Q_m} = \frac{R}{M} \tag{1-58}$$

满足以下等式的边界品位称为选冶平衡边界品位，记为 g_{cr}。

$$\frac{Q_r}{Q_c} = \frac{R}{C} \tag{1-59}$$

1.4.2.4　最佳边界品位

从上面的讨论中得到六个边界品位，即分别以采、选、冶中一个阶段的生产能力为约束的边界品位 g_m、g_c 和 g_r 以及使每两个阶段生产能力达到平衡的三个边界品位 g_{mc}、g_{mr} 和 g_{cr}。最佳边界品位是这六个边界品位之一。

首先考虑只有采场和选厂的情形。当边界品位变化时，Q_c 与 Q_r 随之变化。因此，以采场生产能力为约束的现值增量 ΔV_m 和以选厂生产能力为约束的现值增量 ΔV_c 也随之变化。当边界品位较低时，$\Delta V_m>\Delta V_c$；随着边界品位的增加，两者逐渐靠近；当边界品位等于 g_{mc} 时，$\Delta V_m=\Delta V_c$，之后 $\Delta V_m<\Delta V_c$。这一变化过程可用图 1-12 表示。

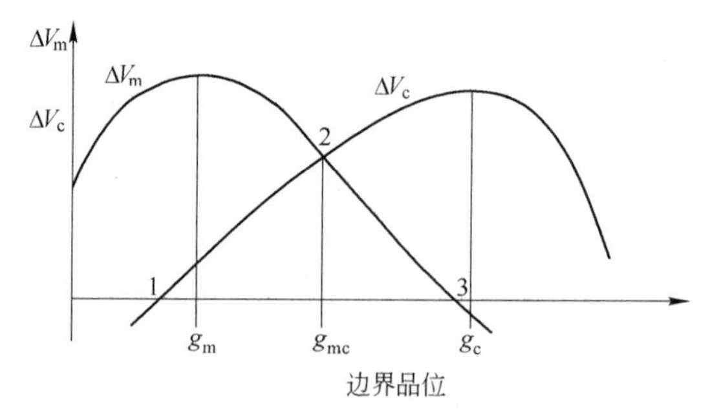

图 1-12　ΔV_m 与 ΔV_c 随边界品位变化示意图（情形Ⅰ）

当同时考虑采、选双重约束时，在任一边界品位处可获得的最大现值增量是 ΔV_m 和 ΔV_c 中的较小者，即图 1-12 中 1-2-3 部分。这种情形下，最佳边界品位是 1-2-3 区域的最高点 2 处的边界品位，即 g_{mc}。

还可能出现图 1-13 和图 1-14 所示的两种情形。在图 1-13 所示的情形中，最佳边界品位为 g_m；在图 1-14 所示的情形中，最佳边界品位为 g_c。

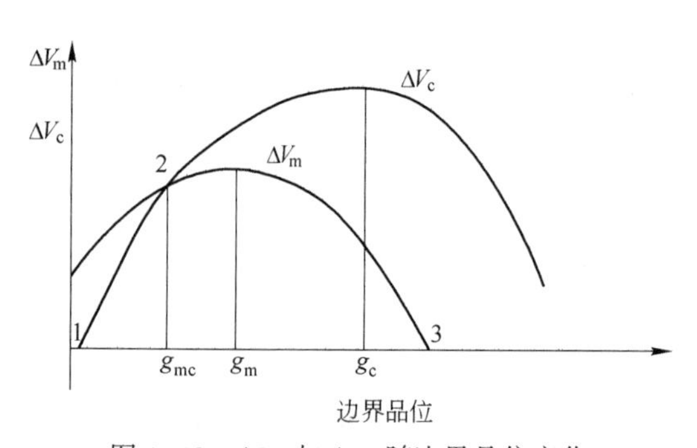

图 1-13　ΔV_m 与 ΔV_c 随边界品位变化示意图（情形Ⅱ）

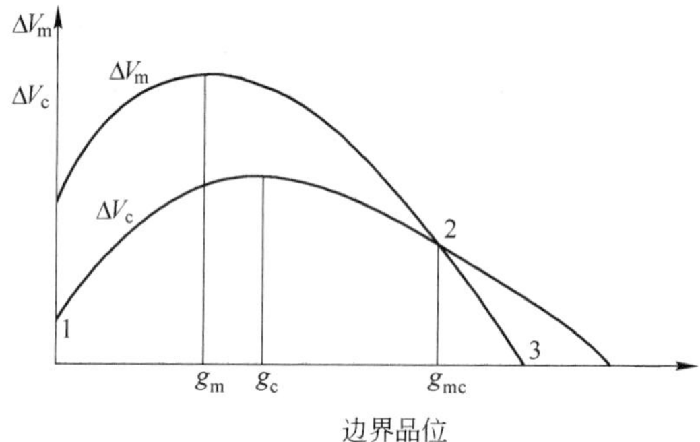

图 1-14　ΔV_m 与 ΔV_c 随边界品位变化示意图（情形Ⅲ）

总结上述讨论，当同时考虑采场与选厂时，最佳边界品位 G_{mc} 可用下式求得：

$$\left.\begin{aligned} G_{mc}&=g_m, &\text{如果}\quad & g_{mc}\leqslant g_m\\ G_{mc}&=g_c, &\text{如果}\quad & g_{mc}\geqslant g_c\\ G_{mc}&=g_{mc}, &\text{如果}\quad & g_m<g_{mc}<g_c \end{aligned}\right\}\tag{1-60}$$

用同样的分析，可以得出同时考虑采场与冶炼厂时的最佳边界品位 G_{mr}：

$$\left.\begin{aligned} G_{mr}&=g_m, &\text{如果}\quad & g_{mr}\leqslant g_m\\ G_{mr}&=g_r, &\text{如果}\quad & g_{mr}\geqslant g_r\\ G_{mr}&=g_{mr}, &\text{如果}\quad & g_m<g_{mr}<g_r \end{aligned}\right\}\tag{1-61}$$

同时考虑选厂与冶炼厂时的最佳边界品位 G_{cr} 为：

$$
\left.\begin{aligned}
G_{cr} &= g_r, & \text{如果} \quad & g_{cr} \leqslant g_r \\
G_{cr} &= g_c, & \text{如果} \quad & g_{cr} \geqslant g_c \\
G_{cr} &= g_{cr}, & \text{如果} \quad & g_r < g_{cr} < g_c
\end{aligned}\right\} \tag{1-62}
$$

当同时考虑采、选、冶三个阶段的约束时，在任一边界品位处，企业可能获得的最大现值增量为 ΔV_m、ΔV_c 和 ΔV_r 中的最小者，如图 1-15 所示。因此，整体最佳边界品位 G 是图 1-15 中 1-2-3-4 上的最高点所对应的边界品位。可以证明，最佳边界品位总是 G_{mc}、G_{mr} 和 G_{cr} 三者中大小为中间者，即

$$
G = \text{中值}(G_{mc},\ G_{mr},\ G_{cr}) \tag{1-63}
$$

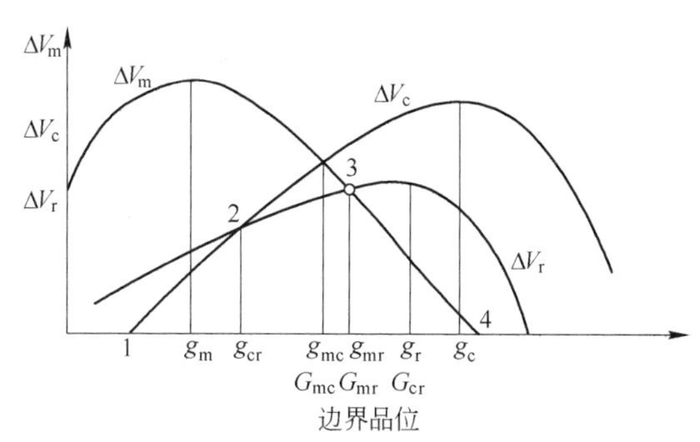

图 1-15　ΔV_m、ΔV_c 和 ΔV_r 随边界品位变化示意图

1.4.2.5　算法与算例

计算 g_c 和 g_r 时需要用到现值 V，而现值 V 在确定边界品位前是未知的。因此，求最佳边界品位需要进行迭代运算。具体步骤如下：

第 1 步：根据采、选、冶最大生产能力计算生产能力平衡品位 g_{mc}、g_{mr} 和 g_{cr}。由于最大生产能力不变，因此它们是固定值。

第 2 步：计算以采场生产能力为约束的边界品位 g_m。由于 g_m 与 V 无关，因此 g_m 也是固定值。

第 3 步：令 $V=0$。

第 4 步：计算 g_c 和 g_r，并确定最佳边界品位 G。根据品位分布计算边界品位为 G 时矿床的总矿量 Q_{ct} 和总金属量 Q_{rt}。

第 5 步：计算当边界品位为 G 时，采、选、冶各阶段满负荷运行时所需的时间，需要时间最长的阶段即为瓶颈阶段（即制约整个企业生产能力的阶段）。

第 6 步：计算使瓶颈阶段满负荷运行时其他阶段的年产量，这一产量小于对应阶段的最大生产能力。

第 7 步：根据各阶段的产量计算年盈利 P，并计算现值 V_1。

第 8 步：令 $V=V_1$，返回到第 4 步求得最佳边界品位 G。若新的 G 与上一次迭代得到的 G 不同，继续迭代；否则，停止迭代。迭代结果是第一年的最佳边界品位以及对应的开采量。

第 9 步：将第一年的开采量从总储量中去掉，得到第一年末（第二年初）的储量。假设品位分布不变。重复上述第 3～第 8 步，即可求得第二年的最佳边界品位。以此类推，直至总储量被采完，就得到了各年的最佳边界品位。

以 Lane 方法计算边界品位，用到一个基本假设：矿床中品位的统计学分布处处相同，即矿床内不同区域的品位分布相同，且等于整个矿床的品位分布。

例 1-2　采场最大生产能力（矿岩）$M=100$ 万吨/年，单位开采成本（矿岩）$m=1$ 元/t，选厂最大生产能力（原矿）$C=50$ 万吨/年，单位选矿成本（原矿）$c=2$ 元/t，冶炼厂最大生产能力（金属）$R=40$ 万千克/年，单位冶炼成本（金属）$r=5$ 元/kg，金属售价 $s=25$ 元/kg，综合回收率 $y=100\%$，不变成本 $f=300$ 万元/年，总矿岩量 $Q_{mt}=1000$ 万吨，折现率 $d=15\%$。为简便起见，假设矿床品位服从表 1-3 中的均匀分布。试用 Lane 法计算边界品位。

表 1-3　矿床品位的统计学分布

品位段/kg·t^{-1}	储量/万吨	品位段/kg·t^{-1}	储量/万吨
0.0~0.1	100	0.6~0.7	100
0.1~0.2	100	0.7~0.8	100
0.2~0.3	100	0.8~0.9	100
0.3~0.4	100	0.9~1.0	100
0.4~0.5	100	总计	1000
0.5~0.6	100		

解：首先计算品位-矿量曲线和品位-金属量曲线。计算结果列入表 1-4 中。

表 1-4　不同边界品位下的矿量与金属量

边界品位 G/kg·t^{-1}	矿量 Q_{ct}/万吨	金属量 Q_{rt}/万千克	边界品位 G/kg·t^{-1}	矿量 Q_{ct}/万吨	金属量 Q_{rt}/万千克
0.0	1000	500	0.5	500	375
0.1	900	495	0.6	400	320
0.2	800	480	0.7	300	255
0.3	700	455	0.8	200	180
0.4	600	420	0.9	100	95

g_{mc} 是使 $Q_c/Q_m=C/M=50/100=0.5$ 的边界品位，由于无论 Q_m 等于多少，它是总储量 Q_{mt} 的一部分，根据上述假设，Q_m 中品位的分布与 Q_{mt} 中品位的分布相同，因此 $Q_c/Q_m=Q_{ct}/Q_{mt}=0.5$，即 $Q_{ct}=0.5\times Q_{mt}=500$。从表 1-4 可知，$Q_{ct}=500$ 时的边界品位为 0.5，故 $g_{mc}=0.5$。

g_{mr} 是使 $Q_r/Q_m=R/M=40/100=0.4$ 的边界品位。与上面理由相同，$Q_{rt}/Q_{mt}=0.4$，$Q_{rt}=0.4\times1000=400$。从表 1-4 可知，g_{mr} 介于 0.4 与 0.5 之间，利用线性插值得 $g_{mr}=0.444$。

g_{cr} 是使 $Q_r/Q_c=R/C=40/50=0.8$ 的边界品位，也是使 $Q_{rt}/Q_{ct}=0.8$ 的边界品位。从表 1-4 可知，当边界品位为 0.6 时，$Q_{rt}=320$，$Q_{ct}=400$，两者之比为 0.8，故 $g_{cr}=0.6$。

$$g_m=\frac{c}{(s-r)y}=\frac{2}{(25-5)\times1}=0.1$$

令 $V=0$，有

$$g_c = \frac{c + \frac{f + Vd}{C}}{(s - r)y} = \frac{2 + \frac{300}{50}}{(25 - 5) \times 1} = 0.4$$

$$g_r = \frac{c}{\left(s - r - \frac{f + Vd}{R}\right)y} = \frac{2}{\left(25 - 5 - \frac{300}{40}\right) \times 1} = 0.16$$

由于 $g_{mc} > g_c$，$G_{mc} = g_c = 0.4$；$g_{mr} > g_r$，$G_{mr} = g_r = 0.16$；$g_{cr} > g_c$，$G_{cr} = g_c = 0.4$，因此取 G_{mc}、G_{mr} 和 G_{cr} 三者中大小为中间者，得 $G = 0.4$。

从表 1-4 可知，当边界品位 $G = 0.4$ 时，矿量 $Q_{ct} = 600$，金属量 $Q_{rt} = 420$。按最大生产能力计算三个阶段所需时间：采场的采剥时间 $T_m = 1000/100 = 10$a，选厂的选矿时间 $T_c = 600/50 = 12$a，冶炼厂的冶炼时间 $T_r = 420/40 = 10.5$a。所以，选厂是瓶颈。实际上，$G = g_c$ 意味着整个企业的生产能力受选厂生产能力的约束，不用计算时间也可以从 G 的选择上确定瓶颈阶段。

由于边界品位 G 是受选厂生产能力约束的边界品位，所以选厂满负荷运行，年产量 $Q_c = C = 50$ 万吨。从表 1-4 可知，当边界品位为 0.4 时，总矿量 $Q_{ct} = 600$ 万吨。因此，按所选定的边界品位开采，为选厂提供 50 万吨矿石所要求的采场的年矿岩产量为 $Q_m = 50 \times 1000/600 = 83.3$ 万吨。当边界品位为 0.4 时，600 万吨矿石含有的金属量为 420 万千克。故 50 万吨矿石产量所对应的金属产量为 $Q_r = 50 \times 420/600 = 35$ 万千克。

年盈利为：

$$\begin{aligned} P &= (s - r)Q_r - cQ_c - mQ_m - fT \\ &= (25 - 5) \times 35 - 2 \times 50 - 1 \times 83.3 - 300 \times 1 \\ &= 216.7 \text{ 万元} \end{aligned}$$

将储量开采完需要 12 年。每年盈利为 P，12 年的现值为：

$$V = \sum_{i=1}^{12} \frac{P}{(1 + d)^i} = 1174.6 \text{ 万元}$$

基于这一新的 V 值，计算新的 g_c 和 g_r，得 $g_c = 0.576$，$g_r = 0.247$。其他品位不变，即 $g_m = 0.1$，$g_{mc} = 0.5$，$g_{mr} = 0.444$，$g_{cr} = 0.6$。

依据最佳品位确定原则得 $G = 0.5$。由于 $G = g_{mc}$，所以采场与选厂均以满负荷运行，达到生产能力平衡。故 $Q_c = 50$，$Q_m = 100$。从表 1-4 查得：当边界品位为 0.5 时，总矿量为 500 万吨，总金属量为 375 万千克。所以金属年产量 $Q_r = 50 \times 375/500 = 37.5$ 万千克。年盈利为 $P = 250$ 万元。生产年限为 10 年，现值为 $V = 1254.7$ 万元。

以 $V = 1254.7$ 重复以上计算，得到的最佳边界品位为 $G = 0.5$，与上次迭代结果相同。因此第一年的最佳边界品位为 0.5，采场、选厂和冶炼厂的产量分别为 100 万吨，50 万吨和 37.5 万千克。

经过第一年的开采，总矿岩量变为 900 万吨，这 900 万吨的矿岩在各品位段的分布密度保持不变，表 1-3 变为表 1-5。以表 1-5 为新的品位分布，计算不同边界品位（0.1～0.9）下的矿量与金属量，以 $V = 0$ 为初始现值，重复第一年的步骤，可求得第二年的最佳边界品位和采、选、冶三个阶段的产量。这样逐年计算，最后结果列于表 1-6。从此表可以看出，前七年中，采场与选厂以满负荷运行（两者的生产能力达到平衡），此后，选厂变为瓶颈。

表 1-5　第一年末储量品位分布表

品位段/kg·t^{-1}	储量/万吨	品位段/kg·t^{-1}	储量/万吨
0~0.1	90	0.6~0.7	90
0.1~0.2	90	0.7~0.8	90
0.2~0.3	90	0.8~0.9	90
0.3~0.4	90	0.9~1.0	90
0.4~0.5	90	总计	900
0.5~0.6	90		

表 1-6　最佳边界品位的计算结果

年	边界品位/kg·t^{-1}	矿岩产量/万吨	矿石产量/万吨	金属产量/万千克	年盈利/万元
1	0.5	100	50	37.5	250
2	0.5	100	50	37.5	250
3	0.5	100	50	37.5	250
4	0.5	100	50	37.5	250
5	0.5	100	50	37.5	250
6	0.5	100	50	37.5	250
7	0.5	100	50	37.5	250
8	0.49	97	50	37.1	245
9	0.46	93	50	36.5	238
10	0.44	89	50	35.9	229
11	0.41	21	13	8.8	55

1.4.3　动态规划法确定边界品位

为了使矿床开采的总体动态经济效益最大（即净现值 NPV 最大），边界品位的确定必须考虑两个方面：一是边界品位在时间上的动态特征；二是在空间上的动态特征。换言之，最佳边界品位既随时间变化，又随开采地点变化，而且两者是相互联系的。

在时间上的动态特征已经在上述 Lane 方法中得以考虑，能够确定每一开采时段的边界品位。然而，用 Lane 方法计算边界品位的一个基本假设是：矿床中品位的统计学分布处处相同，即矿床内不同区域的品位分布相同，且等于整个矿床的品位分布。基于这一假设，以 NPV 最大为目标计算的边界品位随时间降低。这一假设和计算结果不符合大多数矿床的实际情况：

(1) 大多数矿床的品位的统计学分布在不同区域有不同的特征，有高品位区和低品位区（即品位的均值随区位变化），不同区域内品位的变化程度也不同，有的区域内品位较为稳定，有的区域内品位变化较大（即品位的方差随区位变化），这种变化在贵重金属和有色金属矿床尤为突出。

（2）在某些矿床采用逐渐降低的边界品位是不合理的。例如，在一个浅部品位低、深部品位高的矿床，开始若干年用较高的边界品位、往后用较低的边界品位，显然是不合理的，因为矿床开采一般是从浅部向深部发展，在开始若干年的低品位区用高的边界品位，会造成重大经济损失。

因此，边界品位的确定必须考虑空间上的动态特征，即不同区域的品位的变化。下面介绍的动态规划法就考虑了这一特征。

1.4.3.1 决策单元

由于要考虑品位在空间上的动态特征，对不同时段的边界品位进行决策时，必须考虑各个时段所开采的区域，基于各区域内品位的统计学分布特征进行决策。进行边界品位决策的每一开采区段称为一个决策单元。

决策单元的划分与采矿方法、品位的分布特征、取样数据密度有关。对于地下开采，矿床在垂直方向上被划分为阶段（或分段），每一阶段（或分段）又一般划分为矿块，矿块是地下开采的最小单元。如果品位变化较大且取样间距小（密度高），一个决策单元可以是一个矿块。有的采矿方法（如分段崩落法）没有明确的矿块划分，决策单元可以是一个分段的一个较短的开采区段。如果品位的空间分布较为稳定，决策单元就可大些，可以把几个矿块合并作为一个决策单元，或者取一个较长的开采区段作为一个决策单元。当勘探程度不够、取样稀少时，小的决策单元中样品太少，无法得出其品位的统计分布。这种情况下，一种方法是采用大决策单元；更好的方法是用较小的单元，用几个相邻单元的联合体内的样品求品位分布，联合体内的每个决策单元都使用这一品位分布。

对于露天开采，如果矿床品位变化较大且取样间距小，可以把长期采剥计划中每年开采的区域作为决策单元；如果品位的空间分布较为稳定或取样间距大，可把采剥计划中相邻几年的开采区域作为决策单元。

决策单元划分的原则是，一个决策单元中的品位统计分布与其相邻单元有明显不同，且决策单元中有足够的样品体现其品位-矿量和品位-金属量关系。不同决策单元的大小和形态一般是不同的。

参照矿床的长期开采计划，把拟开采的整个区域划分出决策单元后，依据决策单元中的样品品位，计算每个决策单元的品位-矿量和品位-金属量曲线（或列表）。

1.4.3.2 动态规划模型

把拟开采的整个区域划分出决策单元后，我们要解决的问题就是确定开采每个决策单元时应该使用的边界品位，以使总净现值最大。

要解决这一问题，不能把一个决策单元的边界品位看作与其他决策单元无关而单独计算，因为一个决策单元的边界品位决策会影响后续决策单元的边界品位。因此，这一问题必须以动态决策方式解决，动态规划适合于求解此类相互关联的动态决策问题。

A 阶段与状态

在动态规划中，把所给问题的过程恰当地分为相互联系的阶段，描述阶段的变量称为阶段变量；把每一阶段所处的状况或条件称为状态，描述状态的变量称为状态变量。一般每个阶段有多个可能的状态。

对于边界品位决策问题，一个决策单元为一个阶段，阶段数等于决策单元数。决策单元具有时间属性，即生产中决策单元是按照开采计划的顺序开采的，每个决策单元有其开采时间。必须按开采先后顺序对决策单元排序，与阶段对应，即第一阶段对应于第一个（最先开采的）决策单元，第二阶段对应于第二个决策单元，依此类推。

状态定义为累计矿量，即一个阶段的某个状态是从开始开采到该阶段末的这一状态所开采的矿石总量。

每一阶段的状态数取决于本阶段及之前各阶段所对应的决策单元的品位分布，以及要求的计算分辨率。以铜矿床为例，假设考虑的最低和最高边界品位分别为 0.5%和 1.2%。第一个决策单元对应于边界品位 0.5%和 1.2%的矿量可以从该单元的品位-矿量关系计算得出，假设分别为 200 万吨和 100 万吨。第一阶段的累计矿量是第一个决策单元可能采出的矿石量，即 100 万～200 万吨，若以 5 万吨为步长（分辨率），第一阶段共有 21 个状态：第一个状态为 100 万吨，第二个状态为 105 万吨，…，第 21 个状态为 200 万吨。假设从第二个决策单元的品位-矿量关系计算的对应于最低边界品位 0.5%和最高边界品位 1.2%的矿量分别为 80 万吨和 50 万吨，那么头两个阶段（头两个决策单元）的累计矿量在 150 万～280 万吨之间，以同样的步长，第二阶段共有 27 个状态：第一个状态为 150 万吨，第二个状态为 155 万吨，…，第 27 个状态为 280 万吨。以此类推，可确定所有阶段的所有状态。不难看出，如此定义的状态变量隐含了每个决策单元的品位的统计学分布和边界品位：一个阶段上的不同状态实质上代表了在该阶段及之前各阶段所对应的各个决策单元的品位分布条件下的边界品位。

B　数学模型

确定了阶段和状态后，就可把它们置于如图 1-16 所示的顺序动态规划网络图中，横轴代表阶段，竖轴代表状态。如上所述，阶段的顺序与开采计划中对应的决策单元的开采

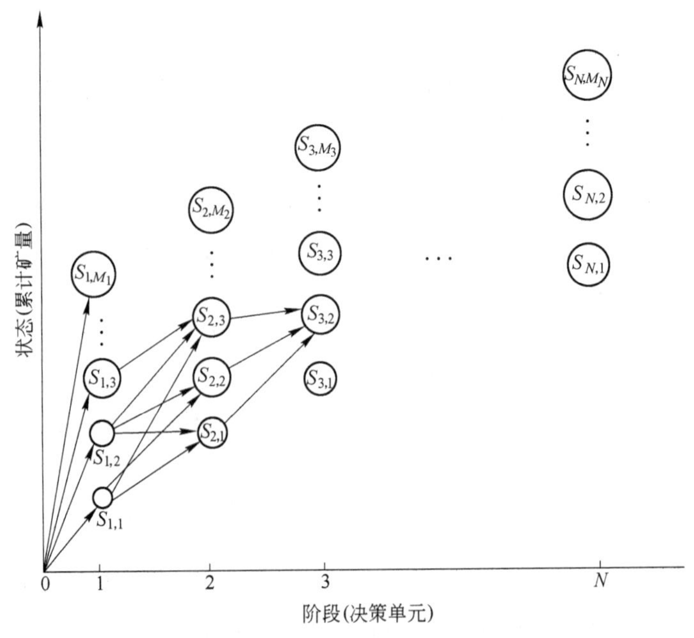

图 1-16　边界品位优化的动态规划网络图

顺序相同，即第一阶段对应于最先开采的单元，第二阶段对应于第二个开采的单元，以此类推。每一阶段的状态按累计矿量从小到大排序，如图中的圆圈所示。图中每一箭线代表一个可能的状态转移。为了清晰起见，图中没有把全部箭线画出。由于累计矿量不可能减小，所以一个阶段的某个状态只能从前一阶段上矿量比该状态小的那些状态“转移而来”。如果图中表示状态的圆圈的相对大小代表累计矿量的相对大小，那么，状态转移箭线只能从小圈指向大圈。

下面以地下开采为例，并假设矿山企业的最终产品为精矿，建立数学模型。为叙述方便，定义以下变量：

N：阶段数；

i：阶段序号，$i=1$，2，…，N；

$S_{i,j}$：阶段 i 的状态 j，$j=1$，2，…，M_i

M_i：阶段 i 上的状态数；

$Q_{i,j}$：状态 $S_{i,j}$ 对应的累计矿量，$Q_{i,j}$ 的计算如上所述；

$T_{i,j}$：从开始沿最佳路径到达 $S_{i,j}$ 需要的时间长度；

$\mathrm{NPV}_{i,j}$：沿最佳路径到达状态 $S_{i,j}$ 时获得的累计 NPV；

$g_{i,j}$：对应于状态 $S_{i,j}$ 的最佳边界品位；

d：折现率；

m_i：阶段 i（开采决策单元 i 时）的计划采矿能力，是每年送入选厂的原矿量，可以是常数；

C_{m}：单位开采成本；

C_{p}：单位选矿成本；

R_{m}：回采率；

R_{p}：选矿金属回收率；

Y：废石混入率；

G_{p}：精矿品位；

P_i：阶段 i 的精矿售价，可以是常数。

考虑阶段 i 的状态 $S_{i,j}$。当 $S_{i,j}$ 是从前一阶段（$i-1$）的状态 $S_{i-1,k}$ 到达时，这一状态转移中在阶段 i 对应的决策单元 i 内开采的矿量 $q_{i,j}(i-1, k)$ 为：

$$q_{i,j}(i-1, k) = Q_{i,j} - Q_{i-1,k} \tag{1-64}$$

该方程建立了相邻阶段上状态之间的联系，称为状态转移方程。

对应于矿量 $q_{i,j}$（$i-1$，k）的边界品位 $g_{i,j}$（$i-1$，k）可以从决策单元 i 的品位-矿量关系求得，即 $g_{i,j}$（$i-1$，k）是满足下式的边界品位：

$$q_{i,j}(i-1, k) = Q\int_{g_{i,j}(i-1,k)}^{\infty} f_i(g)\,\mathrm{d}g \tag{1-65}$$

式中　Q——决策单元 i 对应于边界品位 0 的总量；

f_i（g）——决策单元 i 内矿物品位的分布密度函数，该函数依据落入该单元的样品求得。如果不好求得品位分布密度函数的数学表达式，可根据决策单元内的样品品位计算出不同边界品位的矿量表，查得矿量 $q_{i,j}(i-1, k)$ 对应的边界品位。

在这一状态转移中，按边界品位 $g_{i,j}(i-1, k)$ 开采的矿量 $q_{i,j}(i-1, k)$ 里含有的金属

量记为 $M_{i,j}(i-1,\ k)$，由下式计算：

$$M_{i,j}(i-1,\ k)=Q\int_{g_{i,j}(i-1,\ k)}^{\infty}gf_i(g)\mathrm{d}g \tag{1-66}$$

其中，$M_{i,j}(i-1,\ k)$ 也可以从品位-金属量表中查得。

所以，当状态 $S_{i,j}$ 是从前一阶段（i-1）的状态 $S_{i-1,k}$ 到达时，精矿销售获得的利润 $P_{i,j}(i-1,\ k)$ 可以简单计算如下：

$$P_{i,j}(i-1,\ k)=\frac{M_{i,j}(i-1,\ k)R_{\mathrm{m}}R_{\mathrm{p}}P_i}{G_{\mathrm{p}}}-q_{i,j}(i-1,\ k)R_{\mathrm{m}}\frac{1}{1-Y}(C_{\mathrm{m}}+C_{\mathrm{p}}) \tag{1-67}$$

在决策单元 i 内开采矿量 $q_{i,j}$（i-1，k）需要的时间 $t_{i,j}$（i-1，k）是

$$t_{i,j}(i-1,\ k)=\frac{q_{i,j}(i-1,\ k)R_{\mathrm{m}}}{m_i(1-Y)} \tag{1-68}$$

当状态 $S_{i,j}$ 是从状态 $S_{i-1,k}$ 到达时，从开始到状态 $S_{i,j}$ 需要的累计时间记为 $T_{i,j}(i-1,\ k)$，用下式计算：

$$T_{i,j}(i-1,\ k)=T_{i-1,k}+t_{i,j}(i-1,\ k) \tag{1-69}$$

这样，通过从状态 $S_{i-1,k}$ 到 $S_{i,j}$ 的转移，$S_{i,j}$ 处实现的累计净现值 $\mathrm{NPV}_{i,j}(i-1,\ k)$ 为：

$$\mathrm{NPV}_{i,j}(i-1,\ k)=\mathrm{NPV}_{i-1,k}+\frac{P_{i,j}(i-1,\ k)}{(1+d)^{T_{i,j}(i-1,\ k)}} \tag{1-70}$$

如图 1-16 所示，状态 $S_{i,j}$ 可以从前一阶段的不同状态转移而来。不难理解，当状态 $S_{i,j}$ 来自阶段 i-1 的不同状态（即取不同的 k）时，在阶段 i 开采的矿量（见式（1-64））不同，对应的边界品位、开采时间和金属量也都不同。那么，状态 $S_{i,j}$ 处实现的累计 NPV 也不同。因而，对于一个状态 $S_{i,j}$，每一个状态转移（图 1-16 中指向 $S_{i,j}$ 的每一条箭线）有一个边界品位和累计净现值。那么，对应于最大累计 NPV 的那个转移是最佳转移，其对应的边界品位是状态 $S_{i,j}$ 的最佳边界品位，即 $g_{i,j}$。如此，动态规划的递归函数为：

$$\mathrm{NPV}_{i,j}=\max_{k\in K_{i,j}}\{\mathrm{NPV}_{i,j}(i-1,\ k)\}=\max_{k\in K_{i,j}}\left\{\mathrm{NPV}_{i-1,k}+\frac{P_{i,j}(i-1,\ k)}{(1+d)^{T_{i,j}(i-1,\ k)}}\right\} \tag{1-71}$$

式中　$K_{i,j}$——阶段 i-1 上可以转移到阶段 i 上状态 $S_{i,j}$ 的状态数。

上述式（1-64）~式（1-69）把边界品位与利润 $P_{i,j}(i-1,\ k)$ 和时间 $T_{i,j}(i-1,\ k)$ 联系起来，所以式（1-71）隐含着最佳边界品位 $g_{i,j}$ 的选择。

初始条件为：

$$\left.\begin{array}{l}Q_{0,0}=0\\T_{0,0}=0\\\mathrm{NPV}_{0,0}=0\end{array}\right\} \tag{1-72}$$

应用以上各式，从第一阶段开始，逐阶段对状态进行评价，直到完成图 1-16 中所有阶段上的所有状态，就得到了每一阶段上每一状态的最佳状态转移及其对应的最佳边界品位和累计 NPV。然后，从最后阶段上具有最大累计 NPV 的那个状态开始，逆向追踪出各阶段的最佳状态转移，直到第一阶段，就得到了最佳路径，即动态规划的最佳策略。这一最佳策略给出了开采每一决策单元时应该使用的最佳边界品位、对应的矿量和经济收益。

上述模型由于没有考虑剥离量和剥离成本，所以只适用于地下开采。稍加改动，就可以得出适用于露天开采的优化模型。

1.5 矿体圈定与储量计算

1.5.1 矿体圈定

有了边界品位，就可进行矿体圈定。在我国矿体圈定通常是在剖面上进行，即把勘探线上（或近处）的钻孔投影到沿勘探线的垂直剖面上，并标明每个取样的位置和品位（见图 1-17），然后依据取样品位和边界品位进行矿体圈定。

简单地讲，矿体圈定的过程就是将相邻钻孔上大于和等于边界品位的样品点相连的过程。当一条矿体被一个钻孔穿越，而在相邻的钻孔消失时，一般将矿体延伸到两钻孔的中点；或者根据矿体的自然尖灭趋势，在两钻孔之间实行自然尖灭。在矿体圈定过程中，要充分考虑矿床的地质构造（如断层和岩性）和成矿规律。图 1-18 是当边界品位等于 25%时根据图 1-17 中的取样品位圈定的矿体示意图。

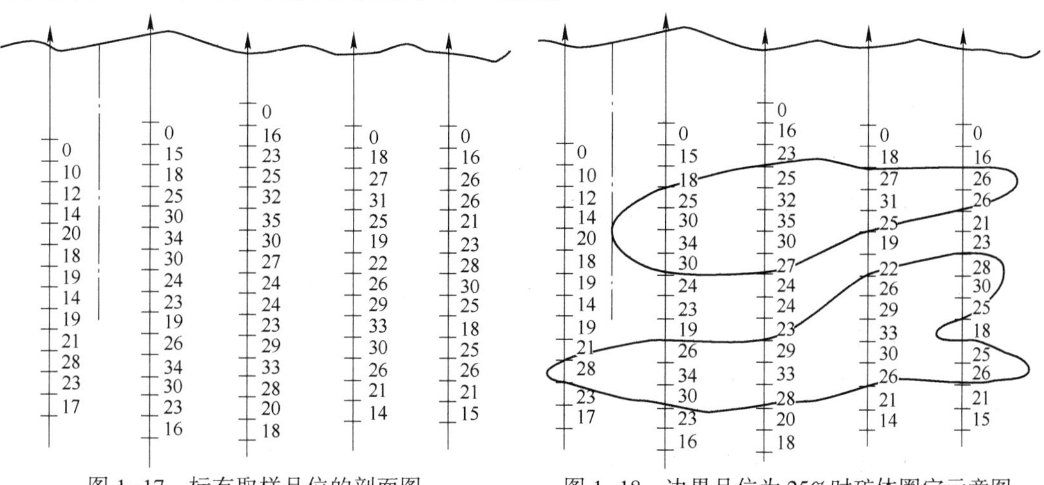

图 1-17　标有取样品位的剖面图　　　图 1-18　边界品位为 25%时矿体圈定示意图

有时，除边界品位外，还考虑圈入矿体的钻孔上的样品的最低平均品位。例如，在某铜矿，矿体圈定中的边界品位为 1.0%，圈入矿体的每个钻孔上的样品的最低平均品位为 1.2%。

1.5.2 矿量计算

矿体圈定完成后，根据每个剖面上的矿体面积，就可以进行矿量计算。如果存在多条（层）矿体，按矿层分别计算其矿量。

最简单的矿量算法是把两剖面间的一条矿体看作柱体计算其体积。考虑到矿体形态的变化，也可分为以下三种形式计算。

（1）当一条矿体在两个相邻剖面上的面积（S_1 和 S_2）相差小于等于 40%时，把两剖面之间的该条矿体看作柱体，体积用下式计算：

$$V = \frac{S_1 + S_2}{2}L \tag{1-73}$$

式中　L——剖面间距。

（2）当一条矿体在两个相邻剖面上的面积相差大于40%时，把两剖面之间的该条矿体看做台体，体积用下式计算：

$$V = \frac{S_1 + S_2 + \sqrt{S_1 S_2}}{3} L \tag{1-74}$$

（3）当一条矿体在两个相邻剖面间尖灭时，把两剖面之间的该条矿体看作锥体，体积用下式计算：

$$V = \frac{S}{3} L \tag{1-75}$$

计算出相邻两剖面间矿体块段的体积后，该块段的矿量 T 为：

$$T = V\gamma \tag{1-76}$$

式中　γ——本块段矿石容重。

然后将所有块段的矿量相加，得出一条矿体的总矿量。把各条矿体的矿量相加，得出矿床的总矿量。

1.5.3　矿体平均品位计算

按上述方法圈定的某条矿体的平均品位可按以下方法计算：

（1）对穿越该条矿体的每一钻孔的样品进行“矿段样品组合”，求出组合样品的品位；

（2）求出每一组合样品的影响面积，该面积是以钻孔为中线向两侧各外推二分之一钻孔间距得到的矿体面积；

（3）对组合样品品位以其影响面积为权值进行加权平均，求出该条矿体在剖面上的平均品位；

（4）计算该条矿体在相邻两剖面间的块段的平均品位，即该条矿体在这两个剖面上的平均品位的面积加权平均值；

（5）一条矿体的总平均品位是该条矿体各个块段的平均品位，以块段矿量为权值的加权平均值。

上述方法是矿体圈定与矿量、品位计算的传统方法，在我国许多地质部门和矿山仍在使用。随着计算机的应用，出现了更科学的矿体圈定与矿量、品位计算方法——数值模型法，在国外得到广泛应用。下一章介绍常用的数值模型的建立方法。

1.6　矿石损失贫化指标及其计算

1.6.1　矿石损失与贫化概念

在矿床开采过程中，由于某些原因造成一部分有利用价值的储量（即工业储量）不能采出或采下的矿石未能完全运出地表而损失在地下。凡在开采过程中造成矿石在数量上的减少，叫作矿石损失。在开采过程中损失的工业储量占总工业储量的百分比，叫作矿石损失率。而采出的纯矿石量占工业储量的百分比叫作矿石回采率。

在开采过程中，不仅有矿石损失，还会造成矿石质量的降低，叫作矿石贫化。它有两种表示方法：其一是混入矿石中的废石量占采出矿石量的百分比，叫作废石混入率；其二是矿石品位降低的百分数，叫作矿石贫化率。在开采过程中，废石的混入和高品位粉矿的流失等都会造成矿石贫化，但废石混入是主要原因。

有时还用到另外一个指标——金属回收率。金属回收率是采出矿石中含有的金属量占工业储量中所含金属量的百分比。

矿石损失率与贫化率是评价矿床开采的主要指标，分别表示地下资源的利用情况和采出矿石的质量情况。在金属矿床开采中，降低矿石损失率、废石混入率和贫化率具有重大意义。例如，开采一个储量1亿吨的金属矿床，矿石损失率从15%降到10%，就可以多回收500万吨矿石。这对充分利用矿产资源，延长矿山生产寿命，都有重要意义。同时，矿石的损失必然使采出的矿石量减少，进而导致分摊到每吨采出矿石的基建费用增加，并引起采出矿石成本的提高。此外，在开采高硫矿床时，损失在地下的高硫矿石，可能引起地下火灾。再如，一个年产100万吨铜矿石的矿山，若采出的铜矿石品位为1%时，忽略加工过程的损失，每年可产10000t金属铜。当采出矿石品位降低0.1%时，每年就要少生产1000t金属铜。废石混入率的增加，必然增加矿石运输、提升和加工费用。同时，矿石品位降低会导致选矿流程的金属实收率和最终产品质量的降低。因此，矿石贫化所造成的经济损失是巨大的。

另外，资源损失还对矿区及其外围环境带来严重的污染。损失在地下的矿石，其中大量金属被溶析于排出地表的矿坑水中，地表废石场废石含有的金属被雨水冲洗溶析，以及选矿厂尾矿水等，都直接威胁周围农田作物及河、湖、池塘鱼类的生长，污染工业与民用水源。所以，降低矿石损失与贫化，是提高矿山经济及社会效益的重要环节。

我们应当把降低矿石损失、贫化作为改进矿山工作及提高经济效益的重要环节，努力从采用先进开采技术和加强科学管理两个方面，寻求降低矿石损失和贫化的有效措施。

1.6.2　矿石损失的原因

按矿石损失的类别，可将矿石损失的原因大体归纳如下：

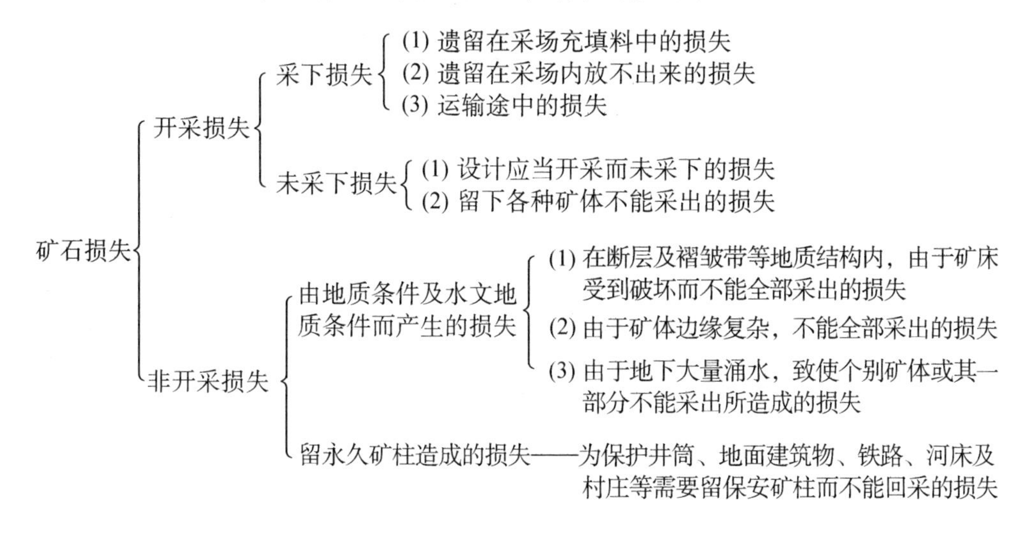

1.6.3　矿石损失贫化指标计算

1.6.3.1　*矿石损失贫化过程及其计算公式*

定义以下量：

Q：矿体（矿块）的工业储量，t；

Q_s：开采过程中损失的工业储量，t；

Q_y：混入采出矿石中的废石量，t；

Q_c：采出矿石量，t；

C：工业储量矿石的原地品位；

C_c：采出矿石（包括混入的废石）的品位；

C_y：混入废石的品位。

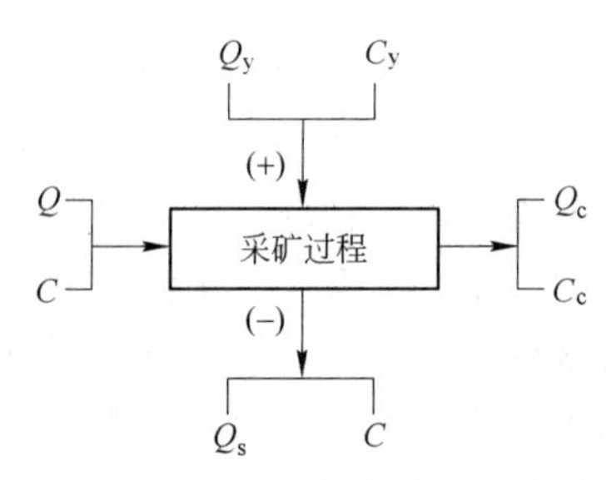

图 1-19　矿石损失贫化示意图

这七个量之间的关系如图 1-19 所示。可写出以下平衡方程式：

矿石量平衡式：
$$Q_c = Q - Q_s + Q_y \tag{1-77}$$

金属量平衡式：
$$Q_c C_c = (Q - Q_s) C + Q_y C_y \tag{1-78}$$

按定义，矿石损失贫化的计算式为：

矿石损失率：
$$S = \frac{Q_s}{Q} \times 100 \tag{1-79}$$

矿石贫化率：
$$P = \frac{C - C_c}{C} \times 100 \tag{1-80}$$

废石混入率：
$$Y = \frac{Q_y}{Q_c} \times 100 \tag{1-81}$$

矿石回采率：
$$H_k = \frac{Q - Q_s}{Q} \times 100 \tag{1-82}$$

利用式（1-77）与式（1-78）可得：

$$S = \left[1 - \frac{(C_c - C_y) Q_c}{(C - C_y) Q}\right] \times 100 \tag{1-83}$$

$$Y = \frac{C - C_c}{C - C_y} \times 100 \tag{1-84}$$

$$H_k = 100 - S \tag{1-85}$$

或
$$H_k = \frac{Q_c}{Q}(100 - Y) \tag{1-86}$$

按照定义和式（1-80），金属回收率 H_j 为：

$$H_j = \frac{Q_c C_c}{QC} \times 100 = \frac{Q_c}{Q}(100 - P) \tag{1-87}$$

为了区分废石混入率和矿石贫化率的概念，需将这两个指标作进一步解释。确切地说，废石混入率是反映回采过程中废石混入的程度；而矿石贫化率是反映回采过程中矿石品位降低的程度，故矿石贫化率又可称为矿石品位降低率。按混入废石是否含有品位，可进一步剖析两者在数量上的关系。

当混入废石不含品位（$C_y=0$）时，废石混入率和矿石贫化率在数值上相等，即 $P=Y$；但这仅仅是在数值上的相等，在概念上，两者是表示在开采过程中矿石质量降低的两个不同的指标。当混入废石含有品位时，由式（1-80）与式（1-84）可知，矿石贫化率小于废石混入率，即 $P<Y$。

1.6.3.2　*矿石损失与贫化的计算程序*

（1）直接法。如果采用的采矿方法允许地质测量人员进入采场实地观测，可通过直接测量得出工业储量 Q、工业储量损失量 Q_s 和废石混入量 Q_y，采出矿量 Q_c 可用矿石称量法或装运设备计数法统计出来；工业储量的原地品位 C 和采出矿石的品位 C_c 可通过取样化验求得。这种情况下可直接按式（1-79）~式（1-81）分别计算矿石损失率、矿石贫化率和废石混入率。

（2）间接法。如果采用的采矿方法不允许地质测量人员进入采场进行实地观测，就无法直接测得工业储量 Q、工业储量损失量 Q_s 和废石混入量 Q_y。但根据地质取样化验资料可以估算工业储量矿石的原地品位 C 和混入废石的品位 C_y，按矿块所圈入的矿体形态可估算工业储量 Q，用从装运设备内采集样品的化验数据可统计计算采出矿石的品位 C_c，按矿石称量法或装运设备计数法可统计出采出矿量 Q_c。这样，可利用这些量间接计算损失贫化指标：

1）废石混入率按式（1-84）计算；

2）矿石回采率按式（1-86）计算，再按式（1-85）计算矿石损失率；

3）矿石贫化率按式（1-80）计算。

对于单个矿块（矿段），一般只计算废石混入率、矿石回采率、矿石贫化率三项指标。计算多矿块（矿段）总的矿石损失贫化指标时，除计算这三项指标外，一般还要计算金属回收率。用 i 表示矿块（矿段）序号，n 为计算的矿块（矿段）数，多矿块（矿段）的总的损失贫化指标按下列公式计算。

废石混入率：
$$Y=\frac{\sum_{i=1}^{n}Q_{yi}}{\sum_{i=1}^{n}Q_{ci}}\times 100 \tag{1-88}$$

矿石回采率：
$$H_k=\frac{\sum_{i=1}^{n}Q_i-\sum_{i=1}^{n}Q_{si}}{\sum_{i=1}^{n}Q_i}\times 100=\frac{\sum_{i=1}^{n}Q_{ci}}{\sum_{i=1}^{n}Q_i}(100-Y) \tag{1-89}$$

工业储量的原地平均品位：
$$C=\frac{\sum_{i=1}^{n}Q_iC_i}{\sum_{i=1}^{n}Q_i} \tag{1-90}$$

采出矿石的平均品位：
$$C_{c}=\frac{\sum_{i=1}^{n} Q_{ci}C_{ci}}{\sum_{i=1}^{n} Q_{ci}} \qquad (1-91)$$

矿石贫化率：
$$P=\frac{C-C_{c}}{C}\times 100 \qquad (1-92)$$

金属回收率：
$$H_{j}=\frac{\sum_{i=1}^{n} Q_{ci}C_{ci}}{\sum_{i=1}^{n} Q_{i}C_{i}}\times 100=\frac{\sum_{i=1}^{n} Q_{ci}}{\sum_{i=1}^{n} Q_{i}}(100-P) \qquad (1-93)$$

当 $C_{y}=0$（即混入废石不含品位）时，对比矿石回采率 H_{k} 与金属回收率 H_{j}：当 $H_{j}<H_{k}$ 时，表明高品位矿块（矿段）的矿石的损失率大于低品位矿块（矿段）；当 $H_{j}>H_{k}$ 时，情况相反。在生产中，力求 $H_{j}>H_{k}$。

当 $C_{y}>0$（即混入废石含有品位）时，为了从矿石回采率 H_{k} 与金属回收率 H_{j} 的对比中分析高品位矿石的损失状况，需从金属回收总量中减去废石中的金属量后计算 H_{j}，再对比 H_{j} 与 H_{k}。此时 H_{j} 按下式计算：

$$H_{j}=\frac{\sum_{i=1}^{n} Q_{ci}C_{ci}-\sum_{i=1}^{n} Q_{yi}C_{yi}}{\sum_{i=1}^{n} Q_{i}C_{i}}\times 100 \qquad (1-94)$$

例1-3 开采某铁矿床，已知：矿块工业储量 $Q=84000$t；矿块工业储量的品位 $C=60\%$；从该矿块采出的矿石量 $Q_{c}=80000$t；采出矿石的品位 $C_{c}=57\%$；混入废石的品位 $C_{y}=15\%$。试求：废石混入率、矿石回采率、矿石贫化率、金属回收率。

解：废石混入率由式（1-84）得：

$$Y=\frac{C-C_{c}}{C-C_{y}}\times 100=\frac{60-57}{60-15}\times 100=6.67$$

矿石回采率由式（1-86）得：

$$H_{k}=\frac{Q_{c}}{Q}(100-Y)=\frac{80000}{84000}(100-6.67)=88.88$$

矿石贫化率由式（1-80）得：

$$P=\frac{C-C_{c}}{C}\times 100=\frac{60-57}{60}\times 100=5.00$$

金属回收率由式（1-87）得：

$$H_{j}=\frac{Q_{c}}{Q}(100-P)=\frac{80000}{84000}(100-5)=90.48$$

附表 1-1　t 分布表

$$P\{t(n) < t_p(n)\} = p$$

n \ p	0.75	0.90	0.95	0.975	0.99	0.995
1	1.0000	3.0777	6.3138	12.7062	31.8207	63.6574
2	0.8165	1.8856	2.9200	4.3027	6.9646	9.9248
3	0.7649	1.6377	2.3534	3.1824	4.5407	5.8409
4	0.7407	1.5332	2.1318	2.7764	3.7469	4.6041
5	0.7267	1.4759	2.0150	2.5706	3.3649	4.0322
6	0.7176	1.4398	1.9432	2.4469	3.1427	3.7074
7	0.7111	1.4149	1.8946	2.3646	2.9980	3.4995
8	0.7064	1.3968	1.8595	2.3060	2.8965	3.3554
9	0.7027	1.3830	1.8331	2.2622	2.8214	3.2498
10	0.6998	1.3722	1.8125	2.2281	2.7638	3.1693
11	0.6974	1.3634	1.7959	2.2010	2.7181	3.1058
12	0.6955	1.3562	1.7823	2.1788	2.6810	3.0545
13	0.6938	1.3502	1.7709	2.1604	2.6503	3.0123
14	0.6924	1.3450	1.7613	2.1448	2.6245	2.9768
15	0.6912	1.3406	1.7531	2.1315	2.6025	2.9467
16	0.6901	1.3368	1.7459	2.1199	2.5835	2.9208
17	0.6892	1.3334	1.7396	2.1098	2.5669	2.8982
18	0.6884	1.3304	1.7341	2.1009	2.5524	2.8784
19	0.6876	1.3277	1.7291	2.0930	2.5395	2.8609
20	0.6870	1.3253	1.7247	2.0860	2.5280	2.8453
21	0.6864	1.3232	1.7207	2.0796	2.5177	2.8314
22	0.6858	1.3212	1.7171	2.0739	2.5083	2.8188
23	0.6853	1.3195	1.7139	2.0687	2.4999	2.8073
24	0.6848	1.3178	1.7109	2.0639	2.4922	2.7969
25	0.6844	1.3163	1.7081	2.0595	2.4851	2.7874
26	0.6840	1.3150	1.7056	2.0555	2.4786	2.7787
27	0.6837	1.3137	1.7033	2.0518	2.4727	2.7707
28	0.6834	1.3125	1.7011	2.0484	2.4671	2.7633
29	0.6830	1.3114	1.6991	2.0452	2.4620	2.7564
30	0.6828	1.3104	1.6973	2.0423	2.4573	2.7500
31	0.6825	1.3095	1.6955	2.0395	2.4528	2.7440
32	0.6822	1.3086	1.6939	2.0369	2.4487	2.7385
33	0.6820	1.3077	1.6924	2.0345	2.4448	2.7333
34	0.6818	1.3070	1.6909	2.0322	2.4411	2.7284
35	0.6818	1.3062	1.6896	2.0301	2.4377	2.7238
36	0.6814	1.3055	1.6883	2.0281	2.4345	2.7195
37	0.6812	1.3049	1.6871	2.0262	2.4314	2.7154
38	0.6810	1.3042	1.6860	2.0244	2.4286	2.7116
39	0.6808	1.3036	1.6849	2.0227	2.4258	2.7079
40	0.6807	1.3031	1.6839	2.0211	2.4233	2.7045
41	0.6805	1.3025	1.6829	2.0195	2.4208	2.7012
42	0.6804	1.3020	1.6820	2.0181	2.4185	2.6981
43	0.6802	1.3016	1.6811	2.0167	2.4163	2.6951
44	0.6801	1.3011	1.6802	2.0154	2.4141	2.6923
45	0.6800	1.3006	1.6794	2.0141	2.4121	2.6896

附表 1-2 估算对数正态分布均值中的 γ 值

S_e^2 \ n	2	3	4	5	6	7	8	9	10	12	14	16	18	20	50	100	1000
0. 00	1. 000	1. 000	1. 000	1. 000	1. 000	1. 000	1. 000	1. 000	1. 000	1. 000	1. 000	1. 000	1. 000	1. 000	1. 000	1. 000	1. 000
0. 02	1. 010	1. 010	1. 010	1. 010	1. 010	1. 010	1. 010	1. 010	1. 010	1. 010	1. 010	1. 010	1. 010	1. 010	1. 010	1. 010	1. 010
0. 04	1. 020	1. 020	1. 020	1. 020	1. 020	1. 020	1. 020	1. 020	1. 020	1. 020	1. 020	1. 020	1. 020	1. 020	1. 020	1. 020	1. 020
0. 06	1. 030	1. 030	1. 030	1. 030	1. 030	1. 030	1. 030	1. 030	1. 030	1. 030	1. 030	1. 030	1. 030	1. 030	1. 030	1. 030	1. 030
0. 08	1. 040	1. 040	1. 040	1. 040	1. 040	1. 041	1. 041	1. 041	1. 041	1. 041	1. 041	1. 041	1. 041	1. 041	1. 041	1. 041	1. 041
0. 10	1. 050	1. 051	1. 051	1. 051	1. 051	1. 051	1. 051	1. 051	1. 051	1. 051	1. 051	1. 051	1. 051	1. 051	1. 051	1. 051	1. 051
0. 12	1. 061	1. 061	1. 061	1. 061	1. 061	1. 061	1. 061	1. 061	1. 061	1. 062	1. 062	1. 062	1. 062	1. 062	1. 062	1. 062	1. 062
0. 14	1. 071	1. 071	1. 071	1. 072	1. 072	1. 072	1. 072	1. 072	1. 072	1. 072	1. 072	1. 072	1. 072	1. 072	1. 072	1. 072	1. 072
0. 16	1. 081	1. 082	1. 082	1. 082	1. 082	1. 082	1. 082	1. 083	1. 083	1. 083	1. 083	1. 083	1. 083	1. 083	1. 083	1. 083	1. 083
0. 18	1. 091	1. 092	1. 092	1. 093	1. 093	1. 093	1. 093	1. 093	1. 093	1. 094	1. 094	1. 094	1. 094	1. 094	1. 094	1. 094	1. 094
0. 20	1. 102	1. 102	1. 103	1. 103	1. 104	1. 104	1. 104	1. 104	1. 104	1. 104	1. 104	1. 104	1. 104	1. 105	1. 105	1. 105	1. 105
0. 3	1. 154	1. 156	1. 157	1. 158	1. 158	1. 159	1. 159	1. 159	1. 160	1. 160	1. 160	1. 160	1. 160	1. 161	1. . 161	1. 162	1. 162
0. 4	1. 207	1. 210	1. 212	1. 214	1. 215	1. 216	1. 216	1. 217	1. 217	1. 218	1. 218	1. 219	1. 219	1. 219	1. 220	1. 221	1. 221
0. 5	1. 260	1. 266	1. 269	1. 272	1. 273	1. 275	1. 276	1. 276	1. 277	1. 278	1. 279	1. 279	1. 280	1. 280	1. 282	1. 283	1. 284
0. 6	1. 315	1. 323	1. 328	1. 332	1. 334	1. 336	1. 337	1. 338	1. 339	1. 341	1. 342	1. 343	1. 344	1. 344	1. 348	1. 349	1. 350
0. 7	1. 371	1. 382	1. 389	1. 393	1. 397	1. 399	1. 401	1. 403	1. 404	1. 406	1. 408	1. 409	1. 410	1. 411	1. 416	1. 417	1. 419
0. 8	1. 427	1. 442	1. 451	1. 457	1. 462	1. 465	1. 468	1. 470	1. 472	1. 475	1. 477	1. 478	1. 480	1. 481	1. 487	1. 490	1. 492
0. 9	1. 485	1. 503	1. 515	1. 523	1. 529	1. 533	1. 537	1. 540	1. 542	1. 546	1. 549	1. 551	1. 552	1. 554	1. 562	1. 565	1. 568
1. 0	1. 543	1. 566	1. 580	1. 591	1. 598	1. 604	1. 608	1. 612	1. 615	1. 620	1. 623	1. 626	1. 628	1. 630	1. 641	1. 645	1. 649

续附表 1-2

S_e^2 \ n	2	3	4	5	6	7	8	9	10	12	14	16	18	20	50	100	1000
1.1	1.602	1.630	1.648	1.661	1.670	1.677	1.682	1.687	1.691	1.697	1.701	1.705	1.708	1.710	1.723	1.728	1.733
1.2	1.662	1.696	1.718	1.733	1.744	1.752	1.759	1.765	1.770	1.777	1.782	1.787	1.790	1.793	1.810	1.816	1.822
1.3	1.724	1.764	1.789	1.807	1.820	1.831	1.839	1.846	1.851	1.860	1.867	1.872	1.876	1.880	1.900	1.908	1.916
1.4	1.786	1.832	1.862	1.884	1.900	1.912	1.922	1.930	1.936	1.947	1.955	1.961	1.966	1.971	1.995	2.004	2.014
1.5	1.848	1.903	1.938	1.963	1.981	1.996	2.007	2.017	2.025	2.037	2.047	2.054	2.060	2.065	2.095	2.106	2.117
1.6	1.912	1.975	2.015	2.044	2.066	2.082	2.096	2.107	2.116	2.131	2.142	2.151	2.158	2.164	2.199	2.212	2.226
1.7	1.977	2.049	2.095	2.128	2.153	2.172	2.188	2.021	2.212	2.229	2.242	2.252	2.260	2.267	2.308	2.323	2.340
1.8	2.043	2.124	2.177	2.214	2.243	2.265	2.283	2.298	2.310	2.330	2.345	2.357	2.367	2.375	2.422	2.440	2.460
1.9	2.110	2.201	2.260	2.303	2.336	2.361	2.382	2.399	2.413	2.436	2.453	2.467	2.478	2.487	2.542	2.563	2.586
2.0	2.178	2.280	2.347	2.395	2.431	2.460	2.484	2.503	2.519	2.545	2.565	2.581	2.594	2.604	2.668	2.692	2.718
2.1	2.247	2.360	2.435	2.489	2.530	2.563	2.589	2.611	2.630	2.659	2.682	2.700	2.714	2.726	2.800	2.827	2.858
2.2	2.317	2.442	2.526	2.586	2.632	2.669	2.698	2.723	2.744	2.778	2.803	2.824	2.840	2.854	2.937	2.969	3.004
2.3	2.388	2.526	2.618	2.686	2.737	2.778	2.811	2.839	2.863	2.900	2.929	2.952	2.971	2.987	3.082	3.118	3.158
2.4	2.460	2.612	2.714	2.788	2.846	2.891	2.928	2.959	2.986	3.028	3.060	3.086	3.108	3.125	3.233	3.244	3.320
2.5	2.533	2.699	2.812	2.894	2.957	3.008	3.049	3.084	2.113	3.160	3.197	3.226	3.250	3.270	3.391	3.438	3.490
2.6	2.607	2.789	2.912	3.003	3.073	3.128	3.174	3.213	3.245	3.298	3.339	3.371	3.398	3.420	3.557	3.610	3.669
2.7	2.682	2.880	3.015	3.114	3.191	3.253	3.304	3.346	3.382	3.441	3.486	3.522	3.552	3.577	3.730	3.791	3.857
2.8	2.759	2.973	3.120	3.229	3.314	3.382	3.437	3.484	3.524	3.589	3.639	3.680	3.713	3.740	3.912	3.980	4.055
2.9	2.836	3.068	3.228	3.347	3.440	3.514	3.576	3.627	3.671	3.743	3.799	3.843	3.880	3.911	4.102	4.178	4.263
3.0	2.914	3.166	3.339	3.469	3.570	3.651	3.718	3.775	3.824	3.902	3.964	4.013	4.054	4.088	4.301	4.387	4.482

附表 1-3a　对数正态分布 95%置信区间上限 $\psi_{0.95}$ 值

S_e^2 \ n	5	10	15	20	50	100	1000
0.01	1.000	1.000	1.000	1.000	1.000	1.000	1.000
0.02	1.241	1.117	1.084	1.067	1.038	1.026	1.007
0.04	1.362	1.171	1.122	1.099	1.055	1.037	1.011
0.06	1.466	1.216	1.154	1.124	1.069	1.046	1.013
0.08	1.561	1.256	1.181	1.146	1.080	1.053	1.015
0.10	1.652	1.293	1.207	1.166	1.091	1.060	1.017
0.12	1.740	1.327	1.230	1.184	1.100	1.066	1.019
0.14	1.827	1.361	1.253	1.202	1.109	1.072	1.020
0.16	1.914	1.393	1.274	1.219	1.118	1.078	1.022
0.18	1.999	1.425	1.295	1.236	1.126	1.084	1.023
0.20	2.087	1.455	1.316	1.252	1.135	1.089	1.025
0.30	2.532	1.606	1.415	1.328	1.172	1.113	1.031
0.40	3.019	1.756	1.509	1.399	1.207	1.135	1.037
0.50	3.563	1.910	1.603	1.470	1.240	1.156	1.042
0.60	4.176	2.070	1.682	1.541	1.273	1.175	1.047
0.70	4.870	2.237	1.798	1.614	1.306	1.196	1.052
0.80	5.663	2.415	1.901	1.688	1.338	1.215	1.057
0.90	6.570	2.604	2.006	1.763	1.371	1.235	1.062
1.00	7.605	2.805	2.117	1.842	1.404	1.254	1.067
1.10	8.795	3.019	2.233	1.924	1.437	1.274	1.071
1.20	10.155	3.250	2.355	2.008	1.471	1.294	1.076
1.30	11.718	3.497	2.483	2.096	1.506	1.314	1.080
1.40	13.513	3.761	2.617	2.187	1.540	1.334	1.085
1.50	15.569	4.045	2.758	2.282	1.576	1.354	1.089
1.60	17.928	4.351	2.907	2.380	1.613	1.374	1.094
1.70	20.639	4.680	3.064	2.484	1.650	1.395	1.098
1.80	23.749	5.034	3.229	2.592	1.688	1.416	1.103
1.90	27.318	5.414	3.403	2.704	1.728	1.438	1.107
2.00	31.398	5.825	3.588	2.822	1.767	1.459	1.112
2.10	36.079	6.268	3.783	2.945	1.808	1.481	1.116
2.20	41.444	6.745	3.989	3.074	1.850	1.504	1.121
2.30	47.586	7.260	4.208	3.209	1.893	1.526	1.125
2.40	54.611	7.815	4.438	3.351	1.937	1.549	1.130
2.50	62.661	7.415	4.683	3.498	1.982	1.572	1.134
2.60	71.861	9.061	4.941	3.670	2.029	1.596	1.139
2.70	82.366	9.759	5.214	3.816	2.076	1.620	1.144
2.80	94.377	10.512	5.504	3.986	2.125	1.645	1.148
2.90	108.115	11.326	5.811	4.164	2.175	1.670	1.153
3.00	123.750	12.206	6.137	4.351	2.226	1.695	1.158

附表 1-3b 对数正态分布 95%置信区间下限 $\psi_{0.05}$ 值

S_e^2 \ n	5	10	15	20	50	100	1000
0.01	1.0000	1.0000	1.0000	1.0000	1.0000	1.0000	1.0000
0.02	0.8978	0.9333	0.9458	0.9540	0.9697	0.9782	0.9927
0.04	0.8589	0.9071	0.9246	0.9344	0.9573	0.9692	0.9895
0.06	0.8302	0.8874	0.9079	0.9200	0.9478	0.9622	0.9872
0.08	0.8070	0.8708	0.8943	0.9077	0.9398	0.9564	0.9852
0.10	0.7870	0.8563	0.8821	0.8972	0.9328	0.9512	0.9833
0.12	0.7693	0.8439	0.8716	0.8878	0.9264	0.9464	0.9817
0.14	0.7535	0.8323	0.8617	0.8790	0.9204	0.9420	0.9801
0.16	0.7389	0.8216	0.8527	0.8709	0.9149	0.9380	0.9787
0.18	0.7255	0.8116	0.8442	0.8632	0.9097	0.9341	0.9773
0.20	0.7129	0.8023	0.8360	0.8558	0.9048	0.9304	0.9760
0.30	0.6605	0.7618	0.8008	0.8243	0.8828	0.9139	0.9701
0.40	0.6187	0.7284	0.7717	0.7981	0.8639	0.8996	0.9648
0.50	0.5838	0.6995	0.7462	0.7744	0.8470	0.8867	0.9600
0.60	0.5538	0.6739	0.7270	0.7534	0.8313	0.8741	0.9554
0.70	0.5277	0.6508	0.7020	0.7338	0.8168	0.8632	0.9511
0.80	0.5044	0.6297	0.6825	0.7156	0.8030	0.8525	0.9470
0.90	0.4836	0.6103	0.6646	0.6987	0.7899	0.8421	0.9429
1.00	0.4650	0.5923	0.6476	0.6826	0.7774	0.8322	0.9389
1.10	0.4481	0.5756	0.6317	0.6674	0.7654	0.8226	0.9351
1.20	0.4328	0.5599	0.6165	0.6530	0.7538	0.8133	0.9313
1.30	0.4189	0.5452	0.6023	0.6393	0.7426	0.8042	0.9276
1.40	0.4062	0.5315	0.5888	0.6262	0.7318	0.7954	0.9240
1.50	0.3946	0.5186	0.5760	0.6137	0.7214	0.7868	0.9203
1.60	0.3840	0.5065	0.5637	0.6018	0.7112	0.7784	0.9168
1.70	0.3743	0.4950	0.5521	0.5904	0.7014	0.7702	0.9133
1.80	0.3655	0.4842	0.5410	0.5794	0.6918	0.7622	0.9098
1.90	0.3574	0.4740	0.5305	0.5688	0.6825	0.7544	0.9064
2.00	0.3501	0.4644	0.5203	0.5587	0.6734	0.7466	0.9030
2.10	0.3433	0.4552	0.5106	0.5489	0.6646	0.7391	0.8996
2.20	0.3372	0.4466	0.5014	0.5395	0.6560	0.7317	0.8962
2.30	0.3316	0.4385	0.4925	0.5304	0.6476	0.7245	0.8929
2.40	0.3266	0.4308	0.4840	0.5217	0.6394	0.7173	0.8896
2.50	0.3220	0.4234	0.4759	0.5133	0.6314	0.7104	0.8864
2.60	0.3179	0.4166	0.4681	0.5044	0.6236	0.7035	0.8831
2.70	0.3142	0.4100	0.4606	0.4974	0.6160	0.6967	0.8799
2.80	0.3110	0.4039	0.4535	0.4899	0.6085	0.6901	0.8767
2.90	0.3081	0.3981	0.4467	0.4826	0.6012	0.6836	0.8736
3.00	0.3055	0.3926	0.4401	0.4756	0.5941	0.6772	0.8704

2　矿床数值模型

2.1　矿床模型概述

矿床数值模型是指将矿床的空间范围划分为单元块形成的离散模型，也称为矿床块状模型，模型中的单元块称为模块。根据模块的形态，矿床模型可分为不规则模型和规则模型两大类，不规则模型中模块的形状或大小不同，或两者皆不相同，如三角形模型和多边形模型；规则模型中模块的形状和大小相同，一般为立方体。由于规则模型便于计算机处理，现今应用的绝大多数矿床模型为规则模型。矿床模型中每一个模块被赋予一个或数个特征值（也称为属性）。建立矿床模型的目的是为更科学地估算模块的某一或多个特征值的数值，描述特征值的空间分布。

根据需要，矿床模型可以是三维的，也可以是二维的。三维块状模型是把矿床的三维空间范围划分为三维模块形成的离散模型，如图2-1所示。模块的特征值为品位或开采价值的模型是最常用的三维块状模型，前者有时称为品位模型或地质模型，后者称为价值模型。

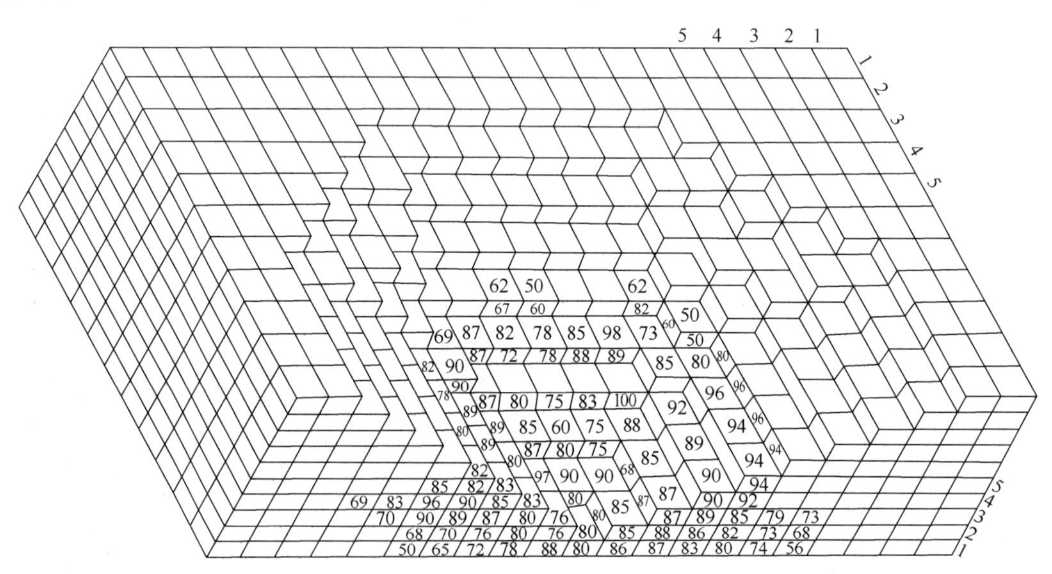

图2-1　三维块状模型示意图

最常用的二维块状模型是标高模型，它是把矿床在水平面的范围划分为二维模块形成的离散模型，模块的特征值是模块中心处的标高。标高模型通常用来描述地表地形、露天采场形态等；在矿体为近水平的矿床中，标高模型可用来描述每层矿体的顶板标高和底板标高。

块状模型中，模块在水平方向一般取正方形，其边长视具体情况而定，一般为 10~25m；模块的高度对于露天开采的矿床等于露天矿台阶高度，对于地下开采的矿床可取分段高度。

将矿床分为模块后，需要应用某种方法依据已知数据（一般为钻孔取样）对每个模块的特征值进行估算。估值后，特征值在模型范围内每一位置变为已知，便于统计计算。例如，对品位模型中每个模块的品位进行估算后，相当于模型范围内每一位置的品位变为已知，可以方便地圈定矿体，进行矿量和品位计算。

本章着重介绍两种常用的模块估值方法——地质统计学法和距离反比法，并对价值模型、标高模型等的建立作简要介绍。

2.2 地质统计学概论

地质统计学（geostatistics）是 20 世纪 60 年代初期出现的一个新兴应用数学分支，其基本思想是由南非的 Danie Krige 在金矿的品位估算实践中提出来的，后来由法国的 Georges Matheron 经过数学加工，形成一套完整的理论体系。在过去的 50 年中，地质统计学不仅在理论上得到发展与完善，而且在实践中得到日益广泛的应用。如今，地质统计学在国际上除被用于矿床的品位估算外，也被用于其他领域中研究与位置有关的参数变化规律和参数估计，如农业中农作物的收成、环保中污染物的分布等。本节将从矿床的品位估算的角度，简要介绍地质统计学的基本概念、原理和方法。

2.2.1 基本概念与函数

应用传统统计学（“传统”二字是相对于地质统计学而言的）可以对矿床的取样数据进行各种分析，并估计矿床的平均品位及其置信区间。在给定边界品位时，传统统计学也可用于初步估算矿石量和矿石平均品位。然而，传统统计学的分析计算均基于一个假设，即样品是从一个未知的样品空间随机选取的，而且是相互独立的。根据这一假设，样品在矿床中的空间位置是无关紧要的，从相隔上千米的矿床两端获取的两个样品与从相隔几米的两点获取的两个样品从理论上讲是没有区别的，它们都是一个样本空间的两个随机取样而已。

但是在实践中，相互独立性是几乎不存在的，钻孔的位置（即样品的选取）在绝大多数情况下也不是随机的。当两个样品在空间的距离很小时，样品间会存在较强的相似性，而当距离很大时，相似性就会减弱或不存在。也就是说，样品之间存在着某种联系，这种联系的强弱是与样品的相对位置有关的，这样就引出了“区域化变量”的概念。

2.2.1.1 区域化变量与协变函数

如果以空间一点为中心获取一个样品，样品的特征值 $X(z)$ 是该点的空间位置 z 的函数，那么变量 X 即为一区域化变量。

显然，矿床的品位是一个区域化变量，而控制这一区域化变量之变化规律的是地质构造和矿化作用。区域化变量的概念是整个地质统计学理论体系的核心，用于描述区域化变量变化规律的基本函数是协变函数和半变异函数。

设有两个随机变量 X_1 与 X_2，如果 X_1 与 X_2 之间存在某种相关性，那么从传统统计学可知，这种相关关系由 X_1 与 X_2 的协方差 $\sigma(X_1, X_2)$ 表示：

$$\sigma(X_1, X_2) = E[(X_1 - E[X_1])(X_2 - E[X_2])] \tag{2-1}$$

让 $\sigma_{X_1}^2$ 和 $\sigma_{X_2}^2$ 分别表示 X_1 和 X_2 的方差，则：

$$\sigma_{X_1}^2 = E[(X_1 - E[X_1])^2] \tag{2-2}$$

$$\sigma_{X_2}^2 = E[(X_2 - E[X_2])^2] \tag{2-3}$$

式中 $E[*]$——随机变量*的数学期望。

X_1 与 X_2 之间的相关系数为：

$$\rho_{X_1, X_2} = \frac{\sigma(X_1, X_2)}{\sigma_{X_1}\sigma_{X_2}} \tag{2-4}$$

当 X_1 与 X_2 互相独立时，即两者之间不存在任何相关性时，协方差与相关系数均为零。当 X_1 与 X_2 “完全相关”时，相关系数为1.0（或-1.0）。

如果 X_1 和 X_2 不是一般的随机变量，而是区域化变量 X 在矿体 Ω 中的取值，即：

X_1 代表 $X(z)$：区域化变量 X 在矿体 Ω 中 z 点的取值，

X_2 代表 $X(z+h)$：区域化变量 X 在矿体 Ω 中距 z 点 h 处的取值，

那么，由式（2-1）可计算 $X(z)$ 与 $X(z+h)$ 在矿体 Ω 中的协方差：

$$\begin{aligned}\sigma(X(z), X(z+h)) &= \sigma(h) \\ &= E[(X(z) - E[X(z)])(X(z+h) - E[X(z+h)])]\end{aligned} \tag{2-5}$$

$\sigma(h)$ 称为区域化变量 X 在 Ω 中的协变函数（covariogram）。

让 σ_1^2 和 σ_2^2 分别表示 $X(z)$ 与 $X(z+h)$ 在矿体 Ω 中的方差，则：

$$\sigma_1^2 = E[(X(z) - E[X(z)])^2] \tag{2-6}$$

$$\sigma_2^2 = E[(X(z+h) - E[X(z+h)])^2] \tag{2-7}$$

那么 $X(z)$ 与 $X(z+h)$ 之间的相关系数为：

$$\rho(h) = \frac{\sigma(h)}{\sigma_1\sigma_2} \tag{2-8}$$

$\rho(h)$ 称为区域化变量 X 在 Ω 中的相关函数（correlogram）。

对于任何矿床，都可能估算出其协变函数 $\sigma(h)$。但在利用 $\sigma(h)$ 对矿床中模块的品位进行估值时，需满足二阶稳定性条件。

二阶稳定性条件（second order stationarity conditions）：

（1）$X(z)$ 的数学期望与空间位置 z 无关，即对任意位置 z_0，有：

$$E[X(z_0)] = \mu \tag{2-9}$$

（2）协变函数与空间位置无关，只与距离 h 有关，即对于任何位置 z_0，有：

$$E[(X(z_0) - \mu)(X(z_0 + h) - \mu)] = \sigma(h) \tag{2-10}$$

当式（2-10）成立时，$X(z)$ 与 $X(z+h)$ 的方差相等，即：$\sigma_1^2 = \sigma_2^2 = \sigma^2$，相关函数（式2-8）变为：

$$\rho(h) = \frac{\sigma(h)}{\sigma^2} \tag{2-11}$$

2.2.1.2 半变异函数

用于描述区域化变量变化规律的另一个更具实用性的函数是半变异函数（semivariogram）。半变异函数的定义为：

$$\gamma(h)=\frac{1}{2}E[(X(z)-X(z+h))^2] \tag{2-12}$$

如果满足二阶稳定性条件，半变异函数与协变函数之间存在以下关系：

$$\gamma(h)=\sigma^2-\sigma(h) \tag{2-13}$$

证明：

$$\begin{aligned}\gamma(h)&=\frac{1}{2}E[(X(z)-X(z+h))^2]\\&=\frac{1}{2}E[((X(z)-\mu)-(X(z+h)-\mu))^2]\\&=\frac{1}{2}E[(X(z)-\mu)^2]+\frac{1}{2}E[(X(z+h)-\mu)^2]-E[(X(z)-\mu)(X(z+h)-\mu)]\\&=\frac{1}{2}\sigma_1^2+\frac{1}{2}\sigma_2^2-\sigma(h)\\&=\sigma^2-\sigma(h)\end{aligned}$$

图 2-2 是关系式（2-13）的示意图。

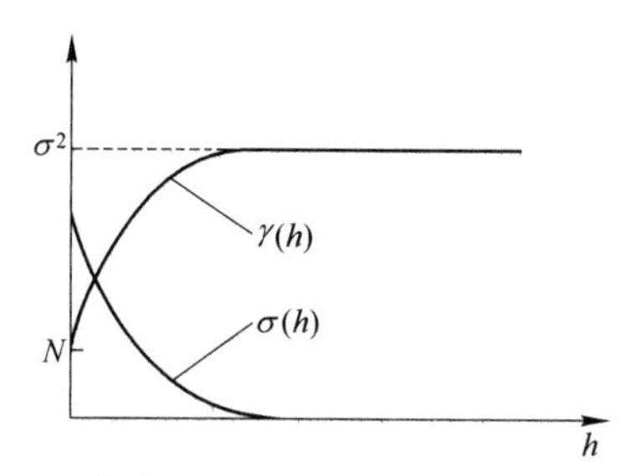

图 2-2　半变异函数与协变函数的关系示意图

当 $h=0$ 时，点 z 和 $z+h$ 变为一点，区域化变量 X 的取值 $X(z)$ 与 $X(z+h)$ 应变为同一取值。从以上各式可以看出，$\sigma(0)=\sigma^2$，$\gamma(0)=0$。实际上，在同一位置获得两个完全相同的样品几乎是不可能的。如果我们从紧挨着的两点（$h\approx0$）取两个样品，由于取样过程中的误差和微观矿化作用的变化，两个样品不会完全相同；即使是把同一个样品化验两次，由于化验过程中的误差，化验结果也难以完全相同。因此，在许多情况下半变异函数在原点附近不等于零，这种现象称为块金效应。块金效应的大小用块金值 N 表示：

$$N=\lim_{h\to0}\gamma(h)=\sigma^2-\lim_{h\to0}[\sigma(h)] \tag{2-14}$$

应用半变异函数进行估值时，需满足内蕴假设。

内蕴假设（Intrinsic Hypothesis）：

（1）区域化变量 X 的增量的数学期望与位置无关，即对于区域 Ω 内的任意位置 z_0，有：

$$E[X(z_0)-X(z_0+h)]=m(h) \tag{2-15}$$

（2）半变异函数与位置无关，即对于区域 Ω 内的任意位置 z_0，有：

$$\frac{1}{2}E[(X(z_0)-X(z_0+h))^2]=\gamma(h) \tag{2-16}$$

内蕴假设的内涵是：区域化变量的增量在给定区域 Ω 内的所有位置上具有相同的概率分布。内蕴假设要求的条件要比二阶稳定性条件宽松得多，当满足后者时，前者自然得到满足。

2.2.2　实验半变异函数及其计算

像普通随机变量的概率分布特征值一样，半变异函数对任一给定矿床 Ω 是未知的，需要通过取样值对之进行估计。

设从矿床 Ω 中获得一组样品，相距 h 的样品对数为 $n(h)$，那么半变异函数 $\gamma(h)$ 可以用下式估计：

$$\gamma(h) = \frac{1}{2n(h)} \sum_{i=1}^{n(h)} [x(z_i) - x(z_i + h)]^2 \tag{2-17}$$

式中　$x(z_i)$——在 z_i 处的样品值；

$x(z_i+h)$——在与 z_i 相距 h 处的样品值。

由式（2-17）计算的半变异函数称为实验半变异函数。下面举例说明实验半变异函数的计算过程。

例 2-1　在一条直线上取得 10 个样品，其位置如图 2-3 所示，试计算实验半变异函数。

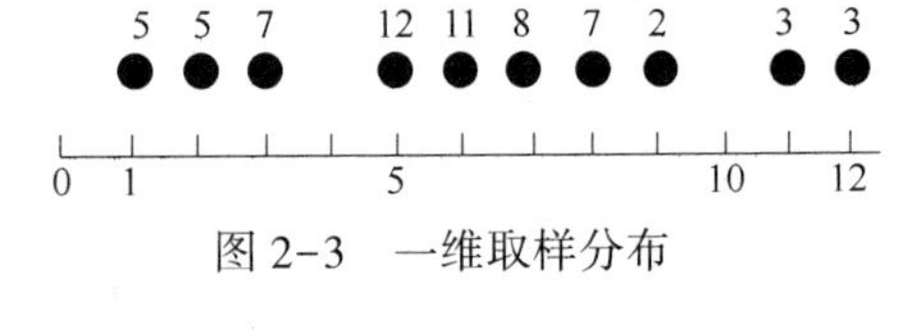

图 2-3　一维取样分布

解：样品是一个离散集，因此我们只能对几个离散 h 值计算 $\gamma(h)$。应用公式（2-17）计算的结果列于表 2-1 中并绘于图 2-4。以 $h=3$ 为例，计算过程列于表 2-2 中。

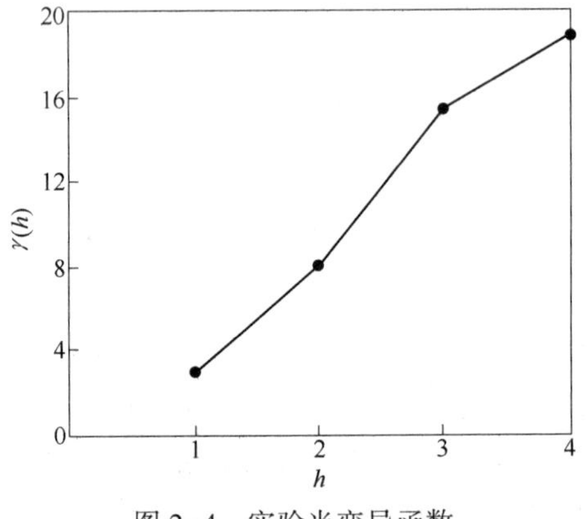

图 2-4　实验半变异函数

表 2-1　基于图 2-3 中数据的半变异函数计算结果

间距 h	1	2	3	4
样品对数 n（h）	7	6	6	6
γ（h）	2.857	8.167	15.667	18.917

表 2-2　$h=3$ 时 γ（h）的计算过程

样　品　对		计　　算	
$x(z)$	$x(z+3)$	$x(z)-x(z+3)$	$[x(z)-x(z+3)]^2$
5	12	−7	49

续表 2-2

样品对		计算	
7	11	-4	16
12	7	5	25
11	2	9	81
7	3	4	16
2	3	-1	+1
γ (3) = 188/12 = 15.667			Σ = 188

上例中，样品落于一直线上，是一个在一维空间计算实验半变异函数的问题。在二维或三维空间，半变异函数是具有方向性的，即在不同的方向上，半变异函数可能不一样。下面是一个在二维空间计算半变异函数的算例。

例 2-2 如图 2-5 所示，在矿床的某一台阶取样 31 个，样品位于间距为 1 的规则网格点上，各样品的品位如图中的数字所示。试求在 4 个方向上的实验半变异函数。

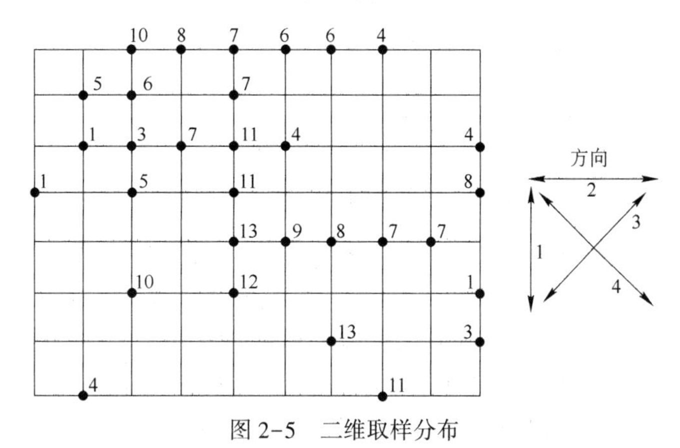

图 2-5 二维取样分布

解： 在任一方向上，计算过程与例 2-1 相同。只是在一给定方向上选取间距为 h 的样品对时，只能在该方向上选取。在方向 1 和 2 上的实验半变异函数计算结果列于表 2-3 中，在方向 3 和 4 上的计算结果列于表 2-4 中。

表 2-3 例 2-2 中在方向 1 和 2 上的实验半变异函数计算结果

方向	$h=1$		$h=2$		$h=3$	
	$n(h)$	$\gamma(h)$	$n(h)$	$\gamma(h)$	$n(h)$	$\gamma(h)$
1	11	3.91	12	9.00	8	11.06
2	14	4.07	14	7.64	9	15.22

表 2-4 例 2-2 中在方向 3 和 4 上的实验半变异函数计算结果

方向	$h=\sqrt{2}$		$h=2\sqrt{2}$		$h=3\sqrt{2}$	
	$n(h)$	$\gamma(h)$	$n(h)$	$\gamma(h)$	$n(h)$	$\gamma(h)$
3	10	5.90	11	12.09	6	20.08
4	9	5.06	12	12.92	6	16.83

若将平面上所有方向上相距为 h 的样品对用于计算 $\gamma(h)$，得到的实验半变异函数称为该平面上的平均实验半变异函数。本例中的平均实验半变异函数计算结果列于表 2-5。所有 4 个方向上的实验半变异函数与平均半变异函数计算结果绘于图 2-6。

表 2-5　例 2-2 中平均实验半变异函数计算结果

h	1	$\sqrt{2}$	2	$2\sqrt{2}$	3	$3\sqrt{2}$
$n(h)$	25	19	26	23	17	12
$\gamma(h)$	4.00	5.50	8.27	12.52	13.26	18.46

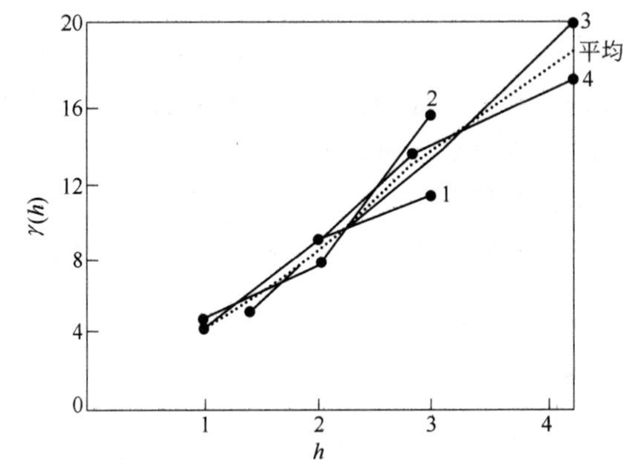

图 2-6　不同方向上的实验半变异函数

在实践中，样品在平面上的分布可能很不规则，不可能所有样品都位于规则的网格点上，样品间的距离也不会是一个基数的整数倍，而且往往需要计算任意方向的实验半变异函数。因此，恰好落在某一给定方向的方向线上和间距恰好等于某一给定 h 的样品对很少（或几乎不存在）。所以，如图 2-7 所示，在计算实验半变异函数时，需要确定一个最大方向角偏差 $\Delta\alpha$ 和距离偏差 Δh。如果一对样品 $x(z_i)$ 和 $x(z_j)$ 所在的位置连成的向量 $z_i \to z_j$ 的方向落于 $\alpha-\Delta\alpha$ 和 $\alpha+\Delta\alpha$ 之间，那么就可以认为 $x(z_i)$ 和 $x(z_j)$ 是在方向 α 上的一个样品对；如果样品 $x(z_i)$ 和 $x(z_j)$ 之间的距离落于 $h-\Delta h$ 和 $h+\Delta h$ 之间，就可认为这两个样品是相距 h 的一个样品对；$2\Delta\alpha$ 称为窗口（window）。在实际计算中，往往以 $2\Delta h$ 作为 h 的增量，以 Δh 作为最小 h 值（即偏移量 Offset）。例如，当 $2\Delta h = 10$m 时，h 取 5m，15m，25m…

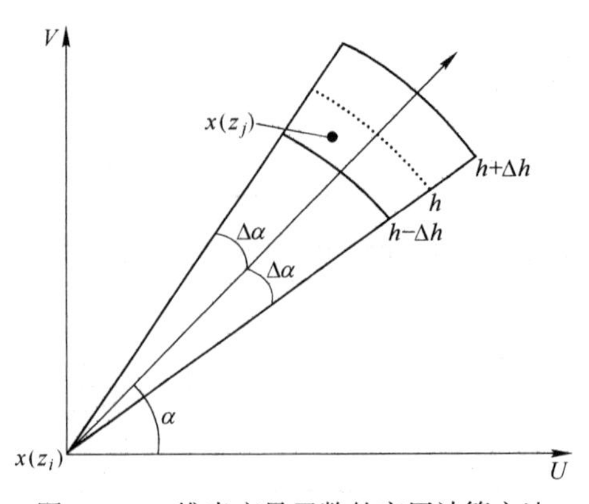

图 2-7　二维半变异函数的实用计算方法

在三维空间，图 2-7 中的扇形变为图 2-8 中的锥体，空间的某一方向由方位角 φ 与倾角 ψ 表示。另外，在三维空间，一个样品不是一个二维点，而是具有一定长度的三维体，所以在计算半变异函数前，需要将样品进行组合处理，形成等长度的组合样品。在实验半变异函数的实际计算中，首先要对所有样品对进行矢量运算，找出落于方向与间距最大偏差范围内的样品对，然后对这些样品对应用公式（2-17）进行计算，获得半变异函数 $\gamma(h)$ 曲线上的一个点。需要说明的是，距离 h 是所有这些样品对的距离的平均值。

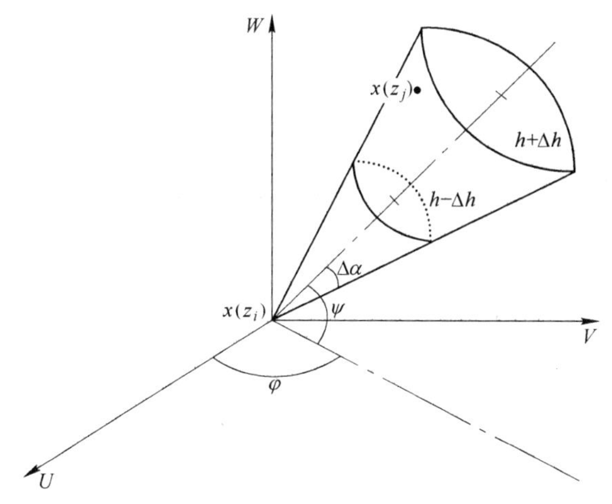

图 2-8 三维半变异函数的实用计算方法

2.2.3 半变异函数的数学模型

实验半变异函数由一组离散点组成，在实际应用时很不方便，因此常常将实验半变异函数拟合为一个可以用数学解析式表达的数学模型。常见的半变异函数的数学模型有以下几种：

（1）球状模型（spherical model）。实验半变异函数在大多数情况下可以拟合成球状模型。因此，球状模型是应用最广的一种半变异函数模型，其数学表达式为：

$$\gamma(h)=\begin{cases}C\left(\dfrac{3h}{2a}-\dfrac{h^3}{2a^3}\right) & h\leqslant a\\ C & h>a\end{cases} \tag{2-18}$$

式中，C 称为槛值或台基值（sill），一般情况下可以认为 $C=\sigma^2$（σ^2 为样品的方差），a 称为变程（range）。

图 2-9 是球状模型的图示。从图中可以看出，$\gamma(h)$ 随 h 的增加而增加，当 h 达到变程时，$\gamma(h)$ 达到槛值 C；之后 $\gamma(h)$ 便保持常值 C。这种特征的物理意义是：当样品之间的距离小于变程时，样品是相互关联的，关联程度随间距的增加而减小，或者说，变异程度随间距的增加而增大；当间距达到一定值（变程）时，样品之间的关联性消失，变为完全随机，这时$\gamma(h)$ 即为样品的方差。因此，变程实际上代表样品的影响范围。

（2）随机模型（random model）。当区域化变量 X 的取值是完全随机的，即样品之间的协方差 $\sigma(h)$ 对于所有 h 都等于 0 时，半变异函数是一常量：

$$\gamma(h)=C \tag{2-19}$$

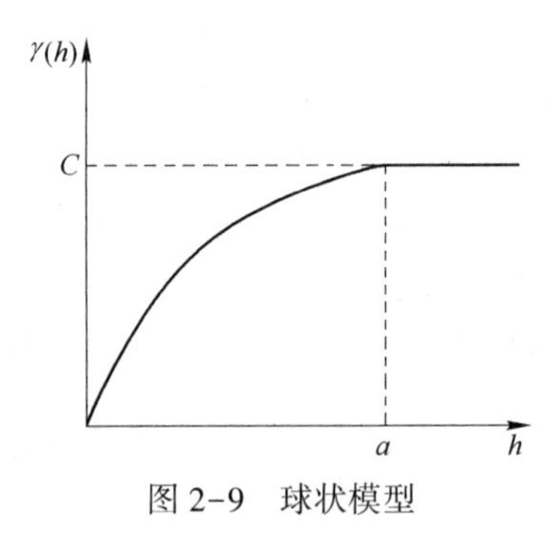

图 2-9 球状模型

这一模型称为随机模型，其图示为一水平直线，如图 2-10 所示。随机模型表明，区域化变量 X 的取值与位置无关，样品之间没有关联性。随机模型有时也被称为纯块金效应模型（pure nugget effect model）。

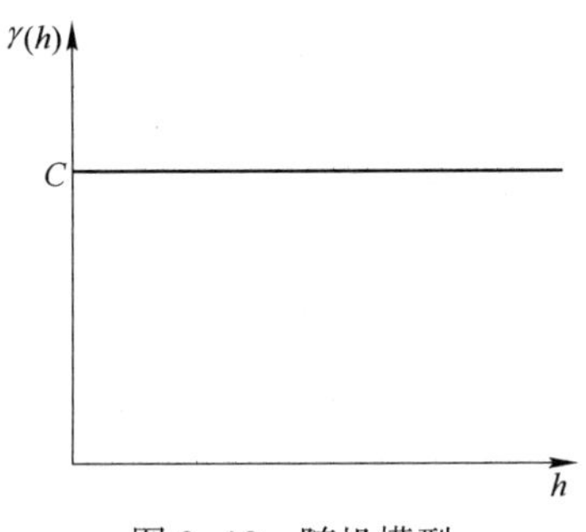

图 2-10 随机模型

（3）指数模型（exponential model）。指数模型的数学表达式为：

$$\gamma(h) = C(1 - \mathrm{e}^{-h/a}) \tag{2-20}$$

指数模型的特征与球状模型相似（见图 2-11），变异速率较小。式（2-20）中的 a 是原点处的切线达到 C 时的 h 值。

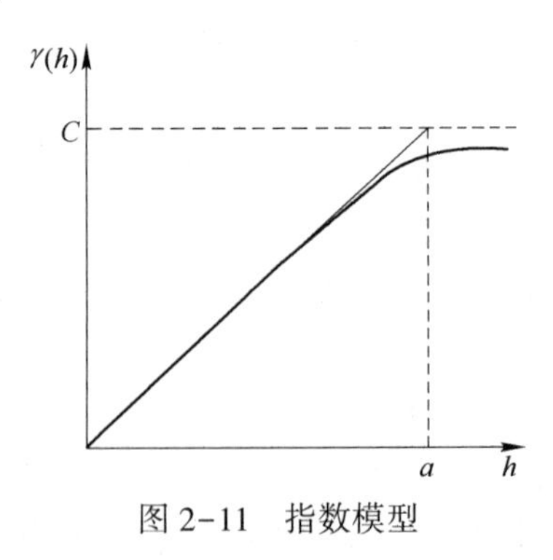

图 2-11 指数模型

（4）高斯模型（gaussian model）。高斯模型的数学表达式为：

$$\gamma(h) = C(1 - \mathrm{e}^{-h^2/a^2}) \tag{2-21}$$

如图 2-12 所示，高斯模型在原点的切线为水平线，表明 $\gamma(h)$ 在短距离内变异很小。

（5）线性模型（linear model）。线性模型的数学表达式为一线性方程，即：

$$\gamma(h)=\frac{p^2}{2}h \tag{2-22}$$

式中，p^2 为一常量，且

$$p^2=E[(X(z_{i+1})-X(z_i))^2] \tag{2-23}$$

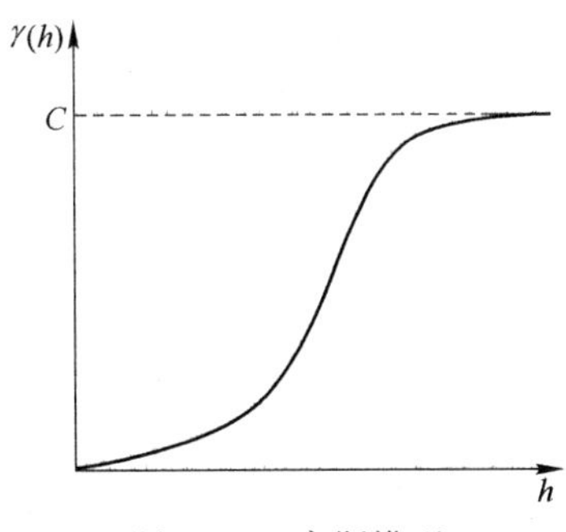

图 2-12　高斯模型

如图 2-13 所示，线性模型没有槛值，$\gamma(h)$ 随 h 无限增加。

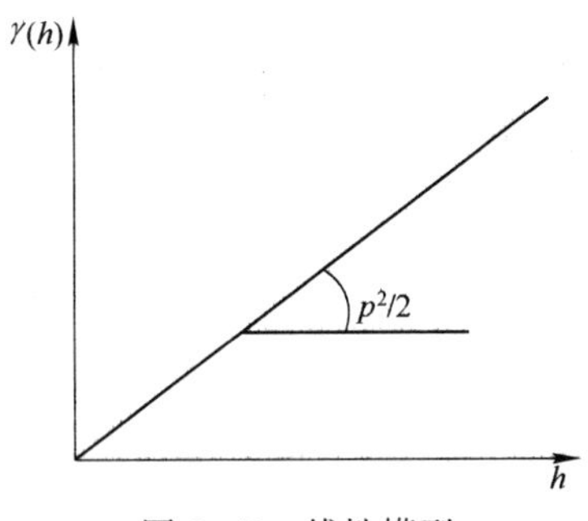

图 2-13　线性模型

（6）对数模型（logarithmic model）。对数模型的表达式为：

$$\gamma(h)=3\alpha\ln(h) \tag{2-24}$$

式中　α——常量。

当 h 取对数坐标时，对数模型为一条直线，如图 2-14 所示。对数模型没有槛值。当 $h<1$ 时，$\gamma(h)$ 为负数，由半变异函数的定义（式（2-12））可知，$\gamma(h)$ 不可能为负数。所以对数模型不能用于描述 $h<1$ 时的区域化变量特性。

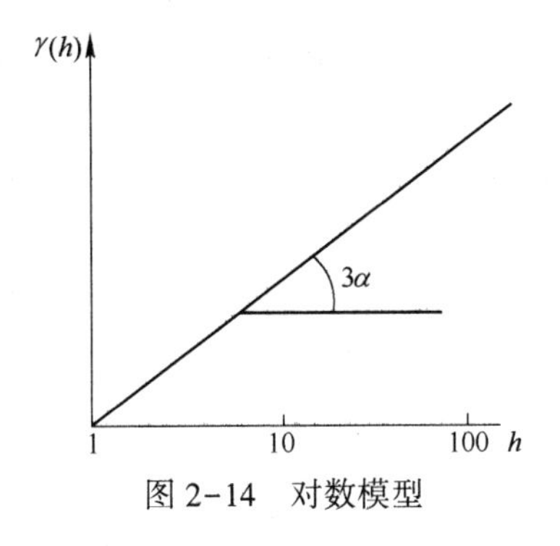

图 2-14　对数模型

（7）嵌套结构（nested structures）。除对数模型和随机模型外，均有 $\gamma(0)=0$。但由于取样、化验误差和矿化作用在短距离内（小于最小取样间距）的变化，在绝大多数情况下半变异函数在原点不等于零，即存在块金效应。因此，在实践中应用最广的模型是具有块金效应的球状模型，其数学表达式为：

$$\gamma(h)=\begin{cases}N+C\left(\dfrac{3h}{2a}-\dfrac{h^3}{2a^3}\right) & h\leqslant a\\ N+C & h>a\end{cases}\tag{2-25}$$

式中　N——块金效应；

　　C——球模型的槛值。

上式实质上是由两个结构组成的：一个是纯块金效应结构（或随机结构），另一个是球形结构。由多个半变异函数组成的结构称为嵌套结构。

在某些情况下，区域化变量的结构特性较复杂，难以用单一结构的数学模型描述。这时，往往采用几个结构的数学组合来描述较复杂的嵌套结构。实践中较常见的嵌套结构由块金效应与两个球模型组成，即：

$$\gamma(h)=N+\gamma_1(h)+\gamma_2(h)\tag{2-26}$$

式中　$\gamma_1(h)$，$\gamma_2(h)$——具有不同的 a 和 C 值的球模型。

图 2-15 是这一嵌套结构的示意图。

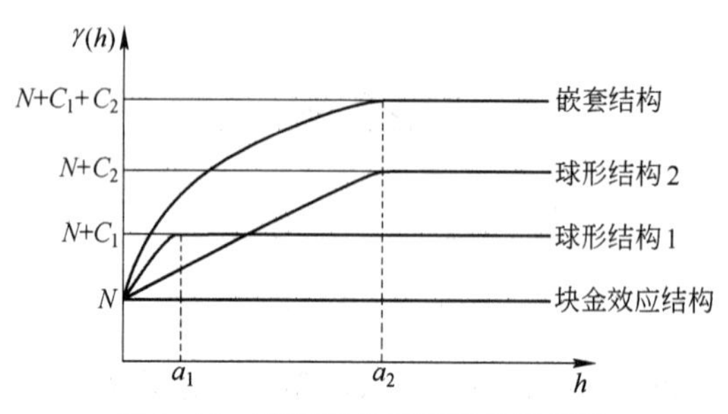

图 2-15　球模型的嵌套结构示意图

2.2.4　半变异函数的拟合

实践中，半变异函数是根据有限数目的地质取样建立的，而通过取样我们只能得到由一些离散点组成的实验半变异函数。为使用方便，需要对实验半变异函数进行加工获得实验半变异函数的数学模型。将实验半变异函数加工成数学模型的过程称为半变异函数的拟合。这里只讲述球模型的拟合。

图 2-16 是从一组样品得到的实验半变异函数。虽然数据点的分布不很规则，但仍可看出 $\gamma(h)$ 具有随 h 首先增加，然后趋于稳定的特点。因此，其数学模型应为具有块金效应的球模型。如果能确定块金效应 N，球模型的槛值 C 和变程 a，拟合也就完成了。

首先确定 $C+N$。从数据点的分布很难看出 $\gamma(h)$ 稳定在何值，但从理论上讲，可以认为其最大值等于样品的方差 σ^2。因此，在实际拟合时，往往取 $\sigma^2=C+N$。本例中，$\sigma^2=0.135$，故 $C+N=0.135$。

其次确定块金效应。根据槛值以下靠近原点的数据点变化趋势，作一条斜线，斜线与

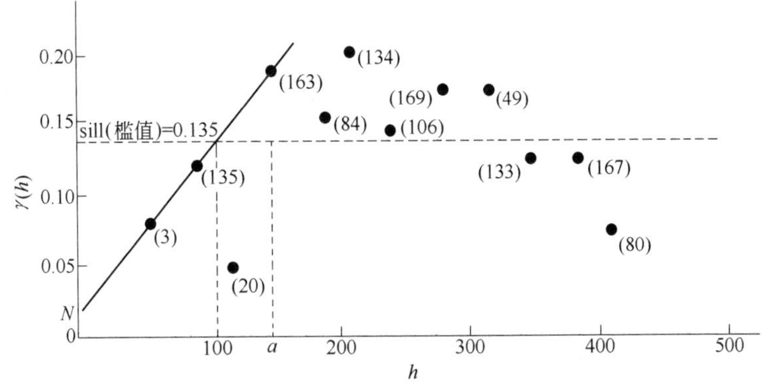

图 2-16　实验半变异函数的球模型拟合

纵轴的截距即为块金效应 N。从图中可以看出，$N\approx0.02$。这样 $C=0.135-0.02=0.115$。

最后确定变程。根据球模型的数学表达式可知，$\gamma(h)$ 在 $h=0$ 处的切线斜率为 $C/(2a/3)$。所以，上面求块金效应时所作的斜线与等于最大值的水平线的交点的横坐标为 $2a/3$。从图中可以看出，$2a/3$ 约为 100m，所以变程约为 150m。

利用实际数据进行半变异函数的拟合通常是个十分复杂的过程，需要对地质特征有较好的了解和拟合经验。当取样间距较大时，变程以内的数据点很少，很难确定半变异函数在该范围内的变化趋势，而恰恰这部分曲线是半变异函数最重要的组成部分。在这种情况下，常常求助于“沿钻孔实验半变异函数”（down-hole variogram），即沿钻孔方向建立的实验半变异函数。因为沿钻孔取样间距小，沿钻孔半变异函数可以捕捉短距离内的结构特征，帮助确定半变异函数的块金效应和变化趋势。但必须注意，当存在各向异性时，沿钻孔半变异函数只代表区域化变量沿钻孔方向的变化特征，并不能完全代表其他方向上半变异函数在短距离的变化特征。

2.2.5　各向异性

当区域化变量在不同方向呈现不同特征时，半变异函数在不同方向也具有不同的特性，这种现象称为各向异性（anisotropy）。常见的各向异性有两种。

几何各向异性（geometric anisotropy）的特点是半变异函数的槛值不变，变程随方向变化。如果求出任一平面内所有方向上的半变异函数，半变异函数在平面上的等值线是一组近似椭圆，如图 2-17 所示。椭圆的短轴和长轴称为主方向（principal directions）。对应于

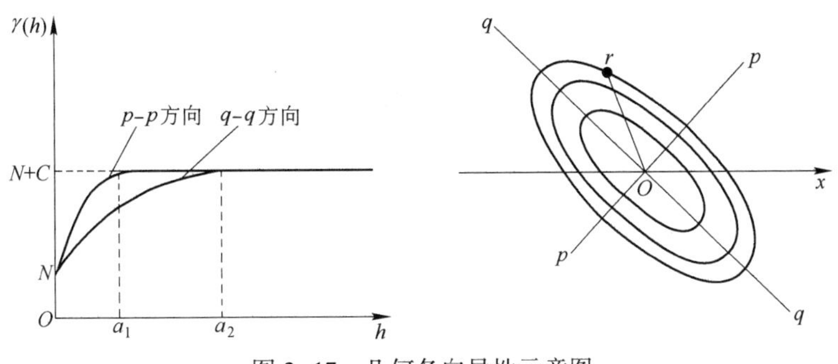

图 2-17　几何各向异性示意图

半变异函数最大值 σ^2 的等值线上的每一点 r 到原点的距离是在 $O \to r$ 方向上半变异函数的变程。对应于 σ^2 的等值线椭圆称为各向异性椭圆，它是影响范围的一种表达。若平面为水平面，各向异性椭圆的长轴方向一般与矿体的走向重合（或非常接近）。因此即使矿体的产状是未知的，通过半变异函数的各向异性分析也可以看出矿体的走向。

区域各向异性的特点是半变异函数的槛值与变程均随方向变化，如图 2-18 所示。

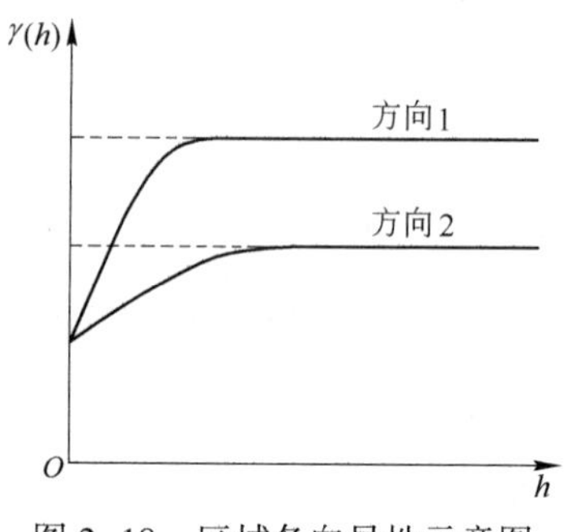

图 2-18　区域各向异性示意图

在三维空间，各向异性椭圆变为椭球体，并有三个主方向。确定三个主方向的一般步骤如下：

（1）在水平面的几个方向上计算半变异函数，得到水平面上的各向异性椭圆，其长轴方向为走向，如图 2-19 所示。

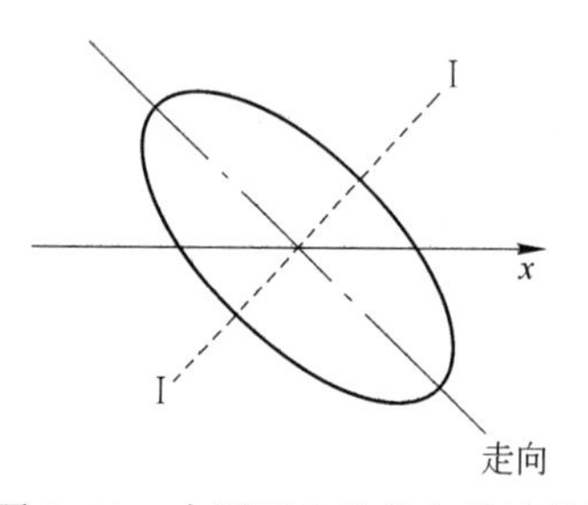

图 2-19　水平面上的各向异性椭圆

（2）在图 2-19 中垂直于走向的剖面上，计算不同方向上的半变异函数，得到该剖面上的各向异性椭圆，其长轴方向为倾向、短轴方向为主方向 3（变程最小的方向），如图 2-20 所示。

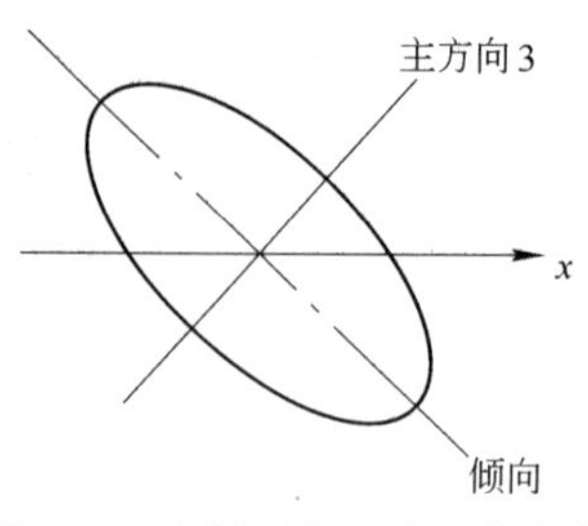

图 2-20　图 2-19 中剖面 I — I 上的各向异性椭圆

（3）在倾向面（即走向线与倾向线所在的空间平面）上，计算不同方向上的半变异函数，得到该平面上的各向异性椭圆，其长轴方向即为主方向 1（变程最大的方向）、短轴方向为主方向 2，如图 2-21 所示。

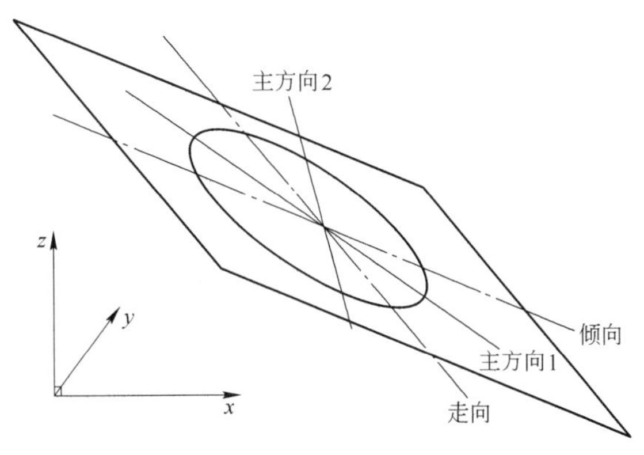

图 2-21 倾向面上的各向异性椭圆

在实际应用中，各向异性椭圆不会像图中那样规整，确定椭圆的长轴和短轴方向时应注意两者是相互垂直的关系，最后确定的三个主方向也是相互垂直的。

2.2.6 半变异函数平均值的计算

应用地质统计学方法进行估值时，需要计算半变异函数在两个几何体之间或在一个几何体内的平均值。设在区域 Ω 中有两个几何体 V 和 W，如果在 V 中任取一点 z，在 W 中任取一点 z'，z 与 z' 之间的距离为 h，那么半变异函数在两点上的值为 $\gamma(h)$，也可记为 $\gamma(z, z')$。半变异函数在 V 和 W 之间的平均值就是当 z 取 V 中所有点、z' 取 W 中所有点时，$\gamma(z, z')$ 的平均值，即：

$$\bar{\gamma}(V, W) = \frac{1}{VW}\int_{z \text{ in} V}\int_{z' \text{ in} w}\gamma(z, z')\,\mathrm{d}z\mathrm{d}z' \tag{2-27}$$

上式积分可以用数值方法计算。将 V 划分为 n 个大小相等的子体，每个子体的中心位于 $z_i(i=1, 2, \cdots, n)$；同理，将 W 划分为 n' 个子体，每个子体的中心位于 $z_j'(j=1, 2, \cdots, n')$。这样，上面的积分可用下式逼近：

$$\bar{\gamma}(V, W) = \frac{1}{nn'}\sum_{i=1}^{n}\sum_{j=1}^{n'}\gamma(z_i, z_j') \tag{2-28}$$

当 V 和 W 是同一几何体时，$\bar{\gamma}(V, V)$ 即为半变异函数在几何体 V 内的平均值：

$$\bar{\gamma}(V, V) = \frac{1}{n^2}\sum_{i=1}^{n}\sum_{j=1}^{n}\gamma(z_i, z_j) \tag{2-29}$$

式中 z_i，z_j——V 中的子体中心位置。

根据半变异函数的定义，$\gamma(z_i, z_j')=E[(x_i-x_j')^2]/2$，$x_i$ 和 x_j' 分别为区域化变量 X 在 z_i 和 z_j' 处的取值。这样，式（2-28）和式（2-29）也可分别改写为以下的形式：

$$\bar{\gamma}(V, W) = \frac{1}{nn'}\sum_{i=1}^{n}\sum_{j=1}^{n'}\frac{1}{2}E[(x_i - x_j')^2] \tag{2-30}$$

$$\bar{\gamma}(V, V) = \frac{1}{n^2}\sum_{i=1}^{n}\sum_{j=1}^{n}\frac{1}{2}E[(x_i - x_j)^2] \tag{2-31}$$

如果几何体 W 代表的是一个取样，用 ω 表示，取样的中心位于 z_0，取样的值为 x_0，而且取样 ω 的体积很小，不再划分为子体，即 $n'=1$，那么式（2-28）变为：

$$\bar{\gamma}(\omega, V)=\frac{1}{n}\sum_{i=1}^{n}\gamma(z_0, z_i) \tag{2-32}$$

式（2-30）变为：

$$\bar{\gamma}(\omega, V)=\frac{1}{n}\sum_{i=1}^{n}\frac{1}{2}E[(x_0-x_i)^2] \tag{2-33}$$

$\bar{\gamma}(\omega, V)$ 称为半变异函数在取样 ω 与几何体 V 之间的平均值。

如果 V 也代表一个取样 ω'，ω'的中心位于 z_0'，ω'的取值为 x_0'，ω'的体积很小，不再划分为子体（$n=1$），那么式（2-32）和式（2-33）分别变为：

$$\bar{\gamma}(\omega, \omega')=\gamma(z_0, z_0') \tag{2-34}$$

$$\bar{\gamma}(\omega, \omega')=\frac{1}{2}E[(x_0-x_0')^2] \tag{2-35}$$

$\bar{\gamma}(\omega, \omega')$ 称为半变异函数在两个样品之间的“平均值”。

当然，如果取样的体积较大，需要把取样也划分为子体时，半变异函数在取样与几何体之间、取样与取样之间的平均值，和半变异函数在两个几何体之间的平均值是一回事。因此，式（2-28）或式（2-30）是计算半变异函数平均值的一般公式，其他公式都是这两个公式的特例。值得注意的是，当把取样也划分为离散点进行计算时，意味着半变异函数不是由具有一定体积的取样数值得来的，而是从无限小的点值得到的，这样的半变异函数称为点半变异函数（point semivariogram）。但在实践中点半变异函数是未知的，半变异函数是通过具有一定体积的取样数据建立的。因此，在实际计算中，一般把取样看作是“不可再分”的。

2.2.7 克里金法

由于地质统计学法的基本思想是由 Danie Krige（丹尼·克里金）提出的，所以应用地质统计学进行估值的方法被命名为克里金法（Kriging），有时也翻译成克里格法。克里金估值是在一定条件下具有无偏性和最佳性的线性估值。

所谓无偏性，就是对参数（特征值）的估值 $\hat{\mu}_V$ 与其真值 μ_V 之间的偏差的数学期望为零，即：

$$E[\hat{\mu}_V-\mu_V]=0 \tag{2-36}$$

所谓最佳性，是指估计值与真值之间偏差的平方的数学期望达到最小，即：

$$E[(\hat{\mu}_V-\mu_V)^2]=\min \tag{2-37}$$

$E[(\hat{\mu}_V-\mu_V)^2]$ 也称为估计方差（estimation variance），用 σ_E^2 表示；用克里金法进行估值的估计方差称为克里金方差(Kriging variance）或克里金误差(Kriging error)，用 σ_K^2 表示。

所谓线性估值，是指未知量 μ_V 的估计量 $\hat{\mu}_V$ 是若干个已知取样值 x_i 的线性组合，即：

$$\hat{\mu}_V=\sum_{i=1}^{n}b_i x_i \tag{2-38}$$

式中　b_i——常数。

设从区域 Ω 中取样 n 个，样品 ω_i 的值为$x_i(i=1, 2, \cdots, n)$；Ω 中的一个单元体 V 的未知真值为μ_V，如图 2-22 所示。那么，用这 n 个样品对 μ_V 的克里金估值即为式（2-38）。

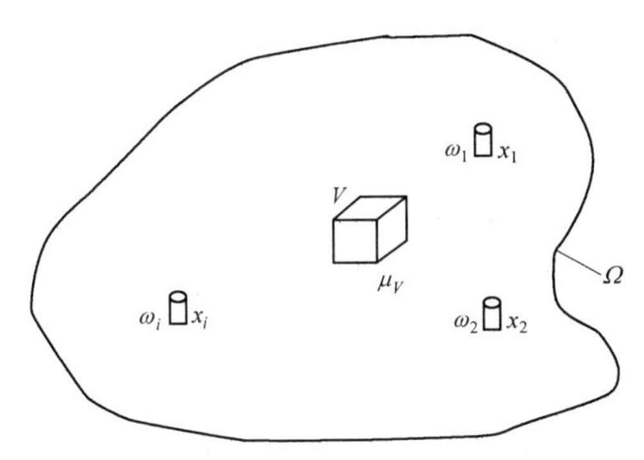

图 2-22　克里金法示意图

根据无偏性要求 $E[\hat{\mu}_V-\mu_V]=0$，有：

$$E\left[\sum_{i=1}^{n} b_i x_i - \mu_V\right] = \sum_{i=1}^{n} b_i E[x_i] - E[\mu_V] = 0$$

如果在区域 Ω 内，区域化变量满足内蕴假设且“无漂移”，$E[x_i]=E[\mu_V]=\mu$（μ 为参数在 Ω 的平均值），上式变为：

$$\sum_{i=1}^{n} b_i \mu - \mu = 0$$

消去μ，得：

$$\sum_{i=1}^{n} b_i = 1 \quad 或 \quad \sum_{i=1}^{n} b_i - 1 = 0 \tag{2-39}$$

因此，估值具有无偏性的充要条件是取样值的权值之和为 1。

将几何体 V 看作是由 m 个相同的子体组成，每个子体的值为 v_k，那么μ_V 等于子体值的平均值，即：

$$\mu_V = \frac{1}{m}\sum_{k=1}^{m} v_k$$

这样，克里金方差为：

$$\sigma_K^2 = E[(\hat{\mu}_V - \mu_V)^2] = E\left[\left(\sum_{i=1}^{n} b_i x_i - \frac{1}{m}\sum_{k=1}^{m} v_k\right)^2\right]$$

令 x_j 表示另一个样品 ω_j 的值（当 $j=i$ 时，$x_j=x_i$）；v_l 表示 V 中的另一个子体的值（当 $l=k$ 时，$v_l=v_k$）。那么当 $\sum_{i=1}^{n} b_i=1$ 时，上式可以改写为：

$$\begin{aligned}\sigma_K^2 &= E\left[-\sum_{i=1}^{n}\sum_{j=1}^{n}\frac{1}{2}b_i b_j(x_i - x_j)^2 - \frac{1}{m^2}\sum_{k=1}^{m}\sum_{l=1}^{m}\frac{1}{2}(v_k - v_l)^2 + \sum_{i=1}^{n} b_i\left(\frac{1}{m}\sum_{k=1}^{m}(x_i - v_k)^2\right)\right] \\ &= -\sum_{i=1}^{n}\sum_{j=1}^{n}\frac{1}{2}b_i b_j E[(x_i - x_j)^2] - \frac{1}{m^2}\sum_{k=1}^{m}\sum_{l=1}^{m}\frac{1}{2}E[(v_k - v_l)^2] + \\ &\quad 2\sum_{i=1}^{n} b_i\left(\frac{1}{m}\sum_{k=1}^{m}\frac{1}{2}E[(x_i - v_k)^2]\right)\end{aligned} \tag{2-40}$$

从公式（2-35）可知：

$$\frac{1}{2}E[(x_i-x_j)^2]=\bar{\gamma}(\omega_i,\ \omega_j)$$

即半变异函数在样品 ω_i 和 ω_j 间的平均值；从公式（2-31）可知：

$$\frac{1}{m^2}\sum_{k=1}^{m}\sum_{l=1}^{m}\frac{1}{2}E[(v_k-v_l)^2]=\bar{\gamma}(V,\ V)$$

即半变异函数在几何体 V 内的平均值；从公式（2-33）可知：

$$\frac{1}{m}\sum_{k=1}^{m}\frac{1}{2}E[(x_i-v_k)^2]=\bar{\gamma}(\omega_i,\ V)$$

即半变异函数在取样 ω_i 和 V 之间的平均值。将这些等式代入式（2-40），得：

$$\sigma_K^2=-\sum_{i=1}^{n}\sum_{j=1}^{n}b_ib_j\bar{\gamma}(\omega_i,\ \omega_j)-\bar{\gamma}(V,\ V)+2\sum_{i=1}^{n}b_i\bar{\gamma}(\omega_i,\ V) \tag{2-41}$$

这样，最佳估值就是在式（2-39）的条件下求 σ_K^2 达到最小值时的权值 $b_i(i=1,\ 2,\ \cdots,\ n)$。应用拉格朗日乘子法，得拉格朗日函数：

$$L(b_1,\ b_2,\ \cdots,\ b_n,\ \lambda)=\sigma_K^2-2\lambda\left(\sum_{i=1}^{n}b_i-1\right) \tag{2-42}$$

式中 2λ——拉格朗日乘子。

在式（2-39）的条件下求 σ_K^2 达到最小的条件是拉格朗日函数对 $b_i(i=1,\ 2,\ \cdots,\ n)$ 和 λ 的一阶偏微分为零，即：

$$\left.\begin{aligned}&\frac{\partial L}{\partial b_i}=0 \qquad i=1,\ 2,\ \cdots,\ n\\&\frac{\partial L}{\partial \lambda}=0\end{aligned}\right\} \tag{2-43}$$

将式（2-41）代入式（2-42）中并求导，得式（2-43）的具体形式为：

$$\left.\begin{aligned}&\sum_{j=1}^{n}b_j\bar{\gamma}(\omega_i,\ \omega_j)+\lambda=\bar{\gamma}(\omega_i,\ V) \qquad i=1,\ 2,\ \cdots,\ n\\&\sum_{j=1}^{n}b_j=1\end{aligned}\right\} \tag{2-44}$$

将式（2-44）展开，得：

$$\left.\begin{array}{l}b_1\bar{\gamma}(\omega_1,\ \omega_1)+b_2\bar{\gamma}(\omega_1,\ \omega_2)+\cdots+b_n\bar{\gamma}(\omega_1,\ \omega_n)+\lambda=\bar{\gamma}(\omega_1,\ V)\\b_1\bar{\gamma}(\omega_2,\ \omega_1)+b_2\bar{\gamma}(\omega_2,\ \omega_2)+\cdots+b_n\bar{\gamma}(\omega_2,\ \omega_n)+\lambda=\bar{\gamma}(\omega_2,\ V)\\\qquad\vdots\qquad\qquad\vdots\qquad\qquad\qquad\vdots\qquad\quad\vdots\qquad\vdots\\b_1\bar{\gamma}(\omega_n,\ \omega_1)+b_2\bar{\gamma}(\omega_n,\ \omega_2)+\cdots+b_n\bar{\gamma}(\omega_n,\ \omega_n)+\lambda=\bar{\gamma}(\omega_n,\ V)\\b_1\qquad\qquad\quad+b_2\qquad\qquad\quad+\cdots+b_n\qquad\qquad\quad+0=\qquad1\end{array}\right\} \tag{2-45}$$

式（2-45）是由 n+1 个方程组成的线性方程组，称为克里金方程组。解这个方程组，就可求出 $n+1$ 个未知数（b_1，b_2，…，b_n，λ）。将求得的 b_1，b_2，…，b_n 代入式（2-38），即得到 μ_V 的无偏、最佳、线性估值 $\hat{\mu}_V$。

式（2-45）也可用矩阵形式表示，令：

$$A=\begin{bmatrix}\bar{\gamma}(\omega_1,\ \omega_1) & \bar{\gamma}(\omega_1,\ \omega_2) & \cdots & \bar{\gamma}(\omega_1,\ \omega_n) & 1\\ \bar{\gamma}(\omega_2,\ \omega_1) & \bar{\gamma}(\omega_2,\ \omega_2) & \cdots & \bar{\gamma}(\omega_2,\ \omega_n) & 1\\ \vdots & \vdots & \vdots & \vdots & \vdots\\ \bar{\gamma}(\omega_n,\ \omega_1) & \bar{\gamma}(\omega_n,\ \omega_2) & \cdots & \bar{\gamma}(\omega_n,\ \omega_n) & 1\\ 1 & 1 & \cdots & 1 & 0\end{bmatrix}$$

$$B=\begin{bmatrix}b_1\\ b_2\\ \vdots\\ b_n\\ \lambda\end{bmatrix}\qquad C=\begin{bmatrix}\bar{\gamma}(\omega_1,\ V)\\ \bar{\gamma}(\omega_2,\ V)\\ \vdots\\ \bar{\gamma}(\omega_n,\ V)\\ 1\end{bmatrix}$$

式（2-45）可改写为：

$$AB=C \tag{2-46}$$

上式的解为：

$$B=A^{-1}C \tag{2-47}$$

如果区域化变量在 Ω 中满足二阶稳定性假设，有 $\gamma(h)=\sigma^2-\sigma(h)$。因此，克里金方程组也可用协变函数表示，这时：

$$A=\begin{bmatrix}\bar{\sigma}(\omega_1,\ \omega_1) & \bar{\sigma}(\omega_1,\ \omega_2) & \cdots & \bar{\sigma}(\omega_1,\ \omega_n) & 1\\ \bar{\sigma}(\omega_2,\ \omega_1) & \bar{\sigma}(\omega_2,\ \omega_2) & \cdots & \bar{\sigma}(\omega_2,\ \omega_n) & 1\\ \vdots & \vdots & \vdots & \vdots & \vdots\\ \bar{\sigma}(\omega_n,\ \omega_1) & \bar{\sigma}(\omega_n,\ \omega_2) & \cdots & \bar{\sigma}(\omega_n,\ \omega_n) & 1\\ 1 & 1 & \cdots & 1 & 0\end{bmatrix}$$

$$B=\begin{bmatrix}b_1\\ b_2\\ \vdots\\ b_n\\ -\lambda\end{bmatrix}\qquad C=\begin{bmatrix}\bar{\sigma}(\omega_1,\ V)\\ \bar{\sigma}(\omega_2,\ V)\\ \vdots\\ \bar{\sigma}(\omega_n,\ V)\\ 1\end{bmatrix}$$

式中，$\bar{\sigma}(\omega_i,\ \omega_j)$ 为协变函数在两个取样间的平均值；$\bar{\sigma}(\omega_i,\ V)$ 为协变函数在取样 ω_i 和几何体 V 之间的平均值。$\bar{\sigma}(\omega_i,\ \omega_j)$ 和 $\bar{\sigma}(\omega_i,\ V)$ 的计算公式与 $\bar{\gamma}(\omega_i,\ \omega_j)$ 和 $\bar{\gamma}(\omega_i,\ V)$ 的计算公式在形式上相同。

例 2-3 如图 2-23 所示，矿床 Ω 中有一个方块，其边长为 3，一个样品 ω_1 位于方块的中心，其品位为 $x_1=1.2\%$；另一个样品 ω_2 位于方块的一角，其品位为 $x_2=0.5\%$。半变异函数的方程为：

$$\begin{cases}\gamma(h)=0.5h & h<2\\ \gamma(h)=1.0 & h\geqslant 2\end{cases}$$

假设品位在矿床中满足内蕴假设且无漂移，试用克里金法估计方块 V 的品位。

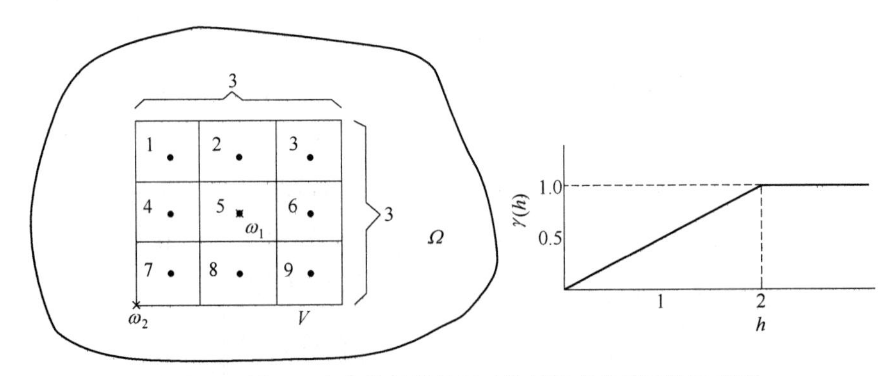

图2-23　例2-3中方块与样品相对位置及半变异函数示意图

解：

（1）计算 $\bar{\gamma}(\omega_i, \omega_j)$。$\omega_1$ 与 ω_2 之间的距离为 $1.5\sqrt{2}=2.121$，ω_1 和 ω_2 到自身的距离为0。根据公式（2-34），有：

$$\bar{\gamma}(\omega_1, \omega_2)=\bar{\gamma}(\omega_2, \omega_1)=\gamma(2.121)=1.0$$

$$\bar{\gamma}(\omega_1, \omega_1)=\bar{\gamma}(\omega_2, \omega_2)=\gamma(0)=0.0$$

（2）计算 $\bar{\gamma}(\omega_1, V)$ 和 $\bar{\gamma}(\omega_2, V)$。将 V 等分为如图2-23所示的9个小块，根据公式（2-32），有：

$$\bar{\gamma}(\omega_1, V)=\frac{1}{9}\sum_{i=1}^{9}\gamma(z_0, z_i)$$

式中　z_0——ω_1 的位置；

z_i——第 i 个小块的中心位置。

当 $i=2$ 时，样品 ω_1 距第二小块的距离为1，因此 $\gamma(z_0, z_2)=\gamma(1)=0.5$。类似地可以求出任意 i 的 $\gamma(z_0, z_i)$：

$$\begin{aligned}
&\gamma(z_0, z_1)=0.707\\
&\gamma(z_0, z_2)=0.500\\
&\gamma(z_0, z_3)=0.707\\
&\gamma(z_0, z_4)=0.500\\
&\gamma(z_0, z_5)=0.000\\
&\gamma(z_0, z_6)=0.500\\
&\gamma(z_0, z_7)=0.707\\
&\gamma(z_0, z_8)=0.500\\
+&\gamma(z_0, z_9)=0.707\\
\hline
&\sum \quad 4.828
\end{aligned}$$

$$\bar{\gamma}(\omega_1, V)=4.828/9\approx 0.536$$

仿照上述做法，求得：$\bar{\gamma}(\omega_2, V)=0.882$。

（3）建立克里金方程组并求解。将上面求得的 $\bar{\gamma}(\omega_i, \omega_j)$ 和 $\bar{\gamma}(\omega_i, V)$ 代入式（2-45），有：

$$\begin{cases} 0.0b_1 + 1.0b_2 + \lambda = 0.536 \\ 1.0b_1 + 0.0b_2 + \lambda = 0.882 \\ b_1 + b_2 = 1.0 \end{cases}$$

解上面的方程组得：$b_1=0.673$，$b_2=0.327$，$\lambda=0.209$。

（4）求方块 V 的品位。方块 V 的品位的估值为：

$$\hat{\mu}_V = b_1x_1 + b_2x_2 = 0.673\times1.2\% + 0.327\times0.5\% = 0.971\%$$

（5）计算方块品位估值的克里金方差。计算克里金方差 σ_K^2 需要计算 $\bar{\gamma}(V, V)$，根据式（2-29）有：

$$\bar{\gamma}(V, V) = \frac{1}{81}\sum_{i=1}^{9}\sum_{j=1}^{9}\gamma(z_i, z_j)$$

式中，z_i 和 z_j 为两个小方块的位置，对于每一对 z_i 和 z_j，$\gamma(z_i, z_j)$ 的算法与上述第（2）步 $\gamma(z_0, z_i)$ 的算法相同。计算结果为：

$$\bar{\gamma}(V, V) = 0.683$$

将有关数值代入式（2-41）得：

$$\sigma_K^2 = 0.175$$

2.2.8　影响范围

当对块状模型中每一模块的品位或其他特征值进行估值时，需要确定由哪些取样参与估值运算。一般地，对被估模块有影响的取样都应参与估值运算。

在地质统计学中品位是区域化变量，而且用半变异函数描述品位在矿床中的相互关联特征。因此，地质统计学为帮助确定合理影响范围提供了理论依据。如前所述，在大多数情况下，品位的半变异函数的数学模型为球模型。球模型的特点是：半变异函数 $\gamma(h)$ 随距离 h 的增加而增加，当 h 增加到变程 a 时，$\gamma(h)$ 达到最大值。由于最大值为样品的方差，这表明当 $h\geqslant a$ 时，取样值变为完全随机，取样之间失去了相互影响。因此，半变异函数的变程 a 可以作为影响距离的一种度量。

影响范围是这样一个几何体，从其中心到表面上任意一点的距离等于在这一方向的影响距离。在各向同性条件下，影响范围在二维空间是一圆，在三维空间是一球体；当存在各向异性时，影响范围在二维空间是一椭圆，在三维空间是一椭球体。确定合理的影响范围首先要建立各个方向的半变异函数，进行各向异性分析。

应用地质统计学对一个模块的特征值进行估值时，落入以被估模块的中心为中心的影响范围内的那些取样参与估值运算，即式（2-38）中的 n 个取样。

在实际应用中，椭球体使用起来很不方便，常常把它简化为长方体。长方体的三条边的方向分别对应于各向异性的三个主方向，三条边的边长等于或略大于三个主方向半变异函数的变程的两倍。各向异性的三个主方向的确定见前面 2.2.5 节。在应用地质统计学对一个模块的特征值进行估值时，以模块的中心为中心点，在三个主方向上进行取样搜索，在这三个方向上距离中心点的距离小于等于对应方向上的影响距离的取样，参与该模块的估值运算。

影响范围在品位、矿量计算中起着相当重要的作用，在某些情况下，所选取的影响范围不同，矿量计算结果会有很大的差别。然而，确定合理影响范围是一件不容易的事，需要对矿床的成矿特征和地质构造有深入的了解，同时也需要丰富的实践经验。地质统计学可以帮助确定合理的影响范围，但并不意味着各向异性椭球体（在各向同性情况下为球体）就是最合理的影响范围，最后决策应是综合考虑各种因素（包括经验）的结果。

2.2.9　克里金法建立品位模型的一般步骤

用克里金法建立三维块状品位模型，就是依据已知品位值的地质取样，应用克里金法估计出模型中所有模块的品位值，这是一项复杂而耗时的工作。一般步骤如下：

（1）合理划分区域。采矿和地质人员一起仔细分析矿床的地质构造和成矿特征，结合探矿取样品位的统计学分布特征和半变异函数特征，确定是否矿床的不同区域具有不同的特征。如果出现较明显的区域性特征变化，把矿床划分为若干个区域，使每个区域内没有较明显的特征变化。因此，这是一个烦琐的试错过程。

（2）各向异性分析。在每个区域进行前面 2.2.5 节所述的各向异性分析，确定每个区域的三个主方向和三个主方向上的半变异函数。完成这项工作需要在水平面、垂直于走向的垂直剖面和倾向面上分别计算不同方向上的半变异函数，且在计算中需要空间坐标转换。

（3）确定影响距离。以三个主方向上的半变异函数的变程为依据，确定这三个方向上的影响距离。影响距离一般取半变异函数的变程的 1.0~1.25 倍。如果进行了区域划分，需要对每个区域分别确定影响距离。

（4）克里金估值。以模型中每个模块的中心为中点，利用三个主方向上的影响距离进行取样搜索，找到落入影响范围的取样，用这些取样的品位对模块的品位进行克里金估值。如果进行了区域划分，对于不同区域内的模块要用相应区域的三个主方向上的影响距离进行取样搜索，并用相应区域的三个主方向上的半变异函数进行克里金估值。

如果不加分析，囫囵吞枣地用所有取样得到一个半变异函数，把这个平均半变异函数应用于所有模块，建立的模型很可能是误差很大的很差的模型（除非矿床极其简单：没有构造控制、各向同性、特征处处相同）。

2.3　距离反比法

克里金估值具有显著优点：可以量化估值的方差，且估值方差最小。但当取样间距较大时，难以建立半变异函数模型，特别是变程以内的半变异函数变化特征。这种情况下，常用较简单的方法建立矿床模型。一个比较常用的方法是距离反比法（inverse distance method）。

距离反比法中，参与估值的一个取样的权值 b_i 与取样到被估模块中心的距离 d_i 的 N 次方成反比，即 $b_i=(1/d_i^N)/\sum_i(1/d_i^N)$。这意味着，离模块越远的取样其权值越小。这在定性上与克里金法类似，但权值会随距离的增加不断减小，而且不是使估值方差最小的权值。

图 2-24 是二维空间的距离反比法示意图。参照该图，距离反比法的一般步骤如下：

（1）以被估模块的中心为中心，以影响距离确定影响范围。在二维空间，影响范围为圆（各向同性）或椭圆（各向异性）；在三维空间，影响范围为球体（各向同性）或椭球体（各向异性）。实际应用中，常常在矿体走向、倾向和垂直于矿体倾向面的三个方向上，分别确定影响距离，以长方体作为影响范围；走向上的影响距离最大，垂直于矿体倾向面方向上的影响距离最小，倾向上的影响距离介于前两者之间。图中假设各向同性，影响距离为 R，影响范围为以 R 为半径的圆。

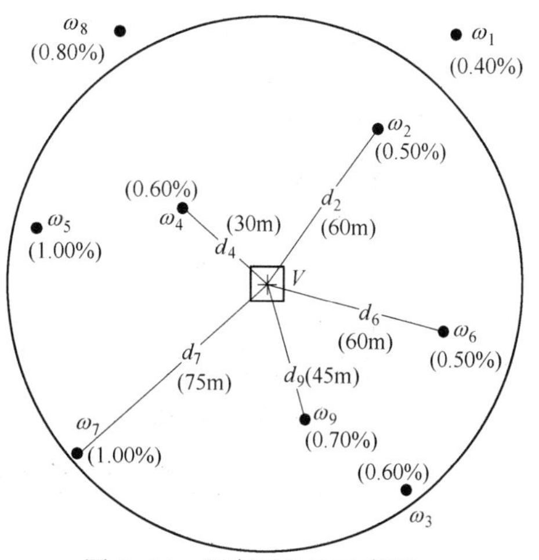

图 2-24　距离反比法示意图

（2）计算每一取样与被估模块中心的距离，确定落入影响范围的样品。

（3）利用下式计算模块的品位 x_V：

$$x_V = \frac{\sum_{i=1}^{n} \frac{x_i}{d_i^N}}{\sum_{i=1}^{n} \frac{1}{d_i^N}} \tag{2-48}$$

式中　x_i——落入影响范围的第 i 个取样 ω_i 的品位；

d_i——第 i 个取样到模块中心的距离。

在实际应用中，有时采用所谓的角度排除，即当一个取样与被估模块中心的连线与另一个取样与被估模块中心的连线之间的夹角小于某一给定值 α 时，距模块较远的样品将不参与模块的估值运算（如图 2-24 中的 ω_3 与 ω_5）。α 值一般在 15°左右。如果没有取样落入影响范围之内，模块的品位为零。

式（2-48）中的指数 N 对于不同的矿床取值不同。假设有两个矿床，第一个矿床的品位变化程度较第二个矿床的品位变化程度大，即第二个矿床的品位较第一个矿床连续性好，那么在离模块同等距离的条件下，第一个矿床中取样对模块品位的影响应比第二个矿床小。因此，在估算某一模块的品位时，第一个矿床中取样的权值，在同等距离条件下，应比第二个矿床中取样的权值小。也就是说，在品位变化小的矿床，N 取值较小；在品位变化大的矿床，N 取值较大。在铁、镁等品位变化较小的矿床中，N 一般取 2；在贵重和某些有色金属（如黄金）矿床中，N 的取值一般大于 2，有时高达 4 或 5。如果有区域异性存在，不同区域中品位的变化不同，则需要在不同区域取不同的 N 值。同时，一个区域的取样一般不参与另一区域的模块品位的估值运算。以图 2-24 中的数据为例，若 $N=2$，则被估模块的品位为 0. 628%。

2.4　价值模型

在计算机优化设计中（如露天矿的最终开采境界和采剥计划优化），常常用到价值模型。价值模型中每一模块的特征值是假设将其采出并处理后能够带来的经济净价值。模块的净价值是根据块中所含可利用矿物的品位、开采与处理中各道工序的成本及产品价格计算的。其中，模块的品位取自品位模型，所以建立价值模型首先需要建立品位模型，或者说，价值模型是由品位模型“转换”而来的。

矿床所含矿物的种类不同，矿山企业经营体制和成本管理制度不同，计算模块价值所用到的技术参数就不同。对于一个以纯金属为最终产品的采、选、冶联合企业，用于计算模块价值的一般性参数列于表 2-6 中。采、选、冶各工序的管理费用一般分摊到每吨矿石或每吨岩石。由于许多管理工作覆盖整个企业，共用部分需分摊到每吨矿石和岩石；有的金属（如黄金）需要精冶，精冶一般是在企业外部进行的，所以只计算精冶厂的收费和粗冶产品运至精冶地点的运输费用。

表 2-6　计算金属矿床模块净价值的一般参数

参　数		单　位
矿物参数	可利用矿物地质品位	%或 g/t
	矿石回采率	%
	选矿金属回收率	%
	粗冶金属回收率	%
	精冶金属回收率	%
成本参数	开采成本：	
	穿孔（矿或岩）	元/t
	爆破（矿或岩）	元/t
	装载（矿或岩）	元/t
	运输	元/t(或 t · km)
	排土（岩石）	元/t
	排水（矿或岩）	元/t
	与开采有关的管理费用（矿和岩）	元/t
	选矿成本：	
	矿石二次装运（矿石）	元/t
	选矿（矿石）	元/t
	精矿运输（精矿）	元/t
	与选矿有关的管理费用（矿石）	元/t
	冶炼成本：	
	粗冶（精矿）	元/t
	与粗冶有关的管理费用（矿石）	元/t
	粗冶产品运输（粗冶金属）	元/t
	精冶（粗冶金属或精冶金属）	元/t
	销售成本（精冶金属）	元/t
市场参数	金属售价	元/t 或元/g

表 2-6 中的技术经济参数种类繁多，为建立价值模型时使用方便，需要对各项成本进行分析归纳和单位换算，并标明归纳后每项成本的作用对象（矿或岩）。表 2-7 是根据表 2-6 中的参数归纳后的结果。

表 2-7 用于建立价值模型的成本归类及作用对象

成本项	岩石块	矿石块
开采成本/元 · t^{-1}	$aH+b$	$cH+d$
选矿成本:		
选矿/元 · t^{-1}		X
运输/元 · t^{-1}		X
管理成本:		
矿石/元 · t^{-1}		X
岩石/元 · t^{-1}	X	
金属/元 · t^{-1}		X
精冶成本（元/t 或 g）最终产品		X
销售成本（元/t 或 g）最终产品		X

注：1. 由于每一模块的开采成本与深度有关，所以开采成本一般用深度 H 的线性函数表示，a、b、c、d 为常数；
2. “X” 表示该项成本的作用对象。

对于岩石模块，只有成本没有收入，所以其净价值 NV_w 为负数。

$$NV_w = - T_w C_w \tag{2-49}$$

式中 T_w——岩石模块重量；

C_w——表 2-7 中作用于岩石的所有单位成本之和。

对于矿石模块，其净价值 NV_o 为收入与成本之差，一般为正数，简化的计算公式为：

$$NV_o = T_o grp - T_o C_o \tag{2-50}$$

式中 T_o——矿石模块的重量；

g，r，p——矿石模块品位、综合金属回收率和金属售价；

C_o——表 2-7 中所有作用于矿石并换算成吨矿成本的单位成本之和。

从以上的讨论可以看出，矿床价值模型是地质、成本与市场信息的综合反映。

2.5 标高模型

标高模型是二维块状模型，它是把矿床在水平面的范围划分为二维模块形成的离散模型，模块的特征值是模块中心处的标高。标高模型通常用来描述地表地形、露天采场形态等；在矿体为近水平的矿床中，标高模型可用来描述每层矿体的顶板标高和底板标高。在露天矿的最终开采境界和采剥计划优化中，都需要建立地表标高模型。

建立标高模型就是依据已知点的标高数据估算每一模块中心处的标高。建立标高模型依据的数据一般有两类：一是点数据，如探矿钻孔的孔口标高或对矿区进行测量得到的测点标高；另一类是等高线数据，即在矿区已经有标高等高线图。

对于第一类数据，可以用本章 2.2 和 2.3 节讲述的方法进行估值（标高的估值是在水平面内的二维估值）。如果数据点间距较大，这样建立的模型的准确度较低。即使数据点间距较小，也很难控制突变性的地貌变化，如已被露天开采的台阶、洪水冲出的陡峭沟壑等。

基于等高线数据建立标高模型，如果算法得当，可以获得较高的准确度，而且对突变性的地貌变化有较好的控制。下面简要介绍一个基于等高线数据建立标高模型的插值算法。

图 2-25 是某矿地表地形等高线。图 2-26 为模块标高插值算法示意图，其中的等高线为图 2-25 中虚线框内等高线的放大，方块 V 为被估模块。

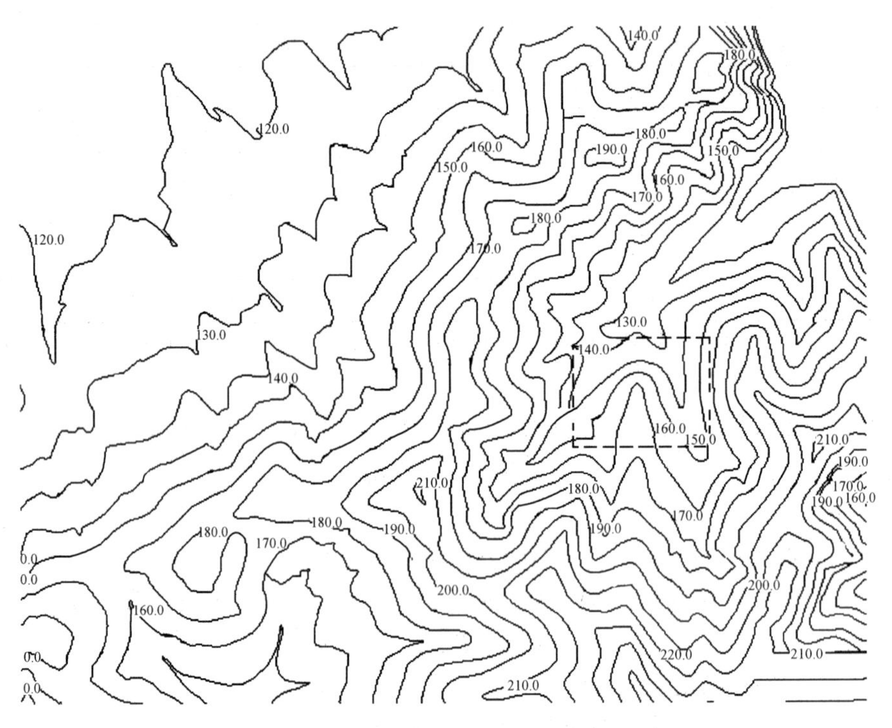

图 2-25 地表标高等高线实例

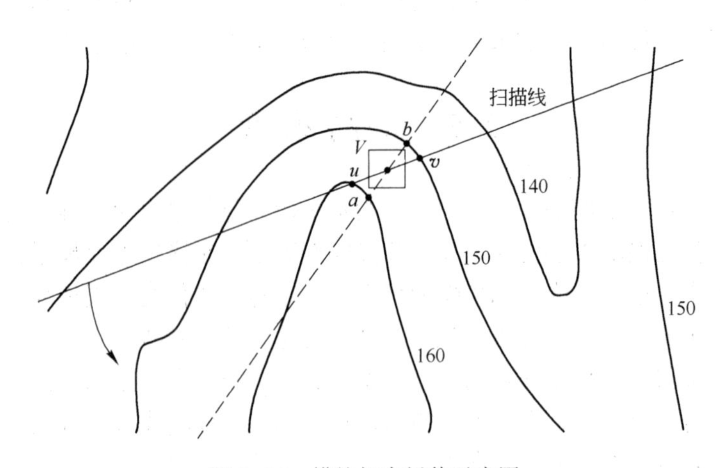

图 2-26 模块标高插值示意图

参照图 2-26，算法步骤如下：

（1）在选定的一个起始方向上作一条通过模块中心的足够长的直线，称为扫描线。

（2）把扫描线以模块中心为界分为两段，分别求每一段扫描线与所有等高线的交点，找出每一段扫描线与等高线的交点中距离模块中心最近的点，记录这两个交点。扫描线位于图中实线位置时，这两点为点 u 和点 v。计算并记录这两点间的距离，称为交点距离。

（3）把扫描线以模块中心为轴心按逆时针（或顺时针）方向旋转一个角度 $\Delta\alpha$，重复第（2）步，获得另外一对交点，把该对交点间的距离与记录中的交点距离进行比较，保留相距近的一对交点及其距离。

（4）以 $\Delta\alpha$ 为步长，继续绕模块中心按相同方向旋转扫描线，每旋转一次，重复以上两步，直到旋转的累计角度等于（或大于）180°。这样，通过 180°扫描，在某个方向上的模块的两侧找到了相距最近的两个交点，称为最近交点对。图中的最近交点对为点 a 和点 b。

（5）利用最近交点对 a 和 b 的标高进行线性插值，得出模块 V 中心处标高的估计值 z_V：

$$z_V = z_a + \frac{d_{aV}(z_b - z_a)}{d_{ab}} \tag{2-51}$$

式中　z_a，z_b——点 a 和点 b 所在等高线的标高；

d_{ab}——a、b 两点间的水平距离；

d_{aV}——点 a 到模块中心的水平距离。

（6）对模型中的每一模块，重复以上各步，得到所有模块的标高估值。此时，标高模型建立完毕。

上述算法中，角度步长 $\Delta\alpha$ 越小，估值精度越高，但运算量越大。模块边长越小，标高模型的分辨率越高，但运算量越大。

图 2-27 是基于图 2-25 中等高线，用上述算法建立的地表标高模型的三维透视图。建模中模块取边长为 5m 的正方形，角度步长 $\Delta\alpha=5°$。对比图 2-27 和图 2-25 可以定性地看出，标高模型较好地描绘出等高线所表达的地形。

图 2-27　地表标高模型的三维透视显示

图 2-28 是图 2-26 中间部分的再次放大。图中每一模块中的数值为该模块中心处的标高估值。对比标高估值与等高线标高可以看出，上述算法的估值精度较高。

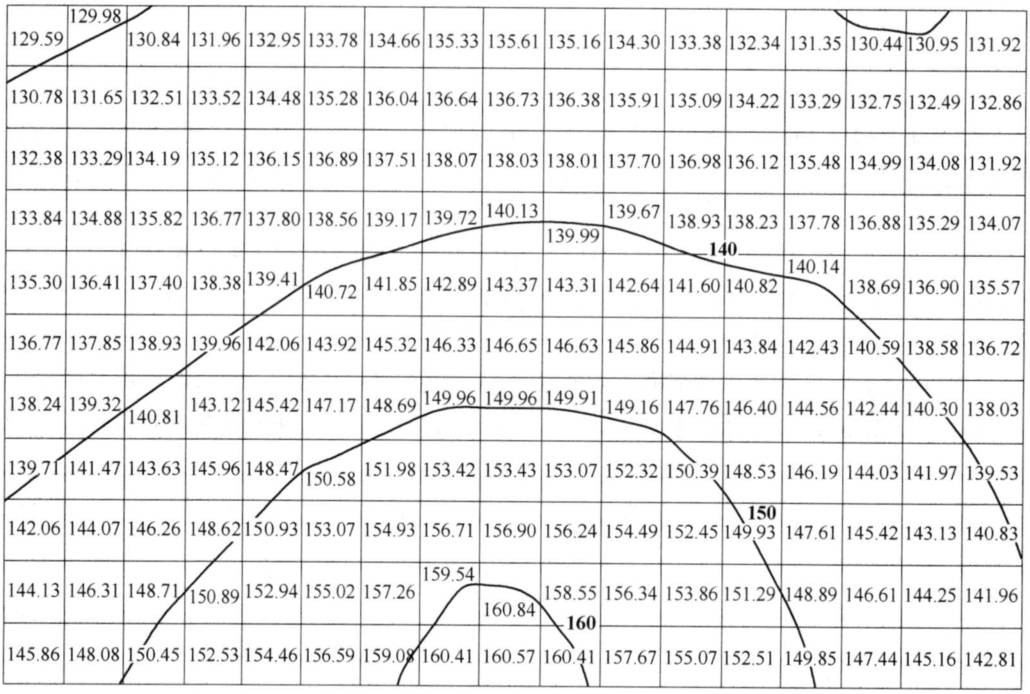

129.59	129.98	130.84	131.96	132.95	133.78	134.66	135.33	135.61	135.16	134.30	133.38	132.34	131.35	130.44	130.95	131.92
130.78	131.65	132.51	133.52	134.48	135.28	136.04	136.64	136.73	136.38	135.91	135.09	134.22	133.29	132.75	132.49	132.86
132.38	133.29	134.19	135.12	136.15	136.89	137.51	138.07	138.03	138.01	137.70	136.98	136.12	135.48	134.99	134.08	131.92
133.84	134.88	135.82	136.77	137.80	138.56	139.17	139.72	140.13	139.99	139.67	138.93	138.23	137.78	136.88	135.29	134.07
135.30	136.41	137.40	138.38	139.41	140.72	141.85	142.89	143.37	143.31	142.64	141.60	140.82	140.14	138.69	136.90	135.57
136.77	137.85	138.93	139.96	142.06	143.92	145.32	146.33	146.65	146.63	145.86	144.91	143.84	142.43	140.59	138.58	136.72
138.24	139.32	140.81	143.12	145.42	147.17	148.69	149.96	149.96	149.91	149.16	147.76	146.40	144.56	142.44	140.30	138.03
139.71	141.47	143.63	145.96	148.47	150.58	151.98	153.42	153.43	153.07	152.32	150.39	148.53	146.19	144.03	141.97	139.53
142.06	144.07	146.26	148.62	150.93	153.07	154.93	156.71	156.90	156.24	154.49	152.45	149.93	147.61	145.42	143.13	140.83
144.13	146.31	148.71	150.89	152.94	155.02	157.26	159.54	160.84	158.55	156.34	153.86	151.29	148.89	146.61	144.25	141.96
145.86	148.08	150.45	152.53	154.46	156.59	159.08	160.41	160.57	160.41	157.67	155.07	152.51	149.85	147.44	145.16	142.81

图 2-28 地表标高模型模块的标高估值与等高线对比

该算法虽然简单，但适用于控制突变性的地貌变化，如露天矿的台阶坡面和道路、洪水冲出的陡峭沟壑等。图 2-29 是某露天铁矿采场端帮的台阶线，实线为台阶坡顶线，虚线为台阶坡底线，两者之间为台阶坡面，还有运输坡道。

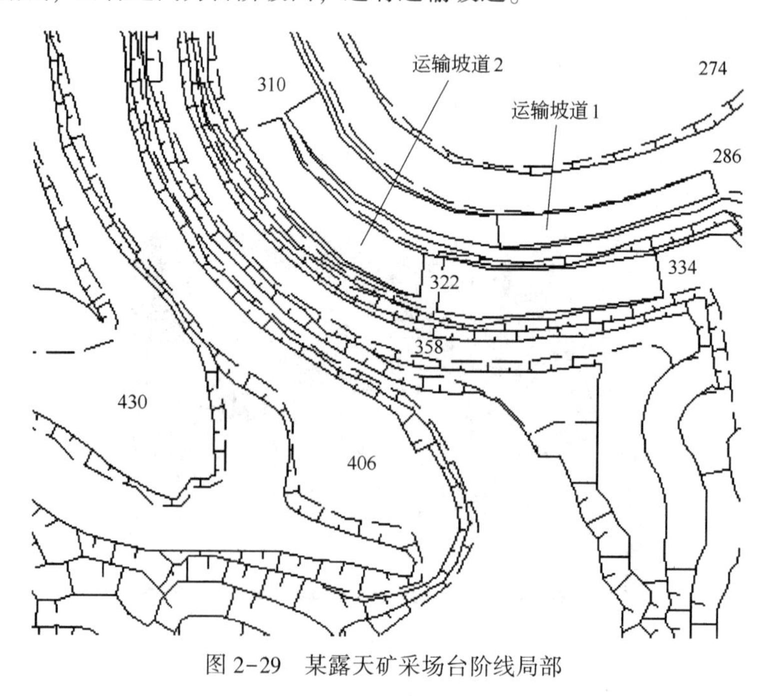

图 2-29 某露天矿采场台阶线局部

由于台阶坡面很陡，台阶坡顶线与坡底线之间的水平距离小，所以用边长为 2m 的小模块建立标高模型，角度步长 $\Delta\alpha=7.5°$。建模所得标高模型的三维透视图如图 2-30 所示。可以看出，标高模型很好地描绘了台阶坡面和运输坡道。如果用测点进行估值，即使测点较密，也会使这类地貌发生较大程度的扭曲。

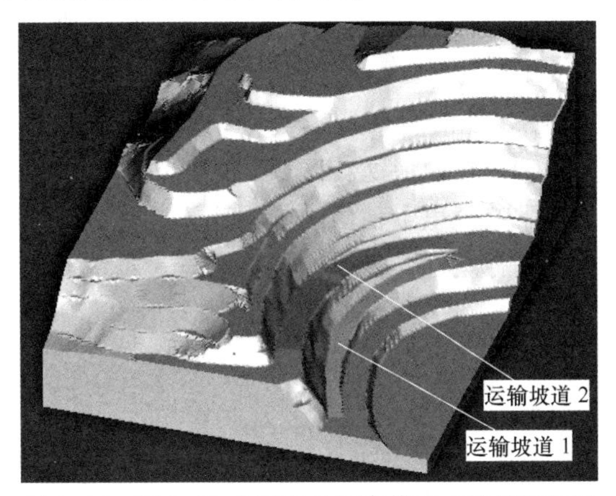

图 2-30 图 2-29 中采场的标高模型三维透视显示

2.6 定性模型

上述品位模型、价值模型和标高模型都为定量模型，其模块的特征值是定量的量。在一些应用中，如在建立品位模型和露天矿的优化设计中，为计算机处理方便，经常建立一些定性模型。定性模型中模块的特征值是一定性的量，如模块所处的不同区域、模块的岩性等。在定性模型中，一般用一个整数特征值来代表定性量，整数的不同取值代表不同的性质，如 1、2、3 分别表示分区 1、分区 2、分区 3，也可分别代表石英岩、碳酸岩、砂岩等。

定性模型的建立一般是基于划分不同性质的闭合线数据，即首先需要圈定不同性质的区域，然后给落入不同区域的模块赋予表示相应区域内某一性质的整数值。

例如，应用克里金法建立品位模型前，根据各种分析把矿床划分为 5 个不同的区域，并在模型的每一模块层所在的水平面上用闭合线圈出了 5 个分区。图 2-31 所示是模型某

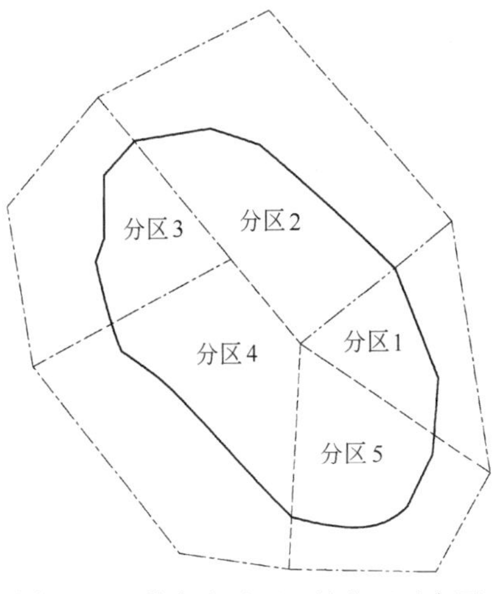

图 2-31 某个水平面上的分区示意图

一模块层所在的水平面上的区域划分。如果该模块层的一个模块的中心落入第 i(i=1，2，3，4，5）个分区，该模块的特征值取 i。需要的唯一运算是判别模块中心点落入哪个分区多边形内。有了这样一个区域划分模型，应用克里金法建立品位模型时，只要从该模型读取模块的特征值就知道了该模块所在的区域，继而用该区域的影响距离和半变异函数进行克里金估值运算。

有些情况下可以把定性模型和定量模型合为一个模型。例如，在上述的品位模型数据结构中增加一个整数变量用于记录模块所在区域，在克里金估值前先依据分区的圈定给所有模块的这一变量赋值，然后在克里金估值中应用这一变量值即可。如果一个定性模型被用于多种用途，单独建立和储存定性模型更便于应用。

3 岩石的力学性质与质量分级

岩体是采矿的对象，但其力学性质复杂难测。岩体的力学性质由组成岩体的岩石、结构面和赋存条件决定，在工程中经常依据岩石的力学性质，结合结构面及其赋存条件的调查结果，来推断岩体的力学性质。本章主要介绍岩石的物理力学性质、岩石与岩体的质量分级。

3.1 岩石的物理力学性质

岩石（包括矿石）的物理力学性质与凿岩、爆破、装运、地压管理等的关系十分密切。岩石的物理力学性质主要有容重、强度、弹性、塑性、脆性、硬度、磨蚀性等。

3.1.1 容重

单位体积（包括其内部的孔隙体积）岩石的重量称为岩石的容重。岩石容重取决于组成岩石的矿物成分、孔隙发育程度及其含水量。岩石容重在一定程度上反映了岩石的力学性质。一般地，岩石容重愈大，其强度、硬度、磨蚀性等也愈高；反之，容重愈小，其强度、硬度、磨蚀性等也愈低。岩石处于天然状态（即人为松动或破碎之前）的容重称为天然容重或实方容重。常见岩石的容重见表 3-1。

表 3-1 常见岩石的容重 （kN/m^3）

岩石名称	天然容重	岩石名称	天然容重	岩石名称	天然容重
花岗岩	23.0~28.0	砾岩	24.0~26.6	新鲜花岗片麻岩	29.0~33.0
闪长岩	25.2~29.6	石英砂岩	26.1~27.0	角闪片麻岩	27.6~30.5
辉长岩	25.5~29.8	硅质胶结砂岩	25.0	混合片麻岩	24.0~26.3
斑岩	27.0~27.4	砂岩	22.0~27.1	片麻岩	23.0~30.0
玢岩	24.0~28.6	坚固页岩	28.0	片岩	29.0~29.2
辉绿岩	25.3~29.7	砂质页岩	26.0	特别坚硬的石英岩	30.0~33.0
粗面岩	23.0~26.7	页岩	23.0~26.2	片状石英岩	28.0~29.0
安山岩	23.0~27.0	硅质灰岩	28.1~29.0	大理岩	26.0~27.0
玄武岩	25.0~31.0	白云质灰岩	28.0	白云岩	21.0~27.0
凝灰岩	22.9~25.0	泥质灰岩	23.0	板岩	23.1~27.5
凝灰角砾岩	22.0~29.0	灰岩	23.0~27.7	蛇纹岩	26.0

3.1.2 强度

岩石在各种载荷作用下达到破坏时的应力称为岩石的强度。根据载荷类别，岩石的强度有抗压强度、抗拉强度和抗剪强度等。根据加载的方向数，岩石的抗压强度有单轴抗压强度、双轴抗压强度和三轴抗压强度；抗剪和抗拉强度一般只用到单轴强度。根据加载速率，岩石的强度有静态强度和动态强度。

岩石在压缩载荷作用下发生破坏时的压应力称为岩石的抗压强度。岩石的单轴抗压强度一般介于20~300MPa之间。岩石在剪切载荷作用下发生破坏时的剪应力称为岩石的抗剪强度，抗剪强度一般只有抗压强度的1/12~1/8。岩石在拉伸载荷作用下发生破坏时的拉应力称为岩石的抗拉强度，抗拉强度一般只有抗压强度的1/25~1/4。岩石的各种强度的大小顺序是：单轴抗拉强度<抗剪强度<单轴抗压强度<双轴抗压强度<三轴抗压强度。因此，要使岩石破坏，应尽可能使其处于拉伸或剪切的状态。上述关于岩石强度的定义是静态强度（应变率为$10^{-7}\sim10^{-4}s^{-1}$）。矿山现场大多数情况下利用岩石的静态强度进行计算和设计，但是对于凿岩、爆破和破碎等动态加载过程，岩石的破碎需要考虑其动态强度，岩石的动态强度随加载率的增大而增大。

岩石的强度对于同种岩石而言并非定值，它与岩石的赋存位置、本身的结构和环境有关。所以，在研究强度时，必须考虑影响岩石强度的各种因素。岩石内存在节理和裂隙等软弱结构时，其强度会降低；岩石的各向异性会造成强度随加载方向变化；对于火成岩，其矿物颗粒有的是晶体，有的是非晶体，晶体的形状和颗粒大小对强度都有影响；沉积岩往往是沉积物胶结而成，其强度与颗粒之间的胶结物性质也有关系。此外，岩石的湿度、温度及岩石的风化程度等对其强度也有影响。

3.1.3 弹性、塑性和脆性

岩石在除去外力后恢复其原来形状和体积的特性称为岩石的弹性。弹性大的岩石在凿岩、爆破等冲击载荷下不易破坏。在破坏后有明显残余变形的特性称为岩石的塑性，几乎没有残余变形的特性称为岩石的脆性。金属矿山经常遇到的岩石大多数属于脆性岩石。

岩石的变形性质不仅与岩石种类有关，而且与受力条件有关。在三向受压或高温条件下，塑性会显著增加，在常态下呈脆性的岩石，在上述条件下也可能呈塑性。在冲击载荷作用下，岩石脆性会显著增加，如岩石在凿岩、爆破等冲击载荷作用下，大多数呈脆性破坏。

3.1.4 硬度与磨蚀性

岩石抵抗工具侵入的能力称为岩石的硬度。凡是用刃具切削或挤压的方法凿岩，首先必须使工具侵入岩石才能达到钻进的目的。因此，岩石硬度在采矿中是一个具有重要意义的指标。岩石的硬度取决于岩石的组成，即矿物颗粒的硬度、形状、大小、晶体结构以及颗粒间胶结物的性质等。

磨蚀性一般是指在工具与岩石的作用过程中，岩石对工具的磨损程度。磨蚀性越大，对工具的磨损越大，对凿岩工作越不利。影响磨蚀性的主要因素有：

（1）岩石的成分。岩石中石英的含量、粒度的大小及分布对磨蚀性影响很大。一般来说，石英的含量越高，磨蚀性越大。

（2）岩石的结构。主要表现为岩石的不均匀性，它对岩石磨蚀性有明显的影响。由于不同矿物可能在岩石中形成软硬相间的不均匀状态，造成局部应力集中，使其磨蚀性增大。

（3）岩石的强度。岩石的强度越高，磨蚀性也越强。

3.2　岩石与岩体质量分级

破碎岩石和防止岩体破坏是采矿工程的一对基本矛盾。在凿岩、井巷掘进和开采中，一方面，我们希望岩石易于破坏，以提高作业效率和降低能耗；另一方面，又希望留在原地的岩石不易破坏，提高工程稳定性、降低支护成本并保障作业安全。

因此，针对各类工程及其工艺要求将岩石进行特性分级，对设计、施工和管理具有重要实用价值，可为各种工程的工艺提供方法选择和设计上的依据，从而制定合理的技术措施，实现安全、高效开采。岩石的类型多且结构复杂，同种岩石的性质变化也很大，再加上地下工程受力复杂，科学的岩石分级是一个十分重要又非常复杂的问题。

岩石（岩体）分级的原则之一，是按不同工程技术、工艺过程的要求进行分级。例如，从有效破碎岩石的角度出发，首先要考虑岩石破碎的难易程度，按此定出合理的分级指标；从防止岩体破坏的角度出发，则必须考虑岩体的稳定性，首先要看岩体的完整性如何，据此制定出分级的指标。岩石或岩体分级的方法有坚固性分级、可钻性分级、可爆性分级等；岩体的分级方法有岩体结构分类、岩体质量分级、岩体地质力学分类、巴顿岩体质量分类等。

3.2.1　岩石的坚固性分级

岩石的坚固性分级是矿山广泛应用的一种分级方法。这种分级方法认为，岩石破碎的难易程度和岩体的稳定性这两个方面趋于一致，也就是说，难以破碎的岩石也较为稳定。这一分级方法是由普罗特基雅柯诺夫提出的，所以对岩石依上述原则进行定量分级称为普氏分级。岩石的坚固性被划分为十级，见表3-2。

表3-2　普氏岩石分级

等级	坚固程度	代表性岩石	普氏系数f
Ⅰ	最坚固的岩石	最坚固、最致密和韧性的玄武岩石及石英岩；其他各种特别坚固的岩石	20
Ⅱ	很坚固的岩石	很坚固的花岗岩、石英斑岩、硅质片岩、某些石英岩、最坚固的砂岩和石灰岩	15
Ⅲ	坚固的岩石	致密的花岗岩及花岗质岩石、很坚固的砂岩和石灰岩、石英质矿脉、坚固的砾岩、很坚固的铁矿石	10
$Ⅲ_a$	坚固的岩石	坚固的石灰岩、不坚固的花岗石、坚固的砂岩、坚固的大理岩、白云岩、黄铁矿	8
Ⅳ	相当坚固的岩石	一般的砂岩、铁矿石	6
$Ⅳ_a$	相当坚固的岩石	硅质页岩、页岩质砂岩	5
Ⅴ	中等坚固的岩石	坚固的黏土质岩石、不坚固的砂岩和石灰岩	4
$Ⅴ_a$	中等坚固的岩石	各种不坚固的页岩、致密泥质岩	3

续表 3-2

等级	坚固程度	代表性岩石	普氏系数 f
Ⅵ	相当软弱的岩石	软的页岩、很软的石灰岩、白垩、岩盐、石膏、冻土、无烟煤、普通泥灰岩、裂缝发育的砂岩、胶结砾石、岩质土壤	2
$Ⅵ_a$	相当软弱的岩石	碎石质土壤、裂缝发育的灰岩、凝结成块的砾石和碎石、坚固的软硬化黏土	1.5
Ⅶ	软弱的岩石	致密的黏土、软弱的烟煤、坚固的冲积-黏土质土壤	1.0
$Ⅶ_a$	软弱的岩石	轻砂质黏土、黄土、砾石	0.8
Ⅷ	土质岩石	腐殖土、泥煤、轻砂质土壤、湿砂	0.6
Ⅸ	松散的岩石	砂、山坡堆积、细砾石、松土、采出的煤	0.5
Ⅹ	砂土类	流砂、沼泽土壤、含水黄土圾含水土壤	0.3

普氏分级的指标为坚固性系数 f，也称为普氏系数。目前 f 值是按岩石单轴抗压强度 σ_c 来确定的，即：

$$f = \frac{\sigma_c}{10} \tag{3-1}$$

式中　σ_c——岩石的单轴抗压强度，MPa。

普氏分级的最大优点是简单。但实际应用中，会有较大误差，因为岩石的破碎难易程度或岩体的稳定性与岩石的单轴抗压强度不能一一对应，单轴抗压强度高的岩石不一定就不易破碎、稳定性高。

3.2.2 岩石的可钻性分级

岩石的可钻性表示钻头在岩石上钻孔的难易程度。它是合理选择凿岩方法、钻头规格和凿岩参数的依据，也是制定凿岩计划和任务、考核凿岩效率、计算成本和消耗的根据。目前岩石的可钻性分级方法有：压入硬度法、微钻头钻进法、钻速方程反求法、岩屑硬度法、凿碎比功法和钎刃磨钝宽度法等，最后两种方法由东北大学提出。凿碎比功是凿碎单位体积岩石所需要的功，用来表示岩石钻凿的难易程度；钎刃磨钝宽度则反映了岩石的磨蚀性。

根据岩石凿碎比功的大小将岩石分为七级，按钎刃的磨钝宽度分为三级，分别见表 3-3 和表 3-4。大量矿山实践证明，这种分级与凿岩难易程度的相关性较高。

表 3-3　岩石可钻性分级

等级	可钻性	凿碎比功（能）范围/kg · m · cm^{-3}
Ⅰ	极易	<20
Ⅱ	易	20～<30
Ⅲ	中等	30～<40
Ⅳ	中难	40～<50
Ⅴ	难	50～<60
Ⅵ	很难	60～<70
Ⅶ	极难	≥70

表 3-4 岩石磨蚀性分级

等级	磨蚀性	钎刃磨钝宽度/mm
Ⅰ	弱	≤0.2
Ⅱ	中	0.3~0.6
Ⅲ	强	≥0.7

3.2.3 岩石的可爆破性分级

岩石在爆炸能量作用下发生破坏的难易程度称为岩石的可爆破性。岩石的可爆破性是岩石本身物理力学性质和炸药爆炸参数、爆破工艺等因素的综合反映，不是单一的岩石固有属性。可爆破性影响爆破效果。爆破漏斗是一般爆破工程的根本形式。爆破漏斗体积的大小和爆破块度的粒级组成，均直接反映能量的消耗状态和爆破效果，从而表征了岩石的可爆破性。此外，岩石的结构特征（如节理、裂隙）也是影响岩石爆破的重要因素，影响岩石爆破的难易，更影响爆破块度的大小，所以声测指标（如岩石弹性波速、岩石波阻抗等）也是岩石可爆破性分级的重要判据之一。因此，爆破漏斗试验和声波测定包含了影响岩石可爆破性的主要因素，如岩石的结构（组分）、裂隙、物理力学性质等，特别是岩石的变形性质及其动力特性。

据此，东北大学在 20 世纪 80 年代提出的岩石可爆破性分级法，是在爆破材料参数、工艺等一定的条件下进行现场爆破漏斗试验和声波测定，计算出岩石的可爆破性指数，据此综合评价岩石的爆破效果并进行岩石的可爆破性分级。

对岩石爆破漏斗的体积与岩石块度进行测定，得出爆破漏斗体积、大块率、小块率和平均合格率，利用声波测试测出岩体的波阻抗。用下式计算岩石的可爆破性指数：

$$N = \ln \frac{1.01 e^{67.22} K_1^{7.42} \rho_C^{2.03}}{e^{38.44V} K_2^{1.89} K_3^{4.75}} \tag{3-2}$$

式中 N——岩石的可爆破性指数；

V——爆破漏斗体积，m^3；

K_1——大块（>30cm）率，%；

K_2——平均合格率，%；

K_3——小块（<5cm）率，%；

ρ_C——岩体波阻抗，kPa · s/m；

e——自然对数的底。

根据岩石可爆破性指数将岩石分为五级，见表 3-5。

表 3-5 岩石可爆破性分级表

级别		爆破性指数 N	爆破性程度	代表性岩石
Ⅰ	$Ⅰ_1$	≤29	极易爆	千枚岩、破碎性砂岩、泥质板岩、破碎性白云岩
	$Ⅰ_2$	>29~38		
Ⅱ	$Ⅱ_1$	>38~46	易爆	角砾岩、绿泥岩、米黄色白云岩
	$Ⅱ_2$	>46~53		

续表 3-5

级别		爆破性指数 N	爆破性程度	代表性岩石
Ⅲ	$Ⅲ_1$	>53~60	中等	阳起石石英岩、煌斑岩、大理岩、灰白色白云岩
	$Ⅲ_2$	>60~ 68		
Ⅳ	$Ⅳ_1$	>68~74	难爆	磁铁石英岩、角闪岩、长片麻岩
	$Ⅳ_2$	>74~ 81		
Ⅴ	$Ⅴ_1$	>81~86	极难爆	矽卡岩、花岗岩、浅色砂岩
	$Ⅴ_2$	>86		

3.2.4　岩体质量分级

岩体质量分级为岩体的稳定性评价和工程设计参数的合理选取提供依据。目前常用的岩体质量分级有RQD分类、Q系统分类、RMR分类、RSR分类和BQ分类等。我国根据岩体基本质量的定性特征和岩体基本质量指标BQ制定了工程岩体基本质量分级标准，将岩体分为五级，见表3-6。

表3-6　岩体基本质量分级

基本质量级别	基本质量的定性特征	基本质量指标（BQ）
Ⅰ	坚硬岩，岩体完整	>550
Ⅱ	坚硬岩，岩体较完整； 较坚硬岩，岩体完整	550~451
Ⅲ	坚硬岩，岩体较破碎； 较坚硬岩，岩体较完整； 较软岩，岩体完整	450~351
Ⅳ	坚硬岩，岩体破碎； 较坚硬岩，岩体较破碎~破碎； 较软岩，岩体较完整~较破碎； 软岩，岩体完整~较完整	350~251
Ⅴ	较软岩，岩体破碎； 软岩，岩体较破碎~破碎； 全部极软岩及全部极破碎岩	≤250

岩体基本质量指标BQ根据岩石的单轴抗压强度 σ_c（MPa）和岩体完整性系数 K_v 计算：

$$BQ = 100 + 3\sigma_c + 250K_v \tag{3-3}$$

使用公式（3-3）计算时，应符合以下规定：

（1）当 $\sigma_c>90K_v+30$ 时，令 $\sigma_c=90K_v+30$；

（2）当 $K_v>0.04\sigma_c+0.4$ 时，令 $K_v=0.04\sigma_c+0.4$。

岩体完整性系数（K_v）可以利用超声波进行测试，也可依据岩体单位体积内结构面条数 J_v 从表3-7查得。

表 3-7　岩体完整程度划分

岩体完整程度	完整	较完整	较破碎	破碎	极破碎
岩体完整性系数 K_v	>0.75	0.55~0.75	0.35~0.55	0.15~0.35	<0.15
结构面条数 J_v/条·m^{-3}	<3	3~10	10~20	20~35	>35

4　爆破基础知识

金属矿开采离不开爆破。岩体是爆破的对象，民用爆炸物品是爆破的主要材料。本章主要介绍爆破基础知识，包括爆炸现象、炸药爆炸及其性能、常用工业炸药及其起爆方法。

4.1　爆炸现象及其类型

爆炸现象是物质发生急剧的物理、化学或原子变化，释放能量对外界做功并伴有声、光、热效应的现象。

按引起爆炸的原因，自然界中的爆炸现象可分为三大类：

（1）物理爆炸。物理爆炸是由物质的快速物理变化引发的爆炸，其特征是爆炸前后的物质没有变化，只是物态发生变化。例如，轮胎、锅炉、高压锅、高压气瓶爆炸以及高速撞击和强放电等引发的爆炸都属于物理爆炸。

（2）化学爆炸。化学爆炸是由物质的快速化学反应引发的爆炸，其特征是爆炸前后的物质发生了变化。例如，粉尘、瓦斯爆炸和炸药爆炸都是典型的化学爆炸。

（3）核爆炸。核爆炸是由核裂变或核聚变引发的爆炸。原子弹爆炸是核裂变过程，氢弹爆炸是核聚变过程。核爆炸既不是物理过程也不是化学反应，而是原子本身的变化。其特点是威力极大、爆炸过程难以控制。

4.2　炸药爆炸

炸药是一种能在特定条件下发生爆炸的工业产品。炸药成分中一般含有 C、H、O 和 N 四种元素，尤其含 NO 类基团居多。如梯恩梯炸药（$C_6H_2(NO_2)CH_3$）、硝酸铵炸药（NH_4NO_3）、黑火药（KNO_3、S 和 C 的固体混合物）等。炸药的爆炸从本质上讲是一个分解、氧化过程，即从炸药中分解出来的氧对其中的 C 和 H 等元素进行氧化，生成较稳定的氧化物 CO_2 和 H_2O，同时释放出大量的能量，维持爆炸反应的持续进行，并对外界做功。

4.2.1　炸药爆炸的基本条件

炸药不仅可以用作爆炸物，而且可以用作其他用途。例如，硝酸铵既是炸药，也可用作化肥；黑火药作为炸药是利用其爆炸性能，用在起爆器材导火索则是利用它的燃烧性能，而在中药中它被《本草纲目》列为药品。炸药爆炸必须同时具备以下三个条件：

（1）爆炸反应必须是放热反应。炸药发生化学反应释放出的热量是对外界做功的能源，也是反应加速进行的必要条件，只有放热反应才能为反应继续加速进行提供能量。炸药爆炸时其核心温度可能达几千摄氏度。如果炸药的化学反应释放出的热量不足以加速或维持反应速度，则反应会减缓直到终止，这是某些爆破中断的根本原因。

（2）爆炸反应必须生成大量气体。气体具有很好的可压缩性，是对外界做功的介质。爆炸气体的体积在常压下是原炸药体积的几万倍至几十万倍，瞬间压力达到常压的同样倍数，因而具有膨胀破坏做功的能力。炸药爆炸时其核心压力可达几千至几万兆帕。有些物质反应生成物虽是固体，但很容易气化进而产生爆炸。

（3）爆炸反应必须高速进行。某些燃料燃烧产生的热量和生成的气体的体积比一般炸药爆炸还要大，但并不发生爆炸反应，主要原因是其反应速度远比炸药低。化学反应生成的气体量和放出的热量相当于做功的量，对于同样的做功量，反应速度代表了功率。10km范围内的燃料需几十小时或几天才能燃烧完，而10km内的炸药则可在1s左右完成爆炸。相比之下，炸药的做功效率极高。

炸药的爆炸可以描述为：以极短的时间、在有限的空间内，将生成的大量气体加热到极高的温度、达到极高的压力，从而对周围的介质做功。

4.2.2 炸药的化学变化形式

爆炸并不是炸药唯一的化学反应形式。由于环境和引起化学变化的条件不同，一种炸药可能有三种不同的化学变化：热分解、燃烧和爆炸。这三种形式以不同的速度进行并产生不同的产物和热效应。

（1）热分解。炸药在热的作用下发生缓慢的分解反应就是热分解，温度愈高，分解愈显著。热分解会使炸药变质，热量集聚后会转化为燃烧，甚至爆炸。使用变质的炸药可能产生拒爆。因此，在炸药的生产、贮存、运输和使用中应保持良好的通风，避免其发生热分解反应。

（2）燃烧。炸药本身含有燃料成分，所以在一定条件下可以燃烧。燃烧的速度从每秒几毫米到每秒几米，取决于温度、压力、装药密度等条件。炸药是载氧体，燃烧时不需要外界提供氧，在密闭空间中燃烧不会中断，反而会产生热量集聚，可能转化为爆炸。烟火剂和推进剂就是利用炸药的燃烧化学反应。在爆破工程中，炸药的燃烧是有害的，其结果可能发生意外爆炸或衰减为热分解，多数时候会产生有毒有害气体。在炸药的生产、贮存和运输过程中若发生燃烧现象，就可能发生意外爆炸事故。

（3）爆炸。在足够的外能作用下，炸药以每秒数千米的速度进行高速化学反应，发生爆炸。炸药爆炸化学反应可能因不利条件而转化为燃烧，如炸药受潮、装药密度太低、药卷直径太小等。当炸药的爆炸反应速度达到稳定的最大值时，称为爆轰。

4.3 炸药的分类

按炸药的组成，炸药分为单质炸药和混合炸药两大类：

（1）单质炸药。只含有一种化学物质（一般是化合物）的炸药称为单质炸药，如梯恩梯、黑索金、泰安、硝化甘油、二硝基重氮酚等。

（2）混合炸药。含有两种及以上化学物质的炸药称为混合炸药，如黑火药、乳化炸药、铵油炸药、水胶炸药等。工业上大量使用的炸药都是混合炸药。

按炸药的用途，炸药主要分为以下四种：

（1）起爆药。其特点是敏感度高，在比较小的外能作用下就会发生爆炸，但爆炸威力不大。起爆药主要有雷汞、氮化铅和二硝基重氮酚等，都是单质炸药。起爆药主要用于制作各类起爆器材。

（2）猛炸药。其敏感度比起爆药低，但爆炸威力大。猛炸药可以是单质猛炸药，如黑索金、泰安等，用作雷管的加强药、导爆索的药芯、起爆具等；也可以是混合猛炸药，如乳化炸药、铵油炸药等，大量用于工程爆破。

（3）发射药。其特点是对火焰极其敏感，可在敞开的环境下爆燃，而在密闭条件下爆炸，爆炸威力弱，主要用于枪炮和火箭的推进剂。黑火药就是发射药，用于制作导火索和矿用火箭弹。

（4）烟火剂。烟火剂是由氧化剂和可燃物组成的混合物，其主要变化过程是燃烧。烟火剂一般用来制作照明弹、信号弹、燃烧弹等。

工业炸药按适用条件分为防水炸药和非防水炸药；按主要化学成分分为硝铵类炸药、硝化甘油类炸药和芳香族硝基化合物类炸药。目前，在我国工业上大量使用的铵油炸药、乳化炸药都是硝铵类炸药。

按炸药的物态分为固体炸药、浆状炸药、液体炸药和气态炸药。按炸药的使用条件分为煤矿许用炸药、岩石型炸药、露天型炸药。

4.4　炸药的起爆能与敏感度

4.4.1　炸药的起爆能

炸药属于相对稳定的化学体系，如果没有外能的作用，炸药保持它原来的平衡状态。当炸药受到足够的外能作用时才会发生爆炸。能够引爆炸药的外能称为起爆能，起爆能有三种：

（1）热能。热能可分为火焰、火星、电热等形式，热能一般用于起爆敏感度很高的起爆药，如电（子）雷管就是利用热能起爆的。

（2）机械能。通过撞击、摩擦、针刺等机械能作用可以起爆炸药。在各种武器中大量使用机械能起爆炸药，如枪、炮的撞针。在工程爆破中不用机械能起爆炸药。

（3）爆炸能。雷管、炸药、导爆索爆炸产生爆炸能。高威力猛炸药和工业炸药常用爆炸能起爆。当单个起爆点装药量不大、主装药为高威力猛炸药或敏感度稍高的工业炸药时，一般用雷管起爆；当装药量大、主装药的敏感度较低时，需要强大的起爆能才能起爆，常用雷管起爆起爆药包，再由起爆药包起爆主装药，如图 4-1 所示。

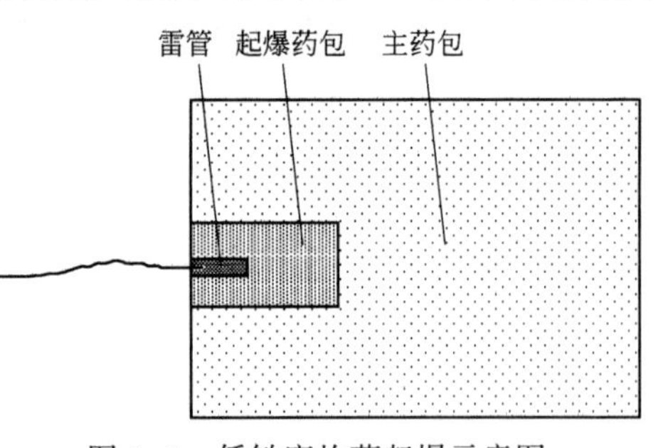

图 4-1　低敏度炸药起爆示意图

机械能起爆是由于炸药局部受机械能作用产生热，并集中在极少数的炸药分子，产生高温而首先引发爆炸反应；爆炸能起爆则是由于起爆药的爆炸能使紧邻的炸药分子受热而发生化学反应。所以，热能、机械能和爆炸能在本质上都是热能的作用。

4.4.2 炸药的敏感度

炸药在外能的作用下发生爆炸的难易程度称为炸药的敏感度，简称感度。炸药在较小的外能作用下就爆炸，感度就高；反之，感度就低。

炸药的敏感度是炸药最重要的性能指标之一，它可能决定炸药的用途和用量。炸药的敏感度对炸药的生产、贮存、运输和使用都有决定性影响。敏感度高的炸药可能给以上各环节增加不安全因素，因此影响生产工艺、贮运方式和起爆方法；敏感度过低的炸药可能给起爆带来困难，增加起爆成本，如果不能可靠起爆，会发生拒爆。

炸药的敏感度分为热感度、机械感度和爆轰感度，无法用理论计算得到，主要采用实验的方法测定。

（1）热感度。炸药在热能的作用下发生爆炸的难易程度称为炸药的热感度。工业上通常分别用爆发点和火焰感度两个试验指标来衡量炸药的热敏感度。炸药在均匀受热的情况下被引爆的难易程度称为炸药的爆发点。炸药在明火作用下被引爆的难易程度称为炸药的火焰感度。

（2）机械感度。炸药在撞击、摩擦等作用下引发爆炸的难易程度称为炸药的机械感度，分别用撞击感度和摩擦感度来衡量。撞击感度常用立式落锤仪测定，是相对指标。摩擦感度通常用摆式摩擦仪来测定，也是相对指标。

（3）爆轰感度。炸药在爆炸能的作用下发生爆炸的难易程度称为炸药的爆轰感度，通常用极限起爆药量和殉爆距离来测定。敏感度较高的单质猛炸药的爆轰感度一般用极限起爆药量来测定。敏感度较低的工业炸药的爆轰感度通常用殉爆距离测定。将两个药卷间隔放在地表同一个半圆直槽中，用 8 号雷管起爆主爆药卷，会引爆从爆药卷，这种现象称为殉爆。主爆药卷能够引爆从爆药卷的两者之间的最大距离称为殉爆距离，单位是 cm。殉爆距离越大，炸药的爆轰感度越高。

炸药的敏感度是由其化学和物理性质决定的，主要有以下几方面：

（1）化学性质。对于单质炸药，其化学性质决定了炸药的敏感度。例如：同类炸药中含—ONO_2 基团的炸药比含—NO_2 基团的炸药的敏感度高。混合炸药的敏感度与其中敏感度高的爆炸成分的化学性质和含量密切相关。

（2）相态。熔融状态的炸药比同类固体炸药的敏感度高，液态比同种炸药的固态敏感度高，如液态的梯恩梯炸药比固态的梯恩梯炸药敏感度高。

（3）粒度。对于高威力单质猛炸药，粒度越小，敏感度越高；高敏感度的起爆药则相反。

（4）装药密度。粉状炸药的装药密度超过一定值时，随密度的增大，敏感度降低。例如，散装的梯恩梯炸药用 8 号雷管可以起爆，铸压的梯恩梯用 8 号雷管则起爆不了。

（5）掺合物。炸药中掺入其他物质对其敏感度影响很大。例如：在含水炸药中掺入微气泡可以明显提高其敏感度；在炸药中加入石蜡、石墨等柔软物质会降低炸药的敏感度。

4.5 炸药的氧平衡与爆炸有害产物

炸药中的含氧量与将炸药中碳、氢等可燃元素完全氧化所需的氧量之间的对比，就是炸药的氧平衡。炸药的氧平衡可分为三类：

(1) 正氧平衡：炸药中的氧含量足够将碳、氢元素完全氧化，且有剩余，易产生氮的氧化物；

(2) 零氧平衡：炸药中的氧恰好够将碳、氢元素完全氧化，不多不少；

(3) 负氧平衡：炸药中的氧不足以将碳、氢元素完全氧化，易产生一氧化碳。

氮的氧化物和一氧化碳都是有毒有害气体，所以工业上大量使用的混合炸药按零氧平衡或接近零氧平衡配置，以减少爆炸产物的毒害性。

实际上，常用的工业炸药在爆炸时总会产生有毒有害气体，这是因为：

(1) 炸药本身没有达到零氧平衡。炸药为了达到多项指标要求，有时并不是按零氧平衡配制。

(2) 爆炸反应的随机性。在爆炸反应瞬间，各元素相互结合具有化学反应的选择性和随机性，可能出现炸药中的氧还没有将碳和氢完全氧化就与氮发生反应生成氮氧化物，从而使爆炸产物中既有氮的氧化物，也有一氧化碳、碳元素和氢气。

(3) 不完全爆轰。由于炸药各组分混合不均匀、颗粒大小不同、敏感度不同，使炸药爆炸时不能达到完全爆轰。例如，炸药的颗粒较大，而爆炸反应的时间又非常短，有的成分没来得及反应。

(4) 后续产物与环境的影响。爆轰反应结束的瞬间，爆轰产物都是高温高压气体，很容易热分解或与外界的物质发生二次反应而生成有毒有害物质，如硫与氧、氢的化合物、氮氧化物等。这种情况在实际爆破中容易发生，很难控制。

4.6 炸药爆轰

4.6.1 冲击波与爆轰波

冲击波是一种特殊的压缩波。一般的压缩波是压力连续变化的，而冲击波的压力则是跃升的。冲击波有以下特性：

(1) 冲击波具有陡峭的波阵面，在波阵面上介质状态发生突跃变化。

(2) 冲击波以脉冲形式传播，没有周期性。介质的质点沿波的传播方向移动；冲击波过后，介质的质点占据空间一个新位置。

(3) 冲击波的传播速度永远大于未扰动介质中的声波速度。

(4) 冲击波的传播速度与波的强度有关。

炸药被引爆时在周围介质中激发冲击波，冲击波所到之处，使炸药分子活化而发生持续爆炸反应，释放出能量的一部分弥补冲击波传播过程中的能量损失，使冲击波以稳定的速度向前传播，其后紧跟着化学反应区。这种伴随着化学反应，在炸药中传播的特殊形式的冲击波叫作爆轰波，这一过程称为爆轰，爆轰波的传播速度称为爆速。

4.6.2 影响炸药爆轰的因素

炸药的组成、结构、聚集状态、装药尺寸和形状等对爆轰过程有很大影响，研究这些影响因素对合理有效地使用炸药有重要意义。爆速是爆轰波的一个重要参数，通常用它来分析炸药爆轰的传播过程：一方面是因为爆轰波的传播要靠反应区释放的能量来维持，爆速的变化直接反映了反应区结构以及能量释放的多少和释放速度；另一方面是因为爆速是比较容易准确测定的一个爆轰参数，药包直径、装药密度、径向间隙、炸药颗粒、药包外壳等对爆速都有影响。

（1）药包直径。药包直径对爆速的影响可以用图 4-2 来描述。药包存在一个极限直径 d_l 和一个临界直径 d_s。当药包直径 $d \geqslant d_l$ 时，爆速趋于稳定，达到该条件下的最大爆速，称为理想爆速，该区域称为理想爆轰区；当药包直径 $d \leqslant d_s$ 时，爆轰中断，称为不稳定爆轰，该区域称为不稳定爆轰区；当药包直径介于 d_l 和 d_s 之间时，爆轰能以小于理想爆速的定常速度传播，称为稳定爆轰，该区域称为稳定爆轰区。稳定爆轰区和不稳定爆轰区合称为非理想爆轰区。药包直径对爆速的影响机理可以用能量的侧向扩散来解释。

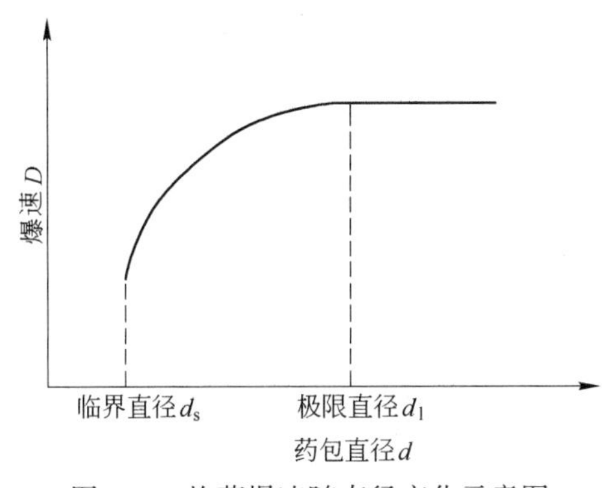

图 4-2 炸药爆速随直径变化示意图

（2）装药密度。单体猛炸药和工业混合炸药的装药密度对传爆过程有不同的影响，单体猛炸药的爆速随装药密度的增大而增大。工业混合炸药存在一个最佳密度值，当密度小于最佳密度时，爆速随密度增大而增大；当密度超过最佳密度时，爆速反而会降低，甚至发生拒爆现象。

（3）径向间隙。径向间隙是指药包与炮孔壁间的空隙。对于敏感度和爆速高的单质猛炸药，径向间隙的影响不大；对于低敏感度、低爆速的工业混合炸药，径向间隙的影响较大，径向间隙的存在可能影响稳定传爆。经验表明，小直径炮孔爆破时，径向间隙约为 10～15mm 时，对传爆稳定性的影响显著。

（4）炸药粒度。混合炸药的粒度愈细，爆炸反应的速度愈高，反应区的宽度愈小，能量损失愈少，愈有利于稳定传爆。混合炸药中高敏感度炸药成分的颗粒粗、低敏感度炸药成分的颗粒细，有利于各组分的充分爆炸反应。

（5）药包外壳。坚固的外壳有利于炸药的爆炸反应，可使炸药的临界直径减小。尤其对于低感度的工业炸药，坚固的外壳有利于炸药的稳定传爆。

4.7 炸药的爆炸性能

衡量炸药爆炸性能的指标有爆速、爆热、爆温、爆容、爆压、爆炸功、猛度、爆力和爆破漏斗体积等，通过实验测定或理论计算可确定这些指标值。

4.7.1 爆速

爆速是爆轰波的传播速度，是研究爆轰过程的重要参数，而且其测量技术成熟、测定结果精度较高。测量爆速常用导爆索、电测和高速摄影三类方法。常用工业炸药的爆速为2000~5500m/s左右。

(1) 导爆索法。导爆索法测定爆速是最简单也是最早的方法，适合于精度要求不太高的一般性测定，在生产中广泛采用。导爆索法的基本原理是用已知爆速的导爆索与未知爆速的炸药进行比较，求出炸药的爆速。

(2) 电测法。电测法测量爆速在目前应用很广，其原理是测定爆轰波通过两点的时间差，用两点之间距离除以时间差计算炸药的爆速。

(3) 高速摄影法。高速摄影法利用爆轰波阵面传播时伴有的发光现象，用高速摄影机将爆轰波阵面沿药柱移动的光迹拍摄记录下来，得到爆轰波传播的时间-距离曲线，然后测量曲线上各点的瞬间传播速度。

4.7.2 爆热

单位质量的炸药爆轰时放出的热量称为爆热。爆热是衡量炸药爆炸过程中释放出能量多少的重要指标。常用工业炸药的爆热为3000~4000kJ/kg。

感度较高的炸药爆热可用量热弹测定，感度较低的炸药爆热可以通过理论计算得到。

4.7.3 爆温

爆温是炸药爆炸时放出的热量使爆炸产物定容加热所达到的最高温度。炸药的爆温越高，气体产物的压力就越大，对外做功的能力也就越强。常用工业炸药的爆温为2000~3000℃。

4.7.4 爆容

单位质量的炸药爆炸产生的气体产物在标准状态下的体积称为炸药的爆容，常用单位为“L/kg”。爆容可以通过计算得到。常用工业炸药的爆容为900L/kg左右。

炸药爆容的计算是以炸药按理想反应方程式完全反应为条件的，由于炸药的爆炸反应不完全以及不完全按反应方程式进行等原因，实际爆容会与计算值有差异。

4.7.5 爆压

爆压是炸药爆炸时生成的高温高压气体的压力。爆压通常有两个含义：

(1) 爆轰压力，它是炸药爆炸时爆轰波阵面上的压力。常用工业炸药的爆轰压力为3000~3500MPa。

(2) 爆炸产物压力，它是炸药爆炸做功时爆炸产物的压力，通常为爆轰压力的一半左右。

4.7.6 做功能力

炸药爆炸对周围介质所做的总功称为炸药的做功能力，又称为爆力或威力。这一指标反映了炸药在介质内部爆炸对周围介质整体的压缩、破坏和抛移等作用能力。爆力的大小主要取决于炸药的爆热、爆温和爆炸生成的气体量。爆热大、爆温高、爆生气体量多的炸药，其爆力也大，对爆破对象的破坏作用就大。炸药爆力的测定通常采用铅柱扩孔法。

在实际爆破施工中，炸药的爆力是选择炸药品种和确定爆破所需炸药量的重要依据之一。一般来说，岩石愈坚固，或要求加强抛掷时，宜选用爆力大的炸药。炸药的爆力愈大，在同等条件下达到相同爆破效果的炸药消耗量越低。

4.7.7 猛度

炸药爆炸对其邻近介质所产生的局部压缩、粉碎或击穿作用的程度称为炸药的猛度。猛度反映了爆轰所产生的冲击波对周围介质动效应的强度，所以猛度的大小主要取决于爆轰波波阵面参数。炸药的爆轰压力或爆轰速度愈高，其猛度愈大，对邻近介质的压缩或击碎作用也就愈强。在工程上，通常采用铅柱压缩法测定炸药的猛度。

4.7.8 爆破漏斗体积

以上各种炸药爆炸性能的理论计算或实测值在工程爆破中主要起参考作用，不能直接应用。爆破漏斗体积是一个实用指标。

爆破漏斗体积就是埋在拟爆破介质中的炸药爆炸后形成的漏斗状坑体的体积，以此衡量炸药的爆炸威力。用这一指标对不同炸药的爆炸威力进行比较时，需要把不同炸药埋在同等条件的介质中进行测定。对于具体的爆破工程，现场的爆破漏斗试验结果具有实用性，比任何其他方法都可靠；但其结果不能直接用于不同条件下的爆破。

爆破漏斗测定如图 4-3 所示。在均质土或砂中钻一炮孔，将一定量炸药做成药包放入炮孔，然后充填起爆。炸药爆炸后在地面上形成一爆破漏斗坑，测量其可见深度为 H，坑口平均直径为 D，将爆破漏斗当作圆锥体计算出其体积 V：

$$V = \frac{1}{12}\pi D^2 H \tag{4-1}$$

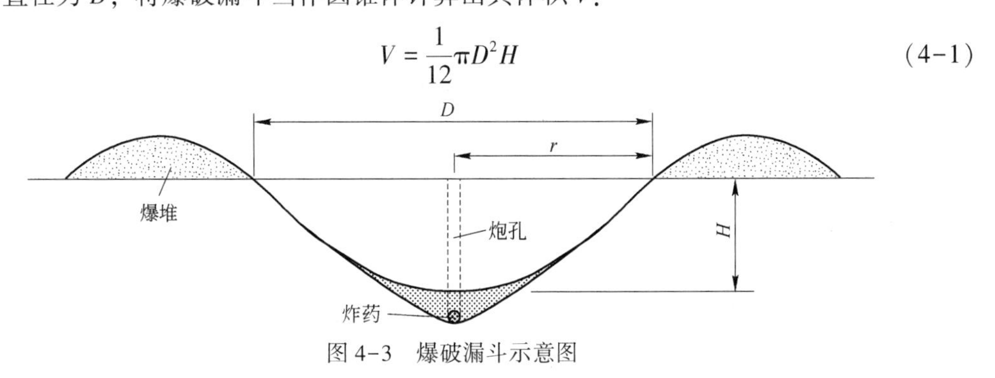

图 4-3 爆破漏斗示意图

爆破漏斗体积大，说明炸药的爆破能力强。爆破漏斗测定对于岩土类爆破较为恰当，对于其他介质的爆破不一定合适。

4.8 常用工业炸药

常用工业炸药有单质炸药和混合炸药。单质炸药主要有起爆药、单质猛炸药和单质弱炸药。

4.8.1 起爆药

起爆药用来引发其他炸药爆炸，是任何爆破中最初爆炸或点燃的炸药。起爆药主要用于制作起爆器材，如雷管等。起爆药的特点是感度高、威力不大、用量很少。

起爆药的品种较多，目前在我国使用量最多的是二硝基重氮酚。二硝基重氮酚（简称DDNP）的分子式为$C_6H_2(NO_2)_2N_2O$。纯二硝基重氮酚为黄色针状晶体，表观密度为0.23~0.75g/cm^3，干燥的二硝基重氮酚的爆发点为170~175℃、爆容553L/kg、爆热1840kJ/kg、爆温4650℃、爆速5400m/s、爆力230mL。与其他起爆药相比，二硝基重氮酚的撞击感度和摩擦感度较低，起爆能力较大，热感度一般，安定性好，在常温下长期贮存于水中仍不降低其爆炸性能。

4.8.2 单质猛炸药

单质猛炸药一般不单独使用，主要用于制作炸药制品。单质猛炸药有梯恩梯、黑索金、太安、硝化甘油、奥克托金和苦味酸等。

4.8.2.1 梯恩梯

梯恩梯（缩写TNT）的分子式为$C_6H_2(NO_2)_3CH_3$，学名三硝基甲苯。梯恩梯为黄色晶体，也称黄色炸药，有毒，密度为1.654g/cm^3(21℃，单斜晶体)。梯恩梯吸湿性很小，几乎不溶于水；其热安定性好，常温下不自行分解，在180℃以上才显著分解，但遇火能燃烧，大量燃烧或在密闭条件下燃烧时可转为爆炸；其机械敏感度较低，但混入硬质掺合物时易爆炸，故在制造、运输和使用时应加以注意。

梯恩梯大量用于军事，工业中主要用于制作起爆具的装药。

4.8.2.2 黑索金

黑索金（缩写RDX）的分子式为$C_3H_6N_3(NO_2)_3$，学名环三亚甲基三硝胺。黑索金由乌洛托平经硝化制成，为白色晶体，密度1.799g/cm^3(22.8℃)。黑索金不溶于水，含水不失去爆炸作用，不与金属作用，是爆炸性能优于梯恩梯的防水炸药，但生产成本也比梯恩梯高。黑索金的热安定性好，机械敏感度比梯恩梯高，加工时应采取钝化措施。

黑索金大量用于军事、导爆索的药芯、雷管的加强药和起爆弹的装药。

4.8.2.3 太安

太安（缩写PETN）的分子式为$C(CH_2ONO_2)_4$，学名季戊四醇四硝酸酯。太安由季戊四醇与浓硝酸硝化制成，为白色晶体，密度1.778g/cm^3（22℃）。太安不吸湿、不溶于水，可溶于丙酮等有机溶剂。其用途和黑索金相同，综合性能优于黑索金。

4.8.2.4 硝化甘油

硝化甘油（缩写NG）的分子式为$C_3H_5(ONO_2)_3$，学名丙三醇三硝酸酯。硝化甘油由丙三醇经硝化制成，为无色或淡黄色油状液体，有毒，密度 1.591g/cm^3（25℃）。硝化甘油不溶于水，在水中不失去爆炸性能，是一种敏感度很高、防水性能很好的防水炸药。硝化甘油对撞击、摩擦、振动和热都很敏感，在 13.2℃凝固，此时极为敏感。

由于其极高的敏感度，不能单独使用，必须与其他物质（如黏土、锯末、硝酸铵等）混合降低其敏感度才能使用。硝化甘油炸药虽然爆炸性能好，但由于其安全性差，且长期处于硝化甘油炸药环境容易产生头痛病，目前工业上使用较少。

4.8.2.5　奥克托金

奥克托金（缩写 HMX）的分子式为（CH_2NNO_2）$_4$，学名环四亚甲基四硝胺。奥克托金由环四亚甲基四胺与浓硝酸、醋酐、醋酸等作用而制成，为无色晶体，密度 1.9g/cm^3、熔点 278.5~280℃、爆速 9110m/s，是一种热安定性、密度和爆炸性能都比黑索金高、综合性能优良的单质炸药。奥克托金不溶于水，在二甲基亚砜、二甲基甲酰胺中有较大的溶解度。

奥克托金可以单独使用，或在混合炸药中作为主要爆炸成分；可以代替黑索金用于导弹、核武器和其他高威力炮弹装药，以及工业起爆器材的用药。但奥克托金的制造成本比黑索金还高，使其在工程爆破的应用受到限制。

4.8.2.6　苦味酸

苦味酸（缩写 PA）的分子式为 $C_6H_3N_3O_7$，学名三硝基苯酚。苦味酸由苯酚经磺化和硝化而成，为黄色晶体，味苦有毒，晶体密度 1.763g/cm^3。苦味酸难溶于冷水，较易溶于热水、乙醇、乙醚；易与多种金属（除锡外）作用而生成更敏感的苦味酸盐，摩擦、撞击敏感度高。苦味酸的爆速为 7350m/s（密度 1.763g/cm^3 时）、爆热 4395kJ/kg。尽管其爆速、威力和猛度都比梯恩梯高，但综合性能不如梯恩梯，所以第一次世界大战以后逐渐由梯恩梯代替，但用苦味酸可以制成苦味酸铵和二硝基重氮酚（起爆药）。

4.8.3　单质弱炸药——硝酸铵

硝酸铵的分子式为 NH_4NO_3，是一种价格低廉、敏感度低、爆炸威力较低、安全性好的单质钝感弱炸药，由氨和硝酸反应制成。

硝酸铵的相对密度为 1.725（25℃），堆集密度为 0.85~0.95g/cm^3（粉状）和 0.75~0.85g/cm^3（多孔粒状）；熔点为 169.6℃，且随水分含量增加而降低。硝酸铵极易溶于水，溶解时吸收大量的热（26.9kJ/mol），容易吸湿结块；溶于甲醇、乙醇、丙酮和液氨，不溶于醚。

硝酸铵不单独用作炸药，用作工业炸药的氧化剂，也是主要成分，含量一般在 70%以上。硝酸铵的爆炸性能见表 4-1。

表 4-1　硝酸铵的爆炸性能

爆热/kJ·kg^{-1}	爆温/℃	爆容/L·kg^{-1}	爆速/m·s^{-1}	爆力/mL	猛度/mm	氧平衡/%
1440	1230	980	1100~2700	165~230	1.5~2.0	+20

4.8.4　混合炸药

在民用工业中，炸药主要用于采矿、地质、交通、水利水电、石油、建筑、城市改造等工程爆破以及机械加工，此类用途的炸药称为工业炸药或民用炸药。由于工业炸药的特定应用条件，要求工业炸药有良好的爆炸性能，具有足够的威力和必要的敏感度；制造、运输、贮存和使用安全可靠，爆炸后生成的有毒气体少；理化性能稳定，在规定的贮存期内不变质失效；原料来源广、加工容易、制造成本低。

目前国内外大量使用的工业炸药都是混合炸药，主要是以硝酸铵为主要成分的硝铵类混合炸药。最常用的有铵油炸药、乳化炸药和重铵油炸药等。

4.8.4.1　铵油炸药

铵油炸药（ANFO）以硝酸铵和轻柴油为主要成分。其中，硝酸铵占94%~95%，是主要爆炸成分，也是氧化剂；柴油占5%~6%，是热值很高的燃料，可以提高铵油炸药的爆热。铵油炸药易溶于水，不具有抗水性；感度较低，一般不具有雷管感度（用8号工业雷管起爆不了），需要用起爆具（或起爆药包）起爆；装药密度0.8~0.95g/cm^3，爆速不低于2800m/s，猛度小，爆容大，做功能力大，适用于无水条件下中硬岩或节理裂隙发育的硬岩爆破。

铵油炸药分为粉状铵油炸药、多孔粒状铵油炸药、改性铵油炸药等。其中，多孔粒状铵油炸药用量最多，改性铵油炸药具有雷管感度。

铵油炸药是所有炸药中原料来源最广、生产工艺最简单、成本最低、安全性最好的工业炸药。铵油炸药易燃，且燃烧时不易被扑灭。

4.8.4.2　水胶炸药

水胶炸药是以硝酸甲胺为主要敏化剂的含水炸药，即由硝酸甲胺、氧化剂、辅助敏化剂、辅助可燃剂、密度调节剂等材料溶解、悬浮于有凝胶剂的水溶液中，再经化学交联剂胶黏而制成的凝胶状含水炸药，属于水包油型抗水炸药。水胶炸药的密度1.05~1.3g/cm^3、爆速3500~4600m/s、做功能力180~350mL，具有雷管感度。

水胶炸药的优点是：爆炸反应较完全，能量释放系数高，威力大；抗水性好；爆炸后有毒气体生成量少；机械感度和火焰感度低；储存稳定性好；成分间相容性好。

水胶炸药的缺点是：不耐压，不耐冻；易受外界条件影响而失水解体，影响炸药的性能；原材料成本较高，价格较高。

水胶炸药分为岩石水胶炸药、煤矿许用水胶炸药和露天水胶炸药。

4.8.4.3　乳化炸药

乳化炸药是以氧化剂水溶液为分散相，以不溶于水、可液化的碳质燃料作连续相，借助乳化剂的乳化作用及敏化剂的敏化作用而形成的一种油包水（W/O）型特殊结构的含水混合炸药。

乳化炸药由氧化剂水溶液、燃料油、乳化剂和敏化剂四种基本成分组成。氧化剂通常是硝酸铵和硝酸钠的过饱和水溶液，重量约占80%~95%，同时也是主要的爆炸成分；还原剂采用柴油与石蜡或凡士林的混合物，与氧化剂配成零氧平衡，也是乳化炸药的油相成分；油相和水相成分是不相容的，但在乳化剂的作用下，它们可以互相紧密吸附，形成油包水型防水结构；敏化剂的作用是提高乳化炸药的起爆敏感度，常用爆炸物成分梯恩梯或黑索金、镁铝金属粉、发泡剂或空心微珠作敏化剂。为了改善乳化炸药的性能，还加入密度调整剂等成分。

乳化炸药的密度0.8~1.45g/cm^3、爆速4000~5500m/s，做功能力240~330mL，具有雷管感度。

乳化炸药的密度可调范围较宽，可以在水孔中使用；爆速和猛度较高；起爆感度比水胶炸药高；爆炸威力比铵油炸药低；成本比水胶炸药低，是目前我国用量最大的工业炸药。

按照不同分类标准，乳化炸药可分为胶质状（膏状）和粉状；也可分为包装型（药卷）、散装型（袋装）和现场混装车型；又可分为煤矿许用型、岩石型和露天型。

4.8.4.4 重铵油炸药

重铵油炸药又称为乳化铵油炸药，是乳胶基质与多孔粒状铵油炸药的物理掺和产品。乳胶基质就是没有加入敏化剂的乳化炸药。在掺和过程中，高密度的乳胶基质填充多孔粒状硝酸铵颗粒间的空隙并涂覆于硝酸铵颗粒的表面。这样，既提高了粒状铵油炸药的相对体积威力，又改善了铵油炸药的抗水性能，同时也降低了炸药的成本。乳胶基质在重铵油炸药中的比例可在0~100%之间变化，炸药的体积威力及抗水能力等性能也随之变化。当乳胶基质的占比达到70%及以上时，抗水能力已经足够，可用于水孔中爆破。当乳胶基质和多孔粒状铵油炸药各占50%时，炸药的密度最大，体积威力也最大。

重铵油炸药的密度 0.85~1.30g/cm^3、爆速 3800~5500m/s，可用于水孔或需要体积威力大（如抵抗线较大时）的爆破作业。

4.8.4.5 膨化硝铵炸药

膨化硝铵炸药是指用膨化硝酸铵作为炸药氧化剂的一系列粉状硝铵炸药，其关键技术是硝酸铵的膨化敏化改性。膨化硝酸铵颗粒中含有大量的“微气泡”，颗粒表面被“歧性化”“粗糙化”，当受到外界强力激发作用时，这些不均匀的局部就可能形成高温高压的“热点”进而发展成为爆炸，实现硝酸铵的“自敏化”设计。

膨化硝铵炸药的密度为 0.8~1.05g/cm^3，爆速不低于 2400m/s，具有雷管感度；不具有抗水性；价格便宜。膨化硝铵炸药分为煤矿许用型、岩石型和露天型。

4.9 工业炸药起爆方法

工业炸药的起爆技术包括确定起爆方法、选用起爆器材、敷设起爆网路等。目前常用的起爆方法按所用起爆器材的不同分为：导爆管起爆法、电起爆法、导爆索起爆法和电子雷管起爆法。各种起爆方法可以独立使用，也可以根据爆破工程要求，将两种或两种以上的起爆方法混合使用。地下煤矿常用煤矿许用电雷管起爆法，非煤矿山常用导爆管起爆法和数码电子雷管起爆法。导爆索需用雷管引爆，属于混合起爆法，常用于光面爆破和预裂爆破。电子雷管起爆法是未来发展方向，我国正在大力推广使用。

4.9.1 导爆管起爆法

导爆管起爆法是20世纪70年代出现的一种新型非电起爆法，发展很快，在各类爆破中得到广泛应用。导爆管起爆法具有操作简单、不受杂散静电影响、爆区规模不受限制、价格便宜等优点；但也有延时精度低、无法用仪表检查网路连接质量的缺点。

4.9.1.1 导爆管与导爆管雷管

导爆管是一根内径 1.5mm、外径 3mm 的空心塑料圆管，其内壁涂有一层很薄的以单质猛炸药（如黑索金）为主要成分的粉状混合炸药，药量约为 16mg/m。在外能的作用下，导爆管中激发的冲击波使薄层炸药发生爆炸反应，释放出的能量补充冲击波传播中的能量损失，使冲击波以 1800～2000m/s 的速度传播。导爆管在传播爆轰过程中，声、光、震动和破坏作用都极弱，用过的白色导爆管只是颜色变为灰黑色，所以导爆管不具备起爆炸药的能力。导爆管中的冲击波传到与其相连的导爆管雷管会引爆雷管，雷管再将炸药引爆。

导爆管雷管分为瞬发雷管和延期雷管两种，延期雷管又分为毫秒延期、半秒延期和秒延期雷管。在爆破工程中应用较多的是毫秒延期和瞬发雷管。

4.9.1.2　导爆管起爆网路

导爆管起爆网路由激发元件、传爆元件、起爆元件和连接元件组成。激发元件的作用是起爆导爆管，可以用雷管、激发笔、炸药、导爆索等作为激发元件。传爆元件的作用是将冲击波信号传给起爆元件，由导爆管或导爆管与雷管组成。起爆元件的作用是起爆炸药（药包），用导爆管雷管。连接元件是用来联结激发元件、传爆元件和起爆元件，常用四通，也可以用导爆管雷管，一发 8 号雷管可以可靠地引爆 20 根导爆管。

导爆管雷管起爆网路形式较多，如串联、并联（也称为大把抓、簇联）、分枝和混合连接等。掘进爆破常用大把抓网路形式，露天爆破常用混合起爆网路。控制爆破时，为了保证重点部位起爆的可靠性，也可以采用复式起爆网路。理论上，导爆管雷管可以实现无限大爆区的爆破，即使用较少段别的雷管就可以实现大爆区的微差起爆，甚至实现单孔起爆。

4.9.2　电雷管起爆法

电雷管起爆法是利用电能引爆电雷管进而引爆药包的起爆方法。

按照是否有延期功能，电雷管分为瞬发电雷管和延期电雷管两种，延期电雷管又分为毫秒延期、半秒延期和秒延期电雷管。按照使用环境又可分为普通电雷管和专用电雷管，专用电雷管有 8 种：煤矿许用电雷管、抗静电电雷管、抗杂电电雷管、勘探电雷管、油井电雷管、磁电雷管、抗射频电雷管和电影电雷管。目前，普通电雷管已很少应用。

电起爆网路是由电雷管和导电线按一定的形式构成的网路。电雷管基本的联接方法有并联和串联，在大爆区中还会出现混合联接，如并串联、串并联、并串并联等多种形式。

4.9.3　电子雷管起爆法

电子雷管起爆法是采用电子雷管并通过与之相配套的起爆器起爆药包的一种起爆方法。电子雷管具有延时精度高、延期时间可通过编程调节、几乎不受外界电能影响等优点，但目前电子雷管的价格较高。

电子雷管起爆系统由控制器、起爆器、数字密钥和电子雷管组成。控制器是用于实现电子雷管联网注册、在线编程、网路测试和网络通信的专用设备。起爆器用于电子雷管起爆系统的全流程控制，是系统唯一可以起爆雷管网路的设备。数字密钥可对起爆系统进行授权，防止对起爆系统的非法操作。电子雷管采用电子芯片代替了延期药，延期时间可调可控。

在电子雷管起爆系统中，所有的电子雷管都并联在母线上。不同厂家的产品对电子雷管起爆系统中电子雷管脚线的总长度和母线的总电阻都有相应的限制，一旦超过限定值，就可能出现拒爆现象。因此，采用电子雷管起爆系统时，要注意不同厂家的起爆器能起爆雷管的上限值。

5 技术经济基础

在工程实践中，需要做大大小小的决策，决策过程实际上就是在有限的可利用资源（如资金、时间等）条件下，从多个可供选择的方案中选出最佳方案。技术经济学（也称为工程经济学，Engineering Economics）的研究内容就是从经济角度定量地分析不同方案的优劣，为决策者提供决策支持。技术经济学应用最广的领域是对工程项目的投资效益评价。本章简要介绍技术经济学中资金的时间价值和项目评价方法，为矿山设计者和经营管理者进行科学决策，也为本书一些优化模型中的经济评价，提供理论和方法基础。

5.1 利息与利率

资金像其他物品和服务一样，可以拥有也可以借用。借用时，资金的借出者（贷方）通常期望从借款人（借方）得到补偿。因此，借贷双方一般要商定一个补偿费额，即钱的“租金”。利息即是在一定时间内使用贷款的租金。借款额也称为本金，在一给定时期终了时借方付与贷方的利息与该时期开始时借款额的比值称为利息率（简称为利率）。借方付贷方利息的时间间隔称为计息期。影响利率的主要因素有：

（1）贷款风险。即借款方能够按期、如数偿还本金和利息的可能性。风险越高，利率也越高。

（2）资金供需关系。当市场对资金的需求增加而可用于贷款的资金保持一定或增加较小时，利率就会上升；反之，利率会下降。例如，20 世纪 80 年代初美国的高利率的部分原因，就是美国政府大量借款来填补每年高达 2000 亿美元的预算赤字，使资金需求增加。

（3）业务成本。即对贷款进行记账、管理中所发生的所有费用。

（4）贷款期限。长期贷款的利率一般低于短期贷款的利率。

（5）政府的金融政策。即政府出于对国民经济进行宏观调控的目的对利率实行的各种有关政策。例如，中央银行可能为抑制通货膨胀而提高利率，或为刺激经济发展而降低利率。

根据计息方式的不同，利率有简单利率和复合利率之分。如果对于给定的本金来说，无论到期的利息是否取走，每一计息期的利息不变，换言之，如果利息本身不带来利息，这时的利率为简单利率，或者说是按简单利率计息的。如果到期的利息不取走时，利息与本金一起参与未来各计息期的利息计算，换言之，如果利息本身带来利息，这时的利率为复合利率，或者说是按复合利率计息的。

例如，1000 元的本金按年利率 10%贷出，贷款期限为两年，每年计一次利息，那么按简单利率计息，每年的利息为 100 元，两年终了时的本利总额为 1200 元。如果按复合利率计息，第一年末利息为 100 元，第二年末的利息为 110 元［即（1000+100）×10%］，两年终了时的本利总额为 1210 元。

5.2　资金的时间价值及其计算

由于利息的存在，资金具有了时间价值。也就是说，不同时间的等额花费与收入具有不同的经济效果；而不同金额的花费与收入，由于其发生的时间不同可能具有等价的经济效果。例如，现时的1000元收入与一年后的1000元收入是不等价的，因为现时的1000元可以存入银行（或投资），在一年后挣得利息（或投资回报）。如果将现时的1000元存入银行且年利率为10%，则这1000元相当于一年后的1100元。资金的时间价值体现于现值、终值、年金之间的等价换算关系上。现定义以下术语和符号。

现值P：现值是指现时的货币量，或是将来货币量折算到现时的价值（即相当于现时的价值）。现时一般为n个时段（一个时段通常为一年）中第一个时段的起点，即所研究问题的零时点。

终值F：终值是指资金经过n个时段后的价值，或发生在距现时n个时段的货币量。

等额金A：等额金是指每一时段末发生的等额货币量。当一个时段为一年时，等额金称为年金。

利率i：即每一计息期的利息率。

如无特别指出，以下叙述中每一时段均为一年，利率均指年利率，且均按复合利率计息。

5.2.1　单笔资金的现值与终值

5.2.1.1　单笔资金的终值

已知现值为P，利率为i，第一年末的价值为：

$$P+Pi=P(1+i)$$

第二年末的价值为：

$$P(1+i)+P(1+i)i=P(1+i)^2$$

以此类推，第n年末P的终值为：

$$F=P(1+i)^n \tag{5-1}$$

令

$$(F/P,\ i,\ n)=(1+i)^n$$

则

$$F=P(F/P,\ i,\ n) \tag{5-2}$$

$(F/P,\ i,\ n)$称为单笔资金复率系数或简称终值系数，这一符号的意义是已知现值P，在给定利率i和时间n的条件下求终值F。

5.2.1.2　单笔资金的现值

已知n年末的终值为F，利率为i，从式（5-1）可求得现值P为：

$$P=\frac{F}{(1+i)^n} \tag{5-3}$$

已知终值求现值，可从两个角度理解，即现值P为多少时经过n年的复利计算才能得到终值F；或者说n年后的货币量F相当于现时的货币量P是多少。令

$$(P/F,\ i,\ n)=\frac{1}{(1+i)^n}$$

则 $$P=F(P/F,\ i,\ n) \tag{5-4}$$

$(P/F,\ i,\ n)$ 称为单笔资金现值系数或折现系数。

5.2.2 年金与终值和现值

5.2.2.1 年金的终值

n 年中每年末发生的等额资金为 A(即年金为 A)、利率为 i 时，这一系列资金在 n 年末的终值是多少呢？第 j 年末距第 n 年末为 $n-j$ 年，根据单笔资金的终值计算公式（5-1），第 j 年末发生的资金 A 在第 n 年末的终值为 $A(1+i)^{n-j}$，故年金的终值为：

$$F = A\sum_{j=1}^{n}(1+i)^{n-j}$$

利用等比级数求和公式，得：

$$F = A\frac{(1+i)^n - 1}{i} \tag{5-5}$$

令 $$(F/A,\ i,\ n) = \frac{(1+i)^n - 1}{i}$$

则 $$F = A(F/A,\ i,\ n) \tag{5-6}$$

$(F/A,\ i,\ n)$ 称为等额资金系列复率终值系数或年金终值系数。

5.2.2.2 资金存储系数

已知要在 n 年末获得资金 F，每年末存入的等量金额为多少时才能达到目的？这是一个已知终值求年金的问题，从式（5-5）直接解得：

$$A = F\frac{i}{(1+i)^n - 1} \tag{5-7}$$

令 $$(A/F,\ i,\ n) = \frac{i}{(1+i)^n - 1}$$

则 $$A = F(A/F,\ i,\ n) \tag{5-8}$$

$(A/F,\ i,\ n)$ 称为等额资金系列存储系数或资金存储系数。

5.2.2.3 年金的现值

在 n 年中每年末发生的资金为 A(即年金为 A)，这一年金系列的现值是多少？年金的终值可用式（5-5）求得，求得终值后，再利用式（5-3）求终值的现值，所以有：

$$P = A\frac{(1+i)^n - 1}{i(1+i)^n} \tag{5-9}$$

令 $$(P/A,\ i,\ n) = \frac{(1+i)^n - 1}{i(1+i)^n}$$

则 $$P = A(P/A,\ i,\ n) \tag{5-10}$$

$(P/A,\ i,\ n)$ 称为等额资金系列现值系数或年金现值系数。

5.2.2.4 资金回收系数

已知现时贷款额为 P，在 n 年内分期偿还且利率为 i 时，每年应付的等额金为多少？或从贷方的角度讲，每年应回收的等额金为多少时才能在 n 年内将本利全部收回？这是一个已知现值求年金的问题，可从式（5-9）直接解得：

$$A = P\frac{i(1+i)^n}{(1+i)^n - 1} \tag{5-11}$$

令
$$(A/P,\ i,\ n) = \frac{i(1+i)^n}{(1+i)^n - 1}$$

则
$$A = P(A/P,\ i,\ n) \tag{5-12}$$

$(A/P,\ i,\ n)$ 称为资金回收系数。

5.2.3 现金流量图

在求解与资金的时间价值有关的问题时，将现金的流入和流出及其发生时间作成现金流量图，有助于清晰地表达问题的实质，选用正确的解题步骤和计算公式。简言之，现金流是资金在给定时间的流入与流出。例如，当购买商品时，现金从购买者流到销售者，对购买者来说是现金流出，而对销售者来说是现金流入。当然，资金不一定只限于现金，可以是支票、银行转账或者一切其他可以转变为现金的支付方式。

现金流量图由代表时间的横线和代表现金流的带箭头的竖线组成。现金流入为正，由位于横线上方的上向箭线表示；现金流出为负，由位于横线下方的下向箭线表示。箭线的长短代表现金流量的大小。一般地，箭线的长度并不根据现金流量按严格的比例画出，只是定性地表示现金流量的相对大小。例如，某公司贷款 20000 元，在 36 个月内还清，月利息为 1%，求每月还款额。这是一个已知现值 P 求年金 A 的问题，其现金流量如图 5-1 所示。

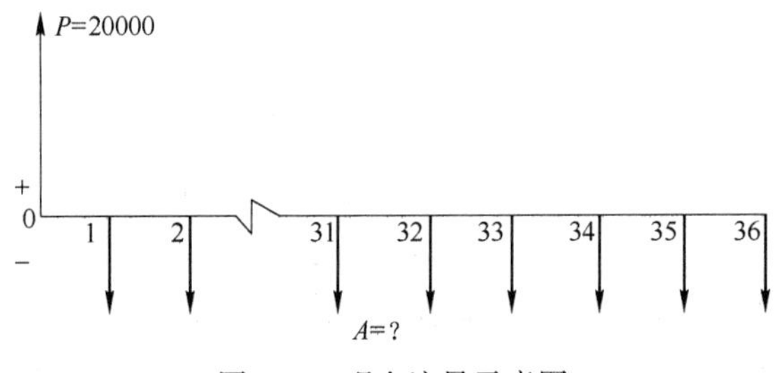

图 5-1　现金流量示意图

例 5-1　某项目可以在未来五年的头三年带来 1000 万元/a 的净收益，在后两年带来 600 万元/a 的净收益。若年利率为 12%，该项目的收益现值为多少？

解：这一问题的现金流量图如图 5-2 所示。最直接（但较烦琐）的求解方法是应用单项资金的现值公式求每年收益额的现值，然后相加。然而，将现金流量图进行分解，可使计算更简便。一种分解方法如图 5-3 所示。

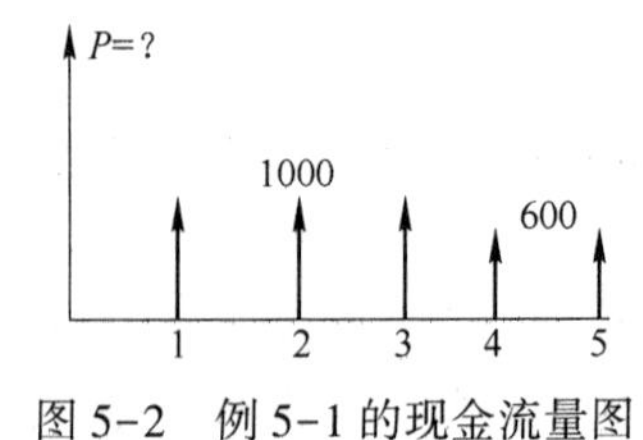

图 5-2　例 5-1 的现金流量图

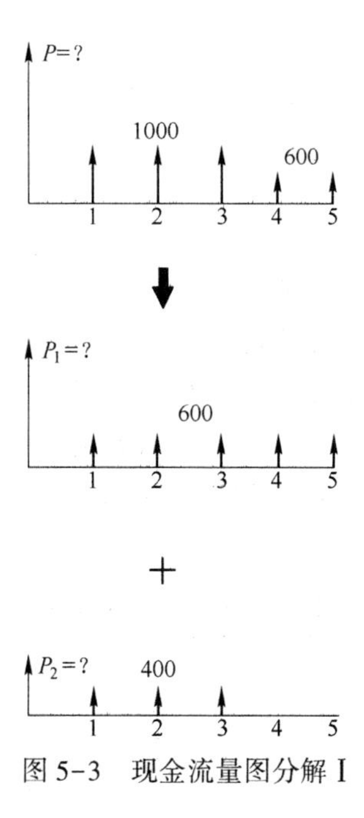

图 5-3　现金流量图分解 Ⅰ

根据这一分解，现值 P 的计算如下：

$$P=P_1+P_2=600(P/A,0.12,5)+400(P/A,0.12,3)$$
$$=2162.87+960.73=3123.60$$

另一种分解方法如图 5-4 所示，现值 P 的计算如下：

$$P=P_1+P_2=1000(P/A,0.12,3)+600(P/A,0.12,2)(P/F,0.12,3)$$
$$=2401.83+721.77=3123.60$$

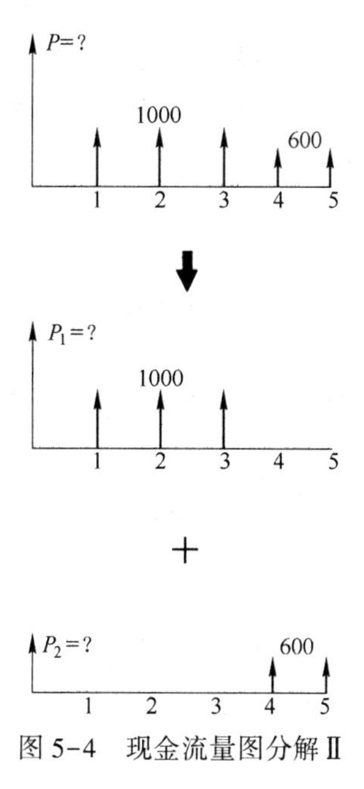

图 5-4　现金流量图分解 Ⅱ

5.3 等 价 性

不同投资方案虽然产生的现金流量大小及时间可能不同，但当考虑资金的时间价值时，这些方案很可能是“等价”的。如果在给定利率条件下不同投资方案具有相等的现值，就称这些方案在给定的利率条件下是等价的，或者说它们具有等价性（equivalence）。从纯经济角度讲，具有等价性的方案对投资者具有同等的吸引力。

表5-1列出了四个投资方案的现金流。如果不考虑资金的时间价值，这些方案具有不同的价值。方案*D*的总现金流量最大，应该是最好的方案。然而，如果考虑资金的时间价值且利率为10%，这四个方案的现值均为10000，故是等价的。若不考虑其他因素，从纯经济角度出发，选择哪个方案都是一样的。

表5-1 四个不同投资方案的现金流及现值

时 间	方案*A*	方案*B*	方案*C*	方案*D*
第1年	1000	3500	3154.71	0.0
第2年	1000	3250	3154.71	0.0
第3年	1000	3000	3154.71	0.0
第4年	11000	2750	3154.71	14641
合 计	14000	12500	12618.84	14641
$i=10\%$现值	10000	10000	10000	10000

5.4 投资项目经济评价方法

当一个投资者面临多个可供选择的投资项目时，就需要对每个项目的优劣从经济角度进行评价，为决策者提供定量的决策支持。经济评价结果应提供：

（1）项目是否能带来可接受的最低收益；

（2）可选项目的优劣排序；

（3）投资风险分析。

从纯经济角度出发，任何评价标准应遵循的原则为：盈利较高的项目优于盈利较低的项目；获利早的项目优于获利晚的项目。必须强调的是，评价标准本身不能作为投资决策，只能通过定量的经济分析为决策者提供决策支持；最终决策必须由决策者综合考虑和衡量所有定量的和定性的信息后做出。

投资项目经济评价方法可分为两大类，即静态评价法和动态评价法。

5.4.1 静态评价法

静态评价法，顾名思义就是不考虑资金的时间价值的评价方法，主要有投资返本期法和投资差额返本期法。目前，静态评价法已经很少使用。

5.4.1.1 投资返本期法

投资返本期法（也称为投资回收期法）曾经是投资项目评价中的主要评价标准，如今该法有时作为辅助性方法与其他方法（主要是动态评价法）一起使用。所谓投资返本期，是指项目投产后的净现金收入的累加额能够收回项目投资额所需的年数。表 5-2 列出了 5 个投资额相等但净现金收入和项目寿命不同的虚拟项目。

表 5-2 投资返本期举例

项 目	*A*	*B*	*C*	*D*	*E*
投 资	10000	10000	10000	10000	10000
	净现金收入				
第 1 年	2000	7000	1000	6000	6000
第 2 年	2000	2000	2000	2000	2000
第 3 年	2000	1000	7000	2000	2000
第 4 年	2000	2000	2000	0	3000
第 5 年	2000			0	4000
第 6 年	2000			0	1000
第 7 年	2000			0	1000
第 8 年				0	500
投资返本期/a	5	3	3	3	3

投资返本期的计算十分简单，将净现金收入（净现金流）逐年相加，累加额等于投资额的年数，即为投资返本期。表 5-2 中项目 *A* 需要 5 年，其余项目均需 3 年时间将投资回收（即返本）。

应用该方法进行投资项目评价时，如果计算所得投资返本期小于可接受的某一最大值，则该项目是可取的；否则，该项目是不可取的。多个项目比较时，投资返本期短的项目优于投资返本期长的项目。

投资返本期法有几个明显的不足之处：

（1）该方法对返本期以后的现金流不予考虑，不能真实反映项目的实际盈利能力。例如，表 5-2 中项目 *D* 和 *E* 具有相同的投资返本期，但项目 *D* 根本不能盈利（只能回收投资），项目 *E* 却在返本后继续带来净收入，项目 *E* 显然优于项目 *D*。

（2）该方法不考虑现金流发生的时间，只考虑回收投资所需的时间长度。例如，项目 *B* 和 *C* 具有相同的投资返本期和相等的盈利额，但项目 *B* 早期净收入大于项目 *C*，根据前述经济评价标准应遵循的准则，项目 *B* 优于项目 *C*。

（3）应用该方法确定某一项目是否可取时，需要首先确定一个可接受的最长投资返本期，而最长投资返本期的确定具有很强的主观性。

5.4.1.2 投资差额返本期法

对投资项目做经济比较时，经常遇到的问题是不同项目的投资与经营费用各有优劣：投资大的项目往往由于装备水平高、工艺先进等原因，其经营费用低；投资小的项目由于相反的原因，其经营费用高。这时，可用投资差额返本期法确定项目的优劣。

投资差额返本期的实质是：两个项目比较时，计算用节约下来的经营费用回收多花费的投资，如果能在额定的年数（即可接受的最长时间）内回收，则投资大、经营费用低的项目优于投资小、经营费用高的项目；反之，投资小、经营费用高的项目优于投资大、经营费用低的项目。

投资差额返本期的计算如下：

$$T = \frac{I_1 - I_2}{C_2 - C_1} \tag{5-13}$$

式中 I_1，C_1——投资大、经营费用低的项目（项目1）的投资和年经营费用；

I_2，C_2——投资小、经营费用高的项目（项目2）的投资和年经营费用。

若 T 小于或等于可接受的最长返本期 T_0，则项目1优于项目2；反之，则项目2优于项目1。$1/T$ 称为投资效果系数。

当比较多于两个项目时，最佳项目是满足下式者：

$$I_i + T_0 C_i = 最小 \tag{5-14}$$

5.4.2 动态评价法

动态评价法是考虑资金的时间价值的投资项目评价方法，应用最广的有净现值法和内部收益率法。

5.4.2.1 净现金流

净现金流是现金流入与现金流出的代数差。由于税收及会计法则的不同，不同国家（甚至同一国家的不同行业）的净现金流的计算有差别。项目寿命期某一年的净现金流的一般计算如下：

销售收入
+其他收入（如固定资产残值、流动资金回收）
-年经营费用
-固定资产折旧
=税前盈利（税基）
-所得税（税基×所得税率）
=税后盈利
+固定资产折旧
=经营现金流
-投资
=净现金流

5.4.2.2 折现率

计算未来某时点（或若干个时期）发生的现金流的现值称为折现。折现中使用的利率也称为折现率。但在用净现值法进行项目评价时，折现率一般不等于利率。一方面，在资本市场发达的市场经济条件下，项目投资所需的大部分资金是通过某些渠道在资本市场上融资获得（如贷款、债券、股票等），使用不属于自己的资金是要有代价的（如贷款就得还本付息），这一代价称为资本成本（cost of capital）。对项目的期望回报率（即收益）的最低线是资本成本，如果一个项目不能带来高于资本成本的回报率，则从纯经济角度讲，该项目不能增加投资者的财富，故是不可取的。因此，投资评价中使用的折现率一般都高于利率。另一方面，当一个投资者决定投资于一个项目时，用于投资的资金（无论是自己拥有的还是从资本市场获得的）就不能用于别的项目的投资，这就等于失去了从替代项目获得回报的机会，所以替代项目的可能收益率称为机会成本。只有当被评价项目的回报率高于机会成本时，被评价项目才是可取的，否则就应把资金投到替代项目。因此，项目评价中用的折现率应不低于机会成本。折现率应该是可接受的最低回报率，在数值上应等于资本成本，或机会成本加上业务成本及风险附加值。

折现率的选取对于正确评价投资项目十分重要。折现率过高，会低估项目的价值，使好的项目失去吸引力；折现率过低，会高估项目的价值，可能导致投资于回报率低于可接受的最低值的项目。了解折现率的构成，对于选用适当的折现率很有帮助。折现率由四个主要要素构成：

（1）基本机会成本。如前所述，机会成本是替代项目的可能回报率，它被看作折现率的基本要素，其他要素被作为附加值累加到机会成本之上，故而称之为基本机会成本。

（2）业务成本。业务成本包括经纪费用、投资银行费用、创办和发行费用等。

（3）风险附加值。根据项目的投资风险而适当上调的数值。

（4）通货膨胀调节值。如果项目评价中的每一现金流都按其发生时的价格（即当时价格）计算，说明现金流中包含通货膨胀，那么折现率也应包含通货膨胀率。一般来说，当在资本市场上筹集资金时，由资本市场确定的资本成本已包含了资金提供者对未来通货膨胀的考虑。因此，如果项目评价中的现金流是按不变价格计算的（即不包含通货膨胀），而折现率是取之于资本市场的资本成本，那么就应将折现率下调，下调幅度一般等于通货膨胀率。

依据资本成本或各构成要素确定的折现率是可接受的最低收益率，也称为基准收益率。

5.4.2.3　净现值法

投资项目的净现值 NPV（net present value），是按选定的折现率（即基准收益率），将项目寿命期（包括基建期）发生的所有净现金流折现到项目时间零点的代数和。

$$NPV = \sum_{j=0}^{n} \frac{NCF_j}{(1+d)^j} \tag{5-15}$$

式中　NCF_j——第 j 年末发生的净现金流量；

d——折现率；

n——项目寿命。

净现值法就是依据投资项目的净现值评价项目是否可取，或对多个项目进行优劣排序的方法。当 NPV>0 时，被评价项目的收益率高于基准收益率，说明投资于该项目可以增加投资者的财富，故项目是可取的；若 NPV<0，项目是不可取的。NPV 大的项目优于 NPV 小的项目。

例 5-2　某项目的初始投资和各年的现金流如图 5-5 所示，试计算基准收益率为 12% 和 15%时的净现值，并评价项目是否可取。

解：项目的净现金流如图 5-6 所示。

当 $d=12\%$时：

$$NPV = -100000 + 18000\frac{(1+0.12)^9 - 1}{0.12 \times (1+0.12)^9} + \frac{38000}{(1+0.12)^{10}} = 8143$$

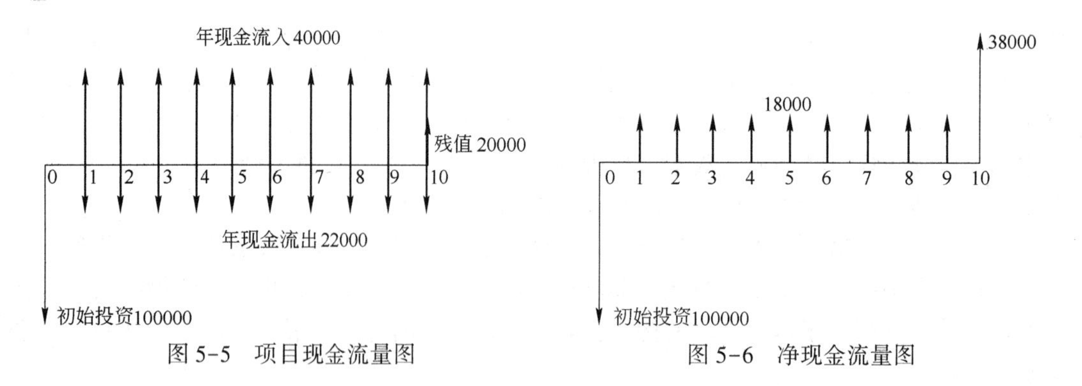

图5-5　项目现金流量图　　　　图5-6　净现金流量图

当 $d=15\%$时：

$$\mathrm{NPV}=-100000+18000\frac{(1+0.15)^9-1}{0.15\times(1+0.15)^9}+\frac{38000}{(1+0.15)^{10}}=-4718$$

因此，当折现率为12%时，项目是可取的；当折现率为15%时，项目是不可取的。

5.4.2.4　内部收益率法

投资项目的内部收益率IRR（internal rate of return）是指使净现值为零的收益率，即满足下式的 d 值：

$$\mathrm{NPV}=\sum_{j=0}^{n}\frac{NCF_j}{(1+d)^j}=0 \tag{5-16}$$

如果计算所得的内部收益率IRR大于基准收益率，则项目是可取的；如果IRR小于基准收益率，则项目是不可取的。对多个项目进行优劣评价时，IRR大的项目优于IRR小的项目。IRR的计算一般需要试算若干次。内部收益率法又称为贴现法。

例5-3　计算例5-2的内部收益率。

解：从例5-2的计算可知，当折现率为12%时，NPV>0；折现率为15%时，NPV<0。所以IRR在12%~15%之间，取 $d=14\%$，得NPV=-715。因此IRR在12%~14%之间，通过几次试算，得IRR=13.83%。因此，当基准收益率为12%时，内部收益率大于基准收益率，项目是可取的；当基准收益率为15%时，项目是不可取的。

应用内部收益率法对项目的可行性评价和优劣排序结论与净现值法相同。

5.5　投资风险分析

投资风险是指在经济评价时，对投资项目的现金流的估计值（或预期值），由于未来因素的不确定性，与项目实际发生的现金流出现不可预见的偏差。在市场经济条件下，任何项目都具有其特有的投资风险，只是风险大小不同而已。矿山项目是公认的投资风险较大的投资项目，其投资风险主要来源于：矿石储量及品位的估算误差较大；未来生产成本及产品价格的不确定性；基建时间长和基建投资大。

前面介绍的项目经济评价属于确定型评价。在确定型评价中，对现金流计算所涉及的各个参数只作点估计，即每一参数只有一个估计值。点估计常常代表评价者对被估参数的最佳估计。确定型评价结果体现于评价标准（如NPV或IRR）的单一数值。由于经济评价中各种参数的不确定性，确定型分析只能反映实际可能出现的一种结果。而这一结果往往与项目的实际运营结果有一定（有时是较大）的偏差。例如，有的项目在实施时所需的基建投资额比经济评价时估计的投资额高出 50%，甚至 100%。因此，分析项目风险，对正确的投资决策是十分重要的。

不确定性分析是投资风险分析的常用方法。分析中对各有关参数的估值不再是点估计，而是估计其取值的概率分布。概率分布可能是离散的，也可能是连续的。分析结果也不再是评价标准的单一值，而是评价标准的概率分布。从这一概率分布可以看出各种结果的可能性，计算评价标准的数学期望，从而对投资风险作出较可靠的判断。下面用一算例对不确定性分析加以说明。

例 5-4 某铜矿正在考虑扩建，矿石生产能力由原来的 3.15Mt/a 扩大到 4.2Mt/a，矿山扩建后的剩余寿命为 10 年。

（1）有关参数的点估计值如下：

矿石平均品位：0.8%；

金属回收率：90%；

生产成本：3.5×10^6 $/a；

扩建投资：13.5×10^6 $；

铜价格：1000 $/t。

（2）扩建投资额、矿石平均品位和金属回收率的离散分布为：

扩建投资额：	13.0	13.5	16.0
概率 P：	0.05	0.55	0.40
矿石平均品位：	0.75%	0.80%	0.85%
概率 P：	0.40	0.50	0.10
金属回收率：	90%	85%	
概率 P：	0.60	0.40	

假设其他参数为确定型，其取值仍为点估计值。试对该扩建项目用 IRR 法进行确定型评价并进行不确定性分析。

解：（1）确定型评价。根据参数的点估计值，扩建项目的年净现金流量为：

$$NCF = (4.2 - 3.15) \times 10^6 \times \frac{0.8}{100} \times 0.9 \times 1000 - 3.5 \times 10^6 = 4.06 \times 10^6\ \$$$

扩建项目的净现金流量如图 5-7 所示。

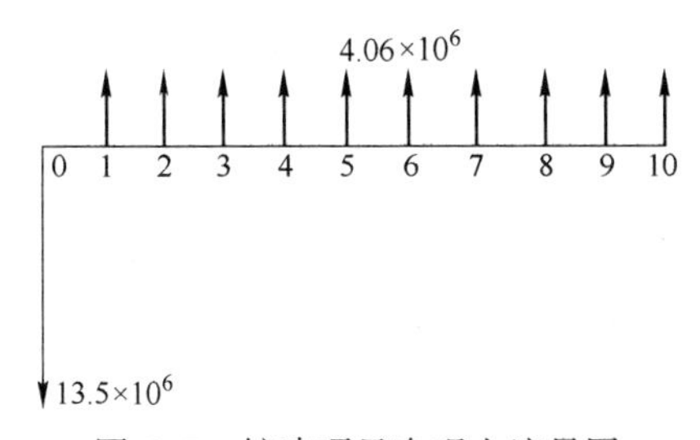

图 5-7 扩建项目净现金流量图

经过几次试算，得到扩建项目的内部收益率：IRR=27.4%。

（2）不确定性分析。基于投资额、矿石平均品位和金属回收率的可能取值，共有 3×3×2＝18 种可能的 IRR 值。图 5-8 给出了每种可能结果的概率。对于每一种可能性，其 IRR 的计算与确定型相同。例如，当投资额为 13.0×10^6 \$，矿石平均品位为 0.75%，金属回收率为 90%时，年净现金流量为：

$$NCF = (4.2 - 3.15) \times 10^6 \times \frac{0.75}{100} \times 0.9 \times 1000 - 3.5 \times 10^6 = 3.588 \times 10^6 \ \$$$

由
$$-13.0\times10^6+3.588\times10^6(P/A,\ IRR,\ 10)=0$$
求得 IRR＝24.5%。

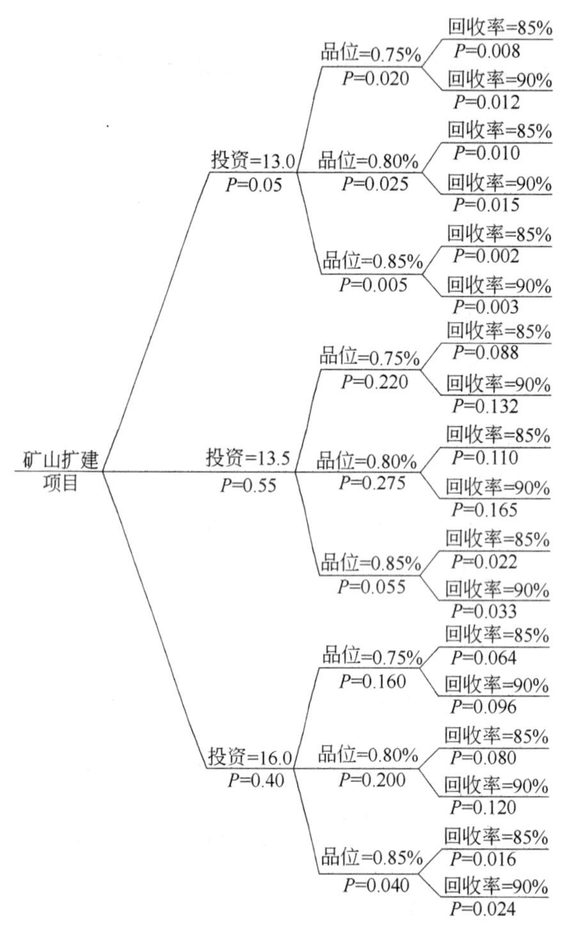

图 5-8　项目可能结果及其概率图示

从图 5-8 可知，扩建项目获得 24.5%的内部收益率的概率为 0.012（或 1.2%），通过类似计算，求得全部可能结果并列入表 5-3。依据表 5-3 中的 IRR 值及相应的概率值，可形成概率直方图和累积概率直方图，分别如图 5-9 和图 5-10 所示。

表 5-3　不确定性分析计算结果

投资额/ \$	品位/%	回收率/%	IRR/%	概率 P
13.0×10^6	0.75	85	20.9	0.008
13.0×10^6	0.80	85	25.0	0.010

续表 5-3

投资额/ $	品位/%	回收率/%	IRR/%	概率 P
13.0×10^6	0.85	85	29.0	0.002
13.0×10^6	0.75	90	24.5	0.012
13.0×10^6	0.80	90	28.7	0.015
13.0×10^6	0.85	90	32.8	0.003
13.5×10^6	0.75	85	19.8	0.088
13.5×10^6	0.80	85	23.8	0.110
13.5×10^6	0.85	85	27.6	0.022
13.5×10^6	0.75	90	23.3	0.132
13.5×10^6	0.80	90	27.4	0.165
13.5×10^6	0.85	90	31.4	0.033
16.0×10^6	0.75	85	15.0	0.064
16.0×10^6	0.80	85	18.6	0.080
16.0×10^6	0.85	85	22.1	0.016
16.0×10^6	0.75	90	18.2	0.096
16.0×10^6	0.80	90	21.9	0.120
16.0×10^6	0.85	90	25.4	0.024

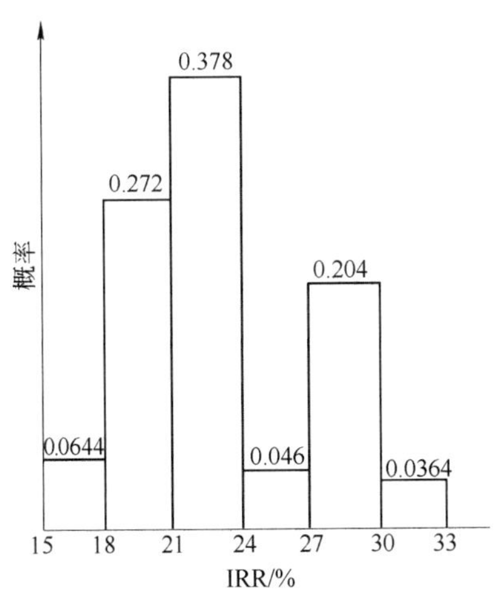

图 5-9　评价结果概率直方图

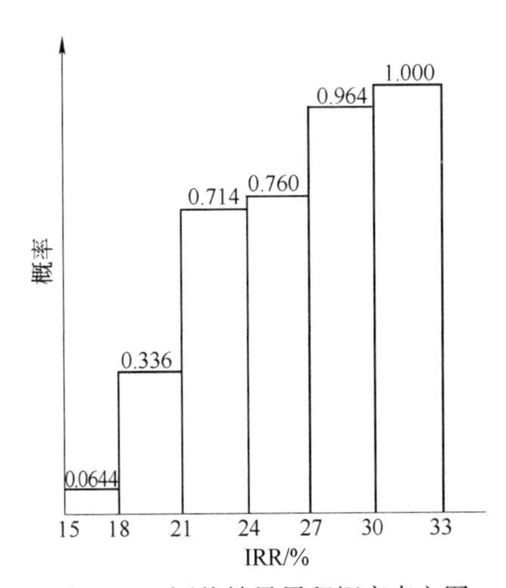

图 5-10　评价结果累积概率直方图

IRR 的数学期望（即平均值）为：

$$\mathrm{IRR_a} = \sum_{i=1}^{18} \mathrm{IRR}_i \cdot P_i = 22.7\%$$

从图 5-10 可以看出，有 76%的可能性扩建项目的内部收益率小于 27%，也就是说项目的实际收益率低于确定型评价所得收益率（27.4%）的可能性是很高的。

上例只是一个简单的风险分析算例，只考虑了三个参数的概率分布。实质上，产品价格和生产成本等参数都具有不确定性。对项目进行投资风险分析，应根据可利用信息对尽可能多的参数的概率分布进行估计，以使分析结果尽可能全面地反映可能出现的各种投资后果。另外，上例中用的是离散分布，若有足够的数据，可得出有关参数的连续分布密度函数，利用连续分布进行风险分析，在计算方法与步骤上与离散分布相似。当然，不确定性分析也可用其他评价标准（如 NPV），但 IRR 是最常用的评价标准。

6 矿山总平面布置

在矿山企业设计中，把地表的工业生产设施和行政管理、生活及福利设施，依据地表地形特征、矿床赋存条件以及矿岩地面运输和矿石加工的要求，合理布置在平面图上，并布置运输线路在设施间建立必要的联系，形成一个有机的整体，称为矿山总平面布置。

矿山总平面布置是矿山企业设计的一个重要组成部分，一旦形成，在生产过程中是不易改变的。如果布置不当，将使各生产环节的衔接和配合长期不合理。因此，矿山总平面布置必须在符合矿山企业建设和生产要求的前提下，尽量节约劳动力、材料和成本，便利施工，加快建设速度；在投产以后，能以最合理的流程、最小的消耗取得最大的工效，达到高效率、低成本生产的目的。

6.1 总平面布置的设计内容

矿山总平面布置通常包括矿区规划图和工业场地平面布置图。

矿区规划图（也称为矿区区域位置图），是根据矿床赋存条件、地形条件、人文条件等，对矿山企业的各个组成部分作出全面规划。这个规划要经过合理的厂址选择及多方案比较之后才能确定，规划通常在 1∶5000~1∶10000 的地形图上进行。

矿区规划图中应标明：原有的地形地物、规划的矿山企业场地、矿体界线及采矿移动带、采选工业场地、生活区、区域供排水及供热和供电线路、矿区内部运输及其与外部运输的联系、地下矿主要和辅助开拓巷道、露天矿总出入沟、废石场地、炸药总库、选矿厂及尾矿库等。

工业场地平面布置图是在更小范围内更细致的规划，它根据矿区规划图确定的布置原则，在 1∶1000~1∶2000 的地形图上进行初步设计，在 1∶500~1∶1000 的地形图上进行施工设计。

采矿工业场地的设施主要包括：机修车间、汽修厂、锻钎房、卷扬机房、压气机房、通风机房、矿仓、排土场、材料仓库、油料仓库、爆破材料库、木材加工与堆放场、行政福利设施等。行政福利设施有车间办公室、浴室、保健站和食堂等。采矿工业场地的平面布置图中应标明：矿床开采至最大深度时的地表移动带、洪水淹没范围、井筒（或平硐口）的位置及标高、露天开采境界范围、各开采水平或总出入沟标高、封闭圈等。此外，不但要标明场地内各个建筑物、构筑物、运输线路及各种管线的平面配置关系，还要标明它们的竖向关系，换句话说，工业场地平面布置是平面设计与竖向设计的综合。

选矿工业场地的设施主要包括：破碎、筛分、选矿车间、尾矿设施及砂泵站等。

如果企业的各个组成部分比较集中，可以把矿区规划图和工业场地平面布置图合在一个图上布置。

6.2 工业场地的选择及其平面布置

6.2.1 影响工业场地选择的因素

选择工业场地需考虑以下因素：

（1）场地的面积需求。要有足够的场地面积布置所有的建筑物、构筑物、道路、管线等。适当考虑企业发展用地的要求（当有扩建可能时），但不可过多预留备用地。尽量少占或不占农田，并应根据实际需要分期征购土地。为了减少用地面积，有条件时可采取建筑物的联合。

（2）地表地形。要注重利用地形，减少土石方工程量；尽量使挖、填方平衡，以节约投资及劳动力；方便地面水的排出。

（3）开拓系统的布置。由于围绕井口（平硐口）或出入沟要布置一系列的采矿生产设施、矿石的部分地面加工设施和机械加工修理设施，采场工业场地与开拓方案密切相关并互相制约。在地形条件允许时，工业场地的选择要有利于开拓系统的布置；同样，在确定开拓系统位置时，也必须考虑工业场地的布置问题。

（4）选矿工艺。选矿工业场地的选择需考虑选矿工艺，用重选时，选矿工业场地最好设置在坡度15°~20°的山坡地带，以便矿浆自流，土方工程量小；用浮选时，5°~10°的坡度也可以。选矿工业场地尽可能靠近采矿工业场地，以缩短矿石的地面运输距离；条件允许时，可与采矿工业场地合并，使矿石的地面运输大为简化（例如，提升到地表的矿石可直接卸入选厂矿仓）。应尽量使选厂贮矿仓的顶部标高低于井口（平硐口）或出入沟的标高，以便重车下行，降低运输能耗。产生粉尘的破碎车间不仅应与入风井有一定距离（大于300m），而且要注意主导风向，应在入风井的下风侧，以避免粉尘进入坑内。选厂应设在供水、供电、排堆尾矿方便的地方。尾矿库最好选择在靠近选厂的天然沟堑、枯河、峡谷等地，既要有足够的容量，又不侵占农田，同时力求避免尾矿水排入农田和直接排入河流，以免影响农业生产，引起水体污染。尾矿库应尽可能低于选厂标高，以便尾矿自流和避免设置砂泵等设备。

（5）地表移动和塌陷。工业场地应在采矿可能引起的地表移动范围及爆破影响范围以外，要避免受山坡崩塌及山洪危害，要有必要的排洪措施，以保证安全。

（6）工程与水文地质。必须注意工程地质和水文地质条件，如土质及潜水位置，以减小建筑物及构筑物的地基施工难度和建设费用。

（7）运输条件。要有较好的地面运输条件，且便于与外部铁路、公路连接。

6.2.2 工业场地平面布置的基本原则

工业场地上的各项建筑物和构筑物，要根据生产过程来布置。一切建筑物的布置，应按照生产过程的最大方便、安全以及建设最经济的要求来考虑。既不要过度分散，又不要过度集中。建筑物的过度分散，将引起基本建设投资的增加，以及在整个厂区地面布置上的额外开支，如一些管线长度的增加，材料等运送距离的增加等；过度集中对预防火灾不利，例如润滑材料及燃料库要与其他建筑物有一定距离。

对于地下矿，与矿井井筒或平硐相连系的地面建筑物和构筑物的位置，实际上已由井筒或平硐的位置决定，如卷扬机房、通风机房、压气机房应设在井口附近；其他工程或者建在井口附近，或者布置在其他场地。例如，选矿厂、中央机修厂、总仓库等，在井口附近场地面积不足或地形复杂的条件下，可布置在铁路的终点站附近。如果主井与副井相距较远，要分为两个场地来布置：在主井附近布置与出矿和矿石装运有关的构筑物；在副井附近布置福利建筑物、锻钎厂、坑木场、材料库和机修厂等。

对于露天矿，工业场地内的建筑物、构筑物均应布置在爆破安全界以外的安全地带。汽车维修站和汽车停放场应布置在汽车运行频繁的道路旁或采场的出入口处；当山坡露天矿高差较大、开采年限较长时，为便于修理，可在上部采场边缘与爆破方向相反的地带设置汽车维修站、汽车停放场、电铲大修间等临时性检修设施以及临时办公室和休息室，但应采取必要的安全措施。露天矿工业场地的竖向布置，应考虑各生产车间运输联系方便，保证场地不受洪水浸淹，易于排除地面雨水。有铁路、公路联系的建筑物、构筑物应布置在同一台阶上或相邻高差较小的上下台阶。场地不平坦时，露天矿工业场地多采用阶梯式布置。

在采矿工业场地内，贮矿仓、破碎筛分设备、装车矿仓等矿石工艺设施占有重要地位。从布置系统上来看，可以分成垂直布置、水平布置及混合布置三种，如图6-1所示。

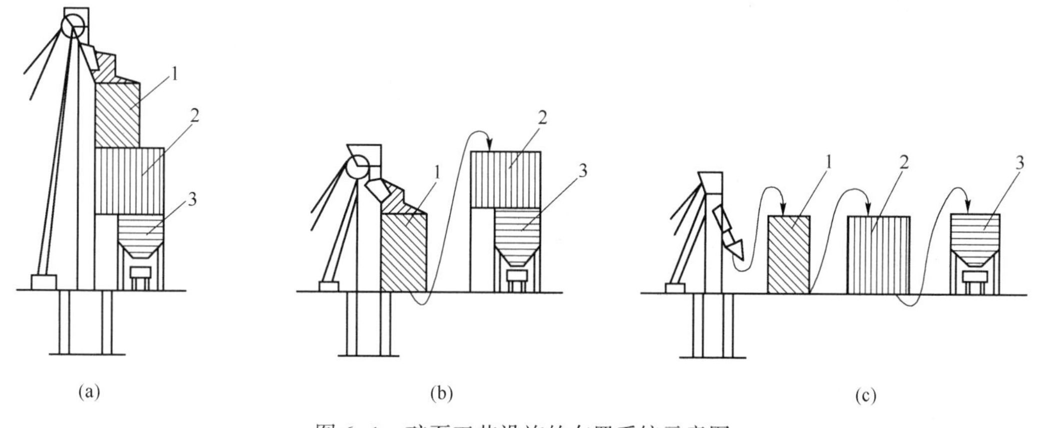

图6-1　矿石工艺设施的布置系统示意图

（a）垂直式；（b）混合式；（c）水平式

1—贮矿仓；2—破碎筛分设备；3—装车矿仓

垂直布置系统使用较广，一般在箕斗提升条件下使用。这种布置的优点是：地面矿石工艺流程的运输（破碎、筛分和送往装车仓的运输）完全靠自重完成，且井口建筑物占地面积小；缺点是：需要较高的井架，常达50~60m，因而结构复杂、造价高。

水平布置与垂直布置相反，矿石靠动力运输（皮带运输机），占地面积大；但不需要结构复杂的高大井架。采用平硐开拓时，一般用水平布置方式。

混合布置的优缺点，居于上述两者之间。

在选择布置方式时，可根据产量、地形、提升方式及开拓方法等确定。

6.2.3　工业场地主要设施布置

卷扬机房的布置取决于提升系统，因此，其位置实际上是固定的。卷扬机房与竖井中心水平距离一般为20~40m(采用多绳卷扬机提升时除外)。

通风机房应靠近井口布置。当采用压入式通风时，须与产生有害气体或产生尘埃的车间有一定距离，且在上风侧。

机修厂和品材库（成品、材料库）常设在一起，在一个大的建筑物内（称为联合机修厂），尽量靠近井口或采场出口。要根据矿山规模、生产性质、备品备件制造分工以及当地协作条件等确定场地布置。机修厂各车间应根据其工艺上的相互联系进行合理配置，使生产流程合理、布置紧凑、联系方便；各车间的布置尽量呈南北朝向，以利于自然采光和通风，创造良好的工作条件；产生烟尘、热量或散发有害气体的铸造、锻压、热处理、锅炉房等车间，应尽量布置在厂区最小风频的上风侧。木模车间宜靠近铸造车间，木材堆场、锯木间等与邻近建筑物必须符合防火间距，并应注意噪音的影响。

汽修厂根据矿山的汽车类型、数量、备品备件供应以及地形条件等确定场地布置。汽修厂各车间宜按工艺流程、生产性质和联系采取成组分区布置。适当提高建筑系数，保养场建筑系数一般为 20%~25%，修理厂一般为 22%~30%。厂区布置应保证车辆进出方便，尽量避免车流交叉，减少转弯和倒车等现象。辅助设施应尽可能靠近其服务车间，水、电、压气、蒸汽等设施应靠近负荷中心。

压气机房应尽量靠近压缩空气负荷中心，并靠近主要用户。露天矿一般宜靠近露天采场爆破界限外沿地带，移动式压气机可放在采场内；地下矿应尽量靠近引入压风管道的井（硐）口附近，在矿厂内宜布置在装置风动闸门的矿槽附近，在修理厂内宜靠近铆锻、铸造、喷砂车间。由于压气机开动时的振动与噪音大，应距办公室和卷扬机房远一些（大于 30m）。压气缸入气口应与产生尘埃的车间和废石场等有一定距离（大于 150m）。储气缸（风包）应设在背阴面，以利于散热。

锻钎厂应设在井（硐）口附近，与井（硐）口的铁路连接，同在一个水平，以免重物上坡。有时锻钎附设在机修厂内，作为其中的一个车间。应离化验室和卷扬机房远些，而且接近压气机房。

变电所一般应设在电负荷的中心，尽量接近主要用户。露天矿宜布置在靠近露天采场爆破界限外沿的安全地段上；地下矿宜布置在井（硐）口附近进出线方便处。配电所一般应靠近选矿主厂房、烧结抽风机室和压气站。

材料仓库、油料仓库及堆木场应设在离铁路或公路 15~20m 的地方，以便于运输。为防火需要，应距井口 50m 以外，而木材加工场等加工设施应离仓库 30~50m 左右。对于深凹露天矿，宜设在出入沟口附近。

矿仓和贮矿场（露天临时贮矿场）与专用线路有密切联系，与外部运输相连接。在总体布置中，应避免用主要运矿线路联通各建筑物。

地表破碎车间一般宜按照粗碎、中碎、细碎生产流程，沿山坡自上而下进行布置，尽量采用重力运输，以缩短各厂房之间的胶带输送长度。当地下矿采用竖井箕斗提升矿石时，可将粗破碎设于井底硐室或井口；当采用溜槽、溜井放运矿石时，可将粗破碎设在溜槽溜井下口。在露天采场内布置移动式破碎机时，一般设在采场端帮，并应考虑采场各水平运输的方便。原矿受矿仓和成品矿仓的位置，要充分利用地形，布置在原矿运入和成品矿运出的方便处。

污水处理站宜选在厂（矿）区的下游，且不受洪水威胁。对于厂区生活污水，应设置污水处理设施，处理后排放。排水管渠出水口应保持与取水构筑物及居住区有一定距离，并避免影响下游居住区的卫生和饮用条件。排向江河、湖泊的工业废水，应符合国家有关排水水质标准。

矿山企业消防设施应结合所在地区情况，在取得当地公安消防系统的同意下设置。一般在小型矿山企业，以考虑设置高压水消防供水管道和消火栓为宜。大、中型矿山企业，可考虑设置消防车，数量一般为：远离城市的大型矿山企业 2 辆，中型矿山企业 1 辆；并设立专职消防站（队）。消防站（队）应根据矿山企业所在位置、周围消防设置条件和规模、生产重要性以及建筑物防火等级等因素确定，一般在符合规定服务半径范围内，应尽量与邻近企业联合设立或利用邻近城市消防机构的设施，否则应单独设立。矿山企业的消防站宜布置在生产厂区、库区和职工居住区之间，靠近火险较大的地区，且交通和环境条件便于出车。联合设立的消防站，宜位于消防区域的适中地点。

排土场（废石场）应在不影响矿床近、远期开采和保证边坡稳定的条件下，尽量选择在位于出入沟、井口（硐口）附近的沟谷或山坡荒地上。有条件时，应尽量利用采空区排弃废石，以缩短运距，节约用地。要使采场总出口到排土场的运输方便，重车尽可能下行；应位于主导风向的下风侧，尤其应注意位于生活区、入风井口和其他厂房的下风侧。尽量利用地形，使排土场设于山谷、洼地之中，少占或不占农田。

当地下矿采用矿井组开采矿床时（即几个井田同时开采），应建筑中央机修厂和锻钎厂，供几个矿井使用。矿井组共用的建筑物（如中央机修厂、总仓库、机车库）应布置在一个中央广场上，与各个矿井间来往都方便。

当地下矿生产能力较大、服务年限长、矿床埋藏集中、开拓巷道采用中央式布置时，如果在开拓巷道附近有面积较大的平坦地段，可以采取集中的联合布置。这时，将采矿工业场地内 85%～90%的构筑物和建筑物合并成三个大型联合建筑物，即主井联合建筑物、副井联合建筑物和行政福利联合大楼，如图 6-2 所示。

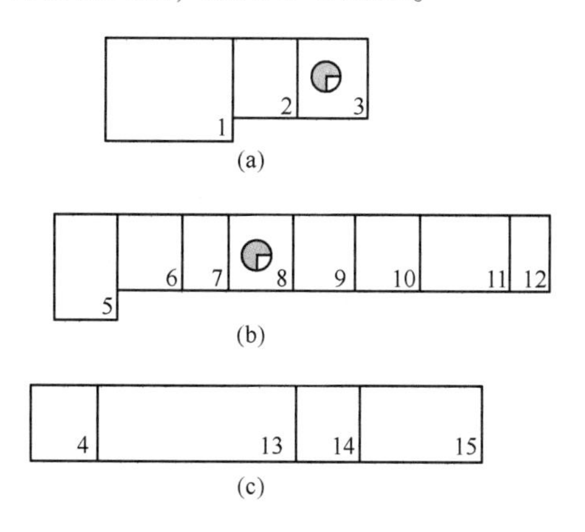

图 6-2　各种联合建筑物示意图

（a）主井联合建筑物；（b）副井联合建筑物；（c）行政福利联合大楼

1—主井箕斗提升机房；2—配电室；3—主井井口房；4—锅炉房；5—副井罐笼提升机房；6—辅助间；7—空气加热室；8—副井井口房；9—压气机房；10—制钎车间；11—机修厂；12—材料仓库；13—浴室；14—辅助间；15—生产管理间

地下矿采场工业场地布置实例如图 6-3 和图 6-4 所示，露天矿工业场地布置实例如图 6-5 所示。

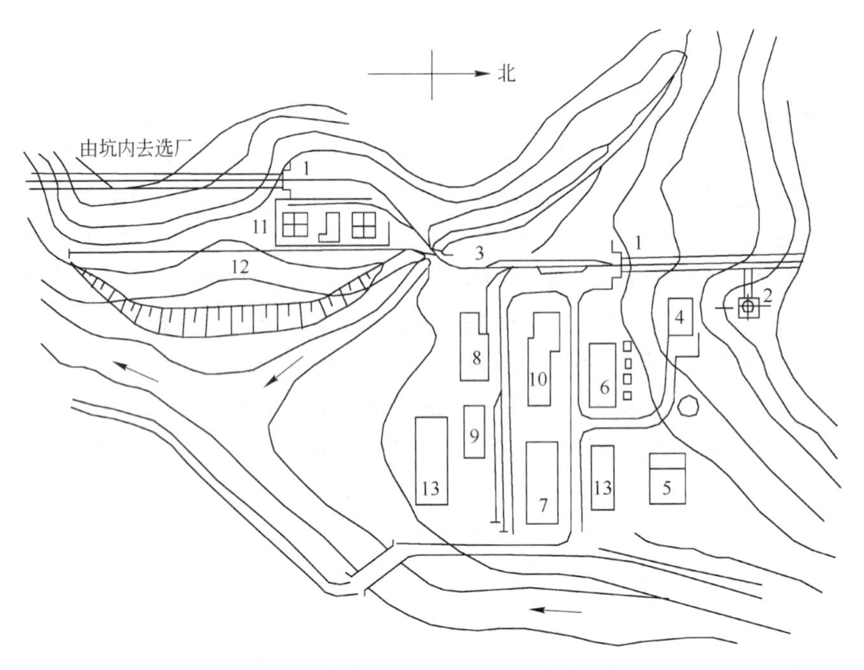

图6-3　平硐与竖井开拓的大型矿山的采矿工业场地布置

1—平硐；2—竖井；3—铁路；4—卷扬机房；5—变电所；6—压气机房；7—机修厂；8—电机车；9—锻钎房；10—办公及生活室；11—木材加工及堆场；12—废石场；13—仓库及堆场

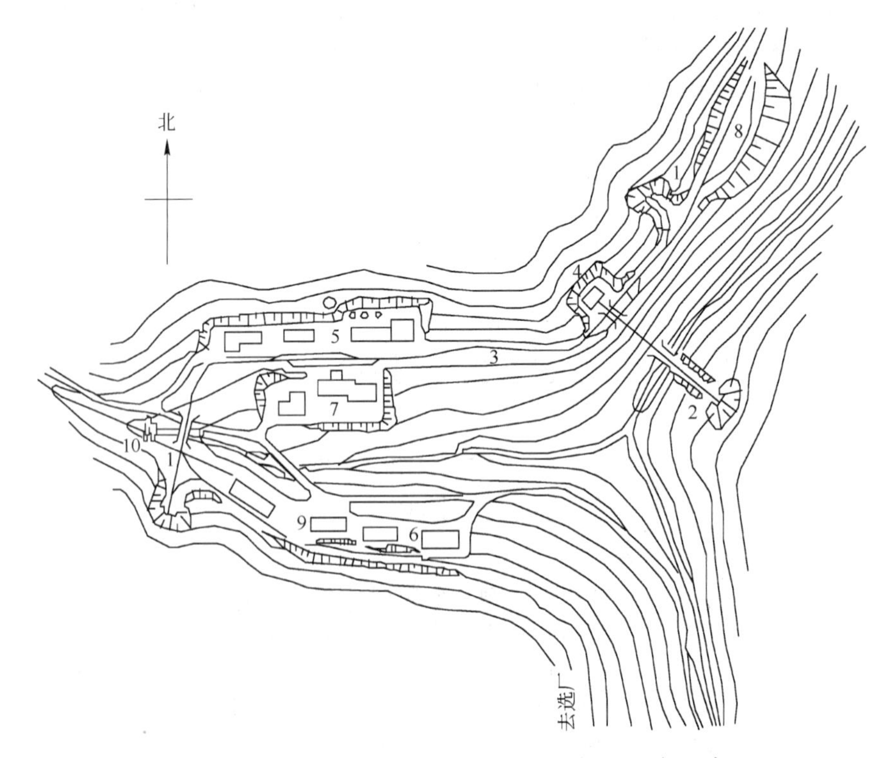

图6-4　多平硐和斜井开拓的大型矿山的采矿工业场地布置

1—平硐；2—斜井；3—铁路；4—斜坡卷扬；5—压气机房；6—机修房、仓库；7—行政生活用室、锅炉房；8—废石场；9—木材加工房及堆场；10—水源地

图6-5 某露天铜矿工业场地布置

6.2.4　炸药总库的位置选择与布置

爆破材料库和炸药加工厂的布置，必须以取得当地公安部门批准的文件为依据。爆破材料库分为总库、分库及材料发放站。地表爆破材料库和炸药加工厂的总平面，应在满足防爆、防火安全的有关规定下充分利用库区地形进行布置，一般宜布置在山谷内的工程地质条件好、地下水位低，不受泥石流威胁和山洪淹没冲毁的地段；尽量利用山丘为屏障，减少其安全距离。爆破材料库和炸药加工厂区场地上应有良好的排水系统。通往爆破材料库区内的道路或铁路支线，应保持良好状态和清洁。各库房应设有规定宽度的通道，如用汽车接近库房取送炸药时，应于适当地点设置汽车回车场与装卸站台。各库房位置应符合库房之间的殉爆安全距离。为了改善环境和减少空气冲击波对周围建筑物的影响，在厂区、库区内外，应广植阔叶树。在炸药总库周围 50m 内，应消除一切易燃物。有爆炸危险的工房（库房）周围 40m 内不得有针叶树，20m 范围内的干草、枯枝、枯叶应及时清除。应避免库区内使用的低压供电线路跨越库房或厂房顶部，并须与库房保持规定的安全距离；布置库房设施时，如避不开现有输电线、通信线路或其他管道和通道时，应取得有关单位同意，将其移设至符合库区规定的安全距离以外地带通过。

6.3　地面运输方式的选择

确定矿山地面运输方式和系统，是矿山总平面布置的重要内容之一。矿山地面运输分为内部运输和外部运输。

（1）矿山内部运输。矿山内部运输的任务是由地下开采的矿山井（硐）口或露天开采的采场向破碎站和选矿厂运送矿石，向废石场（排土场）运送废石，将材料、设备等运往井（硐）口或采场。矿山内部运输包括两部分：

1）主运输。从井口（平硐口）或者露天采场出口将采出的矿石运往破碎厂、贮矿场或选矿厂；将废石从井口（平硐口）或者露天采场出口运往废石场（排土场）；将尾矿从选厂运往尾矿库等。

2）辅助运输。从工业场地往破碎厂、选矿厂、烧结厂等运送材料、设备，以及工业场地各车间与仓库间运输材料；从炸药库运出或运入爆破器材；职工通勤运送等。

（2）外部运输。外部运输包括由矿山向外部用户运送产品（矿石或精矿），以及从矿山外部向矿山运入生产材料、燃料和设备等。

6.3.1　内部运输方式的选择

内部运输方式一般有窄轨铁路、皮带运输、汽车运输、架空索道和钢绳运输等。选择矿山内部运输方式取决于下列因素：

（1）矿山生产能力。矿山生产能力决定着矿石、废石、材料、设备等的运输量，而运输量的大小对于选择运输方式有很大影响。

（2）运输距离和运输区段地形条件。运输距离和地形条件决定运输线路长短、线路曲直和坡度，对于运输设计有重大影响。运输线路长而地形平缓时，可用电机车运输；运输线路短时可用钢绳运输；线路坡度较大时，可用钢绳或汽车运输；地形起伏变化很大时，可用架空索道运输。

（3）采场出入口（地下矿的井口、平硐口，露天矿的出入沟口）附近地形。出入口附近的地形决定着废石场（排土场）的位置，从而决定着废石运输距离和运输方式。

（4）矿石工艺流程。如果矿石采出后，不经任何加工直接外运到冶炼厂，则矿石的内部运输非常简单，同时内部运输总的运距缩短。如果矿石分品级运出或经选厂选后运出精矿，矿石的地面运输系统较复杂，有时要经几次运转和需要几种设备。

（5）主、副井开拓巷道布置方式。如果开拓巷道是采取中央式布置，运输线路就比较集中，地面运输线路较简单且便于管理，运输距离也大大缩短。如果采用对角式布置开拓巷道，由于地面设施布置分散，因此地面运输线路较复杂，运输距离增加，管理也不方便。

内部运输方式和系统必须与矿石地面加工工艺过程和地面总布置相适应。所以，地面运输的设计必须和各工业场地的选择、地面各项设施的布置、开拓巷道或坑线的位置等问题综合起来考虑，统一解决。

6.3.2 外部运输方式的选择

常见的外部运输方式有准轨运输、窄轨铁路、汽车运输、架空索道运输和水路运输等。选择矿山外部运输方式时，应了解当地原有运输线路及其与国家铁路、公路干线的联系，尽量利用原有线路，减少自建专用线，节约基建投资。选择时应考虑下列因素：

（1）地形条件。地形平坦、坡度平缓有利于铁路运输。汽车运输能适应坡度较大和复杂的地形。在山区，地形复杂而高差大时，如果运输量和运距不太大，可以采用架空索道运输。

（2）矿山的规模和生产年限。矿山的规模决定矿山企业外部运输的运出、运入货运量。货运量大和生产年限长的矿山，可以考虑采用铁路运输；反之，可以考虑用汽车或架空索道运输。

（3）地理和交通条件。矿区距铁路干线比较近时，可以考虑修筑准轨铁路与干线连接。如果矿山位于偏僻山区，距铁路干线远，生产规模不大，地形又不利于修筑铁路时，可利用汽车运输。矿区附近有水路可供利用时，可修筑码头，利用水运方式进行外部运输。

一般来说，平原和丘陵地区的矿山，单向年运输量大于 12 万吨、矿山生产年限在 15 年以上时，外部运输采用铁路是合理的；生产年限小于 15 年，或单向年运输量在平原和丘陵地区的矿山小于 6 万吨、山岭地区的矿山小于 12 万吨，应以公路运输为主。

我国有色金属矿山多分布在较偏僻的山区，交通不便，离国家铁路线较远，中型矿山占多数，生产年限多在 20 年以内，单向年运输量一般只有几万吨，因此大多采用公路运输。

最后应指出，在进行内部运输和外部运输设计时，要尽量简化运输系统，减少转运次数，并实现机械化装卸。同时，应保证生产安全、方便和可靠，要尽量减少地面工人数、基建投资和生产费用。

6.4　生活区位置的选择

矿山企业总行政区宜靠近工业场地面向居住区，应位于人流出入口的交通要道附近，以利于内外联系。位于工业场地附近的行政生活设施，应布置在散发有害气体、烟雾等车间最小风频的下风侧。车间办公室、生活福利建筑物等，宜布置在其服务的车间出入口处，并位于上、下班人流的主要道路地段。生活福利设施应尽可能合并，以减少用地面积。根据地形条件，行政生活福利设施可分别布置在厂区标高不同的阶地上。

矿山生活区的选择要考虑城乡结合、工农结合，有利生产、方便生活的原则。当矿区邻近城镇时，生活区宜与城镇紧邻布置，便于共用文化、生活福利设施。在符合防爆、卫生的要求下，生活区宜结合矿区分布，尽量选择在靠近其厂（场）区的山坡、荒地上。居住区应位于露天采场、尾矿库、废石场和有烟尘、产生有害气体的车间最小风频的下风侧。露天矿山的生活区应设在露天开采界线以外至少0.5km；地下矿山的生活区应设在地表移动带以外。

在北方寒冷地区，因采暖关系应采取集中布置宿舍；在南方地区，当无大片平整土地时，可考虑分散布置，分别靠近采、选工业场地。生活区的布置应尽量避免工人上下班穿过铁路，当不可避免时，应采用立体交叉等办法解决。

第 2 篇　地下开采

采用地下开采的矿床通常有两种情况：一是埋藏较深的盲矿体，即矿体的上端距地表的垂直距离较大；二是矿体上端虽然较浅甚至有露头，但延伸到较大的深度。第一种情况下一般采用单一地下开采，第二种情况下一般浅部采用露天开采，深部采用地下开采。本篇针对金属矿床，系统介绍地下开采的矿床开拓、井巷掘进与支护、三大类采矿方法（崩落法、空场法和充填法）中的常用、典型方法与工艺等。

7　地下开采基本概念

7.1　地下开采一般结构

在金属矿床地下开采中，首先把井田（或称为矿田）在垂直方向上划分为阶段，然后再把阶段在水平和垂直方向上划分为矿块（或采区）。矿块（或采区）是独立的回采单元。在垂直方向上，地下开采一般结构如图 7-1 所示。

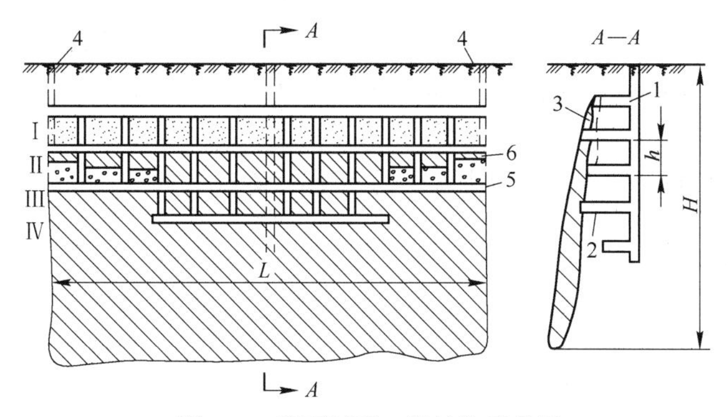

图 7-1　地下开采一般结构示意图

Ⅰ~Ⅳ—不同的开采阶段；H—矿体垂直埋藏深度；h—阶段高度；L—矿体的走向长度

1—主井；2—石门；3—天井；4—排风井；5—阶段运输巷道；6—矿块

矿块结构随采矿方法而异，一般由矿房和矿柱构成，并在水平方向上依据其与矿体的走向之间的关系有不同的布置方式，如图 7-2 所示。

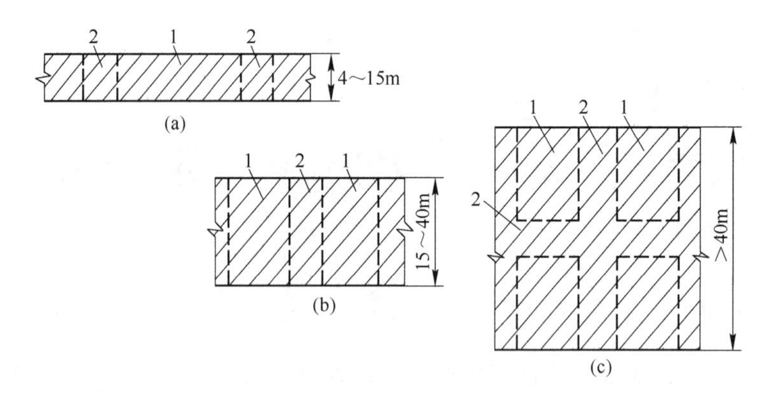

图 7-2 矿块及其布置方式示意图

(a) 沿走向布置；(b) 垂直走向布置；(c) 垂直走向布置且留走向矿柱

1—矿房；2—矿柱

7.2 矿床分类

矿体的形状、厚度和倾角是金属矿床地下开采设计的主要依据，直接影响开拓、采矿方法选择、采矿工程的结构及其布置。因此，金属矿床一般按这三个因素进行分类。

7.2.1 按矿体形状分类

按矿体形状划分，有以下三种类型：

(1) 层状矿床。这类矿床多为沉积或沉积变质矿床，其特点是矿床规模较大，赋存条件（倾角、厚度等）稳定，有用矿物成分组成稳定，含量较均匀；多见于黑色金属矿床。

(2) 脉状矿床。这类矿床主要是由于热液和汽化作用，矿物质充填于地壳的裂隙中生成的矿床，其特点是矿床与围岩接触处有蚀变现象，矿床赋存条件不稳定，有用成分含量不均匀。有色金属、稀有金属及贵重金属矿床多属此类。

(3) 块状矿床。这类矿床主要是充填、接触交代、分离和汽化作用形成的矿床，其特点是矿体大小不一，形状呈不规则的透镜状、矿巢状、矿株状等，矿体与围岩的界线不明显。一些有色金属矿床（如铜、铅、锌等）属于此类。

在开采脉状和块状矿床时，需要加强探矿工作，以充分回收矿产资源。

7.2.2 按矿体倾角分类

按矿体倾角可分为以下四种类型：

(1) 水平和微倾斜矿床：倾角小于5°；

(2) 缓倾斜矿床：倾角为5°~30°；

(3) 倾斜矿床：倾角为30°~55°；

(4) 急倾斜矿床：倾角大于55°。

矿体的倾角与采场的运搬方式有密切关系。在开采水平矿床和微倾斜矿床时，各种有轨或无轨运搬设备可以直接进入采场；在缓倾斜矿床中运搬矿石，可采用电耙、输送机等机械设备；在倾斜矿床中，可借助溜槽、溜板或爆力抛掷等方法，自重运搬矿石；在急倾斜矿床中，可利用矿石自重的重力运搬矿石。

应该指出，随着无轨设备和其他机械设备的推广应用，按矿体倾角分类的界线也在发生变化。有些情况下，虽然具有利用矿石自重运搬的条件，但也应用机械设备装运。

7.2.3 按矿体厚度分类

矿体的厚度是指矿体上盘与下盘之间的垂直距离或水平距离，如图 7-3 所示。前者称为垂直厚度或真厚度（图 7-3 中的 a），后者称为水平厚度（图 7-3 中的 b）。开采急倾斜矿床时，常用水平厚度；开采倾斜矿床与缓倾斜矿床时，常用垂直厚度。

垂直厚度与水平厚度之间关系为：

$$a = b\sin\alpha \tag{7-1}$$

式中 a——矿体的垂直厚度，m；

b——矿体的水平厚度，m；

α——矿体的倾角。

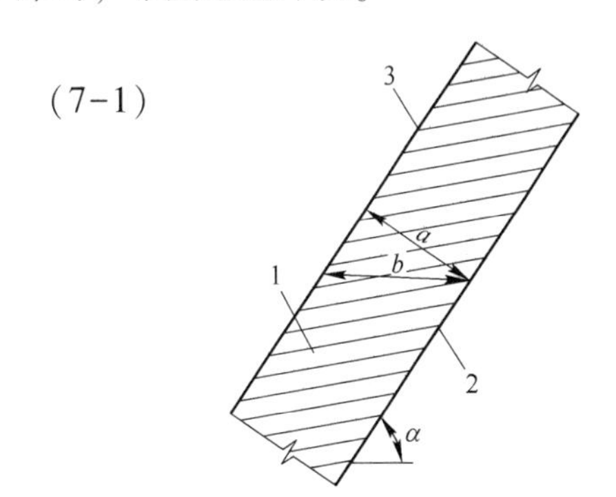

图 7-3 矿体的水平厚度和垂直厚度
1—矿体；2—矿体下盘；3—矿体上盘

矿体按厚度通常划分为五类：

（1）极薄矿体：厚度在 0.8m 以下；

（2）薄矿体：厚度为 0.8~4m；

（3）中厚矿体：厚度为 4~15m；

（4）厚矿体：厚度为 10~40m；

（5）极厚矿体：厚度大于 40m。

开采极薄矿体时，掘进巷道和采矿都需开掘部分围岩，方能创造正常的工作空间。开采薄矿体时，在缓倾斜条件下，可用单分层进行回采，其厚度为人工支柱的最大允许厚度；在倾斜和急倾斜条件下，回采时不需要采掘围岩。回采中厚矿体时，可沿矿体走向布置矿块。开采厚矿体时，垂直走向布置矿块。开采极厚矿体时，矿块垂直走向布置且往往需留走向矿柱。矿块的一般布置方式如图 7-2 所示。

7.3 地下开采一般步骤

金属矿床地下开采一般可分为开拓、采准、切割和回采四个步骤。

（1）矿床开拓。矿床开拓就是通过掘进一系列井巷工程，建立地表与矿体之间的联系，构成一个完整的提升、运输、通风、排水和供风、供水、动力供应系统，以便把地下将要采出的矿石和废石运至地面；把新鲜空气送入地下，并把地下污浊空气排出地表；把矿坑水排出地表；把人员、材料和设备等送入地下和运出地表。为此目的而掘进的井巷，称为开拓巷道。矿床开拓的详细阐述见第 8 章。

（2）矿块采准。采准是指在矿床已开拓完毕的部分，掘进采准和切割巷道，将阶段划分成矿块作为回采的独立单元，并在矿块内形成行人、凿岩、放矿、通风等条件。

衡量采准工程量的大小，常用采准系数和采准工作比重两项指标。采准系数 K_1，是每千吨采出矿石量所需掘进的采准和切割巷道的米数，可用下式计算：

$$K_1 = \frac{\sum L}{T} \tag{7-2}$$

式中 $\sum L$——一个矿块中采准巷道和切割巷道的总长度，m；

T——矿块的采出矿石量，kt。

采准工作比重 K_2 是矿块中采准、切割巷道的采出矿石量 T' 与矿块采出矿石总量 T 之比。

采准系数只反映矿块的采准切割巷道的长度，而不反映这些巷道的断面大小（即体积大小）；采准工作比重只反映脉内采准切割巷道的掘进量，而未包括脉外的采准切割巷道的掘进。因此，要根据具体情况，应用某个采准工作量指标，或者两项指标配合使用，互相补充，以便较全面地反映出矿块的采准工作量。

（3）切割工作。切割工作是指在已采准完毕的矿块里，为大规模回采矿石开辟自由面和自由空间（通常是拉底或切割槽），有时还需要把漏斗颈扩大成漏斗形状（称为辟漏），为以后大规模采矿创造良好的爆破和放矿条件。

（4）回采工作。切割工作完成之后，就可以进行大量的采矿（有时切割工作和大量采矿同时进行），称为回采工作。它包括落矿、采场运搬、出矿和采场地压管理三项主要作业。

落矿是以切割空间为自由面，爆破崩落矿石。一般根据矿床的赋存条件、所采用的采矿方法及凿岩设备，选用浅孔、中深孔、深孔或硐室爆破等落矿方法。

采场运搬是指在矿块内把崩下的矿石运搬到底部结构，运搬方法主要有两种：重力运搬和机械运搬。有时单独采用一种运搬方法，有时两种运搬方法联合使用，需根据矿床的赋存条件、所选用的采矿方法和运搬机械来确定。

出矿是把集于底部结构或出矿巷道内的矿石，转运到阶段运输巷道，并装入矿车。这项作业通常用机械设备（电耙、装运机、铲运机等）来实现，少数情况下（如急倾斜薄矿脉等），靠重力实现。

采场地压管理是指矿石采出后在地下形成采空区，经过一段时间，矿柱和上下盘围岩出现变形、破坏、移动等地压现象，为保证开采工作的安全，针对这种地压现象采取必要的技术措施，以控制地压和管理地压，消除地压所产生的不良影响。地压管理方法通常有三种：留矿柱支撑采空区、充填采空区和崩落采空区。

开拓、采准、切割和回采是按编定的采掘计划进行的。在矿山生产初期，上述各步骤在空间上是依次进行的；在正常生产时期，三者在不同的阶段内同时进行，如下阶段的开拓、上阶段的采准与再上阶段的切割和回采同时进行。

为了保证矿山持续均衡地生产，避免出现生产停顿或产量下降等现象，应保证开拓超前于采准，采准超前于切割，切割超前于回采。

7.4 采矿方法分类

采矿方法就是矿块的开采方法，它包括采准、切割和回采三项工作。若采准和切割工作在数量上和质量上不能满足回采工作的要求，则必然影响回采。因此，在矿块中进行的采准、切割与回采工作总称为采矿。

由于金属矿床赋存条件复杂，矿石与围岩性质多变，随着开采技术的不断完善和进步，在生产实践中应用了种类繁多的采矿方法。为了便于使用、研究和寻求新的采矿方法，应对现有的采矿方法进行科学的分类。

采矿方法的分类有多种，本书采用的采矿方法分类是按回采时的地压管理方法划分的。地压管理方法是以围岩的物理力学性质为依据，同时又与采矿方法的使用条件、结构和参数、回采工艺等密切相关，并且最终将影响到开采的安全性、效率和经济效果等。表 7-1 中，依此将采矿方法划分为三大类，进而根据各自特点可分为 13 个组别和 21 种典型方法。

表 7-1　金属矿床地下采矿方法分类

类　别	组　别	典型采矿方法
（1）空场采矿法	1）全面采矿法 2）房柱采矿法 3）留矿采矿法 4）分段矿房法 5）阶段矿房法	①全面采矿法 ②房柱采矿法 ③留矿采矿法 ④分段矿房法 ⑤水平深孔落矿阶段矿房法 ⑥垂直深孔落矿阶段矿房法 ⑦垂直深孔球状药包落矿阶段矿房法
（2）充填采矿法	6）单层充填采矿法 7）分层充填采矿法 8）分采充填采矿法 9）支架充填采矿法	⑧壁式充填采矿法 ⑨上向水平分层充填采矿法 ⑩上向倾斜分层充填采矿法 ⑪下向分层充填采矿法 ⑫分采充填采矿法 ⑬方框支架充填采矿法
（3）崩落采矿法	10）单层崩落法 11）分层崩落法 12）分段崩落法 13）阶段崩落法	⑭长壁式崩落法 ⑮短壁式崩落法 ⑯进路式崩落法 ⑰分层崩落法 ⑱有底柱分段崩落法 ⑲无底柱分段崩落法 ⑳阶段强制崩落法 ㉑阶段自然崩落法

在空场采矿法中，矿块划分为矿房和矿柱，先采矿房后采矿柱（分两步开采）。回采矿房时所形成的采空区，靠矿柱和矿岩本身的强度支撑。因此，矿石和围岩均稳固，是使用本类采矿法的理想条件。

充填采矿法类别中的大部分具体方法，也是分矿房和矿柱两步回采。回采矿房时，随回采工作面的推进，逐步用充填料充填采空区，防止围岩片落，即用充填采空区的方法管理地压。个别条件下，用支架和充填料配合维护采空区，进行地压管理。因此，不论矿石和围岩稳固或不稳固，均可应用本类采矿方法。

崩落采矿法为一个步骤回采，随回采工作面的推进，同时崩落围岩充满采空区，从而达到管理和控制地压的目的。因此，崩落围岩充满采空区，是应用本类采矿方法的必要前提。

上述三类采矿法中，还可以按方法结构特点、工作面的形式、落矿方式等进一步细分。

8 矿床开拓

为了开采埋藏在地下的矿床，首先需要进行开拓。开拓就是通过掘进竖井、斜井、平硐和巷道、硐室等工程，建立地表与矿体之间的联系，构成一个完整的提升、运输、通风、排水和供风、供水、动力供应系统。本章系统介绍开拓方法和开拓工程的布置。

8.1 矿床开拓方法

8.1.1 开拓巷道

为了开拓矿床而掘进的巷道，称为开拓巷道。按开拓巷道在矿床开采中所起的作用，可分为主要开拓巷道和辅助开拓巷道两类。

运输矿石的主平硐和主斜坡道，提升矿石的井筒（如竖井、斜井）均有直通地表的出口，属主要开拓巷道；作为提升矿石的盲竖井、盲斜井，虽无出口直通地表，因它们与上列井、巷一样起主要开拓作用，故也属于主要开拓巷道。

其他开拓巷道，如通风井、溜矿井、充填井等，在开采矿床中只起辅助作用，故称为辅助开拓巷道。

8.1.2 开拓方法分类及选择依据

矿床开拓方法可分为单一开拓和联合开拓两大类。凡用某一种主要开拓巷道开拓整个矿床的开拓方法，叫作单一开拓法；有的矿体埋藏较深，或矿体深部倾角发生变化，矿床的上部用某种主要开拓巷道开拓，而下部则根据需要改用另一种开拓巷道开拓，这种方法叫作联合开拓法。单一开拓法又可按主要开拓巷道与矿体的位置关系分为各种典型的开拓法；联合开拓法可按主要开拓巷道的组合方式分为各种典型方案。常用的开拓方法见表8-1。

表8-1 开拓方法分类表

开拓方法		主要开拓巷道的形式和位置
单一开拓法	平硐开拓	（1）平硐沿矿体走向；（2）平硐与矿体走向相交
	竖井开拓	（1）竖井穿过矿体；（2）竖井在矿体上盘；（3）竖井在矿体下盘；（4）竖井在矿体侧翼
	斜井开拓	（1）斜井在矿体下盘；（2）斜井在矿体内
	斜坡道开拓	（1）螺旋式斜坡道；（2）折返式斜坡道
联合开拓法	平硐盲竖井开拓	矿体上部为平硐、深部为盲竖井
	平硐盲斜井开拓	矿体上部为平硐、深部为盲斜井
	竖井盲竖井开拓	矿体上部为竖井、深部为盲竖井
	竖井盲斜井开拓	矿体上部为竖井、深部为盲斜井
	斜井盲竖井开拓	矿体上部为斜井、深部为盲竖井
	斜井盲斜井开拓	矿体上部为斜井、深部为盲斜井

主要开拓巷道是决定一个矿床开拓方法的核心，其选择在矿山设计中至关重要。主要开拓巷道类型的选择依据主要有：

(1) 地表地形。不仅要考虑矿石从井下（或硐口）运出后，通往选矿厂或外运装车地点的运输距离和运输条件，同时要考虑附近是否有容积较充分的废石排放场地，否则会造成废石的远距离运输，增加成本。此外，还需考虑地表永久设施（如铁路）、河流等。

(2) 矿床赋存条件。如矿体的倾角、侧伏角等产状要素，是矿山选择开拓方法的主要依据。

(3) 矿岩性质。为减少因矿岩稳固程度差或成巷后地压活动的影响而增加的工程维护费用，在选择开拓方法时，必须考虑矿体和围岩的稳固性。

(4) 生产能力。不同的开拓方法因其主要开拓巷道与巷道装备不同，其生产能力（提升或运输能力）也不同。一般而言，平硐开拓方法的运输能力最大，竖井的提升能力高于斜井。

另外，开拓巷道施工的难易程度、工程量、工程造价和工期长短等，虽然不能作为确定开拓方案的重要依据，但决不可忽视。尤其是小型矿山，往往存在施工力量不足和技术素质较差、施工管理跟不上等情况。因此，在巷道类型的选择上也应考虑施工力量和技术管理水平。

8.1.3 平硐开拓法

平硐开拓法以平硐为主要开拓巷道，是一种最方便、最安全、最经济的开拓方法。但只有在地形允许的情况下，才能发挥其优点，即只有矿床赋存于山岭地区，埋藏在周围平地的地平面以上才能使用。

采用平硐开拓方法，平硐以上各阶段采下的矿石，一般用矿车中转，经溜矿井（或辅助盲竖井）下放到平硐水平，再由矿车经平硐运出地表，如图 8-1 所示。上部阶段废石可经专设的废石溜井再经平硐运出地表（入废石场），或平硐以上各阶段均有地表出口时，从各阶段直接排往地表。

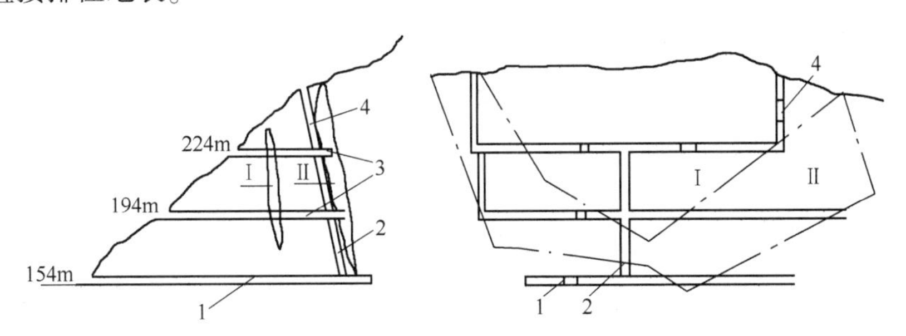

图 8-1　下盘平硐开拓法示意图

Ⅰ，Ⅱ—矿体编号

1—主平硐；2—溜井；3—上部阶段平巷；4—回风井

图 8-1 中的 154m 阶段为主要运输阶段，主平硐 1 设在该阶段。上部各生产阶段的废石经 224m 和 194m 巷道直接运出地表，生产矿石经由溜矿井 2 放到 154m 水平，再经主平硐 1 运出。

平硐开拓方法又有以下几种不同的方案。

8.1.3.1 与矿体相交的平硐开拓方案

与矿体相交的平硐开拓方案又有上盘平硐和下盘平硐两种形式。图 8-1 所示的是下盘平硐开拓。上盘平硐开拓如图 8-2 所示，这种方案的矿石运输方式与图 8-1 相同，只是因上部阶段无地表出口（如条件适合，也可直通地表），人员、设备、材料等从 380m 阶段由辅助盲竖井 4 提升到上部各阶段。为通风需要，在 490m 水平设回风平硐与地表相通。

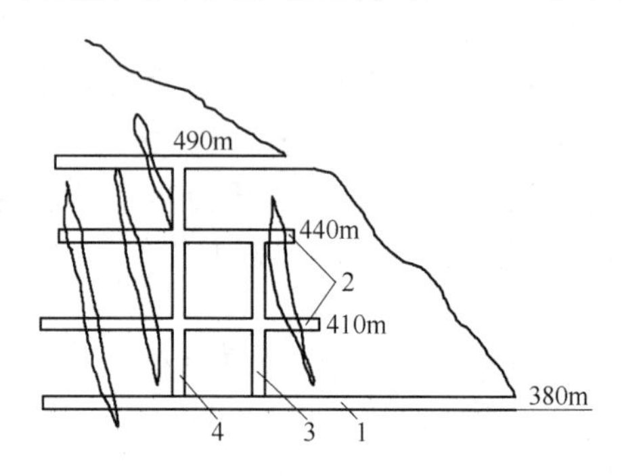

图 8-2 上盘平硐开拓示意图

1—主平硐；2—阶段平巷；3—溜井；4—辅助盲竖井

在图 8-1 和图 8-2 中，如果各阶段通往矿体的平巷工程量不大，该方案的优点就较为突出，各阶段可同时施工，特别是为上下阶段的溜井等工程施工创造了有利条件（如用吊罐法施工天井等工程），达到压缩工期、缩短基建周期的目的；同时，掘进过程中通风等作业条件也比较好。在选择方案时，理想的方案通常是平硐与矿体走向正交，使平硐最短。然而，现场条件往往不是如此。如有以下情况者，就需要考虑平硐与矿体斜交的方案：与矿体走向正交时，由于地势不利而加长了平硐长度；与矿体正交时，平硐口与外界交通十分不便，尤其是没有足够的排废石场地和外部运输条件；使平硐与矿体走向正交需要通过破碎带。一般情况下，都不得不采用平硐与矿体斜交的方案。

8.1.3.2 沿矿体走向的平硐开拓方案

当矿体的一端沿山坡露出或距山坡表面很近，工业场地也位于同一端，与矿体走向相交的平硐开拓方案又不合理时，可采用沿矿体走向的平硐开拓方案。该方案有平硐位于矿体下盘和平硐位于矿体内两种常见的形式。

当矿体厚度很大且矿石不够稳固时常用平硐位于矿体下盘的形式。从矿床勘探类型来看，这种形式适用于矿体产状在走向上较稳定的矿体，或者矿体勘探工程较密，对走向上的矿体产状控制程度较高；否则，会因矿体走向产状不够清楚，而造成穿脉工程大。

在图 8-3 所示的下盘沿脉平硐开拓方案中，由上部阶段采下的矿石经溜井 4 放至主平硐 1，再由主平硐运至地表，形成完整的运输系统。人员、设备、材料等由 85m 平巷和 45m 主平硐送至各作业地点。

当围岩很不稳固或矿体厚度较小时常用平硐位于矿体内的形式，其优点是平硐施工中顺便采出部分矿石，可抵偿部分基建费用，还可补充勘探；缺点是容易增大矿石损失与通风条件较差。

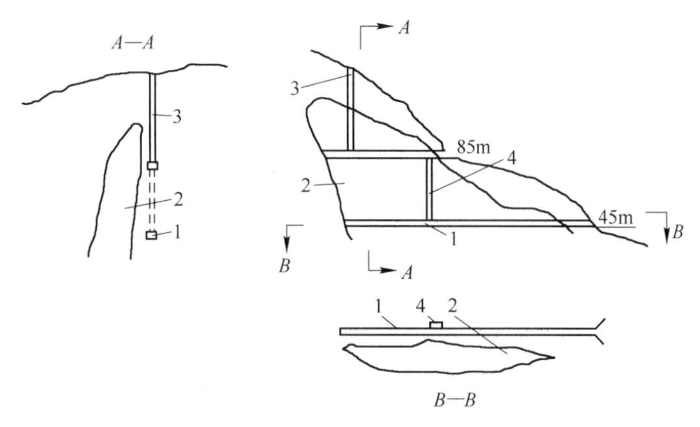

图 8-3 沿走向平硐开拓示意图

1—主平硐；2—矿体；3—风井；4—溜井

8.1.4 竖井开拓法

竖井开拓法以竖井为主要开拓巷道。它主要用来开采矿体倾角大于45°的矿体和埋藏较深的水平和缓倾斜矿体（矿体倾角小于20°）。这种方法便于管理，生产能力较高，在金属矿山使用较普遍。

矿体倾角等是选择竖井开拓的重要因素，但是，与其他开拓方法的方案选择一样，也受到地表地形的约束。由于各种条件的不同，竖井与矿体的相对位置也会有所不同，因而这种方法又可分为穿过矿体的竖井开拓、上盘竖井开拓、下盘竖井开拓和侧翼竖井开拓四种方案。

8.1.4.1 穿过矿体的竖井开拓方案

竖井穿过矿体的开拓方案如图 8-4 所示。这种方法的优点是石门长度较短，基建时三级矿量提交较快；缺点是为了维护竖井，必须留有保安矿柱。这种方案在稀有金属和贵重金属矿床中应用较少，因为井筒保安矿柱的矿量往往是相当可观的。在生产过程中，编制采掘计划和统计三级矿量时，这部分矿量一般被扣除。虽然保安矿柱的矿量有可能在矿井生产末期进行回采，但需要采取特殊措施，这样不仅增加了采矿成本，而且回采率极低。因此，该方案的应用受到限制，只有在矿体倾角较小（一般在20°左右）、厚度不大且分布较广或矿石价值较低时方可使用。

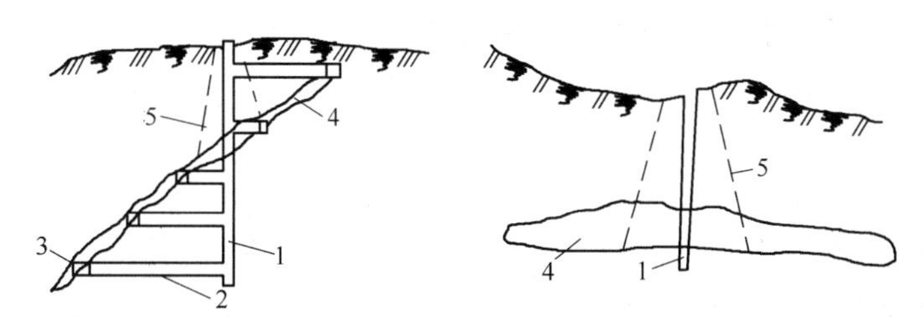

图 8-4 穿过矿体的竖井开拓示意图

1—竖井；2—石门；3—平巷；4—矿体；5—移动界线

8.1.4.2 下盘竖井开拓方案

下盘竖井开拓是开采急倾斜矿体常用的方法。竖井布置在矿体下盘的移动界线以外

(同时要保留安全距离)，从竖井掘进若干石门与矿体连通，如图8-5(a) 所示。此方案的优点是井筒维护条件好，又不需要留保安矿柱；缺点是深部石门较长，尤其是矿体倾角变小时，石门长度随开采深度的增加而急剧增加。一般而言，矿体倾角在60°以上采用该方案最为有利，矿体倾角在55°左右的小矿山也可采用这种方法。因小矿山提升设备小，为开采深部矿体可采用盲竖井（二级提升）来减少石门长度，如图8-5(b) 所示。

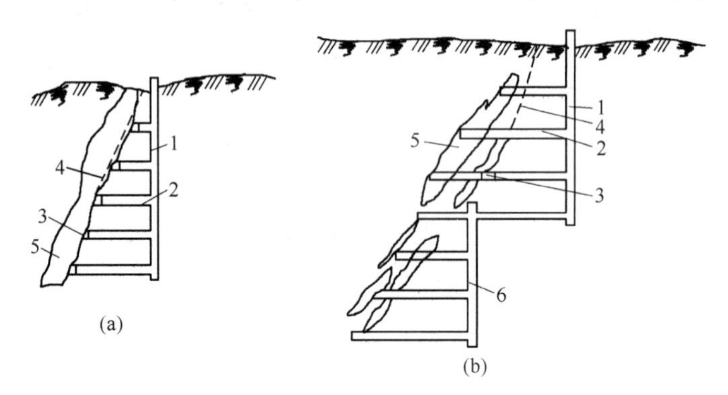

图8-5 下盘竖井开拓方案

(a) 典型方案；(b) 二级提升方案

1—竖井；2—石门；3—平巷；4—移动界线；5—矿体；6—盲竖井

8.1.4.3 上盘竖井开拓方案

竖井布置在矿体上盘移动带范围之外（需留有规定的安全距离)，掘进石门使之与矿体连通。这种开拓方案适用于：

(1) 从技术上看，不可能在矿体下盘掘进竖井（如下盘岩层含水或较破碎，地表有其他永久性建筑物等)；

(2) 上盘开拓比下盘开拓在经济上更为合理（如矿床下盘为高山，无工业场地，地面运输困难且费用高)，图8-6所示即为这种情况。

与下盘竖井开拓相比，上盘竖井开拓有明显的缺点：上部阶段的石门较长，初期的基建工程量大，基建时间长，初期基建投资也相应增加。由于这些缺点，一般不采用这种开拓方案。

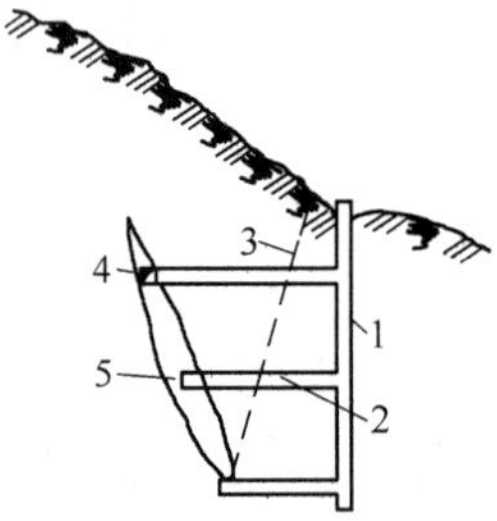

图8-6 上盘竖井开拓方案

1—上盘竖井；2—阶段石门；3—移动界线；4—阶段脉内平巷；5—矿体

8.1.4.4 侧翼竖井开拓方案

侧翼竖井开拓方案是将主竖井布置在矿体走向一端的移动范围以外（需留有规定的安全距离)，如图8-7所示。

凡采用侧翼竖井的开拓系统，其通风系统均为对角式，从而简化了通风系统，风量分配及通风管理也比较方便。小型矿山凡适用竖井开拓条件的，大都采用了侧翼竖井开拓方案。

如山东省某金矿，矿体倾角40°、厚度8~14m、走向长度400m。上部采用了下盘斜井开拓方案，设计深度为+5~-120m。后期发现深部矿石品位高，且矿体普遍变厚，地质储量增加。因此在二期工程中，设计能力由原来的150t/d增加到250t/d，阶段高度由原来的25m增加到30m，改用侧翼竖井开拓方案和对角式通风，由原来的两侧回风井（图8-8中的9、7）改为一条回风井8。这样，节省了主回风井，使工期安排更为合理。

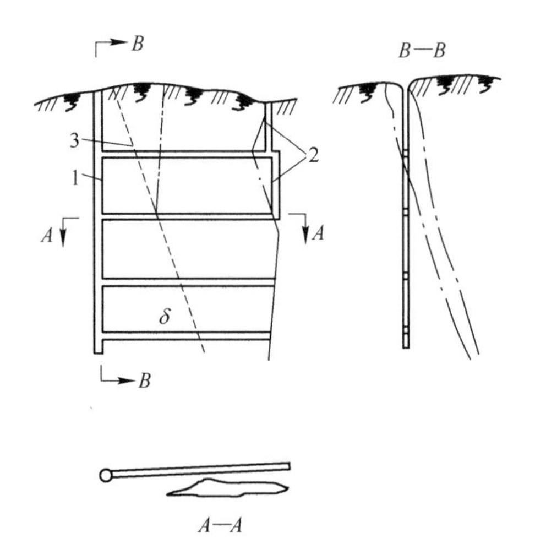

图 8-7 侧翼竖井开拓方案

1—竖井；2—回风井；3—移动界线

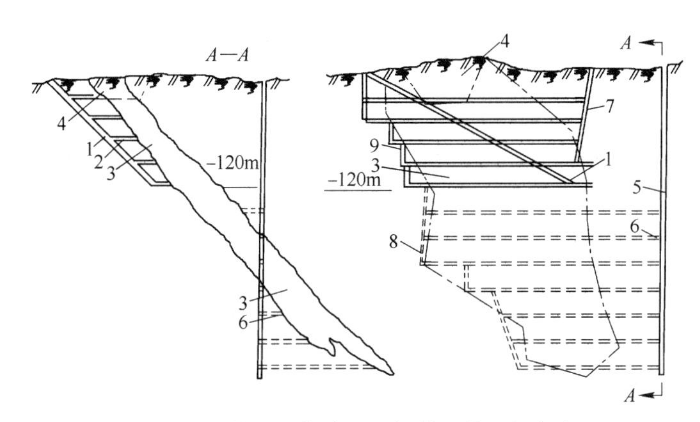

图 8-8 某金矿扩建后的侧翼竖井开拓方案

1—斜井；2—石门；3—矿体；4—上部小露天；5—竖井；6—石门；7~9—回风井

在金属矿床的竖井开拓中，应用最多的是下盘竖井开拓方案，其次是侧翼竖井开拓方案。与下盘竖井开拓方案相比，侧翼竖井开拓方案存在以下缺点：由于竖井布置在矿体侧翼，井下运输只能是单向的，因而运输功大；巷道掘进与回采顺序也是单向的，掘进速度和回采强度受到限制。

侧翼竖井开拓方案的一般适用条件为：

（1）矿体走向长度较短，有利于对角式通风。对于中小矿山，当矿体走向长度小于500m时，选用这种方案比较合理。

（2）矿体为急倾斜、无侧伏或侧伏角不大时，该方案较上、下盘竖井开拓方案的石门短，如图 8-7 和图 8-8 所示。

（3）矿体上下盘的地形和围岩条件不利于布置井筒，且矿体侧翼有较合适的工业场地，这时的选厂布置在同侧为宜，这样可使矿石的地下运输方向与地表方向一致。

（4）矿体比较厚，或矿体为缓倾斜而面积较大的薄矿体，如图 8-9 所示。

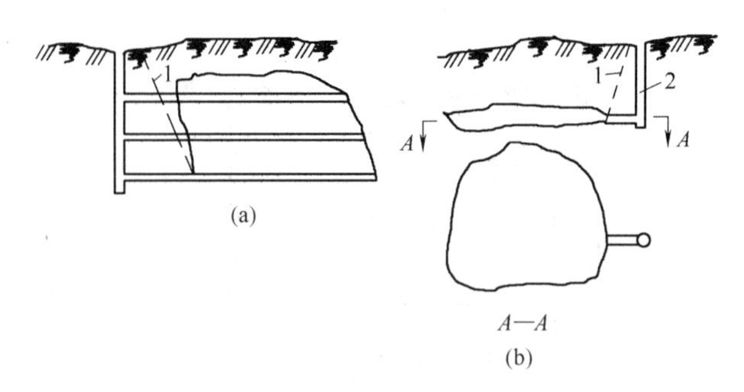

图8-9　侧翼竖井开拓方案
（a）厚度较大矿体；（b）缓倾斜薄矿体
1—移动界线；2—竖井

8.1.5　斜井开拓法

斜井开拓法以斜井为主要开拓巷道，适用于开采缓倾斜矿体，特别适用于开采矿体埋藏不太深而且矿体倾角为20°~40°的矿床。这种方法的特点是施工简便、阶段石门短、基建工程量少、基建期短、见效快，但斜井生产能力低。因此更适用于中小型金属矿山，尤其是小型矿山。

根据斜井与矿体的相对位置，可分为下盘斜井开拓方案和脉内斜井开拓方案，如图8-10和图8-11所示。

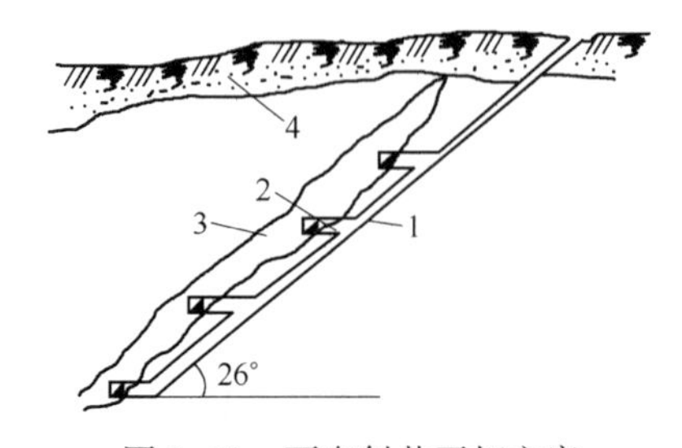

图8-10　下盘斜井开拓方案
1—斜井；2—阶段石门；3—矿体；4—覆土层

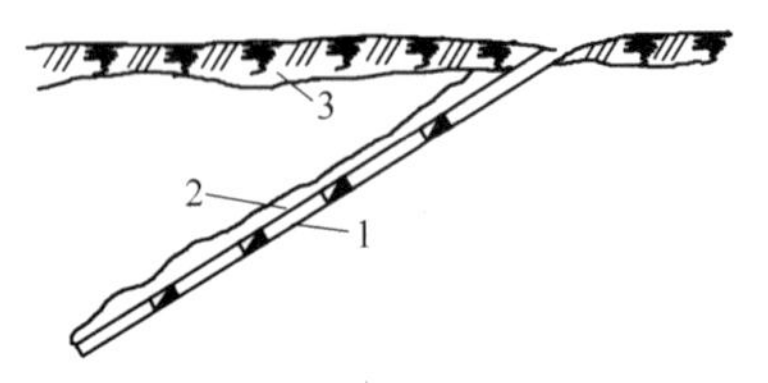

图8-11　脉内斜井开拓方案
1—斜井；2—矿体；3—覆土层

8.1.5.1　下盘斜井开拓方案

如图8-10所示，这种方案是斜井布置在矿体下盘围岩中，掘进若干个石门使之与矿体相通，在矿体中（或沿矿岩接触部位）掘进阶段平巷。这种开拓方法的最大优点是不需要保安矿柱，井筒维护条件也比较好。此方案在小型金属矿山应用较多，如在山东省招-掖断裂带和招-平断裂带的矿床，其生产能力在300t/d以下的十几个金属矿山大都采用该方案。斜井的倾角最好与矿体倾角大致相同，上述地区的矿体倾角均为35°~42°左右，故大部分采用的斜井倾角为25°~28°。斜井的水平投影与矿体走向夹角β为：

$$\beta = \arcsin \frac{\tan\gamma}{\tan\alpha} \tag{8-1}$$

式中　γ——已确定的斜井倾角（24°~28°）；
　　α——矿体倾角。

在确定斜井开拓方案之前，必须搞清楚矿体倾斜角度，即在设计前，除了要了解矿体有关产状等资料外，要准确掌握矿体（尤其下盘）倾角；否则，不管是下盘斜井方案或者脉内斜井方案，都会使工程出现问题。如某金矿的下盘斜井开拓方案，因钻探控制程度较低，只是上部矿体倾角较清楚，设计时按上部资料为准，没有预料到-30m以下矿体倾角的变化。因此在施工中，当斜井掘进到-25m时，斜井插入矿体（见图8-12），不得不为保护斜井留下保安矿柱，结果因地质资料不清楚而造成工程上的失误。要防止上述情况的发生，唯一的办法是按规程网度提交地质资料（这是起码的要求），同时要做调查工作，充分了解和掌握本地区的矿床和矿体赋存规律。而一些中小型矿山，特别是地方小矿山，矿山设计工作在地质资料尚不足或不十分充分的情况下就开始，这时设计者要充分注意矿体深部（或局部）倾角发生的变化（尤其是倾角变陡）。如果在地质资料不充分的情况下采用斜井，可考虑斜井口距矿体远些，以防矿体倾角发生变化而造成工程上的失误。

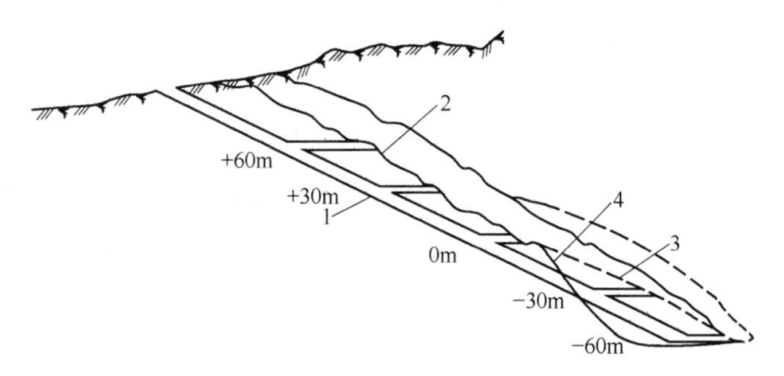

图 8-12　某金矿下盘斜井开拓方案

1—斜井，倾角 26°；2—上部矿体界线，倾角 27°；3—下部原预计矿体界线，倾角 27°；
4—下部矿体实际界线，倾角 35°

8.1.5.2　脉内斜井开拓方案

如图8-11所示，采用脉内斜井开拓方案时，斜井布置在矿体内靠近矿体下盘的位置，其倾角最好与矿体倾角相同（或相接近）。这种开拓方案的优点是：不需掘进石门，开拓时间短，投产快；在整个开拓工程中，同时采出矿石，抵消部分掘进费用；脉内斜井掘进有助于进一步探矿。其缺点是：矿体倾斜不规则，尤其是矿体下盘不规则时，井筒难以保持平直，不利于提升和维护；为维护斜井安全，要留有保安矿柱。因此在有色金属矿山或贵重金属矿山，此种方案应用不多。只有那些储量较丰富且矿石价值不高的矿山，才可考虑使用。

8.1.6　斜坡道开拓法

随着采、装、运、卸无轨设备的投入使用，需要开掘可供无轨设备通行的斜坡道。以斜坡道为主开拓巷道的矿床开拓称为斜坡道开拓法。

当不设其他提升井筒时，连通地表的主斜坡道主要用于运输矿岩，并兼作无轨设备出入、通风和运送设备材料之用；当设提升井筒时，斜坡道主要是供无轨设备出入，并兼作通风和辅助运输之用，此时的斜坡道变为辅助开拓巷道。

对采用无轨设备的矿山来说，阶段间的辅助斜坡道几乎是必不可少的。它不仅可以转移铲运机等无轨设备，同时也是行人、运料和通风的通道。

斜坡道根据其形式可分为螺旋式和折返式，如图 8-13 所示。

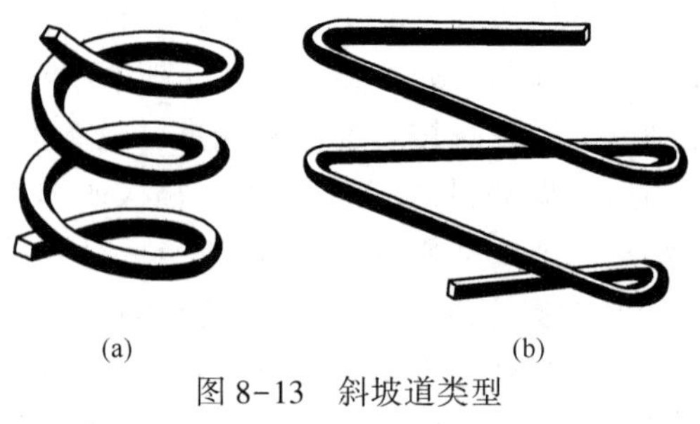

图 8-13 斜坡道类型
（a）螺旋式；（b）折返式

8.1.6.1 螺旋式斜坡道开拓法

如图 8-13(a) 所示，它的几何形式一般是圆柱螺旋线或圆锥螺旋线，根据具体条件可以设计为规则螺旋线或不规则螺旋线。不规则螺旋线斜坡道的曲率半径和坡度在整个线路中是变化的。螺旋线斜坡道的坡度一般为 10%~30%。

图 8-14 所示是日本某矿的螺旋式斜坡道开拓方案。在矿体侧翼由+200m 至 0m 阶段掘进螺旋式斜坡道，断面 4m×3m，最小曲率半径 15m，平均坡度 21%(12°)，总长 2000m。开拓工程完成后，无轨设备可从地面进入地下各个采矿阶段和开出地面，不管哪个阶段需要，随时可以调去工作。

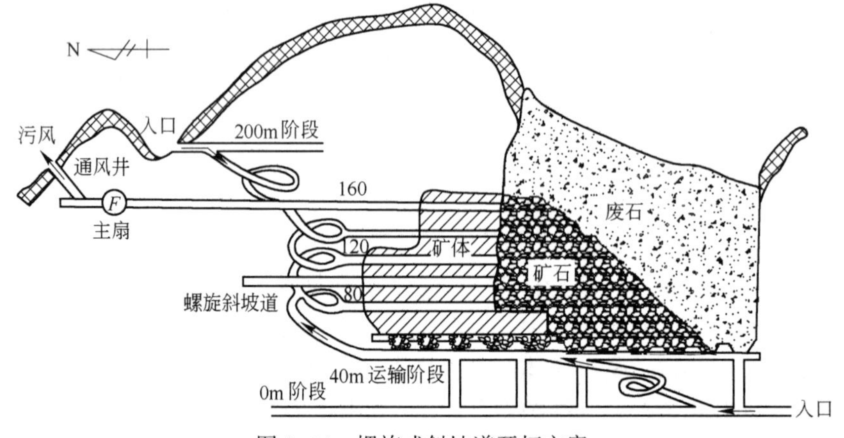

图 8-14 螺旋式斜坡道开拓方案

使用的无轨设备有：瓦格纳 ST-2B 铲运机 4 台、加德纳·丹佛掘进台车 2 台、加德纳·丹佛采矿台车 1 台、瓦格纳载人车 1 台、吉普车 3 台。

8.1.6.2 折返式斜坡道开拓法

如图 8-13(b) 所示，它由直线段和曲线段（或称为折返段）联合组成，直线段变换高程，曲线段变化方向，便于无轨设备转弯；曲线段的坡度变缓或近似水平，直线段的坡度一般不大于 15%。在整个线路中，直线段长而曲线段短。

图 8-15 所示是典型的折返式斜坡道开拓法。折返式斜坡道设在矿体下盘岩层移动界线以外。当斜坡道 1 通达某一阶段水平时即进行折返，并在每一阶段水平折返处掘石门 2（或称为斜坡道联络道）通达阶段运输巷道 3。无轨设备可由地面经斜坡道进入各个阶段，各阶段采出的矿石则用无轨卡车运往地面。

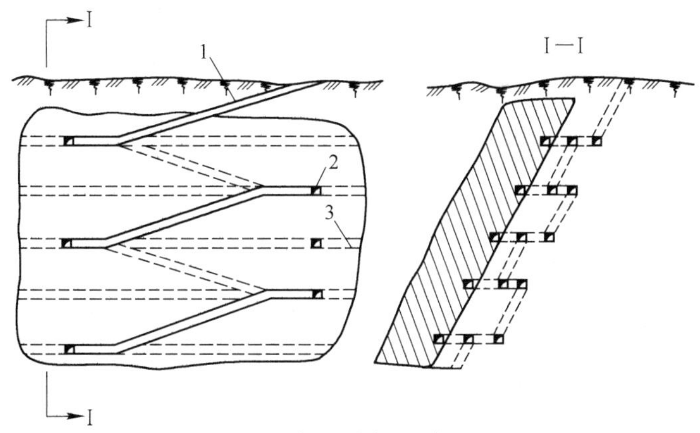

图 8-15 折返式斜坡道开拓法

1—斜坡道；2—石门；3—阶段运输巷道

目前单独用斜坡道开拓的地下矿山尚少。国内外许多矿山，在采用竖井开拓法时，都另设连通地表的辅助斜坡道，或各阶段运输巷道间用辅助斜坡道联通，以便无轨设备由地表进入地下各个阶段或由一个阶段转移至另一阶段工作。

图 8-16 是加拿大某镍矿所采用的下盘竖井并辅以斜坡道的典型开拓方案示意图。图

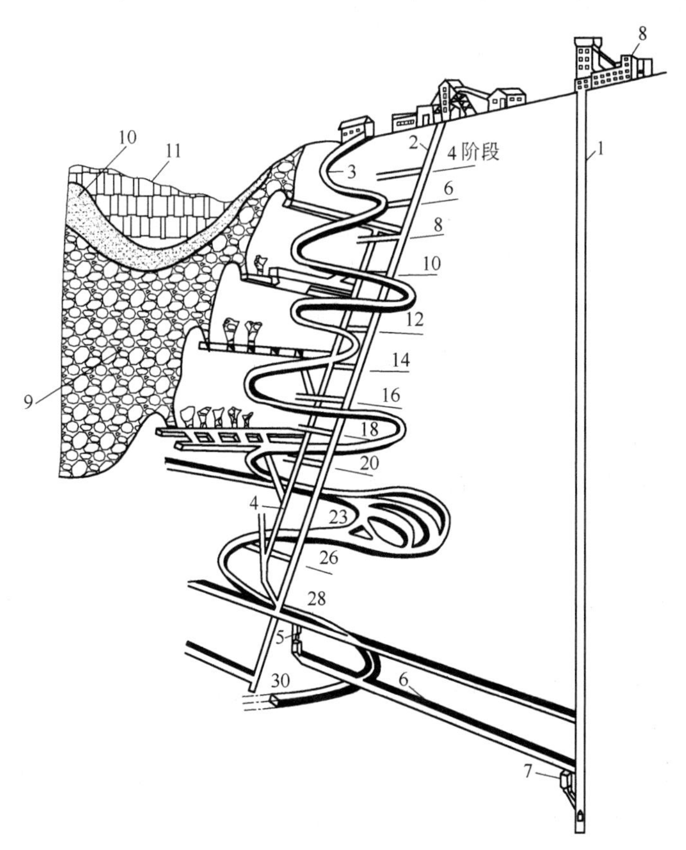

图 8-16 加拿大某镍矿斜坡道开拓方案示意图

1—主井；2—斜井；3—斜坡道；4—主溜井；5—破碎硐室和矿仓；6—胶带运输机；7—装载矿仓；8—选厂；9—崩落矿石；10—崩落的地表；11—远处的地表

中1是主井，选厂8设在主井口，斜井2原为副井，后又开掘螺旋式斜坡道3，由地表往地下一直回旋到深部。斜坡道断面为5m×3.5m，转弯半径为7m，斜坡道底板铺混凝土，顶板用杆柱和金属网支护。无轨设备可由地面经斜坡道开往地下，用分段巷道联通全部矿块，深部用斜坡道开拓，不需延深斜井，斜井改为回风井和备用人行井。

矿石从装卸点用无轨设备运至主溜井，运距150m，生产率150t/h(用ST-4型铲运机)。矿石经破碎后由胶带运至装载硐室，再由竖井箕斗提至井口选厂。

8.1.6.3 螺旋式与折返式斜坡道的对比与选择

螺旋式斜坡道的优点有：由于没有折返式那么多的缓坡段，故在同等高程间，螺旋式比折返式的线路短，开拓工程量小；与溜井等垂直井巷配合施工时，通风和出渣较方便；最适合圆柱矿体的开拓。

螺旋式斜坡道的缺点：掘进施工要求高（改变方向、外侧超高等）；司机能见距离较小，故安全性较差；车辆轮胎和差速器磨损增加；道路维护工作量较大。

折返式斜坡道的优点：施工较易；司机能见距离大，行车较安全；行车速度较螺旋式高，排出有害气体量较少；线路便于与矿体保持固定距离；道路易于维护。

折返式斜坡道的缺点：比螺旋道开拓工程量大；掘进时需要有通风和出渣用的垂直井巷配合。

一般来说，折返式的优点较多。但如能解决掘进倾斜曲线段的施工困难，则亦可设计成螺旋式，螺旋式斜坡道的总掘进量比折返式约可减少25%。

斜坡道的类型选择与下列因素有关：

（1）斜坡道的用途。如果主斜坡道用于运输矿岩，且运输量较大，则以折返式斜坡道为宜；辅助斜坡道可用螺旋式。

（2）使用年限。使用年限较长的以折返式斜坡道为好。

（3）开拓工程量。除斜坡道本身的工程量外，还应考虑掘进时的辅助井巷工程（如通风天井、钻孔等）和各分段的联络巷道工程量。

（4）通风条件。斜坡道一般都兼作通风用，螺旋式斜坡道单位长度的通风阻力较大，但其线路较短。

（5）斜坡道与分段的开口位置。螺旋式斜坡道的上、下分段开口位置应布置在同一剖面内，折返式斜坡道的开口位置可错开较远。

8.1.7 联合开拓法

由两种或两种以上主要开拓巷道来开拓一个矿床的方法称为联合开拓法。采用联合开拓法主要是因为矿床深部开采或矿体深部产状（尤其是倾角）发生变化而需要两种以上单一开拓法的联合使用，即矿床上部用一种主要开拓巷道，而深部用另一种主要开拓巷道补充开拓，形成统一的开拓系统。

由于地形条件、矿床赋存情况、埋藏深度等情况的多变性，联合开拓法有很多方案(见表8-1)。这里介绍常用的几种联合开拓方案。

8.1.7.1 上部平硐下部盲竖井开拓方案

当矿体上部赋存在地平面以上山地、下部赋存于地平面以下时，为开拓方便和更加经济合理，矿体上部可用平硐开拓，下部可采用盲竖井开拓，如图8-17和图8-18所示。

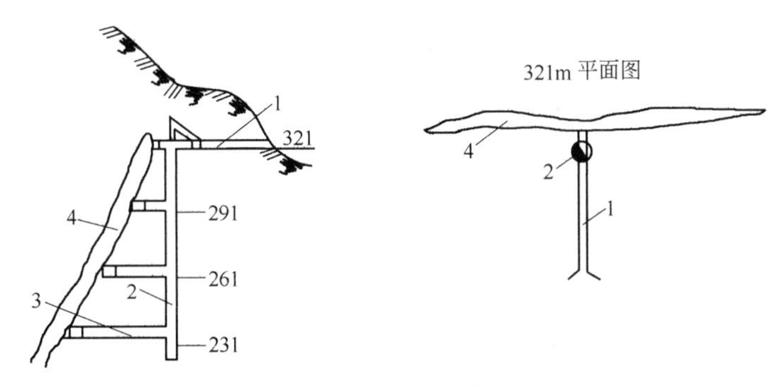

图 8-17 平硐-盲竖井联合开拓方案

1—平硐；2—盲竖井；3—石门；4—矿体

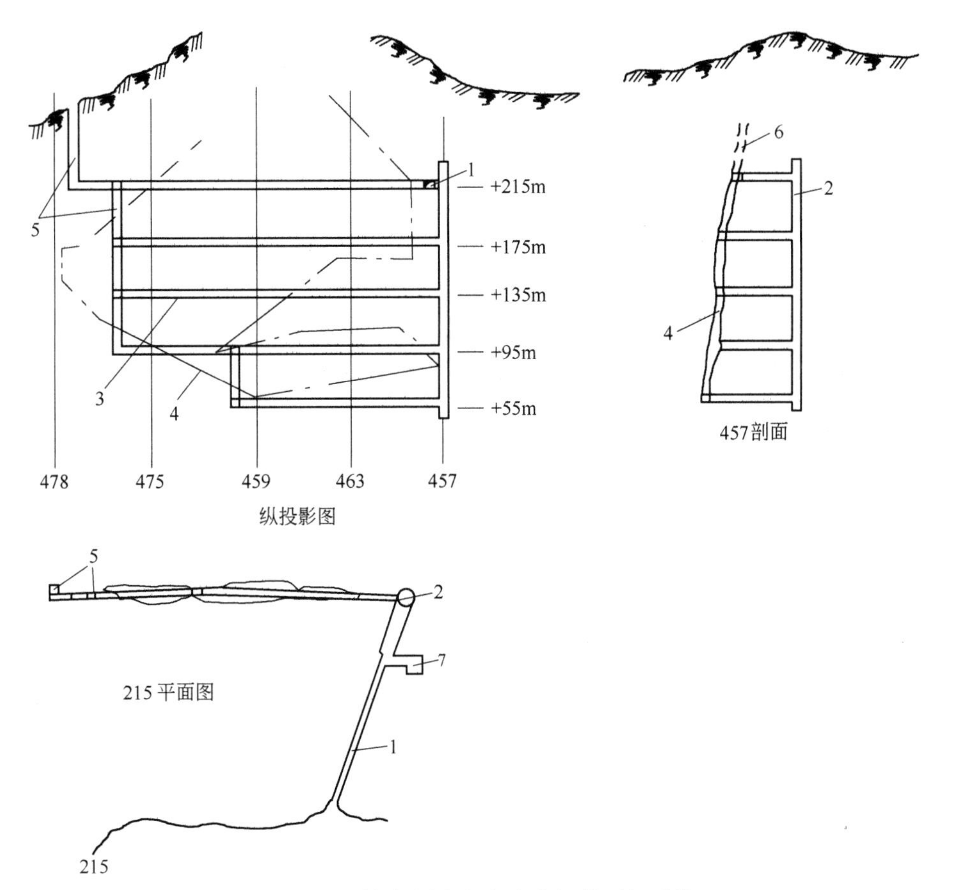

图 8-18 某贵金属矿平硐-盲竖井开拓系统

1—平硐；2—盲竖井；3—平巷；4—矿体投影；5—接力回风井；6—上部已开采区；7—硐室

在图 8-17 中，在平硐接近矿体处（321m 平面上）考虑盲竖井的位置时（其影响因素与单一开拓方案中的下盘竖井方案相同），应使各阶段石门较短。矿石（或废石）可经盲竖井提升到 321m 阶段，矿车在车场编组后用电机车经平硐运出。

这种方案的特点是需要在 321m 平硐增加掘井下车场和卷扬机硐室等工程。如果矿体上部离地表不远，平硐口又缺乏排弃废石的场地时（或为了压缩废石场占用农田面积时），可采用平硐竖井通地表的联合开拓方案（见图8-18），这时卷扬机安设在地表，井下废石提升到井口，然后排往井口废石场，而各阶段矿石经竖井提升到平硐水平，经平硐运出。在具体选择方案时必须考虑多方面因素，确定最合理的方案。

8.1.7.2　上部平硐下部盲斜井开拓方案

上部平硐下部盲斜井开拓方案的适用条件为：地表地形为山岭地区，矿体上方无理想的工业场地；矿体倾角为中等（即倾角在45°~55°之间），为盲矿体且赋存于地平面以下；地平面以上有矿体，但上部矿体已开采结束，且形成许多老硐者。

这种方法的优点是可以减少上部无矿段或已采段的开拓工程量，缩短斜井长度，从而达到增加斜井生产能力的目的，同时石门长度可尽量压缩，缩短基建时间。

该方案的运输系统如图8-19所示。矿石或废石经各阶段石门，由盲斜井提到323m平硐的井下车场，然后经平硐运出。

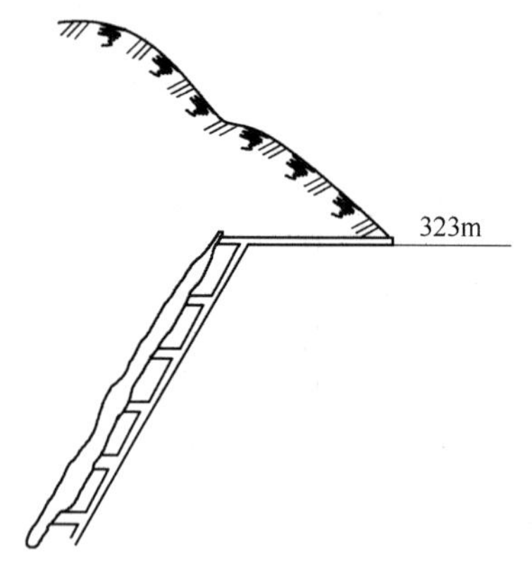

图8-19　平硐-盲斜井开拓方案

8.1.7.3　上部竖井下部盲竖井开拓方案

上部竖井下部盲竖井开拓方案如图8-20所示。一般适用于矿体或矿体群倾角较陡，矿体一直向深部延伸，地质储量较丰富的矿山。另外，因竖井或盲竖井的生产能力较大，所以中型或偏大型矿山多用这种方法。

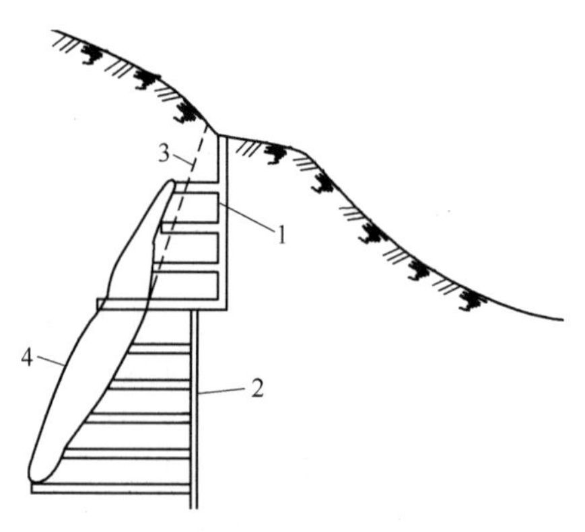

图8-20　竖井-盲竖井开拓方案

1—竖井（或明竖井）；2—盲竖井；3—移动界线；4—矿体

竖井-盲竖井开拓方案的优点是：井下的各阶段石门都较短，尤其基建初期石门较短，因此可节省初期基建投资，缩短基建期；在深部地质资料不清的情况下，建设上部竖井，当深部地质资料搞清后，且矿体倾角不变时，可开掘盲竖井；两段提升能力适当，能使矿山保持较长时间的稳定生产。

8.1.7.4 上部竖井下部盲斜井开拓方案

如前所述，当上部地质资料清楚且矿体产状为急倾斜时，上部采用竖井开拓是合理的。一旦得到深部较完善的地质资料，且深部矿体倾角变缓，则深部可采用盲斜井开拓方案，如图 8-21 所示。这样可使一期工程（上部竖井部分）和深部开拓工程（下部盲斜井部分）的工程量得到最大限度压缩，缩短建设时间，使开拓方案在经济上更为合理。

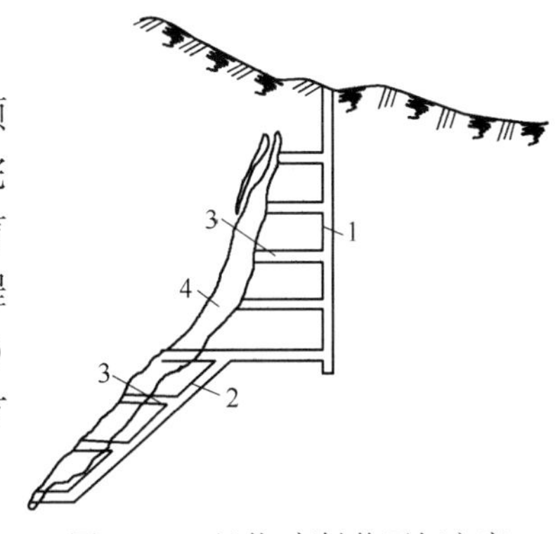

图 8-21 竖井-盲斜井开拓方案
1—竖井；2—盲斜井；3—石门；4—矿体

8.1.7.5 上部斜井下部盲竖井开拓方案

上部斜井下部盲竖井开拓方案一般适用于矿体倾角较缓，且沿倾斜方向延伸较长，或地质储量不大以及生产能力也不大的矿山。在小型矿山，由于各方面条件的限制，矿山设备（包括矿井提升设备）的规格宜小不宜大，这就给开采深部矿体带来不便。若矿体倾角变缓，其深部开拓可采用与上部同样的斜井，往深部形成“之”字形折返下降。实际上这种做法在经济上是不合理的：其一，斜井的维护费用较高，提升能力却较低；其二，这样会形成多段（节）提升，将增加不少辅助生产人员，使井下车间管理费增加，从而增加了成本；同时，因为设备多，生产环节多，设备事故发生率也高，这又增加了生产管理中的难度。例如，某金矿就是因上述原因才决定深部采用盲竖井的联合开拓方案。

8.1.8 主要开拓方法比较

选择技术上可行、经济上合理的开拓方法至关重要。由于开拓方法是由主要开拓巷道形式决定的，这里就各种主要开拓巷道从掘进费用、掘进速度、投资额、生产能力、运输成本以及其他因素进行比较。

8.1.8.1 平硐与竖井比较

平硐开拓的单位工程费用低。每米平硐的掘进费用比竖井低得多，且维护费用低；平硐内安装设施简单，不像竖井那样要设钢（木）梁、罐道、声光信号等设施，也不需要专设人行间以及相应的行人设施。在生产能力相等的情况下，每米平硐总费用（包括掘、砌和安装费用）还不到竖井的一半。

平硐开拓的基建工程量小。平硐不像竖井那样需要复杂的井底车场以及复杂的辅助设施（如摇台或托台、上罐器等）；平硐口设置也简单，不需要井架和卷扬机房，也不需要卷扬设备等。

平硐设施管理方便，施工条件好。平硐掘砌速度要比竖井快得多。尤其在掘进机械化水平进步较快的今天，如使用凿岩台车、立爪式装岩机等，可极大地改善掘进工作的施工条件和成巷速度，即使是大断面的平硐掘进，其速度也是竖井所不能比的，在同等条件下，平硐的成巷速度是竖井建井速度的 2~3 倍。因此，用平硐开拓的矿山，基建时间短，可以做到早投产、早见效。

平硐排水费用低。平硐排水是靠平硐排水沟自流，而竖井需要设专门的排水设施，大大地减少了矿井的排水费用。

平硐运输设备投资和运输成本低。就 ϕ2000 双筒卷扬机价格来说，其费用为同等运输能力平硐设备的 2~3 倍。单位长度平硐的吨矿石的运输费用比竖井低得多，一般仅为竖井提升的 1/3 左右。

平硐通风容易（如单一平硐开拓的小型矿山，通常情况下自然通风便可以满足生产需要)，而且简单。平硐的通风费用（每吨矿石分摊的通风费用）比竖井开拓低。

平硐生产安全可靠，运输能力远远大于竖井的运输能力，且方便管理，不像竖井提升可能发生坠罐、矿车坠井等事故。

由于平硐开拓具有较为显著的优点，因此在条件允许的情况下，应尽量采用。

8.1.8.2 竖井与斜井比较

就基建工程而言，开拓同样深度，斜井比竖井长得多；但斜井开拓时，一般倾角均小于矿体最终移动角，因此斜井开拓比竖井的石门长度短得多。尤其是当矿体为缓倾斜时，上述两点更为突出。斜井开拓的井底车场比竖井开拓的车场简单，工程量少且辅助设施少。

在提升方面，竖井提升速度快，提升能力大且提升费用低。斜井不具备这一优点，且提升钢绳磨损较大。

在地压管理和工程支护方面，斜井承受的地压较大，尤其在岩石不够稳固，服务年限较长，或矿井较深的条件下，因地压问题突出，常用竖井开拓，这时竖井断面常用圆形。

在施工方面，竖井比斜井容易实现机械化，但施工设备和辅助设备较多，工作条件差，且要求技术管理水平较高。斜井施工较简单，需要的设备和装备少，一般说来，斜井掘进速度比竖井快。

从井筒装备来看，斜井较简单，造价较低。

在安全方面，竖井提升事故比斜井少，如斜井矿车容易因脱轨、脱钩而造成跑车事故。由于斜井在安全、提升能力和机械化水平等方面的缺点，一些本来可以用斜井开拓的矿山因此放弃而采用竖井。

8.2 主副井布置方式

任何一个地下矿山，必须要有两个以上的独立出口通达地面，便于通风和作为安全出口。因此除主井或平硐外，还应有副井或通风平硐等。副井除用作通风和安全出口外，有时还用于上下设备、材料、人员，并提升废石或一部分矿石。

选择副井位置时，应考虑到专门用途。当主井为罐笼井时，可兼作入风井，则另布置一个副井为通风井，它与罐笼井构成一个完整的通风系统；当主井为箕斗井时，因箕斗在井口卸矿产生粉尘，故不能作入风井，此时应另设一个提升副井，作为上下人员、设备、材料并兼作入风井，再另掘通风井与提升副井构成一个完整的通风系统。

按主井和副井的相关位置，其布置方式有中央并列式、中央对角式和侧翼对角式。

8.2.1 中央并列式

如图 8-22 所示，主井和副井均布置在矿体中央，两井相距不得小于 30m；如井上建筑物采用防火材料，也不得小于 20m。此时主井作入风井，副井作排风井。因主井和副井均布置在矿体中央，故称为中央并列式。

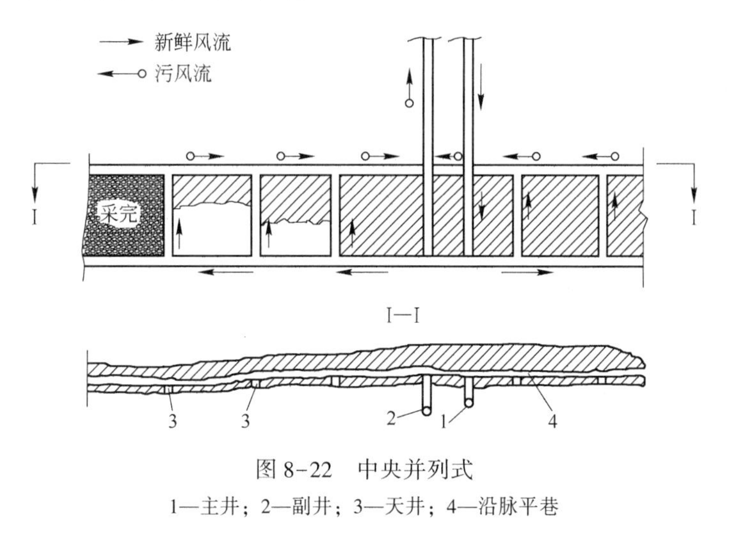

图 8-22 中央并列式

1—主井；2—副井；3—天井；4—沿脉平巷

8.2.2 中央对角式

按主井提升盛器类型的不同，又可分以下两种情况：

（1）当主井为罐笼井时，主井布置在矿体中央，可兼作入风井，在矿体两翼各布置一个副井，作为排风井，如图 8-23 所示。副井可布置在两翼的下盘，也可布置在两翼的侧端，如图中虚线位置。副井可以是竖井，也可以是斜井，依地形地质条件及矿体赋存条件而定。这种把主井布置在矿体的中央，副井布置在两翼对角的布置方式，称为中央对角式。

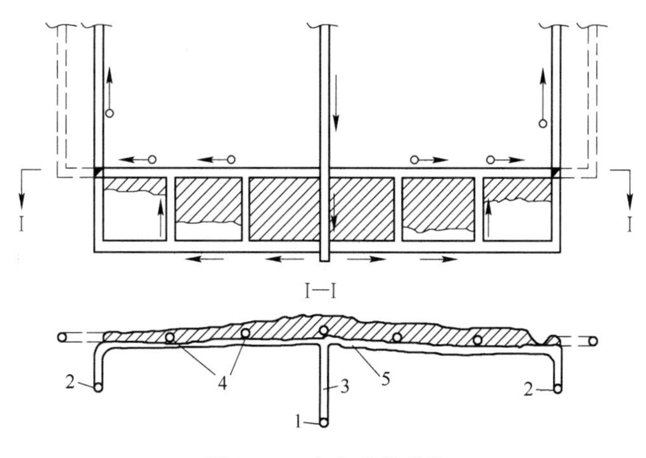

图 8-23 中央对角式 I

1—主井；2—副井；3—石门；4—天井；5—沿脉平巷

(2) 当主井为箕斗井时，就不能作入风井，故主井布置在矿体中央，应在主井附近另布置一个罐笼井，作为提升副井，并在矿体两翼布置通风井，如图 8-24 所示。此时由布置在矿体中央的罐笼井进风，由两翼通风井排风形成中央对角式。

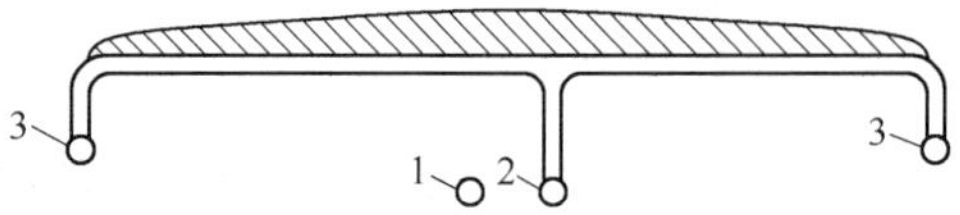

图 8-24 中央对角式Ⅱ
1—主井；2—副井；3—风井

8.2.3 侧翼对角式

如图 8-25 所示，主井布置在矿体的一翼，副井布置在矿体的另一翼，由主井进风，副井排风，形成侧翼对角式。

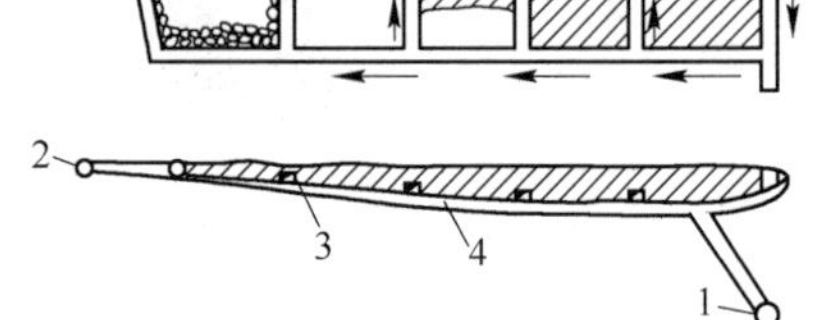

图 8-25 侧翼对角式
1—主井；2—副井；3—天井；4—沿脉平巷

8.2.4 中央式与对角式的对比

中央式的优点：地面构筑物的布置集中；当主井和副井布置在岩石移动带内时，可只留一个保安矿柱；主井和副井掘完以后，可很快连通，因此可很快开始回采；副井可用作辅助提升；井筒延深方便，可先掘副井，利用副井自下而上反掘主井。

中央式的缺点：通风风路长，扇风机的负压大，而且负压随回采工作的掘进不断变化；当用前进式回采时，风流容易短路，造成大量漏风；如无其他安全出口，当地下发生事故时，危险性大；副井在勘探方面的作用很小。

对角式的优点：负压较小而且稳定，漏风量较小，通风简单可靠而且费用较低；副井可起勘探作用；当地下发生火灾、塌落事故时，地下工作人员较安全；如在井田两翼各布置一个通风副井，当一个发生故障时，可利用另一个维持通风。

对角式的缺点：井筒的联络平巷很长，这些联络平巷要在回采工作开始之前掘好，故回采工作开始较迟；掘两个副井时，掘进和维持费用较大。

在金属矿中，大型矿山可考虑采用中央式布置，即在矿体中央布置主井和副井，以便利用副井作辅助提升。有时除了在矿体中央布置主井和副井外，还在矿体两翼各布置一个通风副井，以形成对角式通风系统。

在中小型金属矿中，一般常用对角式布置。因矿体沿走向的长度不大，对角式的缺点不突出，而对角式通风对生产有利。同时由于金属矿矿体一般产状复杂，有时需要在矿体的两翼掘探井，在生产期间就可利用它作通风副井。

8.3 主要开拓巷道位置的选择

主要开拓巷道是矿山生产的咽喉，是联系井下与地面运输的枢纽，是通风、排水、压气及其他动力设施由地面导入地下的通路。井口附近也是多种生产和辅助设施的布置场地。因此，主要开拓巷道位置的选择是否合适，对矿山生产有着深远影响。此外，主要开拓巷道位置直接影响基建工程量和施工条件，从而影响基建投资和基建时间。因此，正确选择主要开拓巷道位置是矿山企业设计中的一个关键问题。

8.3.1 影响主要开拓巷道位置选择的主要因素

选择主要开拓巷道位置的基本准则是：基建与生产费用小；不留或少留保安矿柱；有方便、安全和布局合理的工业场地；掘进条件良好等。在具体选择时应考虑以下因素和要求：

（1）矿区地形、地质构造和矿床埋藏条件。

（2）矿山生产能力及井巷服务年限。

（3）矿床的勘探程度、储量及其远景。

（4）矿山岩石性质及水文地质条件。井巷位置应避免开凿在含水层、受断层破坏和不稳固的岩层中，特别是岩溶发育的岩层和流砂层中。对井筒和长溜井，一般均应钻检查孔，查明地质情况。对平硐，应绘制平硐所通过地段的地质地形纵剖面图，查明地质和构造情况，以便更好地确定平硐的位置、方向和支护形式。

（5）井巷位置应考虑地表和地下运输联系方便，运输功最小，开拓工程量最小。如果选矿厂或冶炼厂位于矿区内，选择井筒位置时，应尽可能沿最短及最方便的路线向选矿厂或冶炼厂运送矿石。

（6）应保证井巷出口位置及有关构筑物不受山坡滚石、山崩和雪崩等危害，这在高山地区非常重要。

（7）井巷出口的标高应在历年最高洪水位 3m 以上，以免被洪水淹没。同时也应根据运输的要求，稍高于选矿厂储矿仓卸矿口的地面水平，使重车下坡运行。

（8）井筒（或平硐）位置应避免压矿，并位于开采移动带以外，距移动带的最小距离应大于 20m，否则应留保安矿柱。

（9）井巷出口位置应有足够的工业场地，以便布置各种建筑物、构筑物、调车场、堆放场地和废石场等。但同时应考虑不占农田（特别是高产良田）和少占农田的要求。

（10）改建或扩建矿山应考虑原有井巷和有关建筑物、构筑物的充分利用。

8.3.2 根据最小运输功确定主要开拓巷道的位置

主要开拓巷道位置的选择，包括沿矿体走向位置的选择和垂直矿体走向位置的选择。

沿矿体走向位置的选择，在地形条件允许的情况下，主要从地下运输费用来考虑，而地下运输费用的大小决定于运输功的大小。运输功是矿石质量（t）与运输距离（km）的乘积，用吨千米（t·km）表示。如果 1t·km 的费用为常数，则运输功最小的井筒位置，其运输费用也最小。

8.3.2.1 *矿石集中进入阶段运输巷道时主要开拓巷道的位置*

如图 8-26 所示，各个矿块的矿石通过穿脉巷道 3 运到下盘沿脉巷道 2，矿石被集中到穿脉巷道和下盘沿脉巷道的各个交点，各个矿块的矿石都由该点经沿脉巷道运到石门 1，再运到井筒。

将矿石（Q_1，Q_2，…，Q_n）集中点投在一条直线上，这条直线表示沿矿体走向的主要运输巷道，如图 8-27 所示。按最小运输功条件，井筒位置应设在这样一个矿石集中出矿点上，此点的矿石量 Q_n 加其右边矿石量的总和 $\sum Q_{右}$，大于其左边矿石量的总和，而加其左边矿石量的总和 $\sum Q_{左}$，则大于其右边矿石量的总和，即：

$$\sum Q_{右} + Q_n > \sum Q_{左}$$
$$\sum Q_{左} + Q_n > \sum Q_{右} \qquad (8-2)$$

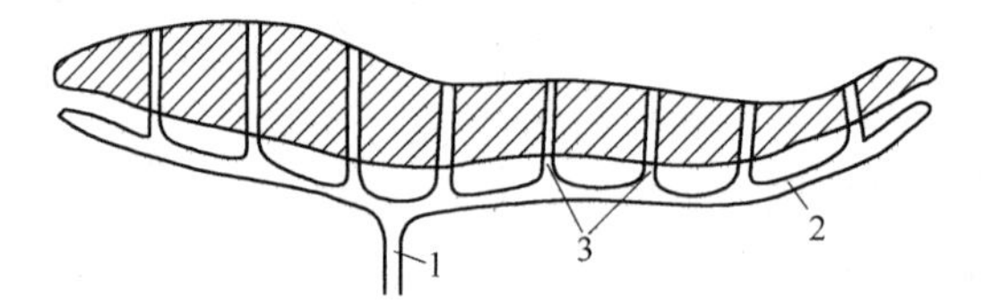

图 8-26　用下盘沿脉巷道和穿脉巷道进行阶段开拓

1—石门；2—下盘沿脉巷道；3—穿脉巷道

出矿点 n 就是最有利的井筒位置，符合最小运输功要求。

上述公式证明如下：

如图 8-27 所示，将各矿块的矿石量集中点投放到一条水平直线上，从这条直线运往井筒的矿石量 Q_1、Q_2、Q_3、…、Q_m 集中于 1、2、3、…、m 各点上，各相邻点间的距离为 l_1、l_2、l_3、…、l_{m-1}。

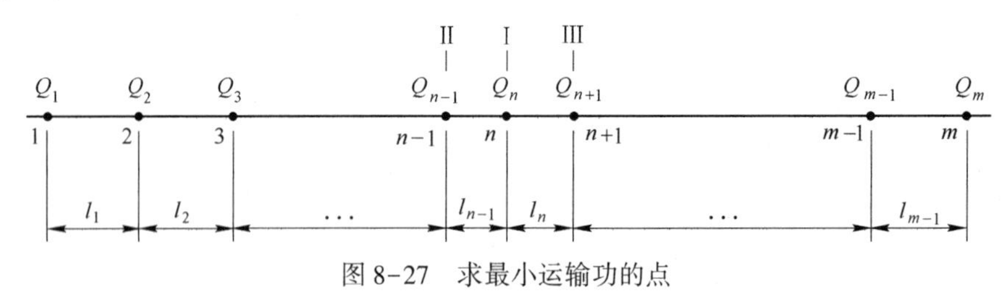

图 8-27　求最小运输功的点

设符合式（8-2）的井筒位置在点 n(位置Ⅰ)，并设左边所有的矿石量 $\sum Q_{左}$运到点 n 的运输功为 A，右边所有矿石量运到点 n 的运输功为 B，则全部矿石量运到点 n 的运输功 E_n 为：

$$E_n = A + B \qquad (8-3)$$

如把井筒位置向左移至相邻的点 $n-1$(位置Ⅱ) 上，则全部矿石量运到该点的总运输功为：

$$E_{n-1} = A - \sum Q_{左} l_{n-1} + B + \sum Q_{右} l_{n-1} + Q_n l_{n-1} \qquad (8-4)$$

如把井筒位置向右移至相邻的点 $n+1$(位置Ⅲ) 上，则全部矿石量运到该点的总运输功为：

$$E_{n+1} = A + \sum Q_{左} l_n + Q_n l_n + B - \sum Q_{右} l_n \qquad (8-5)$$

E_{n-1} 与 E_n 之间的差为：

$$E_{n-1} - E_n = \left(\sum Q_{右} + Q_n - \sum Q_{左}\right) l_{n-1} \qquad (8-6)$$

从式（8-2）可知，$E_{n-1}-E_n>0$，即 $E_{n-1}>E_n$。

E_{n+1} 与 E_n 之间的差为：

$$E_{n+1} - E_n = \left(\sum Q_{左} + Q_n - \sum Q_{右}\right) l_n \qquad (8-7)$$

从式（8-2）可知，$E_{n+1}-E_n>0$，即 $E_{n+1}>E_n$。

因此，E_n 是最小运输功，即点 n 处为符合最小运输功的井筒位置。

8.3.2.2　矿石分散进入阶段运输巷道时主要开拓巷道的位置

如图 8-28 所示，矿石由许多逐渐移动的点分散运到主运输巷道，这些点自井田边界或由各个块段向井筒逐渐移动。在这种情况下，根据上述原理不难知道，运输功最小的井筒位置应在矿量的等分线上，即

$$Q_{右} = Q_{左} \tag{8-8}$$

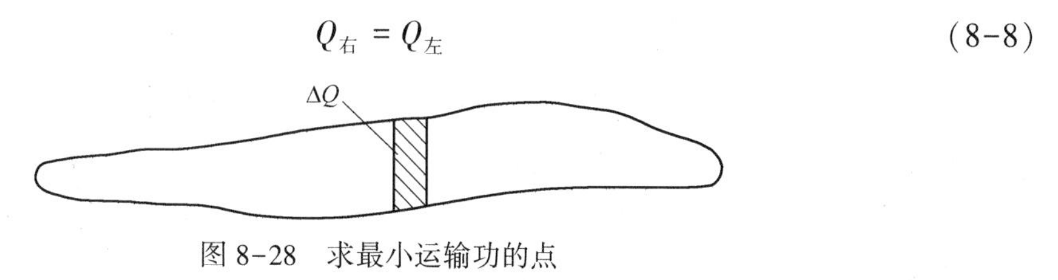

图 8-28　求最小运输功的点

上述按最小运输功来求合理的井筒位置的方法，也适合于平硐开拓的情况。例如，采用平硐相交于矿体走向方案，要选定它相交的合理位置时。

例 8-1　如图 8-29 所示，设两个矿体用一个下盘竖井开拓，求竖井在沿走向方向的位置，此位置应使沿脉巷道的地下运输功最小。

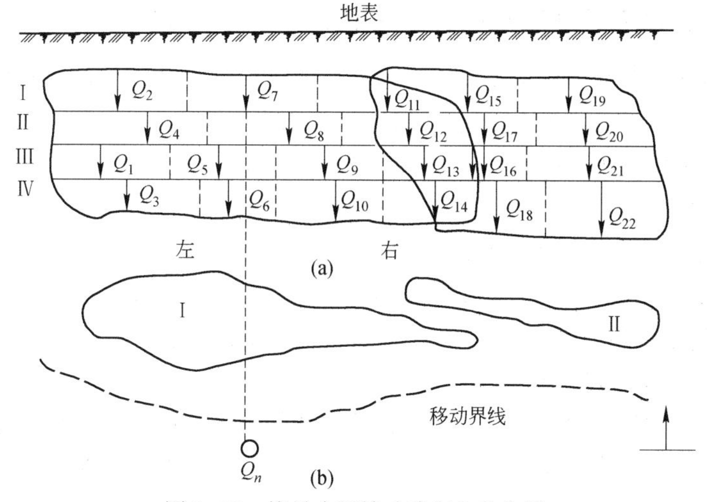

图 8-29　按最小运输功确定主井位置

（a）纵剖面图；（b）平面图

Ⅰ~Ⅳ—第一、第二、第三和第四阶段

四个阶段共有 22 个矿块，设每个矿块的矿量集中在矿块中央运到运输巷道，各矿块的储量（kt）Q_1、Q_2、Q_3、…、Q_{22} 为：

$Q_1 = 84$　　$Q_2 = 120$　　$Q_3 = 100$　　$Q_4 = 160$　　$Q_5 = 110$

$Q_6 = 90$　　$Q_7 = 140$　　$Q_8 = 80$　　$Q_9 = 70$　　$Q_{10} = 40$

$Q_{11} = 30$　　$Q_{12} = 35$　　$Q_{13} = 50$　　$Q_{14} = 45$　　$Q_{15} = 30$

$Q_{16} = 25$　　$Q_{17} = 35$　　$Q_{18} = 20$　　$Q_{19} = 30$　　$Q_{20} = 40$

$Q_{21} = 35$　　$Q_{22} = 20$

解：设最小运输功的出矿点为 Q_n。画一条水平线表示沿走向的主要运输巷道，将各矿块矿量投射到这条直线上，然后分别自两端向中间依次相加。

自左向右相加（到 Q_6）：

$$\sum Q_{左} = 84 + 120 + 100 + 160 + 110 + 90 = 664$$

自右向左相加（到 Q_8）：

$$\sum Q_{右} = 20 + 35 + 40 + 30 + 20 + 35 + 25 + 30 + 45 + 50 + 35 + 30 + 40 + 70 + 80 = 585$$

而

$$664\left(\sum Q_{左}\right) + 140(Q_7) = 804 > 585\left(\sum Q_{右}\right)$$

$$585\left(\sum Q_{右}\right) + 140(Q_7) = 725 > 664\left(\sum Q_{左}\right)$$

所以，Q_7 中点为最小运输功的出矿点，即是最有利的井筒位置。

以上按最小运输功所求的井筒位置，也同时符合运输材料、巷道维护和通风等费用最小的要求。

最后应当指出，在选择井筒沿走向位置时，不仅需要考虑地下运输功最小，还需要考虑地面运输方向。例如，当选厂在矿体一翼时，从地下及地表总的运输费用看来，井筒设在靠选厂的矿体一侧，可能使总的运输费用最小。总之，应按地面运输费用与地下运输费用总和为最小的原则来确定井筒的最优位置。

8.3.3　根据不受陷落破坏确定主要开拓巷道的位置

井筒在垂直矿体走向方向的位置，应布置在移动带界限以外 20m 以远的地方，以保证井筒不受破坏。若井筒布置在移动带时，必须留保安矿柱。

8.3.3.1　地表移动带的圈定

地下采矿的结果形成采空区，由于采空区周围岩层失去平衡，引起了采空区周围岩层变形和破坏，以致大规模移动，使地表发生变形和塌落。

按照地表出现变形和塌落的状态分为陷落带和移动带。地表出现裂缝的范围称为陷落带。陷落带的外围，即由陷落带边界起至未出现变形的地点止，称为移动带，移动带的岩层移动（下沉）比较均匀，地表没有破裂。

从地表陷落带的边界至采空区最低边界的连线与水平面所成的倾角，称为陷落角。同样，从地表移动带的边界至采空区最低边界的连线与水平面所成的倾角，称为移动角。在矿山设计中经常使用的是移动带和移动角。

对岩石移动角的影响因素很多，主要的是地质构造、矿体厚度、倾角与赋存深度，以及使用的采矿方法等。设计时可参照条件类似的矿山数据选取，详细内容见有关资料。一般来讲，上盘移动角 β 小于下盘移动角 γ，而走向端部的移动角 δ 最大。各种岩石移动角的概略数字列于表 8-2。

表 8-2　岩石移动角　（°）

岩石名称	垂直矿体走向的岩石移动角		沿矿体走向的岩石移动角 δ
	上盘 β	下盘 γ	
第四纪表土	45	45	45
含水中等稳固片岩	45	55	65
稳固片岩	55	60	70

续表 8-2

岩石名称	垂直矿体走向的岩石移动角		沿矿体走向的岩石移动角 δ
	上盘 β	下盘 γ	
中等稳固致密岩石	60	65	75
稳固致密岩石	65	70	75

移动带的圈定，是根据若干垂直矿体走向的地质横剖面和沿矿体走向的地质纵剖面，从最低一个开采水平起（或有时从最凸出部分），按所选取的各种岩层的移动角往上画，一直画到地表，得到移动界线和地表的两个交点，再将这些交点转绘在地形图上，在地形图上将这些点用光滑曲线联结起来，便是所圈定的地表移动带。

图 8-30 绘出了矿体横剖面及沿走向剖面的陷落带和移动带。地表移动带内的整个区域为危险区，在这个区域内布置井筒或其他建筑物、构筑物有危险。为确保安全，避免因地表移动而带来损失，应将主要开拓巷道和其他需要保护的建（构）筑物布置在移动范围之外，并与地表移动带边界保持一定安全距离。安全距离与建（构）筑物保护等级有关，按规定Ⅰ级保护建（构）筑物的安全距离为 20m，Ⅱ级保护建（构）筑物的安全距离为 10m。矿山各种建（构）筑物的保护等级见表 8-3。

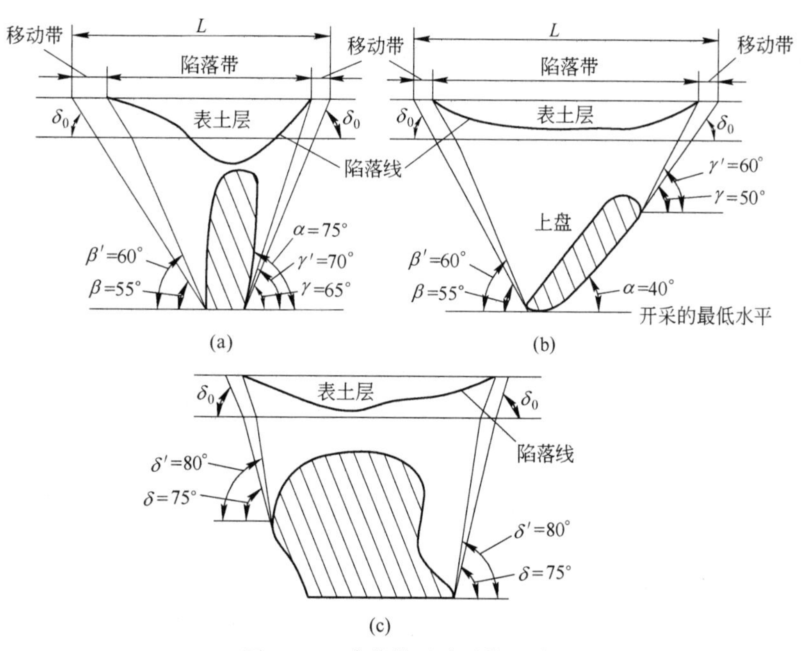

图 8-30　陷落带及移动带界线

（a）垂直走向剖面 $\alpha>\gamma$ 及 γ' 情况；（b）垂直走向剖面 $\alpha<\gamma$ 及 γ' 情况；（c）沿走向剖面

表 8-3　地表建（构）筑物保护等级

保护等级Ⅰ	保护等级Ⅱ
设有提升装置的矿井井筒、井架、卷扬机房；中央变电所；中央机修厂；中央空压机房；索道装载站；锅炉房；发电厂；铁路干线路基；车站建筑物；无法排除或泄水的天然水池和人工水池；多层住房；多层公用建筑物（戏院、医院、学校等）	未设提升装置的井筒（充填井、通风井等次要井筒）；架空索道支架；高压线塔；矿山专用线路；最重要的排水构筑物、上下水道、水塔、小水池和小河床；矿山行政福利建筑；单层和双层住宅及公用建筑；公路等

8.3.3.2　安全深度的确定

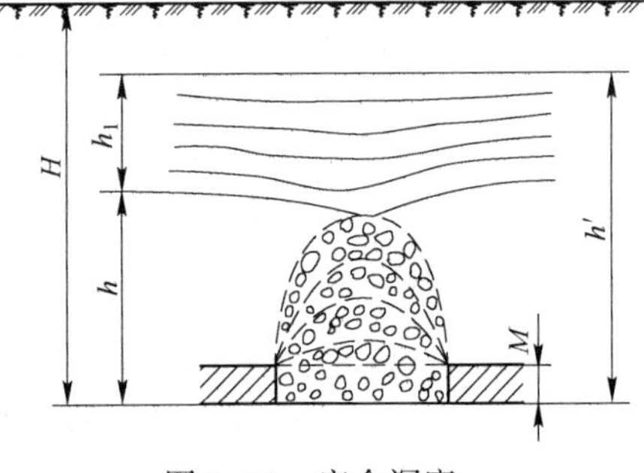

图8-31　安全深度

矿体被采出后，采空区上部岩石由于失去支撑，产生崩落。由于崩落的岩石体积膨胀而充满了采空区，使上部岩石又受到支撑而停止冒落。如图8-31所示，在采空区上面有一定厚度（h）的崩落带，在崩落带之上又有一定厚度（h_1）的下沉（移动）带，两者之和为h'。当矿体赋存深度大于h'时，地表就不会发生变形和破坏，这个深度叫作安全深度。崩落带高度和下沉带高度可分别由下式估算：

$$h = \frac{\omega M}{\omega - 1} \tag{8-9}$$

$$h_1 = (0.04 \sim 0.05)h \tag{8-10}$$

式中　ω——崩落岩石的松散系数；

　　M——矿体厚度，m。

松散系数ω难以准确测得和选用，它与采空区的地压状态、岩石性质和崩落条件有关，近似取$\omega=1.002\sim1.01$。

当取$\omega=1.002$时，$h=\frac{\omega M}{\omega-1}=\frac{1.002M}{1.002-1}=500M$

当取$\omega=1.01$时，$h=\frac{\omega M}{\omega-1}=\frac{1.01M}{1.01-1}=100M$

所以，崩落带高度约为矿体厚度的100~500倍。

一般地，当采空区不充填时，安全深度$h'\geqslant200M$；当干式充填时，$h'\geqslant80M$；用湿式充填时，$h'\geqslant30M$。

8.3.3.3　保安矿柱的圈定

当受一些条件所限，井筒和建筑物等不能布置在移动带以外，需要布置在移动带以内时，必须留足够的矿柱加以保护，此矿柱称为保安矿柱。

保安矿柱只有在矿井开采的结束阶段才可能回采，而且回采安全性差，矿石损失大，劳动生产率低，甚至可能无法回采，成为永久损失。所以，在确定井筒位置时，应尽一切办法避免留保安矿柱。

保安矿柱边界的圈定，是根据建筑物、构筑物的保护等级所要求的保护带宽度，沿其周边画出保护区范围，以保护区周边为起点，按所选取的岩层移动角向下画移动边界线，此移动边界线所截矿体范围就是保安矿柱。图8-32所示为一个较规则的层状矿体保安矿柱的圈定方法。

（1）首先在井口平面图上画出安全区范围（井筒一侧自井筒边起距离20m，另一侧自卷扬机房起距离20m）。

（2）在这个平面图上的井筒中心线作一垂直走向剖面Ⅰ—Ⅰ，在该剖面井筒左侧依下盘岩石移动角γ画移动线，在井筒右侧依上盘岩石移动角β画移动线。井筒左侧和右侧移动线所截矿层的顶板和底板的点就是井筒保安矿柱沿矿层倾斜方向在此剖面上的边界点，即点A_1'、B_1'、A_1、B_1。

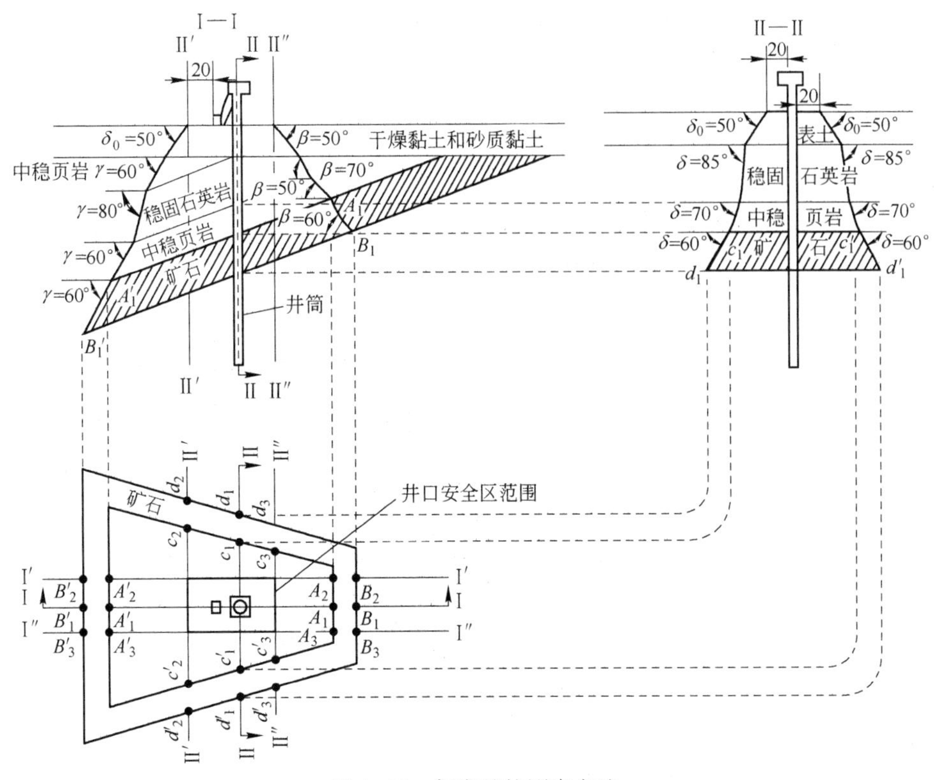

图 8-32　保安矿柱圈定方法

（3）根据垂直走向剖面Ⅰ—Ⅰ所画岩层移动线所截矿层的顶板界点 A_1' 和 A_1，底板界点 B_1' 和 B_1，投射在平面图Ⅰ—Ⅰ剖面线上得 B_1'、A_1'、A_1、B_1 各点，这便是保安矿柱在这个剖面倾斜方向上的边界点。用同样方法可求得Ⅰ′—Ⅰ′剖面线上的边界点 B_2'、A_2'、A_2、B_2，及剖面线上Ⅰ″—Ⅰ″的边界点 B_3'、A_3'、A_3、B_3。分别连接顶底板边界点便得相应的界线。

（4）同理，根据平行走向剖面Ⅱ—Ⅱ画岩层移动线所截矿体的顶板界点 c_1 和 c_1'、底板界点 d_1 和 d_1'，将这些点转绘在平面图的Ⅱ—Ⅱ剖面线上得 d_1'、c_1'、c_1、d_1 各点，这便是保安矿柱在这个剖面走向方向上的边界点。用同样方法还可求得Ⅱ′—Ⅱ′剖面的边界点 d_2'、c_2'、c_2、d_2，Ⅱ″—Ⅱ″剖面的边界点 d_3'、c_3'、c_3、d_3。分别连接顶底板边界点便得相应的界线。

（5）将倾斜方向矿柱顶底板界线和走向方向矿柱顶底板界线延长、相交，或在垂直走向方向和平行走向方向多作几个剖面，按照上法求得顶底板边界点和界线，连接起来，便得整个保安矿柱的界线。

8.4　井底车场

井底车场连接着井下运输与井筒提升，提升矿石、废石和下放材料、设备等，都要经由井底车场转运。因此，需要在井筒附近设置储车线、调车线和绕道等。此外，井底车场也为升降人员、排水以及通风等工作服务，所以相应地还需要在井筒附近设置一些硐室，例如水泵房与水仓、井下变电所等。井底车场就是这些巷道和硐室的总称。

井底车场根据开拓方法不同，可分为竖井井底车场和斜井井底车场两大类。

8.4.1　竖井井底车场

8.4.1.1　井底车场的线路和硐室

组成竖井井底车场的线路和硐室如图8-33所示。主、副井均设在井田中央，主井为箕斗井，副井为罐笼井，两者共同构成一个双环形的井底车场。

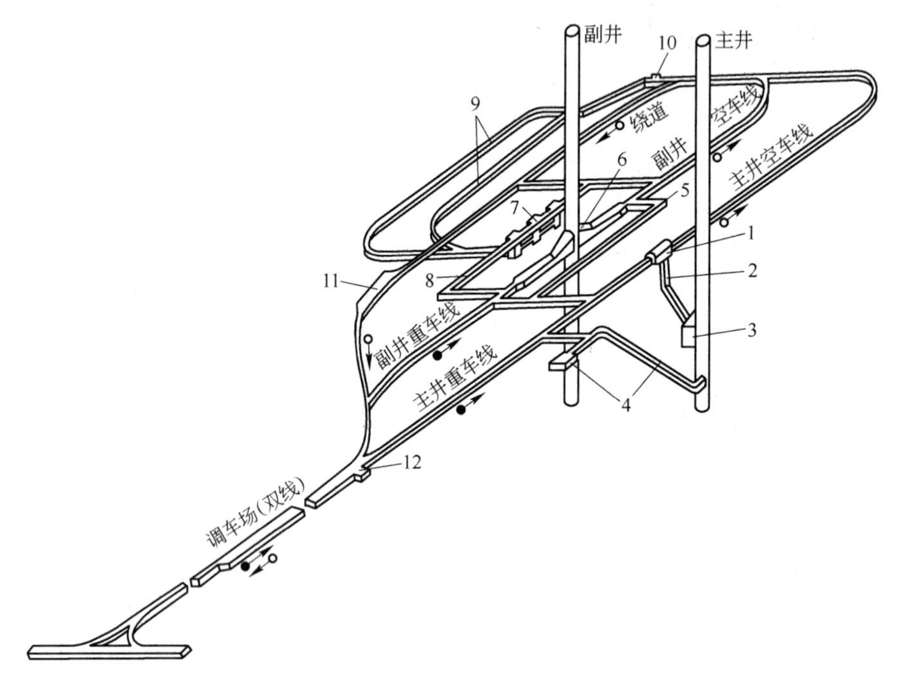

图8-33　竖井井底车场结构示意图

1—卸矿硐室；2—溜井；3—箕斗装载硐室；4—回收撒落碎矿的小斜井；5—候罐室；6—马头门；7—水泵房；8—变电整流站；9—水仓；10—清淤绞车硐室；11—机车修理库；12—调度室

井底车场线路（巷道）包括储车线和行车线。储车线路包括主副井的重车线与空车线以及停放材料车的材料支线。行车线路即调度空、重车辆的行车线路，如连接主、副井的空、重车线的绕道，调车场支线。供矿车出进罐笼的马头门线路，也属于行车线路。

井底车场的硐室根据提升、运输、排水和升降人员等工作的需要设置，硐室的布置主要取决于硐室的用途和使用上的方便。如图8-33所示，与主井提升有关的各种硐室，如卸矿硐室、贮矿仓、箕斗装载硐室、清理撒矿硐室和斜巷等，须设在主井附近的适当位置上，构成主井系统的硐室。副井系统的硐室一般有马头门、水泵房、变电所、水仓及候罐室等。此外，还有一些硐室，如设在车场进口附近的调度室、设在便于进出车地点的电机车库及机车修理硐室等。

8.4.1.2　井底车场形式

井底车场按使用的提升设备分为罐笼井底车场、箕斗井底车场、罐笼-箕斗混合井井底车场和以输送机运输为主的井底车场；按服务的井筒数目分为单一井筒的井底车场和多井筒（如主井、副井）的井底车场；按矿车运行系统分为尽头式井底车场、折返式井底车场和环形井底车场，如图 8-34 所示。

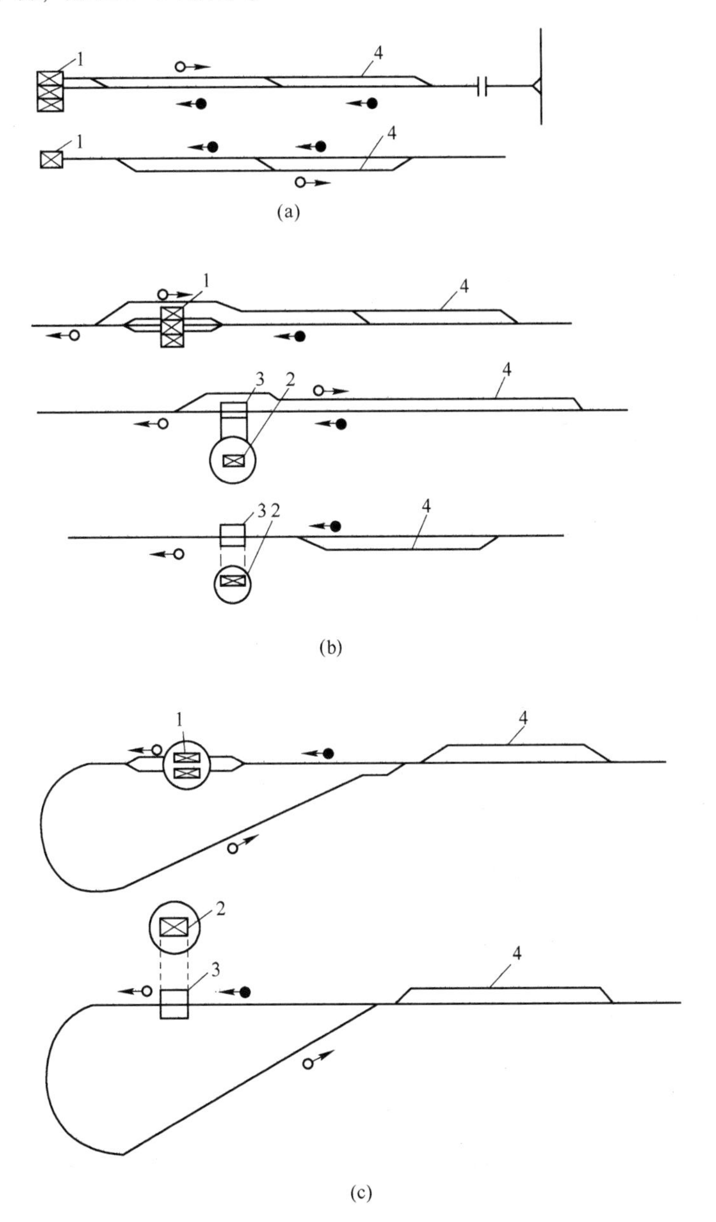

图 8-34　井底车场形式示意图

（a）尽头式；（b）折返式；（c）环形

1—罐笼；2—箕斗；3—翻车机；4—调车线路

尽头式井底车场如图 8-34(a) 所示，用于罐笼提升。其特点是井筒单侧进、出车，空、重车的储车线和调车场均设在井筒一侧，从罐笼拉出来空车后，再推进重车。这种车场的通过能力小，主要用于小型矿井或副井。

折返式井底车场如图 8-34(b) 所示。其特点是井筒或卸车设备（如翻车机）的两侧均铺设线路，一侧过重车，另一侧出空车。空车经过另外铺设的平行线路或从原线路变头

(改变矿车首尾方向)返回。折返式井底车场的主要优点是：提高了井底车场的生产能力；由于折返式线路比环形线路短且弯道少，因此车辆在井底车场逗留时间显著减少，加快了车辆周转；开拓工程量较小。由于运输巷道多数与矿井运输平巷或主要石门合一，弯道和交叉点大大减少，简化了线路结构；运输方便、可靠，操作人员减少，为实现运输自动化创造了条件。列车主要在直线段运行，不仅运行速度高，而且运行安全。

环形井底车场如图 8-34(c) 所示。它与折返式相同，也是一侧进重车，另一侧出空车，但其特点是由井筒或卸载设备出来的空车经由储车线和绕道不变头（矿车首尾方向不变）返回。

双井筒和混合井井底车场线路布置如图 8-35 所示。图 8-35(b) 是双井筒的井底车场，主井为箕斗井，副井为罐笼井。主、副井的运行线路均为环形，构成双环形的井底车场。

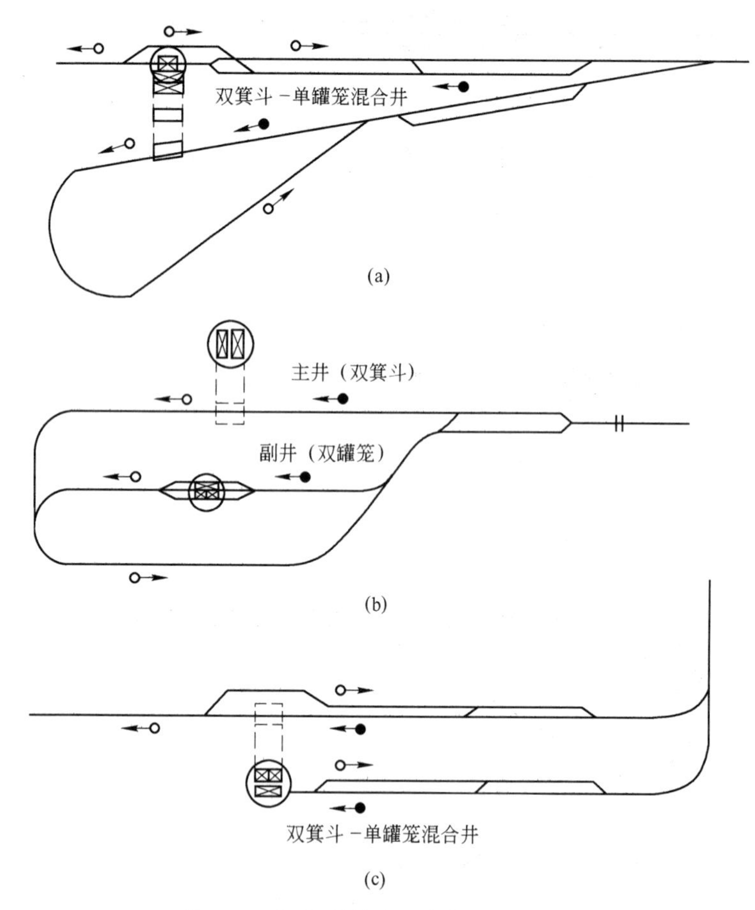

图 8-35 两个井筒或混合井的井底车场

(a) 双箕斗单罐笼混合井，环形-折返式井底车场；(b) 主井双箕斗，副井双罐笼，双环形井底车场；(c) 双箕斗单罐笼混合井，折返-尽头式井底车场

为了减少井筒工程量及简化管理，在生产能力允许的条件下，也有用混合井代替双井筒，即用箕斗提升矿石，用罐笼提升废石并运送人员和材料、设备。此时线路布置与采用双井筒时的要求相同。图 8-35(c) 为双箕斗单罐笼的混合井井底车场线路布置。箕斗提

升采用折返式车场，罐笼提升采用尽头式车场。图8-35(a) 也是混合井井底车场的线路布置，箕斗线路为环形车场，罐笼线路为折返式车场，通过能力比图8-35(c) 中的车场形式大。

8.4.1.3 竖井井底车场的选择

选择合理的井底车场形式和线路结构，是井底车场设计中的首要问题。影响井底车场选择的因素很多，如生产能力、提升容器类型、运输设备和调车方式、井筒数量、各种主要硐室及其布置要求、地面生产系统要求、岩石稳定性以及井筒与运输巷道的相对位置等。因此，必须全面考虑各种相关因素。但在金属矿山，一般情况下主要考虑前面四项。

生产能力大的选择通过能力大的形式。年产量在50万吨以上的可采用环形车场，10万~50万吨的可采用折返式车场，10万吨以下的可采用尽头式车场。

当采用箕斗提升时，固定式矿车用翻车机卸载。产量较小时，可用电机车推顶矿石列车进翻车机卸载，卸载后立即拉走，亦即采用经原进车线返回的折返式车场。在阶段产量较大并用多台电机车运输时，翻车机前可设置推车机或采用自溜坡，此时可采用另设返回线的折返式车场。

当罐笼井同时用于主、副提升时，一般可用环形车场。当产量小时，也可用折返式车场。副井采用罐笼提升时，根据罐笼的数量和提升量确定车场形式。如系单罐且提升量不大时，可采用尽头式井底车场。

当采用箕斗-罐笼混合井或者一主一副两个井筒时，采用双井筒的井底车场。在线路布置上须使主、副提升的两组线路相互结合，在调车线路的布置上应考虑线路共用问题。又如当主提升箕斗井底车场为环形时，副提升罐笼井底车场在工程量增加不大的条件下，可使罐笼井空车线路与主井线路连接，构成双环形的井底车场。

总之，选择井底车场形式时，在满足生产能力要求的条件下，尽量使结构简单，节省工程量，管理方便，生产操作安全可靠，并且易于施工与维护。车场通过能力要大于设计生产能力的30%~50%。

8.4.2 斜井井底车场

斜井井底车场按矿车运行系统可分为折返式车场和环形车场两种形式。环形车场一般适于用箕斗或胶带提升的大、中型斜井。金属矿山，特别是中、小型矿山的斜井多用串车提升，串车提升的车场均为折返式。

串车斜井井筒与车场的连接方式有三种：第一种是旁甩式（见图8-36(a)），即由井筒一侧（或两侧）开掘甩车道，串车经甩车道由斜变平后进入车场；第二种是斜井顶板方向出车，经吊桥变平后进入车场（见图8-36(b)）；第三种是当斜井不再延深时，由斜井井筒直接过渡到车场，即所谓的平车场（见图8-36(c)）。

8.4.2.1 斜井甩车道与平车场

图8-37(a) 为斜井甩车道车场线路示意图。如果从左翼运输巷道来车，在调车场线路1调转电机车头，将重车推进主井重车线2，再去主井空车线3牵引空车；空车拉至调车场线路4，调转车头将空车拉向左翼运输巷道。若从右翼来车，在调车场掉头后，将重车推进主井重车线，再去空车线将空车直接拉走。副井调车与主井调车相同。

图8-37(b) 为主井平车场，斜井为双钩提升。如果从左翼来车，在左翼重车调车场

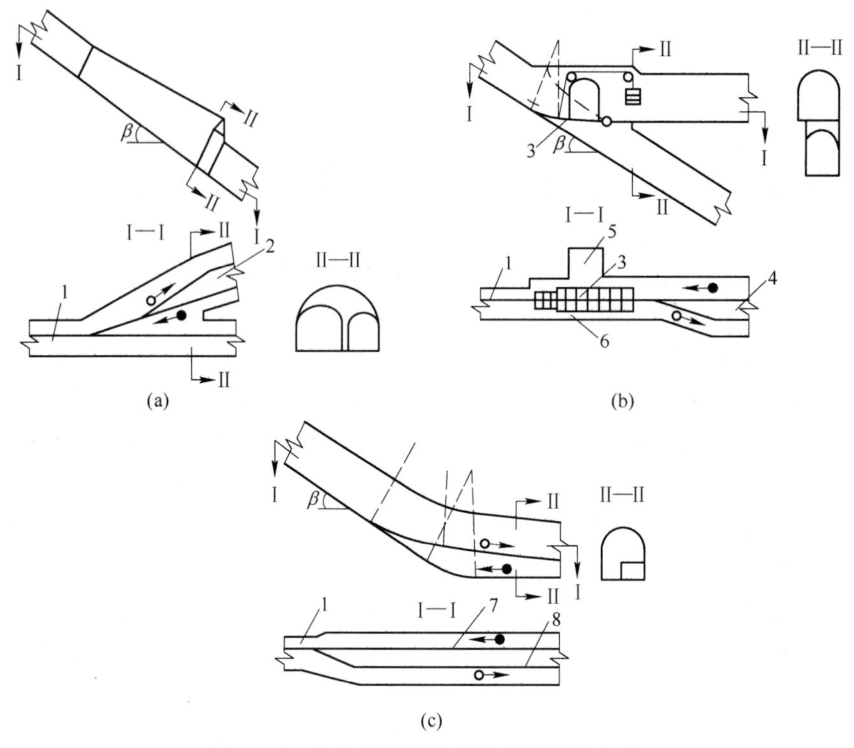

图 8-36　串车提升斜井与车场的连接方式

（a）甩车道；（b）吊桥；（c）平车场

1—斜井；2—甩车道；3—吊桥；4—吊桥车场；5—信号硐室；6—人行口；7—重车道；8—空车道

支线1调车后，推进重车线2，电机车经绕道4进入空车线3，将空车拉到右翼空车调车场5，在支线6进行调头后，经空车线拉回左翼运输巷道。

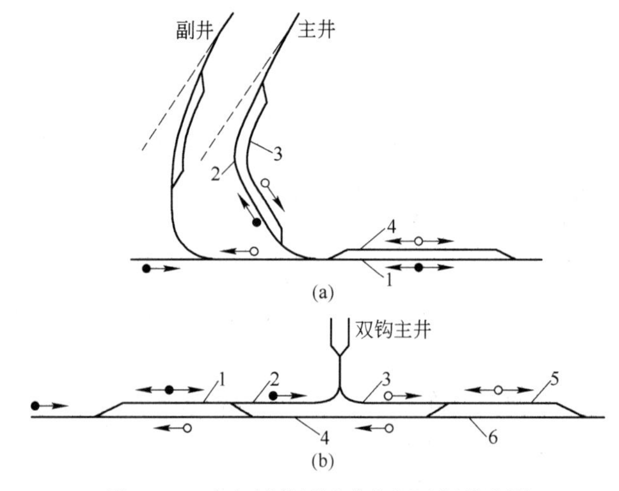

图 8-37　串车斜井折返式车场运行线路图

（a）甩车道车场；（b）平车场

由上述可知，串车斜井井底车场由下列各部分组成：

（1）斜井甩车道（或吊桥）。用它将斜井与车场连接起来，并使矿车由斜变平。一般在变平处摘空车和挂重车（摘挂钩段）。

（2）储车场。储车场紧接摘挂钩段，内设空、重车储车线（图 8-37 中的 2、3）。

（3）调车场。电机车在此处掉头，以便将重车推进重车线，以及改变牵引空车的运行方向。图 8-37(b) 设两个调车场，左翼为重车调车场，右翼为空车调车场。

（4）绕道与各种连接线路。

（5）井筒附近的各种硐室。

8.4.2.2 斜井吊桥

从斜井顶板出车的平车场与甩车场相比，具有很多优点，如钢丝绳磨损小，矿车很少掉道，提升效率高，巷道工程量小，交岔处的宽度小，易于维护等。但是，这种平车场仅能用于斜井最末的一个阶段。

在矿山生产实践中创造的斜井吊桥，既具有平车场的优点，又解决了平车场不能多阶段作业的问题。吊桥连接与平车场一样，也从斜井顶板出车，矿车经过吊桥来往于斜井与阶段井底车场之间。当起升吊桥时，矿车可通过本阶段而沿斜井上下。

吊桥类型如图 8-38 所示。图 8-38(a) 为普通吊桥，它的工程量最小，结构简单，但由于空、重车线摘挂钩在同一条线路上，增加了推车距离和提升休止时间，并且难以实现

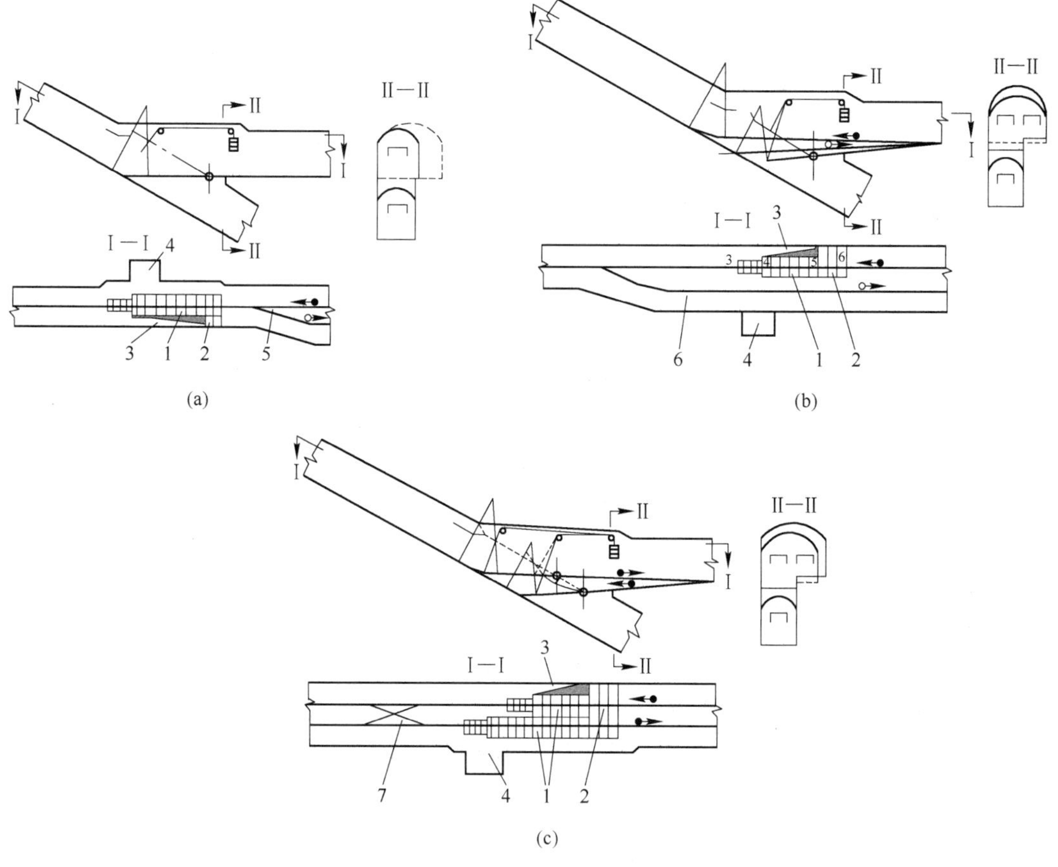

图 8-38 斜井吊桥类型

（a）普通吊桥；（b）吊桥式甩车道；（c）高低差吊桥

1—吊桥；2—固定桥；3—人行口；4—把钩房（信号硐室）；5—车场道岔；6—甩车道；7—渡线道岔

矿车自动滚行。此外，在斜井与车场线路的连接上，由斜变平比较陡急，下放长材料比较困难，有时需在斜井中卸车，再用人力搬运到水平巷道。为此，有的矿山改为吊桥式甩车道，如图 8-38(b) 所示。此时重车通过吊桥上提，空车经过设在斜井一侧的甩车道进入储车室。与前面讲过的甩车道相比，这种调车方式既消除了甩车道的缺点，又保留了甩车道的优点，既可实现矿车自动滚行，又可解决长材料下放问题。在双钩提升的斜井中，有的矿山使用高低差吊桥，如图 8-38(c) 所示。这时采用两个单独吊桥，除了重车线吊桥之外，空车线也设吊桥，并且均按矿车自动滚行设置。

从斜井进入吊桥之前，需铺设渡线道岔或两个单开道岔，以便重车进入斜井中任一条线路和空车进入吊桥。

采用吊桥时，斜井倾角不能太小；否则，吊桥长、重力大，安装和使用均不方便，同时井筒与车场之间的岩柱也不易维护。根据实际经验，当斜井倾角大于 20°时，使用吊桥较好。吊桥上常有人行走，所以在吊桥上要铺设木板（或铁板）。因此，当吊桥升起时就会影响上阶段的通风，下放时又会影响下阶段通风，需采取适当措施，以保证正常通风要求。

8.5 阶段运输巷道

阶段运输巷道的布置或称阶段平面开拓设计，是矿床开拓的一部分。如从开拓巷道的空间位置来看，可将矿床开拓分为立面开拓和平面开拓两个部分。立面开拓主要是确定竖井、斜井、通风井、溜井和充填井的位置、数目、断面形状、大小以及与它们相连接的矿石破碎系统和转运系统等。阶段平面开拓主要是确定阶段开拓巷道的位置（包括井底车场和硐室）。

8.5.1 主运输阶段和副阶段

阶段平面分为主运输阶段和副阶段。主运输阶段需开掘一系列巷道如井底车场、石门、运输巷道及硐室等，将矿块和井筒等开拓巷道连接起来，从而形成完整的运输、通风和排水系统，以保证将矿块中采出来的矿石运出地表；将材料、设备运送至工作面；从入风井进来的新鲜空气顺利地流到各工作面，创造良好的作业环境；将地下水及时排至地表以保证作业的安全。

主运输阶段巷道以解决矿石运输为主，并满足探矿、通风和排水等要求。因此，主阶段运输巷道布置是否合理，直接影响到地下工作人员的安全和工作条件、开拓工作量的大小、运输能力及矿块的生产能力等。为此，正确的选择和设计主阶段运输巷道十分重要。

副阶段是在主阶段之间增设的中间阶段，一般是因主阶段过高致使回采产生困难或因地质和矿床赋存条件发生变化而加设的阶段。副阶段一般不联通井筒。副阶段只掘部分运输巷道并用天井、溜井与其下主阶段贯通。

8.5.2 影响阶段运输巷道布置的因素

阶段运输巷道的布置需考虑下述因素：

(1) 阶段运输能力。阶段运输巷道的布置，首先要满足阶段生产能力的要求，亦即应保证能将矿石运至井底车场。其次，阶段运输能力应留有一定余地，以满足生产发展的需要。

（2）矿体厚度和矿岩的稳固性。矿体厚度小于15m，采用一条沿脉巷道；厚度在15~30m，多采用一条（或两条）下盘沿脉巷道加穿脉巷道，或两条下盘沿脉加联络巷道；极厚矿体多采用环形运输。阶段运输巷道应布置在稳固的围岩中，以利于巷道维护、矿柱回采和掘进比较平直的巷道。

（3）探矿需要。阶段运输巷道的布置，既要满足运输要求，又要满足探矿的需要。

（4）所采用的采矿方法（包括矿柱回采方法）。例如，崩落法一般需布置脉外巷道，并且要布置在下阶段的移动界线之外，以保证下阶段开采时作回风巷道。有些采矿方法不一定要布置脉外巷道。此外，矿块沿走向或垂直走向布置以及底部结构形式等，决定矿块装矿点的位置、数目及装矿方式。

（5）通风要求。阶段巷道的布置应有明确的进风和回风路线，尽量减少转弯，避免巷道断面突然扩大或缩小，以减少通风阻力，并要在一定时间内保留阶段回风巷道。

（6）工程量。要尽量使系统简单，工程量小，开拓时间短。这就要求巷道平直，布置紧凑，一巷多用。

（7）其他。如果涌水量大且矿石中含泥较多，则放矿溜井装矿口应尽量布置在穿脉内，以避免主要运输巷道被泥浆污染。

8.5.3 阶段运输巷道的布置形式

根据不同条件和要求，阶段运输巷道有多种布置形式。

8.5.3.1 单一沿脉巷道布置

按线路布置形式又分为单线会让式和双线渡线式。单线会让式如图8-39(a)所示，除会让站外运输巷道皆为单线，重车通过，空车待避，或相反。因此，通过能力小，多用于薄或中厚矿体。

如果阶段生产能力较大，采用单线会让式难以达到生产能力，应采用双线渡线式布置，如图8-39(b)所示。在运输巷道中设双线路，在适当位置用渡线连接起来，这种布置形式可用于年产量20万~60万吨的矿山。

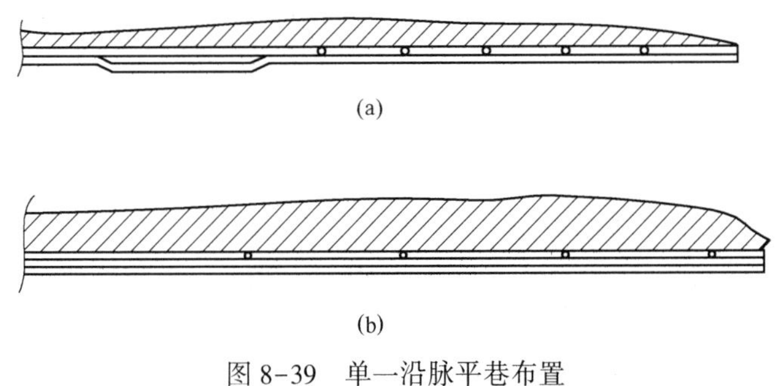

图8-39 单一沿脉平巷布置

(a) 单线会让式；(b) 双线渡线式

按巷道与矿脉的关系可分为脉内布置和脉外布置。在矿体中掘进巷道的优点是能起探矿作用和装矿方便，并能顺便采出矿石。但矿体沿走向变化较大时，巷道弯曲多，对运输不利。因此，脉内布置适用于规则的中厚矿体，且产量不大，矿床勘探不足，矿石品位低，不需回收矿柱。

如果矿石稳固性差、品位高而围岩稳固时，采用脉外布置有利于巷道维护，并能减少矿柱损失。

对于极薄矿脉，应使矿脉位于巷道断面中央，以利于掘进适应矿脉的变化。如果矿脉形态稳定，则将巷道布置在围岩稳固的一侧。

8.5.3.2　下盘双巷加联络道布置

下盘双巷加联络道布置如图 8-40 所示。沿走向下盘布置两条平巷，一条为装车巷道，一条为行车巷道，每隔一定距离用联络道联结起来（环形联结或折返式联结）。这种布置是从双线渡线式演变来的，优点是行车巷道平直利于行车，装车巷道掘在矿体中或矿体下盘围岩中，巷道方向随矿体走向而变化，利于装车和探矿。装车线和行车线分别布置在两条巷道中，安全、方便，巷道断面小有利于维护。其缺点是掘进量大。因此，这种布置多用于中厚和厚矿体中。

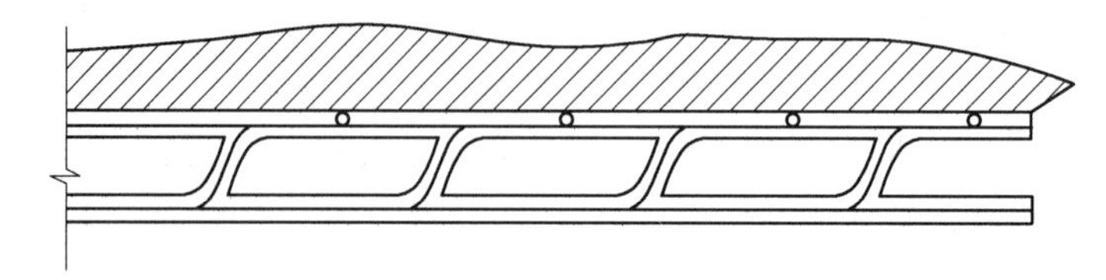

图 8-40　下盘沿脉双巷加联络道布置

8.5.3.3　脉外平巷加穿脉布置

脉外平巷加穿脉布置如图 8-41 所示。一般多采用下盘脉外巷道和若干穿脉配合。从线路布置上讲，采用双线交叉式，即在沿脉巷道中铺设双线，穿脉巷道中铺设单线。沿脉巷道中双线用渡线联结，沿脉和穿脉用单开道岔联结。

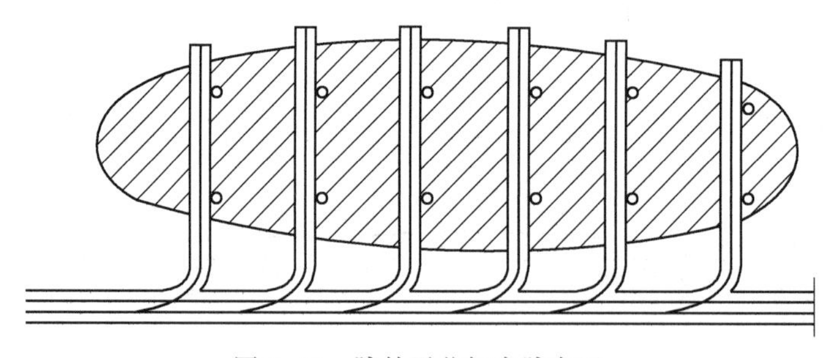

图 8-41　脉外平巷加穿脉布置

这种布置的优点是阶段运输能力大，穿脉巷道装矿安全、方便、可靠，还可起探矿作用；缺点是掘进工程量大，但比环形布置工程量小。因此，这种布置多用于厚矿体，阶段生产能力在 60 万~150 万吨/年。

8.5.3.4　上下盘沿脉巷道加穿脉的环形布置

上下盘沿脉巷道加穿脉的环形布置如图 8-42 所示。这种布置设有重车线、空车线和环形线，形成环形布置。环行线既是装车线，又是空、重车线的联络线。从卸车站驶出的空车，经空车线到达装矿点装车后，由重车线驶回卸车站。环形运输的最大优点是生产能力大。此外，穿脉装车安全方便，也可起探矿作用。其缺点是掘进量很大。这种布置生产能力可达150万~300万吨/年，所以多用在规模大的厚和极厚矿体中，也可用于几组互相平行的矿体中。

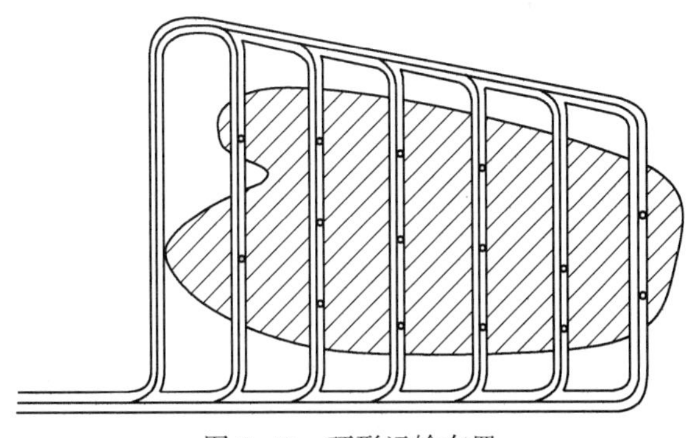

图8-42 环形运输布置

当开采规模很大时，也可采用双线环形布置。

8.5.3.5 平底装车布置

如图8-43所示，这种布置方式是由于平底装车结构和无轨装运设备的出现发展起来的。矿石装运一般有两种方式：一是由装岩机将矿石装入运输巷道的矿车中，再由电机车拉走；二是由铲运机在装运巷道中铲装矿石，运至附近的溜井卸载。

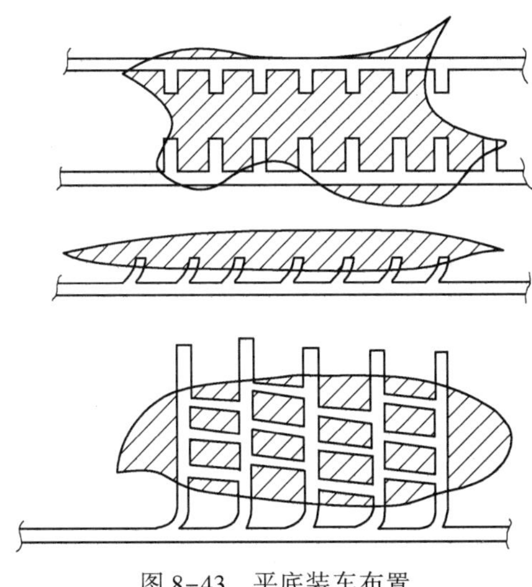

图8-43 平底装车布置

以上所述是阶段运输的一些基本布置形式。由于矿体形态、厚度和分布等往往是复杂多变的，实际布置形式应按生产要求，灵活运用。

8.6 溜 井

在我国许多地下开采的金属矿山中，普遍采用溜井放矿。溜井的应用范围和溜井系统大致可分为两种：

(1) 平硐溜井出矿系统。采用平硐开拓时，主平硐以上各个阶段采出的矿石，均经溜井放至主平硐水平，然后再运至地面选矿厂，形成完整的开拓运输系统。

（2）竖井箕斗提升的集中出矿系统。采用竖井开拓时，也可采用溜井放矿集中出矿的运输系统。如竖井采用箕斗提升时，常将几个阶段采下的矿石经溜井放至下面的某一阶段，有时还在这个阶段的竖井旁侧设置地下破碎站，矿石经破碎后，装入箕斗提至地面。

8.6.1 溜井位置的选择

选择溜井位置应注意以下基本原则：

（1）根据矿体赋存条件使上下阶段运输距离最短，开拓工程量小，施工方便，安全可靠，避免矿石反向运输。

（2）溜井应布置在岩层稳固、整体性好、岩层节理不发育的地带，尽量避开断层、破碎带、流沙层、岩溶及涌水较大和构造发育的地带。

（3）溜井一般布置在矿体下盘围岩中，以免留保安矿柱和影响生产。当围岩破碎而矿体稳固时，则可布置在矿体中，有时可利用采区天井放矿。

（4）溜井装卸口的位置应尽量避免放在主要运输巷道内，以减少对运输的干扰和矿尘对空气的污染。

为保证矿山正常生产，在下列情况下要考虑设置备用溜井。备用溜井的数目按矿山的具体条件确定，一般备用数为1~2个。

（1）大中型矿山，一般均设备用溜井；

（2）当溜井穿过的岩层不够稳固或溜井容易发生堵塞现象时，应考虑设置备用溜井；

（3）当矿山有可能在短期内扩大规模时，应考虑备用溜井及其设置位置。

8.6.2 溜井放矿能力

溜井放矿能力的波动范围很大，它主要取决于卸矿口的卸矿能力、放矿口的装矿能力及巷道的运输能力。为了使溜井能持续出矿，保证矿山正常生产，溜井中必须贮存一定数量的矿石。此外，应使卸矿口的卸矿能力大于放矿口的放矿能力。放矿口的装矿能力主要取决于下部巷道的运输能力；卸矿口的卸矿能力主要取决于上部水平的运输能力和采场出矿能力。因此，溜井放矿生产能力主要取决于上、下阶段的运输能力。

溜井放矿生产能力，可按下式估算：

$$W = 3600 \frac{\lambda F \alpha \gamma v \eta}{K} \tag{8-11}$$

式中 W——溜井放矿生产能力，t/h；

λ——闸门完善程度系数，一般为0.7~0.8；

F——放矿口的断面积，m^2；

α——矿流收缩系数，一般为0.5~0.7；

γ——矿石实体重，t/m^3；

v——矿流速度，通常取0.2~0.4m/s；

η——考虑到堵塞停歇时间等因素的放矿效率，通常取0.75~0.8；

K——矿石松散系数，一般为1.4~1.6。

国内矿山生产实践证明，当溜井中贮备一定数量的矿石，各运输水平的运输能力能满足放矿口及卸矿口的能力时，则溜井的生产能力是很大的。正常情况下，每条溜井每天可放矿 3000～5000t。

8.6.3 溜井的形式

国内金属矿山的主溜井，按其总的外形特征与转运设施，可分为以下主要形式：

(1) 垂直式。这种溜井从上到下是垂直的，如图 8-44(a) 所示。各阶段的矿石由分支斜道放入溜井。这种溜井具有结构简单、不易堵塞、使用方便、开掘比较容易等优点，故在国内金属矿山应用比较广泛。其缺点是贮存能力有限，放矿冲击力大，矿石容易粉碎，对井壁的冲击磨损大。因此，使用这种溜井时，要求岩石坚硬、稳固、整体性好，矿石坚硬不易粉碎；同时溜井内应保留一定数量的矿石作为缓冲层。

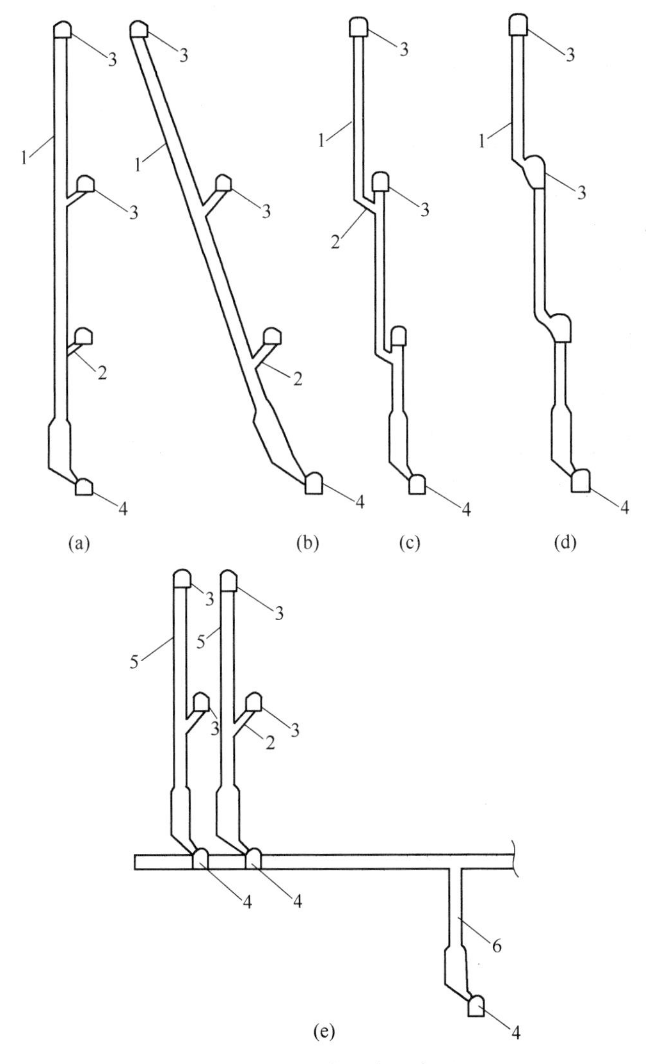

图 8-44 溜井形式示意图

(a) 垂直式；(b) 倾斜式；(c) 瀑布垂直式；(d) 接力垂直式；(e) 阶梯垂直式

1—主溜井；2—斜溜道；3—卸矿硐室；4—放矿闸门硐室；5—第一阶段溜井；6—转运溜井

（2）倾斜式。这种溜井从上到下是倾斜的，如图8-44(b)所示。这种溜井长度较大，可缓和矿石滚动速度，减小对溜井底部的冲击力。只要矿石坚硬不结块，也不易发生堵塞现象。溜井一般沿岩层倾斜布置可缩短运输巷道长度，减少巷道掘进工程量。但是倾斜式溜井中的矿石对溜井底板、两帮和溜井贮存矿段顶板、两帮冲击磨损较严重。因此，其位置应选择在坚硬、稳固、整体性好的岩层或矿体内。为了有利于放矿，溜井倾角应大于60°。

（3）分段垂直式。当矿山多阶段同时生产且溜井穿过的围岩不够稳固时，为了降低矿石在溜井中的落差，减轻矿石对井壁的冲击磨损与夯实溜井中的矿石，将各阶段的溜井的上下口错开一定距离。其布置形式又分为瀑布式和接力式两种，如图8-44(c)和图8-44(d)所示。瀑布式溜井的特点是上阶段溜井与下阶段溜井用斜溜道相连，从上阶段溜井溜下的矿石经其下部斜溜道转放到下阶段溜井，矿石如此逐段转放下落，形若瀑布。接力式溜井的特点是上阶段溜井中的矿石经溜口闸门转放到下阶段溜井，用闸门控制各阶段矿石的溜放。因此当某一阶段溜井发生事故时不致影响其他阶段的生产；但每段溜井下部均要设溜口闸门，使生产管理、维护检修较复杂。

（4）阶梯垂直式。如图8-44(e)所示，这种溜井的特点是上段溜井与下段溜井之间水平距离较大，故中间需要转运。这种溜井仅用于岩层条件较复杂的矿山，例如为避开不稳固岩层，或在缓倾斜矿体条件下为减少运输巷道，而将溜井设为阶梯式。

8.6.4 溜井的结构参数

为了保证溜井持续、可靠、安全地溜放矿石，需正确选择溜井的结构参数。图8-45是溜井的结构系统示意图，它包括卸矿硐室、卸矿口、溜井井筒、贮矿仓、溜口（装放矿闸门）、中间阶段硐室和斜溜道、检查天井和检查平巷等。

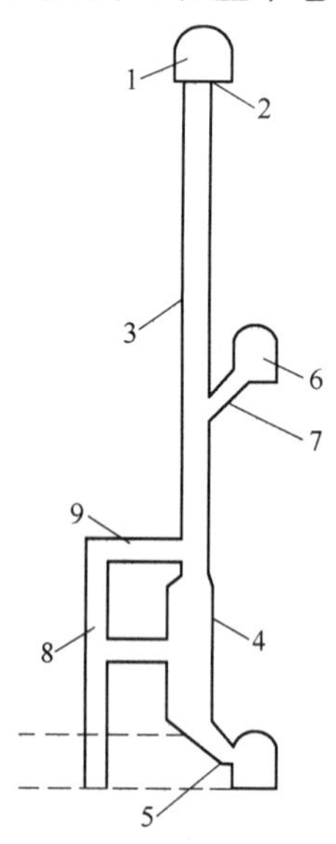

图8-45 溜井结构系统图

1—卸矿硐室；2—卸矿口；3—溜井井筒；4—贮矿仓；5—溜口（装放矿闸门）；6—中间阶段硐室；7—斜溜道；8—检查天井；9—检查平巷

垂直式溜井的断面形状有圆形、方形及矩形等。由于圆形断面利用率高，稳固性和受力状况较好，矿石对溜井磨损程度小且均匀，故生产中使用较多。

斜溜井的断面形状有拱形、梯形、矩形、方形、圆形等。因拱形、矩形断面施工方便，稳固性较好，故使用较多。

溜井的断面尺寸主要取决于溜放矿石的最大块度，并考虑矿石的黏结性、湿度及含粉矿量等因素。

溜井的断面直径（或最小边长）D=通过系数 n×最大块度 d。通过系数一般取 5~8 为宜。对于黏结性大、粉矿多且湿度大的矿石，为减少堵塞次数，溜井断面尺寸应适当加大。

溜井的长度依地质条件、矿床赋存条件、矿石和围岩的物理机械性质、开掘方法及开拓运输系统等来决定。当溜井不贮存矿石时，溜井愈深，则矿石对溜井冲击磨损愈严重，在这种情况下，溜井不宜太长。若溜井贮存矿石（一般贮矿长度为总长度的70%左右），则可适当增加溜井的长度。目前垂直式溜井国外最大长度达600多米，国内达350m左右，斜溜井长度目前国内一般在100~250m，个别矿山达330m。

当溜井通过的岩石坚硬、稳固、整体性好，断面尺寸选择合理，溜井允许贮满矿石，采用振动放矿时，溜井长度不受严格限制。

垂直溜井中，矿石对溜井冲击磨损均匀，在贮矿的情况下，具有比斜溜井堵塞的可能性小、稳固性好等优点，故主溜井多采用垂直式溜井，采用倾斜式溜井的较少。为了保证矿石在溜井中顺利流动，不致堵塞，倾斜式溜井的溜矿段倾角应大于矿石自然安息角，一般应大于55°；贮矿段应等于或大于所溜放矿石的粉矿堆积角，通常不小于65°~75°。溜井的分支斜溜道不作贮矿用，而且长度不大，溜道底板倾角可以采用大于矿石的自然安息角，可在45°~55°之间。

溜井上口即为卸矿口。卸矿口的结构形状分有喇叭式与无喇叭式两种。

在溜井最上一个卸矿口，一般是矿石从矿车中直接卸入溜井。为防止超过允许块度的大块矿石进入井筒造成堵塞，在卸矿口装设格筛，格筛的网格大小按允许落入溜井的最大块度而定。格筛通常采用钢轨、钢管、锰钢条等加工而成，格筛的安装倾角一般为15°~20°。在溜井的中间阶段卸矿，一般均设有斜溜道，矿石经斜溜道溜入溜井。

溜井上口的卸矿方式主要取决于矿车类型。翻转车厢式矿车可用风动绞车带动钢丝绳，用钢丝绳端的铁钩钩住车厢翻车或设置自动卸车架翻车。侧卸式和底卸式矿车用曲轨卸矿，固定式矿车用翻车机卸矿。

8.7 地下破碎设施及粉矿回收

随着采矿技术的发展，已广泛采用深孔落矿的采矿方法。由于矿石破碎不均匀和大块矿石产出率高，显著地增加了放矿的二次破碎量，从而严重地影响着劳动生产率和采场生产能力的提高。

降低二次破碎工作量有两种方法：一种是正确选择落矿的爆破参数，使大块产出率降低，仅靠这种方法降低大块的产出是有限的；另一种是增大出矿的允许块度，设置地下破碎站，将采下矿石运到地下破碎站，用破碎机进行破碎。

8.7.1 地下破碎的优缺点及适用条件

地下破碎的主要优点有：

（1）减少二次破碎工作量，节省了爆破材料，提高了放矿劳动生产率和采场生产能力；

（2）减少了放矿巷道中由于二次爆破所产生的炮烟及烟尘，改善了劳动条件，提高了工作的安全性；

（3）矿石经地下破碎机破碎后，块度较小，增加了箕斗的有效载重，减轻了卸矿时的冲击力和对设备的冲击磨损，增加了生产的可靠性，有利于实现提升设备自动化，提高矿井的提升能力。

地下破碎的主要缺点有：

（1）必须设地下破碎硐室，破碎机上部需设长溜井（贮矿仓），下部需设粗破碎仓，增加了基建工程量和投资；

（2）地下破碎硐室的通风防尘较困难，需采取专门的措施解决；

（3）地下破碎机的管理和维修不如地面方便；

（4）地下采、装、运设备均需与破碎机相配套，才能充分发挥地下破碎机的作用。

根据以上优缺点，在下列条件下采用地下破碎是比较合理的：

（1）有较大的阶段储量的大型矿山适于设置地下破碎站，下降速度大的中小型矿山不宜设置；

（2）采用大量落矿的采矿方法或矿石坚硬大块产出率高；

（3）采用箕斗提升，地面用索道运输。

8.7.2 地下破碎站的布置形式

地下破碎站的布置形式一般为：旁侧式和矿体下盘集中式，旁侧式可分散或集中布置。

8.7.2.1 *旁侧式布置*

旁侧式布置如图8-46所示，破碎站在箕斗井的旁侧。矿石经溜井进入破碎硐室，破碎后装入箕斗经竖井提升到地面。

图8-46(a) 所示是分散旁侧式布置，每个开采阶段都独立设置破碎站，随着开采阶段的下降，破碎站也随之迁至下部阶段。其优点是第一期井筒及溜井工程量小，建设投产快；缺点是一个破碎站只能处理一个阶段的矿石，每下降一个阶段都要新掘破碎硐室，总的硐室工程量大，总投资较高。分散旁侧式只适用于开采极厚矿体或缓倾斜矿体，阶段储量很大和生产期限很长的矿山。

图8-46(b) 所示是集中旁侧式布置，将几个阶段的矿石通过主溜井放到下部阶段箕斗井旁侧的破碎站，进行集中破碎。其优点是破碎硐室工程量较小，总投资较少；缺点是矿石都集中到最下一个阶段，第一期井筒和溜井工程量较大，并增加了矿石的提升费用。集中旁侧式适用于多阶段同时出矿，国内矿山采用较多。

8.7.2.2 *矿体下盘集中式布置*

矿体下盘集中式布置如图8-47所示。各阶段矿石经矿体下盘分支溜井溜放到主溜井

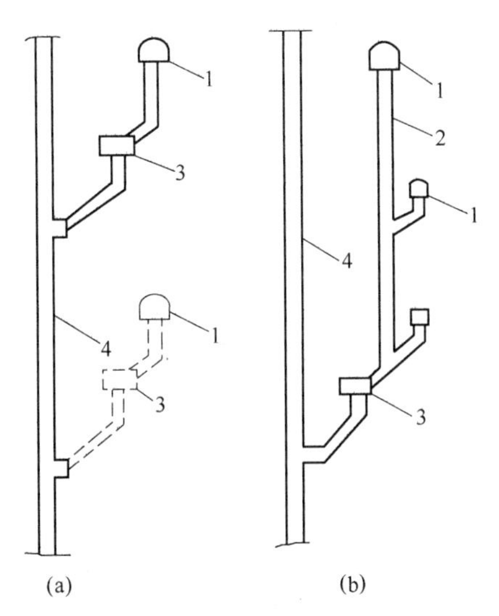

图 8-46 地下旁侧式破碎站的布置形式

(a) 分散旁侧式破碎站；(b) 集中旁侧式破碎站

1—运输阶段卸矿车场；2—主溜井；3—破碎硐室；4—箕斗井

下的破碎硐室，破碎后的矿石经皮带运输机运至箕斗井旁侧的贮矿仓，然后再由箕斗井提升至地表；当采用平硐溜井开拓时，破碎后的矿石即由皮带运输机直接运至地表。

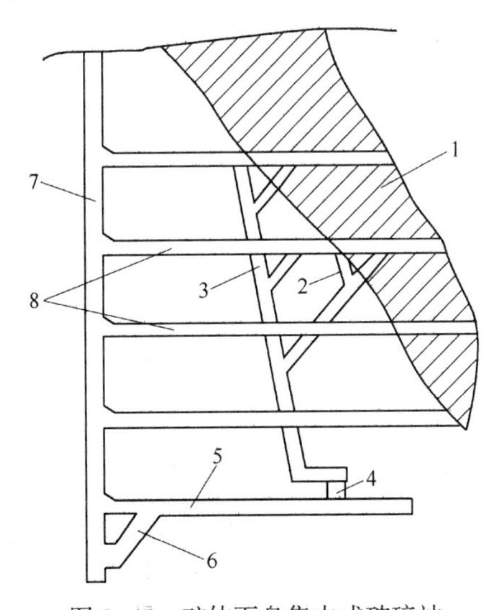

图 8-47 矿体下盘集中式破碎站

1—矿体；2—分支溜井；3—主溜井；4—破碎站；5—转运平巷；6—贮矿仓；7—箕斗井；8—阶段平巷

这种布置的优点是省掉了各阶段的运输设备和设施；缺点是分支溜井较多，容易产生堵塞事故。该布置形式对于矿体比较集中、走向长度不大、多阶段同时出矿的矿山较适合。

8.7.3 粉矿回收

采用箕斗提升的井筒，在装载过程中以及地下水流入井底水窝时，都有不同程度的粉矿落入井底，需要经常清理回收这些粉矿；否则，不仅损失矿石，而且会影响生产的正常进行。因此，凡采用箕斗提升的矿井，必须设置粉矿回收设施。

8.7.3.1 利用副井回收粉矿

利用副井回收粉矿方式如图 8-48 所示。粉矿落入粉矿仓，待积蓄到一定的数量后，通过粉矿仓漏斗放入装矿硐室的矿车中，从粉矿运输平巷推入副井罐笼中提升至地表。这种方式的主要优点是粉矿回收巷道工程量小，使用和管理方便；缺点是副井井底水窝清理需要单独进行。该方式适合于主、副井之间距离较短（50m 左右），副井超前主井延深一个阶段，副井采用罐笼提升，副井需要延深等情况。

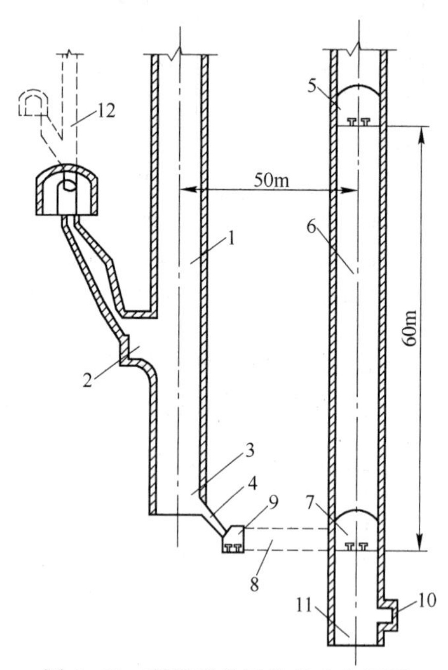

图 8-48 利用副井回收粉矿布置图

1—主井；2—装矿硐室；3—粉矿仓；4—粉矿仓漏斗；5—卸矿水平；6—副井；7—阶段水平；8—粉矿运输平巷；9—粉矿装车硐室；10—井底水泵硐室；11—井底水窝；12—溜井

8.7.3.2 利用主井回收粉矿

利用主井回收粉矿方式如图 8-49 所示。粉矿落入矿仓，待积蓄一定数量后，经粉矿仓闸门，装入矿车中，矿车从粉矿回收绕道推入主井的罐笼中提升至地表，或提升至上一阶段水平，再经卸矿硐室、矿仓及装载硐室装入箕斗提升至地表。

这种方式的主要优点是粉矿回收设施的工程量小，简化了井底水窝的清理工作；缺点是箕斗尾绳和罐道钢丝绳要通过粉矿仓。用混合井提升时，在罐笼提升深度超前箕斗提升深度的情况下，适合采用这种回收粉矿设施。

8.7.3.3 利用小竖井回收粉矿

利用小竖井回收粉矿方式如图 8-50 所示。粉矿落入粉矿仓，待积蓄一定数量后，粉矿经粉矿仓漏斗装入矿车，经平巷推入小竖井的罐笼中提升至卸矿水平，再经卸矿硐室卸入矿仓，经装矿硐室装入箕斗提升至地表。

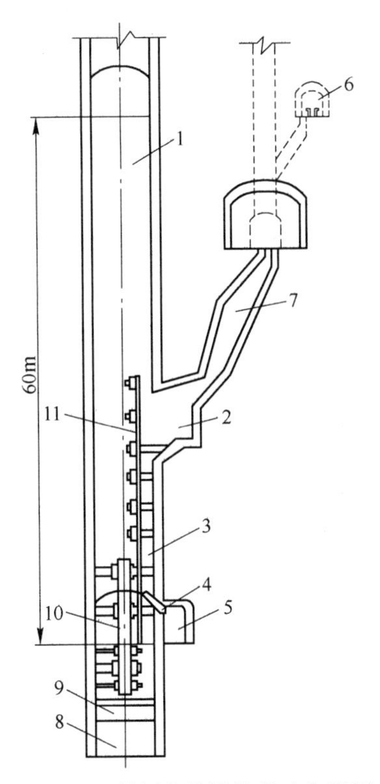

图 8-49 利用主井回收粉矿布置图

1—混合井；2—装载硐室；3—粉矿仓；4—粉矿仓闸门；5—粉矿回收绕道；6—卸矿硐室；7—矿仓；8—井底水窝；9—水泵及重锤检修台；10—重锤；11—罐道

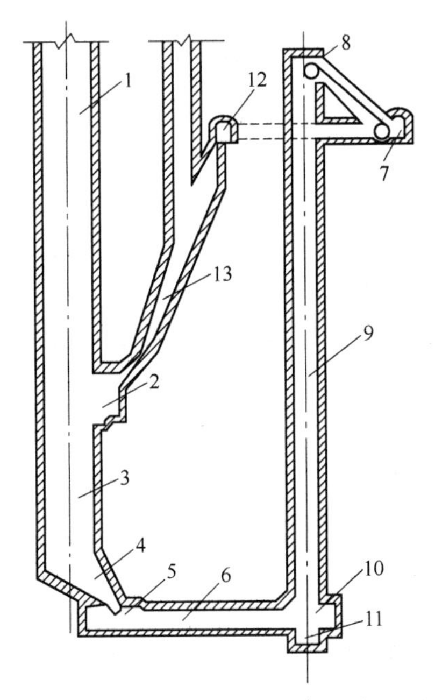

图 8-50 利用小竖井回收粉矿布置图

1—主井；2—装矿硐室；3—粉矿仓；4—粉矿仓漏斗；5—粉矿仓闸门硐室；6—平巷；7—卷扬机硐室；8—天轮硐室；9—小竖井；10—井底水泵硐室；11—井底水窝；12—卸矿硐室；13—矿仓

这种方式的主要优点是不影响主副井的提升能力，对下阶段掘进有利；主要缺点是开拓工程量大，多一套提升设备，管理也不方便。但是，这种方式避免了箕斗尾绳和罐道钢丝绳要通过粉矿仓的缺点。这种方式适用于主、副井相距较远或主井超前副井和副井采用双罐笼提升等情况。

8.8 矿床开拓方案选择

在矿山设计中，选择矿床开拓方案是总体设计中十分重要的内容，包括确定主要开拓巷道和辅助巷道的类型、位置、数目等，涉及矿山总平面布置、提升运输、通风、排水等一系列问题。矿床开拓方案一经选定并施工后，很难改变。本节对矿床开拓方案选择的基本要求、影响因素和步骤作简要说明。

8.8.1 选择开拓方案的基本要求和影响因素

选择矿床开拓方案需满足下列基本要求：

（1）确保工作安全，创造良好的地面与地下劳动卫生条件，具有良好的提升、运输、通风、排水等功能；

（2）技术上可靠，并有足够的生产能力，以保证矿山的均衡生产；

（3）基建工程量最少，尽量减少基本建设投资和生产经营费用；

（4）确保在规定时间内投产，在生产期间能及时准备出新水平；

（5）不留和少留保安矿柱，以减少矿石损失；

（6）充分考虑与开拓方案密切关联的地面总平面布置，使之尽量少占或不占农田。

影响矿床开拓方案选择的因素主要有：

（1）矿体赋存条件，如矿体的厚度、倾角、偏角、走向长度和埋藏深度等；

（2）地质构造，如断层、破裂带等；

（3）矿石和围岩的物理力学性质，如坚固性、稳固性等；

（4）矿区水文地质条件，如地表水（河流、湖泊等）、地下水、溶洞的分布情况；

（5）地表地形条件，如地面运输条件、地面工业场地布置、地面岩体崩落和移动范围，外部交通条件、农田分布情况等；

（6）矿石工业储量、矿石价值、矿床勘探程度及远景储量等；

（7）选用的采矿方法；

（8）水、电供应条件；

（9）原有井巷工程存在状态；

（10）选场和尾矿库可能建设的地点。

8.8.2 选择开拓方案的方法和步骤

对于一个矿山，往往有几个技术上可行而在经济上不易区分的开拓方案，矿床开拓设计是从中选出最优方案。由于矿床开拓设计内容广泛，涉及井田划分、选场和尾矿库的相关位置以及地面总平面布置等一系列问题，往往不容易判断方案的优劣。因此，必须综合分析比较才能选出最优方案。用综合分析方法选择矿床开拓方案的步骤如下：

（1）开拓方案初选。在全面了解设计基础资料和对矿床开拓有关的问题进行深入调查研究的基础上，根据国家技术经济政策和设计任务书，充分考虑影响因素，提出在技术上可行的若干方案。对各个方案拟定出开拓运输系统和通风系统，确定主要开拓巷道类型、位置和断面尺寸，绘出开拓方案草图，从其中初选出3~5个可能列入初步分析比较的开拓方案。在方案初选中，既不要遗漏技术上可行的方案，又不必将有明显缺陷的方案列入比较。

（2）开拓方案的初步分析比较。对初选出的开拓方案，进行技术、经济、建设时间等方面的初步分析比较，删去某些无突出优点和难以实现的开拓方案，从中选出2~3个在技术经济上难以区分的开拓方案，列为进行技术经济比较的开拓方案。

（3）开拓方案的技术经济比较。对初步分析比较选出的2~3个开拓方案，进行详细的技术经济计算，综合分析评价，从中选出最优的开拓方案。在技术经济比较中，通过对一系列相关技术经济指标的计算，衡量矿床开采的技术经济效益，估算出矿床开采的盈利指标。计算和对比的技术经济指标一般包括：

1）基建工程量、基建投资总额和投资回收期或收益率；

2）年生产经营费用、产品成本；

3）基本建设期限、投产和达产时间；

4）设备与材料（钢材、木材、水泥）用量；

5）采出的矿石量、矿产资源利用程度、留保安矿柱的经济损失；

6）占用农田和土地的面积；

7）安全与劳动卫生条件；

8）其他值得参与技术经济评价的项目。

9 井巷设计概论

井巷工程在地下开采中占有十分重要的位置，井巷设计是否合理直接影响矿山生产的安全性、生产能力、建设投资和运营成本。金属矿床地下开采涉及很多种类的井巷工程，如竖井、斜井、平巷、天井、井底车场、硐室等。本章以竖井和平巷为例，介绍井巷设计的最基本内容与主要参数的选择及计算。

9.1 竖井井筒类型与装备

在设计竖井井筒前，应收集有关井筒所在位置的地面地下水文及地质条件，井筒内的设备配置情况，井筒的服务年限、生产能力和通过风量等资料。

9.1.1 井筒类型

竖井按用途可以分为提升井和通风井（风井）。提升矿石的为主井，提放人员、设备和材料的为副井，两者兼顾的称为混合井；提升设备为箕斗的称为箕斗井（只能提升矿石和岩石），提升设备为罐笼的称为罐笼井（可以提升矿岩，提放人员、设备和材料）。井筒断面形状一般为圆形，方形和矩形较少。圆形断面有利于施工、维护，但断面利用率较低。各种井筒的用途及设备配置情况见表9-1和图9-1。

表9-1 井筒用途及设备配置

井筒类型	用　途	井内装设情况	示　例
主井（箕斗或罐笼井）	提升矿石	箕斗或罐笼，有时设管路间、梯子间	图9-1(a)
副井（罐笼井）	提升废石，提放人员、材料、设备	罐笼、梯子间、管路间	图9-1(b)、(c)
混合井	提升矿石、废石，提放人员、材料、设备	箕斗、罐笼、梯子间、管路间	图9-1(d)
风　井	通风，兼作安全出口	井深小于300m时，设梯子间；井深大于300m时，设紧急提升设备	
盲　井	无直接通达地表的出口，一般作提升井用	根据生产需要装设	

9.1.2 井筒内装备

竖井的主要装备是罐笼或箕斗。罐道、罐道梁、井底支承结构、过卷装置、托罐梁等都是为罐笼或箕斗的稳定、安全、高速运行而设，梯子间是为井内设备的安装和维修并提供辅助安全通道而设。由于竖井是整个矿山的主要通道，所以风、水、电等管缆也都通过竖井抵达地下。

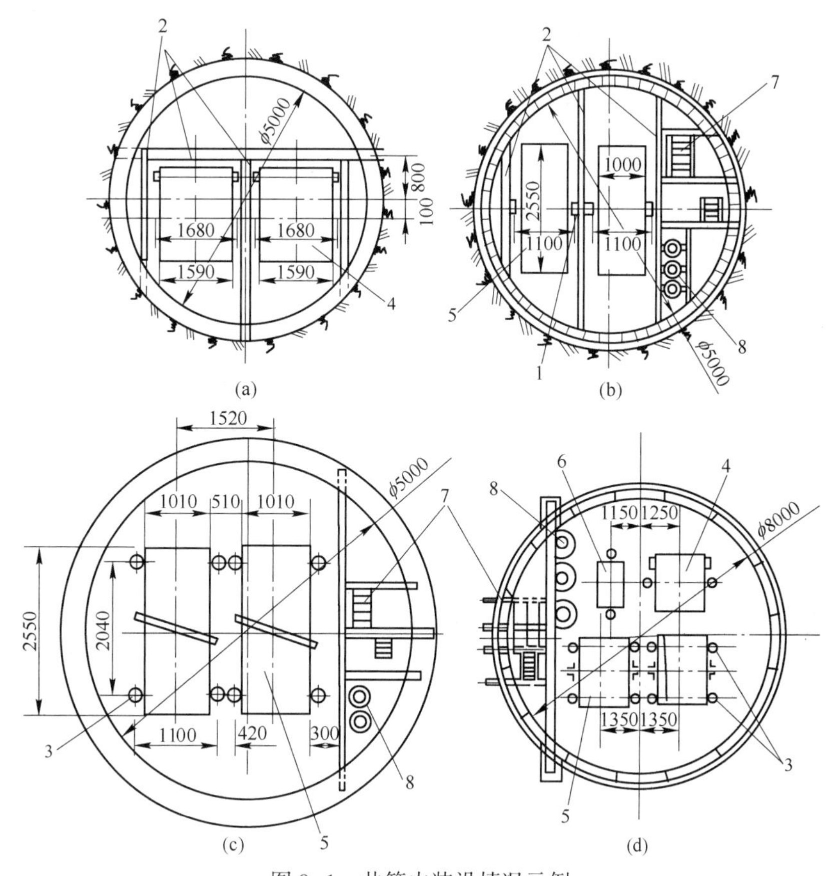

图 9-1　井筒内装设情况示例

(a) 箕斗井；(b)，(c) 罐笼井；(d) 混合井

1—刚性罐道；2—罐道梁；3—柔性（钢丝绳）罐道；4—箕斗；

5—罐笼；6—平衡锤；7—梯子间；8—管路

9.1.2.1　提升容器

按照竖井的用途选择提升容器。竖井提升容器有罐笼和箕斗，选择提升容器的主要依据是用途和生产能力。罐笼是多用途提升容器，可以提升矿石、废石，提放设备、人员和材料，但罐笼的生产能力较低，一般用作副井或混合井的提升容器。箕斗只用来提升矿石和废石，运行速度高，生产能力大，用于产量高的主井或混合井。

主井生产能力大的用箕斗，生产能力小的用罐笼。罐笼有单层、多层，每层又有单车、多车之分，罐笼的规格视矿车而定。提升容器的数量有单容器和多容器，根据生产能力确定。

9.1.2.2　罐道

罐道是约束提升容器上、下运行的轨道，罐道分刚性罐道和柔性罐道两类。刚性罐道和罐道梁与提升容器的相对位置有多种方式，可以布置在提升容器的两侧、两端、单侧、对角或其他位置，原则是保证提升容器的稳定运行并尽量提高竖井断面的利用率。刚性罐道和罐道梁的选择计算，可以按照静载荷乘以一定的倍数，或按动载应力计算；无论用哪种方式计算，选择的余地并不大，一般在常用的几种类型中选择。刚性罐道的类型与性能见表 9-2。

表 9-2 刚性罐道的类型与性能

罐道类型	规　　格	材料特点	适用条件	适用罐梁层距
木罐道	矩形断面，160mm×180mm左右，每根长6m	易腐蚀，使用寿命较短，宜先行防腐处理	井筒内有侵蚀性水，中小型金属矿山	2m
钢轨罐道	常用规格为38kg/m、33kg/m或43kg/m，标准长度4.168m	强度大，使用寿命长	多用于箕斗井或罐笼井	4.168m
型钢组合罐道	由槽钢或角钢焊接而成的空心钢罐道	抵抗侧向弯曲和扭转能力强，罐道刚性大	配合弹性胶轮滚动罐耳，运行平稳且磨损小，用于提升终端荷载大和提升速度高的井中	
整体轧制罐道	方形钢管罐道	具有型钢组合罐道的优点，且性能更优越，自重小，寿命长	用于提升终端荷载大和提升速度高的井中	

柔性罐道即钢绳罐道，不用罐道梁。在钢绳罐道的一端有固定装置，另一端有拉紧装置，以保证提升容器的稳定运行。柔性罐道结构简单，安装、维修方便，运行性能好；不足之处是井架的载荷大，要求安全间隙大（增大井筒直径）。柔性罐道的布置方式与刚性罐道类似，有单侧、双侧和对角布置，在提升容器每一侧可以布置单绳或双绳。柔性罐道设计时需计算、选择钢绳的直径、拉紧力和拉紧方式。钢绳直径可先参照表9-3中的经验数据选取，然后按式（9-1）验算。

表 9-3 罐道绳直径选取经验数据

井深/m	终端荷重/t	提升速度/m·s^{-1}	罐道绳直径/mm	罐道绳类型
<150	<3	2~3	20.5~25	6×7+1普通钢丝绳
150~200	3~5	3~5	25~32	6×7+1普通钢丝绳，密封或半密封钢丝绳
200~300	5~8	5~6	30.5~35.5	密封或半密封钢丝绳
300~400	6~12	6~8	35.5~40.5	密封或半密封钢丝绳
>400	8~12或更大	>8	40.5~50	密封或半密封钢丝绳

$$m = \frac{Q_1}{Q_0 + qL} \geqslant 6 \tag{9-1}$$

式中 Q_1——罐道绳全部钢丝拉断力的总和，kg；

Q_0——罐道绳下端的拉紧力，kg；

q——罐道绳的单位长度质量，kg/m；

L——罐道绳的悬垂长度，m，L=井深+(20~50)m。

罐道绳的拉紧方式参照表9-4选取，拉紧力按式（9-2）计算：

$$Q_0 = \frac{qL}{e^{\frac{4q}{K_{\min}}} - 1} \tag{9-2}$$

式中　K_{min}——罐道绳最小刚性系数，$K_{min}=45\sim65kg/m$，一般取 50kg/m；对终端荷载和提升速度较大的大型井或深井，K_{min} 应选取大些，反之取小些；其他符号同式（9-1）。

表 9-4　罐道绳拉紧方式

拉紧方式	罐道绳上端	罐道绳下端	特点及适用条件
螺杆拉紧	在井架上设螺杆拉紧装置，以此拉紧螺杆固定罐道绳	用绳夹板固定在井底钢梁上	拧紧螺杆，罐道绳产生张力；拉紧力有限，一般用于浅井中
重锤拉紧	固定在井架上	在井底用重锤拉紧，拉紧力不变，无须调绳检修	因有重锤及井底固定装置，要求井筒底部较深并设有排水清扫设施；拉力大，适用于中、深井中
液压螺杆拉紧	在井架上，以此液压螺杆拉紧装置拉紧罐道绳	用倒置固定装置固定在井底专设的钢梁上	利用液压油缸调整罐道绳拉紧力，调绳方便省力，但安装和换绳较复杂；此方式适用范围较广

9.1.2.3　梯子间与管缆间

兼作安全出口的竖井必须设梯子间。梯子间除用作安全出口外，平时用于竖井内各种设备检修。梯子间一般布置在罐笼井中，箕斗井中可不设梯子间。梯子间通常布置在井筒的一侧，并用隔板与提升间、管缆间隔开。梯子间中梯子的布置方式，按上下两层梯子安设的相对位置可分为并列、交错、顺列三种形式，如图 9-2 所示（S_x 为梯子间断面尺寸）。梯子倾角不大于 80°，相邻两层间距与罐梁间距一致，梯子口尺寸不小于 0.6m×0.7m，梯子上端应伸出平台 1m，梯子宽度不小于 0.4m，脚踏板间距不大于 0.4m。梯子的材质可以是金属或木质。

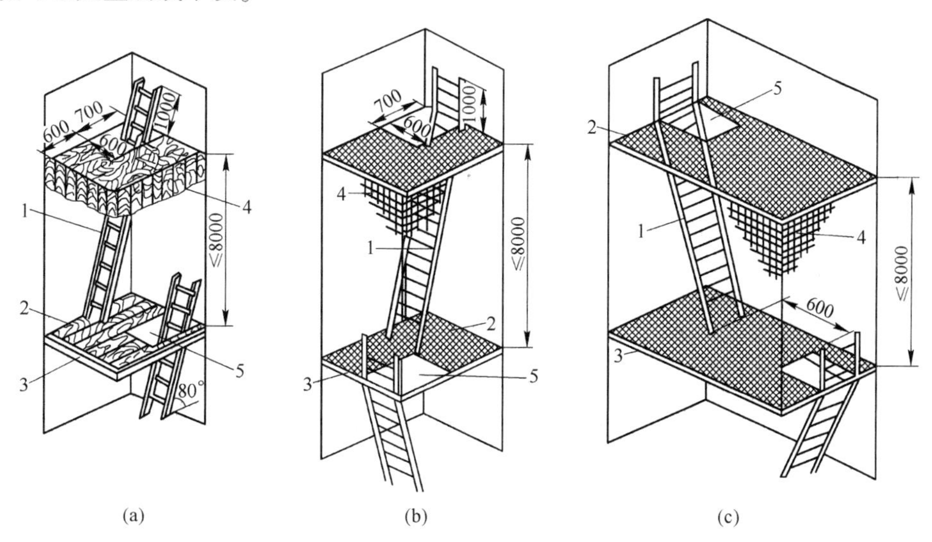

图 9-2　梯子间中梯子的布置形式

（a）并列布置，$S_x=1.3m\times1.2m$；（b）交错布置，$S_x=1.3m\times1.4m$；（c）顺列布置，$S_x=1m\times2m$

1—梯子；2—梯子平台；3—梯子梁；4—隔板（网）；5—梯子口

管缆间用于布置排水管、压风管、供水管、下料管等各种管路和动力、通信、信号等各种缆线。管缆间通常设在副井中，并靠近梯子间布置。动力电缆和通信、信号缆线间要有大于 0.7m 的间距，以免相互干扰。

9.1.2.4 提升容器四周的间隙

提升容器是竖井中的运动装置，必须与其他装置间保持必要的间隙，以保证提升容器的安全运行。绳罐道运行时的摆动量较大，所以间隙应大些。提升容器与刚性罐道的罐耳间的间隙不能太大，钢轨罐道的罐耳与提升容器间的间隙不大于5mm，木罐道的罐耳与提升容器间的间隙不大于10mm，组合罐道的附加罐耳每侧间隙为10~15mm。钢绳罐道的滑套直径不大于钢绳直径5mm。冶金矿山提升容器与井内装置间的间隙参见表9-5。

表9-5 提升容器与井内装置间的最小间隙 (mm)

罐道和罐梁布置方式		容器和井壁间	容器和容器间	容器和罐梁间	容器和井梁间	备 注
罐道在容器一侧		150	200	40	150	罐耳和罐道卡之间为200mm
罐道在容器两侧	木罐道	200		50	200	有卸载滑轮的容器，滑轮和罐梁间隙增加25mm
	钢轨罐道	150		40	150	
罐道在容器正面	木罐道	200	200	50	200	
	钢轨罐道	150	200	40	150	
钢绳罐道		350	450		350	设防撞绳时，容器之间的最小间隙为250mm；当提升高度和终端载荷很大时，提升容器之间的间隙可达700mm

9.2 竖井断面布置形式

竖井断面布置形式是指竖井内的提升容器、罐道、罐梁、梯子间、管缆间、延深间等设施在井筒断面的平面布置方式。决定竖井断面布置方式的因素很多，如竖井的用途、提升容器数量和类型以及井内其他设施的类型和数量等。所以，竖井断面布置方式变化较大，也比较灵活。图9-3和表9-6所示是一些典型的布置形式，图9-4和表9-7所示为几个实例。

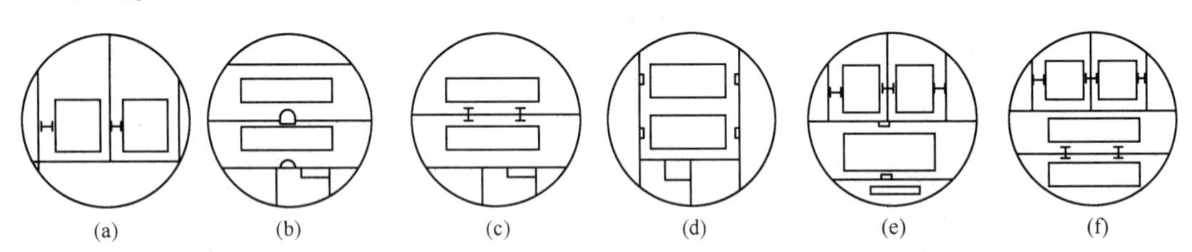

图9-3 竖井断面典型布置形式示意图

表9-6 竖井断面典型布置形式

示意图	提升容器	井筒设备	备 注
图9-3(a)	一对箕斗	金属罐道，罐道梁双侧布置，设梯子间或延深间	箕斗主井最常用形式
图9-3(b)	一对罐笼	金属罐道梁，双侧木罐道，设梯子间、管子间	罐笼副井常用形式
图9-3(c)	一对罐笼	金属罐道梁，单侧钢轨罐道，设梯子间	罐笼副井常用形式
图9-3(d)	一对罐笼	金属罐道梁，木或金属罐道端面布置，设梯子间、管子间	

续表 9-6

示意图	提升容器	井筒设备	备　注
图 9-3(e)	一对箕斗和一个带平衡锤的罐笼	箕斗提升为双侧金属罐道，罐笼提升为双侧钢轨罐道或双侧木罐道，平衡锤可用钢丝绳罐道	
图 9-3(f)	一对箕斗和一对罐笼	箕斗提升为双侧金属罐道，罐笼提升为单侧钢轨罐道	

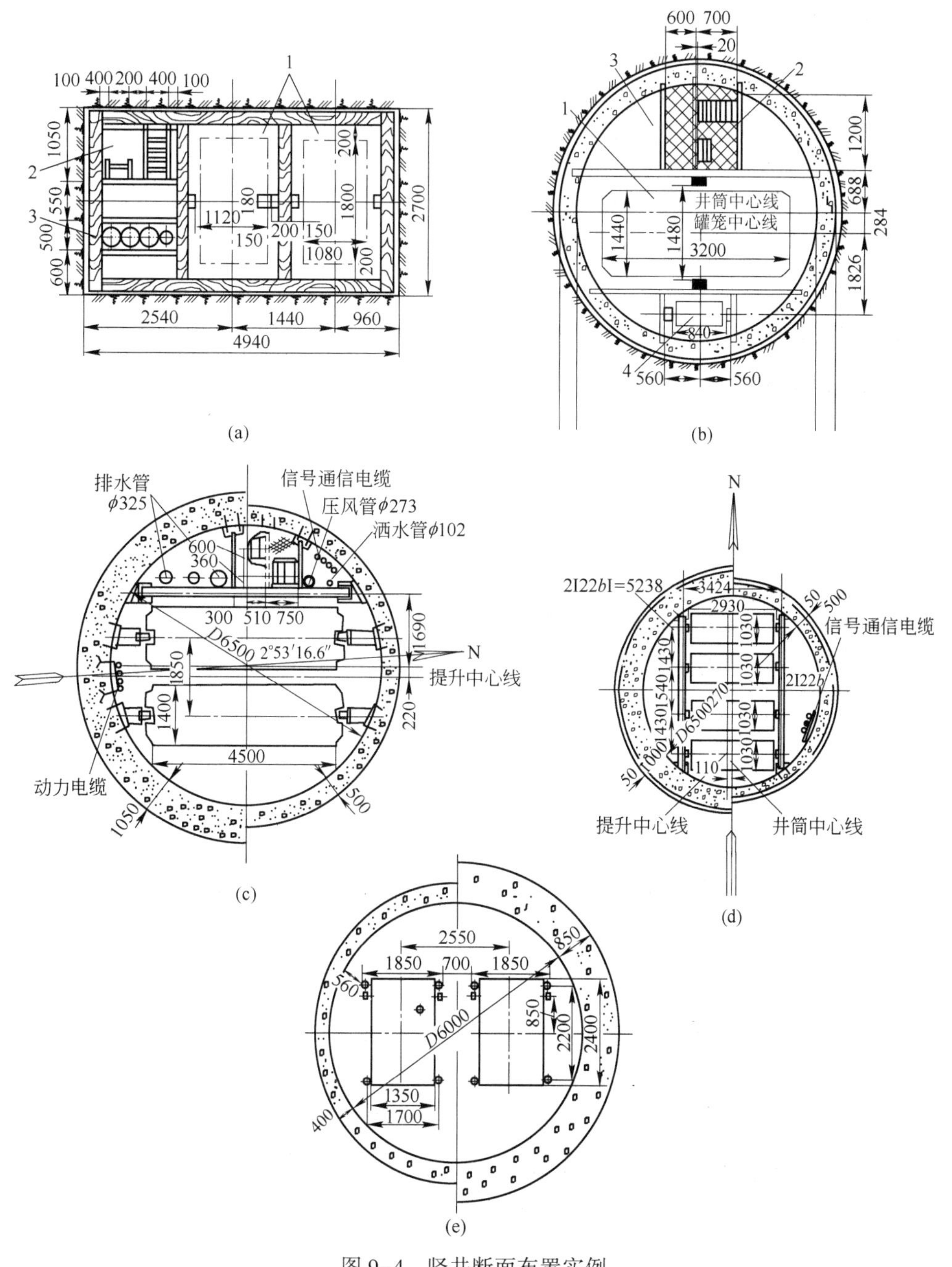

图 9-4　竖井断面布置实例

1—提升间；2—梯子间；3—管缆间；4—平衡锤间

表 9-7　竖井断面布置实例

实例图	断面尺寸/m	提升容器	井筒设备	附　注
图 9-4(a)	4.94×2.7	单层单车双罐笼 1080mm×1800mm	木井框、木罐道、木罐梁	罐梁层间距 1.5m
图 9-4(b)	ϕ4.0	一个 5a 型罐笼配平衡锤 3200mm×1440mm×2385mm	双侧木罐道，槽钢罐梁，金属梯子间	罐梁层间距 2m
图 9-4(c)	ϕ6.5	一对 1t 矿车双层四车加宽罐笼	悬臂罐梁树脂锚杆固定，球扁钢罐道，端面布置，金属梯子间，管缆间	150 万吨/年副井
图 9-4(d)	ϕ6.5	两对 12t 箕斗，多绳提升	两根组合罐梁树脂锚杆固定，球扁钢罐道，端面布置	300 万吨/年主井
图 9-4(e)	ϕ6.0	一对 16t 箕斗，多绳提升	钢丝绳罐道，四角布置	180 万吨/年主井

9.3　竖井断面尺寸

竖井断面规格包括井筒净断面尺寸、支护材料厚度、井壁壁座尺寸等。

9.3.1　净断面尺寸

竖井的净断面尺寸一般按以下步骤确定：

(1) 选择提升容器的类型、规格、数量；

(2) 计算井筒的近似直径；

(3) 选择井内其他设施；

(4) 按通风要求核算井筒断面尺寸。

下面以图 9-5 所示的一个普通罐笼井为例，介绍竖井断面尺寸计算的步骤和方法。

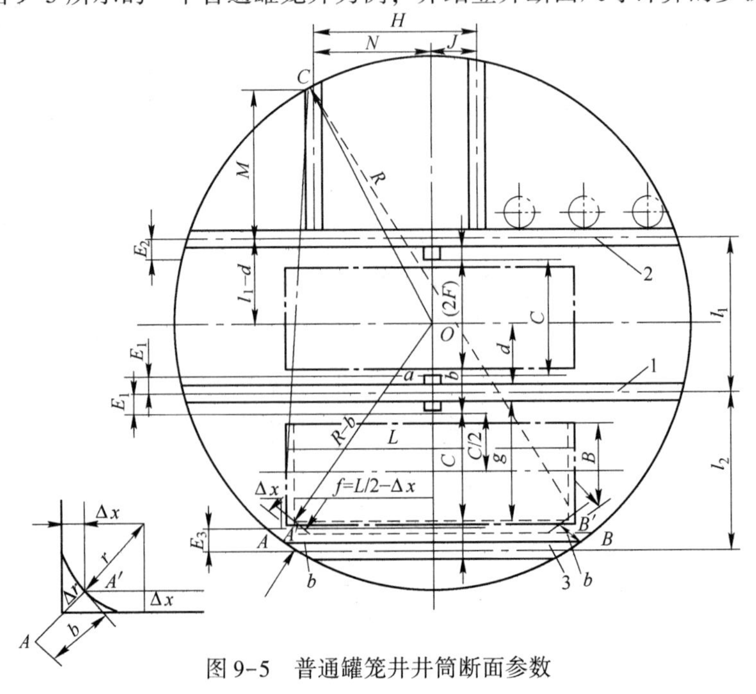

图 9-5　普通罐笼井井筒断面参数

（1）罐道梁中心线间距。按下式计算：

$$l_1 = C + E_1 + E_2 \tag{9-3}$$

$$l_2 = C + E_1 + E_3 \tag{9-4}$$

式中　l_1——1、2号罐道梁中心线距离，mm；

l_2——1、3号罐道梁中心线距离，mm；

C——两侧罐道间的距离，mm；

E_1，E_2，E_3——1、2、3号罐道梁与罐道连接部分尺寸，由初选的罐道、罐道梁类型及其连接部分尺寸决定。

（2）梯子间尺寸。梯子间尺寸 M、H、J 由以下方法确定：

$$M = 2t_w + s + a_2 \tag{9-5}$$

式中　t_w——一个梯子孔的宽度，一般为600mm；

s——梯子孔边至2号罐梁的壁板厚度，一般木梯子间 $s=77$mm；

a_2——2号罐梁宽度的一半，mm。

$$H = 2(t_l + t_f) \tag{9-6}$$

式中　t_l——梯子孔长度，一般为700mm；

t_f——梯子梁宽度，一般为100mm。

因此，H 一般为1600mm。

如图9-5所示，左侧布置梯子间，右侧布置管缆间，一般取 $J=300\sim400$mm。因此，$N=H-J=1200\sim1300$mm。

（3）图解法求竖井近似净直径。竖井断面的近似直径可用图解法或解析法求出。图解法比解析法简单。其步骤如下：

1）用已求出的参数绘出梯子间和罐笼提升间的断面布置图。

2）由罐笼靠近井壁的两个拐角点 A' 和 B'，沿对角平分线方向即图中 R 方向，向外量距离 b（即罐笼与井壁间的安全间隙），可得井壁上 A、B 两点。

3）由 A、B、C 三点可求出井筒的圆心（O）和半径 $R=OA=OB=OC$，同时量取井筒圆中心线和1号罐道梁中心线间的间距 d。求出 R 和 d 后，以0.2m进级，即可确定井筒的近似净直径。

4）验算罐笼与井壁间的安全间隙 b 及梯子间尺寸 M，直到满足设计要求为止。

$$b = R - \sqrt{(g + d)^2 + f^2} \geq 150 \tag{9-7}$$

$$M = \sqrt{R^2 - N^2} - (l_1 - d) \geq 2t_w + s + a_2 \tag{9-8}$$

式中　g——1号罐梁中心线至罐笼端部距离，mm；

f——罐笼纵轴中心线至罐笼端部距离，$f=L$(罐笼长)$/2-\Delta x$；

Δx——罐笼拐角收缩尺寸，$\Delta x=r-r\cos45°=0.293r$，$r$ 一般为130mm。

5）风速验算。按上述方法确定的井筒净直径，还需满足最高风速要求；如不满足，应加大井筒直径，直至满足风速要求为止。

$$v = \frac{Q}{S_0} \leq v_{max} \tag{9-9}$$

式中　v——通过井筒的风速，m/s；

Q——通过井筒的风量，m^3/s；

S_0——井筒有效通风断面积，m^2，一般取 $S_0=(0.6\sim0.8)S$；

S——井筒净断面积，m^2；

v_{max}——井巷允许通过的最大风速，根据 GB 16423—2006 的规定，冶金矿山井巷中允许通过的最大风速参见表 9-8。

表 9-8　井巷中允许通过的最大风速

井巷类型	允许通过的最大风速/$m\cdot s^{-1}$	附　注
专用风井，专用总进、回风巷	15	设梯子间的井筒风速不超过 8m/s；修理井筒时，风速不得超过 8m/s
专用物料提升井	12	
风　桥	10	
升降人员及物料的井筒	8	
主要进、回风巷、斜坡道	8	
运输巷道、采区进风巷	6	
采场、采准巷道	4	

钢绳罐道竖井断面尺寸的确定方法与上述刚性罐道竖井断面尺寸的确定方法基本相同。应针对钢绳罐道的特点，考虑以下几点：

（1）为减少提升容器的摆动和扭转，罐道绳应尽量远离提升容器的回转中心，且相对于提升容器对称布置；一般设 4 根罐道绳，井较深时可设 6 根，浅井可设 3 根或 2 根。

（2）适当增大提升容器与井壁及其他装置间的间隙。

（3）当提升容器间的间隙较小、井筒较深时，为防止提升容器间发生碰撞，应在两容器间设防撞钢丝绳。防撞绳一般为 2 根，提升任务繁重时可设 4 根。防撞绳间距约为提升容器长度的 3/5~4/5。

（4）对于单绳提升，钢绳罐道以对角布置为好；多绳提升，以单侧布置为好。单侧布置时容器运转平稳，且有利于增大两容器间的间隙。

9.3.2　井壁厚度

影响井壁厚度的主要因素是地压，还要考虑井的形状、大小以及井内、井口各种设备或建筑物施加到井壁的压力。井筒地压的计算在理论上还不完善，故井壁厚度的估算只能起参考作用。通常采用工程类比法确定井壁厚度。

9.3.2.1　整体混凝土井壁厚度

（1）当井壁地压小于 0.1MPa 时，可采用最小构造厚度 $h=20\sim30$cm。

（2）当井壁地压为 0.1~0.15MPa 时，井壁厚度 h 可用经验公式估算：

$$h = 0.007\sqrt{DH} + 14 \tag{9-10}$$

式中　h——最小构造厚度，cm；

D——井筒净直径，cm；

H——井筒全深，cm。

（3）当井壁地压大于 0.15MPa 时，用厚壁筒理论（即拉麦公式）计算：

$$h = R\left(\sqrt{\frac{[\sigma]}{[\sigma] - 2p_{max}}} - 1\right) \tag{9-11}$$

式中 R——井筒净半径，cm；

p_{max}——作用在井壁上的最大地压值，MPa；

$[\sigma]$——井壁材料抗压允许应力，对现浇混凝土，$[\sigma]=R_a/k$，MPa；

k——安全系数，一般可取 1.55~2.25；

R_a——混凝土轴心受压设计强度，MPa，参见表 9-9。

表 9-9 混凝土轴心受压设计强度

混凝土标号	C10	C15	C20	C25	C30	C40	C50	C60
轴心受压 R_a/MPa	5.5	8.5	11.0	14.5	17.5	23.0	28.5	32.5

（4）对稳定岩层，井壁厚度可参考表 9-10 中的经验数据选取。

表 9-10 稳定岩层井壁厚度参考数据

井筒净直径/m	井壁厚度/mm		
	混凝土	混凝土砖	料　石
3.0~4.0	250	300	300
4.5~5.0	300	350	300
5.5~6.0	350	400	350
6.5~7.0	400	450	400
7.5~8.0	500	550	500

9.3.2.2 喷射混凝土井壁厚度

岩层稳定时，厚度可取 50~100mm；地质条件稍差，岩层节理发育，但地压不大、岩层较稳定的地段，井壁厚度可取 100~150mm；地质条件较差，岩层较破碎地段，应采用锚、喷、网联合支护，支护厚度 100~150mm。在马头门处的喷射混凝土应适当加厚或加锚杆。

9.3.2.3 验算

初选井壁厚度后，还要对井壁圆环的横向稳定性进行验算，如不能满足稳定性要求，就要调整井壁厚度。为了保证井壁的横向稳定性，要求横向长细比满足下列条件：

$$\left.\begin{array}{ll}\text{混凝土井壁} & L_0/h \leqslant 24 \\ \text{钢筋混凝土井壁} & L_0/h \leqslant 30\end{array}\right\} \tag{9-12}$$

式中 L_0——井壁圆环的横向换算长度，$L_0=1.814R$。

井壁在均匀载荷下，其横向稳定性可按下式验算：

$$K = \frac{Eb_g h^3}{4R_0^3 p(1-\mu)} \geqslant 2.5 \tag{9-13}$$

式中 E——井壁材料受压时的弹性模量，MPa；

b_g——井壁圆环计算高度，通常取 100cm；

h——井壁厚度，cm；

R_0——井壁截面中心至井筒中心的距离，cm；

p——井壁单位面积上所受侧压力值，MPa；

μ——井壁材料的泊松系数，对混凝土取$\mu=0.15$。

9.3.3 井壁壁座尺寸

井壁壁座是加强井壁强度的措施之一，在井颈的上部、厚表土层的下部、马头门上部等部位，一般都设有井壁壁座，以加强井壁的支承能力。壁座有单锥形和双锥形两种形式，如图9-6所示。双锥形壁座承载能力大，适合于井壁载荷较大的部位，单锥形壁座承载能力较小，适用于较坚硬的岩层中。

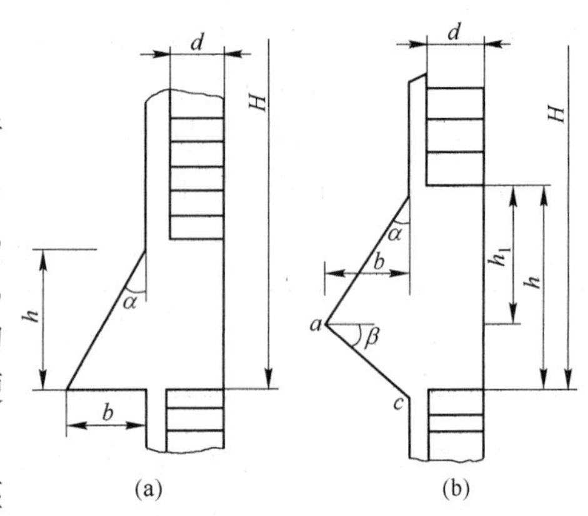

图9-6 井壁壁座形式

（a）单锥形；（b）双锥形

壁座的尺寸可根据实践经验确定。一般壁座高度不小于壁厚的2.5倍，宽度不小于壁厚的1.5倍。通常壁座高度h为1～1.5m，宽度b为0.4～1.2m，圆锥角α为40°左右。双锥形壁座的β角必须小于壁座与围岩间的静摩擦角（20°～30°），以保证壁座不向井内滑动。

9.4 巷道断面基本形状与坡度

巷道断面的形状有梯形、拱形、多角形、圆形、马蹄形和椭圆形等，如图9-7所示。由于拱形断面具有稳定性好、断面利用率高等优点，是使用最多的断面形状，拱形断面通常为圆形拱或三心拱。

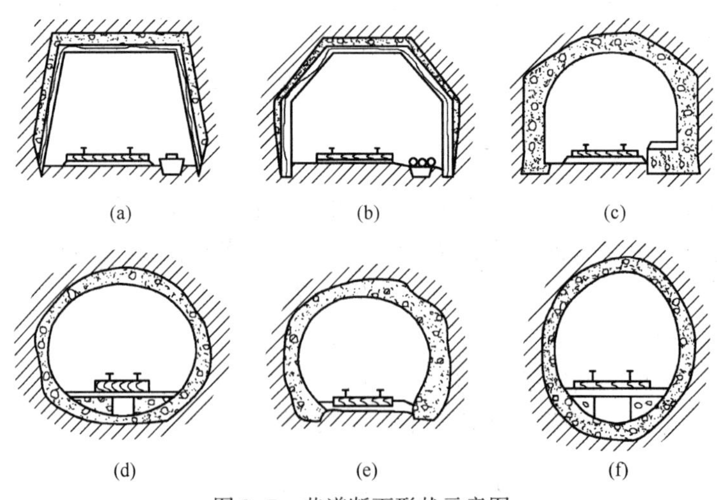

图9-7 巷道断面形状示意图

（a）梯形；（b）多角形；（c）拱形；（d）圆形；（e）马蹄形；（f）椭圆形

选择巷道断面形状时需要综合考虑以下因素：

（1）地压大小。地压小时采用简单的断面形状，如梯形或矩形断面；地压大时采用复杂的断面形状，如拱形、圆形或者椭圆形等。

（2）用途和服务年限。服务年限长（数十年）的巷道采用复杂形状断面（通常为拱形），并配以适当的支护形式（通常为混凝土衬砌或喷锚）；服务年限较短（10年左右）的巷道多采用拱形断面和喷锚支护；服务年限很短的回采巷道，由于有动压，多采用圆弧拱或三心拱形断面和可缩性支架或锚喷网支护。

（3）支护材料和方式。简单断面形状（如梯形或矩形）可采用液压支架、木支护或预制的钢筋混凝土板（梁）支护；复杂断面形状的巷道可用喷射混凝土、钢筋混凝土、砖石支护；锚杆和金属支架可用于各种断面形状的巷道支护。

（4）施工方法。普通凿岩爆破方法可以开挖任何断面形状的巷道，但施工过程中对巷道围岩的破坏严重；光面爆破法和普通凿岩爆破法一样，可以掘进各种断面形状的巷道，但对围岩破坏较小；全断面掘进机只能掘进圆形断面的巷道，对周围围岩基本没有破坏。

巷道里一般都设有排水构。因此巷道应设计有一定的纵向坡度，以利于水的流动，这一坡度通常为3‰~5‰。

9.5　巷道断面尺寸计算

巷道的断面尺寸取决于巷道的用途。不同用途的巷道内布置的设施不同，要求巷道断面的尺寸不同。运输巷道要满足运输设备安全运行的需要；通风巷道要满足风速、风量的要求。另外，需要考虑人行道、管缆、水沟的布置和各种安全间隙等。一般设计部门已有巷道标准断面设计可供参考。下面以拱形运输巷道为例，介绍计算巷道断面尺寸的方法。

9.5.1　巷道净宽度

巷道的净宽度对不同形状的巷道含义不同。矩形巷道的净宽度是巷道高度1/2处的宽度；拱形巷道的净宽度是下部直线部分的宽度。拱形巷道的净宽度参照图9-8按下式计算：

$$B_0 = 2b + b_1 + b_2 + m \quad 或 \quad B_0 = A + F + C \tag{9-14}$$

式中　b——运输设备的宽度，如矿车、机车的宽度（见表9-11），mm；

b_1——运输设备到支护的间距（见表9-12），mm；

b_2——人行道宽度（见表9-13），mm；如不设人行道，无此项，但需要设躲避硐室；

m——两列车间距（见表9-12），mm；

F——双线运输线路中心线间距，mm；

A——非人行侧线路中心线到支护的距离，mm；

C——人行道侧线路中心线到支护的距离，mm；如无人行道，$C=A$。

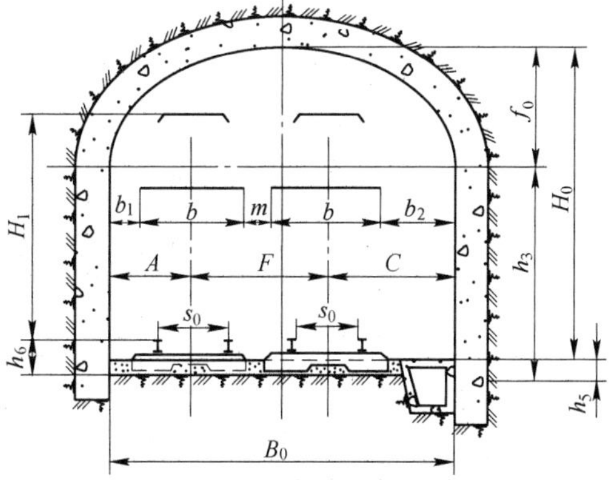

图9-8　巷道净断面尺寸示意图

设计曲线巷道时，按上式计算后再适当加宽，加宽值见表9-14。加宽后的巷道宽度以50mm为单位化整（只增不减）。

表 9-11 金属矿山井下运输设备类型及规格尺寸 (mm)

运输设备类型			设备外形尺寸			轨距 s_0	架线高度 H_1	线路中心距 F
			长 l	宽 b	高 h			
电机车	架线式	ZK1.5-6/100 ZK1.5-7/100	2100	920 1040	1550	600 762	1600~2000	1200 1300
		ZK3-6/250 ZK3-7/250	2700	1250	1550	600 762	1700~2100	1500
		ZK7-6/250 ZK7-7/250	4500	1060 1360	1550	600 762	1800~2200	1300 1600
		ZK7-6/550 ZK7-7/550	4500	1060 1360	1550	600 762	1800~2200	1300 1600
		ZK10-6/250 ZK10-7/250	4500	1060 1360	1550	600 762	1800~2200	1300 1600
		ZK10-6/550 ZK10-7/550	4500	1060 1360	1550	600 762	1800~2200	1300 1600
		ZK14-7/250 ZK14-9/250	4900	1360	1600	762 900	1800~2200	1600
		ZK14-7/550 ZK14-9/550	4900	1355	1550	762 900	1800~2209	1600
		ZK20-7/550 ZK20-9/550	7390	1700	1800	762 900	2230~3400	2000
	蓄电池式	XK2.5/48	2100	950	1550	600		1200
		XK2.5/48A	2100	950 1050	1550	762		1200 1300
		XK6/100	4430	1063	1550	900		1300
矿车	固定式车厢	YGC0.5（6）	1200	850	1000	600		1100
		YGC0.7（6）	1500	850	1050	600		1100
		YGC1.2（6） YGC1.2（7）	1900	1050	1200	600 762		1300
		YGC2（6） YGC2（7）	3000	1200	1200	600 762		1500
		YGC4（7） YGC4（9）	3700	1330	1550	762 900		1900
		YGC10（7） YGC10（9）	7200	1500	1550	762 900		2100
	翻转式车厢	YFC0.5（6）	1500	850	1050	600		1200
		YFC0.7（6） YFC0.7（7）	1650	980	1200	600 762		1300
	单侧曲轨侧卸式	YCC0.7（6）	1650	980	1050	600		1300
		YCC1.2（6）	1900	1050	1250	600		1300
		YCC2（6） YCC2（7）	3000	1250	1300	600 762		1500
		YCC4（7） YCC4（9）	3900	1400	1600	762 900		1700
	底卸式	YDC4（7）	3900	1600	1650	762		1900

表 9-12　各种安全间隙　　(mm)

运输设备	运输设备之间	设备与支护之间
有轨运输	≥300	≥300
无轨运输		≥600
皮　带	≥400	≥400

表 9-13　人行道宽度　　(mm)

电机车		无轨运输	皮　带	人车停车处的巷道两侧	矿车摘挂钩处两侧
<14t	≥14t				
≥800	>800	≥1200	≥800	≥1000	≥1000

表 9-14　曲线巷道加宽值及直线加宽段长度　　(mm)

运输方式	内侧加宽	外侧加宽	线路中心距加宽	直线加宽段长度
电机车	100	200	200	300

9.5.2　巷道净高度

巷道净高度是指从道碴面到拱顶的高度，即图 9-8 中的 H_0。

$$H_0 = f_0 + h_3 - h_5 \tag{9-15}$$

式中　f_0——拱形巷道拱高，mm；

h_3——拱形巷道墙高，mm；

h_5——道碴高度，mm。

巷道的最小净高度应符合《金属非金属矿山安全规程》要求。人行道处的净高要求不小于 1.9m，运行架线式电机车的巷道最小净高要满足所选机车架线高度和有关安全距离的要求。

9.5.2.1　拱高 f_0

拱高 f_0 是拱基线到拱顶的距离，常用拱高与巷道净宽度之比（高跨比）来表示。对于半圆拱（拱弧是以巷道净宽为直径的圆的一半），拱高是巷道净宽度的一半；圆弧拱（拱弧是直径大于巷道净宽的圆的一部分）的拱参数见表 9-15；三心拱（拱弧由中间一段大直径弧和两端两段小直径弧组成）的拱参数见表 9-16。

巷道围岩稳固性好时，取较小的高跨比；稳固性差时，取较大的高跨比。

表 9-15　圆弧拱有关参数

几何形状	f_0/B_0	参数			
		$f_0(B_0)$	$R(B_0)$	α	拱弧长 $P_x(B_0)$
	1/3	0.3333	0.5417	67°23′	1.2740
	1/4	0.2500	0.6250	53°8′	1.1591
	1/5	0.2000	0.7250	43°36′	1.1033

表 9-16 三心拱有关参数

几何形状	f_0/B_0	参数						
		$f_0(B_0)$	$R(B_0)$	$r(B_0)$	β	α	拱弧长 $P_x(B_0)$	拱面积 $S_g(B_0^2)$
	1/3	0.3333	0.6920	0.2620	56°19′	33°41′	1.3287	0.2620
	1/4	0.2500	0.9044	0.1727	63°26′	26°34′	1.2111	0.2000
	1/5	0.2000	1.1290	0.1285	68°12′	21°48′	1.1650	0.1600

9.5.2.2 拱形巷道墙高 h_3

拱形巷道墙高 h_3 是巷道底板至拱基线的距离。墙高按满足电机车架线、人行和管道架设的要求计算，取最大值；然后验算风速（风速不高于安全规程的规定，见表 9-8），做必要的调整，最终确定巷道的墙高。

A 按电机车架线要求计算

电机车架线弓子外侧最突出部位与巷道壁间最小安全距离不应小于 250mm。参照图 9-9，拱形巷道墙高的计算如下：

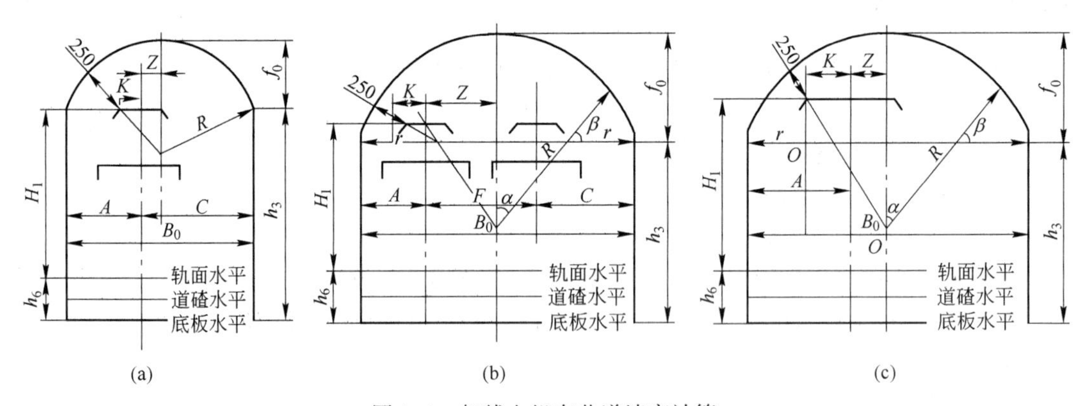

图 9-9 架线电机车巷道墙高计算

（a）圆弧拱；（b）三心拱（导电弓子进入小圆弧）；（c）三心拱（导电弓子进入大圆弧）

（1）圆弧拱。如图 9-9(a) 所示，拱形巷道的墙高为：

$$h_3 = H_1 + h_6 - \sqrt{(R-250)^2 - (K+Z)^2} + \sqrt{R^2 - \left(\frac{B_0}{2}\right)^2} \tag{9-16}$$

式中 H_1——巷道轨面至导电弓子高度，即电机车架线高度（见表 9-11），mm；在有人行道的巷道、车场内及人行道与运输巷道的交叉点的地方，H_1 不小于 2000mm；在井底车场内，从井筒到人车停车地点，H_1 不小于 2200mm；

h_6——巷道底板至轨面高度，mm；

K——电机车导电弓子宽度的一半，一般为 400mm；

Z——轨道中心线至巷道中心线间距，mm；

250——导电弓子外侧最突出部位与巷道壁间的安全距离，mm；

B_0——巷道净宽度，mm；

R——拱圆半径，mm。

（2）半圆拱。拱形为半圆时，拱圆半径等于巷道净宽度的一半，即 $R=B_0/2$。因此有：

$$h_3 = H_1 + h_6 - \sqrt{(R-250)^2 - (K+Z)^2} \tag{9-17}$$

（3）三心拱。当导电弓子进入巷道断面的小圆弧内时（见图 9-9(b)），即 $\frac{r-A+K}{r-250} \geqslant \cos\beta$ 时（β 见表 9-16），拱形巷道的墙高为：

$$h_3 = H_1 + h_6 - \sqrt{(r-250)^2 - (r-A+K)^2} \tag{9-18}$$

式中　r——小圆弧半径，mm；

A——轨道中心线到巷道壁的距离，mm。

当导电弓子进入巷道断面的大圆弧内时（见图 9-9(c)），即 $\frac{r-A+K}{r-250} < \cos\beta$ 时，拱形巷道的墙高为：

$$h_3 = H_1 + h_6 - \sqrt{(R-250)^2 - (K+Z)^2} + R - f_0 \tag{9-19}$$

式中　f_0——拱高，mm。

B　按人行道和管路安装要求确定巷道墙高

按行人要求，距离巷道壁 100mm 处的巷道有效净高不小于 1900mm，如图 9-10 所示。

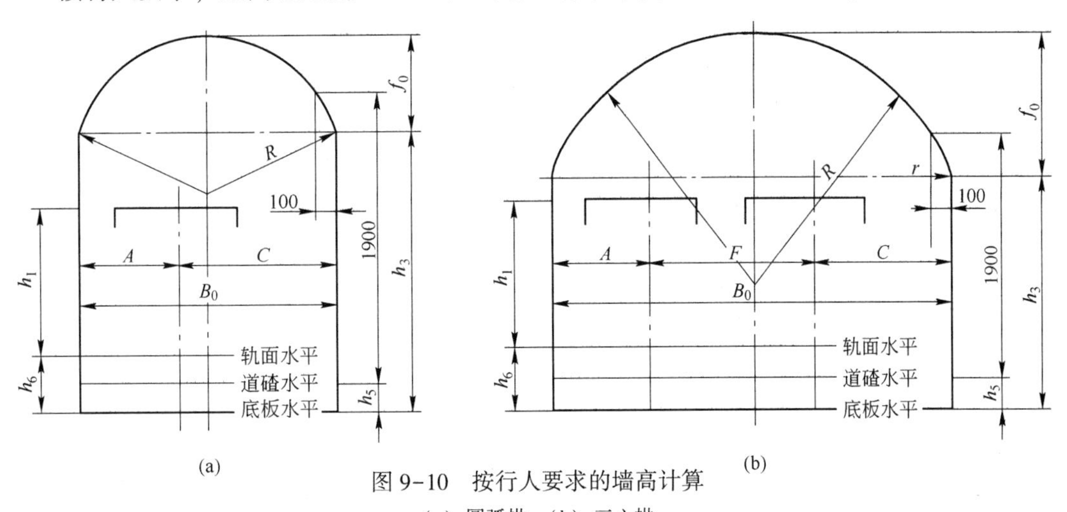

图 9-10　按行人要求的墙高计算

（a）圆弧拱；（b）三心拱

圆弧拱：

$$h_3 = 1900 + h_5 + \left[R - \sqrt{R^2 - \left(\frac{B_0}{2} - 100\right)^2}\right] - f_0 \tag{9-20}$$

半圆拱：

$$h_3 = 1900 + h_5 - \sqrt{R^2 - (R-100)^2} \tag{9-21}$$

三心拱：

$$h_3 = 1900 + h_5 - \sqrt{r^2 - (r-100)^2} \tag{9-22}$$

如果巷道内安装有各种风、水管路，则要求导电弓子到管路的距离不小于 300mm，管路下边有 1900mm 高的人行道。

9.5.2.3 轨道与道床尺寸

道床包括轨道、轨枕和道碴，其结构如图9-11所示。

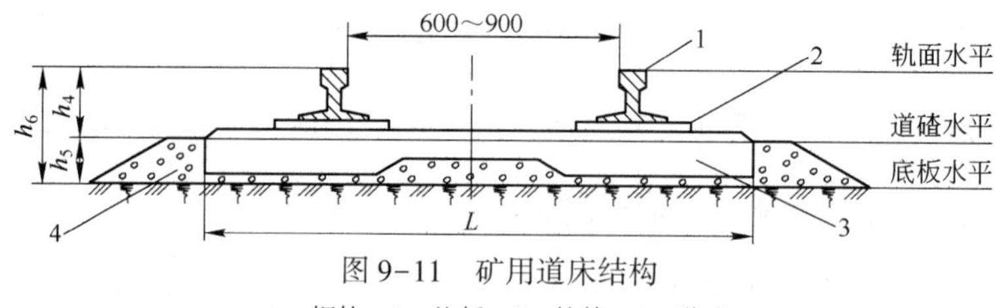

图9-11 矿用道床结构

1—钢轨；2—垫板；3—轨枕；4—道碴

巷道运输主要采用轻轨，年产200万吨以上的大型矿山一般采用重轨。我国生产的轻轨主要有9kg/m、12kg/m、15kg/m、22kg/m、24kg/m、30kg/m等型号。轨道型号按巷道运输量、电机车重量、矿车容量选择，表9-17是这些参数之间的关系。

表9-17 巷道运输量与机车、矿车及轨道型号规格之间的关系

运输量/万吨·a^{-1}	机车质量/t	矿车容量/m^3	轨距/mm	轨道型号/kg·m^{-1}
8~15	1.5~3	0.6~1.2	600	12~15
15~30	3~7	0.7~1.2	600	15~22
30~60	7~10	1.2~2.0	600	22~30
60~100	10~14	2.0~4.0	600，762	22~30
100~200	14，10双牵引	4.0~6.0	762，900	30~38
200~400	14~20单、双牵引	6.0~10.0	762，900	38~43
>400	40~50，20双牵引	>10.0	900	43，>43

轨道和道床尺寸（h_6、h_5）与轨道型号之间的关系见表9-18。

表9-18 轨道道床结构尺寸与轨道型号之间的关系

轨道型号/kg·m^{-1}	钢筋混凝土轨枕		木轨枕	
	h_6/mm	h_5/mm	h_6/mm	h_5/mm
8，9	320（260）	160（100）	300（250）	140（100）
11，12	320（270）	160（100）	320（260）	140（100）
15	350	200	320	160
18	350	200	320	160
22，24，30	400	250	350	200
33	420	250	360	220

9.5.3 水沟断面尺寸

水沟一般设在人行道一侧或空车线一侧。水沟断面一般为梯形或半梯形。典型的水沟布置及其断面参数如图9-12所示。水沟的坡度与巷道坡度相同，一般为3‰~5‰。水沟净断面尺寸主要根据水量设计，水的最大流速采用混凝土支护的不大于5~10m/s，采用木支护的不大于6.5m/s，不支护的不大于3~4.5m/s。表9-19列出了不同流量和支护方式条件下，水沟断面尺寸参考值。

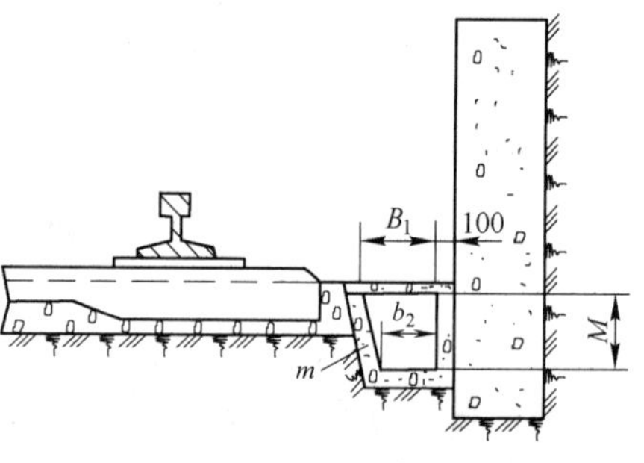

图9-12 水沟断面示意图

表 9-19 水沟断面规格尺寸

水沟支护材料	水量/$m^3 \cdot h^{-1}$		断面净尺寸/mm			断面积/m^2	
	$i=3‰$	$i=5‰$	上宽	下宽	深度	净	掘
混凝土	0~100	0~120	310	280	200	0.059	0.132
	101~150	121~180	330	280	250	0.073	0.161
	151~200	181~260	350	310	300	0.099	0.192
	201~300	261~340	400	360	350	0.133	0.238
钢筋混凝土	0~100	0~160	360	340	200	0.070	0.101
	101~150	161~230	360	340	250	0.088	0.122
	151~200	231~270	360	340	300	0.105	0.143
	201~300	271~400	400	380	350	0.137	0.181
木 材	0~100	0~120	310	280	200	0.059	0.082
	101~150	121~180	330	290	250	0.078	0.103
	151~200	181~260	350	310	300	0.099	0.129
	201~300	261~400	400	360	350	0.133	0.167
无支护	0~100	0~120	380	230	280	0.085	0.085

9.6 巷道主要支护形式及主要参数

为保证巷道在其服务年限内的稳定性，一般都需要对巷道进行支护。随着科学技术的进步，支护方法与形式在不断发展。支护形式的选择主要取决于围岩的稳定性和服务年限。服务年限较短的巷道，采用临时支护，如临时金属支架、喷锚、喷射混凝土等；服务年限长的巷道，采用永久支护，如整体混凝土、锚杆、棚式支架等。下面分别对整体混凝土、锚杆、棚式支架和喷射混凝土支护作简单介绍。

9.6.1 整体混凝土支护

整体混凝土支护具有强度高、承压能力大、阻水、防火、通风阻力小和材料来源广等优点，适用于松软破碎、节理裂隙发育、有渗水的岩体中井巷的支护，特别是服务年限较长的重要巷道，是矿山井巷支护的主要形式。

混凝土是由水泥、骨料和水按适当配比搅拌混合后，经过硬化得到的材料。通过调整混凝土的材料配比，可以调整其物理力学性质，以满足不同工程的需要。混凝土具有较高的抗压强度和较低的抗拉强度，类似石材。如需提高混凝土的抗拉强度，可以在混凝土中铺设钢筋，形成钢筋混凝土。

水泥是混凝土中的胶结材料，与适量的水混合后能逐渐硬化，具有一定的强度。井巷支护中常用普通硅酸盐水泥、火山灰质硅酸盐水泥和矿渣硅酸盐水泥。

骨料分细骨料和粗骨料。细骨料是粒径为 0.15~5.00mm 的砂子，可以是河砂、海砂或山谷砂，也可以是人工砂。由于河砂容易得到，所以大多采用河砂。粗骨料为卵石与碎石，粒径大于 5mm。粗细骨料又细分为许多级，在选用中应根据需要和经验选取适当的级配。

确定混凝土各成分的配比是控制混凝土性能的主要途径，包括水灰比、砂率和单位用水量三个指标。水灰比是水与水泥的比值，是混凝土最重要的指标，直接影响混凝土的强度和耐久性。水灰比越小，混凝土的强度和耐久性越高，原则上是在保证强度和耐久性的前提下，尽可能选择较大的水灰比以节约水泥。砂率是指细砂用量在砂石总量中所占的百分比，影响混凝土的流动性特别是黏聚性。砂率太大时，粗骨料含量太低，混凝土强度降低；砂率太小时，混凝土的黏聚性降低，强度也会明显降低。单位用水量是指每立方米混凝土的用水量，确定用水量的原则是在保证混凝土的水灰比的前提下，使混凝土拌合物的流动性达到要求。混凝土中水泥、水、粗、细骨料的配比可以参考有关设计手册选取，对于重要的工程，须进行必要的试验来确定。另外，混凝土的搅拌、养护对混凝土的强度也有明显影响。

混凝土的强度用标准试件在标准试验条件下的抗压强度表示，其标号为“Cx”，x 为以“MPa”为单位的抗压强度。井巷支护中常用标号为 C15~C20 的混凝土。

整体混凝土支护的支护厚度主要依据巷道围岩的稳定性和巷道净跨度确定。表 9-20 是支护厚度的经验数据。

表 9-20 整体混凝土支护厚度 (mm)

巷道净宽	$f=3$		$f=4\sim6$		$f=7\sim10$	
	拱	壁	拱	壁	拱	壁
<2000	170	250	170	200		
2100~2300	170	250	170	250		
2400~2700	200	300	170	250		
2800~3000	200	300	200	250		
3100~3300	200	300	200	300		
3400~3700	230	350	230	300		
3800~4000	230	350	230	300		
4100~4300	250	350	250	350		
4400~4700	270	415	250	350		
4800~5000	300	415	270	350	230	300
5100~5300	300	465	270	415	230	300
5400~5700	330	465	300	415	250	300
5800~6000	350	515	300	415	250	350
6100~6300	370	515	330	465	270	350
6400~6700	400	565	330	465	270	350
6800~7000	400	565	350	515	270	350

注：混凝土标号为 C10~C15（抗压强度 10~15MPa）。f 为岩石普氏系数。

9.6.2 锚杆支护

锚杆支护是向巷道围岩钻孔，通过在孔内安装和锚固由金属、木材等制成的杆件，在巷道周围形成一个稳定的岩石带，达到加固围岩的目的。但锚杆不能防止岩石风化，不能防止锚杆间裂隙岩石的剥落，因此，必要时配以其他措施，如挂金属网、喷水泥砂浆、喷射混凝土等，称为锚网、喷锚或喷锚网支护。

锚杆的种类很多。按其对岩体的锚固方式可分为端部固定式、全长固定式及混合式三大类。楔缝式、涨壳式、头部胶结式等均属于端部固定式，其特点是，通过眼底端的锚头和另一端的紧固部分，使杆体受拉，从而对围岩施加压力。全长固定式锚杆，如砂浆锚杆、树脂锚杆，则是通过黏结剂将杆体和围岩黏结在一起，因锚杆和围岩弹模不一致，在共同变形的过程中，锚杆对围岩施加压力；摩擦式锚杆是用机械方法使锚杆压入围岩，使杆体和围岩间产生摩擦力，靠摩擦力将杆体与围岩联系起来，并对围岩施加压力。锚杆分类及主要形式见表 9-21。

表 9-21 锚杆分类及主要形式

锚固方式	锚固原理	锚杆形式	
		基本型	实用型
端部固定方式	机械锚固	楔缝型	楔缝型 倒楔型 楔缝-胀壳混合型
		胀壳型	胀壳型 双胀壳型 异型胀壳型
	胶结剂锚固	头胶结型	环氧树脂胶结 聚合酯树脂胶结
全长固定方式	化学剂或水泥浆锚固	全钻孔充填型	混凝土胶结 水泥浆胶结 水泥砂浆胶结
		全面胶结型	环氧树脂胶结 聚合酯树脂胶结
	挤压孔壁产生摩擦力锚固	全钻孔摩擦型	开缝式钢管型

金属楔缝式和倒楔式锚杆如图 9-13 和图 9-14 所示，钢丝绳、钢筋砂浆锚杆如图 9-15 所示，树脂锚杆如图 9-16 所示，摩擦式锚杆如图 9-17 所示。

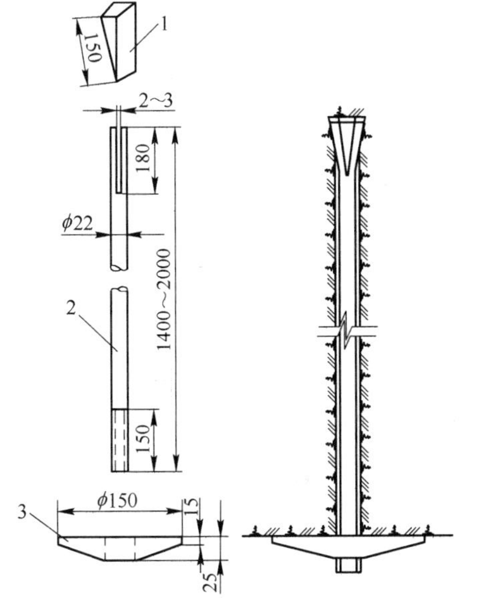

图 9-13 金属楔缝式锚杆

1—楔子；2—杆体；3—垫板

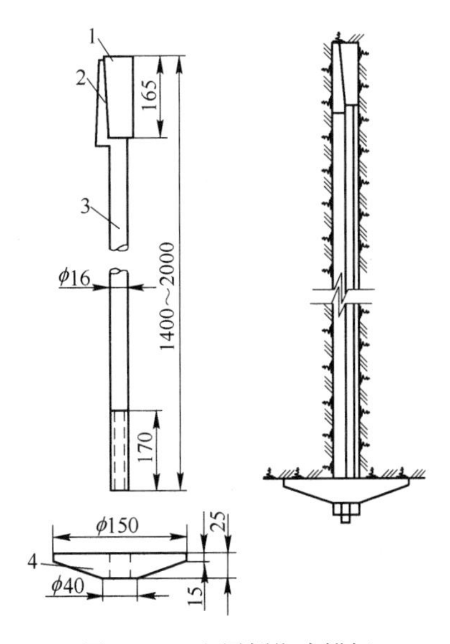

图 9-14 金属倒楔式锚杆

1—固定楔；2—活动倒楔；3—杆体；4—垫板

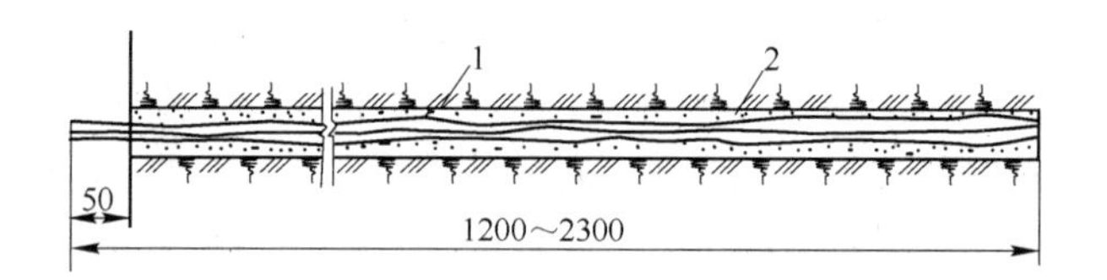

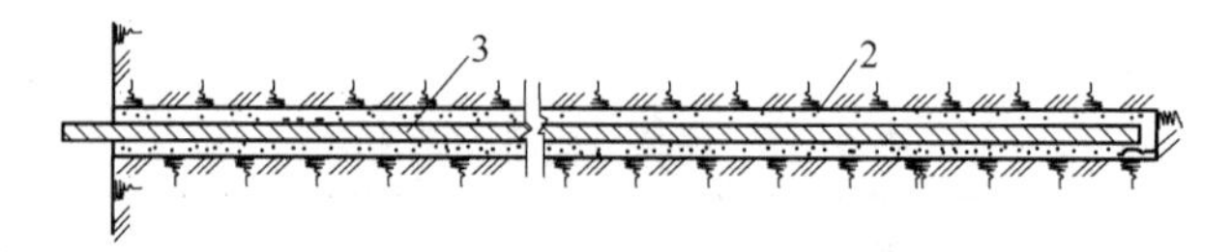

图9-15　钢丝绳、钢筋砂浆锚杆

1—钢丝绳；2—砂浆；3—钢筋

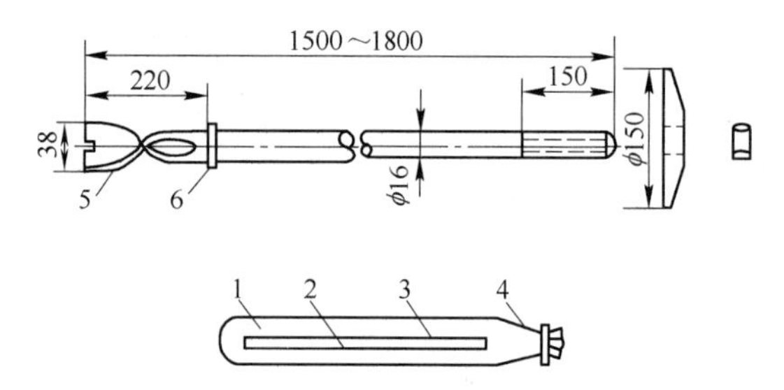

图9-16　树脂锚杆及锚固剂

1—树脂、促进剂与填料；2—固化剂；3—玻璃管；4—聚酯薄膜袋；5—锚杆的麻花部分；6—挡圈

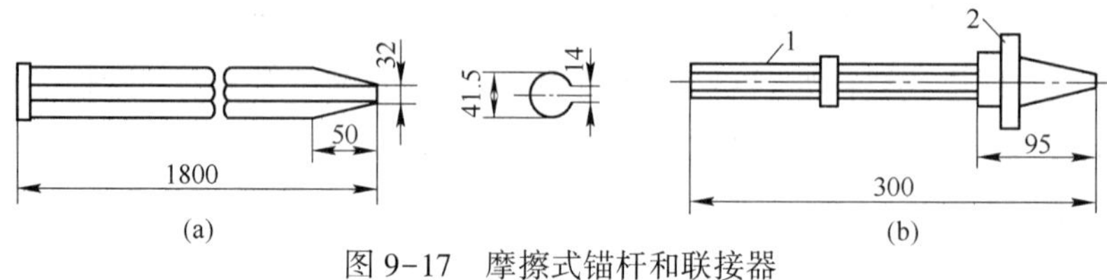

图9-17　摩擦式锚杆和联接器

（a）摩擦式锚杆；（b）联接器

1—钎尾；2—联接器

不同的巷道围岩稳定性条件下，锚杆基本支护形式与主要参数参考值见表9-22。

表9-22　巷道锚杆基本支护形式与主要参数

巷道类型	围岩稳定状况	基本支护形式	主要支护参数
Ⅰ	非常稳定	整体砂岩、石灰岩岩层：不支护；其他岩层：单体锚杆	端锚，杆体直径16mm，杆体长度1.6~1.8m，间、排距0.8~1.2m，设计锚固力64~80kN
Ⅱ	稳　定	顶板较完整：单体锚杆；顶板较破碎：锚杆+网	端锚，杆体直径16~18mm，杆体长度1.6~2.0m，间、排距0.8~1.0m，设计锚固力64~80kN
Ⅲ	中等稳定	顶板较完整：锚杆+钢筋梁；顶板破碎：锚杆+W钢带（或钢筋网）+网，或增加锚索桁架，或增加锚索	端锚，杆体直径16~18mm，杆体长度1.6~2.0m，间、排距0.8~1.0m，设计锚固力64~80kN

续表 9-22

巷道类型	围岩稳定状况	基本支护形式	主要支护参数
Ⅳ	不稳定	锚杆+W 钢带+网，或增加锚索桁架+网，或增加锚索	全长锚固，杆体直径 18~22mm，杆体长度 1.8~2.4m，间、排距 0.6~1.0m
Ⅴ	极不稳定	顶板较完整：锚杆+金属可缩支架，或增加锚索； 顶板较破碎：锚杆+网+金属可缩支架，或增加锚索	全长锚固，杆体直径 18~24mm，杆体长度 2.0~2.6m，间、排距 0.6~1.0m

9.6.3　棚式支护

在围岩十分破碎不稳定条件下，不适宜锚喷支护，且巷道服务年限不很长（8~10年）、砌护不经济的情况下，可考虑采用棚式支架支护。棚式支架有木支架、金属支架、装配式钢筋混凝土预制支架等。

9.6.3.1　金属支架

金属支架强度高、体积小，坚固、耐久、防火，构造灵活，维修量小并可回收使用，但不适于有酸性水的情况。金属支架有梯形和拱形两种。

梯形金属支架常用 18~24kg/m 的钢轨或 16 号~20 号工字钢或矿用工字钢制作，由两腿一梁构成，如图 9-18 所示。型钢棚腿的下端焊一块钢板，以防陷入底板。

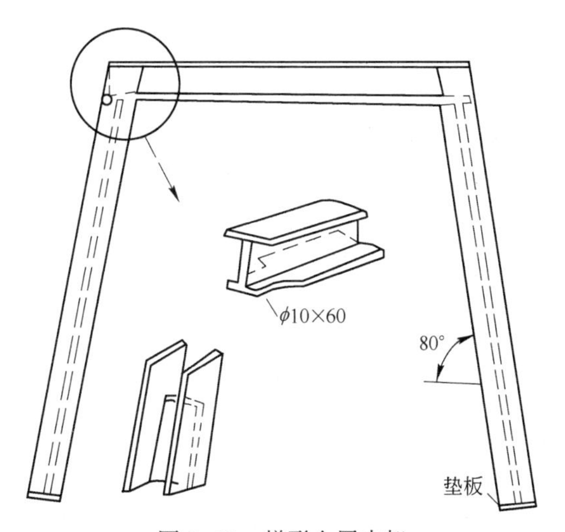

图 9-18　梯形金属支架

对于动压影响大、围岩变形量大的巷道，拱形可缩性金属支架更为适用。如图 9-19 所示，这种支架常采用矿用特殊型钢制成，由三节（或四节）曲线形构件组成，接头处重叠搭接 0.3~0.4m，并用螺栓箍紧（箍紧力用螺栓调节）。在顶压较大的情况下，顶部构件的曲率半径 r 小于两帮棚腿的曲率半径 R。在地压作用下，顶部构件曲率半径逐渐增大，当其和棚腿的曲率半径 R 相等，并且沿搭接处作用的轴向力等于螺栓箍紧所产生的摩擦力时，构件之间便相对滑动，棚子即产生可缩性。这时，围岩压力得到暂时卸除，支架构件在弹性力作用下，又恢复到 r 小于 R 的状态，直到围岩压力继续增加至一定值时，再次产生可缩现象，如此周而复始。这种棚子的可缩量可达 0.2~0.4m，承载力可达 180~200kN。

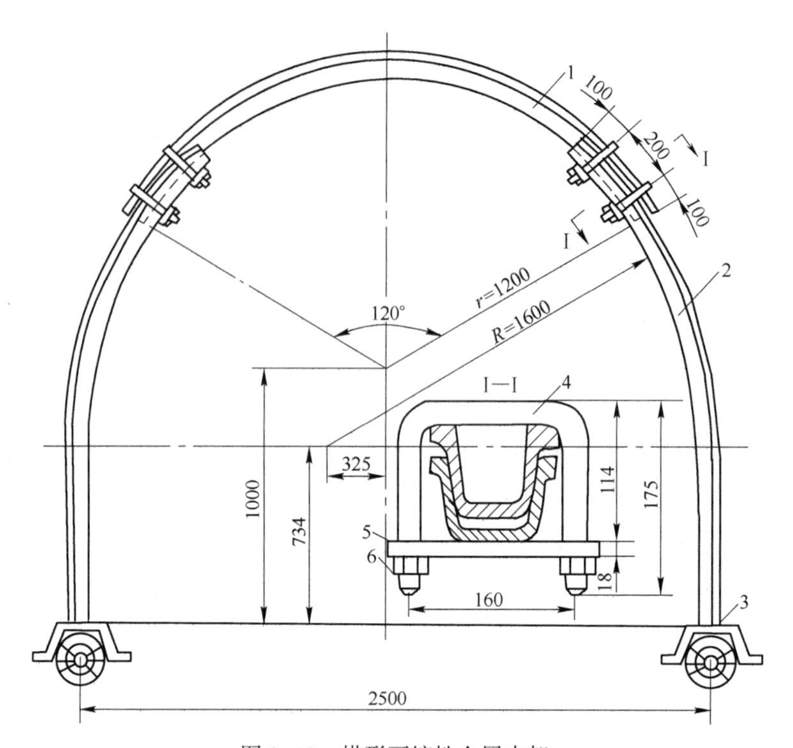

图 9-19 拱形可缩性金属支架

1—顶架；2—棚腿；3—底座；4—U 形卡子；5—垫板；6—螺母

9.6.3.2 木支架

如图 9-20 所示，木支架通常为梯形棚架，由一根顶梁、两根棚腿以及背板、木楔等组成。顶梁是木支架支承顶板压力的受弯构件；棚腿是顶梁的支点，并支承侧压。棚腿与底板的夹角一般为 80°，并应插到坚实底板岩石上；背板通常可用板皮、次木材或柴束，其作用是使地压均匀地分布到顶梁和棚腿上，并防止碎石下落，根据围岩的坚固程度，背板可密集布置或间隔放置。

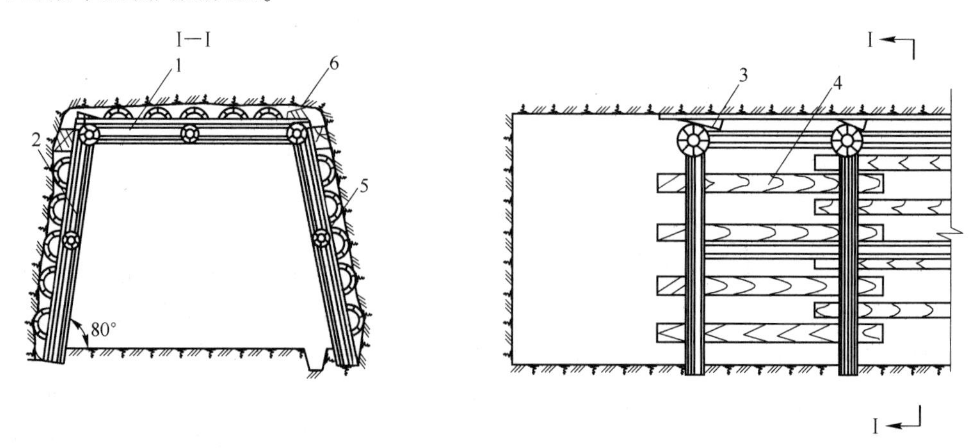

图 9-20 木支架结构示意图

1—顶梁；2—棚腿；3—木楔；4—背板；5—撑柱；6—楔子

木支架具有重量轻、加工容易、架设方便等优点，但强度有限，不防火，易腐蚀，使用年限短，坑木消耗量大，现已不推荐使用。

9.6.4　喷射混凝土支护

喷射混凝土是将一定配比的水泥、砂、石的拌合料通过混凝土喷射机，用压缩空气做动力沿着管路压送到喷嘴处与水混合，以较高的速度喷射到岩壁面上，凝结硬化后形成与岩面紧密黏结的混凝土层，起到支护作用。

混凝土以较高的速度从喷头喷向岩面，使水泥颗粒受到重复冲击，混凝土喷层得到连续冲击和压密。同时，喷射混凝土的水灰比较小（0.45 左右），故混凝土能牢固地和岩壁黏结在一起，有良好的物理力学性能。喷射混凝土能随着巷道掘进及时施工，且加入速凝剂后使其早期强度成倍增加，能够很快地控制围岩冒落。由于喷层较薄，具有较好的柔性，因此可以与围岩共同变形，产生较大的径向、切向位移。

喷射混凝土分为干喷和湿喷两种。干喷是指干拌料通过压缩空气送至喷嘴处与水混合，再喷向岩壁；湿喷是指将拌好的混凝土通过压浆泵送至喷嘴，再用压缩空气喷向岩壁。前者粉尘大，后者易堵管。

喷射混凝土具有较高的强度、黏结力和耐久性，施工机械化程度高、速度快，材料省、成本低，是一种使用广泛的临时支护方式。但是，需要解决好混凝土回弹、粉尘、围岩渗水、喷层收缩裂缝等问题。

喷射混凝土支护厚度参考值见表 9-23。

表 9-23　喷射混凝土支护厚度　　（mm）

巷道净宽/mm	$f=3$	$f=4\sim6$	$f=6\sim8$	$f=8\sim10$
3000	50	50		
4000	100	100		
5000	150	100		
6000	150	100	100	
8000		150	100	
10000		200	150	100

10 崩落采矿法

崩落采矿法为单步骤回采，随回采工作面的推进，崩落围岩充满采空区，达到管理和控制地压的目的。根据垂直方向上崩落单元的划分，崩落采矿法有单层崩落、分层崩落、分段崩落和阶段崩落四种基本形式；根据矿块的结构特征，单层崩落法可进而分为长壁式、短壁式和进路式，分段崩落法可进而分为有底柱和无底柱两种形式；根据崩落围岩的方式，阶段崩落法可进而分为强制崩落和自然崩落两种形式。本章对这些方法作系统介绍（单层进路式已鲜有应用，故不作介绍）。

崩落采矿法的基本特征之一是在覆岩下放矿，掌握覆岩下放矿的基本规律是高效应用崩落采矿法的基础。因此，本章首先阐述覆岩下放矿的相关概念和有关规律。

10.1 覆岩下放矿的基本规律

覆岩下放矿的基本规律即放矿过程中崩落矿岩的移动规律。只有掌握了这一规律，才能结合矿体赋存条件（矿体倾角、厚度、规整程度等），设计出最合理的崩落法采矿方案，确定合理的结构参数，编制完善的放矿制度，最大程度地降低矿石的损失与贫化，取得最好的经济效果。

10.1.1 基本概念

矿岩崩落后成为松散介质，堆于采场。打开漏口闸门后，采场内崩落的矿岩借助重力向漏口下移，并从漏口流出，如图 10-1 所示。设从漏口放出散体 Q，散体 Q 在原矿岩堆里占据的位置所构成的形体称为放出体。在 Q 的放出过程中，由近及远引起一定范围的散体向放出口方向移动。散体在移动过程中发生二次松散，使其体积增大。当由二次松散增大的体积量与放出量 Q 相等时，散体堆的内部移动暂时停止。这时发生移动的范围所构成的形体称为瞬时松动体。在放矿过程中，随着放出量 Q 的增大，瞬时松动体不断扩大；停止放矿后，随着时间的推移和受各种机械挠动的影响，松动体边界仍不断扩大，最终形成移动带，如图 10-2 所示。当移动带内散体密度大体上恢复到固有密度时，散体移动（沉实）最终停止，达到稳定状态。

在松动范围内，在每一水平层面上靠近漏口轴线的部位，散体颗粒移动速度较快，离轴线越远移动速度越慢。因此，原来位于同一水平层面的颗粒，移动后形成漏斗状凹坑（见图 10-1），称为放出漏斗。放出漏斗形状随形成它的层面高度而变化，当层面高度小于放出体高度时，漏斗最低点颗粒已被放出，称为破裂漏斗；当层面高度等于放出体高度时，漏斗最低点颗粒刚好到达放出口，称为降落漏斗；当层面高度大于放出体高度时，放出漏斗处于整体移动过程中，称为移动漏斗。

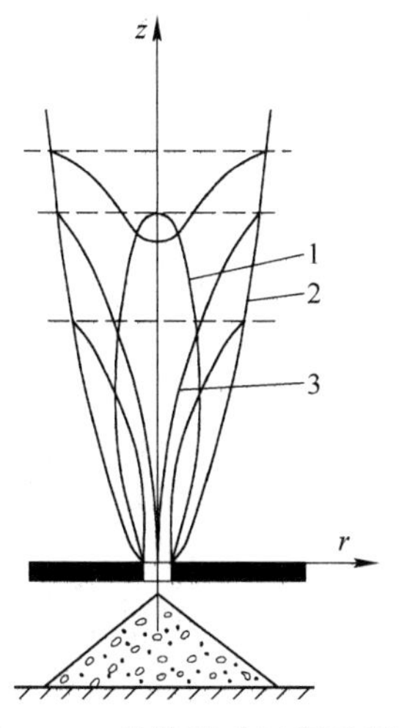

图 10-1 散体移动过程示意图

1—放出体；2—松动范围；3—放出漏斗

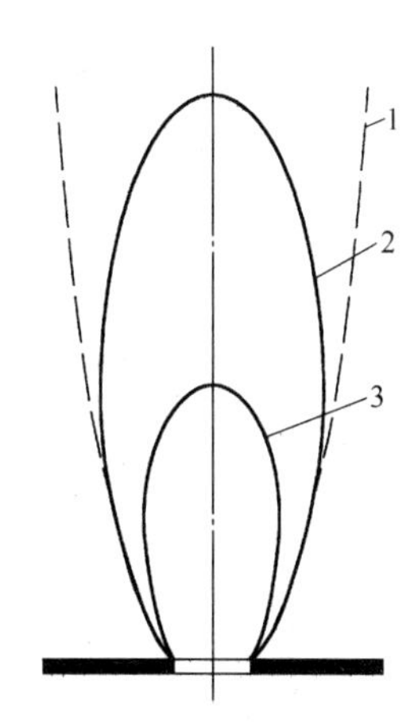

图 10-2 移动带形成过程

1—移动界线；2—瞬时松动体；3—放出体

10.1.2 多漏孔放矿时崩落矿岩移动规律

10.1.2.1 多漏孔放矿问题

多漏口放出时矿岩接触面的移动受到相邻漏口的放矿影响。如图 10-3 所示，先从 1 号漏口放出矿石 Q_1，矿岩接触面形成放出漏斗 L_1 后，再从相邻 2 号漏口放出 Q_2。若 1 号漏口未放出，2 号漏口上方也形成放出漏斗 L_2，可实际上 2 号漏口是在 1 号漏口放矿完毕并已形成放出漏斗 L_1 后放出的，所以矿岩接触面 cb 部分的移动产生叠加，使两漏口之间矿岩接触面平缓下降。

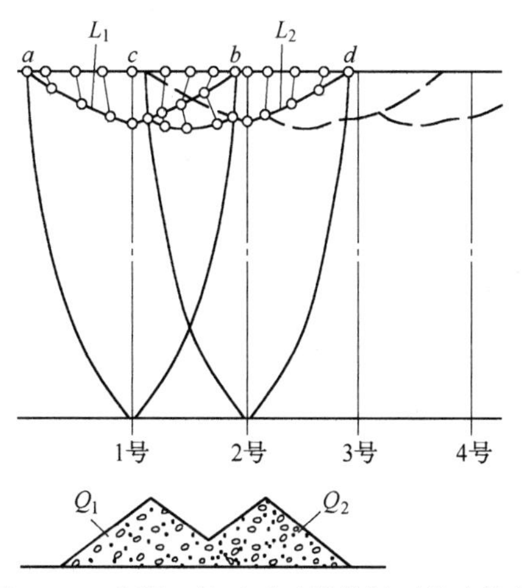

图 10-3 多漏口放矿时矿岩接触面移动状态

依此类推，多漏口均匀放出时（见图 10-4），放矿初期矿岩接触面保持平缓下移；下移到某一高度（H_g）后，开始出现凹凸不平。随着矿岩界面下降，凹凸不平现象越来越明显。当矿岩界面到达漏口水平时，在漏口间形成脊部残留，此时脊部残留高度为岩石开始混入高度（H_p）。此后进入贫化矿放出，一直放到截止品位（或截止体积岩石混入率）

时停止放矿。停止放矿时的脊部残留高度（H_c）小于岩石开始混入高度（H_p）。脊部残留体的最高位置出现在四孔之间，如图10-4所示。

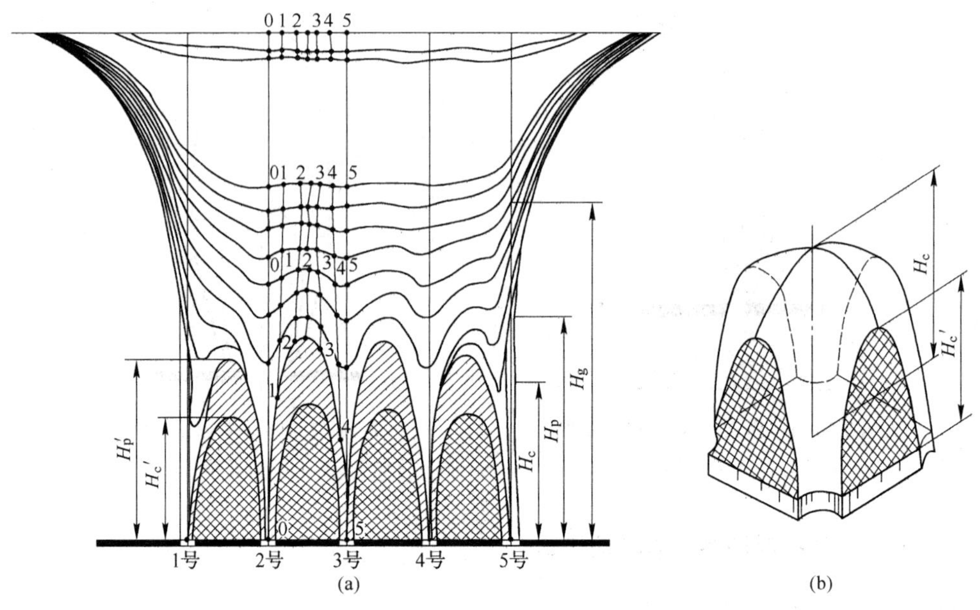

图10-4 多漏口均匀放矿时矿岩接触面的移动过程

（a）矿岩接触面移动过程；（b）脊部残留体形态

综上所述，多漏孔放矿包括三个基本问题：

（1）矿岩界面移动过程，其中包括岩石混入过程；

（2）矿石残留体，即漏口之间矿石残留的空间位置、形态和数量；

（3）矿石放出体，即从各漏口放出的矿石在原采场矿石堆中所占的空间位置和形状。

10.1.2.2 *矿岩界面移动过程与矿石残留体的计算*

A 颗粒移动方程

根据随机介质放矿理论，放出体方程式可表示为：

$$x^2 + y^2 = (\alpha + 1)\beta z^\alpha \ln \frac{H}{z} \tag{10-1}$$

式中 α，β——散体流动参数。

由此得移动体高度 H 和移动体体积 Q：

$$H = z\exp\left[\frac{x^2 + y^2}{(\alpha + 1)\beta z^\alpha}\right] \tag{10-2}$$

$$Q = \frac{\beta}{\alpha + 1}\pi H^{\alpha+1} = \frac{\beta}{\alpha + 1}\pi z^{\alpha+1}\exp\left(\frac{x^2 + y^2}{\beta z^\alpha}\right) \tag{10-3}$$

移动迹线方程式为：

$$\left.\begin{aligned} x &= \left(\frac{z}{z_0}\right)^{\frac{\alpha}{2}} x_0 \\ y &= \left(\frac{z}{z_0}\right)^{\frac{\alpha}{2}} y_0 \end{aligned}\right\} \tag{10-4}$$

移动体表面上颗粒点的移动过渡关系如图 10-5 所示。据此可推得颗粒点移动方程：

$$\begin{cases} z = \left(1 - \dfrac{Q_f}{Q_0}\right)^{\frac{1}{\alpha+1}} z_0 \\ x = \left(1 - \dfrac{Q_f}{Q_0}\right)^{\frac{\alpha}{2(\alpha+1)}} x_0 \\ y = \left(1 - \dfrac{Q_f}{Q_0}\right)^{\frac{\alpha}{2(\alpha+1)}} y_0 \end{cases} \tag{10-5}$$

式中　Q_f——漏孔放出量，m^3；

Q_0——表面过点 $A_0(x_0, y_0, z_0)$ 位置的移动体体积（m^3），亦称为 A_0 点达孔量，由式（10-3）计算（把 x_0、y_0、z_0 代入式（10-3））。

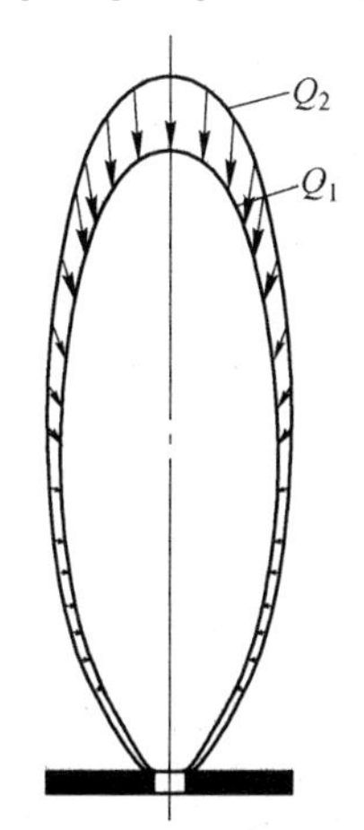

图 10-5　移动体过渡

B　矿岩接触面移动过程的计算方法

利用式（10-5）容易计算矿岩接触面的移动过程，方法是：在矿岩接触面上设置一系列计算点，根据每个漏孔的当次放出量，先用移动方程计算出移动范围内各点移动后的新位置，再根据各点的新位置圈定绘出矿岩接触面在当次放出后的移动情况。每次放出都如此计算，便可绘出矿岩接触面在放矿过程中的整个移动过程。由于矿岩接触面的最终位置构成矿石残留体的外表面，因此由上述计算即可得出矿石脊部残留体形态，如图 10-6 所示。

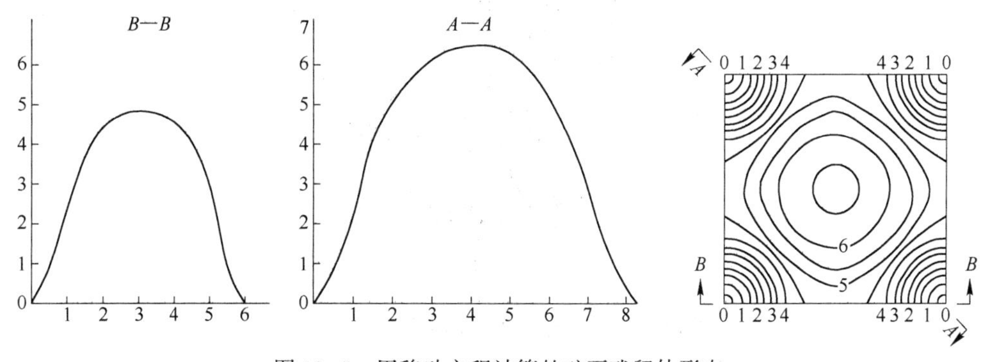

图 10-6　用移动方程计算的矿石残留体形态

10.1.2.3　多漏口放矿时的放出体

若已知颗粒移动后的位置和出矿口出矿量，利用颗粒移动方程还可逆向求出颗粒移动前的原始位置，为此将式（10-5）改写为：

$$\begin{cases} z_0 = \left(1 + \dfrac{Q_f}{Q}\right)^{\frac{1}{\alpha+1}} z \\ x_0 = \left(1 + \dfrac{Q_f}{Q}\right)^{\frac{\alpha}{2(\alpha+1)}} x \\ y_0 = \left(1 + \dfrac{Q_f}{Q}\right)^{\frac{\alpha}{2(\alpha+1)}} y \end{cases} \tag{10-6}$$

该式称为逆移动方程。

由移动方程与逆移动方程便可计算出多孔放矿时的放出体，方法是：在采场中规则地设置计算颗粒点，用移动方程计算这些颗粒点的移动与被放出过程，记录每一漏口放出颗粒的编号，根据放出颗粒点的原始位置，就可确定出每一漏口的放出体形态。这种计算方法不受漏口轮流放出次数的限制，适用于各种放矿方法，但计算量较大。

当漏口轮流放出次数不是很多时，可用逆移动方程计算放出体形态。由于这种计算是根据颗粒点移动后的位置求算移动前的位置，所以漏口轮流放出次数越少，其优点越突出，尤其是依次全量放矿时，该方法不仅简便而且准确。图10-7所示是用逆移动方程圈

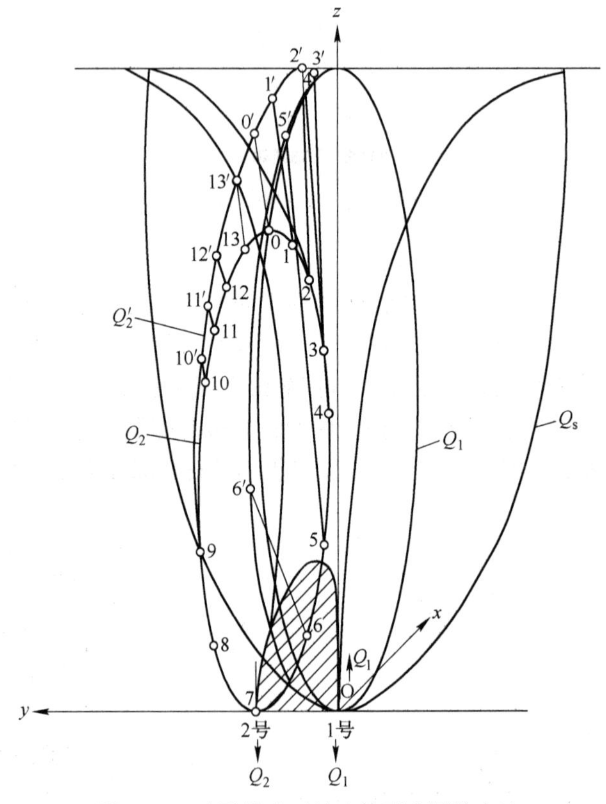

图10-7　多孔放出时放出体形态圈绘方法

绘放出体的例子。设先从1号漏口放出矿石，放出体为 Q_1，移动范围为 Q_s；接着从2号漏口放出 Q_2（Q_2 为最大的纯矿石放出量），考察当前放出体 Q_2 表面上0、1、2、3、4、…、13各点，其中1号漏口移动带 Q_s 范围内的计算点6、5、4、3、2、1、0、13、…、10，并不是采场放矿前的位置，而是经1号孔放矿移动后的位置。用逆移动方程求出这些点在1号漏口放矿前的原始位置6′、5′、4′、3′、2′、1′、0′、13′、…、10′，把这些原始位置连接起来得出 Q_2'，Q_2'即为2号漏口的放出体。

此外，在图10-7中，位于放出体 Q_1、Q_2'之内的矿石已被放出，而位于 Q_1 与 Q_2'之间的矿石则移动到1号漏口与2号漏口之间，残留于采场而形成脊部残留体。从图中残留体与放出体的关系可见，采场内漏口之间残留的矿量由两部分组成：一部分为就地存留，另一部分为搬迁存留，后者往往构成残留体的主要部分。

10.1.3 矿石损失贫化的控制方法

10.1.3.1 *矿石损失形式*

矿石损失形式主要有两种：一种为脊部残留；另一种为下盘残留，如图10-8所示。根据矿体倾角 α、水平厚度 B 与矿石层高度 H 等的不同，脊部残留的一部分或大部分可在下分段（或阶段）有再次回收的机会，当放矿条件好时可有多次回收机会。下盘损失是永久损失，没有再次回收的可能。同时未被放出的脊部残留进入下盘残留区后，最终也将转变为下盘永久损失。因此，下盘损失是矿石损失的基本形式，减少矿石损失的措施主要是减少下盘损失。

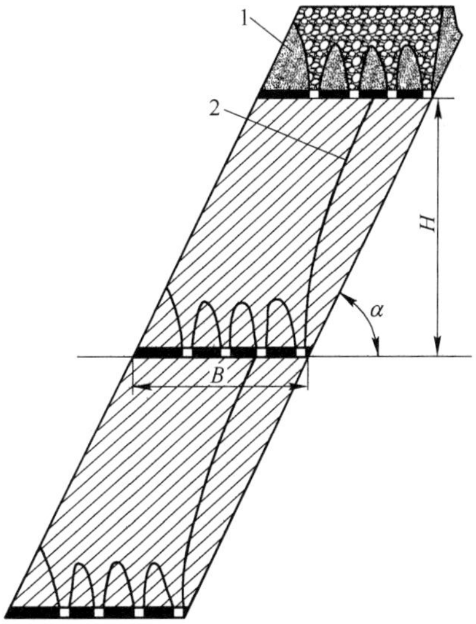

图10-8 崩落法放矿时的矿石损失形式
1—脊部残留；2—下盘残留（损失）

10.1.3.2 *贫化前下盘矿石损失量估算*

矿石损失与贫化过程及其数量关系常常是不可分割的。例如，如果存在覆盖岩石大量混入条件，由于放出矿石量受截止品位的限制，也将导致矿石损失增大。在放矿过程中矿石贫化受截止品位的限制，其数值变化范围是有限的。而矿石损失值的变化范围却很大。就崩落法放矿而言，在符合截止品位要求的前提下，应力求提高矿石的回采率。

如图10-9所示，下盘残留量可分为两种情况估算。

当 $\dfrac{H}{B} \leqslant \tan\alpha$ 时，下盘残留矿量 V_1 为：

$$V_1 = \frac{HS}{2}\left(\frac{H}{\tan\alpha} + 2R\right) - \frac{Q_f}{2} \tag{10-7}$$

式中 S——沿走向方向的漏口间距；

Q_f——放出体体积，$Q_f = \dfrac{\beta}{\alpha+1}\pi H_f^{\alpha+1}$；

其他符号如图10-9所示。

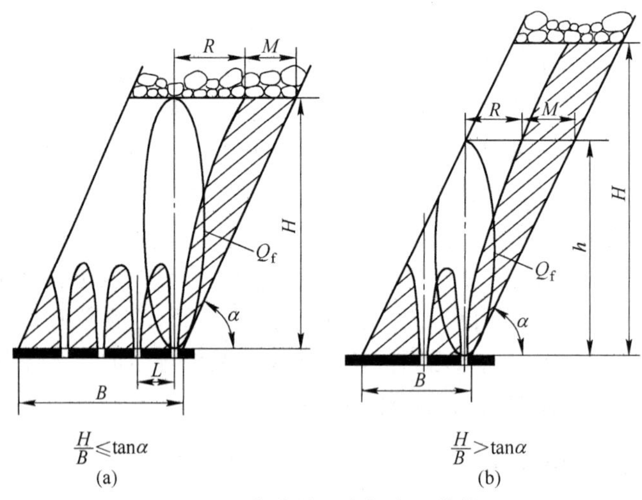

图 10-9　贫化前下盘损失量估算图

R—降落漏斗半径；M—下盘残留宽度

当$\frac{H}{B}>\tan\alpha$时，下盘残留矿量 V_2 为：

$$V_2 = V_1' + (H - h)(B - R)S \tag{10-8}$$

式中　V_1'——高度为 h 范围内的矿石残留体积，计算方法同 V_1；

R——对应高度 h 的放出（降落）漏斗半径，可用放出漏斗方程估算。

由上面计算式可知，贫化前下盘残留量主要取决于矿体下盘倾角 α、矿体厚度 B 和矿层高度 H。由实验得出的下盘残留量与 α、B、H 的关系，如图 10-10 所示。

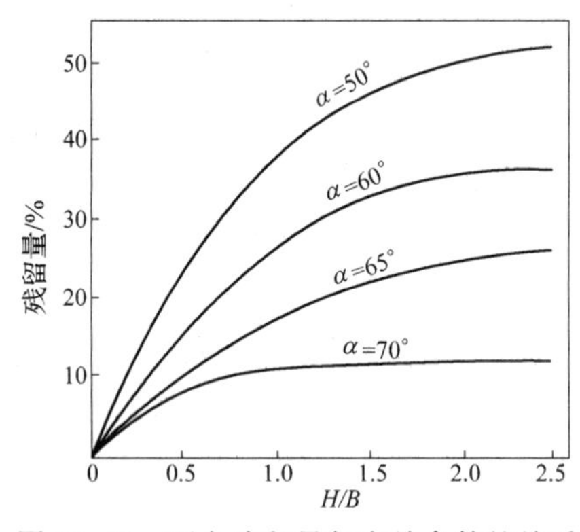

图 10-10　下盘残留量与有关参数的关系

10.1.3.3　减少矿石损失的常用技术措施

（1）开掘下盘岩石。紧靠下盘的漏斗中心线尽量移向下盘，甚至将整个漏斗布置在岩石中，开掘一部分岩石，在经济上也是合理的。由图 10-11 可以看出，随着放出漏口中心移向下盘，可以多回收很多矿石。但开掘单位工程多回收的矿石量逐渐减少，因此要根据最大盈利原则，结合具体条件确定合理的下盘漏斗开掘位置。

（2）在下盘岩石中布置漏斗。如图 10-12 所示，当下盘面倾角 $\alpha\leqslant45°$时，采用密集式下盘漏斗；$\alpha=45°\sim65°$时，采用间隔式下盘漏斗，可根据矿体下盘倾角与阶段高度布置 1~3 列。

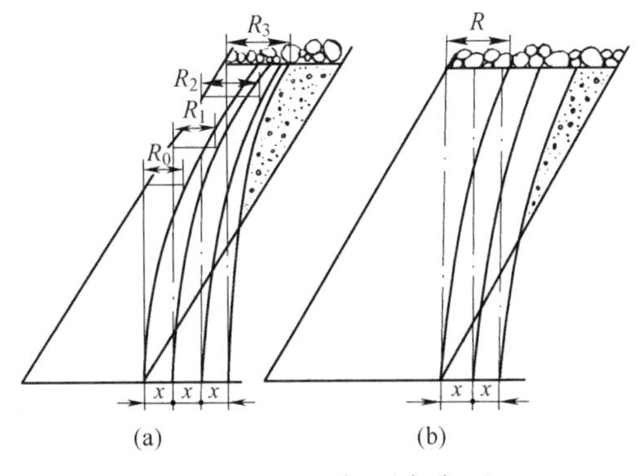

图 10-11 开掘下盘岩石

(a) $\frac{H}{B}\leqslant\tan\alpha$；(b) $\frac{H}{B}>\tan\alpha$

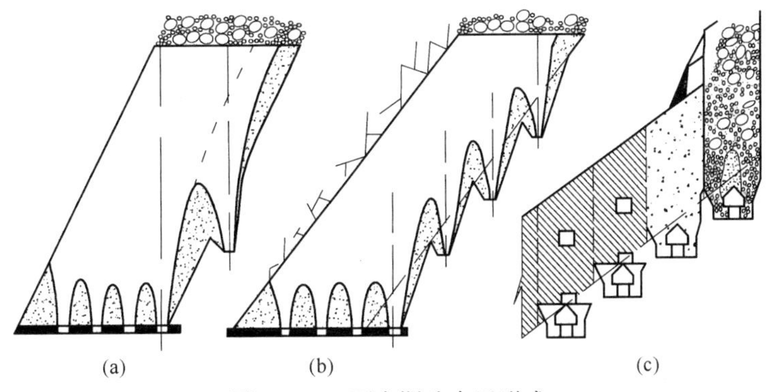

图 10-12 下盘漏斗布置形式

(a) 间隔式下盘漏斗；(b) 密集式下盘漏斗；(c) 矿体倾角较小时漏斗全部布置在下盘岩石中

(3) 选择合理结构参数。当矿体倾角与厚度一定时，矿石下盘损失主要取决于分段(或阶段) 高度 H 与出矿口间距 S。一般地，减少 H 与 S 值可以降低矿石损失率，但开掘工程量增大，同时当出矿截止品位一定时，矿石贫化率可能略有增加。因此，需要依据矿石损失贫化和工程开掘费用，按最大盈利原则确定合理的结构参数。

在矿体下盘倾角很陡（无下盘损失或下盘损失很小）的情况下，在放矿条件允许时，应力求增大放矿的矿石层高度，减少产生矿石贫化的次数。矿石隔离层下放矿就是基于这一见解提出的。所谓矿石隔离层就是在新崩落的分段（或阶段）之上保留一定厚度的矿石层不放，使每个出矿口可以在无矿石贫化的情况下放出所负担的全部矿石，待放到最后一个分段（或阶段）时再放出隔离层矿石。矿石隔离层高度应等于或稍小于邻近漏口相切放出体高度。

10.1.3.4 *崩落法放矿时矿石损失贫化计算*

崩落法在崩矿与放矿中都有矿石损失贫化发生，回采时的损失贫化称为一次矿石损失贫化，放矿时的损失贫化称为二次矿石损失贫化。因此应分别计算矿石损失贫化值，以利于矿石损失贫化的分析。

由于二次矿石损失贫化是在一次矿石损失贫化发生之后出现的，一次损失贫化之后的矿石量与品位是二次损失贫化前的原始矿石量与品位，故一次、二次与总的矿石损失贫化三者之间的数量关系是：

$$\left.\begin{array}{l} P = P_1 + P_2 - P_1P_2 \\ Y = Y_1 + Y_2 - Y_1Y_2 \\ H_k = H_{k1}H_{k2} \end{array}\right\} \tag{10-9}$$

式中 P，P_1，P_2——总的、一次、二次矿石贫化率；

Y，Y_1，Y_2——总的、一次、二次岩石混入率；

H_k，H_{k1}，H_{k2}——总的、一次、二次矿石回采率。

在一般情况下，P_1、Y_1、H_{k1} 根据崩矿设计计算，P、Y、H_k 根据出矿统计确定。放矿过程中产生的二次矿石损失贫化参数（P_2、Y_2、H_{k2}）可根据已知总的与一次矿石损失贫化值计算。

10.1.3.5 放矿截止品位的确定方法

崩落法的放矿过程一般经历两个阶段。首先是纯矿石回收阶段，纯矿石放出一定数量后，便开始有岩石混入，放出矿石的品位下降，进入贫化矿石回收阶段。在贫化矿石回收阶段的后期，随着放出矿石量的增加，在放出单位矿石中混入的岩石量急剧增大，放出矿石品位也就随之急剧下降。在当次放出矿石品位下降到一定数值时，由瞬时放出量可获得的盈利恰好等于相关生产费用总和，此时的当次放出矿石品位称为截止品位。截止品位的计算式为：

$$C_d = \frac{FC_J}{H_X L_J} \tag{10-10}$$

式中 C_d——放矿截止品位；

F——每吨采出矿石的放矿、运输-提升和选矿等费用；

C_J——精矿品位；

H_X——选矿金属回收率；

L_J——每吨精矿售价。

10.1.3.6 低贫化放矿方式

截止品位放矿方式以允许较大的废石混入为代价，来追求暂时的单个出矿口的矿石放出量最大，这对于其下没有接收条件的出矿口来说是有益的；但对于矿石移动空间条件好的矿体、且有良好接收条件的出矿口来说，实际上等于将那些本可以在下分段得到较好回收的残留矿量以较大的贫化率为代价提前回收，其结果是在放出的矿石中混入较多的废石。因此，对于移动空间条件好的矿体，废石漏斗一旦破裂就停止放出，将遗留于采场内的矿石转移到下一分段（或阶段）回收，则可大大减少废石的混入量，从而大幅度降低矿石贫化率。这种放到见废石漏斗为止的放矿方式称为低贫化放矿方式。低贫化放矿方式不仅可大幅度降低崩落法矿石贫化率，而且一旦辨认出废石漏斗已到达出矿口便停止放出，使出矿管理变得简单。

10.2 单层崩落法

单层崩落法主要用来开采顶板岩石不稳固、厚度一般小于3m的缓倾斜矿层，如铁矿、锰矿、铝土矿和黏土矿等。将阶段间矿层划分成矿块，矿块回采按矿体全厚沿走向推进。当回采工作面推进一定距离后，除保留回采工作所需的空间外，有计划地回收支柱并崩落采空区的顶板，用崩落顶板的岩石充填采空区，借以控制顶板压力。

10.2.1　长壁式崩落法

长壁式崩落法的工作面是壁式的，工作面的长度等于整个矿块的斜长，所以称为长壁式崩落法。现结合庞家堡铁矿的开采设计，介绍这种采矿法。

10.2.1.1　开采条件

庞家堡铁矿为浅海沉积赤铁矿床，矿层走向长 8600m，倾角 25°～35°。矿床由三个矿层组成，自上而下，第一层矿体厚度为 1～3.5m，第二、第三层矿体较薄，平均厚度都在 1.0m 左右，矿石稳固，f=8～10。

第一层和第二层矿体之间有一层硅质板岩，平均厚度 1.2m。第二和第三层矿体之间也夹有一层硅质板岩，平均厚度 0.8m。硅质板岩片理发育、不稳固，容易片落。

第一层矿体的顶板为黑色页岩，厚度为 6.5～8.0m，不稳固，f=4～6。页岩上部为砂岩，厚度为 2～3m，砂岩上部是几十米厚的页岩。

第三层矿体的底板为小白石英岩，f=12～18。石英岩下部为黏板岩，f=10；黏板岩下部为大白石英岩，均稳固。

矿层基本连续，局部被断层切断，断层对采矿的影响较大。地表为山地，允许崩落。

10.2.1.2　矿块结构参数及采准布置

矿块的采准布置如图 10-13 所示。

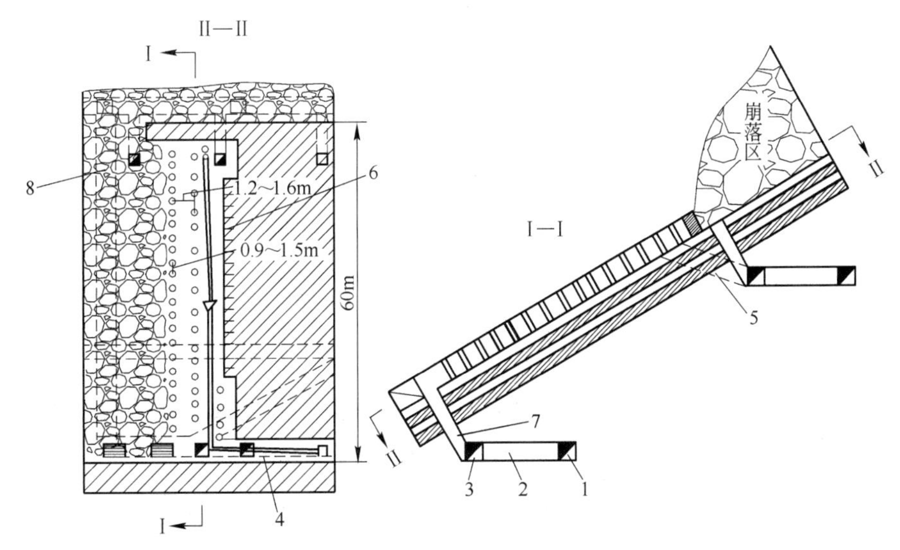

图 10-13　庞家堡铁矿长壁式崩落法

1—阶段沿脉运输巷道；2—联络巷道；3—沿脉装矿巷道；4—切割巷道；5—安全道；6—炮孔；7—矿石溜井；8—切割上山

阶段高度取决于允许的工作面长度，而工作面长度主要受顶板岩石稳固性和电耙有效运距的限制。在岩石稳定性好，且能保证矿石产量情况下，希望加大工作面长度，这样可以减少采准工程量。工作面长度一般为 40～60m。

长壁工作面是连续推进的，对矿块沿走向的长度（即矿块长度）没有严格要求。加大矿块长度可减少切割上山的工程量，因此，矿块长度一般是以地质构造（如断层）为划分界限，同时考虑为满足产量要求在阶段内所需要的同时回采矿块数目来确定。其变化范围较大，一般为50~100m，最大可达200~300m。

阶段沿脉运输巷道可以布置在矿层中或底板岩石中。当矿层底板起伏不平或者由于断层多和地压大，以及同时开采几层矿层时，为了保证运输巷道的平直、巷道的稳固性和减少矿柱损失等，经常将运输巷道布置在底板岩石中。

庞家堡铁矿运输巷道为单线双巷，装车巷道布置在稳固性较好的小白石英岩内，可同时为三层矿体服务（庞家堡矿先采第一层矿体，后采第二和第三层矿体）；矿石溜井起一定的贮矿作用，缓解采场运搬与巷道装车的矛盾。同时，巷道稳固性好，支护与维护工程量小。

沿装车巷道每隔5~6m向上掘进一条矿石溜井，并与采场下部切割巷道贯通，断面为1.5m×1.5m。暂时不用的矿石溜井，可作临时通风道和人行道。

采场每隔10m左右掘一条安全道，并与上部阶段巷道联通，它是上部行人、通风和运料的通道，断面一般为1.5m×1.8m。为了保证工作面推进到任何位置都能有一个安全出口，安全道之间的距离不应大于最大悬顶距。

10.2.1.3 切割工作

切割工作包括掘进切割巷道和切割上山。

切割巷道既作为崩落自由面，同时也是安放电耙绞车和行人、通风的通道。它位于采场下部边界的矿体中沿走向掘进，并与各个矿石溜井贯通，宽度为2m，高度为矿层的厚度。

切割上山一般位于矿块的一侧，联通下部矿石溜井与上部安全道，宽度应保证开始回采所必需的工作空间，一般为2~2.4m，高度为矿层厚度。

庞家堡铁矿顶板页岩比较破碎、稳定性很差，切割巷道和切割上山在采准期间留0.3~0.5m的护顶矿，待回采时挑落。

10.2.1.4 回采工作

A 回采工作面形式

常见的回采工作面形式有直线式和阶梯式两种，如图10-14所示。

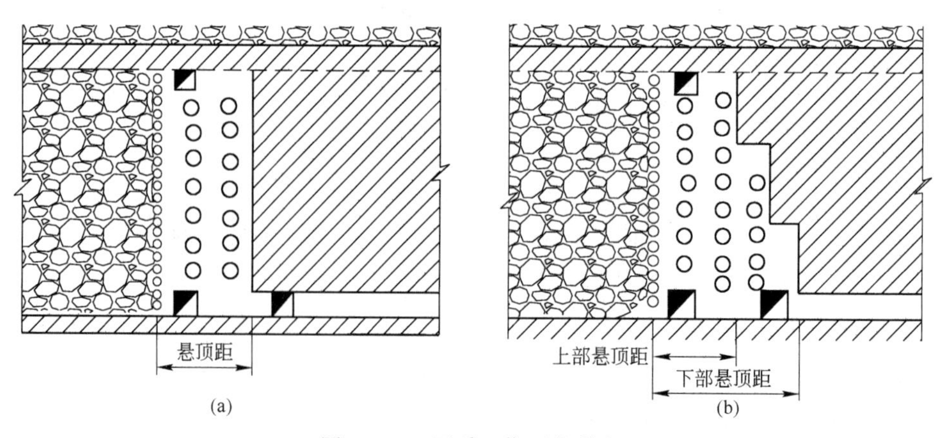

图10-14 回采工作面的形式

（a）直线式；（b）阶梯式

直线工作面上下悬顶距离相等，有利于顶板管理。但在工作面只有一条运矿线，当采用凿岩爆破崩矿时，回采的各项工作不能平行作业，故采场生产能力较低。如果用风镐落矿和输送机运矿（如黏土矿），采用直线式工作面最为合适。

阶梯式工作面可分为二阶梯与三阶梯，以三阶梯工作面为多。下阶梯一般超前于上阶梯 1.5m(即工作面一次推进距离)。阶梯式工作面的优点是落矿、出矿和支护分别在不同阶梯上平行作业，可缩短回采工作的循环时间，提高矿块的生产能力；缺点是下部悬顶距大，并且根据实际经验，采场最大压力常常在工作面长度的三分之一处（从下面算起）出现，从而增大了顶板管理的困难。

B　落矿

落矿采用轻型气腿式凿岩机凿孔、浅孔爆破。根据矿层厚度、矿石硬度以及工作循环的要求，选取凿岩爆破参数。在布置炮孔时应注意不要破坏顶、底板和崩倒支柱，也不应使爆堆过于分散，以保证安全生产、减小损失贫化和有利于电耙出矿。

根据矿层的厚度不同，分别选用“一字形”“之字形”或“梅花形”炮孔排列。炮孔深度为 1.2~1.8m，稍大于工作面的一次推进距离。推进距离应与支柱排距相适应，以便在顶板压力大时能按设计及时进行支护。此外，孔深还应考虑工作循环的要求。最小抵抗线为 0.6~1.0m，矿石坚硬时取小值。

金属矿山多采用导火线雷管起爆。当炮孔较多时，为了保证爆破安全和准确的起爆顺序，应采用束把点火或带有若干三通的导火母线点火。有的矿山采用导爆管起爆。

C　出矿

大多数矿山的回采工作面采用电耙出矿。电耙绞车的功率为 14kW 或 30kW，耙斗容积为 0.2~0.3m^3。电耙绞车安设在切割巷道或硐室中，随回采工作面的推进，逐渐移动电耙绞车。

当电耙绞车的安装位置使电耙司机无法观察工作面的耙运情况时，应由专人用信号指挥电耙绞车司机操作，或者直接由电耙司机在工作面根据耙运情况，远距离控制电耙绞车。

D　顶板管理

在长壁法中顶板管理是一个十分重要的问题，它不仅关系生产安全，而且也在很大程度上影响劳动生产率、支柱消耗量和回采成本等。

随长壁工作面的推进，顶板暴露面积逐渐增大，顶板压力也随之增大，如不及时处理，可能出现支柱被压坏，甚至引起采空区全部冒落，被迫停产。为了减少工作面空间的压力，保证回采工作的正常进行，当工作面推进一定距离后，除了保证正常回采所需要的工作空间用支柱支护外，应将其余采空区中的支柱全部（或一部分）撤除，使顶板崩落下来，用崩落下来的岩石充填采空区。顶板岩石崩落后，采空区暴露面积减少，因此工作空间顶压也随之减小，形成一个压力降低区，如图 10-15 所示。这种有计划地撤除支柱、崩落顶板充填采空区的工作称为放顶。

每次放顶的宽度称为放顶距。放顶后所保留的能维持正常开采工作的最小宽度称为控顶距，一般为 2~3 排的支柱距离。顶板暴露的宽度称为悬顶距，放顶时的悬顶距为最大悬顶距，等于放顶距与控顶距之和，最小的悬顶距等于控顶距，如图 10-16 所示。

放顶距及控顶距根据岩石稳固性、支柱类型及工作组织等条件确定。放顶距变化范围

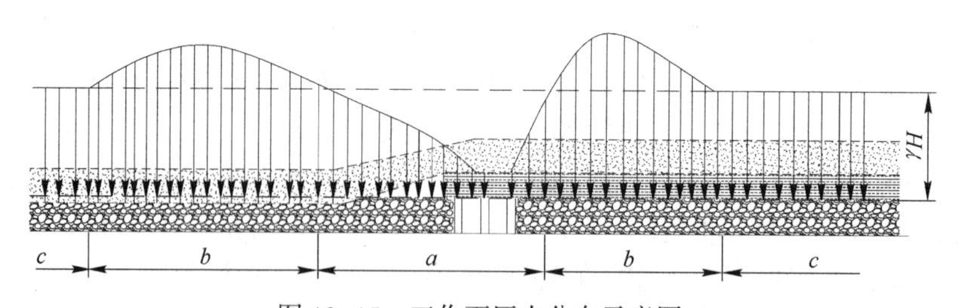

图 10-15 工作面压力分布示意图

a—应力降低区；b—应力升高区；c—应力稳定区

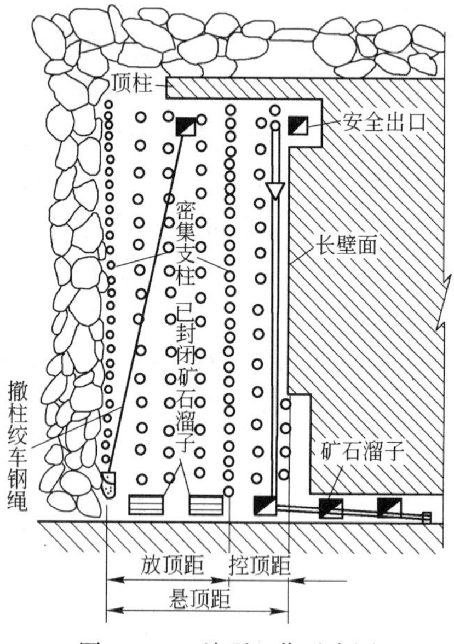

图 10-16 放顶工作示意图

较大，为 1~5 排的支柱间距。合理的放顶距应在保证安全的前提下，使支护工作量及支柱消耗量最小，使工作面采矿强度及劳动生产率最大。因此，要加强顶板管理工作。此外，必须注意总结与掌握采场地压分布状态和活动规律，以便确定最合理的顶板管理有关参数。

工作面支护的作用主要是延缓顶板下沉，防止顶板局部冒落，以保证回采工作正常进行。因此，支护应具有一定的刚性和可缩性，即支护既应有一定的承载能力，又可在压力过大时有一定的可缩量，避免损坏。

木支护一般是用削尖柱脚和加柱帽的方法获得一定的可缩量；金属支护则是利用摩擦力或液压装置来获得一定的可缩量。为了防止顶板冒落，应及时支护。此外，必须保证支架的架设质量，使所有支架受力均匀。

工作面支护形式有如下几种：

（1）木支护。当顶板完整性较好时，采用带柱帽或不带柱帽的立柱或丛柱。柱帽交错排列，如图 10-17 所示。支柱直径一般为 180~200mm，排距 0.8~1.6m，间距 0.8~1.2m。当顶板岩石破碎时，采用棚子支护；顶板很破碎时，还应在棚子上加背板。

（2）金属支护。金属支护的支撑能力比木支护大，并能多次重复使用；但重量大，使

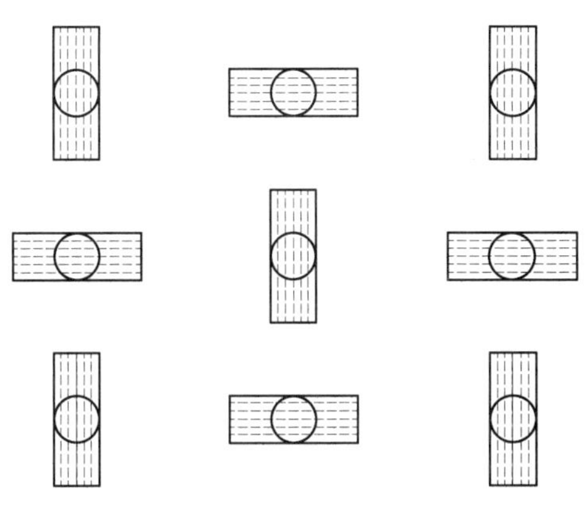

图 10-17　柱帽架设方式

用不便。在矿层顶底板形态稳定和厚度变化不大时，还可以使用液压掩护式支架。

（3）其他支护形式。除木支护和金属支护外，还有锚杆、木垛和矿柱等支护形式。锚杆一般与木支护配合使用，可增大支柱间距，减少木材消耗量。木垛具有较大的支撑面积和支承能力，一般用在暴露面积比较大的矿石溜井口和安全道口的两侧。

当回采工作面推进到规定的悬顶距时，暂时停止回采，并按下列步骤进行放顶：

（1）加密控顶距和放顶距的交界线上的支柱。将控顶距和放顶距的交界线上的一排支柱加密，形成单排或双排的不带柱帽的密集支柱，称为切顶密集支柱排。采场地压大时用双排密集支柱；反之，用单排支柱。

（2）回收放顶区支柱。如图 10-16 所示，一般采用安装在上部阶段巷道的回柱绞车回收放顶区内的支柱，绞车功率为 15～20kW，钢绳直径为 20～30mm，平均牵引速度 8～10mm/s。回收顺序是沿倾斜方向自下而上，沿走向方向先远后近（相对工作面而言）。如果由于顶板条件很坏或地压很大或其他原因，不能回收支柱或不能全部回收时，将残留在采空区的支柱钻一小孔装入炸药，或直接在支柱上捆上炸药将支柱崩倒。

（3）必要时强制崩落顶板。在一般情况下，放顶区回柱后，顶板以切顶支柱排为界自然冒落。如顶板不能及时自然冒落，则应预先在切顶密集支柱外 0.5m 处，逆推进方向打一排倾角约 60°、孔深 1.6～1.8m 的炮孔进行爆破，强制顶板崩落。

矿块开始回采的第一次放顶与以后各次放顶的情况是不同的。第一次放顶的条件比较困难，因为这时顶板类似两端固定的梁，压力显现比较缓慢，不容易全放下来。而以后各次放顶，顶板类似一端固定的悬臂梁，容易放顶。因此，第一次放顶的悬顶距大，约为常规放顶距的 1.5～2 倍。尤其是当直接顶板比较稳固时，常产生顶板下不来或冒落高度不够的现象，造成下一次放顶前压力很大，致使工作面冒落。在第一次放顶时，应认真做好准备工作，如加强切顶支柱，必要时采用双排密集支柱切顶，同时加强控顶区的维护；当顶板不易冒落时，可用爆破进行强制放顶。

放顶时能及时冒落下来的岩层称为直接顶板。直接顶板上部的比较稳固的岩层，经过多次放顶后，达到一定的暴露面积才发生冒落，这层顶板称为老顶，如图 10-18 所示。老顶大面积冒落前，会使工作面压力急剧增加，如果管理不妥，甚至会将整个工作面压垮。老顶冒落引起长壁工作面地压激烈增长的现象，称为二次顶压。二次顶压的显现情况与直接顶板的岩性和厚薄有关。当直接顶板比较厚时，放顶后直接顶板所冒落的岩石能支撑老顶，则二次顶压的现象就不太明显；相反，直接顶板较薄，二次顶压就大，这时应特别注意加强顶板管理，掌握二次顶压的来压规律（时间和距离），采取相应措施，如加强切顶支柱和工作面支柱，及时放顶等。

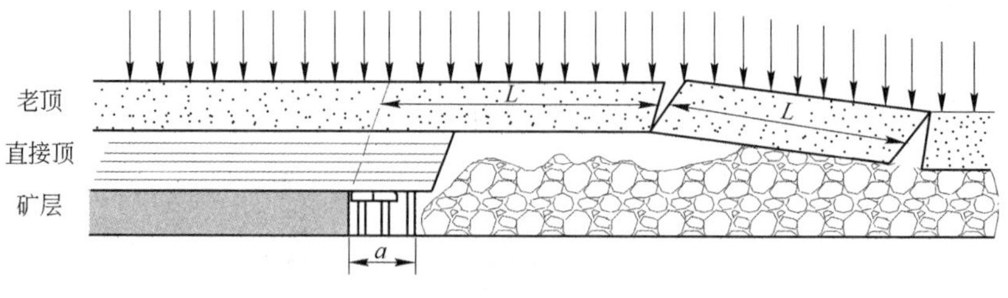

图 10-18　直接顶与老顶

有时在矿层和直接顶板之间，有一层薄而松软的岩石，随着回采工作面的推进而自行冒落，这层岩石称为伪顶。伪顶的存在不仅增加矿石的贫化，并且影响支柱的质量，对生产不利。所以，如有伪顶存在，要注意加强顶板管理工作，保证生产安全。

在顶板管理中，除做好支护和放顶工作外，还应努力提高工作面的推进速度。因为影响地压活动的诸因素中，除地质条件外，时间因素也是很重要的。实践证明，推进速度快，顶板下沉量小，支柱承受的压力也小，支柱的消耗量也相应减小，这对安全和生产都极为有利。

E　通风

长壁工作面的通风条件较好，新鲜风流由下部阶段运输巷道经行人井、切割巷道进入工作面，清洗工作面后的污风经上部安全道排至上部阶段巷道。走向长度大时，应考虑分区通风。

10.2.1.5　开采顺序

多阶段同时回采时，上阶段应超前下阶段，其超前距离应以上部放顶区的地压已稳定为原则，一般不小于50m。阶段回采一般多采用后退式。在矿块中工作面的推进方向通常与阶段的回采顺序一致，但矿块中如有断层时，应使工作面与断层面成一定的交角，尽量避免两者平行。此外，工作面应由断层的上盘向下盘推进，如图 10-19(a) 所示，以便工作面推进到断层时，由矿层和岩石托住断层上盘岩体。如推进方向相反，则断层下的岩体作用在支柱上，容易压坏支柱造成冒顶事故，如图 10-19(b) 所示。

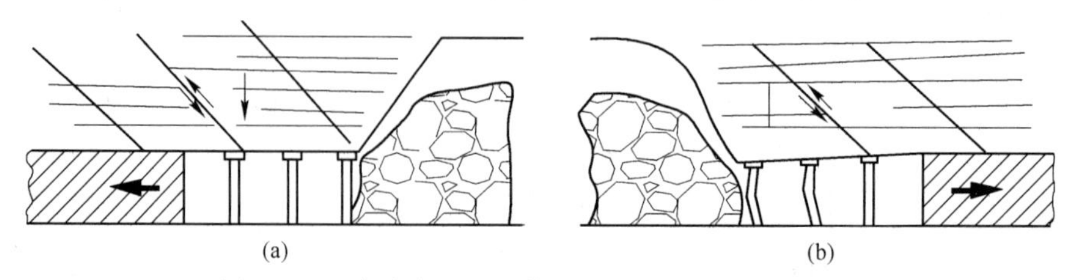

图 10-19　存在断层时工作面推进方向与地压的关系
(a) 压力小；(b) 压力大

当开采多层矿时，上层矿的回采应超前于下层矿；待上层矿体采空区地压稳定后，才能回采下一层矿体。庞家堡铁矿的经验是，下层矿体比上层矿体推后三个月采准，推后六个月回采。

10.2.1.6　劳动组织

由于长壁法要求及时支护工作面，所以为了提高矿块的生产能力，加快推进速度，必须保证落矿、出矿和支护三大作业之间很好配合，在同一班内常需同时进行各种作业，故一般采用综合工作队的劳动组织，由20~40人组成。

阶梯工作面的落矿、出矿和支护三项作业分别在不同阶梯上平行进行，工作面的作业循环，多采用一昼夜一循环的组织形式，即工作面的每一阶梯上每昼夜各完成一次落矿、出矿和支护作业。

10.2.2　短壁式崩落法

矿层的顶板稳固性较差时，采用长壁工作面不容易控制顶板地压。此时，可在上下阶段巷道之间，沿矿层的走向掘进分段巷道，用分段巷道划分工作面，将工作面长度缩小，形成短壁，以利于顶板管理。工作面长度多在20~25m以下，这样布置工作面的壁式崩落法称为短壁式崩落法。

图10-20是短壁式崩落法的示意图，其回采作业与长壁法基本相同。上部短壁工作面超前于下部，上部短壁工作面采下的矿石经过分段巷道和上山运到阶段运输巷道，装车运走。采场采用电耙运搬，分段巷道和上山多用电耙转运，也可采用矿车转运。

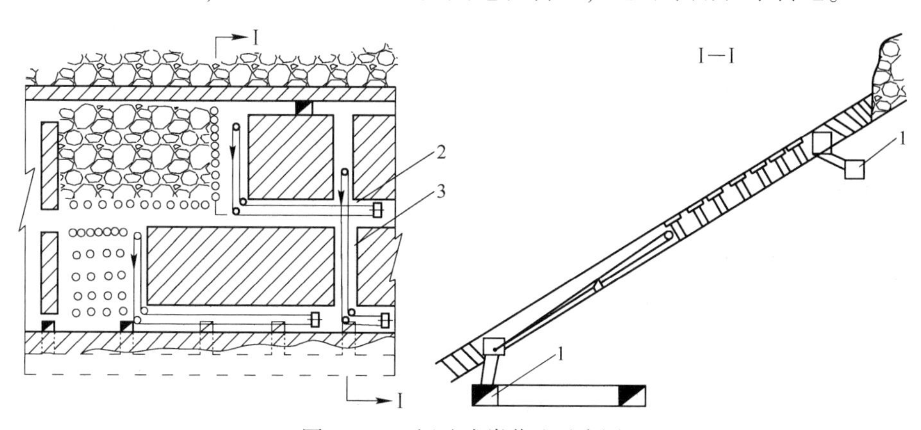

图10-20　短壁式崩落法示意图
1—阶段运输巷道；2—分段巷道；3—上山

10.2.3　单层崩落法评价

单层崩落法是开采顶板岩石不稳固、厚度小于3m、倾角小于30°的层状矿体的有效采矿方法。应用这种方法时，地表必须允许崩落。

长壁式崩落法的采准工作和工作面布置比较简单，因此，与其他在相同条件下可用的采矿方法比，它是一种生产能力大、劳动效率高、损失贫化小、通风条件好的采矿方法。这种方法在国内外金属和非金属矿得到比较广泛的应用。其缺点是支护材料以木材为主，坑木消耗量大（每千吨矿石消耗量常常大于10m^3），支护工作劳动强度大，顶板管理复杂。

短壁式崩落法工作面短小，灵活性大，但矿块的生产能力和劳动生产率均低于长壁法。此法适用于地质条件复杂、地压较大的条件。如果地质条件复杂和地压过大，采用短壁式崩落法也不可能时，可用进路式崩落法回采。

单层崩落法的改进方向主要在于：研究和掌握地压活动规律，改进顶板管理工作，研究坑木代用，尤其是应用机械化的金属支架（如液压自行掩护支架），以减轻体力劳动，提高安全程度和工作面的推进速度；应研制新型工作面运搬机械，特别是能用于底板起伏不平的运搬机械，改进现有的运搬机械（如采用多耙头串式电耙），以提高工作面的运搬能力。

单层崩落法的主要技术经济指标列于表10-1。

表10-1 我国矿山应用单层崩落法的主要技术经济指标

项目	矿山					
	庞家堡铁矿	焦作黏土矿	王村铝土矿	湘潭锰矿	湖田铝土矿	明水黏土矿
采矿方法	长壁式	长壁式	长壁式	短壁式	短壁式	长壁式
采切工作量/m·kt^{-1}	30~40	—	9.51	—	28.5~41.3	10
矿块生产能力/t·d^{-1}	100~150	120	200	—	100(两个短壁面)	200~230
采矿工效率/t·(工·班)$^{-1}$	5.8	5.5	5.4~5.7	2.55~3.0	4.0	4.6
坑木消耗/m^3·kt^{-1}	10~11	12	8.34	21	12.6	8.6
炸药消耗/kg·t^{-1}	0.3	0.02~0.03	0.196	0.34	0.72	—
损失率/%	22~30	17	15	10	20.4	15
贫化率/%	4.6~5.5	—	5.0	—	8.0	5
矿石成本/元·t^{-1}	13.20	3.28	—	21.5	8.5(工作面作业成本)	—
坑木回收率/%	34.6	80	90	—	—	65
坑木复用率/%	24.5	60	—	—	80	55

10.3 有底柱分段崩落法

有底柱分段崩落法也称为有底部结构的分段崩落法。该方法的主要特征是，由上而下逐个分段进行回采，每个分段下部设有出矿专用的底部结构（底柱）。

有底柱分段崩落法大都采用挤压爆破。应用这种方法开采中厚矿体的典型方案如图10-21所示。

10.3.1 矿块结构参数

阶段高度主要取决于矿体倾角、厚度和形状规整程度，一般为50~60m；分段高10~25m，分段底柱高6~8m；矿块尺寸常以电耙道为单元进行划分，矿块长25~30m、宽10~15m。

10.3.2 采准工作

出矿、行人、通风和运送材料等采准工程都布置于下盘脉外。阶段运输为穿脉装车的

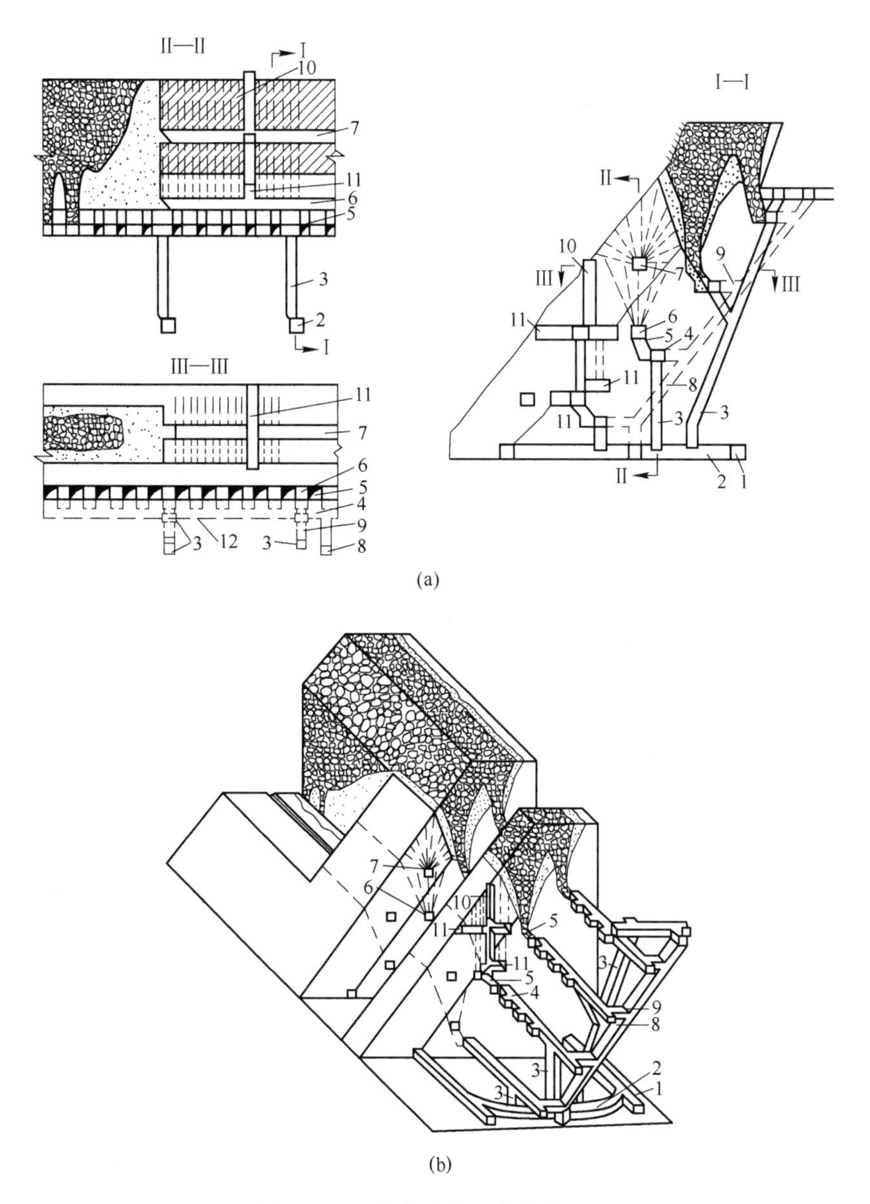

图 10-21 有底柱分段崩落采矿法

（a）三面投影图；（b）立体图

1—阶段沿脉运输巷道；2—阶段穿脉运输巷道；3—矿石溜井；4—电耙巷道；5—斗颈；
6—堑沟巷道；7—凿岩巷道；8—行人通风天井；9—联络道；10—切割井；
11—切割横巷；12—电耙道与高溜井的联络道（通风用）

环形运输系统。电耙道也布置于下盘脉外，采用单侧堑沟式漏斗。下两个分段采用独立垂直放矿溜井，上两个分段采用倾斜分支放矿溜井。每 2~3 个矿块设置一个行人进风天井，用联络道与各分段电耙道贯通，作为行人、通风、运送材料和敷设管缆之用。每个矿块的高溜井都与上阶段脉外运输巷道相通，且以联络道与各分段电耙道相连，作为各分段电耙道的回风井。

10.3.3　切割工作

切割工作包括开掘堑沟和切割立槽。如图10-22所示，在堑沟巷道内钻凿垂直上向中深孔，与落矿同次分段爆破形成堑沟。堑沟炮孔爆破的夹制性较大，所以常常把扇形两侧的炮孔适当加密。在电耙道一侧边孔的倾角通常不小于55°。为了减少堵塞次数和降低堵塞高度，在耙道的另一侧钻凿1~2个短炮孔，短炮孔倾斜角控制在20°左右。

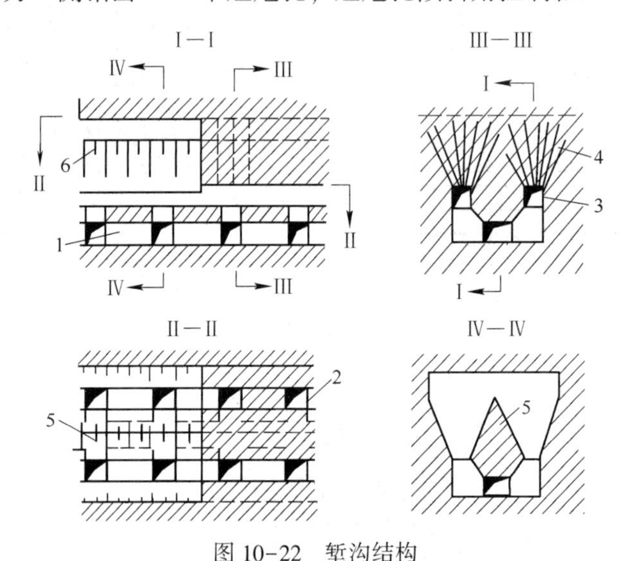

图10-22　堑沟结构

1—电耙道；2—放矿口；3—堑沟巷道；4—中深孔；5—桃形矿柱；6—堑沟坡面

堑沟切割有工艺简单、工作安全、效率高且容易保证质量等优点，所以应用比较普遍。但堑沟对底柱切割较大，以及堑沟爆破对底柱的破坏作用大，故底部结构稳固性受到一定影响。

开凿切割立槽是为了给落矿和堑沟开掘自由面和提供补偿空间。根据切割井和切割巷道的相互位置不同，切割立槽的开掘方法分为“八”字形拉槽法和“丁”字形拉槽法两种。

(1)“八”字形拉槽法。如图10-23(a)所示，多用于中厚以上的倾斜矿体。从堑沟按预定的切割槽轮廓，掘进两条倾斜方向相反的倾斜天井，两井组成一个倒“八”字形。紧靠下盘的天井用作凿岩，另一条天井作为爆破的自由面和补偿空间。自凿岩天井钻凿平行于另一条天井的中深孔，爆破这些炮孔后便形成切割槽。这种切割方法具有工程量少、炮孔利用率高、废石切割量小等优点；但凿岩工作条件不好，工效较低。

(2)“丁”字形拉槽法。如图10-23(b)所示，掘进切割横巷和切割井，切割横巷与切割井组成一个倒“丁”字形。自切割横巷钻凿平行于切割井的上向垂直平行中深孔，以切割井为自由面和补偿空间，爆破这些炮孔则形成切割立槽。

切割巷道的断面通常取决于所使用的凿岩设备，其长度取决于切割槽的范围。切割井位置通常根据矿石的稳固性、出矿条件、天井两侧炮孔排数等因素确定。“丁”字形拉槽法可用于各种厚度和各种倾角的矿体，比“八”字形拉槽法凿岩条件好，操作方便，在实际工作中应用较多。

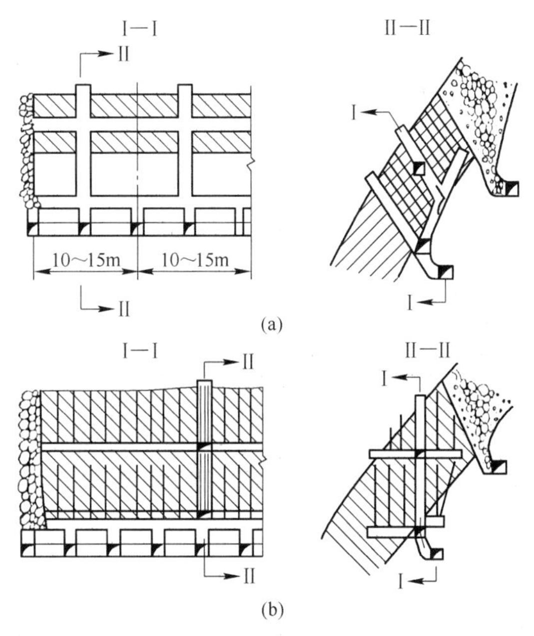

图 10-23 切割立槽的开掘方法

（a）“八”字形拉槽法；（b）“丁”字形拉槽法

切割槽的形成步骤有两种：

（1）形成切割槽之后进行落矿。其优点是能直接观察切割槽的形成质量，并能及时弥补其缺陷；缺点是对矿岩稳固性要求高，也容易造成因补偿空间过于集中，不能很好发挥挤压爆破的作用，在实践中使用不多。

（2）形成切割槽与落矿同次分段爆破。其优缺点恰与前者相反，为当前大多数矿山所采用。切割槽应垂直于矿体走向，布置在爆破区段的适中位置，使补偿空间尽量分布均匀。此外，应布置在矿体肥大或转折和稳固性较好的部位。

10.3.4 回采工作

回采一般用中深孔或深孔落矿。中深孔一般用钻凿台架钻凿，深孔一般用潜孔钻机钻凿。中深孔落矿方法使用广泛。

为了减少采准工程量，可把图 10-21 的凿岩巷道和堑沟巷道合为一条，如图 10-24 所示。把前面方案的菱形崩矿分间改为矩形崩矿分间，崩下的矿石很大一部分暂留，由下分段放出。在上向垂直扇形中深孔落矿的有底柱分段崩落法中，广泛使用挤压爆破。按崩落矿石获得补偿空间的条件，可分为小补偿空间挤压爆破和向崩落矿岩挤压爆破两种回采方法。

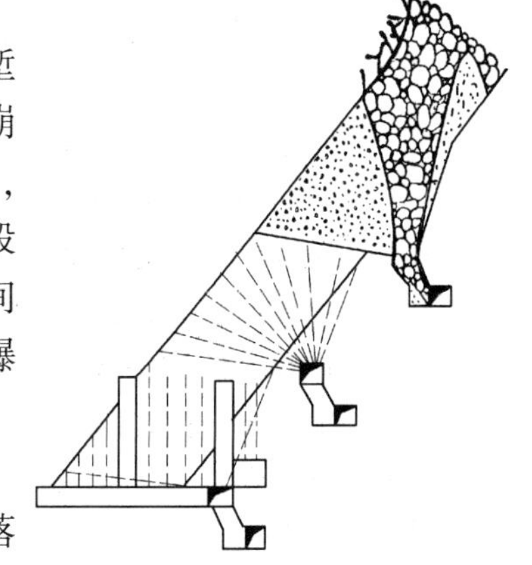

图 10-24 矩形崩矿分间

10.3.4.1 小补偿空间挤压爆破方案

如图 10-25 所示，崩落矿石所需要的补偿空间由崩落矿体中的井巷空间提供。常用的补偿空间系数为 15%～

20%。若过大，不但增加了采准工程量，而且降低了挤压爆破的效果；若过小，容易出现过挤压甚至出现“呛炮”现象。在设计时，可参考下列情况选取补偿空间系数：

（1）矿石较坚硬和“桃”形矿柱稳固性差或补偿空间分布不均匀、落矿边界不整齐时，可取较大的数值。

（2）矿石破碎或有较大的构造破坏、相邻矿块都已崩落，或电耙巷道稳固且补偿空间分布均匀、落矿边界整齐时，可取较小的数值。

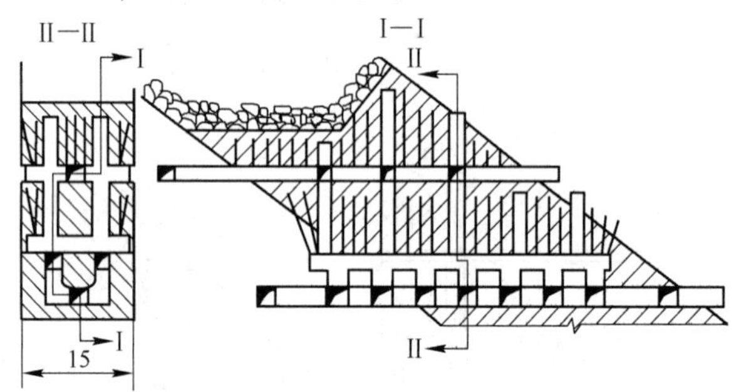

图 10-25 小补偿空间挤压爆破方案

矿块的补偿空间系数确定后，可进行矿块采准切割工程的具体布置，使其分布于落矿范围内的堑沟巷道、分段凿岩巷道、切割巷道、切割天井等工程的体积与落矿体积之比符合确定的数值。当出现补偿空间与要求数量不一致时，常以变动切割槽的宽度、增加切割天井的数目、调整切割槽间距等办法求得一致。

一般过宽的切割槽施工是比较困难的，且因其空间集中，影响挤压爆破效果。切割天井数目的可调范围也不大。所以常常以调整切割槽的间距，即用增减切割槽的数目来适应确定的补偿空间系数。

小补偿空间挤压爆破回采方案的优点有：

（1）灵活性大，适应性强，一般不受矿体形态变化、相邻崩落矿岩的状态、一次爆破范围的大小、矿岩稳固性等条件的限制；

（2）对相邻矿块的工程和炮孔的破坏较小；

（3）补偿空间分布比较均匀，且能按空间分布情况调整矿量，故落矿质量一般都较好，而且比较可靠。

该方案的缺点有：

（1）采准切割工程量大，一般都在 15~20m/kt，比向崩落矿岩方向挤压爆破的方案大 3~5m/kt；

（2）采场结构复杂，施工机械化程度低，施工条件差；

（3）落矿的边界不甚整齐。

小补偿空间挤压爆破回采方案适用于以下条件：

（1）各分段的第一矿块或相邻部位无崩落矿岩；

（2）矿石较破碎或需降低对相邻矿块的破坏；

（3）为生产衔接的需要，要求一次崩落较大范围。

10.3.4.2 向崩落矿岩方向挤压爆破方案

如图 10-26 所示，矿块的下部是用小补偿空间挤压爆破形成堑沟切割，上部为向相邻崩落矿岩挤压爆破，这一方案有时也称为侧向挤压爆破方案。

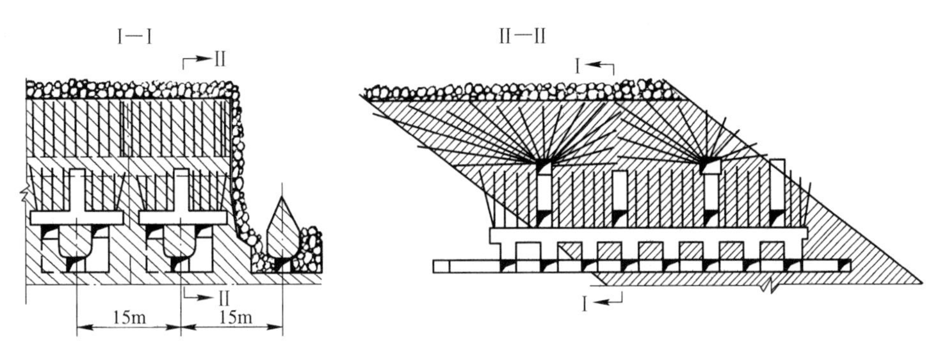

图 10-26 向崩落矿岩挤压爆破回采方案

实施向相邻崩落矿岩挤压爆破时，在爆破前，需要对前次崩落的矿石进行松动放矿。其目的是将爆破后压实的矿石松散到正常状态，以便本次爆破时借助爆破冲击力挤压已松散的矿石来获得补偿空间。如此逐次进行，直至崩落全部矿石。

该方法不需要开掘专用的补偿空间，但邻接的崩落矿岩量及其松散状态对爆破矿石量及其破碎情况具有决定性的影响，所以本法不如小补偿空间挤压爆破灵活和适应性强。此外，采用该种挤压爆破时，大量矿石被抛入巷道中，需人工清理，工作繁重并且劳动条件不好。

有底柱分段崩落法大都使用电耙出矿，绞车功率多为 30kW，耙斗容量 0.25～0.3m^3，耙运距离 30～50m。有的矿山使用 55kW 电耙绞车，耙斗容量 0.5m^3。

10.3.5 放矿管理

在覆岩下放矿，当矿石层高度较大时需要良好的放矿管理。放矿管理包括选择放矿方案、编制放矿计划以及实施放矿控制与调整三项工作。

10.3.5.1 *放矿方案*

根据放矿过程中矿岩接触面的形状及其变化过程，可将放矿方案分为三种形式，如图 10-27 所示。

（1）平面放矿。放矿过程中矿岩接触面保持近似水平下移，根据平面移动要求控制各漏口放出矿量和放矿顺序。该放矿方案在放矿过程中的矿岩接触面积最小，有利于减少损失贫化。

（2）立面放矿。立面放矿即各漏口依次全量放矿，其特点是各漏孔依次放出，并且每个漏孔一直放到截止品位为止，然后关闭漏孔。由于这种放矿方案的矿岩接触面以陡立的斜面向前移动，故称为立面放矿。该方案在放矿过程中矿岩接触面较大，不利于矿石的回收。和平面放矿比较，立面放矿的纯矿石放出量少，损失、贫化均较大，底部残留高度也大。该方案的优点是放矿过程的管理简单。只有当矿石层高度不大，亦即相邻放矿口的相互作用不大时，采用这种放矿方案。

（3）斜面放矿。该方案的特点是放矿过程中矿岩接触面保持倾斜面向前移动，可按 45°左右的矿岩斜面确定进入放矿带的放出漏孔数。斜面放矿方案多用于连续回采的崩落法中。

在生产实践中，可选用一种方案或两种方案联合使用，亦可将某个方案作某些改变，

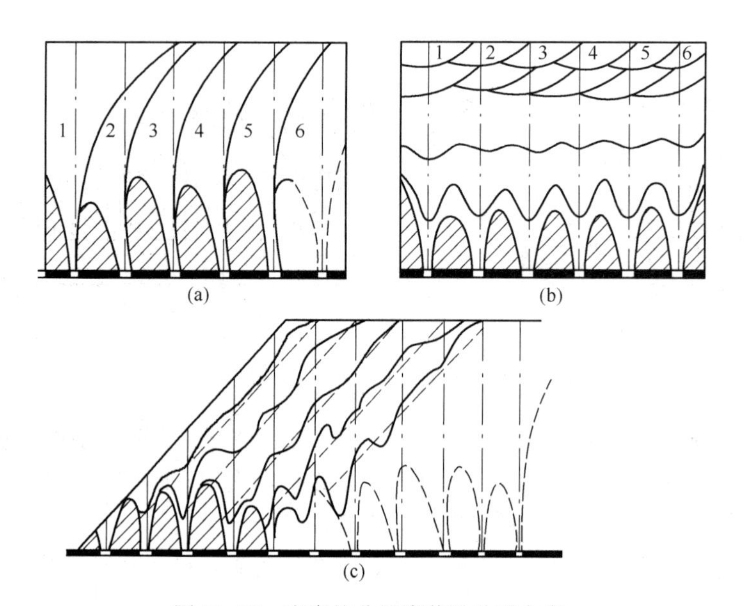

图10-27　有底柱分段崩落法放矿方案

(a) 立面放矿（数字为按漏斗依次放矿后形成的放矿漏斗）；
(b) 平面放矿（数字为各漏斗按顺序每次放矿后矿岩接触面下降情况）；(c) 斜面放矿

成为一种变形方案。总之，要结合崩落矿块和矿山放矿管理的具体情况，确定放矿方案。

10.3.5.2　*放矿计划的编制*

放矿方案确定后，根据崩落矿岩堆体和出矿巷道的布置，编制放矿计划。下面以平面放矿方案为例，简述放矿计划的编制方法。

(1) 确定每个漏孔放出总量。每个漏孔应放出的总量等于每个漏孔负担平面之上的矿石柱体积减去底柱残留体积。对靠近下盘漏孔的矿石柱，还需要减去下盘损失量。

(2) 确定每个漏孔的单轮放出量。每个漏孔每轮的放出矿石量，根据该孔当时的负担面积乘以下降高度计算。每轮矿岩接触面下降高度一般可取2m左右。

(3) 编绘放矿图表。根据上面所得数据编绘出放矿计划图表，标明各漏孔每次放出量和矿岩接触面相应的下降高度。

(4) 确定放矿步骤。有的矿山按四步编制放矿计划：第一步为松动放矿，使全部漏孔之上的矿石松散，在挤压爆破条件下放出崩落矿量的15%左右；第二步为削高峰放矿，放出崩落矿石堆超高部分；第三步为均匀放矿，按平面下降要求确定各孔每次的放出量，每个漏孔如此放到开始有岩石混入为止；第四步改用依次全量放矿，各漏孔可以一直放到截止品位后，关闭漏孔。

10.3.5.3　*放矿控制*

放矿控制就是控制每个漏孔放出矿石的数量和质量。如果按放矿计划控制放矿量，而在生产中出现实际放矿量与计划不一致时，要在下次放矿时进行调整。有的矿山为此在整个放矿高度上规定出2~3个调整线，要求到达调整线时各漏孔的放出量应符合计划要求。

质量控制就是按规定的截止品位来控制截止放矿点，防止过早与过晚封闭漏孔。

放矿控制是放矿管理中的基本工作。放矿时准确控制和计量各孔放出量以及及时化验品位，是改进这项工作的关键环节。

在井下设矿石品位化验站，使用X射线荧光分析仪测定品位，可以满足及时化验品位的要求。但放矿量的控制和计量的准确性尚有待改进。

放矿方案选择、放矿计划编制和调整等工作可借助计算机仿真来实现。按优化原则拟定多种放矿计划，用计算机仿真预测每种计划实施后的矿石损失与贫化，根据矿石损失贫化值从中选出最优计划。在放矿中出现漏孔放出量与计划有较大出入时，用计算机仿真按最小的矿石损失贫化要求重新调整放矿计划，再按新计划放矿。同时，计算机仿真能够给出放矿过程中采场内部矿岩移动情况，以及各漏孔放出的矿石原来的空间位置等，这对分析矿石损失贫化过程很有帮助。

10.3.6 评价

有底柱分段崩落法在我国地下金属矿山应用比较多，特别是在有色金属矿山得到广泛应用，且有增加的趋势。

10.3.6.1 适用条件

有底柱分段崩落法一般适用于以下条件：

（1）地表允许崩落。但若地表表土在岩层崩落后遇水可能形成大量泥浆涌入井下时，需要采取预防措施。

（2）矿体厚度和矿体倾角。急倾斜矿体厚度不小于5m，倾斜矿体不小于10m，当矿体厚度超过20m时，倾角不限。最适用于厚度大于15m的急倾斜矿体。

（3）岩石稳固性。上盘岩石稳固性不限，岩石破碎不稳固时，采用有底柱分段崩落法比其他采矿方法更为合适。由于采准工程常布置在下盘岩石中，所以下盘岩石稳固性以不低于中等稳固为好。

（4）矿石稳固性。矿石稳固性应允许在矿体中布置采准和切割工程，出矿巷道经过适当支护后，应能保持出矿期间不遭破坏，故矿石稳固性应不低于中等稳固。

（5）矿石价值。除非是在特殊有利条件（倾角大于75°，厚度大于15m，矿体形态比较规整）下，此法的矿石损失贫化较大，故适于开采矿石价值不高的矿体。

（6）夹岩厚度和矿石性能。由于该法不能分采分出，以矿体中不含较厚的岩石夹层为好。在矿体倾角大、回采分段高的情况下，矿石必须无自燃性和结块性。

10.3.6.2 主要优缺点

有底柱分段崩落法的主要优点有：

（1）由于该法具有多种回采方案，可以用于开采不同条件的矿体，故使用灵活，适用范围广；

（2）生产能力较大，年下降深度可达20~23m，矿体单位面积产量达75~100t/(m^2·a)；

（3）采矿与出矿的设备简单，使用和维修都很方便；

（4）与其他崩落采矿法相比，通风条件较好，有贯通风流，当采用新鲜风流直接进入电耙巷道的通风系统时，可保证风速不小于0.5m/s。

有底柱分段崩落法的主要缺点有：

（1）采准切割工程量大，施工机械化程度低，底部结构复杂，其工程量约占整个采准切割工程的一半；

（2）矿石损失贫化较大，在矿体不陡、厚度不大的情况下更为严重。一般矿石损失率为15%~20%、贫化率为20%~30%。

10.3.6.3 改进途径

根据我国矿床地质条件和采矿设备条件，有底柱分段崩落法近期仍是主要采矿方法之一，使用范围可能还会扩大。该方法今后的改进主要有下列几方面：

（1）实施集中作业，强化开采，推广强掘、强采、强出，在矿石破碎地压较大的条件下尤为必要。

（2）简化采场结构，特别是简化底部结构。

（3）采用高效率的出矿设备和凿岩设备。目前普遍采用电耙出矿，出矿能力限制了采场生产能力，今后一方面要增大耙矿绞车能力和耙斗容积，另一方面推广铲运机出矿；进一步研制深孔凿岩设备，增加有效凿岩深度，较大幅度地减少采准工程量。

（4）振动出矿机是一种有前景的出矿设备，它应用于漏孔负担出矿量较大的有底柱崩落法中，不仅可以大幅度提高采场出矿能力，而且有利于放矿管理，应积极进行试验与推广。

（5）加强放矿管理，改进控制放矿量和封斗、计量、快速化验分析等方面的技术工作，降低矿石损失、贫化。

（6）重视对地压和回采顺序的研究，更好地掌握有底柱分段崩落法地压活动规律。

10.3.6.4 技术指标

我国矿山应用有底柱分段崩落法实际取得的主要技术指标列于表10-2。

表10-2 我国有底柱分段崩落法主要技术指标

矿山名称	采准工程量 /$m \cdot kt^{-1}$	劳动消耗/(工·班)·kt^{-1}				采场生产能力 /$t \cdot d^{-1}$	损失率 /%	贫化率 /%	主要材料消耗			
									炸药/$kg \cdot t^{-1}$		坑木	水泥
		采切	落矿	出矿	合计				落矿	二次破碎	/$m^3 \cdot t^{-1}$	/$kg \cdot t^{-1}$
篦子沟	14	77	40	48	165	250	15.50	22.56	0.51	0.162	0.000125	2.365
易门狮山坑	21.3	66	15	28	109	254	10.4	25.3	0.2	0.665	0.0105	—
胡家峪	15	94	83	40	217	300	19.63	26.03	0.0479	0.260	0.00024	2.15
因民	22.9	73.5	51	14.2	138.7	160~170	18.2	22.6	0.445	0.061	0.001	
松树脚	27~34.4	99.1	23.5	73.2	195.8	150~200	25	10~15	0.27	0.125	0.004	3.5
易门凤山坑	22	58	18	25	101	150~180	20~22	32	0.35~0.4	0.065	0.0305	—

10.4 无底柱分段崩落法

无底柱分段崩落法自20世纪60年代中期在我国开始使用以来，在金属矿山获得迅速推广，特别是在铁矿山的应用更为广泛，目前已占地下铁矿山矿石总产量的70%左右。

与有底柱分段崩落法比较，该法的基本特征是，分段下部不设由专门出矿巷道所构成的底部结构，分段的凿岩、崩矿和出矿等工作均在回采巷道中进行。因此，大大简化了采场结构，给使用无轨自行设备创造了有利条件，并可保证工人在安全条件下作业。

10.4.1 矿块布置及结构参数

无底柱分段崩落采矿法典型方案如图 10-28 所示。一般以一个出矿溜井服务的范围划分为一个矿块，根据矿体厚度和出矿设备的有效运距确定矿块布置形式。一般情况下，矿体厚度小于 15~20m 时，矿块沿走向布置；否则，垂直走向布置。

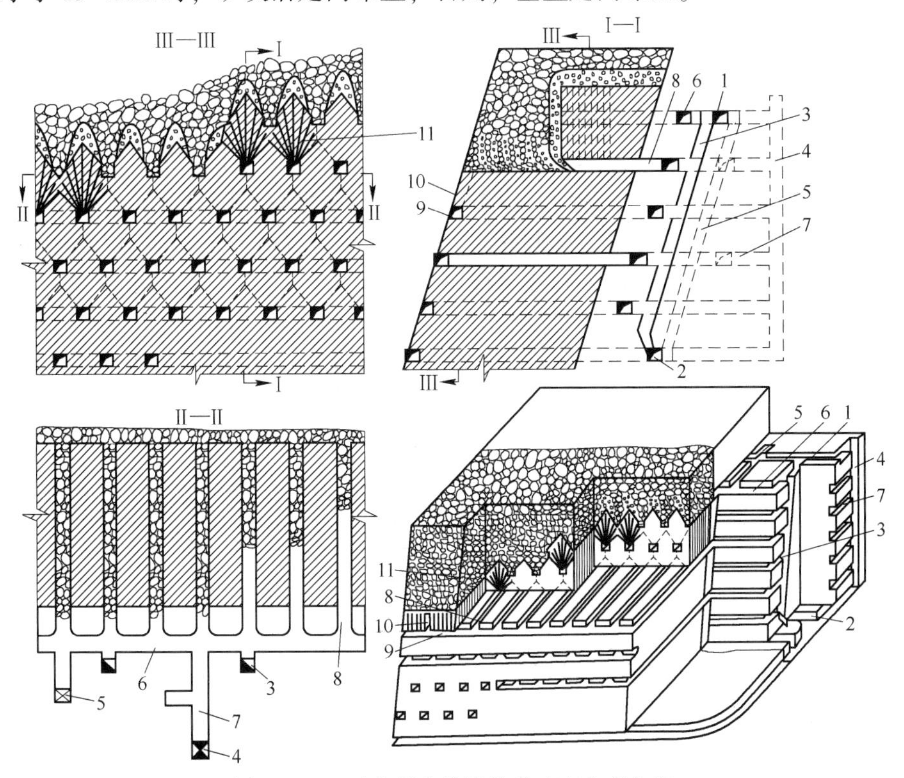

图 10-28 无底柱分段崩落采矿法典型方案

1，2—上下阶段沿脉运输巷道；3—矿石溜井；4—设备井；5—通风行人天井；6—分段运输平巷；7—设备井联络道；8—回采巷道；9—分段切割平巷；10—切割天井；11—向上扇形炮孔

在有自燃和泥水下灌危害的矿山，可将厚矿体划分成具有独立系统的分区进行回采，以减少事故的影响范围；当矿体水平面积很大时，为了增加工作点，也要划为分区回采。

无底柱分段崩落法的阶段高度一般为 60~120m，当矿体倾角较缓、赋存形态不规整及矿岩不稳固时，阶段高度可取低一些。分段高度和进路间距是主要结构参数。为了减少采准工作量和降低矿石成本，在凿岩能力允许和不降低回采率的条件下，可加大分段高度和进路间距。我国矿山采用的分段高度一般为 10~15m；进路间距一般略小于分段高度，常用 8~15m。依据放矿理论，分段高度与进路间距、进路宽度以及崩矿步距之间关系密切，必须根据矿山具体情况进行结构参数的优化设计。

放矿溜井的间距主要取决于出矿设备的类型。使用小型铲运机（铲斗容积≤1.5m^3）时，合理运距不超过 80~100m；当矿块垂直矿体走向布置时，溜井间距一般为 60~80m；沿走向布置时，一般为 80~100m。当采用大型铲运机（铲斗容积≥4.0m^3）出矿时，溜井间距可增大到 90~150m。溜井间距也与溜井的通过矿量有关，要避免因一个溜井承担矿量过大而磨损过大，导致提前报废而影响生产。

10.4.2 采准切割布置

10.4.2.1 阶段运输沿脉平巷布置

阶段运输沿脉平巷一般布置在下盘岩石中，在其下阶段矿体回采错动范围之外。当下盘岩石不稳固而上盘岩石稳固时，也可布置在上盘岩石中。

10.4.2.2 溜井布置

原则上每个矿块只布置一个溜井。当有多种矿石产品时，需布置多个溜井；当矿体中有较多的夹石需要剔除或脉外掘进量大时，可以每 1~2 个矿块设一个废石溜井。当采用装运机出矿而矿体厚度大于 50~70m，或采用铲运机出矿而矿体厚度大于 100~150m 时，需在矿体内布置溜井。在回采过程中，应做好各分段的降段封井工作。

溜井一般布置在脉外，这样生产上灵活、方便。溜井受矿口的位置应与最近的装矿点保留一定的距离，以保证装运设备有效运行。

溜井应尽量避免与卸矿巷道相通，如图 10-29(a) 所示。可用小的分支溜井与巷道相通，如图 10-29(b) 所示，这样在上下分段同时卸矿时，互相干扰小，也有利于风流管理。

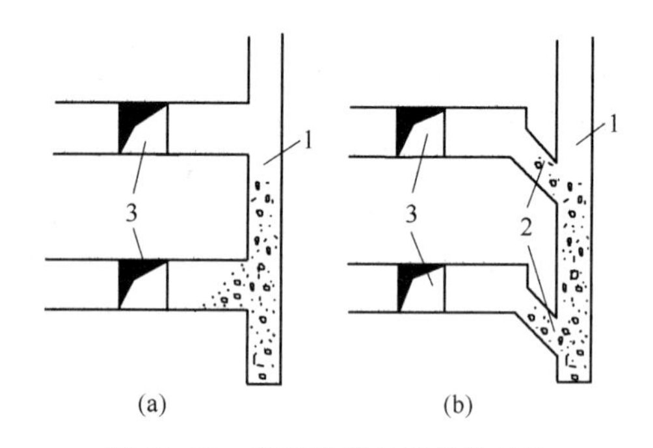

图 10-29 卸矿巷道与溜井的结构

(a) 卸矿巷道与溜井直接相通；(b) 卸矿巷道通过小分支溜井与溜井相通

1—主溜井；2—分支溜井；3—分段运输联络道

当开采厚大矿体时，大部分溜井都布置在矿体内。当回采工作后退到溜井附近、本分段不再使用此溜井时，应将溜井口封闭，以防止上部崩落下来的覆盖岩石冲入溜井。封闭时，溜井口要扩大出一个平台以托住封井用的材料，使其经受外力作用后不致产生移动。封闭最下层用钢轨装成格筛状，上面铺几层圆木，最上面覆盖 1~2m 厚的岩碴。有的矿山为了节省钢材和木材，以及改善溜井处的矿石回采条件，采用矿石混凝土充填法封闭溜井。首先将封闭段溜井内矿石放到要封闭的水平，然后再用混凝土充填一段（1m），最后用混凝土加矿石全段充填。封井工作要求保证质量，否则一旦因爆破冲击使封井的材料及上部的岩碴一起塌入溜井中，将会给生产带来严重的影响。因此，在条件允许情况下，溜井应尽量布置在脉外，以减小封井工作。当脉外溜井位于崩落带内时，开采下部分段也要注意溜井的封闭。

当矿体倾角较缓时，应尽量采用倾斜溜井，以减小脉外运输联络道的长度，也避免因下部分段运输距离加大而降低装运设备的生产能力。

方形溜井断面尺寸一般为 2m×2m，圆形溜井断面直径一般为 2m。

10.4.2.3 设备井和斜坡道布置

运送设备、人员和材料一般采用设备井和斜坡道两种方案。

A 设备井

设备井目前有两种装备方法，一种是在同一设备井中安装两套提升设备。当运送人员或不大的材料时，用电梯轿箱；当运送设备时，用慢动绞车，并将轿箱钢绳靠在设备井的一侧，轿箱停在最下分段水平。另一种是分别设置设备井和电梯井，设备井安装大功率绞车运送整体设备。前种方法适用于设备运送量不大的矿山；对设备运送频繁的大型矿山，可采用后一种方法。而矿量不大的小型矿山和大型矿山中某些孤立的小矿体，可装备简易设备井，解决设备、人员和材料的运送问题。

设备井应布置在本阶段的崩落界线以外，一般布置在下盘围岩中。只有在矿体倾角大、下盘围岩不稳固，而上盘围岩稳固以及为了便于与主要巷道联络时，才将设备井布置在上盘围岩中。当矿体走向长度很大时，根据需要沿走向每 300m 左右布置一条设备井。

设备井的断面应根据运送设备的需要确定。大庙铁矿设备井的断面布置如图 10-30 所示。设备井通常兼作入风井。

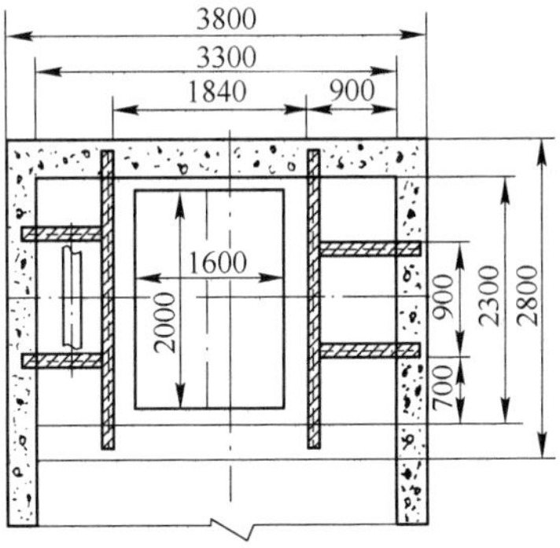

图 10-30 电梯设备井断面布置

B 斜坡道

在无底柱分段崩落法中，随着铲运机的应用，分段与阶段运输水平常用斜坡道连通。斜坡道一般采用折返式，如图 10-31 所示。

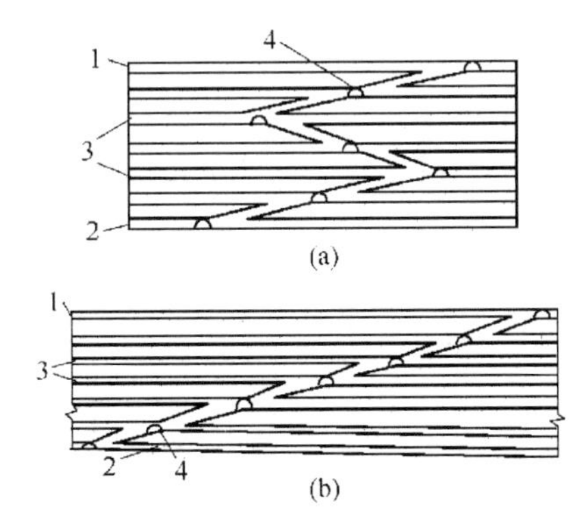

图 10-31 折返式斜坡道示意图

(a) 几分段折返；(b) 阶段折返

1，2—阶段运输巷道；3—分段运输巷道；4—联络道

根据进入分段的开口位置不同，分为图 10-31(a) 与图 10-31(b) 两种方式。(a) 种方式斜坡道进口沿走向变动范围小，有利于双侧退采；但折返次数多，开掘工作复杂。

斜坡道的间距为 250~500m，坡度根据用途不同取 10%~15%，仅用于联络通行和运送材料等可取较大坡度（15%~25%）。路面可用混凝土、沥青或碎石铺设。

斜坡道断面尺寸主要根据无轨设备（铲运机）外形尺寸和通风量确定。巷道宽度等于设备宽度加 0.9~1.2m；巷道高度等于设备高度加 0.6~0.75m。

丰山铜矿掘成地表折返式主斜坡道，坡度为14%~17%，分段支斜坡道坡度为20%，断面为3.2m×4.2m(适应LK-1型铲运机)。

10.4.2.4 回采巷道的布置

回采巷道的间距对矿石的损失贫化、采准工作量和回采巷道的稳固性都有一定的影响。在一般条件下，回采巷道间距主要根据充分回收矿石要求确定，目前国内多采用8~15m。崩落矿石粉矿多、温度高和流动性差时，流动带宽度小，应采用较小的间距。

回采巷道的断面主要取决于回采设备的作业尺寸、矿石的稳固性及掘进施工技术水平等。当采用YGZ-90型凿岩机凿岩和小型铲运机出矿时，回采巷道的最小宽度为3m，最小高度为2.8m；当采用液压凿岩设备和大型铲运机时，宽度多为3.6~4.5m，高度多为3.0~3.8m。在矿石稳固性允许的情况下，适当加大回采巷道的宽度，有利于设备的操作和运行，还有利于提高矿石的流动性，并可减少矿石堵塞，提高出矿能力；如果沿巷道全宽均匀装矿，则可扩大矿石流动带，改善矿石的回收条件。在保证设备运行方便的条件下，回采巷道的高度小一些好，有利于减少端部（正面）矿石残留。

回采巷道的断面形状以矩形为好，有利于在全宽上均匀出矿。拱形巷道不利于巷道边部矿石流动，使矿石的流动面变窄，并易发生堵塞，增大矿石损失。如果矿石的稳固性差，需要采用拱形时，应适当减小回采巷道间距。

为了使重载下坡和便于排水，回采巷道应有3‰的坡度。

回采巷道布置是否合理直接影响矿石的损失贫化。上下分段回采巷道应严格交错布置，如图10-32(b)所示，使回采分间成菱形，以便将上分段回采巷道间的脊部残留矿石尽量回收。如果上下分段的回采巷道正对布置，如图10-32(a)所示，纯矿石放出体的高度很小，亦即纯矿的放出量大大降低。在同一分段内，回采巷道之间应相互平行。

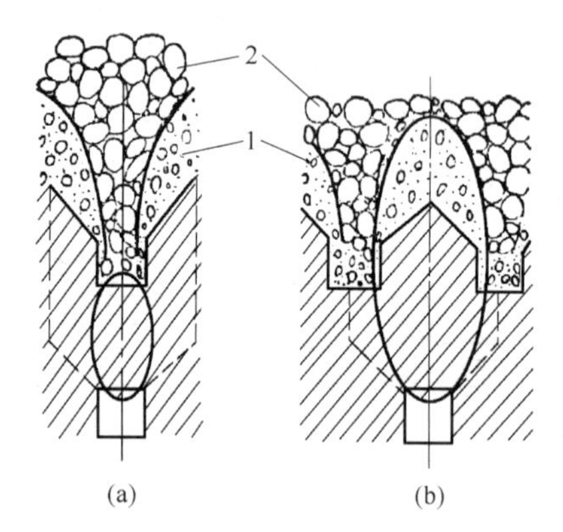

图10-32 回采巷道布置方式与矿石回收关系

（a）正对布置；（b）交错布置

1—矿石；2—岩石

当矿体厚度大于15~20m时，回采巷道一般垂直走向布置。垂直走向布置回采巷道，对控制矿体边界、探采结合、多工作面作业、提高回采强度等均有利。

当矿体厚度小于15~20m时，回采巷道一般沿走向布置，如图10-33所示。

根据放矿理论，放出漏斗的边壁倾角一般都大于70°。因此，回采巷道两侧小于70°范围的崩落矿石在本分段不能放出而形成脊部残留。当回采巷道沿走向布置时，下盘残留

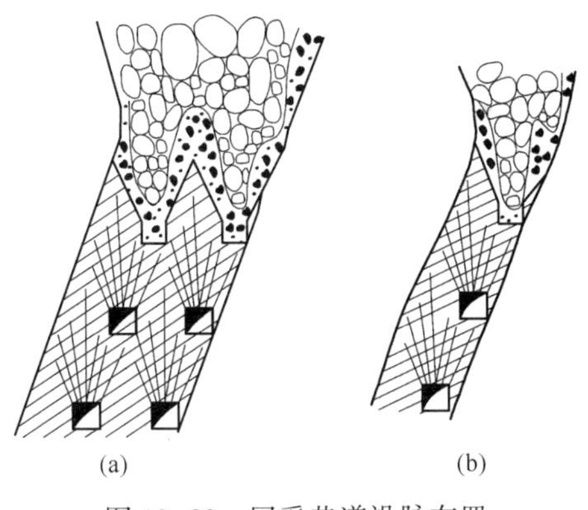

图 10-33 回采巷道沿脉布置
（a）双巷；（b）单巷

矿石在下分段无法回收，成为永久损失。为减少下盘矿石损失，可适当降低分段高度，或者使回采巷道紧靠下盘，甚至可以直接布置在下盘围岩中。

在矿体厚度较大、垂直走向布置回采巷道时，也要防止因矿体倾角不足而产生大量的下盘矿石损失。

10.4.2.5 分段运输联络道的布置

分段联络道用来联络回采巷道、溜井、通风天井和设备井，以形成该分段的运输、行人和通风系统。其断面形状和规格与回采巷道大体相同，但与风井和设备井连接部分可根据需要确定断面规格。一般设备井联络道断面规格为 3.0m×2.8m，风井联络道断面规格为 2m×2m。

当矿体厚度较大、回采巷道垂直走向布置时（见图 10-34(a)），分段运输联络道可布置在矿体内，也可布置在围岩中。布置在矿体内的优点是掘进时有矿石产出、减少回采巷道长度，以及在没有岩石溜井的情况下可以减少岩石混入量；缺点是各回采巷道回采到分段运输联络道附近时，为了保护联络道，常留有 2~3 排炮孔距离的矿石层作为矿柱暂时不采。此矿柱留到最后，以运输联络道作为回采巷道再加以回采。采至回采巷道与运输联络道交叉处，由于暴露面积大，稳固性变差，易出现冒落。为了保证安全，难以按正常落矿步距爆破，只能以大步距进行落矿（一次爆破一条回采巷道所控制的宽度），故矿石损失很大。另外，运输联络道一般也是通过主风流的风道，分段回采后期，运输联络道因回采崩落，风路被堵死，使通风条件恶化。

因此，分段运输联络道一般采用脉外布置（见图 10-34(b)）；又由于溜井和设备井多布置在下盘围岩中，故多采用下盘脉外布置。

矿体倾角不够陡时，如条件允许，可将运输联络道布置在上盘脉内，采用自下盘向上盘的回采顺序。靠下盘开掘切割立槽，可减少下盘矿石损失，而且上盘脉内运输联络巷道与回采巷道交叉口处损失的矿石还可在下分段回收。

当开采极厚矿体时，由于受巷道通风与运输效率的限制，沿矿体厚度方向每隔 50~70m 布置一条联络道（见图 10-34(c)），从上盘侧开始，以向联络道逐条推进的顺序回采。为了增加同时工作面数目，条件合适时，亦可在上、下盘两侧分别布置脉外联络道和溜井，从矿体中间开始，同时退向上、下盘两侧回采。

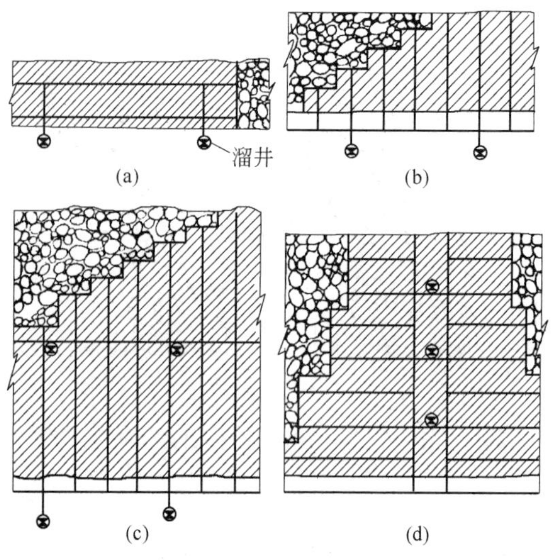

图 10-34 分段运输联络道布置形式

在有自燃和泥水下灌危害的矿山，可将厚矿体划分成具有独立系统的分区（见图 10-34(d)）进行回采，以减小事故的影响范围。此外，当矿体水平面积很大（如梅山铁矿）时，为了增加回采工作地点，增大矿石产量，也可划分成分区进行回采。

10.4.3 切割工作

在回采前必须在回采巷道的末端形成切割槽，作为最初的崩矿自由面及补偿空间。

回采巷道沿走向布置时，爆破往往受上、下盘围岩的夹制作用。为了保证爆破效果，常用增大切割槽面积或每隔一定距离重开切割槽的办法来解决。切割槽开掘方法有以下三种。

10.4.3.1 切割平巷与切割天井联合拉槽

切割平巷与切割天井联合拉槽法如图 10-35 所示。沿回采边界掘进一条切割平巷贯通

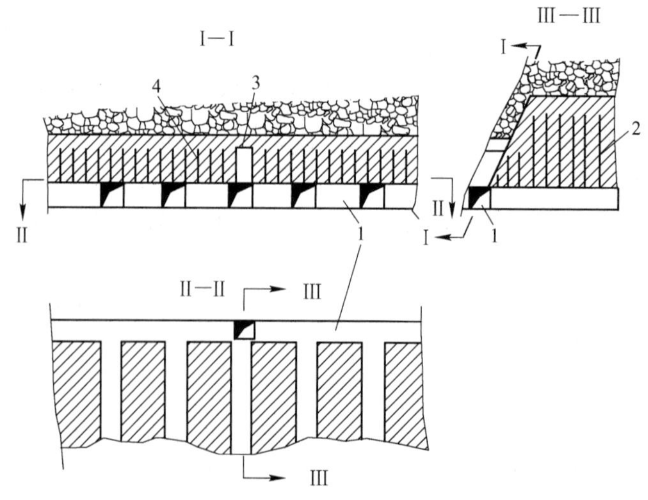

图 10-35 切割平巷与切割天井联合拉槽
1—切割平巷子；2—回采炮孔；3—切割天井；4—切割炮孔

各回采巷道端部，然后根据爆破需要，在适当的位置掘进切割天井；在切割天井两侧，自切割平巷钻凿若干排平行或扇形炮孔，每排 4～6 个炮孔；以切割天井为自由面，一侧或两侧逐排爆破形成切割槽。这种拉槽法比较简单，切割槽质量容易保证，在实践中应用广泛。

10.4.3.2　切割天井拉槽

切割天井拉槽法如图 10-36 所示。不便于掘进切割平巷时，只在回采巷道端部掘进切割天井，断面一般为 1.5m×2.5m 的矩形。天井矩形断面的里边距回采巷道端部留有 1～2m 距离，以利于凿岩；天井的长边平行于回采巷道中心线；在切割天井两侧各打三排炮孔，微差爆破，一次成槽。

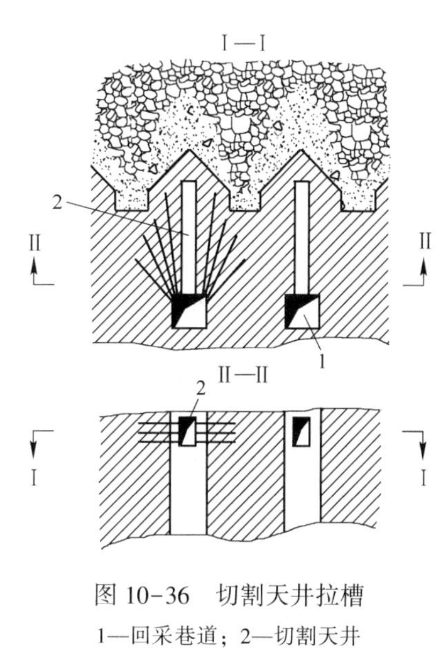

图 10-36　切割天井拉槽

1—回采巷道；2—切割天井

该法灵活性较大、适应性强，且不受相邻回采巷道切割槽质量的影响。沿矿体走向布置回采巷道时，多用该法开掘切割槽。垂直矿体走向布置回采巷道时，由于开掘天井太多，应用不如前者广泛。

10.4.3.3　炮孔爆破拉槽

炮孔爆破拉槽法的特点是不开掘切割天井，故有“无切割井拉槽法”之称。不便于掘进切割天井时，在回采巷道或切割平巷中钻凿若干排角度不同的扇形炮孔，一次或分次爆破形成切割槽。

楔形掏槽一次爆破拉槽法如图 10-37(a) 所示。这种方法是在切割平巷中钻凿 4 排角度逐渐增大的扇形炮孔，然后用微差爆破一次形成切割槽。这种拉槽法在矿石不稳固或不便于掘进切割天井的地方使用最合适。

分次爆破拉槽法如图 10-37(b) 所示。在回采巷道端部 4～5m 处钻凿 8 排扇形炮孔，每排 8 个孔，按排分次爆破，这相当于形成切割天井。此外，为了保证切割槽的面积和形状，还布置 9、10、11 三排切割孔，其布置方式相当于切割天井拉槽法。该拉槽法也适用于矿石比较破碎的情况，实际应用不多。

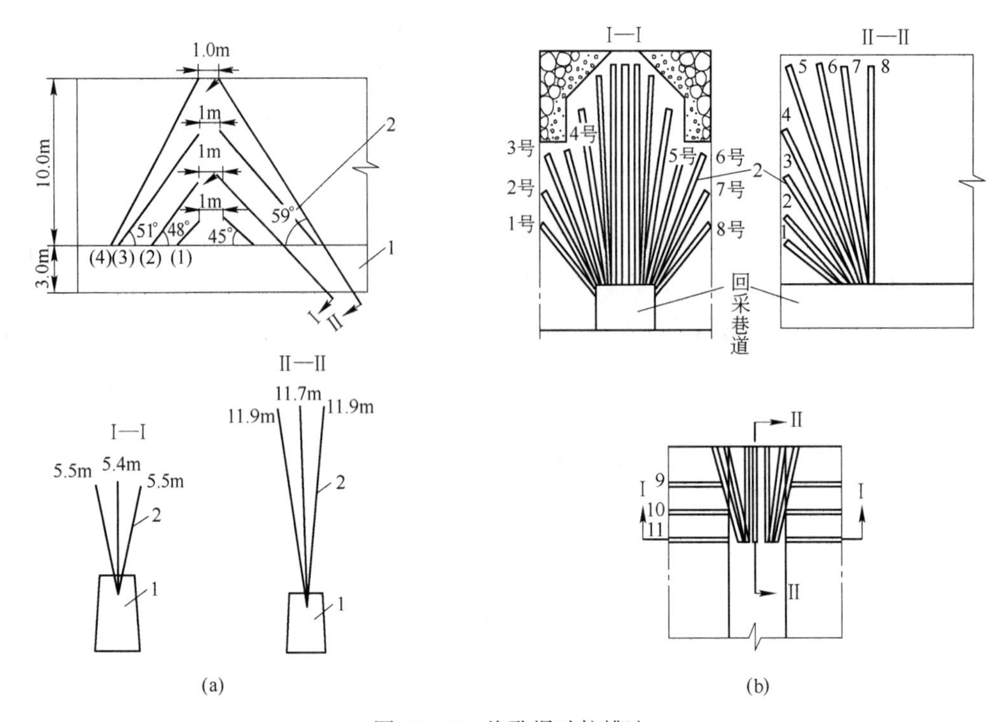

图 10-37 炮孔爆破拉槽法

（a）楔形掏槽一次爆破拉槽法；（b）分次爆破拉槽法

1—切割巷道；2—炮孔

10.4.4 回采工作

回采由落矿、出矿和通风等工作组成。

10.4.4.1 *落矿*

落矿包括落矿参数的确定、凿岩和爆破等。

A *落矿参数*

落矿参数包括炮孔扇面倾角、扇形炮孔边孔角、崩矿步距、孔径、最小抵抗线和孔底距等。

（1）炮孔扇面倾角（端壁倾角）。炮孔扇面倾角指的是扇形炮孔排面与水平面的夹角，它可分为前倾和垂直两种。前倾布置时，倾角通常为70°~85°，这种布置方式可以延迟上部废石细块提前渗入，装药较方便，且当矿石不稳固时，有利于防止放矿口处被爆破破坏。炮孔扇面垂直时，炮孔方向易于掌握，但垂直孔装药条件较差。当矿石稳固、围岩块度较大时，大多采用垂直布置形式。

（2）边孔角。扇形炮孔的边孔角如图 10-38 所示。边孔角决定着分间的具体形状，边孔角越小分间越接近方形，因而可以减小炮孔长度。但边孔角过小，会使很多靠边界的矿石处于放矿移动带之外，在爆破时这里容易产生过分挤压而使边孔爆破效果差。此外，45°以下的边孔孔口容易被矿堆埋住，爆破前清理矿堆的工作量大且不安全；相反，增大边孔角使炮孔长度增大，对凿岩工作不利，但可以避免产生上述问题。根据放矿时矿岩移动规律，边孔角最大值以放出漏斗边壁角为限。

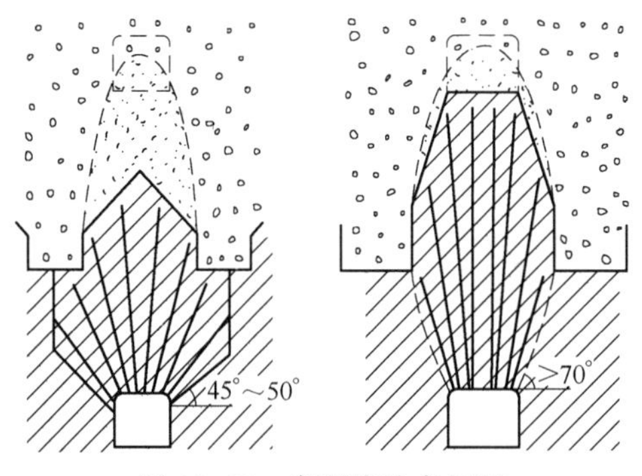

图 10-38　扇形炮孔布置图

我国根据目前凿岩设备多用 50°～55°边孔角，有的更大些。国外有的矿山采用 70°以上的边孔角，与此同时增大进路宽度（达 5～7m），形成所谓放矿槽，在放矿槽的边壁上可不残留矿石。如能施以良好的控制放矿，这将有利于降低矿石损失贫化。

（3）崩矿步距。崩矿步距是指一次爆破崩落矿石层的厚度，一般每次爆破 1～2 排炮孔。崩矿步距（L）与分段高度（H）和回采巷道间距（B）是无底柱分段崩落法三个重要的结构参数，它们对放矿时的矿石损失贫化有较大的影响。

放矿时，矿石层是由上分段的残留体和本分段崩落的矿石两部分构成的。由图 10-39 可以看出，矿石层形状与数量主要取决于 H、B 与 L 值。改变 H、B 和 L 值，可使崩落矿石层形状与放出体形状相适应，以期求得最好矿石回收指标。所谓最好的回收指标，是指依据此时的矿石回采率与贫化率计算出来的经济效益最大。符合经济效益最大要求的结构参数，就是一般所说的最佳结构参数。

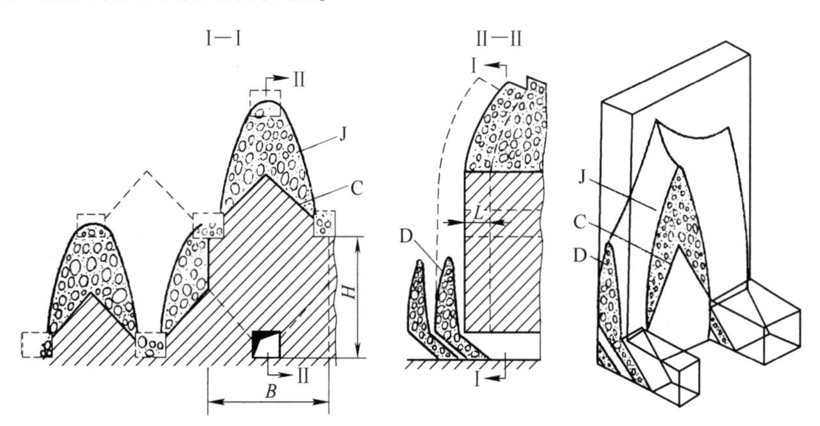

图 10-39　崩落矿石层形状与结构参数

J—脊部残留；D—端部残留；C—端壁

根据无底柱分段崩落法放矿时的矿石移动规律，最佳结构参数实质上是指 H、B 与 L 三者最佳的配合。也就是说三个参数是相互联系和制约的，其中任何一个参数不能离开另外两个参数独立存在最佳值。例如，最优崩矿步距是指在 H 与 B 既定条件下，三者的最佳配合确定的 L 值。

无底柱分段崩落法放矿的矿石损失贫化，除与结构参数有关之外，还与矿块边界条件有关，有时后者还可能是矿石损失贫化的主要影响因素。因此，在分析矿石损失贫化时，必须注意到边界条件问题。

在既定 H 与 B 的条件下，崩矿步距过大时，岩石仅从顶面混入，截止放矿时的端部残留较大；反之，步距过小时，端（正）面岩石先混入，阻截上部矿石的正常放出。无论崩矿步距过大还是过小，都使纯矿石放出量减少。尽管从总体考虑，无底柱分段崩落法的采场中，上分段残留矿量可在下分段部分回收，前个步距残留矿量有可能在后个步距部分回收，但步距过大或过小都会使矿石损失贫化指标变坏。

（4）孔径、最小抵抗线和孔底距。无底柱分段崩落法采用接杆深孔凿岩，常用的钻头直径为51～75mm。根据矿石性质不同，最小抵抗线取1.5～2.0m；一般可按 $W/d=30$ 左右计算最小抵抗线（W 为最小抵抗线，d 为炮孔直径）。但这种布置的缺点是孔口处炮孔过于密集。为了使矿石破碎均匀，有的矿山采用减小最小抵抗线，加大孔底距 a，使 $a\times W$ 不变（即增多炮孔排数）的办法，获得良好爆破效果。

如某矿将原来最小抵抗线为1.8m的扇形炮孔改为两排交错布置的扇形炮孔，最小抵抗线减小二分之一，孔底距增大一倍，结果大块率显著降低，爆破效果良好。从理论上讲，这种布置可使爆破能均匀分布，爆破作用时间延长，从而改善了爆破效果。

在矿石松软、节理发育、炮孔容易变形的条件下，采用大直径深孔对装药有利。

B 凿岩

凿岩设备目前主要为FJY-24型圆盘台架配以YGZ-90型凿岩机，凿岩效率18000～20000m/a；有的矿山用CTC/400-2型双臂凿岩台车配有YGZ-90型凿岩机，凿岩效率27000～30000m/a。此外，近年来大中型矿山大量应用进口液压凿岩设备，如Atlas生产的SimbaH系列液压凿岩机，凿岩效率可达70000～100000m/a。

C 爆破

无底柱分段崩落法的爆破只有很小的补偿空间，属于挤压爆破。爆破后的矿石块度关系到装运设备的效率和二次破碎工作量。

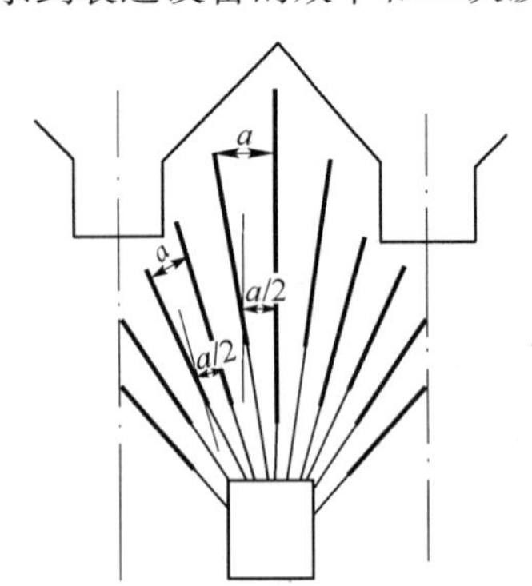

图10-40 扇形炮孔装药示意图

为了避免扇形炮孔孔口装药过于密集，装药时，除边孔与中心孔装药较满外，其余各孔的装药长短如图10-40所示。

提高炮孔的装药密度是提高爆破效果的重要措施。高装药密度不仅可以增大炸药的爆破威力，充分利用炮孔，而且可以改善爆破质量。

使用装药器装粉状炸药是提高装药密度的有效措施。国内目前使用最多的装药器有FZY-10型与AYZ-150型两种。

使用装药器装药时的返粉现象不仅浪费炸药，而且药粉污染空气，刺激人的呼吸器官，有损身体健康。装药返粉是目前还没有彻底解决的问题。如果输药管的直径、工作风压、炸药的粒度和湿度选取适当，操作配合协调，返粉率可控制在5%以下。

10.4.4.2 *出矿*

出矿就是用出矿设备将回采巷道端部的矿石运到矿石溜井。主要出矿设备有铲运机、装运机与装矿机等。铲运机出矿的优点是：运距大，行走速度快，出矿效率较高，近年来被广泛应用。目前国内主要用电动铲运机出矿，铲斗容积为0.75m^3、1.5m^3、2.0m^3和

4.0m^3 的电动铲运机使用较多。一些出矿点比较分散的矿山，用柴油驱动的铲运机出矿。柴油驱动铲运机比电动铲运机灵活，但需解决空气净化问题，必须加强通风，有大量的风流来冲淡有害气体。目前少数矿山还保留 ZYQ-14 型气动装运机出矿，它的优点是设备费用较低、最小工作断面较小（2.8m×3.0m），但拖有风管，运距较短（一般不超过 50m）。此外，中小型矿山常用装矿机出矿，即用装矿机将矿石装入矿车，用电机车牵引矿车至矿石溜井卸矿，实现采场运搬。还有一些矿山采用蟹爪式装载机配自行汽车出矿。

在同一分段水平内，出矿的装矿顺序是逆风流方向，即先装风流下方的回采巷道，这样可减少二次破碎的炮烟对出矿工作面的污染。出矿时，用铲斗从右向左循环装矿，这样不仅可以保证矿流均匀、矿流面积大，而且操作者易于观察矿堆情况。

无底柱分段崩落法的矿岩接触面积较大，加强出矿管理意义重大。出矿管理主要包括下列内容：

（1）确定合理的放矿控制点，对其下有回收条件的出矿步距，按低贫化放矿方式控制放矿，即放到见覆盖层废石为止；对其下不具备回收条件的出矿步距，放矿到截止品位。

（2）统计正常出矿条件下的放出矿石量和品位变化的关系，绘出曲线图。图中应同时画出对应的矿石损失、贫化曲线，以便从矿石数量和矿石品位两个方面实施放矿控制，正确判定放矿的进展情况。

（3）在分段采矿的平面图上，标出每个步距的放出矿石量、矿石品位以及矿石损失贫化数值。依据上两个分段的图纸，参照上面矿石损失的数量和部位，结合本分段的回采计划图，编制出本分段放矿计划图，图中标明各个步距的计划放出矿量和矿石品位。

（4）对放出矿石的品位，特别是每次放矿后期的矿石品位，要实施快速分析。目前有不少矿山接到矿石试样后需要 2～3 班才能送回分析结果，分析时间太长，不利于放矿控制。

国内已生产出适于在井下进行快速测定矿石品位的 X 射线荧光分析仪，有的矿山已应用于井下，实现品位的快速测定。

10.4.4.3 通风

无底柱分段崩落法回采工作面为独头巷道，无法形成贯穿风流；工作地点多，巷道纵横交错很容易形成复杂的角联网路，风量调节困难；溜井多而且溜井与各分段联通，卸矿时扬出大量粉尘，严重污染风源。如果管理不善，容易造成井下粉尘浓度高，污风串联，损害工人的身体健康。因此，加强通风管理是无底柱分段崩落法的一项极为重要的工作。

在考虑通风系统和风量时，应尽量使每个矿块都有独立的新鲜风流，并要求每条回采巷道的最小风速在有设备工作时不低于 0.3m/s，其他情况下不低于 0.25m/s。条件允许时，尽可能采用分区通风方式。

回采工作面只能用局扇通风。如图 10-41 所示，局扇安装在上部回风水平，新鲜风流由本阶段的脉外运输平巷经通风井进入分段运输联络道和回采巷道。清洗工作面后，污风由铺设在回采巷道及回风天井的风筒引至上部水平回风巷道，并利用安装在上水平回风巷道内的两台局扇并联抽风。

这种通风方式的缺点是风筒的安装拆卸和维修工作量大，对装运工作也有一定的影响，因此，有的矿山不能坚持使用。但是靠全矿主风流的扩散通风，解决不了工作面的通风问题。

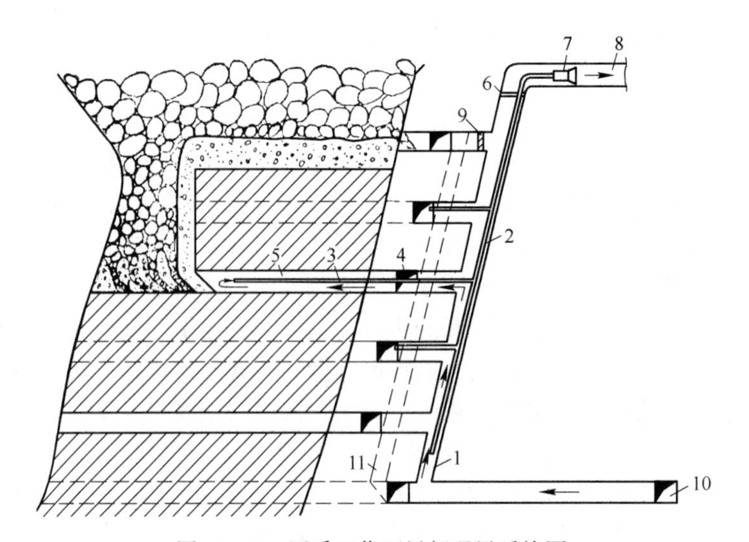

图 10-41 回采工作面局部通风系统图

1—通风天井；2—主风筒；3—分支风筒；4—分段联络巷道；5—回采巷道；6—隔风板；7—局扇；8—回风巷道；9—密闭墙；10—运输巷道；11—溜矿井

为了避免在天井内设风筒，应利用局扇将矿块内的污风抽至密闭墙内。如图 10-42 所示，污风再由回风天井的主风流带至上部回风水平。

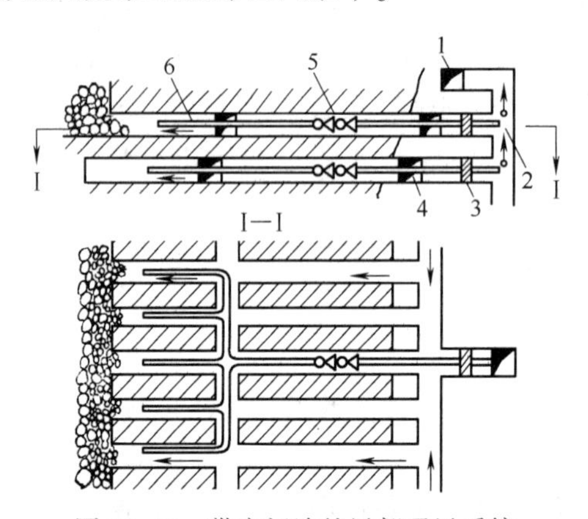

图 10-42 带密闭墙的局部通风系统

1—回风巷道；2—回风天井；3—密闭墙；4—运输联络道；5—局扇；6—风筒

在无底柱分段崩落法中，工作面通风是一个重大技术课题，彻底解决有待进一步研究。

10.4.5 回采顺序

无底柱分段崩落法上下分段之间和同一分段内的回采顺序是否合理，对于矿石的损失贫化、回采强度和工作面地压等均有很大影响。

同一分段在沿走向方向可以采用从中央向两翼回采或从两翼向中央回采，也可以从一翼向另一翼回采。走向长度很大时也可沿走向划分成若干回采区段，多翼回采。分区越多，翼数也越多，同时回采工作面就越多，有利于提高开采强度，但通风、上下分段的衔接和生产管理复杂。

当回采巷道垂直走向布置和运输联络道在脉外时，回采方向应向设备井后退。

当地压大或矿石不够稳固时，应尽量避免采用由两翼向中央的回采顺序，以防止出现如图 10-43 所示的现象，即使最后回采的 1~2 条回采巷道承受较大的压力。

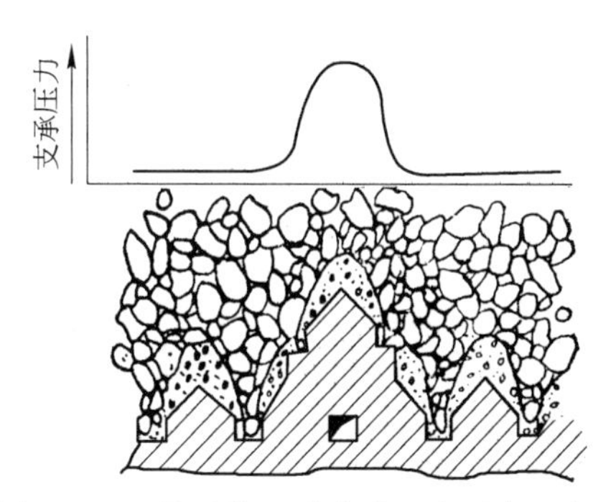

图 10-43　最后的回采巷道压力增高示意图

在垂直走向上，回采顺序主要取决于运输联络道、设备井和溜井的位置。当只有一条运输联络道时，各回采巷道必须向联络道后退。当开采极厚矿体时，可能有几条运输联络道，这时应根据设备井的位置，确定回采顺序，原则上必须向设备井后退。

分段之间的回采顺序是自上而下，上分段的回采必定超前于下分段，超前距离的大小，应保证下分段回采出矿时，矿岩的移动范围不影响上分段的回采工作；同时要求上面覆岩落实后再回采下分段。

10.4.6　覆盖岩层的形成

为了形成崩落法正常回采条件和防止围岩大量崩落发生安全事故，在崩落矿石层上面通常覆以岩石层。岩石层厚度要满足两点要求：第一，放矿后岩石能够埋没分段矿石，否则形不成挤压爆破条件，使崩下的矿石将有一部分落在岩石层之上，增大矿石损失贫化；第二，一旦大量围岩突然冒落时，确实能起到缓冲的作用，以保证安全。据此，一般覆岩厚度约为两个分段高度。

根据矿体赋存条件和岩石性质的不同，覆岩有以下几种形成方法：

（1）如矿体上部已用空场采矿法回采（如分段矿房法、阶段矿房法、留矿法等），下部改为无底柱分段崩落法时，可在采空区上、下盘围岩中布置深孔或药室，在回采矿柱的同时，崩落采空区围岩，形成覆盖层。

（2）由露天开采转为地下开采的矿山，可用药室或深孔爆破边坡岩石，形成覆盖岩层。

（3）围岩不稳固或水平面积足够大的盲矿体，随着矿石的连续回采，围岩自然崩落，形成覆盖岩层。

（4）新建矿山开采围岩稳固的盲矿体，常需要人工强制放顶。按形成覆盖岩层和矿石回采工作先后不同，可分为集中放顶、边回采边放顶和先放顶后回采三种放顶方式：

1）集中放顶形成覆盖岩层。如图 10-44 所示，这种方法是利用第一分段的采空区作补偿空间，在放顶区侧部布置凿岩巷道，在其中钻凿扇形深孔，当几条回采巷道回采完毕后，爆破放顶深孔形成覆盖岩层。这种方法的放顶工作集中，放顶工艺简单，不需要运出部分废石，也不需要切割。但由于需要暴露大面积岩层之后才能放顶，故放顶工作的可靠性与安全性较差。

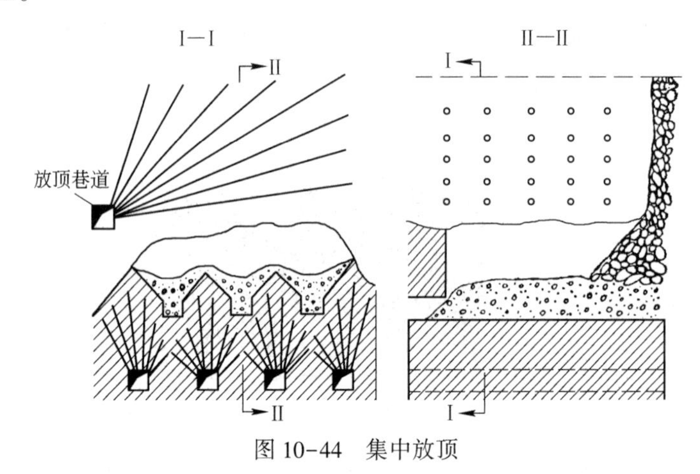

图 10-44　集中放顶

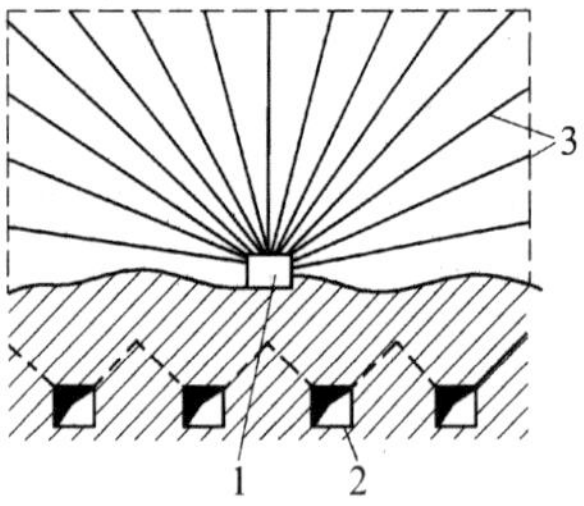

图 10-45　边回采边放顶
1—放顶凿岩巷道；
2—回采巷道；3—放顶炮孔

2）边回采边放顶形成覆盖岩层。如图 10-45 所示，在第一分段上部掘进放顶巷道，在其中钻凿与回采炮孔排面大体相一致的扇形深孔，并与回采一样形成切割槽。以矿块作为放顶单元，边回采边放顶，逐步形成覆盖岩层。这种放顶方法，工作安全可靠，但放顶工艺复杂，回采与放顶必须严格配合。

另一种将放顶与回采合为一道工序的方案如图 10-46 所示。在回采巷道中钻凿相间排列的深孔和中深孔，用深孔控制放顶高度（可达 20m），用中深孔控制崩矿的块度和高度。

3）先放顶后回采形成覆盖岩层。回采之前，在矿体顶板围岩中掘进一层或两层放顶凿岩巷道，并在其中钻凿扇形炮孔（最小抵抗线可比回采时大些），用崩落矿石的方法崩落围岩，形成覆盖岩层，如图 10-47 所示。

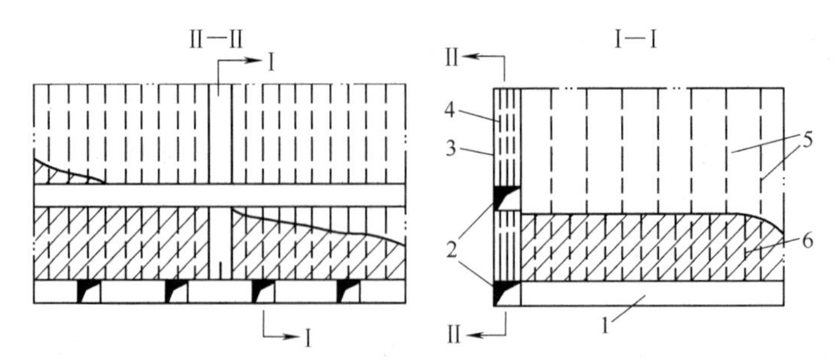

图 10-46　放顶和回采共用一条巷道

1—回采巷道；2—切割平巷；3—切割天井；4—切割炮孔；5—深孔；6—中深孔

这种放顶方法使第一分段的回采就在覆盖岩层下进行，回采工作安全可靠，但放顶工程量大，而且要运出部分废石。

上述三种放顶方法中，先放顶后回采工作可靠，但放顶工程量大，并需运出部分废

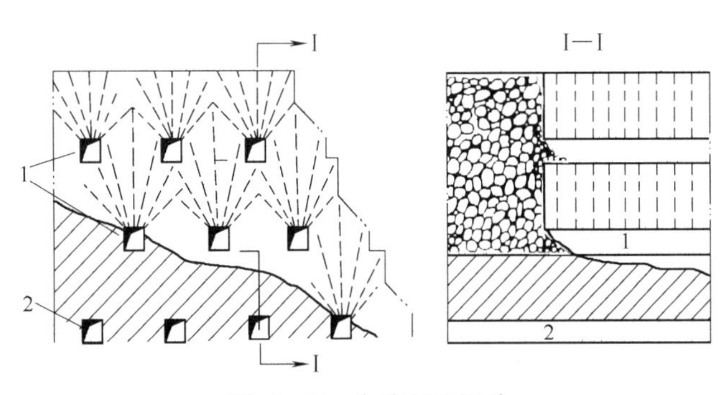

图 10-47 先放项后回采

1—放顶巷道；2—回采巷道

石；集中放顶工作可靠性较差，但工作简单不需运出部分废石；边回采边放顶兼有前两者的优点，目前采用这种放顶方法的矿山居多。

（5）采用矿石垫层。将矿体上部 2~3 个分段的矿石崩落，实施松动出矿，放出崩矿量的 30%左右，余者暂留空区作为垫层。随着回采工作的推进，围岩暴露面积逐渐增大，围岩暴露时间也在增长，待两者达到一定数值之后，围岩开始自然崩落，并逐渐增加崩落高度，形成足够厚度的岩石垫层。岩石垫层形成后放出暂留的矿石垫层，进入正常回采。

这种方法的放顶费用最低，但要积压大量矿石和实施严格放矿管理。此外，对采空区岩石崩落情况要进行可靠的观测。

我国镜铁山铁矿成功地使用了矿石垫层。该矿一号矿体上部出露地表，用无底柱分段崩落法回采上面 2~3 个分段，留有矿石垫层；随着回采工作向下推进，上盘暴露面积增大，最后发生自然崩落，形成了岩石垫层。

10.4.7 评价

无底柱分段崩落法在我国金属矿山广泛应用，铁矿山采用的最多。

10.4.7.1 适用条件

由于无底柱分段崩落法结构简单，所以适用范围大。实践证明，该法适用于如下条件：

（1）地表与围岩允许崩落。

（2）矿石稳固性在中等以上，回采巷道不需要大量支护。随着支护技术的发展，近年来广泛应用喷锚支护后，对矿石稳固性要求有所降低，但必须保证回采巷道的稳固性，否则，由于回采巷道破坏，将造成大量矿石损失。

下盘围岩应在中等稳固以上，以利于在其中开掘各种采准巷道；上盘侧岩石稳固性不限，当上盘岩石不稳固时，与其他大量崩落法方案比较，使用该法更为有利。

（3）急倾斜或缓倾斜的厚矿体，也可用于规模较大的中厚矿体。

（4）需要剔除矿石中夹石或分级出矿时，采用该法有利。

10.4.7.2 主要优缺点

无底柱分段崩落法的优点主要有：

（1）安全性好。各项回采作业都在回采巷道中进行；在回采巷道端部出矿，一般大块都可流进回采巷道中，二次破碎工作比较安全。

（2）采场结构简单，回采工艺简单，容易标准化，适于采用大型无轨设备。

（3）机械化程度高。

（4）由于崩矿与出矿以每个步距为最小回采单元，当地质条件合适时，有可能剔除夹石和进行分级出矿。

无底柱分段崩落法的缺点主要有：

（1）回采巷道通风困难。这是由于回采巷道独头作业，无法形成贯穿风流造成的。这个问题从采矿方法本身不改变结构是无法解决的，必须建立良好的通风系统，同时采用局部通风和消尘设施。

（2）采场结构与放矿方式不当时，矿石损失贫化较大。这是因为回采巷道之间脊部残留体较大，该残留矿量不能充分回收时，造成较大的矿石损失。此外，每次崩矿量小，岩石混入机会多，因此容易造成较高的岩石混入率。

10.4.7.3 技术指标

部分矿山应用无底柱分段崩落法的主要技术指标列于表10-3中。

表10-3 部分矿山无底柱分段崩落法的技术指标

矿山名称	采用的设备及效率				技术经济指标			
	凿岩设备		出矿设备		采掘比/m·kt^{-1}	采矿工效/t·(工·班)$^{-1}$	回收率/%	贫化率/%
	型号	效率/m·(台·班)$^{-1}$	型号	效率/t·(台·班)$^{-1}$				
梅山铁矿	Simba H1354	80	Toro 400E Toro 1400E	550 830	2.1	57.4	82	18
镜铁山铁矿	Simba H1354	70	Toro 400E	390	2	41.9	80	20
程潮铁矿	Simba H252	60	Toro 400E	390	5.1	49.1	82	24.87
弓长岭铁矿	YGZ-90	38	WJ-2	150	3.9	37.8	—	—
北洺河铁矿	QZG80A	40	Toro 400E	420	5.3	94.3	80.01	18.68
小官庄铁矿	YGZ-90	40	922E	135	12.4	29.4	70.62	30.15

10.4.7.4 改进途径

为了提高开采强度、减小采掘比和有效控制采场地压，近年来无底柱分段崩落法逐渐向增大分段高度与回采巷道间距方向发展。如镜铁山铁矿与西石门铁矿都加大了分段高度与回采巷道间距，前者分段高度20m、回采巷道间距20m，试验结果：矿石回采率85.23%、矿石贫化率11.15%；后者分段高度24m、回采巷道间距12m，矿石回采率84.31%、矿石贫化率20.74%。梅山铁矿深部开采中分段高度与回采巷道间距均取15m。瑞典基鲁纳铁矿分段高度30m，回采巷道平均间距25m。

加大分段高度和回采巷道间距，增大了一次崩矿量和纯矿石放出量，有利于提高出矿设备的生产能力。但由于炮孔深度较大，对凿岩设备要求严格，采用液压凿岩设备是解决凿岩问题的主要途径。

研究表明，放矿过程中矿石与废石的混杂主要发生在放矿口附近。为此，可适当限制废石的放出数量，将本分段必须混杂废石才能放出的矿石，暂时残留于采场内，转移到下一分段以纯矿石形式回收。仅当不具备转移条件时，才放到截止品位。采用这种低贫化放矿方式，当矿体赋存条件好时，可在回采率不降低的条件下，大幅度降低矿石贫化率。镜铁山铁矿实施低贫化放矿方式，回采到第三分段时，矿石贫化率降为6.8%，取得了良好的技术经济效果。

10.5 阶段崩落法

阶段崩落法的基本特征是回采高度等于阶段全高。根据落矿方式，该法分为阶段强制崩落法和阶段自然崩落法两种。

10.5.1 阶段强制崩落法

10.5.1.1 阶段强制崩落法一般方案

阶段强制崩落法可分为两种方案：一种是设有补偿空间的阶段强制崩落法，另一种为连续回采的阶段强制崩落法。

设有补偿空间的阶段强制崩落法如图10-48所示。该方案采用水平深孔爆破，补偿空间设在崩落矿块的下面。当采用垂直扇形深孔（或中深孔）爆破时，可将补偿空间开掘成立槽形式。

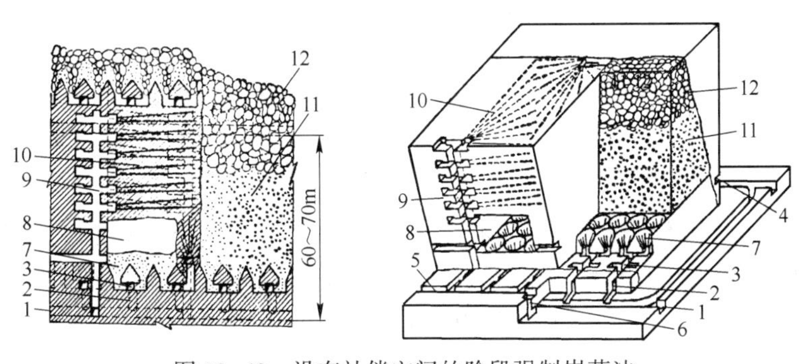

图10-48 设有补偿空间的阶段强制崩落法

1—阶段运输巷道；2—矿石溜井；3—耙矿巷道；4—回风巷道；5—联络道；6—行人通风小井；7—漏斗；8—补偿空间；9—天井和凿岩硐室；10—深孔；11—矿石；12—岩石

设有补偿空间方案为自由空间爆破，补偿空间体积约为同时爆破矿石体积的20%~30%。该种方案多以矿块为单元进行回采，出矿时采用平面放矿方案，力求矿岩界面匀缓下降。

连续回采的阶段强制崩落法如图10-49所示。该方案可以沿阶段或分区连续进行回采，常常没有明显的矿块划分。一般都采用垂直深孔挤压爆破，采场下部一般都设有底部结构，在俄罗斯还有端部出矿的方案。在阶段强制崩落法的使用中，连续回采阶段强制崩落法使用范围逐渐扩大。

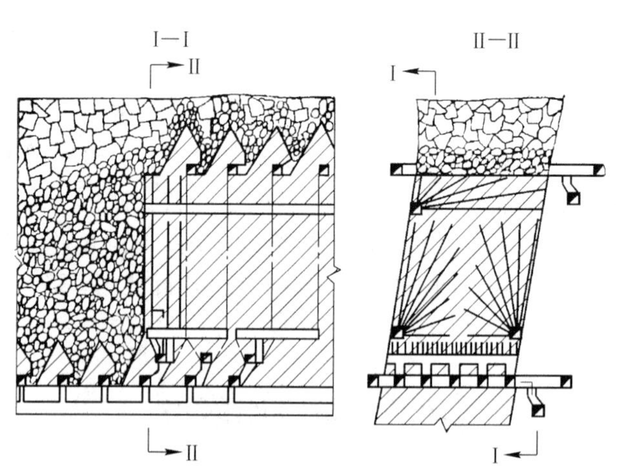

图 10-49 连续回采的阶段强制崩落法

阶段强制崩落法的采准、切割、回采以及确定矿块尺寸的原则，基本上与有底柱分段崩落法相同。下面简述我国矿山使用阶段强制崩落法的情况。

10.5.1.2 矿块结构参数

根据矿体的厚度不同，矿块布置方式有两种。第一种是矿体厚度小于或等于 30m 时，矿块沿走向布置，矿块长度为 30~45m，矿块宽度等于矿体厚度；第二种是矿体厚度为 30m 以上时，矿块垂直走向布置，矿块长度与宽度均取 30~50m。阶段高度当矿体倾角较缓时为 40~50m，矿体倾角较陡时为 60~70m，一般为 50~60m。底柱高度一般为 12~14m，在矿体稳固性较差时，应再大些。

开采厚矿体多采用脉外运输，极厚矿体多采用脉内、脉外环形运输系统。

10.5.1.3 采准工作

采准工作除了掘进运输巷道和电耙巷道以外，还需掘进放矿溜井、行人通风天井、凿岩天井和硐室等。

10.5.1.4 切割工作

切割工作包括开凿补偿空间和辟漏。当采用自由空间爆破时，补偿空间为崩落矿石体积的 20%~30%；当采用挤压爆破且矿石不稳固时，为 15%~20%。补偿空间形成的方法有浅孔和深孔两种。采用水平深孔落矿方案时，拉底高度不大，可用浅孔挑顶的方法形成补偿空间。采用垂直深孔挤压爆破方案时，用切割槽形成小补偿空间。此时首先在切割槽位置开掘切割横巷，从切割横巷中上掘切割天井，并在切割横巷中布置垂直平行中深孔；切割中深孔爆破后放出矿石，即可形成切割槽。切割中深孔也可以与回采炮孔同次分段爆破。

补偿空间的水平暴露面积大于矿石允许暴露面积时，则沿矿体走向或垂直走向留临时矿柱，如图 10-50 所示。临时矿柱宽 3~5m，其下面的漏斗颈可事先开好，并在临时矿柱中钻凿中深孔或深孔。临时矿柱的炮孔和其下面的扩斗孔，一般与回采落矿深孔同次不同段超前爆破。

平行电耙道布置临时矿柱比垂直电耙道布置要好，因为临时矿柱里的凿岩巷道不与补偿空间相通。此时在临时矿柱里掘进凿岩巷道和进行中深孔（或深孔）凿岩，与开掘补偿空间及其下部辟漏互不干扰，且作业安全。

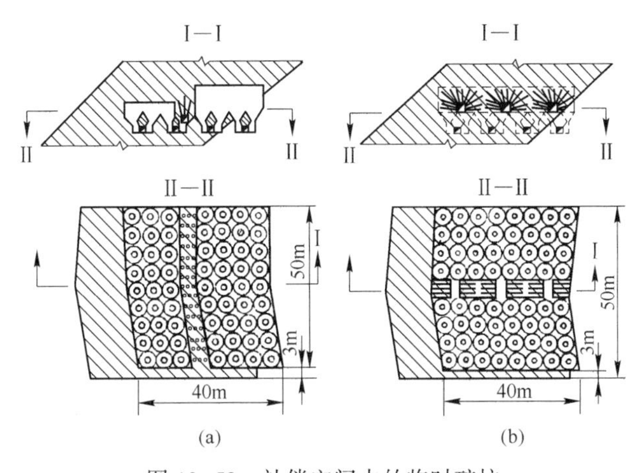

图 10-50 补偿空间中的临时矿柱

(a) 沿走向布置临时矿柱；(b) 垂直走向布置临时矿柱

如果相邻几个矿块同时开掘补偿空间，在矿块间应留不小于 2m 宽的临时矿柱，以防止矿块崩落时矿石挤进相邻矿块，或爆破冲击波破坏相邻矿块。这个临时矿柱与相邻矿块回采落矿时一起崩落。

10.5.1.5 回采工作

崩矿方案有深孔（中深孔）爆破和药室爆破。深孔（中深孔）又分为水平孔和垂直孔。我国目前多采用水平深孔（中深孔）崩矿，少数矿山采用药室崩矿。矿石爆破后，上部覆盖的岩层一般情况下可自然崩落，并随矿石的放出逐渐下降充填采空区。但当围岩稳固不能自然崩落时，必须在回采落矿的同时，有计划地崩落围岩。为保证回采工作安全，根据矿体厚度与空区条件等因素，在回采阶段上部应有 20~40m 厚的崩落岩石垫层。

10.5.1.6 适用条件和优缺点

阶段强制崩落法适用于以下条件：

（1）矿体厚度大时，使用阶段强制崩落法较为合适。矿体倾角大时，厚度一般以不小于 15~20m 为宜；倾斜与缓倾斜矿体的厚度应更大些，此时放矿漏斗多设在下盘岩石中。

由于放矿的矿石层高度大，下盘倾角小于 70°时，就应该考虑设置间隔式下盘漏斗；当下盘倾角小于 50°时，应设密集式下盘漏斗，否则下盘矿石损失过大。

（2）开采急倾斜矿体时，上盘岩石稳固性最好能保持矿石没有放完之前不崩落，以免放矿时产生较大的损失贫化。这一点有时是使用阶段崩落法与分段崩落法的分界线。

倾斜、缓倾斜矿体的上盘最好能随放矿自然崩落，否则需人工强制崩落。

下盘稳固性根据脉外采准工程要求确定，一般中等稳固即可；如果稳固性稍差时，采准工程需要支护。

（3）设有补偿空间方案对矿石稳固性要求高些，矿石须中等稳固；连续回采方案由于采用挤压爆破，可用于不够稳固的矿石中。

（4）矿石价值不高，也不需要分采，不含较大的岩石夹层。

（5）矿石没有结块、氧化和自燃等性质。

（6）地表允许崩落。

总之，矿体厚大、形状规整、倾角陡、围岩不够稳固、矿石价值不高、围岩含有品位，是采用阶段强制崩落法的最优条件。

阶段强制崩落法的优缺点主要有：与分段崩落法相比较，阶段强制崩落法具有采准工程量小、劳动生产率高、采矿成本低与作业安全等优点；但也具有生产技术与放矿管理要求严格、大块产出率高以及矿石损失较大等缺点。此外，使用条件远不如分段崩落法灵活。

10.5.2 阶段自然崩落法

10.5.2.1 概述

阶段自然崩落法的基本特征是，整个阶段上的矿石在大面积拉底后借自重与地压作用逐渐自然崩落，并能碎成碎块。自然崩落法的矿石经底部出矿巷道放出，在阶段运输巷道装车运走。阶段自然崩落法结构如图 10-51 所示。

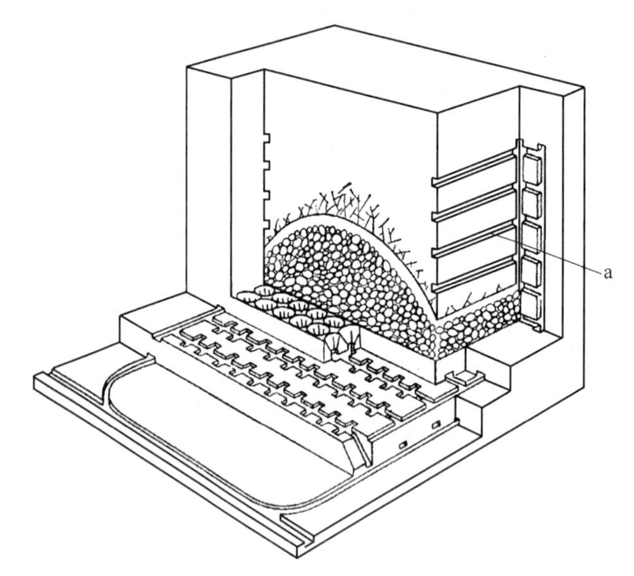

图 10-51 阶段自然崩落法示意图
a—切帮巷道

崩落过程中，仅放出已崩落矿石的碎胀部分（约三分之一），并保持矿体下面的自由空间高度不超过 5m，以防止大规模冒落和形成空气冲击。待整个阶段高度上崩落完毕之后，再进行大量放矿。

大量放矿开始后，上面覆盖岩层随着崩落矿石的下移也自然崩落下来，并充填采空区。崩落矿石在放出过程中由于挤压碰撞还可进一步破碎。

为了控制崩落范围和进程，可在崩落界限上开掘切帮巷道（见图 10-51），以削弱与周边矿岩的联系。若仅用切帮巷道不能控制崩落边界时，还可以在切帮巷道中钻凿炮孔，爆破炮孔切割边界。

以矿块回采的阶段自然崩落法为例，说明矿石自然崩落过程。如图 10-52 所示，在矿块下部拉底后，矿石失去了支撑，矿石暴露面在重力和地压的作用下，首先在中间部分出现裂隙产生破坏，而后自然崩落下来。当矿石崩落到形成平衡拱时，便出现暂时稳定，矿石停止崩落。为了控制矿石崩落进程，需要破坏拱的稳定性，使矿石继续自然崩落。在实际中经常采用沿垂直方向移动平衡拱支撑点 A、B 的办法。为此，开掘切帮巷道，并使该部分首先破坏崩落下来，从而使平衡拱随之向上移动，同时不超过设计边界。

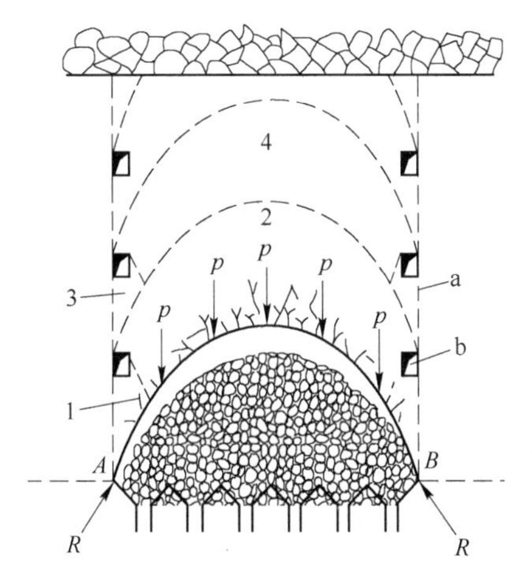

图 10-52　矿块自然崩落进程示意图
a—控制崩落边界；b—切帮巷道
1～4—崩落顺序

10.5.2.2　岩体可崩性及其分级

在使用和设计自然崩落法时，矿石自然崩落的难易程度简称为可崩性。可崩性迄今尚没有一个比较完善的指标和确定方法。早年根据工程地质调查所得的矿石节理裂隙以及矿石物理力学性质等，运用类比推理方法，将矿石可崩性分为三级和四级。后来又在岩芯采取率指标的基础上提出岩性指标（RQD），也称为岩芯质量指标。所谓岩性指标，就是不小于 4in(10cm) 长的岩芯段累加总长度与钻孔长度的比值。岩性指标越大说明岩石越完整，可崩性越差；反之，可崩性越好。美国有的矿山根据岩性指标把可崩性分为 10 级（见图 10-53），称之为可崩性指数。可崩性指数等于 10 时，可崩性最差。还有的根据 RQD 值对岩性分为五级描述，如图 10-53 中的“极坏”～“极好”。

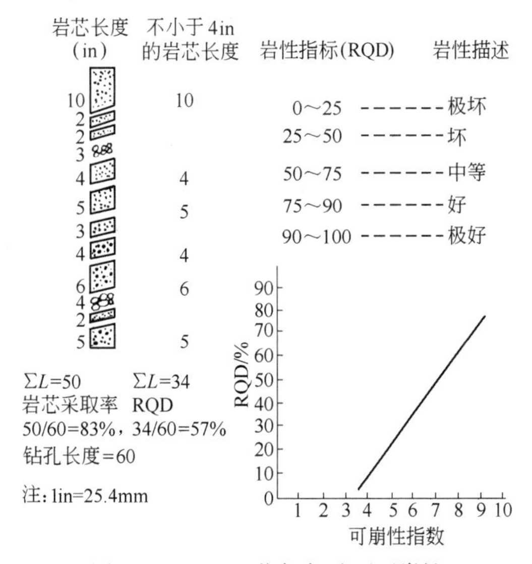

图 10-53　RQD 指标与矿石可崩性

用RQD值表示矿石可崩性有很大的局限性，不是一种可靠的方法。实践中常采用基于岩体质量分级法进行可崩性评价，如RMR方法、Q值法等。

RMR(Rock Mass Rating) 分级方法由南非 Bieniawski 于1973年首次提出，并于1976年给出具体分级方法。经过许多实例验证和修改后，于1989年提出了修正的RMR分类方法，并得到国际岩石力学学会（ISRM）的推荐。由于该方法综合了岩石强度（R_1）、岩芯质量指标RQD值（R_2）、结构面间距（R_3）、结构面条件（R_4）、地下水条件（R_5）、结构面方位对工程影响的修正参数（R_6）等，是一种比较完善且应用较广的岩体可崩性分类方法。RMR值的计算公式为：

$$\mathrm{RMR} = R_1 + R_2 + R_3 + R_4 + R_5 + R_6 \tag{10-11}$$

各指标评价分值及评价等级详见表10-4和表10-5。

表10-4 RMR分类参数及评分标准

<table>
<tr><th>序号</th><th colspan="2">参 数</th><th colspan="7">数 值 范 围</th></tr>
<tr><td rowspan="3">1</td><td rowspan="2">完整岩石强度/MPa</td><td>点荷载强度指标</td><td>>10</td><td>4~10</td><td>2~4</td><td>1~2</td><td colspan="3">对强度较低的岩石宜用单轴抗压强度</td></tr>
<tr><td>单轴抗压强度</td><td>>250</td><td>100~250</td><td>50~100</td><td>25~50</td><td>5~2</td><td>1~5</td><td><1</td></tr>
<tr><td colspan="2">评分值 R_1</td><td>15</td><td>12</td><td>7</td><td>4</td><td>2</td><td>1</td><td>0</td></tr>
<tr><td rowspan="2">2</td><td colspan="2">RQD/%</td><td>90~100</td><td>75~90</td><td>50~75</td><td>25~50</td><td colspan="3"><25</td></tr>
<tr><td colspan="2">评分值 R_2</td><td>20</td><td>17</td><td>13</td><td>8</td><td colspan="3">3</td></tr>
<tr><td rowspan="2">3</td><td colspan="2">节理间距/cm</td><td>>200</td><td>60~200</td><td>20~60</td><td>6~20</td><td colspan="3"><6</td></tr>
<tr><td colspan="2">评分值 R_3</td><td>20</td><td>15</td><td>10</td><td>8</td><td colspan="3">5</td></tr>
<tr><td rowspan="2">4</td><td colspan="2">节理条件</td><td>节理面很粗糙，节理不连续，节理宽度为零，节理面岩石坚硬</td><td>节理面稍粗糙，宽度<1mm，节理面岩石坚硬</td><td>节理面稍粗糙，宽度<1mm，节理面岩石较弱</td><td>节理面光滑或含厚度<5mm的软弱夹层，张开度1~5mm，节理连续</td><td colspan="3">含厚度>5mm的软弱夹层，张开度>5mm，节理连续</td></tr>
<tr><td colspan="2">评分值 R_4</td><td>30</td><td>25</td><td>20</td><td>10</td><td colspan="3">0</td></tr>
<tr><td rowspan="2">5</td><td>地下水条件</td><td>一般条件</td><td>完全干燥</td><td>潮湿</td><td>只有湿气（有裂隙水）</td><td>中等水压</td><td colspan="3">水的问题严重</td></tr>
<tr><td colspan="2">评分值 R_5</td><td>15</td><td>10</td><td>7</td><td>4</td><td colspan="3">0</td></tr>
</table>

表10-5 基于RMR值的岩体可崩性评判等级分级表

分类	极易崩Ⅴ	易崩Ⅳ	可崩Ⅲ	难崩Ⅱ	极难崩Ⅰ
RMR值	0~20	21~40	41~60	61~80	81~100

Q值法是Barton等人在分析了212座已建隧道的实测资料（至1993年已达1050个累计案例）提出的一种岩体分类方法。它综合了岩芯质量指标（RQD）、结构面组数（J_n）、结构面粗糙度系数（J_r）、结构面蚀变影响系数（J_a）、结构面裂隙水折减系数（J_w）以及应力折减系数（SRF）这六个方面因素的影响，已经在各种工程上得到了应用。该法用下式计算岩体综合质量指标Q：

$$Q=\frac{\mathrm{RQD}}{J_{n}}\times\frac{J_{r}}{J_{a}}\times\frac{J_{w}}{\mathrm{SRF}} \tag{10-12}$$

各指标评价分值及评价等级详见表10-6~表10-11。

表10-6　结构面组数影响表

结构面发育情况	J_n
整体的，没有或很少有结构面	0.5~1
一组结构面	2
1~2组结构面	3
2组结构面	4
2~3组结构面	6
3组结构面	9
3~4组结构面	12
4~5组结构面，岩体被多组结构面切割成块	15
压碎岩石，似土类岩石	20

表10-7　结构面粗糙度影响表

结构面粗糙度情况	J_r
结构面直接接触；剪切变形<10cm、岩壁接触不连续的结构面	4
粗糙或不规则的起伏结构面	3
光滑但具有起伏的结构面	2
有擦痕但具有起伏的结构面	1.5
粗糙或不规则的平面状结构面	1.5
光滑的平面状结构面	1
有擦痕的平面状结构面	0.5
剪切后结构面不再直接接触	
结构面中含有足够厚的黏土矿物，足以阻止结构面壁接触	1
结构面中含砂、砾石或岩粉夹层，其厚度足以阻止结构面壁接触	1

表10-8　裂隙水影响表

裂隙水情况	J_w
开挖时干燥，或有少量水渗入，即只有局部入渗，渗水量<5L/min	1
中等入渗，或充填物偶然受水压冲击	0.66
大量入渗，或为高水压，结构面为水充填	0.5
大量入渗，或高水压，结构面充填物被大量带走	0.33
异常大的入渗，或具有很高的水压，但水压随时间衰弱	0.1~0.2
异常大的入渗，或具有很高且持续的无显著衰减的水压	0.05~0.1

表 10-9 结构面蚀变程度影响表

结构面接触情况	结构面蚀变程度	J_a
（1）结构面直接接触	1）结构面紧密接触，坚硬、无软化，充填物不透水	0.75
	2）结构面未产生蚀变，表面只有污染物	1
	3）轻微蚀变的结构面，不含软矿物覆盖层、砂粒和无黏土的解体岩石	2
	4）含有粉砂质或砂质黏土覆盖层和少量黏土细粒（非软化）	3
	5）含有软化或摩擦力低的黏土矿物覆盖层或少量的膨胀性黏土	4
（2）当剪切变形<10cm时，结构面直接接触	6）含砂粒和无黏土的解体岩石等	4
	7）含有高度超固结的非软化的黏土质矿物充填物（连续厚度小于5mm）	6
	8）含有中等（或轻度）固结的软化的黏土矿物充填物（连续厚度小于5mm）	8
	9）含膨胀性黏土充填，如连续分布的厚度小于5mm的蒙脱石充填时，J_a值取决于膨胀性黏土颗粒所占的百分比和含水量	8~12
（3）剪切后，结构面不再直接接触	10）、11）、12）破碎带夹层或挤压破碎带岩石和黏土（黏土状态说明分别见7）~9））	6~8或8~12
	13）粉质或砂质黏土及少量黏土	5
	14）、15）、16）厚的连续分布的黏土带或夹层（黏土状态说明分别见7）~9））	10、13或13~20

表 10-10 地应力影响表

岩石状态	开挖程度			SRF
（1）当隧道的交叉点开挖在软弱带上时，开挖后可能引起岩体疏松	含有黏土或化学分化岩石的软弱带多次出现，周围岩石非常疏松			10
	含有黏土或化学分化岩石的单一软弱带，开挖深度不大于50m			5
	含有黏土或化学分化岩石的单一软弱带，开挖深度大于50m			2.5
	在坚硬岩石中，多次出现剪切带，周围岩石疏松			7.5
	坚硬岩石中，具有单一剪切带（中间无黏土），开挖深度不大于50m			5
	坚硬岩石中，具有单一剪切带（中间无黏土），开挖深度大于50m			2.5
	疏松张结构面，形成结构面组较多			5
（2）坚硬岩石，岩石应力问题		抗压强度/最大主应力	抗拉强度/最大主应力	
	低应力	>200	>13	2.5
	中等应力	10~200	0.66~13	1
	高应力，结构致密	5~10	0.33~0.66	0.5~2
	破碎软弱岩体	2.5~5	0.16~0.33	5~10
		<2.5	<0.16	10~20
（3）经挤压的岩石在高压下呈塑性状态的软岩	轻微挤压的岩石			5~10
	经强烈挤压的岩石			10~20
	膨胀性岩石以及取决于水压力作用的化学膨胀岩石			
	轻微膨胀的岩石			5~10
	强烈膨胀的岩石			10~15

表 10-11 基于 Q 值的岩体可崩性评判等级分级表

分类	极易崩Ⅴ	易崩Ⅳ	可崩Ⅲ	难崩Ⅱ	极难崩Ⅰ
Q	<1	1~4	4~10	10~40	>40

美国应用地震能吸收法确定矿石可崩性，取得了较好的结果。其原理是，根据矿石对人工地震波传播中振幅衰减的变化情况，判定矿石的可崩性质。

10.5.2.3 矿块回采自然崩落法

自然崩落法回采方案之一是矿块回采自然崩落法，如图 10-54 所示。阶段高度一般为 60~80m，个别矿山达 100~150m。矿块平面尺寸取决于矿石性质与地压，当矿石很破碎和地压大时取 30~40m，其他条件取 50~60m。

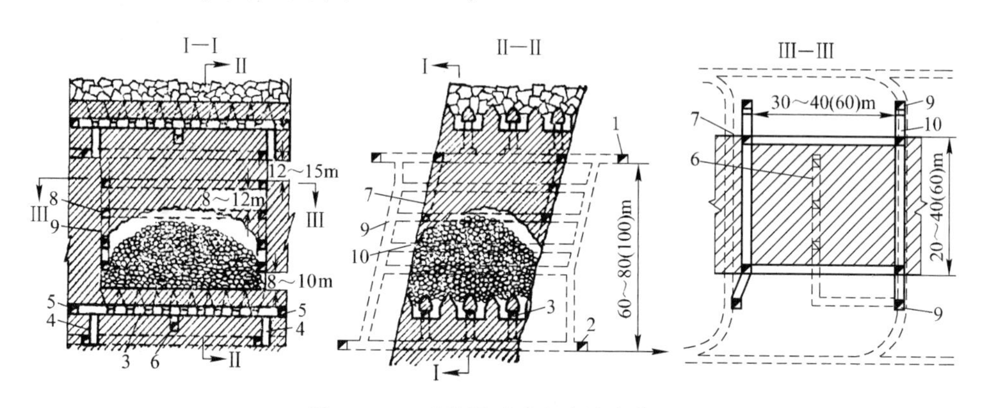

图 10-54 矿块回采阶段自然崩落法

1，2—上、下阶段运输巷道；3—耙矿巷道；4—矿石溜井；5—联络道；6—回风巷道；7—切帮天井；8—切帮平巷；9—观察天井；10—观察人行道

在矿块四个边角处掘进四条切帮天井，自切帮天井底部起每隔 8~10m 高度（阶段上、下部分可加大到 12~15m）沿矿块的周边掘进切帮平巷。当边角处不易自然崩落时，还可以辅以炮孔强制崩落。

在距矿块四角 8~12m 的地方掘进观察天井，再从观察天井掘进观察人行道，用于观察矿石崩落进程。

矿块拉底时，如果矿块沿矿体走向方向布置，从矿块中央向两端拉底；如果矿块垂直走向方向布置，由下盘向上盘拉底。用炮孔分块爆破，以免上盘过早崩落。

10.5.2.4 连续回采自然崩落法

为了增大同时回采的采场数目，可将阶段划分为尺寸较大的分区，按分区进行回采。在分区的一端沿宽度方向掘进切割巷道，再沿长度方向拉底，拉底到一定面积后矿石便开始自然冒落。随着拉底不断向前扩展，矿石自然崩落范围也随之向前推进，矿石顶板面逐渐形成一个斜面（见图 10-55），并以斜面形式推进。如果切割巷道尚不能有效地切割、控制崩落边界，还可以采用炮孔爆破方法进行切帮。

图 10-55 是美国一个大型矿山使用的方案，阶段高度 100m，出矿巷道用混凝土支护，漏孔负担面积 11m×11m，放矿口尺寸为 3m×3m。用电耙出矿，矿石被直接耙进矿车中，电耙绞车功率为 110kW。

10.5.2.5 评价

A 适用条件

（1）矿石稳固性。最理想的条件是具有密集的节理和裂隙的中等坚硬的矿石，当拉底到一定面积之后能够自然崩落成大小合乎放矿要求的矿石块。

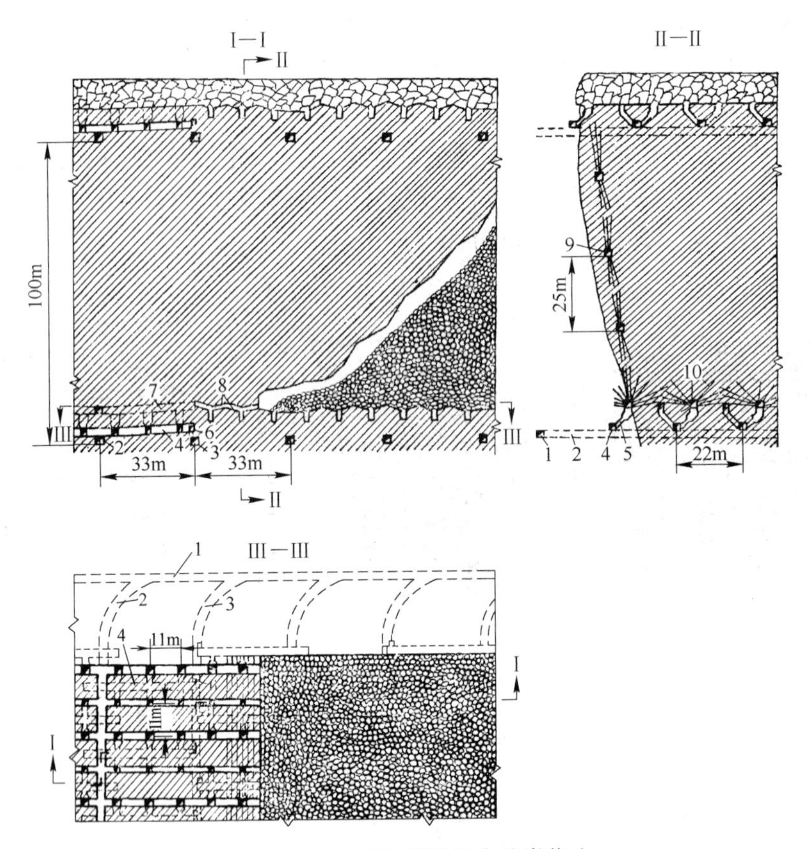

图 10-55 连续回采阶段自然崩落法

1—阶段沿脉运输巷道；2—穿脉运输巷道；3—通风巷道；4—耙矿巷道；5—漏斗颈；6—通风小井；7—拉底巷道；8—联络巷道（形成漏斗用）；9—凿岩巷道；10—拉底深孔

（2）矿体厚度。矿体厚度一般不小于 20~30m，倾斜与缓倾斜矿体的厚度应更大些，此时出矿口多设在下盘岩石中。由于放矿的矿石层高度大，下盘倾角小于 70°时，就应该考虑设置间隔式下盘漏斗；当下盘倾角小于 50°时，应设密集式下盘漏斗，否则下盘矿石损失过大。

（3）围岩稳固性。开采急倾斜矿体时，上盘岩石稳固性最好能保持矿石没有放完之前不崩落，以免放矿时产生较大的损失贫化；开采倾斜、缓倾斜矿体时，上盘最好能随放矿自然崩落下来，否则需人工强制崩落；下盘岩石稳固性根据脉外采准工程要求确定，一般中等稳固即可，如果稳固性差时，采准工程需要支护。

（4）矿石价值。矿石价值不高，也不需要分采，且不含有较大的岩石夹层。

（5）矿石没有结块、氧化和自燃等性质。

（6）地表允许崩落。

国外有的矿山在崩落界限的周边布置一些凿岩巷道，自凿岩巷道中钻凿炮孔，除用炮孔控制崩落外，还对难以自然崩落部分用爆破强制崩落，这样便扩大了自然崩落法的使用范围。

B 优缺点

自然崩落法具有采准工程量小、劳动生产率高、采矿成本低与作业安全等优点；但也具有生产技术与放矿管理要求严格、大块产出率高以及矿石损失较大等缺点。

自然崩落法在我国使用较少，目前仅铜矿峪矿和普朗铜矿是我国大规模成功应用自然崩落法的矿山。除矿床地质条件因素外，主要由于我国缺少这方面的经验。自然崩落法若应用得当，则是生产能力大和生产成本最低的方法，其中连续回采自然崩落法是厚大矿体最有发展前景的高效采矿方法之一，在矿石价值不高、矿石节理裂隙发育的厚大矿体的开采中，应积极推广使用。

10.5.2.6　改进途径

近年来，通过改进采场结构，改善顶板围岩的受力破裂条件，增大初始崩落散体的放出高度（由此控制初始崩落矿体的块度），将自然崩落法应用范围扩大到节理裂隙不发育、微节理发育的厚大矿体。改进采场结构的原则是：通过改进拉底高度与形状，调控拉底工程的爆破范围，形成拱型冒落条件，控制采动压力的作用方向与增大作用时间，使采空区顶板围岩的裂隙充分扩张，并利用放矿散体移动场的挤压破碎作用，降低大块尺寸与大块率。主要方法是在生产中根据拉底巷道揭露矿体的节理裂隙发育程度确定拉底方式。

当节理裂隙发育时，采用标准的 W 形拉底方式，拉底高度 5~6m，如图 10-56 所示。

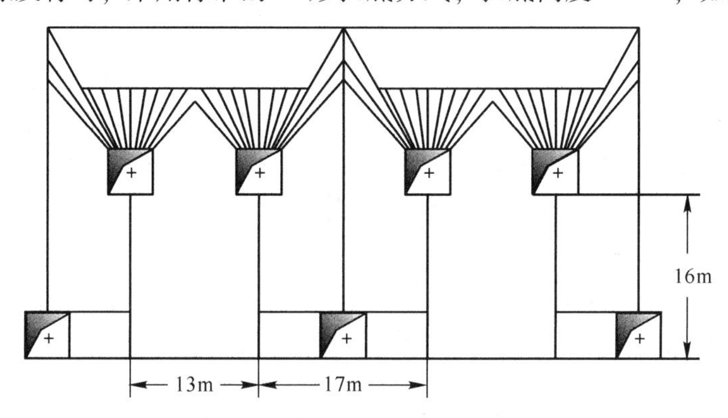

图 10-56　标准的 W 形拉底方式

当矿体节理裂隙中等发育时，采用扇形炮孔拉底方式，拉底高度 5~12m，如图 10-57 所示。

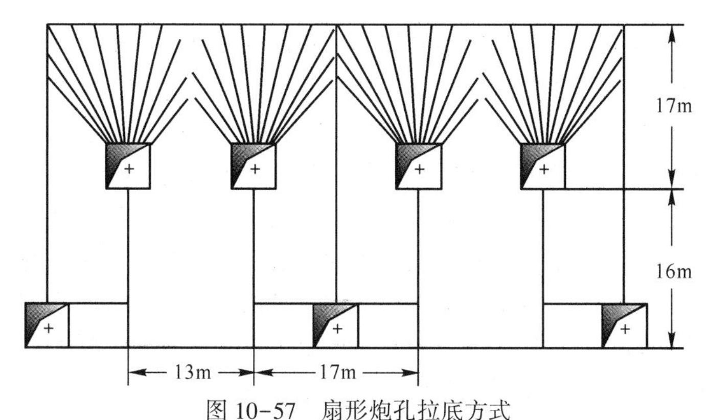

图 10-57　扇形炮孔拉底方式

当矿体节理裂隙不发育时，增加一层拉底巷道，采用双层扇形炮孔拉底方式，拉底高度 21~28m，如图 10-58 所示。

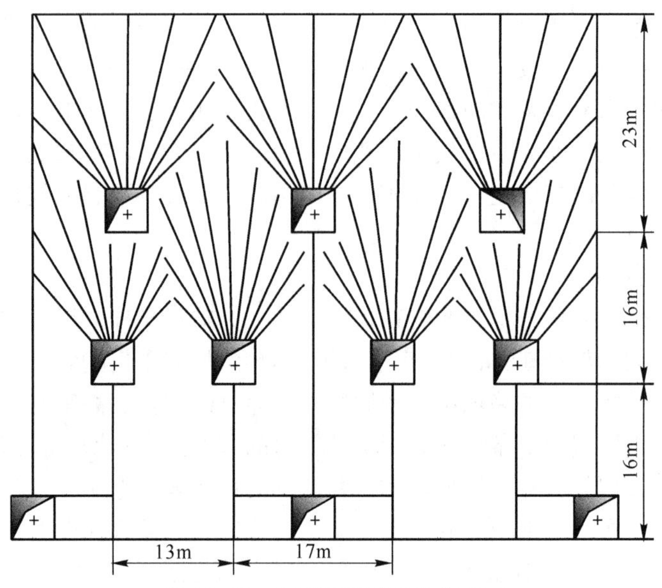

图10-58　双层扇形炮孔拉底方式

改进后的拉底方法所形成的采空区，不仅使顶板围岩受力条件较好，有利于地压破岩，而且在两个分层拉底工程的回采中，自然崩落块体受到散体移动场的挤压与剪切作用，可促使微节理进一步扩张，实现较大块体的碎裂，由此可显著降低大块块度与大块产出率。此外，对节理裂隙不发育矿体，也可利用高压水预裂法破碎初始大块，预裂高度控制在拉底水平之上60m左右为宜。

总之，通过改进拉底高度与形状，调控拉底工程的爆破范围，或设置高压水预裂系统，增大初始崩落矿体的破碎程度，可扩大自然崩落法的适用范围。

10.6　崩落法地压显现规律与地压控制

10.6.1　单层崩落法地压显现规律与地压控制

应用单层崩落法开采水平和缓倾斜矿体时，随回采工作面的向前推进，周期性切断直接顶板，以崩落的岩石充填采空区，保证工作面附近矿岩的稳定。

作用在顶板岩层中的压力，呈波状分布，如图10-59所示。随回采工作面向前推进，顶板岩层中的压力波也向前移动，在回采工作空间上方形成应力降低区，前后方形成应力升高区，远处又恢复为原岩应力。应力升高区的应力值和范围，取决于顶板岩石的力学性质、顶板管理方法与开采深度等。实验及现场观测表明，顶板岩石强度越大、开采深度越深，则应力峰值越高，应力升高范围也越广。据现场测定，工作面附近应力集中系数（实际应力与由重力计算的应力之比）在3~11之间变化，应力升高区范围为20~30m。

应用这种采矿方法时，应正确选择最大悬顶距，这是控制地压的重要参数。工作面推进到最大悬顶距时，就应按确定的放顶距立刻放顶，将放顶距内直接顶板崩落下来，如图10-60所示。放顶工作不及时或放顶质量不好，会出现激烈的地压现象，如工作面压裂，支柱劈裂或弯曲折断，顶板出现裂缝、局部冒落、垮落等。

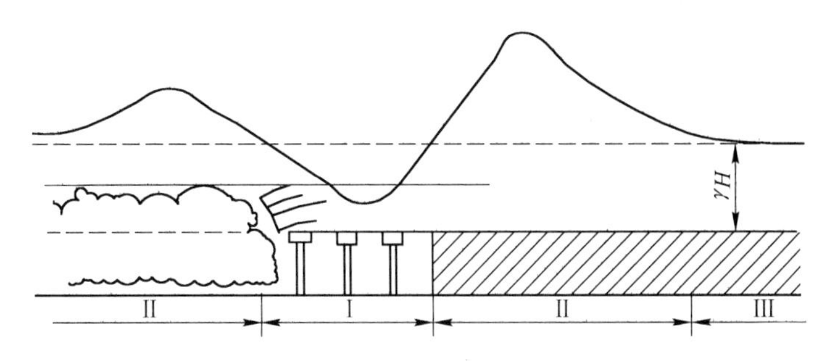

图 10-59 单层崩落法顶板岩层中应力分布示意图

Ⅰ—应力降低区；Ⅱ—应力升高区；Ⅲ—原岩应力区

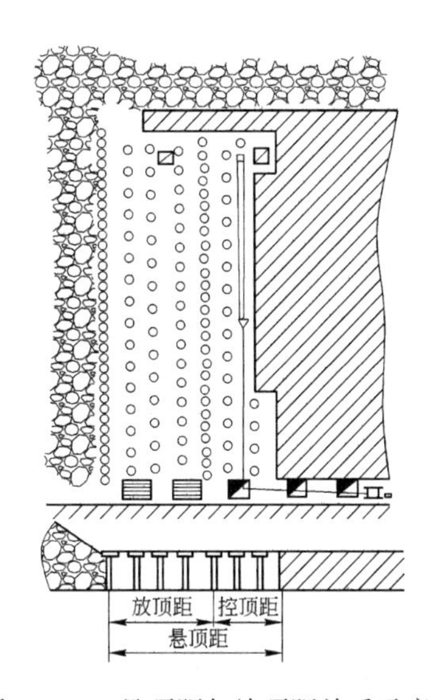

图 10-60 悬顶距与放顶距关系示意图

放顶后，顶板悬臂长度缩短，工作面上方压力下降，使回采工作处于安全状态。当老顶长度达到极限值时，老顶将大面积垮落。此时，工作面上方岩层压力急剧增加，出现二次来压，如图 10-61 所示。应根据具体的地质条件，掌握二次来压的活动规律，及时采取相应的技术措施，以保证回采工作的安全。

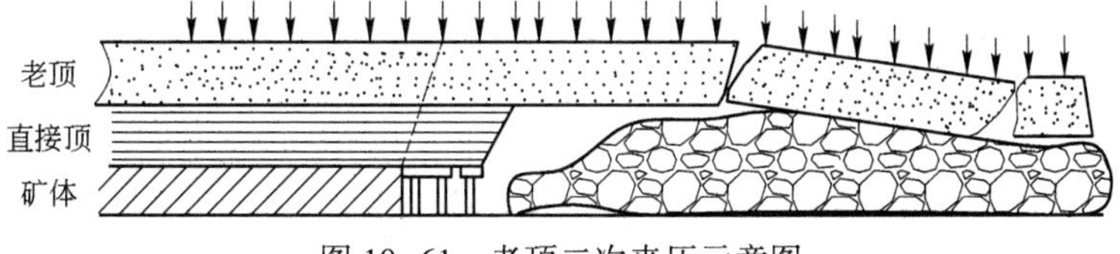

图 10-61 老顶二次来压示意图

地质构造（如断层、裂隙、节理等）对顶板管理也有很大影响。由于构造弱面的存在，往往改变顶板冒落的一般规律，造成突然来压或冒顶。此时，正确选择回采方向很重要。当工作面由结构面的上盘向下盘推进时，工作面压力较小，相反，则压力较大，如图 10-62 所示。

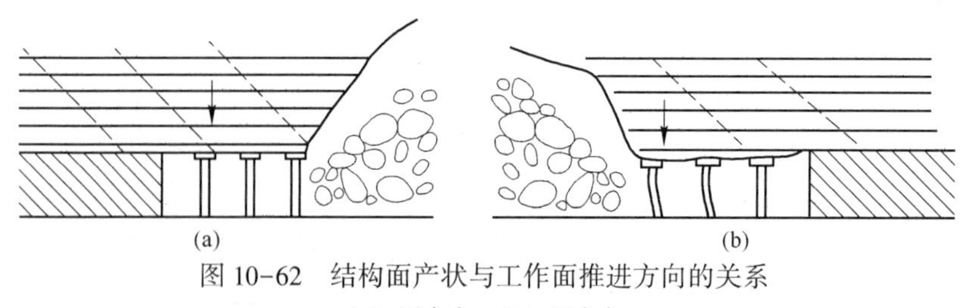

图 10-62　结构面产状与工作面推进方向的关系
（a）压力小；（b）压力大

10.6.2　有底柱崩落法地压显现规律与地压控制

应用有底柱崩落法时，随崩落矿石的放出，上部覆岩和上下盘围岩亦不断崩落，充填采空区。崩落的矿石和上部覆岩的重力作用将造成矿块底柱破坏，首先是使底柱中的出矿巷道变形和破坏。当开采深度较大的矿体，且走向和厚度均较大时，由于矿体下盘岩石受支撑压力作用，也会造成下盘采准巷道破坏。此外，合理的开采顺序也对应用该种采矿法时的地压控制有重要作用。

10.6.2.1　*采场底部出矿巷道所承受的压力*

在回采的不同阶段，采场底柱所承受的压力是不同的。

第一阶段：采准工作结束后，出矿巷道上部仍是实体，作用在底柱上的压力为上部实体矿岩传递下来的采动压力，其大小与采场所在部位及是否受集中应力的作用有关，但此时出矿巷道的承载能力一般较强，地压显现较小。

第二阶段：在大量落矿之后，在底柱上部充满了崩落的矿石和覆岩。松散矿岩对底柱的压力是不均匀的，采场四周压力较小，中央部分压力最大，如图 10-63 所示。这是由于松散矿岩与周围岩壁之间存在摩擦阻力以及成拱作用的结果。此时作用在底柱上的压力值一般比第一阶段小，但经过落矿过程中的爆破损伤，底柱稳定性降低，承载力减小。

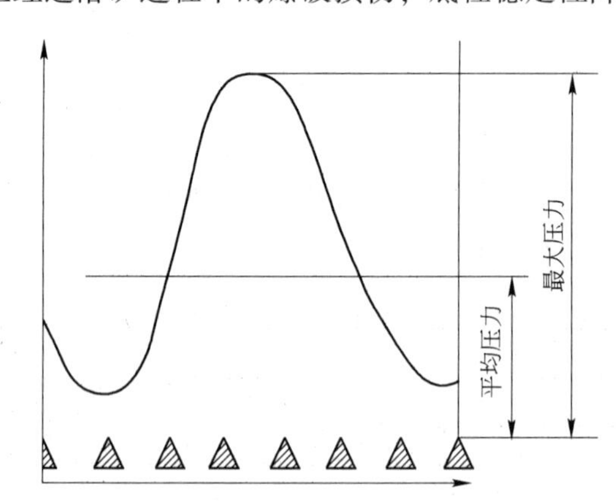

图 10-63　松散矿岩作用在底柱上的压力分布

第三阶段：在采场放矿以后，底柱上所受压力将发生变化。由于放矿漏斗上部矿岩发生二次松散，松动体上部形成免压拱，将荷载传递到附近漏斗上部而使压力升高，在松动体范围内的压力则降低，出现降压带，如图 10-64 所示。如果几个漏斗同时放矿，则由各个漏斗松动体共同组成一个免压拱，拱上部的压力向四周传递。当放矿面积增加到一定值后，免压拱不易形成，底柱上的压力又恢复到图 10-63 所示的状况。

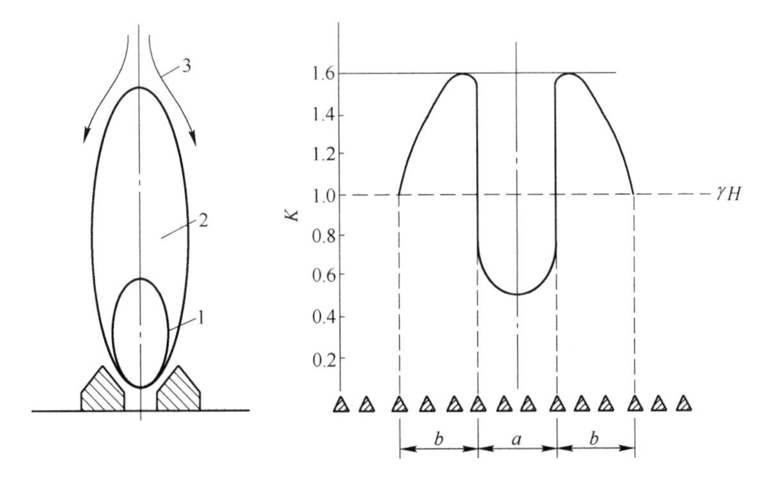

图 10-64　放矿过程底柱压力变化
a—应力降低带；b—应力升高带；K—应力集中系数
1—松动体；2—放出体；3—应力转移方向

易门铜矿的生产实践表明，提高放矿强度可使底柱上的压力降低，同时可以缩短出矿巷道存在时间，保证底柱的稳定性。

俄罗斯高山矿为矽卡岩型铁矿床，矿体平均厚度为 25～40m，倾角 40°～48°，矿石密度为 $4t/m^3$，抗压强度为 130MPa。上盘为矽卡岩，抗压强度为 86MPa，下盘为闪长岩，抗压强度为 120MPa。该矿采用阶段强制崩落法，开采深度为 140m。在采准时于底柱中埋设了测压元件，测得回采各阶段的压力为：崩矿后，底柱承受压力为 3.5～3.8MPa；放矿开始阶段，底柱承受压力为 2.6MPa，压力下降了 35%（放矿强度为 $2～2.5t/(m^2·d)$）；放矿 45 天后，底柱承受压力为 2.75MPa。按崩矿层高度计算压力为 4MPa，和测定值近似。

10.6.2.2　*矿体下盘岩石中的压力*

应用有底柱崩落法的矿山实践表明，当开采深度大于 300～400m 时，在回采工作影响范围内，位于下盘岩石中近矿体的沿脉运输巷道遭到破坏。这是因为下盘岩石不仅受崩落的矿岩重力作用，而且还承受上盘滑动棱柱体经崩落矿岩传递到下盘的重力，发生应力集中，如图 10-65 所示。在这种情况下，应将沿脉运输巷道布置在应力集中区以外，具体位置可根据经验和实测确定。

10.6.2.3　*合理的开采顺序*

合理的开采顺序对于应用有底柱崩落法的矿山控制地压具有重要作用。

当矿体走向长度很大时，按一般规律矿体走向中央部位的压力最大。在这种情况下，如果采用从矿体两端向中央后退式回采顺序，则每个阶段的回采初期，地压显现不明显，但当回采接近中央部分时，地压逐渐增大。采至最后几个矿块，必然承受较大的支承压力，给回采工作造成很大困难。相反，如果采取从中央向两端的前进式回采顺序，则受力情况将得到很大的改善，就是在回采接近矿体两端时，由于和围岩相连接，也不会产生较大的支承压力。

当矿体走向不长，但地质条件复杂时，应从压力最大部位先采，然后向两侧后退，这是较为合理的开采顺序。杨家仗子岭前矿的Ⅳ号矿体，东部走向东西，向南倾，倾角 35°，

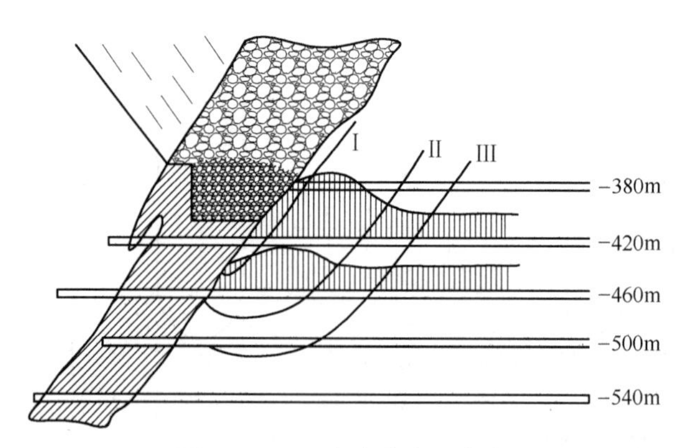

图10-65 下盘岩体应力集中

Ⅰ—应力升高区；Ⅱ—接近正常应力区；Ⅲ—正常应力区

向西逐渐转为走向北西，倾向南西，倾角45°，以后走向近南北，倾向西，倾角42°。矿体走向长450m，厚度10~30m，上下盘围岩节理发育，均不稳定，如图10-66所示。该矿多年生产实践表明，采用从一端向另一端或从两端向中央的回采顺序，当回采接近矿体轴部（13号勘探线）时，即出现激烈的地压活动，如电耙道被压跨、炮孔变形和错位等，造成大量矿石损失。在这种复杂的地质条件下，如果从矿体轴部向两端回采，会收到良好的地压控制效果。

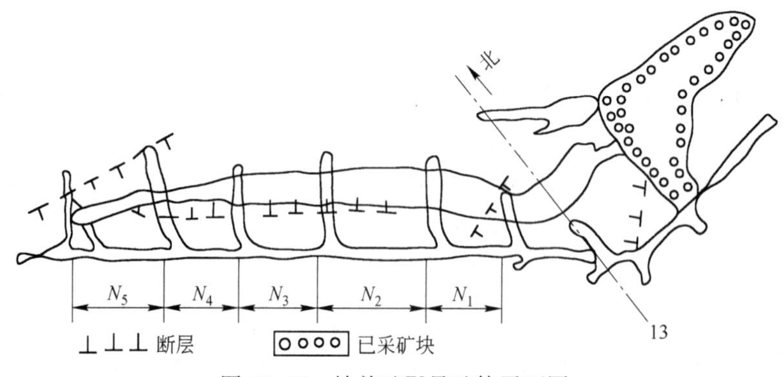

图10-66 岭前矿Ⅳ号矿体平面图

N_1~N_5—北部矿体矿块编号；13—13号勘探线

当矿体厚度很大时，采取垂直走向的回采顺序，对地压控制有很大的影响。在上盘滑动棱柱体压力作用下，从矿体上盘向下盘方向回采，压力随回采增大，下盘三角矿柱常受破坏，回采异常困难。采取相反的回采顺序，则上盘三角柱压力不明显，回采比较顺利。

当开采几条平行矿体时，由于下盘矿体承受较大的支承压力，位于下盘的矿体应按上盘崩落角关系（见图10-67）超前回采，以避免受集中压力区的影响。

10.6.3 无底柱分段崩落法地压显现规律与地压控制

无底柱分段崩落法的全部回采过程都是在回采进路中完成，因此，保持回采巷道（进路、联络巷道等）处于良好的稳定状态，对安全生产、提高矿石回采率具有重要意义。

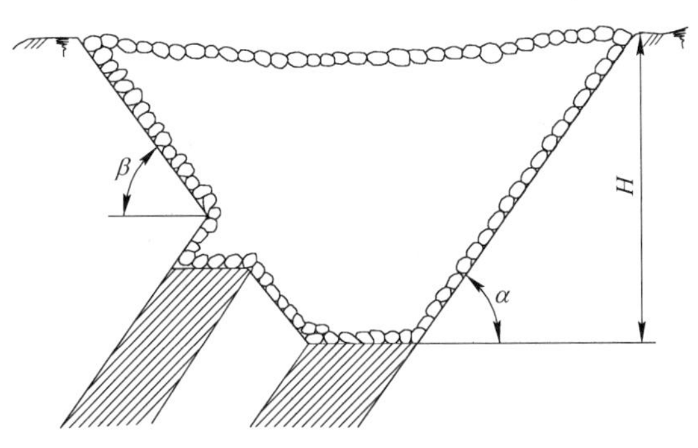

图 10-67 开采平行矿体关系图

α—矿体倾角；β—岩石崩落角

10.6.3.1 无底柱分段崩落法采场地压显现特点

A 巷道破坏的典型形式

巷道破坏的典型形式主要有：顶板冒落、顶板剥皮与开裂、片帮与鼓裂、溜井片帮与冒堵。

顶板冒落有拱形冒落、人字形滑移冒落、楔形块体滑移冒落和筒状冒落等。顶板剥皮是在顶板上出现一层或几层与顶板暴露面近似平行的裂隙面，剥皮裂隙面多在各自层内形成，剥落岩片多为长条岩片，其厚度为上、下两层裂隙面之间距，故通常为薄片剥落。顶板开裂是指巷道顶板上出现张开裂缝，越往深部越窄，逐渐消失。

片帮与鼓裂是两帮在集中应力作用下发生侧帮片落、鼓折、劈裂和沿结构面开裂滑移。两帮靠拢及底鼓一般发生在具有塑性变形的软岩中，表现为进路底板隆起，同时顶板也下沉，两帮内鼓。地压严重时经过塑性变形后剩下的高度很低，两侧的窄缝进人都困难。

溜井片帮与冒堵是溜井壁先发生变形、鼓帮，致使混凝土脱落、片帮而造成垮冒和堵塞。

B 中深孔及支护破坏的典型形式

中深孔破坏的典型形式有错孔、塌孔、缩孔和挤孔。由于各矿的矿岩性质和回采条件不同，不同破坏形式所占比例也不同。错孔一般是由于炮孔穿过的岩层产生剪切变形和位移，使炮孔在轴线方向发生移动错位。塌孔是炮孔孔壁破坏塌落或碎块将炮孔堵塞，主要发生在软弱破碎矿体中，有时也发生在坚硬破碎矿体中。如有的矿石为坚硬破碎矿体，使用无底柱分段崩落法回采工艺中，最大的困难是中深孔凿岩夹钎，拔出钎具后，孔壁掉下坚硬小碎块将炮孔堵死，有的中深孔不能装药爆破，以致报废。缩孔一般发生在黏塑性矿岩中，孔壁膨胀使孔径缩小，严重者将炮孔封死。挤孔是在矿石松软地段，炮孔断面变形，将圆形炮孔挤压成椭圆形。

支护结构的破坏，一方面是由于巷道围岩位移挤压或者有限范围内脱落岩块自重压坏，另一方面又与支护的特性有关。因此支护结构的破坏形式既取决于巷道破坏形式，又取决于支护本身的结构形式。井下常见的支护结构的几种破坏形式有：钢棚子支护主要是钢梁压弯，甚至断裂，钢棚腿倾斜压弯，整个钢棚变形扭曲；钢筋混凝土支护时，混凝土墙内鼓折断；喷锚网支护时喷层开裂剥落，喷网黏结岩块垂帘悬挂和锚杆裸露等。

10.6.3.2 无底柱分段崩落法巷道围岩的应力分布

为了使回采巷道具有良好的稳定性，必须了解进路周围岩体中的应力分布，以及进路间的回采方式对其应力分布的影响，以便采取相应的维护措施。

A 回采进路周围岩体中的应力分布

有限元数值模拟结果表明，在进路两侧矿柱中形成应力升高区，进路顶板呈应力降低区，如图 10-68(a) 所示。采用从左到右的回采顺序时，左侧矿柱垂直应力集中系数为 2.33，右侧为 1.5。这是由于左侧进路超前回采造成应力分布不均，而进路周边的垂直应力分布，以拱脚和立壁脚处为大，立壁中点处较小，如图 10-68(b)所示。

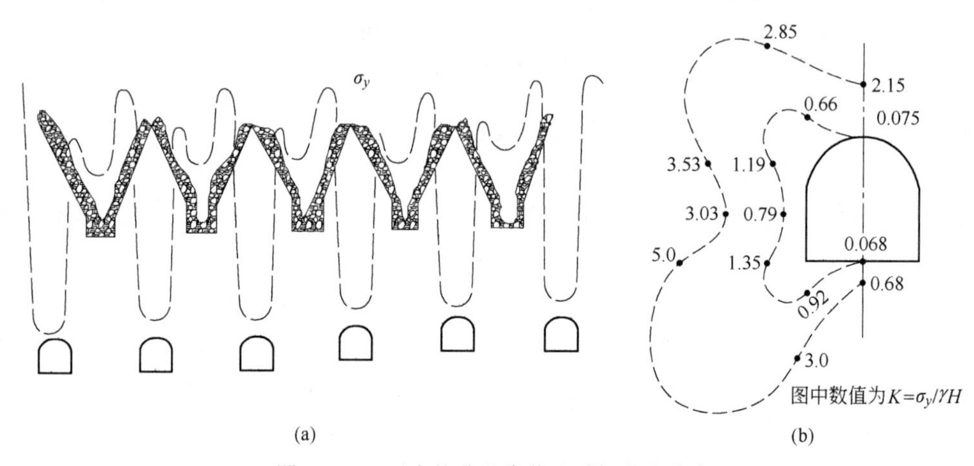

图 10-68 无底柱分段崩落法采场应力分布

(a) 相邻回采进路之间的岩体中的应力分布；(b) 回采进路周边的应力分布

从玉石洼铁矿 250m 分段的 2 号、3 号、5 号、6 号进路观测，进路靠近采空区一侧破坏严重。矿柱在较大的垂直应力作用下，产生劈裂破坏，并由此造成向进路方向的水平推力，使混凝土立壁折断或张裂。

根据现场观测资料，沿回采进路长轴方向，垂直应力分布亦不均衡，在工作面附近形成应力降低区，距工作面一定距离形成应力升高区，如图 10-69 所示。程潮铁矿应力升高区距工作面 7~18m，符山铁矿为 10~25m，玉石洼铁矿为 10~15m。

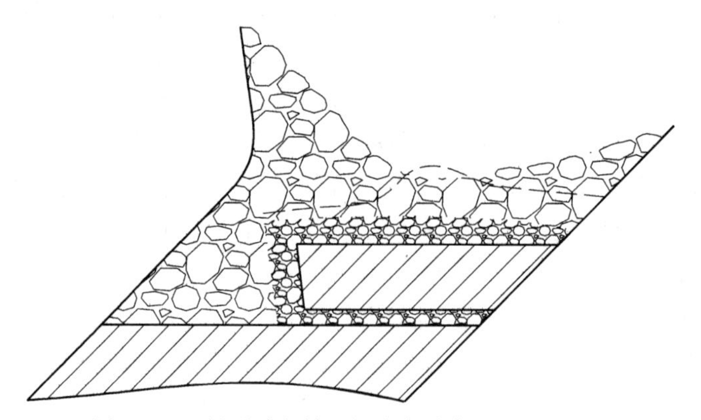

图 10-69 沿进路长轴顶板应力分布（图中虚线）

上分段回采程度对相邻下分段进路的稳定性有很大影响。当上分段存在未爆的矿石实体时，在下分段进路围岩中造成应力集中，并于进路顶板产生水平拉应力。玉石洼铁矿、符山铁矿进路喷层发生开裂、片帮和冒顶，就是由于上分段有未爆实体造成的。

B 相邻进路间的回采方式对应力分布的影响

应用有限元法计算下列五种回采方式的应力分布：进路平行回采、单进路单侧回采、单进路双侧回采、双进路单侧回采、双进路双侧回采，计算结果列于表 10-12。

表 10-12 不同回采方式进路周边应力分布 (MPa)

进路围岩部位		进路平行回采		单进路单侧回采		单进路双侧回采		双进路双侧回采		双进路单侧回采	
		σ_y	σ_x	σ_y	σ_x	σ_y	σ_x	σ_y	σ_x	σ_y	σ_x
顶板中点		0.294	0.206	4.37	6.79	8.46	16.56	2.94	2.32	4.91	16.73
上角	左	4.67	1.12	10.87	11.5	13.85	23.14	5.92	9.06	18.13	20.51
	右	4.67	1.12	10.51	9.91	13.85	23.14	8.74	15.43	11.96	20.53
帮中	左	3.09	0.37	8.30	4.41	11.87	8.49	2.54	3.36	10.99	5.86
	右	3.09	0.37	6.40	3.22	11.87	8.49	2.63	3.67	7.97	3.81
下角	左	5.20	1.24	13.40	8.36	19.61	10.10	9.48	11.03	19.47	11.49
	右	5.20	1.24	6.40	4.64	19.61	10.10	5.40	8.56	10.89	5.41
底部中点		0.26	0.35	0.99	0.75	2.64	16.22	0.50	2.47	0.49	0.93

可以看出，各进路平行回采时，进路周边应力最低，但这种回采方式回采到靠近联络巷道部位时，将发生相互影响，产生应力集中。因此，符山铁矿和玉石洼铁矿均采用相邻进路超前一定距离，各进路回采工作面形成斜线阶梯状。根据玉石洼铁矿 250m 分段实测结果，相邻进路工作面超前距离不小于 5m 时，不会形成应力叠加，有利于维护岩体稳定。

11 空场采矿法

11.1 概　　述

如图 11-1 所示，空场采矿法在回采过程中，将矿块划分为矿房和矿柱，先回采矿房，再回采矿柱。在回采矿房时，采场以敞空形式存在，依靠矿柱和围岩本身的强度来维护采场的稳定性。矿房采完后，及时回采矿柱和处理采空区。回采矿房的效率高，技术经济指标也好；回采矿柱条件差，工作困难，矿石损失贫化大。在一般情况下，回采矿柱和处理采空区同时进行；有时为了改善矿柱的回采条件，用充填料将矿房充填后，再用其他采矿法回采矿柱。

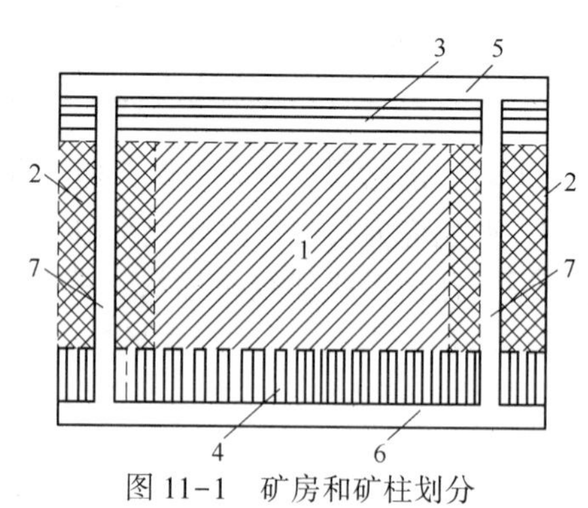

图 11-1　矿房和矿柱划分

1—矿房；2—间柱；3—顶柱；4—底柱；5—回风巷道；6—运输巷道；7—天井

应用空场采矿法的基本条件是矿石和围岩均稳固，采空区在一定时间内允许有较大的暴露面积。这类采矿方法在我国应用最早，在技术上也最成熟。

根据国内外矿山实践，空场采矿法中应用较广泛的采矿方法有：全面采矿法、房柱采矿法、留矿采矿法、分段矿房法和阶段矿房法。本章分别介绍这些采矿方法，同时介绍一些矿柱回采方法和空区处理措施。

11.2 全面采矿法

全面采矿法是最古老的采矿方法，但一直沿用至今，主要适用于薄和中厚（小于 5~7m）、缓倾斜（倾角一般小于 30°）、矿体和围岩均稳固、顶板允许暴露面积不小于 200~300m^2 的矿床。它的特点是，工作面沿矿体走向或沿倾斜方向全面推进，在回采过程中将矿体中的夹石或部分矿石留下，呈不规则的矿柱，以维护采空区。这些矿柱一般不回采，作为永久损失。个别情况下，如回采贵重矿石时，也可不留矿柱，而用人工支柱（混凝土支柱、木垛及木支柱等）支撑顶板。

11.2.1　结构和参数

一般沿矿体走向布置矿块，长 50~60m，矿块间留 2~3m 间柱（有的矿山不留间柱），留 2~3m 顶柱和 3~7m 底柱（有的矿山不留顶、底柱，如东江铜矿、綦江铁矿大罗坝矿区）。矿块内留不规则矿柱，其断面规格大体为（2m × 2m）~（3m × 3m）的近似矩形或直径为 3m 左右的近似圆形，每个矿柱负担的面积约 80~300m^2。

开采水平和微倾斜矿体（倾角小于 5°）时，将矿田划分为盘区，工作面沿盘区的全宽向其长轴方向推进。用自行设备运搬时，盘区的宽度取 200~300m；用电耙运搬时，取 80~150m。盘区间留矿柱，其宽度为 10~15m 或 30~40m。

开采缓倾斜矿体时，将井田划分为阶段。阶段高度为 20~30m，阶段斜长为 40~60m，阶段间每 2~3m 留一个矿柱。

11.2.2　采准与切割工作

如图 11-2 所示，全面采矿法的采准与切割工作比较简单，主要有开掘阶段运输巷道、上山、漏口和电耙绞车硐室。

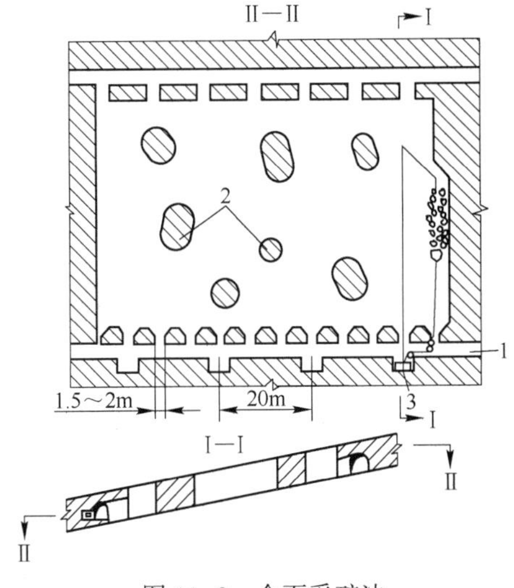

图 11-2　全面采矿法

1—运输巷道；2—支撑矿柱；3—电耙绞车

掘进阶段运输巷道，在阶段中掘 1~2 个上山，作为开切自由面；在底柱中每隔 5~7m 开一个漏口；在运输巷道另一侧，每隔 20m 布置一个电耙绞车硐室。

当采用前进式回采顺序时，阶段运输巷道应超前于回采工作面 30~50m。

当矿体走向长度大、出矿点多时，沿脉运输巷道可布置在脉外。脉外运输巷道距矿体底板不小于 6~8m，使溜井容积大于一列车的容积。溜井间距与出矿设备有关，采用固定点布置电耙绞车时为 50~60m，采用移动布置电耙绞车时为 10~12m。綦江铁矿全面采矿法的采准与切割工程布置，如图 11-3 所示。

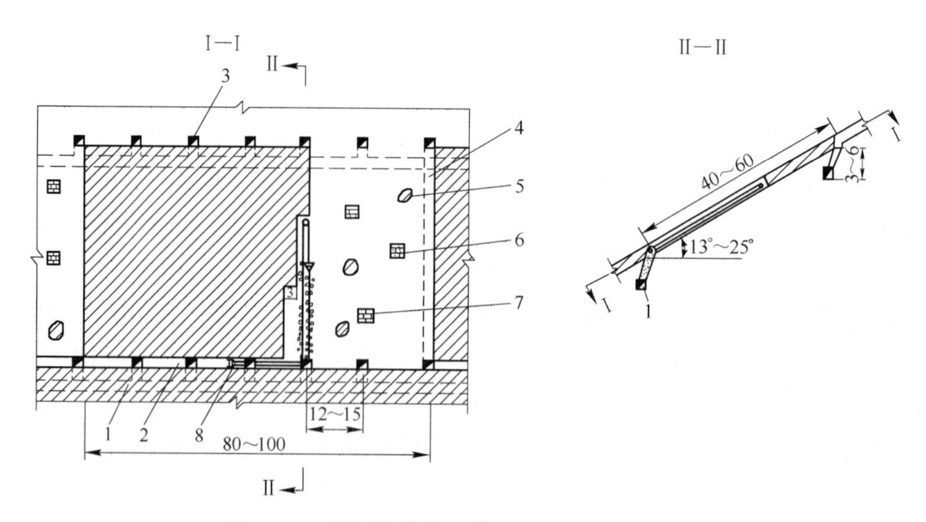

图 11-3 綦江铁矿全面采矿法采准与切割结构

1—阶段运输巷道（2.0m×2.7m）；2—拉底坑道（2m×2m）；3—漏斗（1.5m×1.5m）；4—切割上山（2m×2m）；5—矿柱；6—预制块垛；7—废石垛；8—电耙绞车

11.2.3 回采工作

回采工作自切割上山开始，沿矿体走向一侧或两侧推进。当矿体厚度小于3m时，全厚一次回采；当矿体厚度大于3m时，则以梯段工作面回采，如图11-4所示。以梯段工作面回采时，一般在顶板下开出2~2.5m高的超前工作面，用下向炮孔回采下部矿体。

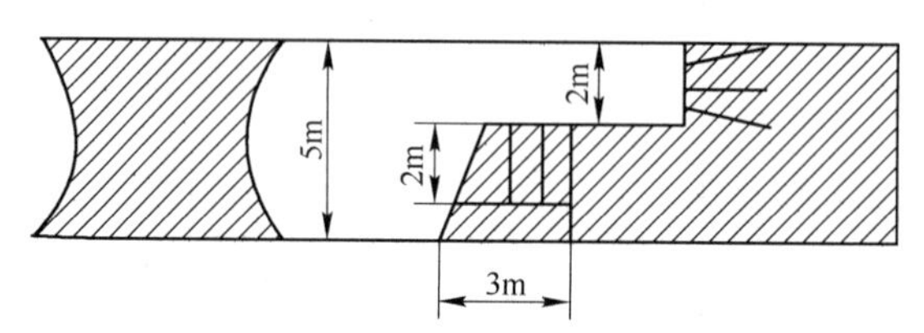

图 11-4 下向梯段工作面回采

回采工作通常采用浅孔落矿，气腿式凿岩机凿岩，孔径36~44mm，孔深1.2~2.0m，孔距0.6~1.2m，排距0.5~1.0m。

当矿体厚度较小时，一般采用电耙运搬。矿体厚度较大且倾角又很小时，也可采用无轨自行设备运搬矿石。运距小于200~300m时，采用载重量为20t或更大的铲运机；运距更大时，宜用装矿机和载重量20~60t的自卸汽车。

根据顶板稳固情况，留不规则矿柱支撑顶板。有时也安装锚杆维护顶板。锚杆长度为1.5~2m，网度为（0.8m×0.8m）~（1.5m×1.5m）。

因采空区面积较大，应加强通风管理。例如，封闭离工作面较远的联络道，使新鲜风流较集中地进入工作面，污风从上部回风巷道排出。

11.2.4 评价

全面采矿法是工艺简单、采准和切割工作量小、生产率较高、成本较低的采矿方法。但由于留下矿柱不回采，矿石损失率在10%以上，顶板暴露面大，并要求严格的顶板管理和通风管理。对于贵重矿石，应寻求机械化施工的人工矿柱方法，以代替自然矿柱。

全面采矿法的改进方向：

（1）采用无轨设备。全面采矿法采用气腿式凿岩机凿岩和电耙出矿时，生产能力低，劳动强度大；而采用无轨设备，包括凿岩台车、铲运机、锚杆台车等，采场生产能力和劳动生产率可以得到大幅度提高，单层开采的矿体厚度可提高到7.5~9m。

（2）采用锚杆、锚杆金属网、锚索、预注浆等支护技术加固顶板，保证作业安全。

（3）与留矿法相结合用于倾角较陡的矿体，形成全面留矿法。

国内矿山在提高全面采矿法回采效率与扩大应用范围方面做了很多尝试，如在贺兰山磷矿，自切割天井开始，向两翼推进形成扇形工作面，增加了采场作业面数量和回采效率；在铜官山铜矿，首先沿矿体顶板将超前回采2~2.5m高的第一分层顶板切开，并站在下层未采矿石上对顶板岩石有断裂、破碎等不稳固的地段进行锚杆支护护顶，然后依次回采下面各分层，直至矿房回采结束。预控顶技术增加了全面采矿法开采厚大矿体的潜力。在彭县铜矿、新冶铜矿和哈图金矿都采用全面留矿法成功开采了倾角40°~50°左右的矿体，取得了较好的技术经济指标。目前国内应用无轨设备开采的全面采矿法还不常见，但国内无轨设备的生产已相对成熟，一些厂家已经生产微型铲运机，如中钢集团衡阳重机有限公司生产的CYE0.4型电动铲运机，浙江路邦工程机械有限公司生产的WJ-0.5型内燃铲运机，这些微型无轨设备的出现，使小型全面采矿法矿山机械化开采成为可能。

11.3 房柱采矿法

房柱采矿法用于开采水平到缓倾斜的矿体，在矿块或采区内矿房和矿柱交替布置，回采矿房时留连续的或间断的规则矿柱，以维护顶板岩石。因此，它比全面采矿法适用范围广，不仅能回采薄矿体（厚度小于3m），而且可以回采厚和极厚矿体。矿石和围岩均稳固的水平到缓倾斜矿体是这种采矿法应用的基本条件。

11.3.1 结构和参数

矿房的长轴可沿矿体的走向、倾斜或伪倾斜方向布置，主要取决于所采用的运搬设备和矿体的倾角。我国大多数金属地下矿山采用电耙运搬矿石，矿房一般沿倾斜布置。矿房的长度取决于运搬设备的有效运距。应用电耙运搬时，一般为40~60m。矿房的宽度根据矿体的厚度和顶板的稳固性确定，一般为8~20m。矿柱直径为3~7m，间距为5~8m。

分区的宽度根据分区隔离矿柱的安全跨度和分区的生产能力确定，变化于80~150m到400~600m之间。分区矿柱一般为连续的，承受上覆岩层的载荷，其宽度与开采深度和矿体厚度有关，和全面采矿法相同。

11.3.2 采准与切割工作

阶段运输巷道可布置在脉内或底板岩石中。后者有许多优点：可在放矿溜井中贮存部分矿石提供缓冲，减少电耙运搬和运输之间的相互影响，有利于通风管理；当矿体底板不平整时，可保持运输巷道平直，有利于提高运输能力。其缺点是增加了岩石的掘进工程量。目前，我国金属矿山多采用这种底板脉外布置形式，如图11-5所示。

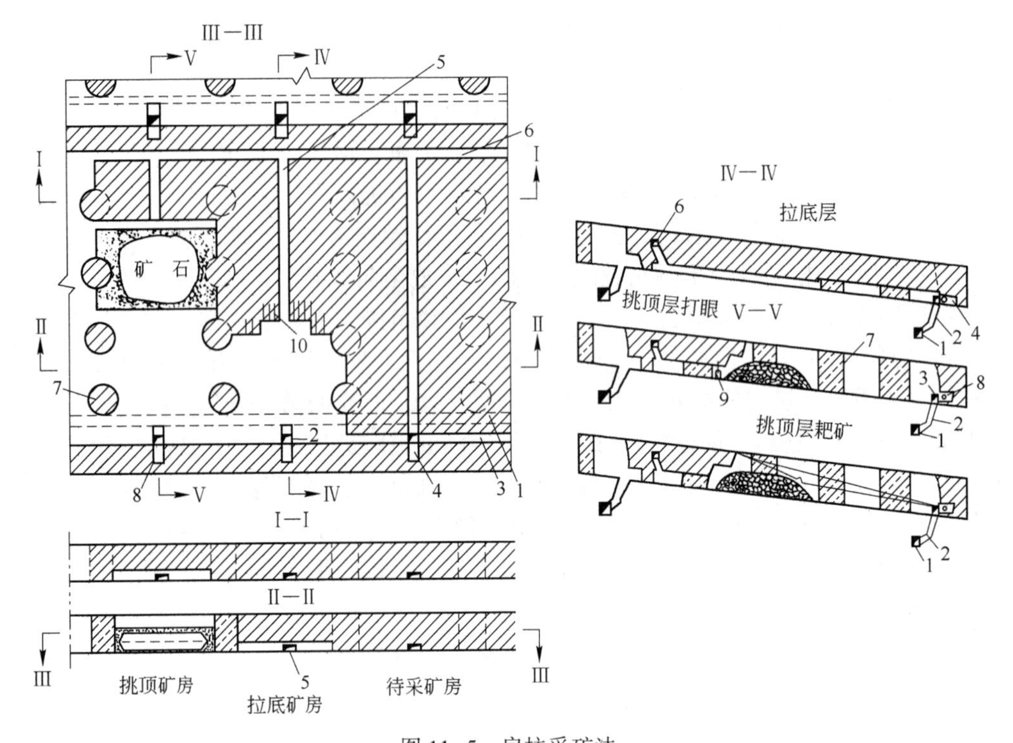

图 11-5 房柱采矿法

1—运输巷道；2—放矿溜井；3—切割平巷；4—电耙硐室；5—上山；6—联络平巷

7—矿柱；8—电耙绞车；9—凿岩机；10—炮孔

从图 11-5 可以看出，房柱采矿法的采准工程包括：自底板运输巷道 1 向每个矿房的中心线位置掘进放矿溜井 2；在矿房下部的矿柱（顶底柱）中掘进电耙硐室 4；沿矿房中心线并紧贴底板掘进上山 5，用以行人、通风和运搬设备或材料，并作为回采时的自由面；各矿房间掘进联络平巷 6；在矿房下部边界处掘进切割平巷 3，既作为起始回采时的自由面，又可作为去相邻矿块的通道。

11.3.3 回采工作

矿房的回采方法根据矿体厚度不同而异：矿体厚度小于 2.5~3m 时，一次采全厚；矿体厚度大于 2.5~3m 时，则分层开采。

当矿体厚度小于 8~10m 并采用电耙运搬时，一般使用浅孔先在矿房下部拉底，然后用上向炮孔挑顶。拉底是从切割平巷与上山交口处开始，用柱式凿岩机或气腿式凿岩机打水平炮孔，自下而上逆倾斜掘进。拉底高度为 2.5~3m，炮孔排距 0.6~0.8m，间距 1.2m，孔深 2.4~3m。随拉底工作面的推进，在矿房两侧按规定的尺寸和间距，将矿柱切开。

整个矿房拉底结束后，用 YSP-45 型凿岩机挑顶，回采上部矿石。炮孔排距 0.8~1m，间距 1.2~1.4m，孔深 2m。当矿体厚度小于 5m 时，挑顶一次完成；矿体厚度为 5~10m 时，则以 2.5m 高的上向梯段工作面分层挑顶，并局部留矿，以便站在矿堆上进行凿岩爆破工作。

用上述落矿方式采下的矿石，采用 14kW 或 30kW 的电耙绞车，将矿石耙至放矿溜井中，放至运输巷道装车。双滚筒电耙绞车只能直线耙矿，三滚筒绞车可在较大范围内耙矿，如图 11-6 所示。

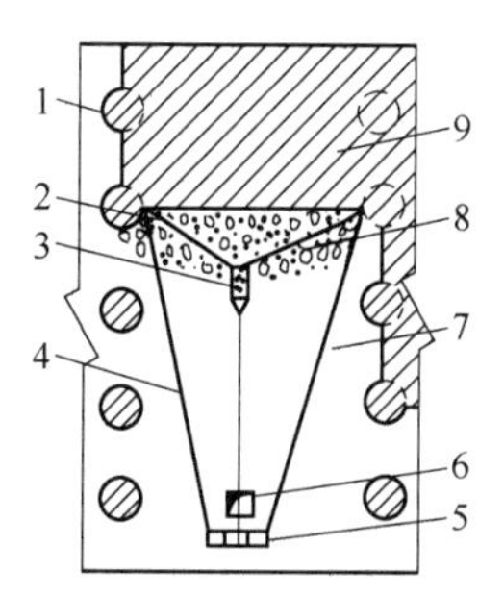

图 11-6　三滚筒电耙绞车运搬矿石

1—矿柱；2—滑轮；3—耙斗；4—钢绳；5—电耙绞车；6—放矿溜井；
7—矿房已采部分；8—采下矿石；9—待采矿房矿石

当矿体厚度大于 8~10m 时，应采用深孔落矿方式回采矿石。先在顶板下面切顶，然后在矿房的一端开掘切割槽，以形成下向正台阶的工作面，如图 11-7 所示。切顶的高度根据所采用的落矿方法和出矿设备确定，一般为 2.5~5m。切顶空间下部的矿石，采用下向平行深孔落矿。

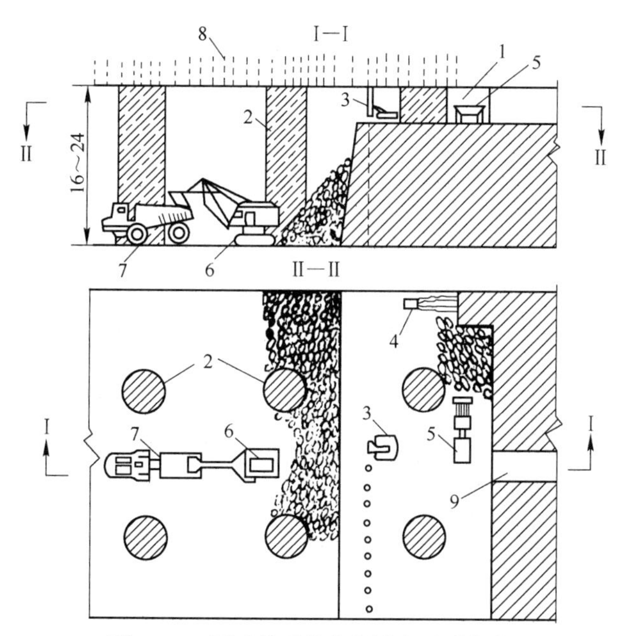

图 11-7　厚矿体无轨自行设备开采方案

1—切顶工作面；2—矿柱；3—履带式凿岩台车；4—轮胎式凿岩台车；5—2.7m^3 前端式装载机；
6—1m^3 短臂电铲；7—20~25t 卡车；8—护顶杆柱；9—顶板切割

随着无轨自行设备的迅速发展，在国外应用房柱采矿法时，广泛采用履带式或轮胎式凿岩、装载和运搬设备。履带式无轨设备由于机动性较差和速度较慢，只宜用于凿岩台车和较固定的装载设备。

顶板局部不稳固时，可留矿柱。顶板整体不稳固时，应采用锚杆进行支护，此时房柱采矿法的应用范围得到扩大。我国湖南锡矿山锑矿就是应用楔缝式锚杆维护顶板的典型例子，如图11-8所示。

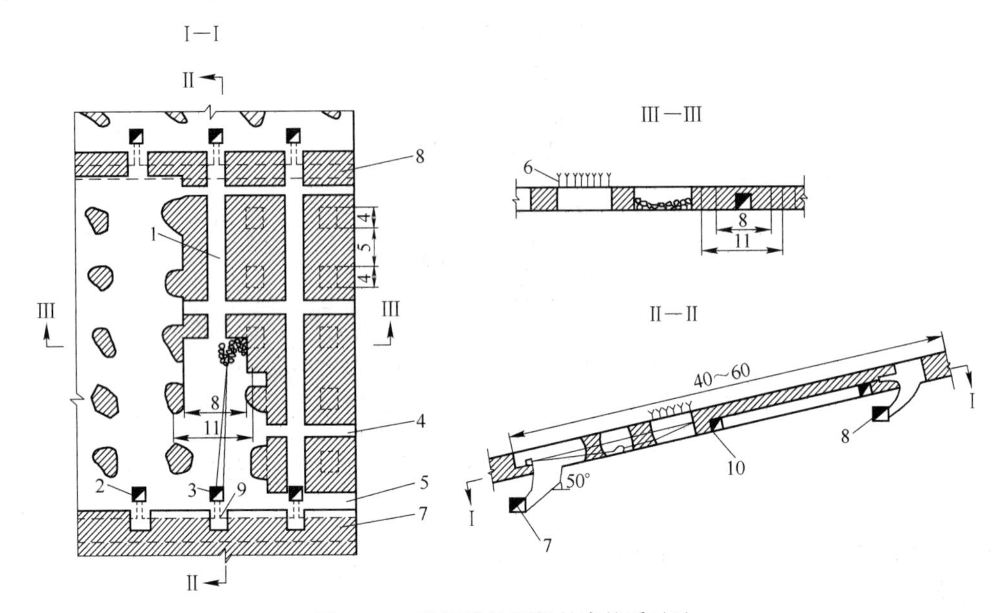

图11-8 锚杆维护顶板的房柱采矿法

1—上山；2，3—放矿溜井；4—切割平巷；5—切割槽；6—锚杆；7—运输巷道；8—回风巷道；9—电耙绞车硐室；10—联络巷道

11.3.4 评价

房柱采矿法是开采水平到缓倾斜矿体最有效的采矿方法。它的采准切割工程量不大，工作组织简单，坑木消耗少，通风良好，矿房生产能力高。但矿柱矿量所占比重较大（间断矿柱占15%~20%，连续矿柱达40%），且一般不进行回采。因此，矿石损失较大。用房柱采矿法开采贵重矿石时，可以采用人工混凝土矿柱代替自然矿柱，以减少矿柱矿量损失。

不少矿山的实践表明，应用锚杆或锚杆加金属网维护不稳固顶板，可扩大房柱采矿法在开采水平或缓倾斜厚和极厚矿体方面的应用。如果广泛使用无轨自行设备，则可使这种采矿方法的生产能力和劳动生产率达到较高的指标（采矿工效30~50t/(工·班)），成为高效率的采矿方法。

11.4 留矿采矿法

留矿采矿法的特点是，工人直接在矿房暴露面下的留矿堆上作业，自下而上分层回采，每次采下的矿石靠自重放出三分之一左右（有时达35%~40%），其余暂留在矿房中作为继续上采的工作台。矿房全部回采完毕后，暂留在矿房中的矿石再行大量放出，叫做最终放矿或大量放矿。

在回采矿房过程中，暂留的矿石经常移动，不能作为地压管理的主要手段。当围岩不稳固时，大量放矿期间，围岩因暴露面积增加，容易大量片落而增大矿石贫化。崩落的大块岩石常常堵塞漏斗造成放矿困难，并增大矿石损失。

根据以上特点，留矿采矿法适用于开采矿石和围岩稳固、矿石无自燃性、破碎后不易再行结块的急倾斜矿床，在薄和中厚以下的脉状矿床中使用广泛。

11.4.1 结构和参数

留矿采矿法矿块结构如图 11-9 所示，其主要参数包括阶段高度、矿块长度、矿柱尺寸及底部结构等。

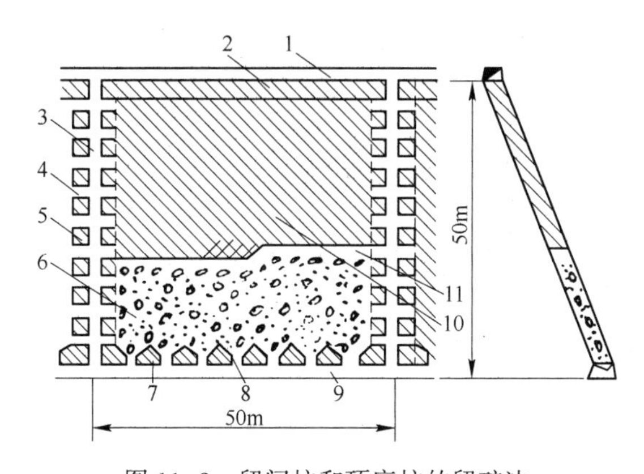

图 11-9 留间柱和顶底柱的留矿法

1—回风巷道；2—顶柱；3—天井；4—联络道；5—间柱；6—存留矿石；7—底柱；8—漏斗；9—阶段运输巷道；10—未采矿石；11—回采空间

阶段高度应根据矿床的勘探程度、围岩稳固情况、矿体倾角等确定。我国应用留矿法的经验是，开采薄矿脉或中厚矿体并属于第四勘探类型的矿床，段高宜采用 30~50m，围岩稳固时取大值，矿体倾角不陡、矿体产状不稳定时取小值。

矿块长度主要考虑围岩稳固程度、电耙的合理耙距和采场的通风条件，一般为 40~60m，围岩稳固时可达 80~100m。

开采薄矿脉时，间柱宽 2~6m，顶柱厚 2~3m，底柱高 4~6m；中厚及以上矿体，间柱宽 8~12m，顶柱厚 3~6m，底柱高 8~10m。

开采极薄矿脉时，由于矿房宽度很小，一般不留间柱，只留顶柱和底柱，矿块之间靠天井的横撑支柱隔开。横撑对围岩还起支护作用。图 11-10 所示是在矿块一侧掘先进天井、另一侧设顺路天井的留矿法结构。图 11-11 所示是在矿块中央掘先进天井、两侧设顺路天井的留矿法结构。

11.4.2 采准工作

采准工作主要是掘进阶段运输巷道、先进天井（作为行人、通风之用）、联络道、拉底巷道和漏斗颈等。如图 11-9 所示，先进天井布置在间柱中，在垂直方向上每隔 4~5m 掘联络道，与两侧矿房贯通。

在矿房中每隔 5~7m 设一个漏斗。为了减少平场工作量，漏斗应尽量靠近下盘。由于采用浅孔落矿，一般不设二次破碎水平，少量大块直接在采场工作面进行二次破碎。

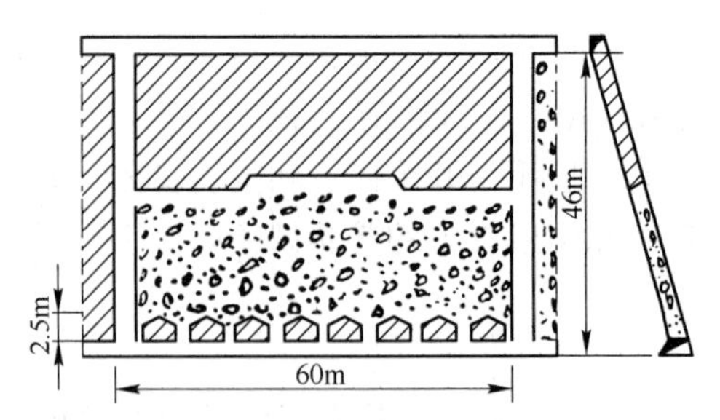

图 11-10 在矿块一侧掘先进天井，另一侧设顺路天井的留矿法

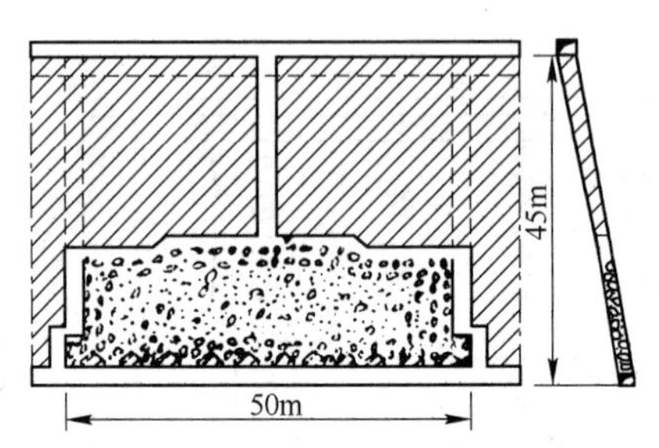

图 11-11 在矿块中央掘先进天井，两侧设顺路天井的留矿法

11.4.3 切割工作

切割工作比较简单，以拉底巷道为自由面，形成拉底空间并完成辟漏。它的作用是为回采工作开辟自由面，并为爆破创造有利条件。

拉底高度一般为2~2.5m；拉底宽度等于矿体厚度，但在薄和极薄矿脉中，为保证放矿顺利，其宽度不应小于1.2m。

拉底和辟漏的施工，按矿体厚度不同，有以下三种方法。

11.4.3.1 不留底柱的切割方法

在薄和极薄矿脉中用人工假底（不留底柱）的底部结构时，其拉底步骤如图11-12所示。

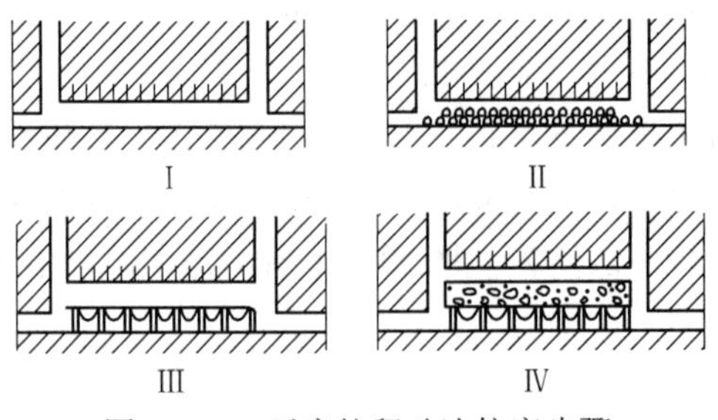

图 11-12 无底柱留矿法拉底步骤

（1）在阶段运输巷道中打上向垂直炮孔，孔深1.8~2.2m，所有炮孔一次爆破，如图11-12中的Ⅰ所示。

（2）站在第一分层崩下的矿堆上，打第二层炮孔，孔深1.5~1.6m，如图11-12中的Ⅱ所示。然后将第一分层崩下的矿石装运出去，同时架设人工假底，包括假巷和木质漏斗，如图11-12中的Ⅲ所示。

(3) 在假底上铺设一层茅草之类弹性物质后，爆破第二分层炮孔；崩下的矿石从漏斗中放出一部分，平整和清理工作面，拉底工作即告完成，如图 11-12 中的Ⅳ所示。

11.4.3.2 有底柱拉底和辟漏同时进行的切割方法

有底柱拉底和辟漏同时进行的切割方法适用于矿脉厚度大于 2.5~3m 的条件（见图 11-13），步骤如下：

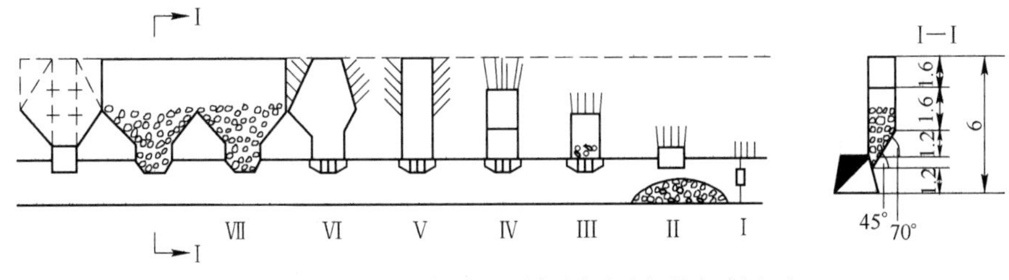

图 11-13 有底柱拉底和辟漏同时进行的切割方法

(1) 在运输巷道一侧以 40°~50°倾角打第一次上向孔，其下部炮孔高度距巷道底板 1.2m，上部炮孔在巷道顶角线上与漏斗侧的钢轨在同一垂直面上，如图 11-13 中的Ⅰ所示。

(2) 爆破后站在矿堆上，一侧以 70°倾角打第二次上向孔，如图 11-13 中的Ⅱ所示。第二次爆破后将矿石运出，架设工作台再打第三次上向孔，安装好漏斗后爆破，如图 11-13 中的Ⅲ所示，并将矿石放出。继续打第四次上向孔（见图 11-13 中的Ⅳ），爆破后漏斗颈高可达 4~4.5m。

(3) 在漏斗颈上部以 45°倾角向四周打炮孔，扩大斗颈，最终使相邻斗颈连通，同时完成辟漏和拉底工作，如图 11-13 中的Ⅴ、Ⅵ、Ⅶ所示。

11.4.3.3 有底柱掘进拉底巷道的切割方法

有底柱掘进拉底巷道的切割方法适用于中厚矿体。从运输巷道的一侧向上掘进漏斗颈，从斗颈上部向两侧掘进高 2m 左右、宽 1.2~2m 的拉底巷道，直至矿房边界。同时从拉底水平向下或从斗颈中向上打倾斜炮孔，将上部斗颈扩大成喇叭状的放矿漏斗，如图 11-14 所示。

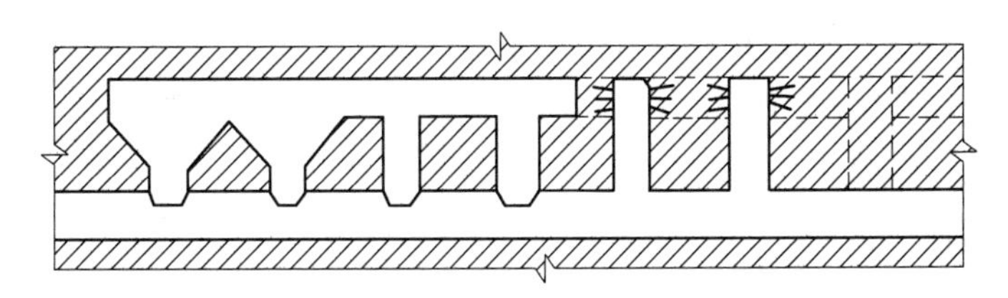

图 11-14 有底柱掘进拉底平巷的切割方法

按上述切割方法形成的漏斗斜面倾角一般为 45°~55°，每个漏斗负担的放矿面积为 30~40m^2，最大不应超过 50m^2。

11.4.4 回采工作

留矿法的回采工作包括：凿岩爆破、通风、局部放矿、撬顶平场、大量放矿等。

回采工作自下而上分层进行，分层高度一般为 2~3m。在开采极薄矿脉时，为了作业方便和取得较好的经济效果，采场的最小工作宽度应为0.9~1.0m。

11.4.4.1　凿岩爆破

当矿石较稳固时，采用上向炮孔；矿石稳固性较差时，可采用水平炮孔。打上向炮孔时，可采用梯段工作面或不分梯段整层一次打完。梯段工作面长度为10~15m。长梯段或不分梯段的工作面，可减少撬顶和平场的时间，并便于回采工作组织，目前使用比较广泛。打水平炮孔时，梯段工作面长度为2~4m，高度为1.5~2.0m。水平炮孔一般上倾5°~8°，每个阶梯打两层孔，炮孔间距0.8~1.0m，最小抵抗线0.6~0.7m（中厚矿体为0.8~1.2m）。

炮孔排列形式根据矿脉厚度和矿岩分离的难易程度确定。如图11-15所示，常用的排列形式有下列几种：

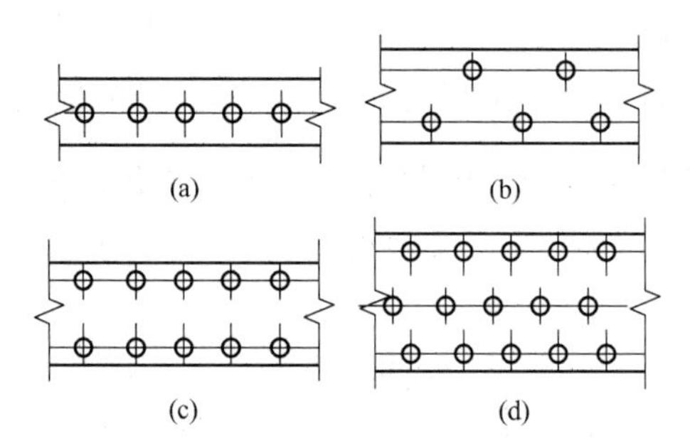

图11-15　炮孔排列形式
（a）一字形；（b）之字形；（c）平行排列；（d）交错排列

（1）一字形排列。这种排列方式适用于矿石爆破性较好，矿石与围岩容易分离，矿脉厚度不大于0.7m的情况，如图11-15(a)所示。

（2）之字形排列。适用于矿石爆破性较好，矿脉厚度为0.7~1.2m的情况。这种炮孔布置能较好地控制采幅的宽度，如图11-15(b)所示。

（3）平行排列。适用于矿石坚硬、矿体与围岩接触界线不明显或难以分离的厚度较大的矿脉，如图11-15(c)所示。

（4）交错布置。用于矿石坚硬、厚度大的矿体。用这种布置方法崩下的矿石块度均匀，在生产中使用广泛，如图11-15(d)所示。

一般采用铵油炸药爆破，用导火线点燃火雷管起爆。近些年限制火雷管使用后，多用电雷管或非电导爆管起爆。

11.4.4.2　通风

由于我国常用留矿法开采充填型或矽卡岩型矿床，凿岩爆破作业产生的粉尘中游离二氧化硅粒子含量高，对工人的健康危害大。因此，工作面通风的风量应保证满足排尘和排除炮烟的需要。在采掘工作面上，空气的含氧量不得小于20%，风速不得低于0.15m/s。矿房的通风系统一般是从上风流方向的天井进入新鲜空气，通过矿房工作面后，由下风流方向的天井排到上部回风巷道。电耙巷道的通风应形成独立的系统，防止污风窜入矿房或运输巷道中。

11.4.4.3　局部放矿

局部放矿方式有：重力放矿、电耙出矿、装岩机出矿、铲运机出矿、振动放矿机出矿等。

A 重力放矿

局部放矿时，一般采用重力放矿。放矿工应与平场工密切联系，按规定的漏斗放出所要求的矿量，以减少平场工作量和防止在留矿堆中形成空洞。如果发现已形成空洞，应及时采取措施处理。其处理方法有：

（1）爆破振动消除法，在空洞的上部，用较大的药包爆破，将悬空的矿石振落；

（2）高压水冲洗法，在漏斗中向上或在空洞上部矿堆面向下，用高压水冲涮，此法对于处理粉矿结块形成的空洞效果良好；

（3）采用土火箭爆破法消除空洞；

（4）从空洞两侧漏斗放矿，使悬空的矿石垮落。

B 电耙出矿

如图 11-16 所示，在矿房下部阶段运输巷道 1 之上 3~4m 处，沿矿房长轴方向掘进电耙巷道 2；在厚度小于 7m 的矿体中沿电耙道一侧，在厚度大于 7m 的矿体中沿电耙道两侧，掘进斗穿和漏斗 3 通达矿房底部。电耙道与阶段运输巷道之间掘放矿溜井 4 联通。放矿时，矿石从漏斗进入电耙道，用电耙耙入放矿溜井，经漏口闸门溜放到阶段运输巷道中的矿车。

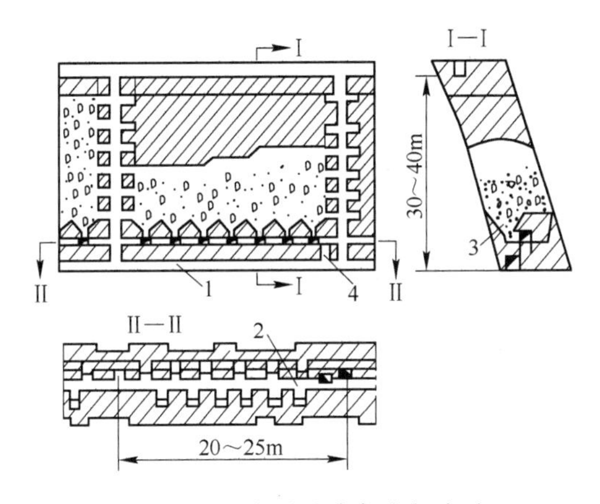

图 11-16 留矿法底部电耙出矿

1—阶段运输巷道；2—电耙道；3—漏斗；4—放矿溜井

当开采极薄矿脉时，使用电耙出矿的无底柱结构，如图 11-17 所示。将沿脉运输巷道上盘扩帮加宽，然后由沿脉巷道一侧直接向上回采。在沿脉巷道出矿一侧架设栅栏，以控制矿流。在沿脉巷道内安设电耙，将溜放到巷道中的矿石耙入转运天井（即下阶段的采准天井），溜放到下一阶段装车运出。此时矿房底部沿脉运输巷道用做电耙巷道，不再通行电机车，故在阶段上只能采用后退式开采。这种底部结构不留底柱，不设漏斗，采准切割工作量很小。

当矿体倾角小于 45°~55°时，矿石不能自重溜放，一些矿山在矿房内使用电耙耙运出矿，如图 11-18 所示。采用上向倾斜工作面（倾角约 10°~25°）分层崩矿，每次崩下的矿石，由安装在矿房的电耙耙至矿房底柱中预先掘好的短溜井，然后经阶段运输巷道装车运走。由于矿房为倾斜工作面且使用电耙耙运出矿，故平场工作量很小。

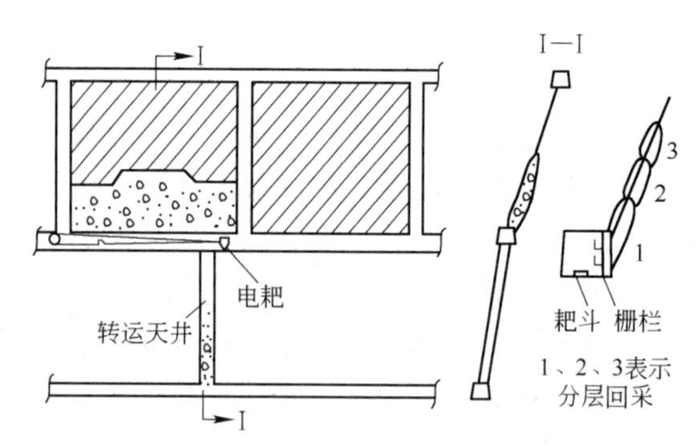

图 11-17 留矿法底部电耙出矿耙入转运天井

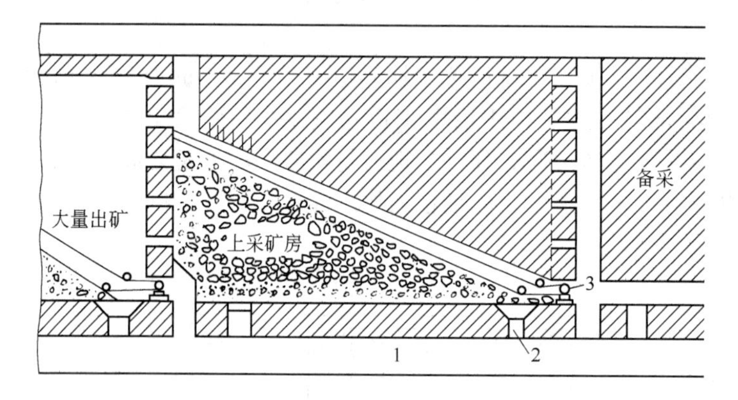

图 11-18 留矿法矿房用电耙耙运矿石

1—阶段运输巷道；2—放矿短溜井；3—电耙绞车

大量出矿时，电耙在空区耙运，矿房暴露空间逐渐增大，应及时检查上盘围岩的稳定情况。如有浮石应及时处理，必要时可对局部不够稳固的地段采用锚杆支护。

C 装岩机出矿

如图 11-19 所示，距脉内沿脉巷道侧帮 5～6m 掘下盘沿脉巷道，沿此巷道每隔 5～6m 掘装载巷道横穿脉内沿脉巷道。脉内沿脉巷道作为拉底层，可直接向上回采。采下的矿石靠自重溜放到装车巷道内，用装岩机装入下盘沿脉平巷的列车内。随着装岩机不断装载，矿房内留存的矿石随之藉自重溜放。这种底部结构不留底柱，放矿口断面大，不易堵塞，底部结构简单。

D 铲运机出矿

国外使用留矿法的矿山，广泛采用铲运机出矿。图 11-20 所示是加拿大克利格律矿采用铲运机出矿的留矿法实例。下盘沿脉运输巷道距矿体 11.5m，由此掘进装运巷道通达矿体，其间距为 11.5m。巷道断面按使用的铲运机型号确定：用 ST-4 型铲运机时为 4.6m×4.1m，用 ST-2 型铲运机时为 3.8m×3.6m。该断面有足够的空间安装通风管。如果装运巷道内不安装通风管，巷道断面可小些，用 ST-4 型铲运机时为 3.9m×2.9m，用 ST-2 型铲运机时为 3.8m×2.9m。

穿脉巷道布置在间柱中，它是由沿脉运输巷道向矿体掘进的。由穿脉巷道侧面向上掘矿房先进天井。

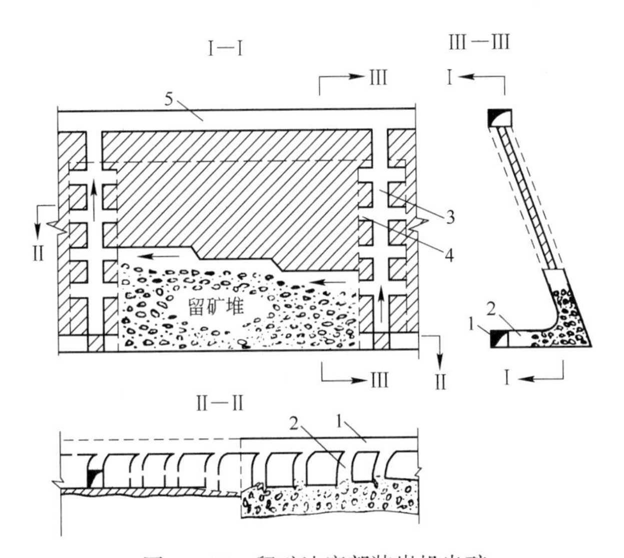

图 11-19 留矿法底部装岩机出矿

1—下盘沿脉巷道；2—装载巷道；3—先进天井；4—联络道；5—上阶段脉内回风巷道

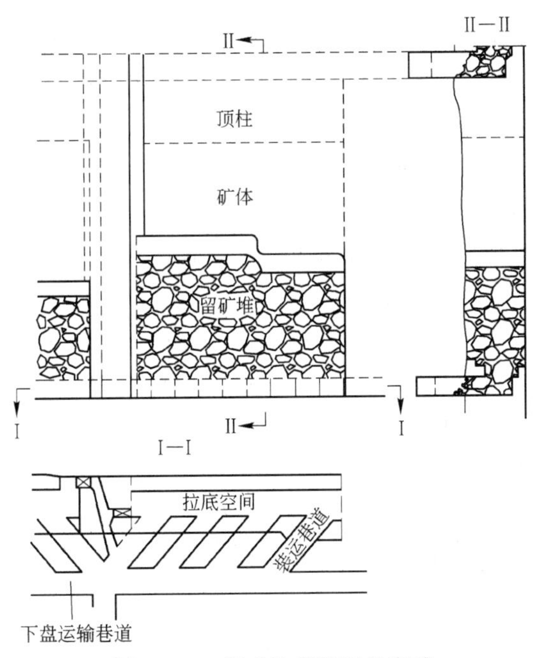

图 11-20 留矿法用铲运机出矿

E 振动放矿机出矿

急倾斜薄和极薄矿脉使用留矿法时，多在矿房底部漏斗内安装振动放矿机取代木漏斗，由重力自溜放矿变为振动强制放矿，从而改善了矿石的流动性，取得了良好的经济效益。在矿房底部漏斗内安装振动放矿机的结构如图 11-21 所示。

我国多采用 ZDJ-1.5-4 型振动放矿机，振源为 1.5kW 电动机，激振力为 4903.33~9806.65N，振动频率为 1400 次/min。为了降低振动放矿机的成本，便于安装和拆迁，已研制出轻型振动放矿机。

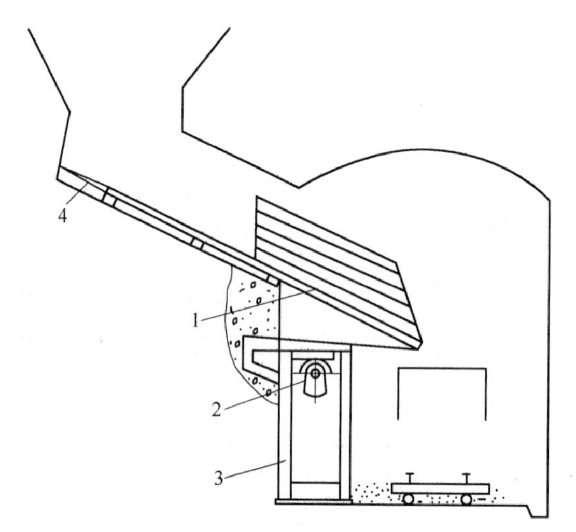

图 11-21 振动放矿机（矩形机架）
1—振动台面；2—振动器；3—机架；4—固定用钢绳

由于振动放矿机的部分台面埋设在漏斗口内的碎矿堆中，并由振动台面产生简谐运动，故矿石在振激力和重力的共同作用下，可形成连续的强制矿流，并且振动波可在松散矿石中一定范围内传播，有利于改善矿石的流动性，使之不易形成平衡拱。此外，由于振动作用，出矿口可获得比重力放矿大的有效流通高度，并可使大块矿石改变流动方向，因而可提高大块通过能力和减少平场工作量。

生产实践证明，当极薄矿脉倾角小于55°~60°时，单靠重力放矿会造成放矿堵塞。如用振动放矿机配合重力放矿，则矿房存留矿石可全部放出。

11.4.4.4 平场、撬顶和二次破碎

为了便于工人在留矿堆上进行凿岩爆破作业，局部放矿后应将留矿堆表面整平，这一工作称为平场。平场时，应将顶板和两帮已松动而未落下的矿石或岩石撬落，以保证后续作业的安全，这一工作称为撬顶。崩矿和撬顶落下的大块，应在平场时破碎，以免卡塞漏斗，这一工作称为二次破碎。

11.4.4.5 最终放矿及矿房残留矿石的回收

矿房采完后，应及时组织最终放矿（也叫作大量放矿），即放出存留在矿房内的全部矿石。

放矿时，应避免存留矿石中产生空洞或悬拱现象。在放矿时如漏斗堵塞，应及时处理，以提高放矿强度，防止围岩片落，减少二次贫化。

由于矿房底板粗糙不平，特别是底板倾角变缓之处，常积存一部分散体矿石不能放净。采用水力冲洗法可把残留在矿房底板的散体矿石和粉矿冲洗下来，水力冲洗的工艺系统如图 11-22 所示。利用水泵产生的高压水通过水管输送，供给高压水枪，产生高压射流，并借散体矿石和粉矿自重，使之从矿房冲运出来。水力冲洗顺序是先从矿房两侧天井用水枪由下而上分层向下冲洗，最后在矿房顶柱中预先掘好的冲洗小井向矿房强力冲洗。

采用高压水冲洗之前，应在矿房底部出矿口或受矿结构设置脱水设施，以免粉矿流

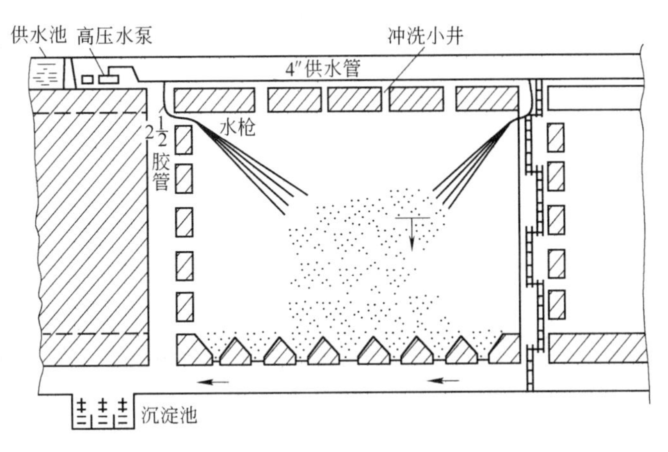

图 11-22　水力冲洗工艺系统示意图

失。此外，在阶段巷道的适当位置设沉淀池，以回收矿泥，净化水质。

采用高压水冲洗矿房时，应高度重视安全工作。首先应检查天井中的支护情况，必要时予以加固，并采取安全技术措施，保证操作工人的安全。

11.4.5　评价

11.4.5.1　适用条件

留矿法适用于开采以下条件的矿床：

（1）围岩和矿石均稳固。要求围岩无大的断层破碎带，在放矿过程中，围岩不会自行崩落。围岩不稳固或有断层破碎带时，在回采和放矿过程中将发生片帮，不但造成矿石贫化，而且片落的大块常造成矿房或漏口堵塞，造成放矿困难。同时，顶板矿石必须足够稳固，保证在回采过程中不会自行冒落，这样才能确保人身安全和顺利地进行回采工作。

（2）矿体厚度以薄和极薄矿脉为宜。中厚以上的矿体，若采用留矿法，因顶板暴露面积大，回采安全性较差，撬顶、平场及二次破碎等工作量增大，因而效果不好。

（3）矿脉倾角以急倾斜为宜。用留矿法开采极薄矿脉，矿脉倾角应在65°以上，倾角60°~65°的矿脉，采高超过25~30m时，放矿困难。倾角小于60°的矿脉，一般应采取辅助放矿措施，如在矿房底部安装振动放矿机进行放矿。对倾角为55°~60°的矿脉，采下的矿石基本能全部放出。当倾角为45°~55°时，可用电耙在采场内运搬矿石。

（4）矿石无结块和自燃性。由于矿石在矿房中停留时间较长，矿石中不应含有胶结性强的泥质，含硫量也不能太高，以防止矿石结块和自燃。

11.4.5.2　优缺点

留矿法具有结构及生产工艺简单，管理方便，可利用矿石自重放矿，采准工程量小等优点。但是若用留矿法开采中厚以上矿体，矿柱矿量损失贫化大；工人在较大暴露面下作业，安全性差；平场工作繁重，难以实现机械化；积压大量矿石，影响资金周转。因此在中厚以上矿体中，多不采用留矿法。

11.4.5.3　主要技术经济指标

一些矿山使用留矿法的主要技术经济指标列于表 11-1 中。

表 11-1 留矿法主要技术经济指标

指标	矿山					参考指标
	小西南岔	乳山	五龙	二道沟	金厂峪	
采场生产能力/$t \cdot d^{-1}$	35~50	50	50~120	40~52	50~150	100~150
工作面工效/t·(工·班)$^{-1}$	6~10	5.0	11~16.5	7.91	17.43	8~20
矿石损失率/%	10~13	9.7	6.6~30	10~15	4.88	10~15
矿石贫化率/%	30~40	19	13~40	30~35	23.67	15~25
炸药消耗/$kg \cdot t^{-1}$	0.37	0.48	0.48~0.55	0.38	0.32	0.3~0.5
坑木消耗/$m^3 \cdot kt^{-1}$	0.003	0.003	0.027	0.004	0.06	

11.4.5.4 改进方向

在我国留矿法被广泛应用于中小型矿山开采薄和极薄矿脉，但下列问题有待解决：

(1) 研制轻型液压凿岩机，寻求合理的凿岩爆破参数，研究控制采幅的有效技术措施，降低废石混入率。

(2) 对于厚度小于 6.5m 的矿脉，应改进底部出矿结构，推广电耙出矿，或研制小型轮胎式铲运机出矿，可不留底柱，简化底部结构，提高出矿效率。

(3) 对于极薄矿脉，应研究混采和分采（选别回采）的合理界线，以提高采、选的综合经济效果。

(4) 研究采场地压管理。我国采用留矿法的矿山，开采深度已达 200~300m 至 500~700m。由于用留矿法回采所形成的采空区未作处理，剧烈的地压活动已先后在许多矿山出现。急需研究采空区的地压活动规律；对于已形成的采空区，应采用经济而有效的办法进行处理；新设计矿山或开采深部矿床时，对划分阶段、矿块及其结构参数、回采顺序和未来采空区的处理方法等，应进行全面系统的研究。

11.5 分段矿房法

分段矿房法是在矿块的垂直方向，将阶段再划分为若干分段；在每个分段水平上布置矿房和矿柱，各分段采下的矿石分别从各分段的出矿巷道运出。分段矿房回采结束后，可立即回采本分段的矿柱，同时处理采空区。

这种采矿方法以分段为独立的回采单元，因而灵活性大，适用于倾斜和急倾斜的中厚到厚矿体。由于围岩暴露较小，回采时间较短，相应地可适当降低对围岩稳固性的要求。

11.5.1 结构和参数

阶段高度一般为 40~60m，分段高度为 15~25m。每个分段划分为矿房和间柱。矿房沿走向长度为 35~40m，间柱宽度为 6~8m。分段间留斜顶柱，其真厚度一般为 5~6m。

11.5.2 采准与切割工作

如图 11-23 所示，从阶段运输巷道掘进斜坡道联通各个下盘分段运输平巷 1，以便行驶无轨设备、无轨车辆（运送人员、设备和材料）；沿矿体走向每隔 100m 左右，掘进一条放矿溜井，通往各分段运输平巷。

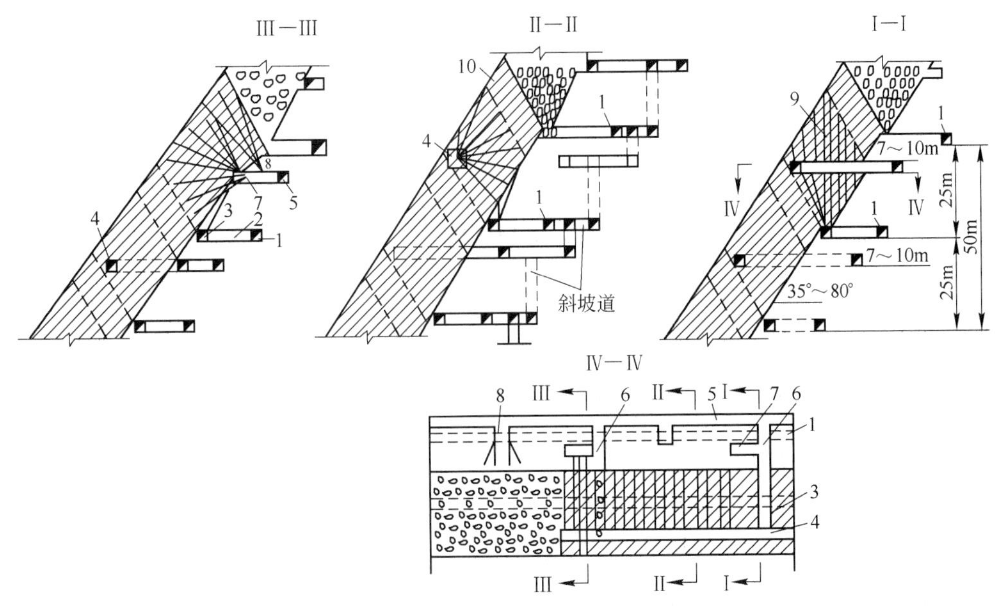

图 11-23 分段矿房法典型方案

1—分段运输平巷；2—装运横巷；3—堑沟平巷；4—凿岩平巷；5—矿柱回采平巷；6—切割横巷；7—间柱凿岩硐室；8—斜顶柱凿岩硐室；9—切割天井；10—斜顶柱

在每个分段水平上，掘下盘分段运输平巷 1，在此巷道沿走向每隔 10～12m 掘装运横巷 2，通到靠近矿体下盘的堑沟平巷 3，靠上盘接触面掘进凿岩平巷 4。

切割工作包括：在矿房的一侧掘进切割横巷 6，联通凿岩平巷 4 与矿柱回采平巷 5，从堑沟平巷 3 到分段矿房的最高处，掘切割天井 9。在切割巷道钻环形深孔，以切割天井为自由面，爆破后便形成切割槽，见图 11-23 中的Ⅰ—Ⅰ。

11.5.3 回采工作

从切割槽向矿房另一侧进行回采。在凿岩平巷中钻环形深孔，崩下的矿石从装运巷道用铲运机运到分段运输平巷最近的溜井；溜到阶段运输巷道装车运出，见图 11-23 中的Ⅱ—Ⅱ。

当一个矿房回采结束后，立即回采一侧的间柱和斜顶柱。回采间柱的深孔凿岩硐室布置在切割巷道靠近下盘的侧部（见图 11-23 中的 7）；回采斜顶柱的深孔凿岩硐室开在矿柱回采平巷的一侧（见图 11-23 中的 8），对应于矿房的中央部位。间柱和斜顶柱的深孔布置如图 11-23 的Ⅲ—Ⅲ剖面所示。回采矿柱的顺序是：先爆破间柱并将崩下矿石放出，然后再爆破顶柱；因受爆力抛掷作用，顶柱崩落的大部分矿石溜到堑沟内放出。

分段矿房法的矿石总回采率在 80%以上，贫化率不大。

11.5.4 评价

分段矿房法适用于矿石和围岩中等稳固以上的倾斜和急倾斜厚矿体。由于分段回采，可使用高效率的无轨装运设备，应用灵活性大，回采强度高。同时，分段矿房采完后，允许立即回采矿柱和处理采空区，既提高了矿柱的矿石回采率，又处理了采空区，从而为下分段的回采创造了良好的条件。

分段矿房法的主要缺点是采准工作量大，每个分段都要掘分段运输平巷、切割巷道、凿岩平巷等。随着无轨设备的推广应用，分段矿房法对于开采中厚和厚的倾斜矿体，是一种有效的采矿方法。

11.6 阶段矿房法

阶段矿房法是用深孔落矿（或中深孔分段落矿）的空场采矿法，崩落的矿石藉自重可全部溜到矿块底部放出。我国一般采用垂直炮孔落矿，根据落矿方式不同，阶段矿房法可分为分段凿岩阶段矿房法、深孔落矿阶段矿房法以及深孔球状药包落矿的阶段矿房法。

11.6.1 分段凿岩阶段矿房法

国内地下金属矿山多使用分段凿岩阶段矿房法，其特点是：回采工作面是垂直的，回采工作开始之前，除在矿房底部拉底、辟漏外，必须开凿垂直切割槽，并以此为自由面进行落矿，崩落的矿石藉自重落到矿房底部放出。随着工作面的推进，采空区不断扩大。矿房回采结束后，再用其他方法回采矿柱。

11.6.1.1 矿块布置和结构参数

根据矿体厚度，矿房长轴可沿走向或垂直走向布置。一般当矿体厚度小于15m时，矿房沿走向布置；在矿石和围岩极稳固的条件下，这个界线可增大至20m。

阶段高度取决于围岩的允许暴露面积，因为这种采矿方法回采矿房的采空区是逐渐暴露出来的，因此阶段高度可取较大的数值，一般为50~70m。国外一些矿山应用本法的阶段高度有增加的趋势，增加阶段高度可增加矿房矿量比重和减少采准工程量。分段高度决定于凿岩设备能力，用YGZ-90型中深孔凿岩机时多为8~15m。

矿房长度根据围岩的稳固性和矿石允许暴露面积确定，一般为40~60m。矿房宽度沿走向布置时，即为矿体的水平厚度；垂直走向布置时，应根据矿岩的稳固性确定，一般为15~20m。

间柱宽度沿走向布置时为8~12m，垂直走向布置时为10~14m。顶柱厚度根据矿石稳固性确定，一般为6~10m；底柱高度（采用电耙底部结构时）为7~13m。

11.6.1.2 采准工作

如图11-24所示，采准巷道有：阶段运输巷道、通风人行天井、分段凿岩巷道、电耙巷道、溜井、漏斗颈和拉底巷道等。

阶段运输巷道一般沿矿体下盘接触线布置，通风人行天井多布置在间柱中，从此天井掘进分段凿岩巷道和电耙巷道。对于倾斜矿体，分段凿岩巷道靠近下盘，以使炮孔深度相差不大，从而提高凿岩效率。对于急倾斜矿体，分段凿岩巷道则布置在矿体中间。

11.6.1.3 切割工作

切割工作包括拉底、辟漏及开切割槽等。切割槽可布置在矿房中央或一侧。

由于回采工作面是垂直的，矿房下部的拉底和辟漏工程不需在回采之前全部完成，可随工作面推进逐次进行。一般拉底和辟漏超前工作面1~2排漏斗的距离。拉底一般用浅孔从拉底巷道向两侧扩帮；辟漏可从拉底空间向下或从斗颈中向上开掘。

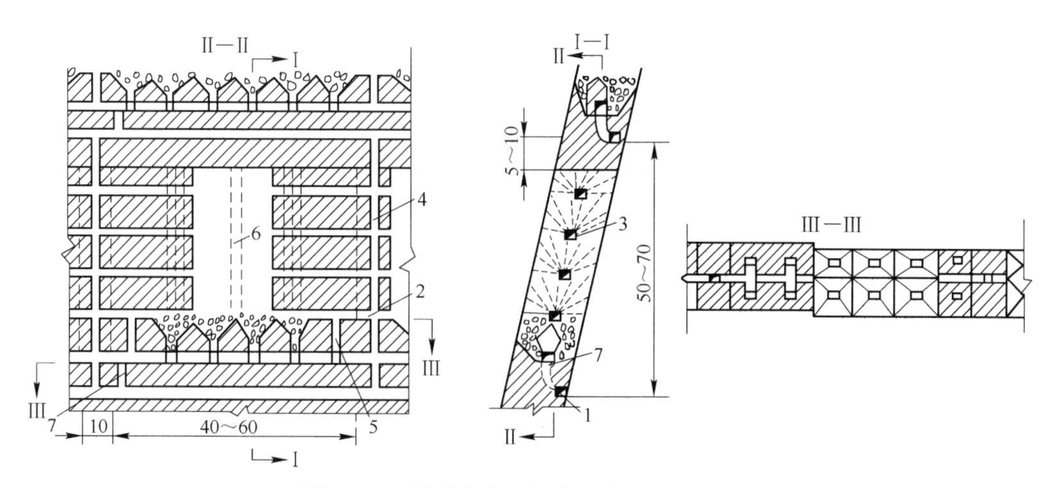

图 11-24　沿走向布置的分段凿岩阶段矿房法

1—阶段运输巷道；2—拉底巷道；3—分段凿岩巷道；4—通风人行天井；5—漏斗颈；6—切割天井；7—溜井

切割槽的质量直接影响矿房的落矿效果和矿石损失、贫化的大小。开掘切割槽的方法如下：

（1）浅孔拉槽法。在拉槽部位用留矿法上采，切割天井作为通风行人天井，采下矿石从漏斗溜到电耙巷道，大量放矿后便形成切割槽。切割槽宽度为 2.5～3m。此法易于保证切割槽的规格，但效率低，劳动强度大。

（2）垂直深孔拉槽法。如图 11-25 所示，拉槽时先掘切割巷道，在切割巷道中打上向平行中深孔，以切割天井为自由面，爆破后形成立槽。切割槽炮孔可以逐排爆破、多排同次爆破或全部炮孔一次爆破。为简化拉槽工序，目前多采用多排同次爆破。

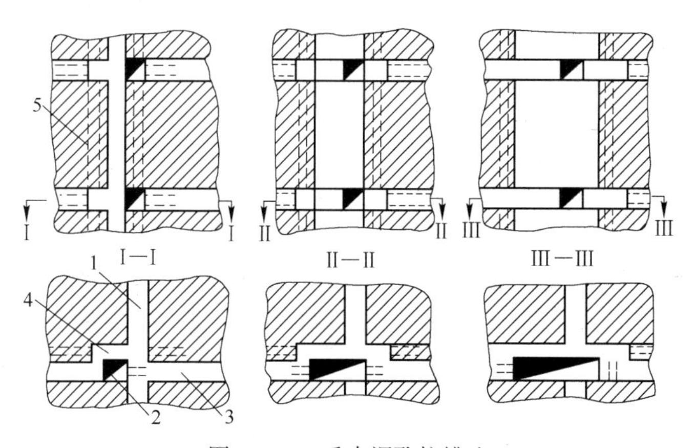

图 11-25　垂直深孔拉槽法

1—分段巷道；2—切割天井；3—切割巷道；4—环形进路；5—中深孔

（3）水平深孔拉槽法。如图 11-26 所示，拉底后在切割天井中打水平扇形中深孔（或深孔），分层爆破后形成切割槽，其宽度为 8～10m。这种拉槽方法，由于拉槽宽度较大，爆破夹制性较小，容易保证拉槽质量。此外，用深孔落矿效率较高，作业条件较好。

11.6.1.4　回采工作

在分段巷道中打上向中深孔（最小抵抗线为 1.5～1.8m）或深孔（最小抵抗线为

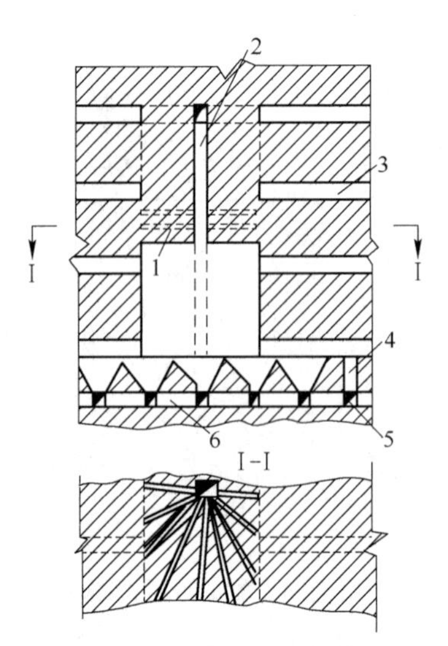

图 11-26　水平深孔拉槽法

1—中深孔（或深孔）；2—切割天井；3—分段凿岩巷道；4—漏斗颈；5—斗穿；6—电耙巷道

3m）。全部炮孔打完后，每次爆破 3~5 排孔，用秒差或微差雷管或导爆管分段爆破，上下分段保持垂直工作面或上分段超前一排炮孔，以保证上分段爆破作业的安全。

崩落的矿石借重力落到矿房底部，经斗穿流到电耙道。电耙绞车功率为 30kW 或 55kW，耙斗容积为 $0.3m^3$ 或 $0.5m^3$。

矿房回采时的通风必须保证分段凿岩巷道和电耙巷道风流畅通。当切割槽位于矿房一侧时，矿房通风系统如图 11-27（a）所示；当工作面从矿房中央向两翼推进时，通风系统如图 11-27（b）所示。为了避免上下风流混淆，多采用分段集中凿岩（打完全部炮孔），分次爆破，使出矿时的污风不至于影响凿岩工作。

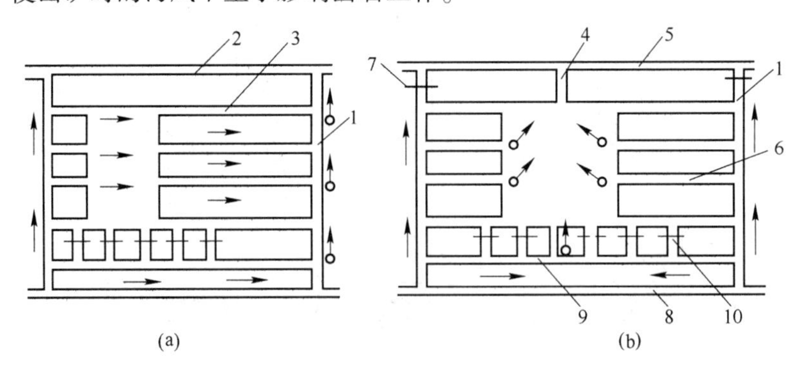

图 11-27　分段凿岩阶段矿房法的通风系统

（a）切割槽在矿房一侧；（b）切割槽在矿房中央

1—天井；2，5—回风巷道；3—检查巷道；4—回风小井；6—分段凿岩巷道；7—风门；8—阶段运输巷道；9—电耙巷道；10—漏斗颈

当开采厚和极厚急倾斜矿体时，矿房长轴垂直走向布置，如图 11-28 所示。此时的矿房长度即为矿体水平厚度，矿房宽度根据矿石和围岩稳固程度而定，一般为 8~20m。采准和切割工作与沿走向布置的方案类似。切割槽沿上盘接触面布置，向上盘方向崩矿。

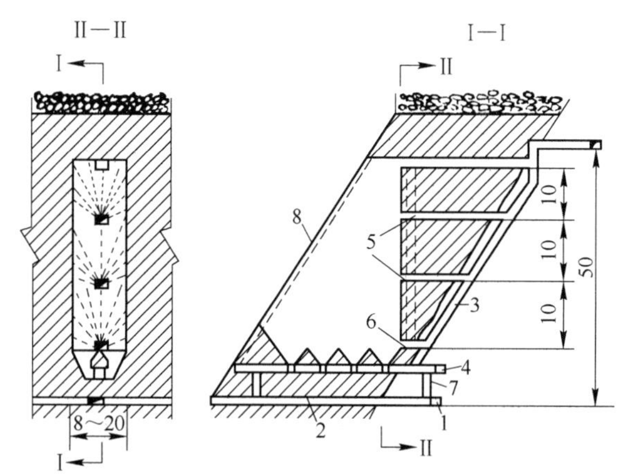

图 11-28 矿房垂直走向布置的分段凿岩阶段矿房法

1—阶段运输巷道；2—穿脉运输巷道；3—通风行人天井；4—电耙巷道；
5—分段凿岩巷道；6—拉底巷道；7—放矿溜井；8—切割天井

11.6.2 垂直深孔球状药包落矿阶段矿房法

垂直深孔球状药包落矿阶段矿房法（简称 VCR 法）的特点是：在矿房上部水平开掘凿岩硐室或凿岩巷道，采用大直径潜孔钻机（或牙轮钻机）钻凿下向深孔，直至矿块的拉底水平，然后从炮孔的下端开始，自下而上用球状药包逐层向矿房下部预先开掘好的拉底空间崩矿，崩落的矿石由矿房底部装运巷道运出。

11.6.2.1 矿块布置和结构参数

当开采中厚矿体时，矿房沿走向布置；开采厚矿体时，矿房垂直走向布置。一般可先采间柱，采完间柱放矿之后进行胶结充填，再采矿房，矿房采完放矿之后，可用水砂或尾砂充填。

阶段高度取决于围岩和矿石的稳固性及钻孔深度。生产实践表明，阶段高度一般以 40~80m 为宜。

矿房长度根据围岩的稳定性和矿石允许的暴露面积确定，一般为 40~100m。矿房宽度，沿走向布置时，即为矿体的水平厚度；垂直走向布置时，应根据矿岩的稳固性确定，一般为 8~14m。

间柱宽度，沿走向布置时为 8~12m；垂直走向布置且先采间柱时，其宽度一般为 8m。

顶柱厚度根据矿石稳固性确定，一般为 6~8m。底柱高度按出矿设备及其规格确定，采用铲运机出矿时，一般为 6~7.5m。也可不留底柱，即先将底柱采完形成拉底空间，然后分层向下崩矿。在整个采场回采完毕且铲运机在装运巷道出矿结束之后，可采用遥控技术，使铲运机进入采场内，将残留在采场底部平底上的矿石铲运出来。

11.6.2.2 采准工作

当采用垂直平行深孔落矿时，在顶柱下面掘凿岩硐室（见图 11-29），硐室长度比矿房长度大 2m，硐室宽度比矿房宽 1m，以便钻凿矿房边孔时留有便于安置钻机的空间，并使周边孔与上、下盘围岩和间柱垂面间有一定的距离，以控制矿石贫化和保持间柱垂面的平直稳定。钻机工作高度一般为 3.8m。为充分利用硐室自身的稳固性，一般硐室为墙高 4m、拱顶处高 4.5m 的拱形断面。

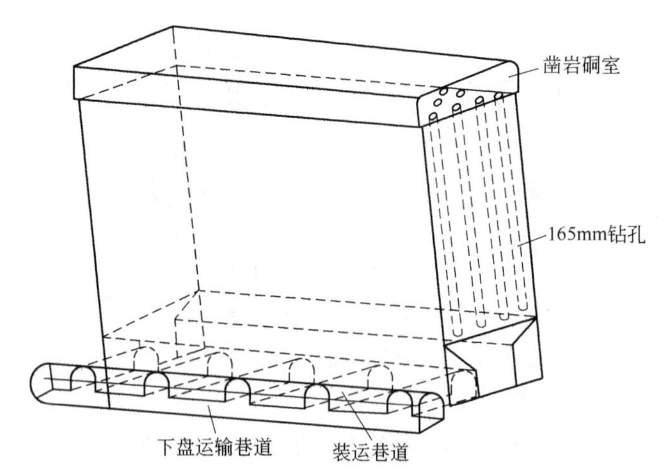

图 11-29　垂直平行深孔球状药包落矿阶段矿房法

为了增强硐室的安全性，可采用管缝式全摩擦锚杆加金属网护顶。锚杆网度为 1.3m×1.3m，呈梅花形，锚杆长 1.8~2m，锚固力为 68670~78480N。

当采用垂直扇形深孔落矿时，在顶柱下面掘凿岩平巷，便可向下钻垂直扇形深孔，如图 11-30 所示。

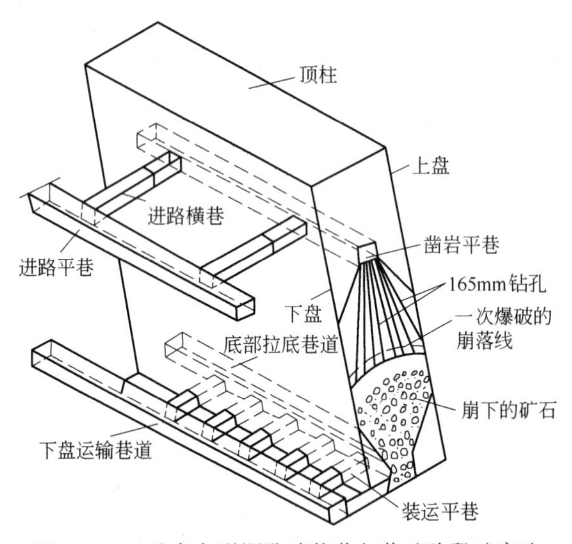

图 11-30　垂直扇形深孔球状药包落矿阶段矿房法

当采用铲运机出矿时，由下盘运输巷道掘进装运巷道通达矿房底部的拉底层，与拉底巷道贯通。装运巷道间距一般为 8m，断面为 2.8m×2.8m，曲率半径为 6~8m。为保证铲运机在直道状态下铲装，装运巷道长度应不小于 8m。

11.6.2.3　切割工作

拉底高度一般为 6m。可留底柱、混凝土假底柱或平底结构。留底柱时，在拉底巷道矿房中央上掘高 6m、宽约 2~2.5m 的上向扇形切割槽，然后自拉底巷道向上打扇形中深孔，沿切割槽逐排爆破，矿石运出后，形成堑沟式拉底空间，如图 11-29 和图 11-30 所示。

采用混凝土假底柱时，则自拉底巷道向两侧扩帮至上、下盘矿岩接触面（矿房沿走向布置时），然后再打上向平行孔，将底柱采出，再用混凝土造成堑沟式人工假底柱，如图11-31所示。若不设人工假底柱，则成为平底结构。

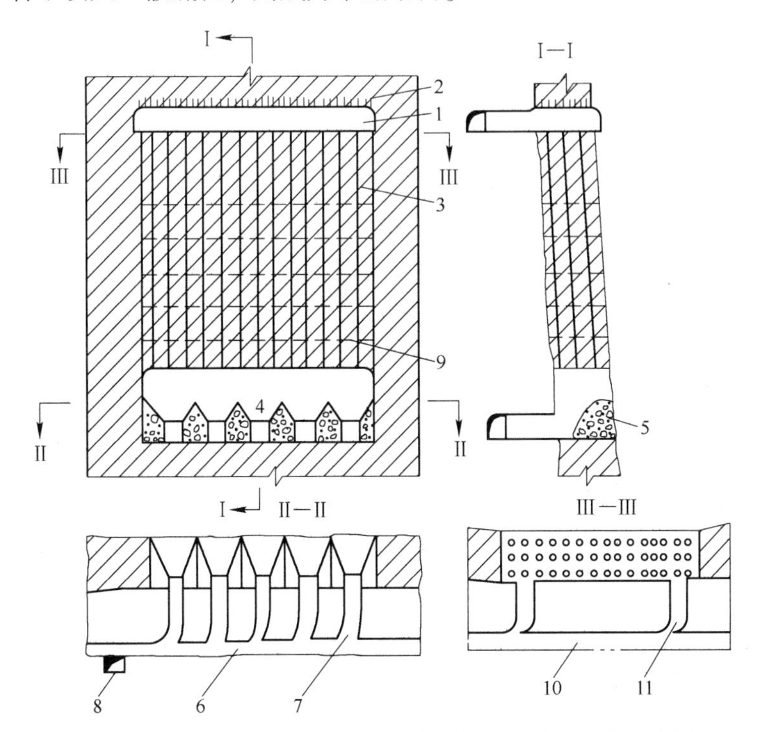

图11-31 垂直平行深孔球状药包落矿阶段矿房法结构示意图

1—凿岩硐室；2—锚杆；3—钻孔；4—拉底空间；5—人工假底柱；6—下盘运输巷道；7—装运巷道；8—溜井；9—分层崩矿线；10—进路平巷；11—进路横巷

11.6.2.4 回采工作

回采工作包括钻孔、爆破和出矿。

A 钻孔

炮孔直径多为165mm，少数矿山用150mm，炮孔排列方式有垂直平行深孔和扇形孔两种。在矿房中采用垂直平行深孔有下列优点：能使两侧间柱表面垂直平整，为下一步回采间柱创造良好条件；容易控制钻孔的偏斜率；炮孔利用率高，矿石破碎较均匀。但凿岩硐室工程量大。而扇形孔所需的凿岩巷道工程量显著减少，通常在回采间柱时使用。

垂直平行深孔的孔网规格按矿石的可爆性确定，一般为3m×3m。各排平行深孔交错布置或呈梅花形布置，周边孔的孔距适当加密。

钻孔设备采用深孔大直径钻机。为提高钻孔速度，防止钻孔偏斜，供风网路的风压需达到981~1471.5kPa，高风压可迫使钻头高速穿过非均质矿石而使炮孔不易偏斜。为此，多在靠近钻孔地点的供风网路上设增压机，与潜孔钻机配套使用。

B 爆破

（1）球形药包炸药。球状药包必须采用高密度（1.35~1.55g/cm^3）、高爆速（4500~5000m/s）、高威力（以铵油炸药为100时，应为150~200）的炸药。国外20世纪70年代主要采用高含量 TNT 的浆状炸药，后已发展为乳化油炸药。我国生产的乳化油炸药主要性能列于表 11-2。

表 11-2　CLH 系列乳化炸药的主要性能

性能参考	CLH-1	CLH-2	CLH-3	CLH-4
密度/$g \cdot cm^{-3}$	1.35~1.40	1.40~1.45	1.45~1.50	1.48~1.55
爆速/$m \cdot s^{-1}$	4500~5500	4500~5500	4500~5500	4500~5500
临界直径/mm	60	60	60	60
传爆长度/m	≥3.5	≥3.5	≥3.5	≥3.5
岩石爆破漏斗体积/m^3	2.48	4.29	3.67	—

（2）球形药包分层爆破参数。大直径深孔条件下的球形药包漏斗爆破是以美国利文斯顿的漏斗爆破理论为基础的。其理论要点是：把长度与直径之比不大于 6 的短柱状药包视为当量球形药包。在一定矿岩和炸药条件下，不形成爆破漏斗时的最小药包埋深称为临界埋深；在此深度上埋置药包刚好未爆成漏斗，只在自由面出现碎裂现象，通常用目测确定此值。临界埋深和装药量之间存在下列关系：

$$d = EQ^{\frac{1}{3}} \tag{11-1}$$

式中　d——药包临界埋深，m；

E——与炸药介质的性质有关的应变能系数，在炸药和矿石条件一定时，是一个常数；

Q——药包质量，kg。

药包最优埋置深度是指药包中心距自由面的最佳距离。药包的最佳埋置深度以 d_0 表示，令 d_0 与 d 的比值为最佳埋深比，以 Δ_0 表示，即 $\Delta_0 = \dfrac{d_0}{d}$，则最佳埋置深度为：

$$d_0 = \Delta_0 EQ^{\frac{1}{3}} \tag{11-2}$$

在生产爆破设计中，除按爆破漏斗试验所得资料算出药包最佳埋置深度外，还应确定孔距，一般可用下式分别求出药包最佳埋置深度和漏斗半径，然后再按漏斗半径选定孔距。

$$\frac{D_0}{d_0} = \frac{Q^{\frac{1}{3}}}{q^{\frac{1}{3}}} \quad 和 \quad \frac{R_0}{r_0} = \frac{Q^{\frac{1}{3}}}{q^{\frac{1}{3}}} \tag{11-3}$$

式中　d_0，r_0，q——爆破漏斗试验中的最佳埋置深度、漏斗半径和药包质量；

D_0，R_0，Q——生产爆破中可用的最佳埋置深度、漏斗半径和药包质量。

根据球状药包的概念，药包长度不应大于药包直径的 6 倍。如采用耦合装药，则药包直径应与孔径相同，故当药包直径为 165mm 时，长为 990mm，经计算每个药包重为 30kg。当采用不耦合装药时，钻孔直径 165mm 时，药包直径小于钻孔直径，取药包直径为 150mm，长为 990mm，每个药包重为 25kg。

根据漏斗试验的应变能系数 E 和最佳埋深比 Δ_0，按式（11-2）可计算出最优埋置深度 d_0。

例如，在凡口矿做的小型漏斗试验，一个 $Q=4.5\text{kg}$ 的球状药包，其最佳埋置深度为 $d_0=1.4\text{m}$，临界埋置深度为 $d=2.98\text{m}$，则应变能系数为：

$$E=\frac{d}{Q^{\frac{1}{3}}}=\frac{2.98}{\sqrt[3]{4.5}}=1.805$$

$$\Delta_0=\frac{d_0}{d}=\frac{1.4}{2.98}=0.47$$

当 $Q=30\text{kg}$ 时，$d_0=\Delta_0 EQ^{\frac{1}{3}}=0.47\times1.805\times\sqrt[3]{30}=2.64\text{m}$；

当 $Q=25\text{kg}$ 时，$d_0=0.47\times1.805\times\sqrt[3]{25}=2.48\text{m}$。

合理的炮孔间距应考虑矿石的可爆性，并使爆破后形成的顶板平整。炮孔间距除按公式（11-3）计算出漏斗半径 R_0 并依其选取外，国外还采用下列公式计算：

$$a=md_0 \tag{11-4}$$

式中 a——孔间距；

m——邻近系数，按矿石的可爆性选取，为 1.1~1.8。

（3）装药结构及施工顺序。单分层装药结构及施工顺序如下：

1）测孔。在进行爆破设计前要测定孔深，测出矿房下部补偿空间高度。全部孔深测完后，即可绘出分层崩落线并据此进行爆破设计。常用的测孔方法有二：一是用一根长 0.5m、直径 25mm 的金属杆，在杆的中部和一端各钻一个 ϕ12mm 的孔，将有读数标记的测绳穿过杆端孔并系牢。测孔时将测绳弯转至杆中部孔处，刚好在测绳“零”读数位置用一易断的细线绑着，将杆放入孔内先降落到下部矿石爆堆面再往上提使金属杆横担在孔底口，可测出炮孔深度和补偿空间高度。测完后用力拉断细线，使金属杆直立，便可收回。另一种方法是用一根长 0.6m 的 1in(2.54cm) 胶管代替金属杆，测绳绑在胶管中部进行测孔（见图 11-32），此法简便省时。

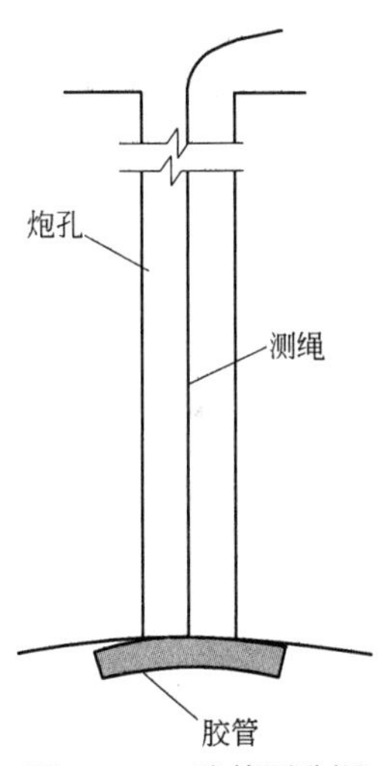

图 11-32 胶管测孔深

2）堵孔底。一种堵孔方法是将系吊在尼龙绳尾端的预制圆锥形水泥塞下放至孔内预定位置，再下放未装满河沙的塑料包堵住水泥塞与孔壁间隙，然后再向孔内堵装散沙至预定高度为止。

另一种堵孔方法是采用碗形胶皮堵孔塞。如图 11-33 所示，用一根直径 6~8mm 的塑料绳将堵孔塞吊放入孔内，直至下落到顶板孔口之外，然后上提堵孔塞拉入孔内 30~50cm，此时由于胶皮圈向下翻转呈倒置碗形，紧贴于孔壁，有一定承载能力。堵孔后，按设计要求填入适量河沙。

3）装药。图 11-34 所示是单分层爆破装药结构，孔径 165mm，耦合装药，球状药包重 30kg。装药时采用系结在尼龙绳尾端的铁钩钩住预先系在塑料药袋口的绑结铁环，借助药袋自重下落。先向孔内投入一个 10kg 药袋，然后将装有起爆弹的 5kg 药袋用导爆线直接投入孔内，再投入一个 5kg 药袋，上部再投入一个 10kg 药袋。

4）填塞。药包上面填入河沙，填塞高度以 2~2.5m 为宜。

（4）起爆网路。如图 11-35 所示，采用起爆弹→导爆线→导爆管→导爆线起爆网路。球状药包采用 250g50/50TNT-黑索金铸装起爆弹，中心起爆。

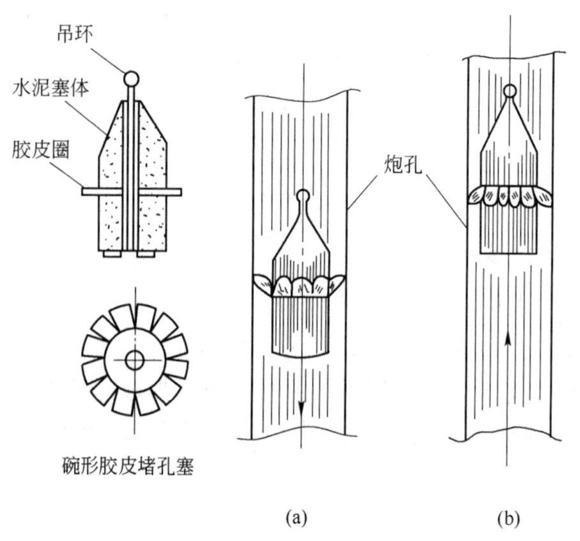

图 11-33 碗形胶皮堵孔塞堵孔方法
（a）下放孔塞；（b）上提堵孔

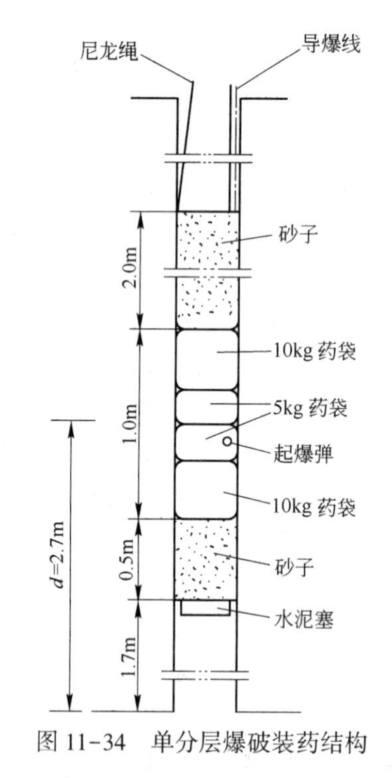

图 11-34 单分层爆破装药结构

孔内导爆线与外部网路的导爆线之间采用导爆管联接，这样可以减少拒爆的可能性，同时便于选取孔段。

（5）爆破实施。采用单分层爆破时，分层爆破推进线如图 11-31 所示，每分层推进高度约为 3~4m。爆破后顶板平整，一般无浮石和孔间脊部。也可用多层同次爆破，一般一次可崩落 3~5 层，可根据矿石的可爆性、矿房顶板暴露面积和总崩矿量、底部补偿空间及安全技术要求等因素确定。

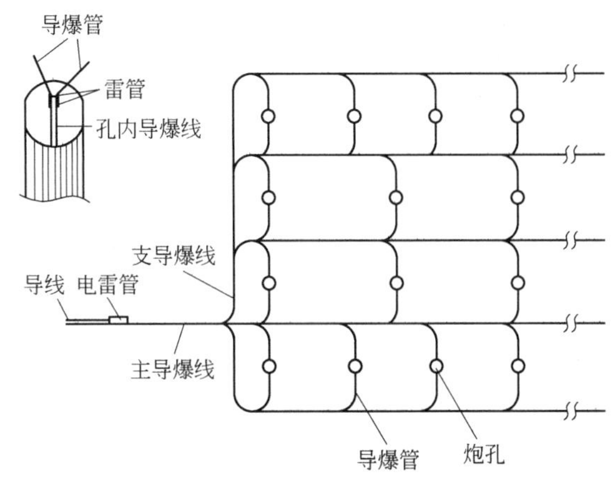

图 11-35 起爆网络示意图

C 出矿

(1) 出矿设备。多采用铲运机出矿，铲运机在装运巷道铲装，再转运至溜井，运输距离一般为 30~50m(见图 11-31)。凡口铅锌矿使用西德 GHH 公司生产的 LF-4.1 型铲运机出矿，斗容 $2m^2$，平均生产能力为 247t/(台·班)，最高为 587t/(台·班)，平均日生产能力为 740t、最高为 1500t。

(2) 出矿方式。一般每爆破一分层，出矿约 40%，其余暂留矿房内，待全部崩矿结束后，再行大量出矿。若矿石含硫较高，产生二氧化硫，易于结块。为减少崩下矿石在矿房的存留时间，使矿石经常处于流动状态，减少矿石结块机会，当矿岩稳固允许暴露较大的空间和较长的时间时，可采取强采、强出、不限量出矿。

11.6.2.5 安全措施

为确保生产安全，需采取一些观测和预防措施。

A 观测

(1) 爆破效应观测。采用大直径球状药包爆破，炸药集中，一次爆破的药量较大。为防止矿房及地下工程设施遭受地震波的破坏，必须测定其震动速度，研究其传播规律，以确定一段延时的允许药量、合理的炮孔填塞高度和起爆方案。

(2) 顶板安全厚度检测。随着爆破分层向上推进，凿岩硐室下面的矿层厚度也逐渐减小，最后留下的顶层呈板梁状态，在经受多次爆破后，顶层受爆破冲击、两侧挤压与矿层自重等交错应力作用，易于冒落。因此顶层应保留一定的安全厚度，使其能承受上述载荷而不致自行冒落。按国内外矿山经验，顶层的安全厚度约为 10m。

B 爆燃预防措施

使用大直径球状药包崩矿，存在两个潜在的安全问题：一是爆后气体的爆燃，二是二次硫尘爆炸。

所谓爆后气体的爆燃，是在 30m 以上的深孔，若爆破后孔底堵死，孔内存有氢和氧化碳的爆炸性气体混合物，遇明火或岩石碎块掉入孔内而摩擦发火等，均可引起气体爆炸。

预防爆后气体爆燃的主要措施是：尽量使用零氧平衡、不含铝粉或低爆温炸药，保证填塞质量，使炸药反应产物在膨胀时充分做机械功；爆破后防止碎岩块掉入孔内；检查炮孔是否穿透，切忌用香烟或明火来判断孔内空气是否流动；如炮孔不穿透，应小心插入无接头的注水管向孔内注水；只能使用不产生火花的器具来测得孔深等。

所谓二次硫尘爆炸，即指爆破诱发的硫化物粉尘爆炸。产生二次硫尘爆炸的基本条件是矿石为硫化矿石；爆破后空气中的硫化物粉尘达到了可燃浓度，一遇引爆源即行爆炸。

为了防止二次硫尘爆炸，国内外高硫矿山大都采取了下列技术措施：班末在地表控制地下爆破，保证爆破时无人在地下作业；起爆时的总延续时间保持在200μs以下；用石灰粉填塞炮孔或爆破前向矿房空间吹进石灰粉，爆破时石灰粉同高温次生硫尘接触，吸收热量发生分解与转化（$CaCO_3 \xrightarrow{加热} CaO+CO_2$），使硫尘温度降低，从而抑制二次硫尘的爆炸，同时也有利于抑制矿堆自热氧化的速度；经常清洗井巷帮壁，消除硫尘的积聚，出矿时勤洒水。

11.6.2.6　适用条件和优缺点

A　适用条件

VCR采矿法适用于开采矿石和围岩中等稳固以上的厚和极厚水平矿体，以及中厚以上的急倾斜规整矿体。随着工艺技术的改进，VCR法也用于回采软弱矿体（如加拿大的白马铜矿、美国卡福克矿采用拱形顶板向上回采松软矿体）。

B　优缺点

实践表明，VCR法的优点有：矿块结构简单，不用掘进切割天井和形成切割槽，切割工程量小；应用球状药包爆破，充分利用能量，爆破效果好，大块率低；在采准巷道中作业，工作安全；采用高效率凿岩和出矿设备，生产能力大。

这种采矿法的主要缺点是：要求高密度（1.3~1.5g/cm³）、高爆速（3800~5500m/s）和低感度炸药，炸药成本较高；对凿岩精度要求高（偏差<1%），且孔深限制在50~60m以内；装药爆破工序复杂，难以实现机械化，劳动强度大；爆破易堵孔，难以处理；有潜在的硫尘爆炸和气体爆燃等安全问题。

我国凡口铅锌矿、狮子山铜矿、安庆铜矿等，把VCR法和垂直深孔落矿方式相结合，即仅用球状药包爆破方式形成切割槽，其余部分用垂直深孔柱状药包侧向爆破落矿，这样既增大了落矿效率，又可使用廉价的铵油炸药，降低了采矿成本。

11.6.2.7　发展方向

VCR法是阶段矿房法中一种发展前景较好的采矿方法。在矿岩稳固、上下盘规整的厚和极厚矿体中，这种采矿方法有取代水平深孔和垂直深孔落矿阶段矿房法与上向水平分层充填采矿法的趋势。这一方法在多年的使用中不断发展，特点突出，潜力巨大，应从下列几方面继续研究、改进。

（1）VCR法取得成功的关键是应用球状药包理论。进一步完善球状药包爆破理论、爆破材料和爆破工艺，是推动该采矿方法发展的先决条件。

（2）把VCR法和垂直深孔落矿方式相结合，即在矿房中应用垂直深孔球状药包开切割槽，其余部分用垂直深孔柱状装药包侧向爆破落矿，在我国凡口铅锌矿、安庆铜矿等多座矿山应用效果良好。进一步完善球状药包和柱状装药联合崩矿的结构参数和爆破工艺具有很大的实用价值。

（3）研究用廉价炸药代替价昂的炸药，以降低爆破成本。

11.6.3 阶段矿房法评价

（1）适用条件。分段凿岩阶段矿房法是我国开采矿岩稳固的急倾斜中厚至厚矿体中应用比较广泛的采矿方法；急倾斜平行极薄矿脉组成的细矿带，也采用这种方法开采。垂直深孔球状药包落矿阶段矿房法在矿岩接触面规整的急倾斜厚大矿体或中厚矿体比较适用。两种方法都要求围岩稳固，矿石中等稳固以上。

（2）优缺点。阶段矿房法具有回采强度大、劳动生产率高、采矿成本低、坑木消耗少、回采作业安全等优点。但也存在一些严重缺点，如矿柱矿量比重较大（达 35%～60%），回采矿柱的损失贫化大（用大爆破回采矿柱，其损失率达 40%～60%）等。此外，分段凿岩阶段矿房法的采准工程量大、采准时间长。

（3）技术经济指标。国内外某些采用阶段矿房法的矿山的主要技术经济指标见表 11-3～表 11-5。

表 11-3 水平深孔落矿阶段矿房法主要技术经济指标

指 标	矿 山				参考指标
	河北铜矿	大吉山钨矿	红透山铜矿	锦屏磷矿	
矿块生产能力/$t \cdot d^{-1}$	300～400	240～320	300～400	360～500	200～300
工作面工效/$t \cdot (工 \cdot 班)^{-1}$	51～83	61.7	50～68	22.5	40～60
矿石损失率/%	6.85～19.9	13～24	25	9.02～12	10～20
矿石贫化率/%	12.2～19.1	8.67	18～20	12.9～18	10～15
炸药消耗量/$kg \cdot t^{-1}$	0.47～0.69	0.14～0.27	0.25～0.35	0.3～0.47	
坑木消耗量/$m^3 \cdot kt^{-1}$	0.526～2.46	0.65～1.2	0.04～0.35	0.3～0.35	

表 11-4 垂直深孔落矿阶段矿房法主要技术经济指标

指 标	矿 山					参考指标
	金岭铁矿	大庙铁矿	河北铜矿	辉铜山铜矿	杨家杖子钼矿	
矿块生产能力/$t \cdot d^{-1}$	273	105～130	150～200	300～370	200～400	200～300
工作面工效/$t \cdot (工 \cdot 班)^{-1}$	21.3	21.6	31～44	16～35	10.8	40～60
矿石损失率/%	29.3～47.6	20.7	18.5	7～10.5	9.97	10～20
矿石贫化率/%	24.5	14.5	12.5	3～8	14.5	10～15
炸药消耗量/$kg \cdot t^{-1}$	0.547	0.29～0.31	0.32～0.47			
坑木消耗量/$m^3 \cdot kt^{-1}$	1.0	0.9	0.2～0.5			

表 11-5 垂直深孔球状药包落矿阶段矿房法主要技术经济指标

指 标	矿 山		
	加拿大桦树矿	加拿大白马铜矿	我国凡口铅锌矿
矿块生产能力/$t \cdot d^{-1}$	630		482
深孔凿岩工效/$m \cdot (工 \cdot 班)^{-1}$			3.32
深孔凿岩台效/$m \cdot (台 \cdot 班)^{-1}$			24.1
矿块爆破工效/$t \cdot (工 \cdot 班)^{-1}$			181.7

续表 11-5

指　　标	矿　　山		
	加拿大桦树矿	加拿大白马铜矿	我国凡口铅锌矿
矿块出矿运输工效/t·(工·班)$^{-1}$			32.16
矿块回采工作工效/t·(工·班)$^{-1}$	75		19.23
矿石损失率/%	4	22	3
矿石贫化率/%	23	19	8.4
炮孔崩矿量/t·m^{-1}		32	20
炸药消耗量/kg·t^{-1}	0.14	0.27	0.4
大块产出率/%			0.98

11.7　矿柱回采和采空区处理

应用空场法采矿时，矿块划分为矿房和矿柱两步骤回采。矿房回采结束后，要及时回采矿柱，处理采空区。

11.7.1　矿柱回采

矿柱回采方法主要取决于已采矿房的存在状态。当采完矿房后进行充填时，广泛采用分段崩落法或充填法回采矿柱；采完的矿房为敞空时，一般采用空场法或崩落法回采矿柱。空场法回采矿柱用于水平和缓倾斜薄到中厚矿体、规模不大的倾斜和急倾斜盲矿体。

用房柱法开采缓倾斜薄和中厚矿体时，应根据具体条件决定回采矿柱。对于连续性矿柱，可局部回采成间断矿柱；对于间断矿柱，可缩采成小断面矿柱或部分选择性回采成间距大的矿柱。矿柱回采顺序采用后退式，运完崩落矿石后，再行处理采空区。

规模不大的急倾斜盲矿体，用空场法回采矿柱后，崩落矿石基本可以全部回收。此时采空区的体积不大，而且又孤立存在，一般采用封闭法处理。

崩落法用于回采倾斜和急倾斜规模较大的连续矿体的矿柱，在回采矿柱的同时崩落围岩（第一阶段）。用崩落法回采矿柱时，应力求空场法的矿房占较大的比重，而矿柱的尺寸应尽可能小。崩落矿柱的过程中，崩落的矿石和上覆岩石可能相混，特别是崩落矿石层高度较小且分散，大块较多，放矿的损失贫化较大。

图 11-36 为用留矿法回采矿房后所留下矿柱的情况。为了保证矿柱回采工作的安全，在矿房大放矿前，打好间柱和顶底柱中的炮孔。放出矿房中全部矿石后，再爆破矿柱。一般先爆间柱，再爆顶底柱。

矿房用分段凿岩的阶段矿房法回采时，底柱用束状中深孔、顶柱用水平深孔、间柱用垂直上向扇形中深孔落矿，如图 11-37 所示。同次分段爆破，先爆间柱，后爆顶底柱。爆破后在转放的崩落岩石下面放矿，矿石的损失率高达 40%~60%。这是由于爆破质量差且大块多，部分崩落矿石留在底板上面放不出来，崩落矿石分布不均（间柱附近矿石层较高），放矿管理困难等原因造成的。

为降低矿柱的损失率，可采取以下措施：

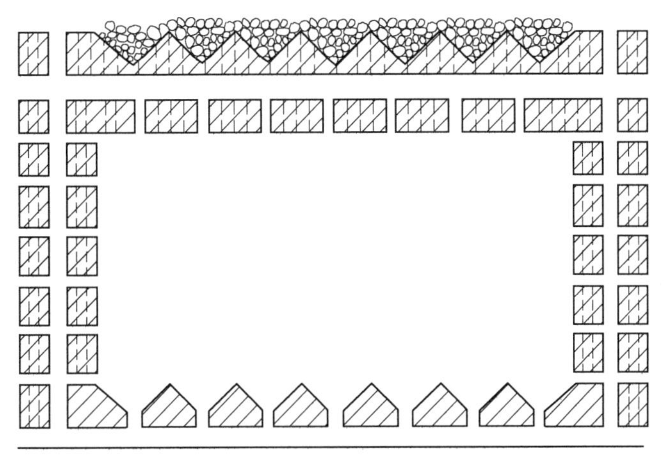

图 11-36 留矿法的矿柱回采方法

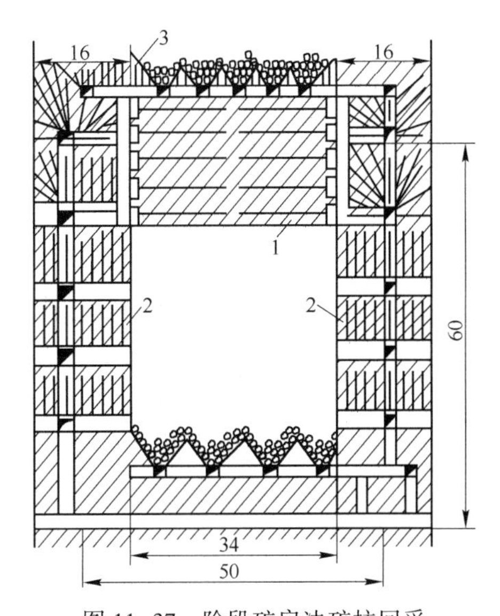

图 11-37 阶段矿房法矿柱回采

1—水平深孔；2—垂直扇形中深孔；3—束状中深孔

(1) 同次爆破相邻的几个矿柱时，先爆中间的间柱，再爆与废石接触的间柱和阶段间矿柱，以减少废石混入；

(2) 及时回采矿柱，以防矿柱变形或破坏，或不能全部装药；

(3) 增加矿房矿量，减少矿柱矿量。

例如，矿体较大或开采深度增加，矿房矿量降低到40%以下时，则应改为一个步骤回采的崩落采矿法。

11.7.2 采空区处理

开采结束后，应及时处理采空区；否则会遗留严重的安全隐患，一旦发生大规模地压活动，将造成资源的巨大损失。采空区处理的目的就是缓和岩体应力集中程度，转移应力集中的部位，或使围岩中的应变能得到释放，改善其应力分布状态，控制地压，保证矿山安全生产。

采空区处理方法有崩落围岩、充填和封闭空区三种。这三种方法既可单独使用，也可联合使用。对于节理裂隙比较发育的围岩，当采空区面积较大时，现今多用诱导冒落法处理采空区，即通过崩落部分围岩，扩大采空区的宽度，诱导上覆围岩自然冒落。当用诱导冒落法处理采空区时，需要在井下封堵生产系统与大空区的一切通口，以防止采空区大冒落时的气浪冲击，确保生产安全。

11.7.2.1 崩落围岩处理采空区

崩落围岩处理采空区的目的是使围岩中的应变能得到释放，减小应力集中程度。用崩落岩石充填采空区后，在生产地区上部形成岩石保护垫层，以防上部围岩突然大量冒落时，冲击气浪和机械冲击对采准巷道、采掘设备和人员造成危害。

崩落围岩又分自然崩落和强制崩落两种。矿房采完后，矿柱是应力集中的部位。按设计回采矿柱后，围岩中应力重新分布，某部位的应力超过其极限强度时，即发生自然崩落。从理论上讲，任何一种岩石，当它达到极限暴露面积时，均能自然崩落。但由于岩体并非理想的弹性体，往往在远未达到极限暴露面积以前，因为地质构造原因，围岩某部位就可能发生破坏。

当矿柱崩落后，围岩跟随崩落或逐渐崩落，并能形成所需要的岩层厚度，这是最理想的条件。如果围岩不能很快自然崩落，或者需要将其暴露面积逐渐扩大才能崩落，为保证回采工作安全，则必须在矿房中暂时保留一定厚度的崩落矿石。当暴露面积扩大后，围岩长时间仍不能自然崩落，则需改用强制崩落围岩。

一般地，若围岩无构造破坏、整体性好、非常稳固，需在其中布置工程，进行强制崩落，处理采空区。爆破的部位根据矿体的厚度和倾角确定：缓倾斜和中厚以下的急倾斜矿体，一般崩落上盘岩石；急倾斜厚矿体，崩落覆岩；倾斜的厚矿体，崩落覆岩和上盘；急倾斜矿脉群，崩落夹壁岩层；露天坑下部空区，可崩落露天坑边坡。

崩落岩石的厚度，一般应满足缓冲保护垫层的需要，以15~20m以上为宜。对于缓倾斜薄和中厚矿体，可以间隔一个阶段放顶，形成崩落岩石的隔离带，以减少放顶工程量。

崩落围岩一般采用深孔爆破或药室爆破（用于崩落极坚硬岩石、露天坑边坡等）。崩落围岩的工程包括巷道、天井、硐室及钻孔等，要在矿房回采的同时完成，以保证工作安全。

在崩落围岩时，为减弱冲击气浪的危害，对于离地表较近的空区或已与地表相通的相邻空区，应提前与地表或上述空区崩透，形成“天窗”。强制放顶工作一般与矿柱回采同段进行，且要求矿柱超前爆破。如不回采矿柱，则必须崩塌所有支撑矿（岩）柱，以保证较好的强制崩落围岩的效果。

11.7.2.2 充填采空区

在矿房回采之后，可用充填材料（废石、尾矿等）将矿房充满，再回采矿柱。这种方法不但处理了空场法回采的空区，也为回采矿柱创造了良好的条件，且提高了矿石回采率。

用充填材料支撑围岩，充填材料同时对矿柱施以侧向力，有助于提高矿柱的强度，可以减缓或阻止围岩的变形，保持其相对稳定。

充填法处理采空区适用于下列条件：

（1）上覆岩层或地表不允许崩落；

（2）开采贵重矿石或高品位的富矿，要求提高矿柱的回采率；

（3）已有充填系统、充填设备或现成的充填材料可资利用；

（4）深部开采，地压较大，足够强度的充填体可以缓和相邻未采矿柱的应力集中程度。

充填采空区是在矿房采完后一次充填，要求对一切通向空区的巷道或出口进行坚固的密闭。此外，用水砂充填时，应设滤水构筑物或溢流脱水。

11.7.2.3　封闭采空区

在通往采空区的巷道中，砌筑一定厚度的隔墙，使空区中围岩崩落所产生的冲击气浪遇到隔墙时得到缓冲。

这种方法适用于空区体积不大，且离主要生产区较远，空区下部不再进行回采工作的条件。对于较大的空区，封闭法只是一种辅助的方法，如密闭与运输巷道相通的矿石溜井和人行天井等。用封闭法处理采空区，必须是上部覆岩应允许崩落，否则不能采用。

12 充填采矿法

随着回采工作面的推进，逐步用充填料充填采空区的采矿方法称为充填采矿法。按矿块结构和回采工作面推进方向，充填采矿法可分为：单层充填采矿法、上向分层充填采矿法、下向分层充填采矿法、进路充填采矿法、分采充填采矿法和空场嗣后充填法。

根据所采用的充填料和输送方法不同，又可分为：干式充填采矿法，用矿车、风力或其他机械输送干充填料（如废石、砂石等）充填采空区；水力充填采矿法，用水力沿管路输送选厂尾砂、冶炼厂炉渣、碎石等充填采空区；胶结充填采矿法，用水泥或水泥代用品与脱泥尾砂或砂石配制而成的胶结性物料充填采空区。

充填采空区的目的，主要是利用所形成的充填体进行地压管理，以控制围岩崩落和地表下沉，并为回采工作创造安全和方便条件。有时还用来预防有自燃性矿石的内燃火灾。

12.1 单层充填采矿法

单层充填采矿法的矿块结构如图 12-1 所示。这种采矿方法用于开采缓倾斜薄矿体，用矿块倾斜全长的壁式回采面沿走向方向、依次按矿体全厚回采，随着工作面的推进，有计划地用水力或胶结充填采空区，以控制顶板崩落。由于采用壁式工作面回采，也称为壁式充填法。

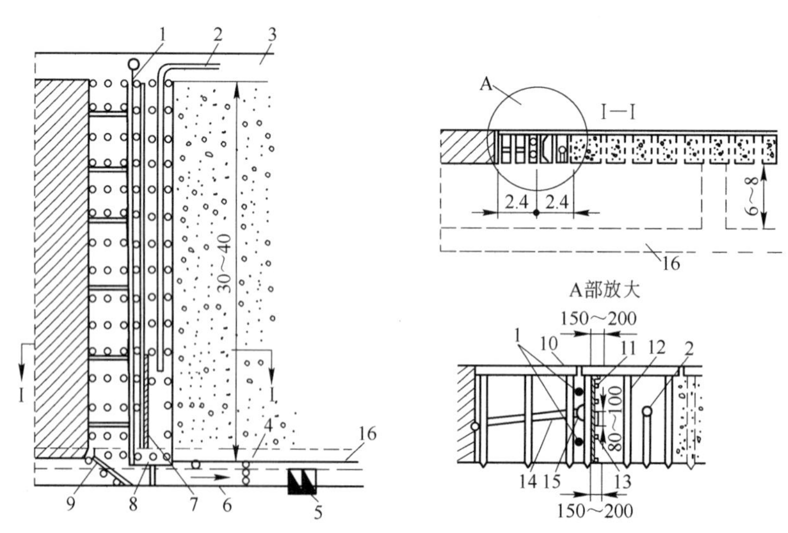

图 12-1 单层充填采矿法

1—钢绳；2—充填管；3—上阶段脉内巷道；4—半截门子；5—矿石溜井；6—切割平巷；7—帮门子；8—堵头门子；9—半截门子；10—木梁；11—木条；12—立柱；13—砂门子；14—横梁；15—半圆木；16—脉外巷道

我国湖南湘潭锰矿是采用这种采矿法回采的一个典型例子。该矿床是以缓倾斜为主的似层状薄矿体，走向长2500m，倾斜延深200~600m，倾角30°~70°，厚度0.8~3m；矿石稳固，有少量夹石层；顶板为黑色页岩，厚3~70m，不透水，含黄铁矿，易氧化自燃，且不稳固；其上部为富含水的砂页岩，厚70~200m，不允许崩落；底板为砂岩，坚硬稳固。

12.1.1 结构和参数

矿块斜长30~40m，沿走向长60~80m。控顶距2.4m，充填距2.4m，悬顶距4.8m，矿块间不留矿柱，一个步骤回采。

12.1.2 采准与切割

由于底板起伏较大，顶板岩石有自燃性，阶段运输巷道掘在底板岩石中，距底板8~10m。在矿体内布置切割平巷，作为崩矿的自由面，同时可用于行人、通风和排水等。上山多布置在矿块边界处。沿走向每隔15~20m掘矿石溜井，联通切割平巷与脉外运输巷道。不放矿时，矿石溜井可作为通风与行人的通道。

12.1.3 回采工作

长壁工作面沿走向一次推进2.4m，沿倾斜每次的崩矿量根据顶板的允许暴露面积决定，一般为2m左右。用浅孔凿岩，孔深1m左右。崩下的矿石用电耙运搬；先将矿石运至切割平巷，再倒运至矿石溜井。台班效率为25~30t。

由于顶板易冒落，要求边出矿边架木棚，其上铺背板和竹帘。当工作面沿走向推进4.8m时，应充填2.4m。充填前应做好准备工作，包括清理场地，架设充填管道，打砂门子和挂砂帘子等。砂门子分帮门子、堵头门子和半截门子等，其主要作用是滤水和拦截充填料，使充填料堆积在预定的充填地点。

水力充填是逆倾斜由下而上间断进行，即由下向上分段拆除支柱和进行充填。每一分段的长度和拆除支柱的数量根据顶板稳固情况而定。也可以不分段一次完成充填，但支柱回收率很低。

采用胶结充填时，一般用采矿巷道回采矿石，其矿壁起模板的作用。

12.1.4 评价

当开采水平或缓倾斜薄矿体时，在顶板岩层不允许崩落的复杂条件下，单层充填法是唯一可用的采矿方法。这种采矿法矿石回采率较高（94%左右），贫化率较低（7%左右），但采矿工效较低（约4t/(工·班)），坑木消耗量大（约19.2m^3/kt）。

12.2 上向分层充填采矿法

上向分层充填采矿法一般将矿块划分为矿房和矿柱，第一步回采矿房，第二步回采矿柱。回采矿房时，自下向上水平分层进行，随工作面向上推进，逐步充填采空区，并留出继续上采的工作空间。充填体维护两帮围岩，并作为上采的工作平台。崩落的矿石落在充填体的表面上，用机械方法将矿石运至溜井中。矿房回采到最上面分层时，进行接顶充填。矿柱则在采完若干矿房或全阶段采完后，再进行回采。回采矿房时，可用干式充填、水力充填或胶结充填。干式充填方法应用很少。

一般矿体厚度不超过10~15m时，沿走向布置矿房；超过10~15m时，垂直走向布置矿房。采场结构与参数，随回采矿房的凿岩与出矿设备变化很大。

12.2.1 上向水平分层充填采矿法典型方案

12.2.1.1 水力充填

A 矿块结构和参数

矿房沿走向布置的长度，一般为30~60m，有时达100m或更大。垂直走向布置矿房的长度，一般控制在50m以内，此时矿房宽度为8~10m。

阶段高度一般为30~60m。如果矿体倾角大、倾角和厚度变化较小、矿体形态规整，则可采用较大的阶段高度。

间柱的宽度取决于矿石和围岩的稳固性以及间柱的回采方法。用充填法回采间柱时，其宽度为6~8m，矿岩稳固性较差时取大值。阶段运输巷道布置在脉内时，一般需留顶柱和底柱。顶柱厚4~5m，底柱高5m。为减少矿石损失和贫化，也可用混凝土假巷代替矿石矿柱。

B 采准与切割工作

在薄和中厚矿体中，掘进脉内运输巷道；在厚矿体中，掘进脉外沿脉巷道和穿脉巷道，或上、下盘沿脉巷道和穿脉巷道，如图12-2所示。

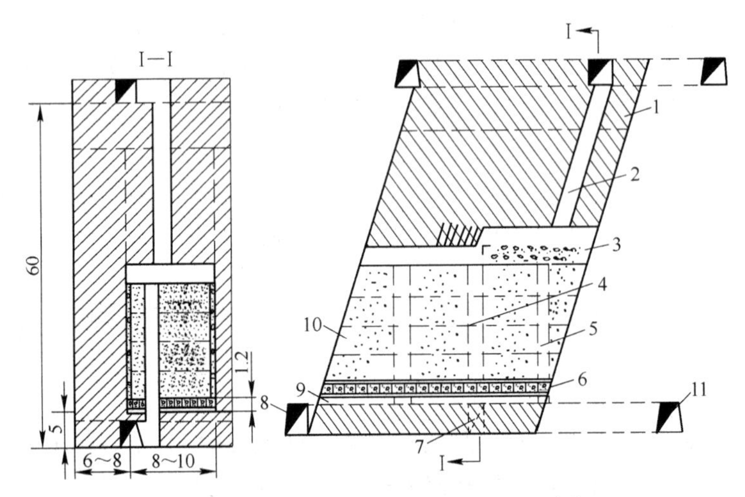

图12-2 上向水平分层水力充填采矿法（单位：m）

1—顶柱；2—充填天井；3—矿石堆；4—人行-滤水井；5—放矿溜井；6—主副钢筋；7—人行-滤水井通道；8—上盘运输巷道；9—穿脉巷道；10—充填体；11—下盘运输巷道

在每个矿房中至少布置两个溜矿井、一个顺路人行天井（兼作滤水井）和一个充填天井。溜矿井用混凝土浇灌，壁厚300mm，圆形内径为1.5m。人行-滤水井用预制钢筋混凝土构件砌筑（见图12-3），或浇灌混凝土（预留泄水小孔）。充填天井断面为2m×2.4m，内设充填管路和人行梯子等，是矿房的安全出口，其倾角为80°~90°。

在底柱上面掘进拉底巷道，并以此为自由面扩大至矿房边界，形成拉底空间，再向上挑顶2.5~3m，并将崩下的矿石经溜矿井放出，形成4.5~5m高的拉底空间后，即可浇灌

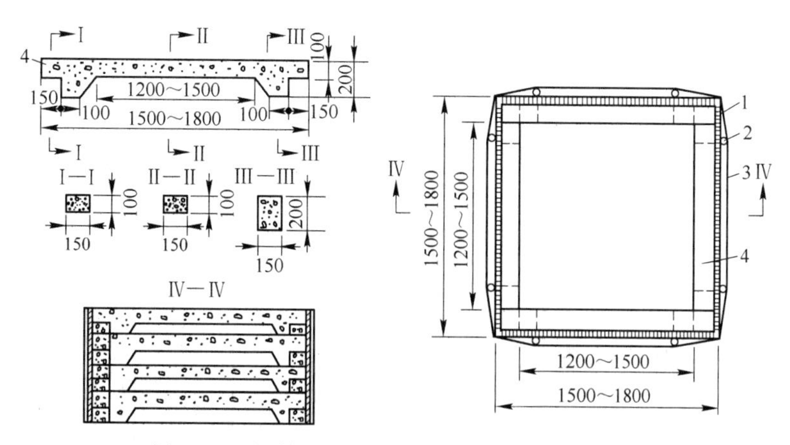

图 12-3　钢筋混凝土预制件结构的人行-滤水井

1—草袋；2—固定木条；3—箍紧铁丝；4—混凝土预制件

钢筋混凝土底板。底板厚 0.8～1.2m，铺设双层钢筋，间距 700mm。其结构如图 12-4 所示。

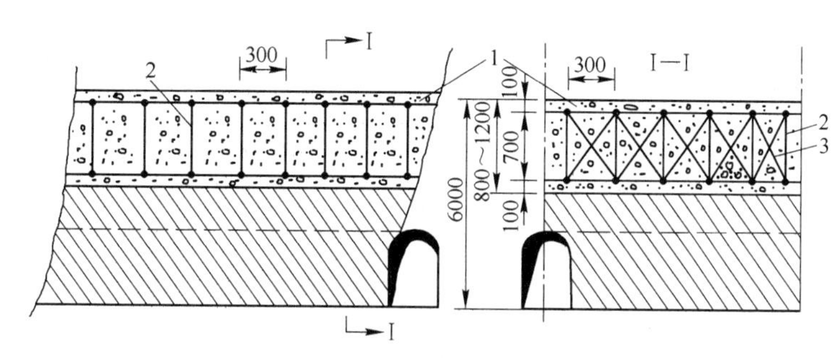

图 12-4　钢筋混凝土底板结构图

1—主钢筋（ϕ12mm）；2，3—副钢筋（ϕ8mm）

C　回采工作

用浅孔落矿，回采分层高为 2～3m。当矿石和围岩很稳固时，可以增加分层高度到 4.5～5m，用上向孔和水平孔两次崩矿，或者打上向中深孔一次崩矿，形成的采空区可高达 7～8m。

一般用电耙出矿，或使用装运机或铲运机装运矿石。矿石出完后，清理底板上的矿粉，然后进行充填。充填前要进行浇灌溜矿井、砌筑（或浇灌）人行-滤水井和浇灌混凝土隔墙等工作。先用预制的混凝土砖（规格为 300mm×200mm×500mm）砌筑隔墙的外层，然后浇灌 0.5m 厚的混凝土，形成隔墙的内层，其总厚度为 0.8m。混凝土隔墙的作用，主要是为第二步骤回采间柱创造良好的条件，以保证作业安全和减少矿石损失与贫化。

目前广泛使用选矿厂脱泥尾砂或冶炼厂的炉渣，沿直径 100mm 的管道水力输送到工作面，充填采空区。充填料中的水渗透后经滤水井流出采场，充填料沉积在采场内，形成较密实的充填体。

为防止崩落的矿粉渗入充填料以及为出矿创造良好的条件，在每层充填体的表面铺设 0.15～0.2m 厚的混凝土底板。1 天后即可在其上凿岩，2～3 天后即可进行落矿或行走自行设备。

12.2.1.2 胶结充填

由于水力充填需砌筑溜矿井和人行-滤水井，构筑混凝土隔墙，铺设混凝土底板等，回采工艺较为复杂；从采场排出的泥水污染巷道，水沟和水仓清理工作量大；存在回采矿柱的安全问题和充填体的压缩沉降问题。这些问题均未得到很好解决，因而不能从根本上防止岩石移动。为了简化回采工艺，防止井下污染和减少清理工作量，较好地保护地表及上覆岩层，可采用胶结充填采矿法，如图12-5所示。

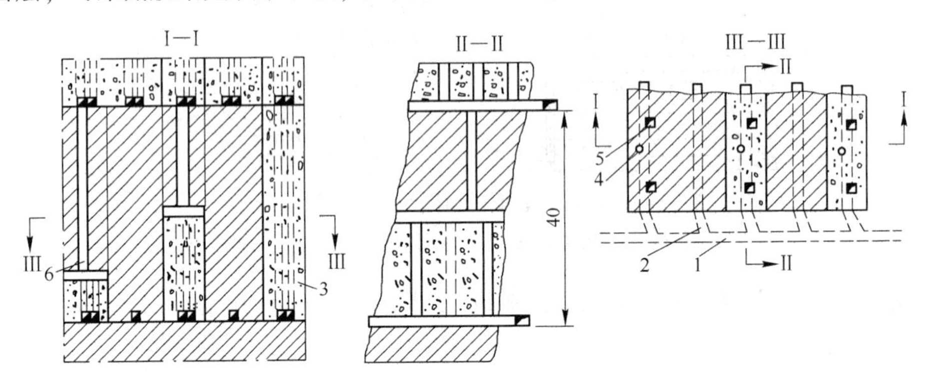

图12-5 胶结充填法的典型方案

1—运输巷道；2—穿脉巷道；3—胶结充填体；4—溜矿井；5—人行天井；6—充填天井

胶结充填方案的矿块采准、切割和回采等与水力充填方案基本相同，区别仅在于顺路人行天井不需要按滤水条件构筑，溜矿井和人行天井在充填时只需立模板就可形成，因为胶结充填不必构筑隔墙、铺设分层底板和砌筑人工底柱。

由于胶结充填成本高，一般第一步采用胶结充填回采，第二步采用水力充填回采。为尽量降低成本，第一步回采应取较小尺寸，但所形成的人工矿柱必须保证第二步回采的安全；第二步的水力充填回采可选取较大的尺寸。

为了较好地保护地表和上覆岩层不移动，必须很好解决胶结充填接顶问题。常用的接顶方法有人工接顶和砂浆加压接顶。人工接顶就是将最上部一个充填分层分为1.5m宽的分条，逐条浇注。浇注前先立1m多高的模板，随充填体的加高逐渐加高模板。当充填体距顶板0.5m时，用石块或混凝土砖加砂浆砌筑接顶，使残余空间完全充满。这种方法接顶可靠，但劳动强度大、效率低，木材消耗也大。

砂浆加压接顶是用液压泵将砂浆沿管路压入接顶空间，使接顶空间填满。在充填前必须做好接顶空间的封闭，包括堵塞顶板和围岩中的裂缝，以防砂浆流失。体积较大的空间（大于30~100m^3），如有打垂直钻孔的条件，可采用垂直管道加压接顶；反之，则采用水平管道加压接顶。

此外，我国还做过混凝土泵和混凝土浇注机风力接顶的试验，接顶效果良好。在日本采用喷射式接顶充填，将充填管道铺设在接顶空间的底板上，适当加大管道中砂浆流的残余压力，使排出的砂浆具有一定的压力和速度，以形成向上的砂浆流，使充填料填满接顶空间。

12.2.2 机械化上向水平分层充填法

随着凿岩台车、铲运机等无轨自行设备的广泛使用，上向分层充填法的采场结构与参数发生了较大的变化。主要表现为：沿走向布置采场时，采场的长度增大很多；垂直走向布置采场时，采用盘区回采单元，即将若干采场组合成一个大的回采单元。此外，要求开掘采场斜坡道，以便自行设备进入各个分层。

12.2.2.1　沿走向布置采场的机械化上向水平分层充填法

采场结构如图 12-6 所示。采场长度一般为 100~300m，最长可达 800m，采场宽度为矿体厚度，阶段高 60~80m，底柱高 6m。

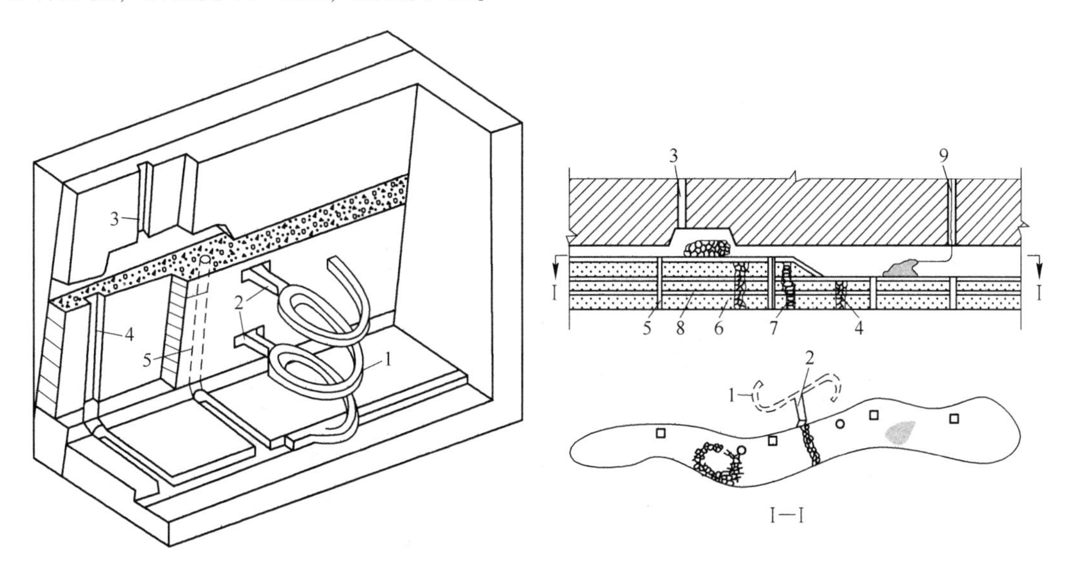

图 12-6　沿走向布置采场的机械化上向水平分层充填法

1—采场斜坡道；2—分层联络道；3—充填天井；4—溜矿井；5—滤水井；6—尾砂；7—尾砂草袋隔墙；8—混凝土垫层；9—充填管

在下盘或上盘围岩中开掘螺旋式或折返式斜坡道，斜坡道在垂直高度方向上间隔 3~4 个分层高度开一个出口，采用指状分层联络道进入各分层采场（见图 12-7），或由斜坡道出口处只掘一分段联络道进入本分段最低分层采场，用废石堆垫采场临时斜坡，供自行设备转入上一分层。

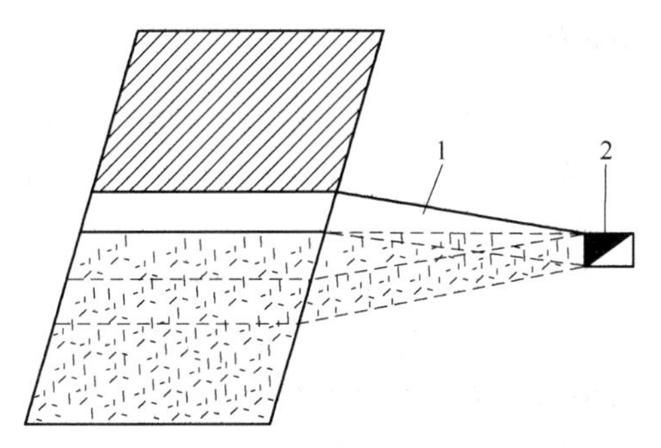

图 12-7　回采转层示意图

1—指状分层联络道；2—斜坡道

每一个采场布置一个充填井、两个顺路滤水井。矿石溜井可布置在采场内（顺路溜矿），也可布置在采场下盘。

分层高度3~4m，采用凿岩台车钻凿上向炮孔或水平炮孔落矿，铲运机将崩落矿石转运至溜矿井。整个分层采完后进行水砂充填，当充填到距顶板2.6~3.0m时，改用尾砂胶结铺面，其厚度为0.3~0.5m。要求胶结充填体单轴抗压强度达到1.1~5.0MPa，以利于铲运机和凿岩台车的运行，提高出矿、凿岩效率，而且减少采下矿石的损失贫化。

12.2.2.2　盘区式机械化上向水平分层充填法

当矿体厚度大于10~15m时，采场垂直于矿体走向布置，用联络道将若干采场连通成为一个大的回采单元，即盘区，以便同一台自行设备能同时服务于盘区内的各个采场。盘区式开采方案一般采用脉外采准，如图12-8所示。在矿体下盘围岩中开掘折返式斜坡道，斜坡道通过分段巷道和分段联络道与采场联通，作为人员、设备、材料和通风的主要通道。

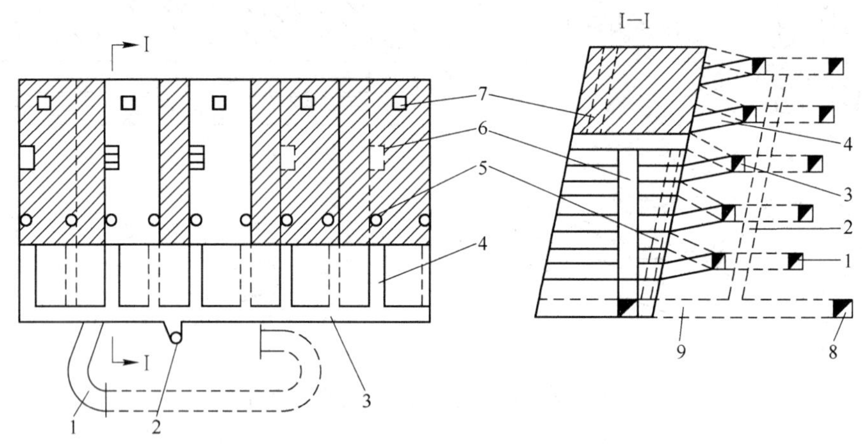

图12-8　盘区式机械化上向水平分层充填法

1—斜坡道；2—脉外溜矿井；3—分段巷道；4—分段联络道；5—脉内溜矿井；6—顺路人行-滤水井；7—充填通风井；8—阶段运输平巷；9—阶段运输横巷

主要结构参数为：阶段高80m、分段高8m或12m，分层高度4m，底柱高6~8m，不留顶柱。一般盘区内有5个采场，矿房宽10~12m，间柱宽8m。

12.2.3　上向倾斜分层充填采矿法

上向倾斜分层充填采矿法与上向水平分层充填采矿法的区别是，用倾斜分层（倾角近40°）回采，在采场内矿石和充填料的运输主要靠重力。这种采矿方法只能用干式充填。

过去，这种采矿方法以矿块回采，如图12-9所示。充填料自充填井溜至倾斜工作面，借助自重铺撒。铺设垫板后进行落矿，崩落的矿石靠自重溜入溜矿井，经漏口闸门装入矿车。在矿块内，回采分为三个阶段，首先回采三角形底部，以形成斜工作面，然后进行正常倾斜工作面的回采，最后采出三角形顶部矿石。

应用自行设备后，倾斜分层充填采矿法改为沿全阶段连续回采，如图12-10所示。最初只需掘进一个切割天井，形成倾斜工作面后，沿走向连续推进。崩下的矿石沿倾斜面借助自重溜下，用自行装运设备运出。充填料从回风水平用自行设备运至倾斜面靠自重溜下。

随着上向水平分层充填采矿法的机械化程度的提高，利用重力运搬矿石和充填料的优

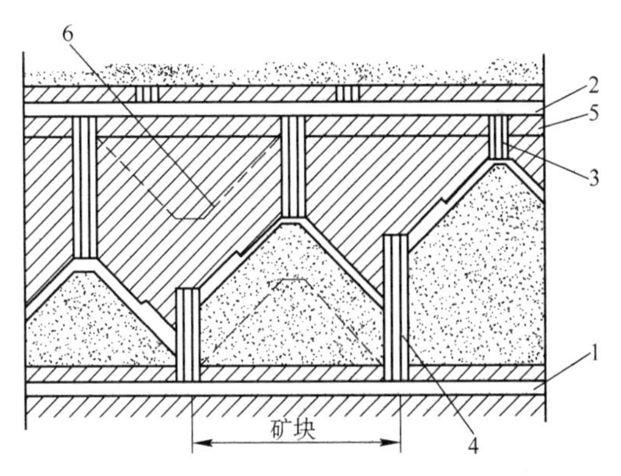

图 12-9 矿块回采倾斜分层充填法

1—运输巷道；2—回风巷道；3—充填天井；4—人行-溜矿井；5—顶柱；6—倾斜回采工作面上部边界

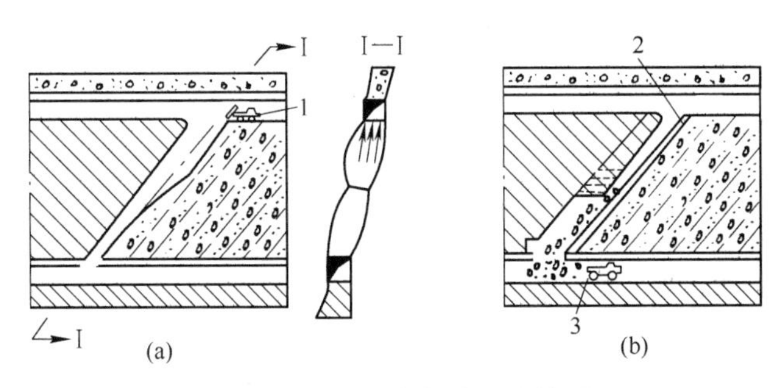

图 12-10 连续回采倾斜分层充填采矿法

（a）充填阶段；（b）落矿阶段

1—自行矿车；2—垫板；3—自行装运设备

越性越来越不突出。倾斜分层回采的使用条件较严格（例如，要求矿体形态规整；中厚以下矿体，倾角应大于60°~70°等），铺设垫板很不方便，以及不能使用水力和胶结充填等，矿块回采的倾斜分层充填采矿法，逐步被上向水平分层充填采矿法所代替。连续回采倾斜分层方案可能还会延续。

12.2.4 评价

上向分层充填法适用于围岩中等稳固或稳固性稍差、矿石中等稳固或中等稳固以上的急倾斜中厚至极厚矿体以及多层矿体。

充填采矿法最突出的优点是矿石损失贫化小，而且应用水力充填和胶结充填技术，以及回采工作使用大功率无轨自行设备后，机械化上向分层充填法已进入高效率采矿方法行列，其适用范围不断扩大，已由矿石品位高、价值高的贵金属和稀有金属矿体扩大到品位较高、价值较大的普通金属矿体，而且有进一步扩展的趋势。

上向分层充填法的主要问题是：

（1）充填成本高。据统计，水力充填费用占采矿直接成本的15%~25%，而胶结充填则占35%~50%。成本高的原因是采用价格较贵的水泥和采用压气输送胶结充填料。因此，应寻求廉价的水泥代用品或采用较小灰砂比（1∶25~1∶32），以及采用胶结材料输送新方法。

（2）充填系统复杂。我国一般先用胶结充填回采矿房，然后用水力充填回采间柱，这就使充填系统和生产管理复杂化。如果两个步骤都用胶结充填，成本就要增高。应进行技术经济分析和研究，求得合理的技术经济效果。

（3）阶段间矿柱回采困难。水力或胶结充填都为间柱回采创造了安全和方便条件，但顶底柱回采仍很困难。我国使用充填法的矿山都积压了大量的顶底柱未采。提高人工底柱建造速度，以人工底柱代替矿石底柱，是解决这个问题的有效途径。

上向分层充填法主要技术经济指标见表12-1。

表12-1 上向分层充填采矿法主要技术经济指标

矿名	采矿方法	采场生产能力 /t·d^{-1}	工班效率/t·(工·班)$^{-1}$	采切比 /m·kt^{-1}	损失率 /%	贫化率 /%	主要材料消耗				采矿成本		
							炸药 /kg·t^{-1}	雷管 /个·t^{-1}	导火线 /m·t^{-1}	钢钎 /kg·t^{-1}	车间 /元·t^{-1}	直接 /元·t^{-1}	充填 /元·m^{-3}
焦家金矿	上向分层充填	30	4.78	17~18	15.2	17.8						7.14	14
大茶园矿	上向分层干式充填	110	10.9	9.5	2.8	11.4					32.4	12	
夹皮沟金矿	上向分层干式充填	58.5	4.5	10.92	1.6	14.5					21.42		2.5元/t
墨江金矿	上向分层干式充填	31.35	1.05	70.6	3.07	1.32	1.01	1.33	0.1	0.03	26.36		
红花沟金矿	机械化上向分层充填	87~114	10.91~14.61	5.9	0.23~0.34	20.65~38.4							
云锡老石锡矿	上向分层胶结充填	120~140	7~9	28~36	35	5~8	0.23~0.35	0.23~0.28	0.46~0.56	0.031~0.036	110~120		74
红透山铜矿	机械化上向分层充填	200~250	24~31	6.5~7.5	<5	18~27	0.35	0.315	0.556	0.045	45		16.05
河东金矿	机械化上向分层充填	83		4.68	5.9~18.8	9.7						11.5	2.81
岭南金矿	机械化上向分层充填	160.4	11.02	5.42	9.3	10.4					88.47	6.8	
凤凰山铜矿	上向分层点柱式充填	150	35	2.8	12.3	6.8	0.25		0.05	0.019	4.86	3.22	
新城金矿	上向分层点柱式充填	20~50	3.3~7.3	1.74	37.4	17	0.45	0.062	0.12	0.015	6.33		
金川二矿区	上向分层进路充填	1039（盘区）	23.2	3.573	4.6	2.8	0.6					5.47	62.02
会泽铅锌矿	上向分层进路充填	150	4.77		4.59	13	0.566	0.047	0.77	0.049	93.71		26.03元/t

12.3　下向分层充填采矿法

下向分层充填采矿法用于开采矿石很不稳固或矿石和围岩均很不稳固、矿石品位很高或价值很高的有色金属或稀有金属矿体。这种采矿方法的实质是：从上往下分层回采和逐层充填，每一分层的回采工作是在上一分层人工假顶的保护下进行。回采分层为水平的或与水平成4°~10°(胶结充填）或10°~15°(水力充填）倾斜。倾斜分层主要是为了充填接顶，同时也有利于矿石运搬，但凿岩与支护作业不如水平分层方便。

下向分层充填法按充填材料可划分为水力充填和胶结充填两种方案，但不能用干式充填。两种方案均以矿块形式一个步骤回采。

12.3.1　水力充填

12.3.1.1　结构和参数

矿块结构如图12-11所示。阶段高度为30~50m，矿块长度为30~50m，宽度等于矿体的水平厚度，不留顶柱、底柱和间柱，一步骤回采。

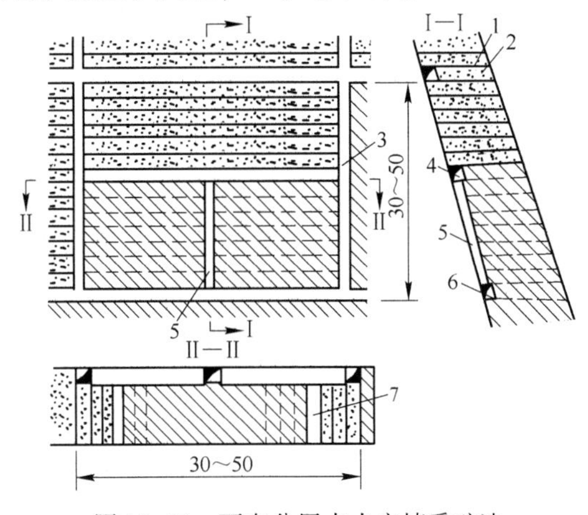

图12-11　下向分层水力充填采矿法

1—人工假顶；2—尾砂充填体；3—天井；4—分层切割平巷；5—溜矿井；6—运输巷道；7—分层采矿巷道

12.3.1.2　采准与切割

运输巷道布置在下盘矿岩接触线处或下盘岩石中。天井布置在矿块两侧的下盘接触带，矿块中间布置一个溜矿井。随回采分层的下降，人行天井逐渐变为建筑在充填料中的混凝土天井，而溜矿井从上往下逐层消失。

回采每一分层前，先沿下盘接触带掘进切割巷道。当矿体形状不规则或厚度较大时，切割巷道也可布置在矿体的中间。

12.3.1.3　回采工作

回采方式分为巷道回采和分区壁式回采两种。巷道回采当矿体厚度小于6m时，采矿巷道垂直或斜交切割巷道，且采取间隔回采，如图12-12(a）所示。

分区壁式回采是将每一分层按回采顺序划分为区段，以壁式工作面沿区段全长推进。回采工作面以溜井为中心按扇形布置，每一分区的面积控制在100m^{2}以内，如图12-12(b）所示。

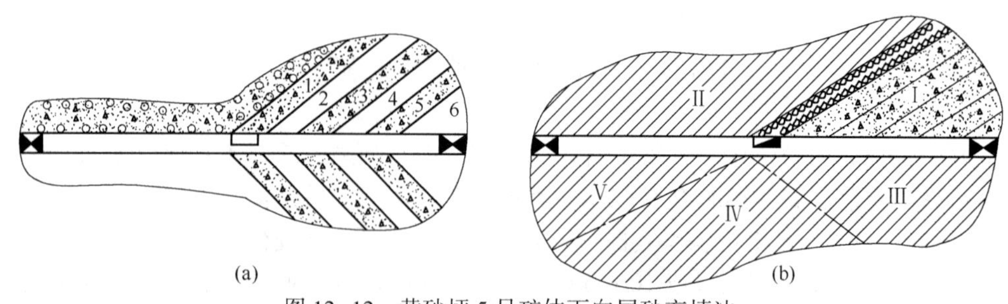

图 12-12 黄砂坪 5 号矿体下向尾砂充填法
（a）巷道回采（1~6 为回采顺序）；（b）扇形壁式工作面回采（Ⅰ~Ⅴ为分区回采顺序）

如果上下分层矿体长度和厚度相同，用壁式工作面回采较为合理；反之，则用巷道回采较好。

回采分层高度一般为 2~3m，回采巷道的宽度为 2~3m。用浅孔落矿，孔深 1.6~2m。我国多用 7kW 或 14kW 电耙出矿。巷道多用木棚支护，间距 0.8~1.2m。壁式工作面则用带长梁的成排立柱支护，排距 2m、间距 0.8m。

充填前要做好下列工作：清理底板，铺设钢筋混凝土底板，钉隔离层及构筑脱水砂门等。铺设钢筋混凝土底板一般采用直径 10~12mm 的主筋和直径 6mm 的副筋，网度为(200mm×200mm)~(250mm×250mm)。巷道回采时，主筋应垂直巷道布置，其端部做成弯钩，以便和相邻巷道的主筋连成整体。采用水泥：砂：石为 1：17：19 的混凝土体积配比，水泥达到 100~150 标号就足以保证下分层回采作业的安全。

钉隔离层是将准备充填的巷道或分区与未采部分隔开，预防充填体的坍陷。每隔 0.7m 架一根立柱，柱上钉一层网度为（20mm×20mm）~（25mm×25mm）的铁丝网，再钉一层草垫或粗麻布，在底板处留出 200mm 长的余量并弯向充填区，用水泥砂浆密封以防漏砂。其结构如图 12-13 所示。

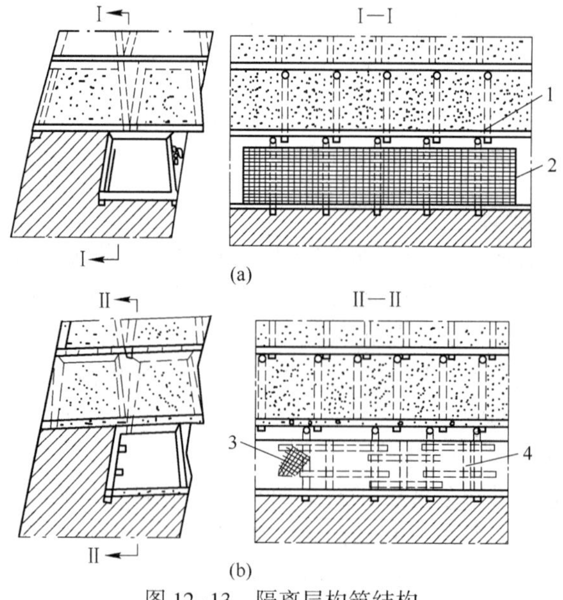

图 12-13 隔离层构筑结构
（a）金属网隔离层；（b）竹席隔离层
1—钢筋混凝土底板；2—铁丝网；3—竹席；4—板条

脱水砂门是一种设在切割巷道中靠待充填巷道或分区边界上，用混凝土砖或红砖砌筑的墙，墙中埋设若干短竹筒或钢管，一般每隔 0.5m 高设一排，每排 2~3 根，如图 12-14 所示。脱水砂门开始只砌 1.2~1.5m 高，随充填料的加高逐步加砌直到接顶。若回采巷道长度大于 50m，应设两道脱水砂门，以利于提高充填质量。

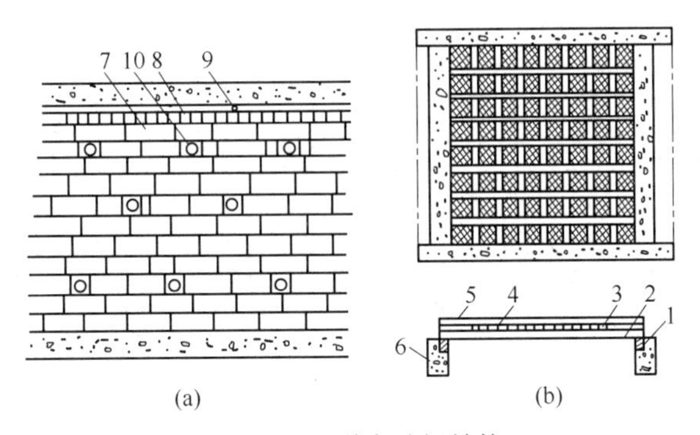

图 12-14 脱水砂门结构

（a）砖砌的脱水砂门；（b）预制混凝土构件的脱水砂门

1—50mm×50mm 的条木；2—50mm×20mm 的条木；3—30mm×15mm 的条木；4—旧麻布袋；5—30mm×15mm 的条木；6—混凝土墙；7—混凝土预制砖；8—红砖；9—充填管；10—泄水管

上述工作完成后，即可进行充填。充填工作面的布置如图 12-15 所示。充填管紧贴顶梁，于巷道中央并向上仰斜 5°架设，以利充填接顶，其出口距充填地点不宜大于 5m。如巷道很长或分区很大，应分段进行充填。若下砂方向与泄水方向相反，可采用由远而近的后退式充填。整个分层巷道或分区充填结束后，再在切割巷道底板上铺设钢筋混凝土底板和构筑脱水砂门，然后充填。切割巷道充填完毕，再做好闭层工作，即可进行下一层的切割、回采工作。

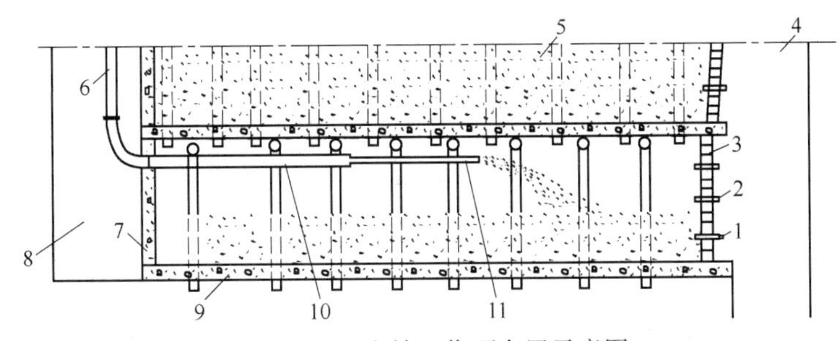

图 12-15 充填工作面布置示意图

1—木塞；2—竹筒；3—脱水砂门；4—矿块天井；5—尾砂充填体；6—充填管；7—混凝土墙；8—人行-材料天井；9—钢筋混凝土底板；10—软胶管；11—楠竹

12.3.2 胶结充填

胶结充填与水力充填采矿法的区别仅在于充填料的不同，从而取消了钢筋混凝土底板和隔离层，只需在回采巷道两端构筑混凝土模板，这样就大大简化了回采工艺。其矿块结构、采准及回采工艺，与上述水力充填采矿法基本相同。

一般采用巷道回采，其高度为 3~4m，宽度为 3.5~4m(最宽可达 7m)，主要取决于充填体的强度。巷道的倾斜度（4°~10°）应略大于充填混合物的漫流角。回采巷道间隔开采（见图12-16），逆倾斜掘进，便于运搬矿石；顺倾斜充填，利于接顶。上下相邻分层的回采巷道应相互交错布置，防止下部采空时上部胶结充填体脱落。

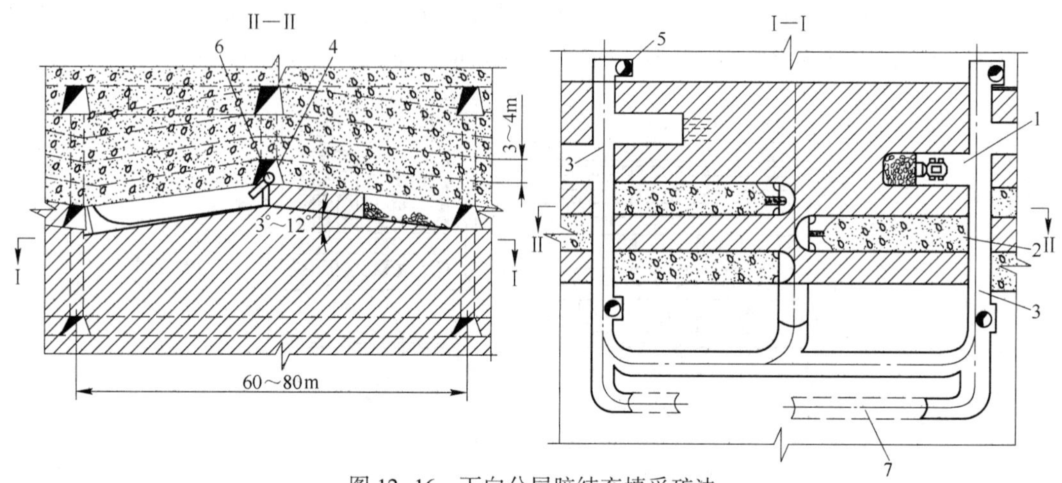

图12-16 下向分层胶结充填采矿法

1—巷道回采；2—进行充填的巷道；3—分层运输巷道；4—分层充填巷道；5—矿石溜井；6—充填管路；7—斜坡道

回采采用浅孔落矿，轻型自行凿岩台车凿岩，自行装运设备运搬矿石。自行设备可沿斜坡道进入矿体各分层。

从上分层充填巷道，沿管路将充填混合物送入充填巷道，将其充填至接顶为止。充填尽可能连续进行，有利于形成整体的充填体。在充填体的侧部（相邻回采巷道）经5～6昼夜便可开始回采作业，而其下部（下一分层）至少要经过两周才能回采。

对于深部矿体（埋深500～1000m，甚至更大）或地压较大的矿体，充填前应在巷道底板上铺设钢轨或圆木，在其上面铺设金属网，并用钢绳把底梁固定在上一分层的底梁上，充填后形成钢筋混凝土结构，以增加充填体的强度。

选择合理的回采巷道断面形状对控制地压意义重大。在我国金川龙首矿，矿岩极为破碎、地压大，采用六角形回采巷道，取得良好效果。六角形巷道的布置形式是，相邻巷道在垂直高度上交错半层布置。回采时，隔一采一，如图12-17所示。据分析，六角形断面

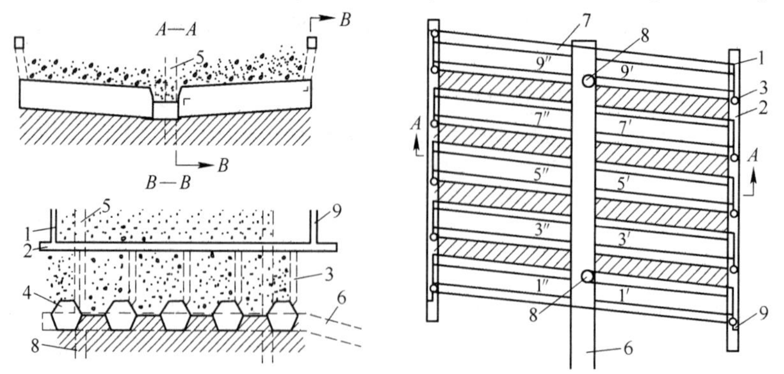

图12-17 龙首矿六角形巷道下向倾斜分层胶结充填采矿法

1—充填井；2—充填巷道；3—回采巷道充填小井；4—已采空的回采巷道；5—回风井；6—分层联络巷道；7—分层巷道；8—溜井；9—充填巷道人行天井

与正方形断面相比，应力集中系数大大降低，巷道周边的受力状态得以改善，从而稳定性大为提高。

12.3.3 评价

下向分层充填采矿法适用于复杂的矿山开采条件，如围岩很不稳固、围岩与矿石均很不稳固以及地表和上覆岩层需要保护等。此法应用虽不广泛，但实践表明，在合适条件下用它代替分层崩落法，可取得良好的技术经济效果。

下向分层水力充填法结构和工艺较复杂，保护围岩和地表的可靠性不如下向胶结充填方案。在特殊复杂的条件下，矿石价值又很贵重，采用下向胶结充填法是合理的。它突出的优点是矿石损失很小（3%~5%）；一个步骤开采，简化了采场结构；采用自行设备进行凿岩和装运时，矿块的技术经济指标可以达到较高的水平。但是，这种采矿法目前的生产能力还较低（60~80t/d），采矿工作面工人的劳动生产率不高（5~6t/(工・班)）。生产实践表明，采用自行设备进行凿岩和装运，生产效率可以得到很大提高。

随着矿床开采深度的增加和地压加大，下向分层胶结充填采矿法具有广阔的应用前景。

12.4 进路充填采矿法

进路充填法适用于矿岩极不稳固、矿石品位高、经济价值大的矿体。矿体厚度从薄到极厚、倾角从缓倾斜到急倾斜均可采用。进路充填法开采的顶板跨度小，回采作业安全性高。

12.4.1 工艺技术特点

进路充填和分层充填法的工艺基本相同，实际上就是将分层划分成多条进路进行回采。矿体厚度小于20m左右，进路沿走向布置；矿体厚度大于20m，进路垂直走向布置；当矿体厚度较小（小于5m）时，即为单一进路回采。

回采进路断面取决于凿岩、出矿设备，采用浅孔气腿凿岩机和电耙出矿时，进路断面一般为（2m×2m）~（3m×3m）；采用浅孔凿岩台车和铲运机出矿时，进路断面一般为（4m×4m）~（5m×5m）。进路既可以采用间隔回采，也可以采用连续顺序回采。同时回采进路数根据矿体厚度而定，一般有2~5条进路可以同时回采，每条进路回采结束后即进行充填。

进路充填采矿法矿石回收率高、贫化率低，但回采充填作业强度大、劳动生产率较低，并要求进路充填接顶。采用高效的凿岩台车和铲运机出矿，可以有效提高采场综合生产能力。

进路充填法分为上向进路充填法和下向进路充填法。

12.4.2 上向进路充填法

上向进路充填采矿法的特点是，自下而上分层回采，每一分层均掘进分层联络道，以分层全高沿走向或垂直走向划分进路，这些进路顺序或间隔回采。整个分层回采和充填作业结束后，进行上一分层的回采。

12.4.2.1 进路断面形状与回采方法

回采进路形成向下倾斜的帮壁，以便于非胶结充填或减少水泥的使用量。分层内进路可以连续回采，如图12-18(a)所示；也可以间隔回采，如图12-18(b)所示。如果精心作业，第二步回采可以使矿石的贫化很小或者几乎没有贫化，这种回采方式称为（连续）倾斜进路回采。通常采用矩形进路间隔回采，如图12-18(c)、(d)所示，为避免相邻进路回采时造成严重的矿石贫化损失，第一步回采后需进行胶结充填；也可以在第一步回采时采用较窄的进路，第二步回采时采用较宽的进路，以降低水泥的用量，如图12-18(d)所示。当进路两侧均为充填体时，进路下层可以用低灰砂比（1∶20~1∶30）胶结充填。

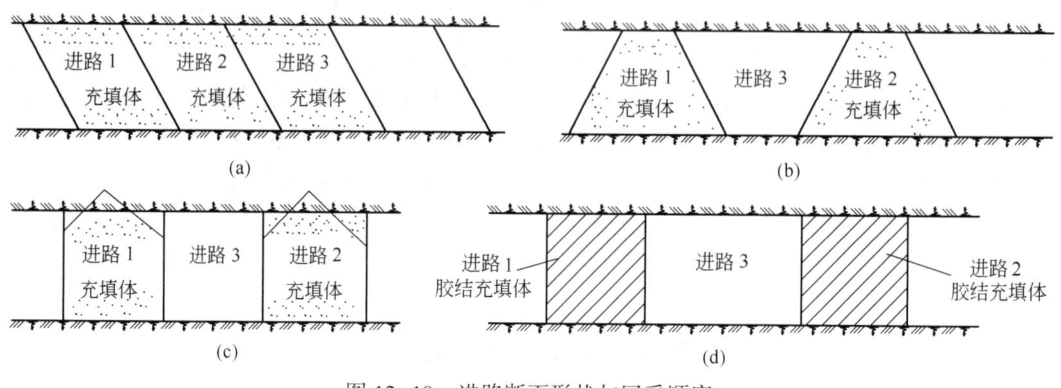

图12-18 进路断面形状与回采顺序

12.4.2.2 小铁山铅锌矿上向进路充填法

小铁山矿床为一含铜、铅、锌多金属的黄铁矿型矿床，矿床产出于底盘碳钠长斑岩、顶盘绿泥石化岩石之间的强蚀变凝灰岩中，为一隐伏矿体，大部分矿体均赋存于侵蚀基准面以下。矿床除含有铜、铅、锌多种金属外，还有多种可利用的贵重金属及稀有元素，如金、银、镉、镓等，特别是金、银含量较高，具有单独开采的价值。矿体走向长度约1100m，倾向南西，倾角60°~80°(平均75°)。矿体呈上部矿量小、中部矿量大、深部变小尖灭的分布特点，矿体厚度1~45m(平均厚度5.5m)。矿体和下盘围岩中等稳固，上盘不稳固。矿石密度3.6t/m^3，抗压强度100~120MPa，松散系数1.73。矿床水文地质条件简单，地表允许陷落。

采场回采进路沿走向布置，长度100m，宽度为矿体厚度，高度为阶段高度60m。为满足无轨设备运行，矿体下盘布置分段巷道，分段高度12m。采矿方法如图12-19所示。

采准切割工作主要包括采准斜坡道、分段巷道、分层联络道、溜矿井和充填回风井以及切割横巷等。从采准斜坡道向矿体开掘联络道与分段巷道连通，每条分段巷道负担下、中、上三个分层的回采，分层采高为4m。采准斜坡道和分段联络道的坡度最大为16.7%，断面3.6 m×3.6m。在采场中部矿体的上、下盘脉外分别掘进充填回风井和溜矿井。

从切割巷道沿矿体走向，向采场两端掘进断面为4m×4m的回采进路，先单进路后双进路间隔回采。采用单臂凿岩台车，光面爆破布置炮孔，炮孔直径38~41mm，孔深2.9m；2号岩石炸药，装药车装药，装药系数0.8，非电导爆管起爆。在进路内用柴油或电动铲运机（斗容0.75m^3）将矿石运到脉外溜井出矿。

采场单（或双）进路的回采结束后，在进路口用木柱、木板建筑隔墙，内侧衬以塑料

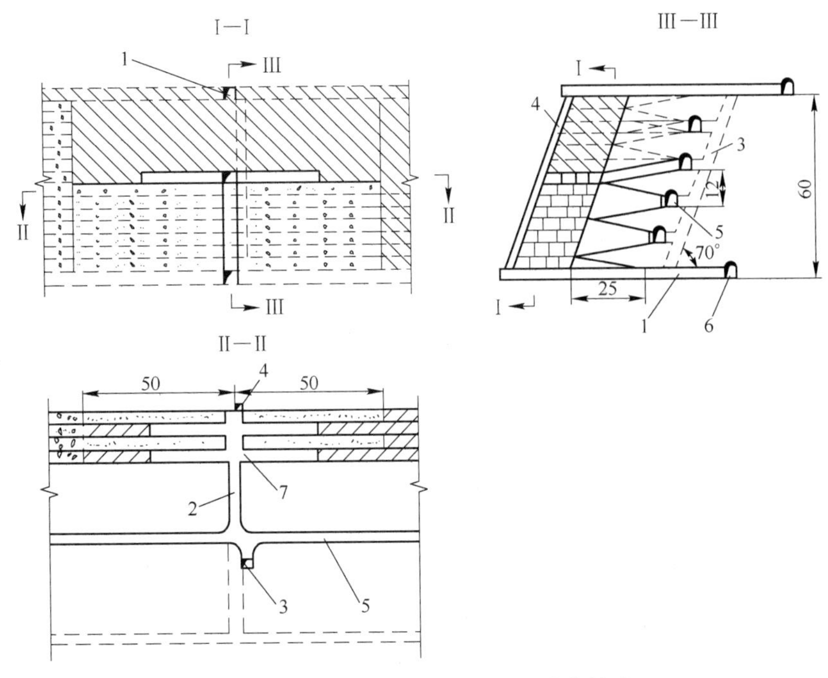

图 12-19 小铁山铅锌矿上向进路充填法

1—回风巷道（4m×4m）；2—分层联络道（4m×4m）；3—溜矿井（ϕ3m）；4—回风充填井（2m×4m）；5—分段巷道（4m×4m）；6—阶段运输巷道（4m×4m）；7—切割横巷（4m×4m）

编织袋或草袋作滤水层。水隔墙、立柱间的空隙要用水泥砂浆或环氧树脂封堵，防止漏浆、跑浆。然后，沿进路顶部铺设充填管道向进路内进行尾砂胶结充填。底柱和每一分层一步骤回采的进路采用灰砂比为 1∶4 的料浆充填，二步骤用灰砂比为 1∶8～1∶10 料浆浇面。

采场采用局扇通风。在采场分层联络道安装 1～2 台局扇将新鲜风压入工作面，在上盘充填回风井上部安 1 台局扇，将污风抽至回风巷道。

主要技术经济指标：采场综合生产能力 250～300t/d，凿岩设备效率 260m/(台·班)，出矿设备效率 130t/(台·班)，掌子面工效 10.5 t/(工·班)，损失率 4.24%，贫化率 9.45%，每米炮孔崩矿量 1.2t，采切比 32.7m^3/kt。

12.4.2.3 白象山铁矿预控顶上向进路充填法

白象山铁矿矿床内共圈定矿体 11 条，其中Ⅰ号矿体为主矿体，地质储量约占矿床总储量的 98.9%，其余小矿体仅占总储量的 1.1%。主矿体赋存在闪长岩与砂页岩接触带内，其形态受矿区背斜构造控制，横向呈平缓拱形，产状与围岩基本一致，两翼倾角 5°～35°，在挠曲部位达 35°～55°，一般为 10°～30°。纵向南部南倾，与背斜倾伏角大致相同。矿床水文地质条件和矿体形态复杂，地表有青山河流经矿区，常年有水，且水量大；矿体上部连续分布的强含水层是矿坑充水的主要含水层，向上承接第四含水层的越流补给，向下补给矿体含水层。矿区内有导水性好的 F_1、F_2、F_3 断层，切割矿体顶板各岩层，直达河床和地表。矿区节理、裂隙发育，基底岩层成矿前主要发育 20°～50°和 290°～345°两组节理，为铁质、矽质和碳酸盐等充填，成矿后主要发育 285°节理。

采准工艺：预控顶进路充填法进路沿矿体走向布置，根据采场结构参数优化结果，单分层进路高度3.5m，两分层回采完毕后，进路高度达到7m。采准工程主要包括分段平巷及分层联络道、采场斜坡道、回风巷道、溜矿井、充填回风井及泄水井等，如图12-20所示。

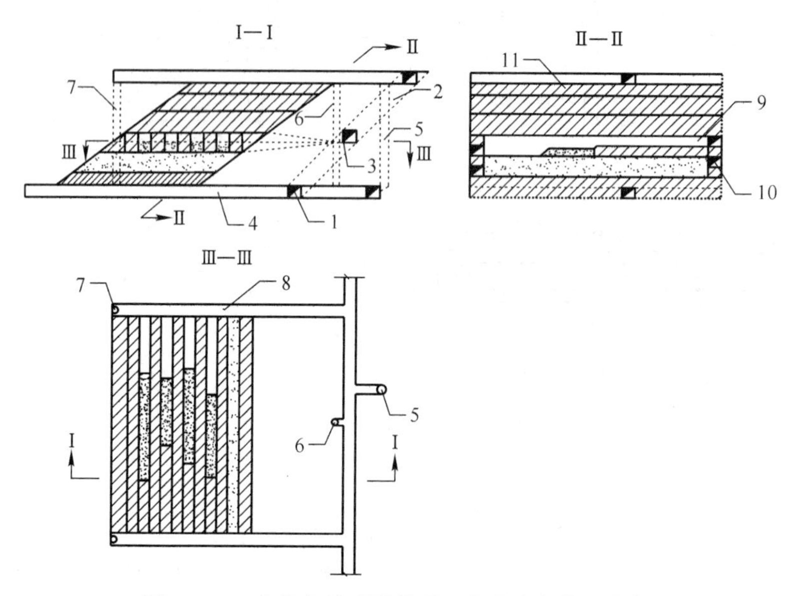

图12-20 白象山铁矿预控顶上向进路充填法方案

1—阶段运输平巷；2—斜坡道；3—分段平巷；4—穿脉巷道；5—溜井；6—充填回风井；7—进风泄水井；8—分层联络道；9—控顶层；10—回采层；11—顶柱

分段平巷沿矿体走向布置，负责上下若干分层的回采，断面尺寸为4m×3.8m。

分层联络道布置在盘区两端，作为盘区分界线，一条通达预控顶进路采场的下部分层（回采层），作为下部分层回采的联络道，另一条直达采场的上部分层（控顶层），作为预控顶进路回采的联络道。分层联络道断面规格要求满足铲运机运行安全、方便，断面尺寸为4m×3.8m。

联络道尽头（矿体上盘）布置进风井，以改善各采场进路的通风效果，规格为ϕ2.0m。该进风井同时兼做采场泄水井。

充填回风井布置在矿体下盘，规格为ϕ2.0m。

回采顺序：上分层（控顶层）为巷道采矿，下分层（回采层）回采时，在控顶层内以回采层联络道为自由面钻凿垂直孔崩矿。

通风：进路采场回采属于独头作业，通风效果差，需安装局部风机。根据要求，风机和启动装置安设在离掘进巷道进口10m以外的进风侧巷道中，每次爆破结束后，将新鲜风流导入到工作面，通风时间不应少于40min，污风沿进路出采场经充填回风天井排入上阶段回风平巷，通过回风井排至地表。

应用效果：采用预控顶上向进路充填法，回采进路由原设计的4.5m×4.0m扩大为4.0m×7.0m，后逐步将进路宽度扩大为6m，最终形成6.0m×7.0m的回采进路。由于控顶层提供了充足的爆破自由面，回采层爆破效率大大提高，炸药单耗由0.4kg/t降为0.35kg/t，年炸药费用降低1200万元。采用预控顶技术后，由于工效提高，人工成本降低

30%，年节约人工成本570万元。普通进路充填法支护成本50元/t，预控顶技术回采层基本不需支护，支护成本降低为30元/t，年节约成本4000万元。采用预控顶技术后，仅需在回采层构筑充填挡墙，充填成本降低5元/t，按200万吨/年产能计算，年节约充填成本1000万元。预控顶上向进路充填法与原设计的普通上向进路充填法相比，生产效率大大提高，成本明显降低，年节约成本总计6770万元。

12.4.2.4 和睦山铁矿多分层同步上向进路充填法

和睦山矿区后观音山矿段的矿体主要为2号、3号矿体。2号矿体为隐伏矿体，位于19B~25勘探线之间。矿体为似层状，走向长650m，沿倾向最大延伸485m。矿体厚度为2.05~84.05m，平均厚度24m。矿体走向290°~310°，倾向NE-NNE，矿体上部倾角较缓，约20°，下部倾角45°~55°左右。矿体以磁铁矿为主。3号矿体位于20~23勘探线之间，在2号矿体之上，与2号矿体大致平行。矿体走向长350m，沿倾向最大延伸300m，厚度2~33m，平均厚度13m。矿体为似层状。矿体倾向为NNE，倾角20°~30°。矿石以磁铁矿为主，有部分半假象赤铁矿和赤铁矿。

矿体的顶板主要为周冲村组白云质灰岩、泥质灰岩、钙质黏土岩，少数为闪长岩或辉绿岩。灰岩多蚀变为大理岩或大理岩化灰岩，钙质黏土岩多蚀变为绿泥石阳起石角岩，闪长岩化、高岭土化强烈，岩石普遍有较强烈的磁铁矿化和硅化，辉绿岩仅有泥化现象。矿体的底板主要为闪长岩，次为大理岩化灰岩、阳起石角岩。矿体的夹石以大理岩化灰岩、钙质黏土岩为主。

采场布置及开采顺序：后观音山矿段-200~-150m中段原划分为4个分段，分段高12.5m，其中-200m水平为出矿水平，-187m，-175m和-162.5m水平为回采分段，-150m为回风水平。该中段分为4个盘区（0号~3号），采矿方法转换后新增3个盘区（见图12-21），并在-187m，-175m，-162.5m分段以4m为分层高度新增了11个开采水平，进路规格为4m×4m。

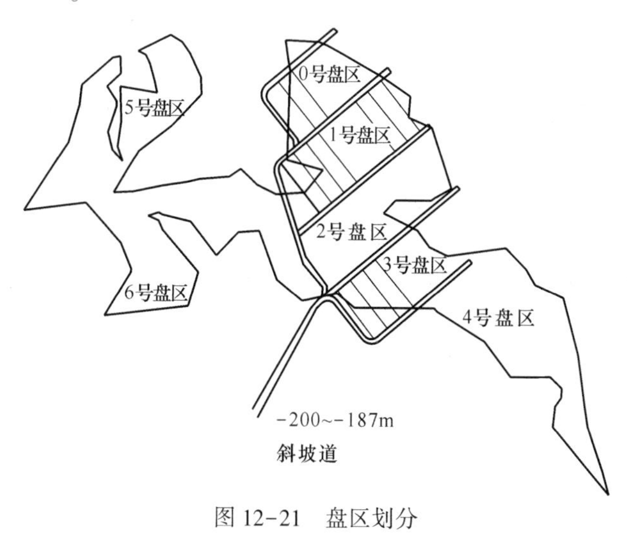

图12-21 盘区划分

根据具体的矿体形态和原巷道布置形式，进路可灵活布置。自下而上回采，分别为-193m，-189m，-185m，-181m，-177m，-173m，-169m，-165m，-161m，-157m，-153m分层，每个分层划分为几个采场。在每个分层的各个盘区中央布置垂直于矿体走向的分层进路，沿矿体走向向两翼掘进进路采场，进行回采。同一盘区的进路采场采用间隔回采的方式，先采上盘进路，采一充一，待盘区进路回采结束后，密闭、充填盘区进路。

回采作业时，重点挑选 1~2 个盘区集中作业，率先回采，充填完毕，率先升层，其余盘区放慢回采速度，仍在当前分层作业，形成各盘区台阶式回采布置，以增加同时回采进路。考虑到已形成的盘区巷道及已回采的矿块位置，为了保证回采效率和作业安全，将同一水平矿体按照盘区划分形成具有单独进出口、通风、出矿和泄水的系统。通过规划后盘区间总体回采顺序沿矿体走向由 0 号盘区依次向 4 号盘区推进，根据生产需要，局部做出调整。当 0 号、5 号盘区回采充填结束后，迅速升至上分层进行采准切割作业，此时 1 号、6 号盘区在下一分层进行回采。依此类推，在采场内最终形成多分层同步上向水平进路充填开采模式，如图 12-22 所示。

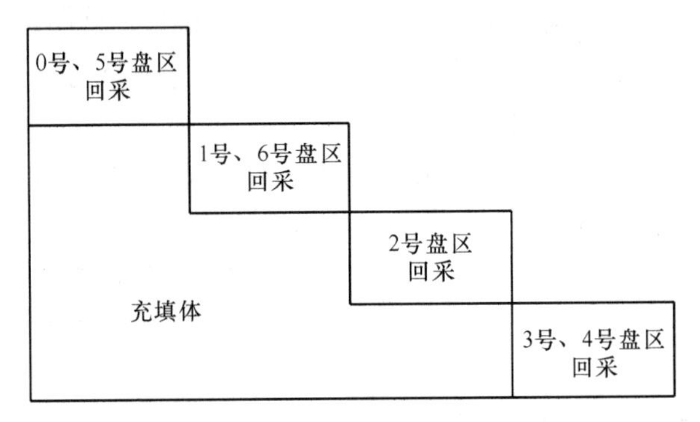

图 12-22　多分层同步上向水平进路充填回采顺序示意图

回采工作：回采工作包括凿岩、装药爆破、通风、处理松石、出矿、进路支护等。凿岩采用 Boomer281 型全液压凿岩台车，由于凿岩台车不接钻杆可钻 3.7m 深炮孔，为提高凿岩效率，确定炮孔深度为 3m，炮孔直径为 48mm。进路回采属于掘进式回采，炮孔布置与平巷掘进布孔方式基本相同，采用楔形掏槽方式，每循环落矿 134.8t。进路采场系独头掘进作业，通风效果差，需安装局部风机加强通风。根据要求，风机和启动装置安设在离掘进巷道进口 10m 以外的进风侧巷道中，每次爆破结束后，用风筒将新鲜风流导入到工作面，进行清洗，通风时间不应少于 40min，污风沿进路出采场，经充填回风天井排入上阶段回风平巷，通过回风井排至地表。采场爆破并经过有效通风排除炮烟后，安全人员操作采场服务台车，清理顶帮松石；如顶板矿岩异常破碎，经撬毛处理后，仍无法保证安全作业，可考虑其他顶板支护方式，如悬挂金属网、布置锚杆等。采场崩落矿石由 WJD-1.5 型铲运机铲装后，经采场联络道、分段平巷卸入下盘脉外溜井，或者直接卸入采场内的脉内顺路溜井，再由设在溜井底部的振动出矿机向矿车放矿，通过电机车牵引运至主井。为减少矿石对底部振动出矿机和溜井的冲击，溜矿井应保持充满状态。

充填工作：进路回采结束后，及时进行充填，以控制地压，阻止地表出现大变形。待完成一批进路的回采工作后，进行进路清底，拆除设备及管线，运料封口，然后充填。密闭前，应将进路封口处两壁的浮石撬净，在进路封口构筑物的内侧固定有渗滤材料（如麻袋布）。第一批回采的进路采用胶结充填料，第二批回采的进路采用尾砂充填料。为了提高上分层矿石的回收率，在尾砂充填体的上部用胶结充填料。为确保顶柱矿石的回收，第一分层所有进路用灰砂比为 1∶4~1∶6 的胶结充填料充填。

应用效果：多分层同步上向水平进路充填法使得采场暴露面积小，回采作业较安全，同时采场布置灵活，易于实现探采结合，矿石损失、贫化指标达到预期目标。其中-193m分层各盘区生产指标见表12-2。由表12-2可知，-193m分层的总体矿石回采率达到90%、贫化率为5%，与分段空场嗣后充填采矿法相比，矿石回收率提高了25个百分点，贫化率降低了13个百分点。另外，采用盘区台阶式回采布置后，仅-193m和-189m水平同时开采，后观音山矿段生产能力就可达1500t/d以上。由于多分层同步上向水平进路充填法具有较强的机动性和灵活性，而后观音山矿段矿体赋存条件复杂，连续性差，在实际生产过程中，发现以前未曾勘探到的矿体，新增矿石约15万吨，其他采矿方法很有可能遗漏此部分矿石，该方法不仅提高了矿石回收率，还避免了资源浪费，创造了可观的经济效益。

表12-2 和睦山铁矿后观音山矿段-193m分层各盘区的回采率和贫化率

盘区	设计回采矿量/万吨	实际回采矿量/万吨	回采率/%	贫化率/%
0号	4.2	3.82	91	6
1号	6.2	5.64	91	5
2号	5.8	5.16	89	5
3号	4.8	4.22	88	6
4号	3.8	3.50	92	4
5号	5.5	5.00	91	4
6号	4.7	4.23	90	5
合计	35	31.6	90	5

12.4.3 下向进路充填法

12.4.3.1 概述

当开采矿岩极不稳固但价值又很高的矿体时，适合采用下向进路充填采矿法开采。其特点是回采顺序为由上而下进路回采，除第一层中的进路外，每一层的进路都是在胶结充填料形成的人工顶板下进行回采作业。

在采用下向进路胶结充填法的矿山中，进路分为倾斜进路和水平进路，倾斜进路角度一般为5°~12°，以达到更好的充填接顶。在布置进路时，一般下一分层的进路和上一分层的进路错开布置，以有利于安全。

进路充填时，为保证下分层进路回采和相邻进路回采时的作业安全，每一进路均需要胶结充填。进路上层充填体强度较下层充填体强度低，一般用灰砂比1∶8~1∶10的料浆胶结充填。下层充填体强度要求高，要保证下分层进路回采时对充填体强度的要求，可用灰砂比1∶4~1∶5的料浆胶结充填，充填体强度要达到4~5MPa。采矿方法示意图如图12-23所示。

12.4.3.2 金川二矿区机械化下向进路充填法

金川二矿区矿床属超基性硫化铜镍矿床，赋存于海西期含矿超基性岩体中，按成因类型可分为超基性岩型、接触交代型和贯入型三种，以超基性岩型为主，占全区储量的

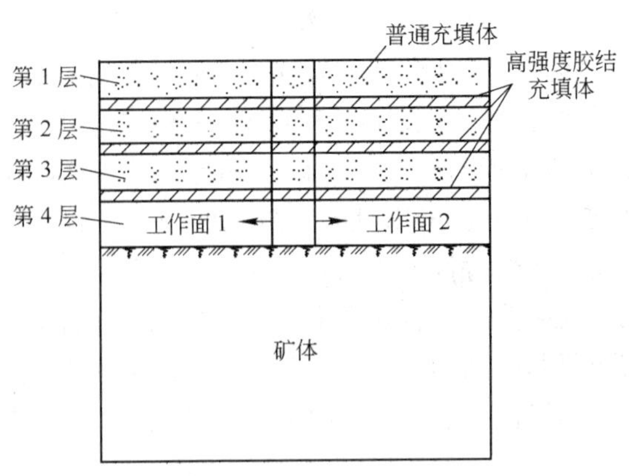

图 12-23 下向分层进路充填法

99.31%。矿体全长1600m，平均厚度98m，其中富矿长1300m，厚度69m。矿体呈似层状，产状与岩体下部产状基本一致，走向N50°W，倾角65°~75°，矿体形态比较规则，矿体顶底盘围岩均以二辉橄榄岩为主，矿岩均不稳固。

由于矿体厚大，回采划分成盘区开采，以便于充分发挥无轨设备的灵活性。盘区垂直矿体走向布置，长度为矿体厚度，宽度为100m，盘区间不留间柱，连续回采，阶段高度为100m和150m。

盘区采用上盘脉外采准系统，在矿体上盘布置采准斜坡道，采准分斜坡道与通地表的主斜坡道、阶段主运输道相连接。在距离矿体上盘100m左右处布置分段巷道，分段巷道与采准斜坡道通过分段联络道相连接。每分段高度20m，服务5个分层，分层高4m。分段巷道与矿体通过分层联络道相接，在分段巷道上盘布置盘区溜井，原则上每个盘区一条溜井，每个阶段布置一条废石井，溜井直径2.5~3m，溜井均为钢模板厚壁混凝土支护。充填回风系统布置在采场上部及矿体下盘，采场上部为穿脉巷道，矿体下盘为沿脉巷道，穿脉巷道通过预留的充填-回风井与采场相通，沿脉巷道通过联络道与主回风井及下料钻孔相连接。

无轨设备采准斜坡道坡度不大于1∶7，分层联络道重车上坡坡度不大于1∶10，重车下坡坡度不大于1∶7。采准巷道净断面（宽×高）为：分层联络道4.6m×4.1m，分段巷道4.3m×4.2m，采准斜坡道4m×4m，溜井联络道4.3m×4.1m，充填回风道2.6m×2.8m，预留井ϕ2m。

盘区上、下分层进路垂直交错布置，回采进路断面规格（宽×高）为5m×4m，原则上进路长度不超过50m。回采顺序为先上盘、后下盘，先两翼后中间，后退式回采。回采方式为“隔一采一”。采矿方法如图12-24所示。

凿岩采用瑞典阿特拉斯·科普柯公司制造的H126双臂液压凿岩台车，钎杆长4.3m，钎头ϕ38mm(柱齿形)，炮孔深度不小于2.5m。根据进路顶板和两帮介质的不同，通常布置40~50个炮孔，采用楔形掏槽布孔。

爆破采用ϕ32mm卷状2号岩石乳化炸药，进行连续装药，半秒差非电塑料导爆管起爆，8号工业火雷管引爆。

出矿采用美国埃姆科公司制造的EIMCO928铲运机，斗容6m^3，额定载重量13.6t，盘区平均运距200m，出矿能力60~120t/h，矿石由铲运机运至脉外盘区矿石溜井。

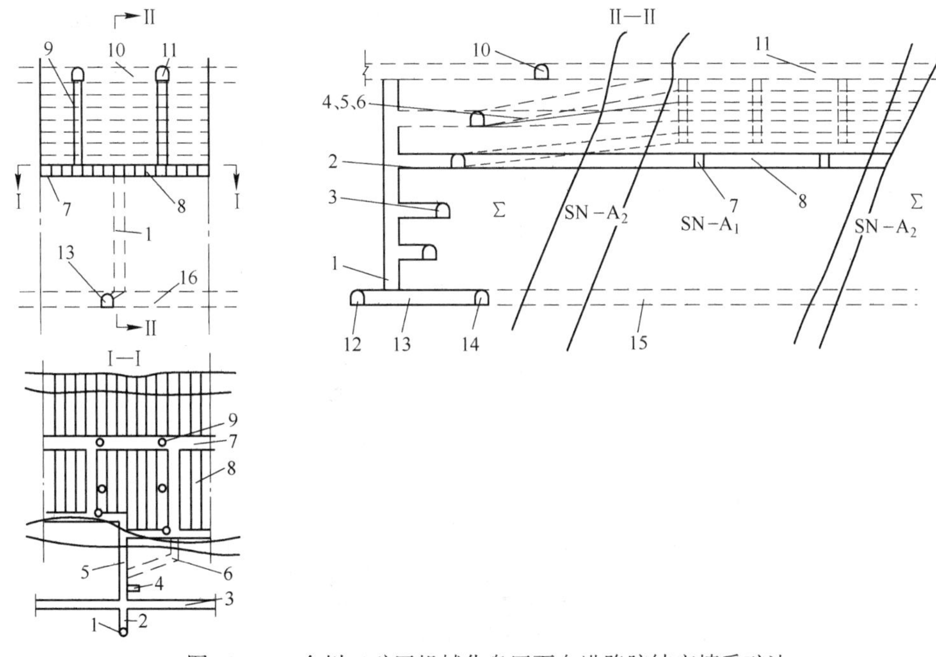

图 12-24 金川二矿区机械化盘区下向进路胶结充填采矿法

1—溜井；2—溜井联络道；3—分段巷道；4—排污硐室；5—分层联络道；6—下分层联络道；
7—分层巷道；8—回采进路；9—充填回风井；10—沿脉回风巷；11—穿脉回风巷；12—1150 沿脉运输道；
13—穿脉运输道；14—下盘运输道；15—穿脉充填-回风道；16—沿脉充填-回风道；
$SN-A_2$—贫矿；$SN-A_1$—富矿；Σ—超基性岩

盘区通风采用压、抽混合式通风，新鲜风流经分段巷道两端的进风井进入分段巷道，再经分层联络道、分层巷道进入回采进路。污风经采场内预留的充填-回风井排至主充填-回风系统。

为使盘区回采工作连续进行，以及有效控制盘区内回采过程的地压活动，采取“强采强充”。正常情况下盘区内只留 2~3 条进路同时回采，进路回采结束后，立即准备充填。充填前先清理干净进路内的残留矿石，用 ϕ6.5mm 的钢筋网敷设底筋，网度 400mm×400mm；顶底板间吊挂 ϕ6.5mm 竖筋，网度 1200mm×1200mm；顶板打锚杆固定充填管路（每节 ϕ100mm 塑料管长 4m）。在进路口用粉煤灰空心砖封口，并喷射 30~50mm 厚的混凝土。进路充填采用 3mm 的棒磨砂胶结充填，进路分两步骤充填，先充填进路底部，灰砂比 1∶4，后充填进路上部，灰砂比 1∶8，充填料浆浓度为 77%~79%。

主要技术经济指标为：盘区生产能力 600~700t/d，凿岩台车效率 139~278m/(台·班)，铲运机效率 250~300t/(台·班)，损失率 5%，贫化率 7%。

12.5 分采充填采矿法

当矿脉厚度小于 0.3~0.4m 时，若只采矿石，工人无法在其中工作，必须分别回采矿石和围岩，使其采空区达到允许工作的最小厚度（0.8~0.9m）。采下的矿石运出采场，而采掘的围岩充填采空区，为继续上采创造条件，这种采矿法称为分采充填法，也称为削壁充填法。

矿块尺寸一般为高度30~50m、长度50~60m；顶柱高2~4m，底柱高2~4m，品位高及价值高的矿石，可以用钢筋混凝土作底柱而不留矿石底柱；分层高度1~2m，溜井间距用铲运机出矿为20~30m，用电耙出矿为20~25m。

采准工程主要是运输平巷、人行天井和溜井，切割工程是拉底平巷。天井布置有两种方式：一为中央先行天井与一侧（或两侧）顺路天井，如图12-25所示；一为采场一侧先行一井，另一侧顺路天井，如图12-26所示。

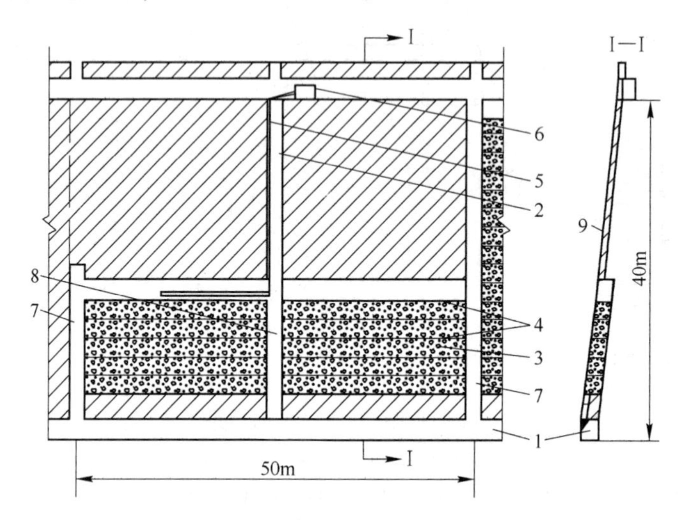

图12-25 分采上向分层充填法

1—阶段运输平巷；2—先行天井；3—充填体；4—混凝土垫层；5—混凝土输送管；6—混凝土喷射机；7—顺路天井；8—溜井；9—矿脉

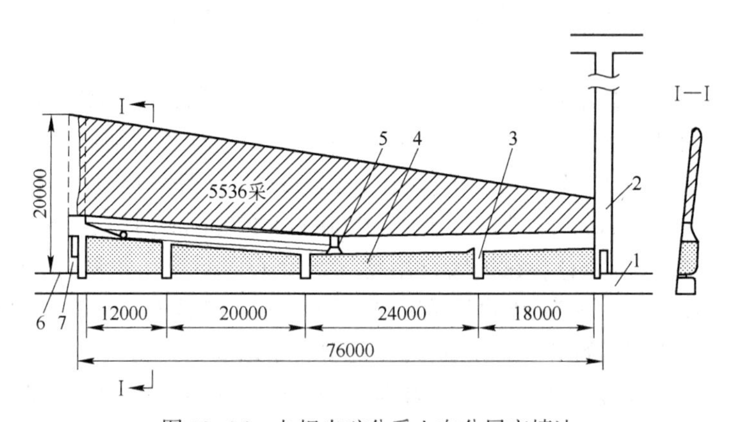

图12-26 电耙出矿分采上向分层充填法

1—阶段运输平巷；2—先行天井；3—溜井；4—充填体；5—电耙绞车；6—钢筋混凝土底柱；7—顺路天井

这种采矿法常用来开掘急倾斜极薄矿脉，矿块尺寸不大（段高30~50m，天井间距50~60m），掘进采准巷道便于更好地探清矿脉。运输巷道一般切下盘岩石掘进。为了缩短运搬距离，常在矿块中间设顺路天井，如图12-27所示。

自下向上水平分层回采时，可根据具体条件决定先采矿石或先采围岩。当矿石易于采掘，有用矿物又易被震落时，则先采矿石；反之，先采围岩。

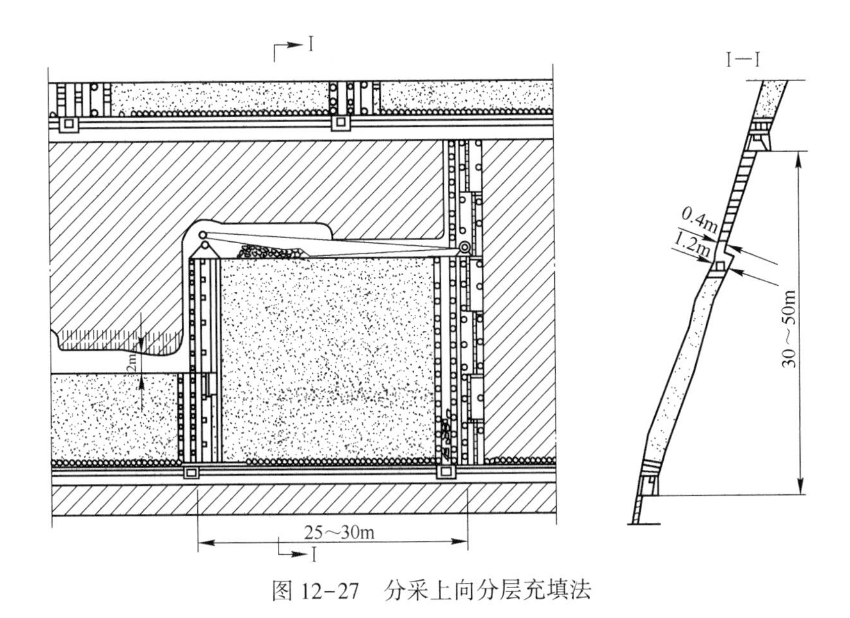

图 12-27 分采上向分层充填法

先崩矿石时，由于矿脉薄，夹制性大，宜采用小直径钻机，钻凿深度不超过 1~1.5m 的浅孔，孔距 0.4~0.6m。矿脉厚度小于 0.6m 时，采用一字形布孔；大于 0.6m 时，采用之字形布孔。为了减少崩矿对围岩的破坏、降低矿石贫化，采用小直径药卷或间隔装药等进行爆破。在落矿之前，应铺设垫板（木板、铁板、废运输带等），以防粉矿落入充填料中。为了提高崩矿质量，在一个回采分层内可采取分次崩矿措施。

一般采掘下盘岩石，并按分层高度一次凿岩爆破，爆破参数值比崩矿的要大些。要使崩落下的围岩刚好充满采空区，则必须符合下列条件：

$$M_y K_y = (M_a + M_y) k$$

即

$$M_y = \frac{M_a k}{K_y - k} \tag{12-1}$$

式中 M_y——采掘围岩的厚度，m；

M_a——矿脉厚度，m；

K_y——围岩崩落后的松散系数，1.4~1.5；

k——采空区需要充填的系数，0.75~0.8。

由于矿脉很薄，开掘的围岩往往多于采空区所需充填的废石，此时应设废石溜井将多余废石运出采场。

当采幅宽度较大（1.0~1.3m）时，可采用斗容为 0.15m^3 的小型电耙运搬矿石和耙平充填料。为了给回采工作面创造机械化作业条件，可增大采幅宽度（1.2~1.3m）。

用分采充填法开采缓倾斜极薄矿脉时，一般逆倾斜作业。回采工艺和急倾斜极薄矿脉相似，但充填采空区常用人工堆砌，体力劳动繁重，效率低。可用电耙和板式输送机在采场内运搬矿石，采幅宽度一般比急倾斜矿脉要大。

这种采矿法在铺垫板质量达不到要求时，矿石损失较大（7%~15%）；矿脉很薄落矿时，不可避免地带下废石混入矿石中，贫化率较高（15%~50%）。因此，铺设垫板的质量好坏是决定分采充填法成败的关键。

尽管这种方法存在工艺复杂、效率低、劳动强度大等缺点，但对开采极薄的贵重金属矿脉，在经济上仍比混采的留矿法优越。提高技术经济指标需要适合于窄工作面条件下作业的小型机械设备、有效的铺垫材料和工艺。

12.6　空场嗣后充填法

12.6.1　工艺技术特点

空场嗣后充填法属于空场法与充填法联合开采的方法，采场结构参数、采切工程布置以及回采工艺与空场法相同，只是增加了充填工序。根据空场法回采工艺的不同，采空区处理可以采用胶结和非胶结充填。由于空场法开采的矿岩条件一般都要求比较稳固，所以应尽可能采用非胶结充填，以降低充填作业成本。一般来说，当矿柱不需要回收而作为永久损失时，采空区可采用非胶结充填。

空场嗣后充填法的类别主要有分段空场嗣后充填法、大直径深孔空场嗣后充填法（含VCR法）。此外，还有房柱法、阶段矿房法、留矿嗣后充填法等。

分段空场嗣后充填法和大直径深孔空场嗣后充填法的采矿效率较高，应用范围较大。一般矿体厚度小于15~20m时，沿走向布置矿块；矿体厚度大于15~20m时，垂直走向布置矿块。如矿体厚度特别厚大，超过50~60m时，可划分为盘区开采（如100m×100m、150m×150m的盘区）。

垂直走向布置矿块时，一般采用“隔三采一”或“隔一采一”。矿块宽度根据矿体和围岩的稳固性来确定，以8~15m为宜。当有一侧是矿体时，矿块需要胶结充填，当侧边矿块均已用胶结充填后，矿块可采用非胶结充填。当一个矿块的充填体需要为相邻的矿块提供出矿通道时，其底部约10m需采用较高灰砂比的胶结充填料充填。

空场嗣后一次充填量大，有条件采用高效率的充填方式，但充填体必须具有足够的强度和站立高度，以保证回采过程中不因充填体的塌落造成过大的矿石损失和贫化。

空场嗣后充填法的出矿一般采用铲运机，铲斗容积一般为3~10m^3。铲运机越大，采场的综合生产能力越高。采场的底部结构主要有两种形式，即平底结构或堑沟式结构。采用平底结构时，在大量出矿后，为了清除采场的剩余矿石，必须采用遥控铲运机进行清底。采用堑沟式结构时，原则上不需要遥控铲运机，但留下底柱不易回收。

加强出矿速度，采用强采、强出、强充，对于减少采场贫化是有益的，对于以后相邻采场的回采也是有利的。该方法中遥控铲运机的使用较为普遍。加拿大Brunswick矿采用遥控铲运机出矿量占80%以上。

采场出矿完毕即进行充填准备和充填作业。充填准备工作包括打隔墙，在采场内布置泄水管。分段空场嗣后充填法充填时隔墙较多，按安庆铜矿的经验，采场内的泄水管可采用波纹管，其上钻许多泄水孔，用漏水布缠绕，然后沿采场壁悬吊，并引至隔墙外。为了解决采场脱水的问题，最好的方法是采用膏体充填，使采场内不需脱水，并且可以较好地接顶。

当采用水力充填时，应当特别重视充填挡墙的构筑，充填挡墙承受的压力和采场的脱水是否良好有很大关系。为了安全起见，水力充填采场一般要分几次充填，以避免充填挡墙承受过高的饱和水压力。当采用膏体充填时，一般先采用含水泥比例较高的充填料，充填至出矿点眉线以上的高度，然后再以水泥含量较低的充填料，充填采场的其余部分。

国外部分矿山分段或阶段空场嗣后充填采矿法的基本尺寸见表12-3。

表12-3　国外部分矿山分段或阶段空场嗣后充填采矿法的基本尺寸

矿山名称	矿床类型	采场尺寸/ft					运输道间隔/ft
		宽度	长度	高度	分段高度	矿柱	
Kidd Creek (Belford，1981)	大型硫化矿	79	98	299	98	70~98	397
Torman (Matikainen，1981)	大型石灰石	148~164	328~492	328	49~164	148~164	—
Rio Tinto (Botin and Singh，1981)	大型硫化矿	66	66~164	131~236	131~236	41	174~276
Mt. Isa (Goddard，1981)	层状硫化矿	82~164	98	410~820	66	82	574~984
Luanshya(Mabson and Russel，1981)	层状硫化矿	39	39	115	36	16~32	164~230

注：1ft=0.3048m。

12.6.2 冬瓜山铜矿大直径深孔空场嗣后充填法

12.6.2.1　*地质概况*

冬瓜山矿体位于青山背斜的轴部，赋存于石炭系黄龙组和船山组层位中，呈似层状产出。矿体产状与围岩一致，与背斜形态相吻合。矿体走向NE35°~40°，矿体两翼分别向北西、南东倾斜，中部倾角较缓，而西北及东南边部较陡，最大倾角达30°~40°。矿体沿走向向北东侧伏，侧伏角一般10°左右。矿体赋存于-690~ -1007m标高之间，地表标高+50~+145m，埋藏深。1号矿体为主矿体，其储量占总储量的98.8%，矿体水平投影走向长1810m，最大宽度882m，最小宽度204m，矿体平均厚度34m，最小厚度1.13m，最大厚度100.67m。矿体直接顶板主要为大理岩，矿体底板主要为粉砂岩和石英闪长岩。矿体主要为含铜磁铁矿、含铜蛇纹石和含铜矽卡岩。矿石平均含硫17.6%，硫铁矿中局部有少量胶状黄铁矿。

地表有大量的工业设施、民用建筑、道路和大面积高产农田，需要保护，地表不允许冒落。

12.6.2.2　*采矿方法*

矿体厚大部分采用大直径深孔嗣后充填采矿法。将矿体划分为盘区，盘区尺寸为100m×180m，每个盘区内布置20个采场，采场长50m、宽18m，矿房、矿柱按“田”字形布置，采场高度为矿体厚度。采场沿矿体走向布置，使采场长轴方向与最大主应力方向呈小角度相交，让采场处于较好的受力状态，以利于控制岩爆。采场回采顺序采用间隔回采，从矿体中部开始，垂直矿体走向按“隔三采一”方式向两翼推进。

采场结构如图12-28所示。沿矿体走向每隔200m分别在顶底板各布置一条采准斜坡道，每条采准斜坡道服务其两侧的盘区。从采准斜坡道掘进联络斜坡道通向盘区出矿穿脉，出矿穿脉布置在盘区中间，回风穿脉设在盘区两侧，在每个盘区设1~2条矿石溜井。从采准斜坡道掘联络斜坡道通向盘区凿岩穿脉，凿岩穿脉和凿岩硐室布置在盘区中间矿体顶盘围岩中，回风穿脉布置在盘区两侧。

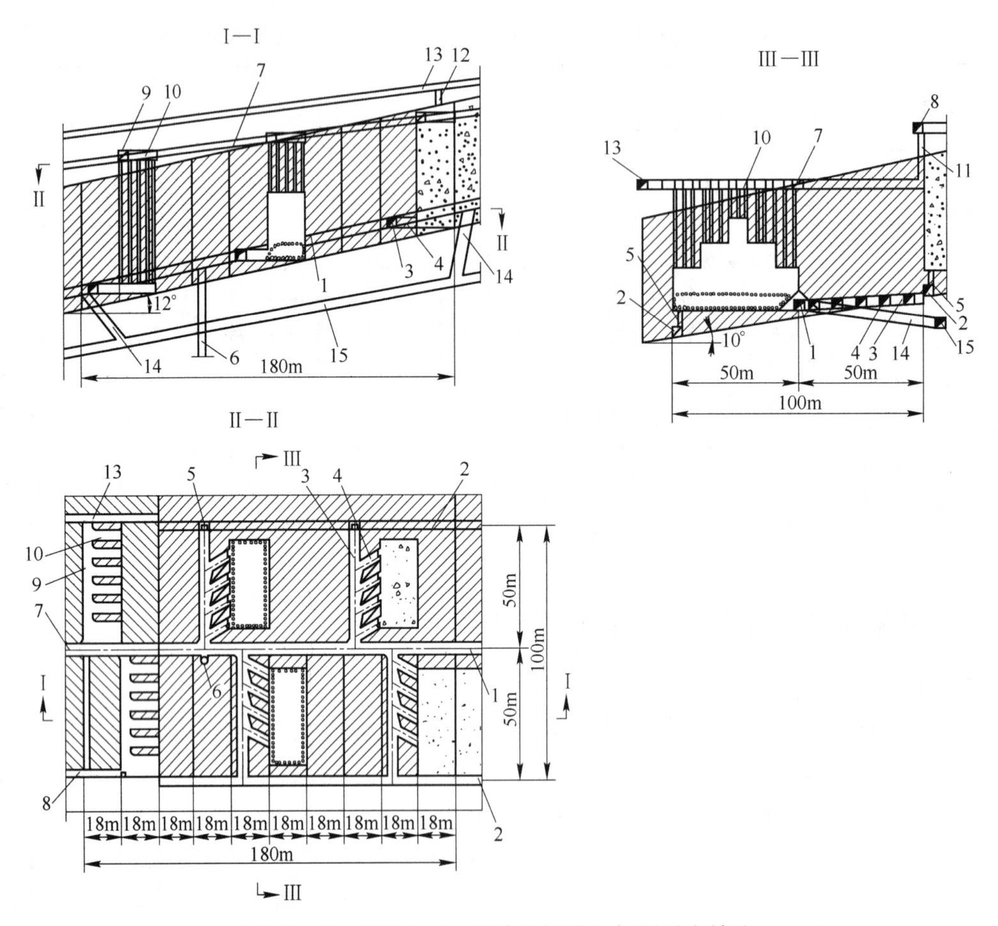

图12-28　冬瓜山铜矿大直径深孔空场嗣后充填法

1—出矿水平出矿穿脉；2—出矿水平回风穿脉；3—出矿巷道；4—出矿进路；5—出矿回风天井；6—溜井；7—凿岩水平凿岩穿脉；8—凿岩水平回风穿脉；9—凿岩巷道；10—凿岩硐室；11—凿岩回风天井；12—充填天井；13—凿岩充填水平采准斜坡道；14—出矿水平联络斜坡道；15—出矿水平采准斜坡道

回采凿岩选用Simba261高风压潜孔钻机钻凿下向垂直深孔，炮孔ϕ165mm，炮孔间距和排距为3.0~3.5m。一次钻完一个采场的全部炮孔，分次装药爆破，爆破采用普通乳化炸药。以采场端部的切割天井和拉底层为自由面倒段侧向崩矿形成切割槽，以切割槽和拉底层为自由面倒梯段侧向崩矿。崩落下的矿石用EST-8B电动铲运机装运，卸入矿石溜井，铲运机斗容5.4~6.5m^3，采场残留矿石采用遥控铲运机回收。

采矿通风的新鲜风流由采准斜坡道经联络斜坡道进入工作面，污风经回风穿脉排到回风巷道。每个工作面均形成贯穿风流通风。

采场出矿完毕后，进行嗣后充填。从采场凿岩巷道吊挂外包滤布的塑料波纹泄水管，在出矿进路中构筑充填泄水挡墙，充填泄水挡墙采用钢筋柔性挡墙。充填料浆用充填管输送到采场凿岩巷道，从充填天井或残留炮孔进入采场。掘进废石通过坑内卡车运到充填巷道，从充填天井与尾砂同时卸入充填采场。

该矿的技术经济指标为：盘区综合生产能力 2400t/d，凿岩设备效率 40m/(台·班)，铲运机出矿效率 800t/(台·班)，损失、贫化率 8%，采切比 $80m^3/kt$。

12.6.3 评价

分段空场和大直径深孔空场嗣后充填法的优点是：适合用机械化开采，采矿效率高，可以达到 100t/(工·班) 以上；采场生产能力可以是中等到很高，有些矿山采场能力可以达到 1000t/d 以上；安全，通风条件好；矿石回收率高，可以达到 90%；贫化率较低，一般在 10%~15%，大部分矿山能控制在 20%以内。达产快，一旦采场爆破开始，可以立即形成出矿能力。

这种采矿方法的缺点是在采场形成出矿能力之前，需要大量的采切工程，尤其是分段空场法；不能选择性开采，对顶、底板边界变化的适应性较差；当矿体倾角较缓的时候，效率降低，贫化增加。

空场嗣后充填法的实质，是用空场法采矿和对采空区进行嗣后充填处理，利用充填体的支撑作用，最大限度地保证矿山生产安全，同时便于回收矿柱和减少贫化损失。另外，将矿山生产中的废石、尾矿等回填到采空区中，可减少对地面环境的影响。由于可以满足矿石回采率和保护地表环境的两方面要求，应用空场嗣后充填法的矿山在增多，并有不断扩大的趋势。

12.7 矿柱回采

用两步骤回采的采矿方法中，必须统一考虑矿房和矿柱的回采方法及回采顺序。一般情况下，采完矿房后应当及时回采矿柱，否则矿山后期的产量将会急剧下降，而且矿柱回采的条件也将变坏（矿柱变形或破坏、巷道需要维修等），增加矿石损失。

矿柱回采方法的选择除了考虑矿岩地质条件外，主要根据矿房充填状态及围岩或地表是否允许崩落而定。

12.7.1 胶结充填矿房的间柱回采

胶结充填矿房时，矿房内的充填料形成一定强度的整体。此时，间柱的回采方法有：上向水平分层充填法、下向分层充填法、留矿法和房柱法。

当矿岩较稳固时，用上向水平分层充填法（见图 12-29）或留矿法随后充填回采间柱（见图 12-30）。为减少下阶段回采顶底柱的矿石损失和贫化，间柱底部 5~6m 高需用胶结充填，其上部用水砂充填。当必须保护地表时，间柱回采用胶结充填；否则，可用水砂充填。

留矿法随后充填采空区回采矿柱，可用于具备适合留矿法的开采条件之处。由于做人工漏斗费工费时，一般都在矿石底柱中开掘漏斗。充填采空区前，在漏斗上存留一层矿石，将漏斗填满后，在其上部进行胶结充填，然后再用水砂或废石充填。

在顶板稳固的缓倾斜或倾斜矿体中，当矿房胶结充填体形成后，可用房柱法回采矿柱，如图 12-31 所示。在矿房充填时，应架设模板，将回采矿柱用的上山、切割巷道和回

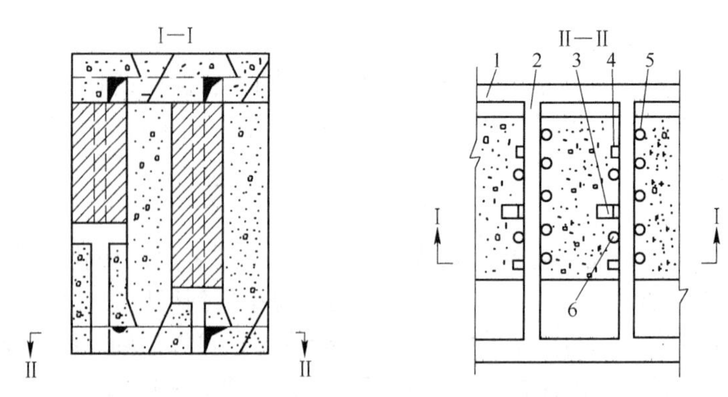

图 12-29 上向水平分层充填法回采间柱

1—运输巷道；2—穿脉巷道；3—充填天井；4—人行泄水井；5—放矿漏斗；6—溜矿井

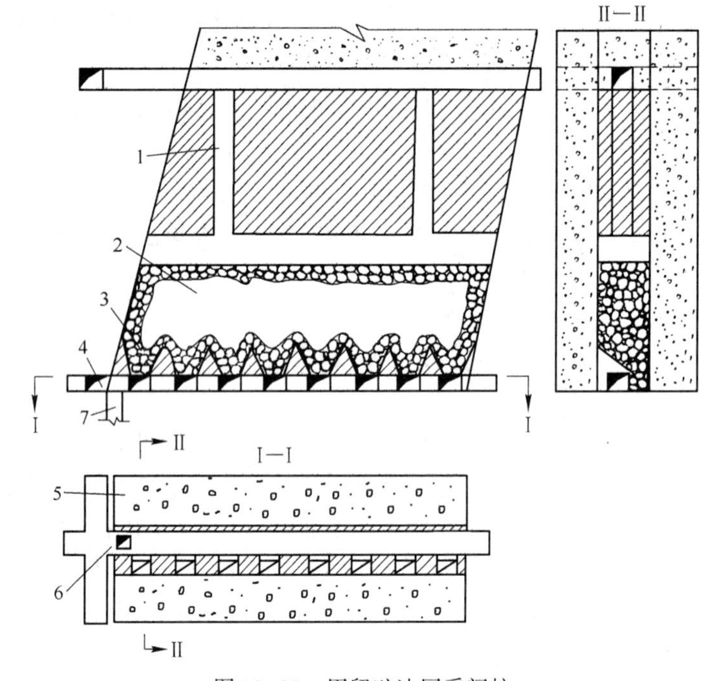

图 12-30 用留矿法回采间柱

1—天井；2—采下矿石；3—漏斗；4—运输巷道；5—充填体；6—电耙巷道；7—溜矿井

风巷道等预留出来，为回采矿柱提供完整的采准系统。

当矿石和围岩不稳固或胶结充填体强度不高（294.3～588.6kPa）时，应采用下向分层充填法回采间柱，如图 12-32 所示。

胶结充填矿房的间柱回采劳动生产率高，与用同类采矿方法回采矿房基本相同。由于部分充填体可能破坏，矿石贫化率为 5%～10%。

12.7.2 松散充填矿房的间柱回采

在矿房用水砂充填或干式充填法回采，或者用空场法回采随后充填（干式或水砂充填）的条件下，如用充填法回采间柱，须在其两侧留 1～2m 矿石，以防矿房中的松散充填料流入间柱工作面。如地表允许崩落，矿石价值又不高，可用分段崩落法回采间柱。间柱

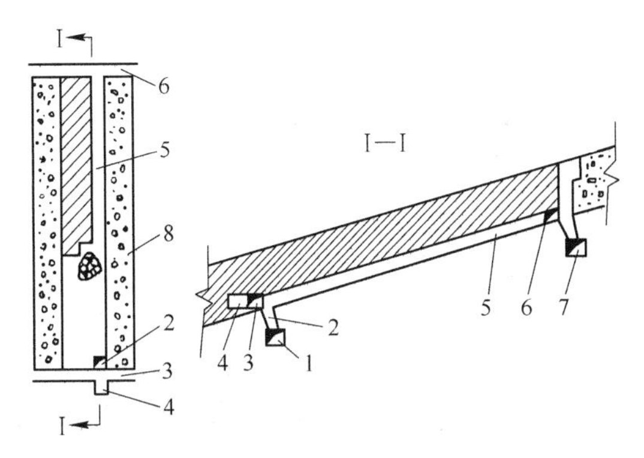

图 12-31 房柱法回采间柱

1—运输巷道；2—溜矿井；3—切割巷道；4—电耙硐室；5—切割上山；6—回风巷道；7—阶段回风巷道；8—胶结充填体

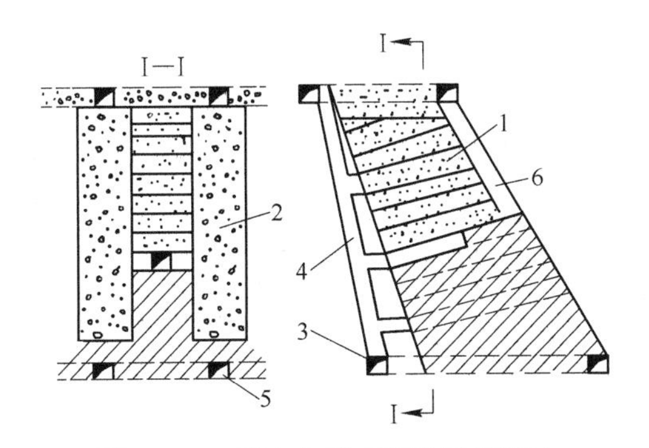

图 12-32 下向分层充填法回采间柱

1—间柱的充填体；2—矿房的充填体；3—运输巷道；4—脉外天井；5—穿脉巷道；6—充填天井

回采的第一分段，应能控制两侧矿房上部顶底柱的一半，这样，顶底柱和间柱可同时回采(见图 12-33)；否则，顶底柱与间柱分别回采。

回采前将第一分段漏斗控制范围内的充填料放出。间柱用上向中深孔、顶底柱用水平深孔落矿。第一分段回采结束后，第二分段用上向垂直中深孔挤压爆破回采。

这种采矿方法回采间柱的劳动生产率和回采效率均较高，但矿石损失和贫化较大。因此，在实际中应用较少。

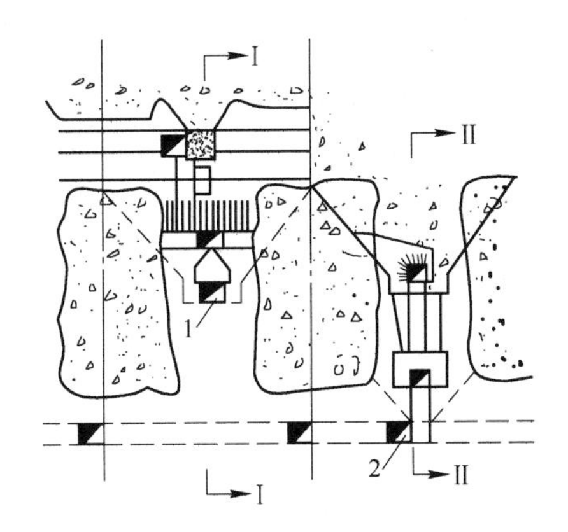

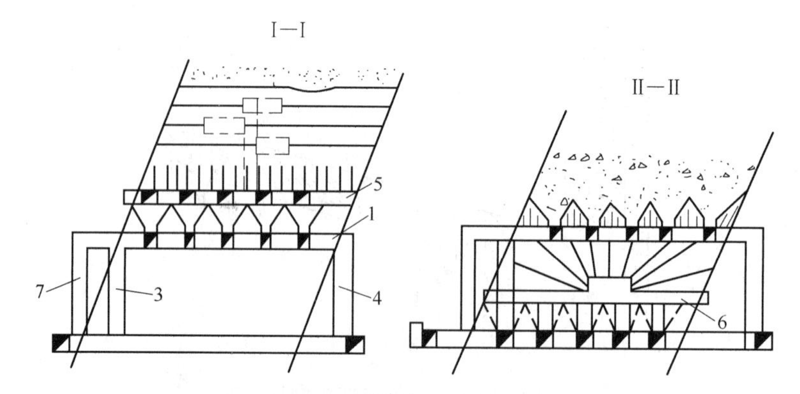

图 12-33 有底柱分段崩落法回采间柱
1—第一分段电耙巷道；2—第二分段电耙巷道；3—溜矿井；4—回风天井；
5—第一分段拉底巷道；6—第二分段拉底巷道；7—行人天井

12.7.3 顶底柱回采

如果回采上阶段矿房和间柱时构筑了人工假底，则在其下部回采顶底柱时，只需控制好顶板暴露面积，用上向水平分层充填法就可顺利地完成回采工作。

当上覆岩层不允许崩落时，应力求接顶密实，以减少围岩下沉。如上覆岩层允许崩落时，用上向水平分层充填法上采到上阶段水平后，再用无底柱分段崩落法回采上阶段底柱，如图 12-34 所示。

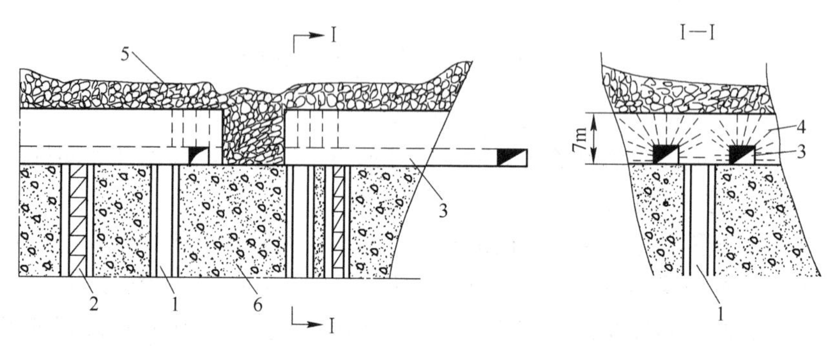

图 12-34 无底柱分段崩落法回采底柱
1—溜矿井；2—行人天井；3—回采巷道；4—炮孔；5—崩落岩石；6—充填体

由于采准工程量小且回采工作简单，无底柱分段崩落法回采底柱的优越性更为突出，但单分层回采不能形成菱形布置采矿巷道，其一侧或两侧的三角矿柱无法回收。因此，矿石损失贫化较大。

第3篇 露天开采

露天开采适用于矿体（或矿体的上部）埋藏较浅的矿床。所谓露天开采就是通过剥离矿体之上一定周围的岩石，把矿体揭露、采出。与地下开采相比，露天开采的作业空间大，作业相对安全，可以应用大型机械设备，能够达到很高的生产能力。但露天开采的采场和排土场损毁大量土地，破坏大面积植被，其生态环境成本较地下开采要高。

本篇系统介绍露天开采的相关概念、要素、境界设计、开采程序和开采工艺等。由于露天开采的作业空间大，为开采方案的优化提供了用武之地，所以多种优化方法得到应用并为矿山带来了巨大的效益。因此，本篇以较大的篇幅介绍一些优化原理、模型和算法。

另外，我国由露天开采转入地下开采的金属矿越来越多，露天转地下的过渡在开采条件和工艺技术上具有其特殊性，所以本篇的最后一章专门论述露天转地下过渡期的协同开采问题。

13 露天开采基本概念

图 13-1 所示为某露天铁矿采场标高模型的三维透视显示。图 13-2(a) 所示是同一矿

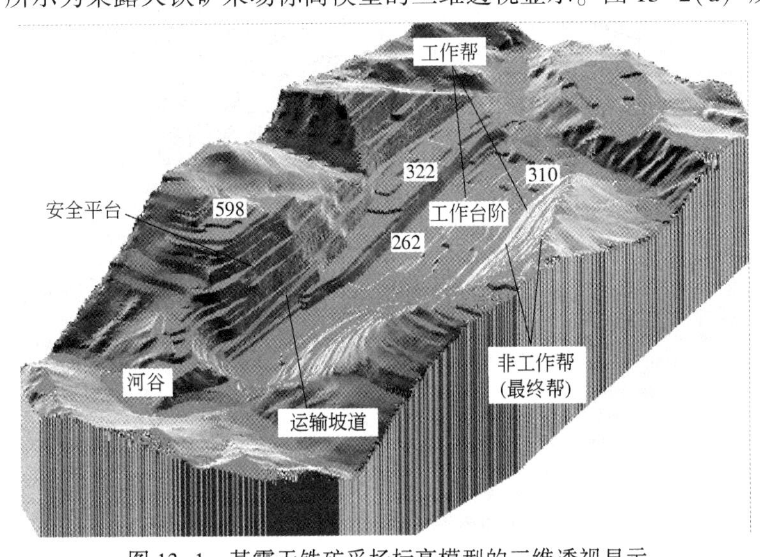

图 13-1 某露天铁矿采场标高模型的三维透视显示

山在生产中使用的线型平面投影图，图 13-2(b) 所示为该采场的一个剖面。采场要素包括：台阶、运输坡道及其缓冲平台、安全平台、工作平盘、工作帮、非工作帮（也称为最终帮）等。本章结合这些采场要素介绍露天开采的基本概念。

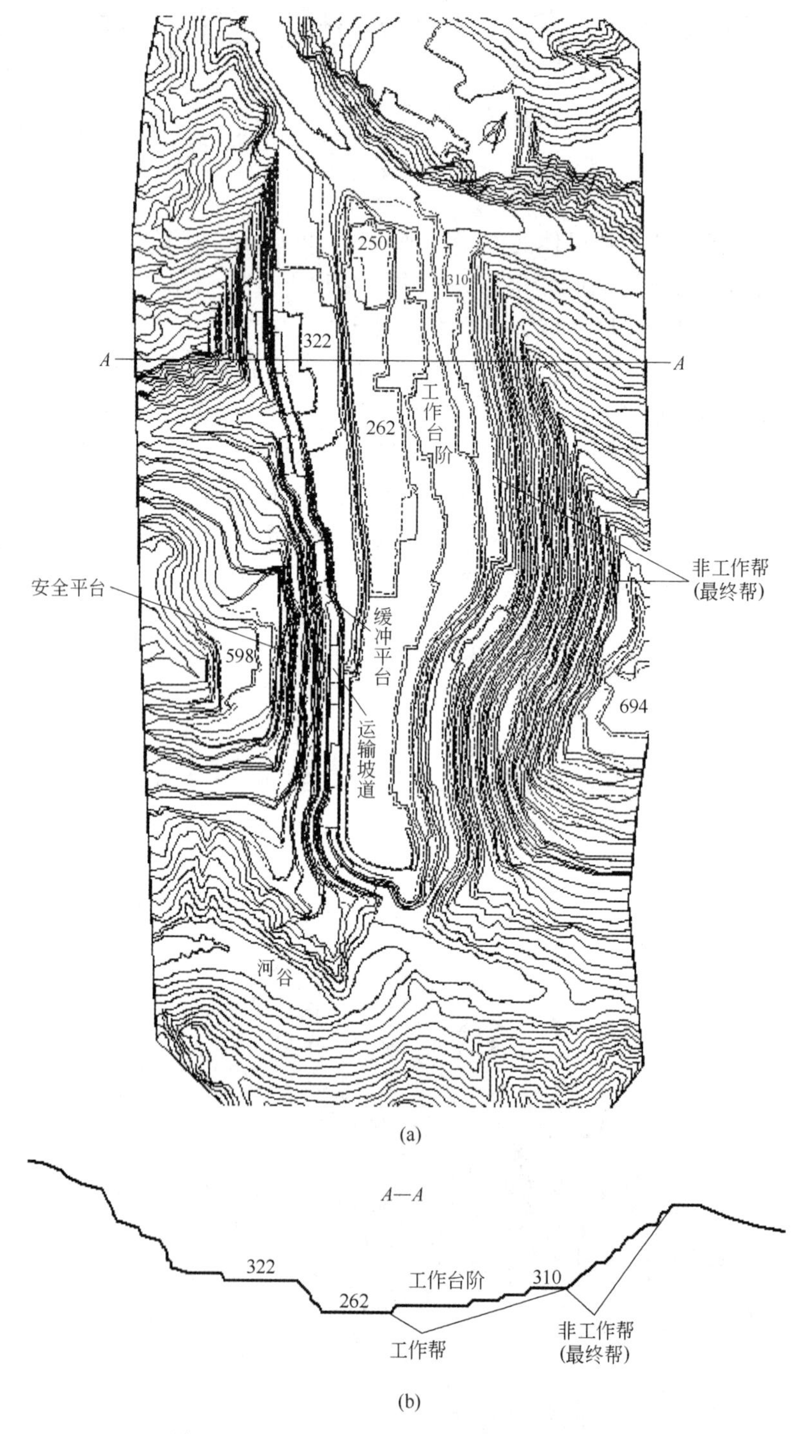

图 13-2 某露天铁矿采场平面投影图与剖面图

（a）平面投影图；（b）剖面图

13.1 台阶要素

13.1.1 基本概念

露天矿在垂直方向上是以台阶为单元进行开采的。图 13-3 所示为台阶的组成要素。一个台阶的上部平面称为坡顶面，下部平面称为坡底面，两者之间的斜面称为台阶坡面。台阶坡顶面与台阶坡面的交线称为坡顶线（也称为上沿线），台阶坡底面与台阶坡面的交线称为坡底线（也称为下沿线），台阶坡面与水平面的夹角 α 称为台阶坡面角。台阶的坡顶面与其坡底面之间的垂直高度 H 称为台阶高度。图 13-2(a) 中的实线即为各台阶的坡顶线，虚线为坡底线。

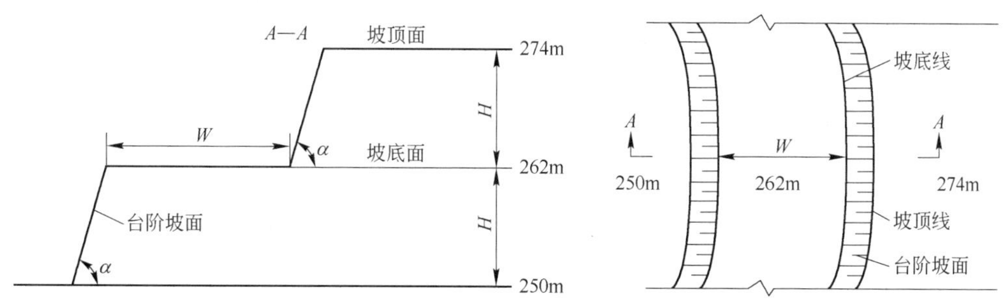

图 13-3 台阶的组成要素

台阶一般用其坡顶面和坡底面所在标高水平命名，如图 13-3 所示。剖面图中的上部台阶称为 262~274m 台阶、下部台阶称为 250~262m 台阶。一个台阶的坡顶面同时是它上部相邻台阶的坡底面，其坡底面同时是它下部相邻台阶的坡顶面。

13.1.2 台阶高度

除非有特殊原因，所有台阶设计为相同的台阶高度。

台阶高度是露天开采中最重要的几何要素之一。影响台阶高度的因素有生产规模、采装设备的作业技术规格以及对开采的选别性要求等。为保证挖掘机挖掘时能获得较高的满斗系数（铲斗的装满程度），台阶高度应不小于挖掘机推压轴高度的 2/3。另外，为避免挖掘过程中在台阶的顶部形成悬崖，台阶高度应不大于（至多略大于）挖掘机的最大挖掘高度。图 13-4 所示为电铲的作业技术规格图解，斗容为 $20m^3$ 的电铲（WK-20）的主要作业技术规格参数见表 13-1。从表 13-1 中可知，该电铲的最大挖掘高度是 14.4m。若选用该型电铲，台阶高度定为 12~15m 较合适。

表 13-1 $20m^3$ 电铲（WK-20）的主要作业技术规格参数

规格参数	参数值	规格参数	参数值
斗容/m^3	20	最大挖掘半径 E/m	21.2
最大卸载高度 A/m	9.1	站立水平挖掘半径 G/m	13.3
最大卸载半径 B_1/m	18.7	下挖深度 H/m	1.75

续表 13-1

规格参数	参数值	规格参数	参数值
最大卸载半径处的卸载高度 A_1/m	5.6	机体尾部回转半径 K/m	7.95
最大卸载高度处的卸载半径 B/m	18.4	机体（包括驾驶室）宽度 S/m	8.534
最大挖掘高度 D/m	14.4	司机视线水平高度 U/m	7.8

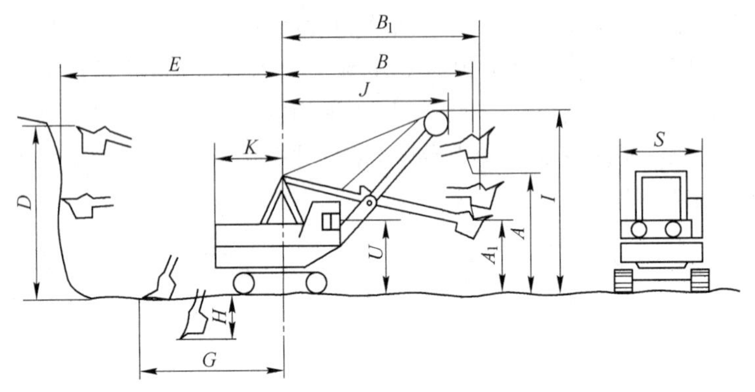

图 13-4 电铲的作业技术规格图解

在品位变化大、矿物价值高的矿山（如金矿），开采选别性是制约台阶高度的重要因素。开采选别性是指在开采过程中能够将不同品位和类型的矿石及废石进行区分开采的程度。以金矿为例，往往需要对于一个区域内的高品位矿、低品位矿、硫化矿、氧化矿及废石进行区分开采，运往各自的目的地。如将低品位矿送往堆浸场，高品位氧化矿送往选矿厂，硫化矿送往焙烧炉，废石送往排土场等。由于一个台阶在垂直方向上是不可分采的，即使在台阶高度内矿石的品位、矿种或矿岩界线变化很大（如某处台阶的上半部分是矿石，下半部分是岩石），也不可能在开采过程中将同一台阶高度上不同种类的矿石及岩石分离出来，由此所造成的贫化和不同矿种的混杂是不可避免的。可见，台阶高度越大，开采选别性越差。因此，开采对选别性要求较高的矿床时，应选取较小的台阶高度。一般说来，黑色金属矿床的品位变化较小、矿体形态较为规则、矿物价值低，对选别性要求较低，台阶高度一般大于 10m，以 12~15m 最为常见。大多数贵重金属矿床的特征恰恰相反，所以台阶高度一般要小一些。

另外，台阶高度也制约着铲装设备的选择，当选用汽车运输时，铲装设备的斗容和装卸参数又进一步制约着汽车的选型。台阶高度较高时，可以选用大型铲装和运输设备，矿山的生产能力也高。在一定范围内，增加台阶高度会降低穿孔、爆破和铲装成本。台阶高度同时也影响着最终帮的几何特征。由此可以看出，台阶高度的选取对整个露天矿的开采经济效益和生产效率有着重要的影响。因此，确定最佳的台阶高度应综合考虑各种相关因素。

13.1.3 台阶坡面角

台阶坡面角主要是由岩体稳定性决定的，其取值随岩体稳定性的增强而增大。确定台阶坡面角时，需要进行岩石稳定性分析，或参照岩体稳定性相类似的矿山选取。另外，岩体层理面的倾向对台阶坡面角有直接的影响。当台阶坡面与岩体层理面的倾向相同或相近，而且层理面倾角较陡时，台阶坡面角等于层理面的倾角。均质岩体中台阶坡面角与岩石坚固性的大体关系见表13-2。国内部分金属露天矿的台阶坡面角取值见表13-3。

表13-2 均质岩体中台阶坡面角与岩石坚固性的大体关系

岩石坚固性系数	台阶坡面角/(°)
>8	70~75
3~8	60~70
1~3	50~60

表13-3 国内部分金属露天矿的台阶坡面角取值

矿山名称	台阶坡面角/(°)
大孤山铁矿	70
东鞍山铁矿	75
南芬铁矿	48~50
大石河铁矿	65
白云鄂博铁矿	70
白银厂铜矿	70

13.1.4 工作平盘与安全平台

仍然处于被开采状态的台阶称为工作平盘，也称为工作台阶或工作平台，如图13-1和图13-2中所标示。

图13-5所示为一个工作平盘的局部示意图。工作台阶上进行爆破、采掘的部分称为爆破带，其宽度 W_c 为爆破带宽度（或采区宽度），台阶的采掘方向是挖掘机沿采掘带前进的方向，台阶的推进方向是台阶向外扩展的方向。

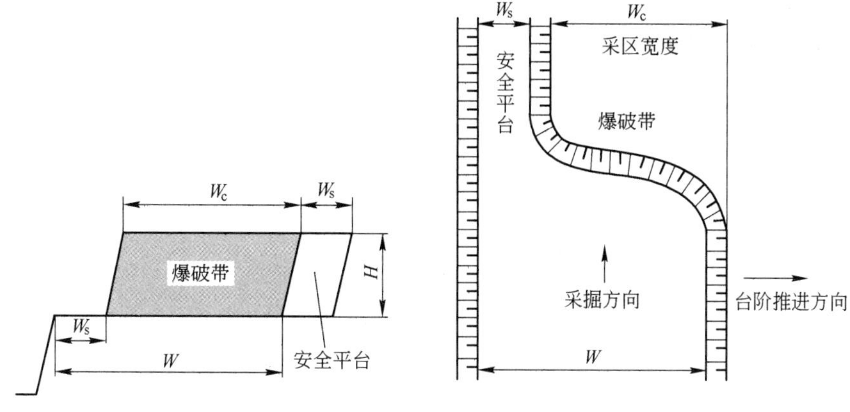

图13-5 工作平盘的局部示意图

在开采过程中，工作台阶不能一直推进到上个工作台阶的坡底线位置，而是应留有一

定的宽度 W_s，留下的这部分称为安全平台。安全平台的作用是收集从上部台阶滑落的碎石和阻止大块岩石滚落。安全平台的宽度一般为2/3~1个台阶高度。在矿山开采寿命期末，有时将安全平台的宽度减小到台阶高度的1/3左右。工作平盘的宽度 W 等于采区宽度与安全平台宽度之和。最小工作平盘宽度是刚刚满足采运安全作业所需要的空间的宽度，其计算详见第15章第15.2节。

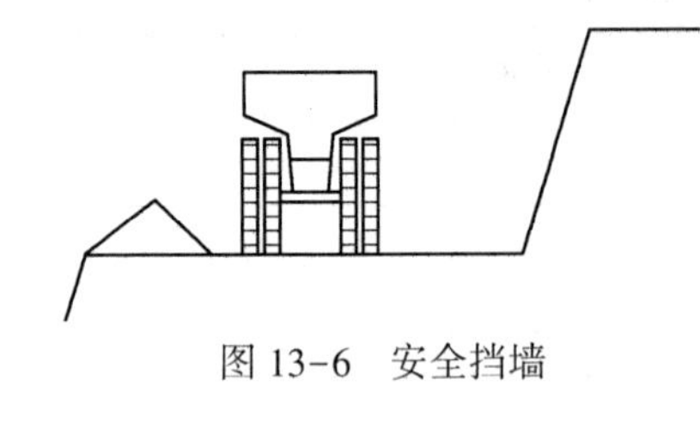

图13-6　安全挡墙

沿工作平盘的外缘常用碎石堆筑一道安全挡墙（见图13-6），用于阻止石块滚落到下面的台阶和防止汽车或其他设备驶落台阶。安全挡墙的高度一般等于汽车轮胎的半径，其坡面角等于碎石的安息角（一般为35°左右）。

13.2　帮坡与帮坡角

露天采场的帮坡就是由各台阶组成的空间曲面。在采场的扩延过程中会形成各式各样的帮坡。

13.2.1　工作帮及其帮坡角

由一组相邻工作台阶组成的帮坡称为工作帮，如图13-1和图13-2中所标示。工作帮上的台阶要素如图13-7所示。工作帮坡角在西方国家一般定义为最上一个工作台阶的坡顶线与最下一个工作台阶的坡底线连成的假想斜面与水平面的夹角。若工作帮由 n 个相邻的工作台阶组成，工作帮坡角 θ 可由下式计算：

$$\theta = \arctan \frac{nH}{\sum_{i=1}^{n-1} W_i + \frac{nH}{\tan\alpha}} \tag{13-1}$$

式中　H——台阶高度；

W_i——从最下部工作台阶算起第 i 个工作平盘的宽度，最上部工作平盘宽度不参与运算；

α——台阶坡面角。

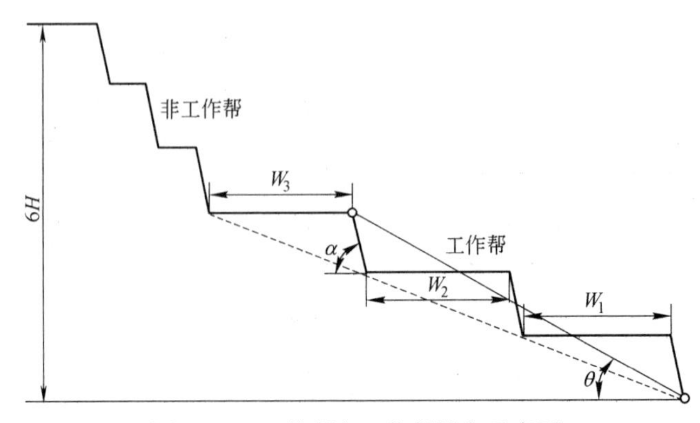

图13-7　工作帮与工作帮坡角示意图

工作帮坡角在我国一般定义为最上一个工作台阶的坡顶面内沿线（即其上部台阶的坡底线）与最下一个工作台阶的坡底线连成的假想斜面与水平面的夹角（见图 13-7 中的虚线）。在这一定义下，最上部工作平盘宽度也参与运算，式（13-1）就变为式（13-2）。为叙述方便，以下均采用第一种定义。

$$\theta = \arctan \frac{nH}{\sum_{i=1}^{n} W_i + \frac{nH}{\tan\alpha}} \tag{13-2}$$

我国金属露天矿的工作帮坡角一般为 15°~20°。

13.2.2　非工作帮及其帮坡角

由一组已经推进到各自的最终境界位置、不再开采的台阶组成的帮坡称为非工作帮或最终帮，如图 13-1 和图 13-2 中所标示。工作帮随台阶的推进向最终帮靠近，已经推进到最终帮位置的台阶称为已靠帮台阶。一段非工作帮的帮坡角称为非工作帮坡角或最终帮坡角，一般定义为最上一个已靠帮台阶的坡顶线与最下一个已靠帮台阶的坡底线连成的假想斜面与水平面的夹角。

在一些情况下，非工作帮上每个台阶都留有安全平台，如图 13-8 所示。这时，最终帮坡角为：

$$\theta = \arctan \frac{nH}{\sum_{i=1}^{n-1} W_{si} + \frac{nH}{\tan\alpha}} \tag{13-3}$$

式中　W_{si}——从最下部算起第 i 个已靠帮台阶的安全平台宽度。

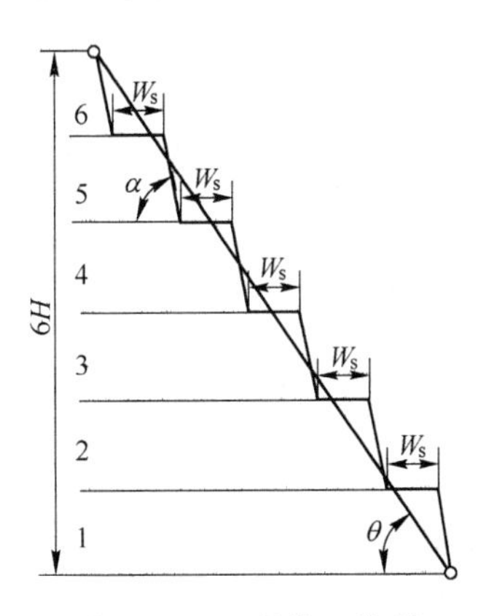

图 13-8　一段非工作帮

在另外一些情况下，非工作帮上并不是每个台阶都留有安全平台，而是每隔几个（一般为 2~4 个）台阶留一个安全平台，如图 13-9 所示，这种情形称为并段。并段是在台阶靠帮过程中，台阶的坡顶线一直推进到其上部相邻台阶的坡底线位置实现的。由于并段后各并段台阶的坡面形成一个高陡斜面，石块滚落到安全平台上的滚落速度加大，所以实行并段后的安全平台宽度应适当加宽，一般是每“并入”一个台阶，安全平台的宽度增加 1/3 左右。并段可使最终帮坡角 θ 明显增大。

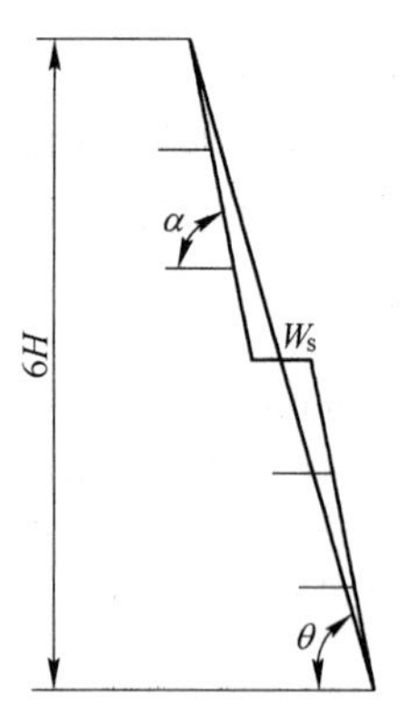

图 13-9 实行并段的一段非工作帮

13.2.3 运输坡道及其对最终帮坡角的影响

如图 13-1 和图 13-2 所示，运输坡道是连通台阶与台阶之间的通道，也是采场到地表的通道。矿石和废石通过运输坡道从采掘面运往地表。运输坡道的宽度根据运输设备的规格及其两侧的安全距离确定，坡度一般为 8%，长度等于台阶高度除以坡度。

在最终帮上，相邻台阶的坡道首尾相接，可能形成很长的连续坡道。为了减少陡坡的持续长度，以免重车在陡坡上连续行驶时间过长引起引擎过热和加速机械磨损，同时也避免下坡连续刹车时间过长使汽车制动鼓发热，造成可能的车速失控而发生事故，每隔一定距离设一段水平（或坡度很缓的）道路（见图 13-2），称为缓冲平台。缓冲平台的坡度一般不大于 3%，长度在 80m 左右。当坡道坡度为 8%左右时，连续陡坡的坡长应限制在约 350m 以内。

最终帮上的运输坡道对最终帮坡角有很大影响。图 13-10 所示为运输坡道通过的一段最终帮的剖面，坡道的宽度为 W_R，坡道在该剖面上位于下数第 4 个台阶的中腰。图中的 θ 为该段边帮的总帮坡角。道路将整段边帮分为 AC 和 DB 两段，图中 θ_1 和 θ_2 分别为这两段的帮坡角，有时称为路间帮坡角。若坡道宽度 $W_R=30$m，安全平台宽度 $W_s=10$m，台阶高度 $H=12$m，坡面角 $\alpha=70°$，则 $\theta=34.13°$，$\theta_1=44.14°$，$\theta_2=42.84°$；如果没有坡道，这段边帮的总帮坡角为 43.37°。可见，在边帮上加入运输道路会使总帮坡角变缓许多（本例中

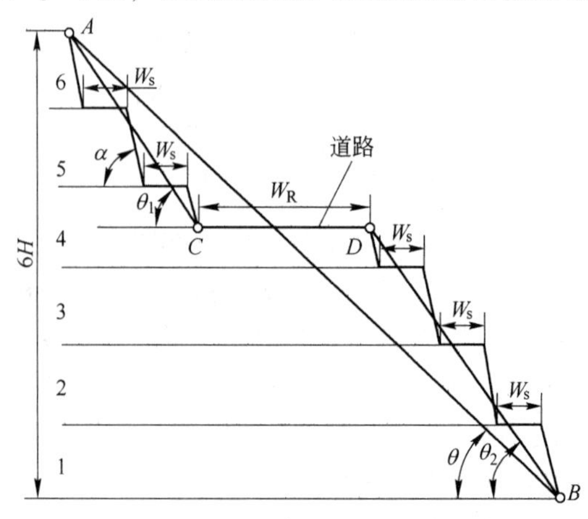

图 13-10 具有坡道的一段最终帮的剖面

变缓了约 9°)。这一简单的例子说明,在设计最终境界时,最终帮坡角的选取应考虑到运输道路的布置情况,而路间帮坡角(即图 13-10 中的 θ_1 和 θ_2)不应大于帮坡稳定性允许的最大帮坡角。

13.3　露天开采一般过程

假设一露天矿最终境界内的地表地形较为平坦,地表标高为 200m,台阶高度为 12m。图 13-11 所示为该露天矿开采的一般过程示意图。首先在地表境界线的一端沿矿体走向掘沟到 188m 水平,如图 13-11(a);出入沟掘完后在沟底以扇形工作面推进,如图 13-11(b);当 188m 水平被揭露出足够面积时,向 176m 水平掘沟,掘沟位置仍在右侧最终帮,如图 13-11(c);之后,形成了 188~200m 台阶和 176~188m 台阶同时推进的局面,如图 13-11(d);随着开采的进行,新的工作台阶不断投入生产,上部一些台阶推进到最终帮(即已靠帮);若干年后,采场现状变为如图 13-11(e) 所示;当整个矿山开采完毕时,每个台阶都推进到了其设计的最终位置,形成了如图 13-11(f) 所示的最终境界。

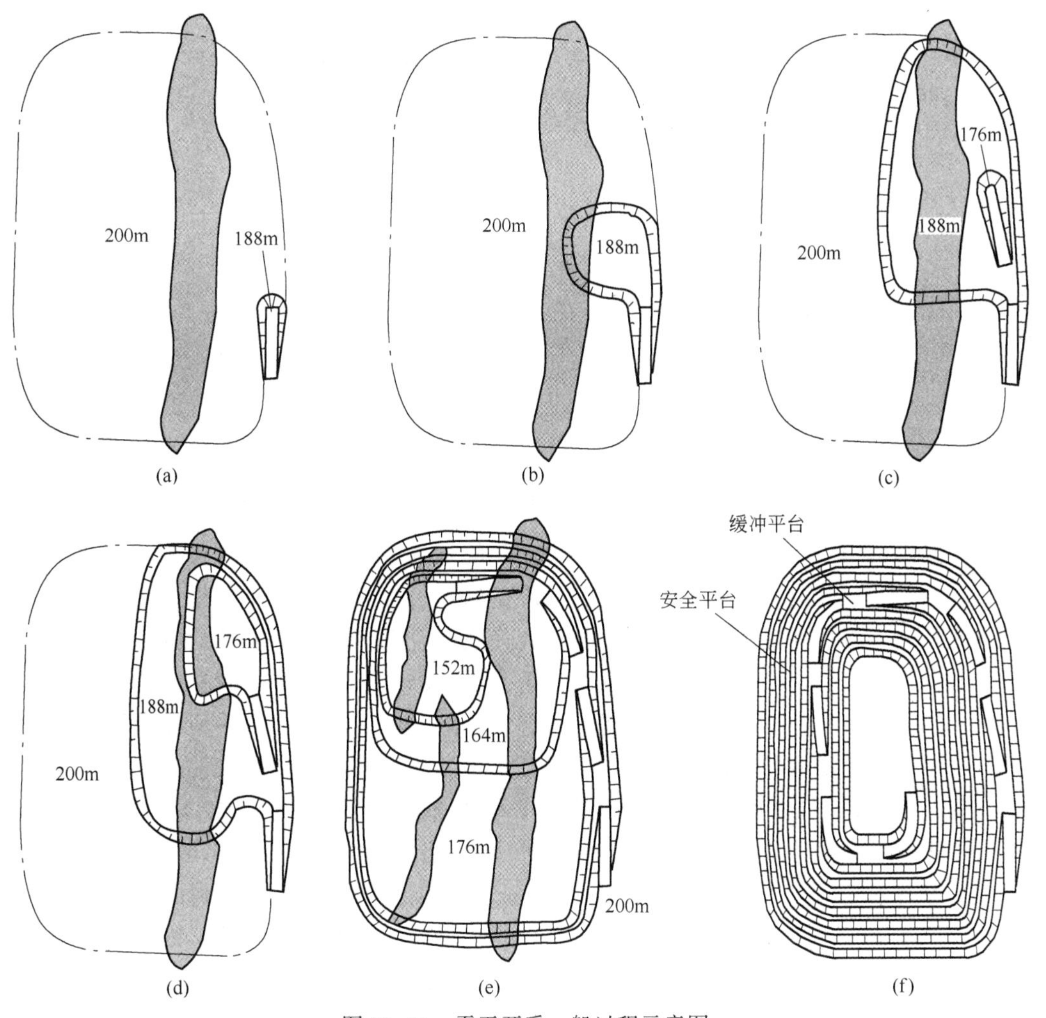

图 13-11　露天开采一般过程示意图

上述露天开采过程通过凿岩（钻孔）、爆破、铲装、运输、排岩等工序具体实现，各工序环节相互衔接、相互影响、相互制约，共同构成了露天开采的最基本生产工艺。

13.4 分期开采

工作帮沿水平方向一直推进到最终开采境界的开采方法称为全境界开采。图13-11所示即为全境界开采。由于工作帮坡角一般比最终境界帮坡角缓得多，所以全境界开采的初期剥岩量大（大型深凹露天矿尤为如此），基建时间长，初期投资高，最适合于开采深度较浅、开采规模较小的矿山。

与全境界开采相对应的是分期开采。分期开采就是将最终开采境界划分成几个小的中间境界（称为分期境界），台阶在每一分期内只推进到相应的分期境界。当某一分期境界内的矿岩将近采完时，开始下一分期境界上部台阶的采剥，即开始分期扩帮或扩帮过渡，逐步过渡到下一分期境界内的正常开采。如此逐期开采、逐期过渡，直至推进到最后一个分期境界，即最终开采境界。

图13-12所示为分期开采示意图。从图13-12可以看出，由于第一分期境界比最终境界小得多，所以初期生产剥采比（开采单位量的矿石需要剥离的废石量）大大降低，从而降低了初期投资和前期的剥离成本，提高了开采的整体经济效益。

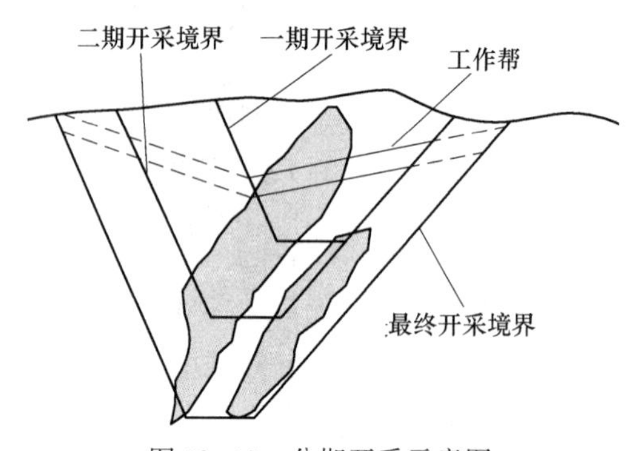

图13-12 分期开采示意图

分期开采的另一个重要优点是可以降低由最终境界的不确定性所带来的投资风险。一个大型露天矿一般具有几十年的开采寿命，在进行可行性研究（或初步设计）时确定的最终境界在几十年以后才能形成。在科学技术飞速发展、经济环境不断变化的情况下，几十年后的开采技术和经济环境与开采初期相比将有很大的差别，这意味着在设计开采境界时采用的技术、经济参数在一个时期后将不再适用，最初设计的最终开采境界也不再是最优境界，甚至是一个糟糕的境界。因此，最终开采境界的设计应当是一个动态的过程，而不应是一成不变的；一开始就将台阶推进到最终境界是高风险和不明智的。

若采用分期开采，最初设计的各分期境界除第一分期境界之外都是参考性质的。在一个分期将要开采完毕向下一分期过渡时，可充分利用在开采过程中已获得的矿床地质资料和当时的技术、经济参数，对矿床未开采部分建立新的矿床模型，对未来的分期境界（尤其是下一分期境界）做更适合当时技术经济条件的优化设计。依此类推，直至开采结束。这样，大大降低了最终境界随时间的不确定性可能带来的经济损失。

分期开采对生产技术手段和管理水平要求较高，这主要体现在从一个分期向下一个分期的过渡上。分期间的过渡时间尤为重要，若过渡得太早，则会增加前期剥岩量，与分期开采的目的相悖；若过渡得太晚，因下一分期境界上部台阶没有矿石或矿石量很少，而其下部台阶还未被揭露，当前分期的开采却已经结束，从而造成一段时间内减产甚至是停产剥离的被动局面，这是重大的生产技术事故。所以，在编制采剥计划时，必须对各分期间的过渡时间以及过渡期内的生产进行全面、周密的计划，并在实施中实行严格的生产组织管理。

分期之间的过渡时间应根据相邻分期境界的大小及形态、矿体的赋存条件与形态、矿石的品位分布、矿山的采剥生产能力、开采强度等因素综合确定。总的原则是：既要确保矿山生产的连续性、满足选厂对矿石产量与质量的要求，又要避免不必要的提前过渡。这一准则可用图 13-13 加以说明。

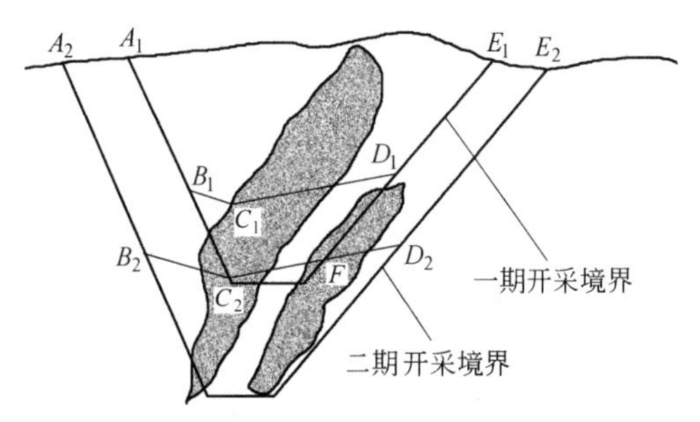

图 13-13　分期过渡示意图

当第一分期工作帮推进到 $B_1C_1D_1$ 时，开始在第二分期境界的上部（A_1A_2 和 E_1E_2）区段进行扩帮过渡。第一分期的正常开采与第二分期的扩帮过渡分别在不同水平独立作业，两者间留有较陡的帮坡。如果过渡开始时间选择得当，过渡时期的生产组织得力，第一期正常开采结束时（即工作帮推进到 C_2F 时），在区段 $A_2A_1C_2B_2$ 和 $E_1E_2D_2F$ 的扩帮工作也恰好结束，从而顺利地过渡到第二分期，这是最理想的过渡。

从理论上讲，可以利用最终帮坡角、工作帮坡角、分期境界边帮间的水平距离、开采下降速度、扩帮能力、采选生产能力等参数，通过几何推导得出扩帮开始时间。但由于大部分矿山的矿体赋存条件较为复杂、境界形态不规则等原因，纯几何计算公式的应用价值很小。实践中需要在图纸或计算机上进行扩帮过渡模拟，反复调整过渡方案，来编制扩帮计划。

分期过渡中的扩帮通常采用组合台阶开采。组合台阶开采，就是把数个相邻台阶作为一个组合单元，在一个组合单元内任何时候都只有一个台阶在开采。图 13-14 所示是把扩帮区段分为两个条带，两个组合单元（每一条带一个）同时以组合台阶形式开采，进行扩帮的示意图。在不同的扩帮区段，可以根据扩帮强度需求、分期境界边帮间的水平距离和采场形态，灵活安排扩帮工作面，并保持较陡的工作帮坡角。

在某些扩帮区段，相邻两个分期境界边帮间的水平距离较小，不能像图 13-14 所示的那样划分为多个条带由多个组合单元同时开采，在一个扩帮区段只能安排一个工作面自上而下进行扩帮。如果扩帮强度不够，可以在一个扩帮区段采用“尾随式”布置两个工作面，如图 13-15 所示。当然，若对扩帮强度要求低，即使可以在两分期境界边帮之间布置

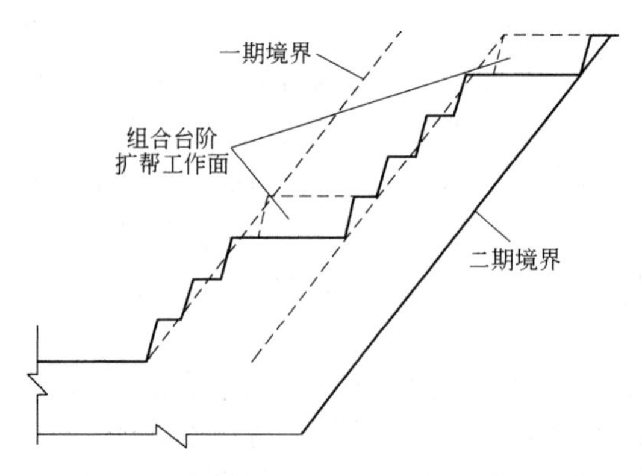

图 13-14　分期开采组合台阶扩帮示意图

一个以上的组合单元，也可以只用一台电铲在一个扩帮区实施自上而下扩帮。这时，若在两个分期境界的边帮之间实行一次推进的工作面太宽，或一次推进下降的速度太慢，可以沿境界边帮段逐条带进行扩帮，即自上而下扩完一个条带后，再扩另一个条带。

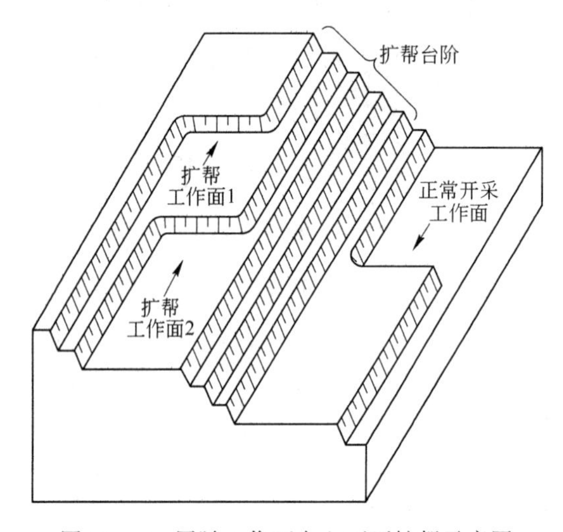

图 13-15　尾随工作面自上而下扩帮示意图

在一些矿山，由于矿体赋存条件和地形等因素，设计的分期数目多，每一分期开采时间短，扩帮是连续进行的，即在当前分期正常开采的一开始，向下一分期的扩帮工作就已经开始。这样，正常开采与扩帮始终同时进行。如图 13-16 所示，正常开采 Ⅰ 的同时在 1

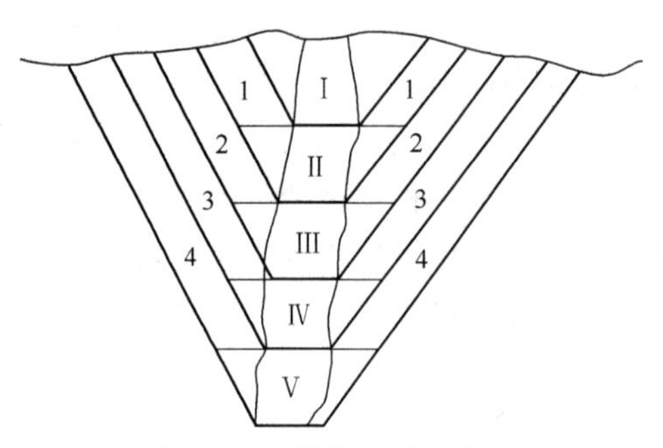

图 13-16　扩帮开采示意图

处扩帮；正常开采Ⅱ的同时，在2处扩帮；依此类推，这种开采方式称为扩帮开采或陡帮开采。

分期开采较全境界开采更符合露天矿建设与生产发展规律，在国外广泛应用。对分期开采的整体经济效益影响最大的四个要素是：分期数；各分期境界的位置、大小和形状；相邻分期间的过渡时间；分期内和分期间的开采顺序。这四大要素的优化是采矿优化领域的一个重要研究课题。

14　境界设计与优化

14.1 概　　述

应用第 1 章中讲述的方法得到的矿物储量是地质储量，地质储量并不都将被开采利用。由于受到自然与技术条件的制约和出于经济上的考虑，一般只有一部分地质储量的开采是技术上可行和经济上合理的，这部分储量称为开采储量。圈定开采储量的三维几何体称为最终开采境界或最终境界，用它预计在矿山开采结束时的采场大小和形状，第 13 章提到的非工作帮（最终帮）就是最终境界的边帮。图 14-1 所示为某矿山最终境界的平面投影图。若采用分期开采，则最终境界被进一步划分为若干个分期境界。

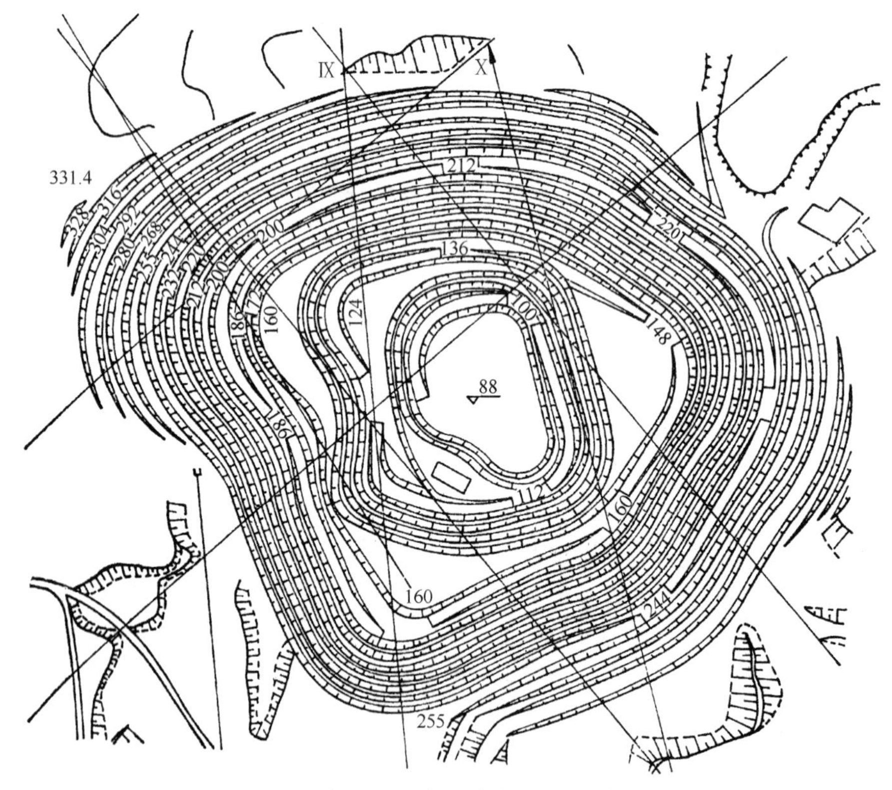

图 14-1　某矿山最终开采境界的平面投影图

如第 13 章第 13. 3 节所描述，露天开采过程是一个使矿区内原始地貌连续发生变形的过程。在开采过程中，或者山包消失，或者形成深度和广度不断增加的坑体（即采场）。采场的边坡必须能够在较长的时期内保持稳定，不发生滑坡。为满足边坡稳定性要求，最终帮坡角不能超过某一最大值（一般在 35°～55°之间，具体值需根据岩体的稳定性确定）。

最终帮坡角对境界（指最终境界或分期境界）形态的约束是设计境界时需要考虑的几何约束。

从充分利用矿物的角度来看，最终境界应包括尽可能多的地质储量。然而，由于几何约束的存在，开采某部分的矿石必须在剥离该部分矿石上面一定范围内的岩石后才能实现，如图 14-2 所示。剥离岩石本身只能带来资金的消耗，不会带来经济收入。因此，从经济角度来看，存在一个使矿山企业的总经济效益最大的最终境界。若采用分期开采，同样也存在一个使总经济效益最大的分期方案（即分期数以及各分期境界的大小、位置和形态）。

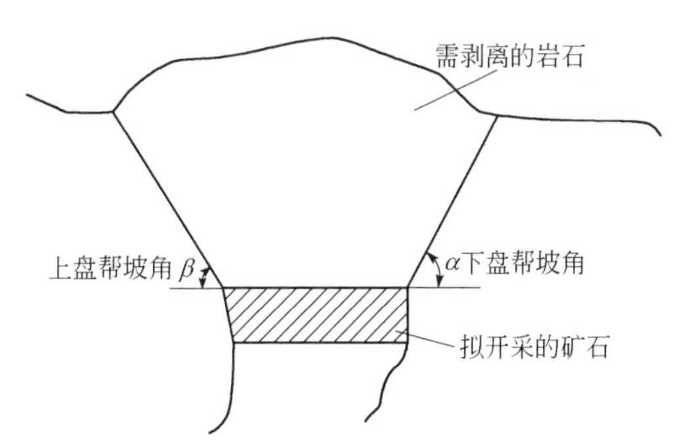

图 14-2　采矿与剥离关系示意图

在具有竞争性的市场经济条件下，矿山企业与其他行业的企业一样，其主要经营目标是经济效益最大化。因此，境界的确定是露天矿设计与规划中的一项十分重要的工作，既是技术决策，又是经济决策。然而，最佳境界的确定并非易事，它要求设计者具有较强的理论基础和较丰富的实践经验。

露天矿境界设计在方法与手段上经历了三个阶段：

（1）手工设计阶段。这一阶段的最终境界设计以经济合理剥采比为基本准则，在垂直剖面图和分层平面图上进行手工设计和计算，用求积仪量取图形的面积，计算矿岩量。分期境界设计则是综合考虑最终境界的大小、形态和工作平盘宽度等因素，把最终境界分为若干个分期境界。手工设计如今已成为历史。

（2）计算机辅助设计阶段。这一阶段在方法上与手工阶段基本相同，以计算机为平台，计算机屏幕代替了纸质图纸，设计过程在计算机上进行，相关计算由软件完成，设计结果在屏幕上显示并用绘图仪绘成图纸，相关数据存入某种形式的文件。所用软件通常是 AutoCAD 或专门为矿山设计开发的应用软件。计算机辅助境界设计在我国始于 20 世纪 80 年代后期，现已得到广泛的应用。

（3）优化设计阶段。境界优化设计的研究在国际上始于 20 世纪 60 年代初，但在实践中得到较广泛的应用则是在计算机的存储容量和速度达到一定的水平以后，在时间上大体上始于 20 世纪 80 年代中期。有许多优化方法问世，用于最终境界优化的方法有图论法、浮锥法、动态规划法、网络最大流法等，应用最广泛的是图论法与浮锥法；用于分期境界优化的方法有参数化法、动态规划法等。最终境界优化设计在我国已得到较广泛的应用。

本章重点介绍最终境界设计的传统方法与优化方法中的浮锥法和图论法，以及分期境界优化的动态规划法。

14.2　最终境界设计的传统方法

14.2.1　基本原理

图14-3所示为理想矿体的横剖面示意图，矿体与围岩之间有清晰的界线，矿体厚度为t，倾角为45°，矿体延深到很深。假设上、下盘最终帮坡角为45°，那么在该断面上最终境界应该多大为好呢？由于矿体倾角与最终帮坡角相等，矿岩下盘界线显然是剖面上最终境界的一个帮。若矿体的水平厚度m满足布置铲运设备所要求的最小宽度，最终境界底宽应该是m。在深度为H的水平上作一水平线，与矿体上、下盘界线分别相交于A、B点，从A点向上以45°角（最终帮坡角）作直线与地表相交于C点，如图14-4所示，$CABD$组成一个最终境界。该境界内废石总量为W，矿石总量为O，W与O之比称为该境界的平均剥采比，用R_a表示，即：

$$R_a = \frac{W}{O} \tag{14-1}$$

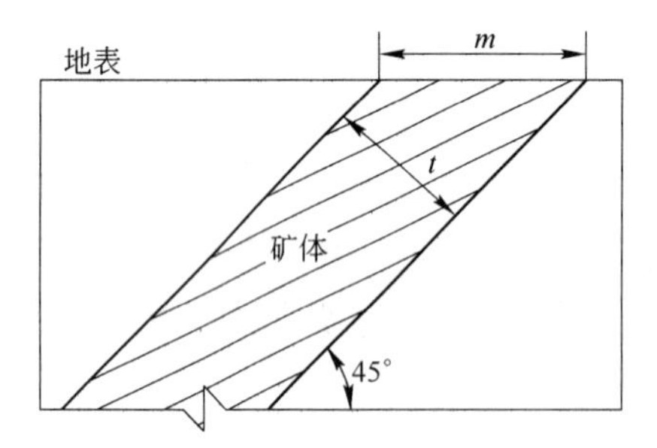

图14-3　理想矿体的横剖面示意图

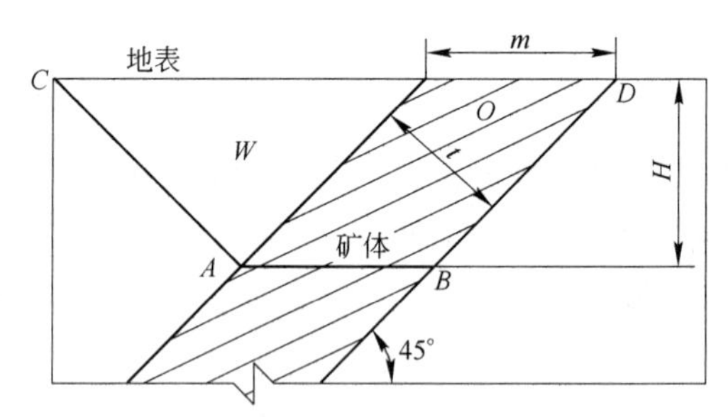

图14-4　深度为H的境界剖面示意图

如果境界深度增加dH，境界变为$C'A'B'D$（见图14-5），境界内废石量增加dW（即$C'A'AC$部分），矿石量增加dO（即$ABB'A'$部分）。dW与dO之比在国外称为瞬时剥采比，在我国称为境界剥采比，用R_i表示，即：

$$R_i = \frac{\mathrm{d}W}{\mathrm{d}O} \tag{14-2}$$

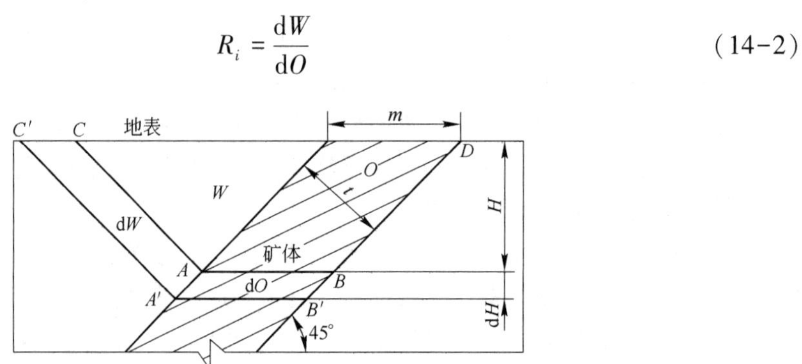

图14-5　境界剥采比示意图

设矿山企业的最终产品为精矿，矿体的地质品位为g_o，精矿品位为g_p，其售价为q；单位剥岩成本为C_w，单位采矿成本为C_m，单位选矿成本为C_p，采选综合回收率为r。那么，不考虑矿石的贫化时，采出增量 dW 和 dO 带来的利润增值 dP 的简单计算为：

$$\mathrm{d}P = \frac{\mathrm{d}O g_o rq}{g_p} - C_w \mathrm{d}W - C_m \mathrm{d}O - C_p \mathrm{d}O \tag{14-3}$$

或

$$\frac{\mathrm{d}P}{\mathrm{d}O} = \frac{g_o rq}{g_p} - C_w R_i - (C_m + C_p) \tag{14-4}$$

从式（14-3）和式（14-4）可以看出，利润增量随境界剥采比的增加而减小（因为需要花费更多的剥岩费用）。从图 14-5 可知，对于给定的 dH，dO 不变（因为矿体厚度不变），dW 随着深度 H 的增加而增加。也就是说，境界剥采比随境界深度而增加。因此，利润增量 dP/dO 随境界深度的增加而减小。只要利润增量大于零，那么，就应开采 dW 和 dO，因为这样会使总利润 P 增加。当利润增量为零时，总利润达到最大值，这时的境界为最佳境界。利润增量为零时的境界剥采比称为盈亏平衡剥采比或经济合理剥采比，用 R_b 表示：

$$R_b = \frac{\dfrac{g_o rq}{g_p} - (C_m + C_p)}{C_w} \tag{14-5}$$

因此，确定最终境界的准则是境界剥采比等于经济合理剥采比。

将境界位置上下移动，根据式（14-2）计算每次移动后的境界剥采比，直到它等于经济合理剥采比为止，就找到了最终境界，这就是最终境界传统设计方法的基本原理。

从式（14-5）可知，对于给定矿床（地质品位 g_o 一定），经济合理剥采比不直接依赖于境界的大小和几何形状，只依赖于精矿品位、回收率与成本、价格等技术经济参数，这些参数值可以通过选矿工艺、市场与成本分析得出。式（14-5）不是计算经济合理剥采比的通用公式，而是简化了的示意性公式。最终产品、成本构成和考虑的因素不同，计算经济合理剥采比的公式也不同，必须根据矿山的具体情况进行计算。总的原则是：在计算中应包括从开采到最终产品加工整个过程与产量有关的成本和损失、贫化等参数。

下面是传统法基本原理在不同情况下的应用。

14.2.2 线段比法和面积比法确定最终境界

对于走向较长且厚度较小的矿体，设计方法通常为：在地质横剖面图上运用线段比法或面积比法依次确定出各剖面位置上的合理开采深度，然后在矿体的纵剖面图上对各剖面合理开采深度进行综合均衡，确定出最终境界。

14.2.2.1 横剖面上面积比法确定长矿体的合理开采深度

参照图 14-6，面积比法的设计步骤如下：

第 1 步：根据开采与运输设备的规格、作业形式、设备两侧的安全距离等，选定最终境界的最小底宽 B_{min}，并根据边帮岩体的稳定性确定每一横剖面处的上、下盘最终帮坡角 γ、β。

第 2 步：在每一地质横剖面图上确定出若干深度方案，当矿体形态简单时，可少取一些深度方案；否则，应在境界剥采比变化大的地方多增加一些深度方案。

第 3 步：对于某一剖面上的深度方案 H_i，在 H_i 水平处以选定的最小底宽确定出该开采深度的境界底线位置 ab，从 b、a 两点分别以上、下盘境界帮坡角 γ、β 画上、下盘边坡

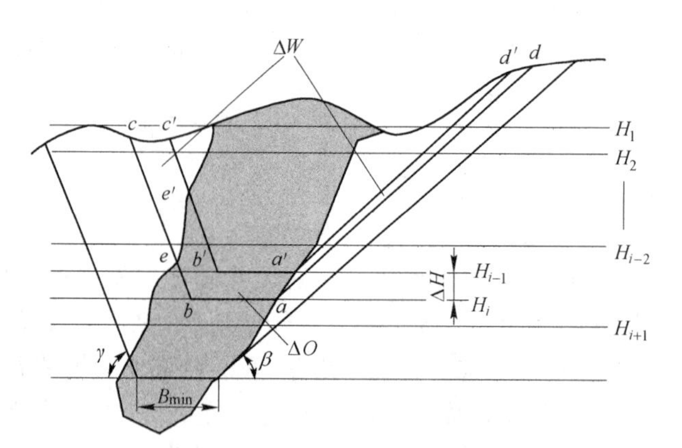

图 14-6　横剖面面积比法确定合理开采深度示意图

线 bc、ad，c、d 分别为上盘边坡线和下盘边坡线与地表的交点。假设 bc 线交矿体上盘界线于 e 点。

第4步：从 H_i 水平开始向上减少 ΔH 高度（ΔH 通常取一个开采台阶的高度），在 H_{i-1} 水平处以同样的方法作出境界线 $c'b'a'd'$，$c'b'$交矿体上盘界线于 e'点。

第5步：求出自 H_{i-1} 水平降深到 H_i 水平后所需开采的废石面积 ΔW 与可采出的矿石面积 ΔO，其中，ΔW 为废石多边形 $cc'e'e$ 与 $dd'a'a$ 的面积之和，ΔO 为矿石多边形 $e'b'a'abe$ 的面积。

第6步：求算开采深度 H_i 的境界剥采比 R_i，$R_i=\Delta W/\Delta O$。

第7步：若 $R_i \approx R_b$，则 H_i 水平即为该地质横剖面图上最佳的境界深度；否则，重复第3步至第6步，试算其他深度方案，直至 $R_i \approx R_b$ 成立。

14.2.2.2　横剖面上线段比法确定长矿体的合理开采深度

地质横剖面上的线段比是面积比的一种简化形式，当矿体走向较长，且矿体形态变化不大时，可运用线段比来代替面积比，这样既可保证设计工作具有一定的精度，又免除了求算面积的工作。线段比法的原理可以用图 14-7 来说明。

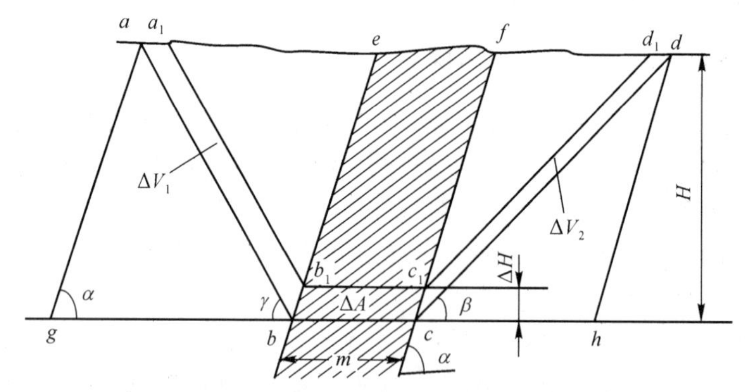

图 14-7　横剖面线段比法原理示意图

图 14-7 所示为一地形平坦的规则矿体，矿体的水平厚度为 m，矿体倾角为 α，上、下盘最终帮坡角分别为 γ、β。$abcd$ 是深度为 H 的境界，$a_1b_1c_1d_1$ 是深度为 $H-\Delta H$ 的境界，ag 和 dh 为 c_1c 的平行线。四边形 b_1c_1cb、aa_1b_1b 及 d_1dcc_1 的面积分别用 ΔA、ΔV_1 及 ΔV_2 表示，根据几何关系有：

$$\Delta A = m\Delta H$$

$$\Delta V_1 = abe - a_1b_1e = \frac{1}{2}H(\cot\gamma + \cot\alpha)H - \frac{1}{2}(H - \Delta H)(\cot\gamma + \cot\alpha)(H - \Delta H)$$

$$= (\cot\gamma + \cot\alpha)H \cdot \Delta H - \frac{1}{2}(\cot\gamma + \cot\alpha)\Delta H^2$$

$$\Delta V_2 = dcf - d_1c_1f = (\cot\beta - \cot\alpha)H \cdot \Delta H - \frac{1}{2}(\cot\beta - \cot\alpha)\Delta H^2$$

境界剥采比 R_i 为：

$$R_i = \frac{\Delta V_1 + \Delta V_2}{\Delta A} = \frac{(\cot\gamma + \cot\alpha)H + (\cot\beta - \cot\alpha)H - \frac{1}{2}(\cot\gamma + \cot\beta)\Delta H}{m}$$

当 $\Delta H \to 0$ 时，则：

$$R_i = \frac{\Delta V_1 + \Delta V_2}{\Delta A} = \frac{(\cot\gamma + \cot\alpha)H + (\cot\beta - \cot\alpha)H}{m} = \frac{ae + df}{bc} = \frac{gb + ch}{bc} \quad (14-6)$$

由此可见，境界剥采比 R_i 可用线段（$gb+ch$）与 bc 之比来确定。

以上是指理想情况而言。一般情况下，参照图 14-8，用线段比法确定横剖面上合理开采深度的步骤如下：

第 1 步：根据开采与运输设备的规格、作业形式、设备两侧的安全距离等，确定最终境界的最小底宽 $B_{\min}$，并根据边帮岩体的稳定性确定每一横剖面处的上、下盘最终帮坡角 γ、β。

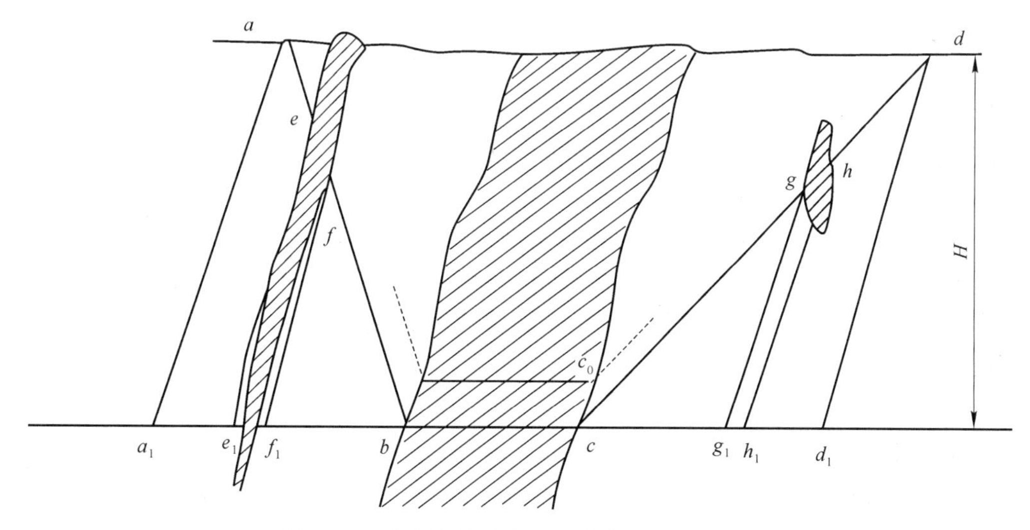

图 14-8　确定境界剥采比 R_i 的线段比法示意图

第 2 步：在地质横剖面图上结合矿体的赋存形态确定开采深度为 H 的境界剥采比。图 14-8 中深度为 H 的境界是 $abcd$，它交地表于 a、d 两点，交分支矿体界线于 e、f、g、h 诸点。首先，确定露天矿底的延深方向，也就是将本水平露天矿底的下盘帮坡底与上水平的下盘帮坡底相连，得 cc_0。然后，依次从 a、e、f、g、h、d 作 cc_0 的平行线，交 bc 的延长线于 a_1、e_1、f_1、g_1、h_1、d_1。

第3步：计算深度 H 的境界剥采比 R_i：

$$R_i = \frac{a_1e_1 + f_1b + cg_1 + h_1d_1}{e_1f_1 + g_1h_1 + bc} \tag{14-7}$$

第4步：若 $R_i \approx R_b$，则 H 为该横剖面上的最佳开采深度；否则，重复第2步和第3步，试算其他的深度方案，直至 $R_i \approx R_b$ 成立。

14.2.2.3　水平剖面上面积比法确定短矿体的合理开采深度

对于走向短的矿体，其端部的岩石量对境界剥采比影响很大，此时水平剖面图能较好地反映矿体的赋存特点和形态，所以宜采用水平剖面上的面积比法确定短露天矿的最佳开采深度。参照图14-9，具体的确定步骤如下：

第1步：选择几个深度方案，基于地质勘探线剖面图绘制出每一深度方案所在水平处的平面图。

第2步：在各开采深度的平面图上，依据矿体形态、运输设备的要求确定出该水平的境界底部周界，如图14-9所示；根据境界底部周界与境界帮坡角确定出各地质勘探线剖面图上的相应境界，如图14-10所示。

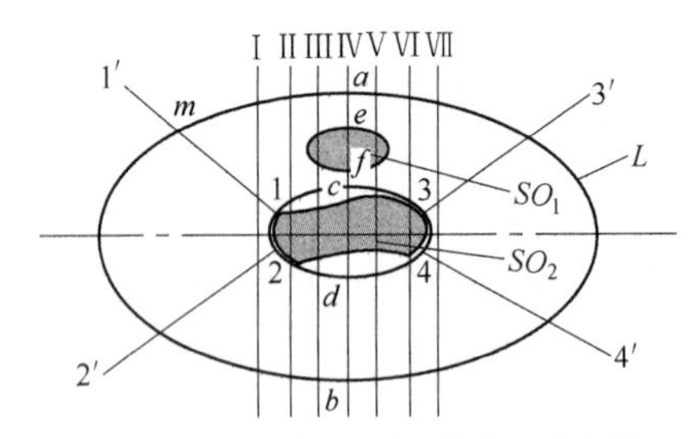

图14-9　短露天矿水平剖面示意图

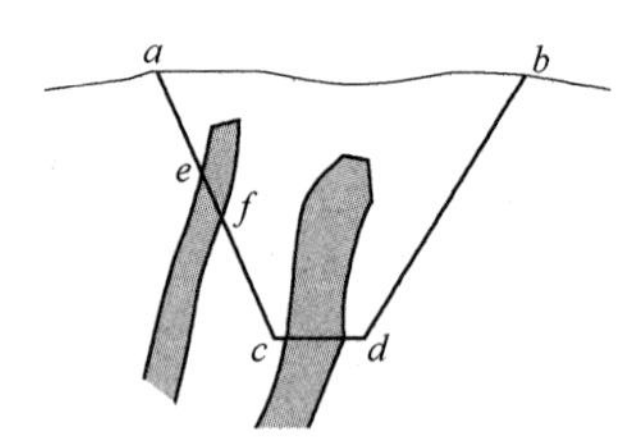

图14-10　勘探线Ⅳ剖面图

第3步：将各地质勘探线剖面图上的地面境界点投影到带有底部周界的平面图上，依次连接地面境界点，圈定出矿体上下盘两侧的地表境界线，如图14-9所示。

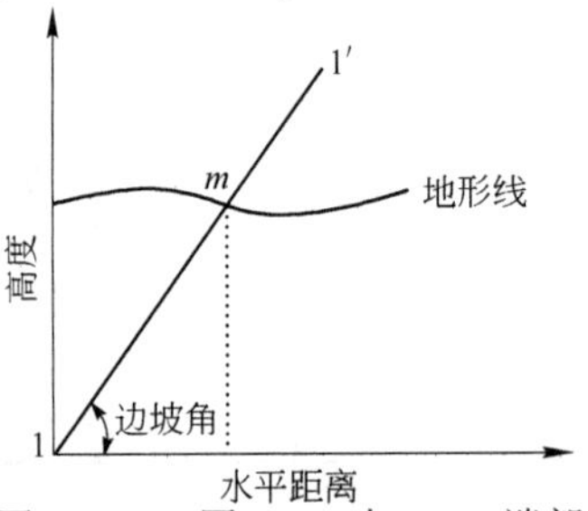

第4步：为了确定矿体端部的境界线，需要切割出若干个端部辅助剖面，如图14-11所示。在各辅助剖面上，依据端部境界帮坡角确定出地表境界点（见图14-11中的 m 点），将该点投影到平面图上，依次连接各辅助剖面的地表境界点，就形成了端部境界，如图14-9所示。

图14-11　图14-9中1—1′端部辅助剖面图

第5步：在水平平面图上，根据圈定出的地表境界内（见图14-9中的 L）所包含的矿石面积与岩石面积，运用面积比法计算出境界剥采比 R_i：

$$R_i = \frac{L - SO_1 - SO_2}{SO_1 + SO_2} \tag{14-8}$$

第6步：若 $R_i \approx R_b$，则该开采深度为最佳开采深度；否则，按相同步骤试算其他的深度方案，直至 $R_i \approx R_b$ 成立。

14.2.2.4　最终境界的审核

应用上述方法确定出各剖面上的开采深度或底部周界后，即可进一步圈定出整个最终境界。

A　调整最终开采底平面标高

采用平面面积比法确定出的短矿体的开采底平面标高，一般不需另行调整。但对采用横剖面法确定出的长矿体的开采深度，需要进行纵向底平面标高的调整，一般步骤如下：

第1步：将在各横剖面上确定出的最佳开采深度投影到纵剖面图上（见图14-12），连接各开采深度点，得到境界在纵剖面图上的理论开采深度。

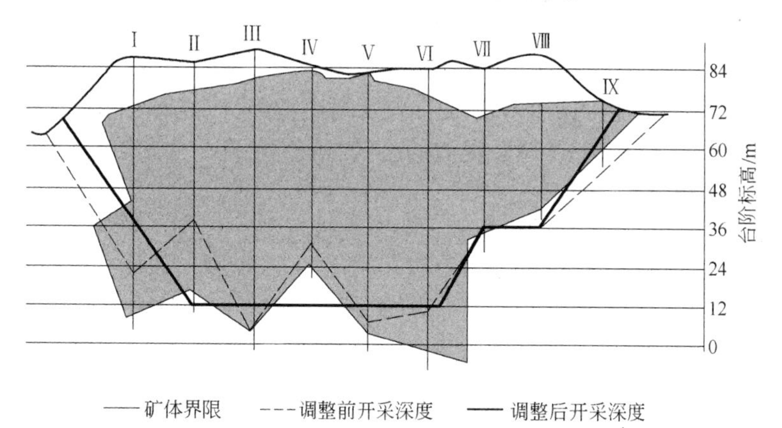

图14-12　在地质纵断面图上调整露天矿底平面标高

第2步：调整纵剖面上的开采深度。调整时依据的原则是：当纵剖面上的各理论开采深度点相差不大时，境界底可设计为同一标高；当矿体埋藏深度沿矿体走向变化较大时，境界底可调整成阶梯形；调整时，应使纵剖面图上调整后底平面标高线以上增加的总面积与其下减少的总面积近似相等；调整后，最终境界内的平均剥采比应小于经济合理剥采比，最终境界底平面的纵向长度应满足最短运输线路的长度要求。

B　圈定最终境界的底部周界

参照图14-13，圈定境界底部周界的一般步骤如下：

第1步：按调整后的境界底平面水平绘制分层平面图。

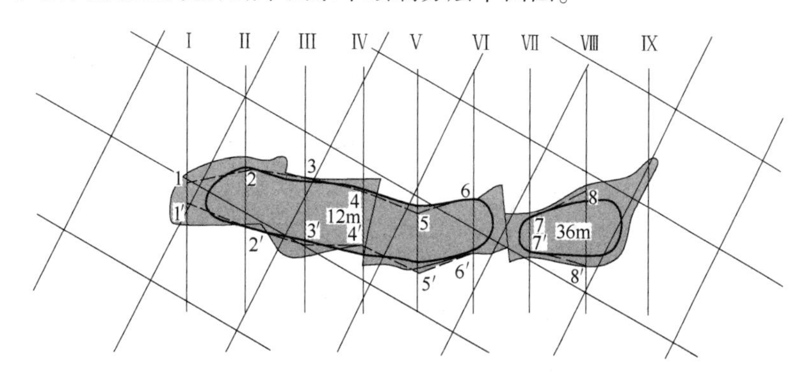

图14-13　底部周界的圈定

第2步：按调整后的境界底平面标高修正各横剖面图上的境界，并将修正后的各开采底平面界线点投影到分层平面图上，分别连接各界线点，得到理论底部周界。

第3步：修正底部周界。修正原则是：底部周界要尽量平直，弯曲部分要满足运输设备最小转弯半径的要求，底部周界的纵向长度要满足设置运输线路的长度要求。

14.2.3 基于品位—经济合理剥采比关系设计最终境界

线段投影法与面积投影法适用于矿体产状较为规则、品位变化较小且矿岩界线较为清晰的矿床，在我国的铁矿设计中最为常用。因为经济合理剥采比是地质品位的函数，当矿床的地质品位变化较大时（如贵重金属与有色金属矿床），境界线的位置不同，其穿越的矿体品位有较大的差别。这种情况下，就不应采用一成不变的经济合理剥采比进行境界设计，而应采用与境界线穿越的矿体部位的品位所对应的经济合理剥采比。品位和经济合理剥采比的关系见式（14-5）（或与之类似的公式）。在实践中为方便起见，常常将这一关系式绘成直线，如图14-14所示。

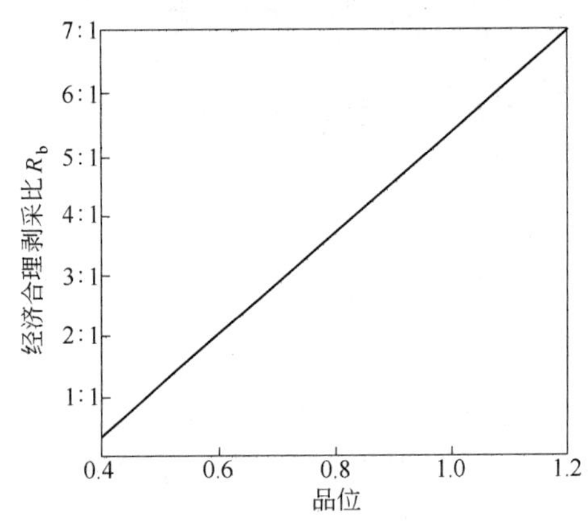

图14-14 品位—经济合理剥采比关系示意图

从经济意义上讲，这一直线表明了具有某一品位的矿石可以“支持”的剥岩量。下面介绍不同情况下利用品位—经济合理剥采比关系在剖面上设计最终境界的方法。

14.2.3.1 横剖面和纵剖面上的最终境界设计

横剖面和纵剖面分别指垂直于矿体走向和平行于矿体走向的剖面。图14-15中，aa'、bb'、cc'、dd'和ee'是横剖面线，AA'是纵剖面线。这两种剖面上的最终境界设计方法相同。

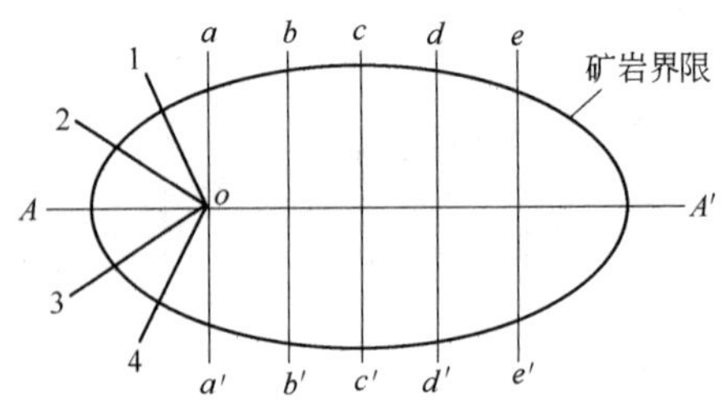

图14-15 各种剖面线示意图

A 境界底位于岩石中

图14-16所示为一矿床模型剖面示意图，图中矿体被分为一定尺寸的模块，每块的品位已应用第2章中讲的方法求出，并标于每一模块中。矿体下面为废石，并已知最终境界的深度为矿体下端与岩石的交界线所在的深度，即境界底位于岩石中。这时，剖面上境界的确定就是确定上、下盘境界线的位置。以上盘（左）境界线为例，具体设计步骤如下：

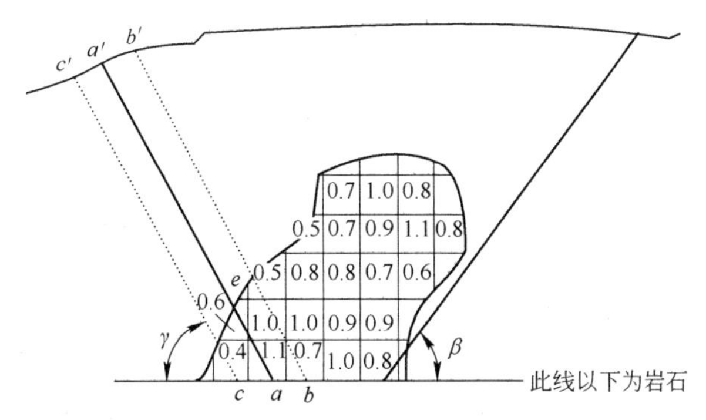

图 14-16　境界底位于岩石中最终境界设计示意图

第 1 步：在上盘估计位置根据上盘帮坡角 γ 画一直线 aa'，在图上量取岩石段 $a'e$ 的长度 l_w 和矿石段 ea 的长度 l_o，根据下式计算境界所在位置的境界剥采比 R_i：

$$R_i = \frac{l_w \rho_w}{l_o \rho_o} \tag{14-9}$$

式中　ρ_w，ρ_o——岩石和矿石的容量。

第 2 步：量取矿石段 ea 穿过的每一矿石块的线段长度 l_{oi}（$\sum l_{oi} = l_o$），并根据下式计算矿石段的平均品位：

$$g_a = \frac{\sum l_{oi} g_{oi}}{l_o} \tag{14-10}$$

式中　g_{oi}——矿石段穿过的第 i 块矿石的品位。

第 3 步：从品位—经济合理剥采比关系图（见图 14-14）上根据 g_a 读取经济合理剥采比 R_b。如果 $R_i \approx R_b$，aa'即为左帮境界线；否则，进行下一步。

第 4 步：将境界线移至另一位置（bb'，cc'，…），重复以上各步，直到 $R_i \approx R_b$ 为止。

利用同样的方法，可以确定右帮境界线的位置。最后应检查最终境界的底宽，如底宽小于最小底宽，应作适当调整，使之等于最小底宽。

B　境界底位于矿石中

图 14-17 所示为最终境界底位于矿石中的情形。这种情况下，境界的深度也需要确定。境界线上的岩石剥离费用不仅得到两帮上的矿石带来收入的支持，而且也得到境界底

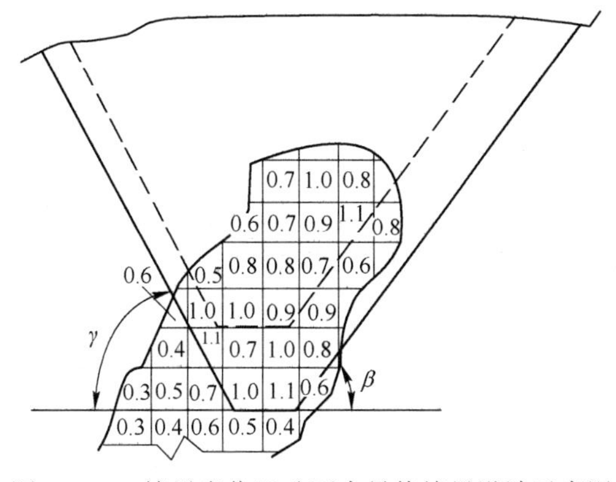

图 14-17　境界底位于矿石中最终境界设计示意图

上矿石收入的支持。所以，在计算境界剥采比和平均品位时，应考虑境界底线穿过的矿石段。具体步骤如下：

第1步：根据上、下盘帮坡角 γ、β 和最小底宽 B_{min}，画出与矿床模型剖面图等比例的境界剖面，将之置于模型剖面图的一个估计位置。

第2步：量取境界左边帮线穿过的岩石段长度 l_w 和矿石段长度 l_o，l_o 包括境界底线的一半。同理，量取境界右边帮线穿过的矿、岩线段长度，右边帮的矿石段长度包括境界底线的另一半。应用式（14-9）分别计算左、右帮的境界剥采比。

第3步：量取境界左帮线与底线左半段穿越的各个矿石块的线段长度；再量取境界右帮线与底线右半段穿越的各个矿石块的线段长度。应用式（14-10）分别计算左、右帮矿石段的平均品位。

第4步：依据平均品位，从品位—经济合理剥采比关系图上分别读取左、右帮的经济合理剥采比。

第5步：移动境界位置，重复上述步骤，直到左、右帮上的境界剥采比足够接近左、右帮的经济合理剥采比为止。

C 境界底与一个帮位于矿体中

图 14-18 所示为最终境界底与下盘边帮位于矿体中的情形。由于矿体下盘倾角小于或等于下盘帮坡角，境界下盘边帮与下盘矿岩交界线重合。因此，下盘境界帮线的位置已定，只需要确定上盘境界线与底线的位置。这种情况下的境界确定步骤与上述“境界底位于矿石中”相同，只是在计算上盘帮线穿越的矿石段的长度和平均品位时，应包括境界底线长度及其穿越矿块的品位；境界的下盘帮线不参与计算。

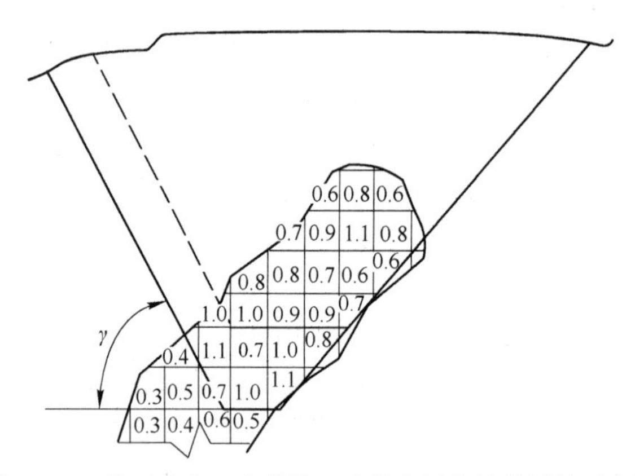

图 14-18 境界底与一个帮位于矿体中最终境界设计示意图

14.2.3.2 径向剖面上的境界设计

最终境界是三维的，纵向和横向剖面上的境界线还不足以构成三维境界。要想控制最终境界在三维空间的形态，还需要在矿体两端的径向剖面上确定境界的位置与形态。图 14-15 中的 o—1、o—2、o—3 和 o—4 为径向剖面线。

在径向剖面上确定最终境界的基本原理与在纵、横剖面图上确定最终境界的基本原理相同，只是在计算境界剥采比时，应考虑径向剖面的特点。在平面投影图上，每一横（或纵）剖面的影响范围是以剖面线为中线向两侧各延伸 1/2 剖面间距的范围（基本上是长方体）。径向剖面的影响范围是以剖面线为中线的扇形棱体。图 14-19(a) 所示为矿体及最终境界与地表的交线的平面投影图。将径向剖面 o—2 影响扇区抽出并放大，其立体图如图 14-19(b) 所示。境界在 o—2 剖面影响扇区内的真实境界剥采比是该区境界坡面与岩石及矿石的相交面积之比 B/A。但在径向剖面上进行设计时，像在纵、横剖面上一样，只能量取剖面上的境界线穿越岩石与矿石的线段长度，即剖面图 14-19(c) 的 l_w 和 l_o。l_w/l_o 称为径向剖面上的表观境界剥采比，记为 R_{ai}。通过简单的三角函数推导，可以得到真实境界剥采比 R_i 与表观境界剥采比 R_{ai} 之间的关系：

$$R_i = (R_{ai} + 1)^2 - 1 \tag{14-11}$$

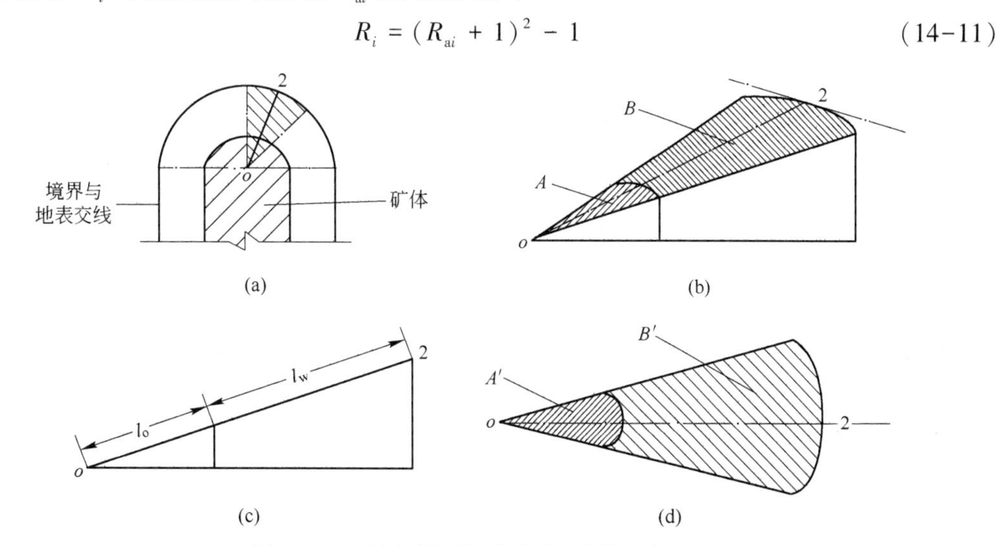

图 14-19　径向剖面境界剥采比计算示意图

（a）境界边帮平面投影；（b）o—2 剖面线影响区域立体图；（c）o—2 剖面；（d）o—2 剖面线影响区域平面投影

因此，在径向剖面上确定最终境界时，与在横剖面上一样，首先选一估计位置，然后量取境界穿越的矿石段与岩石段长度，计算平均品位与表观境界剥采比，根据式（14-11）将表观境界剥采比换算为真实境界剥采比，然后将真实境界剥采比与依据平均品位从品位—经济合理剥采比关系图上读取的经济合理剥采比进行比较，若两者不等，移动境界线位置，重复计算，直到两者基本相等为止。

14.2.3.3　最终境界核定

确定了各种剖面上的境界线后，就可以将它们连接起来求得完整的最终开采境界。然而，在大多数的情况下，各剖面上的境界有一定程度的差异（有时差异很大）：有的剖面上的境界较宽，而有的剖面上的境界较窄；一些剖面上的境界较浅，而另一些剖面上的境界较深。因此，在连接时需要视情况做某些调整，这种调整称为光滑处理。这一过程很难以较为通用的步骤给出，实践经验起着重要作用。读者可参照第 14.2.2.4 节中介绍的线段和面积投影法中最终境界的核定步骤。

最终境界内的开采矿量为各剖面影响体的矿量之和，开采矿量的平均品位等于各剖面上矿石平均品位的加权平均值。这里不详细介绍。

14.2.4　特例

以境界剥采比和经济合理剥采比相等为准则的传统方法设计最终境界时，可能出现这样的情况：在一定的矿体形态和品位分布情况下，在某一剖面上可能出现两个以上满足设计准则的境界线位置，如图14-20所示。矿体上部和下部较肥大，中间出现细腰，在位置1和位置2上的境界剥采比都约等于经济合理剥采比，而在两位置之间境界剥采比大于经济合理剥采比。这种情况出现时该采用哪个境界呢？这一问题作为思考题留给读者。

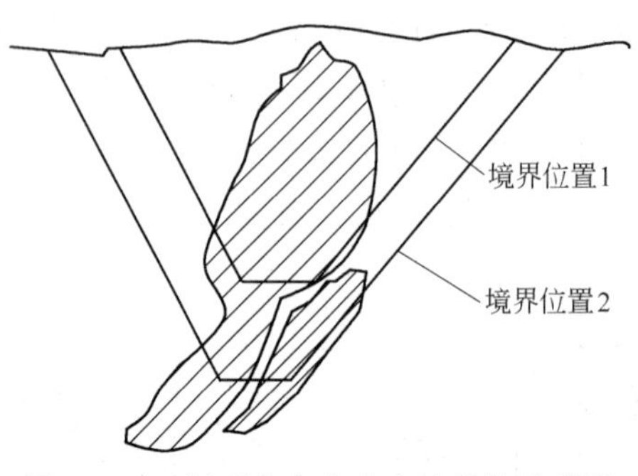

图14-20 剖面上存在多个境界的示意图

设计最终境界的传统方法实质上是一种试错法。在矿体形态复杂、品位变化大的矿床中，确定一个剖面上的境界就常常需要重复多次，工作量大，耗时费力；而且在不同矿床类型的地质条件下，往往需要在具体方法和步骤上做具体处理，很难编制一套较为通用的设计步骤。因此，这一方法的全部计算机化较为困难，即使针对具体情况编写出计算机程序，使用起来也并不减少多少工作量。该法的优点是它对使用者的知识结构和水平要求低，容易被现场工程技术人员理解和接受。

14.3 最终境界优化的浮锥法

应用第2章所述的方法建立了矿床价值块状模型后，矿床中每一模块的净价值变为已知。那么，确定最终境界就变成一个在满足几何约束（即允许的最大最终帮坡角）条件下，找出使总开采价值达到最大的模块集合的问题。本节介绍求解这一问题的浮锥法，包括正锥开采法和负锥排除法。

14.3.1 浮锥法Ⅰ——正锥开采法

由于境界最终帮坡角（简称“帮坡角”）的约束，要开采价值模型中某一净价值为正的模块（简称“正模块”），就必须采出以该模块为顶点、以最大允许帮坡角为锥壳倾角的锥体（锥顶朝下）内的所有模块。所以，正锥开采法的基本原理是：把锥体顶点在价值模型中自上而下依次浮动到每一正模块的中心，如果一个锥体（包括顶点模块）的总净价值（简称“锥体价值”）为正（即该锥体为“正锥”），就开采该锥体，即把其中的所有模块都包含在境界内；如果锥体价值为负，就不予开采；如果锥体价值为0，由用户决定是否开采。这一锥体浮动与开采过程重复若干次，直至找不到锥体价值为正（或0）的锥体为止，所有被开采的模块就构成了最佳境界。

14.3.1.1 正锥开采算法

把价值模型的水平模块层自上而下编号，标高最高的为第1层。把垂直方向上的一列模块称为一个模块柱，也按某一顺序编号。为叙述方便，定义以下变量：

K：模型中的模块层总数；

k：模块层序号；

J：模型中的模块柱总数；

j：模块柱序号；

$b_{k,j}$：第 k 层、第 j 个模块柱的那个模块；

$v_{k,j}$：模块 $b_{k,j}$ 的净价值；

Y：0~1 变量，$Y=0$ 表示尚未开采任何锥体，$Y=1$ 表示已经有锥体被开采。

正锥开采浮锥法的基本算法如下：

第 1 步：置模块层序号 $k=1$，即从最上一层模块开始；置 $Y=0$。

第 2 步：置模块柱序号 $j=1$，即考虑第 k 层的第 1 个模块。

第 3 步：如果 $v_{k,j}>0$，模块 $b_{k,j}$ 为一正模块，以 $b_{k,j}$ 的中心为顶点构造一个锥壳倾角等于所在区域各方位上最大允许帮坡角的锥体（锥顶朝下）；找出落入该锥体的所有模块（包括 $b_{k,j}$），并计算锥体的价值 $V_{k,j}$，继续下一步；如果 $v_{k,j}\leqslant 0$，转到第 5 步。

第 4 步：如果 $V_{k,j}\geqslant 0$，将锥体中的所有模块采去，并置 $Y=1$；否则，什么也不做，直接执行下一步。

第 5 步：置 $j=j+1$，如果 $j\leqslant J$，即考虑第 k 层的下一个模块，返回到第 3 步；否则，第 k 层的所有模块已经考虑完毕，继续下一步。

第 6 步：置 $k=k+1$，如果 $k\leqslant K$，即考虑下一个（更深的）模块层，返回到第 2 步；否则，继续下一步。

第 7 步：模型中所有的模块已经被锥体“扫描”了一遍，扫描中发现的价值大于或等于 0 的锥体都已被“采出”。然而，由于许多锥体之间有重叠，一个价值为负的锥体 A，当它与后面的一个价值为非负的锥体 B 的重叠部分随着 B 被采去后，锥体 A 的价值可能变为非负。因此，如果 $Y=1$，即在本轮扫描中出现了价值大于或等于 0 的锥体，返回到第 1 步，进行下一轮扫描；否则，说明本轮扫描中没有发现任何价值大于或等于 0 的锥体，算法结束。

例 14-1 二维价值模型如图 14-21(a) 所示，设每个模块都是正方形，且最大允许帮坡角在整个模型范围都是 45°。应用上述算法求最佳境界。

解：第 1 层只有一个正模块 $b_{1,6}$，由于其上没有其他模块，所以以该模块为顶点的锥体只包含 $b_{1,6}$ 一个模块，锥体价值为+2。把这一锥体（亦即模块 $b_{1,6}$）采去，模型变为图 14-21(b)。第 1 层的所有正模块考察完毕。

自左至右考虑第 2 层的正模块。第 1 个正模块为 $b_{2,4}$，以 $b_{2,4}$ 为顶点的锥体包含 $b_{1,3}$、$b_{1,4}$、$b_{1,5}$ 和 $b_{2,4}$ 共 4 个模块，锥体价值为+1，将锥内的模块采去后，价值模型变为图 14-21(c)。第二层的下一个正模块为 $b_{2,5}$，以 $b_{2,5}$ 为顶点的锥体只包含 $b_{2,5}$，将其采去后，模型如图 14-21(d) 所示。第 2 层的所有正模块考察完毕。

自左至右考虑第 3 层的正模块。第 1 个正模块为 $b_{3,3}$，从图 14-21(d) 可以看出，以 $b_{3,3}$ 为顶点的锥体价值为-1，故不予采出。第 3 层的下一个正模块为 $b_{3,4}$，以 $b_{3,4}$ 为顶点的锥体价值为 0，采去该锥体后得图 14-21(e)。取第 3 层的下一个正模块 $b_{3,5}$，以 $b_{3,5}$ 为顶点的锥体价值为-1，故不予采出。第 3 层的所有正模块考察完毕。自此，对模型完成了一轮浮锥扫描。

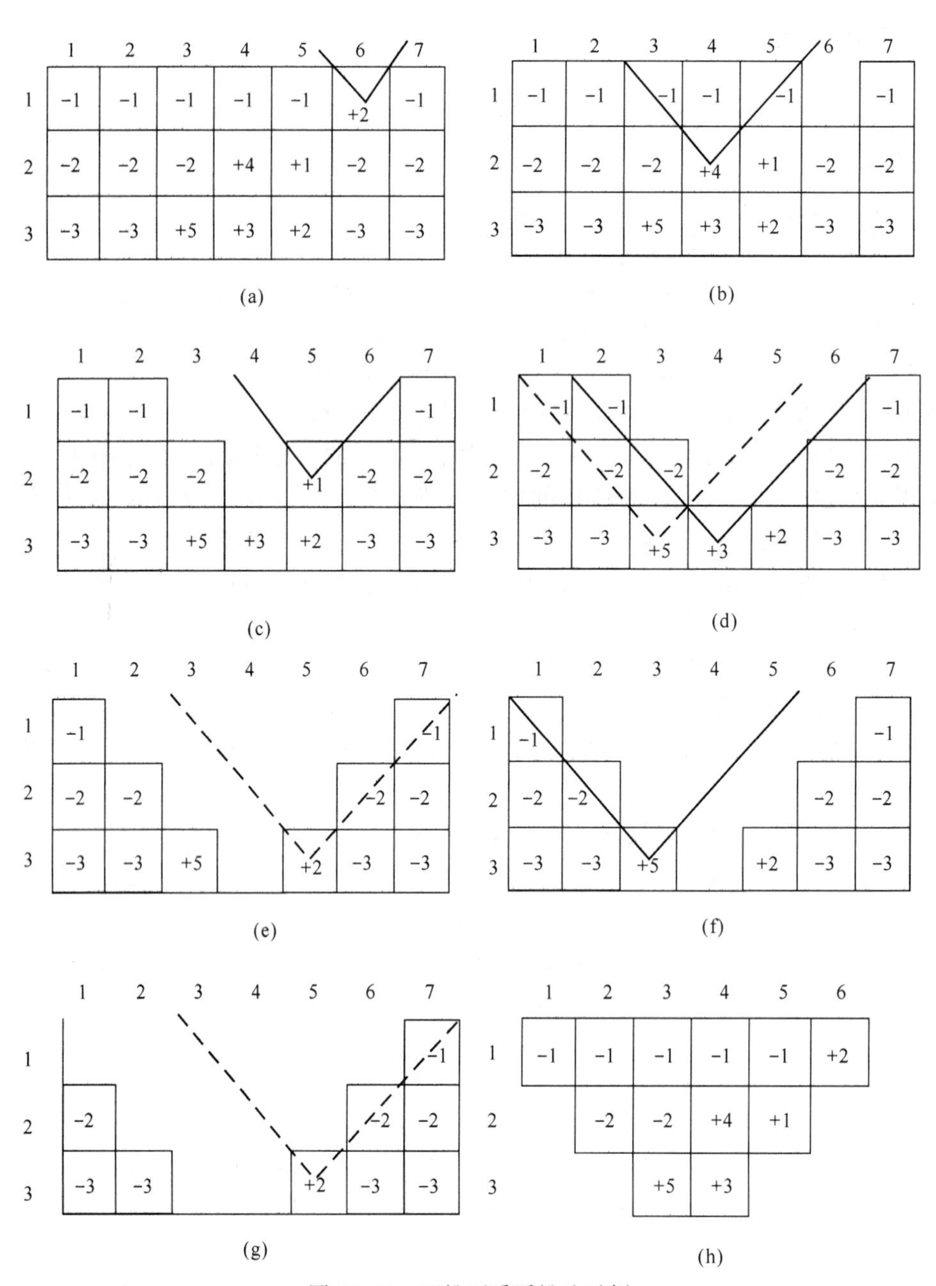

图 14-21 正锥开采浮锥法示例

基于当前模型（即图 14-21(e)），再从第 1 层开始，进行下一轮扫描。从图 14-21(e) 可知，第 1、2 层没有正模块，第 3 层的第 1 个正模块为 $b_{3,3}$，以 $b_{3,3}$ 为顶点的锥体价值为+2，如图 14-21(f) 所示，采去该锥体后得图 14-21(g)。第 3 层的下一个正模块为 $b_{3,5}$，以 $b_{3,5}$ 为顶点的锥体价值为-1，故不予采出。自此，完成了第二轮浮锥扫描。

基于当前模型（即图 14-21(g)），进行下一轮扫描。模型中不再存在任何价值为正或 0 的锥体，算法结束。

在上述过程中采出的所有模块的集合组成了最佳境界，如图 14-21(h) 所示，最佳境界的总净价值为+6。开采终了的采场现状如图 14-21(g) 所示。境界的平均体积剥采比为 7∶5=1.4。

虽然在上面的简单算例中，应用浮锥法确实得到了总价值最大的最终开采境界，但该方法是"准优化"算法，在某些情况下不能求出总价值最大的境界。根本原因是这一算法没有考虑锥体之间的重叠。顶点位于某一正模块的锥体价值为正，是由于锥体中正模块的价值足以抵消负模块的价值。换言之，负模块得以开采是由于正模块的"支撑"。当顶点分别位于两个正模块的两个锥体有重叠部分时，若单独考察任一锥体，其价值可能为负；但当考察两锥体的联合体时，联合体的总价值却可能为正。结果，由于上述算法是依次考察单个锥体的，所以就可能遗漏本可带来盈利的模块集合。类似地，也可能导致开采一个本可以不采的非盈利模块集合。下面是两个反例。

反例 1 遗漏盈利模块集合。对于图 14-22 所示情形，根据上述算法，结论是最终境界只包括 $b_{1,2}$ 一个模块，因为以正模块 $b_{3,3}$、$b_{3,4}$ 和 $b_{3,5}$ 为顶点的三个锥体价值均为负数。但当考察三个锥体的联合体或以 $b_{3,4}$ 和 $b_{3,5}$ 为顶点的两个锥体的联合体时，联合体的价值均为正。所以，最佳境界应为粗黑线所圈定的模块的集合，总开采价值为+6。

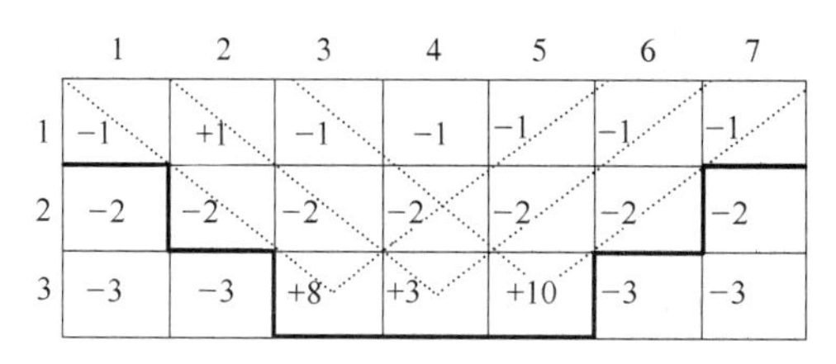

图 14-22 正锥开采浮锥法反例 1

反例 2 开采非盈利模块集合。对于图 14-23(a) 所示的情形，在分别考察 $b_{2,2}$ 和 $b_{2,4}$ 时，以它们为顶点的两个锥体的价值均为负，故不予开采。当锥的顶点移到 $b_{3,3}$ 时，锥体价值为+2，依据算法得出的境界为图 14-23(b) 所示的模块集合，境界总值为+2。结果，境界包含了本可以不采的、具有负值的模块集合 $\{b_{2,3}, b_{3,3}\}$。出现这一结果的原因是算法没有考察图 14-23(a) 中两个虚线锥体的联合体。本例中的最优境界应该是图 14-23(c)，其总价值为+3。

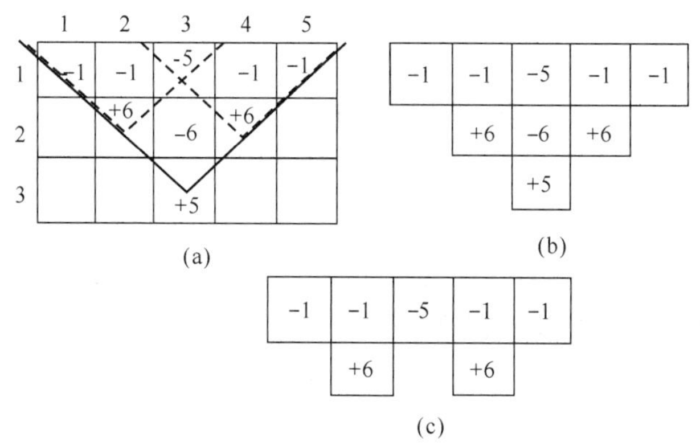

图 14-23 正锥开采浮锥法反例 2

从以上讨论可以看出，要使浮锥法能够找出总净价值最大的那个境界，就必须考虑锥体之间的重叠，考察所有具有重叠部分的锥体的不同组合（即联合体）。这对于一个具有数十万乃至超百万个模块的实际矿床模型，是不现实的。不过，虽然浮锥法不能保证求得境界的最优性，但在大部分情况下，所求境界与真正最优境界之间的差别并不显著；再考虑到模块品位的不确定性和技术经济参数的不确定性和动态可变性，浮锥法仍有其应用价值。

14.3.1.2　锥壳模板

为简单明了起见，以上算例都是二维的，构造锥体并找出落入锥体的那些模块似乎很简单。对于三维空间的实际模型，这项运算就变得复杂而费时。在实际应用中，由于不同部位的岩体稳定性不同以及运输坡道的影响，最终帮坡角一般都不是一个常数，而是不同方位或区域有不同的帮坡角，这就更增加了运算时间。一个便于计算机编程且能够处理变化帮坡角的方法，是“预制”一个（或多个）足够大的锥壳模板。

图 14-24(a) 所示为一个三维锥体示意图。把三维锥壳在 X-Y 水平面上的投影离散化为与价值模型中模块在 X、Y 方向上的尺寸相等的二维模块，如图 14-24(b) 所示，标有“0”的模块对应于锥的顶点，称为锥顶模块；每一模块的属性是锥壳在该模块中心的 X、Y 坐标处相对于锥体顶点的垂直高度，顶点的标高为 0。由于顶点是最低点，所以每一模块的相对标高均为正值。每一模块的相对标高根据其所在方位的最终帮坡角计算。如图 14-24(b) 所示，假设帮坡角分为四个方位范围，范围Ⅰ、Ⅱ、Ⅲ、Ⅳ内的帮坡角分别为 45°、50°、48°、51°。如果模块的边长为 20m，那么，由简单的三角计算可知，在标有 i 的那个模块的中心处，锥壳的相对标高为 128.062m。这样，可以计算出模板上每一模块的锥壳相对标高。一个锥壳模板可以存在一个二维数组中。

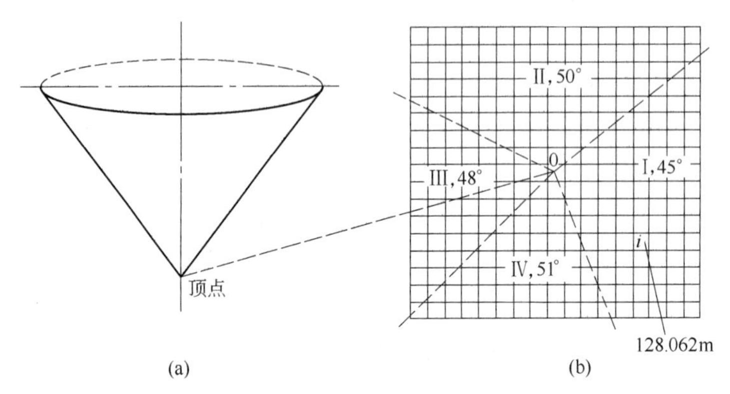

图 14-24　三维锥体及其锥壳模板示意图
（a）三维锥体；（b）锥壳模板

有了预制的锥壳模板，在应用上述算法时，将模板的顶点模块置于价值模型中的某一正块 b_0 处，如果高于 b_0 的某一模块 b_i 的中心标高大于或等于模块 b_0 的中心标高加上模块 b_i 对应的锥壳模板上的模块的相对标高，则模块 b_i 落在以 b_0 为顶点的锥体内；否则，落在锥体外。

14.3.2　浮锥法Ⅱ——负锥排除法

正锥开采法是在模型中寻找那些值得开采的部分予以开采，为了满足帮坡角的约束，“值得开采的部分”就变为价值为正（或非负）的锥体。那么，反向思之，如果把模型中那些不值得开采的部分都排除掉，剩余的部分就具有最大的总价值，即最优境界。同理，为了满足帮坡角的约束，“不值得开采的部分”是价值为负的锥体，称为“负锥”；不过，这里的锥体是锥顶向上（与正锥开采法中的锥体相反），这一点可以用图 14-25 说明。假设图中的模块均为正方形，最大允许帮坡角为45°。如果排除了（即不采）价值为-2 的模块 $b_{2,3}$，那么，以 $b_{2,3}$ 为顶点、以 45°为锥壳倾角向下作的锥体（图中虚线所示）内的所有其他模块（$b_{3,2}$、$b_{3,3}$ 和 $b_{3,4}$）都无法开采，因为开采 $b_{3,2}$、$b_{3,3}$ 和 $b_{3,4}$ 都要求把 $b_{2,3}$ 也采去，或者说，$b_{3,2}$、$b_{3,3}$ 和 $b_{3,4}$ 都被 $b_{2,3}$ “压着”，只有把整个锥体排除，剩余的部分才能满足帮坡角约束。

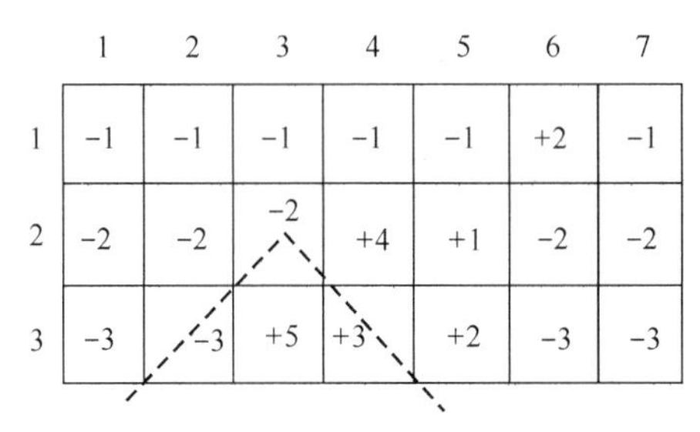

图 14-25 负锥排除法中的锥体

因此，负锥排除法的基本原理是：在模型中找出所有价值为负的（锥顶向上的）锥体，予以排除，剩余部分即为最佳境界。锥体排除过程从一个最大境界开始，所以需首先圈定最大境界。

14.3.2.1 最大境界的圈定——几何定界

根据探矿钻孔的布置范围和地表不可移动且必须保护的建构筑物（如路桥、重要建筑等）与自然地貌（如河流、湖泊等）的分布，以及各种受保护物的法定保护范围，可以在地表圈定一个最大开采范围界线，即最终境界在地表的界线不可能或不允许超出这一范围。这一范围的圈定不需要准确，足够大且不跨越保护安全线即可。

图 14-26 所示为某铁矿床的地表地形和探矿钻孔布置图，图中的圆点表示钻孔；为具有代表性，还假设矿区西北部有一条不许改道且必须保护的高等级公路，在西南部有一座受保护的千年古寺。依据钻孔布置范围以及距公路和古寺的安全距离要求，地表最大开采范围线可能如图中的粗点划线所示。

圈定了地表最大开采范围线之后，在矿床模型中找出模块柱中心距这一范围线的水平距离最近的所有地表模块柱，称为边界模块柱；然后，依次以每个边界模块柱中心线上标高为该处的地表标高的点为顶点，按其所在方位（或区域）的最大允许帮坡角向下作锥体，把所有这些锥体从矿床模型中排除，模型的剩余部分就是几何上可能的最大境界，这一过程称为几何定界。

为清晰起见，在图 14-27 所示的二维剖面上进一步说明几何定界。图中的长方格表示模块，模块柱按自左至右的顺序编号。上盘的边界模块柱为模块柱 1，其中心线在地表标高处的点为 A 点，以 A 为顶点按上盘最大帮坡角 γ 向下作锥体，并将它排除。下盘的边界模块柱为模块柱 21，其中心线在地表标高处的点为 B 点，以 B 为顶点按下盘最大帮坡角 β 向下作锥体，并将它排除。矿床模型剩余部分 ACB 即为该剖面上根据地表最大开采范围圈定的最大几何境界。

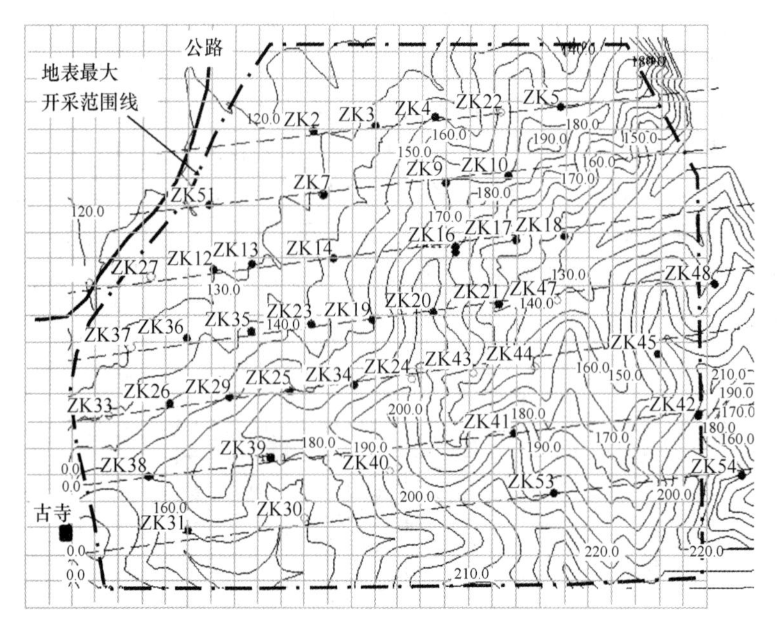

图 14-26 地表最大开采范围线示意图

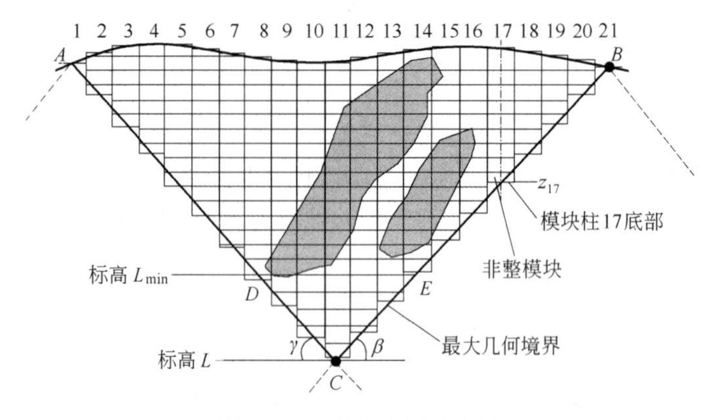

图 14-27 几何定界示意图

为了更准确地以块状模型表述境界的帮坡角和地表地形，使之与实际帮坡角和地表地形达到最大限度的一致，在排除一个锥体时，并不是把落入锥体中的模块全部按整块排除，而是把每一个与锥壳相交的模块柱的底部标高提高到该模块柱中线处锥壳的标高。例如，图 14-27 中模块柱 17 中线处的锥壳标高为 z_{17}，所以就把该模块柱的底部提升到 z_{17}，底部以下的部分被排除。同理，每一个模块柱的顶部标高设置为该模块柱中心线处的地表标高。这样，所有模块柱的底部与顶部之间的部分就组成了境界。显然，在模块柱的底部和顶部会出现非整模块（一个模块的一部分)。

在最大几何境界内的下部，也许有若干个台阶没有矿石模块，图 14-27 中标高 L_{min} 以下根本没有矿体，可以把境界的这部分（DEC）去掉，即把底部标高小于 L_{min} 的所有模块柱的底部标高提升到 L_{min}。最后得到的完全以块状模型表述的最大境界如图 14-28 所示，这个境界是该矿床在这个剖面上可能的最大境界。

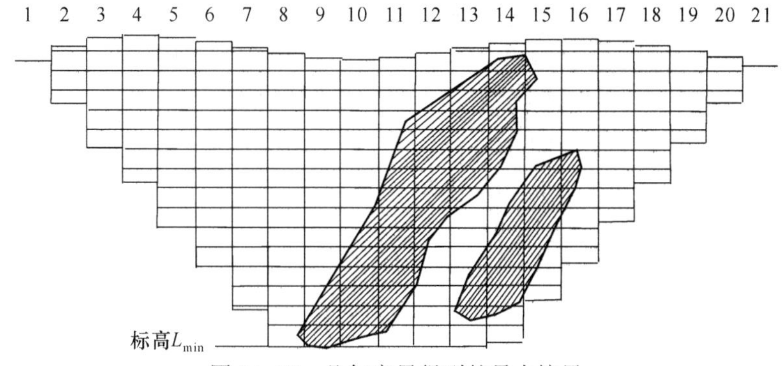

图 14-28 几何定界得到的最大境界

得到最大境界后，就可通过从最大境界中排除负锥求得最佳境界。排除过程可以是外围排除或自下而上排除。

14.3.2.2 外围排除算法

外围排除算法就是在境界的外围寻找并排除负锥，直到在境界的外围找不到负锥为止。为叙述方便，定义以下变量：

J：矿床模型中的模块柱总数；

j：模块柱序号；

$b_{min,j}$：模块柱 j 的底部模块；

$z_{min,j}$：模块柱 j 的底部标高；

$z_{max,j}$：模块柱 j 处的地表标高；

$V_{j,z}$：顶点位于模块柱 j 中心线上标高 z 处的锥体价值；

Y：0~1 变量，$Y=0$ 表示尚未排除任何锥体，$Y=1$ 表示已经有锥体被排除。

外围排除算法的步骤如下：

第 1 步：置当前境界为最大境界，置最大境界范围外的所有模块柱的底部标高为该模块柱处的地表标高。建立足够大的锥顶向上、各方位的锥壳与水平面之间的夹角等于相反方位的最终帮坡角的锥壳模板，“足够大”是指把锥顶置于矿床模型中的任意一个模块柱的中心，锥壳在 $X-Y$ 水平面的投影都可覆盖矿床模型在 $X-Y$ 水平面上的全部。建立锥壳模板的方法与前面 14.3.1.2 节中所述相同，但由于这里的锥体是锥顶向上，所以锥壳模板中每一个模块的属性值（即模块中心相对于锥体顶点的标高）是负数。

第 2 步：置模块柱序号 $j=1$，即从矿床模型中第 1 个模块柱开始。

第 3 步：如果 $z_{min,j}=z_{max,j}$，说明整个模块柱 j 已经被排除（即不在当前境界范围之内），转到第 6 步；否则，继续下一步。

第 4 步：把锥体顶点置于模块柱 j 的底部模块 $b_{min,j}$：如果 $b_{min,j}$ 为整模块，把锥体顶点置于 $b_{min,j}$ 的中心点，如果 $b_{min,j}$ 为非整模块，把锥体顶点置于 $b_{min,j}$ 的顶面的中心点，锥体顶点的标高为 z。计算锥体的价值 $V_{j,z}$。

第 5 步：如果 $V_{j,z}<0$，把锥体从当前境界排除，即把底部标高低于锥壳标高的所有模块柱的底部标高提升到相应的锥壳标高（若锥壳标高 $>z_{max,j}$，就提升到 $z_{max,j}$），置 $Y=1$，排除了这一锥体后的境界变为当前境界；如果 $V_{j,z}\geqslant 0$，什么也不做。

第 6 步：置 $j=j+1$，如果 $j\leqslant J$，返回到第 3 步（即考察下一个模块柱）；否则，继续下一步。

第7步：模型中所有的模块柱已经被浮锥“扫描”了一遍，扫描中发现的负锥体被排除。然而，由于许多锥体之间有重叠，负锥体的排除有可能产生新的负锥体。因此，如果$Y=1$，即在本轮扫描中出现并排除了至少一个负锥体，返回到第2步，进行下一轮扫描；否则，说明本轮扫描中没有发现任何负锥体，算法结束。

以剖面上的二维境界为例，进一步说明上述算法。图14-29即为图14-28中的最大境界。对于模块柱1，条件$z_{\min,1}=z_{\max,1}$成立，即整个模块柱1在求最大境界中已被排除。因此，转而考察模块柱2，该模块柱的底部模块$b_{\min,2}$为非整模块，所以把锥体顶点置于模块$b_{\min,2}$的顶面的中心点，如图中锥体C_2所示。当前境界落入C_2的部分即为锥壳下的那一窄条。计算C_2的价值$V_{2,z}$，假设$V_{2,z}<0$，将C_2排除，即把底部标高低于锥壳标高的所有模块柱（本例中为模块柱2~8）的底部标高提升到相应的锥壳标高，当前境界变为图14-30。比较图14-29和图14-30，最大境界左侧外围被切去了一条。

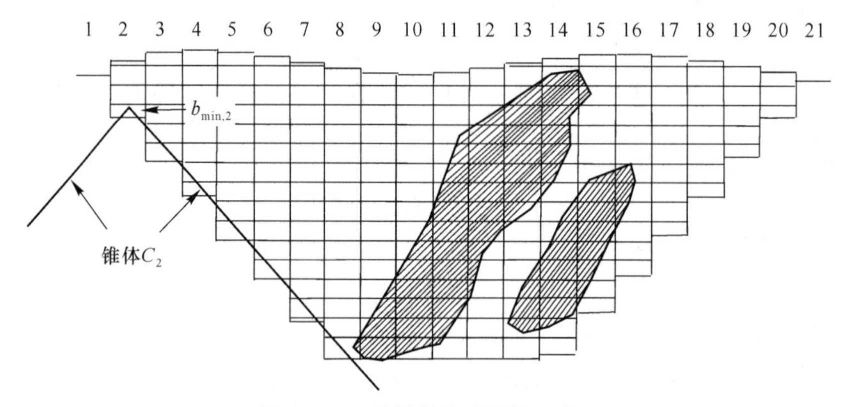

图14-29　外围排除法示例（Ⅰ）

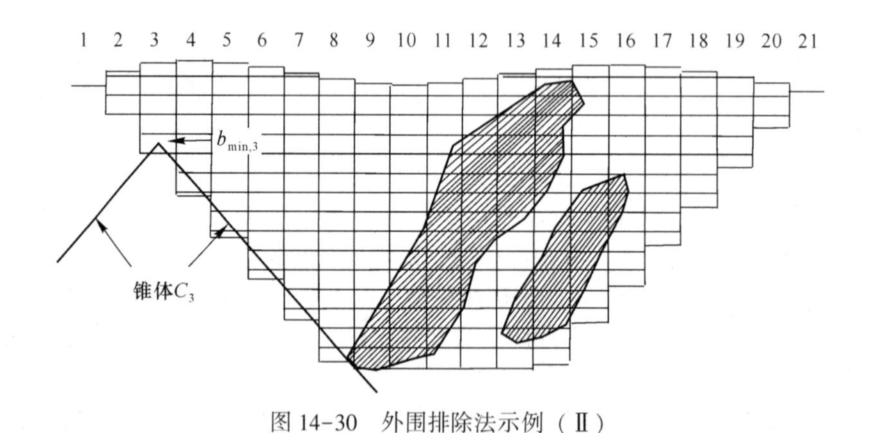

图14-30　外围排除法示例（Ⅱ）

考察模块柱3。该模块柱在当前境界内的底部模块$b_{\min,3}$为整模块，所以把锥体顶点置于模块$b_{\min,3}$的中心点，如图14-30中的锥体C_3所示。当前境界落入C_3的部分即为锥壳下的那一窄条。计算C_3的价值$V_{3,z}$，假设$V_{3,z}<0$，将C_3排除，即把底部标高低于锥壳标高的所有模块柱（模块柱3~8）的底部标高提升到相应的锥壳标高，当前境界变为图14-31，境界的左侧外围又被切去了一条。

再把锥体顶点移动到模块柱4在当前境界内的底部模块……如此移动下去，每移动一

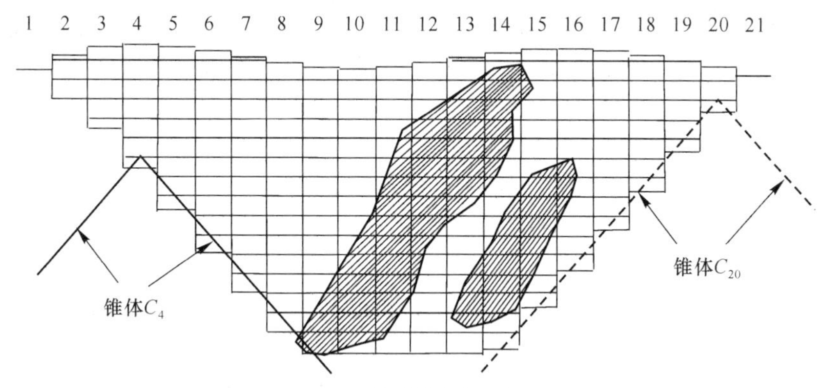

图 14-31 外围排除法示例（Ⅲ）

次，计算锥体价值。若价值为负，就把锥体排除，直到所有模块柱被考察完毕，完成了一次扫描。

再从模块柱 1 开始，进行下一次扫描，直到在一次扫描中没有发现任何负锥，算法终止。这时的境界就是最佳境界。本例的最佳境界可能如图 14-32 所示。

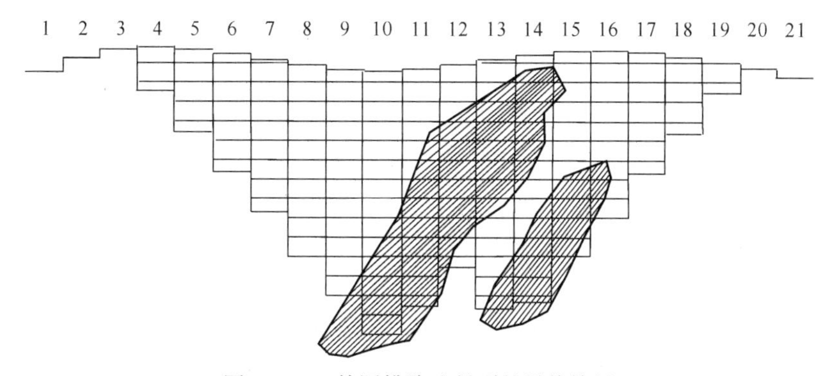

图 14-32 外围排除法得到的最终境界

在上述外围排除算法中，每次移动锥体时，也可以不把锥体顶点置于模块柱底部模块 $b_{\min,j}$ 的中心点或其顶面的中心点，而是置于模块柱中心线上距其底部标高 Δz 的位置，即锥体顶点的标高 $z=z_{\min,j}+\Delta z$。Δz 的取值对于结果境界的最优性有影响；一般而言，Δz 越小，求得的境界就越优，即其总价值与真正最优境界的总价值越接近，但计算时间也越长。Δz 可以作为优化精度的控制参数，由用户输入。

14.3.2.3 自下而上排除算法

顾名思义，自下而上排除法就是从最大境界的最低水平开始，以一个预定标高步长，逐步向上，一个水平一个水平地进行锥体扫描，把遇到的负锥排除。这一过程持续若干轮，直到在某一轮扫描中没有遇到任何负锥为止，剩余部分即为最佳境界。先定义以下变量：

$z_{\min}$：当前境界的最低标高，即所有未被完全排除的模块柱的底部标高中的最小者；

$z_{\max}$：最大境界范围内的最高地表标高；

z：当前水平标高；

Δz：标高步长。

其他变量的定义同前。自下而上排除算法如下：

第1步：置当前境界为最大境界，找出当前境界的最低标高 z_{min} 以及地表最高标高，预制锥壳模板。

第2步：置当前水平标高 $z=z_{min}+\Delta z$，$Y=0$。

第3步：置模块柱序号 $j=1$，即从第一个模块柱开始。

第4步：如果 $z_{min,j}=z_{max,j}$，说明整个模块柱 j 不在当前境界范围之内，转到第8步；否则，继续下一步。

第5步：如果 $z_{min,j}\geqslant z$，即模块柱 j 的底部标高高于当前水平，转到第8步；否则，继续下一步。

第6步：把锥体顶点置于模块柱 j 中心线上标高为 z 的位置，计算锥体价值 $V_{j,z}$。

第7步：如果 $V_{j,z}<0$，把锥体从当前境界排除，即把底部标高低于锥壳标高的所有模块柱的底部标高提升到相应的锥壳标高（若锥壳标高 $>z_{max,j}$，就提升到 $z_{max,j}$），置 $Y=1$。排除了这一锥体后的境界变为当前境界。如果 $V_{j,z}\geqslant 0$，直接执行下一步。

第8步：置 $j=j+1$，如果 $j\leqslant J$，返回到第4步，考察下一个模块柱；否则，所有模块柱已考察完毕，执行下一步。

第9步：置 $z=z+\Delta z$，即把当前水平上移 Δz。如果 $z\leqslant z_{max}$，返回到第3步，进行这一新水平上的扫描；否则，执行下一步。

第10步：整个模型已经被浮锥自下而上扫描了一遍，扫描中发现的负锥都已被排除。然而，由于许多锥体之间有重叠，负锥的排除有可能产生新的负锥。因此，如果 $Y=1$，即在本轮扫描中出现并排除了负锥，置此时的境界为当前境界，刷新当前境界的最低标高 z_{min}，返回到第2步，进行下一轮扫描；否则，说明本轮扫描中没有发现任何负锥，算法结束。

算法中 Δz 的取值会影响所得境界的最优性。一般而言，Δz 越小，求得的境界就越优，即其总价值与真正最优境界的总价值越接近，但计算时间也越长；反之，亦反。因此，Δz 可以作为优化精度的控制参数，由用户输入。Δz 的取值一般为台阶高度的0.25~1.0倍。

以剖面上的二维境界为例，进一步说明自下而上排除算法。图14-33所示为最大境界，其最高标高 z_{max} 和最低标高 z_{min} 如图中所标示。算法开始时，最大境界即为当前境界。标高步长 Δz 设定为台阶高度 h(即模块高度)。

置当前水平标高 $z=z_{min}+h$，如图14-33中所标示。模块柱序号 $j=1$ 时，$z_{min,1}=z_{max,1}$，即整个模块柱1在当前境界范围之外；$j=2$~7时，$z_{min,j}\geqslant z$，即这些模块柱的底部标高均高于当前水平 z。因此，当前水平的第一个锥体是顶点位于模块柱8的中心线上标高 z 处的锥体（图中的实线锥体），计算该锥体的价值 $V_{8,z}$。假设 $V_{8,z}<0$，将锥体排除，即把底部标高低于锥壳标高的所有模块柱的底部标高提升到相应的锥壳标高，排除锥体后的境界变为当前境界，然后把锥体浮动到同一水平的下一模块柱中线（如果 $V_{8,z}\geqslant 0$，直接浮动锥体）。图14-33中的省略号和箭头表示这一锥体浮动过程。本水平最后一个锥体的顶点位于模块柱14的中线（图中的虚线锥体）；对于 $j=15$~20，$z_{min,j}\geqslant z$；$j=21$ 时，$z_{min,21}=z_{max,21}$，所以对于 $j=15$~21什么也不需要做。当前水平扫描完毕，排除了这一过程中发现的负锥后，当前境界变为如图14-34所示。

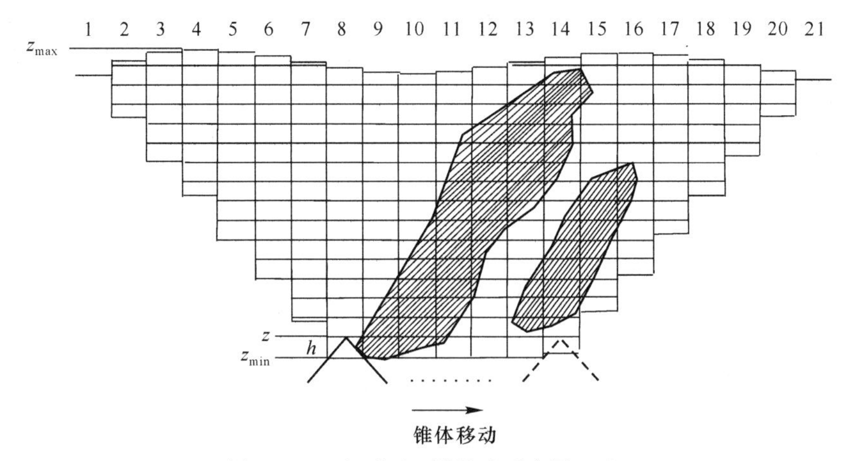

图 14-33 自下而上排除法示意图（Ⅰ）

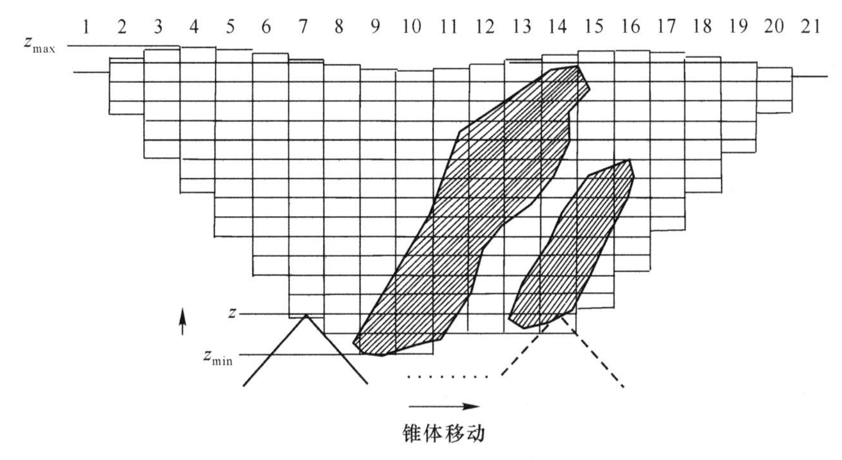

图 14-34 自下而上排除法示意图（Ⅱ）

置 $z=z+h$，即当前水平上移一个台阶，重复上述过程，在这一新的当前水平上进行锥体扫描和负锥排除，如图 14-34 中所标示。

每提升一次当前水平 z，就重复上述锥体移动和负锥排除过程，直到 $z>z_{max}$，就完成了一轮扫描。如果在本轮扫描中有负锥被排除，就基于本轮扫描得到的当前境界，进行下一轮扫描；否则，算法终止，当前境界即为最佳境界。

14.3.2.4 锥体价值的计算

在上述外围排除算法和自下而上排除算法中，都需要计算顶点位于模块柱 j 的中心线上标高 z 处锥体的价值 $V_{j,z}$。下面介绍利用预制的锥壳模板，计算锥体价值的算法。先定义下列变量（未定义的变量同前）：

k：矿床模型中的模块层序号，第 1 层为模型中的最低模块层，最高层为第 K 层；

z_k：第 k 模块层的中心标高；

$b_{k,i}$：矿床模型中位于第 i 模块柱、第 k 模块层的模块；

$v_{k,i}$：模块 $b_{k,i}$ 的净价值；

h：模块高度，一般等于台阶高度。

第 1 步：置锥体价值 $V_{j,z}=0$；置模块柱序号 $i=1$，即从矿床模型中第 1 个模块柱开始。

第 2 步：如果 $z_{\min,i}=z_{\max,i}$，说明整个模块柱 i 不在当前境界范围之内，转到第 9 步；否则，继续下一步。

第 3 步：找出模块柱 i 对应的锥壳模板上的模块，其属性值 z_q 是锥壳在该位置的相对标高（即相对于顶点的标高，为负值）。那么，模块柱 i 中心处锥壳的绝对标高为：

$$z_i = z + z_q \tag{14-12}$$

如果 $z_i > z_{\max,i}$，令 $z_i = z_{\max,i}$。

如果 $z_{\min,i} \geqslant z_i$，说明当前境界的模块柱 i 没有任何部分落入锥体，转到第 9 步；否则，继续下一步。

第 4 步：置模块层序号 $k=1$，即从矿床模型的最低模块层开始。

第 5 步：如果 $z_k - h/2 \geqslant z_i$，模块 $b_{k,i}$ 全部位于锥壳或地表以上（即不在锥体内），转到第 9 步；否则，执行下一步。

第 6 步：如果 $z_k + h/2 \leqslant z_i$，模块 $b_{k,i}$ 全部落入锥体内，把其价值计入锥体价值，即置 $V_{j,z}=V_{j,z}+v_{k,i}$；否则，直接执行下一步。

第 7 步：模块 $b_{k,i}$ 部分落入锥体内，其落入锥体内的体积比例可以用落入的高度比例近似。这一比例为：

$$r = [z_i - (z_k - h/2)]/h \tag{14-13}$$

把同比例的模块价值计入锥体价值，即置 $V_{j,z}=V_{j,z}+rv_{k,i}$。

第 8 步：置 $k=k+1$，即沿着模块柱 i 向上走一个模块层，如果 $k \leqslant K$，返回到第 5 步；否则，执行下一步。

第 9 步：置 $i=i+1$，如果 $i \leqslant J$，返回到第 2 步，考察下一个模块柱；否则，所有模块柱已考察完毕，算法结束。这时的 $V_{j,z}$ 值即为所求的锥体价值。

在外围排除算法和自下而上排除算法中，也可以依据锥体的剥采比确定是否排除一个锥体，即锥体剥采比大于经济合理剥采比时，将锥体排除。这样，可以不建立价值模型，基于品位模型优化最终境界。计算锥体剥采比的算法步骤与上述算法完全相同，只是依据模块的矿岩属性（是矿石模块还是废石模块）及其体积和容重，计算锥体的废石量和矿石量，进而计算锥体剥采比。

14.4 最终境界优化的 LG 图论法

最终境界优化的图论法由 Lerchs 和 Grossmann 于 1965 年提出，所以也称为 LG 图论法。它是具有严格数学逻辑的最终境界优化方法，只要给定价值模型，在任何情况下都可以求出总价值最大的最终境界。由于该方法对计算机内存的需求较高、计算量较大，直到 20 世纪 80 年代后期才逐步得到实际应用；同时，一些研究者对该方法进行算法上的改进，以提高其运算速度。对于今天的计算机，该方法对内存和速度的要求已不再是问题，世界上几乎所有的商业化露天矿设计软件包都有该方法的模块。LG 图论法已经成为世界矿业界最广为人知、广为应用的经典境界优化方法。

14.4.1 基本概念

在图论法中，价值模型中的每一模块用一节点表示，露天开采的几何约束用一组弧表示。弧是从一个节点指向另一节点的有向线。例如，图 14-35 表明要想开采 i 水平上的那一节点所代表的模块，就必须先采出 $i+1$ 水平上那 5 个节点代表的 5 个模块。为便于理解，以下叙述在二维空间进行。

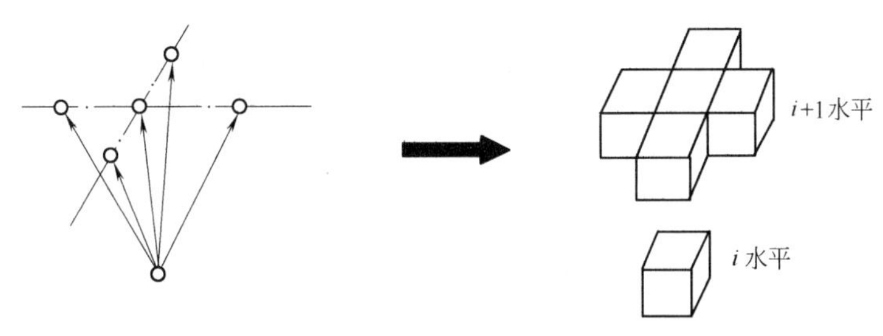

图 14-35　露天开采几何约束的图论表示

图论中的有向图是由一组弧连接起来的一组节点组成，图用 G 表示。图中节点 i 用 x_i 表示。所有节点组成的集合称为节点集，记为 X，即 $X=\{x_i\}$；图中从 x_k 到 x_l 的弧用 a_{kl} 或（x_k，x_l）表示，所有弧的集合称为弧集，记为 A，即 $A=\{a_{kl}\}$；由节点集 X 和弧集 A 形成的图记为 $G(X, A)$。如果一个图 $G(Y, A_Y)$ 中的节点集 Y 和连接 Y 中节点的弧集 A_Y 分别是另一个图 $G(X, A)$ 中 X 和 A 的子集，那么，$G(Y, A_Y)$ 称为图 $G(X, A)$ 的一个子图。子图可能进一步分为更多的子图。

图 14-36(a) 所示为由 6 个模块组成的价值模型，$x_i(i=1, 2, \cdots, 6)$ 表示第 i 个模块，模块中的数字为模块的净价值。若模块为大小相等的正方体，最终帮坡角为 45°，那么该模型的图论表示如图 14-36(b) 所示。图 14-36(c) 和图 14-36(d) 都是图 14-36(b) 的子图。模型中模块的净价值在图中称为节点的权值。

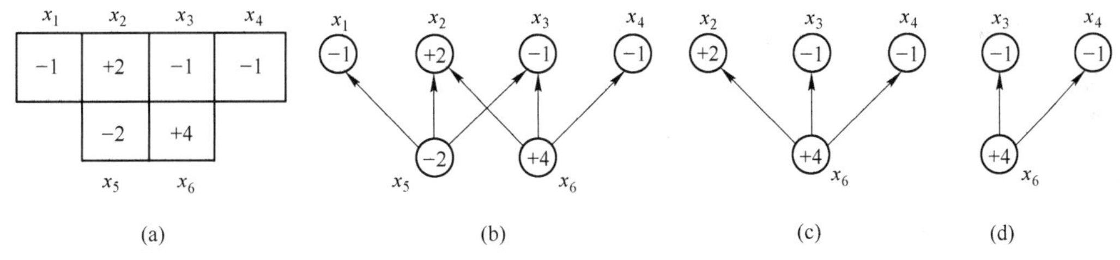

图 14-36　块状模型与图和子图

从露天开采的角度，图 14-36(c) 构成一个可行的境界，因为它满足几何约束条件，即从被开采节点出发引出的所有弧的终点节点也属于被开采之列。子图 14-36(d) 不能形成可行境界，因为它不满足几何约束条件（开采后会形成大于 45°的帮坡）。形成可行境界的子图称为可行子图，也称为闭包。以闭包内的任一节点为始点的所有弧的终点节点也在闭包内。图 14-36(b) 中，x_1、x_2、x_3 和 x_5 形成一个闭包；而 x_1、x_2、x_5 不能形成闭包，因为以 x_5 为始点的弧（x_5，x_3）的终点节点 x_3 不在闭包内。闭包内诸节点的权值之和称为闭包的权值。G 中权值最大的闭包称为 G 的最大闭包。

树是一个没有闭合圈的图。图中存在闭合圈是指图中存在至少一个这样的节点，从该节点出发经过一系列的弧（不计弧的方向）能够回到出发点。图 14-36(b) 不是树，因为从 x_6 出发，经过弧（x_6，x_2）、（x_5，x_2）、（x_5，x_3）和（x_6，x_3）可回到 x_6，形成一个闭合圈。图 14-36(c) 和图 14-36(d) 都是树。根是树中的特殊节点，一棵树中只能有一个根，用 x_0 表示。

如图 14-37 所示，树中方向指向根的弧，即从弧的终端沿弧的指向可以经过其他弧（与其方向无关）追溯到树根的弧，称为 *M* 弧；树中方向背离根的弧，即从弧的终端追溯不到根的弧，称为 *P* 弧。将树中的一个弧（x_i，x_j）删去，树变为两部分，不包含根的那部分称为树的一个分支。在原树中假想删去弧（x_i，x_j）得到的分支是由弧（x_i，x_j）支撑着，由弧（x_i，x_j）支撑的分支上诸节点的权值之和称为弧（x_i，x_j）的权值。在图 14-37 所示的树中，由弧（x_3，x_1）支撑的分支节点只有 x_1，所以该弧的权值为 -1。由（x_8，x_5）支撑的分支节点有 x_2、x_5、x_6 和 x_9，该弧的权值为+5。权值大于 0 的 *P* 弧称为强 *P* 弧，记为 *SP*；权值小于或等于零的 *P* 弧称为弱 *P* 弧，记为 *WP*；权值小于或等于零的 *M* 弧称为强 *M* 弧，记为 *SM*；权值大于零的 *M* 弧称为弱 *M* 弧，记为 *WM*。图 14-37 所示为一个具有全部四种弧的树。

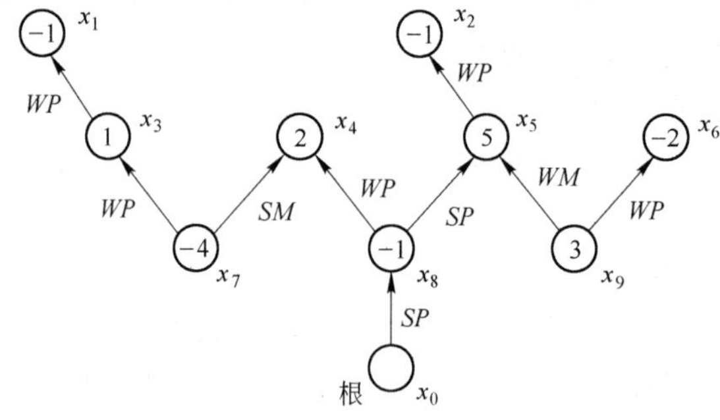

图 14-37 具有各种弧的树

强 *P* 弧和强 *M* 弧总称为强弧，弱 *P* 弧和弱 *M* 弧总称为弱弧。强弧支撑的分支称为强分支，强分支上的节点称为强节点。从采矿的角度来看，强 *P* 弧支撑的分支（简称强 *P* 分支）上的节点符合开采顺序关系，而且价值大于零，所以是开采的目标。虽然弱 *M* 分支的价值大于零，但由于 *M* 弧指向树根，不符合开采顺序关系，所以不能开采。由于弱 *P* 分支和强 *M* 分支的价值不为正，所以不是开采目标。

14.4.2 树的正则化

正则树是一个没有不与根直接相连的强弧的树。把一个树变为正则树称为树的正则化，其步骤如下：

第 1 步：在树中找到一条不与根直接相连的强弧（x_i，x_j）。若（x_i，x_j）是强 *P* 弧，则将其删除，代之以（x_0，x_j）；若（x_i，x_j）是强 *M* 弧，则将其删除，代之以（x_0，x_i）。x_0 是树根。

第 2 步：重新计算第 1 步得到的新树中弧的权值，标注弧的种类。以新树为基础，重复第 1 步。这一过程一直进行下去，直到找不到不与根直接相连的强弧为止。

例 14-2 将图 14-37 中的树正则化。

解：正则化过程如图 14-38 所示。图 14-37 中，弧（x_7，x_4）是一条不与根直接相连的强 *M* 弧，把它删除，代之以弧（x_0，x_7），树变为图 14-38(a) 所示的 T^1(其中各弧的种类已刷新)。T^1 中的弧（x_8，x_4）是一条不与根直接相连的强 *P* 弧，把它删除，代之以弧

(x_0, x_4)，树变为图 14-38(b) 所示的 T^2。T^2 中的弧 (x_8, x_5) 是一条不与根直接相连的强 P 弧，把它删除，代之以弧 (x_0, x_5)，树变为图 14-38(c) 所示的 T^3。T^3 中的强弧均与根直接相连，所以是正则树。

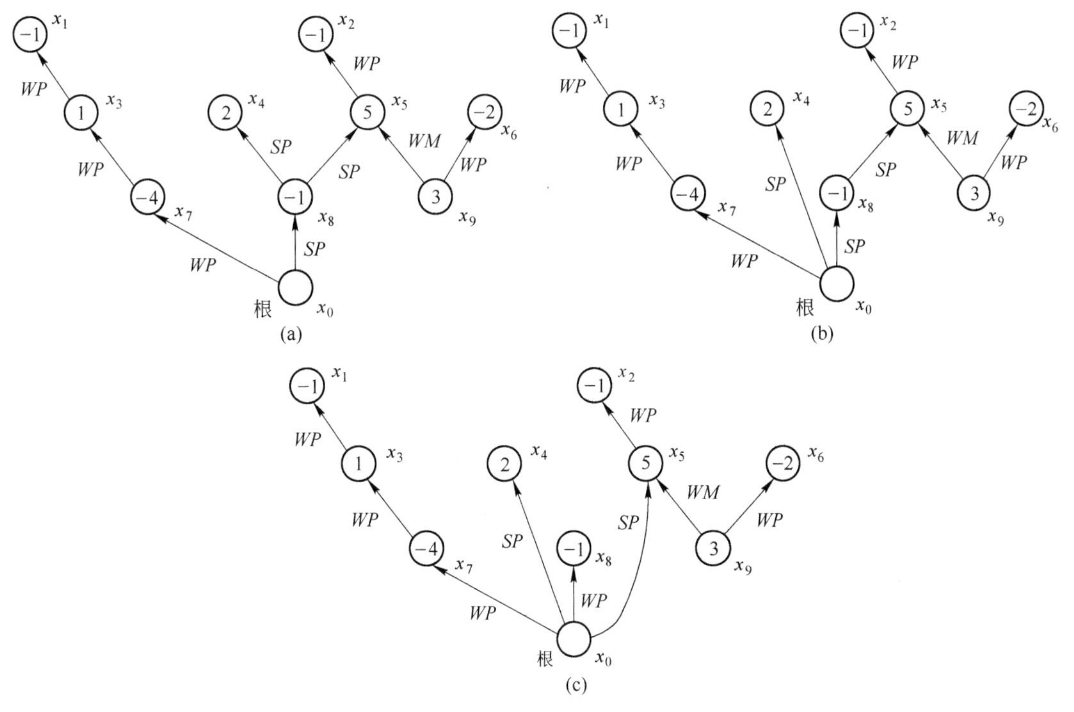

图 14-38 树的正则化举例

(a) T^1；(b) T^2；(c) 正则树 T^3

14.4.3 最终境界优化定理及算法

从前面的定义可知，最大闭包是权值最大的可行子图。从采矿角度来看，最大闭包是具有最大开采价值的最终境界。因此，求最佳境界实质上就是在价值模型所对应的图中求最大闭包。

定理 14-1 若有向图 G 的正则树的强节点集合 Y 是 G 的闭包，则 Y 为最大闭包。

依据上述定理，求最终境界的图论算法如下：

第 1 步：依据最终帮坡角的几何约束，将价值模型转化为有向图 G，如图 14-39 所示。这就需要找出开采某一模块所必须同时采出的上一层的模块，可以用一个锥顶向下、锥壳倾角等于最终帮坡角的锥体来确定这些模块。但必须注意：当开采一个模块 b 需要同时开采其上多于一层的模块时，在图 G 中只需用弧把对应于 b 的节点与比 b 高一层的那些必须同时开采的模块所对应的节点相连，不能把对应于 b 的节点与更高层的那些必须同时开采的模块所对应的顶点也用弧相连。

第 2 步：构建图 G 的初始正则树 T^0。最简单的正则树是在图 G 下方加一虚根 x_0，并将 x_0 与 G 中的所有节点用 P 弧相连得到的树。根据弧的权值标明 T^0 中每一条弧的种类，如图 14-40(a) 所示。

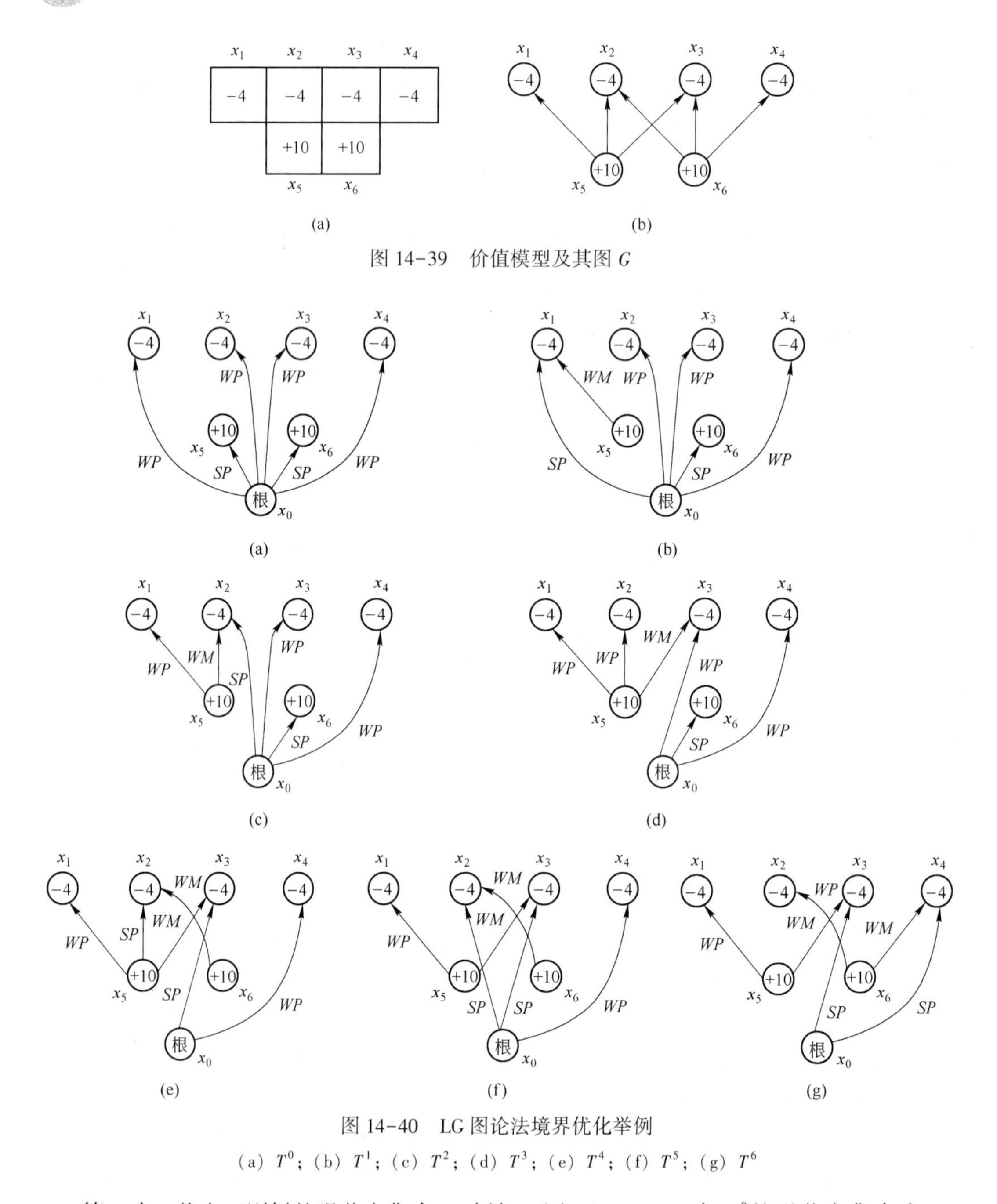

图 14-39 价值模型及其图 G

图 14-40 LG 图论法境界优化举例

(a) T^0；(b) T^1；(c) T^2；(d) T^3；(e) T^4；(f) T^5；(g) T^6

第 3 步：找出正则树的强节点集合 Y(例如，图 14-40(a) 中 T^0的强节点集合为 $Y=\{x_5, x_6\}$)，若 Y 是 G 的闭包，则 Y 为最大闭包，Y 中诸节点对应模块的集合构成最佳境界，算法终止；否则，执行下一步。

第 4 步：从 G 中找出这样的一条弧（x_i, x_j），即 x_i 在 Y 内、x_j 在 Y 外的弧，并找出树中包含 x_i 的强 P 分支的根点 x_r，x_r 是支撑强 P 分支的那条弧上属于分支的那个端点（由于是正则树，该弧的另一端点为树根 x_0）。然后将弧（x_0, x_r）删除，代之以弧（x_i, x_j），得一新树。重新标定新树中诸弧的种类。

第 5 步：如果经过第 4 步得到的树不是正则树（即存在不直接与根相连的强弧），应用前面所述的正则化步骤，将树转变为正则树。返回到第 3 步。

例 14-3　二维价值模型如图 14-39(a) 所示。设每个模块都是正方形，且最大允许帮坡角在整个模型范围都是 45°。利用图论法求最佳最终境界。

解：上述算法的第 1 步、第 2 步完成后，初始正则树如图 14-40(a) 所示。强节点集 $Y=\{x_5, x_6\}$ 不是 G 的闭包。从原图 G(见图 14-39(b)) 中可以看出，Y 内的 x_5 与 Y 外的 x_1 相连，树中包含 x_5 的分支只有一个节点，即 x_5 本身，所以这一分支的根点也是 x_5。应用算法第 4 步的规则，将 (x_0, x_5) 删除，代之以 (x_5, x_1)，初始树 T^0变为 T^1，如图 14-40(b) 所示。T^1 为正则树，所以不需执行算法第 5 步。

T^1 的强节点集 $Y=\{x_1, x_5, x_6\}$ 仍不是 G 的闭包。从原图 G 可以看出，Y 内的 x_5 与 Y 外的 x_2 相连。T^1 中包含 x_5 的强 P 分支的根点为 x_1，所以将 (x_0, x_1) 删除，代之以 (x_5, x_2)，T^1 变为 T^2，如图 14-40(c) 所示。T^2仍为正则树。

T^2的强节点集 $Y=\{x_1, x_2, x_5, x_6\}$ 仍不是 G 的闭包。从 G 可以看出，Y 内的 x_5 与 Y 外的 x_3 相连。T^2中包含 x_5 的强 P 分支的根点为 x_2。所以，将 (x_0, x_2) 删除，代之以 (x_5, x_3)，得树 T^3，如图 14-40(d) 所示。T^3仍为正则树。

T^3的强节点集合 $Y=\{x_6\}$ 仍不是 G 的闭包。从 G 可以看出，Y 内的 x_6 与 Y 外的 x_2 相连，x_6 本身为其所在强 P 分支的根点。将 (x_0, x_6) 删除，代之以 (x_6, x_2)，得树 T^4，如图 14-40(e) 所示。因为 T^4的强弧 (x_5, x_2) 不与树根直接相连，T^4不是正则树。将 T^4 正则化得 T^5，如图 14-40(f) 所示。

T^5 的强节点集合 $Y=\{x_1, x_5, x_3, x_2, x_6\}$ 仍不是 G 的闭包。从 G 可以看出，Y 内的 x_6 与 Y 外的 x_4 相连。T^5中包含 x_6 的强 P 分支的根点是 x_2。将 (x_0, x_2) 删除，代之以 (x_6, x_4) 得 T^6，如图 14-40(g) 所示。T^6为正则树。

T^6的强节点集合 $Y=\{x_1, x_5, x_3, x_2, x_6, x_4\}$ 是 G 的闭包，因此 Y 也是 G 的最大闭包，闭包权值为+4。最佳最终境界由原模型中的全部 6 个模块组成。如果应用浮锥法中的正锥开采算法，本例的结果会是零境界，即最终境界不包含任何模块。

14.5　最终境界优化案例

编者开发的露天矿优化设计软件系统 OpenMiner 中，编入了浮锥法中的负锥排除算法。本节介绍应用该软件优化最终境界的一个实例，并就一些参数对境界的影响进行分析。

14.5.1　地表标高模型与品位块状模型

案例矿床为一大型铁矿床，已经开采多年。本例基于该矿开采到 2008 年末的采场现状，对矿床的剩余部分进行最终境界优化，采场现状如图 14-41 所示，该图即为本次优化的地表地形图。矿区地表的最高标高约 700m，采场沿矿体走向长约 2500m、宽约 1300m。图中描绘采场现状的所有折线都是三维矢量线，其上的每个顶点都有标高属性。基于这些采场现状线和采场外围尚未开采的原地表的地形等高线，应用第2章2.5节的标高模型建立算法，建立了矿区的地表标高模型，模块为边长等于25m的正方形，地表标高模型的三维显示如图14-42所示。

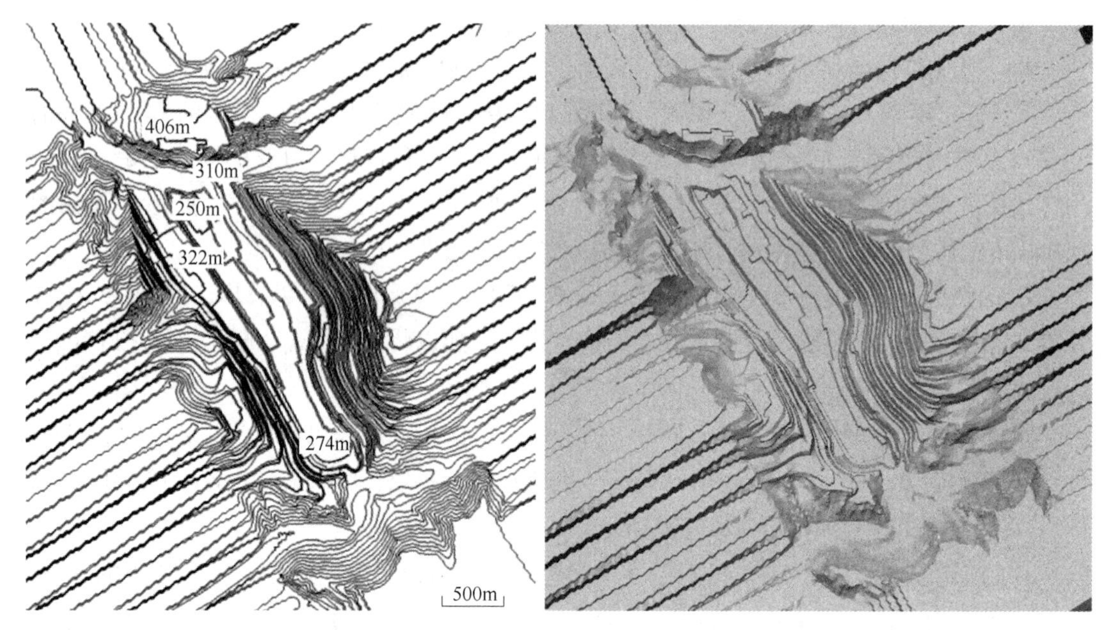

图14-41 采场现状及其周边地形平面图　　图14-42 矿区地表标高模型的三维显示

矿床有三条矿体，分别命名为Fe1、Fe2和Fe3。矿体呈单斜产出，走向北30°~35°西，倾向南西，倾角40°~50°，平均约47°。工业矿体总长约3000m，三条矿体累计厚度约120m，延深到-200m。矿体品位25%~40%，平均约30%。28m水平上的矿岩界线如图14-43所示。

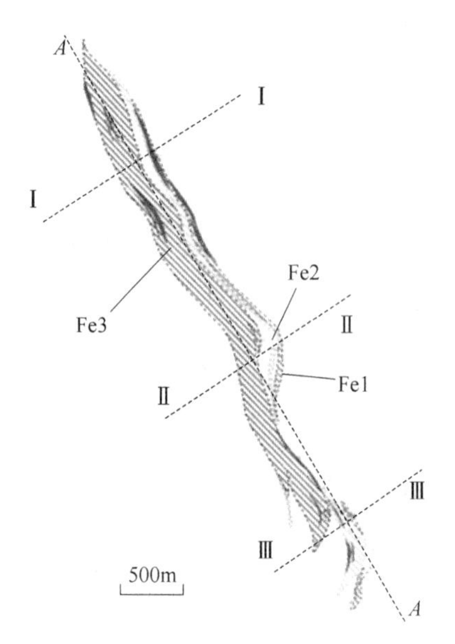

图14-43 28m分层平面图

基于钻孔取样和矿岩界线建立了品位块状模型，模块在水平面上为边长等于25m的正方形，模块高度等于台阶高度；台阶高度在238以下为15m，以上为12m。品位块状模型在图14-43所示的纵剖面线*A—A*及横剖面线Ⅰ—Ⅰ、Ⅱ—Ⅱ和Ⅲ—Ⅲ处的垂直剖面，如图14-44和图14-45所示。

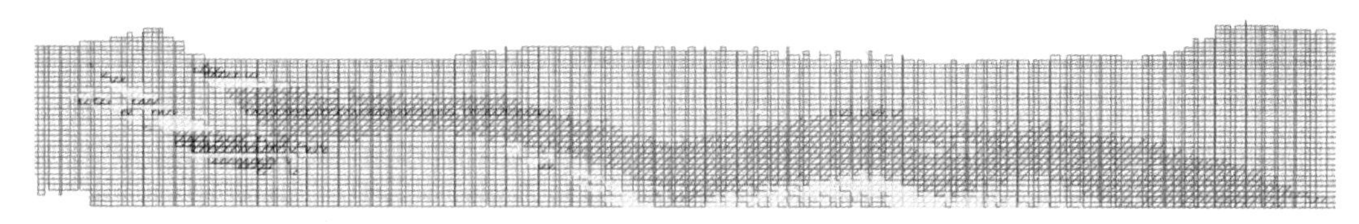

图14-44 品位块状模型纵剖面*A—A*

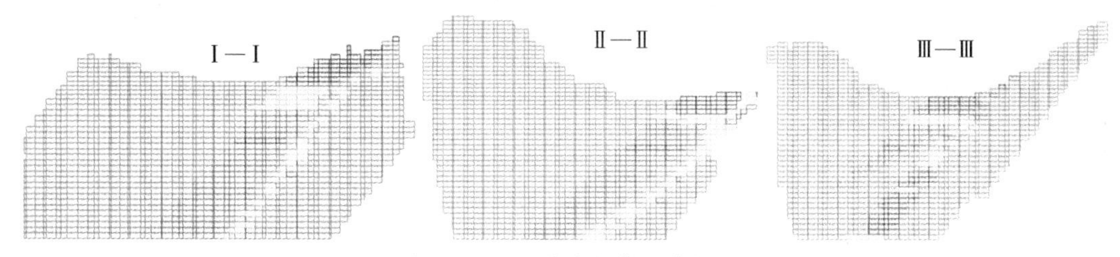

图14-45 品位块状模型横剖面

14.5.2 技术经济参数

境界在不同方位的最大允许帮坡角列于表14-1，方位0°为正东方向，逆时针旋转为正。矿体和废石的原地容重见表14-2，该表中Fe1、Fe2和Fe3为矿石，其他为不同岩性的废石（ROCK是未划分岩性的废石）。

表14-1 不同方位的最大允许帮坡角 (°)

方位	21	41.5	119	200.5	224.5	291	352.5
帮坡角	34.8	34.5	51	42	48.1	47.5	34.8

表14-2 矿体和废石的原地容重 (t/m^3)

矿岩名	Fe1	Fe2	Fe3	PP	$FeSiO_3$
容重	3.39	3.43	3.33	3.33	3.33
矿岩名	AmL	Am	Am1	Am2	TmQ
容重	2.69	2.87	2.87	2.85	2.63
矿岩名	Qp	Zd	Q	ROCK	
容重	2.69	2.60	1.60	2.63	

优化中用到的相关技术经济参数的取值见表14-3，其中选矿成本是每吨入选矿石的选矿费用。本例中并没有基于品位块状模型建立价值模型，而是在算法中直接应用品位模型和表14-3中的参数，计算锥体的净价值；净价值小于或等于零的锥体被排除。本次优化中，将最低开采水平设置到-122m水平。

表 14-3 技术经济参数

参数	矿石开采成本/元·t^{-1}	岩石剥离成本/元·t^{-1}	选矿成本/元·t^{-1}	精矿售价/元·t^{-1}	矿石回采率/%
取值	24	15	135	700	95
参数	选矿金属回收率/%	精矿品位/%	废石混入率/%	混入废石品位/%	边界品位/%
取值	82	66	4	0	25

14.5.3 优化结果

基于上述模型和数据，运行软件 OpenMiner 中的负锥排除算法，得出最优境界的标高模型。最优境界的指标值列于表 14-4，表中的“原地矿石量”和“原地废石量”是损失贫化之前的矿岩量，“采出矿石量”和“采出废石量”是损失贫化之后的矿岩量。境界的三维透视图如图 14-46 所示，其等高线如图 14-47 所示。

表 14-4 最优境界技术经济指标

原地矿石量/万吨	原地废石量/万吨	平均剥采比/t·t^{-1}	采出矿石量/万吨	采出废石量/万吨
52079	168728	3.24	51536	169270
采出矿石平均品位/%	精矿量/万吨	东南部坑底标高/m	西北部坑底标高/m	境界总盈利/亿元
29.72	19031	58	-122	258.80

图 14-46 最优境界三维透视图

基于图 14-47 所示的境界等高线以及台阶要素和斜坡道要素，就可设计出具有台阶坡顶线、坡底线和道路的最终境界方案。

在图 14-47 所示的剖面线 Ⅰ—Ⅰ、Ⅱ—Ⅱ 和 Ⅲ—Ⅲ 处的最优境界横剖面分别如图 14-48～图 14-50 所示。从这些剖面图上境界线与矿体之间的关系可以大致看出，求得的最终境界是合理的。

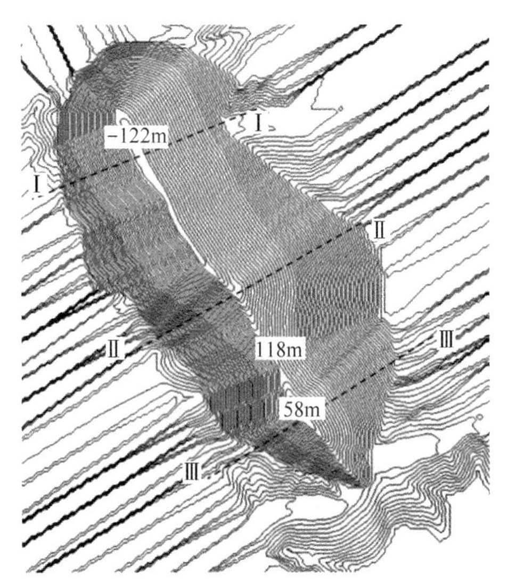

图 14-47　最优境界等高线图

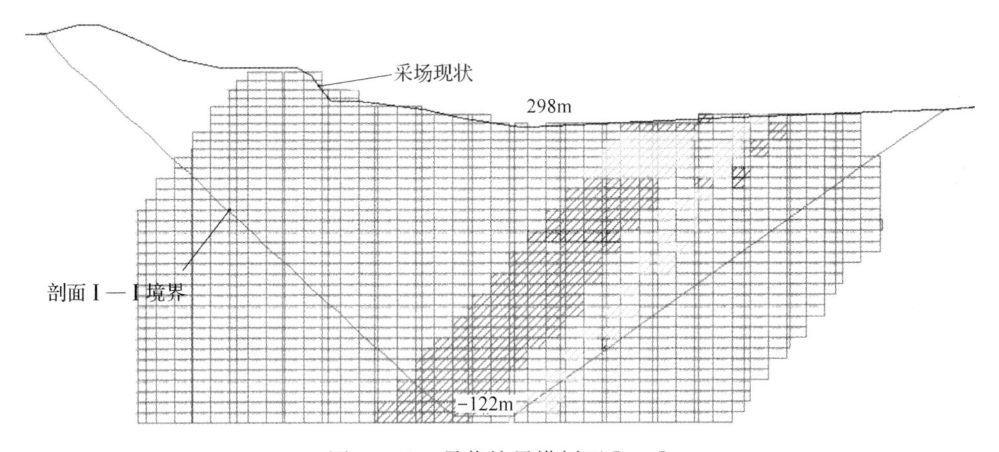

图 14-48　最优境界横剖面Ⅰ—Ⅰ

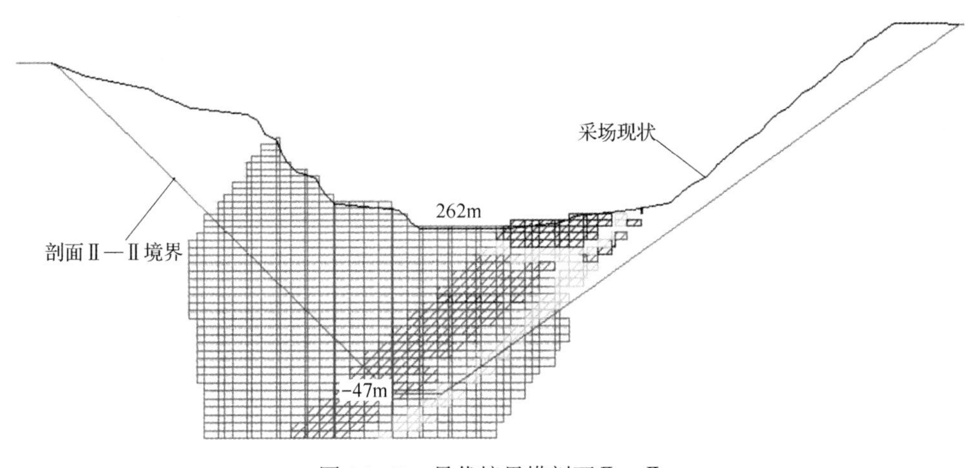

图 14-49　最优境界横剖面Ⅱ—Ⅱ

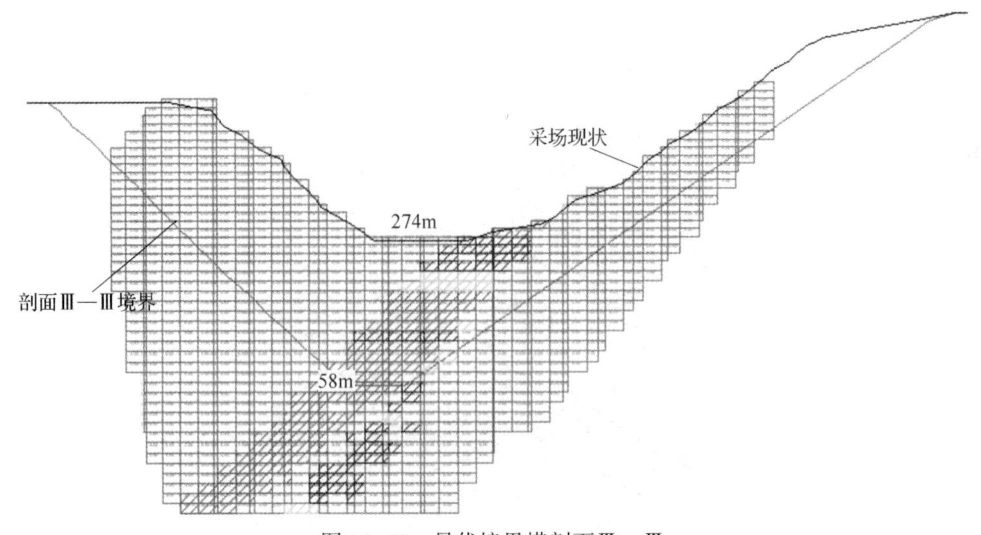

图 14-50 最优境界横剖面Ⅲ—Ⅲ

14.5.4 境界分析

露天矿设计中的最大不确定因素之一是矿产品的价格。因此，为了最大限度地降低投资风险，国际上的通行做法是进行境界分析，即针对一个可能范围内的不同矿产品价格，对境界进行优化和分析，以便为最终方案的设计提供决策依据。

在600~800元/t的铁精矿价格范围内，以50元/t的价格增量对最终境界进行优化，其他参数保持表14-3中的取值不变，优化结果见表14-5。表中的矿石平均品位是采出矿石（即贫化后）的平均品位。为叙述方便，对应于精矿价格 X 的最终境界称为境界 X，即用“境界600”表示对应于精矿价格为600元/t的最终境界，依此类推。

表 14-5 不同精矿价格的最终境界优化结果

指 标	境界/元·t^{-1}				
	境界600	境界650	境界700	境界750	境界800
采出矿石量/万吨	33957	47601	51536	59882	63021
采出废石量/万吨	66446	142336	169270	237126	267844
平均剥采比/t·t^{-1}	1.9568	2.9902	3.2845	3.9599	4.2501
矿石平均品位/%	29.75	29.73	29.72	29.70	29.69
精矿量/万吨	12549	17582	19031	22096	23247
西北部坑底标高/m	-62	-107	-122	-122	-122
东南部坑底标高/m	148	118	58	-47	-92

可见，最终境界随着精矿价格的上升而增大。图14-51所示是最终境界内矿石量和废石量随精矿价格的变化曲线。随着精矿价格的升高，最终境界总量的增量趋于减小。

精矿价格从600元/t升高到650元/t使境界尺寸有较大幅度的增大：境界内矿石量增加了1.36亿吨、废石量增加了7.59亿吨；8.3%的价格上升引起了40.2%的矿石量增加和

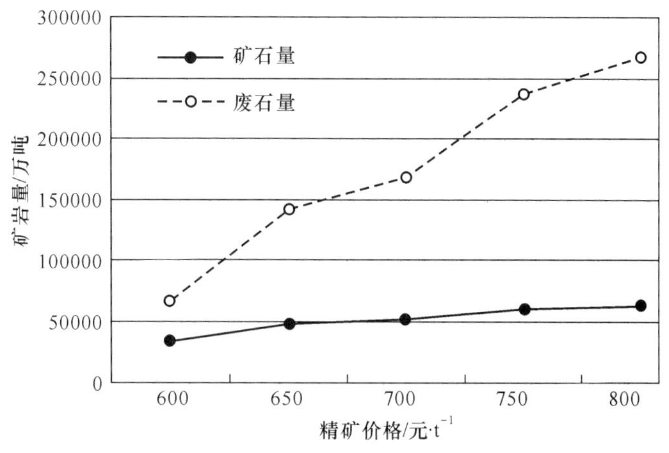

图 14-51　最终境界矿岩量随精矿价格的变化

114.2%的废石量增加，矿岩总量增加了 89.2%，境界对精矿价格变化的灵敏度很高。

当精矿价格由 750 元/t 升高到 800 元/t 时，矿石量增加 0.3 亿吨，废石量增加 3.1 亿吨。6.7%的价格上升引起了 5.2%的矿石量增加和 13.0%的废石量增加，矿岩总量增加了 11.4%，增长速度大幅放缓，境界对精矿价格变化的灵敏度降低。这是由于优化前设置了最低开采水平不能超过-122m 水平的约束条件，从境界 700 到境界 800，西北部均已开采到最低水平，限制了局部境界的进一步延深与扩大。

图 14-52 所示是精矿价格分别为 600 元/t 和 800 元/t 时的最终境界等高线图。图 14-53～图 14-55 所示是境界 600、境界 700 和境界 800 在图 14-47 所示图剖面线处的三个横剖面，从这些剖面图可以更清晰地看出境界形态随精矿价格的变化。

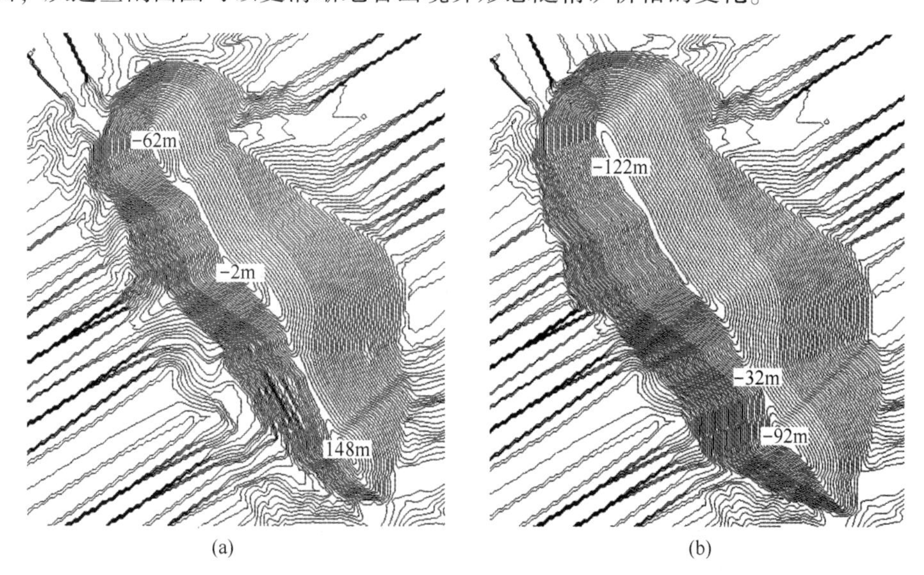

图 14-52　两个不同精矿价格的最终境界等高线图
（a）铁精矿价格 600 元/t；（b）铁精矿价格 800 元/t

该矿床的储量大、开采寿命长，境界 700 内的矿石量约有 5.15 亿吨，以 1500 万吨/年的生产能力开采，寿命有 34 年。对开采寿命如此长的矿山，按照当前价格（或预测价

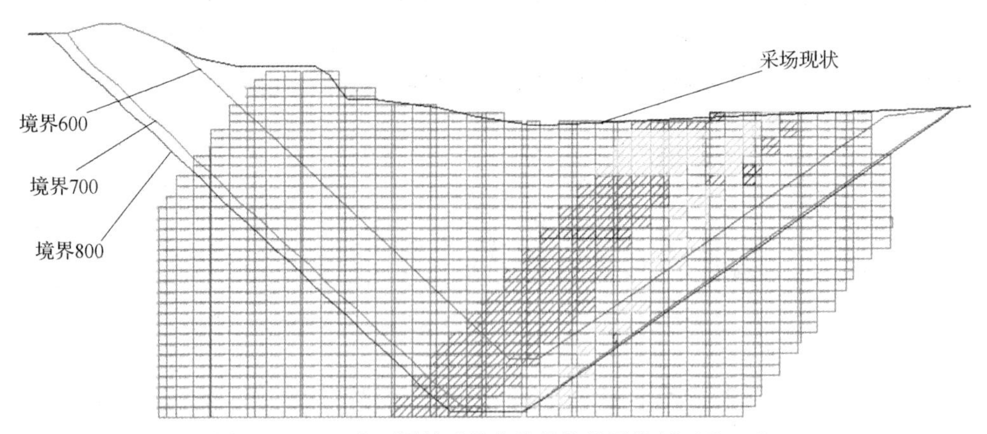

图 14-53　三个不同精矿价格的最终境界横剖面Ⅰ—Ⅰ

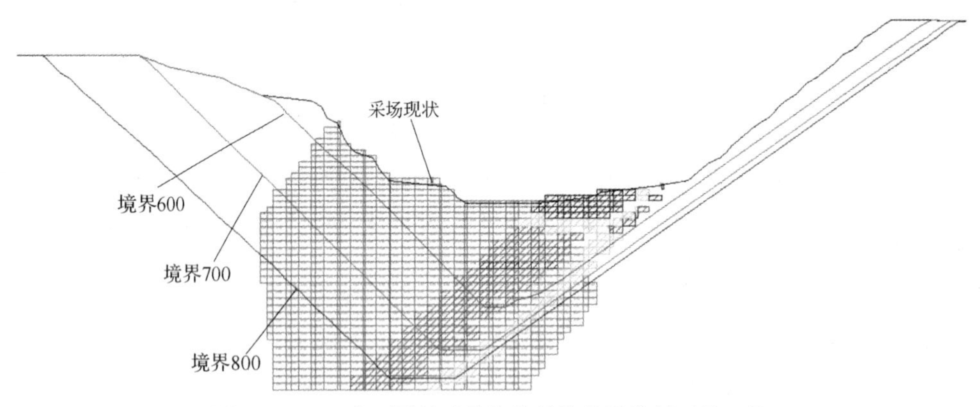

图 14-54　三个不同精矿价格的最终境界横剖面Ⅱ—Ⅱ

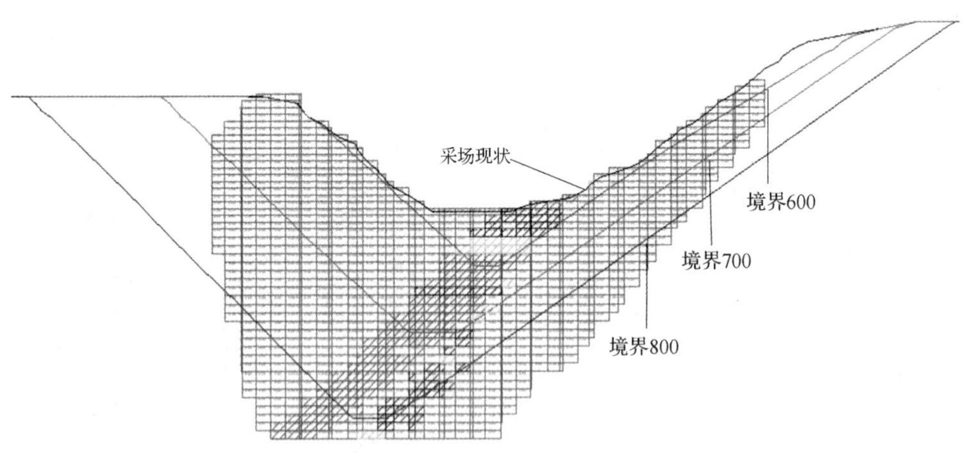

图 14-55　三个不同精矿价格的最终境界横剖面Ⅲ—Ⅲ

格）设计最终境界有很大的风险。因此，为了最大限度地降低投资风险，应采用分期开采，这也是国际上大型露天矿的通行做法。

类似地，也可以分析境界对于生产成本变化的敏感度。生产成本的上升对境界的影响与精矿价格降低类似，但不同的生产成本（包括矿石开采成本、剥岩成本和选矿成本）对境界的大小和形态的影响程度不同。实际上，表 14-3 中的技术经济参数对境界的大小、形态和盈利能力都有影响。

可见，境界方案的最终确定不是一件简单的事，简单地确定一个经济合理剥采比，在几个剖面（平面）上设计出一个方案，或者简单地应用某个优化软件得出一个优化结果并据此设计出最终方案，是难以得到一个经济效益高且投资风险低的好方案的。最终境界方案的确定需要尽可能准确地把握和预测相关参数，并针对不确定性较高的参数的变化进行深入细致的境界分析。

14.6 分期境界优化

采用分期开采时，需要首先解决的一个重要问题是确定分期数和各分期境界（最后一个分期的分期境界即最终境界）。本节介绍以总净现值最大为目标函数的同时优化分期数和各分期境界的动态规划法。

14.6.1 优化定理

对于任一分期，都有多个位置、形状、大小不同的分期境界可供考虑。以第一分期为例，假如考虑的该分期开采的矿石量为 Q_1、矿岩总量为 T_1。不难想象，矿床中可能存在多个满足这一矿量和矿岩量要求的境界。那么，究竟用哪个境界呢？即使不进行经济核算，也自然会想到：最好是选择所有那些矿石量为 Q_1、矿岩总量为 T_1 的境界中，矿石里的有用矿物量最大的那个境界。第二分期境界也是如此，假如考虑的头两个分期累计开采的矿石总量为 Q_2、矿岩总量为 T_2，最好是选择所有那些矿石量为 Q_2、矿岩总量为 T_2 的境界中，矿石里的有用矿物量最大的那个境界作为第二分期境界。依此类推。这就引出如下定义：

定义 如果在所有满足最终帮坡角 $\{\beta\}$ 要求的总量为 T、矿量为 Q 的境界中，某个境界的矿石中含有的有用矿物量最大，这个境界称为对于 T、Q 和 $\{\beta\}$ 的地质最优境界，用 P^* 表示。

定义中，$\{\beta\}$ 表示由不同方位上的最终帮坡角组成的数组；对于金属矿床，“有用矿物量”即金属量，为表述方便，下文中均以金属量表示有用矿物量。

因此，优化分期境界的基本思路是：首先对于一系列的矿、岩量，产生一个地质最优境界序列，作为各分期境界的候选境界；然后对这些候选境界进行经济评价，确定最佳分期数以及每个分期应该选择序列中的那个地质最优境界作为其分期境界，最后一个分期境界同时也是最佳最终境界。

如图 14-56 所示，假设在矿床中找出了 4 个地质最优境界，记为 $P_1^* \sim P_4^*$。根据上述讨论，这些地质最优境界就是每个分期考虑的最佳候选境界。例如：第一分期境界可能采用 P_1^* 或 P_2^*；如果选择了 P_1^*，第二分期境界可能是 P_2^* 或 P_3^*，如果第一分期境界选择了 P_2^*，第二分期境界可能是 P_3^* 或 P_4^*；以后分期依此类推。

这样，确定分期境界就转换成为一个“确定每一分期选择哪个地质最优境界”作为其分期境界的问题了。问题是，以地质最优境界序列作为候选分期境界，是否就能得到总净现值最大的分期方案呢？以下定理给出了肯定的答案。

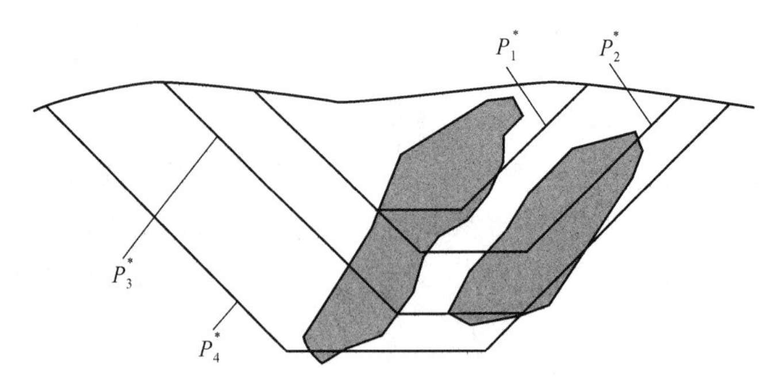

图 14-56　地质最优境界示意图

定理 14-2　令 $\{P^*\}_N$ 为一个按大小升序排列的地质最优境界序列，即 $\{P^*\}_N = \{P_1^*, P_2^*, \cdots, P_N^*\}$，$N$ 为序列中的境界数，最小者为 P_1^*，最大者为 P_N^*。如果相邻境界之间的增量足够小，且 $\{P^*\}_N$ 是完全嵌套序列，那么在满足下述假设 1~假设 3 的条件下，使总净现值最大的各分期境界必然是 $\{P^*\}_N$ 的一个子序列。

假设 1：对所开采的矿产品来说，市场具有完全竞争性，即一个矿山生产的矿产品量不会影响该矿产品的市场价格。

假设 2：在矿床范围内，采剥的位置对现金流的影响相对于采、剥量对现金流的影响来说很小，可以忽略不计。

假设 3：所开采的矿产品市场是相对稳定市场，价格上升率不高于最小可接受的投资收益率，后者是净现值计算中的折现率。

定理中的"完全嵌套序列"是指序列中的每个地质最优境界都被比它大的境界完全包含。这是由于开采过程是境界逐分期扩大、延深的过程，即第 i+1 分期的分期境界是由第 i 分期的分期境界扩延而来，所以，后者必然被前者完全包含。

定理中 $\{P^*\}_N$ 的"子序列"是指这样一个序列 $\{P^*\}_M$，$\{P^*\}_M$ 中的每一个境界 P_i^* ($i = 1, 2, \cdots, M$) 都存在于母序列 $\{P^*\}_N$ 中，显然 $M \leqslant N$。该定理说明，最佳分期方案中任一分期的分期境界必然是地质最优境界序列 $\{P^*\}_N$ 中的某一个。

14.6.2　地质最优境界序列的产生

依据以上优化思路和定理，确定最佳分期境界首先需要产生一系列嵌套的地质最优境界。产生多少个境界、序列中的最小境界为多大、相邻境界之间的矿岩量增量为多大，可以根据矿床的矿石储量、废石量和要求的分辨率预先确定。例如，对于某个矿山，可能的最大境界的矿石总量为 5 亿吨、矿岩总量为 15 亿吨，若考虑的年矿石生产能力为 1500 万吨，一个分期的开采年限最短 8 年、最长 15 年。那么，序列中最小境界的含矿量可设定为 12000 万吨；如果估计分期境界的平均剥采比为 1~4，序列中最小境界的矿岩量可设定为 24000 万吨；序列中相邻地质最优境界之间的矿石量增量取 1500 万吨（或矿岩量增量取 3000 万吨），就有足够的分辨率。

产生地质最优境界序列的基本思路是：首先应用 14.3.2.1 节中的几何定界圈定出可能的最大境界，或应用前述境界优化算法，基于一个比当前精矿价格或预测的最高精矿价格高许多的精矿价格（其他技术经济参数取当前估计值），优化出一个境界，该境界即为拟产生的地质最优境界序列 $\{P^*\}_N$ 中的最大境界 P_N^*。从 P_N^* 开始，采用锥体排除法，逐步排除矿石量等于设定的矿石量增量且平均品位最低（亦即含金属量最小）的模块集，每排除这样一个模块集就得到一个更小的地质最优境界。

假设拟产生的地质最优境界序列中最小境界 P_1^* 的矿石量为 Q_1^*；圈定的最大境界 P_N^* 的矿岩总量和矿石量分别为 T_N^* 和 Q_N^*；相邻境界之间的矿石量增量设定为 ΔQ。锥体排除法的基本思路是：从最大境界 P_N^* 开始，从中按最终帮坡角 $\{\beta\}$ 排除矿石中含金属量最低的矿岩量 ΔT_1，其中的矿石量为设定的矿量增量 ΔQ，那么剩余部分就是所有矿岩量为 $T_N^*-\Delta T_1$、矿量为 $Q_N^*-\Delta Q$ 的境界中含金属量最大者，亦即对于 $T_N^*-\Delta T_1$、$Q_N^*-\Delta Q$ 和 $\{\beta\}$ 的地质最优境界，即 P_{N-1}^*。再从 P_{N-1}^* 中按最终帮坡角 $\{\beta\}$ 排除矿石中含金属量最低的矿岩量 ΔT_2，其中的矿量为 ΔQ，就得到下一个更小的地质最优境界 P_{N-2}^*。如此进行下去，直到剩余部分的矿量等于或小于 Q_1^*，这一剩余部分即为最小的那个地质最优境界 P_1^*。这样，就得到一个由 N 个地质最优境界组成的完全嵌套序列 $\{P^*\}_N=\{P_1^*, P_2^*, \cdots, P_N^*\}$。

图 14-57 是块状矿床模型和境界的一个垂直横剖面示意图，每一栅格表示一个模块。参照图 14-57，下面介绍地质最优境界序列的产生算法。为叙述方便，定义以下变量：

J：矿床模型中的模块柱总数；

j：模块柱序号；

$b_{\min,j}$：模块柱 j 的底部模块；

$z_{\min,j}$：模块柱 j 的底部标高；

$z_{\max,j}$：模块柱 j 中线处的地表标高；

$z_{\max}$：矿床模型范围内的最高地表标高。

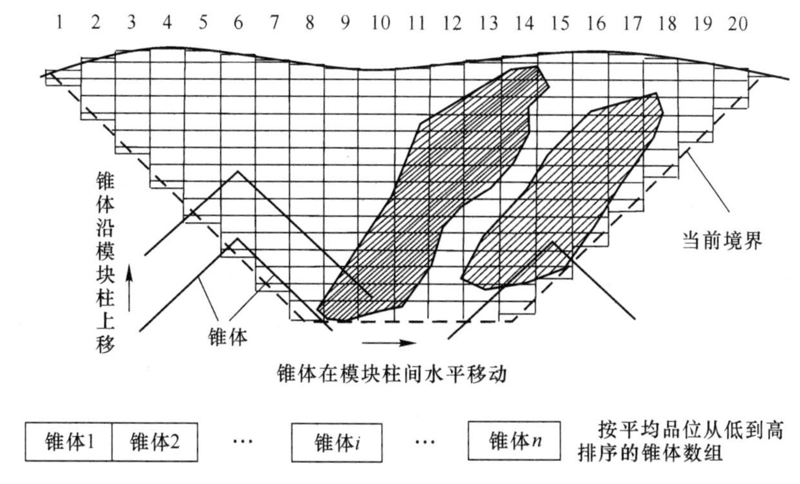

图 14-57 产生地质最优境界序列的锥体排除法示意图

第 1 步：构建一个足够大的锥顶朝上、各方位的锥壳与水平面之间的夹角等于相反方位的最终帮坡角的锥壳模板。应用某一境界优化算法，基于一个比当前精矿价格或预测的最高精矿价格高许多的精矿价格（其他技术经济参数取当前估计值），优化出一个境界，作为地质最优境界序列中的最大境界 P_N^*。依据 P_N^* 中的矿石量，设定合理的最小地质最

优境界的矿石量 Q_1^* 以及相邻境界之间的矿石增量 ΔQ。

第2步：置当前境界为最大境界。置每一模块柱的顶部标高为该模块柱中线处的地表标高；置最大境界范围外的每一模块柱的底部标高为该模块柱中线处的地表标高，即 $z_{\min,j}=z_{\max,j}$；置最大境界范围内的每一模块柱的底部标高 $z_{\min,j}$ 为当前境界在该模块柱中线处的边帮或坑底标高。

第3步：置模块柱序号 $j=1$，即从矿床模型中第1个模块柱开始。

第4步：如果 $z_{\min,j}=z_{\max,j}$，说明整个模块柱 j 不在当前境界范围之内，转到第8步；否则，继续下一步。

第5步：把锥体顶点置于模块柱 j 的底部模块 $b_{\min,j}$ 的中心，$b_{\min,j}$ 是从下数第一个中心（若为非整模块，取其整模块的中心）标高大于 $z_{\min,j}$ 的模块。

第6步：计算锥体的矿石量、废石量和平均品位，平均品位等于矿石所含金属量除以矿岩总量。如果锥体的矿石量小于等于 ΔQ，把该锥体按平均品位从低到高置于一个锥体数组中，继续下一步；如果锥体的矿石量大于 ΔQ，该锥体弃之不用，转到第8步。

第7步：把锥体沿模块柱 j 向上移动一个台阶（即一个模块）高度。如果这一标高已经高出 $z_{\max}$，继续下一步；否则，返回到第6步。

第8步：$j=j+1$，如果 $j\leqslant J$，返回到第5步；否则，执行下一步。

第9步：至此，所有模块柱被“扫描”了一遍，得到了一组按平均品位从低到高排序的 n 个锥体组成的锥体数组。从数组中找出前 m 个锥体的“联合体”（联合体中锥体之间的重叠部分只计一次），联合体的矿石量不大于且最接近 ΔQ。

第10步：把上一步的锥体联合体中的锥体从当前境界中排除，就得到了一个新的境界，存储这一境界。排除一个锥体就是把底面标高低于锥壳标高的每一模块柱的底面标高提升到该模块柱中线处的锥壳标高（若锥壳标高大于 $z_{\max,j}$，就提升到 $z_{\max,j}$）。

第11步：计算新境界的矿石量。如果其矿石量大于设定的最小境界的矿石量 Q_1^*，置当前境界为这一新境界，回到第3步，产生下一个更小的境界；否则，所有境界产生完毕，算法结束。

上述算法中，由于排除的是平均品位最低的 m 个锥体的联合体，排除后得到的境界最有可能是所有矿、岩量与之相同的境界中含金属量最大者（即地质最优境界）。然而，由于许多锥体之间存在重叠的部分，该算法并不能保证得到的是严格意义上的地质最优境界。例如，单独考察锥体数组中各个锥体时，锥体1和锥体2是平均品位最低的两个锥体，但考察两个锥体的联合体时，也许锥体8和锥体11的联合体的平均品位低于锥体1和锥体2的联合体的平均品位。要找出矿石量不大于且最接近 ΔQ 的平均品位最低的锥体的联合体，就需要考察所有不同锥体的组合；对于一个实际矿山，组合数量十分巨大，这样做是不现实的。

14.6.3　动态规划模型

得到一个由 N 个境界组成的地质最优境界序列 $\{P^*\}_N=\{P_1^*, P_2^*, \cdots, P_N^*\}$，并从最小到最大排序后，这些境界就是拟设计的每个分期境界的最佳候选境界。把这 N 个地质最优境界置于一个如图14-58所示的动态规划网络中，图中横轴代表阶段，竖轴代表状态。阶段上的不同状态就是这些地质最优境界，从小到大排列。阶段数等于地质最优境界

的数量 N。每一条箭线代表从一个阶段的一个状态向下一个阶段的一个状态的转移。为清晰起见，图 14-58 中没有画出全部转移。由于阶段 i 上的任一境界是由前一个阶段 $i-1$ 上比它小的境界（通过开采）扩展而来，所以状态转移只能向上发展，即当前阶段的任一境界只能从前一阶段上的那些比它小的境界转移而来。这也是为什么阶段 i 的起始状态（底部的那个状态）对应于境界 P_i^*（$i=1，2，\cdots，N$）。

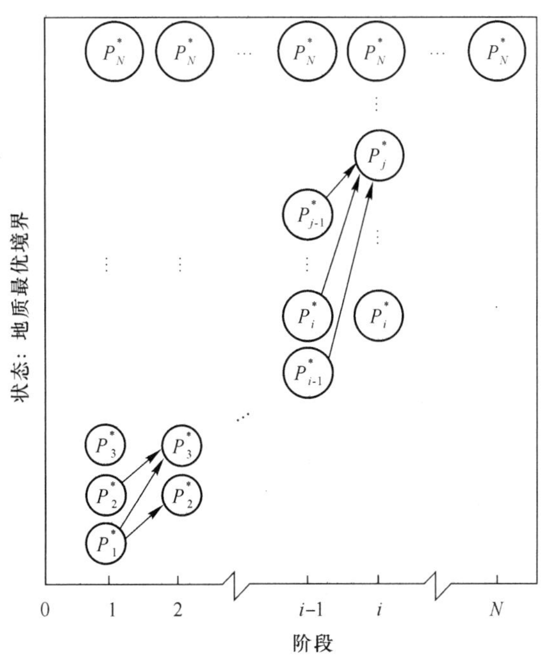

图 14-58 分期境界优化的动态规划网络图

一般地，考虑阶段 i 上的状态 j，设该状态对应的境界为 P_j^*，它可以从前一阶段 $i-1$ 上对应于比 P_j^* 小的境界的那些状态转移而来，如图 14-58 所示。当阶段 i 上的境界 P_j^* 是从阶段 $i-1$ 上的境界 P_k^*（$i-1 \leqslant k \leqslant j-1$）转移而来时，在第 i 阶段（即第 i 分期）内采出的矿石量 $q_{i,j}(i-1，k)$、矿石里的金属量 $m_{i,j}(i-1，k)$ 和废石量 $w_{i,j}(i-1，k)$ 分别为：

$$q_{i,j}(i-1,\ k) = Q_j^* - Q_k^* \tag{14-14}$$

$$m_{i,j}(i-1,\ k) = M_j^* - M_k^* \tag{14-15}$$

$$w_{i,j}(i-1,\ k) = W_j^* - W_k^* \tag{14-16}$$

式中 Q_j^*，Q_k^*——考虑了开采中矿石回采率和废石混入率后，境界 P_j^* 和 P_k^* 的矿石量，即采出矿石量；

M_j^*，M_k^*——Q_j^*，Q_k^* 中含有的金属量；

W_j^*，W_k^*——考虑了开采中矿石回采率和废石混入率后，境界 P_j^* 和 P_k^* 的废石量，即采出废石量。

设矿山企业的最终产品为精矿。按这一状态转移开采，第 i 分期获得的总利润 $P_{i,j}(i-1，k)$ 的简单计算式为：

$$P_{i,j}(i-1,\ k) = \frac{m_{i,j}(i-1,\ k)r_p}{g_p}p_i - q_{i,j}(i-1,\ k)(c_m + c_p) - w_{i,j}(i-1,\ k)c_w \tag{14-17}$$

式中 r_p——选矿金属回收率；

g_p——精矿品位；

p_i——阶段 i 的精矿售价，可以是常数；

c_m，c_p，c_w——采矿、选矿和剥岩的单位成本。

假设矿石开采能力、剥岩能力和选矿能力完全匹配，那么这一状态转移需要的时间长度（即第 i 分期的开采时间）$t_{i,j}(i-1, k)$ 为：

$$t_{i,j}(i-1, k)=\frac{q_{i,j}(i-1, k)}{A} \tag{14-18}$$

式中 A——矿石年生产能力。

如果上述能力不匹配，应该用采矿、剥岩和选矿时间中的最长者。

$t_{i,j}(i-1, k)$ 可能不是整数年，用 $L_{i,j}(i-1, k)$ 表示 $t_{i,j}(i-1, k)$ 的整数部分，$\delta_{i,j}(i-1, k)$ 表示其小数部分。$L_{i,j}(i-1, k)$ 中每一年的平均利润用 $a_{i,j}(i-1, k)$ 表示，则：

$$a_{i,j}(i-1, k)=\frac{P_{i,j}(i-1, k)}{t_{i,j}(i-1, k)} \tag{14-19}$$

小数部分 $\delta_{i,j}(i-1, k)$ 的利润 $r_{i,j}(i-1, k)$ 为：

$$r_{i,j}(i-1, k)=P_{i,j}(i-1, k)-a_{i,j}(i-1, k)L_{i,j}(i-1, k) \tag{14-20}$$

按照这一状态转移，从时间0点到达阶段 i 上境界 P_j^* 的累计时间长度（即从矿山开始开采到第 i 分期开采结束的时间长度）$T_{i,j}(i-1, k)$ 为：

$$T_{i,j}(i-1, k)=T_{i-1,k}+t_{i,j}(i-1, k) \tag{14-21}$$

式中 $T_{i-1,k}$——沿着图14-58所示网络中最佳路径（策略）到达阶段 $i-1$ 上的境界 P_k^* 的累计时间长度，在评价前一阶段的各状态时已经计算过，是已知的。

这样，当从阶段 $i-1$ 上的境界 P_k^* 转移到阶段 i 上的境界 P_j^* 时（即按这一状态转移到达第 i 分期末时），实现的累计净现值 $\mathrm{NPV}_{i,j}(i-1, k)$ 为：

$$\mathrm{NPV}_{i,j}(i-1, k)=\mathrm{NPV}_{i-1,k}+\frac{a_{i,j}(i-1, k)\dfrac{(1+d)^{L_{i,j}(i-1, k)}-1}{d(1+d)^{L_{i,j}(i-1, k)}}+\dfrac{r_{i,j}(i-1, k)}{(1+d)^{t_{i,j}(i-1, k)}}}{(1+d)^{T_{i-1,k}}} \tag{14-22}$$

式中 $\mathrm{NPV}_{i-1,k}$——沿最佳路径到达阶段 $i-1$ 上的境界 P_k^* 的累计净现值，在评价前一阶段的各状态时已经计算过，是已知的；

d——折现率。

从图14-58可知，可以从前一阶段 $i-1$ 上的多个境界转移到阶段 i 上的境界 P_j^*。显然，当从阶段 $i-1$ 上的不同境界转移到阶段 i 上的境界 P_j^* 时，所开采的矿石量、金属量和废石量不同，时间长度和利润也不同。因此，阶段 i 上境界 P_j^* 处的累计NPV随不同的状态转移（决策）而变化。具有最大累计NPV的那个转移是最佳转移（最优决策），从而有如下递归目标函数：

$$\mathrm{NPV}_{i,j}=\max_{k\in[i-1,\ j-1]}\{\mathrm{NPV}_{i,j}(i-1, k)\} \tag{14-23}$$

若不考虑初始投资，时间0处的初始条件为：

$$\left.\begin{aligned} M_0^* &= 0 \\ Q_0^* &= 0 \\ W_0^* &= 0 \\ T_{0,0} &= 0 \\ NPV_{0,0} &= 0 \end{aligned}\right\} \tag{14-24}$$

运用上述动态规划数学模型，从第一阶段开始，逐阶段评价各境界（状态），直到图14-58中所有阶段上的所有境界被评价完毕，就得到了所有阶段上的所有境界处的最佳转移和累计NPV。然后，在所有阶段上的所有境界中找出累计NPV最大者，这一境界即为最佳最终境界，该境界所在的阶段即为最佳分期数。从这一最终境界开始，逆向追踪最佳转移，直到第一阶段，就可找出最优路径，在动态规划中称为最优策略。这一最优路径上的各境界组成序列 $\{P^*\}_N$ 的一个子序列，而且是最优子序列。这一子序列同时给出：分期数、各分期的分期境界（包括最终境界）的形态和位置、每一分期的采矿量和剥岩量。

例如，假设地质最优境界序列如图14-56所示，境界数为4，它们的采出矿石量和废石量分别为 Q_i^* 和 W_i^*（$i=1,2,3,4$）。把这4个境界置于上述动态规划模型中求解，假设得到的最优子序列为 $\{P_1^*, P_2^*, P_3^*\}$，它所代表的最佳分期方案是：

（1）最佳分期数为3期；

（2）三个分期的最佳分期境界依次为 P_1^*、P_2^*、P_3^*，最终境界为 P_3^*，它们的形态和位置如图14-56所示；

（3）各分期的采剥量：第1分期的采矿量为 Q_1^*、剥岩量为 W_1^*，第2分期的采矿量为 $Q_2^*-Q_1^*$、剥岩量为 $W_2^*-W_1^*$，第3分期的采矿量为 $Q_3^*-Q_2^*$、剥岩量为 $W_3^*-W_2^*$。

14.6.4 分期境界优化案例

上述地质最优境界序列的产生算法和分期境界优化的动态规划模型被编入软件系统OpenMiner，形成分期境界优化模块。下面介绍应用该优化模块进行分期优化的一个案例。

该例中的露天矿仍然为14.5节中的案例矿山，用到的技术经济参数见表14-1～表14-3。大型露天矿的主体设备（电铲、卡车、钻机等）的经济服役年限一般为8～15年，所以优化中一个分期的时间跨度控制在8～15年。该矿的设计年矿石生产能力为1500万吨，所以地质最优境界序列中最小境界的矿量 Q_1^* 控制在12000万吨（8年产量）以内，相邻境界间的矿量增量 ΔQ 控制在1500万吨（1年产量）左右。NPV计算中用到的折现率为7%。

基于上述数据对该矿今后的分期方案进行优化。最优解给出的最佳分期数为4期，图14-59所示为四个分期境界的标高模型的三维显示。图14-60所示为这四个分期境界与矿床模型的一个叠加剖面图。各分期开采的矿石量和剥离的废石量见表14-6。

表14-6 各分期开采的矿岩量及品位

分期	矿石开采量/万吨	岩石剥离量/万吨	平均剥采比/$t \cdot t^{-1}$	矿石平均品位/%	分期时间跨度/a
Ⅰ	13323.9	6679.0	0.501	29.84	8.9
Ⅱ	12068.0	25161.0	2.085	29.68	8.1

续表 14-6

分期	矿石开采量/万吨	岩石剥离量/万吨	平均剥采比/$t \cdot t^{-1}$	矿石平均品位/%	分期时间跨度/a
Ⅲ	12057.3	55494.1	4.603	29.68	8.0
Ⅳ	12029.0	67249.0	5.591	29.71	8.0
合计	49478.3	154583.1	3.124	29.73	33.0

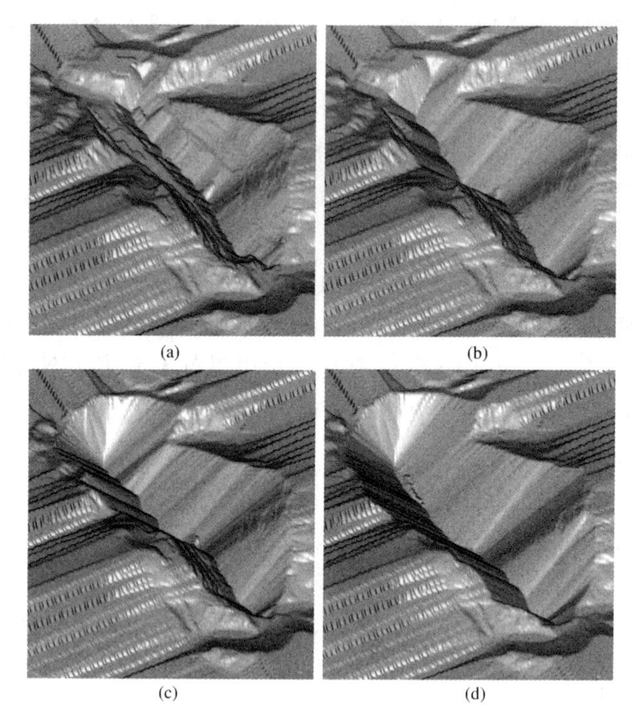

图 14-59 最佳分期境界标高模型的三维显示

（a）分期Ⅰ境界；（b）分期Ⅱ境界；（c）分期Ⅲ境界；（d）分期Ⅳ境界（最终境界）

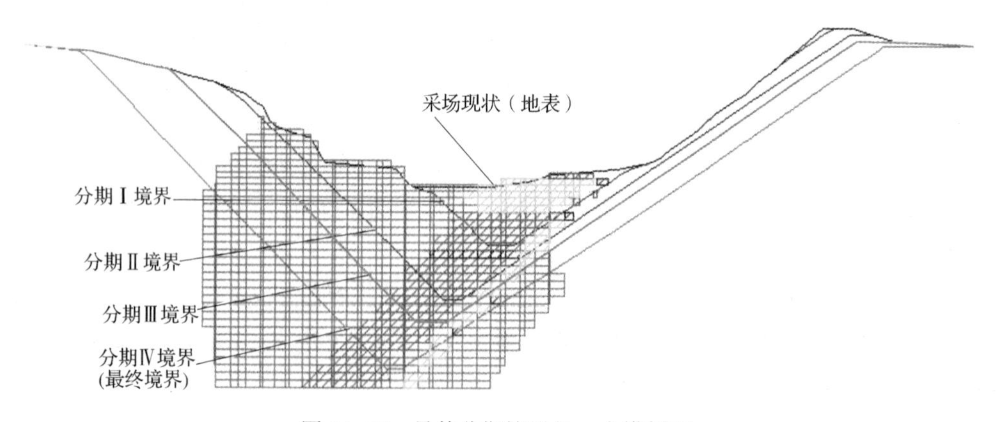

图 14-60 最佳分期境界的一个横剖面

可以看出，以 1500 万吨的年矿石生产能力，分期的开采时间跨度在 8~9 年，总的开采寿命约 33 年。这一分期方案总体上是合理的，一方面，头两个分期（尤其是第一分期）的剥采比较后续分期大大降低，这有利于降低初期剥离量、提高总净现值，发挥出分期开采的优点；另一方面，各分期的时间跨度也比较适中，有利于分期过渡的规划和实施，且分期的时间跨度与露天矿使用数量最多的卡车的经济服役年限基本吻合，有利于规划分期过渡时一并考虑设备的配置（退役、更新和购置）问题。

由于在数学模型中不可能加入所有实际约束条件，最优解可能在一些地方从实践的角度是不可行的。例如，在图 14-60 中，分期Ⅰ境界和分期Ⅱ境界在该剖面右侧帮的水平间距不到 20m，对于大型设备，这样的工作平盘宽度太窄，扩帮有困难。出现这种情况时，需要对分期境界进行局部调整，使之变为可行。当然，把优化解转变为最终方案还需对各分期境界作后处理，使之具有完整的台阶要素（坡顶线、坡底线、并段、安全平台等）和运输坡道。

对于一个给定矿床，分期开采的最优解取决于相关技术经济参数。应用 OpenMiner 可以方便地针对这些参数中的任何参数进行灵敏度分析，这种分析对最终分期方案的决策有重要价值。

15　露天开采程序

最终开采境界是在当前的技术经济条件下对可采储量的圈定，也是对开采终了时采场几何形态的预估。那么，如何从地表开始逐台阶扩展延深到最终境界，则是露天开采程序问题。本章系统介绍露天开采中的掘沟、台阶推进方式、布线方式等，以及相关的参数计算。

运输坑线的布线方式在以往的国内教材中划归露天矿开拓。然而，运输坑线不仅是到达矿体和运出矿岩的通道，其布置方式对开采时空的发展程序有直接影响，是确定开采顺序必须考虑的因素，故本书编者认为将其归入本章更为合适。

15.1　掘　沟

每一个台阶的开采从掘沟开始。掘沟就是在台阶顶面的某一位置掘一道斜沟到达坡底面水平，以使采运设备能够到达这一水平，以沟端为初始工作面向前、向外推进。

按运输方式的不同，掘沟方法可分为不同的类型，如汽车运输掘沟、铁路运输掘沟、无运输掘沟等。由于现代露天矿大都采用汽车运输，因此本节只介绍汽车运输掘沟，稍加扩展即可处理铁路运输及其他方式的掘沟问题。有关各种掘沟方法的更全面的介绍可在其他参考书目和设计手册中查到。

深凹露天矿与山坡露天矿的掘沟方式有所不同，下面分别给予简要的介绍。

15.1.1　深凹露天矿掘沟

如图 15-1 所示，假设 152m 水平已被揭露出足够的面积，根据采掘计划，现需要在被揭露区域的一侧掘沟到 140m 水平，以便开采 140～152m 台阶。掘沟工作一般分为两个阶段进行：首先挖掘出入沟（即运输坡道），以建立起上、下两个台阶水平的运输联系；然后开掘段沟，为新台阶的开采推进提供初始作业空间。

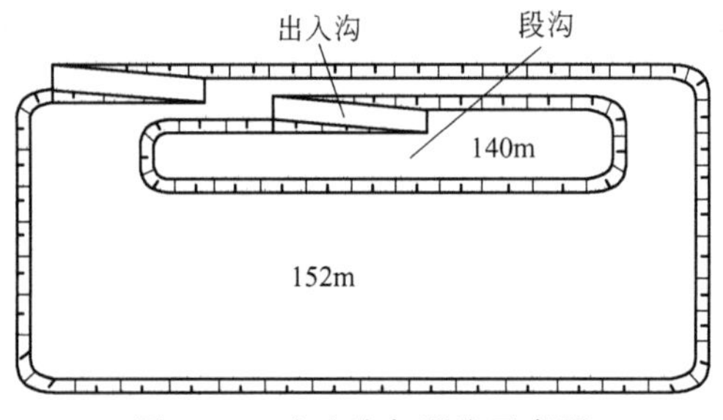

图 15-1　出入沟与段沟示意图

出入沟的坡度取决于汽车的爬坡能力和运输安全要求。现代露天矿的出入沟坡度一般在 8%～10%，出入沟的长度等于台阶高度除以出入沟的坡度。例如，当台阶高度为 12m、出入沟的坡度为 8%时，出入沟的长度为 150m。

掘沟时的穿孔与爆破方式没有统一的模式，不同的矿山由于岩性不同，掘沟时的爆破设计也不同。总的可分为两种：全沟等深孔爆破与沿坡面的不等深孔爆破。

当采用全沟等深孔爆破时，出入沟的斜坡路面修在爆破后的松散碎石上。这种掘沟方法的优点是穿孔、爆破作业简单，而且当出入沟位置需要移动时，可避免在斜坡上穿孔、装药；其缺点是路面质量差，影响汽车的运行效率，加重了汽车轮胎的磨损。

当采用沿坡面的不等深孔爆破时，需要沿出入沟的坡面从上至下穿凿不同深度的炮孔进行分段爆破。图 15-2 所示为这种掘沟方式的一个爆破设计的纵剖面示意图。台阶高度为 12m，坡度为 8%，穿孔设备选用 ϕ250mm 牙轮钻机。图中将出入沟沿纵向全长分为三个爆破区段，依次进行爆破和采运。从沟口起 25m 范围内的炮孔深度为 4.5m，此后各区段的炮孔与拟形成的出入沟坡面保持 2m 的超深（如图中虚线所示）。炮孔在平面上采用间距等于行距的交错布置，各个区段上采用不同的间距（如图中括号内的数字所示）。

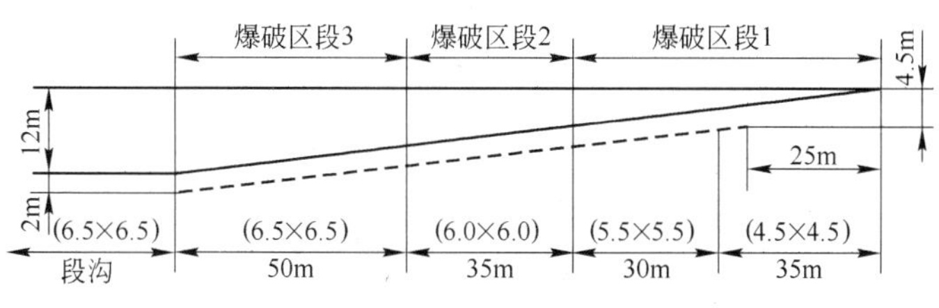

图 15-2　出入沟爆破设计实例

出入沟掘完后继续掘段沟。掘段沟时是否需要分区段爆破，要看段沟的长度而定。由于段沟为等深度，没有必要采用不同的爆破设计。在图 15-2 所示的情形中，段沟的爆破设计除采用等深孔外，与最后一段出入沟的爆破设计相同。

沟底宽度是掘沟的重要参数。一般来说，为了尽快到达新水平，在新的工作台阶形成生产能力，应尽量减少掘沟工作量。因此，沟底宽度应尽量小一些。最小沟底宽度是满足采运设备的作业空间所要求的宽度，其值取决于电铲的作业技术规格、采装方式与汽车的调车方式。

最节省空间的调车方式是汽车在沟外调头，而后倒退到沟内装车，如图 15-3 和图 15-4 所示。这种调车方式下的沟底宽度只取决于电铲的采装方式。最常用的采装方式是中线采装，即电铲沿沟的中线移动，向左、右、前三个方向挖掘，如图 15-3 所示。这种采装方式下的最小沟底宽度是电铲在左、右两侧采掘时清底所需要的空间，即：

$$W_{D_{\min}} = 2G \tag{15-1}$$

式中　$W_{D_{\min}}$——最小沟底宽度；

　　　G——电铲站立水平挖掘半径。

若掘沟电铲为第 13 章表 13-1 中的 WK-20，G 为 13.3m，则最小沟底宽度 $W_{D_{\min}}$ 为 26.6m。

另一种更节省空间的采装方式是双侧交替采装，如图 15-4 所示。电铲沿左、右两条线前进，当电铲位于左侧时，采掘右前方的岩石，装入停在右侧的汽车；而后电铲移到右侧，采装左前方的岩石，装入停在左侧的汽车。这种采装方式下的最小沟底宽度 $W_{D_{\min}}$ 为：

$$W_{D_{\min}} = G + K \tag{15-2}$$

式中　K——电铲尾部回转半径。

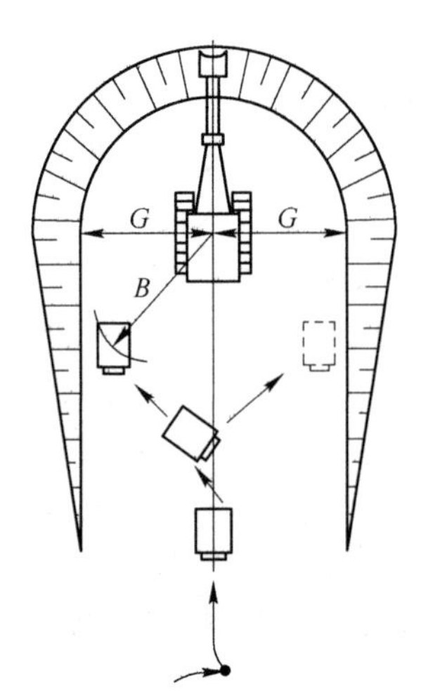

图 15-3 沟外调头中线采装

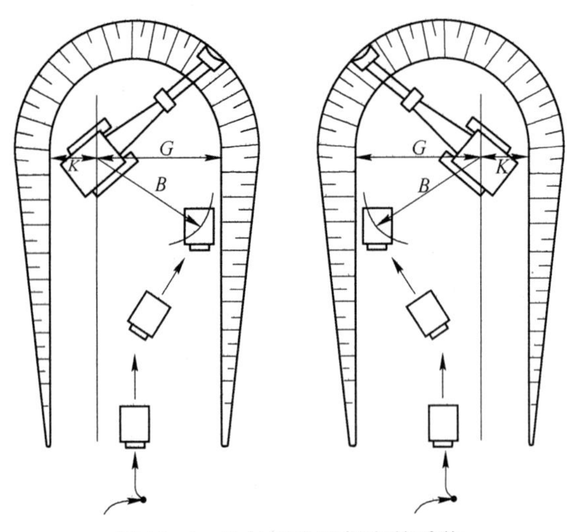

图 15-4 沟外调头双侧交替采装

若掘沟电铲为第 13 章表 13-1 中的 WK-20，$G=13.3\mathrm{m}$，$K=7.95\mathrm{m}$，最小沟底宽度 $W_{D_{\min}}$ 为 21.25m≈22m。双侧交替采装所需的作业空间虽然小，但电铲移动频繁，作业效率低，一般用于境界底部作业空间有限的几个台阶上的掘沟。

实际采用的沟底宽度应适当大于最小沟底宽度，以保证作业的安全和正常的作业效率。

采用沟外调头、倒车入沟的调车方式虽然节省空间，但影响行车的速度与安全，因此，有的矿山采用沟内调车的方式，包括沟内折返和环形调车，如图 15-5 和图 15-6 所示。由于汽车在沟内调车所需的空间一般要比电铲作业所需的空间大，因此，沟内调车方式下的最小沟底宽度是由汽车的作业技术参数决定的，可用下面的公式计算：

折返调车：
$$W_{D_{\min}} = R + L + \frac{d}{2} + 2e \tag{15-3}$$

环形调车：
$$W_{D_{\min}} = 2R + d + 2e \tag{15-4}$$

式中 R——汽车最小转弯半径；

L——汽车车身长度；

d——汽车车身宽度；

e——汽车距沟壁的安全距离。

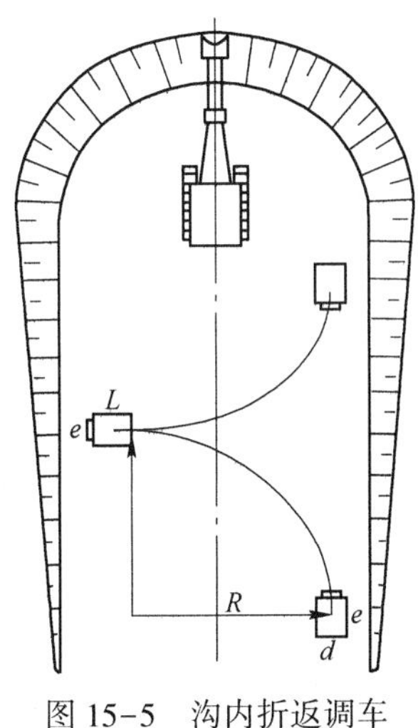

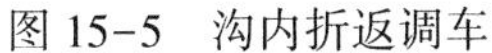
图 15-5 沟内折返调车

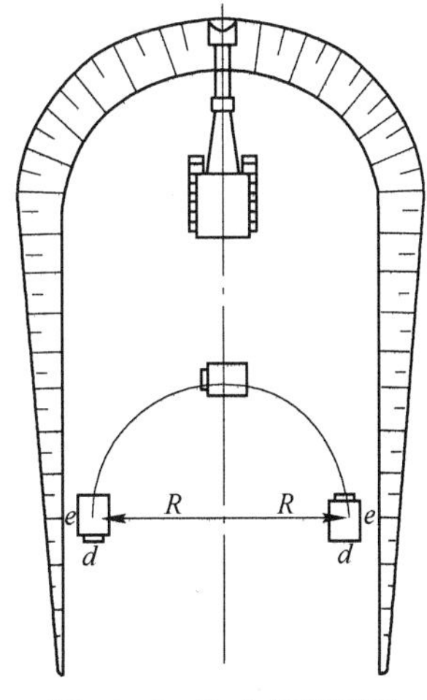

图 15-6 沟内环形调车

若采用小松 830E-AC 矿用自卸车（220t），$R=14.2\text{m}$，$L=14.15\text{m}$，$d=7.32\text{m}$，并设 $e=1.5\text{m}$，则沟内折返和环形调车时的最小沟底宽度分别约为 35m 和 39m。

15.1.2 山坡露天矿掘沟

在许多矿山，最终开采境界范围内的地表是山坡或山包（见图 15-7），随着开采的进行，矿山由上部的山坡露天矿逐步转为深凹露天矿。采场由山坡转为深凹的水平称为封闭水平，即在该水平上采场形成闭合圈。从图 15-7 所示的剖面上看，闭合圈位于箭头所指的水平。

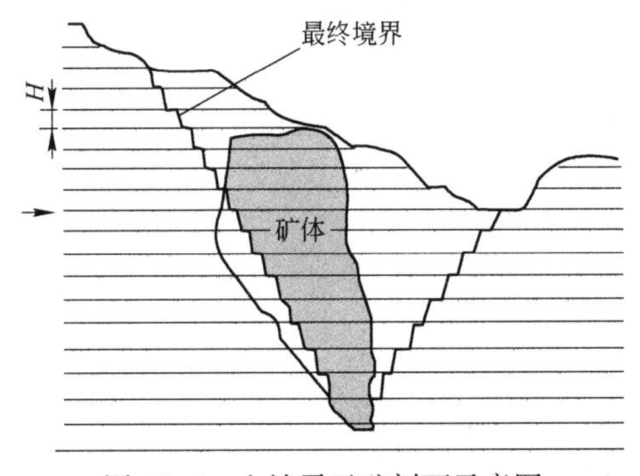

图 15-7 山坡露天矿剖面示意图

山坡开采与深凹开采不同的是，不需要在平地向下掘沟以到达下一水平，只需要在山坡适当位置拉开初始工作面就可进行新台阶的推进。不过，在习惯上将“初始工作面的拉开”也称为掘沟。山坡上掘出的“沟”是仅在指向山坡的一面有沟壁的单壁沟。

如果山坡为较松散的表土或风化的岩石覆盖层，可直接用推土机在选定的水平推出开采所需的工作平台，如图15-8所示。如果山坡为硬岩或坡度较陡，则需要先进行穿孔爆破，然后再进行推平。

山坡单壁沟也可用电铲掘出，如图15-9所示。电铲将沟内的岩石直接倒在沟外的山坡堆置，不再装车运走。最小沟底宽度应与电铲作业技术规格相适应。从图15-9可以看出：

$$W_{D_{min}} = G + T + e \tag{15-5}$$

式中 G——电铲站立水平挖掘半径；

T——电铲回转中心到履带外缘距离；

e——电铲履带外缘到单壁沟外缘的安全距离。

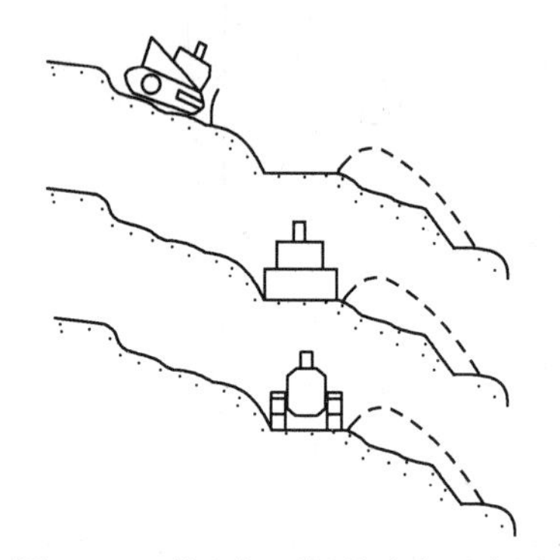

图15-8 推土机开掘单壁沟示意图

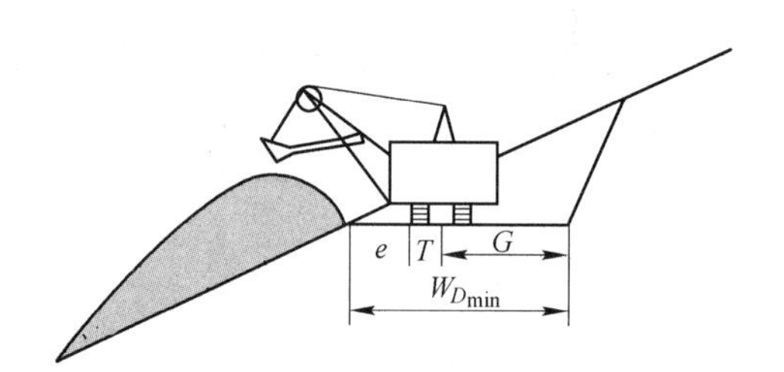

图15-9 电铲开掘单壁沟

15.2 台阶的推进方式

掘沟为一个新台阶的开采提供了运输通道和初始作业空间，完成掘沟后即可开始台阶的侧向推进。由于汽车运输的灵活性，有时在掘完出入沟后不开段沟，立即以扇形工作面形式向外推进。如图15-10所示，刚完成掘沟时，沟内的作业空间非常有限，汽车需在沟口外进行调车，倒入沟内装车，如图15-10(a)所示；当在沟底采出足够的空间时，汽车可直接开到工作面进行调车，如图15-10(b)所示；随着工作面的不断推进，作业空间不断扩大，如果需要加大开采强度，可在一定时候布置两台采掘设备同时作业，如图15-10(c)所示。划归一台采掘设备开采的工作线长度称为采区长度。采区长度影响一个台阶可布置的采掘设备台数，从而影响台阶的开采强度。采区长度随采运设备的作业技术规格而变。根据有关资料，美国矿山的采区长度一般为60~150m，国内矿山一般大于200m。从新水平掘沟开始到新工作台阶形成预定的生产能力的过程，称为新水平准备。

台阶推进方式主要包括采掘方式和工作线布置方式。

15.2.1 采掘方式及工作平盘参数

根据采掘方向和工作线方向之间的关系，有两种基本的采掘方式，即垂直采掘和平行采掘。

15.2.1.1 垂直采掘

垂直采掘时，电铲的采掘方向垂直于台阶工作线走向（即采区走向），与台阶的推进

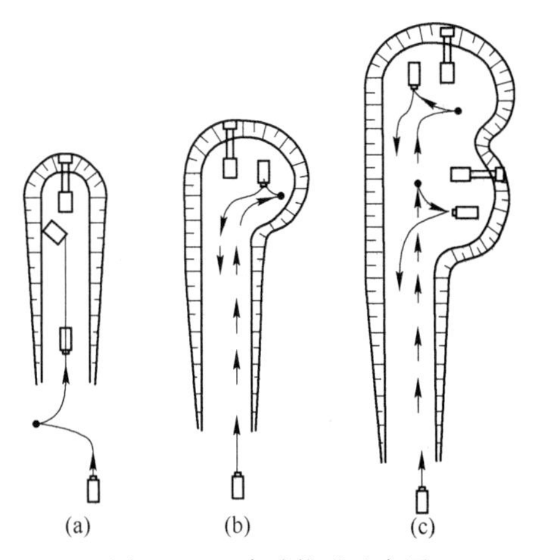

图 15-10 台阶推进示意图

方向平行，如图 15-11 所示。开始时，在台阶坡面掘出一个小缺口，而后向前、左、右三个方向采掘。图 15-11 所示为双点装车的情形。电铲先采掘其左前侧的爆堆，装入位于其左后侧的汽车；装满后，电铲转向其右前侧采掘，装入位于其右后侧的汽车。这种采装方式的优点是电铲装载回转角度小（10°～110°之间，平均为 60°左右），装载效率高；缺点是汽车在电铲周围调车对位需要较大的空间，要求较宽的工作平盘。当采掘到电铲的回转中心位于采掘前的台阶坡底线时，电铲沿工作线移动到下一个位置，开始下一轮采掘。

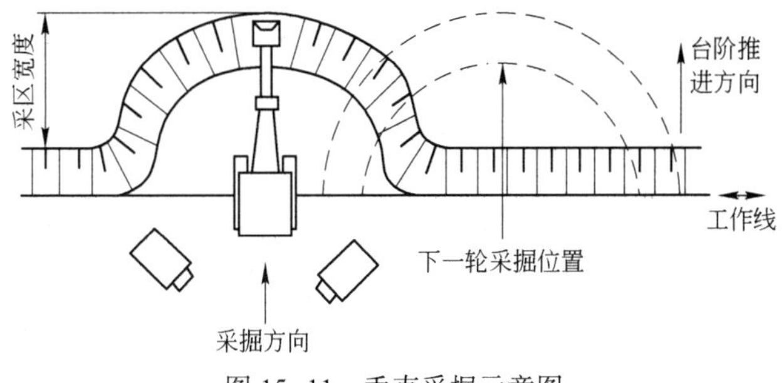

图 15-11 垂直采掘示意图

垂直采掘时，一次采掘深度（即采掘带宽度 A）为电铲站立水平挖掘半径 G，沿工作线一次采掘长度为 $2G$。当然，电铲在同一轮采掘中可以采掘更大的范围，但超过上述范围时，电铲需要做频繁的小距离的移动，影响采装效率。

15.2.1.2 平行采掘

平行采掘时，电铲的采掘方向与台阶工作线的方向平行，与台阶推进方向垂直。根据汽车的调头与行驶方式（统称为供车方式），平行采掘可进一步细分为许多不同的类型。单向行车不调头和双向行车折返调车是两种有代表性的供车方式。

A 单向行车不调头平行采掘

如图 15-12 所示，汽车沿工作面直接驶到装车位置，装满后沿同一方向驶离工作面。这种供车方式的优点是调车简单，工作平盘只需设单车道；缺点是电铲回转角度大，在工作平盘的两端都需出口（即双出入沟），因而增加了掘沟工作量。

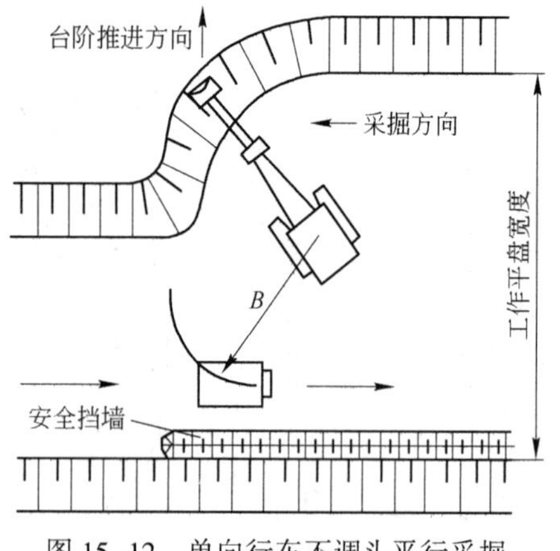

图 15-12 单向行车不调头平行采掘

B 双向行车折返调车平行采掘

如图 15-13 所示，空载汽车从电铲尾部接近电铲，在电铲附近停车、调头，倒退到装车位置，装载后重车沿原路驶离工作面。这种供车方式只需在工作平盘一端设有出入沟，但需要双车道。

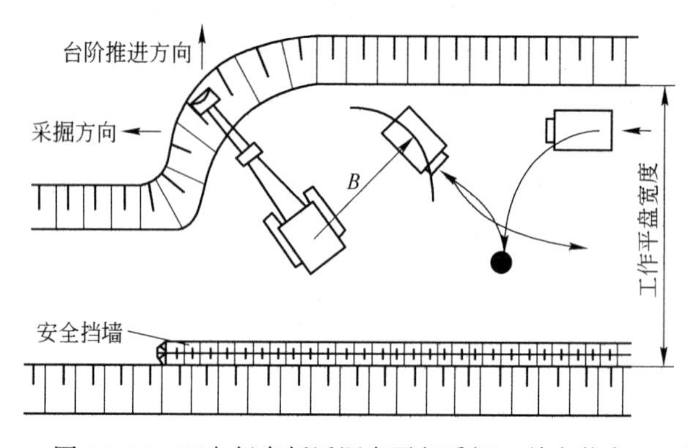

图 15-13 双向行车折返调车平行采掘（单点装车）

图 15-13 所示为单点装车的情形。空车到来时，常常需等待上一辆车装满驶离后才能开始调头对位；而在汽车调车时，电铲处于等待状态。为减少等待时间，可采用双点装车。如图 15-14 所示，汽车 1 正在电铲右侧装车。汽车 2 驶入工作面时，不需等待即可调头、对位，停在电铲左侧的装车位置。装满汽车 1 后，电铲可立即为汽车 2 装载。当下一辆汽车（汽车 3）驶入时，汽车 1 已驶离工作面，汽车 3 可立即调车到电铲右侧的装车位置。这样左右交替供车、装车，大大减少了车、铲的等待时间，提高了作业效率。在理想状态下，汽车 2 调车完毕，汽车 1 恰好装满；汽车 2 装载完毕，汽车 3 也刚好调车完毕，车和铲的等待时间均为零，作业效率达到最大值。但实际生产中，这种理想状态是几乎不存在的。可以看出，双点装车比单点装车需要更宽的工作平盘。

其他两种供车方式如图 15-15 所示。图 15-15(a) 所示为单向行车-折返调车-双点装车，图 15-15(b) 所示为双向行车-迂回调车-单点装车。由于汽车运输的灵活性，有许多可行的供车方式，这里不一一列举。

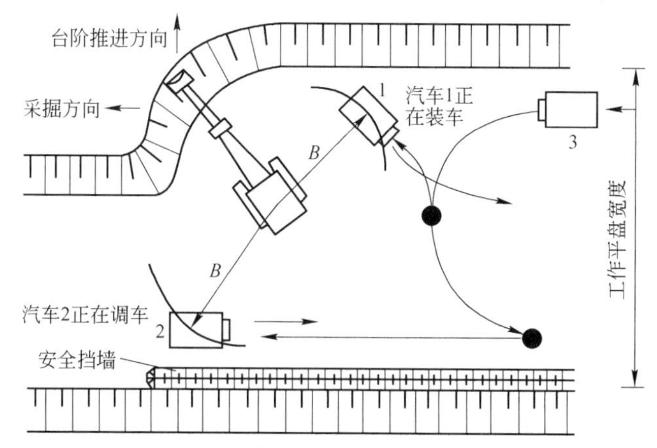

图 15-14 双向行车折返调车平行采掘（双点装车）

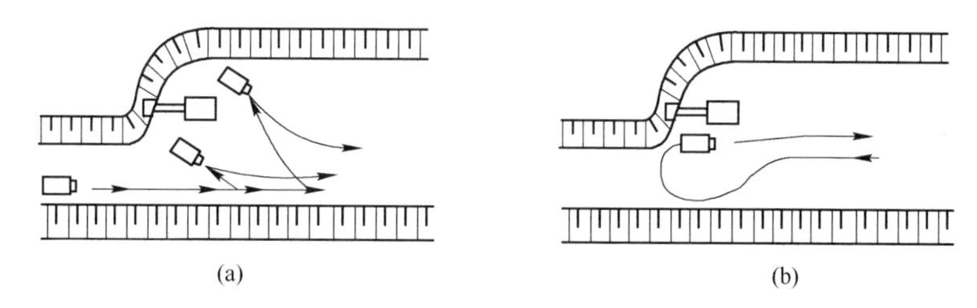

图 15-15 两种不同供车方式示意图

（a）单向行车-折返调车-双点装车；（b）双向行车-迂回调车-单点装车

15.2.1.3 采区宽度与采掘带宽度

采区宽度是爆破带的实体宽度，采掘带宽度是挖掘机一次采掘的宽度。当矿岩松软无需爆破时，采区宽度等于采掘带宽度。绝大多数金属矿山都需要爆破，所以采掘带宽度一般指一次采掘的爆堆宽度。两者关系如图 15-16 所示，图 15-16(a) 所示为一次穿爆两次采掘，图 15-16(b) 所示为一次穿爆一次采掘。

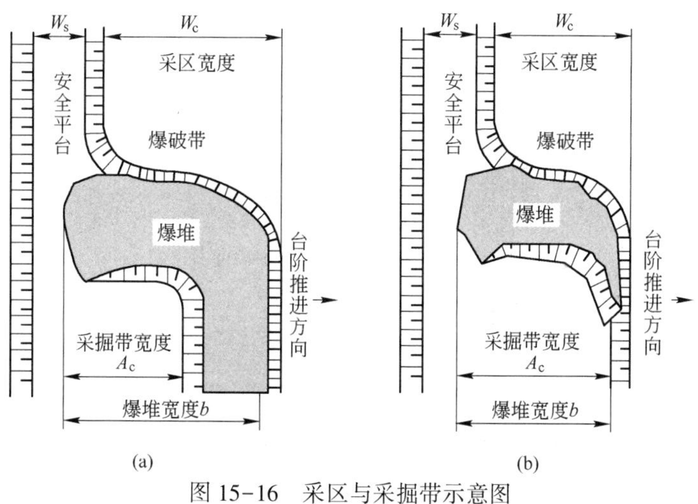

图 15-16 采区与采掘带示意图

（a）一次穿爆两次采掘；（b）一次穿爆一次采掘

从图15-16中可以看出，采区宽度应与采掘带宽度相适应，即实体（采区）爆破后的爆堆宽度应与挖掘机的采掘带宽度和采掘次数相适应。采掘带宽度过宽或过窄都会影响挖掘机的生产效率：过宽时，挖掘机回转角度大，且爆堆外缘残留矿岩多，清理工作量大；过窄时，则挖掘机移动频繁，行走时间长。采掘带宽度一般应保持挖掘机向里侧回转角不大于90°，向外侧不大于30°。采掘带宽度 A_c 一般为：

$$A_c = (1 \sim 1.8)G \tag{15-6}$$

式中　G——挖掘机站立水平挖掘半径。

国内矿山的采掘带宽度一般为（1～1.5）G，国外矿山的采掘带宽度可达1.8G。国内采用汽车运输和4～5m^3 挖掘机的矿山，其采掘带宽度一般为9～15m。采用一次穿爆两次采掘时，第一采掘带（外采掘带）一般要比第二采掘带宽一些。

采区宽度与爆堆宽度的关系可根据矿山实际爆破的统计资料进行估计，也可用下式做粗略估算：

$$b = 2k_s W_c \frac{H}{H_b} - \varepsilon W_c \tag{15-7}$$

式中　b——爆堆宽度；

k_s——矿岩爆破后的松散系数；

W_c——采区宽度；

H——台阶高度；

H_b——爆堆高度；

ε——爆堆形态系数。

坚硬岩石爆堆横断面近似三角形，$\varepsilon=0$；不坚硬岩石爆堆横断面近似梯形，$\varepsilon=1$；中等坚硬岩石，$0<\varepsilon<1$。采用一爆一采时，爆堆宽度即为采掘带宽度（即 $b=A_c$）。式（15-7）可用来根据采掘带宽度反算采区宽度。

有的矿山采用大区微差爆破，采区宽度很大。这时可将爆破方向转90°，使之与工作线平行，并采用横向采掘，如图15-17所示。

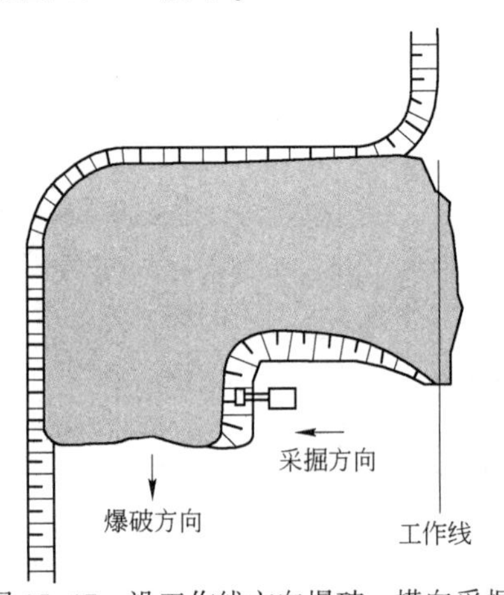

图15-17　沿工作线方向爆破、横向采掘

15.2.1.4　最小工作平盘宽度

最小工作平盘宽度是刚好满足采运设备正常作业要求的工作平盘宽度，其取值需依据

采运设备的作业技术规格、采掘方式和供车方式确定。采用单向行车、不调头供车的平行采掘方式时，最小工作平盘宽度可根据铲装条件计算，如图 15-18 所示。这时，最小工作平盘宽度 $W_{\min}$ 为：

$$W_{\min} = G + B + \frac{d}{2} + e + s \tag{15-8}$$

式中　G——挖掘机站立水平挖掘半径；

B——最大卸载高度时的卸载半径；

d——汽车车体宽度；

e——汽车到安全挡墙的距离；

s——安全挡墙宽度。

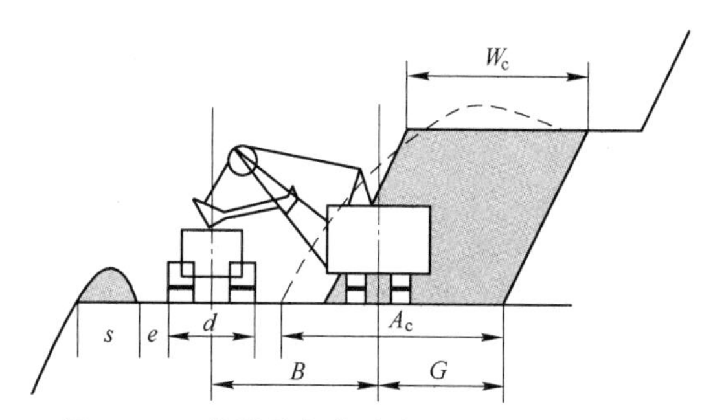

图 15-18　按铲装条件确定最小工作平盘宽度

例 15-1　已知台阶高度 H=12m，坡面角 α=70°；选用第 13 章表 13-1 中的 WK-20 电铲，其站立水平挖掘半径 G=13.3m，最大卸载高度时的卸载半径 B=18.4m，最大挖掘高度 D=14.4m，最大挖掘半径 E=21.2m；汽车为小松 830E-AC 矿用自卸车，其车体宽度 d=7.32m；假设 e=1.5m，s=3.5m；采用单向行车、不调头供车的平行采掘，一爆一采。根据采装条件计算最小工作平盘宽度、采掘带宽度和采区宽度。

解：(1) 最小工作平盘宽度直接应用式 (15-8) 计算，得 $W_{\min}$=40.36m≈41m；

(2) 采掘带宽度 A_c=1.5G=19.95m ≈ 20m；

(3) 采区宽度。设爆堆高度 H_b=1.2H，松散系数 K_s=1.3，岩石为中等硬度，取 ε=0.5。一爆一采时，b=A_c。由式 (15-7) 计算得：W_c=12m；

(4) 必要的检验：

1) 汽车轮胎与爆破后实体坡底线之间的距离为：

$$B + G - \frac{d}{2} = 28.04\text{m} > A_c$$

这说明爆堆外缘与汽车轮胎间有一定的距离，检验通过。

2) 挖掘高度与坡面角。电铲最大挖掘高度为 14.4m，大于台阶高度的 12m，所以电铲可以挖到坡顶。电铲可以铲成的最缓坡面角为：

$$\arctan\left(\frac{H}{E - G}\right) = \arctan\left(\frac{12}{21.2 - 13.3}\right) \approx 57°$$

小于台阶坡面角，因此，铲斗可以铲到坡面上的任何地方，检验通过。

当采用双向行车-折返调车-平行采掘-单点装车时，装车位置一般在电铲的右后侧，远离工作面外缘，最小工作平盘宽度主要取决于调车所需空间的大小。参照图 15-19，有：

$$W_{min} = R + \frac{d}{2} + L + 2e + s \tag{15-9}$$

式中 R——汽车最小转弯半径；

L——汽车车体长度；

d——汽车车体宽度；

e——汽车距挡墙和台阶坡底线的安全距离；

s——安全挡墙宽度。

对于小松 830E-AC 矿用自卸车：$R = 14.2\text{m}$，$d = 7.32\text{m}$，$L = 14.15\text{m}$；设 $e = 1.5\text{m}$，$s = 3.5\text{m}$。经计算，最小工作平盘宽度 $W_{min} = 38.51\text{m}$。

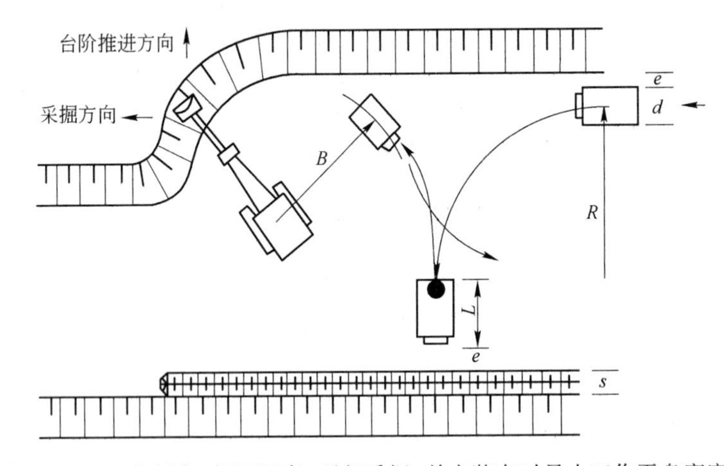

图 15-19 双向行车-折返调车-平行采掘-单点装车时最小工作平盘宽度

若采用双点装车，当汽车位于电铲右后侧时，所需的最小工作平盘宽度与上述单点装车相同。但当汽车向电铲左侧（靠近工作平盘外缘）的装车位置调车对位时，为节省调车时间，汽车一般回转近 180°后退到装车位置，如图 15-20 所示。这时的最小工作平盘宽度为：

$$W_{min} = 2R + d + 2e + s \tag{15-10}$$

应用小松 830E-AC 矿用自卸车的作业技术参数，$W_{min} = 42.22\text{m}$。

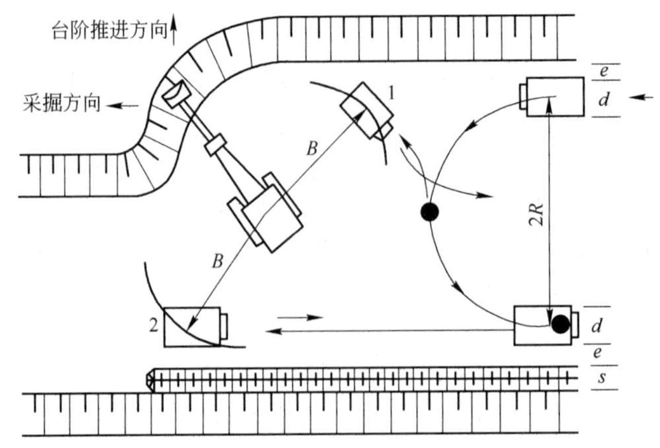

图 15-20 双向行车-折返调车-平行采掘-双点装车时最小工作平盘宽度

实际上，由于汽车的灵活性，即使最小工作平盘宽度比式（15-9）和式（15-10）的计算结果小一些，也可实现调车，但调车的时间会增长，影响作业效率。

其他供车方式下的最小工作平盘宽度可以仿照上述做法，通过简单的几何分析计算求得。实际生产中的工作平盘宽度一般应大于理论计算值。当采用一次穿爆两次采掘（或如图 15-17 所示的横向采掘）时，由于采区宽度 W_c 大大增加，工作平盘宽度也将大大增加。

15.2.2 工作线布置方式

依据工作线的方向与矿体走向的关系，工作线的布置方式可分为纵向、横向和扇形三种。

纵向布置时，工作线的方向与矿体走向平行，如图 15-21 所示。这种方式一般是沿矿体走向掘沟，并按采场全长开段沟形成初始工作面，之后依据沟的位置（上盘最终边帮、下盘最终边帮或中间开沟），自上盘向下盘、自下盘向上盘或从中间向上、下盘推进。

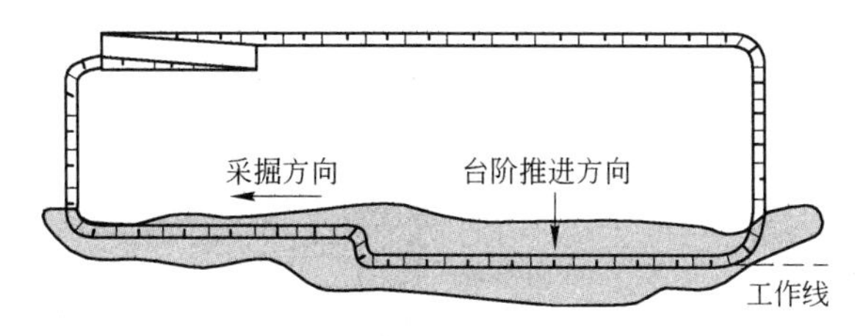

图 15-21　纵向工作面布置示意图

横向布置时，工作线与矿体走向垂直，如图 15-22 所示。这种方式一般是沿矿体走向掘沟，垂直于矿体掘短段沟形成初始工作面，或不掘段沟直接在出入沟底端向四周扩展，逐步扩成垂直矿体的工作面，沿矿体走向向一端或两端推进。由于横向布置时爆破方向与矿体的走向平行，因此对于顺矿层节理和层理较发育的岩体，会显著降低大块与根底，提高爆破质量。由于汽车运输的灵活性，工作线也可视具体条件与矿体斜交布置。

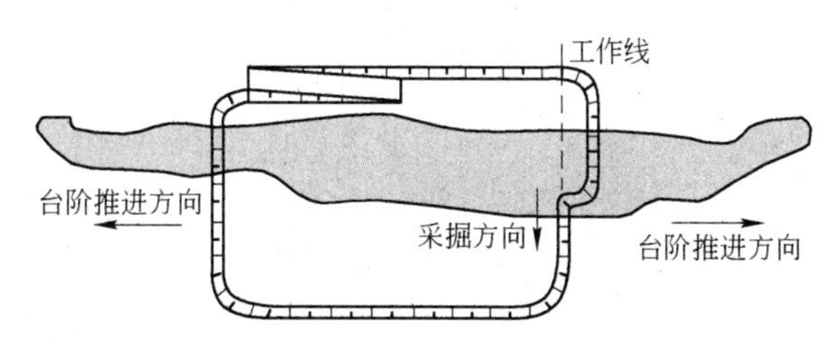

图 15-22　横向工作面布置示意图

扇形布置时，工作线与矿体走向不存在固定的相交关系，而是呈扇形向四周推进，如图 15-23 所示。这种布置方式灵活机动，充分利用了汽车运输的灵活性，可使开采工作面尽快到达矿体。

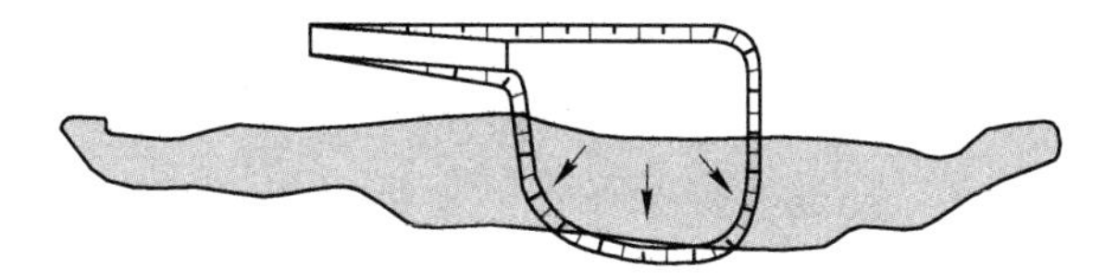

图 15-23　扇形工作面布置示意图

15.3 采场布线方式

一个台阶的水平推进使其所在水平的采场不断扩大，并为其下面台阶的开采创造条件；新台阶工作面的拉开使采场得以延深。台阶的水平推进和新水平的拉开，构成了露天采场的扩展与延深。在采场的扩展与延深过程中，运输坡道（也称为出入沟或坑线）的布置方式称为采场的布线方式。

15.3.1 螺旋与迂回式布线

图15-24所示采场的一个特点是，台阶的出入沟沿最终边帮成螺旋状布置，所以称为螺旋式布线。这种布线方式的优缺点主要有：

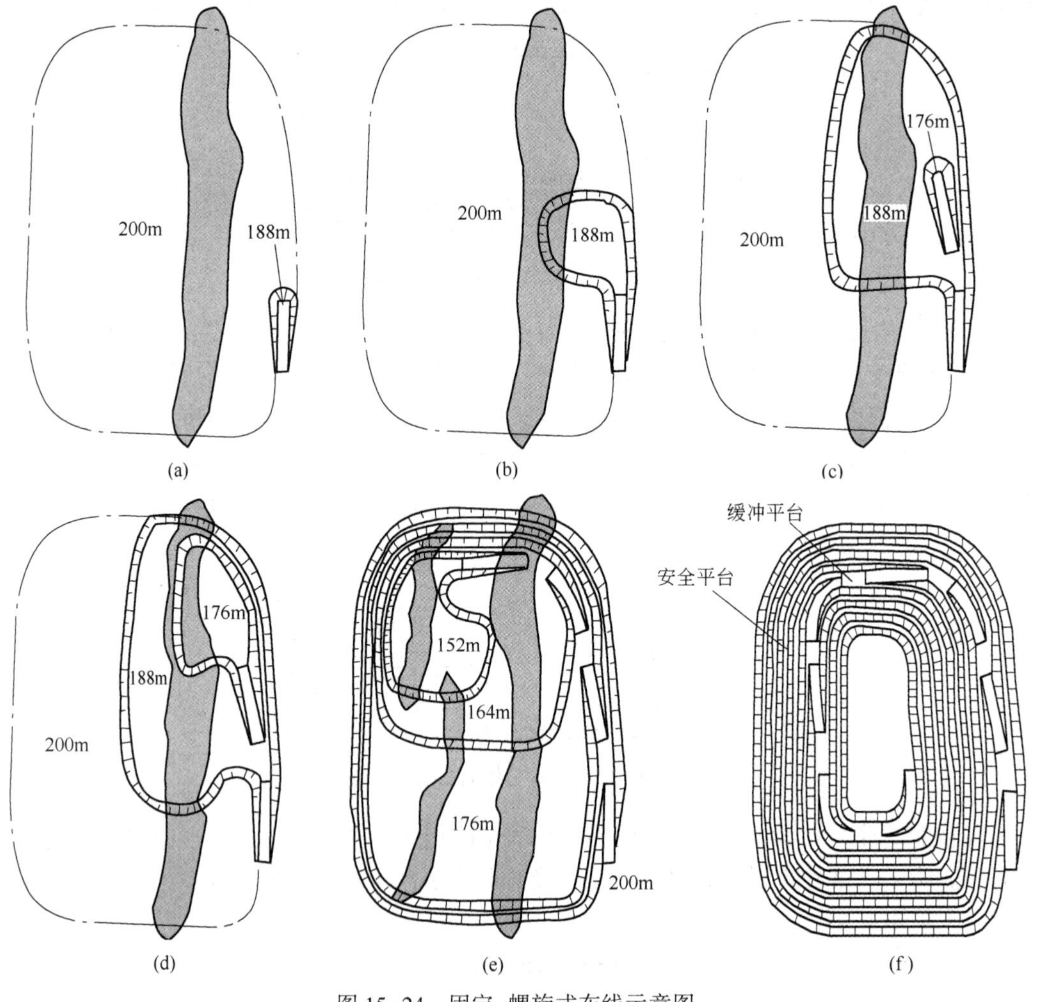

图15-24 固定-螺旋式布线示意图

（1）螺旋线弯道半径大，线路通视条件好，汽车直进行驶，不需经常改变运行速度，道路通过能力强；

（2）工作线的长度和推进方向会因采场条件的变化而发生变化，生产组织较为复杂；

（3）各开采水平之间有一定的影响，新水平准备和采剥作业程序较为复杂；

（4）要求采场四周边帮的岩体均较为稳固。

有的矿山将出入沟以迂回形式布置在采场一侧的非工作帮上，称为迂回式布线或折返式布线，如图 15-25 所示。迂回布线要求布线边帮的岩石较为稳固，地质条件允许时，一般将迂回线路布置在矿体下盘的非工作帮上，这样可以使工作线较快接近矿体，减少初期剥岩量。迂回线路布置在矿体上盘非工作帮时，虽然工作线到达矿体的时间长，但可减少矿石的损失和贫化。当然，视具体条件也可将迂回线路布置在采场的端帮。

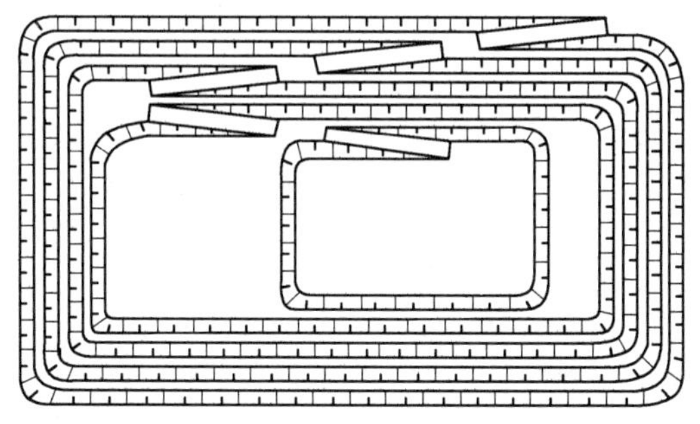

图 15-25 固定-迂回式布线示意图

线路迂回曲线的半径必须大于汽车运行的最小转弯半径，所以在迂回区段需留较大的台阶宽度。在生产规模大、服务年限长的矿山，其选厂和废石场不在采场的同一方向或分散设置废石场时，为了分散矿岩运量，缩短运输距离，减少运输干扰，可同时布置两套或更多迂回线路，增加出入沟数目；但线路增多会减缓最终帮坡角。与螺旋式布线相比，采用迂回式布线时，开采工作线长度和方向较为固定，各开采水平间相互影响小，因此生产组织管理简单，但行车条件不如螺旋布线。

有些矿山采用上部迂回式布线、下部螺旋式布线的所谓“联合布线”形式。采用联合布线的矿山，往往是由于采场下部尺寸小，迂回布线发生困难。

15.3.2 固定与移动式布线

图 15-24 所示采场的另一特点是，每一新水平的掘沟位置选在最终边帮上，运输坡道固定在最终边帮上不再改变位置，这种布线方式称为固定式布线。由于矿体一般位于采场中部（缓倾斜矿体除外），固定布线时的掘沟位置离矿体远，开采工作线需较长时间才能到达矿体。

为尽快采出矿石，可将掘沟位置选在采场中间（一般为上盘或下盘矿岩接触带），在台阶推进过程中，出入沟始终保留在工作帮上，随工作帮的推进而移动，直至到达最终帮位置才固定下来，这种方式称为移动式布线。采用移动式布线时，台阶向两侧推进或呈扇形推进，向两侧推进如图 15-26 所示。

更为灵活、能更快到达矿体的一种移动布线方式是掘进临时出入沟。临时出入沟一般布置在既有足够的空间又急需开采的区段，如图 15-27(a) 所示，临时出入沟到达新水平标高后，以短段沟或无段沟扇形扩展，如图 15-27(b) 所示。临时出入沟一般不随工作线的推进而移动。当固定出入沟掘进到新水平并与工作面贯通后，汽车改用固定出入沟，临时出入沟随工作线的推进而被采掉，如图 15-27(c) 所示。

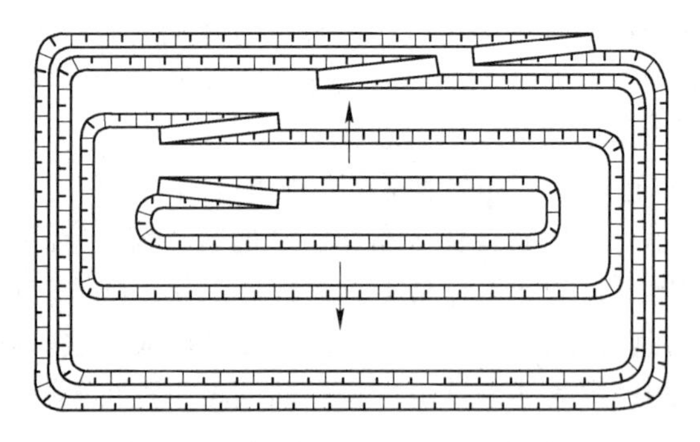

图 15-26 移动-迂回式布线示意图

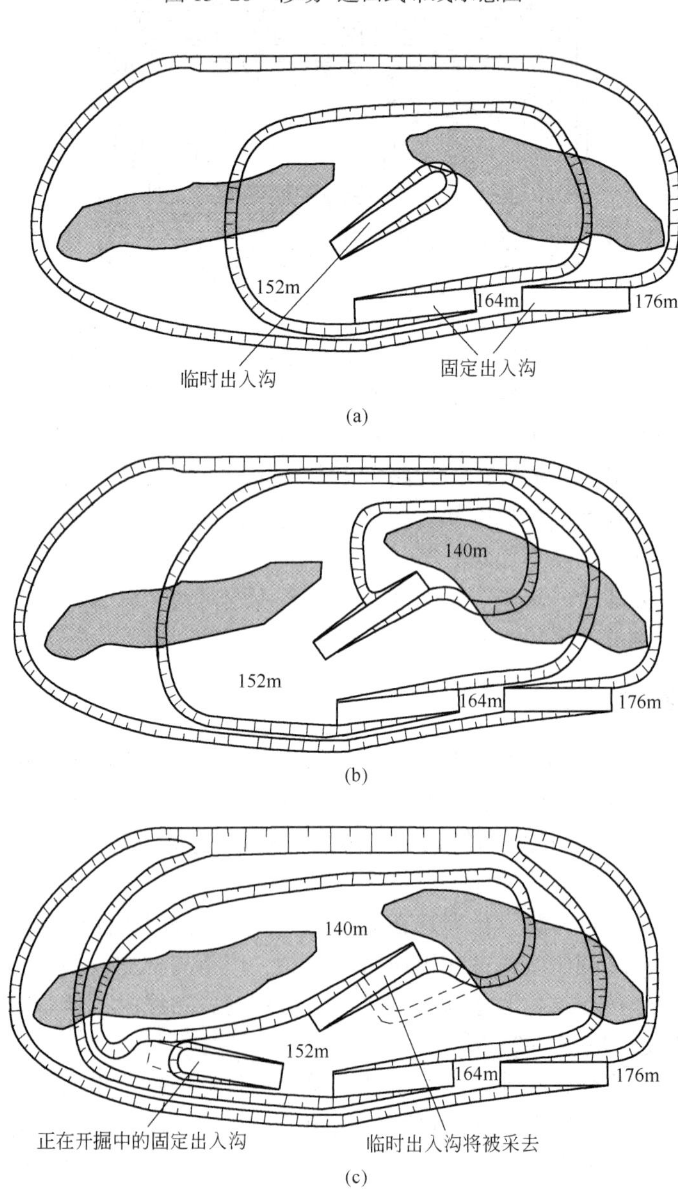

图 15-27 临时出入沟示意图

15.4 生产剥采比

15.4.1 生产剥采比概念

露天矿生产过程中某一时段（或某一开采区域）内的废石量与矿石量之比称为生产剥采比。生产剥采比的单位有 t(废石)/t(矿石)、m^3(废石)/m^3(矿石)、m^3(废石)/t(矿石)，金属露天矿常用的单位是 t/t。

如图 15-28 所示，生产剥采比一般是按工作帮坡计算的、采场下降一个台阶采出的废石量与矿石量之比，即 V_H/T_H。为了与下面将要提到的其他生产剥采比相区别，这里将图 15-28 所示的生产剥采比称为几何生产剥采比，记为 SR_H。从图 15-28 中可以看出，一般情况下，几何生产剥采比先随采场的降深而增加，在某一深度达到最大值，然后随深度的增加而减小。在矿体形态较复杂的矿山，几何生产剥采比随采场深度变化的曲线可能出现几个峰值。

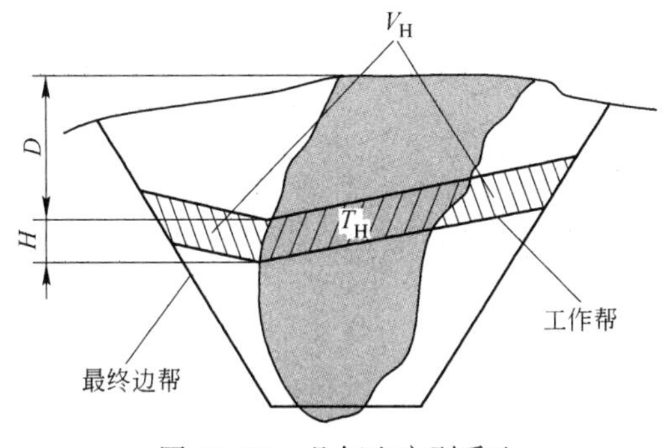

图 15-28 几何生产剥采比

从开采开始到某一深度（或时间）累计采出的废石量与矿石量之比称为累计生产剥采比，记为 SR_c。如图 15-29 所示，采场下降到深度 D 时的累计生产剥采比为 $SR_c=V_D/T_D$。

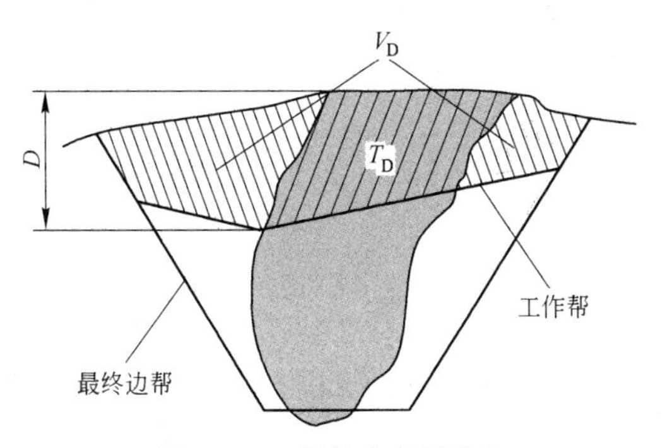

图 15-29 累计生产剥采比

在编制采掘计划时，往往需考虑生产剥采比的逐年变化情况，并采取措施（如改变台阶的推进方向、调整工作线的布置方式、调整工作平盘宽度等），尽量避免生产剥采比的大幅度波动。因此，年生产剥采比是编制采掘进度计划时最常用的生产剥采比。顾名思义，年生产剥采比（记为 SR_y）是某一年内采出的废石量 V_y 与矿石量 T_y 之比，即：$SR_y=V_y/T_y$。

15.4.2　生产剥采比与工作帮坡角

工作帮坡角对生产剥采比有很大的影响。图15-30所示为矿体规整、在上盘矿岩接触带掘沟、向两侧推进时的采剥关系示意图。图中将台阶式的工作帮简化为一条直线。可以看出，当采到第三条带时，要想采出矿量 ΔT，必须剥离废石量 ΔV。在开采过程中，由于矿体规整，每一条带的矿量基本保持不变，而所需剥离的废石量先是随着采场的延深而增加，生产剥采比也随着采深增加；采到第五条带（深度 H_1）时，生产剥采比达到最大值，而后逐年下降。倾角较陡的矿体的生产剥采比随采深的变化一般都符合这一规律。

如果采用如图15-30中虚线所示的陡工作帮，则前期的生产剥采比大大降低，剥离峰值的到来将大大推迟（推迟到深度 H_2）。因此，工作帮坡角越小，剥离高峰来得越早，前期生产剥采比越大，基建投资越高，基建周期越长。由于资金的时间价值，前期生产剥采比的增加会降低整个矿山的经济效益。所以，从动态经济观点出发，工作帮坡角应尽量大一些。

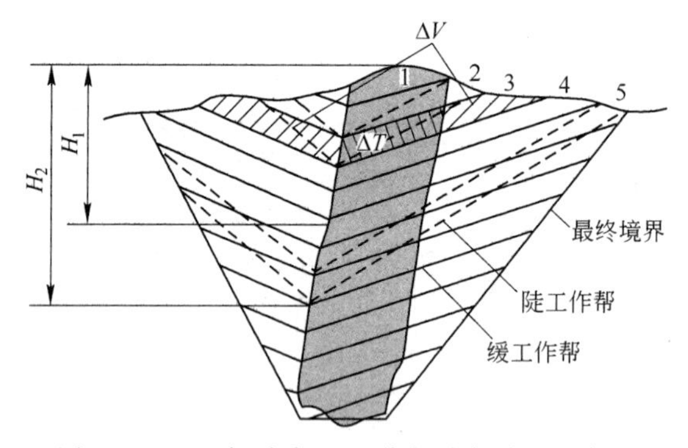

图15-30　生产剥采比-工作帮坡角关系示意图

增加台阶高度或减小工作平盘宽度可以使工作帮坡角变大。然而，台阶高度受到设备规格和开采选别性的制约，没有多大的变化余地；工作平盘的宽度又必须满足采运设备所需的作业空间的要求，并保持较高的设备作业效率，可减小的幅度也非常有限（即使采用前面所述的最小工作平盘宽度，工作帮坡角仍较小）。采用组合台阶开采是提高工作帮坡角的有效方法。

组合台阶开采是将若干个（一般4个左右）台阶组成一组，划归一台采掘设备开采，这组台阶称为一个组合单元。图15-31所示为4个台阶组成的一个单元。由于在一个组合单元中，任一时间只有一个台阶处于工作状态，保持正常的工作平盘宽度，其他台阶处于待采状态，只保持安全平台的宽度，因此可以大大提高工作帮坡角。

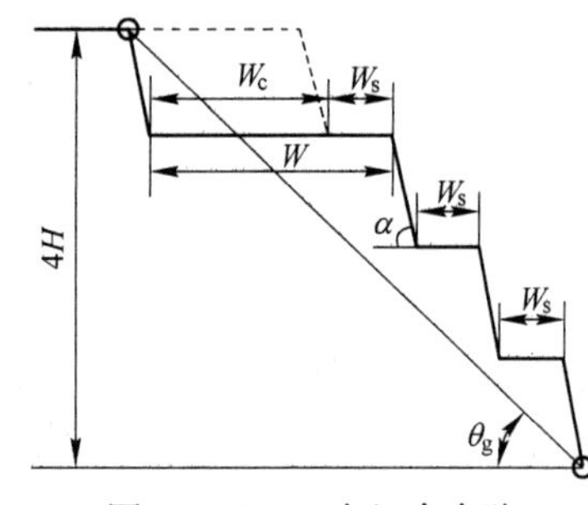

图15-31　一个组合台阶单元示意图

假设4个台阶组成一个单元，台阶高度为12m，安全平台宽度为10m，工作平盘宽度为40m，台阶坡面角为70°。参照图15-31，该单元的工作帮坡角 θ_g = 31.78°。如果不采用组合台阶开采，这四个台阶的平盘宽度均为40m，那么该段工作帮的帮坡角为19.2°。

组合台阶开采只有当采场下降到一定的深度后才能

实现。如果采场空间允许，可以在不同区段布置多台采掘设备，同时进行组合台阶开采；也可视工作帮的高度，在同一区段垂直方向上布置多个组合单元。组合台阶开采常用于分期开采的扩帮工作。

15.4.3 生产剥采比均衡

从设备（包括备品备件）管理和生产组织的角度，生产剥采比在生产过程中的波动越小越好，这样可以保持较稳定的设备数量、备品备件的库存量、机修设施的能力以及设备操作和维护人员队伍。因此，在生产计划中常进行所谓的剥采比均衡，以得到较稳定的生产剥采比。然而，生产剥采比均衡必然导致剥离高峰处的岩石提前剥离。

图 15-32 中曲线 *A* 是不进行剥采比均衡的生产剥采比随时间变化的曲线。在“极限均衡状态”，即均衡后的生产剥采比是一常数时（图中的直线 *B*），需要将高峰期的剥岩量 V_p 提前到 V'_p 剥离。由于资金的时间价值，大量提前剥离会降低总体经济效益。因此，在提前剥离所带来的经济效益损失与剥采比均衡所能带来的好处之间应进行成本—效益分析，以确定每年的最佳生产剥采比。这是一个生产剥采比的优化问题。优化后的生产剥采比曲线一般位于 *A* 与 *B* 之间（见图 15-32 中的曲线 *C*）。

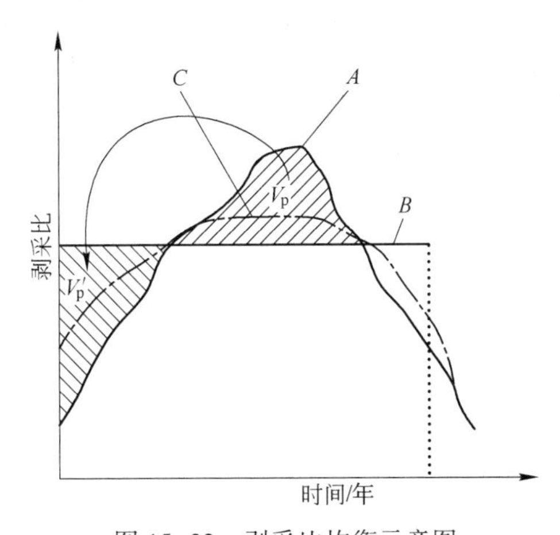

图 15-32 剥采比均衡示意图

A—未均衡剥采比曲线；*B*—极限均衡剥采比曲线；*C*—优化剥采比曲线

在生产实践中，常常将矿山生产寿命分为几个均衡期，在每个均衡期内将生产剥采比均衡为常数。均衡生产剥采比的传统方法是 *PV* 曲线法。*PV* 曲线是矿山开采过程中累计采矿量和累计剥离量的关系曲线，如图 15-33 所示。*PV* 曲线上某点处的斜率即为开采至该点时的生产剥采比，*PV* 曲线斜率的变化反映了生产剥采比的变化。*PV* 曲线法均衡生产剥采比的一般步骤如下：

第 1 步：在矿山开采程序确定后，基于最大工作帮坡角（即工作平盘仅保持最小工作平盘宽度）计算出采场延深至各水平的采矿量与剥离量。

第 2 步：以累计矿石量为横坐标、累计剥离量为纵坐标，绘出 *PV* 曲线。

第 3 步：依据 *PV* 曲线变化趋势并综合考虑其他有关因素，或依据剥采比优化结果，确定均衡期。

第 4 步：在 *PV* 图上进行生产剥采比均衡。由于在生产实践中工作平盘宽度不能小于

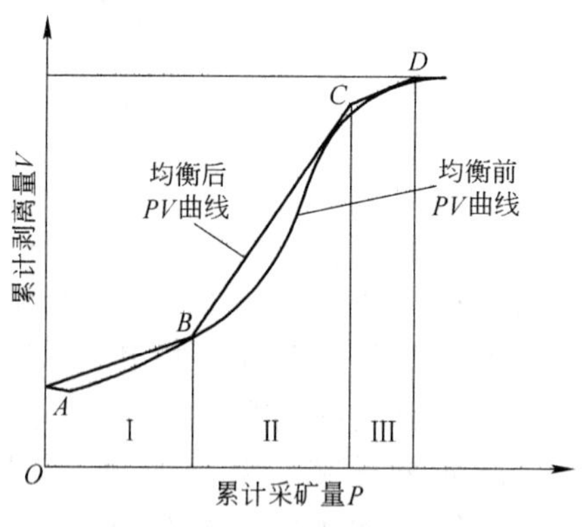

图 15-33 PV 曲线均衡剥采比示意图

最小工作平盘宽度，实际的累计剥离量在任何时候都不能小于 PV 曲线上对应点的累计剥离量。所以，均衡后的 PV 曲线必须位于原 PV 曲线的上方。图 15-33 中折线 ABCD 是分三个均衡期的一个均衡方案，三个均衡期内的均衡生产剥采比分别为线段 AB、BC 和 CD 的斜率。往往需要比较若干个均衡方案才能得到满意的均衡结果。

利用 PV 曲线法进行生产剥采比均衡，需要在各台阶分层平面图上画出采场按最大工作帮坡角发展的各台阶推进线，计算采矿量与剥离量，绘图和计算很烦琐。借助计算机辅助设计和采剥计划优化软件，可以大大提高剥采比均衡效率。

16 露天矿生产计划

露天矿生产计划就是确定何时采什么地方和开采多少，前者即采剥计划，后者即生产能力。本章介绍生产能力的确定和采剥计划编制的一般方法，以及生产计划的优化方法。

16.1 露天矿生产能力

露天矿生产能力是指每年采出的矿石量和剥离的废石量，生产能力的确定直接影响到矿山设备的选型、设备数量、劳动力及材料需求等。从经济角度讲，它直接影响到矿山的投资与生产经营成本。因此，生产能力是露天开采的一个重要参数。实践中，常以年矿石产量表征露天矿的生产能力。

影响露天矿生产能力的主要因素有：

（1）矿体自然条件，即矿物在矿床中的分布、品位和储量；

（2）开采技术条件，即开采程序、装备水平、生产组织与管理水平等；

（3）市场，即矿产品的市场需求及其价格；

（4）经济效益，即投资者期望的盈利能力或回报率。

16.1.1 根据储量估算生产能力

矿床自然条件是不可更改的，是确定生产能力（实际上也是确定所有其他开采参数）的基础。矿床中可采矿石储量及其品位是确定生产能力的主要影响因素。定性地讲，储量大的矿床为大规模开采提供了用武之地，因此生产能力也高。另外，低品位矿床只有达到足够的规模才能实现可接受的投资回报率，即所谓的规模效益。在粗略估算露天矿生产能力时，常采用经验公式——泰勒公式计算：

$$t = 6.5\sqrt[4]{R} \tag{16-1}$$

$$P_a = \frac{R}{t} \tag{16-2}$$

式中 t——矿山服务年限，a；

R——矿床可采矿石储量，Mt；

P_a——矿石年产量，Mt/a。

国内外一些矿山的设计生产能力与泰勒公式计算值结果的对比见表 16-1，应用泰勒公式计算时，矿山服务年限取整数。

表 16-1 一些矿山当年的设计生产能力与泰勒公式计算值结果的对比

矿山名称	可采储量/Mt	设计能力/Mt · a^{-1}	泰勒公式计算值/Mt · a^{-1}
美国双峰铜矿	447	13.7	14.90

续表 16-1

矿山名称	可采储量/Mt	设计能力/$Mt \cdot a^{-1}$	泰勒公式计算值/$Mt \cdot a^{-1}$
加拿大卡罗尔铁矿	2000	49.0	46.51
加拿大赖特山铁矿	1800	44.5	42.85
澳大利亚纽曼山铁矿	1400	40.0	35.00
苏联南部采选公司	1445	30.5	36.12
苏联朱哈依洛夫矿	233.7	10.0	9.35
中国南芬铁矿	340	10.0	12.14
中国大孤山铁矿	180	6.0	7.50
中国白云鄂博东矿	172.2	6.0	7.18

16.1.2 根据开采技术条件验证生产能力

开采技术条件是可变的，开采程序设计、设备选型以及组织与管理均是由人来完成的。由于人为因素的影响，在相同的自然条件下，矿山可能达到的生产能力会有较大的差别。一些矿山达不到设计生产能力，其主要原因是开采程序不合理或生产组织与管理不善，未能发挥出生产潜能。在给定的自然条件下，开采技术条件决定了露天矿可能达到的生产能力。

开采技术条件对生产能力的作用体现在矿山工程延深速度和台阶水平推进速度。露天矿可能达到的生产能力与垂直延深速度的关系为：

$$P_a = \frac{v_h T_b \eta}{H(1 - \rho)} \tag{16-3}$$

式中 v_h——矿山延深速度，m/a；

H——台阶高度，m；

T_b——有代表性的台阶矿量，Mt；

η——矿石回采率；

ρ——废石混入率。

露天采场的垂直延深速度需要相应的台阶水平推进速度来保证，当采用位于矿体下盘矿岩接触带的移动坑线布置时，如图 16-1 所示，延深速度与水平推进速度之间的关系为：

$$v_l = v_h(\cot\theta_u + \cot\theta_l) \tag{16-4}$$

式中 v_l——台阶水平推进速度；

θ_u，θ_l——上、下盘工作帮坡角。

从第 15 章可知，采场延深速度还取决于掘沟速度。

露天矿可能达到的延深速度和水平推进速度最终取决于可能布置的挖掘机数量及挖掘机的台年生产能力。可能布置的挖掘机总数决定了矿岩总生产能力，其中，可能布置的采矿挖掘机数量决定了矿石生产能力。一个台阶可能布置的挖掘机数量 N_s 为：

$$N_s = \frac{L_b}{L_c} \tag{16-5}$$

式中 L_b——一个台阶的工作线长度；

L_c——一台挖掘机正常作业所需的工作线长度（即采区长度）。

若 L_b 为一个台阶的采矿工作线长度，则 N_s 为一个台阶上可能布置的采矿挖掘机数量。

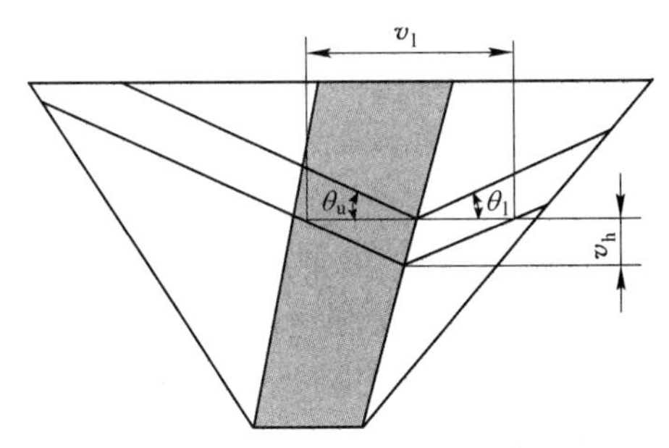

图 16-1 采场延深速度与台阶水平推进速度关系

对于产状较为规整且较厚的倾斜矿体，可参照图 16-2 用下式估算可能同时采矿的台阶数 N_b：

$$N_b = \frac{B}{1 \pm \tan\theta\cot\gamma} \times \frac{1}{W + H\cot\alpha} \tag{16-6}$$

式中 B——矿体水平厚度；

W——工作平盘宽度；

H——台阶高度；

θ——工作帮坡角；

γ——矿体倾角；

α——台阶坡面角。

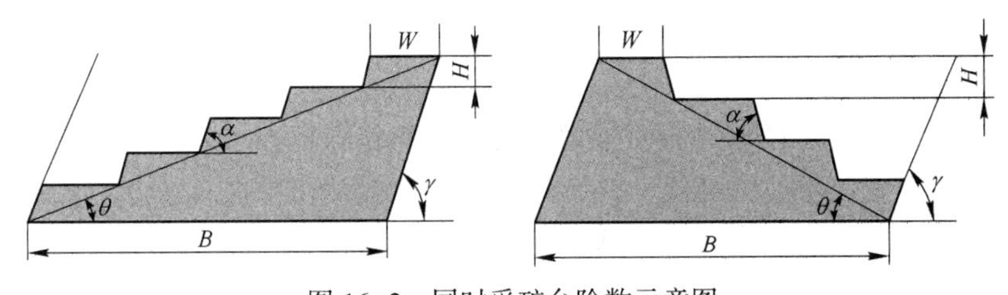

图 16-2 同时采矿台阶数示意图

由下盘向上盘推进时，第一项分母为“+”，由上盘向下盘推进时，第一项分母为“-”。露天矿可能达到的生产能力为：

$$P_a = N_s N_b q \tag{16-7}$$

式中 N_s——一个台阶可能布置的采矿挖掘机数；

q——挖掘机台年生产能力。

值得指出的是，矿石生产能力必须由与之相适应的废石剥离能力来保证，因此，有必要依据可能布置的总挖掘机台数和生产剥采比验证矿岩总生产能力。依据上述开采技术条件对生产能力的检验只是初步验证，生产过程中是否能够达到所确定的生产能力，要靠详细的采掘计划编制做最后验证。

16.1.3　市场与经济效益对生产能力的影响

在较发育的市场经济环境中，矿山企业的产品（原矿、精矿或金属）也像其他工业产品一样，要在市场上出售。在确定一个矿山的生产能力时，必须考虑其产品的市场价格和市场对矿产品的需求。对于绝大多数矿产品来说，其产品是具有竞争性的，即市场对矿产品的总需求量远远高于任何一个矿山企业的产量，单个矿山产量的大小不会影响其产品的市场价格。因此，矿产品的市场价格通常被看做已知数，价格对矿山生产能力的影响是通过经济效益间接起作用的。

市场对一个给定矿山的生产能力的直接约束，体现在其对该矿山所生产产品的需求（即产品销路）上。大部分矿山企业有自己较为稳定的长期客户、短期客户和潜在客户。在确定生产能力时，应对矿产品的近、远期销路做深入的分析评价，以使矿山产品能以正常的市场价格全部出售。我国现时许多金属矿山（尤其是大型矿山）还未以独立竞争者的身份进入市场，而是作为冶金公司的下属企业为本公司提供矿石，这些矿山的生产能力现时主要考虑上级公司对矿石的需求。

一个在市场上独立竞争的矿山企业，其生产经营的主要目标是获得最大经济效益。从动态经济角度评价矿山企业经济效益的常用指标，是矿山寿命期内能实现的总净现值 NPV。

$$NPV = -PV_{out} + PV_{in} \tag{16-8}$$

式中　PV_{out}——矿山投资的现值；

PV_{in}——矿山经营现金流的现值。

$$PV_{out} = \sum_{i=0}^{n-1} \frac{C_i}{(1+d)^i} \tag{16-9}$$

$$PV_{in} = \sum_{j=m}^{N} \frac{F_j}{(1+d)^j} \tag{16-10}$$

式中　n——基建期，a；

C_i——第 i 年的基建投资（投资一般按发生在年初计算）；

d——折现率；

N——包括基建期在内的矿山寿命，a；

m——开始有销售收入的年份；

F_j——第 j 年的净现金流量，即第 j 年的销售收入减去同年的生产经营成本和税收的余额（净现金流量一般按发生在年末计算）。

随着生产能力的增加，基建投资增加，PV_{out} 随之增加；然而，生产能力的增加会提高年销售收入，并在一定的生产能力范围内使单位生产成本降低，所以各年的现金流量 F_j 也随生产能力增加而增加，导致 PV_{in} 的增加。PV_{out}、PV_{in} 和 NPV 与生产能力的关系如图 16-3 所示。

从图 16-3 可以看出，生产能力太低时，由于正现值 PV_{in} 太小，不足以抵消负现值 PV_{out}，NPV 为负。如果生产能力太高，由于投资太大而导致负现值 PV_{out} 大于正现值

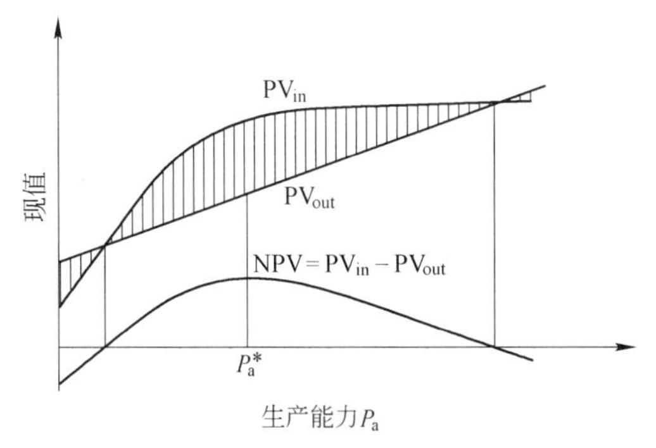

图 16-3　NPV 与生产能力关系示意图

PV_{in}，NPV 也为负。因此，对于给定的可采储量及其品位和技术经济环境，存在一个使矿山总经济效益 NPV 最大的矿山生产能力 P_a^*，即最优生产能力。

需要指出的是，采场的矿石生产能力一般被设计为不变的常数。由于受市场及矿物品位在矿床中的分布特点的影响，恒定不变的矿石生产能力不一定是使矿床总开采效益 NPV 最大的最佳选择。从纯经济角度来讲，生产能力的确定应是找出使总 NPV 最大的每一生产时期的生产能力。

16.2　全境界开采的采掘进度计划编制

采掘进度计划（也称为采剥计划）是指导露天矿正常生产和获得尽可能高的经济效益的关键，所以采掘进度计划编制是露天矿设计中一项十分重要的工作。本节针对全境界开采，介绍采掘进度计划编制的一般方法与步骤。

16.2.1　采掘进度计划的编制目标与分类

编制采掘进度计划的总目标是确定一个技术上可行的、能够使矿床开采的总体经济效益达到最大的、贯穿于整个矿山开采寿命期的矿岩采剥顺序。矿床开采的总体经济效益最大，从动态经济观点出发，即是使矿床开采中实现的总净现值 NPV 最大。技术上可行是指采掘进度计划必须满足一系列约束条件，主要包括：

（1）在每一个计划期内为选厂提供较为稳定的矿石量和入选品位；

（2）每一计划期的矿岩采剥量应与可利用的采剥设备的生产能力相适应；

（3）各台阶水平的推进必须满足正常生产要求的时空发展关系，即最小工作平盘宽度、安全平台宽度、工作台阶的超前关系、采场延深与台阶水平推进的速度关系等。

依据每一计划期的时间长度和计划总时间跨度，露天矿采掘计划可分为长远计划、短期计划和日常作业计划。

长远计划的每一计划期一般为 1 年，计划总时间跨度为矿山整个开采寿命。长远计划是确定矿山基建规模、不同时期的设备、人力和物资需求、财务收支和设备添置与更新等的基本依据，也是对矿山项目进行可行性评价的重要依据。长远计划基本上确定了矿山的整体生产目标与开采顺序，并且为制定短期计划提供指导。没有长远计划的指导，短期计划就会没有“远见”，出现所谓的“短期行为”，可能造成采剥失调，影响正常生产，损害矿山的总体经济效益。

短期计划的一个计划期一般为1个季度，其时间跨度一般为1年。短期计划除考虑前述约束条件外，还必须考虑诸如设备位置与移动、短期配矿、运输通道等更为具体的约束条件。短期计划既是长远计划的实现，又是对长远计划的可行性的检验。有时，短期计划会与长远计划有一定程度的出入。例如，在做某年的季度采掘计划时，为了满足每一季度选厂对矿石量与品位的要求，4个季度的总采剥区域与长远计划中确定的同一年的采剥区域不能完全重合。为了保证矿山的长远生产目标的实现，短期计划与长远计划之间的偏差应尽可能地小。若偏差较大，说明长远计划难以实现，应对其进行适当调整。

日常作业计划一般指月、周、日采掘计划，它是短期计划的具体实现，为矿山的日常生产提供具体作业指令。

我国矿山设计院为新（或扩建）矿山编制的采掘进度计划属于上述的长远计划。生产矿山编制的计划一般分为5年（或3年）规划、年计划、季计划和月计划。本节只介绍矿山设计中长远计划的编制。

16.2.2 编制长远采掘进度计划的一般方法

编制采掘进度计划的基础资料主要有：

（1）地表地形图。图上绘有矿区地形等高线和主要地貌特征，图纸比例一般为1：1000或1：2000。

（2）台阶分层平面图。每一台阶水平的分层平面图上绘有该水平的地质界线（主要是矿岩界线）和最终境界线，图纸比例一般为1：1000或1：2000。

（3）分层矿岩量表。表中列出每一台阶水平在最终境界线内的矿石量和废石量，表16-2是一个矿岩量表的示例。

（4）开采要素，包括台阶高度、采掘带宽度、采区长度和最小工作平盘宽度、运输道路要素（宽度、坡度、转弯半径）等。

（5）台阶推进方式、采场延深方式、掘沟几何要素及新水平准备时间。

（6）挖掘机数量及其生产能力。

（7）选厂生产能力、入选品位及其他。

表16-2 矿岩量表

台阶/m	矿石量/万吨			岩土量/万吨			矿岩量合计/万吨
	氧化矿	原生矿	合计	岩	表土	合计	
1300~1285				78.04		78.04	78.04
1285~1270	7.96		7.96	222.58		222.58	230.54
1270~1255	45.43	14.45	59.88	469.45		469.45	529.33
1255~1240	76.76	54.63	131.39	871.32		871.32	1002.71
1240~1225	162.75	145.08	307.83	1226.97	1.62	1228.59	1536.42

续表 16-2

台阶/m	矿石量/万吨			岩土量/万吨			矿岩量合计/万吨
	氧化矿	原生矿	合计	岩	表土	合计	
1225~1210	243.37	286.21	529.58	1596.46	5.94	1602.40	2131.98
1210~1195	305.59	476.64	782.23	1993.94	3.67	1997.61	2779.84
1195~1180	383.27	638.49	1021.76	2521.11	4.05	2525.16	3546.92
1180~1165	455.71	816.19	1271.90	3086.05	28.35	3114.40	4386.30
1165~1150	535.14	912.92	1448.06	3601.76	35.69	3637.45	5085.51
1150~1135	645.09	963.31	1608.40	4220.68	40.61	4261.29	5869.69
1135~1120	793.93	1048.02	1841.95	4540.61	49.63	4590.24	6432.19
1120~1105	933.89	1102.12	2036.01	4993.27	49.36	5042.63	7078.64

编制采掘进度计划从第一年开始，逐年进行。主要工作是确定各台阶在各年末的工作线位置、各年的矿岩采剥量和相应的挖掘机配置，可归纳为以下几个步骤：

第 1 步：在分层平面图上逐水平确定年末工作线位置。根据挖掘机的年生产能力，从露天矿上部第一个台阶分层平面图开始，逐台阶在图纸上画出年末工作线的位置，求出挖掘机在所涉及的台阶上的采掘量，并计算本年度的矿岩采剥量及矿石平均品位。然后检验所涉及各台阶水平的推进线位置与矿岩产量及矿石品位是否满足前述的各种约束条件；若不满足，则需要对年末推进线的位置做相应调整，重新计算，直到找到一个满足所有约束条件的可行方案。可以看出，这是一个试错过程，某一年的年末工作线的最终位置往往需要多次调整才能得以确定，借助于计算机辅助设计软件可以加速这一过程。

第 2 步：确定新水平投入生产的时间。露天矿在开采过程中上下两个相邻台阶应保持足够的超前关系，只有当上台阶推进到一定宽度，使下一个台阶水平暴露出足够的作业面积后，才能开始向下个水平掘沟。在上台阶采出这一面积所需的时间即为下台阶滞后开采的时间。多台阶同时开采时，应注意各工作台阶上推进速度的互相协调。在生产过程中，有时在上台阶水平的局部地段，因运输条件或其他因素的制约，会影响下台阶水平工作线的推进。一旦条件允许，应迅速将下台阶工作线推进到正常位置，以免影响整个矿山的发展程序。

第 3 步：编制采掘进度计划表。从以上两步的结果可以得出各台阶水平的采剥量、挖掘机配置及挖掘机在各水平的起止作业时间，将这些数据绘制成采掘进度计划表。表 16-3 是某矿的采掘进度计划表的局部，表中四个数字相加代表：氧化矿+原生矿+岩石+表土，单位为万吨。

第 4 步：绘制年末采场综合平面图。年末采场综合平面图是以地表地形图和分层平面图为基础，将各水平年末推进线、运输线路等加入图中绘制而成的，图上有坐标网、勘探线、采场以外的地形和矿岩运输线路、已揭露的矿岩界线、年末各台阶的推进位置、采场内运输线路等。该图一般每年绘制一张。从某一年末的采场综合平面图上可以清楚地看到该年末的采场现状。对应于表16-3的年末采场综合平面图，如图16-4所示。

表16-3　采掘进度计划表（局部）

台阶/m		第1年（基建）	第2年（投产）	第3年（达产）
1300~1285		0+0+78.04+0=78.04 N_1		
1285~1270		7.96+0+222.58+0=230.54 N_1		
1270~1255		34.66+2.86+246.5+0=284.02 N_2	10.76+11.58+222.96+0=245.30 N_1	
1255~1240		26.2+3.19+318.67+0=348.06 N_1	43.59+51.44+452.89+0=547.92 N_1	6.97+0+99.76+0=106.73
1240~1225		N_2	120.79+124.93+650.43+1.62=897.77	41.96+20.16+576.54+0=638.66
1225~1210		N_3	129.56+177.25+397.28+0=704.09	107.01+108.96+979.07+5.94=1200.98 N_2
1210~1195		N_4	125.31+184.59+282.3+0=592.2	114.7+237.73+1065.63+0=1418.06 N_1
1195~1180			N_5 N_6	295.93+410.86+1175.19+0=1881.98 N_1
1180~1165			N_7	196.06+427.46+535.39+0=1158.91 N_8
1165~1150			N_8	136.93+94.53+269.02+0=500.48
矿量/万吨	氧化矿	68.82	430.01	899.56
	原生矿	6.05	549.79	1299.7
	小计	74.87	979.8	2199.26
岩量/万吨	表土	0	1.62	5.94
	岩石	865.79	2005.86	4700.6
	小计	865.79	2007.48	4706.54
矿岩合计/万吨		940.66	2987.28	6905.8
生产剥采比/$t \cdot t^{-1}$		11.56	2.05	2.14
电铲数量/台		2	4	8
品位/%	氧化矿	32.33	32.35	33.12
	原生矿	31.23	31.23	32.55

采掘进度计划表和年末采场综合平面图组成了露天矿采掘进度计划的编制成果，是露天矿生产的指导性文件。在实际生产中，由于品位储量估算和矿体圈定的误差、技术经济条件的变化以及不可预料情况的发生等，常常需要定期或不定期地对原采掘进度计划加以修改。

16.3　分期开采的采掘进度计划编制

假设某矿分6个分期开采，各分期境界的一个剖面如图16-5所示。编制长远采掘计划的一般步骤如下：

第1步：依据分期境界，计算每个分期在各台阶水平的矿石量和废石量。前三个分期的矿石量和废石量见表16-4。

第2步：绘制开拓矿量与累计剥岩量曲线。为简单起见，假设对每一分期境界内的矿石进行依次开采，即一个分期的矿石全部采完后开始采下一个分期的矿石。从表16-4可以看出，当分期境界*A*上部五个台阶的覆岩（共1500万吨）被剥离后，即可开采下边三

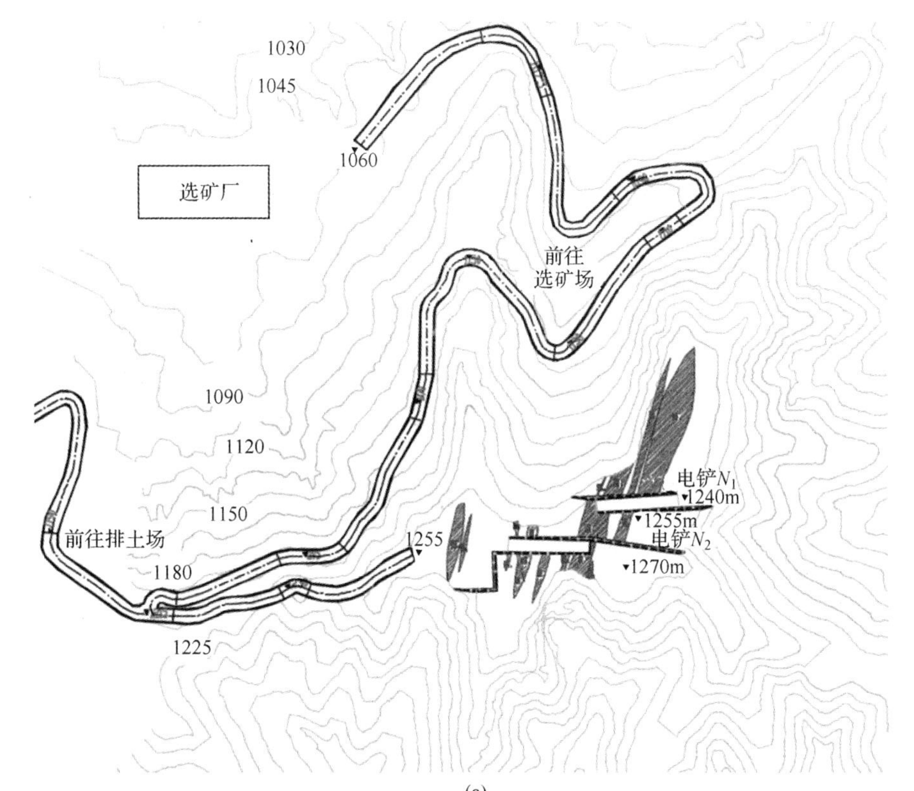
1030
1045
1060
选矿厂
前往
选矿场
1090
1120
1150
前往排土场
1180
1225
1255
电铲N_1
1240m
1255m
电铲N_2
1270m
(a)

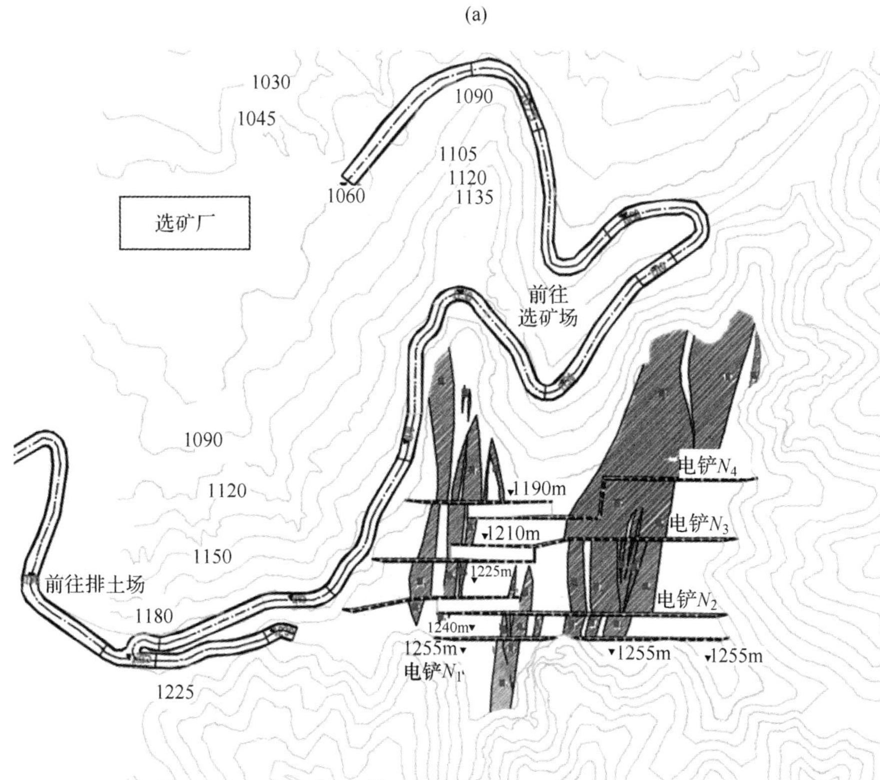
1030
1045
1090
1105
1120
1135
1060
选矿厂
前往
选矿场
1090
1120
1150
前往排土场
1180
1225
电铲N_4
1190m
1210m
电铲N_3
1225m
电铲N_2
1240m
1255m
电铲N_1
1255m
1255m
(b)

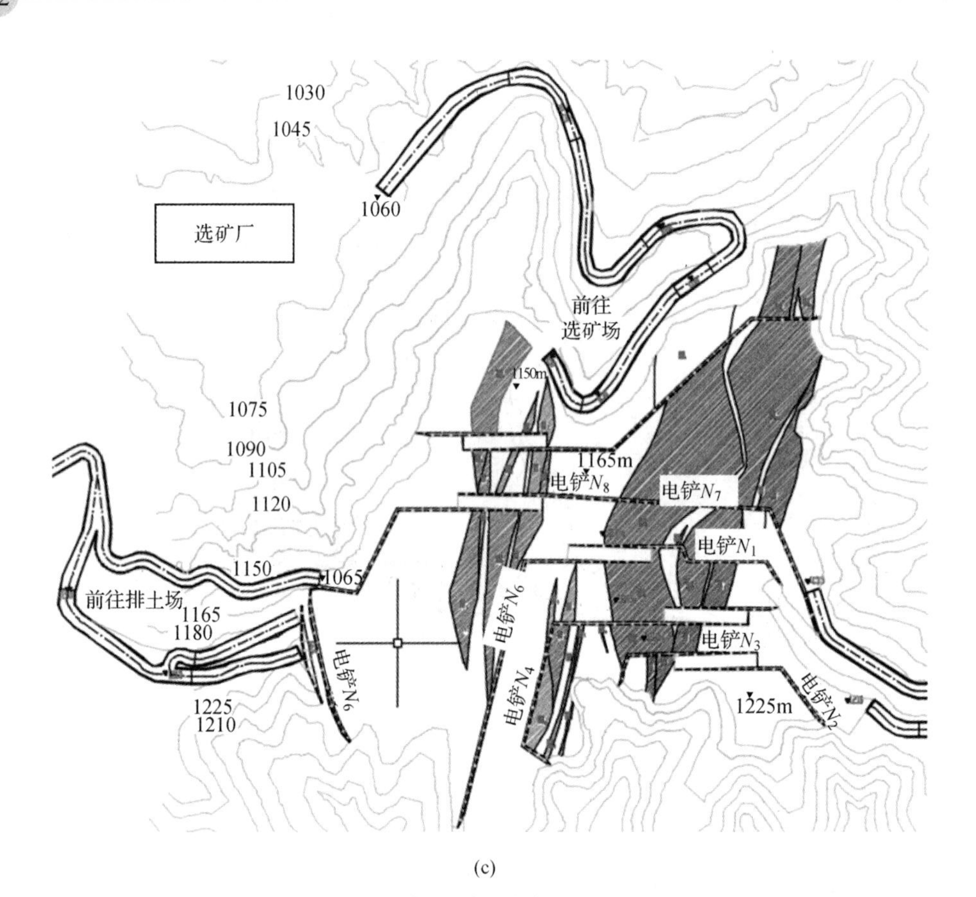

(c)

图 16-4 年末采场综合平面图示例

(a) 第1年末；(b) 第2年末；(c) 第3年末

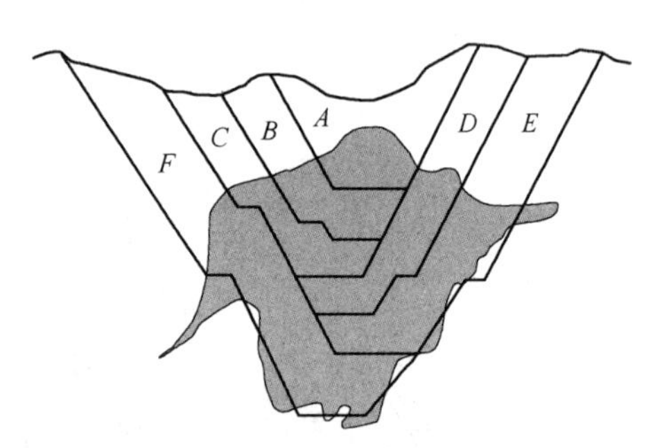

图 16-5 分期境界剖面示意图

表 16-4 分期矿岩量表示例 (Mt)

台阶/m	分期 *A*		分期 *B*		分期 *C*	
	废石量	矿石量	废石量	矿石量	废石量	矿石量
1165	1.5					
1150	3.2					
1135	5.0		0.2		0.4	
1120	3.8		1.8		1.5	

续表 16-4

台阶/m	分期 *A*		分期 *B*		分期 *C*	
	废石量	矿石量	废石量	矿石量	废石量	矿石量
1105	1.5		2.0		1.8	
1090	0.4	1.0	1.5		2.2	
1075	0.3	0.9	0.4	0.9	1.6	
1060	0.2	0.8	0.3	0.9	0.3	1.0
1045			0.2	0.7	0.5	2.0
1030			0.1	0.6	0.8	2.2
1015					0.3	1.7
1000					0.1	0.7
合计	15.9	2.7	6.5	3.1	9.5	7.6

个台阶上的矿石（共 270 万吨），此时称这 270 万吨矿量为已开拓矿量。设开始采矿的时间为矿山项目的时间零点，矿石生产能力为 250 万吨/年，那么分期 *A* 境界内矿石将在约 1.1 年后被采完，三个矿石台阶上的废石（共 90 万吨）同时被剥去。这一时期内开拓矿量由 270 万吨降至 0(见图 16-6(a) 中第一个锯齿)，累计剥岩量为 1590 万吨（见图 16-6(b) 中标有 *A* 的部分)。为了保持选厂生产的连续性，在分期 *A* 的矿石采完时，必须将分期 *B* 的矿量开拓出来（即剥去其上部四个台阶上 550 万吨的废石)。因此，在分期 *B* 开始采矿时，开拓矿量为 310 万吨，累计剥岩量为 2140 万吨（1590+550)。在分期 *B* 开采过程中，开拓矿量以 250 万吨/年的速率被采出，同时采出矿石台阶上的废石（100 万吨)。分期 *B* 的开拓矿量变化如图 16-6(a) 中第二个锯齿所示，分期 *B* 内的剥岩量如图 16-6(b) 中标有 *B* 的部分所示。从时间 0 到分期 *B* 末的累计剥岩量为 2240 万吨。依此类推，可以得出全部 6 个分期的开拓矿量变化曲线和保持 250 万吨矿石年产量所要求的最小累计剥岩量曲线。

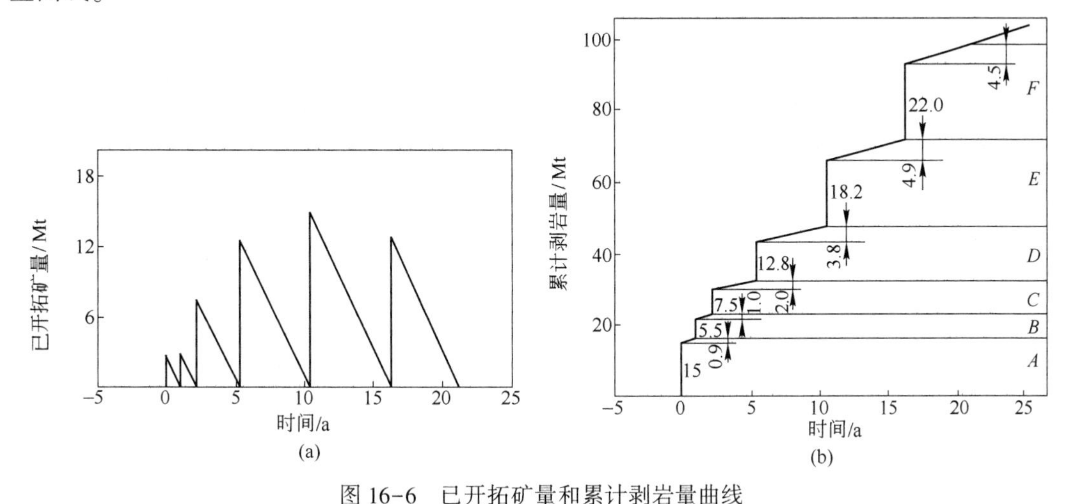

图 16-6　已开拓矿量和累计剥岩量曲线

（a）已开拓矿量随时间的变化曲线；（b）最小累计剥岩量随时间的变化曲线

第3步：试拟一个剥岩计划。最简单的剥岩计划是在满足图16-6(b）中所示的最小累计剥岩量要求的条件下，每年剥离相同的岩石量。这样一个计划可用位于最小累计剥岩量曲线上方的一条直线表示，如图16-7中的*abc*所示。直线*abc*代表的剥岩计划包括4年（-4年初~0年初）基建剥岩（即开始采矿前的剥岩），-4~15年间（*ab*段）的年剥岩量为500万吨；第15年后，只剩下最后一个分期境界内与矿石位于相同台阶上的岩石，这部分岩石将随矿石台阶的推进被剥离（*bc*段)。根据这一计划，第一分期的1500万吨覆岩在开始采矿一年前（-1年初）被剥完，即第一分期的矿石被提前一年开拓出来。此后各分期的矿石均被提前一定时间开拓出来，提前的时间长度如图16-7中的水平箭头所示。在实际生产中，有时会遇到矿量不足（即模型或分层平面图圈定的矿量大于实际矿量)、意外事故及生产组织欠佳等不可预见情况，可能造成矿石生产满足不了选厂要求，甚至出现选厂停产。为了保证矿石供应，在计划时适当地提前剥离是必要的。但提前剥离意味着资金的提前投入，会降低矿山项目的总NPV，因此提前剥离的时间不宜太长。

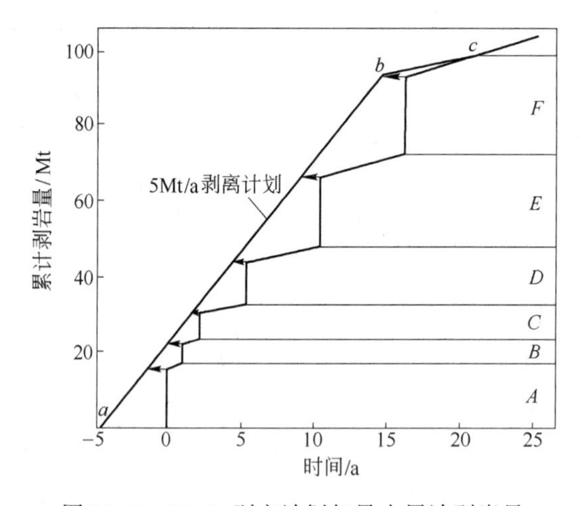

图16-7　5Mt/a剥离计划与最小累计剥岩量

第4步：绘制采剥计划年末推进线。依据试拟剥岩计划中各分期每年的剥岩量与采矿量，在分层平面图上确定各分期内满足计划采剥量的开采区域，绘出年末台阶推进线。在这一过程中，需要考虑分期扩帮的开采形式（组合台阶条带式、条带追尾式等)、台阶超前关系、运输道路布置等约束条件。有时由于某些条件的制约，某年（或某几年）的矿石产量难以实现，需要对试拟剥岩计划进行适当调整。因此，年末推进线的绘制过程是对上一步试拟的剥岩计划的检验与实现。

通过上述步骤得到的仅仅是一个可行的采掘计划。为了找到较好的采掘计划，需要拟定多个计划方案（如在不同时期，采用不同的剥岩速度、不同的超前时间等)，进行经济比较后从中选出最佳者。

16.4　全境界开采的生产计划优化

如上所述，编制采剥进度计划就是针对选定的矿石年生产能力和生产剥采比，确定每年末工作帮的推进位置（即开采顺序)。然而，矿石、废石生产能力和开采顺序对矿山的生产效益均有重要影响，都是需要优化的参数。本节中把这些参数的优化称为生产计划优化，回答的问题是每年开采多少矿石、剥离多少岩石、采剥什么区段最好，而“最好”的标准是总净现值最大。本节介绍能够达到这一优化目标的优化原理和数学模型，该方法的基础数据是品位块状模型、地表标高模型以及经济评价需要的相关技术经济参数。

16.4.1 优化定理

确定了最终开采境界后，露天开采就是从现状地表地形开始，按工作帮坡角逐台阶推进和延深，最后到达开采境界的过程。因此，生产计划优化可以归结为一个在最终开采境界内确定每年末工作帮应该推进到的位置，以使总净现值最大的问题。一旦确定了每年末工作帮的最佳位置，每年剥离的废石量、开采的矿石量、所采剥的区段以及开采寿命也就随之而定。

对于给定的最终开采境界，其内每年都有多个位置、形状、大小不同的区段可供开采，使工作帮推进到不同的位置，形成不同的年末采场形态，问题是采哪个区段最好。以第一年为例，假如我们考虑该年的采剥量选项之一为：采剥总量 200 万吨、采矿量 100 万吨。在境界内接近地表处一般有多个区段具有 200 万吨的矿岩量和 100 万吨的矿石量，那么，究竟开采哪个区段呢？既然考虑 200 万吨的采剥量和 100 万吨的采矿量，即使不进行经济核算，也自然会想到：最好是开采所有矿岩量为 200 万吨、矿石量为 100 万吨的区段中含有用矿物量最大者。对其他采剥量选项（如 250 万吨采剥总量和 130 万吨采矿量）也是如此。以后各年也类似。因此，优化的基本思想是：首先对于一系列的采剥量和采矿量，找出具有相同采剥量和采矿量的所有区段中含有用矿物量最大的区段，作为候选开采区段；然后对这些候选区段进行动态经济评价，确定每年开采的最佳区段。

定义 在最终境界内，如果在所有采剥量为 P、采矿量为 Q、帮坡角不大于最大工作帮坡角 β 的区段中，某一区段所含有的有用矿物量最大，该区段称为对于 P、Q 和 β 的地质最优开采体，用 P^* 表示。

如图 16-8 所示，假设在最终境界 V 内以一定的采矿量增量找出了 5 个地质最优开采体，记为 $P_1^* \sim P_5^*$，最后一个 P_5^* 就是最终境界 V。在最终境界内优化生产计划时，这些地质最优开采体就是每年工作帮可能推进到的候选位置。例如：第一年可能推进到 P_1^* 或 P_2^*；如果选择了 P_1^*，第二年推进的位置可能是 P_2^* 或 P_3^*，如果第一年选择了 P_2^*，第二年推进的位置可能是 P_3^* 或 P_4^*；依此类推。当然，无论用几年采完，最后一年只能推进到最终境界 V。

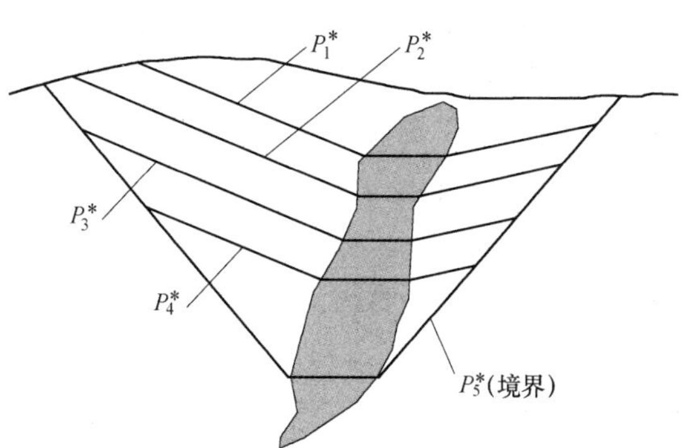

图 16-8 最终境界及其内的地质最优开采体序列示意图

这样，在一个最终境界内优化生产计划，就转换成为一个“确定每一年推进到哪个地质最优开采体”的问题了。由于开采过程是采场逐年扩大、延深的过程，所以，作为生产计划的候选采场推进位置的地质最优开采体必须是“嵌套”关系，即小的被嵌套在大的里面。

那么，以境界中的地质最优开采体序列作为候选采场推进位置，是否就能保证不遗漏总净现值最大的计划方案呢？以下定理给出了肯定的答案。

定理　令 $\{P^*\}_N$ 为最终境界 V 内按大小升序排列的地质最优开采体序列，序列中的开采体数为 N，P_1^* 为最小开采体，P_N^* 为最大开采体（即境界 V）。如果相邻开采体之间的增量足够小，且 $\{P^*\}_N$ 是完全嵌套序列，那么，在满足第14章14.6.1节中假设1～假设3的条件下，在境界 V 内使总净现值最大的最优生产计划必然是 $\{P^*\}_N$ 的一个以境界 V 结尾的子序列。

定理中的“完全嵌套序列”是指序列中的每个开采体都被比它大的开采体完全包含。定理中 $\{P^*\}_N$ 的“子序列”是指这样一个序列 $\{P^*\}_M$，$\{P^*\}_M$ 中的每一个开采体 P_i^*（$i=1, 2, \cdots, M$）都存在于母序列 $\{P^*\}_N$ 中，显然，$M \leqslant N$。“以境界 V 结尾的子序列”是指子序列 $\{P^*\}_M$ 中最后（即最大的）一个开采体是境界 V，这是因为任何一个计划方案最终都必须把整个境界采完。该定理说明，一个境界内任意一年的最佳推进位置必然是该境界内的地质最优开采体序列中的某一个。

16.4.2　地质最优开采体序列的产生

依据以上优化思路和定理，优化生产计划首先需要在最终境界内产生一个完全嵌套的地质最优开采体序列 $\{P^*\}_N$。产生多少个、$\{P^*\}_N$ 中相邻开采体之间的增量多大，可以根据境界内的矿石储量和要求的分辨率预先确定。例如，对于某个矿山，所设计的境界内有3000万吨的矿石。根据对各种条件的分析，该矿的年矿石生产能力最小不会小于100万吨，最大不超过500万吨。那么，把拟产生的序列 $\{P^*\}_N$ 中相邻开采体之间的矿石量增量设定为10万吨就可满足生产能力的分辨率要求。这样，在拟产生的序列 $\{P^*\}_N$ 中，最小开采体的矿石量不大于100万吨、最大者为境界本身（其矿石量为3000万吨），共需产生约290个开采体（不计境界本身）。

产生地质最优开采体序列的基本方法与第14章14.6.2节中产生地质最优境界序列类似。假设相邻开采体之间的矿石量增量设定为 ΔQ，最小开采体的矿石量不大于 Q_1^*。从境界 V（即序列中的最大开采体 P_N^*）开始，采用锥体排除法，按工作帮坡角 β 逐步排除矿石量等于 ΔQ 且平均品位最低的模块集，每排除这样一个模块集就得到一个矿石量比上一个开采体小 ΔQ 的地质最优开采体，直到剩余部分的矿量等于或小于 Q_1^*，这一剩余部分即为最小的那个地质最优开采体 P_1^*。这样，就得到一个由 N 个地质最优开采体组成的完全嵌套序列 $\{P^*\}_N$。

参照图16-9，下面介绍产生地质最优开采体序列的算法。为叙述方便，定义以下变量：

J：矿床模型中的模块柱总数；

j：模块柱序号；

$b_{min,j}$：模块柱 j 的底部模块；

$z_{min,j}$：模块柱 j 的底部标高；

$z_{max,j}$：模块柱 j 中线处的地表标高；

z_{max}：矿床模型范围内的最高地表标高。

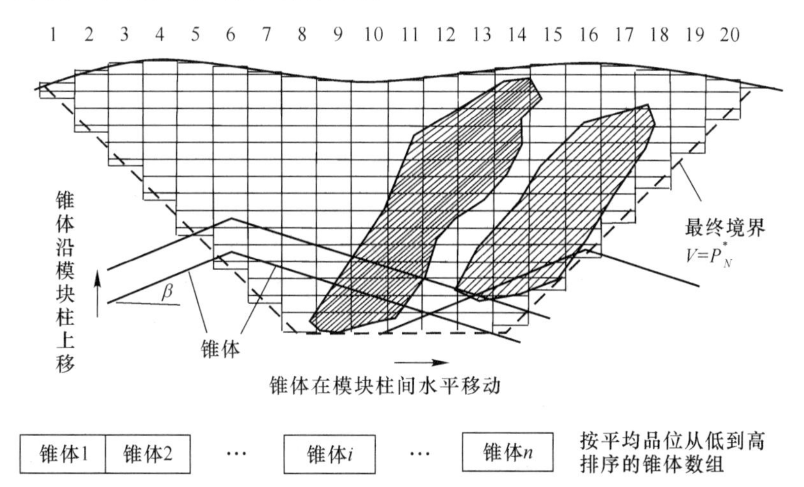

图 16-9 产生地质最优开采体序列的锥体排除法示意图

第 1 步：构建一个足够大的锥顶朝上、锥壳与水平面之间的夹角等于工作帮坡角 β 的锥壳模板。依据境界 V 中的矿石量，设定最小地质最优开采体的矿石量 Q_1^* 以及相邻开采体之间的矿石增量 ΔQ。

第 2 步：置当前开采体为最终境界。置每一模块柱的顶部标高为该模块柱中线处的地表标高 $z_{max,j}$；置境界范围外的所有模块柱的底部标高 $z_{min,j}=z_{max,j}$，置境界范围内的所有模块柱的底部标高 $z_{min,j}$ 为最终境界在相应模块柱中线处的境界边帮或坑底标高。

第 3 步：置模块柱序号 $j=1$，即从矿床模型中第 1 个模块柱开始。

第 4 步：如果 $z_{min,j}=z_{max,j}$，说明整个模块柱 j 不在当前开采体范围之内，转到第 8 步；否则，继续下一步。

第 5 步：把锥体顶点置于模块柱 j 的底部模块 $b_{min,j}$ 的中心，$b_{min,j}$ 是从下数第一个中心（若为非整模块，取其整模块的中心）标高大于 $z_{min,j}$ 的模块。

第 6 步：计算锥体的矿石量、废石量和平均品位，平均品位等于矿石中所含金属量除以矿岩总量。如果锥体的矿石量小于等于 ΔQ，把该锥体按平均品位从低到高置于一个锥体数组中，继续下一步；如果锥体的矿石量大于 ΔQ，该锥体弃之不用，转到第 8 步。

第 7 步：把锥体沿模块柱 j 向上移动一个台阶（即一个模块）高度。如果这一标高已经高出 z_{max}，继续下一步；否则，返回到第 6 步。

第 8 步：$j=j+1$，如果 $j\leqslant J$，返回到第 4 步；否则，执行下一步。

第 9 步：至此，所有模块柱被“扫描”了一遍，得到了一组按平均品位从低到高排序的 n 个锥体组成的锥体数组。从数组中找出前 m 个锥体的“联合体”（联合体中锥体之间的重叠部分只计一次），联合体的矿石量不大于且最接近 ΔQ。

第 10 步：把上一步的锥体联合体中的锥体从当前开采体中排除，就得到了一个新的开采体，存储这一开采体。排除一个锥体就是把底面标高低于锥壳标高的每一模块柱的底面标高提升到该模块柱中线处的锥壳标高（若锥壳标高大于 $z_{\max,j}$，就提升到 $z_{\max,j}$）。

第 11 步：计算新开采体的矿石量。如果其矿石量大于设定的最小开采体的矿石量 Q_1^*，置当前开采体为这一新开采体，回到第 3 步，产生下一个更小的开采体；否则，所有开采体产生完毕，算法结束。

16.4.3 优化模型

得到了一个地质最优开采体序列 $\{P^*\}_N$ 后，依据上述优化定理，生产计划的优化问题就变成了一个在 $\{P^*\}_N$ 中寻求最优子序列 $\{P^*\}_M(M \leqslant N)$ 的问题。在 $\{P^*\}_N$ 中寻求最优子序列 $\{P^*\}_M$，就是为开采计划的每一年 $i(i=1, 2, \cdots, M)$ 找到一个最佳的地质最优开采体作为该年末形成的采场形态，以使总净现值最大。找到了这样一个最优子序列，子序列中的开采体个数 M 即为矿山的最佳开采寿命，子序列中的第 i 个开采体就是第 i 年末的最佳采场推进位置和形态，第 i 个和第 i-1 个开采体之间的矿岩量即为第 i 年的最佳采剥生产能力。

为叙述方便，假设对一个二维小境界 V 求得一个地质最优开采体序列 $\{P^*\}_N$，如前面图 16-8 所示。$\{P^*\}_N$ 包含 5 个地质最优开采体（即 $N=5$）：$P_1^* \sim P_5^*(P_5^*=V)$。

为了在 $\{P^*\}_5$ 中寻求最优子序列 $\{P^*\}_M(M \leqslant 5)$，把 5 个地质最优开采体置于图 16-10 所示的动态排序网络图中。图的横轴表示阶段（年），竖轴表示每个阶段的可能采场状态，即地质最优开采体；每个开采体为一个圆圈，圆圈的相对大小代表开采体的相对大小。第 1 年的两个开采体表示：第 1 年末可能开采到 P_1^*，也可能开采到 P_2^*。第 2 年的三个开采体表示：到第 2 年末可能开采到 P_2^*，也可能开采到 P_3^* 或 P_4^*。第 2 年末可能开采到哪几个开采体，取决于第 1 年末的开采体：如果第 1 年末开采到 P_1^*，第 2 年末可能开采到 P_2^*、P_3^* 或 P_4^*；如果第 1 年末开采到 P_2^*，第 2 年末可能开采到的开采体为 P_3^* 或 P_4^*，不可能开采到 P_2^*，因为这样意味着第 2 年什么也没采。其他各年也一样。

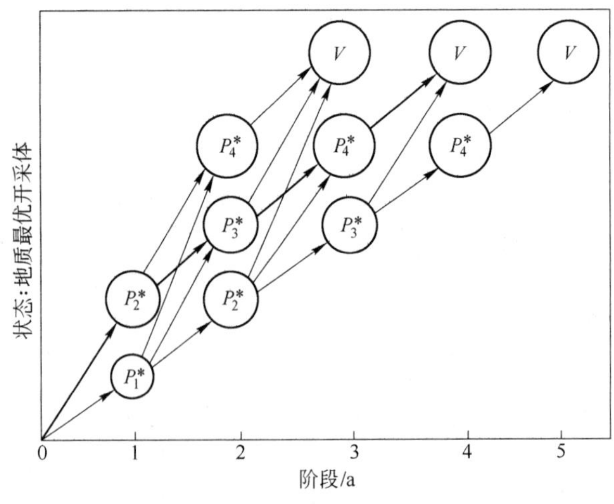

图 16-10 生产计划优化的动态排序网络图

图 16-10 中每一条箭线表示相邻两年间一个可能的采场状态转移（即上面所说的“开采到”）。由于采场是逐年扩大的，所以采场状态只能从某一年的一个开采体转移到

下一年更大的开采体。这就是为什么每年的最小开采体（最下面的那个）随着时间的推移而增大，状态转移箭线都指向右上方。

图 16-10 中的每一条从 0 开始沿着一定的箭线到达最终境界 V 的路径，都是一个可能的生产计划方案，路径上的开采体组成 $\{P^*\}_5$ 的一个子序列。例如，图中粗黑箭线所示的路径 $0 \to P_2^* \to P_3^* \to P_4^* \to V$ 上的开采体组成的子序列为 $\{P^*\}_4 = \{P_2^*, P_3^*, P_4^*, V\}$。假设序列 $\{P^*\}_5$ 中每个开采体 P_i^* 含有的矿石量为 Q_i^*、废石量为 $W_i^*(i=1, 2, \cdots, 5)$，其中，Q_5^* 和 W_5^* 是最终境界 V 含有的矿石量和废石量。那么，路径 $0 \to P_2^* \to P_3^* \to P_4^* \to V$ 或子序列 $\{P_2^*, P_3^*, P_4^*, V\}$ 所代表的生产计划方案是：

（1）开采寿命为 4 年，因为在第 4 年末开采到了最终境界；

（2）采场每年推进到的位置：第 1、第 2、第 3、第 4 年末采场依次推进到 P_2^*，P_3^*，P_4^*，V（见图 16-8），第 4 年末的采场即为最终境界；

（3）各年采剥量：第 1 年的采矿量为 Q_2^*、剥岩量为 W_2^*，第 2 年的采矿量为 $Q_3^* - Q_2^*$、剥岩量为 $W_3^* - W_2^*$，第 3 年的采矿量为 $Q_4^* - Q_3^*$、剥岩量为 $W_4^* - W_3^*$，最后一年的采矿量为 $Q_5^* - Q_4^*$、剥岩量为 $W_5^* - W_4^*$。

这样的一个计划方案同时给出了开采寿命、各年末采场的推进位置和每年的采剥量三大要素，并没有把某个要素作为优化其他要素的前提。总净现值最大的那条路径（即最优开采体子序列）就给出了最佳采剥计划方案。因此，这一动态排序优化法实现了生产计划的“整体优化”。下面是求最优子序列的一般动态排序模型。

令 $\{P^*\}_N$ 为境界 V 中的地质最优开采体序列，其中最大的开采体 $P_N^* = V$。依上所述，把 $\{P^*\}_N$ 置于图 16-11 所示的一般动态排序网络之中。图中每一年的开采体都一直画到最大者（境界 V）。显然，头几年就采到最终境界是不合理的，这些不合理的方案在经济评价中会自动被排除。在图中包括不合理的方案是为了不失一般性。

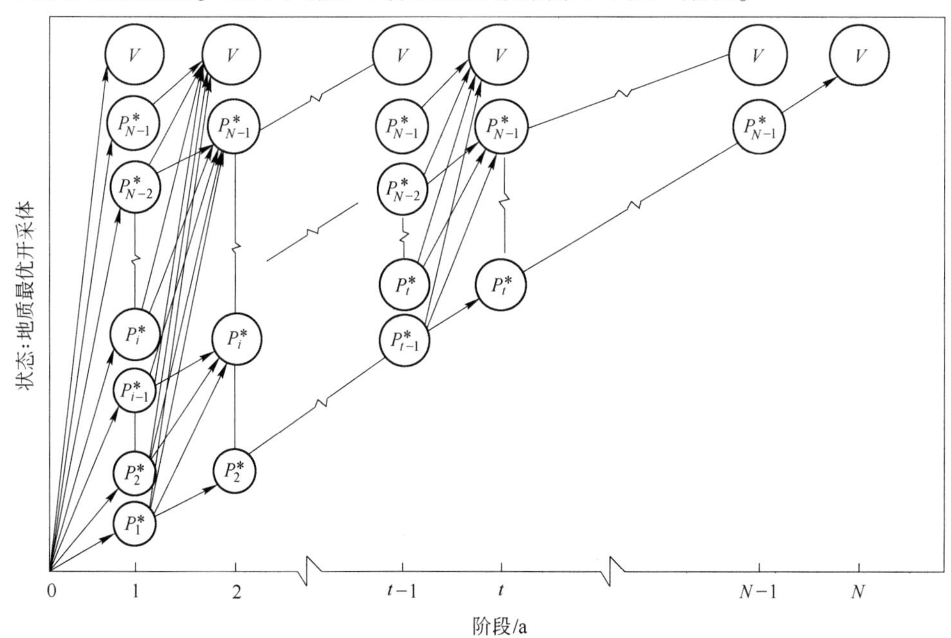

图 16-11　生产计划优化的一般动态排序网络图

图 16-11 中的任意一条计划路径记为 L，是从 0 点到某年 n 的最高位置开采体（即境界 V）的一条路径，路径上的那些开采体组成 $\{P^*\}_N$ 的一个子序列。路径 L 的时间跨度为 0~n 年（$n \leqslant N$），令 i_t 表示该路径上第 t 年的开采体在序列 $\{P^*\}_N$ 中的序号（$t \leqslant i_t \leqslant N$；$t=1, 2, \cdots, n$；$i_n=N$），也就是说，该路径上第 1 年的开采体为 $P_{i_1}^*$，第 2 年的开采体为 $P_{i_2}^*$，…，最后一年 n 的开采体为 $P_{i_n}^*$（$P_{i_n}^*=P_N^*=$境界 V）。

为叙述方便，定义以下符号：

Q_i^*：$\{P^*\}_N$ 中第 i 个开采体 P_i^* 的矿石量，$i=1, 2, \cdots, N$；

G_i^*：$\{P^*\}_N$ 中第 i 个开采体 P_i^* 的矿石平均品位（即 Q_i^* 的平均品位），$i=1, 2, \cdots, N$；

W_i^*：$\{P^*\}_N$ 中第 i 个开采体 P_i^* 的废石量，$i=1, 2, \cdots, N$；

q_t：路径 L 上第 t 年的矿石开采量（亦即选厂的入选矿量），$t=1, 2, \cdots, n$；

g_t：q_t 的平均品位，$t=1, 2, \cdots, n$；

w_t：路径 L 上第 t 年的废石剥离量，$t=1, 2, \cdots, n$；

c_m：单位采矿成本，可以是时间 t 和年采矿量 q_t 的函数，也可以是常数；

c_w：单位剥岩成本，可以是时间 t 和年剥离量 w_t 的函数，也可以是常数；

c_p：单位选矿成本，可以是时间 t 和年入选矿量 q_t 的函数，也可以是常数；

$I(q_{max})$：基建投资在时间 0 点的现值，看作是路径 L 上最大年采矿量 q_{max} 的函数；

P_t：路径 L 上第 t 年实现的利润，$t=1, 2, \cdots, n$；

NPV_L：按路径 L 开采实现的总净现值；

d：折现率；

r_p：选矿金属回收率；

g_p：精矿品位；

p_t：第 t 年的精矿售价，可以是时间的函数，也可以是常数。

上述定义中，Q_i^*、G_i^* 和 W_i^* 均为考虑了矿石回采率和废石混入率后的数值，均在地质最优开采体序列的产生过程中计算。

在第 t 年，路径 L 上的开采体为 $P_{i_t}^*$，其矿石量为 $Q_{i_t}^*$、废石量为 $W_{i_t}^*$；在前一年（$t-1$），路径 L 上的开采体为 $P_{i_{t-1}}^*$，其矿石量为 $Q_{i_{t-1}}^*$、废石量为 $W_{i_{t-1}}^*$。那么，路径 L 上第 t 年开采的矿石量为：

$$q_t = Q_{i_t}^* - Q_{i_{t-1}}^* \tag{16-11}$$

q_t 的平均品位为：

$$g_t = \frac{Q_{i_t}^* G_{i_t}^* - Q_{i_{t-1}}^* G_{i_{t-1}}^*}{q_t} \tag{16-12}$$

第 t 年剥离的废石量为：

$$w_t = W_{i_t}^* - W_{i_{t-1}}^* \tag{16-13}$$

假设矿山的最终产品为精矿，路径 L 上第 t 年实现的利润为：

$$P_t = \frac{q_t g_t r_p}{g_p} p_t - [q_t(c_m + c_p) + w_t c_w] \tag{16-14}$$

路径 L 上的最大年采矿量为：

$$q_{\max} = \max_{1 \leqslant t \leqslant n} \{q_t\} \tag{16-15}$$

按路径 L 开采实现的总净现值为：

$$\mathrm{NPV}_L = \sum_{t=1}^{n} \frac{P_t}{(1+d)^t} - I(q_{\max}) \tag{16-16}$$

以上计算中，时间 0 点（$t=0$）的初始条件为：$i_0=0$，$Q_0^*=0$，$W_0^*=0$。

应用上述评价计划路径的数学模型，对全部从 0 点到达最高位置开采体（即境界 V）的路径计算其总 NPV，总 NPV 最大的那条路径上的开采体组成了 $\{P^*\}_N$ 中的最优开采体子序列，即最优生产计划。该计划同时给出了：每年最佳的采场推进位置、最佳的采矿量和剥岩量、最佳矿山开采寿命。

在上述模型中可以加入预设约束条件，如设置最小和最大年矿石开采量。在计算过程中，如果某个路径上某一年的矿石开采量超出了预设范围，该路径被视为不可行，不予考虑。但是，如果设置的年采矿量的范围太窄，可能遗漏最佳计划方案，甚至出现无可行解的情况。

对所有可行路径进行评价来求解最佳路径的算法是“穷尽搜索法”，也称为“枚举法”。如果设置的年采矿量的范围不大，单位采矿成本、剥岩成本、选矿成本以及基建投资在设置的范围内可以认为不随生产能力变化（即都为常数），这样就满足了动态规划的“无后效应”条件，可以用动态规划算法求解。动态规划算法的求解速度比穷尽搜索法快得多。动态规划模型及其算法在这里不作介绍，可参阅《运筹学》教材或参照第 14 章 14.6.3 节的分期境界优化动态规划模型。

如果生产能力也是一个优化变量，就需要把年采矿量的约束范围设置的足够大，否则会遗漏最佳生产能力。对于一个规模较大的矿床，序列 $\{P^*\}_N$ 中的开采体数量 N 一般都大于 200，约束范围大时，可行计划路径的总数是个十分巨大的数字，穷尽搜索法的计算时间会长得不可接受。另外，在较大的生产能力范围内，把矿山的基建投资看作是常数显然不合理（比如，年产 500 万吨和 1000 万吨矿石的投资显然是相差很大的），所以必须把基建投资看作是生产能力的函数，这样就无法用动态规划求解。这种情况下，可以用“移动产能区间”算法求解。

以年矿石产量作为产能指标，移动产能区间就是先设置一个足够包含最佳生产能力的产能范围，记为 $[q_L, q_U]$，比如 [500，2000]。从这一范围的下限开始，设置一个较小的产能区间 $[q_1, q_2]$，$q_1=q_L$，$q_2=q_1+k\Delta Q$；ΔQ 是序列 $\{P^*\}_N$ 中相邻开采体之间的矿石量增量，k 为 3 左右。以 $[q_1, q_2]$ 为约束条件，用穷尽搜索法求解 $[q_1, q_2]$ 内的最佳计划并储存。然后把产能区间 $[q_1, q_2]$ 向产能增加的方向移动一个 ΔQ，即令：$q_1=q_1+\Delta Q$、$q_2=q_1+k\Delta Q$，在新区间 $[q_1, q_2]$ 内再次用穷尽搜索法求得新区间内的最佳计划；如此移动产能区间，直至 $q_2 \geqslant q_U$ 为止。在所有区间的最佳计划中找出 NPV 最大者，即为全局最优计划。与直接在 $[q_L, q_U]$ 内用穷尽搜索法求解相比，移动产能区间算法可以大大降低计算时间，满足大型矿床的生产计划优化需要。

16.4.4　应用案例

上述地质最优开采体序列的产生算法和生产计划优化的移动产能区间算法被编入软件

OptMiner，形成了生产计划优化模块。下面介绍应用该软件模块进行生产计划优化的一个案例。

本例中的地表标高模型和品位模型同第14章14.5.1节，技术经济数据见表14-2和表14-3，工作帮坡角取17°。优化所用的最终境界是14.5.3节中对应于精矿售价为700元/t的境界，境界内可采出的矿石量约52000万吨（见表14-4），据此确定优化中考虑的年矿石生产能力范围为$[q_L, q_U]=[1000, 2100]$万吨，相邻开采体之间的矿石量增量（年矿石生产能力分辨率）取150万吨。NPV计算中，折现率取7.0%；成本和价格的年上升率分别取1.5%和2.5%。任一计划方案的矿山基建投资$I(q_{max})$设定为其最高年矿石产量q_{max}的线性函数：

$$I(q_{max}) = 20000 + 450q_{max}$$

其中，$I(q_{max})$的单位为万元，q_{max}的单位为万吨。

基于上述输入数据，对生产计划进行优化。共产生了343个地质最优开采体，对这些开采体用移动产能区间算法进行动态排序，得到总NPV最高的计划方案，其相关数据见表16-5，表中时间0点的成本为基建投资（未计入最后一行的成本总额）。这一计划方案的矿石年产量保持在1807万吨左右（除第1年和最后1年外）。依据此方案，该矿应该按照年产1800万吨矿石的规模设计，开采寿命为29年；在7%的折现率下，总NPV约为93亿元。该计划方案在前6年（尤其是2~5年）的生产剥采比较高，为5.6~8.2。这是由于优化中用的现状采场（即优化中的地表标高模型）已经接近原来设计的境界，优化中的前几年实际上是向新境界的扩帮过渡，需要在现状采场上部台阶剥离大量的废石。

表16-5 最佳生产计划方案

时间/a	开采体序号	矿石产量/万吨	废石剥离量/万吨	精矿产量/万吨	精矿销售额/万元	成本/万元	净现值/万元
0						-834500.0	-834500.0
1	12	1665.7	9274.9	609.9	426919.6	403973.1	25756.8
2	24	1810.0	14786.5	685.6	479941.5	509595.1	-18131.7
3	36	1808.6	13460.9	678.3	474821.6	489481.6	-415.8
4	48	1807.3	14880.2	666.0	466167.9	510558.6	-20847.0
5	60	1807.3	14898.5	662.1	463459.0	510842.2	-18509.7
6	72	1808.8	10773.0	666.6	466653.9	449198.1	33319.0
7	84	1808.0	8930.7	666.7	466687.9	421427.4	54195.6
8	96	1808.7	7702.1	667.0	466909.7	403122.9	66796.7
9	108	1809.2	6552.9	669.1	468356.6	385957.8	78116.0
10	120	1808.7	5783.3	669.6	468713.6	374332.2	84165.0
11	132	1808.0	5050.1	666.9	466834.6	363228.0	87732.3
12	144	1808.9	4824.2	667.2	467008.5	359985.3	87767.7
13	156	1806.0	4675.6	665.5	465854.2	357279.9	86564.6
14	168	1808.5	4601.6	669.0	468308.8	356570.9	86289.3
15	180	1807.2	4390.8	665.7	465996.8	353200.2	84565.9
16	192	1807.8	4126.5	666.8	466772.2	349335.4	84556.4
17	204	1808.8	3949.8	666.6	466637.0	346838.6	83356.7

续表 16-5

时间/a	开采体序号	矿石产量/万吨	废石剥离量/万吨	精矿产量/万吨	精矿销售额/万元	成本/万元	净现值/万元
18	216	1809.6	3580.0	667.2	467049.6	341430.1	83455.1
19	228	1806.3	3212.4	665.2	465654.2	335391.8	82778.2
20	240	1807.3	2966.4	666.6	466631.6	331863.4	82088.9
21	252	1807.4	2745.6	666.8	466751.6	328557.6	80856.3
22	264	1806.3	2422.8	667.0	466945.1	323542.9	80115.3
23	276	1806.8	2359.6	665.6	465940.0	322670.8	77577.9
24	288	1808.8	2118.2	665.4	465792.3	319373.4	76087.9
25	300	1804.8	2481.8	664.4	465045.6	324188.6	72186.7
26	312	1804.7	3221.2	667.4	467210.4	335263.8	67860.6
27	324	1810.1	3229.9	668.3	467826.4	336251.7	65756.7
28	336	1810.4	1720.4	665.4	465753.3	313662.0	68279.5
29	343	1056.2	550.0	392.4	274712.9	176191.6	40881.7
合计		51536.3	169270.0	19030.5	13321356.0	10733315.0	928702.2

表 16-5 中的“开采体序号”一列给出了每年末采场状态所对应的开采体序号，它指明了采场从初始现状采场到最终境界的时空发展过程，即开采顺序。根据这一计划，采场在第 1 年末推进到开采体 12，第 2 年末推进到开采体 24，以此类推。第 5 年末、第 15 年末和第 25 年末的采场（即开采体 60、180 和 300 的）等高线如图 16-12~图 16-14 所示。从图中工作帮形态的变化可以看出，采场总体上是由西北向东南推进，工作线布置方式（纵向、横向、斜交、扇形）也随时间变化。实际编制采剥进度计划时，应在优化结果的指导下灵活布置工作线和运输坑线。

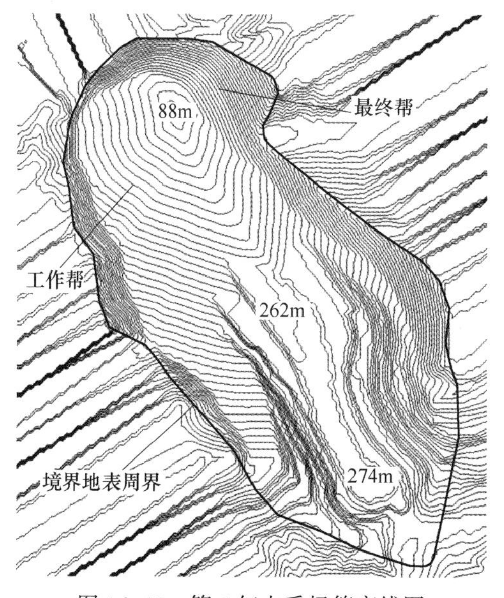

图 16-12 第 5 年末采场等高线图

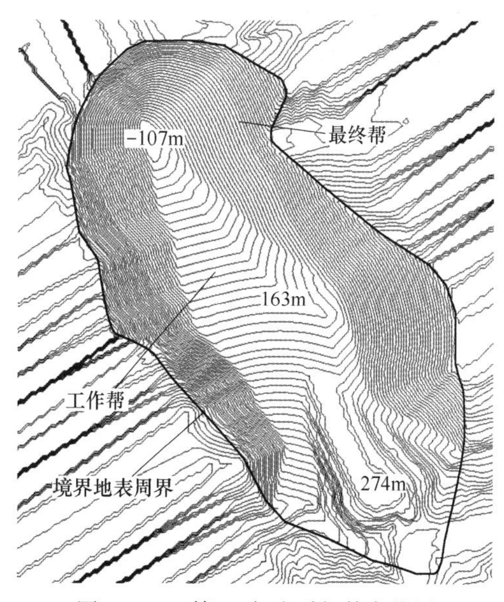

图 16-13 第 15 年末采场等高线图

由于在优化数学模型和算法中难以考虑生产中的所有约束条件（如工作线长度、下降

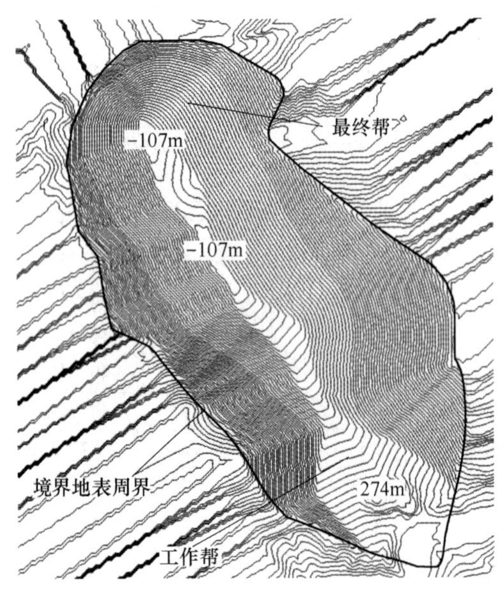

图 16-14 第 25 年末采场等高线图

速度、开采强度等)，优化解往往有多处不合理甚至不可行的地方。比如，有的地方空间太窄，难以按优化结果采用横向工作线布置，在实际编制采剥进度计划时，就需要作出相应调整，并采取措施（如采用条带式尾随工作面布置）尽量使调整后的方案接近优化结果方案。优化解存在不合理和不可行之处，并不说明优化没有作用，优化的意义在于为编制出经济效益最高、技术上最合理的采剥计划提供指导。

为了提高优化结果的指导价值，优化软件可以输出多个最佳计划方案。其中有些方案的总 NPV 很接近，比最高者只差不到 1.0%，可以认为这些计划方案的经济效益是相同的。计划编制者可以从各方面（如工作线长度与方向、开采强度、生产剥采比等）考察这些方案的优劣，选出合理性最高的方案，作为采剥计划编制的基础。

17 露天矿床开拓

露天矿床开拓是针对所选定的运输设备及运输形式，确定整个矿床开采过程中运输坑线的布置，以建立起开发矿床所必需的运输线路。矿床开拓设计是露天矿设计中带有全局性的重要工作，对矿山的基建工程量、基建投资和基建时间以及生产规模、生产可靠性、矿岩产量均衡性、工艺设备的效率等有重要影响；开拓系统一旦形成，就要在较长时期保持相对稳定，若再想改造，将给正常生产带来许多困难，并造成巨大损失。因此，最终开拓方案需要综合考虑各种因素，经过全面分析比较后慎重确定。本章主要介绍金属露天矿常用的几种开拓方法。

17.1 开拓方法分类及影响因素

露天矿开拓方法（或开拓系统）一般依据运输设备分类，金属露天矿常用的开拓方法主要有以下几种：

（1）公路运输开拓；

（2）铁路运输开拓；

（3）联合运输开拓，包括：

1）公路-铁路联合开拓；

2）公路（铁路）-破碎站-胶带输送机联合开拓（简称胶带运输开拓）；

3）公路（铁路）-箕斗联合开拓（简称箕斗运输开拓）；

4）公路（铁路）-平硐溜井联合开拓（简称平硐溜井开拓）。

影响开拓运输系统的因素较多，归纳起来有：

（1）自然条件，包括地形、矿体埋藏条件、岩体性质、水文及工程地质条件、矿床勘探程度、气候及储量发展远景等；

（2）开采技术条件，包括露天开采境界尺寸及形状、生产规模、工艺设备类型、开采程序、总平面布置及建矿前开采情况（如是否有地下井巷可利用）等；

（3）政策、经济及其他因素，包括国家有关技术、经济政策及设备供应条件、工程费用、对建设速度和矿石质量的要求及开采年限等。

开拓系统设计的主要依据是矿床赋存条件、地表地形和运输设备类型，总的原则是适应矿山地形地质条件，在一定的开采工艺系统和矿山工程发展条件下，满足不同发展时期矿岩运输的需要，并达到生产技术可靠和综合经济效果良好的目标。

在一定的矿床赋存条件以及开采工艺和开采程序条件下，露天矿可能同时存在几种可行的开拓系统方案，设计时通常采用技术经济比较选取最佳方案。一般步骤如下：

（1）按地质地形、开采工艺、开采程序、总平面布置等矿山具体条件，初步拟定技术上可行的若干开拓系统方案；

（2）按照选择开拓运输系统的主要原则，对各方案进行初步分析，结合国内外露天矿的生产、设计实践经验，淘汰明显不合理的方案；

（3）对保留的少数方案进行开拓坑道定线，计算有关的技术经济指标，包括运距、运费、开拓坑道及由设置开拓坑道引起的扩帮工程量和费用等；

（4）对各方案的各项技术经济指标进行综合分析评价，选取最优方案。

17.2　公路运输开拓

公路运输开拓中运输设备是自卸汽车，所以也称为汽车运输开拓。与铁路运输开拓相比，汽车运输的开拓坑线形式简单、展线较短，对地形的适应能力强；需要时，公路运输便于设多个出入口，实现分散运矿和分散排土；公路运输的灵活性便于采用移动布线，使开采工作线快速到达矿体，实现强化开采。

公路运输开拓的坑线布置形式，除依据露天矿的地形条件、采场平面尺寸和开采深度，适宜地选择迂回式、螺旋式或迂回与螺旋式联合布线形式外，还可以采用地下斜坡道形式。

地下斜坡道开拓形式是在露天采场境界外设置地下斜坡道，并在相应的标高处设置出入口通往各开采水平，汽车经出入口和斜坡道在采场与地面之间运行。出入口处底板应朝向采矿场倾斜 1°~3°，以防止雨水进入运输通道。地下斜坡道运输坑线可采用螺旋式或折返式。螺旋式斜坡道就是在露天采场境界外围绕四周边帮呈螺旋式向下延深，折返式斜坡道设在露天矿场边帮的一侧外迂回延深。

由于地下斜坡道不设在露天采场的边帮上，避免了因设置运输坡道引起最终帮坡角变缓而增加剥岩量，以及由于边坡稳定性差给运输工作造成不良影响。同时，由于斜坡道隐匿于地下，因此避免了气候条件的变化给运输工作带来的影响。但地下斜坡道单位体积掘进与支护费用高，掘进速度慢；斜坡道断面尺寸受限制，生产能力有限。

露天开采中，运输费用一般占可变成本的最大份额（比例可高达 40%~60%）。随着矿床开采深度的增加，矿岩的运距增大，汽车的台班运输能力逐渐降低，单位矿岩运输成本随着采深的增加而上升。因此，虽然公路运输开拓具有上述诸多优点，但其运距存在一个适合范围，即合理运距。

合理运距是一个经济概念，随技术经济条件的变化而变化。一般情况下公路运输的合理运距为 3~5km，汽车载重量越大，其合理运距一般来说也越长。考虑到凹陷露天矿重载汽车上坡运行和至卸载点的地面距离，在合理运距范围内可折算出汽车运输开拓的合理开采深度。当采用载重量为 100t 以上的汽车时，就运输而言，合理开采深度一般为 300~500m 以内。

17.3　铁路运输开拓

铁路运输的运输能力大，运输设备坚固耐用，吨千米运输费用比汽车运输低，约为汽车运输的 1/4~1/3。但铁路运输开拓线路较为复杂，开拓展线比汽车运输长，转弯半径大（准轨铁路运输转弯半径不小于 100~200m），灵活性低；由于牵引机车的爬坡能力小，从一个水平至另一个水平的坡道较长，所以掘沟工程量大，境界边帮的附加剥岩量大；再加上需要开掘较长的段沟，所以新水平准备时间较长，采场下降速度较慢。

铁路运输开拓在采场内多采用固定式坑线。若采用移动坑线，则存在线路移设工作量大、线路质量差、开采三角台阶时的设备作业效率低等缺点。

采用折返式布线时，需要设立折返站供列车换向和会让之用，因而增大了铁路线路的长度。同时，列车在折返站一般需要停车、换向、会让等操作，降低了运输效率，增长了运行周期，所以应尽量减少坑线的折返次数。折返站的形式主要取决于矿山的开采规模及线路的设计通过能力。折返站的平面尺寸和线路数目又直接与机车车辆的类型、有效牵引系数及工作平盘配线数有关。生产中常采用的折返站形式有单干线和双干线折返站两种，如图 17-1 和图 17-2 所示。

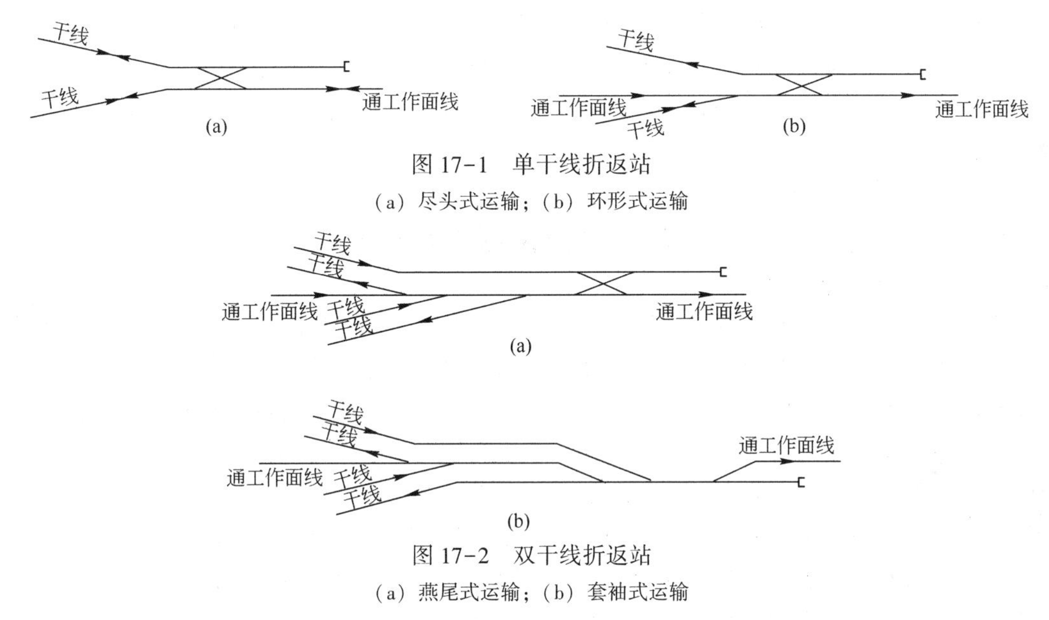

图 17-1 单干线折返站

（a）尽头式运输；（b）环形式运输

图 17-2 双干线折返站

（a）燕尾式运输；（b）套袖式运输

图 17-1(a) 所示为单干线尽头式运输折返站，站中仅设一条线路通往采掘工作面，线路的通过能力较低。图 17-1(b) 所示为单干线环形式运输折返站，这种布置形式相对增加了边帮的附加剥岩量，但线路的通过能力较强。图 17-2(a) 所示为双干线燕尾式运输折返站，当空重车同时进入折返站时，需要会让，对线路的通过能力有一定的影响，但站场的长度和宽度较小。图 17-2(b) 所示为双干线套袖式运输折返站，空重车在站场不需会让，因而可提高线路的通过能力，但站场的长度和宽度均比燕尾式大，适用于平面尺寸较大的露天矿。

随着矿床开采深度的增加，列车运行的空间越来越小，铁路运输效率越来越低。在矿床埋藏较浅、平面尺寸较大的凹陷露天矿，或者在深度较大的凹陷露天矿的上部，以及矿床走向长、高差相差较小的山坡露天矿，采用铁路运输开拓可取得良好的技术经济效果。对于凹陷露天矿，单一铁路运输开拓的经济合理开采深度一般在 200m 以内。当采用牵引机组牵引列车时，运输线路的坡度可提高到 6%，使开采深度增加（可达 300m 以上）；对于山坡露天矿，在运输高差不超过 150～200m 的条件下，可取得理想的经济效果。因此，单一铁路运输开拓的合理使用范围在地表上下的合计深度一般为 300～400m。在采场外，铁路运输的合理运距比公路运输长得多。

国外金属露天矿一般不采用铁路运输，我国新设计的金属露天矿也很少采用单一铁路运输。

17.4 铁路-公路联合开拓

在规模大、生产能力高、运距长、采深大的露天矿，可采用铁路-公路联合开拓，采场外和采场上部用铁路运输，采场下部用公路运输。这样既利用了铁路运输能力高、单位运费低、合理运距长的优点，也利用了公路运输灵活机动的优点。采用铁路-公路联合开拓的经济效益一般比单一铁路运输开拓可提高约10%以上，挖掘机效率可提高约20%以上。

采用铁路-公路联合开拓需设置矿岩转载站。转载站一般是采用转载平台、矿仓和中间堆场三种方式。选取转载方式应遵循的主要原则是：工艺简单、生产可靠，能充分发挥运输设备的效率，且符合安全环保要求。对于设在露天矿深部的转载站，布局形式要求：装载工作平台宽度尽量小、布局紧凑，同时尽量缩短受矿、装载和转载车辆的入换时间。

17.5 胶带运输开拓

胶带运输开拓是一种高效率的半连续运输开拓方式。该开拓方式是借助设在露天采场内或者露天开采境界外的带式输送机，把矿岩从露天采场运出，一般为公路-破碎站-胶带运输机组合方式。工作面的矿岩由汽车运送到破碎站，破碎为适合胶带运输的块度后，由胶带运输机运出采场或运往卸载地点。对于原为铁路运输开拓的露天矿，也可以用铁路运输送到破碎站，并逐步向公路-破碎站-胶带运输机过渡。

露天矿破碎站结构一般如图17-3所示，其形式可根据需要设置为固定式、半固定式或移动式。破碎机的选型应根据露天矿的生产能力、矿岩破碎的难易程度以及破碎成本等确定。国内露天矿常用的破碎设备有旋回式破碎机和颚式破碎机。

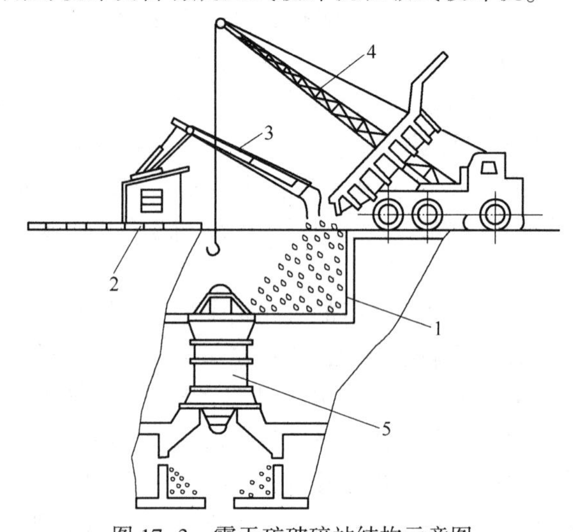

图17-3 露天矿破碎站结构示意图

1—矿（岩）缓冲垫层；2—操纵台；3—液压操纵台；4—吊车；5—旋回破碎机

旋回式破碎机破碎系统如图 17-4 所示，它具有生产能力大、耗电量和运营成本低、使用周期长等优点；但设备初期投资大、机体高大、移设和安装工作较为复杂。相对而言，颚式破碎机机体较小、移设和安装工作较为简单，但运营成本较高。当要求的破碎能力较强（超过 1000t/h 左右）时，宜采用回旋式破碎机；否则，宜采用颚式破碎机。

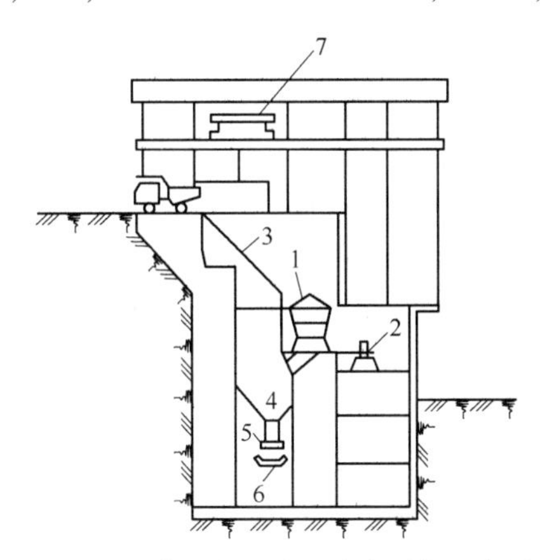

图 17-4　旋回式破碎机破碎系统示意图

1—旋回破碎机；2—电动机；3—格筛；4—漏斗；5—板式给矿机；6—胶带运输机；7—吊车

胶带运输机通道可采用堑沟式或斜井（溜井）式。

图 17-5 所示为胶带运输机堑沟开拓系统示意图。根据露天矿采场的平面尺寸和边坡角的大小，以直交或斜交的方式将胶带运输机的堑沟坑线布置在边帮上。如果帮坡角小于或等于胶带运输机的允许坡度，则堑沟坑线可以以直交方式布置在最终边帮上，这种布置的堑沟基建工程量最小。当帮坡角超过胶带运输机的允许坡度时，需采用斜交方式布置。

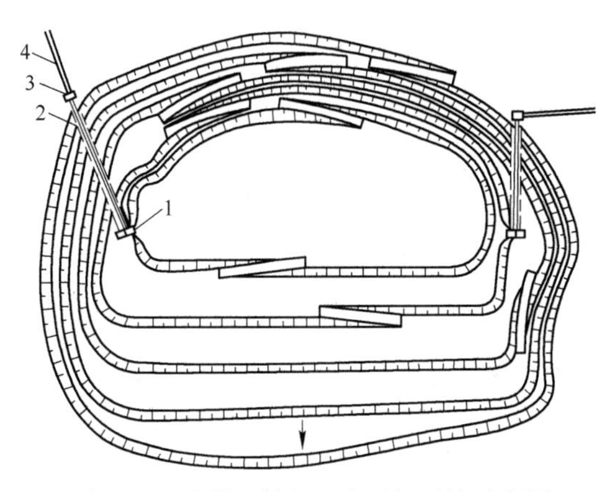

图 17-5　胶带运输机堑沟开拓系统示意图

1—破碎站；2—边帮胶带运输机；3—胶带运输机转载点；4—地面胶带运输机

胶带运输机堑沟的坑线布置位置应使汽车到破碎站的运距最短、开拓线路基建工程量最小；破碎站一般多以半固定形式布置在采场端帮上，为尽量缩短汽车运输距离，也可用移动破碎站。此种开拓方式下矿岩的运输流程是：矿岩由汽车运至破碎站，破碎后经板式给矿机转载到胶带运输机运至地面，再由地面胶带运输机或其他运输设备转运至卸载地点。

当露天矿最终边帮岩石不够稳固，而采场境界外岩石稳固时，胶带运输机通道可采用斜井方式。作为运输坑线的斜井布置在最终开采境界的外部，胶带运输机安装在斜井内，破碎站设置在斜井的底部。这种开拓方式的基建工程量不受矿山工程发展的影响，避免了胶带运输机的沟道与采场内运输道路的交叉。确定斜井位置时，要同时考虑破碎站的设置位置，应距离卸载点近，斜井穿过的岩层稳定。

图17-6所示为胶带运输机斜井开拓系统示意图。此开拓系统中，废石与矿石胶带运输斜井分别布置在两端帮的境界外，破碎站布置在两端帮上。在采场内，用自卸汽车将矿石和废石运至各自的破碎站，破碎后经由斜井胶带运输机运至地面。此外，也可以在破碎站下部设置一溜井作为储矿仓，以在间断汽车运输与连续胶带运输之间提供缓冲，这种情况下，矿石首先经破碎机破碎后进入储矿溜井，再通过溜井板式给矿机转载到斜井胶带上。

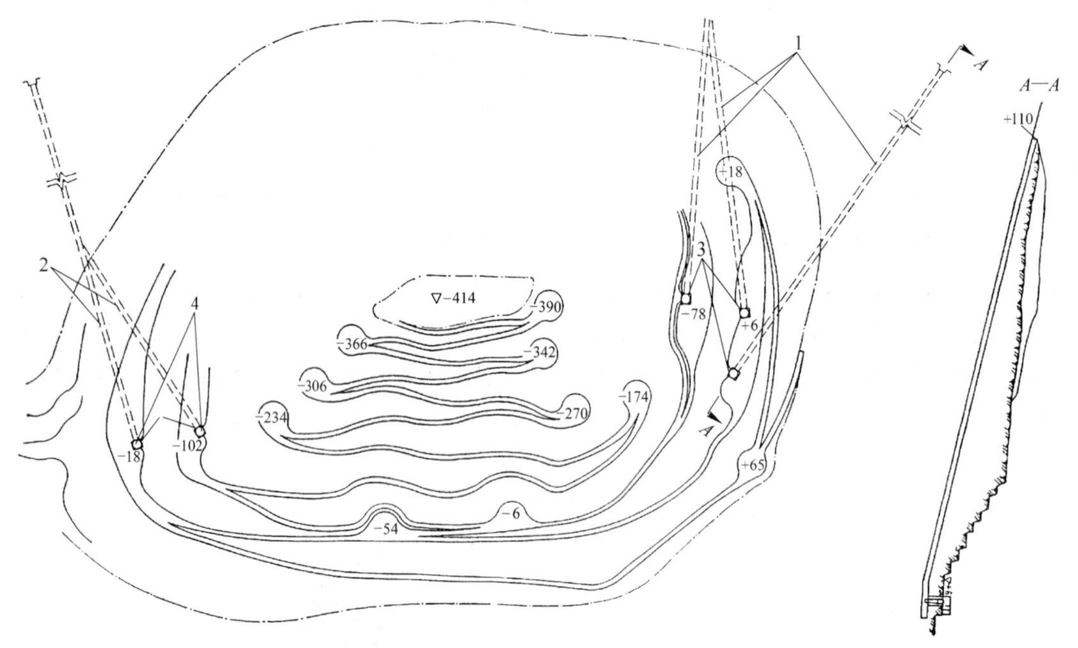

图17-6 胶带运输机斜井开拓系统示意图

1—废石胶带运输斜井；2—矿石胶带运输斜井；3—废石破碎站；4—矿石破碎站

胶带运输机斜井开拓中，破碎站一般为半固定形式，也可以固定形式在最终开采境界底部建地下破碎站。采场内的矿岩经各自的溜矿井下放到地下破碎站破碎，然后经由板式给矿机转载到斜井胶带运输机运往地面。固定式破碎站不需移设，生产环节简单，减少了因在边帮上移设破碎站而引起的附加扩帮量；但初期基建工程量较大，基建投资较高，基建时间较长，溜井容易发生堵塞和跑矿事故，井下粉尘大。

在胶带运输开拓方式中，还可把移动式破碎机安置在工作台阶上，随着采掘工作面的推进，破碎机也随着移动；挖掘机将矿石或废石直接卸入设在工作面上的破碎机内，也可用前装机或汽车在搭设的卸载平台上向破碎机卸载；破碎后的矿岩再转载到胶带输送机，从工作面直接运出采场，这种方式如图17-7所示。

移动式破碎机-胶带运输开拓中，随着破碎站的不断移设，工作面上的胶带运输机也

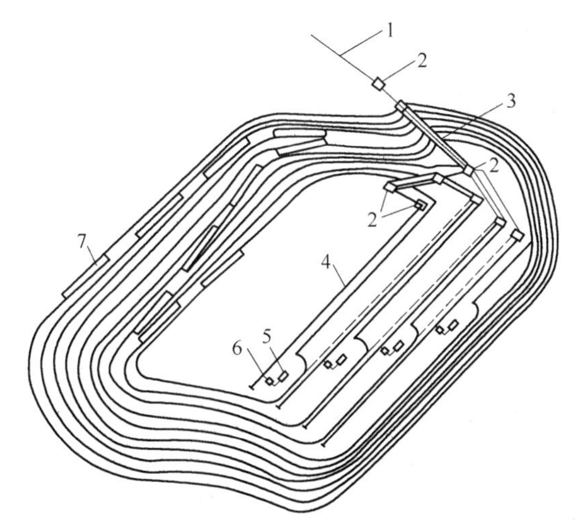

图 17-7　移动式破碎机-胶带运输开拓方式

1—地面胶带运输机；2—转载点；3—边帮胶带运输机；4—工作面胶带运输机；
5—移动式破碎机；6—桥式胶带运输机；7—出入沟

需要不断加长和移设。当台阶采掘工作线较长时，胶带运输机可平行于台阶布置，如图 17-8(a) 所示，破碎机和胶带运输机之间敷设一条桥式胶带运输机；当台阶采掘工作线较短时，可采用回旋胶带运输机，如图 17-8(b) 所示。

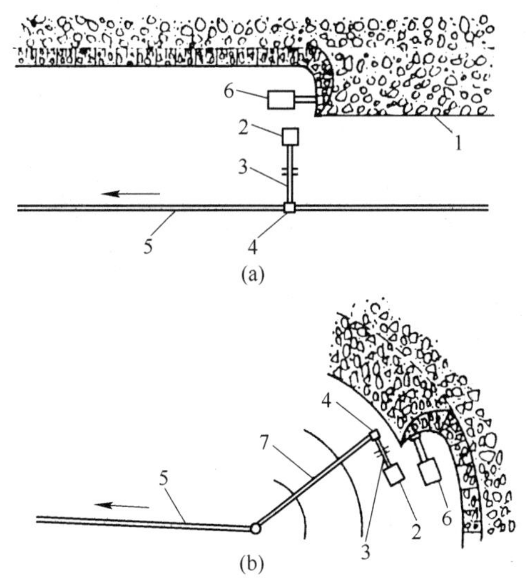

图 17-8　胶带运输机在工作面的布置方式

(a) 工作线较长时；(b) 工作线较短时

1—爆堆；2—移动式破碎机；3—桥式胶带运输机；4—转载点；
5—工作面胶带运输机；6—挖掘机；7—可回转胶带运输机

采用移动式破碎机时破碎站的建设费用约为半固定式破碎站的 70%~75%，运营成本约为后者的 80%~85%，挖掘机效率与劳动生产率均比后者高。

胶带运输开拓的主要优点有：运输能力大，升坡能力大（坡度可达 16°~18°）；采场内运输距离短（约为汽车运距的1/5~1/4，铁路运距的1/10~1/5）。因此，其开拓坑线基建工程量小，运输成本低，运输的自动化程度高，劳动生产率高。

胶带运输开拓的主要缺点有：破碎站的建设费用较高；采用移动式破碎站时，破碎站的移设工作复杂；当运送硬度大的矿岩时，胶带的磨损大；敞露式的胶带运输机易受到恶劣气候条件的影响。

17.6 箕斗运输开拓

箕斗运输开拓以箕斗为主要运输工具，整个开拓系统包括矿岩转载站、箕斗斜坡道、地面卸载站和提升机装置等。采场内部需用汽车或铁路与斜坡箕斗建立起运输联系。矿岩用汽车或其他运输设备运至转载站装入箕斗，提升（对于深凹露天矿）或下放（对于山坡露天矿）至地面卸载点卸载，再装入地面运输设备运至选厂或废石场。图17-9所示为凹陷露天矿的斜坡箕斗开拓系统示意图。

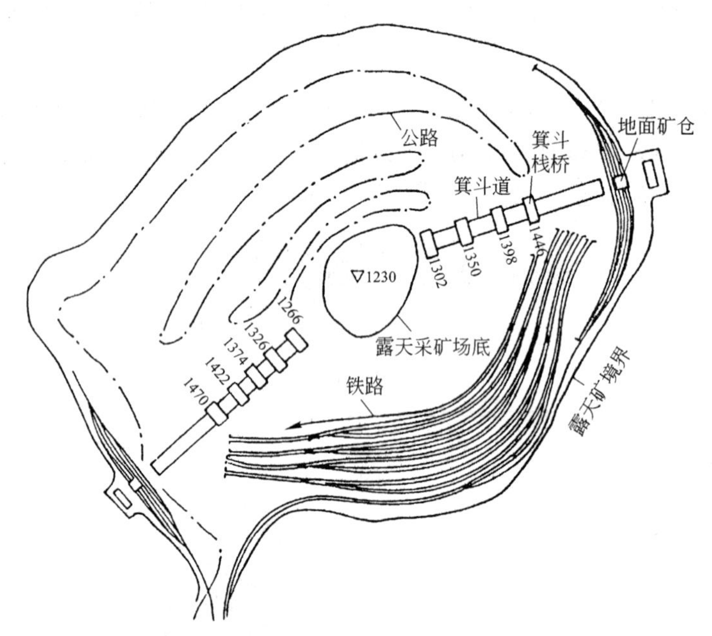

图17-9 凹陷露天矿的斜坡箕斗开拓系统示意图

箕斗斜坡道开拓时，斜坡沟道的倾角与其所处的位置有关。对于凹陷露天矿，箕斗斜坡道设置在最终边帮上，斜坡道的倾角为最终帮坡角；而山坡露天矿的箕斗设在最终境界外的端部，斜坡道的倾角与山坡自然地形有关，多为20°~40°。影响斜坡沟道倾角的另一因素是箕斗的结构参数。若箕斗在坡度较大的轨道上运行，为保证箕斗提升和下放时不脱轨，要求敷设在斜坡沟道中的轨道稳定、不下滑，斜坡道坡度一致、不起伏。

箕斗斜坡沟道位置的选择直接关系到开拓系统的合理性，设计时应遵循以下原则：

（1）必须保证斜坡沟道所在位置的岩石稳定，凹陷露天矿一般设在工作帮或境界的端帮上，山坡露天矿宜设在境界之外。

（2）应尽量减少斜坡沟道与采场内其他运输线路的交叉。凹陷露天矿中，箕斗沟道穿过非工作帮上的所有台阶，切断了各台阶水平的联系，为建立运输联系和向箕斗装载，需设转载栈桥。

（3）选择地面卸载点时，应尽量缩短地面卸载站与选矿厂或废石场之间的距离。

斜坡箕斗开拓方式的主要优点是能以最短的距离克服较大的高差，使运输周期大大缩短；投资少，建设快，运营成本低；箕斗系统设备简单，便于制造和维修。其主要缺点是转载站的结构庞大，移设复杂；矿岩需经几次装载，管理工作也比较复杂；大型矿山的矿岩块度往往较大，使箕斗受到的冲击严重，常因维修频繁而影响生产，这是斜坡箕斗开拓在大型露天矿山中应用不多的根本原因。

17.7 平硐溜井开拓

平硐溜井开拓是通过溜井与平硐来建立露天采场与地面之间的运输联系，适用于地形复杂、地面高差大的山坡露天矿。图 17-10 所示为山坡露天矿平硐溜井开拓系统示意图。

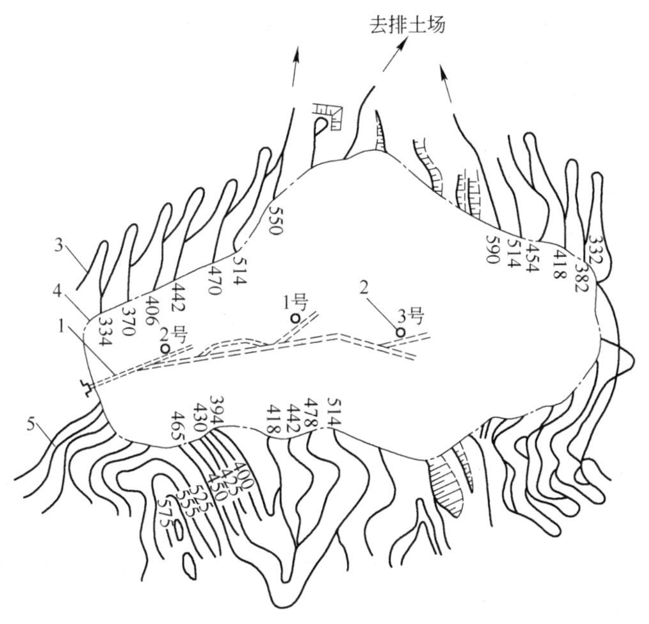

图 17-10 平硐溜井开拓系统示意图

1—平硐；2—溜井；3—公路；4—露天开采境界；5—地表等高线

这种开拓方式以溜井与平硐为矿石主要运输通道（见图 17-11），矿石由汽车或其他运输设备运至采场内的卸矿平台向溜井中翻卸，在溜井的下部通过漏斗装车，经平硐运至卸载地点。

在平硐内的运输方式一般为准轨或窄轨铁路。对于废石，通常需在采场附近的山坡选择废石场，开拓通达废石场的公路（或铁路）运输线，利用汽车（或机车）运至废石场排弃。

平硐溜井开拓系统中，溜井承担着受矿和放矿的任务，它是系统的关键组成部分。合理地确定溜井位置和结构要素对于防止溜井堵塞和跑矿，保证矿山正常生产，具有重要意义。溜井位置的选择应根据矿床的赋存特点，以采场和平硐的运输功最小、平硐长度小以

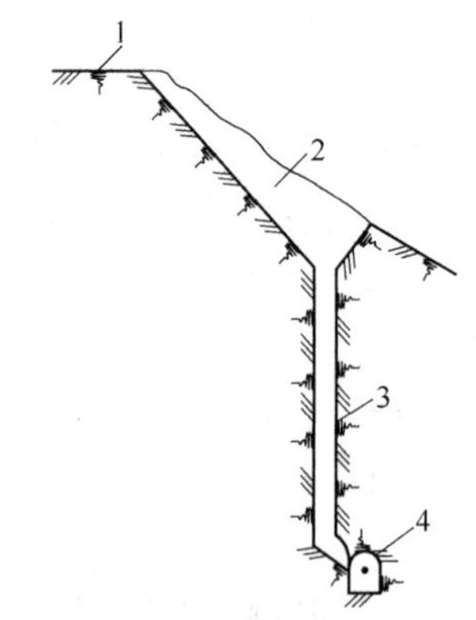

图 17-11 平硐溜井示意图

1—卸矿平台；2—溜槽；3—溜井；4—平硐

及平硐口至选矿厂、废石场的距离最短为原则。溜井应布置在稳定性好的岩层中，避开断层和破碎带。平硐的顶板至采场的最终底部开采标高应保持最小安全距离，一般不能小于20m。需开拓的溜井数目应根据矿山的矿岩年生产能力和溜井的年生产能力来确定。

平硐溜井开拓方式利用地形高差自重放矿，运营成本低；缩短了运输距离，减少了运输设备的数量，提高了运输设备的周转率；溜井还具有一定的储矿能力，能够发挥生产调节的作用。其缺点是：放矿管理工作要求严格，否则易发生溜井堵塞或跑矿事故；溜井放矿过程中，空气中的粉尘影响作业人员的健康。

17.8 开拓坑线定线

开拓坑线定线就是确定开拓坑线在露天矿境界的空间位置，对境界的形态和剥岩量有重要影响。在初步设计阶段坑线定线是开采方案比较的基础，最终定线方案是基建投资及生产成本计算的基础，在施工图阶段又是室外定线（将施工图上的定线用测量方法标定到施工位置上）的依据。

不同开拓方式的定线方法也不尽相同，本节以较复杂的倾斜矿体露天矿公路开拓坑线的定线为例，说明定线原则、所需基础资料及一般方法步骤。

17.8.1 定线原则

开拓坑线定线应遵循的一般原则如下：

（1）实现已定开拓运输系统，满足开采工艺及开采程序要求，与总平面布置协调一致；

（2）依据已定相关技术参数（如沟道参数、限制坡度等）设计，平面和纵断面设计符合相关规范；

（3）尽量缩短矿岩运距，避免反向运输；

（4）道路通过能力满足矿山生产能力需要；

（5）满足安全帮坡角要求的同时，尽量减少填挖土石方工程量；

（6）保证运输安全；

（7）综合经济效益好。

17.8.2　定线所需基础资料

开拓坑线定线需要矿区地质地形图、矿山总平面图、开采境界、相关开采技术参数（如台阶高度、运输设备类型和规格、稳定帮坡角、台阶坡面角、矿山工程发展程序、坑线的基本特征参数等）等资料，并需确定以下基本要素：

（1）限制坡度，通常为8%~10%，最大不超过12%。

（2）坡道宽度，与运输设备规格和车道数目相适应，车道数目根据道路的通过能力计算。

（3）缓冲平台长度及其间隔。为保证汽车行驶安全，不能多个相邻台阶的出入沟首尾相接，要每隔一定距离设一段水平（或坡度很缓的）缓冲平台（见第13章的图13-2）。缓冲平台的坡度一般不大于3%，长度在80m左右。当坡道坡度为8%左右时，连续陡坡的坡长应限制在约350m以内。

（4）境界坑底宽度，境界底宽应不小于所用掘沟方式决定的沟底宽度。

（5）台阶坡底线之间的水平投影距离。有两种情况，即矿体倾角 γ 小于或大于稳定帮坡角 β，如图17-12所示。图17-12的右侧为矿体倾角 $\gamma_1<\beta$ 的情形，相邻两台阶的坡底线间距 c_1 实际上是与开采台阶相应的矿体底板等高线的间距：

$$c_1 = h\cot\gamma_1 \tag{17-1}$$

式中　h——台阶高度。

图17-12的左侧为矿体倾角 $\gamma_2>\beta$ 的情形，相邻两台阶的坡底线间距 c_2 为：

$$c_2 = h\cot\beta = h\cot\alpha + b \tag{17-2}$$

式中　α——台阶坡面角；

　　　b——边帮上的平台宽度。

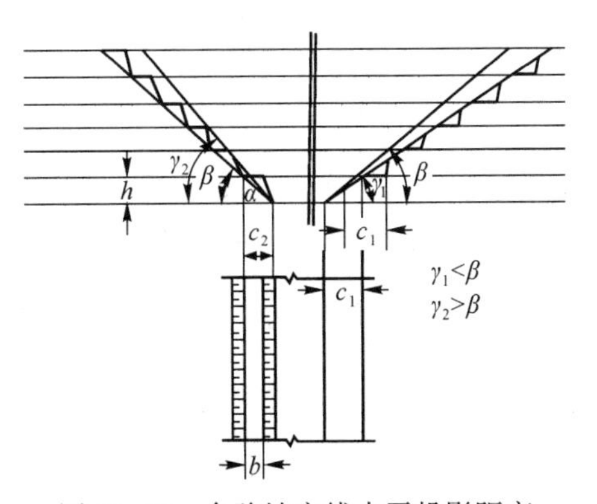

图17-12　台阶坡底线水平投影距离

b 值视平台的作用而定：

1）作为安全平台，即为使帮坡角不大于稳定角度以及拦阻因台阶坡面风化崩落的石块滚落而设的平台。仅是为了使帮坡角不大于稳定角度时，其宽度依据稳定帮坡角和台阶要素计算；为拦阻石块滚落时，其宽度一般为1/3~2/3台阶高度。

2）作为清扫平台，即为清扫边坡风化石块而设的平台。若用人工清理则所需宽度较小；若用机械清理，则宽度要满足装载及运输设备的作业要求，一般间隔2~3个台阶设置一个清扫平台。为使帮坡角符合稳定要求又不引起额外扩帮，有时采取并段方式将安全平台宽度集中设置，同时作为清扫平台。

3）作为到界平台。其宽度为到界台阶最小宽度，通常按照帮坡角进行平均设置。

以上各种平台宽度在保证安全及作业量最小的前提下可以适当调整，必要时可通过并段使任何剖面上的帮坡角既不过缓、不增加额外剥离量，又不超过稳定帮坡角 β，即满足下式：

$$\beta \geqslant \arctan \frac{\sum h}{\sum b + \sum h\cot\alpha} \tag{17-3}$$

式中　$\sum h$——各台阶高度总和；

$\sum b$——各平台宽度之和。

17.8.3　定线的一般方法步骤

基于上述资料和相关参数值，就可对开拓坑线进行定线。定线的一般方法步骤如下：

（1）按照圈定的开采境界，画出境界底部周界平面图，如图 17-13 的阴影部分所示。

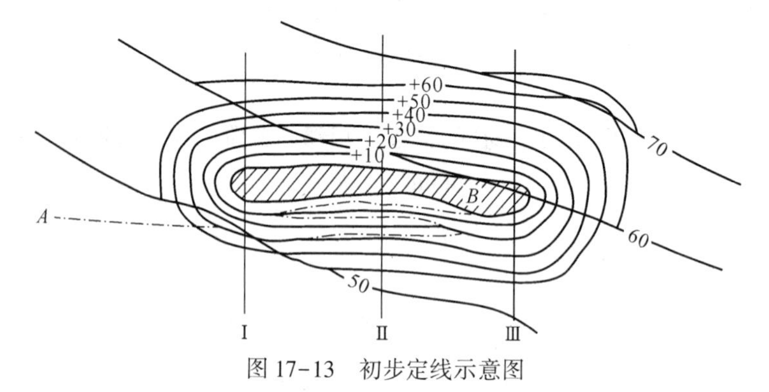

图 17-13　初步定线示意图

（2）从境界底部周界线开始，按照确定的相邻台阶坡底线之间的水平投影距离，自下而上逐台阶画出各台阶的坡底线，形成初步境界线，如图 17-13 所示。应注意以下几点：

1）合理确定构成帮坡角的相关参数，达到既满足边坡稳定性要求又尽量减少额外扩帮的目的。

2）境界的上下盘帮坡角不同时（矿体倾角较小、稳定帮坡角较大时，两者相差很大），端帮帮坡角应通过调整有关平台宽度值逐渐过渡。

3）曲线部分应满足开采过程中平面线路最小曲线半径的要求。

4）封闭圈以上山坡部分的台阶坡底线并不闭合，需要确定坡底线与相应水平地形等高线的交点位置（即尖灭点），使坡底线与地形等高线正确衔接。

（3）初步定线——确定沟道中心线。凹陷露天矿一般按照排卸方向初步确定坑线出口位置，自上而下（见图 17-13 中的自 A 到 B）确定坑线大致位置；若 B 点不符合运输要求，则适当改变 B 点位置，再自下而上确定坑线位置；若出口位置限制不大，则可自下而上定出。山坡露天矿的初步定线一般是自下而上确定坑线大致位置。对于排土场较多的露天矿，可以依据排土场位置设置多个坑线出口；在复杂情况下，需经数次修改才能定出合适的坑线位置。

初步定线过程中应注意：

1）缓冲平台长度要适当，缓冲平台与坑线之间正确衔接；

2）坑线的平面形状应尽可能简单，弯曲坑线长度应考虑曲线部分的坡度折减；

3）坑线宽度要适当，山坡部分坑线要与深凹部分统一考虑，坑线出口位置还要考虑地面线路的填挖方量；

4）当露天矿台阶较多以及地形比较复杂时，其开拓定线的具体方案可能较多，应通过初步定线进行方案比较和筛选。

（4）在平面图上画出沟道的准确位置。按照已确定的台阶高度的坡面投影以及帮坡上各种平盘的宽度，自下而上画出各台阶的开拓沟道。绘制过程中，初步定线确定的沟道中心线位置会发生变化，需随时调整修正。至此，详细定线工作即告完成，所得结果即为带有开拓坑线的最终境界平面图。

在可行性研究阶段进行多方案比选时，为了简化定线工作量，对参与比较的方案往往只进行初步定线，不必完成最终平面图。最后，对剩下的极少数方案作详细对比时再画出最终平面图。

上述公路开拓定线和绘制最终境界平面图的基本原则也适用于其他开拓运输方式。

铁路运输开拓与公路运输开拓同属缓沟开拓，除多用直进式坑线和弯道半径较大外，开拓定线的方法和步骤与公路运输相同。

胶带运输一般由分流站分别向采场及排卸侧定线，分流站的位置应方便地面及坑内运输联系，运距短，对矿山工程发展有利。胶带运输机通道可采用堑沟式或斜井（溜井）式。干线胶带通道的方位要考虑允许的最大胶带倾角，通道本身工程量小，基础岩体稳定。堑沟式通道应绘出堑沟在边帮上的位置，以平面图和纵剖面图表示堑沟与边帮平台之间的空间关系；斜井（溜井）式沟道用虚线表示，平面及纵剖面图上应绘出井巷在地面和边帮上的出口。

联合开拓运输系统的定线各自独立进行，但对两种开拓系统的结合点要进行方案对比与优化。

18 穿孔与爆破作业

穿孔作业是露天开采的第一道生产工序，其作业内容是采用某种穿孔设备在计划开采的台阶区域穿凿炮孔，为其后的爆破工作提供装药空间。穿孔工作质量的好坏直接影响到爆破工序的生产效率与爆破质量。在整个露天开采过程中，穿孔作业的成本约占总开采成本的10%~15%。

爆破工作是露天开采中的第二道重要工序，通过爆破作业将整体矿岩进行破碎及松动，形成一定形状的爆堆，为后续的采装作业提供工作条件。爆破效果的好坏直接影响着后续采装作业的生产效率与作业成本，爆破作业的成本约占总开采成本的15%~20%。

18.1 穿孔方法与穿孔设备概述

露天矿生产中曾广泛使用过的穿孔方法有两大类：热力破碎法与机械破碎法。穿孔设备有火钻、钢绳式冲击钻、潜孔钻、牙轮钻与凿岩台车等，其中，牙轮钻在现代露天矿山的使用最为广泛，潜孔钻次之，凿岩台车仅在某些特定条件下使用，火钻与钢绳式冲击钻已被淘汰。一些新的凿岩方法也一直在探索之中，如频爆凿岩、激光凿岩、超声波凿岩、化学凿岩及高压水射流凿岩等，但尚未在矿山得到生产应用。露天矿生产中曾广泛使用过的各种类型钻机的穿孔方法、可穿孔直径及适用条件见表18-1。

表18-1 各类钻机及其相应特性

钻机种类	钻孔直径/mm			用途	钻孔方法
	一般	最大	最小		
火钻	200~250	380~580	100~150	含石英高的极硬岩石	热力破碎
手持式凿岩机	38~42		23~25	浅孔凿岩和二次破碎等辅助作业	冲击式机械破碎
凿岩台车	56~76	100~140	38~42	小型矿山的主要穿孔作业或大型矿山辅助作业	冲击式机械破碎
钢绳冲击钻	200~250	300	150	大中型露天矿山各种硬度的岩石	冲击式机械破碎
潜孔钻	150~250	508~762	65~80	主要用于中小型矿山中硬以上的岩石	冲击式机械破碎
旋转式钻机	45~160			软至中硬矿岩	切削式机械破碎
牙轮钻机	250~310	380~445	90~100	大中型矿山中硬至坚硬的岩石	滚压式机械破碎

18.2 牙轮钻机

牙轮钻机于20世纪50年代开始在美国露天矿山使用，70年代引进我国。目前，牙轮钻机在各国的大型金属露天矿山占主导地位。牙轮钻机具有穿孔效率高、机械化程度高、适用于在较宽范围坚固性的矿岩中穿孔等优点，与钢绳冲击钻机相比，穿孔效率高 3~5 倍，穿孔成本低 10%~30%；在坚硬以下岩石中钻凿直径大于 150mm 的炮孔，牙轮钻机优于潜孔钻机，穿孔效率高 2~3 倍，每米炮孔的穿孔成本低约 15%。牙轮钻机的缺点主要有：钻压高、钻机重、设备购置费用高，在极坚硬岩石中或炮孔直径小于 150mm 时，成本比潜孔钻机高。

18.2.1 结构与分类

牙轮钻机的主要结构如图 18-1 所示。

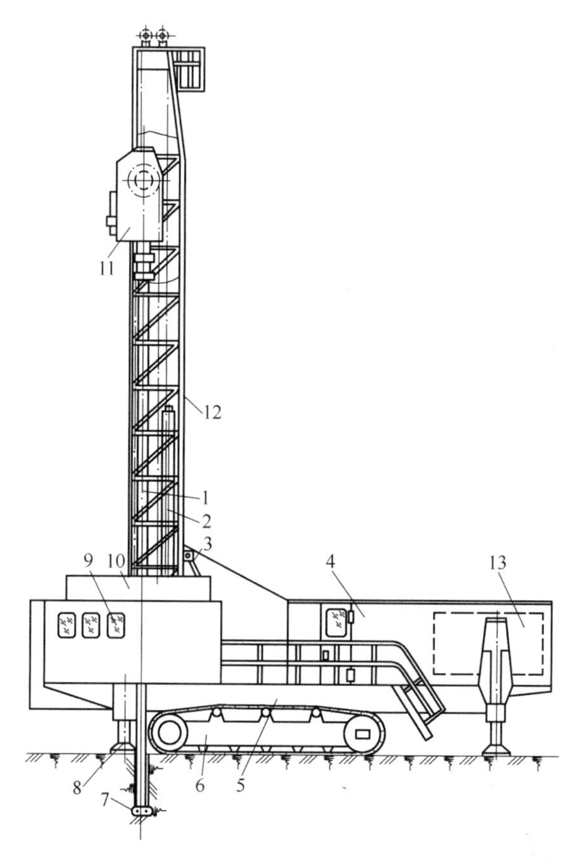

图 18-1 牙轮钻机主要结构

1—钻杆；2—钻杆架；3—起落立架油缸；4—机棚；5—平台；6—行走机构；7—钻头；8—千斤顶；9—司机室；10—净化除尘装置；11—回转加压装置；12—钻架；13—动力装置

按牙轮钻机回转和推压方式的不同，可归纳为三种类型：底部回转连续加压式钻机、底部回转间断加压式钻机、顶部回转连续加压式钻机。大多数牙轮钻机采用顶部回转连续加压方式。

按传动方式的不同，牙轮钻机可分为以下两种基本类型：一种是滑架式封闭链-链条式牙轮钻机，如国产的 HZY-250 型、KY-250c 型、KY-310 型钻机；另一种是液压马达-封闭链-齿条式牙轮钻机，如美国 BE 公司生产的 45-R 型、60-R 型和 61-R 型钻机，美国加登纳-丹佛公司生产的 GD-120 型、GD-130 型钻机。

18.2.2　工作原理

牙轮钻机钻孔时，通过回转和推压机构使钻杆带动钻头连续转动，对钻头提供足够大的回转扭矩和轴压力。牙轮钻头在岩石上同时钻进和回转，对岩石产生静压力和冲击动压力作用。牙轮在孔底滚动中连续地挤压、切削、冲击破碎岩石，在钻进的同时，通过钻杆与钻头中的风孔向孔底吹入压缩空气，将孔底的粉碎岩碴吹出孔外，从而形成炮孔。牙轮钻机钻孔工作原理如图 18-2 所示。

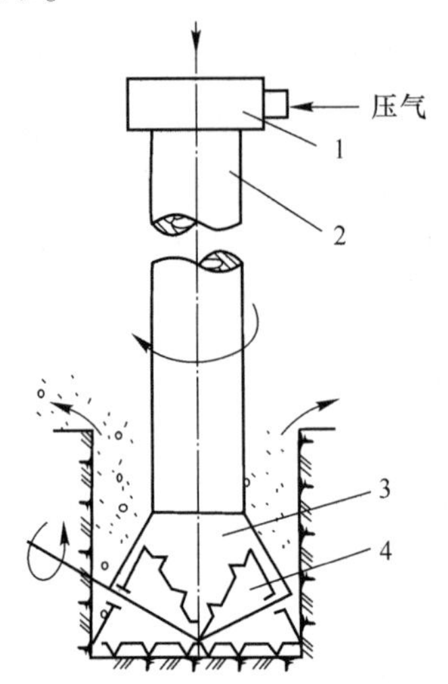

图 18-2　牙轮钻机钻孔工作原理

1—加压、回转机械；2—钻杆；3—钻头；4—牙轮

18.2.3　钻具构成

牙轮钻机的钻具包括钻杆、稳杆器、减震器和牙轮钻头四部分，如图 18-3 所示。钻杆的作用是把钻压和扭矩传递给钻头。钻杆的长度有不同的规格，采用普通钻架时，钻杆的长度为 9.2m、9.9m；采用高顶钻架时，考虑到底部磨损较快，仍用短钻杆，钻孔过程中上下两钻杆交替与钻头连接，以达到两根钻杆均匀磨损的目的。

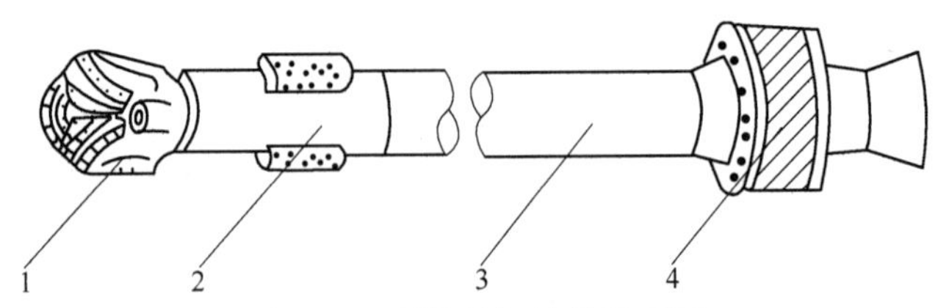

图 18-3　牙轮钻机钻具示意图

1—牙轮钻头；2—稳杆器；3—钻杆；4—减震器

稳杆器的作用是减轻钻杆和钻头在钻进时的摆动，防止炮孔偏斜，延长钻头的使用寿命。

钻头是破碎岩石的主要工作部件，在推进和回转机构的作用下，以压碎及部分削剪方式破碎岩石。牙轮钻头由牙爪、牙轮、轴承等部件组成。典型的三牙轮钻头的外形及结构如图 18-4 和图 18-5 所示。

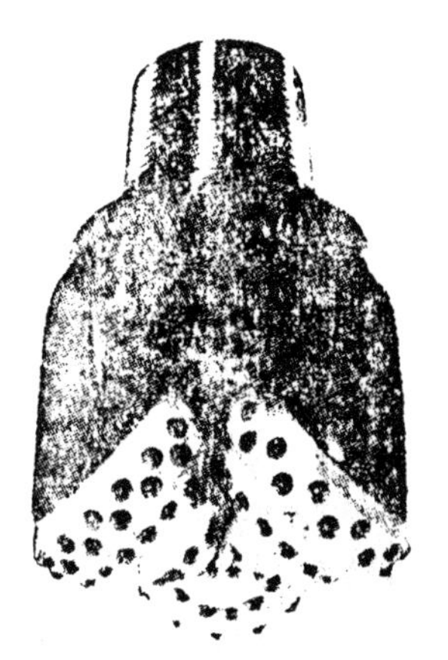

图 18-4　典型的三牙轮钻头外形

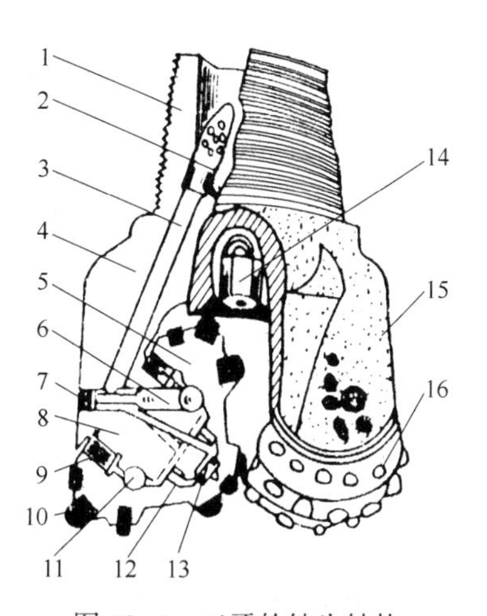

图 18-5　三牙轮钻头结构

1—钻头丝扣；2—挡渣管；3—风道；4—牙爪；5—牙轮；6—塞销；
7—填焊；8—爪轴颈；9—滚柱；10—牙齿；11—滚珠；12—衬套；
13—止推块；14—喷嘴；15—爪背合金；16—轮背合金

根据不同的岩石性质，牙轮上装有不同形状、齿高、齿距以及布齿方式的钢齿或硬质合金齿。牙轮可绕牙爪轴颈自转并同时随着钻杆的回转而绕钻杆轴线公转。牙轮在旋转过程中依靠钻压压入和冲击破碎岩石，同时又由于牙轮体的复锥形状、超顶和移轴等因素作用，牙轮在孔底工作时会产生一定量的滑动，牙轮齿的滑动对岩石产生剪切破坏。因此，牙轮钻头破碎岩石的机理实际上是冲击、压入和剪切的复合作用。在牙轮钻进的同时，压风将破碎的岩屑由钻孔壁与钻杆间的环形空间排至地表；部分风流通过挡渣管和牙爪风道进入轴承的各部分，用以驱散轴承内的热量，清洗和防止污物进入轴承内腔。

18.2.4　主要工作参数

牙轮钻机的工作参数主要有钻压、钻具转速、排渣风速与风量。对不同性质的矿岩，通过参数的合理配合可提高穿孔效率和延长钻头寿命。

18.2.4.1　钻压

钻压是通过钻杆施加的垂直压力，其大小应根据穿凿矿岩的物理机械性质、钻头的承载能力和钻机的技术性能来确定。钻压不足时，岩石由于牙轮齿摩擦、刮削作用而发生疲劳破碎，导致钻孔速度较低，钻头寿命也较短；钻压达到或超过岩石的破碎强度时，岩石被压碎或剪碎，可提高钻孔速度，延长钻头寿命。根据国内外的实践经验，不同岩石坚固性和不同直径钻头的合理钻压值见表 18-2。

表 18-2　不同岩石坚固性系数与不同直径钻头的合理钻压

岩石坚固性系数 f	不同直径钻头的合理钻压/kN				
	190mm	214mm	243mm	269mm	310mm
8	98	110	123	138	159
10	122	137	155	172	199

续表 18-2

岩石坚固性系数f	不同直径钻头的合理钻压/kN				
	190mm	214mm	243mm	269mm	310mm
12	146	165	190	207	238
14	176	192	216	241	278
16	195	220	249	276	318
18	220	247	280	310	357
20	243	274	312	345	397

18.2.4.2 钻速与转速

钻速是单位时间钻进的钻孔长度，转速是钻具的旋转速度。图 18-6 所示为钻速 v 与转速 n 之间的关系示意图。当轴压较小时，孔底岩石以“表面磨蚀”的方式破坏，随转速 n 的增加，钻速 v 也相应加大，两者近似于线性关系（见图 18-6 中的直线 1）；轴压较大时，岩石呈体积破碎，开始时钻速 v 随转速 n 的增大而提高，但当转速超过极限转速 m 后，钻速却随转速 n 的增加而降低（见图 18-6 中的曲线 2 和 3）。这是由于转速 n 太大时，钻头齿轮与孔底岩石之间的作用时间太短（小于 0.02~0.03s），未能充分发挥轮齿对岩石的破碎作用，并且由于钻速过高，也加速了钻杆的震动和钻头的磨损，从而影响了钻进的速度。

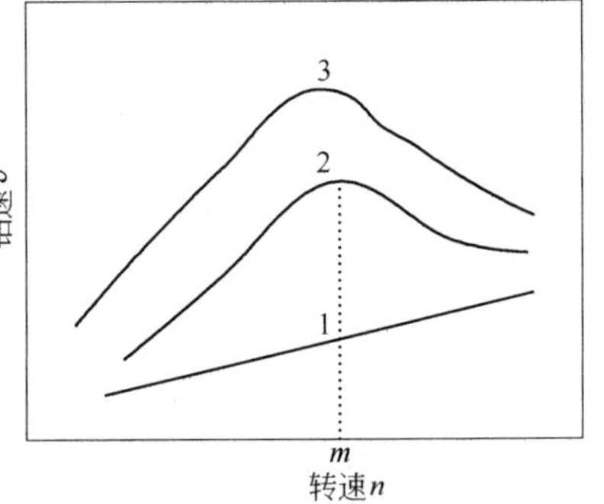

图 18-6 转速 n 对钻速 v 的影响

此外，岩石的坚固性系数对合理转速也有一定的影响。一般地，在软岩中可以采用较高的转速，而在硬岩中应采用较低的转速。

根据钻机类型和岩石坚固性系数，钻头转速的合理范围见表 18-3。

表 18-3 牙轮钻头合理转速范围

钻机类型	轻型钻机	中型钻机	重型钻机
岩石坚固性系数f	<8	10~14	15~20
转速/$r \cdot min^{-1}$	80~120	60~100	50~80

18.2.4.3 排渣风速和风量

牙轮钻机使用压缩空气将孔底的岩碴经炮孔壁与钻杆间的空隙排出孔外，并冷却钻头的轴承。排渣风量不足时，岩碴在孔底被反复破碎，会显著降低钻速和钻头的寿命；但排渣风速过大时，从孔底吹起的岩碴对钻头的磨损作用会显著增大。当已知钻杆和炮孔的直径及要求的排渣风速时，可按图 18-7 查取所需的风量。例如，当炮孔直径为 $12^1/_2$in（见图 18-7 中的（a））、钻杆直径为 $10^5/_8$in（见图 18-7 中的（b））时，要求的排渣风速为 4000ft/min（见图 18-7 中的（c）），所需的风量为 810ft^3/min（见图 18-7 中的（d））。目前，国内外都趋于加大排渣风量，借以提高钻头的寿命和钻孔速度。

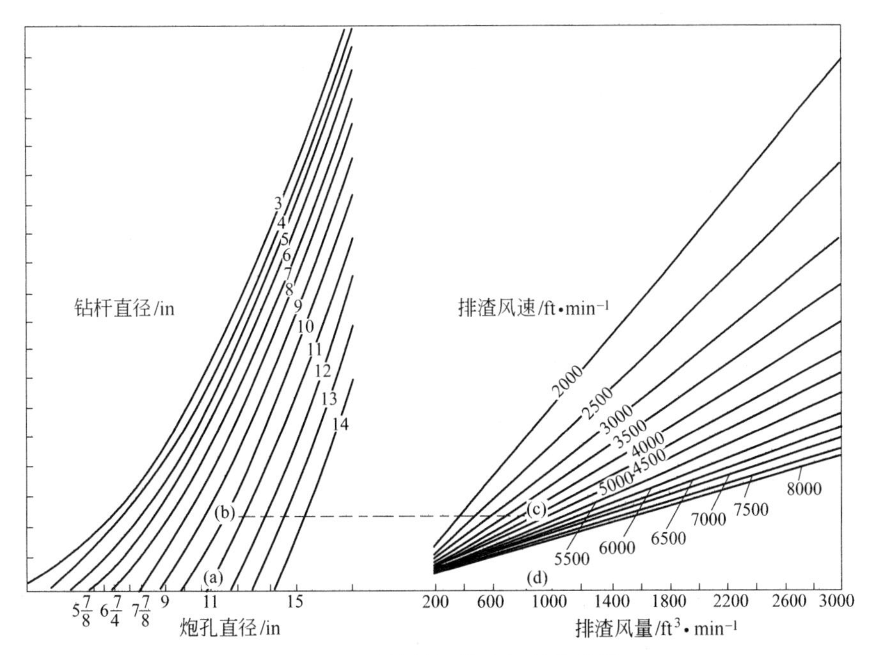

图 18-7　牙轮钻机排渣风量诺模图

1in=25.4mm；1ft=0.3048m

18.2.5　生产能力与需求数量

为了满足矿山生产要求，不仅需要依据矿岩特性和生产规模选择合适的钻机型号及其工作参数，还需依据选定钻机的生产能力和矿岩爆破量，确定钻机需求数量。

18.2.5.1　生产能力指标

衡量牙轮钻机生产能力的主要指标是牙轮钻机的台班生产能力与台年综合生产效率。

牙轮钻机的台班生产能力是一台牙轮钻机每一班工时内钻进的米数，可按下式计算：

$$V_b = 0.6vT_b\eta \tag{18-1}$$

式中　V_b——台班生产能力，m/(台·班)；

v——机械钻进速度，cm/min；

T_b——班工作时间，h；

η——班工作时间利用系数，一般为0.4~0.5。

机械钻进速度是牙轮钻机的重要技术性能指标，它与钻机的性能、钻头的形式、钻孔的直径、穿凿矿岩的坚固性等因素有关，可按下面的经验公式估算：

$$v = 3.75 \times \frac{pn}{9.8 \times 10^3 Df} \tag{18-2}$$

式中　p——轴压，N；

n——钻具的转速，r/min；

D——钻头的直径，cm；

f——岩石的坚固性系数。

牙轮钻机的台年综合效率是其台班生产能力与年工作时间利用率的函数。影响钻机工作时间利用率的主要因素有两个方面：一方面是因组织管理不科学造成的外因停钻时间；另一方面是钻机本身故障所引起的内因停钻时间。国内部分露天矿山2018~2020年牙轮钻机的平均台年综合效率见表18-4。

表18-4 部分露天矿山2018~2020年牙轮钻机平均台年综合效率

矿山名称	钻机型号	孔径/mm	平均台年综合效率/m·(台·年)$^{-1}$		
			2018	2019	2020
鞍千铁矿	YZ-35	250	39262	48236	53364
齐大山铁矿	YZ-35	250	42683	53338	54928
大孤山铁矿	YZ-35	250	39262	49567	—
	YZ-55	310	—	43211	63786
南芬铁矿	YZ-35	250	56432	54747	63517
	YZ-55	310	50162	41846	46596
白云鄂博铁矿	KY-310	310	40264	39075	35859
德兴铜矿	YZ-35	250	76274	74784	63367
	KM250	250	115862	61611	85893

18.2.5.2 需求数量

露天矿所需牙轮钻机的数量取决于矿山的设计年采剥总量、所选定钻机的年穿孔效率与每米炮孔的爆破量，可按下式计算：

$$N = \frac{Q}{Lq(1 - e)} \tag{18-3}$$

式中 N——所需钻机数量，台；

Q——矿山设计年采剥总量，t/a；

L——钻机台年综合效率，m/(台·年)；

q——每米炮孔的爆破量，t/m；

e——废孔率，250mm孔径约为5%~7%，310mm孔径约为4%~6%。

每米炮孔的爆破量一般应按设计的爆破孔网参数计算，也可参照类似矿山的经验数据选取。国内部分矿山每米牙轮钻炮孔爆破量的实际指标见表18-5。

表18-5 国内部分矿山每米牙轮钻炮孔爆破量实际指标

矿山名称	台阶高度/m	孔径/mm	年份	每米孔爆破矿（岩）量/t·m^{-1}	
				矿石	岩石
鞍千铁矿	12	250	2018~2020	95~107	98~110
齐大山铁矿	12	250	2018~2020	95~105	100~110
大孤山铁矿	12	250	2018~2020	95~105	95~110
南芬铁矿	12	250	2018~2020	94~100	94~103
		310		117~129	124~126
白云鄂博铁矿	14	310	2018~2020	133-138	123-133
德兴铜矿	15	250	2018~2020	109~112	117~120

18.2.6 提高牙轮钻机穿孔效率的途径

牙轮钻机目前仍是一种发展中的设备，为了提高牙轮钻机的穿孔效率，一方面应继续改进牙轮钻机本身的技术性能，提高钻头的工作强度与使用寿命；另一方面，在牙轮钻机穿孔作业时应合理配置好各种工作参数，协调好生产中的组织管理，提高钻机的工作时间利用率。

在国内外的牙轮钻机钻孔作业中存在着两种工作制度：一种是强制钻进，即采用高轴压（30~60t）、低转速（150r/min以内）；另一种是高速钻进，即采用低轴压（10~20t）、高转速（300r/min）。无论从合理利用能量还是从提高钻头与钻机的使用寿命来衡量，高速钻进有许多缺点，特别是在中硬岩中穿孔时更是如此。我国的牙轮钻机正沿着强制钻进的途径发展，如HY-250c型及KY-310型钻机，其轴压分别为32t和45t，而转速控制在100r/min以内。

18.3 潜孔钻机

潜孔钻机的主机置于孔外，只担负钻具的进退和回转，而产生冲击动作的冲击器紧随钻头潜入孔底，因此得名潜孔钻机。潜孔钻机的主要机构有冲击机构、回转机构、供风机构、推进机构、排粉机构、行走机构等。

潜孔凿岩于1932年始于国外，首先用于地下矿钻凿深孔，后来用于露天矿。20世纪70年代，我国金属露天矿使用潜孔钻机数量占全部钻孔设备的60%左右，目前只在一些中小露天矿山使用。

国外有几家公司推出了不同品牌和系列的潜孔钻机，如瑞典Atlas Copco公司、芬兰Tamrock公司、美国Ingersoll-Rand公司、日本Furukawa公司等。这些公司的产品经过几十年甚至近百年的积累、改进与发展，无论是设计、选材还是制造都已达到很高的技术水平。在潜孔钻具方面，瑞典Atlas Copco公司和美国Ingersoll-Rand公司在质量、品种上保持着世界领先水平，可钻凿孔径68~305mm。常见的产品有美国Ingersoll-Rand公司生产的CM341型中气压钻机、CM351型高气压钻机、MZ200型液压钻机等，瑞典Atlas Copco公司生产的ROC400系列钻机、ROC460系列钻机、ROCD7型全液压钻机等。

18.3.1 分类与优缺点及适用范围

18.3.1.1 分类

潜孔钻机有多种类型和分类方法：

（1）按使用地点不同，潜孔钻机可分为露天潜孔钻机和地下潜孔钻机。

（2）按有无行走机构，潜孔钻机可分为自行式和非自行式。自行式又分为轮胎式和履带式；非自行式又分为支柱（架）式和简易式。

（3）按使用气压不同，潜孔钻机可分为普通气压潜孔钻机（0.5~0.7MPa）、中气压潜孔钻机（1.0~1.4MPa）和高气压潜孔钻机（1.7~2.5MPa）。有时也将中、高气压潜孔钻机统称为高气压潜孔钻机。

（4）按钻孔直径及钻机质量不同，潜孔钻机可分为：轻型潜孔钻机，孔径为80~

100mm，整机质量为3～5t；中型潜孔钻机，孔径为130～180mm，整机质量为10～15t；重型潜孔钻机，孔径为180～250mm，整机质量为28～30t；特重型潜孔钻机，孔径大于250mm，整机质量为40t及以上。

（5）按驱动动力不同，潜孔钻机可分为电动式潜孔钻机和柴油机式潜孔钻机。电动式潜孔钻机维修简单，运行成本低，适用于有电网的矿山；柴油机式潜孔钻机移动方便，机动灵活，适用于没有电源的作业点。

（6）按结构形式不同，潜孔钻机可分为分体式潜孔钻机和一体式潜孔钻机。分体式潜孔钻机结构简单、轻便，但需要另配置空压机；一体式潜孔钻机移动方便，压力损失小，钻孔效率高。

18.3.1.2　优缺点及适用范围

潜孔钻机的主要优点有：

（1）冲击力直接作用于钎头，能量损失少，故凿岩速度受孔深影响小，能穿凿直径较大和较深的炮孔。

（2）冲击器潜入孔内工作，噪声小。

（3）冲击器排出的废气可用来排渣，节省动力。

（4）冲击器的传递不需经过钻杆和连接套，钻杆使用寿命长。

（5）与牙轮钻机比较，潜孔钻机穿孔轴压小，钻孔不易偏斜；钻机轻，设备购置费用较低。

潜孔钻机的主要缺点有：

（1）冲击器的汽缸直径受到钻孔直径限制，孔径愈小，穿孔速度愈低。所以，采用潜孔冲击器的钻孔直径在80mm以上。

（2）当孔径在200mm以上时，穿孔速度低于牙轮钻机，而动力消耗高出约30%～40%，作业成本高。

采用高气压潜孔钻机，钻孔速度可大幅提高。如工作气压分别提高到原来的2倍、3倍和4倍时，冲击功功率可分别提高2.8倍、5.2倍和8倍，而钻孔速度一般与冲击功成正比。同时，在高气压下作业，每米钻孔的钎具消耗减小，并适宜采用结构简单、效率高的无阀冲击器，节省压气，降低能耗。虽然牙轮钻机在露天矿穿孔中已占主导地位，在大型露天矿潜孔钻机已被牙轮钻取代，但在中等坚固矿岩的中、小型露天矿山，潜孔钻机仍广泛使用。

潜孔钻机在露天矿除钻凿主爆破孔外，还用于钻凿预裂孔、锚索孔、边坡处理孔及地下水疏干孔等。

18.3.2　主要工作参数

潜孔钻机的主要工作参数有钻具转速、扭矩和轴推力，这些参数的大小及其相互匹配直接影响钻孔速度和成本。

18.3.2.1　转速

钻具转速的合理选择对于减少机器振动、提高钻头寿命和加快钻进速度都有很大作用。转速的大小应能保证钻头在两次相邻冲击之间的转角最优，此时钻头单次冲击破碎的岩石量最大，钻速最高。最优转角的大小主要取决于钻孔直径、钻头结构以及岩石性质。根据国内外的生产经验，钻具转速推荐值见表18-6。

表 18-6 转速与钻头直径的关系

钻头直径 D/mm	100	150	200	250
转速 n/r · min^{-1}	30~40	15~25	10~20	8~15

由表 18-6 可见，钻孔直径越大，转速越低。同时，确定转速还必须考虑岩石性质和冲击器的频率，硬岩、低频选表 18-6 中的下限；软岩、高频则取上限。

在钻进操作中，必须正确选择钻具的转速。转速过高，单次冲击岩石的破碎量会减小，不仅导致钻进速度降低，还会加速钻头的磨损；转速过低，则浪费冲击功，加大破碎功消耗，同样会降低钻进速度。

18.3.2.2 扭矩

在正常钻进过程中，钻具的回转扭矩主要用来克服钻头与孔底的摩擦阻力、剪切力以及钻具与孔壁的摩擦阻力。钻具阻力矩与钻孔直径、孔深均成正比。在整体性比较好的岩石中，钻进阻力矩并不大，孔径在 150mm 以下的钻进阻力矩为 1000N · m 左右。钻机的扭矩比钻进阻力矩大许多，主要是为了卸杆和防止卡钻，扭矩越大，卸钻杆越容易，防止卡钻的能力就越强，钻孔的深度也越深。

在节理比较发育的破碎带中钻进，要选择扭矩比较大的钻机；大孔径深孔凿岩作业时也要选择高一些的扭矩。

18.3.2.3 轴推力

轴推力是潜孔凿岩的一个非常重要的参数，直接影响钻孔速度和钻头寿命。轴推力过大，不仅会导致回转不连续而产生回转冲击，还会导致孔底钻屑过度破碎，造成能量浪费，影响钻孔速度，并加速钻头的磨损；轴推力过小，钻具反跳加剧，钻头不能紧贴孔底，使冲击能量不能有效作用于孔底岩石，影响凿岩效率，也会加速钻机及钻具的损坏。

轴推力不等同钻机的推进力，它是推进力与钻具质量的矢量和。最优的轴推力不仅与钻孔直径有关，还与岩石性质有关。表 18-7 为不同钻头直径下的轴推力推荐值。钻头直径越大，最优轴推力也越大；岩石坚硬时取上限，反之取下限。

表 18-7 轴推力与钻头直径的关系

钻头直径 D/mm	100	150	200	250
轴推力 F/N	4000~6000	6000~10000	10000~14000	14000~18000

18.3.3 生产能力与需求数量

潜孔钻机的台班生产能力可用下式计算或参考类似矿山的生产指标选取：

$$V_b = 0.6vT_b\eta \tag{18-4}$$

式中 V_b——台班生产能力，m/(台 · 班)；

v——机械钻进速度，cm/min；

T_b——班工作时间，h；

η——班工作时间利用系数，一般为 0.4~0.6。

机械钻进速度可用下式计算：

$$v = \frac{4En_zK}{\pi D^2 a} \tag{18-5}$$

式中 E——冲击功，J；

n_z——冲击频率，min^{-1}；

K——冲击能利用系数，取0.6~0.8；

D——钻孔直径，cm；

a——矿岩的凿碎比功，J/cm^3。

E、n_z 可以从钻机性能表查得，凿碎比功 a 可参照表18-8选取。

表18-8 不同硬度岩石的凿碎比功

矿岩坚固性系数 f	硬度级别	软硬程度	凿碎比功 $a/J\cdot cm^{-3}$
<3	Ⅰ	极软	<196
3~6	Ⅱ	软	196~294
6~8	Ⅲ	中等	294~392
8~10	Ⅳ	中硬	392~490
10~15	Ⅴ	硬	490~608
15~20	Ⅵ	很硬	608~686
>20	Ⅶ	极硬	>686

潜孔钻机的台年综合效率可依据其台班生产能力与钻机年工作时间利用率计算，部分潜孔钻机的钻孔效率见表18-9。

表18-9 部分潜孔钻机的钻孔效率

钻机型号	孔径/mm	台阶高度/m	工作风压/MPa	岩石种类	综合钻孔效率/$m\cdot h^{-1}$
GIA B7	115	10~15	1.8	石灰岩	36
ROC L6	152	10~15	2.5	石灰岩	38
ROC D55	152	10~15	2.0	钼矿	29
金科358H	120	10~15	2.1	石灰岩	13

钻机需求数量计算公式与式（18-3）相同，取潜孔钻机的相关参数即可。部分潜孔钻机的爆破参数与每米炮孔爆破量见表18-10。

表18-10 部分潜孔钻机的每米炮孔爆破量

钻机型号	爆破参数	台阶高度10m				台阶高度12m				台阶高度15m			
		岩石坚固性系数 f											
		4~6	8~10	12~14	15~20	4~6	8~10	12~14	15~20	4~6	8~10	12~14	15~20
KQ-150	底盘抵抗线/m	5.5	5.0	4.5		5.5	5.0	4.5					
	孔距/m	5.5	5.0	4.5		5.5	5.0	4.5					
	排距/m	4.8	4.4	4.0		4.8	4.4	4.0					
	孔深/m	12.64	12.64	12.64		14.77	14.77	14.77					
	爆破量 $/m^3\cdot m^{-1}$	20.86	17.33	14.13		21.42	17.80	14.51					

续表 18-10

钻机型号	爆破参数	台阶高度 10m				台阶高度 12m				台阶高度 15m			
		岩石坚固性系数 f											
		4~6	8~10	12~14	15~20	4~6	8~10	12~14	15~20	4~6	8~10	12~14	15~20
KQ-200	底盘抵抗线/m	6.5	6.0	5.5	5.0	7.0	6.5	6.0	5.5	7.0	6.5	6.0	5.5
	孔距/m	6.5	6.0	5.5	5.0	7.0	6.5	6.0	5.5	7.0	6.5	6.0	5.5
	排距/m	5.5	5.0	4.5	4.0	6.0	5.5	5.0	4.5	6.0	5.5	5.0	4.5
	孔深/m	12.64	12.64	12.64	12.64	14.77	14.77	14.77	14.77	17.96	17.96	17.96	17.96
	爆破量 /$m^3 \cdot m^{-1}$	28.56	24.14	20.03	16.33	34.30	29.32	24.76	20.57	35.26	30.16	25.45	21.41
KQ-250	底盘抵抗线/m		8.5	8.0	7.5		9.0	8.5	8.0		9.5	9.0	8.5
	孔距/m		6.5	6.0	5.5		7.0	6.5	6.0		7.5	7.0	6.5
	排距/m		5.5	5.0	4.5		6.0	5.5	5.0		6.5	6.0	5.5
	孔深/m		11.3	11.6	12.0		13.56	13.92	14.40		16.95	17.40	18.0
	爆破量 /$m^3 \cdot m^{-1}$		35.61	29.56	24.01		41.30	34.69	28.57		47.41	40.23	33.55

18.4 爆破作业基本要求

露天开采对爆破工作的基本要求是：

（1）合理的爆破储备量（称为贮爆量）。一次爆破的矿岩量至少是挖掘机 5~10 昼夜的采装量，以满足挖掘机连续作业的要求。

（2）合理的矿石块度。爆破后的矿岩块度应小于挖掘设备铲斗所允许的最大块度和粗碎机入口所允许的最大块度，以提高后续铲装、粗碎工序的作业效率。

（3）较好的爆堆堆积形态。前冲量小，无上翻和根底，爆堆集中且有一定的松散度，以利于提高铲装设备的效率。

（4）爆破危害最小化。爆破所产生的地震、飞石、噪声等均应控制在允许的范围内，同时，应尽量控制爆破带来的后冲、后裂和侧裂现象。

（5）经济效益最大化。使整个开采过程中的穿孔、爆破、铲装、破碎及粗碎等工序的综合成本最低。

在矿床的整个开采过程中，需要根据各生产时期不同的生产要求和爆破规模采用最合适的爆破方式。露天开采过程中的爆破作业可分为三种：基建期的剥离大爆破、生产期台阶正常采掘爆破与各台阶水平生产终了期的台阶靠帮（或并段）控制爆破。在我国，矿山基建期已经很少采用剥离大爆破，故不做介绍。下面分别介绍生产台阶爆破和靠帮控制爆破。

18.5 生产台阶爆破

露天矿台阶爆破是在每一生产台阶分区依次进行的，爆破区域的大小即为一个爆破带。每一爆破区域依据初始的爆破设计进行穿孔作业，穿孔作业完成后，要进行验孔，如果孔网参数、炮孔倾角、深度等与设计值相差不大，爆破工序即可开始。首先，由爆破设计人员依据穿孔工序所生成的实测布孔图进行爆破设计与计算，设计的内容主要是选取炸药种类及单耗（或装药密度），设计炮孔装药结构，计算装药量，设计起爆网路及起爆方式等。然后，爆破作业人员依据爆破设计方案进行装药、填塞、网路连接、警戒和起爆等工作。露天矿山如今常用的炸药有三种：多孔粒状铵油炸药、乳化炸药和重铵油炸药。炸药的种类、性能及其适用条件参见第4章的内容，本节不再论述。

18.5.1 爆破方法

露天矿台阶爆破中常用的爆破方法有两种：浅孔爆破和深孔爆破。

浅孔通常是指炮孔直径小于50mm、孔深小于5m的炮孔。浅孔爆破通常用于小型矿山的台阶生产爆破，在大中型矿山常用于辅助性爆破，如开掘出入沟、修路、处理根底及大块等。

深孔爆破是露天矿台阶爆破最常用的方法。该方法依据起爆顺序的不同分为齐发爆破和毫秒微差爆破，其中，以微差爆破的使用最为广泛。依据爆区前是否留有渣堆，台阶爆破分为清渣爆破与压渣爆破。钻孔方式通常为垂直孔或倾斜孔。垂直孔的钻孔效率高、钻孔量少、精度有保证，但抵抗线不均匀；倾斜孔的抵抗线均匀，但钻孔效率低、方位角不易控制。实际生产中，垂直孔最为常用。

18.5.2 爆破参数

露天矿台阶爆破常采用多排孔微差起爆方式，图18-8所示为台阶炮孔布置示意图。确定合理的爆破参数和微差时间是取得良好爆破效果的关键，爆破参数包括：布孔方式、炮孔直径、炮孔填塞长度、底盘抵抗线、炮孔邻近系数、孔间距、排间距、炮孔超深、炮孔长度、装药长度、装药结构、延米装药量、单孔装药量、炸药单耗等。

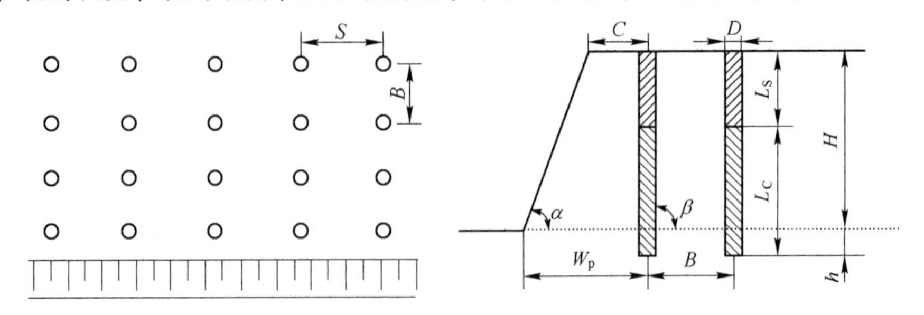

图18-8 炮孔布置示意图

S—孔距；B—排距；α—台阶坡面角；β—炮孔倾角；h—炮孔超深；C—沿边距；D—孔径；H—台阶高度；W_p—底盘抵抗线；L_S—填塞长度；L_C—装药长度

18.5.2.1 布孔方式

露天矿台阶爆破广泛采用的布孔方式有两种，即方形布孔（也称为排间直列布孔，见图 18-8）和三角形布孔（也称为排间错列布孔或梅花形布孔，见图 18-9）。等边三角形布孔时，炸药能量在水平方向上分布最为均匀。对于特定的岩性，初始设计时可选用三角形布孔，根据爆破效果再做调整。

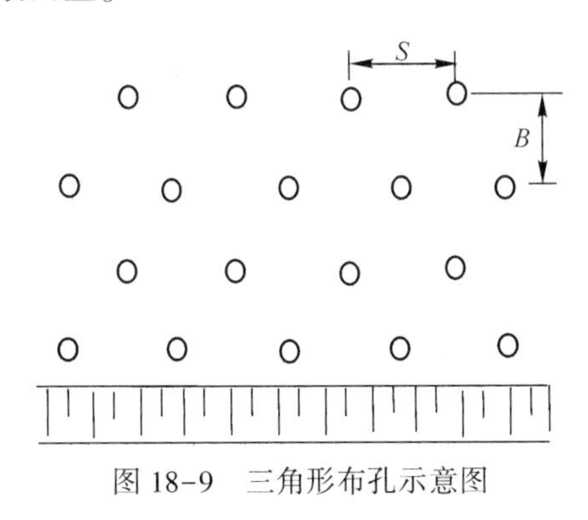

图 18-9 三角形布孔示意图

18.5.2.2 炮孔直径

炮孔直径是决定垂直方向上炸药能量分布的主要因素，也是其他一些爆破参数（填塞长度、抵抗线、超深等）的选取依据。炮孔直径 D 与台阶高度 H 之间应保持一定的比例：

$$D = \left(\frac{1}{180} \sim \frac{1}{50}\right) H \tag{18-6}$$

炮孔直径的大小与岩体中节理裂隙的发育程度和对爆破后岩块粒度的要求有关。岩体中节理裂隙发育时取大孔径，反之取小孔径。允许岩块较大时取大孔径，反之取小孔径。

大直径孔的单位爆破量的穿孔成本通常比小直径孔低。但是，随着钻孔直径的增加，在炸药单耗不变的情况下，孔网参数变大，岩块粒度也会变大。如要保持岩块粒度不变，就必须增加炸药单耗，减小孔网参数。所以，在能够达到岩块粒度要求的条件下，钻孔直径越大越好。

由于岩体中存在发育程度不同的节理、层理和断层等，为了爆破后获得可接受的块度，最大炮孔直径往往受到限制。露天矿台阶爆破常用的孔径有 80mm、90mm、100mm、120mm、140mm、150mm、170mm、200mm、250mm、310mm 等。大型矿山一般采用大孔径爆破，以提高矿山的开采强度与生产效率，降低生产成本。

18.5.2.3 填塞长度

填塞长度 L_S 是炮孔内药柱顶面至孔口的距离。实际爆破中，为了防止“冲炮”发生，需要在药柱与孔口之间利用炮泥或其他介质进行填塞，填塞的长度对爆破效果有很大的影响。填塞过短，孔口容易冲孔，产生飞石、冲击波和根底，并且浪费炸药能量；填塞过长，则易在孔口位置产生大块甚至“伞岩”，爆破效果差。当采用连续装药时，填塞的长度可根据下面的经验公式依据炮孔直径 D 选取：

$$L_S = (17 \sim 30) D \tag{18-7}$$

填塞长度的选取应综合考虑对爆破块度的要求、炸药种类、岩体强度和填塞物的性质。比如，对于密度大的硬岩（如铁矿石）取小值；需要控制飞石时取大值。最好的填塞物是粒径为炮孔直径十分之一左右的砾石，在爆生气体的作用下，砾石之间形成“互锁”状态，增大阻力，使爆生气体作用岩体的时间变长。

18.5.2.4 抵抗线

除头排炮孔外，每排炮孔需要克服的抵抗线就是炮孔排距 B。由于台阶坡面不是垂直的，头排炮孔的抵抗线从上到下不一样，所以其抵抗线用炮孔中心至台阶坡底线的距离表示，称为底盘抵抗线，记为 W_p。抵抗线是影响台阶爆破质量的一个重要参数，取值过小会造成被爆破的岩体过于粉碎，产生的爆堆前冲也大，还容易产生过远的飞石；取值过大，爆破后容易形成根底与大块。在爆破设计中，抵抗线通常是根据经验选取。

为了共同克服抵抗线向前和向上两个方向上的约束，抵抗线和填塞长度应保持一种平衡关系，即：

$$B = (1.0 \sim 1.5)L_S \tag{18-8}$$

清渣爆破时，底盘抵抗线的经验计算公式为：

$$W_p = (25 \sim 45)D \tag{18-9}$$

为了保证钻机穿孔作业的安全，头排炮孔的孔位距台阶边沿应留有一定的距离 C，称为沿边距，一般为2~3m。因此，头排孔的底盘抵抗线取值应满足以下的约束条件：

$$W_p \geqslant H(\cot\alpha - \cot\beta) + C \tag{18-10}$$

当实施压渣爆破时，为了克服渣堆所增加的爆破压力，需根据渣体厚度及对爆破后爆堆松散度的要求，适当减小底盘抵抗线，减小值的经验计算公式为：

$$W_n = 0.4\frac{\delta}{K} \tag{18-11}$$

式中 W_n——以渣体厚度折算的抵抗线值，m；

δ——压渣体的平均厚度，m；

K——爆破后的渣体松散系数，一般为1.3~1.5。

在实施排间微差爆破时，后排孔是处于其前排孔爆破后所形成的渣堆的挤压状态下起爆的。为了保证后排孔的爆破质量，后排孔的抵抗线（排间距）B 应小于头排孔的底盘抵抗线 W_p，B 一般为 W_p 的0.8~0.9倍。

在台阶爆破中，存在一个最佳抵抗线，即对于具体的爆破条件，在达到爆破效果要求的前提下取得最大单孔爆破量的抵抗线。岩体的力学性质、岩体中节理与裂隙的发育状况以及爆破目的对最佳抵抗线都有影响。岩体节理裂隙发育时取大值，反之取小值；要求爆堆位移较大时取小值，反之取大值。

18.5.2.5 炮孔邻近系数与孔间距

炮孔邻近系数 m 又称为炮孔密集系数，是孔间距与排间距的比值。

$$\begin{aligned} &\text{头排孔} \quad m = \frac{S}{W_p} \\ &\text{后排孔} \quad m = \frac{S}{B} \end{aligned} \tag{18-12}$$

炮孔邻近系数的大小在一定程度上表征了群药包在岩体中爆炸时的相互作用程度。若 m 值过小，即孔间距过小而排间距过大，爆破后经常会出现“留墙”现象。在布孔设计时，要求 m 值不小于1，一般为1.15~1.5。

孔间距可以依据排间距和炮孔邻近系数计算：

$$S = mB = (1.15 \sim 1.5)B \tag{18-13}$$

孔距 S 的大小取决于岩性和爆破目的。岩体节理裂隙发育时取大值，反之取小值；要求爆堆位移较大时取小值，反之取大值。

18.5.2.6　炮孔超深

炮孔超深 h 是指炮孔超过台阶坡底面（底盘）的垂直深度。其作用是降低装药中心的高度以克服台阶底盘的阻力。若超深设置过小或不设超深，爆破后容易产生根底和大块；若超深过大，则不仅降低了延米爆破量指标，还增加了爆破振动强度，破坏爆后台阶底盘的平整度。超深的大小应与炮孔直径或底盘抵抗线成一定比例关系，即：

$$\left.\begin{aligned} h &= (0 \sim 12)D \\ h &= (0 \sim 0.35)W_p \end{aligned}\right\} \tag{18-14}$$

只有需要时才设置超深。当岩体内有大量水平层理、节理、裂隙时，不设置超深也不会留下根底。对于坚固性高、完整性好的岩体，超深至少取 $7D$。

18.5.2.7　炮孔长度

炮孔长度与钻孔方式有关。垂直钻孔时，炮孔长度 L 等于台阶高度 H 与超深 h 之和。

$$L = H + h \tag{18-15}$$

倾斜钻孔时（炮孔与水平面的夹角为 β），炮孔长度 L 为：

$$L = (H + h)/\sin\beta \tag{18-16}$$

18.5.2.8　装药长度

一个炮孔的总长度 L 除了填塞以外，其余长度全部可用于装药。所以炮孔的可装药长度 L_C 为：

$$L_C = L - L_S \tag{18-17}$$

18.5.2.9　装药结构

露天矿台阶爆破典型的装药结构有四种，即连续耦合装药、连续不耦合装药、间隔耦合装药和间隔不耦合装药，如图 18-10 所示。

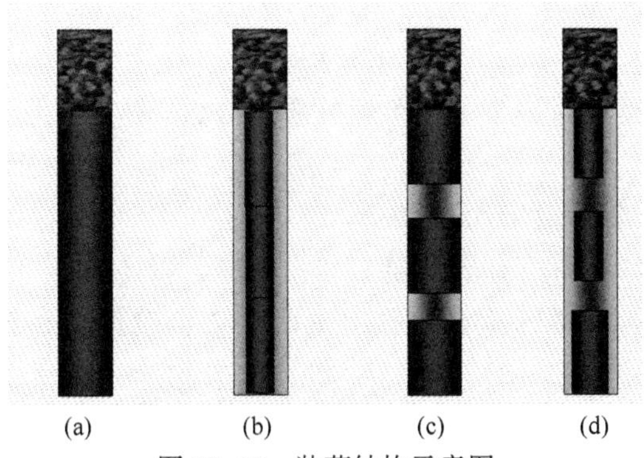

图 18-10　装药结构示意图

（a）连续耦合装药；（b）连续不耦合装药；（c）间隔耦合装药；（d）间隔不耦合装药

从充分利用炮孔空间和提高装药效率的角度考虑，采用连续耦合装药结构最好，此时可采用现场混装车装药或装入袋装的散炸药。使用药卷装药时，常采用连续不耦合装药结构。

间隔装药就是把孔内的炸药以间隔介质（如炮泥、水、岩屑或空气等）分隔成两段或更多段药柱。间隔装药一般用于下列情况：

（1）设计的单孔装药量较小，远小于炮孔最大可装药量，通过增加填塞长度减小装药长度又出现填塞长度太长（超过台阶高度的约一半），这时可采用间隔装药结构，把单孔装药量降低至设计值。大孔径爆破时，常出现这种情况。

（2）当生产台阶推进到最终境界，进行靠帮并段的预裂爆破时，为了减少线装药密度和单孔装药量且使能量分布均匀，减小对边帮的破坏，多采用间隔不耦合装药结构。

（3）当被爆岩体中存在水平方向的弱层，弱层部位必须用实物填塞时，常采用间隔耦合装药结构。

18.5.2.10 延米装药量

延米装药量是每米炮孔长度装填的炸药量，即：

$$K_m = \frac{1}{4000}\pi D^2 \rho \tag{18-18}$$

式中 K_m——延米装药量，kg/m；

D——炮孔直径，mm；

ρ——装药密度，g/cm³。

18.5.2.11 单孔装药量与总装药量

单孔装药量即单个炮孔的装药重量。单个炮孔能够装入的最大药量 Q_{max} 为：

$$Q_{max} = K_m L_C \tag{18-19}$$

单个炮孔应该装入的药量（即理论装药量）Q_t 为：

$$Q_t = qV \tag{18-20}$$

式中 q——单位炸药消耗量（简称炸药单耗），kg/m³；

V——单个炮孔承担的爆破岩体体积，m³。

Q_t 不能大于 Q_{max}，否则就得缩小孔网参数，减少单孔装药量。

单个炮孔承担的爆破岩体体积为：

头排孔：
$$V = W_P SH \tag{18-21}$$

后排孔：
$$V = BSH \tag{18-22}$$

当采用多排孔微差爆破时，为了改善爆破质量，后排炮孔的装药量应适当加大，即：

$$Q_{t后排} = qBSHk \tag{18-23}$$

式中 k——后排炮孔的装药量增加系数。

总装药量是一个爆区所有炮孔装药量之和，取决于爆区规模（即一次爆破的矿岩实方量）。爆区规模应依据现场爆区条件、矿山生产能力、挖掘设备能力、周边环境等因素确定。

18.5.2.12 炸药单耗

炸药单耗是指爆破 1m³ 或 1t 矿（岩）平均所用的炸药量。炸药单耗的大小取决于岩体的可爆性、炸药的性能、自由面条件以及对爆破效果的要求等。岩石的爆破性指数越大，可爆性越差，炸药单耗越高；反之，炸药单耗就越低。不同种类炸药的性能（如爆速、装药密度等）存在差异，对于同样的爆破条件，采用不同种类的炸药时，炸药单耗也不同。自由面条件（个数、大小、形状、方向、空间关系等）影响岩体的可爆性，进而影响炸药单耗。自由面越多、越大，炸药单耗越低；反之，炸药单耗就越高。对爆破效果的要求主要是指爆堆块度、位移和松散性等，要求块度小、位移大、松散性系数大时，炸药单耗高；反之，炸药单耗就低。露天矿台阶爆破的炸药单耗一般在 0.2~1.0kg/m³ 之间。

露天矿台阶爆破的炸药单耗 q 与岩石坚固性系数之间的关系可参考表 18-11。

表 18-11 炸药单耗参考值

岩石坚固性系数 f	<8	8~10	10~14	14~20
炸药单耗/kg·m^{-3}	0.45	0.45~0.5	0.5~0.65	0.65~1.0

炸药单耗是露天矿爆破作业的一项重要技术经济指标。炸药单耗小会减少炮孔的装药量，降低爆破作业的成本，但使爆破质量降低，从而导致后续采装、运输、粗碎等成本的增加。

18.5.3 起爆方案与起爆网路

露天矿台阶爆破中，多采用一次多排孔爆破。根据孔、排间引爆时间上的异同，起爆方案可分为齐发爆破和微差爆破。国内外的露天矿山多采用微差爆破。在微差爆破中，由于炮孔间的起爆时间与起爆顺序的不同，可形成各种各样的起爆网路，不同起爆网路的爆破效果不同。几种最常用的起爆网路形式如图 18-11 所示。

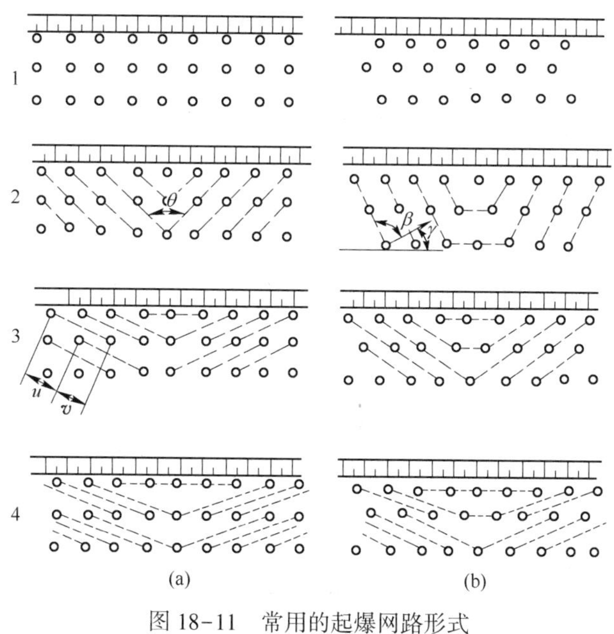

图 18-11 常用的起爆网路形式

(a) 方形布孔；(b) 三角形布孔

常见的起爆方案有：排间微差起爆、斜线起爆、直线掏槽起爆、间隔孔起爆、逐孔起爆等。实践表明，逐孔起爆可以取得良好的爆破效果，而且爆破有害效应最小。

18.5.3.1 排间微差起爆

排间微差起爆方案是将平行于台阶坡顶线布置的炮孔逐排顺序起爆。该方案的优点是：爆破时前推力大，能克服较大的底盘抵抗线，爆破崩落线明显；缺点是：后冲及爆破地震效应较大，爆破过程中岩块碰撞挤压较少，爆堆平坦。

为了减轻振动效应，可将同排起爆炮孔分成数段起爆。为了减小后冲，可将前一排的两侧边孔与后一排的炮孔同段起爆。

18.5.3.2 斜线起爆

每一分段起爆炮孔中心的连线与台阶坡顶线斜交的爆破统称为斜线起爆。斜线起爆有下列优点：

(1) 采用方形布孔，便于钻孔、装药与填塞机械的作业，同时提高了炮孔的邻近系数，有利于改善爆破质量；

(2) 由于起爆的分段多，每分段的装药量小而分散，可大大降低爆破的地震效应；

(3) 降低了爆破的后冲与侧冲，且爆堆集中，提高了铲装作业的效率。

斜线起爆的缺点是：

(1) 后排孔爆破时的夹制性较大，崩落线不明显；

(2) 分段施工操作与检查较为繁杂，且由于爆破段数多，爆破材料消耗量较大。

18.5.3.3 直线掏槽起爆

直线掏槽起爆方案是利用沿一直线布置的密集炮孔首先起爆，为后续孔爆破开创新的自由面，其炮孔的基本布置形式如图18-12所示。

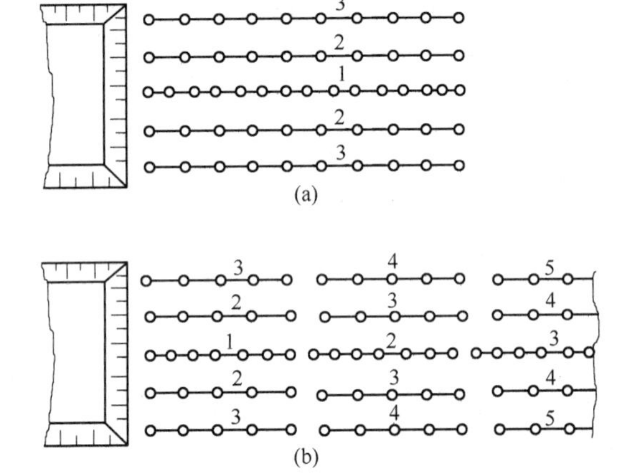

图18-12 直线掏槽起爆基本布置形式

(a) 一般起爆形式；(b) 分区多段起爆形式

(1~5为起爆顺序)

直线掏槽爆破一般在掘沟中使用。该方案具有如下优点：破碎块度适当、均匀，爆堆沿堑沟的轴线集中，无碎石后翻现象；缺点是：穿孔工作量大，延米爆破量低，爆破后沟两边的侧冲大，地震效应较强。

18.5.3.4 间隔孔起爆

间隔孔起爆方案中，同排炮孔按奇偶数分组顺序起爆，其基本形式如图18-13所示。

波浪式起爆与排间顺序起爆相比，因前段爆破为后排炮孔创造了较大的自由面，因而改善了爆破质量，同时塌落宽度与后冲都较小。

阶梯式起爆由于来自多方面的爆破作用，可改善爆破质量，且爆堆集中，后冲、侧冲较小，但该方案不适用于掘沟爆破。

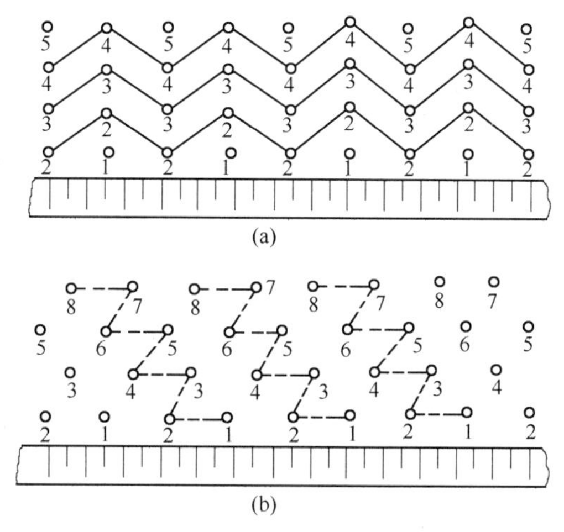

图 18-13 间隔孔起爆基本形式
（a）波浪式；（b）阶梯式
（1~8 为起爆顺序）

18.5.3.5 逐孔起爆

逐孔起爆就是爆区中的炮孔都是按照一定的起爆顺序单独起爆。逐孔起爆的核心是单孔延时起爆，利用高精度导爆管雷管或电子雷管控制延时，使前一个炮孔的起爆为与其相邻的后一个炮孔创造新的自由面。如果一个爆区内有两个或多个炮孔在互不影响且爆破炮孔得到充足自由面的情况下同时起爆，也为逐孔起爆。逐孔起爆与单孔起爆不同，单孔起爆网路中同段孔只有一个，而逐孔起爆网路中同段孔可能有两个甚至多个。同段孔是指在 8ms 之内起爆的炮孔。

为了达到先起爆的炮孔为后起爆的炮孔创造新的动态自由面的目的，需要设置合理的孔间和排间时间差，其计算式为：

$$\Delta t_1 = k_1 S \tag{18-24}$$

$$\Delta t_2 = k_2 B \tag{18-25}$$

式中 Δt_1，Δt_2——孔间和排间延期时间，ms；

k_1，k_2——孔间和排间延时系数，ms/m；

S，B——孔间距和排间距，m。

k_1 和 k_2 与岩石性质、结构构造和爆破条件有关。露天矿台阶爆破中，k_1 取值范围为 1~10ms/m，常用 3~8ms/m；k_2 取值范围为 3~36ms/m，常用 10~16ms/m。硬岩时取小值，软岩或节理裂隙发育时取大值。

图 18-14 和图 18-15 所示为采用高精度导爆管雷管和电子雷管连接而成的逐孔起爆网路示意图，图中的孔距为 5m，排距为 4.5m。

图 18-14 中，每个炮孔内使用长延时（如 500ms）的高精度导爆管雷管，以免先起爆的炮孔将未传爆的地表网路损坏。在地表，主控排（第一排）孔间采用延时 25ms 高精度导爆管雷管连接，排间采用延时 65ms 高精度导爆管雷管连接，孔口边上的数字表示起爆后地表导爆管雷管传爆到该孔口所用的累计时间，单位为“ms”。孔口标有“0”的炮孔是第一个起爆孔，等时线上的时间是地表延时。

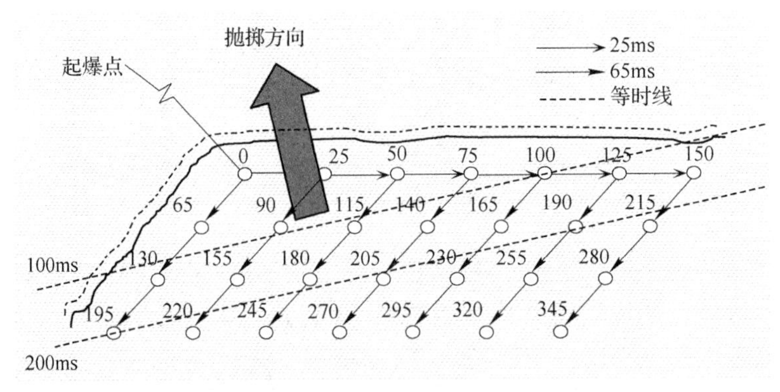

图 18-14 逐孔起爆网路示意图（高精度导爆管雷管）

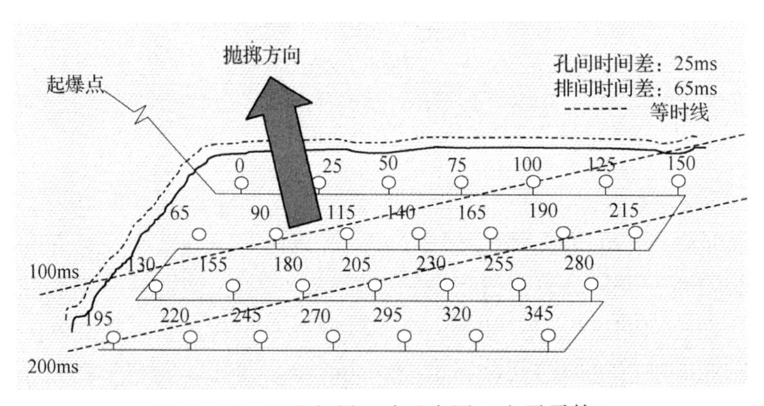

图 18-15 逐孔起爆网路示意图（电子雷管）

图 18-15 中，地表没有传爆雷管，所有孔内的电子雷管都并联在主导线上，通过每个炮孔内的电子雷管设置的延期时间不同来实现逐孔起爆。主控排孔间采用 25ms 等间隔，排间采用 65ms 等间隔，孔口边上的数字表示起爆后每个炮孔的起爆时间，单位为“ms”。孔口标有“0”的炮孔是第一个起爆孔。

由于逐孔起爆时，每个炮孔都严格地按照设计好的时间次序起爆，先起爆的炮孔为相邻炮孔的起爆创造了新的动态自由面，后续炮孔的起爆条件得到改善，炸药单耗降低，爆破质量提高。同时，由于同段孔之间距离较大，爆破地震效应大大降低。

18.6 靠帮并段台阶的控制爆破

随着采场水平方向的不断推进与垂直方向上的不断延伸，每一台阶最后都要推进到设计的最终境界的边帮位置，通过靠帮过渡成为采场的固定帮。台阶靠帮时常常采用并段以提高露天采场的最终边帮角，使之达到稳定边坡所允许的最大值。靠帮时，由于爆破地点与最终边帮相邻，若采用正常生产爆破的组织与设计方式，其爆破的地震效应将严重影响最终边帮的稳定性。因此，在实际生产中，通常采用预裂爆破、缓冲爆破与光面爆破等控制爆破手段来避免或减少台阶靠帮或并段爆破对最终边帮稳定性的危害。

预裂爆破和光面爆破的相同点是“多打孔，少装药”。不同点是预裂爆破先于主爆孔起爆，即“先齐爆”；而光面爆破是在主爆孔起爆之后再起爆，即“后齐爆”。在露天矿山靠帮爆破时，预裂爆破比光面爆破应用更为广泛。

18.6.1　预裂爆破

图 18-16 所示为一个台阶靠帮时采用的预裂控制爆破方案示意图。图中紧邻最终边帮的最后一排孔为预裂孔，它们是在靠帮或并段台阶欲形成固定边帮台阶坡顶线的位置钻凿的倾斜炮孔，其倾角即为最终边帮处台阶的坡面角。为了保证边帮平台的平整，预裂孔不设置超深，其炮孔直径也比正常生产爆破的炮孔小，以减少单孔装药量。国内露天矿多采用 ϕ100~200mm 的潜孔钻机或 ϕ60~80mm 的凿岩台车穿凿预裂炮孔。

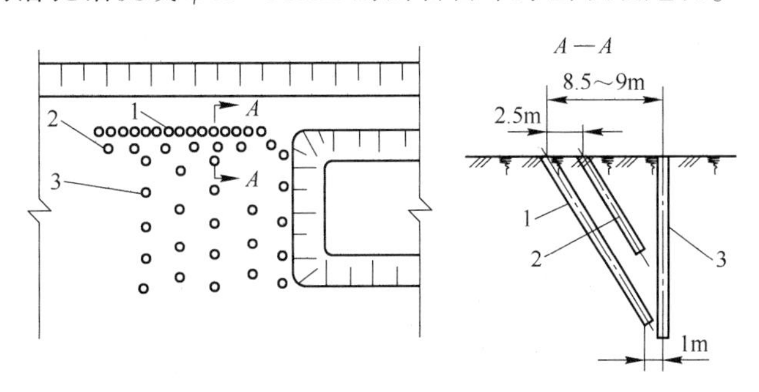

图 18-16　预裂爆破的钻孔布置

1—预裂孔；2—缓冲孔；3—主爆孔

预裂孔通常采用间隔不耦合装药结构，以便在炮孔壁与装药柱之间形成一环形孔隙，降低作用于孔壁的初始压力，防止其周围的岩石过度粉碎。

预裂爆破时，同一爆区的主爆区炮孔（即主炮孔）以三排为宜。主炮孔排数过多，预裂缝难以形成；主炮孔排数过少，容易因前一个爆区距离边坡太近而损伤边坡岩体。

预裂炮孔在主炮孔起爆之前先行一次性起爆，爆破后在最终边帮与靠帮或并段台阶的正常生产主爆区之间，沿预裂孔中心连线形成一条较平整的预裂缝，以减弱其后主爆区爆破对最终边帮的损害：一是防止主爆区的破裂缝伸向最终边帮；二是减小主爆区爆破对保留岩体的振动影响。

预裂爆破的实质，是通过形成预裂缝使炸药的爆炸气体产物作用在孔壁上的压力不超过孔壁岩石的动载抗压强度，使孔壁附近的岩石不被压碎。预裂缝的形成是应力波和爆生气体共同作用的结果。依靠相邻预裂炮孔内的压力的同时作用，在预裂炮孔沿线上的岩体内产生应力叠加和集中，致使孔壁附近的环向拉应力大于岩石的动态抗拉强度，导致岩石在该方向上断裂而形成初始裂隙。爆炸高压气体紧接着应力波作用到孔壁上，其作用时间比应力波要长得多，在孔周围便形成准静态的应力场，在孔的连线方向产生很大的拉应力，孔壁两侧产生拉应力集中。如果孔的间距足够近，则炮孔之间连线两侧全部是拉应力区，拉应力可达到岩石抗拉强度的数倍。因此，即使应力波没有造成裂缝，单靠高压气体的作用也能使岩石断裂。如果应力波产生了初始裂缝，高压气体渗入使裂缝尖端产生气楔效应。所以，气体的作用不仅能形成贯通裂缝，还可以使裂缝扩展到一定的宽度。因此，爆炸气体的拉作用和气楔效应是预裂缝形成的基本条件，起着主导作用。

影响预裂爆破效果的主要参数如下：

（1）预裂孔的孔间距。设计时，孔间距的取值应考虑预裂孔径、边帮岩石的特征阻抗和岩石的抗压强度。预裂孔的孔间距一般比正常生产爆破的孔间距小，其经验取值为预裂孔孔径的8~12倍。当边帮岩体的特征阻抗和岩石强度较大、岩体的完整性较好时，应选取较小值；反之，取较大值。

（2）装药结构与不耦合系数。预裂爆破通常采用连续不耦合或间隔不耦合装药结构。不耦合系数是钻孔直径与药包直径之比，一般在2~5之间。影响不耦合系数取值的主要因素是岩体的抗压强度、预裂孔径和炸药品种。若岩石的抗压强度低，不耦合系数要取大些；反之，应取小些。

（3）线炸药密度。线炸药密度就是每米炮孔的装药量，也称为每米药量或炸药集中度，等于炮孔装药量除以装药长度。岩石的抗压强度与孔径是影响线装药密度取值的重要因素。当岩石的抗压强度较大或预裂孔孔径较大时，线装药密度应大些。

（4）填塞长度。填塞长度一般取炮孔直径的10~20倍，填塞长度太长，孔口不易形成预裂缝；填塞太短，爆生气体作用时间缩短，浪费能量，而且冲孔现象严重。

预裂爆破的质量要求：

（1）预裂缝必须贯通，裂缝宽度达到5~20mm，壁面上不应残留未爆落岩体。

（2）预裂面比较平整，其不平整度一般应小于±15cm。

（3）为使壁面达到平整，钻孔角度偏差应小于1°。

（4）壁面应残留有炮孔孔壁痕迹，且其宽度不小于原炮孔壁宽度的1/3~1/2。

（5）残留的半孔率，对于节理裂隙不发育的岩体应达到85%以上；节理裂隙较发育和发育的岩体应达到50%~85%；节理裂隙极发育的岩体应达到10%~50%。

18.6.2 缓冲爆破

图18-16中位于预裂孔和主爆区生产炮孔之间的炮孔称为缓冲孔。缓冲孔的特点是孔网参数（即孔间距与排间距）略小于主爆区生产炮孔，且孔底不设置超深或减少超深量，缓冲炮孔中的装药量也低于主爆区生产炮孔。为了不使孔内装药过分集中，孔中应采用填塞物介质或空气间隔的间隔装药结构。台阶靠帮或并段时，缓冲孔与预裂孔同时起爆，或略迟于预裂孔起爆，以降低爆破振动强度。

18.6.3 光面爆破

光面控制爆破是在欲爆破区域的边缘线或边界线上（如靠帮或并段台阶的靠帮或并段位置线）或出入沟的两侧边界线上，穿凿一排较密集的炮孔。通过控制该排炮孔的抵抗线与单孔装药量，达到爆破后沿炮孔中心连线形成较平整的破裂面的目的。

为了达到光面爆破的效果，光面孔的孔间距应小于其抵抗线，孔间距通常取抵抗线的0.8倍；装药不耦合系数应与预裂爆破相同或略小些；线装药密度应与预裂爆破相同或略大些。选择适宜的装药量以控制炸药爆轰对孔壁的压力，达到不破坏炮孔周围岩石的目的。一般光面炮孔是在主炮孔爆破后或清渣后一次起爆。

19 采装与运输作业

采装与运输作业是密不可分的，两者相互影响、相互制约。如何选择采运设备，采运设备的规格与数量匹配是否合理，采装工作与运输工作的衔接是否流畅，都对矿山的生产效率与生产成本有很大影响。

19.1 采装作业与设备

采装作业就是利用装载机械将矿岩从较软弱的矿岩实体或经爆破破碎后的爆堆中挖取，装入运输工具或直接卸至某一卸载点。采装工作是露天矿整个生产过程的中心环节，其工艺过程和生产能力在很大程度上决定着露天矿的开采方式、技术面貌、开采强度与总体经济效益。

采装作业使用的机械设备有单斗挖掘机、索斗铲、前装机、轮斗挖掘机、链斗挖掘机等。由于金属矿山的矿岩一般都比较坚硬，世界上绝大多数金属露天矿的采装工作以单斗挖掘机为主。随着爆破技术和挖掘机制造技术的进步，大型液压挖掘机在金属矿山有很好的应用前景。

19.1.1 机械式单斗挖掘机

机械式单斗挖掘机用于露天矿山已有近百年的历史，其基本工作原理并无重大改变。作为挖掘机不同发展阶段的重要标志，是工作机构和动力装置的不断变革。由于机械式单斗挖掘机具有挖掘能力大、适应性较强、作业稳定可靠、操作和维护比较方便、运营费用低等优点，所以在国内外露天矿的采装作业中，至今仍占主要地位。常见机械式单斗挖掘机的主要型号与技术参数见表 19-1 和表 19-2。

表 19-1 常见进口机械式单斗挖掘机主要型号与技术参数

生产厂家	型号	斗容/m^3	最大挖掘高度/m	最大挖掘半径/m	最大卸载高度/m	最大卸载半径/m	爬坡能力/(°)	整机质量/t
美国比赛路斯-伊利公司	195B	6~12.9	12.7	17	8	14.8	16	334
	280B	6.1~16.8	13.34	19	8.3	16.5	14	440
	295B	10~19.1	15.1	19.4	9.6	16.8	19	545
	395B	26	17.7	23.3	11.6	19.9	19	839
美国马里昂铲机公司	191M	9.2~15.3	16.7	21.6	10.8	18.4	16	438
	192M	11.5~19.4	16	21.5	10	18.7	19	526
	201M	13.8	8.7	20.6	10.2	17.5	19	578
	251M	15.3~26.8	21	24.3	11	21.7	17	670
	291M	19.0	21.03	23.98	14.78	23.2	17	947

续表 19-1

生产厂家	型号	斗容/m^3	最大挖掘高度/m	最大挖掘半径/m	最大卸载高度/m	最大卸载半径/m	爬坡能力/(°)	整机质量/t
美国哈尼斯弗格公司	P&H1900	7.7	13.3	17.6	8.5	15.4	16.7	270
	P&H2100	11.5	13.3	18.3	8.5	16.0	16.7	476
	P&H2300	12.2~15.2	15.5	20.7	10.3	18.0	16.7	621
	P&H2800	19	16	23.6	10.2	21.0	16.7	851
俄罗斯乌拉尔重型机械厂	ЭКГ-6.3	6.3	17.8	19.8	11.4	17.9	12	357
	ЭКГ-8	6~8	9.5	17.4	8.4	15.5	12	370
	ЭКГ-12.5	12~16	16.9	22.5	11.7	19.9	12	660
	ЭКГ-20	20~25	18.0	24.0	12.0	21.0	12	1059

表 19-2 常见国产机械式单斗挖掘机主要型号与技术参数

生产厂家①	型号	斗容/m^3	最大挖掘高度/m	最大挖掘半径/m	最大卸载高度/m	最大卸载半径/m	爬坡能力/(°)	整机质量/t
太重	WK-10	10	13.6	18.9	8.6	16.4	13	440
	WK-12	12	13.5	19.1	8.3	17.0	13	485
	WK-20	20	14.4	21.2	9.1	18.7	13	731
	WK-27	27	16.3	23.4	9.9	21.0	12	915
	WK-35	35	16.2	24.0	9.4	20.9	12	1035
太重、抚挖	WP-3(长)	3	15.1	17.9	11.4	16.42	10	250
	WP-4(长)	4	22.1	24.9	18.3	23.35	10	560
	WP-6(长)	6	23.1	24.3	17.7	21.2	12	750
太重、抚挖	WK-4	4	10.1	14.4	6.3	12.7	12	190
抚挖	WD1200	12	13.5	19.1	8.3	17.0	20	465
太重、一重	P&H2300XP	16	15.5	20.7	10.3	18.0	16	621
	P&H2800XP	23	18.2	23.7	11.3	20.6	16	851
杭重、抚挖	WK-2	2	9.5	11.6	6.0	10.1	15	84
杭重、江矿	WD200A	2	9.0	11.5	6.0	10.0	17	79
衡冶、江矿	195B	12.9	12.7	16.9	8.0	14.8	16	334

①太重：太原重工股份有限公司；抚挖：抚顺挖掘机制造有限公司；一重：第一重型机械厂；杭重：杭州重型机械有限公司；江矿：江西采矿机械厂；衡冶：衡阳冶金机械厂。

机械式单斗挖掘机一般由工作部分、回转盘部分、行走部分和电气部分组成，其基本结构如图 19-1 所示。

挖掘机的工作部件包括铲斗、开斗机构、斗柄 、推压机构、起重臂等。铲斗的提升是利用车体内的提升卷筒和提升钢绳实现的。

推压机构是挖掘机最重要的工作部件。目前，国内外机械挖掘机的推压方式有两种：齿条推压和钢绳推压。这两种推压方式各有优缺点：齿条推压机构具有使用寿命长、铲

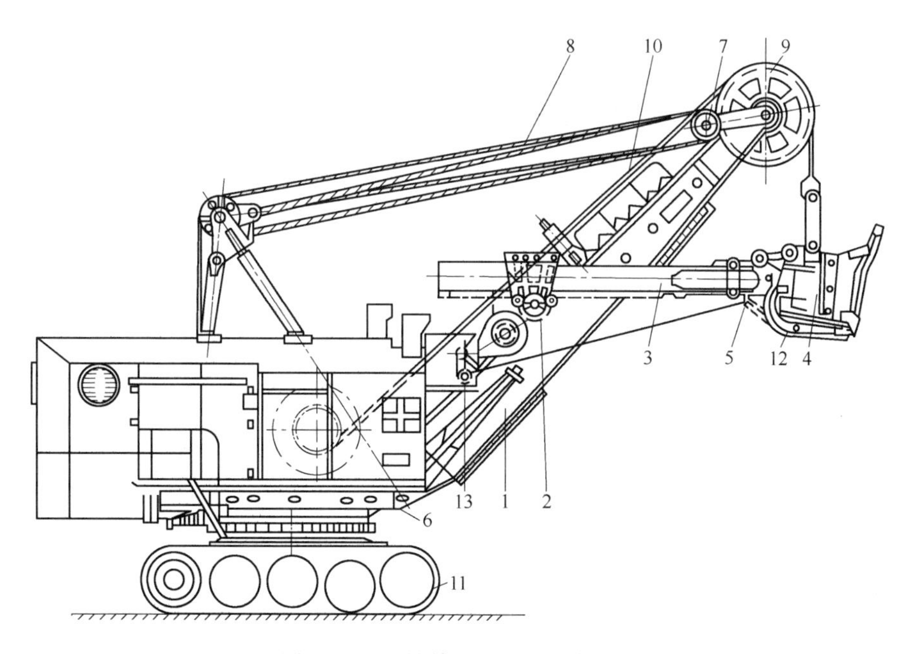

图 19-1　机械单斗挖掘机基本结构

1—动臂；2—推压机构；3—斗柄；4—铲斗；5—开斗机构；6—回转平台；7—绷绳滑轮；8—绷绳；9—天轮；10—提升钢绳；11—履带行走装置；12—斗底门；13—开斗电机

斗下铲准确、动作灵敏、能可靠地铲取矿岩等优点，但其工作时的噪声大；钢绳推压机构具有电机负载平稳、推压时冲击振动小、维护检修方便等优点，但其钢绳的使用寿命较短。

挖掘机的回转盘部分是挖掘机上部设备和工作装置的机座。上面装有提升绞车、回转机构、中心轴、双足支架、电气部分及压气设备，前部为司机室和操纵机构，后部为平衡配重箱。

挖掘机的行走部分是整个设备的支撑基座，用以承受回转盘上面所有机构的重量，并装有行走机构，可以前后行走和左右转弯。

挖掘机的电气部分包括高压配电设备、变压器、低压配电设备、整流设备、电动机、照明及辅助电气设备等。

为改善劳动条件和保护设备安全运转，现代大中型挖掘机都装有一系列辅助设备，如司机室内的空调装置用于调节室内气温，鼓风机用于鼓入过滤后的清洁空气，挖掘机各部件的集中润滑系统等。

单斗挖掘机按其驱动动力不同可分为电力挖掘机和柴油挖掘机；按其传动方式不同可分为液压传动挖掘机和机械传动挖掘机；按挖掘机的行走方式不同可分为履带式挖掘机与轮胎式挖掘机。我国大多数金属露天矿采用电力驱动-机械传动-履带式挖掘机。

依据铲斗形式不同，单斗挖掘机有正铲和反铲两种，我国金属露天矿山正常生产采装都使用正铲。反铲仅在一些特殊情况下使用或作为辅助设备，如台阶表面不规整时，用反铲铲刮和清扫表面岩土；矿体底板不平整、不适于车辆行走时，用反铲进行下挖平装采掘。

19.1.2　液压单斗挖掘机

近年来，液压挖掘机技术发展很快，在露天矿的应用日趋广泛。液压挖掘机轻便灵活、工作平稳、自动化程度高，特别是其工作机构为多绞点结构，能形成完善的挖掘和卸载轨迹，为工作面选别性开采提供了方便，如图19-2所示。

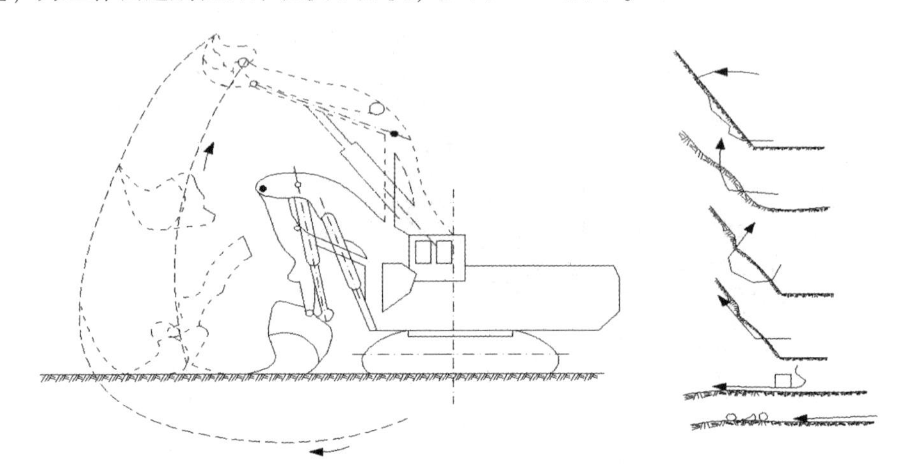

图19-2　液压挖掘机结构及其作业方式示意图

液压挖掘机的优点有：站立水平的挖掘半径伸缩量大，可以进行水平挖掘，且能获得较大的下挖深度；铲斗可作垂直面转动，使切削角处于最佳状态，有利于选别开采。其缺点是液压部件精度要求高，易损坏，在严寒地区作业需特备低温油等。

液压挖掘机一般可分为全液压和半液压两种。全液压挖掘机的所有机构都是液压传动，如图19-3所示。所谓半液压挖掘机，一般是指其工作装置为液压传动，而走行、回转等机构为机械传动。有的挖掘机仅个别机构为液压传动，主要用于控制铲斗的转动，以便改善其挖掘动作。

(a)

(b)

图19-3　全液压挖掘机

(a) 液压正铲；(b) 液压反铲

还有所谓“超级”机械铲，是一种半液压挖掘机，如美国马利昂公司制造的194M型（斗容$16m^3$）、240M型（斗容$19.8m^3$）。这种机械铲的“超级”传动系统，可使推压力和提升力协调一致，在挖掘过程中能使铲斗相对于斗柄转动。当挖掘下部工作面时，能保证最大的挖掘力，可达到电铲重量的40%。靠其特有的两组连杆机构配合动作，可有效地进行选别性开采。240M型正铲如图19-4所示。

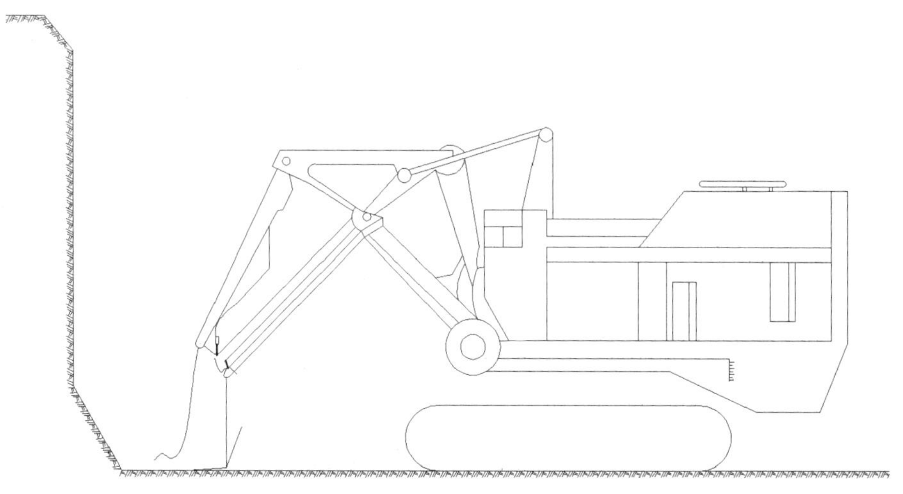

图19-4 240M型“超级”机械正铲外形图

液压挖掘机的基本参数包括：整机质量、斗容、发动机功率、液压系统形式、液压系统的工作压力、行走机构的行走速度和爬坡能力、作业循环时间、最大挖掘力、最大挖掘半径、最大卸载高度及最大挖掘深度等，其中整机质量、斗容和发动机功率为液压挖掘机的主要参数。虽然已经有斗容超$30m^3$的单斗液压挖掘机，但目前使用最多的为$2\sim8m^3$。液压挖掘机主要型号与技术参数见表19-3。

表19-3 液压挖掘机主要型号与技术参数

生产厂家	型号	斗容/m^3	最大挖掘[1]或切削[2]高度/m	最大挖掘半径/m	最大卸载高度/m	最大挖掘深度/m	爬坡能力/(°)	整机质量/t
沃尔沃	EC380DL[1]	1.35~3	10.17	10.55	7.09	6.85	35	38
沃尔沃	EC480D[1]	1.7~3.8	11.02	12.04	7.64	7.72	35	48
沃尔沃	EC480DL[1]	1.77~3.8	10.60	10.93	6.97	6.58	35	48
小松	PC460LC-8[1]	2.1~2.5	10.92	12.00	7.62	7.79	35	46
三一	SY550HD[1]	3.1~3.6	10.93	11.49	7.25	7.10	35	52
三一	SY700H-8[1]	3.5~4.5	11.35	11.60	7.33	7.10	35	70
邦立重机	CED1000-7[1]	4.0	13.57	14.07	8.71	7.53	35	100
邦立重机	CE1250-7[1]	5.5	14.09	16.59	10.64	10.88	35	116
卡特彼勒	6015B[1]	8.1	13.20	13.90	8.70	7.90	23	140
卡特彼勒	6020B[1]	10.5	13.90	15.90	—	8.10	28	220
小松	PC2000-8[1]	12~13.7	13.41	15.78	8.65	9.23	65%	200

续表 19-3

生产厂家	型号	斗容 /m³	最大挖掘[1]或切削[2]高度/m	最大挖掘半径/m	最大卸载高度/m	最大挖掘深度/m	爬坡能力 /(°)	整机质量 /t
邦立重机	CED1000-7[2]	5.0	12.95	10.88	9.24	2.71	35	102
邦立重机	CE1250-7[2]	6.5	13.16	11.29	9.53	3.10	35	121
卡特彼勒	6015 FS[2]	7	11.00	10.50	8.80	2.20	—	105
卡特彼勒	6018 FS[2]	10	—	12.90	10.10	2.30	22	183
卡特彼勒	6030 FS[2]	16.5	13.90	13.70	10.7	2.50	33	294
卡特彼勒	6040 FS[2]	22	14.40	15.40	10.90	2.60	30	405
卡特彼勒	6050 FS[2]	26	15.30	16.20	11.80	2.40	27	528
卡特彼勒	6060 FS[2]	34	15.50	14.60	11.60	2.70	26	542
徐工	XE7000[2]	34	18.70	16.70	12.90	3.80	11	672
卡特彼勒	6090 FS[2]	52	20.20	19.00	14.50	2.30	24	980

19.2 挖掘机生产能力

露天开采中，挖掘机的生产能力指标有技术生产能力和实际生产能力。

19.2.1 技术生产能力

挖掘机的技术生产能力是假设其在某一具体工作环境下（某一工作面尺寸、某种矿岩性质、某种装载条件等），进行1h不间断作业所能达到的生产能力，即挖掘机从工作面挖掘并装入运输容器中的矿岩实方体积或重量。它是考虑了采装作业中的铲斗满斗系数、矿岩松散系数和工作循环时间后，挖掘机连续工作的生产能力，也是经过采取一定措施后，挖掘机在给定条件下可能达到的最大生产能力。这一指标可由下式计算：

$$V_j = \frac{3600}{t} E K_W \tag{19-1}$$

式中 V_j——挖掘机技术生产能力，m^3/h；

t——铲装一斗的工作循环时间，其值一般经实地测试确定，s；

E——铲斗容积，m^3；

K_W——挖掘系数，又称为实方满斗系数。

挖掘系数与虚方满斗系数之间的关系为：

$$K_W = \frac{k_m}{K_s} \tag{19-2}$$

式中 k_m——虚方满斗系数（通常称为满斗系数）；

K_s——矿岩在铲斗内的松散系数。

由于 k_m 和 K_s 值不易准确测定，所以实际设计中通常用以下方法计算挖掘系数 K_W：

$$K_W = \frac{V}{NE} \tag{19-3}$$

式中　V——单位时间内（1h）挖掘机所采出的实方矿（岩）体积；

　　N——挖掘该体积矿（岩）的总斗数。

19.2.2　实际生产能力

挖掘机的实际生产能力是考虑了挖掘机工作时间利用率后的生产能力。在实际采装作业中，挖掘机因进行辅助作业（如剔除爆堆中的不合格大块、整理爆堆）和等车、设备故障、铁路运输时的移道工作以及司机交接班等原因，不可能在工作时间内连续进行采装作业。因此，挖掘机的实际生产能力才是选型和编制采掘进度计划的基础。

挖掘机的台班实际生产能力通常用下式计算：

$$V_B = V_j T\eta \tag{19-4}$$

式中　V_B——挖掘机台班实际生产能力，m^3/(台·班)；

　　V_j——挖掘机技术生产能力，m^3/h；

　　T——班工作时间，h；

　　η——班工作时间利用系数，即铲装时间占班工作时间的比例。

近几年国内部分矿山挖掘机的实际生产能力见表19-4。国外部分挖掘机的实际生产能力见表19-5。表中数据为台年实际生产能力，理论上等于台班实际生产能力、年工作总班数和出勤率的乘积。

表19-4　部分矿山挖掘机的实际生产能力

矿山名称	挖掘机型号	斗容/m^3	平均生产能力/Mt·(台·a)$^{-1}$		
			2018	2019	2020
齐大山铁矿	WK-10	10	2.25	2.35	3.79
	295B	16.8	5.86	4.19	4.30
	PH2300	20	—	3.77	4.27
大孤山铁矿	WK-4	4	1.76	2.42	2.11
	WK-10B	10	4.22	4.69	3.28
鞍千矿业公司	WD400B	4	1.32	1.12	1.34
	WK-4				
	2KJ-4				
	WK-4				
	4M3				
	WK10B	10	2.34	1.78	2.42
	wk-12c				
南芬铁矿	WK-10	10	2.73	2.78	2.80
	WK-20	20	5.08	5.10	—
	295B	16.8	6.07	5.12	7.33
	R9350E	16.8	5.25	4.64	—
德兴铜矿	2300XP	16.8	7.85	7.50	6.97
	2300XPC	19.9	8.98	8.85	8.93
	WK-35	35	14.47	12.88	13.70
白云鄂博铁矿	Wk-10	10	2.15	2.23	2.37

表 19-5 国外部分挖掘机的实际生产能力

挖掘机型号	斗容/m^3	汽车载重量/t	最高生产能力/Mt·(台·a)$^{-1}$
120B	3.4	85	2
150B	4.6	85	3
190B	6.1	100	4.7
ЭКГ-4	4.6	75	4
ЭКГ-8	8.0	75	10
280B	9.2	160	10.32
P&H2100BL	11.5	116	16.79
P&H2100BL	11.5	162	16.79
P&H2300	16.8	120	20.11
P&H2300	16.8	150	20.11

注：矿岩坚固性系数f为8~14；运距为0.5~1.0km。

在设计新建矿山时，挖掘机实际生产能力通常是对比其他类似条件的矿山指标来确定，并据此计算挖掘机需求数量，编制矿山的采掘计划。

19.2.3 提高挖掘机生产能力的途径

从某种意义上说，矿山挖掘机全年实际生产能力的总和即为该矿的年采剥总量。因此，最大限度地提高挖掘机的生产效率对确保矿山采剥计划的完成具有重要意义。

挖掘机生产能力的高低，一方面取决于挖掘机自身的规格与技术性能；另一方面也受到挖掘机作业条件的制约。所以在实际生产中，应从以下几方面入手提高挖掘机的生产能力：

（1）结合矿山的设计生产能力，合理地选择挖掘机的类型与技术规格。显然，采用大型挖掘机可以提高采装工作的生产能力，但大型采装设备需与大型运输设备配套使用才能充分发挥其生产潜能；由于，大型采运设备的购置费用高，所以不可避免地增加了矿山的初期投资。

（2）优化爆破设计，改善爆破质量，以提高挖掘机采装效率与满斗系数。爆破质量对采装作业有很大的影响。从采装作业角度出发，它要求爆破作业的质量是：矿岩爆破后的块度均匀适中、不合格大块少，爆堆不过高或过散，没有根底和伞岩。若爆破后的矿岩块度大、根底多，将增加挖掘机的铲取难度与铲取时间，要把一个不合格大块从爆堆中挑出来送到挖掘机后侧，几乎需花费2倍的采装循环时间。同时，爆破后的块度过大、根底多时，将影响挖掘机的满斗系数，并增加设备零件的磨损和设备的故障率。另外，应保证爆堆有足够的矿岩储量，以减少挖掘机的频繁移动，进而增加挖掘机的有效铲装时间。

（3）加强技术培训，提高挖掘机操纵人员的操作熟练程度，以提高挖掘机的工作效率。

（4）合理选择挖掘机的采装方式与运输设备的供车方式，以缩短挖掘机工作循环时间。挖掘机的一个工作循环时间是由从挖掘点开始挖掘、重斗转向卸载点、铲斗对位卸载、空斗转回至工作面下一挖掘点这四个连续的操作环节构成。挖掘机工作循环时间的长短，一方面受到司机的操作熟练程度与爆破质量的影响，另一方面也受到供车方式的影响。采用汽车运输时，供车方式应注意汽车的停靠位置，尽量减少挖掘机装车时的回转角，并缩短汽车在工作面的入换时间，有条件时可施行双点装车，提高挖掘机作业的连续性。配备足够数量的汽车，尽量降低挖掘机等车时间。采用铁路运输时，为了及时向工作面供应空车，提高挖掘机的工作时间利用系数，除保证足够数量的运输设备外，在工作平盘上还应合理地配设线路，提高线路质量和列车运行速度，以缩短列车入换时间。

19.3 运输方式

露天矿运输作业是采装作业的后续工序，其基本任务是将已装载到运输设备中的矿石运送到储矿场、破碎站或选矿厂，将废石运往废石场。

在露天开采过程中，运输作业占有重要地位。据统计，矿山运输系统的基建投资占总基建投资的 60%左右，运输成本约占直接开采成本的 40%～50%（国外一些矿山达到60%），运输作业的劳动量约占采场各项作业的总劳动量的一半以上。因此，运输作业的方式与运输系统的合理性对露天矿生产的总体经济效益有重大影响。

露天矿可采用的运输方式有汽车运输、铁路运输、胶带运输机运输、斜坡箕斗提升运输，以及由各种方式组合成的联合运输，如汽车-铁路联合运输、汽车-胶带运输机联合运输、汽车（或铁路）-斜坡箕斗联合运输等。

铁路运输的爬坡能力低、运输线路的工程量大、线路通过的平面尺寸大，比较适用于深度较小且平面尺寸大的露天矿山。随着开采深度的增加和采场平面尺寸的缩小，不仅铁路运输的效率明显降低，而且可能出现采场内铁路开拓坑线布线困难的局面。所以，如今新设计的金属露天矿一般不采用铁路运输；有些原先采用单一铁路运输的矿山，下部也改为汽车运输，形成汽车-铁路联合运输系统。

汽车运输具有爬坡能力大、运输线路通过的平面尺寸小、机动灵活、运输线路的修筑与养护简单、适用于强化开采等优点，在露天矿山得到广泛应用；如今新设计的金属露天矿绝大多数采用汽车运输。但与铁路运输相比，汽车运输的吨千米运费高，设备维修较为复杂，需要的操作人员数量多，能耗高，运行中产生废气和扬尘。

作为露天矿（尤其是金属露天矿）的主导运输方式，汽车运输的相关技术发展迅速，主要体现在两个方面：一是大载重量。如今大中型露天矿选用的汽车载重量一般都在 100t以上，300t 级的汽车在大型矿山也广泛使用，大型矿用汽车的制造在我国也已实现国产化。二是以网络通信、卫星定位和自动控制技术为核心的露天矿汽车运输的无人化和智能化。无人驾驶汽车运输在国外一些露天矿已得到成功应用，在我国也正在进行工业试验。无人驾驶汽车不仅避免了司机驾驶的人工失误，提高了运输效率，而且大幅降低了劳动力成本，驾驶人员的安全问题也不复存在。汽车的智能调度可缩减车铲的相互等待时间，降低行车里程，提高产装和运输效率，降低整个产装-运输系统的生产成本。

胶带运输机在露天矿的应用方兴未艾。由于胶带运输机的爬坡能力大，能够实现连续或半连续作业，自动化程度高，运输能力大，运输费用较低，所以在国内外深凹露天矿中的应用有增加趋势。

19.4 矿用汽车性能指标

用以评价矿用汽车性能的指标主要有：

（1）重量利用系数。重量利用系数是汽车的载重与自重的比值，矿用汽车的重量利用系数一般为1.00~1.73。该值越大，表明汽车设计得越成功，运行的经济性越好。

（2）比功率和比扭矩。比功率是汽车发动机所能发出的最大功率与汽车的总重之比，矿用汽车的比功率约为4.63~6.03kW/t。该值越大，车辆的动力性能越好，但燃油的经济性越低。比扭矩是发动机（一般是柴油机）的最大扭矩与汽车自重之比，该值的大小对车辆的技术性能的影响与比功率类似。

（3）最大动力因数。最大动力因数是当不计空气阻力时，汽车的主动轮轮缘所产生的牵引力与汽车重量之比。该值是以发动机在最低挡、以最大扭矩工作的状态下计算的，因此称其为最大动力因数。矿用汽车的最大动力因数约为0.30~0.46。发动机确定之后，该值取决于传动系统的设计和车轮参数。该值越大，车辆爬坡能力越强，加速性能越好。

（4）动力特性曲线。汽车的动力特性曲线也称为牵引特性曲线，即汽车的牵引力随速度的变化曲线，如图19-5所示。该指标反映了汽车的整车运动及制动和道路之间相互作用的技术特性。利用牵引特性曲线可以确定车辆的极限性能参数，如最大牵引力、不同道路条件下的最大车速等。将车辆不同载重时的爬坡阻力与特性曲线对照，可求得爬某一坡度时应选取的挡位与车速。

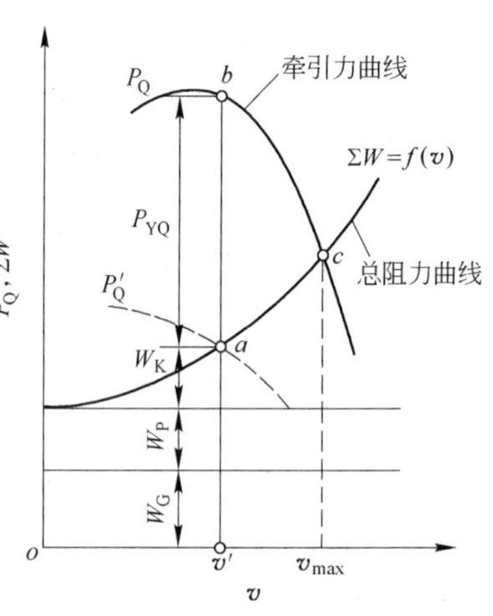

图19-5 汽车牵引平衡示意图

（5）性能限制因数。性能限制因数是道路纵断面、路面条件和车辆重量对汽车性能的影响。汽车在不同路面条件下运行时，所受到的滚动阻力不同；坡道阻力是汽车在斜坡上运行时必须克服的由于重力所产生的阻力。在计算克服滚动阻力和坡道阻力所需的力中，汽车的重量是决定因素。汽车的牵引力在扣除了总阻力后即为用于汽车加速的剩余牵引力。汽车轮缘牵引力等于黏着系数乘以驱动轮轴的承重。汽车的制动性能体现了其下坡运行时的性能，在长坡道重车下坡运行时，特别要求要有良好的制动性能。

19.5 汽车运输能力与需求量

19.5.1 运输能力

一般以汽车的台班运输能力作为汽车运输能力指标。影响汽车台班运输能力的主要因素是汽车的载重量、运输周期、班工作时间及其利用系数等。汽车的台班生产能力为：

$$Q_B=\frac{60T\eta}{t}qk_1 \tag{19-5}$$

式中 Q_B——汽车的台班运输能力，t/(台·班)；

T——班工作时间，h；

η——班工作时间利用系数。

t——运输周期，min；

q——汽车的载重量，t；

k_1——载重系数。

国内部分矿山的汽车台年平均运输效率见表19-6。表中的台年运输效率以每台汽车每年完成的运输功（t·km）为单位，理论上等于台班运输能力、年工作总班数、出勤率和平均运距（装载点到卸载点的距离）的乘积。

表19-6 国内部分矿山的汽车台年平均运输效率

矿山名称	汽车型号	载重量/t	平均运输效率/Mt·km·(台·a)$^{-1}$		
			2018年	2019年	2020年
齐大山铁矿	MT3600	154	3.82	3.46	3.77
	R170	154	3.30	—	—
	H190	190	4.26	3.71	3.89
	MT777	90	—	2.52	3.50
大孤山铁矿	3311E	90	2.67	2.70	2.06
	TR100	90	2.67	2.70	2.06
鞍千矿业公司	沃尔沃 A40E	39	1.17	0.99	1.29
	沃尔沃 A40F				
	CAT777C	77	1.64	1.32	1.86
	HD785-7	91	2.23	2.08	2.55
南芬铁矿	MT3600B	172	4.19	5.06	5.30
	MT3700B	186	5.08	5.54	5.15
	CAT789C	177	5.36	4.34	5.27
	MT4400AC	236	7.71	6.71	5.52
德兴铜矿	730E/ENT200	185	5.83	5.87	5.81
	830E	220	9.58	8.61	8.92
	MCC 400A	220	9.58	8.61	8.92
白云鄂博铁矿	172	172	4.93	4.87	5.32

19.5.2 需求量

一个矿山的汽车需求量主要取决于矿山的设计生产能力和汽车运输能力，并考虑汽车的利用率以及汽车运输的不均衡系数。可依据下式计算：

$$N = \frac{k_2 Q}{Q_B k_3} \tag{19-6}$$

式中 N——全矿汽车的在册数量，台；

k_2——汽车运输不均衡系数，一般为 1.1~1.15；

Q——全矿的设计班产量，t/班；

Q_B——汽车的台班运输能力，t/(台·班)；

k_3——汽车的出勤率（也称为出车率）。

汽车的出车率是矿山出车台班数与总在册台班数之比，该指标反映了矿山在册车辆的利用程度。

汽车的需求量也可基于露天矿设计的年运输量来计算，即：

$$N = \frac{Q_y k_2}{m N_b Q_B k_3} \tag{19-7}$$

式中　N——汽车需求台数，台；

Q_y——露天矿年运输量，t/a；

m——矿山年工作日总数，d；

N_b——每日工作班数。

19.5.3　道路通过能力

道路通过能力是指在单位时间内通过某一区段的车辆数。其值大小主要取决于行车道的数目、路面状态、平均行车速度和安全行车间距（又称为安全行车视距）。一般应选择车流最集中的区段进行计算，如总出入沟口、车流密度大的道路交叉点等。计算公式为：

$$N_d = \frac{1000vn}{s}k \tag{19-8}$$

式中　N_d——道路通过能力，辆/h；

v——汽车在计算区段的平均行车速度，km/h；

n——线路数目系数，单车道时 $n=0.5$，双车道时 $n=1$；

k——车辆行驶的不均衡系数，一般为 0.5~0.7；

s——安全行车间距，即两辆车追踪行驶时的最小安全距离，m。

道路的通过能力还可用关键行车路段每班所能通过的最大运输量来表示：

$$M_D = N_d T q \eta \tag{19-9}$$

式中　M_D——以班运输量表示的道路通过能力，t/班；

T——班工作时间，h；

q——汽车的载重量，t；

η——班工作时间利用系数。

19.6　采运设备选型与配比

采装与运输设备的选型与数量配比是露天开采设计中的重要决策问题，直接关系到露天开采所能实现的生产规模、生产效率、开采强度以及生产成本。

19.6.1　挖掘机选型

单斗挖掘机的选型要根据矿岩采剥量、开采工艺、矿岩的物理力学性质、设备的供应情况等因素来决定。采剥量是选择挖掘机规格的主要依据，采剥量高的矿山选斗容大的挖掘机，采剥量低的矿山选斗容小的挖掘机。

挖掘机的选型还应考虑采场能布置的采区数与挖掘机数量之间的协调，前者即为可以同时作业的采掘工作面数，亦即同时作业的挖掘机数。对于设计确定的采剥量，挖掘机的规格决定了其需求数量：一方面，按所选挖掘机型号计算的挖掘机需求数量不应大于采场能布置的采区数；另一方面，挖掘机需求数量不应小于采场正常时空发展程序所需的最小同时作业的采掘工作面数，并要有足够的调配灵活性。举一个极端的例子，假如一个矿山的年矿石生产能力设计为 100 万吨，生产剥采比为 2~3.5。如果选择 $10m^3$ 的电铲，其年实际生产能力为 250 万~350 万吨，2 台电铲就足以满足产量需求。但这一选型不仅明显不合理，甚至是不可行的。为什么，作为思考题留给读者。

最简单的挖掘机选型方法是类比法，即参照类似矿山选用的挖掘机选取。更为科学也更复杂的方法，是针对不同型号的挖掘机，对采装运输系统的运行进行计算机模拟，依据评价指标的模拟结果，并综合考虑其他相关因素，选择最佳型号。

19.6.2　汽车选型

汽车的选型与年矿岩运量、采装设备的作业规格、矿岩运距及道路的技术条件等因素有关。在矿山设计时，一般是从车厢容积、汽车的比功率及车厢强度三方面来考虑。车厢容积应与挖掘机的铲斗容积、矿岩密度及矿岩块度相适应，以尽可能提高采运作业的综合生产效率；比功率过小的车型，在深凹露天矿重车上坡时车速低，达不到额定载荷，因此，大型车的比功率宜在 4.5kW/t 以上；车厢的强度应能承受装载大块矿岩时所产生的冲砸。

车厢容积有以下两种计算方法：

（1）根据汽车运距及运输作业各环节（主要为装车与行车）所需的时间，以电铲与汽车利用率最高时的车铲容积比计算车厢容积。理论车铲容积比为：

$$R = \sqrt{\frac{t - t_r}{t_s}} \tag{19-10}$$

式中　R——理论车铲容积比；

t——汽车运行周转时间，min；

t_r——汽车入换时间，min；

t_s——铲斗作业一次的循环时间，min。

汽车运行周转时间 t 为：

$$t = \frac{2L}{v} \times 60 + t_x + t_d \tag{19-11}$$

式中　L——汽车运距，km；

v——汽车（重载和空载）的平均运行速度，km/h；

t_x——卸车时间，min；

t_d——平均等待与装车时间，min。

从式（19-10）和式（19-11）中可以看出，理论车铲容积比随运距的增加而增加，随速度的加大而降低。当运距为 1~2km 时，车铲的容积比约为 3~6；当运距为 3~5km

时，车铲的容积比约为6~8。结合我国矿山情况和生产实践经验，对于中小型矿山，当矿岩运距较短时，可依据车铲比3~5来选择车厢容积；对于大型露天矿山，当运距较长时，可根据车铲比4~6来选择车厢容积。汽车载重等级与挖掘机斗容配比参考值见表19-7。

表19-7　汽车载重等级与挖掘机斗容配比

汽车载重吨级/t		15	20	32	45	60	100	150
挖掘机斗容/m^3		2.5	2.5	4	6	6	10	16
装车斗数/斗	矿岩松散密度为2.2t/m^3	3	4	4	4	5	5	5
	矿岩松散密度为1.8t/m^3	4	5	5	5	6	6	6

（2）依据矿岩容重和汽车的有效载重计算车厢容积：

$$V = \frac{qk}{\gamma} \tag{19-12}$$

式中　V——车厢容积，m^3；

q——汽车额定载重，t；

γ——矿岩实体容重，t/m^3；

k——矿岩松散系数，一般为1.3~1.5。

当矿、岩的密度相差较大时，计算出的运矿与运岩的车厢容积就会相差较大。为了便于生产管理和运输设备的维修，在同一矿山应当尽可能选用同一型号的汽车，但对于大型露天矿也可以考虑分别选用不同型号的汽车。

国内金属露天矿山开采的矿石的实体容重大都在3.3t/m^3左右，而废石的实体容重一般在2.6~2.8t/m^3，实际生产剥采比大多在2~4。因此，以体积计算，开采过程中所发生的废石运量远远大于矿石运量。所以，一般应依据废石的容重确定车厢容积。

19.6.3　采运设备的合理数量配比

采装与运输作业相互配合，互相制约，为了充分发挥采运系统的综合生产潜能，必须做到采运设备的合理匹配。一方面，采装设备的规格要适应露天矿的生产能力要求；另一方面，采装与运输作业之间要相互协调，采运设备的数量配比要合理。采运设备合理匹配的经济准则是矿山开采中折算到每吨矿岩中的采装与运输成本最低。

车铲比是平均配备给每台挖掘机的汽车数量。为了使采装与运输设备的生产能力相平衡，以最大限度地发挥车、铲双方的生产潜力，在理论上，车铲比应等于运输设备的平均运输周期与采装设备的平均装车间隔时间之比，称为理论车铲比。

$$n_o = \frac{t_r + t_z + t_y + t_x}{t_r + t_z} \tag{19-13}$$

式中　n_o——理论车铲比；

t_r——汽车的平均入换时间，min；

t_z——挖掘机装载一车的平均装载时间，min；

t_y——一个运输周期内的汽车往返行驶时间，min；

t_x——汽车平均卸载时间，min。

在实际生产中，由于各种随机因素的影响，采运设备常常不能连续作业，如汽车因在挖掘机工作面或卸载点排队等待装卸，使运输周期延长；挖掘机则会因等待空车的到来出现空闲，使装车间隔时间延长。所以，实际的车铲比应按实际发生的作业循环时间来确定，即：

$$n = \frac{t_r + t_z + t_y + t_x + t_p}{t_z + t_d} \tag{19-14}$$

式中 n——实际车铲比；

t_p——一个运输周期内汽车平均排队等待时间，min；

t_d——挖掘机平均待车时间（包括汽车的平均入换时间），min。

在实际采装运输作业中，上述各时间都具有一定的随机性，可看做随机数。实际测量和统计分析表明，装车时间 t_z 一般服从正态分布，行驶时间 t_y 和卸载时间 t_x 一般服从正态分布或负指数分布。

我国许多矿山采用固定配车方法，即把指定数量的汽车固定地配给某台挖掘机。此时，对于配给某台挖掘机的汽车来说，由于装卸地点是固定的，运输周期中的 t_z、t_y、t_x 三个时间参数波动不大，而汽车排队等待时间 t_p 和挖掘机待车时间 t_d 则随固定配车数的不同而变化。一台铲配的汽车越多，汽车等待装车的平均排队等待时间越长，挖掘机平均待车时间越短；反之亦反。

图 19-6 所示为固定配车采运系统车铲比对系统的设备效率、采矿成本以及等车和待铲时间的影响程度。可见，存在一个使采矿成本最小的车铲比，也存在一个使采装系统生产能力最大的车铲比。固定配车的采运系统是一个典型的单服务台-有限客源的循环排队系统，在一定条件下，可以用《运筹学》中排队论的 M/M/1 排队模型计算车铲比。

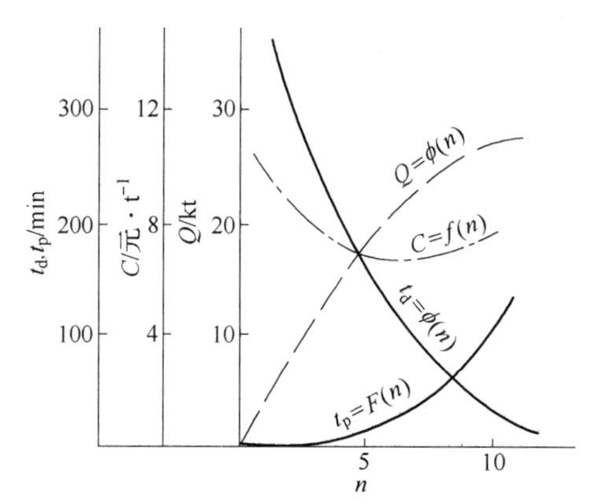

图 19-6　11.5m³ 挖掘机和 108t 汽车配套时车铲比对设备效率的影响

t_p—班内汽车排队待装的总时间；t_d—班内挖掘机等汽车的总时间；

Q—班产量；C—采矿成本；n—汽车数

固定配车的主要优点是铲装运输系统的工作组织简单易行。主要缺点有：

（1）时间参数 t_r、t_z、t_y、t_x、t_p、t_d 随多种因素变化，固定的车铲比不能充分发挥铲装和运输设备的潜能；

（2）汽车载重量不一时，更难以确定最合理的车铲比；

（3）采装与运输设备间相互制约性大，不能调节电铲配车的短时不均衡性，特别是当采装或运输设备任一方出现故障时，另一方的效率明显降低。

为了克服固定配车的缺点，最好的方法是实现全矿范围内生产汽车的实时优化调度。

19.7 实时优化调度方法

实时调度（也称为实时配车）就是实时地决定应将某辆汽车派往哪台电铲去装载，而不是把每辆车固定指配到同一台电铲。针对露天矿采运系统的实时优化调度问题，学术界和矿业界在过去半个世纪中进行了大量研究与应用实践，提出了多种方法。本节主要介绍启发式调度法。所谓启发式调度，就是根据采运系统的实时状态，依据某一调度准则把等待调度指令的卡车调往最合适的那台电铲去装载。不同的调度准则所追求的目标（即“最合适”的标准）不同。常用的调度准则有：最早装车准则、最早装完车准则、最小卡车等待准则、最小电铲等待准则等。

为表述方便，后文中把正在等待调度指令的卡车称为待调卡车。

19.7.1 最早装车准则

最早装车准则就是将待调卡车调往预计能得以最早装车的那台电铲，即：

$$i^* = i \mid \min_{i=1}^{N_s}\{\max(T_{ti},\ T_{si})\} \tag{19-15}$$

式中 i^*——待调卡车被调往的电铲序号；

N_s——待调卡车可以被调往的电铲总数；

T_{ti}——预计待调卡车到达第 i 号电铲的时刻；

T_{si}——预计第 i 号电铲装完所有已配给它的卡车后的时刻。

19.7.2 最早装完车准则

最早装完车准则就是将待调卡车调往预计能得以最早装完车的那台电铲，即：

$$i^* = i \mid \min_{i=1}^{N_s}\{\max(T_{ti},\ T_{si}) + t_{zi}\} \tag{19-16}$$

式中 t_{zi}——预计待调卡车在第 i 号电铲的装载时间。

19.7.3 最小卡车等待准则

最小卡车等待准则就是将待调卡车调往预计其待装时间最小的那台电铲，即：

$$i^* = i \mid \min_{i=1}^{N_s}\{\max(T_{si} - T_{ti},\ 0)\} \tag{19-17}$$

这一准则的目标是尽可能提高卡车的有效作业时间，所以也称为最大卡车准则。

19.7.4 最小电铲等待准则

最小电铲等待准则就是将待调卡车调往预计等车时间最长的那台电铲，即：

$$i^* = i \mid \min_{i=1}^{N_s}\{\max(T_{ti} - T_{si},\ 0)\} \tag{19-18}$$

这一准则的目标是尽可能提高电铲的有效作业时间，所以也称为最大电铲准则。

启发式调度的一个示例见表19-8。假设某辆待调卡车可以被调往3台电铲，这3台电铲按其距待调卡车的行车距离从小到大编为1号、2号、3号。T_{ti}、t_{zi}、T_{si}可依据铲、车作业统计数据和相关参数实时估算，是已知的，分别见表19-8中第2、3、4列。从表的最后一行可以看出，依据不同调度准则所选择的电铲可能有很大的不同。

表 19-8 启发式调车示例

铲号 i	卡车到达时间 T_{ti}/min	电铲装车时间 t_{zi}/min	电铲装完以前车时间 T_{si}/min	最早装车 $\max(T_{ti}, T_{si})$	最早装完车 $\max(T_{ti}, T_{si})+t_{zi}$	最小卡车等待 $\max(T_{si}-T_{ti})$	最小电铲等待 $\max(T_{ti}-T_{si})$
1	4	1	8	8	9	4	$-4\to0$
2	5	3	6	6	9	1	$-1\to0$
3	6	4	4	6	10	$-2\to0$	2
选择电铲（相同选最近）				2、3→2	1、2→1	3	3

上述调车准则容易实现，操作简单，但在不同的条件下应用效果可能差异较大。四种准则的定性比较和适用条件如下：

（1）从式（19-15）和式（19-16）可知，最早装车准则与最早装完车准则在装车时间相等时，选择的电铲相同。因此，当电铲和卡车分别只有一个规格时，这两个准则的调车结果趋于相同；否则，最早装完车准则的通用性和适用性更强些。

（2）最小卡车等待准则和最早装完车准则有其相似之处，其目标都是尽可能提高卡车的效率。因此，在卡车数量相对不足时两者都能提高整个采运系统的生产效率。最早装完车准则更多地考虑了运距的影响，趋于就近派车，在卡车数量相对少时更有利于卡车效率的发挥；但在卡车数量相对多时可能导致距离待调卡车较近的电铲前卡车排队严重。最小卡车等待准则则可以最大限度地避免在个别电铲前发生卡车“赶堆”现象。

（3）最小卡车等待准则与最小电铲等待准则分别强调卡车和电铲效率的发挥。当卡车数量相对不足（亦即电铲数量相对充足）时，整个采运系统的生产效率受卡车的制约更大，尽量发挥卡车的效率更为重要，所以最小卡车等待准则的调车效果一般好于最小电铲等待准则；反之亦反。不过，两者的优越性对比并非如此简单。因为当卡车数量相对不足时，电铲待车的时间趋于增加，用最小电铲等待准则尽量缩短电铲待车时间也可能对提高整个采运系统的生产效率发挥作用。总之，这两种准则的优劣主要取决于卡车数量与电铲数量的对比。另外，最小电铲等待准则突出电铲的重要性，使得各电铲的有效作业时间较为均衡。虽然最小卡车等待准则也能使各卡车的有效作业时间较为均衡，但由于卡车数量是电铲数量的数倍，其均衡作业的重要性不如电铲。

启发式调度法虽简单易行，但存在两大弱点：第一，启发式调度的各种准则都是建立在一次一车“独立”调度的基础上，即当前待调卡车的分配决策与将要分配的其他卡车无关。调度结果的短时效率较高，却不能顾及整个系统的长期生产效率，因此这种方法具有明显的短视性。第二，该方法以提高铲、车效率为主要目标来考虑当前待调卡车派往哪台电铲的问题，不能顾及派往某台电铲的卡车总数，其结果难免与生产计划、矿石质量（即配矿）要求相脱节。为解决这些问题，国内外研究者在优化调度理论和方法上做了大量工作，提出了不同的调度优化方法，感兴趣的读者可进一步查阅相关文献。

19.8　自动化调度系统简介

如上所述，露天矿采运系统的设备配置和运行调度对整个矿山的生产效率和成本有重大影响。研究结果表明，采运设备的班有效作业时间只占班工作时间的70%左右。因此，对露天矿运输系统实施实时优化调度，是提高生产效率、降低采矿成本的有效途径，自动化调度系统应运而生。

世界上首套露天矿卡车调度系统于1973年在南非的柏拉博拉铜矿投入运行。随着相关技术的发展，调度系统的自动化程度和优化功能不断提升，应用也越来越广泛。我国首套国产调度系统由煤炭科学研究总院抚顺分院与运载火箭研究院联合研发，于1997年在伊敏露天矿投入运行；首套引进的调度系统于1999年在德兴铜矿投入运行。如今，自动化调度系统已经在我国的多座大型露天矿山得到应用。国内外的应用实践表明，自动化、优化调度可使露天矿采运系统的生产效率提高6%~32%。

19.8.1　系统组成

露天矿卡车自动化调度系统由移动车载终端、通信差分系统、调度中心系统三大部分组成。

19.8.1.1　移动车载终端

移动车载终端由主机、显控终端、卫星定位天线、通信天线、外部传感器等几部分组成。移动车载终端组成如图19-7所示。

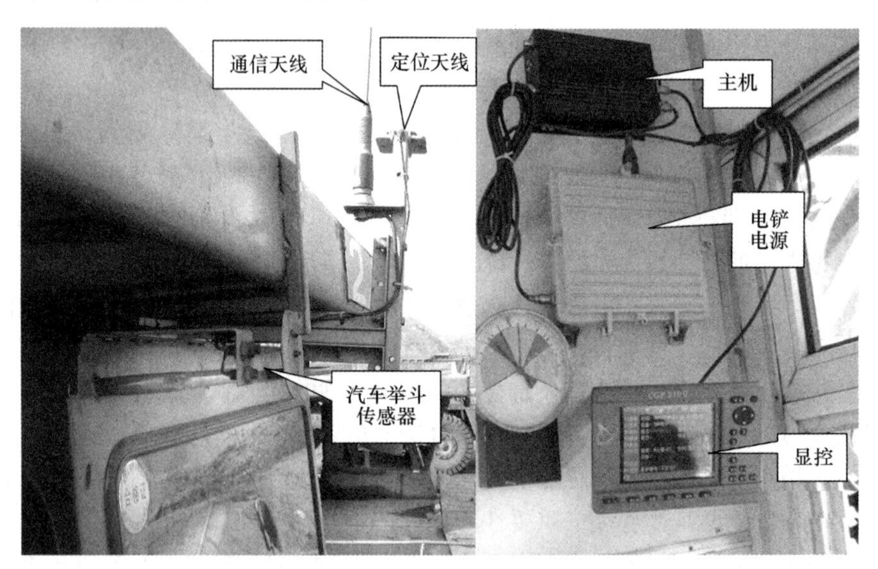

图19-7　露天矿卡车调度系统移动车载终端组成图

移动车载终端的主要功能有两个：一是采集设备的位置、状态等信息并发送给调度中心；二是接收调度中心发送的指令信息并提示给司机。

19.8.1.2　通信差分系统

通信差分系统的主要功能有两个：一是实现调度中心与移动车载终端之间的通信联系；二是通过卫星定位差分数据解算以提高定位精度。普通定位（精度为米级）不需要差分，通过差分可将定位精度提高到厘米级，主要用于定位精度要求高的设备（如钻机和电铲）作业。

通信方式可以有多种方案：利用无线通信公司的公网，采用自建的无线高速数传网，采用无线宽带网等。考虑到系统的实时可靠性、维护方便性等，一些露天矿采用无线高速数传网。

差分可以采用前向差分和后向差分两种方法，为了使移动车载终端精确显示运行轨迹，通常采用前向差分法。

19.8.1.3 调度中心系统

调度中心系统的功能包括：实现设备运行的实时动态跟踪显示，产生与发送优化调度指令，制作与调整生产计划，查询、统计与报表制作，设备运行回放等。其特点是信息量大、处理复杂；既有实时优化运算，又有大量的后台数据处理，还有图形显示界面及人机交互界面等。

调度中心系统一般由网络服务器、实时运行终端、后台服务终端、显示终端、打印机、不间断电源等组成，如图 19-8 所示。

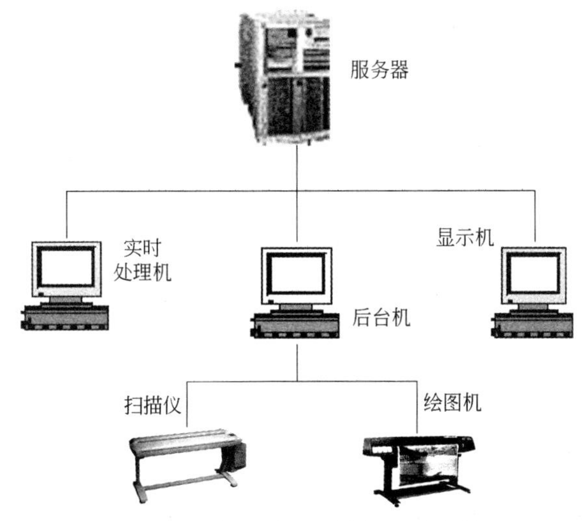

图 19-8 调度中心系统组成示意图

网络服务器为文件服务器，调度中心和外围系统主要经过该服务器进行数据交换。

实时处理机用于信息采集、状态分析、调度处理和指令发送。

后台机用于档案管理、道路网管理、班计划制作、查询和统计等。

显示终端用于系统中的设备监视。由于露天矿范围大、设备数量较多，在调度室可以多设几个显示终端，既可分台阶、分岩种、分设备类型进行显示，也可根据需要（如观察车流）进行集中显示，还可设置专门的维修处理终端，用于对故障检修设备的监视和维修管理。

19.8.2 系统工作方式

调度中心根据需要以轮询或竞争方式采集每台车载终端的信息。

移动车载终端接收卫星定位信息并实时解算自己的坐标位置。当车载终端收到轮询指令后将自己的车号、位置、作业状态等信息发向调度中心；当设备需要向调度中心报告情况时（如设备故障等），终端以竞争方式向调度中心发送这些信息，并同时报告自己的位置和状态等。

调度中心实时处理接收到的每台设备的位置、状态信息，并将结果以图形方式显示。同时，根据需要自动产生调度指令，并发送给车载终端；车载终端收到命令后在显示屏上显示并进行相应的语音提示，指导司机按指令运行。

通过调度系统与管理信息系统（或网络办公系统）连接，可以将显示和查询统计的应用范围扩展到露天矿决策者以及相关管理部门，决策和管理人员在自己的办公室即可随时了解露天矿的生产动态，并将相应决策信息实时传递给调度系统，提高矿山决策质量。

露天矿卡车调度系统的信息流程如图19-9所示。

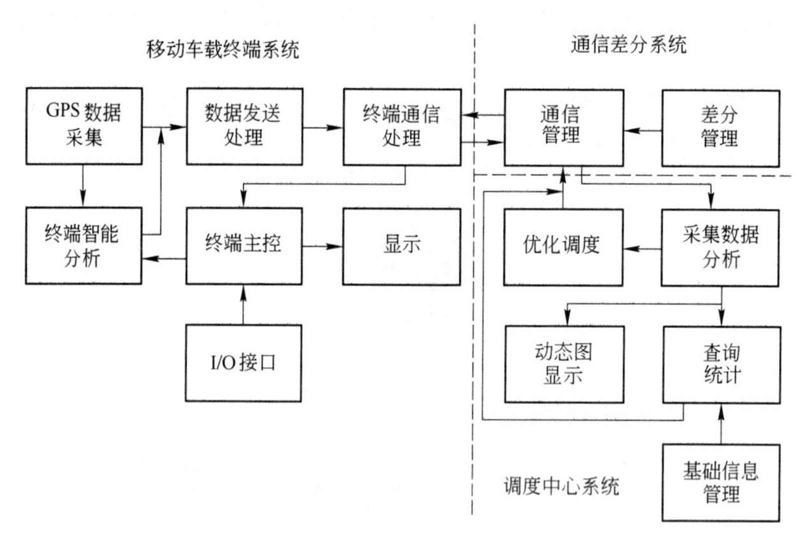

图19-9 露天矿卡车调度系统信息流程

19.8.3 系统主要功能

露天矿卡车调度系统的主要功能就是通过采集采运设备信息，实现对设备位置及工作状态的实时跟踪、显示和优化调度，及时准确地查询统计生产情况，起到优化车队运行、准确执行生产计划等作用，以此达到提高采运系统生产效率、降低成本的目的。具体功能为：

（1）优化调度。优化调度主要实现以下功能：

1）优化行车路径。根据道路网数据自动生成最佳行车路径。

2）车流规划。根据班计划及生产进行情况规划装载点与卸载点之间的最佳车流，对车铲设备进行合理配置；在设备比例失衡时，为调度员调整、关停部分设备提出建议。

3）自动调度。正常情况下，系统根据设备配置结果自动合理地处理全部卡车调度，不需人工干预。

4）人工干预。如果需要，调度员利用系统可随时将指定汽车调往任何位置及用途，或随时改为固定配车调度。

5）卡车重新调配。在电铲、破碎站、排卸点等发生故障或关闭时，系统自动将调往这些地点的途中卡车全部调走；在这些点的故障解除或恢复使用时系统自动向这些地点派车。

(2) 设备跟踪与实时显示。系统自动采集设备的位置、状态等信息并以二维图或三维图方式显示，使调度员实时掌握现场设备运行情况。

(3) 班作业计划制作与动态调整。根据产量计划、设备出动计划、矿石质量计划等，辅助计划人员合理制定当班作业计划，提供合理的货流分配方案、卡车调配方案、路径选择方案等，并可根据情况的变化（如电铲、破碎站、卡车等发生故障）实现动态调整。

(4) 交接班及班中餐处理。根据作业时间要求，自动安排设备上下班、班中餐及其他规定的司机休息等。

(5) 自动计量。自动记录每台车的装车地点、卸车地点及运行路线，从而可自动计算出各装载点产量、排卸点产量、各车产量及运行吨千米数等，避免人工计量产生的误差。

(6) 业绩评价。通过对设备跟踪记录的统计分析，对司机工作业绩给予评价，并可根据计酬方案实现自动计酬，提高管理效率和水平。

(7) 故障报告。在设备出现事故或故障时，可按事故或故障分类向调度中心报告、示警。调度中心和维修部门能够及时得知哪台设备何时何地发生了何种事故或故障，及时组织处理。

(8) 设备维检建议。依据对设备运行时间、里程的统计，结合检修保养规程，对设备检修保养提出建议。

(9) 设备状态跟踪。通过对发动机、轮胎等大型配件的投入、故障、维修、保养等历史数据的详细记录和对其运行过程的实时跟踪，结合设备运行时间、运行里程、产量的统计，为单车成本核算提供依据，为选择最佳设备与备件厂家提供依据。

(10) 运行预警。车载终端通过卫星定位系统自动采集设备运行位置、速度等信息，对超速行驶、越界行驶、超时停车、到达错误装卸地点等进行报警，促进安全、高效运行。

(11) 自动导航。以语音、文字、图形等多种方式把车辆位置、运行路线、速度等提示给司机，指导司机安全行驶、准确作业。

(12) 加油管理。根据矿山生产管理要求，结合汽车运行吨千米数统计及加油站卡车排队情况，辅助调度员安排汽车加油，或向申请加油的卡车提示加油站情况信息。通过加油输入功能或自动加油量信息采集接口，形成加油数据库，实现单车吨千米油耗分析。

(13) 班中查询。可随时对当班的设备、装卸点等的运行状态、时间、产量等进行组合式查询。

(14) 系统数据库建立与查询统计处理。可根据矿山要求，建立详细的系统数据库（通常分为基础数据库、实时运行数据库、汇总数据库、专用数据库等），在此基础上进行相关统计图表的制作及统计分析处理，为作业效率评价、系统弱点诊断和相关决策等提供依据。

(15) 运行回放。可对任意时间段内的全部设备或部分设备进行生产过程运行回放显示，并可人为控制回放速度。对追查事故原因、改进操作人员培训、分析矿山生产过程、优化生产组织、挖掘生产潜力等起到重要作用。

(16) 矿石质量管理。根据矿石质量管理要求，协助质量管理人员进行矿石质量管理，配合调度人员制作矿石质量管理方案及配车方案，实现矿石质量的实时精确控制和批量控制。

（17）基础信息管理。基础信息管理包括设备档案、司机档案、调度人员档案、值班人员档案等。

（18）与其他系统的连接功能。调度系统可与其他系统相连接，如地质测量、采矿设计与计划、选矿管理、维修管理、备件与材料管理、油料管理、成本核算系统等，实现信息交换和共享。

20 排土作业

金属露天矿的剥采比一般都大于1，所以废石（包括表土）的剥离量通常比矿石的开采量大，废石的排弃工作量与排土场的占地面积都相当大。因此，废石排弃工作是露天开采中的一个重要生产环节，排土作业的效率影响整个矿山的经济效益。

将剥离的废石运输到选定的场地进行排弃称为排土作业，堆放废石的场地称为排土场。排土工作按一定的作业参数和时空顺序逐渐推进，排土工作及相关参数有以下特点：

(1) 排土与开采有相似之处，其工作线及工作面都随着时间不断推进，具有移动性；但在垂直方向上的发展顺序与开采相反，开采是自上而下逐个形成工作台阶，从而形成采场工作帮，而排土是自下而上逐个形成排土台阶，从而形成排土工作帮。

(2) 排土工作面像采掘工作面一样具有一定的作业参数，如排土台阶（也称为阶段）高度、平盘宽度、排土带宽度、台阶坡面角、排土工作帮坡角等。但排土工作面可采用较大的作业参数，如较高的排土台阶（排土场的排土台阶一般为采场剥离台阶高度的2倍左右，甚至更大）。

(3) 排弃物料为松散物料，同样设备（如电铲）的排土作业效率比采掘效率高。因此，排土设备数量一般比剥离采掘设备数量少许多，往往一套排土设备可完成数台采掘设备所剥离的废石量的排土工作。

(4) 排土场物料松散，排土台阶的稳定性差。因此，排土台阶的坡面角、排土工作帮帮坡角、排土场最终边坡角等都比采场的相应坡角要小。

排土作业涉及排土场选址、排土场要素设计、排土场的建立与排弃计划、排土工艺、排土场的稳固性监测与维护、排土场污染防治等诸多方面。本章主要讲述排土场选址、排土场要素设计和排土工艺。

20.1 排土场选址

合理的排土场地选择必须综合考虑地形、环境、容量需求、土地类型、矿床的远景储量分布、废石排弃运距、排土场对环境的影响、废石回收利用的可能性及排土场复垦等因素。

按与采场的相对位置，排土场可分为内部排土场与外部排土场。内部排土场是把剥离的废石直接排弃到露天采场内的采空区，这显然是一种最经济、最节省占地的废石排弃方案。但内部排土场的应用受到条件的限制，只有开采水平或缓倾斜的矿体且采场面积大，或在一个矿床实行分区开采时才有可能实现。绝大多数金属露天矿山都不具备设置内部排土场的条件，而需在采场附近设置一个或多个外部排土场，实行集中或分散排土。

排土场的选址应遵循下列原则：

(1) 不占良田，少占耕地，尽量利用山坡、山谷的荒地，避免村庄的迁移；

（2）尽可能靠近采场，以缩短运距；

（3）应设置在居民区或工业场地的下风侧或最小风侧以及生活水源的下游，以免对居民、工厂或水源造成危害；

（4）不应截断泄洪道和河流，避免设置在水文地质复杂的地段，以保证排土场的稳定，避免排土场发生滑坡和泥石流事故；

（5）废石中可利用的部分要单独堆置，以便二次回收利用；

（6）废石中有害成分（如重金属、硫等）含量高的部分要单独堆置，并采取相应的隔离防护措施，以免造成环境污染；

（7）有条件时，靠近采场的排土场宜分散布置，以利于多出口运输，缩短运距并减轻排土线和道路的压力，提高排土效率；

（8）有利于土地复垦。

排土场选址和规划的一般准则是：排弃、治理与复垦成本最低，占地面积最小，占用土地价值最低。

20.2 排土场要素

排土场的要素包括：阶段高度、堆置高度、平盘宽度和容积，前三者统称为堆置要素。

20.2.1 堆置要素

大中型露天矿的排土场一般都分阶段堆置。排土场的阶段高度是指排土台阶坡顶面至坡底面间的垂直距离，所有阶段的高度总和称为排土场的堆置高度。排土场的阶段高度与堆置高度主要取决于排土场的地形与水文地质条件、气候条件、废石的物理力学性质（成分、粒度等）以及排土设备和废石运输方式等因素。

在确定靠近地面第一层的阶段高度时，应避免在地质条件差时堆置过高，以免造成严重的基础凸起，使局部排土场下沉，造成台阶边坡滑落而引起上层阶段的不稳定现象。多阶段同时堆置时，上下阶段之间要留有一定的超前距离，既保证下面阶段的安全生产，也为上面阶段的稳定创造条件。

排土场的平盘宽度是水平面上本阶段坡顶面外缘到上阶段坡底线之间的距离。工作平盘宽度主要取决于上一阶段的高度、大块废石的滚动距离、采用的排弃设备、运输方式、运输线路的条数及移道步距等因素，其取值应满足运输和排土设备对作业空间的需要，上、下相邻阶段同时作业时互不影响。

20.2.2 排土场容积

排土场的设计容积可用下式计算：

$$V = \frac{V_s K_s}{1 + K_c} K_1 \tag{20-1}$$

式中 V——排土场的设计容积，m^3；

V_s——剥离岩土的实方体积，m^3；

K_s——岩土的松散系数，其取值可参考表 20-1；

K_c——岩土的下沉率，其取值可参考表 20-2；

K_1——容积富余系数，一般取 1.02～1.05。

表 20-1 岩土松散系统参考值

岩土种类	砂	砂质黏土	黏土	带夹石的黏土岩	块度不大的岩石	大块岩石
初始松散系数	1.1～1.2	1.2～1.3	1.24～1.3	1.35～1.45	1.4～1.6	1.45～1.8
终止松散系数	1.01～1.03	1.03～1.04	1.04～1.07	1.1～1.2	1.2～1.3	1.25～1.35

表 20-2 岩土下沉率参考值

岩土种类	下沉率/%	岩土种类	下沉率/%
砂质岩土	7～9	硬黏土	24～28
砂质黏土	11～15	泥夹石	21～25
黏土质	13～15	亚黏土	18～21
黏土夹石	16～19	砂和砾石	9～13
小块度岩石	17～18	软岩	10～12
大块度岩石	10～20	硬岩	5～7

20.3 排土工艺类型

露天矿排土工艺因开采工艺、排土场地形、水文地质特征及所排弃废石的物理力学特征而异。对于内部排土场，当所开采的矿体厚度与所剥离的岩层厚度不大、排移距离小时，可使用大型机械铲或索斗铲直接将废石倒入采空区内；当矿体较厚、剥离量大且排移距离较大时，必须通过某种运输方式把废石运到采空区，进行内部排弃。对于外部排土场，根据废石的运输与排弃方式及所使用的设备不同，排土工艺可分为如下几种：

（1）公路运输排土。利用汽车将废石直接运到排土场排卸，然后由推土机推排残留的废石及整理排卸平台。

（2）铁路运输排土。利用铁路机车将废石运到排土场，再用其他排土设备转排。根据排土设备的不同，又分为挖掘机排土、排土犁排土、铲运机排土等。

（3）胶带运输排土。利用胶带机将废石直接从采场运到排土场排卸。

20.4 公路运输排土

采用汽车运输的露天矿大多采用汽车-推土机排土工艺。其排土作业的程序是：汽车运输废石到排土场后进行排卸；推土机推排残留废石，平整排土工作平台，修筑防止汽车翻卸时滚崖的安全车挡，整修排土场路面。

汽车-推土机排土工艺的优点有：汽车运输机动灵活，爬坡能力大，可在复杂的排土场地作业；排土高度比铁路运输大；排土场内运输距离较短，排土运输线路建设快、费用低、易于维护。由于国内外露天矿广泛采用汽车运输，所以汽车-推土机排土工艺的应用也最为广泛。

20.5 铁路运输排土

铁路运输排土是由铁路机车将废石运至排土场，翻卸到指定地点，再用其他设备进行转排。可选用的转排设备有排土犁、挖掘机、推土机、前装机、索斗铲等。国内采用铁路运输排土的金属露天矿主要以挖掘机为转排设备，排土犁次之，而其他设备应用很少。铁路运输排土还需要移道机、吊车等辅助设备。

20.5.1 挖掘机排土

如图20-1所示，列车进入排土线后，矿车依次将废石卸入临时废石坑，再由挖掘机转排。该工艺要求临时废石坑的长度不小于一辆翻斗车的长度，坑底标高比挖掘机作业平台低1~1.5m，容积一般为200~300m^3。排土分为上下两个台阶，电铲在下部台阶顶面从临时废石坑里铲取废石，向前方、侧方、后方堆置。其中，向前方、侧方堆置形成下部台阶，向后方堆置形成上部台阶的新排土线路基，如此作业直至排满规定的阶段高度。

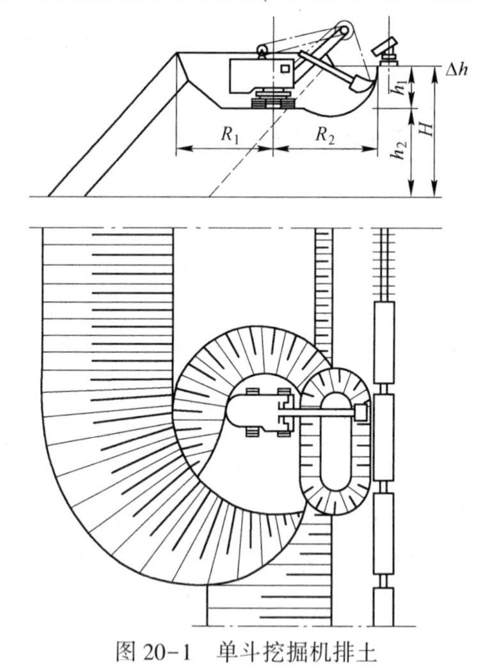

图20-1 单斗挖掘机排土

挖掘机排土工艺具有如下优点：

（1）受气候的影响小。

（2）移道步距大，线路质量好。

（3）每米线路的废石容量大，因而减少了排土线在籍长度及相应的移设和维修工程量。

（4）排土平台具有较高的稳定性，可设置较高的排土阶段，并能及时处理台阶沉陷、滑坡。

（5）场地的适应性强，可适用各种废石硬度。

（6）可在排土过程中进行运输线路的涨道；在新建的排土场可直接用挖掘机修筑路基，加快建设速度，节省劳动力。

挖掘机排土工艺的缺点有：

（1）挖掘机设备投资较高、耗电量大，因而排土成本较排土犁高；

（2）运输机车需定位翻卸废石和等待挖掘机转排，因而降低了运输设备的利用率。

20.5.2 排土犁排土

排土犁是一种行走在轨道上的排土设备，如图 20-2 所示。它自身没有行走动力，由机车牵引，工作时利用汽缸将犁板张开一定的角度，在行走中将堆置在排土线外侧的岩土向下推排。

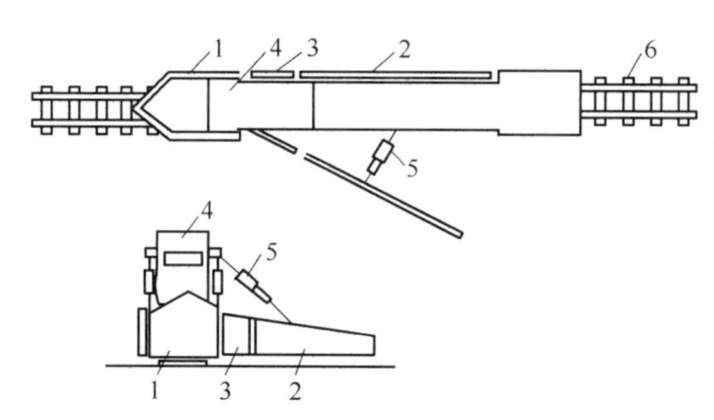

图 20-2 排土犁示意图

1—前部保护板；2—大犁板；3—小犁板；4—司机室；5—汽缸；6—轨道

如图 20-3 所示，排土犁排土的工艺过程是：列车进入排土线排卸岩土后，排土犁进行推刮，将部分岩土推落坡下，上部形成新的受土容积。然后列车再翻卸新的岩土，直到线路外侧形成的平盘宽度超过或等于排土犁板的最大允许排土宽度时，用移道机进行移道。一般排土线每卸 2~6 列车由排土犁推刮一次，每经过 6~8 次推排后需移设线路一次。

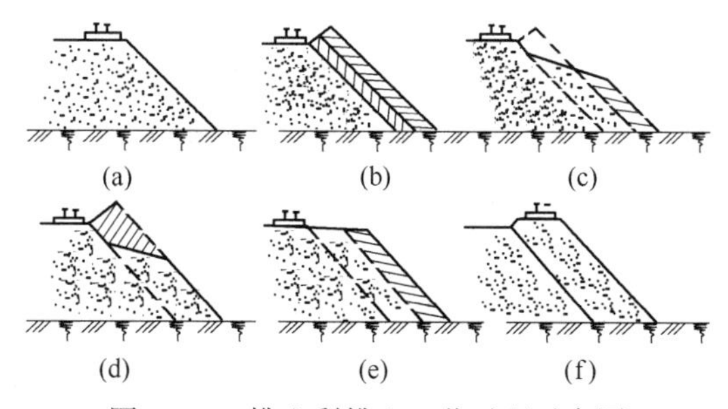

图 20-3 排土犁排土工艺过程示意图

排土犁排土具有如下优点：

（1）价格低，排土效率高。每台排土犁的价格仅为挖掘机价格的 1/3 左右，而排土效率约为挖掘机的 2 倍。

（2）设备结构简单，便于维修。

（3）适用性强，适用于准轨运输的各种地质条件、各种岩石硬度。

（4）排土后的路基不需要加工便可直接铺设线路。

排土犁排土具有如下缺点：

（1）排土阶段高度受到限制，一般为10~12m；

（2）移道步距较小，两次移道间的容土量少，因而需设较多的排土线。

20.5.3 推土机排土

推土机排土的工艺程序是：列车将废石运至排土场翻卸，推土机将废石推排至排土工作台阶以下，并平整场地及运输线路。国内采用铁路运输的露天矿采用推土机排土工艺的不多。当排弃湿度较大的岩石时，由于推土机履带的来回碾压，加强了路基的稳定性，可增加排土场的堆置高度，但排弃成本较高。

20.5.4 前装机排土

前装机排土如图20-4所示。它具有机动灵活、排土宽度大、运距长、安全可靠等优点，这种排土方式的排土阶段有较长的稳定期。但当运距大时，排土效率较低。当排土平台较宽时，前装机可就地做180°转向运行；当排土平台较窄时，可就地做90°转向运行，以进行加长排土工作平台的作业。

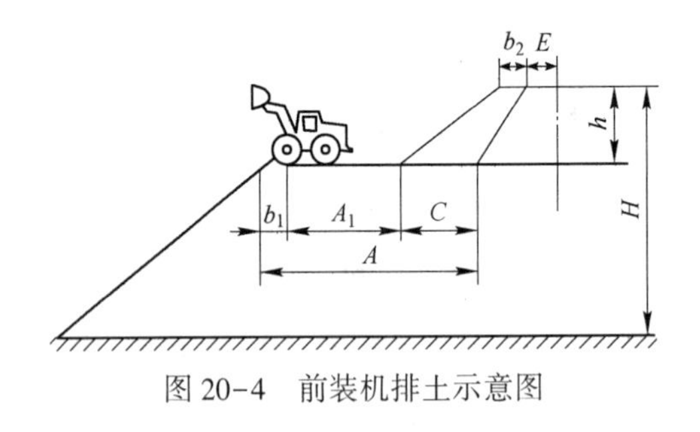

图20-4 前装机排土示意图

20.6 胶带运输排土

胶带运输机-胶带排土机排土是一种连续排土工艺。其一般的工艺流程是：用汽车将废石运至设置在采场最终边帮上的固定或移动式破碎站进行粗破碎，破碎后的废石被转装到胶带运输机运至排土场，再转入胶带排土机（简称排土机）进行排卸。当排到一个阶段高度后，用推土机平整场地，移动排土机。

如图20-5所示，排土机是一种装有胶带运输机的可行走的排土设备，它由受料臂、卸料臂、回转台和行走部分组成。受料臂可以直接接受运输胶带的转载，也可通过加载装置加载。

选用排土机时应考虑下列条件：

（1）排土机在气温-25~+35℃和风速小于20m/s的条件下工作较适宜。气温过低时，岩粉易在排土机的胶带上冻结积存，造成过负荷；气温过高时，易产生过热而引起机械故障；风速过大时，排土机的机架容易摆动，威胁工作人员和设备的安全。

（2）排土机的行走坡度一般不超过1∶20(5%)，个别地方也有达1∶10~1∶14的。

（3）排土机工作时对纵、横坡的要求一般不大于下列值：纵向倾斜1∶20、横向倾斜

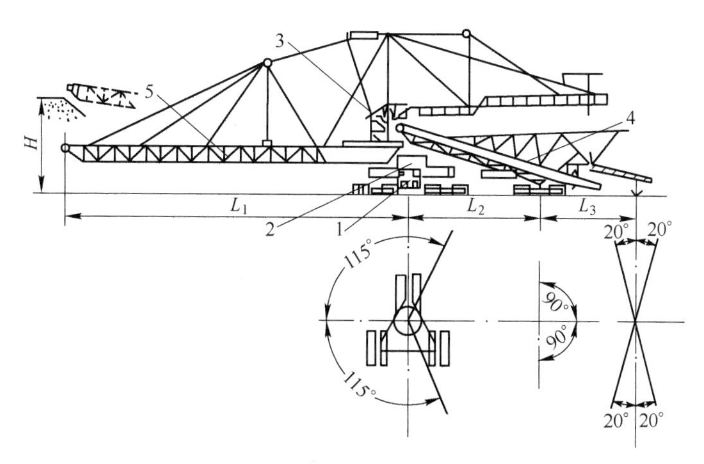

图 20-5 胶带排土机结构示意图

1—排土机底座；2—回转盘；3—铁塔；4—受料臂（装有接收运输机）；5—卸料臂（装有卸载运输机）

1∶33，或纵向倾斜 1∶33、横向倾斜 1∶20。

（4）排土机对地面压力应小于排土场的地面耐压力。

排土机的主要工艺参数是最大排土高度和排土带宽度，它们都取决于排土机的结构尺寸。排土机向站立水平以上排土时，应尽量利用悬臂长度形成边坡压脚，以保证排土边坡的稳定；向下排土时也要尽量利用卸载悬臂长度，使排土带宽度达到结构允许的最大值，为排土机创造稳定的基底。

胶带运输机-排土机排土工艺充分发挥了连续运输的优越性，运排成本低，自动化程度高。与汽车运排相比，具有能耗低、维修费低、生产效率高等优点。排土机排土可增大排土场段高，缓解排土场容量不足和占用土地面积大的问题。但这种排土工艺初期投资大，生产管理技术要求严格，胶带易磨损，工艺灵活性差。

21　露天转地下协同开采

我国约90%的露天金属矿山均已进入深部开采，其中许多矿山已经或陆续转入地下开采。在露天转地下开采的过渡期间，通常露天与地下同时生产，地下采动引发的岩移常常危及露天边坡的稳定性，容易引发露天边坡滑移，威胁露天生产安全；同时，如果对露天爆破振动控制不当，会危害地下采准工程的稳定性，威胁地下生产安全。因此，在露天转地下开采的过渡期，普遍存在安全生产条件差、露天和地下生产相互干扰的问题，影响露天与地下的生产能力，造成过渡期产量衔接困难。本章针对露天转地下过渡期在开采条件和工艺技术上的特殊性，论述露天转地下稳产过渡的协同开采问题。

21.1　露天转地下过渡模式

21.1.1　常规过渡模式

常规过渡模式主要有境界矿柱过渡模式、境界矿柱+覆盖层过渡模式以及设置过渡层的三层过渡模式。

21.1.1.1　境界矿柱过渡模式

为确保露天采场生产安全和露天地下具备同时生产条件，国内外常用预留或人工构建境界矿柱的过渡方式，即在露天最终境界部位预留或构建一定厚度的隔离矿柱（简称境界矿柱），将露天生产与地下生产的空间隔开，以此消除两者间的相互干扰，如图21-1所示。采用预留境界矿柱的过渡模式，地下开采时需要保障境界矿柱的稳定性。为此，一般先用空场法或充填法开采境界矿柱之下的矿体，以留矿法开采居多，将采场内的矿石暂不放出，以支撑矿块的间柱与围岩，维护境界矿柱的稳定性，待露天开采结束或境界矿柱回

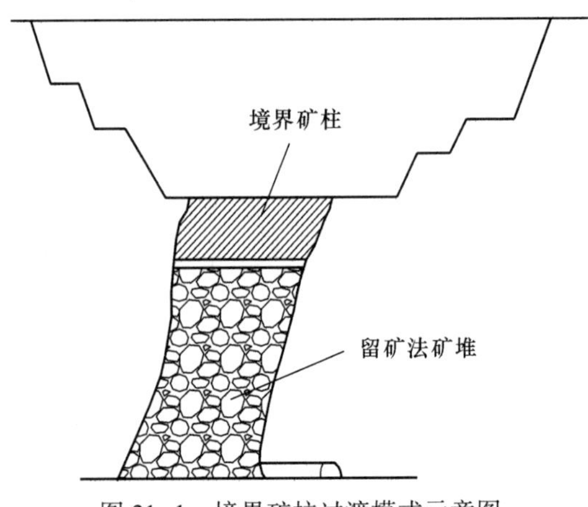

图21-1　境界矿柱过渡模式示意图

采完成后，再放出采场内的存留矿石。

采用预留境界矿柱过渡模式，过渡期的地下开采效率低、境界矿柱回采困难，所以产量衔接比较困难。

21.1.1.2 境界矿柱+覆盖层过渡模式

在多年的生产实践中，对过渡模式进行了许多改进，主要是在露天坑底用散体垫层代替境界矿柱，仅在挂帮矿处预留境界矿柱，从而形成境界矿柱+覆盖层过渡模式，如图21-2所示。挂帮矿用留矿法开采，保护境界矿柱；露天开采至境界后，人工在坑底形成散体覆盖层，保障其下矿体直接用无底柱分段崩落法开采。然而，这种境界矿柱+覆盖层过渡方式，在空间与时间上依然存在着露天与地下不能协同开采的问题，未能很好解决过渡期的产能衔接问题。

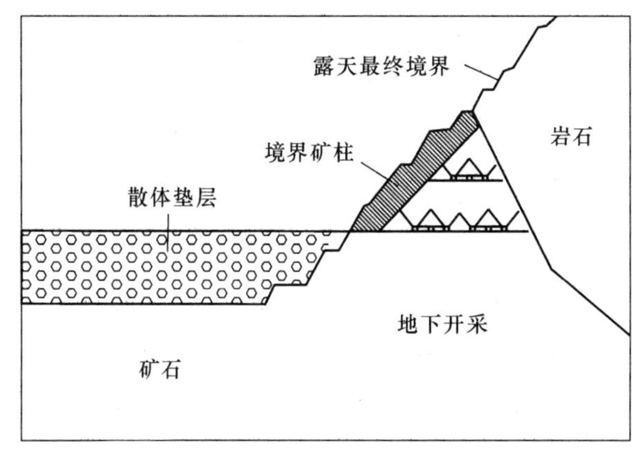

图21-2 境界矿柱+覆盖层过渡模式示意图

21.1.1.3 三层过渡模式

三层过渡模式是在露天开采境界之下，设置一露天凿岩与落矿、地下出矿的过渡层，在过渡层之下转入地下开采，如图21-3所示。

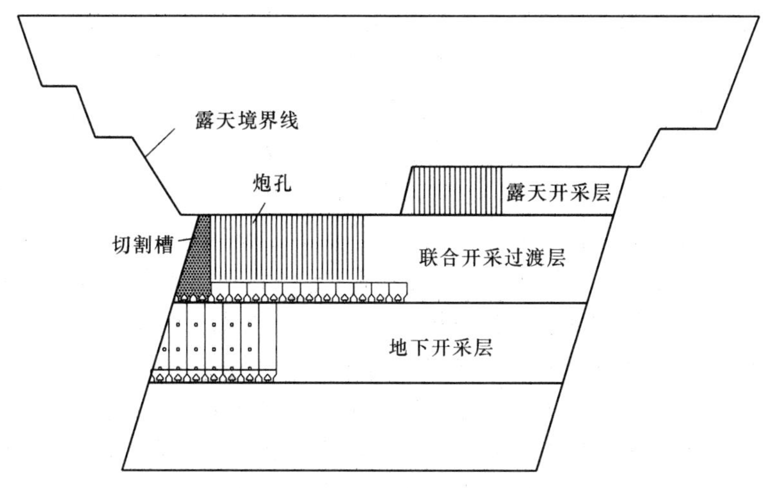

图21-3 三层过渡模式示意图

三层过渡的具体方法是：当露天采掘工程在矿床的一翼达到最终深度时，采掘工程沿矿体边界向矿层中央推进，当露采工作面向前推进150~200m时，在非工作帮沿矿体边界掘一天井，将露天底部与地下回采水平的巷道连通，同时在露天底部用露天穿孔设备向下钻凿炮孔；以所掘天井为切割井，深孔爆破扩成切割槽；以切割槽为自由面，利用露天钻凿炮孔侧向挤压爆破，崩落过渡层的矿石；被爆破的矿石从地下底部结构放出。过渡层以下矿体用地下采矿法开采。三个开采层（露天开采层、联合开采过渡层、地下开采层）的过渡方式，需要地下准备的时间较长，且对矿体开采条件要求比较苛刻，因此尚未得到广泛应用。

21.1.2　楔形转接过渡模式

21.1.2.1　基本条件

采用楔形转接过渡模式需要满足以下基本条件：

（1）露天陡帮开采。在露天转地下开采的过渡期，一般露天采场早已进入深凹开采，此时为提高开采效率，需要最大限度地实施陡帮开采技术。所谓陡帮开采，是为了压缩生产剥采比、降低成本所采用的加大工作帮坡角的采剥工艺。陡帮扩帮方式是相对缓帮而言，可在陡工作帮坡角条件下采用组合台阶、条带开采等方式执行采剥作业。陡帮工作时，工作帮坡角一般为25°~35°。

（2）地下高效开采。过渡期地下采场从无到有，而且地表为露天坑，一般允许崩落。此时为提高开采效率，应选用高效采矿方法。国内金属矿山地下开采的实践表明，大结构参数崩落法的开采效率普遍较高，从分段崩落法到阶段自然崩落法，可根据矿体条件灵活选择应用。特别是近年来东北大学研发的诱导冒落法，将矿岩可冒性与分段崩落法的开采工艺有机结合，既有分段崩落法的结构简单、应用灵活的特点，又有阶段自然崩落法的利用地压破碎矿石、采矿强度大、成本低的特点。

21.1.2.2　过渡模式

为了最大限度地提高过渡期产能，理想的方法是在满足上述露天与地下高效开采基本条件的前提下，完全取消境界矿柱以及人工形成覆盖层的工艺，同时释放露天与地下的采矿生产能力。为保障露天与地下两者都能高效开采，露天采场需保持矿体连续开采条件和避免地下开采的陷落危害；地下采场需具有诱导冒落所需的回采宽度，同时不受露天爆破震动危害。按此要求，露天采场设计可按合理边坡角沿下盘延深，直至回采工作面宽度小于最小工作平台宽度；地下回采宽度逐步扩大，便于诱导其上部矿岩自然冒落和冒落矿量的合理回收。从利用露天开拓系统快速进行地下开拓与采准的便利条件出发，最好是露天采场位于地下采场的下方，即露采在下，地采在上；两者在水平投影面上错开，即坑底露天采场与挂帮矿地下采场的理想位置关系，应使露天采场低于地下采场，为此，以斜切矿体的界线划分露天与地下分采区，如图21-4所示。

从上到下露天采场的宽度由大变小，地下采场的宽度由小变大，最终露天采场消失，转为全地下开采。在露天采场逐渐缩小与地下采场逐渐扩大过程中，实现由露天开采向地下开采的转接过渡，将这种过渡方式称为露天地下楔形转接过渡模式，简称楔形转接模式。这种模式消除了境界矿柱的困扰，同时挂帮矿可用诱导冒落法高效开采，露天底部矿量可用露天陡帮开采方式延深开采，从而实现过渡期露天与地下同时高效开采。

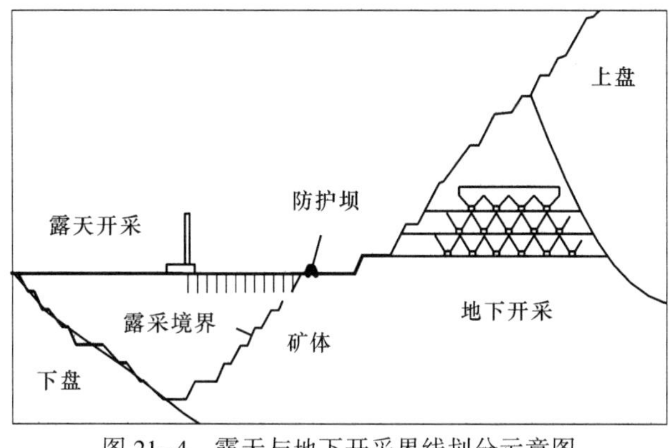

图 21-4 露天与地下开采界线划分示意图

21.2 过渡期边坡岩移协同控制方法

边坡岩移危害可归结为因边坡失稳而突然发生大规模滑坡，冲击露天坑底和地下采场，造成安全生产事故。此外，在露天转地下过渡期，边坡岩移还可能引起运输线路的中断，使露天生产受到严重影响，甚至被迫停产。为避免与控制边坡岩移危害，以往的方法主要是控制边坡的稳定性，主要有锚索加固、削坡卸载、导水疏干、砌筑挡墙等。这些方法不仅费时费力，而且限制挂帮矿体的开采时间或开采效率，降低了过渡期的产能。

为最大限度地提高过渡期的开采效率，就需要允许边坡发生岩移，但需严格控制边坡岩移危害。达到这一目的的基本方法是控制边坡滑移的方向，使其指向塌陷坑而不冲向露天坑底。根据挂帮矿地下开采及边坡岩移的特点，结合露天转地下过渡期的生产条件，边坡岩移协同控制可归结为三个方面：露天边坡岩移进程控制、边坡岩移塌陷与滑移方向控制、露天拦截工程。

21.2.1 边坡岩移进程控制方法

在挂帮矿开采中，为保护露天运输线路在某一时间内不中断，往往需要控制边坡岩移的进程，为此需要研究挂帮矿地下开采引起边坡岩移的机理。为便于计算，将边坡之下形成采空区后，采空区拱顶围岩的受力关系简化为平面问题，如图 21-5 所示。顶板单位面积上岩体所受压力 T 与采空区半跨度 l 的近似函数关系为：

$$T = \frac{\gamma l^2}{h}\left(\frac{H}{2} + \frac{l}{3}\tan\alpha\right) \tag{21-1}$$

式中 T——顶板岩体单位面积上承受的压力，t；

γ——上覆岩层容重，t/m^2(平面问题)；

h——空区高度，m；

H——空区顶板最小埋深，m；

α——露天边坡角，(°)。

式（21-1）可用于计算临界冒落跨度。计算方法是：将上覆岩层容重 γ、空区高度 h、空区顶板埋深 H 与上覆围岩单位面积上的极限抗压力 T 代入式（21-1），反求 l，得出临界冒落跨度 $2l$。

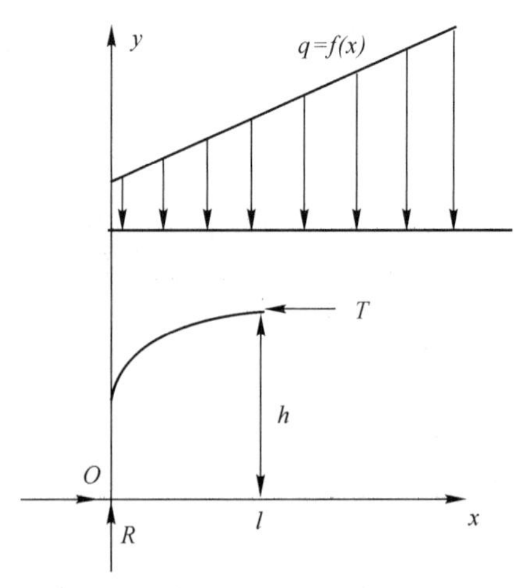

图 21-5 平衡拱受力分析图

式（21-1）也可用于估算持续冒落跨度。理论研究与生产实践表明，当采空区冒落高度达到地表弱化层（包括地表第四纪岩层与风化层）时，对应的采空区跨度可视为临界持续冒落跨度。因此，在式（21-1）中，令 h 等于采空区底板至地表弱化层的高差值，反求得出的 $2l$ 值便可作为临界持续冒落跨度的估算值。

实际生产中，还可由临界冒落跨度值估算持续冒落跨度。统计得出，在目前生产范围内，挂帮矿持续冒落跨度为临界冒落跨度的 1.25～1.65 倍。

为便于控制边帮岩体的冒落进程和提高生产能力，可将诱导工程布置在矿体厚度大于 $1.65\times2l=3.3l$ 的标高位置，回采时完整崩透进路之间的矿柱，形成连续采空区，诱导上部矿石与围岩自然冒落。冒落的矿石在下面分段回采时逐步回收，冒落的岩石留于采场形成覆盖岩层，满足其下无底柱分段崩落法正常生产需要。

在诱导冒落回采过程中，通过控制连续采空区跨度来控制顶板围岩的冒落进程，进而控制边坡冒落时间，即待边坡允许冒落时再使采空区冒透地表。诱导工程宜靠近挂帮矿下部布置，其下留有 1～2 个分段的接收条件，这样既有利于控制空区冒透地表的时间，又有利于增大诱导冒落的矿石层高度，增大开采强度与降低生产成本，并可使冒落矿石得到较充分的回收。

21.2.2 边坡岩移塌陷与滑移方向控制

露天边坡的陷落与滑移运动可能分次发生，也可能接续顺次发生，主要取决于边坡岩体的稳固条件。由于受开采卸荷与爆破震动的双重影响，一般边坡岩体的稳定性较差，陷落与滑移连续进行的可能性较大。在塌陷坑形成过程中与形成之后，不允许塌落与滑移的散体岩石越过塌陷坑而冲落于露天坑底，危害露天生产安全。因此要求边坡塌陷坑的深度与容积足够大，能够完整容纳边坡滑移而入的散体岩石。为此，在开采挂帮矿时，除考虑临界冒落跨度外，还需综合考虑回采量与滑落量的数值关系。

通过协调地下回采顺序与落矿高度，控制边坡岩移的方向，使其指向塌陷坑方向。这一方法已在小汪沟铁矿成功应用，完全可以防治边坡冒落时可能引起的岩移危害。在此条件下，位于露天坑底部位的矿体，受采空区冒落冲击的条件与挂帮矿一样，留 3.0m 厚的散体垫层，便可保障回采作业的安全。

分析表明，应用诱导冒落技术控制挂帮矿地采岩移的方法，使地采引起的边坡塌陷活动不危害露天生产安全，从而可延长露天与地下同时生产的时间，为露天转地下稳产或增产过渡提供技术保障。

21.2.3　露天拦截工程

在边坡塌陷坑形成之前，受地下采动影响，边坡表层危石有可能滚落到露天坑底。此外，对于高陡边坡，当地下开采受矿体赋存条件的限制，诱导冒落工程所形成的地下采空区的容量不够大而使边坡塌陷坑不足以存放上部岩移散体总量时，剩余的岩移散体将越过塌陷坑而继续下滑。这两种情况下发生的边坡岩移，都有可能冲击坑底露天采场。为防治这种岩移危害，就需要在露天采场外的适宜位置设置拦截工程，将滚石或滑移散体岩石阻挡在露天坑底采场之外。为此，需要进行露天边坡滚石试验，根据边坡滚石试验结果，在露天坑底部台阶上，按一定的安全距离设置废石防护坝（见图 21-6），防护坝体之下与外侧（靠边坡一侧）的矿石后续由地下开采。

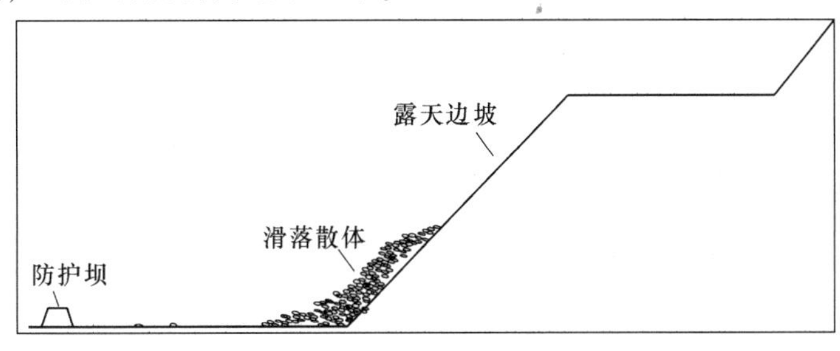

图 21-6　坡脚防护坝示意图

总之，在露天转地下的过渡期，边坡岩移是干扰露天地下同时生产的重要因素，常规的边坡岩体稳定性控制方法，不仅费用较高，而且限制挂帮矿体的开采时间与开采效率，降低过渡期的产能。为此，可采用允许边坡岩移、控制岩移方向以保障露天生产安全的岩移控制方法。通过调整挂帮矿诱导工程的回采顺序与回采高度，使采空区在适宜位置冒透地表时形成足够大的塌陷坑，容纳边坡滑落的全部散体岩石，便可有效控制边坡岩移的方向。为了防治采矿扰动下的边坡滚石危害，需根据边坡滚石试验结果，设立辅助拦截工程，以确保露天生产安全。

21.3　过渡期开采境界的细部优化与高效开采技术

21.3.1　过渡期开采境界细部优化原则

过渡期对开采境界进行细部优化的目的，主要是为了能够合理利用露天开采与地下开采各自工艺的特长，实现露天转地下的平稳高效过渡，使露天开采和地下开采的总效益最大化。为合理确定露天转地下过渡期的开采境界，既需要在露天开采末期就做好境界细部优化工作，又需要结合矿山露天转地下开采时的技术经济条件，以及露天与地下开采的工艺技术进展，对已经优化的露天开采境界作进一步更细致的优化。

从充分利用露天、地下开采的工艺优势以及创造安全高效的协同开采条件出发，露天地下开采境界的细部优化应遵循如下原则：

（1）生产安全。在划分露天地下分采界线时，首先要考虑露天地下同时生产的安全，在制定开采界线与开采方案中，需要确保边坡岩移危害与爆破震动危害均得到有效控制。

（2）矿石回采指标好。界线划分后，应使露天和地下分采的矿体得到良好回采，矿石回采率高、贫化率低。

（3）生产能力大。划分后的露天地下开采区，应便于露天、地下高效开采，有利于露天与地下总生产能力的提高。

（4）矿石生产成本低。露天生产成本主要取决于剥岩量、生产效率与运输成本；地下开采成本主要取决于诱导冒落矿石层高度、采场结构参数、采准进度、回采强度、出矿运输成本等。划分露天地下分采界线时，应充分考虑这些因素，力求达到露天地下开采的总成本最低。

21.3.2 露天延深高效开采技术

在露天地下转接过渡模式中，露天开采的作业空间越来越小，正常生产电铲所需的作业面积较大，不再适用于此时的露天延深开采。应采用作业面积需求小，具有前进、后退、旋转、举升、下降、挖掘、液压锤破、吸附等功能，机动灵活的较小型号的挖掘设备采装，使露天最小工作平盘宽度和工作线长度大幅降低，且能够挖掘高于或低于承机面的物料，并装入运输车辆或卸至堆料场。以西钢集团灯塔矿业公司小汪沟铁矿为例，该矿在露天转地下过渡期，采用C450-8型斗容2.5m^3的挖掘机装载，用欧曼290型载重40t的卡车运输，卡车采取空车在较宽部位调头的入换方式，最小工作平盘宽度仅为20m。

减小最小工作面宽度有利于露天延深开采。在楔形转接过渡模式中，通常在安全允许条件下，露天延深越大，与地下同时开采的时间就越长，露天地下总产量就越高。在边坡角一定时，露天采场采至最大深度的状态是，露天坑底以最小工作平盘宽度降落到矿体下盘的边界线上，如图21-7所示。接近露天坑底的最后2~3个台阶，由于位置紧靠矿体下盘，采后存放废石，对下部矿体回采时的放矿影响较小，这部分矿体可以在回采过程中向采后的露天矿回填废石，减小延深开采的废石外运量，同时保障边坡坡底的稳定。为此，这部分矿体可应用横采内排技术提高边坡角，以增大采出量、降低开采成本。

横采内排是露天矿深部开采中一种经济高效的工艺技术，工作线横向布置、走向推进、废石坑内排弃。采场沿走向位置的选择，要求能够快速降至露天矿底部境界标高，过渡工程量小，实现内排早，易于生产接续。横采内排的具体实施方案需根据矿体的赋存条件、露天坑开采现状（包括采坑形状、坑底位置、标高和工作帮各部位的到界程度），以及实现横采内排的便利性来确定。国内已有不少矿山成功实施横采内排解决产量衔接等生产问题，如依兰露天矿将露天采场分为三个区，采用横采内排解决了生产接续问题；中煤龙化矿业有限公司露天煤矿应用分区陡帮横采内排，将最终帮坡角由32°提高到45°，保障了正常生产。

总之，利用合适的挖掘机进行装载作业、中小型卡车进行运输，减小露天延深开采的最小工作平盘宽度；同时采用横采内排，增大下部台阶（台阶数根据矿体稳定性和回填废石对下部矿体回采放矿影响等因素综合确定）的境界帮坡角，可实现露天底部的高效延深开采。

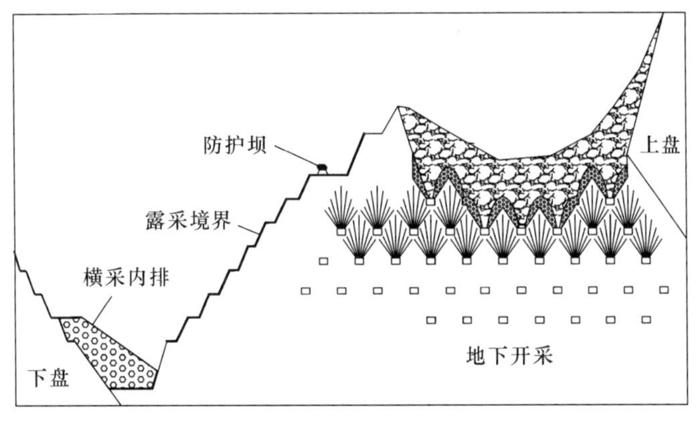

图 21-7 过渡期露天地下高效开采工艺示意图

21.3.3 挂帮矿诱导冒落法高效开采技术

在露天地下楔形转接的过渡模式中，挂帮矿应用诱导冒落法开采。诱导冒落法是将矿岩可冒性与无底柱分段崩落法回采工艺有机结合的方法，其诱导工程及其下部的回采接收工程，均采用无底柱分段崩落法的回采工艺，其生产安全与矿石回采指标的控制等，也与无底柱分段崩落法相同。

为降低矿石损失率，需将最下层进路（称为回收进路）布置在底板围岩里，而且该进路需采用截止品位放矿方式，以便尽可能多地放出矿石。由于从回收进路放出的矿石含废石量较多，矿石贫化率较高，因此生产中需用正常回采进路采出的低贫化矿石来中和品位。此外，从矿石回收条件分析，由于无底柱分段崩落法菱形布置回采进路，第一分段回采进路底板上存留的矿石，需要在第三分段得到充分回收，因此在第一分段诱导冒落的矿石，需要其下有两个以上分段进行充分回收，这就要求在开采矿体的铅直厚度上，按不少于布置三个分段回采的原则，确定无底柱分段崩落法的分段高度与适宜开采范围。也就是说，对于铅直厚度较小的矿体，需按三个分段回采原则，确定无底柱分段崩落法的分段高度；对于铅直厚度较大的矿体，在保证三分段回采原则的条件下，应尽可能加大采场结构参数与诱导冒落矿石层的高度，以提高开采效率。

根据上述原则，结合矿体条件设计诱导冒落开采方案，可使符合可冒性要求的矿体得到安全高效开采。北洺河铁矿的生产实践充分证明了这一点。北洺河铁矿为接触交代矽卡型磁铁矿床，接近顶底板围岩的矿体松软破碎，稳固性较差，内部矿体的稳固性变好。为增大开采强度和提高采准工程的稳定性，采用诱导冒落法开采方案，将第一分段进路设置在比较稳固的矿体里，利用第一分段进路回采提供的空间诱导上部矿石与顶板围岩自然冒落；在正常回采区采用较大的采场结构参数，以提高落矿效率与控制采场地压；在矿体底板设置加密进路，回收底部残留体，如图 21-8 所示。这一方案在北洺河铁矿-50m 中段实施后，采准系数由原来的 3.6m/kt 减小到 2.2m/kt；在软破矿体中，采准工程实现了 100% 的利用率，由此大大提高了生产能力，在比较复杂的地质与水文地质条件下，使矿山在 2002 年按期建成投产，且比设计提前 1 年达产（180 万吨/年）。以往我国大型地下铁矿山从投产到达产的时间一般为 5~8 年，北洺河铁矿由于采用大结构参数诱导冒落法开采，投产后 1 年零 7 个月即达产。

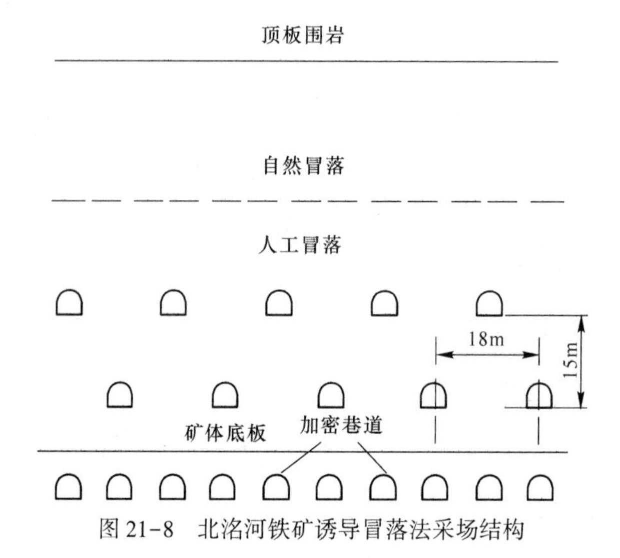

图 21-8 北洺河铁矿诱导冒落法采场结构

21.4 过渡期产能的协同增大方法

在楔形过渡模式下的过渡期，总产能的大小取决于地下与露天产能的增减变化幅度。改进回采工艺技术提高地下产能的增长幅度，同时优化露采工艺、减缓露天产能的降低速率，是增大过渡期产能的基本方法。

21.4.1 过渡期地下产能快速增大方法

通常，挂帮矿的空间形状一般呈上部较小下部较大，其矿体通常高达几十米甚至数百米。采用诱导冒落法开采方案，由诱导工程将其上部矿岩诱导冒落，冒落的矿石在下部崩落回收区逐步回收，如图 21-9 所示。

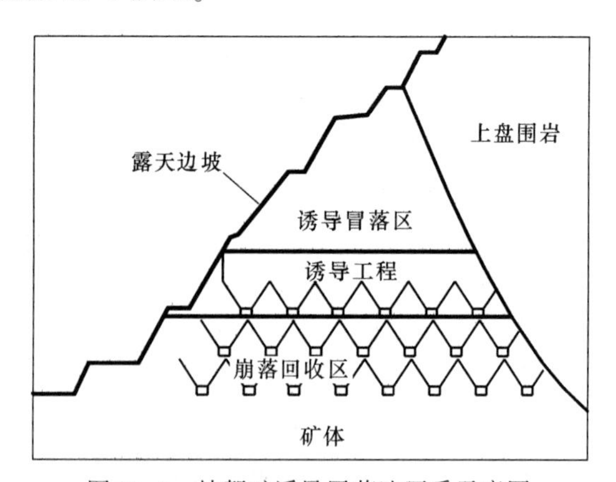

图 21-9 挂帮矿诱导冒落法开采示意图

崩落回收区的采场回采工作主要包括装药爆破、采场通风与出矿三个工序，采用每日三班工作制，通常每一崩矿步距的装药爆破占用一个班的时间，爆破后通风一个班，才能进行出矿。每一分段每一采场布置一台出矿设备，采场生产能力为：

$$Q_c = T_A \frac{n}{n+2} \tag{21-2}$$

式中 Q_c——采场生产能力，t/d；

n——每一崩矿步距的出矿班数，装药爆破与通风计 2 个班，$n/(n+2)$ 为采场出矿时间利用系数；

T_A——设备出矿能力，t/d。

在实际生产中，当采场的尺寸与散体矿石的流动性一定时，一般每班出矿的铲斗数相差无几，即设备出矿能力 T_A 可取为定值。在此条件下，由式（21-2）计算的 Q_c 随 n 的变化关系可知，采场生产能力随每一崩矿步距的出矿班数的增大而增大。这就是说，在出矿设备的出矿能力一定时，步距可放出矿量成为制约地下产能的重要因素之一；步距可放出矿量越大，出矿时间越长，采场生产能力就越大。为此，在矿体条件与开采设备允许时，应尽可能增大采场结构参数，以增大步距出矿量。

采用诱导冒落法开采，一般诱导冒落分段的出矿量较小，出矿时间短，采场生产能力较小，而接收分段（图 21-9 中的崩落回收分段）的矿石层高度较大，步距可放出矿量大，出矿时间较长，采场生产能力也较大。

地下采出矿量等于回采出矿量与掘进带矿量之和，同时生产的采场数越多，掘进带矿量越大，地下生产能力就越大。采用诱导冒落法开采挂帮矿，在图 21-9 所示的崩落回收区，矿体自上而下回采，下一分段回采工作面一般需要滞后于上一分段回采工作面 8~10m 的安全距离。受此限制，首采分段可布置采场数量的多少，对生产能力影响很大。为此，需合理选择诱导工程的位置，尽可能增大诱导工程可布置采场的数量，并且要尽早形成多分段同时回采条件，以增大地下生产能力。

21.4.2 过渡期露天产能延续方法

统筹制定露天采掘进度规划，协调露天地下的生产安排，需要注意以下几点：第一，露天生产中，应将挂帮矿措施工程的施工视为露天开拓工程，通过合理安排开采进度计划，创造措施工程的尽早施工条件；第二，优先开采靠近地下开采区域的露天矿量，尽可能增大地下开采的时间与空间；第三，及时释放受地下采动影响的矿量，保障地下产能的快速增长；第四，当地下矿石的运输影响到露天矿石运输时，按下一步总产能的保障需要，确定优先运输地下矿石还是露天矿石。

露天产能的接续，主要靠陡帮开采。露天不扩帮或少扩帮延深开采，剩下挂帮矿由地下诱导冒落法开采，在水平方向工作面缩小的过程中，在高度方向上增大开采台阶的个数，以此维持或提高露天产能。

总之，露天转地下过渡期产能的大小主要取决于地下产能增大与露天产能减小的变化幅度，增大过渡期产能需改进回采工艺技术，以提高地下产能的增长幅度，并优化露采工艺以减缓露天产能的降低速率。通过研究过渡期露天与地下开采系统的相互影响与相互协作关系，分析影响矿石产量的控制因素，制定出充分利用露天地下开采工艺优势的协同开采方案，拓展露天地下同时开采的时间与空间，是增大过渡期矿石生产能力的根本途径。挂帮矿在露天开采卸荷与爆破振动的作用下，岩体弱面与裂隙进一步发育、扩张甚至破坏，可冒性好，宜选用诱导冒落法开采。采用诱导冒落法开采挂帮矿，不仅可增大首采分段的回采面积、节省大量落矿工程，大幅提高挂帮矿的地下生产能力，而且可通过调整回采顺序与回采高度控制边坡岩移避开或背离露天坑底采场，大大降低对露天开采的干扰程度。而合理选择诱导工程的位置，尽可能增大可布置地下采场的数量与诱导冒落矿石层高度，崩落回收区采用大结构参数无底柱分段崩落法回采，尽早形成多分段回采条件，是快速增大地下产能的基础。

此外，为实现过渡期产能的最大化，还需要根据过渡期产能协同增长需求，协同布置露天与地下的开拓系统。

21.5 覆盖层的形成方法

露天转地下开采中，覆盖层的作用主要有两个方面：一是满足地下采矿安全要求。覆盖层作为安全垫层，用于保障回采工作面不受采空区冒落气浪或边坡滑落岩体冲击。在受采空区冒落或边坡滑落威胁时，为保障生产安全，必须形成足够厚度的覆盖层。二是满足崩落法回采工艺的要求。对于常规无底柱分段崩落法，在正常回采时，侧向挤压爆破、从巷道端部口放出崩落矿石，此时散体覆盖层的作用，首先是作为可供挤压的松散介质，其次是形成崩落矿石从端部口放出的条件。满足这一需要的覆盖层可以由废石散体构成，也可以由矿石散体构成。在低贫损开采模式中，主张用矿石覆盖层形成崩落法的正常回采条件，因为这样可以大大减小采出矿石的废石混入量。

形成覆盖层的常规方法有三种：

（1）露天大爆破形成覆盖层。例如，内蒙古兴业矿业集团融冠铁锌矿，露天转地下应用无底柱分段崩落法开采，在露天开采结束时，利用露天穿孔爆破将露天底部及挂帮矿石崩落，形成30m厚的覆盖层，保证了地下无底柱分段崩落法采矿的顺利进行。这种用大爆破形成覆盖层的方法，优点是工艺简单，安全可靠，而且耗时短，垫层块度好；缺点是爆破工程量大，成本较高。

（2）外运废石回填形成覆盖层。相对于露天爆破法而言，该法初期可缓解边坡滑落的冲击危害，并可使部分露天剥离的废石内排，减小废石运距；但从边坡上倒入露天坑的回填废石块度较小，容易加大底部回采矿石的贫化率。

（3）回采过程中形成覆盖层。先用空场法回采矿石，放矿末期留6~7m厚的矿石散体作垫层，再用硐室或深孔崩落顶板或矿柱矿石形成覆盖层。这种方法可较早地实现地下回采出矿，目前应用较多。

分析表明，对于有接收冒落矿石条件的挂帮矿，形成覆盖层最好的方法是诱导冒落法，即将无底柱分段崩落法的第一分段布置在矿体内的合理位置，利用该分段回采时形成的连续采空区诱导上覆矿岩自然冒落，冒落的废石覆盖于冒落矿石之上。冒落的矿石在下部分段回采过程中逐步回收，留下冒落的废石作为覆盖层。与常规方法相比，诱导冒落法不仅可节省大量的采准工程和增大矿石回采强度，而且可为其下1~2个分段形成正常回采所需的矿石散体垫层，由此可大幅度降低采出矿石的废石混入率。此外，用诱导冒落法形成的覆盖层中废石的块度一般较崩落形成的块度大，有助于减小放矿过程中的废石混入率和增大矿石回收率。

21.6 露天地下协同开采技术体系

21.6.1 协同开采方法构建

楔形转接过渡模式完全取消了露天采场与地下采场之间的境界矿柱以及人工形成覆盖层工艺，从而消除了因保障境界矿柱稳定性对地下采矿方法的限制，以及人工形成覆盖层工艺迟滞下部矿体地下开采等问题，避免了境界矿柱与覆盖层隔断矿体开采的连续性以及对露天地下开采时间、空间与效率的制约，从而为露天地下协同开采创造了条件。

如前所述，在楔形转接过渡模式下，用诱导冒落法开采挂帮矿，通过调整诱导工程的回采顺序与回采高度，使采空区冒透地表时形成足够大的塌陷坑，能够容纳全部边坡滑落的散体岩石，由此控制边坡岩移的方向，使其指向塌陷坑而不滑落到露天坑底采场。这种从常规的保障边坡稳定到允许边坡塌落的边坡岩移危害控制技术的转变，从根本上缓和了露天与地下同时生产的制约关系；同时，可按露天与地下开采工艺的优势对比，优化露天延深开采的细部境界，保障了露天与地下开采的便利条件。此外，挂帮矿诱导冒落法开采与坑底矿露天陡帮开采有机结合，充分利用了露天地下开采的优势，可以高效开采过渡期矿体。因此，综合利用这些技术便可构建露天地下协同开采方法。

具体来说，露天以陡帮方式延深开采下盘侧矿体，留下上盘侧挂帮矿，应用诱导冒落法适时开采。露天与地下开采的分界，依据露天与地下开采方案的优势对比及回采便利条件确定，分界面总体上是与矿体倾向相反的斜面。在分界斜面的两侧分别布置露天与地下采场：矿体下盘侧的露天采场布置在位置较低的分界斜面的上盘侧；开采挂帮矿的地下采场布置在位置较高的分界斜面的下盘侧；两者在水平投影面上错开。随着开采深度的增大，分界斜面附近的露天开采范围逐渐过渡到地下开采范围，露天开采范围越来越小，地下开采范围越来越大，由此实现楔形转接过渡；最终，露天采场宽度减小到最小工作平盘宽度之后，露天采场不能再延深时，全部转入地下开采。

在挂帮矿体地下回采开始时，其诱导冒落工程的采空区宽度，根据采空区冒落进程的控制要求，按挂帮矿体与上覆围岩的临界冒落跨度与持续冒落跨度确定；而采空区的高度，则由上覆矿岩自然冒落形成的地表塌陷坑能够完全接纳边坡陷落与滑移的矿岩散体量、使这些散体不滑落到露天坑底采场的安全要求来确定。在采空区冒透地表的过程中，边坡离散化岩体可能受扰动而发生块体滑落或滚落，为防治滚石危害，在与地下采动范围相邻的露天采场边缘设置防护坝，防护边坡出现塌陷坑之前可能发生的滚石冲击。在边坡地表出现塌陷坑之后，通过控制地下采空区横向扩展宽度与纵向增大高度的关系，使塌陷坑周边及其上部边坡滑落的岩体，全部移入塌陷坑内，特别是使分界斜面附近的矿体，全部陷落或滑落于塌陷坑内，作为诱导冒落矿石，在地下采场安全回收。

总之，楔形过渡协同开采方法的实质，是针对露天开采后的矿岩几何形状与生产条件，将露天开采与地下开采的先进工艺有机配合，用诱导冒落提高地采效率并消除边坡岩移的相互干扰，用陡帮延深开采提高露采效率，两者互补提高生产能力与改善安全生产条件，实现过渡期矿体的安全高效开采。

21.6.2 主要协同技术体系

从生产过程分析，露天地下协同开采技术体系应包括挂帮矿体地下诱导工程的布置形式与诱导冒落参数的确定方法、露天坑底延深开采境界的确定原则与细部优化方法、露天地下同时生产的安全保障措施与高效开采技术等。此外，还需协同安排露天地下回采顺序、协同防控水文地质灾害、协同形成覆盖层、协同布置开拓系统与协同优化产能管理等。为了实现增大过渡期矿石生产能力与改善生产安全条件的目标，需要重点解决好以下八个方面的协同技术问题。

（1）协同拓展开采时空。一方面，合理构建过渡期地下诱导冒落法开采方案，应用三分段同时采准等技术适时进行地下开采，通过合理确定诱导工程位置与多分段回采技术，适当滞后地下首采区扰动露天边坡的时间，及时快速增大地下生产规模。另一方面，优化露天开采细部境界，一是对已圈定的境界附近矿体，对比露天地下开采优势，将便于露天开采的矿体采用露天开采；二是对边界低品位矿体，动态优化边界品位，适当扩大露天边帮的开采境界，增大露采矿体的规模，延长露天开采时间，并使境界矿量开采效益最大化。

（2）协同开拓。根据过渡期矿体条件，适时调整露天采场的开拓运输线路，如由环形运输线路改为迂回式运输线路，减小运输线路的压矿量；同时，利用露天已有运输系统开掘措施工程，提前进行挂帮矿的地下采准与回采。地下采准的矿岩与前期回采的矿石，由露天运输系统运出。当然，对于布线条件较差的露天矿，过渡后期露天采剥的矿岩，也可利用地下运输系统运出。

（3）协同回采顺序。调整露天采场开采顺序，及时形成挂帮矿地采时空条件；地下开采充分利用露天释放的时空条件，合理安排采场回采时间与顺序，快速增大生产能力，尽可能消除或推迟对露天采场的干扰。

（4）协同产能。一般而言，在过渡期，露天产能由大变小，地下产能则由小变大。针对矿体与生产条件，结合细部优化后的露天与地下分采区条件，统筹安排露天与地下采场的开采强度，实现露天地下综合产能的持续增大，保障露天转地下不减产衔接。

（5）协同防治生产危害。在露天采场大爆破中，按地下工程抗震动能力，控制同段起爆药量，减小爆破震动，保障地下采场稳定性；地下采场合理调控采空区跨度，控制采空区上覆岩体冒落进程，保障露天采场运输通道在服务期限不被破坏。

（6）协同形成覆盖层。露天转地下采用无底柱分段崩落法开采时，需适时形成覆盖层。开采挂帮矿时，应用诱导冒落法形成覆盖层；开采坑底矿时，留下适宜厚度的崩落矿石形成覆盖层。当只有回采进路端部口与采空区相通时，一般在进路端部口上方留下3~5m厚的崩落矿石，即可满足防治采空区冒落或边坡岩体滑移造成的气浪冲击要求。

（7）协同管控岩移。通过调整地下回采顺序与回采空间高度，确保地表形成足够深度的塌陷坑，控制边坡岩移方向，使之背离露天坑底采场而指向塌陷坑；在露天采场适宜位置及时设置拦截坝，严防岩移或滚石危害。

（8）安全生产信息协同传送。露天大爆破通知到地下相关人员，确保爆破时地下人员撤离到安全位置；地下回采作业地点与爆破作业通知到露天人员，确保露天生产不遭受地下采动可能带来的危害。

第4篇　矿山土地复垦与生态化矿山设计

工业革命以来，以技术进步为先导的工业文明使人类攫取、加工、利用自然资源的能力迅速提高，加上人口的不断增长，致使社会经济系统与自然生态系统之间的物质代谢规模迅速扩张。人类社会与自然之间巨大的物质、能量交换所伴随的种种生态环境问题，使人类越来越清醒地认识到资源短缺、环境恶化和生态退化对人类自身发展的日益显化的制约，并开始重新审视人类社会走过的发展道路，寻求新的发展模式——可持续发展。进入21世纪，可持续发展已经成为全球发展的一个重要主题。

采矿业为现代工业文明做出了不可替代的贡献，也对生态环境造成巨大冲击。在可持续发展的大背景下，采矿业必须在为社会经济发展提供必需的矿产资源的同时，尽可能降低对生态环境的冲击。达到这一目的有两条基本途径：一是末端治理，土地复垦是采矿业末端治理的主要手段；二是源头减量，实现源头减量的有效措施之一，是在矿产开发项目的规划设计中就考虑矿山生产对生态环境的冲击问题，即推行生态化矿山设计。

本篇针对上述两条途径，介绍矿山土地复垦和生态化矿山设计。矿山土地复垦是一个已经有大量研究和实践的、相对成熟的领域，本篇介绍复垦涉及的一般方法和工程技术措施。生态化矿山设计是一个新课题。虽然多数国家都要求对矿产开发项目进行环境评价，但都是开采方案形成后的事后评价；在开采方案设计优化中就把生态环境冲击作为内在因素考虑，还处于研究和探索阶段，在实践中鲜有应用。本篇基于编者在这一课题领域的研究成果，提出一种把矿山生产对生态环境的冲击定量纳入开采方案优化之中的途径，使生态环境冲击直接作用于开采方案，得到在经济效益最大化和生态环境冲击最小化之间达到最佳平衡的开采方案。

22　矿山土地复垦

矿产开采损毁大量土地，对矿区及其周边环境造成污染，使矿区生态系统的功能丧失或降低。矿山土地复垦就是恢复或重建矿山生产中损毁的土地的功能，使之重新具有有益的用途，并使矿区生态系统重新具有正常的生态生产力和生命支持能力。

土地复垦与生态重建首先产生于发达国家。许多发达国家在20世纪50~60年代就制定了矿山复垦法规并付诸实践；70年代后，矿区生态环境修复已逐步发展成为一个集采矿、地质、农学、林学、生态学等多学科，涉及多行业、多部门的重要工程科学领域；80年代后，步入了法制化的发展轨道。土地复垦与生态重建工作开展较好的国家都有以下的特点：

（1）有健全的法规；

（2）设有专门的管理机构；

（3）有明确的资金渠道，如建立生态恢复基金和保证金制度；

（4）将土地复垦与生态重建纳入开采许可制度之中；

（5）建立明确的土地复垦与生态重建标准；

（6）重视相关领域的科学研究和多学科专家的参与和合作；

（7）设立专门的研究机构。

土地复垦与生态重建在我国得到重视始于 20 世纪 80 年代。1985 年在安徽省淮北市召开了第一次全国土地复垦学术研讨会，成立了复垦学术团体；1987 年在山西大同市第二次全国土地复垦学术交流会上，成立了中国土地复垦研究会；1988 年国务院颁布了《土地复垦规定》，并于 1989 年初正式实施，标志着我国土地复垦工作开始走上法制化轨道。之后，全国各省、市、自治区、行业依据《土地复垦规定》制定实施细则加以落实，我国土地复垦工作进入了有组织、有领导的发展阶段。1990 年前后在全国设立了 12 个土地复垦试验示范点，开始了大面积的土地复垦试验推广工作。我国土地复垦工作从无到有，复垦率不断提高，取得了明显的经济、社会和生态环境效益。进入 21 世纪，国家对矿山土地复垦倍加重视，出台了一系列相关法规和技术规范，如《关于加强生产建设项目土地复垦管理工作的通知》（2006）、《关于组织土地复垦方案编报和审查有关问题的通知》（2007）、《土地复垦条例》（2011）、《土地复垦方案编制规程》（2011）、《土地复垦条例实施办法》（2013）、《土地复垦质量控制标准》（2013）等，要求所有矿山编制土地复垦方案，由土地行政主管部门组织审查（评审），并把土地复垦方案作为新建（扩建）矿山项目的许可前置条件。

矿山土地复垦与生态重建技术包括方方面面，如处理与复垦矿山固体废弃物的微生物技术和多层覆盖技术、提高复垦土壤生产力的土壤培肥技术、再造植被与牧草和农作物的生产技术、水污染治理技术、土地污染治理技术、沉陷区复垦技术、复垦设备及产品的制备等。本章针对采矿工程专业对相关复垦知识的需要，简要介绍矿山土地复垦的一般过程和技术、酸性水与土壤重金属污染治理常用方法、植物种类选择、复垦适宜性评价和复垦方案编制等内容。

22.1　采矿对土地和生态环境的损害

采矿活动对土地和生态环境的损害主要包括：土地的挖损与占压、地表沉陷、地下和地表水位变化与污染、空气污染、土壤污染，以及引发山体滑坡和泥石流等；这些都又不同程度地造成植被的破坏，造成生物数量和多样性下降，打破矿区甚至周边地区的生态平衡。损害的范围与程度主要取决于矿山生产规模、开采方式和采矿方法、矿体赋存条件等。

22.1.1 土地损毁

露天矿在生产中形成巨大的采坑，损毁大面积土地；排弃剥离的大量废石形成巨大的排土场，占压大面积土地。露天采场的大小取决于依据矿体赋存条件和技术经济条件设计的最终境界；一般而言，矿体埋藏越深，境界就越深，其地表范围和剥离量也越大，采场挖损和排土场占压的土地面积越大。绝大多数金属露天矿的境界平均剥采比大于2，而且排土场平均堆置高度一般都小于采场深度，这意味着排土场的占地面积是采场的数倍。

地下开采对土地的损毁主要体现在地表沉陷。未经采动的岩体在地壳内处于自然应力平衡状态，当局部矿体采出后，在岩体内部形成采空区，导致周围岩体的应力状态发生变化，从而引起应力重新分布，使岩体产生移动变形和破坏，直至达到新的平衡。随着采矿工作的推进，受采动影响的岩层范围不断扩大，岩层移动可能发展到地表，引起地表下沉或塌陷。依据沉陷地的物理特征，可以将地表沉陷对土地的损毁形式归纳为以下三种：

（1）地表下沉盆地。在开采影响波及地表以后，受采动影响的地表向下沉降，从而在采空区上方的地表形成一个比采空区面积大得多的沉陷区域。这种地表沉陷区域称为地表下沉盆地。在地表下沉盆地形成的过程中，改变了地表原有的形态，引起地表标高和坡度的变化及水平位移，从而对位于影响范围内的道路、管路、河渠、建筑物、生态环境等造成不同程度的破坏或损害。在地下水位高的地区，地表下沉1m左右，下沉盆地内便可积水，严重影响土地的使用。

（2）裂隙与台阶。在地表下沉盆地的外边缘区，地表可能产生裂缝，这主要是由地表下沉的拉伸变形所致。地表裂缝一般平行于采空区边界发展，其深度和宽度与有无第四纪松散层及其厚度、性质和变形大小密切相关。地表裂缝容易造成水土流失和养分损失。当裂缝大到一定程度时还会出现堑沟或台阶，对地表的破坏更为严重。

（3）塌陷坑。塌陷坑多出现在开采急倾斜矿体的区域，在开采浅部缓倾斜或倾斜矿体的区域，地表有非连续性破坏时，也可能出现漏斗状塌陷坑。塌陷坑造成土地的生态生产力完全丧失、建筑物和道路被毁，危害极大。

矿山生产对土地损毁的另一重要来源是尾矿库。在我国，绝大多数金属矿的矿石需要经过选矿提升品位后才能进入下游生产链。选矿中产生大量的尾矿，需要修建尾矿库存放，损毁大片土地。另外，矿山办公区、临时生活区以及生产基础设施和专用运输系统等都占用土地。

22.1.2 生态环境损害

伴随上述土地损毁的是大面积的植被破坏，使许多生物的生存环境遭到破坏，严重危害当地的生态平衡。另外，矿山生产对水、空气和土壤环境都可能造成不同程度的损害，破坏或损害生态系统和自然景观。

22.1.2.1 水文地质条件变化与水污染

露天开采中，地下水会汇集到采坑，为了保证生产的正常进行，一般都需要把水收集并排出采场。抽排大量的地下水会改变采场及其周围区域的地下水位，造成附近的泉水干涸、水井干枯、土地缺水，影响周边的农牧业生产甚至居民生活。由此引发的矿业公司与当地农（牧）民之间的矛盾频繁发生。

露天开采对矿区及其周边区域的水文地质条件的影响程度，取决于矿山规模、开采深度、地下水位、岩层透水特性等。据国外资料，露天开采可对采场以外相当范围的水文地质条件产生影响，如苏联的某露天矿区，开采引起的水文地质条件发生变化的面积超过了开采面积的9倍；波兰一面积为2100hm^2 的露天采场，引起120000hm^2 的水文变化。另外，排放未经过净化处理的露天矿坑水，还可能造成对地表、地下水的污染，如水质酸化、重金属超标等。

排土场的废石经受风吹、日晒和雨淋，发生物理风化剥蚀和化学风化，其中的有毒重金属元素（如铅、镉、汞、铜、钴、镍、砷、铬等）、溶解的盐类以及悬浮未溶解的颗粒状污染物，通过雨水的淋溶作用，流入地表水体后使水质发生变化，也可能渗入地下水系造成地下水的污染。

地下开采中，也需要抽排大量地下水，从而影响水文地质条件；地表下沉和塌陷形成的裂缝会引起地表水流失，在干旱地区影响植物生长；地下矿坑水的排弃也可能对水系造成污染。

尾矿库设计与施工不当时，也会使含有有害元素和选矿药剂的水渗入地下，污染地下水系。

酸性废水是矿山产生的另一重要污染源。酸性废水是尾矿库、废石堆或暴露的硫化物矿石经氧化形成的。酸性废水不但溶解大量可溶性的Fe、Mn、Ca、Mg、Al、SO_4^{2-} 等，而且溶解重金属元素。酸性废水使供水变色、浑浊，污染地表和地下水，导致水的生态环境严重恶化。

22.1.2.2　土壤污染与流失

排土场废石中的重金属元素通过风化和雨水的淋溶作用渗入周围土地，导致土壤污染，影响农牧业生产。有些重金属污染还能沿着食物链传递，最终进入人体，危害人体健康。

在平原矿区，开采沉陷造成地势变低、潜水位抬高，一方面使地面、地下径流不畅，在雨季容易出现洪涝，使土地沼泽化；另一方面，在旱季潜水蒸发变得强烈，地下水易携带盐分上升到地表，使土壤盐碱化。在较干旱的地区，地表沉陷形成的裂缝引起地表水流失，使土壤微气候变得更为干燥，土壤更容易被风、水侵蚀，造成土壤流失。

尾矿、废石或暴露的硫化物矿石经氧化形成的酸性废水诱发土壤酸化：H^+荷载增大，强酸阴离子驱动盐基阳离子大量淋溶，导致土壤盐基饱和度降低、土壤酸化和结构破坏，使土壤肥力和生产力下降。

22.1.2.3　空气污染

露天矿的凿岩爆破、运输和排土作业都产生大量扬尘，影响矿区和下风区的空气质量。排土场的废石经风化后，其中的重金属元素通过扬尘进入空气，漂浮在空气中的微细粉尘颗粒会进入人的肺部，导致气管炎、肺气肿、尘肺等疾病，严重的还能导致癌症的发生；较大的粉尘颗粒会进入人的眼、鼻，引起感染。废弃不用的尾矿库如果不及时复垦，风干后会产生大量粉尘。由于尾矿颗粒微细，稍有风力就能产生扬尘，严重污染空气，影响人体健康和植物生长。

矿山生产中消耗能源和炸药，产生各种废气排放。这些废气不仅污染空气、损害人体健康，而且产生温室效应，为气候变化做“贡献”。

22.1.2.4 景观破坏

露天采场、废石堆、尾矿库、塌陷坑等彻底破坏了矿区的自然景观。自然地貌被改变，植被被毁，一座座秀丽的青山变成裸露的采坑、岩坡和乱石堆。

采矿不仅破坏矿区景观，而且严重影响区域大景观。沿交通道路附近、民航航线上的采场、废石堆、尾矿库等直接影响来往人流对该区域的直观印象，严重降低其对旅游者、投资者和居民的吸引力，制约了森林资源、水资源、旅游资源的保护和开发利用，最终影响到区域的投资环境和总体规划。

22.1.2.5 生物损害

露天采场、废石堆和尾矿库彻底破坏了其所在场所的土壤和植被，地下开采沉陷区的沼泽化、盐碱化或地表水流失等严重危害植物的生长。

采矿活动对土地的损毁，对水、土壤和空气环境的污染，以及由此引起的对植被的破坏和对植物生长环境的损害，改变甚至破坏了动物的栖息环境。一些野生动物由于无法继续在原地生存而迁移，或因缺少食物或食用有毒食物而死亡，导致矿区原有野生动物的种群和数量大幅下降。综合结果是使矿区及其周边区域的生态系统遭受破坏或损害，生态平衡被打破。

22.1.3 引发地质灾害

大型金属露天矿在开采过程中形成高达数百米、帮坡角为35°~55°的高陡边坡，其本身就不很稳固，爆破使岩体的稳定性进一步降低，容易发生滑坡。这种滑坡在生产矿山和废弃采场都可能发生。如果是山坡露天矿，露天采场的滑坡在雨季还可能引发泥石流。

大型排土场的排弃高度大，松散体本身的稳固性差，如果地基有松软层，在巨大的重力作用下，基层滑动会引发排土场坍塌性滑坡。如果排土场坐落在天然坡度较大的山坡，在雨季发生这种滑坡会演变为泥石流。

在山区，地下开采形成的塌陷裂缝破坏了山坡岩体的连续性，天然坡度较大时，在雨水的作用下也能诱发滑坡，并可能发生泥石流。

尾矿库遭遇暴雨时可能由于泄洪不力发生洪水漫顶，或者在坝顶、坝肩、坝基处由侵蚀、渗漏等引起溃坝，或者在地震作用下尾矿发生液化造成坝体严重变形甚至溃坝。由于尾矿颗粒微细，尾矿泥流的流动性大，其危害性极大，事故后的清理难度也非常大。

滑坡和泥石流是危害性很高的地质灾害，常因此淹（埋）没农田，摧毁建筑物和植被，造成生命财产的巨大损失。

22.2 矿山土地复垦的一般要求

矿山土地复垦的总体目标可表述为：把矿山生产中破坏的土地恢复到期望的可利用状态，恢复或重建矿区的生态功能。矿山土地复垦的一般要求可归纳为：

(1)《关于加强生产建设项目土地复垦管理工作的通知》和《关于组织土地复垦方案编报和审查有关问题的通知》要求所有新建、扩建和生产矿山企业必须编制土地复垦方案，经土地行政管理部门审查（评审）批准，否则不予批复建设用地申请和采矿权证，不予通过年检。新建或扩建矿山应在制定矿产开发利用方案的同时编制土地复垦方案，矿产开发利用方案在开采、排弃工艺上应充分考虑土地复垦的要求，如预先剥离和妥善存放表土、含有害成分废石的隔离排弃等。

（2）土地复垦方向（即复垦后土地的用途和类型）应尽可能与破坏前相一致；如果土地行政管理部门已对矿区或其一部分土地的利用进行了新的规划，改变了土地利用性质，相应范围的土地复垦方向应与新规划一致；在没有新的规划改变了土地利用性质的情况下，复垦后的耕地面积应不小于破坏前的耕地面积，条件允许时，尽可能增加耕地面积。

（3）复垦后土地的生产能力应不低于破坏前土地的原有生产能力，并尽可能实现其生产能力的提高。

（4）复垦后的地貌应尽可能与破坏前一致，与周边地貌相协调。

（5）复垦应充分利用本矿的废石、尾砂等废弃物充填露天采场、地下采空区、塌陷区等，但要防止充填物造成新的污染。

（6）复垦的同时对矿区污染进行综合治理，复垦不得形成新的污染源。

（7）合理计划，及时复垦。要结合矿产开发利用计划，合理编制和实施复垦计划，尽可能提前复垦时间。一个土地损毁单元上的生产活动一旦结束（如某一尾矿库的尾矿排弃量达到了设计容量、多个露天采场开采时某个采场开采完毕等），就应立即开始该单元的复垦作业。

（8）企业对矿区内历史形成的已损毁土地也应实施复垦。

22.3　矿山土地复垦一般工程与技术

不同的土地损毁单元需要的复垦工程和技术有差异。本节针对露天采场、排土场（废石堆）、尾矿库、沉陷区以及其他矿山用地，简要介绍复垦这些单元的一般工程与技术。

22.3.1　表土剥离与储存

土壤是珍贵资源，是矿山复垦中恢复植被的必备资源。因此，应把拟开采和压占区的表土预先剥离并妥善储存，以备复垦之用。表土一般分表层壤土（植物生长层）和亚表层土。不同地区和自然条件下的表土层厚度不同，表层壤土的厚度一般为 30cm 左右，亚表层土的厚度一般为 30~60cm。混合剥离会降低土壤的肥力，一般应把表层壤土和亚表层土分别剥离，分别储存。剥离表土前，应先清除树根、碎石及其他杂物。剥离土壤的设备和剥离厚度应符合土层的赋存条件，以尽量降低土壤的损失和贫化。采土作业应尽量避免在雨季和结冻状态下进行。

多数情况下，表土剥离与复垦之间有相当长的一段时间，需要设置堆场储存表土。表土场应设置在地势平坦、不易受洪水冲刷并具有较好稳定性的地方。在表土场坡脚采用编织袋筑围堰和品字形紧密排列的堆砌护坡，并在土面上进行覆网养护，以防止表土流失。为了防止堆存土壤的质量恶化，表土的堆置高度不宜太大，表层壤土一般不宜超过 10m，亚表层土不宜超过 30m。储存期长的土堆还应栽种一年生或多年生草类，以防止风、水侵蚀。表土场外围设置临时排水沟导流雨水，使表土堆不受冲刷。排水沟断面依据当地的降雨量设计，北方地区排水沟断面一般为底宽 0. 5m、深 0. 5m、上宽 1. 0m。

22.3.2 露天采场复垦

大中型金属露天矿采场都有高陡边坡，边坡角一般为35°~55°，边坡垂直高度从数十米到数百米。高陡边坡的稳定性较低，易发生滑坡。因此，在复垦前应对边坡进行全面或局部改缓或加固。深凹露天矿的边坡改缓难度大，可根据实际情况，采用锚杆、钢筋护网、喷射混凝土等护坡措施。

小型露天采场的复垦一般应利用生产中剥离的废石进行充填，平整为与周边地形相协调的地形，然后进行覆土和种植。根据土地损毁前的利用方式和适宜性评价结果，复垦为林地、耕地或草地等。

大中型露天采场的复垦方向一般为恢复植被或建成水体。进行植被恢复复垦时，应利用生产中剥离的废石把露天采场的深凹部分充填至自然排水标高，并设置导流区，以使复垦后的采场具有防洪排水能力。然后对充填后的采场底部进行平整、覆土和种植。由于金属露天矿一般地处山区，又有高陡边坡，存在交通不便等不利因素，采场底部一般不复垦为耕地，多复垦为林地。

大中型金属露天矿的边坡陡、边帮上的平台窄，未被充填的台阶一般不具备复垦为梯田型耕地的条件（也不值得），通常是把平台平整后复垦为林地。平整时要注意形成一定的反向（向帮坡倾斜的）坡度，以防止水土流失。台阶坡面为坚硬岩石，倾角一般为45~70°，很难复垦。

进行植被恢复的露天采场，应视情况在采场外围周边修筑拦截排水沟，以防止边坡侵蚀和水土流失，保护植被。

将露天矿采场建成水体也有很多益处，如拦蓄降雨和洪水，补给当地的地下水，有条件时还可配套水利设施用于灌溉、养鱼等。这种复垦方式需要平整露天采场的底部，用泥质土覆盖有害岩石；采取措施防止边坡和相邻地域被侵蚀，使采场保持预计水位并保证水的交换；建造为露天采场灌水所需的工程设施，以及为利用蓄水所需的其他设施等。

大中型露天矿的采场面积较大、垂直高差大、边帮陡。为了防止人畜进入造成不必要的伤亡和财产损失，一般应在距离采场地表外边缘10m左右每隔一定距离（30m左右）以及通往采场的道口设立警示牌。对复垦为水体的露天采场，警示牌尤为必要，在危险地段还应安装护栏。

22.3.3 排土场复垦

这里，排土场包括露天开采中排弃剥离的废石形成的堆场和地下矿开采中排弃从井下提升到地表的废石形成的堆场。

22.3.3.1 排土场整形与防护

复垦排土场，首先需要对其顶部平台进行平整，对大块岩石，可先采用液压镐敲碎，用碎石填洼垫低，用推土机进行平整和压实。在平台外沿修筑挡水埂，内侧修建排水系统。一般应在废石面上铺一层黏土，碾压密实，形成防渗层。有害物质（如酸性土岩、重金属等）出现在排土场表面时，必须实施移除或用专门的方法进行改良，否则铺敷的土壤会受到这些物质的污染。改良方法一般有石灰处理、去除有害物质并妥善处置，或用其他无害物质封盖隔离。

为防止排土场边坡发生坍塌和降低雨水冲蚀，排土场边坡要缓一些，高排土场要修成阶梯形。排土场的高度与其边坡角度的关系大致为：高度小于40m时，其边坡角不大于12°；高度在40~80m时，其边坡角不大于8°；更高的排土场的边坡视实际情况进一步放缓。边坡需要修成阶梯形时，一般情况下台阶高度为8~10m，平台宽度为4~10m，总体边坡角控制在15°~20°以内。为了防止阶梯受雨水冲刷，平台应有1.5°~2°的横向坡度(下坡朝向台阶内侧)。用大块废石封闭台阶底脚，以拦截坡面下移泥沙，保护边坡稳定。大型排土场在排土作业中一般分阶段排弃，阶段高度和平盘宽度的确定除考虑排土工艺、排土设备等因素外，还应充分考虑复垦的需要，以便使排土作业与堆整边坡和修筑阶梯的工作结合进行，减少复垦工程量。另外，在整个排土场的坡脚应修筑一定规格的挡土墙，并在排土场外围依据地形条件设置必要的截洪沟。

覆土的排土场表层应整平并稍有坡度，以利于地表积水流出。实践证明，大面积的排土场一次整平是不够的，排土场岩石的不均匀下沉可能使整平后的表面再次出现高低不平。因此，排土作业结束后可进行第一次整平，相隔一段时间待岩石下沉之后再进行最后整平。

22.3.3.2　土壤重构与改良

金属矿的排土场本身不适于植物生长，需要采取适当措施进行土壤重构与改良。土壤重构与改良途径一般有客土法、生活垃圾法、保水剂法、菌根法等。根据复垦条件和方向，这些方法可以单独使用，也可综合使用。

(1) 客土法。客土法是通过施用外来表土（剥离储存的表土或来自取土场的表土），对整形后的排土场表面进行覆土，使之适合植物生长。大型排土场面积大，采用全覆土复垦需要的表土量大，工程量大、费用高。可根据植物的种类和排土场岩石的性质，采用将表土与排弃岩土按一定比例混合的方式，表土比例以保证植物的成活率和正常生长为原则。这种方式比较适用于露天煤矿，如霍林河矿采用1∶1的混合比取得了良好效果。

(2) 生活垃圾法。将城镇居民所产生的生活垃圾和排弃岩土按一定比例混合，既可以解决生活垃圾的堆放与处理问题，同时又起到改良土壤的作用。如果要把排土场复垦为耕地或果园，应对生活垃圾的有害成分及其含量进行测定和分析，保证果实中有害成分的含量不超标。

(3) 保水剂法。在气候干燥地区，土壤的含水量不能满足植物正常生长的需要，靠人工长期浇水来维持会大幅增加复垦和养护成本，水源短缺时也无法实现。使用保水剂可大大减少灌溉量。保水剂在使用前，先用清水浸泡（400倍水左右），让保水剂充分吸水，使其形成黏稠的絮状物质，然后将其拌入靠近植物根系的土壤中或直接浸泡土壤根系，栽植后浇1次透水，然后覆土踩实。每株保水剂的用量在一定范围内越多越好，但考虑到复垦成本，每株的施用量一般为2.4g左右。

(4) 菌根法。菌根是真菌与植物根系所形成的共生体，能促进植物的生长，增强植物对不良环境的抵抗力，防止苗木根部病虫害等，特别是能够促进植物对磷元素和氮元素的吸收。通过形成根瘤菌增加土壤的含氮量，不仅有助于植物吸收水分，增强其抗旱能力，提高幼苗的成活率，促进植物的生长，还能提高土壤质量。菌种可在市场上或培育单位购买。施用量一般为每株50g(含培养基质)，施于植物的根部。

22.3.3.3 植物种植

金属矿的排土场表面为散体岩石，铺敷肥沃土壤前最好先铺垫一层底土。铺敷土壤的厚度依据植物种类和土壤的质量确定。谷物和多年生草类对土壤质量要求较高，其肥沃土壤层不宜低于30cm；植树造林则不一定要求全面积铺敷肥沃土壤，可在一定规格的植树坑内填土施肥，栽植树苗。

由于排土场的植物生长条件差，应选用能忍受苛酷自然条件、成活率高的植物，适当搭配不同群落和品种。种植的方法一般有两种：一种是直接将种子播入土壤，另一种是将植株、树苗、根茎等移栽土中。

22.3.4 尾矿库复垦

影响尾矿库复垦利用方式的主要因素是尾矿的理化特性、当地气候、地形地貌、土壤性质及水文地质条件等。

尾矿库坝体的稳定性是实施复垦的重要前提。应通过钻孔取样以及孔水位跟踪监测、样品测试等，查明坝体剖面形状及材料组成和潜在的稳定性影响因素，评价坝体在正常、洪水、地震等条件下的稳定性，包括在地震作用下尾矿发生液化的可能性。采取措施对不稳定或有隐患的坝体段进行加固，保证尾矿库长期稳定。

充分了解尾砂及土壤的性状和理化特性，对尾矿库复垦至关重要。应通过取样，测定和分析尾矿库不同深度尾砂的主要理化指标及重金属全态、有效态浓度等。尾砂的一般特性是：沙质结构，持水力差；缺乏黏土和有机质，阳离子代换量低；缺乏有效氮和磷，营养力低；颗粒凝聚力差，对作物苗期生长不利；含有重金属。

如果尾矿坝坝坡是由底部料石护坡和上部尾矿砂堆积坡面组成，必须对尾矿堆积坡面进行整形和植被恢复。一种整形方法是首先削平斜坡，而后沿斜坡的横面挖随坡就势的水平沟，沟距2m左右、深1m左右、宽0.8m左右，在沟内充填岩石风化土或表土，然后在其上种植木本植物，以防坡面的风雨侵蚀和地表径流，达到防风、固沙、护坡的目的。

尾矿库库面一般采用客土法恢复为耕地、林地或草地。覆土厚度主要取决于植物品种和土壤质量。复垦为耕地时，以满足作物绝大部分根系生长的深度范围为基本标准。据有关研究资料：冬小麦0~40cm的土层根量占82%、0~80cm的土层根量占90%以上；玉米0~20cm的土层根量占60%左右、0~50cm的土层根量占90%左右；大豆0~40cm的土层根量占90%左右；一般蔬菜0~50cm的土层根量占90%左右。因此，复垦为耕地的覆土厚度以50~80cm为宜。复垦为林地的覆土厚度一般为40~50cm。用于尾矿库复垦的客土应含有足够的黏土成分。

在尾砂和客土的性状和理化特性合适时，可采用客土与尾砂混合的方式，这样可大大减少覆土量。例如，在山西中条山公司胡家峪铜矿毛家湾尾矿库的复垦中，采用覆15cm的黄土与尾砂混合（土壤与尾砂比例2∶1）方式，进行小区田间试验，种植花生、高粱和玉米，取得了良好效果。将垃圾肥与覆土结合起来，即先施垃圾肥，再在上面覆盖一层土壤，也可减少覆土量，取得良好的土壤改良效果。

在复垦的尾矿库种植粮食等可食性作物，应十分注意防止食物链污染。必须采取措施进行土壤污染治理，并对收获的粮食、果实进行污染物检验。

多层覆盖技术可有效防止尾矿酸化和污染物迁移。在尾矿上加三个覆盖层：上层是约

0.6m厚的土壤，供植被生长；中层约为1.2m厚且渗透性较好的石块，增加透气性，促进水的水平流动；下层为有机材料，用以耗气和与S^{2-}、HCO_3^-发生反应。

22.3.5　沉陷区复垦

地下开采造成的地表沉陷主要表现为下沉盆地、裂隙与台阶、塌陷坑等，因此，如果复垦方向是植物种植，首先应针对沉陷区的这些土地损毁特征进行土地整形，主要包括消除附加坡度、充填裂缝、平整波浪状地形等。

在中低潜水位区且地表沉陷深度不大的条件下，可采用非充填复垦。

在地势较平坦的高潜水位区，沉陷区复垦面临的一个主要问题是积水。一是采用废石充填，提高沉陷区地表到不积水标高，然后覆土、种植；二是采用合理的排水措施（如修建排水沟、泵排设施等），形成疏浚系统，通过自排或强排把沉陷地积水排出，恢复土地利用。疏排复垦需对配套的水利设施实行长期有效的管理，保证沉陷地的持续利用。值得一提的是，对此类沉陷区，应在沉陷积水前把表土剥离并妥善储存，否则会导致土壤大量损失，并增加复垦成本。

在丘陵地区的中低潜水位条件下，也可根据受损后地貌的特征和土壤条件，因地制宜，将沉陷地整理为梯田。

在沉陷深度较大的高潜水位沉陷区，可以借助积水修建鱼塘和人工水库。在岩石移动之前预先清除存在的植被层和有害岩石，在有害岩石出露的地段建造屏蔽层，如用混凝土或其他材料制成屏蔽支撑墙，用于防止水从有害岩石内渗透到水体。

根据沉陷区的地貌、水文和土壤特点，可实施“水陆”双重复垦。例如，在低洼的积水地段修建鱼塘，在鱼塘周围的非积水区种植植物，利用水陆交换互补的物质循环，因势利导，进行生态农业开发或营造经济林、生态林等。

总之，沉陷区的地貌特征、自然条件等千差万别，应本着因地制宜的原则，选择环境和谐、生态和经济价值高的复垦方式。

22.3.6　其他土地损毁单元的复垦

除上述露天采场、排土场（地下矿废石堆）、尾矿库和沉陷区外，矿山生产损毁或影响的土地还有：井巷地表出口、运输道路、办公和各类地表建筑设施的占地、取土场等。

对不再使用的井巷地表出口应进行封堵，以防矿坑水外流造成污染和人畜掉入；拆除并运走井巷出口的地表设施（如井架等）；去除井巷出口周边及附近场地的硬覆盖，平整土地，覆土种植。

没有再利用价值的矿区废弃道路也应进行复垦。矿山临时道路一般没有硬覆盖，只需翻松表土，进行必要的土壤改良，即可种植。如有硬覆盖，需去除硬覆盖并覆土。

对办公和各类地表建筑设施的占地，拆除建筑物和配套设施后，清除建筑垃圾，去除硬覆盖；平整土地，覆土种植。一些设施所在地可能存在污染，应注意对污染物进行去除和隔离处理。

一些矿山需要选择表土层厚的地方取土，以满足复垦对土壤的需求。取土场也必须复垦。取土时就有计划地留一定厚度的底土，复垦时进行必要的平整后，覆表层壤土，将取土场复垦为原有用途。

22.4 矿山酸性废水与土壤重金属污染治理

22.4.1 矿山酸性废水治理

如前所述，矿山酸性废水不仅 pH 值低，而且一般溶解有多种重金属，如 Pb、Cu、Zn、Ni、Co、As、Cd 等。矿山酸性废水治理，一是中和其酸性，二是去除或降低溶解物（主要是重金属）含量。

自然界的许多矿物具有中和能力，不同的矿物在不同的 pH 值范围的中和能力和反应活性不同。碳酸盐如方解石、白云石是最具活性的中和矿物；硅酸盐矿物由于其广泛分布也是重要的中和剂，其活性有强（如富钙长石）有弱（如钾长石）。在低 pH 值矿山废水中，黏土矿物（如高岭土）也具有较强的中和能力。因此，自然系统本身就具有一定的酸性废水中和能力。但由于自然系统整治效果的局限性和脆弱性，必须施行人工治理。

传统的酸水整治措施是在酸性废水中加入碱性中和剂，通过充气、絮凝和沉淀来整治酸性废水。在氧化条件下，整治硫化物酸性废水的碱性中和剂通常是氢氧化钙。对于溶解物整治，氢氧化钙在氧化条件下使重金属以微溶或不溶性的氢氧化物沉淀析出。在非氧化条件下，一些整治措施也很成功，如向矿山废水导入 H_2S 溶液，能使铅以 PbS 的形式沉淀析出、铜以硫化物形式沉淀析出。另一种去除铜的方法是在溶液中加入废铁，通过离子交换、电化学还原而析出铜。

上述传统整治措施对于金属离子浓度及酸度高的废水的整治是有效的。但矿山废水的金属离子浓度及酸度一般不高，湿地技术可发挥作用。在美国科罗拉多州的一些地区，金、银等金属矿开采近两个世纪，矿山废水曾造成大量河流污染。有关部门评价了多种治理方案，最后确定采用湿地处理系统。整治设施是 3m×20m×1.3m 的水泥槽，槽体分成三个部分，包括一层河床石块、一层复合材料和一层基底；后来为增加与底层的接触，安装了折流板和氧气“摩擦”箱。在最佳条件下，该设施能够去除污水中 99%的 Cu、98%的 Zn、94%的 Pb 和 86%的 Fe，pH 值从 3.0 提高到 6.5。

22.4.2 土壤重金属污染治理

治理土壤重金属污染就是清除被污染土壤中的重金属或降低土壤中重金属的活性和有效态组分，以恢复土壤生态系统的正常功能，减少土壤重金属向食物链和地下水的转移。

依据修复原理，土壤重金属污染的修复方法大致可分为物理、化学和生物三大类。实际上，这三类方法很难截然分开，因为土壤中发生的反应十分复杂，每一种反应基本上都包含了物理、化学和生物过程。

物理修复是指以物理手段对污染物进行移除、覆盖、稀释、热挥发等。常见的有：固化与稳定化、玻璃化、土壤冲洗、原地土壤淋滤、电动力处理、非毒性改良剂改良、深耕、排土法和客土法等。多数物理修复方法可在短时间内达到较好的效果，但成本较高，其中的大多数适用于面积较小、污染较重的土壤的重金属污染治理。

化学修复是利用外来的或土壤自身物质之间的或环境条件变化引起的化学反应，达到重金属污染治理的目的。化学修复多数通过氧化还原反应和中和反应来完成，这种方法存在化学试剂的非专一性、反应产物的稳定性以及中间过渡产物可能产生二次污染等问题。

生物修复是利用各种天然生物过程处理重金属污染物，具有成本低、对环境影响小等优点。生物修复一般可分为植物修复和微生物修复。植物修复是利用某些植物能够忍耐和超量积累某种或某些重金属元素的特性，用植物及其共存微生物体系清除土壤中的重金属。植物修复技术主要由植物萃取、根际过滤和植物固化三部分组成。微生物修复则是利用微生物促进有毒、有害物质的降解，使之无毒无害化。植物修复较物理、化学或微生物方法具有更多的优点；然而，重金属超积累植物通常都矮小、生物量低、生长缓慢且周期长，不宜治理重污染土壤。另外，高耐重金属植物不易找到，而且被植物摄取的重金属因大多集中在根部而易重返土壤。

实践中，治理土壤重金属污染主要有以下三种途径：

（1）固定或稳定法。用各种物理、化学和生物的方法改变重金属在土壤中的存在状态，将重金属固定或稳定在土壤中，降低其在环境中的迁移和生物利用。

（2）去除法。用物理、化学或生物的方法将重金属从土壤中去除。物理方法主要是将污染土壤挖出、搬运走，达到去除本地污染的目的。该方法能迅速去除污染物，但成本高，而且仅是将污染土壤从本地搬运到另一地，不是从根本上去除，要求妥善处理挖出的污染土壤，以防止二次污染。用超累积植物修复重金属污染土壤是一种成本低的去除方法，但超累积植物生长缓慢且周期长、见效慢。采用选矿的方法用化学试剂对土壤进行清洗，是一种去除重金属的有效方法，但成本高。

（3）隔离法。用各种防渗材料，如水泥、黏土、石板、塑料板等，把污染土壤就地与未污染土壤或水分开，以阻止或减少重金属扩散。常用的方法有振动束泥浆墙、平板墙、薄墙、化学泥浆幕、地下冷冻、喷射泥浆等。该法适用于污染严重、易于扩散且污染物可在一段时间内分解的情况。

以上治理途径可视情况单独使用或联合使用。

22.5　植物种类选择

在矿山损毁土地的生态重建与恢复中，植物种类的选择至关重要。选择原则主要包括：生长快，适应性强，抗逆性好，即抗旱、耐湿、抗污染、抗风沙、耐瘠薄、抗病虫害等；优先选择固氮树种；尽量选择当地优良的乡土植物。

在许多情况下，矿山损毁土地的植被恢复需要分阶段进行。初始阶段的植被往往以基质改良为主要目的，利用绿肥、固氮先锋植物解决土壤熟化和培肥问题。绿肥植物（多为豆科植物）具有耐碱性和生命力旺盛的特性，含有丰富的有机质和氮素，根系发达，能够吸收和聚集深层土壤的养分，为后茬植物提供各种有效养分。绿肥植物腐烂后还有胶结团聚土粒的作用，改善土壤的理化特性。固氮植物（如豆科植物、桤木、红三叶草等）具有较高的吸收氮元素的能力。据有关研究，在豆科植物所需的氮总量中，只有约1/3取自土壤，其余2/3靠共生固氮菌固定空气中的氮素。固氮植物体腐败后把氮元素释放到土壤中，增加土壤的氮含量，可替代化肥和有机肥或大幅减少肥料施用量。

云南会泽铅锌矿废弃地的复垦研究表明，禾本科与茄科植物对铅锌矿渣这种恶劣生长环境具有较强的忍耐力，许多一年生和两年生植物如白茅、辣蓼、白草、铁线草等可以作为先锋植物选用。据对广西刁江流域的野外调查，纤细木贼、五节芒、狗牙根、土荆芥、菅草、假俭草、白茅、类芦、斑茅、芦竹、密蒙花等，能在As、Sb、Zn、Cd复合污染的废弃地上生长良好，可作为这类地区矿山废弃地植被恢复的先锋植物。

在干燥、寒冷条件下，主要考虑选择耐旱、耐寒、根系发达的植物。例如，丁香、刺梅、榆叶梅、沙棘、小叶锦鸡儿、榆树、小叶杨、华北落叶松、红柳、樟子松、胡枝子、草木樨，地肤、猪毛菜、紫苜蓿、沙打旺等。

与乔木和草本植物相比，灌木树种在植被的防护功能和土壤改良功能上具有优越性。与乔木相比，灌木树种具有抗逆性强、根系发达、枯枝落叶丰富、郁闭时间短、覆盖地面迅速、土壤改良作用强等优点；与草本植物相比，具有生长快、植物量大、根系发达、固持和网络土壤能力强、生态效益多样、防护功能强等优点。因此，选择优良的灌木树种可以加快绿化和生态恢复。

根据很多学者的研究，已有将近200种植物在不同类型的尾砂库上自然定居生长。

总之，要结合复垦方向、不同复垦单元上土地（物料）的理化性质以及气候条件等，为每一复垦单元选择最合适的植物种类。应对当地的植物群落进行调查，必要时进行小区土壤重构、改良和种植试验，以保证植被恢复与生态重建的成功。

22.6 土地复垦的适宜性评价

土地复垦的适宜性评价就是针对各种可能的复垦方向，对损毁土地的适宜程度作出判断，选择最适宜的复垦方向。评价的依据主要包括：土地损毁程度、表面覆盖物特性、地貌、气候、水文、损毁前土地利用状况、所在区域的土地利用规划等。

22.6.1 评价原则

土地复垦的适宜性评价应遵守的原则主要包括：

（1）因地制宜，耕地优先。根据各个待复垦单元的具体条件确定其复垦利用方向，不能强求一致；原有耕地仍应优先考虑复垦为耕地，原有耕地由于损毁严重或其他原因无法复垦为耕地时，应尽量在其他地块补复耕地。

（2）主导因素与综合分析相结合。应对影响土地复垦利用的诸多因素进行分析，如土壤、气候、地貌、原来利用状况、损毁程度等，从中找出影响复垦利用的主导因素，并综合考虑资金投入、种植习惯、土地利用结构、社会需求等因素，确定适宜的利用方向。

（3）与地区土地利用总体规划相协调。应考虑所在地区土地利用总体规划中对拟复垦地块的利用规划，使复垦后的土地利用与规划一致。

（4）生态环境效益与经济效益兼顾。当被损毁的土地可以复垦为多种用途（具有多适宜性）时，应综合评价各复垦方向的生态效益和经济效益，力求做到二者兼佳。由于金属矿山一般地处山区，复垦的主要目的是恢复植被（包括农业生产）和景观，生态恢复和环境保护在大多数情况下应该是第一位的，不应单独追求经济效益而大幅降低复垦的生态环境效益。

22.6.2　评价单元划分

在土地复垦的适宜性评价前，要依据土地的损毁形式、程度和形态以及对复垦工程的要求等，科学划分评价单元。评价单元亦即复垦单元。

露天矿的评价单元一般可划分为：采场坑底、台阶平台、台阶坡面、排土场顶面平台、排土场边坡、尾矿库库面平台、尾矿坝边坡、存土场、取土场、建筑设施及其附属场地、道路等。

地下矿的评价单元一般可划分为：沉陷区、井（巷）口及其附属场地、废石堆顶面平台、废石堆坡面、尾矿库库面平台、尾矿坝边坡、存土场、取土场、建筑设施及其附属场地、道路等。

22.6.3　适宜性评价的分类系统

适宜性评价的分类系统是指复垦后土地利用方向及适宜等级构成的评价系统。这种分类系统不同于土地利用现状调查规程规定的分类系统，一般根据待复垦土地本身的属性和复垦目标灵活确定。

一般情况下，按“纲—类—级”建立分类系统，把所有待复垦土地单元分为适宜和不适宜两个大纲；适宜纲下按可能的土地利用类型分若干类，如宜农（包括粮食与蔬菜种植）、宜果、宜林（乔木和灌木）、宜草、宜渔（包括水产养殖和其他用途的水塘）和宜建等；在类下按损毁程度和复垦的难易程度分为若干级（一般为3~4级），如对于宜农的单元，1级为适宜垦种、2级为可垦种、3级为基本可垦种。

22.6.4　评价方法与步骤

土地复垦的适宜性评价方法有极限条件法、指数法和模糊数学法等。极限条件法就是根据限制性最大（适宜性等级最低）的因素，评价复垦单元的适宜类级。该方法不需要复杂的数学计算，易于考虑定性因素，是目前制定矿山土地复垦方案中使用较广泛的方法。应用极限条件法评价土地复垦适宜性的一般步骤如下：

（1）划分评价单元，建立适宜性评价分类系统。

（2）确定各个评价单元的适宜类，即可能的土地复垦方向。

（3）选择影响因子。影响因子即主导影响因素，应满足：1）可测性，即因素是可以测得并可用定量数值或定性分级序号表示；2）关联性，即选择的因子指标的增长或减少标志着受评价土地单元质量的提高或降低，或对某一或某些适宜类的适宜级别有影响；3）独立性，即参评因子之间界限清晰，没有重叠。对于不同地区、不同的开采方式和可能的复垦方向，影响因子可能有较大的差异，对于耕地、林地、草地等以植被恢复为目的的复垦方向，影响因子一般包括：坡度、表层物质组成、覆土厚度、灌溉条件、排水条件、污染物（如重金属）含量等。

（4）建立影响因子指标或分级与分类系统之间的适宜性评价标准关系。即就每一因子的给定指标值或分级，确定每一待选复垦方向的适宜性等级，见表22-1。表22-1中的适宜级别分三级：1为适宜、2为较适宜、3为基本适宜；“不”表示不适宜。例如，表22-1中的第二行表示：就地形坡度这一影响因子而言，坡度为4°~7°时，耕地的适宜级别为2

(较适宜)，林地、果园和草地的适宜级别都为1(适宜)。这种关系的确定因地而异，必须综合考虑当地的气候、土壤、可选植物的特性等因素。例如，就灌溉条件而言，在半干旱地区和雨水较丰富地区，同一复垦方向对同样的灌溉条件的适宜等级不同。

表 22-1　影响因子指标与待选复垦方向适宜性之间的关系示例

影响因子	因子指标或分级	耕地	林地	果园	草地
坡度/(°)	≤3	1	1	1	1
	4~7	2	1	1	1
	8~15	3 或不	1	1	1
	16~25	不	2	2	2
	26~35	不	3	3	3 或不
	> 35	不	3 或不	不	不
表层物质组成	壤土	1	1	1	1
	岩土混合物	3	2 或 3	2 或 3	2 或 3
	砾质	不	3 或不	不	3 或不
	石质	不	不	不	不
土质层厚度/cm	≥80	1	1	1	1
	50~79	1 或 2	1	1	1
	30~49	2 或 3	1 或 2	1 或 2	1
	10~29	3 或不	2 或 3	2 或 3	2
	< 10	不	3 或不	3 或不	3
排水条件	不淹或偶尔淹没，排水好	1	1	1	1
	季节性短期淹没，排水较好	2	2	2	2
	季节性较长淹没，排水较差	3 或不	3	3	3 或不
	长期淹没，排水差	不	不	不	不
灌溉条件	有稳定灌溉条件	1	1	1	1
	灌溉水源保证差	2	2	2	1 或 2
	无灌溉水源	3	2 或 3	3	2 或 3

(5) 列出所有评价单元的土地性质。通过对已损毁土地单元的实地调查或对拟损毁单元的分析预测，得出相关影响因子在每个评价单元的指标值范围或分级，一个假设露天矿的各评价单元的土地性质见表 22-2。

表 22-2　各评价单元的土地性质示例

评价单元	影 响 因 子				
	坡度/(°)	表层物质组成	土质层厚度/cm	排水条件	灌溉条件
采场坑底	<5	石质、砾质	0	淹没	有灌溉水源
台阶平台	<5	石质、砾质	0	封闭圈以下淹没	有灌溉水源
台阶坡面	45~60	基岩	0	封闭圈以下淹没	有灌溉水源

续表 22-2

评价单元	影响因子				
	坡度/(°)	表层物质组成	土质层厚度/cm	排水条件	灌溉条件
排土场顶面	<5	砾质	0	排水较好	无灌溉水源
排土场坡面	25~35	砾质	0	排水较好	无灌溉水源
尾矿库库面	<5	砂质	0	排水较好	无灌溉水源
尾矿坝堆积坡面	25~35	砂质	0	排水较好	无灌溉水源
办公区	<5	硬覆盖	0	排水较好	无灌溉水源
工业设施及场地	<5	硬覆盖	0	排水较好	无灌溉水源
道路	<15	砂壤土、壤土	10~40	排水较好	无灌溉水源
存土场	5~10	壤土	30	排水较好	有灌溉水源

（6）把每个评价单元的土地性质与各影响因子指标（分级）下复垦方向的适宜性相对照，即对照表22-2和表22-1，并考虑能够采取的措施，确定每个评价单元对每个复垦方向的适宜性。一个假设矿山的排土场顶面平台的复垦适宜性见表22-3，对每一评价单元都应列出类似的适宜性评价表。

表 22-3 排土场顶面平台的复垦适宜性评价示例

复垦方向	主要限制因子	复垦措施	适宜性等级
耕地	表层物质组成、土质层厚度、灌溉条件	通过平整、覆客土和土壤改良，可以耕种；但气候较干旱，无灌溉水源	3或不
林地	表层物质组成、土质层厚度、灌溉条件	通过平整、覆客土，可以种植抗旱性较强的树种	2
果园	表层物质组成、土质层厚度、灌溉条件	通过平整、覆客土，基本可以种植抗旱性较强的果树	3
草地	表层物质组成、土质层厚度、灌溉条件	通过平整、覆客土，可以种植抗旱性较强的草种	3

（7）依据上述过程中确定的适宜性，综合考虑损毁前土地的利用、周边植被种类、复垦后期管理、市场等条件，确定每一评价单元的最佳复垦方向。如果对于某个评价单元，某一复垦方向的适宜性明显高于其他复垦方向，又符合其他条件，该复垦方向就是该单元的最佳复垦方向；如果对于某个评价单元，多个复垦方向的适宜性等级相同或很接近，首先考虑其他条件进行排除（比如，林地和果园均适宜，但不具备果园管理条件或适种的水果品种没有市场，可排除果园）；若考虑了其他条件后仍有多个适宜复垦方向，应通过成本、效益比较确定最佳者。表22-4为最后评价结果示例。

表 22-4 土地复垦适宜性评价结果示例

评价单元	复垦方向	面积/hm^2	复垦面积/hm^2	备　　注
采场坑底	林地	10.3411	10.3411	废石充填到封闭圈标高
台阶平台	林地	3.2134	3.2134	封闭圈标高以上的台阶
台阶坡面		5.2530	0	坡度大、基岩，不复垦

续表 22-4

评价单元	复垦方向	面积/hm^2	复垦面积/hm^2	备　　注
排土场顶面	林地	45.2876	45.2876	
排土场坡面	林地	20.3760	20.3760	
尾矿库库面	林地	12.3784	12.3784	
尾矿坝堆积坡面	林地	6.0725	6.0725	
办公区	林地	0.4628	0.4628	
工业设施及场地	林地	2.6726	2.6726	
道路	林地	3.4782	1.7424	部分留作农村道路
存土场	耕地	1.3743	1.3743	

22.7　土地复垦方案的编制

土地复垦方案的内容和结构主要与所开采的矿产类型、开采方式等有关。下面是我国土地复垦方案的一般内容。

（1）前言（或总则），包括：

1）编制任务来源。

2）编制依据。国家有关法律法规；部委规章；规范性文件；地方政府规章和有关法规的实施细则；相关规程、规范；所在地区土地利用规划；矿山的矿产资源开发利用方案以及其他有关技术文件和资料；矿山项目环境影响评估报告等。

3）复垦范围与项目的服务年限（包括复垦时间）。

4）矿山项目区土地权属。

5）需要说明的其他问题。

（2）矿区及其所在地区概况，包括：

1）自然环境概况。地理位置；气象气候；地表水系；地形地貌；土壤；植被等。

2）社会经济概况。行政区划；产业分布；人口；收入；交通等。

3）项目区内土地利用现状。

4）矿山地质概况。地层与岩性特征；主要地质构造；水文地质；矿产赋存条件；矿体产状与组分；矿石储量和品位等。

5）开采方式与方法简介。露天或地下开采；采矿方法；主要工艺流程。

（3）土地损毁状况，通过实地调查、测量和分析测算，确定：

1）已损毁土地状况。所有已损毁单元的面积、位置分布和损毁形式（挖损、占压、沉陷等）。

2）拟损毁土地预测。所有拟损毁单元的面积、位置分布和损毁形式（挖损、占压、沉陷等）。

（4）土地复垦的可行性评价，包括：

1）矿山生产对土地及生态环境的影响分析。对土地的损毁或影响；对水环境的影响；对大气环境的影响；对生物的影响等。

2）土地复垦的适宜性评价。应用适当的方法，确定各评价单元的复垦适宜性，确定其复垦可行性和复垦方向。

（5）预防控制与复垦措施，包括：

1）预防控制措施。土源保护措施（拟损毁区表土剥离、存土场选址、存土场侵蚀防护等）；采场边坡稳定保障措施；排土场稳定保障与侵蚀、污染防治措施；尾矿库稳定与污染防治措施；地表沉陷监测措施等。

2）复垦措施。针对每个复垦单元的特性、条件和确定的复垦方向，依据有关规范和标准，详细说明复垦措施。例如：废石充填；土地平整；削减坡度；覆土和土壤改良；酸性废水与土壤重金属污染治理；植物种类选择；种植等。

3）复垦土地管护措施。保证植物达到要求成活率或产量的各种相关措施，如浇水、施肥、病虫害防治等。

（6）复垦工程设计与工程量计算。基于预防控制与复垦措施，依据有关规范和标准，合理设计有关工程并计算工程量，一般包括：土地平整、废石充填、削坡、挡土墙、截洪沟、排水系统、客土与土壤改良、种植、灌溉等工程。

（7）复垦计划安排。结合矿山生产计划，本着尽早复垦的原则，合理安排各个复垦单元的复垦时间和相关工程的施工时间。

（8）复垦投资概算，包括：

1）概算编制依据。国家、部门有关土地整理项目的预算编制办法、定额标准；地方相关项目建设投资标准、造价信息等。

2）复垦投资计算。按照定额指导价和市场价相结合的原则，合理确定各项取费标准；按工程项目或复垦单元计算静态复垦投资，一般应包括：直接施工费、间接费、设备费、利润、税金、不可预见费、其他费用等。依据复垦计划安排与相应资金的投入额和投入时间、价差预备费率，计算土地复垦的动态投资。正常经济条件下的价差预备费率一般为5%~7%。

（9）复垦效益分析，包括：

1）生态环境效益；

2）社会效益；

3）经济效益。

（10）保障措施，包括：

1）组织与管理保障；

2）技术保障；

3）资金保障。

23 矿山生产的生态冲击与生态成本

矿山生产损毁大面积土地和植被，对水、大气和土壤造成污染，温室气体的排放对气候变化做出“贡献”。由于土地、植被、水、大气和气候是构成自然生态系统的基本要素，所以本章把对这些要素的破坏和损害统称为生态冲击。

经济收益是市场经济环境中矿山企业追求的主要目标，也一直是矿山开采方案设计和投资决策的主要依据。到目前为止，在开采方案设计实践中，只考虑相关的技术和经济因素，不考虑矿山生产造成的生态冲击。虽然相关法规要求对矿山项目进行环境评价，但这种评价是事后评价，并不在开采方案的优化设计中直接发挥作用。生态化矿山设计就是在开采方案的优化设计中纳入生态冲击，使之与技术和经济因素一样，直接作用于方案的优选或优化。然而，生态冲击和经济收益的度量量纲不同，不同类型的生态冲击的量纲也不同。所以，最方便的方法是把各类生态冲击转化为生态成本，使之与生产成本一样参与开采方案的评价和优化，从而对开采方案直接发挥作用。

与地下开采相比，露天开采对生态环境的损害更为严重，生态成本对开采方案的影响更为显著。所以，本章主要针对露天开采，论述生态冲击和生态成本的定量估算方法，并结合相关数据的可得性建立估算模型；通过这些模型在生态冲击和生态成本与开采方案要素（主要是开采规模和生产计划）之间建立联系，为开采方案的生态化优化奠定基础。对于地下开采的生态冲击和生态成本估算，本章的思路和方法也基本适用。

23.1 生态冲击分类

不同类型的生态冲击的作用对象和所造成的损害性质不同，所对应的生态成本的估算方法也不同，所以需要对生态冲击进行合理分类。根据露天矿生产所造成的各种生态冲击的作用对象和损害性质，把生态冲击归纳、划分为以下三大类：

（1）土地及其所承载的生态系统损毁。露天开采挖损大面积土地，废石排弃、尾矿排弃、表土堆存和各种地面设施等压占大面积土地。这些土地上的植被被破坏，土地所承载的生态系统也随之遭到损毁，丧失了为人类提供各种生态服务的功能。这类冲击还造成景观破坏以及当地生物多样性的大幅下降，此类冲击在后文中简称为土地损毁。

（2）温室气体排放。矿山在生产过程中消耗大量能源和炸药，能源主要是柴油和电力，炸药主要有铵油炸药、乳化炸药和硝铵炸药等。柴油和炸药的消耗直接向大气排放 CO_2、N_2O、CH_4 等温室气体，电力消耗不直接在矿山而是在电力生产过程中产生温室气体。这些温室气体产生温室效应，为气候变化做出“贡献”。

（3）环境污染。矿山在生产中产生的各种废气，除产生温室效应外，还造成空气污染，作业中产生的粉尘也使空气质量下降；酸性物质的揭露和排弃可能形成酸水，造成水体和土壤的酸化；疏干采场抽排的地下水可能有较高的酸性并含有有害元素，对水体和土壤造成污染。此外，还可能造成水体和土壤的重金属污染。这些环境污染对矿区及周边区域的生态系统和居民的健康造成不利影响。

23.2　生态冲击核算

上一节所述三类生态冲击中，土地损毁和温室气体排放占主导地位，而且它们与开采方案之间的关系也比较清晰。所以本节只针对这两类冲击，结合露天开采方案（境界和采剥计划）建立其核算模型。对于环境污染，各种污染的量化指标比较复杂，指标值对于优化设计中的新建矿山难以获得，与开采方案之间的关系也难以建立，所以不对环境污染进行核算。

需要指出的是，矿山生产中所使用的各种设备和消耗的各种辅助材料，在其生产链的各个环节都损毁土地、产生温室气体、造成环境污染。从理论上讲，这些生态冲击也应计算在内。然而，计算这些生态冲击的相关数据不易获得，而且其量值在矿山生产的生态冲击总量中占比很小，所以本节不对这些生态冲击进行核算。

23.2.1　土地损毁

土地损毁的核算量纲为面积，度量单位为公顷（hm^2）。本小节针对露天开采，把土地损毁分为露天采场、排土场、尾矿库、地面设施和表土堆场等五个单元，分别估算其土地损毁面积及其随时间的变化关系。

23.2.1.1　露天采场的土地损毁面积

露天采场挖损的土地总面积等于开采方案中最终境界的地表面积。不同开采方案可能有不同的最终境界，某个开采方案的采场挖损总面积可以依据其最终境界的地表周界线（闭合多边形）上的顶点坐标直接计算：

$$A_{M} = \frac{1}{20000}\left|\sum_{i=1}^{n}(x_{i+1}y_{i} - x_{i}y_{i+1})\right| \tag{23-1}$$

式中　A_M——露天采场挖损的土地总面积，hm^2；

n——最终境界地表周界多边形上的顶点总数；

x_i，y_i——第 i 个顶点在水平面上的东西向和南北向坐标值，m，当 $i=n$ 时，$i+1=1$。

在开采过程中，采场不断扩大和延深，挖损的地表面积也随时间变化。用 $A_{M,t}$ 表示第 t 年末采场挖损的累计地表面积，$A_{M,t}$ 随时间 t 的变化关系取决于开采方案的生产计划。$A_{M,t}$ 的值可以依据生产计划中每年末采场的地表周界线计算，计算公式同上。如果某个开采方案的开采寿命为 n 年（即在第 n 年末采到方案的最终境界），显然有 $A_{M,n}=A_M$。

23.2.1.2　排土场的土地损毁面积

排土场压占的土地总面积取决于废石排弃总量、排土场地形、堆置高度和边坡角等。在开采方案的优化设计阶段，一般没有排土场的完整设计，只能按容量需求对排土场的占地总面积进行估算。排土场的总容量需求用下式计算：

$$V_{D} = \frac{Wk_{w}}{\gamma_{w}} \tag{23-2}$$

式中　V_D——排土场的总容量需求，万立方米；

W——废石排弃总量（即境界中的废石总量），万吨；

γ_w——废石的原地（实体）容重，t/m^3；

k_w——排土场沉降稳定后废石的碎胀系数，一般为1.10~1.35。

矿山只设一个排土场时，排土场的占地总面积可用下式估算：

$$A_D = \frac{V_D}{H_D} f_D(V_D,\ \alpha_D) \tag{23-3}$$

式中　A_D——排土场占地总面积，hm^2；

H_D——排土场平均堆置高度，m；

$f_D(V_D,\ \alpha_D)$——排土场的形态系数；

α_D——排土场总体平均边坡角，(°)。

排土场的形态基本上是不规则的台体，在给定高度 H_D 的条件下，顶面积与底面积的比值随容量 V_D 和边坡角 α_D 变化，V_D 和 α_D 越小，这一比值越小，排土场的形态越接近锥体，$f_D(V_D,\ \alpha_D)$ 的取值越接近3；反之，排土场的形态越接近柱体，$f_D(V_D,\ \alpha_D)$ 的取值越接近1。

排土场损毁的土地面积随时间的变化关系比较复杂。总体来看，在开采过程中随着排弃量的积累，排土场的占地面积逐步扩大，但排土场在某一时点的土地损毁面积并不是到达这一时点的累计排弃量的简单线性函数。原因之一是在开始排土之前，建设排土场需要对场地进行某些作业，造成植被和土壤的破坏，而准备的面积往往要满足不止一年的排土需要。所以，可能是大面积的土地在接纳排土之前就被损毁了。原因之二是排土场的平面扩展和升高随时间的变化，取决于地形、排土工艺、排土线布置、阶段高度等因素，占地面积并不是随排弃量的增加而线性增加，而是呈不规则的阶梯式增加。因此，在矿山生产过程中，第 t 年末排土场损毁土地的累计面积，记为 $A_{D,t}$，不能依据这时的累计排弃量应用上述公式进行估算。

为了在没有排土场详细设计的条件下，在开采方案优化中尽可能反映其损毁土地面积随时间变化的主导趋势，并使估算模型具有实用性，作如下简化处理：假设排土场的初始建设面积等于容纳前 n_0 年的排弃量所需的面积，这一初始面积记为 $A_{D,0}$，在开采方案的前 n_0 年里，排土场的土地损毁面积保持 $A_{D,0}$ 不变；之后，排土场的土地损毁面积逐年扩大，并假设随排弃量线性增加。如此简化后，在整个开采寿命期，排土场损毁土地的累计面积 $A_{D,t}$ 随时间 t 的变化关系可以简化为二段线性函数：

$$A_{D,t} = A_{D,0} = \frac{V_{D,0}}{H_D} f_D(V_{D,0},\ \alpha_D) \qquad t = 0,\ 1,\ 2,\ \cdots,\ n_0 \tag{23-4}$$

$$A_{D,t} = A_{D,0} + \frac{A_D - A_{D,0}}{W - W_0} \sum_{i=n_0+1}^{t} w_i \qquad t = n_0+1,\ n_0+2,\ \cdots,\ n \tag{23-5}$$

式中　$V_{D,0}$——开采方案中前 n_0 年的排土容量需求（即排土场初始建设容量），万立方米；

W_0——开采方案中前 n_0 年的废石排弃总量，万吨；

w_i——开采方案中第 i 年的废石排弃量，万吨；

n——开采方案的开采寿命（从基建期结束、生产开始的时点算起），a。

W_0 和 $V_{D,0}$ 为：

$$W_0 = \sum_{i=0}^{n_0} w_i \tag{23-6}$$

$$V_{D,0} = \frac{W_0 k_w}{\gamma_w} \tag{23-7}$$

式（23-6）中，$i=0$ 时，w_0 表示基建期的废石排弃量。

如果所设计的矿山拟设置多个排土场，可以根据各个排土场的预计容量和相关参数分别估算每个排土场的占地总面积，并基于开采方案的累计剥离量随时间的变化关系和排土场的使用顺序安排，参照上述方法估算每个排土场的投入使用时间和排土场的土地损毁面积随时间的变化关系。

23.2.1.3　*尾矿库的土地损毁面积*

开采方案的尾矿产生总量等于入选矿石总量减去精矿总量，即：

$$T = Q\left(1 - \frac{g_o}{g_p} r_p\right) \tag{23-8}$$

式中　T——尾矿总量，万吨；

Q——入选矿石总量（即境界中的采出矿石总量），万吨；

g_o——入选矿石的平均品位；

g_p——精矿的平均品位；

r_p——选矿金属回收率。

尾矿库的总容量需求为：

$$V_T = \frac{T}{\gamma_T} \tag{23-9}$$

式中　V_T——尾矿库的总容量需求，万立方米；

γ_T——尾矿容重，t/m^3；

矿山只设置一个尾矿库时，尾矿库的占地总面积可用下式估算：

$$A_T = \frac{V_T}{H_T} f_T(V_T, \alpha_T) \tag{23-10}$$

式中　A_T——尾矿库占地总面积，hm^2；

H_T——尾矿库总高（深）度，即库底到库面的平均高度，m；

$f_T(V_T, \alpha_T)$——尾矿库的形态系数；

α_T——尾矿库总体平均边坡角，(°)。

由于尾矿是以一定浓度的砂浆流体排放，所以一个尾矿库一般需要一次性建成。因此，矿山只设置一个尾矿库时，可以认为其损毁土地面积在整个开采寿命期都等于其占地总面积，即第 t 年末尾矿库的累计占地面积 $A_{T,t}$ 等于 A_T。如果所设计矿山拟建多个尾矿库，可以根据各个尾矿库的最大容量和相关参数，分别估算每个尾矿库的占地总面积，并基于开采方案的累计入选矿量随时间的变化关系和各个尾矿库的使用顺序安排，估算每个尾矿库的投入使用时间和尾矿库的土地损毁面积随时间的变化关系。

23.2.1.4　*地面设施的土地损毁面积*

地面设施包括矿山专用道路和厂房、仓储、办公、供电、供水、排水等设施。地面设施的占地面积与开采方案的生产能力有一定的关系。例如，生产能力较高的方案，使用的设备规格较大、道路的宽度和设备维修设施的面积都较大。然而，地面设施的占地面积与生产能力之间不是线性关系。在一定的生产能力范围内这一面积变化不大，可以看作常数；当生产能力的变化足以引起这一面积变化时，两者之间的函数关系也难以确定；而且这一面积与采场、排土场和尾矿库的占地总面积相比非常小，没有必要在开采方案优化中详细考虑其随开采方案的变化。此外，绝大多数地面设施的建设在矿山投产时已经完成。地面设施的土地损毁总面积记为 A_B，第 t 年末的累计土地损毁面积记为 $A_{B,t}$。基于上述讨论，可以假设 $A_{B,t}$ 在开采方案的寿命期是一常数（即对于所有年份 t，$A_{B,t}=A_B$）。在新矿山的开采方案优化阶段一般还没有矿山的总图布置，A_B 的数值可以根据条件类似的矿山的该项面积估算。

23.2.1.5 表土堆放场的土地损毁面积

按照矿山土地复垦的相关规定，需要对生产中将要损毁的土地上的表土进行剥离并妥善保存，以备复垦时使用。表土堆放场自身的表土一般不需要剥离，因为表土堆放不会造成被压占土壤的破坏，堆存的表土移走后，对原表土进行翻松即可在表土场的复垦中就地使用。所以，需要堆存的表土来自露天采场、排土场、尾矿库和地面设施区的表土剥离。根据场地条件，表土可以集中堆存（全矿只设一个表土场）或就近分散堆存。后者是在露天采场、排土场、尾矿库等附近分别设置表土场，把剥离的表土就近堆存在各自的表土场中，这样可以最大限度地缩短表土搬运距离。

表土场的总容量需求为：

$$V_S = (A_M h_M + A_D h_D + A_T h_T + A_B h_B) k_S \tag{23-11}$$

式中 V_S——表土场总容量需求，万立方米；

k_S——表土在堆场的松散系数；

h_M，h_D，h_T，h_B——露天采场、排土场、尾矿库和地面设施区的表土平均剥离厚度，m。

只设置一个表土场时，表土场的占地总面积用下式估算：

$$A_S = \frac{V_S}{H_S} f_S(V_S,\ \alpha_S) \tag{23-12}$$

式中 A_S——表土场的占地总面积，hm^2；

H_S——表土平均堆置高度，m，一般为 10～30m；

$f_S(V_S,\ \alpha_S)$——表土堆的形态系数；

α_S——表土堆的平均坡面角，(°)。

表土堆置压占土地的面积随时间的变化关系，总体上是随着表土剥离面积的扩大（即表土堆置量的增加）而扩大。由于表土剥离区域的表土厚度不均匀、表土堆置形态的变化以及表土场地形等因素，表土堆占地面积随时间的变化关系很复杂。考虑到与采场、排土场和尾矿库的占地总面积相比，表土堆的占地面积很小，所以为便于计算作如下简化处理：

（1）假设表土剥离与土地损毁在时间上同步。例如，排土场在第 t 年末的累计损毁土地面积为 $A_{D,t}$，那么，第 t 年末在排土场的累计表土剥离面积也是 $A_{D,t}$；对于其他土地损毁单元，也是如此。

（2）对于露天采场、排土场、尾矿库和地面设施区，无论在这些场地内剥离到什么位置，剥离的表土量均按各自的平均表土厚度计算。

（3）在给定堆置高度的条件下，假设表土堆压占土地的面积随表土堆置量的增加而线性增加。

基于以上简化，表土堆放场的累计占地面积随时间的变化关系为：

$$A_{S,\ t}=\frac{A_S}{V_S}(A_{M,\ t}h_M+A_{D,\ t}h_D+A_{T,\ t}h_T+A_{B,\ t}h_B)k_S \tag{23-13}$$

式中　$A_{S,t}$——第 t 年末表土场的累计占地面积。

对表土实行多堆场分散堆存时，可以应用上述估算方法，依据各个堆场的服务对象，分别计算各个堆场的容量需求和占地面积；依据各自服务对象的土地损毁面积随时间的变化关系，估算各个表土堆场的占地面积随时间的变化关系。

23.2.2　温室气体排放

矿山的温室气体排放来自生产中的能源和炸药消耗，其中能源主要是柴油和电力。下面就柴油、电力和炸药消耗的温室气体排放量建立核算模型。

23.2.2.1　增温潜势与二氧化碳当量

多种气体具有温室效应。在有关温室气体的研究文献中，考虑的气体一般包括 CO_2、N_2O 和 CH_4，这也是化石能源的消耗中产生的主要废气。所以在本小节中也只考虑这些气体。另外，由于 CO_2 在工业生产排放的温室气体中占主导地位，所以为比较和数据处理的方便，通常都把 N_2O 和 CH_4 的量根据其“增温潜势（Global warming potential，GWP）”换算为 CO_2 **当量**。某种气体的增温潜势可以理解为该种气体的潜在增温效应与 CO_2 的潜在增温效应的比值。政府间气候变化委员会（Intergovernmental Panel on Climate Change，IPCC）提供了 N_2O 和 CH_4 的 GWP 值，见表 23-1。不同的温室气体具有不同的生命周期，在不同的时间跨度的 GWP 值不同。表 23-1 中给出了时间跨度为 20 年和 100 年的 GWP 值。对于矿山应用，可取 20 年的 GWP 值。

表 23-1　温室气体的增温潜势

温室气体	GWP(20 年)	GWP(100 年)
CO_2	1	1
CH_4	84	28
N_2O	264	265

某种气体排放量的 CO_2 当量等于其排放量与其 GWP 值的乘积。在后续的章节中，温室气体排放量均指 CO_2 当量，度量单位为“t”。

23.2.2.2　温室气体排放因子

柴油消耗所产生的温室气体排放包括两部分：一是直接排放，即内燃机的尾气，直接排放量主要取决于柴油的热值和内燃机的单位热值排放量；二是间接排放，即从石油开采到加工成柴油的各个生产环节所产生的温室气体排放，在一些文献中也称为携带排放。后者虽然不是由矿山生产直接产生的，但只要矿山消耗柴油，就会连带产生这一排放，所以也应该计算在内。单位重量的柴油消耗所产生的温室气体排放量定义为柴油的温室气体排放因子，记为 η_d，是直接排放因子与间接排放因子之和。综合有关研究成果中的数据，柴油的相关参数和排放因子列于表 23-2。

表 23-2　柴油的温室气体排放因子

单位热值排放量 / t·(TJ)$^{-1}$			热值 /TJ·t^{-1}	直接排放因子 / t·t^{-1}	间接排放因子 /t·t^{-1}	排放因子 η_d /t·t^{-1}
CO_2	N_2O	CH_4				
74.100	0.0286	0.00415	0.045575	3.7371	0.7038	4.4409

电力消耗的温室气体排放因子定义为电网提供单位电量所产生的温室气体排放量，用 η_e 表示。生态环境部应对气候变化司提供了我国各个区域电网的电量排放因子在 2013~2015 年的加权平均值，见表 23-3。电力消耗的温室气体排放不是在矿山生产过程中直接产生的，而是在发电和输送中产生的。从这个意义上讲，电力消耗的温室气体排放对矿山而言属于间接排放。但矿山只要消耗电能，就会连带产生这一排放，所以必须计算在内。

表 23-3　我国各区域电网的温室气体排放因子 η_e　(t/(MW·h))

区域电网名称	华北	东北	华东	华中	西北	华南
排放因子	0.9680	1.1082	0.8046	0.9014	0.9155	0.8367

炸药的温室气体排放包括炸药爆炸产生的直接排放和炸药组分在其生产过程中产生的排放（即间接排放）。单位重量的炸药消耗所产生的温室气体排放量定义为炸药的温室气体排放因子，记为 η_x，是直接排放因子与间接排放因子之和。矿山常用炸药的温室气体排放因子见表 23-4。表中间接排放因子只考虑了炸药的主要成分硝酸铵和柴油在其生产中的温室气体排放量。

表 23-4　一些工业炸药的温室气体排放因子　(t/t)

炸药名称	炸药型号	直接排放因子	间接排放因子	排放因子 η_x
乳化炸药	SB 系列	0.0000	1.4251	1.4251
	岩石型	0.0846	1.5102	1.5948
	WR 系列	0.1008	1.4848	1.5856
铵油炸药	1 号（粉状）	0.1768	1.7244	1.9012
	2 号（粉状）	0.1696	1.7090	1.8786
	3 号（粒状）	0.1729	1.7811	1.9540
	膨化铵油	0.2000	1.7027	1.9027
铵梯炸药	1 号岩石	0.2629	1.5119	1.7748
	2 号岩石	0.2222	1.5672	1.7894
	2 号抗水岩石	0.2335	1.5672	1.8007
	3 号抗水岩石	0.2588	1.5119	1.7707
	1 号露天	0.2276	1.5119	1.7395
	2 号露天	0.2319	1.5857	1.8176
	2 号抗水露天	0.2370	1.5857	1.8227

23.2.2.3　单位作业量的温室气体排放

有了上述排放因子，就可基于能耗与炸药的消耗数据，计算矿山生产的温室气体排放量。为了便于在开采方案优化中应用，把露天矿生产的各种作业归纳为废石剥离、矿石开采和选矿三大类，分别计算其单位作业量的温室气体排放量。

废石剥离包括穿孔、爆破、采装、运输和排弃等工艺环节，使用的主体设备通常有钻机、单斗挖掘机、卡车、排土机和推土机等；有些设备是柴油驱动，有些是电力驱动。所以剥离中消耗的能源是柴油和电力，爆破消耗炸药。单位剥离量的温室气体排放量为：

$$\varepsilon_w = \frac{d_w \eta_d}{1000} + \frac{e_w \eta_e}{1000} + \frac{x_w \eta_x}{1000\gamma_w} \tag{23-14}$$

式中　ε_w——单位剥离量的温室气体排放量，t/t；

d_w——单位剥离量的柴油消耗，kg/t；

η_d——柴油的温室气体排放因子，t/t；

e_w——单位剥离量的电力消耗，kW·h/t；

η_e——电力的温室气体排放因子，t/(MW·h)；

x_w——废石爆破的炸药单耗，kg/m^3；

η_x——炸药的温室气体排放因子，t/t；

γ_w——废石的原地容重，t/m^3。

矿石开采的工艺环节和使用的设备与废石剥离类似。单位采矿量的温室气体排放量为：

$$\varepsilon_m = \frac{d_m \eta_d}{1000} + \frac{e_m \eta_e}{1000} + \frac{x_m \eta_x}{1000\gamma_o} \tag{23-15}$$

式中　ε_m——单位采矿量的温室气体排放量，t/t；

d_m——单位采矿量的柴油消耗，kg/t；

e_m——单位采矿量的电力消耗，kW·h/t；

x_m——矿石爆破的炸药单耗，kg/m^3；

γ_o——矿石的原地容重，t/m^3；

选矿厂的设备都是电力驱动，单位入选矿量的温室气体排放量为：

$$\varepsilon_p = \frac{e_p \eta_e}{1000} \tag{23-16}$$

式中　ε_p——选矿厂单位入选矿量的温室气体排放量，t/t；

e_p——选矿厂单位入选矿量的电力消耗，kW·h/t。

对于一个正在优化设计中的新矿山，上述计算模型在应用中的一个难点是确定剥离、采矿和选矿的单位能耗。比较实用的方法是对条件相近的生产矿山进行调研，对其能耗的统计数据进行收集和归纳，估算其剥离、采矿和选矿的单位能耗，再依据调研矿山与所设计矿山之间在某些主要条件上的差异进行调整。

23.3　生态成本估算

不同类型生态冲击的作用对象和所造成的损害性质不同，所对应的生态成本的估算方法也不同。所以需要针对前面对生态冲击的分类，分别估算每一类的生态成本。本节只针对土地损毁和温室气体排放这两大类生态冲击，建立生态成本的估算模型。对于环境污染，各种污染本身的量化以及它们对生态环境所造成的损害的量化，都很困难，难以建立较实用的成本估算模型，所以本节不对环境污染的生态成本作估算。在实际应用中，可以把矿山的环境治理成本看作环境污染的生态成本，从条件相近的生产矿山获得环境治理成本数据，分摊到矿山的生产成本之中。

23.3.1 土地损毁的生态成本

从生态的角度讲，土地有两大功能：一是提供生存空间；二是提供生态服务。生存空间与我们所研究的问题无关，因为损毁与否，土地不会消失。所以，土地损毁的生态成本的估算需要从土地的生态服务功能着手。土地的生态服务功能可分为两大类：一是为人类提供生活需要的生物质，如粮食、肉、奶、木材等；二是为人类的生活和各种生物的生存提供适宜稳定的生态环境。在矿山生产所损毁的土地上，这两类生态服务功能基本损失殆尽。因此，土地损毁的生态成本可以看作是土地的生态服务功能的丧失；从经济的角度看，这一生态成本等于土地能够提供的各种生态服务的价值的损失。这样，就可以通过估算与损毁土地相关的各种生态服务的价值，来量化土地损毁的生态成本。

土地及其承载的植被（简称土地生态系统）所提供的生态服务多种多样，迄今为止已经明确的主要包括：生物质生产、光合固碳、氧气释放、空气净化、土壤保持（侵蚀控制）、水源涵养、养分循环、气候调节、防风固沙、废物降解与养分归还、维持生物多样性、景观等。这些生态服务都直接或间接地影响人类的生活质量，都有价值。除生物质生产外，其他生态服务价值的估算本身就是一个很大的研究课题，还没有得到广泛接受的、较定型的成熟方法和计算模型；看问题的角度不同，估算方法也不同，对同一对象的估算结果就会有较大的差别。在综合相关研究成果的基础上，结合相关数据的可获得性，这里只对上述前七项生态服务的价值建立估算模型。另外，矿山企业对损毁的土地必须进行生态重建，恢复其生态功能。因此，生态恢复成本也应纳入土地损毁的生态成本中。

金属矿山一般地处山区，损毁的土地类型大都为林地和草地，耕地较少。另外，耕种对土地的生态服务功能的影响很复杂，难以度量。所以，这里对土地的生态服务价值的估算是针对林地和草地，只有对生物质生产价值的估算同时适用于耕地。

23.3.1.1 生物质生产价值

人类利用土地生产不同种类的生物质，如粮食、牧草、肉、蛋、奶和木材等，其中肉、蛋和奶是土地生产的间接生物产物。这些生物质都是可以在市场上交易的商品，都有价格。所以，土地的生物质生产价值就是在特定的市场条件下所生产的生物质能够带来的净收益。矿山征用土地的征地价格是这一价值的综合体现，因此，可用征地价格度量土地的生物质生产价值，记为 v_{yield}，单位为“元/hm^2”。

23.3.1.2 固碳价值

土地生态系统的固碳作用体现在两方面：一是土地上生长的植物通过光合和呼吸作用吸收大气中的 CO_2 并固定在植物体中，称为植物固碳；二是土壤碳库中蓄积的碳，称为土壤固碳。

植物固碳量与土地的植物净初级生产力（net primary poductivity，NPP）成正比，其固碳价值可用下式估算：

$$v_{\mathrm{Cplant}}=\frac{y_{\mathrm{npp}}f_{\mathrm{CO_2}}}{\varphi}c_{\mathrm{C}} \tag{23-17}$$

式中 v_{Cplant}——土地生态系统的植物固碳价值，元/(hm^2·a)；

y_{npp}——土地的净初级生产力，t/(hm^2·a)；

$f_{\mathrm{CO_2}}$——CO_2 固定系数，即单位净初级生产量固定的 CO_2 量，根据光合作用反应式，$f_{\mathrm{CO_2}}=1.62$；

φ——C 到 CO_2 的转换系数，3.6667；

c_{C}——碳成本，元/t。

林地生态系统中的碳蓄积主体是植物固碳。虽然林木枝叶在腐烂过程中会释放 CO_2、CH_4 等温室气体，但在总体上林地发挥着不可替代的碳汇和缓减温室效应的作用。所以，对于林地一般只计算植物固碳量。我国主要类型林地的净初级生产力见表 23-5。

表 23-5 我国主要类型林地生态系统的年净初级生产总量及其 NPP 值

森林类型	寒温带落叶松林	温带常绿针叶林	温带、亚热带落叶阔叶林	温带落叶小叶疏林	亚热带常绿落叶阔叶混交林
面积/hm^2	0.125×10^8	0.043×10^8	0.295×10^8	0.117×10^8	0.238×10^8
净生产量/$t\cdot a^{-1}$	1.04×10^8	0.318×10^8	1.691×10^8	0.901×10^8	0.884×10^8
NPP/$t\cdot(hm^2\cdot a)^{-1}$	8.320	7.395	5.732	7.701	3.714
森林类型	亚热带常绿阔叶林	亚热带、热带常绿针叶林	亚热带竹林	热带雨林、季雨林	红树林
面积/hm^2	0.108×10^8	0.537×10^8	0.009×10^8	0.09×10^8	0.001×10^8
净生产量/$t\cdot a^{-1}$	1.865×10^8	5.309×10^8	0.255×10^8	1.765×10^8	0.026×10^8
NPP/$t\cdot(hm^2\cdot a)^{-1}$	17.269	9.886	28.333	19.611	26.000

草地生态系统中的碳蓄积主要分布在土壤碳库中，草地一旦遭到破坏，土壤碳库中存储的碳将重新回到大气中。所以，对于草地一般只计算土壤固碳量。可以根据土壤的有机质含量和有机质的含碳比例，估算土壤的碳蓄积量，进而估算土壤固碳价值。

$$v_{\mathrm{Csoil}}=10000h_{\mathrm{s}}\gamma_{\mathrm{s}}r_{\mathrm{so}}r_{\mathrm{oc}}c_{\mathrm{C}} \tag{23-18}$$

式中 v_{Csoil}——土地生态系统的土壤固碳价值，元/hm^2；

h_{s}——估算地块的平均土壤厚度，m；

γ_{s}——估算地块的平均土壤容重，t/m^3；

r_{so}——土壤的有机质含量比例，可以通过测定或参照土壤调查的有机质分布资料选取；

r_{oc}——有机质的含碳比例，取 0.58。

碳成本 c_{C} 是去除 1t 大气中的碳需要的费用，碳成本有不同的估算方法。有的研究者从虚拟造林吸收 CO_2 的角度，取固定每吨碳所需的造林成本作为碳成本；有的从企业碳排放需要付出代价的角度，取碳税作为碳成本；有的从捕捉大气中的碳并永久贮存的角度，取碳的捕捉与贮存（carbon capture and storage，CCS）成本作为碳成本。一些国家已经和正在进行火电厂的CCS实验，国际能源署也对CCS的成本和效率进行了评估。从本质上讲，完全解决碳排放问题，或者是不排放（几乎是不可能的），或者是把排放的碳以某种方式捕捉并永久贮存。从这个角度看，取碳捕捉与贮存成本作为碳成本最为合理。

23.3.1.3 释氧价值

土地上生长的植物通过光合和呼吸作用与大气进行 CO_2 和 O_2 交换，释放 O_2。释氧量与土地的植物净初级生产力成正比。释氧价值的估算式为：

$$v_{O_2}=y_{npp}f_{O_2}c_{O_2} \tag{23-19}$$

式中 v_{O_2}——土地生态系统的释氧价值，元/(hm^2·a)；

f_{O_2}——释氧系数，即单位净初级生产量释放的 O_2 量，根据光合作用反应式，$f_{O_2}=1.20$；

c_{O_2}——氧气的获取成本，可以取氧气的工业制造成本或氧气的市场价格，元/t。

林地的净初级生产力见表23-5。我国各类草地生态系统的净初级生产力见表23-6。

表23-6 我国各类草地生态系统的净初级生产力

草地生态系统类型	单位面积干草产量（地上NPP）/kg·(hm^2·a)$^{-1}$	地下NPP与地上NPP比值
温性草甸草原	1293	2.46
温性草原	831	2.46
温性荒漠草原	482	2.47
温性草原化荒漠	404	2.48
温性荒漠	318	2.46
高寒草甸	1342	2.31
高寒草甸草原	427	2.31
高寒草原	301	2.31
高寒荒漠草原	187	2.31
高寒荒漠	128	2.31
暖性灌草丛	1554	2.46
暖性草丛	1991	2.46
热性草丛	2824	2.46
热性灌草丛	2088	2.46
干热稀树灌草丛	2283	2.52
山地草甸	1643	2.46
低地草甸	2066	2.46
沼泽	2170	2.47
未划分的零星草地	2793	2.45

23.3.1.4 空气净化价值

依存于土地的生态系统（主要是植物群落）除了具有吸收 CO_2 的功能外，还具有吸收其他大气污染物和抑滞沙尘的功能。鉴于相关数据的限制，这里只考虑吸收 SO_2 和滞尘两项空气净化功能。空气净化价值的估算式为：

$$v_{air}=a_{SO_2}c_{SO_2}+a_Dc_D \tag{23-20}$$

式中　v_{air}——土地生态系统的空气净化价值，元/(hm^2·a)；

a_{SO_2}，a_D——土地生态系统的 SO_2 吸收能力和滞尘能力，t/(hm^2·a)；

c_{SO_2}，c_D——SO_2 处理成本和除尘成本，可以取燃煤发电厂的去硫和除尘成本，元/t。

不同类型的土地生态系统，具有不同的 SO_2 吸收和滞尘能力。据测定，林地生态系统的 SO_2 吸收能力为：阔叶林约 0.08865t/(hm^2·a)、柏类林约 0.4116t/(hm^2·a)、杉类林和松林约 0.1176t/(hm^2·a)、针叶林（柏、杉、松）平均约 0.2156t/(hm^2·a)；草地生态系统的 SO_2 吸收能力：高寒草原的牧草生长期按每年 100 天算，每千克干草叶的产量（约等于草地的地上 NPP）每年可吸收约 100g 的 SO_2，高寒草原的地上 NPP 约 300kg/(hm^2·a)，所以该类草原的 SO_2 吸收能力约为 0.03t/(hm^2·a)。林地生态系统的滞尘能力：松林约 36t/(hm^2·a)、杉林约 30t/(hm^2·a)、栎类林约 67.5t/(hm^2·a)、针叶林平均约 33.2t/(hm^2·a)、阔叶林平均约 10.11t/(hm^2·a)；草地生态系统的滞尘能力约为 0.5~1.2t/(hm^2·a)。

23.3.1.5　土壤保持价值

土地生态系统（主要是地表植被及其根系）具有抵御土壤侵蚀的功能，主要体现于抵御风力和水力侵蚀。抵御风力（水力）侵蚀的土壤保持量等于潜在的风力（水力）土壤侵蚀量与现实风力（水力）土壤侵蚀量之差。潜在的土壤侵蚀量取土壤侵蚀等级分类中的相应强度等级所对应的风蚀模数和水蚀模数，现实土壤侵蚀量可参照全国土壤侵蚀普查数据。

由于土壤不是经常和大量交易的商品，没有市场价格，所以土壤保持的经济价值用机会成本法估算，即假设利用因土地生态系统破坏而被侵蚀的土壤进行某种经济性产生，把这种生产能够获得的经济效益作为土壤保持价值。例如，把土壤保持量换算为农田面积，再根据农田收益计算其价值。因此，土地生态系统的土壤保持价值可用下式估算：

$$v_{soil}=\frac{s_r}{10000\gamma_s h_s}y_s \tag{23-21}$$

式中　v_{soil}——土地生态系统的土壤保持价值，元/(hm^2·a)；

s_r——土地生态系统的土壤保持能力，t/(hm^2·a)；

γ_s——土壤容重，农田的土壤容重一般为 1.1~1.4t/m^3；

h_s——假设把保持的土壤转换为某种生产用地所要求的土壤厚度，农田的土壤厚度一般取 0.5~0.8m；

y_s——假设把保持的土壤转换为某种生产用地的单位面积收益，元/hm^2。

我国主要类型的林地和草地生态系统的土壤保持能力见表 23-7 和表 23-8。

表 23-7　我国主要类型林地生态系统的土壤保持能力　（t/(hm^2·a)）

森林类型	寒温带落叶松林	温带常绿针叶林	温带、亚热带落叶阔叶林	亚热带常绿落叶阔叶混交林
抵御水蚀土壤保持能力	25.021	51.982	56.158	61.226
抵御风蚀土壤保持能力	0.127	7.186	5.257	0.013

续表 23-7

森林类型	寒温带 落叶松林	温带常绿 针叶林	温带、亚热带 落叶阔叶林	亚热带常绿 落叶阔叶混交林
土壤保持能力合计	25. 148	59. 168	61. 415	61. 239
森林类型	亚热带 常绿阔叶林	亚热带、热带 常绿针叶林	亚热带竹林	热带雨林、 季雨林
抵御水蚀土壤保持能力	76. 594	61. 221	73. 913	66. 480
抵御风蚀土壤保持能力	0. 284	0. 191	0. 000	0. 035
土壤保持能力合计	76. 878	61. 412	73. 913	66. 515

表 23-8 我国各类草地生态系统的土壤保持能力 （$t/(hm^2 \cdot a)$）

草地生态系统类型	抵御风蚀土壤保持能力	抵御水蚀土壤保持能力	土壤保持能力合计
温性草甸草原	16. 654	47. 226	63. 880
温性草原	40. 647	22. 547	63. 194
温性荒漠草原	42. 224	18. 586	60. 810
温性草原化荒漠	9. 095	39. 673	48. 768
温性荒漠	3. 159	22. 917	26. 076
高寒草甸	1. 283	25. 443	26. 726
高寒草甸草原	0. 769	3. 251	4. 020
高寒草原	3. 612	4. 901	8. 513
高寒荒漠草原	8. 749	2. 617	11. 366
高寒荒漠	0. 610	3. 819	4. 429
暖性灌草丛	0. 010	51. 765	51. 775
暖性草丛	0. 027	32. 847	32. 874
热性草丛	0. 016	71. 239	71. 255
热性灌草丛	0. 011	54. 270	54. 281
干热稀树灌草丛	0. 060	2. 404	2. 464
山地草甸	2. 562	53. 333	55. 894
低地草甸	36. 380	39. 030	75. 410
沼泽	16. 231	35. 879	52. 110

土壤保持的价值还体现在减少泥沙在地表水体的淤积，降低清淤成本。如果因矿山土地损毁造成的土壤侵蚀的主要危害是附近水体的泥沙淤积，这一价值也可用清淤成本估算。

23. 3. 1. 6 水源涵养价值

土地生态系统具有减少径流、涵养水分的功能。例如，完好的天然草地不仅具有截留降水的功能，而且比裸地有较高的渗透性和保水能力，在相同的气候条件下，草地土壤含水量较裸地高出 90%以上。这一价值可用下式估算：

$$v_{H_2O} = 10pk_r f_p c_{H_2O} \tag{23-22}$$

式中　v_{H_2O}——土地生态系统的水源涵养价值，元/(hm^2·a)；

p——矿山所在区域的年均降雨量，mm/a；

k_r——矿山所在区域产生径流的降雨量占降雨总量的比例，北方约0.4、南方约0.6；

f_p——土地生态系统与裸地（或皆伐迹地）相比的径流减少系数；

c_{H_2O}——水源单价，可用替代工程法估价（如取水库蓄水成本），或取用水价格，元/m^3。

根据相关研究成果，我国主要类型的林地和草地生态系统的径流减少系数分别见表23-9和表23-10。

表23-9　我国主要类型林地生态系统的径流减少系数

森林类型	寒温带落叶松林	温带常绿针叶林	温带、亚热带落叶阔叶林	温带落叶小叶疏林	亚热带常绿落叶阔叶混交林
径流减少系数	0.21	0.24	0.28	0.16	0.34
森林类型	亚热带常绿阔叶林	亚热带、热带常绿针叶林	亚热带竹林	热带雨林、季雨林	
径流减少系数	0.39	0.36	0.22	0.55	

表23-10　我国主要类型草地生态系统的径流减少系数

草地类型	温性草原	温性草甸草原	暖性草丛	暖性灌草丛	热性草丛
径流减少系数	0.15	0.18	0.20	0.20	0.35
草地类型	热性灌草丛	山地草甸	低地草甸	沼泽	
径流减少系数	0.35	0.25	0.20	0.40	

23.3.1.7　养分循环价值

土地生态系统中的植物群落在土壤表层下面具有稠密的根系，残遗大量的有机质。这些物质在土壤微生物的作用下，促进土壤团粒结构的形成，改良土壤结构，增加土壤肥力。根据生态系统养分循环功能的服务机制，可以认为构成土地净初级生产力的营养元素量即为参与循环的养分量。参与生态系统养分循环的元素种类很多，含量较大的营养元素是氮（N）、磷（P）、钾（K）。所以这里只估算这三种营养元素量，其价值可用化肥价格计算。养分循环价值的估算式为：

$$v_{neut} = y_{npp}(k_N p_N + k_P f_{P_2O_5} p_P + k_K p_K) \tag{23-23}$$

式中　v_{neut}——土地生态系统的养分循环价值，元/(hm^2·a)；

y_{npp}——土地的净初级生产力，t/(hm^2·a)；

k_N，k_P，k_K——净初级生产量中的N、P和K元素的含量比例；

$f_{P_2O_5}$——P到P_2O_5的转换系数，2.2903；

p_N，p_P，p_K——氮肥、磷肥（P_2O_5）和钾肥的价格，元/t。

我国主要类型的林地和草地生态系统净初级生产量的主要营养元素含量比例，见表23-11和表23-12。

表 23-11 我国主要类型林地生态系统植物体的氮、磷、钾元素含量比例

森林类型	寒温带落叶松林	温带常绿针叶林	温带、亚热带落叶阔叶林	亚热带常绿落叶阔叶混交林	亚热带常绿阔叶林
N 含量/%	0.400	0.330	0.531	0.456	0.826
P 含量/%	0.085	0.036	0.042	0.032	0.035
K 含量/%	0.227	0.231	0.201	0.221	0.633
森林类型	亚热带、热带常绿针叶林	亚热带竹林	热带雨林、季雨林	红树林	
N 含量/%	0.420	0.651	1.020	0.750	
P 含量/%	0.075	0.079	0.108	0.450	
K 含量/%	0.213	0.550	0.538	0.410	

表 23-12 我国各类草地生态系统净初级生产量的磷、氮含量

草地生态系统类型	单位面积 P、N 含量/$kg \cdot hm^{-2}$		净初级生产量的含 P、N 比例/%	
	P	N	P	N
温性草甸草原	6.713	65.343	0.150	1.461
温性草原	8.329	50.045	0.290	1.742
温性荒漠草原	4.180	31.874	0.250	1.907
温性草原化荒漠	3.382	29.456	0.240	2.093
温性荒漠	1.651	19.691	0.150	1.789
高寒草甸	9.772	90.831	0.220	2.045
高寒草甸草原	4.093	26.916	0.290	1.904
高寒草原	1.792	20.325	0.180	2.040
高寒荒漠草原	0.930	15.210	0.150	2.457
高寒荒漠	0.717	10.614	0.169	2.505
暖性灌草丛	10.219	70.455	0.190	1.310
暖性草丛	8.958	67.396	0.130	0.978
热性草丛	11.709	92.911	0.120	0.952
热性灌草丛	8.660	38.681	0.120	0.536
干热稀树灌草丛	2.433	65.344	0.030	0.813
山地草甸	8.523	96.340	0.150	1.696
低地草甸	9.279	121.519	0.130	1.702
沼泽	15.067	134.492	0.200	1.784
未划分的零星草地	16.398	159.283	0.170	1.651

23.3.1.8 生态恢复成本

恢复矿山损毁土地的生态功能的基本措施是复垦。因此，土地的生态恢复成本取复垦成本，单位面积的复垦成本记为 c_{rec}，单位为“元/hm^2”。复垦工程完成后，需要一段时间（一般为 3~5 年）的养护，以保障生态恢复质量（如植物成活率、植被覆盖率等）符合要求。所以，复垦成本应包含养护成本。由于在开采方案确定之前，不可能有土地复垦计划和预算，所以在新矿山的开采方案优化中，c_{rec} 的取值只能参照条件类似的矿山的复垦成本估算。

23.3.2　温室气体排放的生态成本

温室气体导致全球变暖和气候变化，致使极端气候发生的频次增加，自然灾害频发，造成巨大的直接经济损失。气候变化也对人类的健康和生物的生存环境造成各种损害，对人类的生存构成潜在的威胁，由此诱发的间接损失（或社会成本）也许比直接经济损失更大、更令人担忧。从理论上讲，对于温室气体排放的生态成本（简称排放生态成本）的最合理的度量，应该是全球变暖和气候变化所造成的各种直接和间接经济损失。然而，对这些损失的估算十分困难，是许多科学家致力研究的重大课题；而且，全球变暖和气候变化发生在宏观层面，具有全球（至少是大区域）尺度，对于像矿山这样的微观体而言，要通过全球变暖和气候变化所造成的损失来估算其排放生态成本是完全不可行的。

因此，我们从“抵消”的角度来看待排放生态成本。也就是说，要想使矿山生产不为全球变暖和气候变化做“贡献”，就得把矿山生产所排放的温室气体“抵消”掉，把抵消需要付出的成本作为矿山的排放生态成本。这样，排放生态成本的估算就与前述固碳价值类似，可以基于排放量和碳成本计算。

为了便于在开采方案优化中应用，对废石剥离、矿石开采和选矿分别计算其单位作业量的排放生态成本，计算式为：

$$c_{gw} = \frac{\varepsilon_w}{\varphi} c_C \tag{23-24}$$

$$c_{gm} = \frac{\varepsilon_m}{\varphi} c_C \tag{23-25}$$

$$c_{gp} = \frac{\varepsilon_p}{\varphi} c_C \tag{23-26}$$

式中　c_{gw}，c_{gm}，c_{gp}——单位剥离量、单位采矿量和单位选矿量的排放生态成本，元/t；

ε_w，ε_m，ε_p——单位剥离量、单位采矿量和单位选矿量的温室气体排放量（均为 CO_2 当量），t/t；

c_C——碳成本，元/t；

φ——C 到 CO_2 的转换系数，3.6667。

24 露天矿开采方案生态化优化

本章中，矿山开采方案的生态化优化就是把矿山生产对生态环境的冲击通过生态成本纳入开采方案的优化模型和算法，使生态成本像生产成本一样在最佳方案的求解中直接发挥作用，使求得的最佳方案在经济效益最大化和生态冲击最小化之间达到最佳平衡。露天矿开采方案的主体是最终境界和生产计划。本书的第 14、16 章分别论述了以纯经济效益最大化为目标（即不考虑生态成本）的最终境界和生产计划优化问题。本章基于第 14、16 章的优化方法和第 23 章的生态成本，论述露天矿开采方案的生态化优化方法，建立相关模型和算法。

24.1　最终境界生态化优化

不考虑生态成本时，最终境界优化的目标是总利润最大。第 14 章论述了两种求最大利润境界的优化算法，即浮锥法和图论法。本节把生态成本与浮锥法中的负锥排除算法相结合，给出最终境界的生态化优化算法。

24.1.1　剥离、采矿和选矿的单位生态成本

在境界优化的负锥排除算法中，每次排除的锥体是价值（即利润）为负的锥体。锥体的价值依据锥体中的废石量和矿石量以及废石剥离、矿石开采和选矿的单位成本等参数计算。为了便于把生态成本纳入锥体价值的计算，需要把各项生态成本进行归纳和分摊，得出废石剥离、矿石开采和选矿的单位生态成本，分别称为单位剥离生态成本、单位采矿生态成本和单位选矿生态成本。为此，需要把各个土地损毁单元的面积依据它们与废石剥离、矿石开采和选矿之间的关系，进行归纳和分摊，得出分别由废石剥离、矿石开采和选矿造成的土地损毁面积。

排土场对土地的损毁完全源于岩石剥离，所以排土场的占地面积全部归入岩石剥离的土地损毁面积。尾矿库对土地的损毁完全源于选矿，所以尾矿库的占地面积全部归入选矿的土地损毁面积。

采场（境界）的土地挖损面积是由岩石剥离和矿石开采共同造成的，所以按境界内的废石体积和矿石体积分摊到岩石剥离和矿石开采。

$$A_M^w = \frac{\gamma_o W}{\gamma_o W + \gamma_w Q} A_M \tag{24-1}$$

$$A_M^m = A_M - A_M^w = \frac{\gamma_w Q}{\gamma_o W + \gamma_w Q} A_M \tag{24-2}$$

式中　A_M^w，A_M^m——分摊到岩石剥离和矿石开采的境界挖损土地面积，hm^2；

A_M——境界挖损土地总面积，hm^2；

γ_w，γ_o——废石和矿石的原地容重，t/m^3；

W，Q——考虑了矿石回采率和废石混入率后，从境界中采出的废石总重和矿石总重，万吨；

地面设施（矿山专用道路和厂房、仓储、办公、供电、排水等设施）中，有的服务于岩石剥离（如采场到排土场的专用运输道路），有的同时服务于矿石开采和选矿（如采场到选矿厂的专用运输道路），有的服务于选矿（如选矿厂占地），有的服务于全矿（如办公设施）。在最终开采方案和总图布置确定之前，难以确定每项设施的面积及其服务对象，而且地面设施的占地面积占矿山土地损毁总面积的比例不大，所以不作详细分摊，而是粗略确定其分摊比例。比如，考虑到选矿专用设施的体量占全部地面设施的比例较小，而废石量一般大于矿石量，可以把地面设施的占地总面积分别按约0.45、0.35和0.20的比例分摊到废石剥离、矿石开采和选矿。为使算式具有普适性，在下面的算式中分别用f_{Bw}、f_{Bm}和f_{Bp}表示这三个比例系数。

表土源于排土场、采场、尾矿库和地面设施的用地。假设表土场占地面积与土量成正比，按这些用地分摊到废石剥离、矿石开采和选矿的面积上的表土量占总表土量的比例，把表土场占地总面积分摊到废石剥离、矿石开采和选矿。

$$A_S^w = \frac{A_D h_D + A_M^w h_M + f_{Bw} A_B h_B}{A_D h_D + A_M h_M + A_T h_T + A_B h_B} A_S \tag{24-3}$$

$$A_S^m = \frac{A_M^m h_M + f_{Bm} A_B h_B}{A_D h_D + A_M h_M + A_T h_T + A_B h_B} A_S \tag{24-4}$$

$$A_S^p = \frac{A_T h_T + f_{Bp} A_B h_B}{A_D h_D + A_M h_M + A_T h_T + A_B h_B} A_S \tag{24-5}$$

式中　A_S^w，A_S^m，A_S^p——分摊到岩石剥离、矿石开采和选矿的表土场占地面积，hm^2；

A_D，A_T，A_B，A_S——排土场、尾矿库、地面设施和表土场的占地总面积，hm^2；

h_M，h_D，h_T，h_B——采场、排土场、尾矿库和地面设施区的表土平均剥离厚度，m。

综合上述对各项土地损毁面积的归纳和分摊，得出分别由岩石剥离、矿石开采和选矿造成的土地损毁面积为：

$$A_w = A_D + A_M^w + f_{Bw} A_B + A_S^w \tag{24-6}$$

$$A_m = A_M^m + f_{Bm} A_B + A_S^m \tag{24-7}$$

$$A_p = A_T + f_{Bp} A_B + A_S^p \tag{24-8}$$

式中　A_w，A_m，A_p——由废石剥离、矿石开采和选矿造成的土地损毁面积，hm^2。

由废石剥离造成的生态成本包括废石剥离的土地损毁生态成本和温室气体排放生态成本，单位剥离生态成本为：

$$c_{ew} = \frac{A_w(v_{yield} + v_{Csoil} + c_{rec}) + A_w(v_{Cplant} + v_{O_2} + v_{air} + v_{soil} + v_{H_2O} + v_{neut}) F f_t}{10000W} + c_{gw} \tag{24-9}$$

式中，c_{ew}为单位剥离生态成本，元/t；v_{yield}为被毁土地的生物质生产价值（取征地价格），元/hm^2；v_{Csoil}为土地生态系统的土壤固碳价值，元/hm^2；c_{rec}为复垦和养护成本，元/hm^2；v_{Cplant}，v_{O_2}，v_{air}，v_{soil}，v_{H_2O}，v_{neut}分别为被毁土地生态系统的植物固碳、释氧、空气净化、土壤保持、水源涵养、养分循环价值，元/(hm^2 · a)；F 为从开始开采到开采结束并恢复土地生态功能的时间长度，a；f_t 为时间系数；c_{gw} 为单位剥离量的温室气体排放生态成本，元/t；W 为考虑了矿石回采率和废石混入率后，从境界中采出的废石总重，万吨。

同理，单位采矿生态成本和单位选矿生态成本为：

$$c_{em} = \frac{A_m(v_{yield} + v_{Csoil} + c_{rec}) + A_m(v_{Cplant} + v_{O_2} + v_{air} + v_{soil} + v_{H_2O} + v_{neut})Ff_t}{10000Q} + c_{gm} \tag{24-10}$$

$$c_{ep} = \frac{A_p(v_{yield} + v_{Csoil} + c_{rec}) + A_p(v_{Cplant} + v_{O_2} + v_{air} + v_{soil} + v_{H_2O} + v_{neut})Ff_t}{10000Q} + c_{gp} \tag{24-11}$$

式中 c_{em}，c_{ep}——单位采矿生态成本和单位选矿生态成本，元/t；

c_{gm}，c_{gp}——单位采矿量和单位选矿量的温室气体排放生态成本，元/t。

Q——考虑了矿石回采率和废石混入率后，从境界中采出的矿石总重，万吨；

需要说明的是，生态成本中，土地生态系统的植物固碳、释氧、空气净化、土壤保持、水源涵养和养分循环价值的损失是持续性的，从土地被损毁开始一直到完成复垦并恢复生态功能的时间跨度内，每年都发生这些价值的损失。比如，对于第 1 年损毁的土地，这些价值损失持续的时间跨度为 1~F 年；对于第 2 年损毁的土地，这些价值损失持续的时间跨度为 2~F 年；依此类推。所以，式（24-9）~式（24-11）中这几项生态成本的数额不仅与土地损毁面积有关，而且与土地处于损毁状态的持续时间有关。由于在境界的最终设计确定之前没有生产计划，无法估算各个土地损毁单元的面积随时间的变化关系，也就无法估算其处于损毁状态的持续时间。土地处于损毁状态的持续时间最长为 F 年，最短为复垦与养护时间，用一个时间系数 f_t 估算其平均持续时间（即 Ff_t 年）。考虑到矿山生产初期损毁的土地面积大于后期，假设绝大部分被毁土地是在矿山开采结束后复垦的，时间系数 f_t 可以取 0.75 左右。对于 F，在没有生产计划的条件下，可按境界中的可采矿量估算一个合理的年矿石生产能力，并据此计算境界的开采寿命；F 等于开采寿命加上复垦和养护时间，后者一般为 3~5 年。

24.1.2 最终境界生态化优化算法

在境界优化中考虑生态成本时，出现一个问题：土地损毁的生态成本与土地损毁面积有关；而在境界确定之前，土地损毁面积是未知的，无法计算生态成本。解决这一问题最简便的方法是迭代法。

令：c_w、c_m、c_p 分别表示只考虑生产成本（即不考虑生态成本）的单位剥岩、采矿和选矿成本，$c_{w,i}$、$c_{m,i}$ 和 $c_{p,i}$ 分别表示第 i 次迭代中加入生态成本后的单位剥岩、采矿和选矿成本。最终境界的生态化优化算法如下：

第 1 步：令 $i=0$；$c_{w,i}=c_w$，$c_{m,i}=c_m$，$c_{p,i}=c_p$，即不考虑生态成本。

第 2 步：应用负锥排除法优化境界。在锥体的排除过程中，以 $c_{w,i}$、$c_{m,i}$ 和 $c_{p,i}$ 为成本参数计算锥体的利润，排除那些利润为负的锥体。得到的境界为当前境界，记为 V_i。

第 3 步：如果 $i=0$，转到第 5 步；如果 $i>0$，执行下一步。

第 4 步：比较当前境界 V_i 和上一次迭代得到的境界 V_{i-1} 的矿岩总量。如果两者相等或足够接近，算法收敛，迭代结束，当前境界 V_i 即为最佳境界；否则，执行下一步。

第 5 步：依据境界 V_i 的地表周界和境界中的采出废石总量和矿石总量，估算对应于境界 V_i 的各项土地损毁总面积，即 A_D、A_M、A_T、A_B、A_S；基于境界中的矿石总量估算合理年矿石生产能力，进而计算该境界的开采寿命；应用上述模型计算单位剥岩生态成本 c_{ew}、单位采矿生态成本 c_{em} 和单位选矿生态成本 c_{ep}。

第 6 步：令 $i=i+1$；$c_{w,i}=c_w+c_{ew}$，$c_{m,i}=c_m+c_{em}$，$c_{p,i}=c_p+c_{ep}$，返回到第 2 步。

24.2　生产计划生态化优化

第 16 章 16.4 节的生产计划优化包括两大部分：

（1）在最终境界 V 中产生一个地质最优开采体序列 $\{P^*\}_N=\{P_1^*,\ P_2^*,\ \cdots,\ P_N^*\}$。序列中的开采体按采剥总量从小到大排列，最后一个（最大的）开采体为最终境界，即 $P_N^*=V$。地质最优开采体序列的产生见第 16 章 16.4.2 节。

（2）通过对序列中的地质最优开采体进行动态排序，求解最佳生产计划。$\{P^*\}_N$ 的任何一个以最终境界结尾的子序列构成一条计划路径（见图 16-11），代表一个可能的生产计划。对序列中的地质最优开采体进行动态排序，就是以某种算法对所有计划路径进行经济评价，计算其净现值（NPV），找出 NPV 最大的那条计划路径，即最佳生产计划。计划路径的评价模型见第 16 章 16.4.3 节。

在上述（2）的计划路径评价中加入生态成本，即可实现生产计划的生态化优化。

用 L 表示任意一条计划路径，其开采寿命为 n 年。令 i_t 表示路径 L 上第 t 年的开采体在序列 $\{P^*\}_N$ 中的序号（$t\leqslant i_t\leqslant N$；$t=1,\ 2,\ \cdots,\ n$）。换言之，按该路径开采，第 t 年末的采场对应于序列 $\{P^*\}_N$ 中的开采体 $P_{i_t}^*$，即第 1 年开采到 $P_{i_1}^*$，第 2 年开采到 $P_{i_2}^*$，依此类推；开采寿命末（n 年末）必须开采到最终境界 V(即序列 $\{P^*\}_N$ 中的最后一个开采体 P_N^*)，所以 $i_n=N$。

为叙述方便，定义以下符号（本章前面已定义过的符号不再重复）：

Q_i^*：$\{P^*\}_N$ 中第 i 个开采体 P_i^* 的矿石量（万吨），$i=1,\ 2,\ \cdots,\ N$；

G_i^*：$\{P^*\}_N$ 中第 i 个开采体 P_i^* 的矿石平均品位（即 Q_i^* 的平均品位），$i=1,\ 2,\ \cdots,\ N$；

W_i^*：$\{P^*\}_N$ 中第 i 个开采体 P_i^* 的废石量（万吨），$i=1,\ 2,\ \cdots,\ N$；

A_i^*：$\{P^*\}_N$ 中第 i 个开采体 P_i^* 的地表面积（hm^2），$i=1,\ 2,\ \cdots,\ N$；

q_t：路径 L 上第 t 年的矿石产量（亦即选厂的入选矿量）(万吨)，$t=1,\ 2,\ \cdots,\ n$；

g_t：q_t 的平均品位，$t=1,\ 2,\ \cdots,\ n$；

w_t：路径 L 上第 t 年的废石剥离量（万吨），$t=1,\ 2,\ \cdots,\ n$；

$I(q_{max})$：基建投资，是路径 L 上最大年矿石产量 q_{max} 的函数，万元；

p_t：第 t 年的精矿售价，可以是时间 t 的函数，也可以是常数，元/t；

NPV_L：按路径 L 开采实现的总净现值，万元；

d：折现率；

r_p：选矿金属回收率；

g_p：精矿品位。

在上述定义中，Q_i^*、G_i^* 和 W_i^* 均为考虑了矿石回采率和废石混入率后的数值。Q_i^*、G_i^*、W_i^* 和 A_i^* 均在地质最优开采体序列的产生过程中计算。

路径 L 上第 t 年的开采体为 $P_{i_t}^*$，其矿石量为 $Q_{i_t}^*$、矿石平均品位为 $G_{i_t}^*$、废石量为 $W_{i_t}^*$；路径 L 上前一年（$t-1$）的开采体为 $P_{i_{t-1}}^*$，其矿石量为 $Q_{i_{t-1}}^*$、矿石平均品位为 $G_{i_{t-1}}^*$、废石量为 $W_{i_{t-1}}^*$。所以，路径 L 上第 t 年的矿石产量为：

$$q_t = Q_{i_t}^* - Q_{i_{t-1}}^* \tag{24-12}$$

q_t 的平均品位 g_t 为：

$$g_t = \frac{Q_{i_t}^* G_{i_t}^* - Q_{i_{t-1}}^* G_{i_{t-1}}^*}{q_t} \tag{24-13}$$

第 t 年的废石剥离量为：

$$w_t = W_{i_t}^* - W_{i_{t-1}}^* \tag{24-14}$$

第 t 年的生产成本 C_t 为：

$$C_t = q_t(c_m + c_p) + w_t c_w \tag{24-15}$$

生产成本发生在开采寿命期 $1 \sim n$ 年。假设每年的生产成本发生在年末，生产成本的现值 PV_{C1} 为：

$$PV_{C1} = \sum_{t=1}^{n} \frac{C_t}{(1+d)^t} \tag{24-16}$$

境界损毁土地的总面积 $A_M = A_N^*$，第 t 年末采场损毁土地的累计面积 $A_{M,t} = A_{i_t}^*$。废石排弃总量 $W = W_N^*$，应用式（23-2）和式（23-3）估算出排土场的占地总面积 A_D，进而基于各年 $t(t=0,1,2,\cdots,n)$ 的废石排弃量 w_t，应用式（23-4）~式（23-7）估算出第 t 年末排土场损毁土地的累计面积 $A_{D,t}$。入选矿石总量 $Q = Q_N^*$，其平均品位 $g_o = G_N^*$，应用式（23-8）~式（23-10）估算出尾矿库的占地总面积 A_T，并估算第 t 年末尾矿库的累计占地面积 $A_{T,t}$（也可假设尾矿库在基建期全部建成，其土地损毁全部发生在时间 0 点，之后保持不变，即 $A_{T,t} = A_T$）。地面设施的占地总面积 A_B 根据条件类似矿山的该项面积估计，并假设全部地面设施在基建期建成，其土地损毁全部发生在时间 0 点，之后保持不变，即 $A_{B,t} = A_B$。基于 A_M、A_D、A_T 和 A_B，应用式（23-11）和式（23-12）估算出表土场的占地总面积 A_S，进而基于 $A_{M,t}$、$A_{D,t}$、$A_{T,t}$ 和 $A_{B,t}$，应用式（23-13）估算出第 t 年末表土场的累计占地面积 $A_{S,t}$。基于这些土地损毁面积，就可计算路径 L 上第 t 年的各项生态成本。

用征地价格度量土地的生物质生产价值，且假设土地是随用随征。那么，第 t 年的征地成本按当年新增土地损毁面积计算。第 t 年的新增土地损毁面积 ΔA_t 为：

$$\Delta A_t = (A_{M,t} + A_{D,t} + A_{T,t} + A_{B,t} + A_{S,t}) - (A_{M,t-1} + A_{D,t-1} + A_{T,t-1} + A_{B,t-1} + A_{S,t-1}) \tag{24-17}$$

第 t 年的征地成本 $C_{y,t}$ 为：

$$C_{y,t} = v_{yield} \Delta A_t \tag{24-18}$$

假设第 t 年占用的土地（面积为 ΔA_t）在第 t 年初征得。基建期损毁的土地面积归入

ΔA_0，其征地成本在时间 0 点的现值为 $C_{y,0}$。征地成本的现值 PV_{C2} 为：

$$PV_{C2} = C_{y,0} + \sum_{t=1}^{n} \frac{C_{y,t}}{(1+d)^{t-1}} \tag{24-19}$$

生态成本中，土地生态系统的植物固碳、释氧、空气净化、土壤保持、水源涵养和养分循环价值的损失是持续性的。所以，第 t 年的这六项生态成本总额 $C_{6,t}$，按第 t 年末的累计损毁土地面积计算：

$$C_{6,t} = (v_{Cplant} + v_{O_2} + v_{air} + v_{soil} + v_{H_2O} + v_{neut})(A_{M,t} + A_{D,t} + A_{T,t} + A_{B,t} + A_{S,t}) \tag{24-20}$$

假设矿山所有被损毁的土地均在开采结束时开始复垦，复垦和养护时间为 n_r 年，且每年的这些生态价值损失发生在年末。基建期损毁的土地的这些生态价值损失归入 $C_{6,0}$。这些生态价值损失的现值 PV_{C3} 为：

$$PV_{C3} = \sum_{t=0}^{n+n_r} \frac{C_{6,t}}{(1+d)^{t}} \tag{24-21}$$

对于土地生态系统的土壤固碳价值损失，如果假设被毁土壤碳库中碳的释放与土地的损毁发生在同一年，那么第 t 年的该项生态成本 $C_{C,t}$ 按第 t 年的新增土地损毁面积计算：

$$C_{C,t} = v_{Csoil} \Delta A_t \tag{24-22}$$

假设每年损毁的土地的土壤固碳价值损失发生在年末。基建期损毁的土地面积归入 ΔA_0，其土壤固碳价值损失归入 $C_{C,0}$。土壤固碳价值损失的现值 PV_{C4} 为：

$$PV_{C4} = \sum_{t=0}^{n} \frac{C_{C,t}}{(1+d)^{t}} \tag{24-23}$$

假设矿山所有被损毁的土地均在开采结束时开始复垦，那么复垦和养护成本的发生时间为 $(n+1) \sim (n+n_r)$ 年；进而假设复垦和养护总成本在 n_r 年间平均分配，且每年的成本发生在年末。复垦和养护成本的现值 PV_{C5} 为：

$$PV_{C5} = \sum_{t=n+1}^{n+n_r} \frac{c_{ree}(A_M + A_D + A_T + A_B + A_S)}{n_r(1+d)^{t}} \tag{24-24}$$

第 t 年的温室气体排放生态成本基于当年的剥岩量、采矿量以及单位剥岩量、单位采矿量和单位选矿量的排放生态成本计算。假设每年的该项成本发生在年末，且忽略基建期和复垦养护期的温室气体排放。该项成本的现值 PV_{C6} 为：

$$PV_{C6} = \sum_{t=1}^{n} \frac{q_t(c_{gm} + c_{gp}) + w_t c_{gw}}{(1+d)^{t}} \tag{24-25}$$

路径 L 上最大年采矿量为：

$$q_{max} = \max_{1 \leqslant t \leqslant n} \{q_t\} \tag{24-26}$$

基建投资 $I(q_{max})$ 是 q_{max} 的函数，一般为线性或负指数函数，具体函数形式需要基于类似条件下不同规模矿山的投资数据确定。$I(q_{max})$ 发生在时间 0 点（如果基建期大于 1 年，可计算基建期各年投资在时间 0 点的终值）。

假设每年的精矿销售收入发生在年末，销售收入的现值为：

$$PV_{in} = \sum_{t=1}^{n} \frac{q_t g_t r_p p_t}{g_p(1+d)^{t}} \tag{24-27}$$

综上，计划路径 L 的总净现值 NPV_L(万元) 为：

$$NPV_L = PV_{in} - \left(PV_{C1} + \frac{PV_{C2} + PV_{C3} + PV_{C4} + PV_{C5}}{10000} + PV_{C6}\right) - I(q_{max}) \qquad (24-28)$$

应用以上评价模型，对所有计划路径进行评价，就可得出 NPV 最大的计划路径，即最佳生产计划。该路径上的开采体数量即为最佳开采寿命（年数）；该路径上每年的开采体就是每年末的最佳采场；基于这些开采体的矿、岩量就可得出每年的最佳采、剥量。由于评价中纳入了各项生态成本，所以生态成本（亦即生态冲击）直接作用于最佳生产计划的选择。

通过评价所有计划路径来求得最佳计划的算法是穷尽搜索算法（也称为枚举法)。对于规模较大的矿床，序列 $\{P^*\}_N$ 中的开采体数量 N 一般在 200 以上，路径总数十分巨大，用穷尽搜索算法（枚举法）非常耗时，可以采用“移动产能区间”算法。对移动产能区间算法的简要说明见第 16 章 16.4.3 节。

第5篇　智能采矿技术

新一轮科技变革正在深刻改变并重塑着采矿业。5G通信、人工智能、工业互联网、大数据、区块链、边缘计算、虚拟现实等新技术的不断深化应用，正在把矿业带入遥控化、智能化、现场少人化乃至无人化的新发展阶段，智能采矿技术已成为全球矿业竞争的聚焦点之一。

澳大利亚、加拿大、美国、瑞典、芬兰等矿业发达国家先后制定了一系列智能矿山发展计划，持续加大布局智能采矿技术的研发与应用。许多矿业公司（如力拓、巴理克、波里登、基律纳、纽蒙特等）也都在实施智能矿山建设计划，并在许多方面达到了较高的水平。力拓公司推出了“未来矿山”计划，计划在澳大利亚珀斯远程控制上千千米以外的皮尔巴拉矿区的10多个矿山，目前已初步实现了多个矿山主体采矿作业环节的现场无人化作业。

我国也紧跟这一科技发展形势，不断加大智能采矿领域的科技研发与推广力度，“十一五”至“十三五”期间均布局了相关领域的科技攻关项目。国务院先后出台了《关于深化“互联网+先进制造业”发展工业互联网的指导意见》《新一代人工智能发展规划》等相关政策。为贯彻落实这些政策，工业和信息化部、发展改革委、自然资源部按照《国家智能制造标准体系建设指南》的总体要求，于2020年联合编制印发了《有色金属行业智能矿山建设指南（试行)》。多家科研机构投入到智能采矿技术的研发之中，在一些关键技术方面取得了突破性进展，有的成果已实现生产性应用；多家大型矿业公司也已启动智能矿山建设，并取得了一定的进展。

在这样的科技发展形势下，从事采矿专业的人员（特别是学生）对智能采矿技术有一定的了解是十分必要的。智能矿山涉及许多学科领域的技术应用和集成，是一个集生产要素（环境、设备、人）智能感知、生产过程智能管控、智能运营与决策等功能为一体，由许多软硬件子系统组成并由强大的通信网络链接的大系统。在有限的篇幅内不可能对智能矿山的方方面面都作较详细、系统的论述。然而，以采矿装备智能化为核心的采矿过程智能管控，既是智能矿山建设的基本内容，也是智能矿山之所以为智能矿山的主要特征。因此，本篇以采矿过程智能管控为主线，介绍相关的关键技术及其在主体采矿装备智能化和矿山安全保障方面的应用。介绍的重点是技术、装备和管控系统的技术特点、系统构成与主要功能；至于各项技术本身的详细工作原理、设备仪器的构造、相关数学模型和算法等，超出了本书（也是采矿工程专业）的范畴，不作介绍。

25 智能采矿相关技术

采矿工程是一门典型的应用型工程学科，其他领域的新技术在采矿中的不断应用是采矿技术发展的主要推动力，这些技术的应用不仅使采矿手段不断更新、开采强度和效率不断提高，而且也促进了采矿方法和工艺的演变。智能开采技术也是如此，它是其他领域的相关技术发展到一定程度后在矿山生产中应用的结果。这些技术主要包括测量技术、数据采集技术、通信技术、定位技术、导航技术、无人驾驶技术以及相应的软件技术与算法等，它们在矿山开采中的创新性集成应用形成了智能开采技术的主体。本章着重对这些相关技术的硬件、系统构成及其主要功能和应用场景作简要介绍。

25.1 数字化测量技术

测量是矿山生产的基础。传统的矿山测量手段（如水准仪、经纬仪、全站仪等）不能满足智能开采的需要，必须实现矿山测量数据采集的自动化、数字化以及数据传输的实时性和多元化。本节简要介绍卫星定位测量、三维激光扫描、即时定位与地图构建、摄影测量与遥感等测量新技术。

25.1.1 卫星定位测量技术

目前有四大全球卫星定位导航系统，分别为美国的全球定位系统（GPS）、俄罗斯的格洛纳斯卫星导航系统（Glonass）、欧盟的伽利略卫星导航系统（Galileo）和中国的北斗卫星导航系统（BDS）。卫星定位系统利用空间分布的卫星（已知点）和测得的卫星到卫星接收机之间的距离（观测值），按空间距离交会的方法计算出卫星接收机（待定点）的位置。

连续运行参考站（continuous operational reference station，CORS）系统是卫星定位技术、计算机技术、网络技术、数据通信技术等多种技术有机集成的产物，它利用差分定位技术，通过在一定覆盖范围内建立的一个或多个连续运行的卫星定位基准站，为用户提供定位服务。CORS 系统大体上可分为网络 CORS 系统和单基站 CORS 系统。网络 CORS 系统具有多个基准站，集成度高，性能稳定可靠，服务范围广；单基站 CORS 系统则只有一个连续运行的基准站。CORS 系统一般由基准站、数据通信系统、数据处理中心和用户四个部分组成。基准站主要包括卫星接收机和一个安置在永久观测墩上的扼流圈天线，其主要功能是对卫星进行不间断的跟踪定位并记录观测数据。数据通信系统是 CORS 系统各子系统之间连接的枢纽，通过光纤、网络等方式为用户播发差分改正数据。数据处理中心是 CORS 系统的司令部，集数据存储、数据管理、数据处理、数据分析、数据传输和数据播发等功能于一身，是保证系统各部分有条不紊地安全稳定运行并连续向用户提供服务的关键。用户是 CORS 系统的服务对象，包括各种卫星接收机和通信模块。许多大型露天矿山已经建设了 CORS 系统，用于日常矿山测量、边坡监测、地面运输调度（如露天矿卡车调度）等。

25.1.2　三维激光扫描测量技术

三维激光扫描技术又称为实景复制技术，作为 20 世纪 90 年代中期开始出现的一项高新技术，是测绘领域继卫星定位技术之后的又一次技术革命。高速激光扫描测量突破了传统的单点测量方法，可以大面积、高分辨率地快速获取物体表面点的（x，y，z）坐标、反射率、(R. G. B) 颜色等信息，由这些大量、密集的点云信息可快速复建出真彩色三维点云模型，为后续的数据处理、分析和应用（如获取高精度、高分辨率的数字地形模型等）提供数据支持。三维激光扫描具有非接触性、高密度、高精度、数字化、自动化、实时性强等特点，解决了空间信息获取的实时性与准确性问题。

三维激光扫描仪主要包括激光测距、扫描、集成 CCD(charge coupled devices，电荷耦合器件) 数字摄影和内部校正等系统。仪器自身发射激光束到旋转式镜头中心，镜头通过快速而有序地旋转将激光依次扫过被测区域，一旦接触到物体，光束立刻被反射回扫描仪；内部微电脑通过计算光束的传播时间计算出激光光斑与扫描仪两者之间的距离；内置角度测量系统同时量测每一激光束的水平角与竖直角，从而获得每个扫描点在扫描站坐标系内的空间坐标。

采用三维激光扫描技术对井下空间进行扫描测量，可以依据获取的点云数据快速生成精确的井下空间三维实体模型。应用该技术也可对露天采场的台阶进行扫描测量，用于采场验收以及开采量和保有地质储量核算等工作。

25.1.3　即时定位与地图构建技术

即时定位与地图构建（simultaneous localization and mapping，SLAM）的概念由 Raja、Oliver 和 Randel 等科学家提出，他们使用离散状态空间，提出了随机地图概念，运用状态估计和滤波理论对机器人的位姿和环境特征进行估计。SLAM 是一种典型的相对定位方法，通过观测外部环境及相对变化信息实现定位，形成局部区域内的闭环解。SLAM 测量技术在弱卫星信号或无卫星信号的区域，依然可以根据复杂环境中丰富的地物特征提供连续可靠的相对定位信息。这一特性克服了矿山地下空间测量环境封闭且无卫星信号，导致基于卫星定位系统的移动三维激光扫描无法应用的问题。引入 SLAM 的移动三维激光扫描系统能快速获取地下空间的三维点云数据，提高地下空间三维数据采集的效率及精度。

基于 SLAM 的移动激光雷达测量系统包括四个部分：数据采集、时间同步、数据处理和定位构图。数据采集环节由激光雷达扫描仪和惯性导航测试单元完成。因各传感器采集数据的频率不同，将这些数据进行融合的前提是对各传感器数据进行时间同步。时间同步子系统正是这一前提的保证，它通过分别订阅不同的需要融合的传感器的主题，利用时间同步器统一接收多个主题，并产生一个同步结果的回调函数，在回调函数中处理同步时间后的数据。数据处理系统接收到时间同步后的数据包后，对数据进行优化处理和建图等工作。基于 SLAM 的移动激光雷达测量系统可由人工携带或用小型无人机携带，对目标区域进行扫描和三维模型重建。

25.1.4　摄影测量与遥感技术

摄影测量技术应用于矿山，可以实现对作业空间（如井下坑道、采场等）信息的感知，也可以获取岩体结构特征。采用三维数字摄影测量技术的岩体结构分析系统，就是利用数码相机获取目标岩体或地质体的图像，通过专用的软件对图像进行处理，获取目标岩体的三维空间坐标，再对岩体或地质体结构（如断层、裂隙、节理和结构面等）进行参数分析，从而用于岩体或地质结构的数字编录、岩体稳定性分析、爆破设计评估等工作。该系统具有快速、高效和安全的全套数据信息采集与处理工具，也可用于为地下硐室及封闭危险空间的数字化测量，系统由工业数码相机、定焦镜头、软件系统及附属配件等组成。

航空摄影测量和航天遥感技术是获取大面积地理信息的主要手段，采用传感器装置隔空对物体信息进行信息采集，然后经过专业化的数据分析进一步测绘被测物体。近年来，由于航空摄影测量和航天遥感系统存在技术难度较高、成本较高且不适合小区域测绘等问题，同时得益于无人机技术和飞控技术的发展，无人机倾斜摄影测量技术应运而生，该技术可用于露天矿的测绘建模等工作。

无人机倾斜摄影测量技术依靠搭载多台影像传感器的飞行平台对地表物体进行垂直和倾斜多角度的数据采集，能够比较真实地收集地表物体的表面纹理信息。该技术具有即时性强、影像分辨率高、重叠度高、相幅小、储存数量多等优势，打破了传统垂直摄影测量技术无法获取地物侧面数据的局限性。结合相应的数据处理软件，可以实现实景空间三维模型的构建，所生成的模型可进行数据测量并带有地表纹理信息特征，为三维模型的生成和地理空间信息的解析提供了很大的帮助。

无人机倾斜摄影测量系统主要由飞行控制、地面站、动力、卫星自主导航系统、数据采集、倾斜影像处理等系统组成。数据采集系统主要由各种传感器组成，数据采集传感器为单镜头相机或多镜头相机，镜头数量越多对影像数据的采集越丰富，但无人机的荷载越大，因此在实际应用中需根据具体需求选择合适的相机。影像处理系统则可以对采集的数据进行处理与分析，通过对采集相片的位置、高度、地物的纹理等一系列数据进行解析，输出相应的空间三维模型。

25.2　数据采集技术

数据是智能矿山建设的基础。通过各种数据采集设备获取矿山生产中的作业环境、人员、设备以及生产管控等各方面的基础数据，并对数据进行解析、存储、筛选、分析与分发，实现多源异构数据的集成、共享与高效利用，是各类智能开采与管理系统的必备条件。

25.2.1　常见数据采集设备

25.2.1.1　传感器

传感器（transducer/sensor）是一种检测装置，能够感受到被测量的信息，并将信息按一定规律变换成为电信号或其他所需形式的信息输出，以满足信息的传输、处理、存储、显示、记录和控制等要求。在智能化作业装备和信息化系统中应用大量传感器，以实现各生产环节的信息采集与在线感知。矿山需要采集的数据多种多样，如应力、位移、微震、风速、风压、温度、流量、水位、转速等，所以使用的传感器种类繁多、形式多样，这里不一一列举。

25.2.1.2 可编程逻辑控制器

可编程逻辑控制器（programmable logic controller，PLC）是一种具有微处理机的数字电子设备，广泛用于自动控制和相关的工业数据采集。PLC 可以将控制指令随时加载到内存中并予以执行。PLC 由 CPU、指令集、存储器、输入输出单元、电源模组、数字及模拟单元等模组化组合而成。

PLC 广泛应用于矿山现场工业控制领域，如设备自主/遥控作业的动作控制、选矿流程中的工艺参量控制等。PLC 的系统程序一般在出厂前已经初始化，用户可以根据需要自行编辑相应的用户程序来满足不同的自动化生产要求。采用 PLC 作为核心控制器，具有数据处理速度快、可靠性高、抗干扰性强等特点，适用于矿山（尤其是井下）的复杂、恶劣作业环境。

25.2.1.3 工业物联网网关

工业物联网网关是一种具备工业数据采集与协议解析能力，适用于现场部署的数据采集与传输装置。它可将现场工业设备、装置、应用系统的异构通信协议转化成标准工业网络传输协议（如 OPC-UA、ModBus 协议等），使得数据采集系统可采用统一的协议和信息模型完成与不同设备和系统间的通信，实现多源异构数据的融合应用。

工业物联网网关不仅能适应矿山现场的复杂恶劣环境，满足国内主流控制器、工业机器人、传感器等工业设备的数据采集和数据解析需求，还具备一定的边缘端数据运算能力，并将计算结果经矿山工业网络发送给矿山工业互联网平台。

25.2.1.4 边缘计算单元

边缘计算单元是具备边缘数据采集和处理能力的工业现场计算设备，集高性能计算芯片、实时操作系统、边缘分析算法等于一身，可在边缘层执行快速的决策分析。边缘计算单元通常由小型化工控机、服务器等设备加上边缘计算软件构成。相对于工业物联网网关，边缘计算单元可以采集更为复杂的数据，比如摄像头的图像或视频数据、雷达的点云数据等，并可对数据作进一步的分析处理。边缘计算单元可用于各类环境感知、故障诊断、大数据分析等场景的数据采集、处理及应用。

边缘计算单元有以下主要优点：一是在靠近设备或数据源头的网络边缘侧进行数据预处理、存储以及智能分析应用，可有效提升操作响应灵敏度，降低任务时延，满足任务需求；二是通过对海量矿山工业节点数据进行边缘预处理，降低上传至云端进行分析所需的带宽，降低网络传输费用；三是可以使企业将一些敏感原始数据在网络边缘实时处理，仅通过网络上传处理后的结果，有效提高原始数据的安全性。

25.2.1.5 常见数据采集设备对比

上述几种数据采集设备的简单对比见表 25-1。

表 25-1 常见数据采集设备对比

设备	使用场景与特点	体积功耗
传感器	末端传感器信号的采集和传输，多针对某一参数进行采集，功能简单	低
PLC	工业信号量的采集，可靠性高、抗干扰，功能适中	中

续表 25-1

设备	使用场景与特点	体积功耗
物联网网关	物联信号的采集与处理，可实现多种格式的数据接入，功能较强	中
边缘计算单元	可生成面向不同应用需求的计算机视觉、点云计算或者大数据分析处理应用结果，功能强	高

25.2.2 数据采集系统

按照智能矿山建设中各子系统的功能设计及其对各种数据的需求，将数据采集设备通过合适的网络设备进行联网，实现数据的采集、管理和服务，就形成了数据采集系统。图25-1所示是矿山数据采集系统的一般构成，包括信息采集、数据管理和网络服务三个层次。

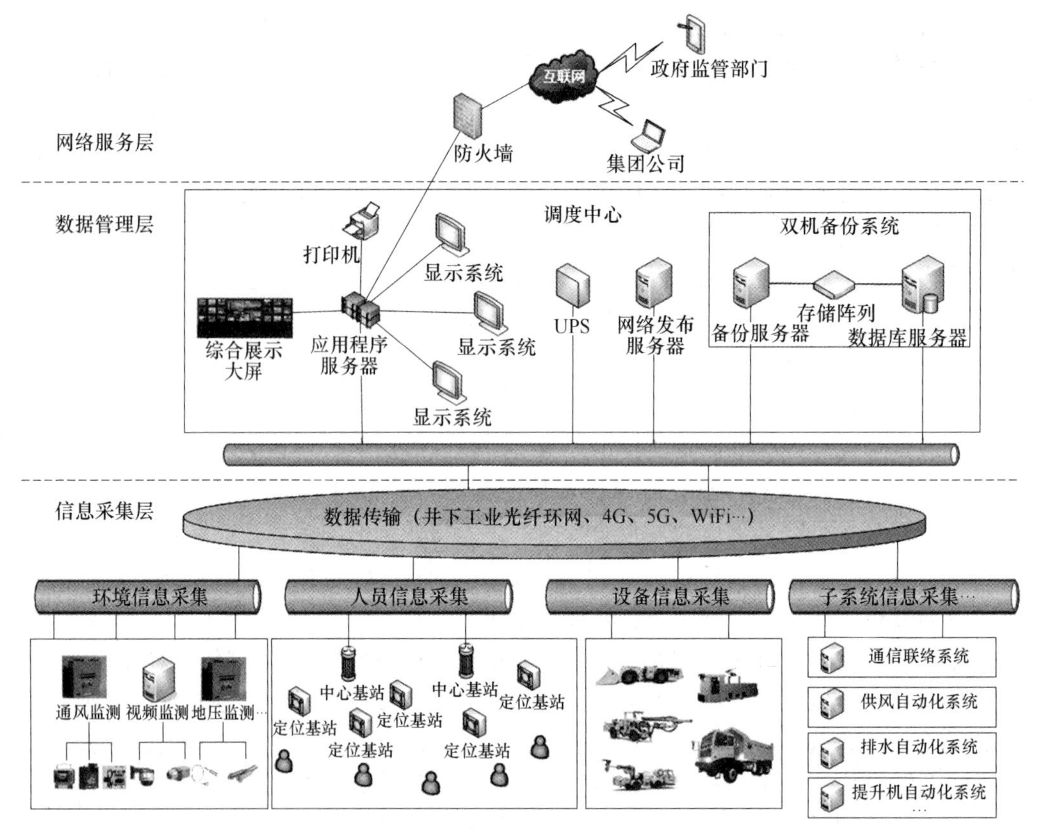

图 25-1 矿山数据采集系统构成

（1）信息采集层。信息采集层用于矿山生产环境、人员、设备、生产管控等全要素、全流程的信息数据采集。其中，典型环境参数信息包含但不限于露天、地下、尾矿库等场景下的位移、风压、风速、有毒有害气体浓度、压力、微震、水位、应变、空间三维信息等；典型人员信息包含人员状态信息、位置信息、识别信息等；典型设备信息包含各种凿岩、装药、采装、铲运、运输、破碎等采矿设备以及风机、水泵、胶带、提升机等典型固定设施的运行状态信息、管控信息、故障信息等；典型的生产管控信息包含生产计划信息、生产运行信息、故障预警信息、生产统计信息、管控信息、安全管理信息等。

（2）数据管理层。数据管理层一般设置在矿山地面调度中心和采矿综合楼调度室，是对全部数据实施管理的核心，提供数据解析、数据存储、网络服务发布、智能分析等功能。数据库存储服务器是矿山信息采集存储的数据中心，为各类子系统的数据解析、存储、筛选等提供支持，同时为网络发布系统提供数据源。数据库服务器具有热备份功能，一旦一台服务器出现故障，可以快速切换到另一台服务器工作，保障数据采集系统的可靠稳定运行。网络发布服务器为业务平台的互联网发布提供支持，矿山相关人员可以通过浏览器远程实时访问，获取矿山生产状态、安全状态以及人员分布情况等信息。智能分析应用服务器通常由多台计算机组成，提供各类子系统的具体应用业务支撑，是矿山数据综合管理的关键环节。

（3）网络服务层。网络服务层主要通过互联网为矿山管理人员提供远程业务应用支持。用户可以通过计算机、笔记本电脑、手机、移动终端等方式，灵活地登录网络发布系统，从而实现远程查看和远程管理。

25.3 数据通信技术

数据的高速率传输和高可靠性、无盲区通信是实现智能开采的必备条件和保障，所有智能开采设备的自主/遥控作业和管控都离不开数据通信技术。从传输介质上分，数据通信可分为有线通信与无线通信，这两类通信技术在智能矿山建设中都需要。以下是一些常见的通信技术简介。

25.3.1 有线通信技术

有线通信是一种利用金属导线、光纤等有形媒质传送信息的通信方式。其优点是技术成熟，调试方便，组建容易；缺点是灵活性较差，每个设备都需要物理介质连接。

在传输介质方面，矿山领域常用的有线传输介质主要有双绞线（五类、六类）、同轴电缆（粗、细）和光纤（单模、多模）等。双绞线和同轴电缆传输电信号，光纤传输光信号，现有矿山工业冗余环网多基于光纤和双绞线（五类、六类）构建。

在数据接口方面，矿山领域常用的数据通信接口有以太网接口、I^2C、SPI、RS232、RS422、RS485、CAN、USB 接口等，其中以太网网络接口又包括 SC 光纤接口、RJ45 接口、FDDI 接口等。

25.3.2 无线通信技术

矿山应用场景下常见的无线通信技术有 5G/4G、卫星通信、WiFi、射频识别（RFID）、蓝牙（Bluetooth）、超宽带（UWB）、LoRa、NB-IoT、ZigBee 等。下面就这几种无线数据通信技术作简要介绍。

25.3.2.1 5G 技术

5G 是指第 5 代（也是当今最新一代）无线通信技术。相对于 4G 技术，5G 实现了以下方面的增强：

（1）传输速率提高 10~100 倍，达到 10Gbps 级；

（2）网络容量增加1000倍，可以连接的设备数也相应增加1000倍；

（3）端到端的时延小10倍，可以达到毫秒级；

（4）传输可靠性提升，在URLLC（ultra-reliable and low latency communications，高可靠和低延迟通信）场景中，可以实现99.999%的传输可靠性。

5G技术为智能矿山建设提供了强大的无线通信手段，可用于矿山网络覆盖、无人驾驶、边缘计算等场景。

25.3.2.2 卫星通信技术

卫星通信是地球上（包括地面和低层大气中）的无线电通信站之间利用卫星作为中继进行通信的技术。卫星互联网是指以通信卫星为接入手段的宽带互联网，它以一定数量的中低轨卫星形成规模组网，从而辐射全球，构建具备实时信息处理功能的大卫星网络系统，是一种能够完成向地面和空中终端提供宽带互联网接入等通信服务的新型网络。卫星互联网具有广覆盖、宽带化、高可靠性、低成本等特点，可以用于矿山企业跨区域、跨国别等超远距离数据的传输。

25.3.2.3 WiFi技术

WiFi技术是当今无线通信的主流技术之一，具有工作在非授权频段（通常使用2.4GHz或5GHz射频频段）、数据传输速率高的优点。随着WiFi技术的发展，最新的WiFi 6技术的无线传输速率的理论值可达9.6Gbps以上。WiFi技术广泛应用于矿山（尤其是井下）的无线网络覆盖与数据传输，重要的应用场景之一是井下人员定位。

25.3.2.4 射频识别技术

射频识别（radio frequency identification，RFID）技术是20世纪90年代兴起的一项短距离自动识别技术。它利用无线电射频方式进行RFID读写器和射频卡之间的非接触式双向通信，RFID读写器发射电磁波信号，射频卡天线接收到信号后产生感应电流，该能量用于实现射频卡与RFID读写器之间的信息交互。RFID技术最大的优点是支持无源、维护成本低，可应用于矿山井下区域定位、人员定位与身份识别、资产管理等场景。

25.3.2.5 蓝牙技术

蓝牙（bluetooth）技术，是一种工作在免费2.4GHz ISM频段的短距离无线通信技术，能在设备间实现方便快捷、灵活安全、低成本、低功耗的数据通信和语音通信，可用于矿山近距离数据传输、井下区域定位等。新版本蓝牙核心规范v5.2修订版于2020年发布，该版本增加了增强型属性协议EATTP（enhanced attribute protocol）、低功耗功率控制（LE power control）和低功耗同步信道（LE isochronous channels）功能，可实现更为安全、高效和节能的数据传输，支撑更多的场景应用。

25.3.2.6 超宽带技术

超宽带（ultra wide band，UWB）技术是一种无线载波通信技术，它不采用正弦载波而是应用纳秒级的非正弦波窄脉冲传输数据，工作频带为3.1~10.6GHz。UWB具有传输速率高、空间容量大、适合短距离通信、共存性和保密性好、多径分辨能力强、定位精度高、功耗低等特点。目前的UWB技术可实现最小10cm左右的定位精度，可用于矿山井下定位。

25.3.2.7 LoRa技术

LoRa（long range）是一种部署在非授权频谱上的低功耗、广覆盖无线物联技术，可提供最大 168dB 的链路预算和+20dBm 的功率输出，能够实现数千米甚至十千米以上距离的无线通信。LoRa 通信通常由网关和通信终端组成，具有数据可控、布网灵活的特点，在矿山可应用于各类物联网终端的信息采集与传输。

25.3.2.8 NB-IoT 技术

NB-IoT(narrow band internet of things) 技术是 3GPP 标准组织发布的新型蜂窝通信技术。与 LoRa 类似，NB-IoT 是一种面向低功耗、广覆盖应用场景的物联网通信技术，多应用于物联网终端的信息采集与传输。与 LoRa 不同的是，NB-IoT 得到了电信运营商和电信设备服务商的支持，具有成熟完整的电信网络生态系统。

25.3.2.9 Zigbee 技术

Zigbee(一般译为“紫蜂”) 技术是基于 IEEE802.15.4 标准的一种近距离、低复杂度、低速率的双向无线组网通信技术。该技术主要用于距离短、功耗低且传输速率不高的各种电子设备之间的数据传输，以及具有典型的周期性、间歇性数据和低反应时间数据的传输。Zigbee 技术在矿山可用于井下人员定位、传感器数据传输、遥控控制等应用场景。

25.3.2.10 无线通信技术主要性能对比

上述无线通信技术的主要性能对比见表 25-2。

表 25-2 常见矿用无线通信技术性能对比表[①]

技术	最远传输距离	最大传输速率	功耗
5G	300~500m[②]	下行速率理论值 10Gbps	高
WiFi[③]	300m 至数十千米（结合不同发射功率与天线）	>1Gbps	高
卫星通信	可实现全球或者区域覆盖	同步轨道卫星下行速率>1Gbps	高
RFID	一般 10m 左右	1kbps	—
蓝牙	300m(理论值)	2Mbps	低
UWB	300m 以上（结合不同发射功率与天线）	几十 Mbps 到几百 Mbps	低
LoRa	15km	38.4kbps	低
NB-IoT	100km	下行 160~250kbps；上行大于 160kbps，小于 250kbps(Multi-tone)/200kbps(Single-tone)	低
ZigBee	200m 至数千米（结合不同发射功率与天线）	250kbps	低

①表中的传输距离和最大传输速率是指目前该技术所能达到的最大值；

②指单站 5G；

③WiFi 协议众多，这里指目前比较流行的 WiFi 5 和 WiFi 6 技术的信号覆盖应用场景。

25.4 精确定位技术

定位是通过定位传感器和算法来确定设备在环境中的位置和姿态，是车辆自主行驶的前提条件。露天矿山能够接收到卫星定位信息，而卫星定位技术如今已是成熟技术，因此露天矿普遍采用卫星定位技术实现设备定位。地下矿山的井下接收不到卫星定位信号，而且井下车辆通常在狭小空间内作业，常有障碍物和不规则巷道壁需要躲避。因此，井下环境中的定位问题比较特殊且需要较高的定位精度，尚没有现成的通用技术可以直接利用，需要创新性融合应用现有相关技术加以解决。本节基于国内外在此方面的研发成果，简要介绍井下环境中的定位技术。

根据定位中参考坐标的不同，设备的定位分为相对定位和绝对定位。

25.4.1 相对定位

相对定位是设备的定位坐标不以全局通用的坐标来计量，其位置可以是相对于自己起始点的位置，也可以是相对于某个参照物或者某一局部坐标系的位置。比较常用的相对定位有激光扫描横向定位及航迹推算定位。

25.4.1.1 激光扫描横向定位

井下巷道狭长，形状和尺寸也不规则，矿用车辆的车身与巷道侧壁的距离仅有 1m 左右。因此，对矿用车辆在井下巷道内的横向定位精度要求高，而对纵向定位精度多数情况下要求并不高。激光扫描横向定位是利用激光扫描器扫描巷道两侧的巷道侧壁，计算出矿用车辆相对于两侧巷道侧壁中线的距离，实现对地下车辆的横向定位，为基于“沿壁法”的反应导航行驶提供依据。车辆沿单侧巷道侧壁行驶会因距离巷道侧壁过近而增加行车风险，沿巷道中线行驶可以充分利用巷道宽度，使车身外廓距离巷道左右侧壁的距离更加均匀，从而提高车辆行驶时的安全性和行驶速度。

井下车辆的横向位置一般是指其定位中心点距离巷道壁的相对距离，定位中心点定义为车辆前桥或后桥中心连线的中点。由于巷道壁的表面凹凸不平，所以相对于巷道壁的位置不能采用单点测量的方式来确定，必须采用多点测量信息的融合来确定，一般是采用平面扫描的方式进行拟合确定。利用激光扫描传感器扫描巷道壁后，得到一定角度范围内的多点位置信息，对位置信息数据进行平滑滤波处理，即可确定巷道平面的横向位置。激光扫描器安装于车辆前车身左轮上方，如图 25-2 所示。

(a) (b)

图 25-2 横向位置扫描定位

(a) 激光扫描器；(b) 激光扫描器安装位置

25.4.1.2 航迹推算定位

航迹推算定位是一种相对来说比较原始的定位方式。车辆初始出发点的坐标是已知的，基于运行过程中车体的航向角、速度和时间，就可推算出下一个时刻的车辆位置坐标。

考虑到井下车辆一般是发动机装在后车体的后轮驱动，所以取后车桥中点为车体的定位参考点。用 $P_k(X_k, Y_k, \theta_k)$ 表示车体在时间 $t=k$ 时刻的位姿，X_k、Y_k 分别为 $t=k$ 时刻后车桥中点的 X、Y 坐标，θ_k 为 $t=k$ 时刻的航向角。经过 Δt 时间后（即 $t=k+1$ 时刻）的车体位姿变为 $P_{k+1}(X_{k+1}, Y_{k+1}, \theta_{k+1})$，车体位姿参数的变化为 ΔX_k、ΔY_k、$\Delta\theta_k$，在 Δt 时间内行驶的距离为 ΔS_k。

车辆直线行驶时（见图25-3），航向角不变，即 $\Delta\theta_k=0$。依据车辆在 $t=k$ 时刻的位姿参数 X_k、Y_k 和 θ_k 推算，可得出 $t=k+1$ 时刻的位姿参数：

$$\begin{cases} X_{k+1} = X_k + \Delta S_k \cos\theta_k \\ Y_{k+1} = Y_k + \Delta S_k \sin\theta_k \\ \theta_{k+1} = \theta_k \end{cases} \tag{25-1}$$

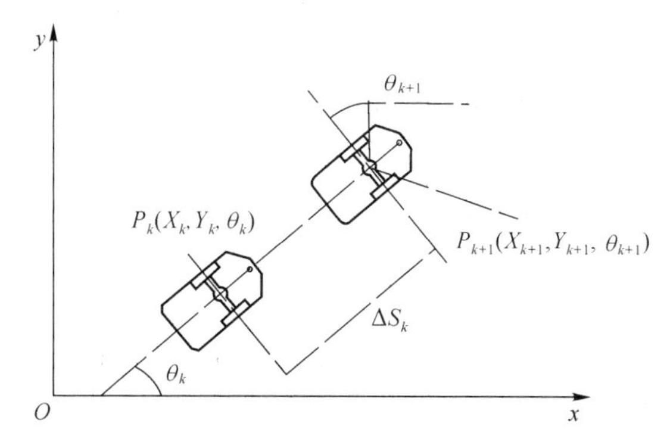

图25-3　直线行驶时航迹推算示意图

转向时（见图25-4），井下矿用车辆采用折腰转向，其前、后车架保持一个角度，这个角度就是其转角，也就是前、后车架中心线的夹角；而车架（前或后）中心线在 $t=k$ 和 $t=k+1$ 时刻与 X 轴的夹角的差就是转过的角度 $\Delta\theta_k$。车体定位参考点处的转弯半径是 $R_c=\Delta S_k/\Delta\theta_k$，规定车体逆时针旋转时 $\Delta\theta_k$ 为正。那么，车辆转向行驶中，依据车辆在 $t=k$ 时刻的位姿参数 X_k、Y_k 和 θ_k 推算，得出 $t=k+1$ 时刻的位姿参数为：

$$\begin{cases} X_{k+1} = X_k + \dfrac{\Delta S_k}{\Delta\theta_k}[\sin\theta_k - \sin(\theta_k + \Delta\theta_k)] \\ Y_{k+1} = Y_k + \dfrac{\Delta S_k}{\Delta\theta_k}[\cos(\theta_k + \Delta\theta_k) - \cos\theta_k] \\ \theta_{k+1} = \theta_k + \Delta\theta_k \end{cases} \tag{25-2}$$

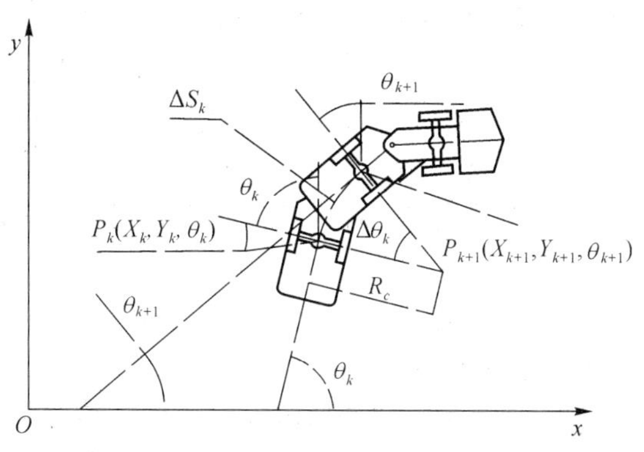

图25-4　转弯时航迹推算示意图

从上述航迹推算的数学逻辑可知，航迹推算定位是通过在行驶过程中实时测量行驶距离和航向角实现的，所以航迹推算定位系统一般是由测量距离和测量航向角的传感器组成。目前应用的距离测量传感器主要有里程计、加速度计等。里程计是一种常见的测量车辆速度的仪表，其成本相对较低；加速度计主要是通过测量车辆的加速度，用积分得到车辆的行驶速度，也是一种常见的测量车辆速度的传感器。测量到速度之后与测量周期时间结合即可得到距离。实时速度测量传感器采用安装在传动轴上的齿轮编码器。测量航向角的传感器主要有陀螺仪、磁罗盘和差分里程计等。

航迹推算定位的最大好处是不需要外界信息的支持，依靠自身内部传感器就可以实现位置确定；但航迹推算是一个依据位置信息和航向角信息渐次推导的过程，在这一过程中，每一个周期内的误差（包括计算误差和测量误差）都会带入下一周期的计算，从而造成误差累积。这样的特性决定了其不能长期单独使用，通常需要与其他定位方法一起使用，对航迹推算的累计误差进行修正。

25.4.2　绝对定位

常用的井下绝对定位方法有 UWB 定位、编码信标识别定位、地图匹配定位等。

25.4.2.1　UWB 定位

UWB 定位原理与卫星定位相似，即通过搭建基站，利用发射的 UWB 脉冲信号在定位基站与定位标签之间进行通信测距，进而求得标签的二维坐标信息。该系统主要由定位基站、定位标签、中心处理器三部分组成。

标签与基站间的距离等于脉冲在标签和基站间的传播时间与光速的乘积。如果标签接收到不同位置的基站信息，就可以依据基站的已知位置坐标及其到标签之间的距离求解出标签的二维位置坐标。因此，用 UWB 对井下车辆进行定位，需要在井下搭建定位基站，通过基站与车载定位标签之间的通信获取标签与基站之间的实时位置信息来达到车辆定位的目的。为得到车辆的准确二维坐标信息，车载标签需要接收至少 3 个基站的位置信息。井下巷道狭长，为保障 UWB 定位的精度，基站需按照纵向间距与横向间距之比为 2：1 的比例来布置，所以单一 UWB 定位系统需要布置大量基站，成本高。以长 100m、宽 6m 的巷道为例，基站需要按纵向间隔 12m、横向间隔 6m 来布置，共需布置至少 13 个基站。为减少成本，可以采用 UWB 定位与激光测距融合的定位系统。

在 UWB-激光测距定位系统中，UWB 只负责获取车辆的纵向位置信息，横向位置信息由装在矿用车辆侧面的激光雷达给出，从而可以大大减少 UWB 基站的数量。同样是长 100m、宽 6m 的巷道，基站布置数量只需要头尾两个。这样，车载激光雷达测得车载定位标签距两个基站连成的直线的距离，UWB 定位系统测得标签距两个基站的距离，结合基站的已知坐标就可求得标签的二维位置坐标，从而实现对巷道中车辆的定位。

25.4.2.2　编码信标识别定位

编码信标识别定位是一种通过识别已知位置的编码信标进行定位的方法。常用的编码信标是利用条形码技术形成的条码信标。

条形码技术在现代社会中广为应用，条形码在日常生活中也很常见。在井下定位应用中，利用反光胶贴和黑色纸片的不同组合设计出包含位置信息的条码信标，在需要精确定位的点位设置条码信标，利用条码激光扫描器扫描条码所得到的返回信息，即可实现条码信标的准确识别，也就实现了在这些点位的准确定位。

这种定位方法具有准确、快速、经济、便于操作的优点，一般用于关键节点处的定位，也很适合于航迹推算定位的累计误差修正。

25.4.2.3 地图匹配定位

地图匹配定位是根据自身探测的周围环境信息构建局部地图，然后将局部地图与已知的全局地图进行匹配来确定当前的位置。如图 25-5 所示，定位系统利用装在车辆前部和后部的激光扫描器连续扫描巷道，接收巷道岩壁反射的激光信号，得到扫描图形，确定出巷道的空间几何特征，通过与已知的巷道轮廓图形进行比较和匹配，确定车辆的位置，这种方法可以得到一系列连续的定位坐标。

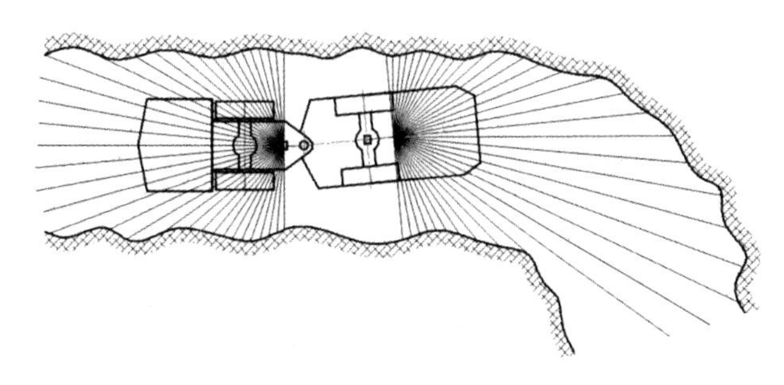

图 25-5 地图匹配定位中的激光扫描测量

激光测量系统的平面扫描角度范围为 180°，一般采用 1°、0.5°或 0.25°三种扫描角解析度，以 0.5°解析度完成一次 180°平面扫描耗时大约为 27ms。系统同时具有厘米和毫米两种分辨率的距离测量模式，最大测距范围分别为 81m 和 8.1m。激光测量系统以数据包形式发送每次扫描数据。

地图匹配定位的计算量很大。为了提高系统的整体定位速度，可在两次地图匹配定位中间插入几次航迹推算定位数据，以此减少激光扫描和地图匹配的次数。

25.5 自主导航技术

导航是引导车辆按照规划路径从起点到达终点的过程。车辆的自主行驶离不开导航，导航与上一节介绍的定位一起构成车辆自主行驶密不可分的两个方面。露天矿山能够接收到卫星定位信息，可以利用卫星导航系统为车辆导航。卫星导航如今已经是成熟技术，在交通领域广为应用。地下矿山的井下接收不到卫星信号，而且井下车辆的作业空间狭小、环境复杂。因此，井下环境中的导航问题比较特殊，需要特殊解决。本节简要介绍井下车辆的自主导航技术。

自主导航过程中，传感器探测周围可行驶的区域，通过信标校正行驶误差；应用定位导航行驶算法计算出偏差数据（包括横向位置偏差、航向角偏差及其变化速率等）；对多个偏差数据进行融合形成综合偏差，输入给导航行驶控制器；导航控制器输出控制指令给电液比例阀，电液比例阀将电信号转变成液压能输出，驱动转向油缸使矿用车辆调节转向角度，进而调整矿用车辆的行驶航向，实现井下车辆行驶轨迹对目标路径的有效跟踪。由此可见，自主导航系统由传感器、信息处理和控制反馈三大模块组成，各模块的功能及其关系如图 25-6 所示。

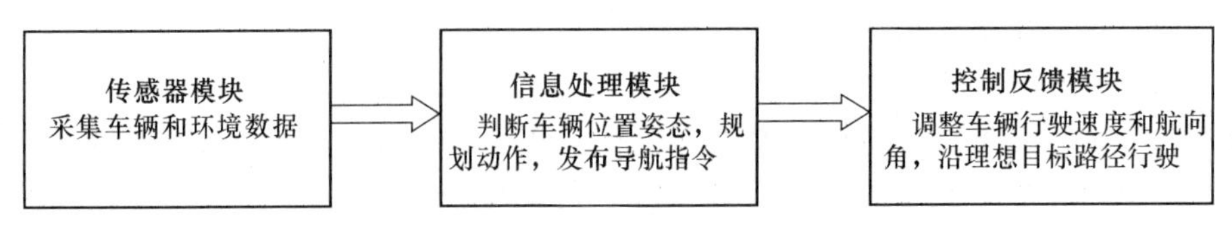

图 25-6 井下车辆自主导航系统组成

25.5.1 目标路径规划

自主导航的目标是控制矿用车辆沿着规划路径自主行驶，所以事先规划好目标路径作为导航控制的目标，可以保证自主行驶的安全和高效。井下车辆作业时需要在狭窄多弯的巷道内行驶，巷道断面尺寸不规则，侧壁表面凹凸不平，局部可能有较大的起伏，还可能安放有风筒或其他设备构成局部障碍物。另外，为了使井下无轨车辆适应井下狭窄、受限制的行驶环境，车身被设计成低矮、细长的中央铰接、双向行驶的车型结构，这使得井下无轨车辆的轨迹特性不同于地面行驶的普通车辆。所以，巷道中理想的目标路径往往是复杂的曲线段和直线段的组合。

井下巷道的走向在宏观上一般由直线段和圆弧段组成。圆弧段上所有点处的曲率均相等，用一个数值即可表达。所以，在这两种目标路径情况下，目标路径的数据表达、存储和管理都很简单。然而，巷道在微观上的走向并不是理想的直线段和圆弧段，而且可能存在需要躲避的障碍物。对于局部不规则或有障碍物的巷道段，对应的目标路径需要采用变曲率的复杂曲线形式，使目标路径的规划及其数据的表达、存储和管理变得困难。

为了解决局部不规则或有障碍物的巷道段的目标路径规划难题，将目标路径分为主目标路径和局部避障目标路径，对两者进行分步规划。先以巷道的宏观中线规划出主目标路径，规划时不考虑局部避障问题。主目标路径规划完成后，再在不规则或有障碍物的巷道段，对主目标路径作等距偏移，规划出局部避障路径。如此规划的主目标路径和局部避障目标路径均全部由直线段和圆弧段组成，如图 25-7 所示。这种分步规划的方法大大简化了整个目标路径的规划，方便自主行驶控制器存储目标路径数据，并方便车辆自主行驶中的运动控制。

车辆在自主行驶过程中，在没有避障物的规则路段跟踪主目标路径行驶；到达局部避障目标路径的起点时，临时跟踪这一局部避障目标路径行驶，绕开障碍物或不规则巷道壁，避免碰撞；驶过局部避障目标路径后再回到跟踪主目标路径行驶。通过调整局部避障目标路径的起始点位置 S_{mbb} 和终止点位置 S_{mbe} 及其相对于主目标路径的横向偏离位移 δ_{b0} 的大小，可调整车辆的避障运行轨迹。此外，由于井下车辆的铰接转向特性及车身的尺寸结构特点，车辆沿巷道转弯时其外廓边缘点的轨迹偏向巷道外侧，容易与巷道外壁发生刮蹭，所以在转弯处以巷道中线作为目标路径并不合适，需要根据车辆铰接机身的运动特点来规划转弯段的目标路径，这一点在局部避障目标路径的规划中一并考虑。

比较理想的目标路径是这样的：在车辆跟踪目标路径行驶的过程中，车身外廓点与巷道侧壁及巷道内障碍物之间保持比较均匀的距离。由于上述复杂因素，不太可能一次规划就得到比较理想的目标路径，往往需要多次检验和调整。对目标路径和车辆行驶进行计算机仿真试验，是检验和调整规划目标路径的有效方法。

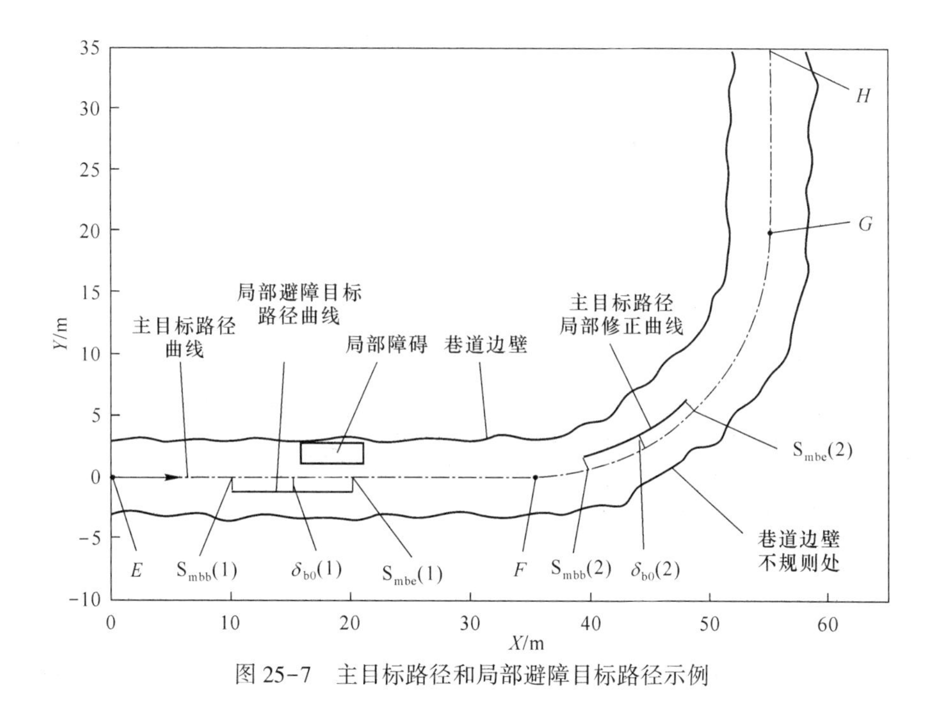

图 25-7　主目标路径和局部避障目标路径示例

仿真试验需要建立车辆路径跟踪轨迹数学模型（即表达目标路径与车辆跟踪轨迹之间的关系的方程组），并与车辆电液比例转向控制系统的控制数学模型相结合，得出井下车辆自主行驶和避障运动控制的数学模型，再通过 Simulink 建模做仿真运算。在仿真试验中，不断调整局部避障曲线的起始点、终止点和横向偏移量等参数，获得不同目标路径曲线下的车辆跟踪轨迹曲线、局部避障运动曲线以及车身外廓特征点的运动曲线。根据这些曲线与巷道侧壁及巷道内障碍物之间的距离，选出比较理想的目标路径。图 25-8 所示是车辆在跟踪目标路径过程中的跟踪轨迹和车身外廓特征点的运动轨迹仿真曲线图。

井下车辆通常都是在事先指定的巷道内反复行驶，所以目标路径一旦规划好，就可以使用较长时间。规划目标路径时已经综合考虑到了巷道内各种障碍物、巷道路径曲率、巷道不规则情况、车辆行驶轨迹特性等因素，所以按照目标路径来导引车辆行驶能取得安全、高效和可靠的效果。

25.5.2　路径跟踪控制

井下车辆在巷道中实现自主驾驶控制，需要根据自主导航技术建立控制模型，制定最佳控制算法，以控制矿用车辆沿着规划路径行驶。路径跟踪控制一般包括前馈控制和反馈控制，它们属于自主导航系统的控制反馈模块。

25.5.2.1　转向控制

自主驾驶车辆通过环境感知传感器获得车辆轨迹相对于预期轨迹（规划轨迹）的位置信息。先要对已知的预期轨迹曲率可能产生的对控制系统的干扰采用前馈控制进行预处理，以克服这种干扰，提升车辆控制器动态响应能力，改善控制后续反馈系统的震荡与时滞，提高车辆对预期轨迹的跟踪能力。前馈控制系统是根据扰动或给定值的变化按补偿原理来工作的控制系统，其特点是当扰动产生后，被控变量还未变化以前，根据扰动作用的大小进行控制，以补偿扰动作用对被控变量的影响。

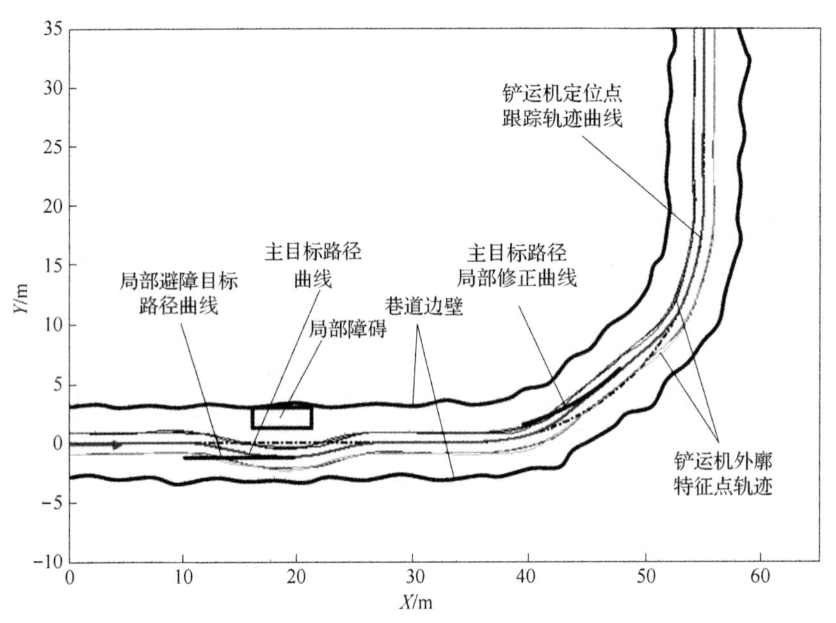

图 25-8 铲运机跟踪目标路径过程中跟踪轨迹和车身外廓特征点的运动轨迹仿真曲线图

自主行驶中，仅在一些极限工况下需要对车辆的转向与车速同时进行大幅度控制；一般情况下，短时间内车速和航向角变化很小。因此，前馈控制按照侧向位置与航向角偏差为零时车辆的稳态圆周行驶工况进行设计。

在 Simulink 中建立前馈控制模型进行仿真，可以检验转向控制效果。前馈控制器的输入为当前速度 v 和当前跟踪点的理想曲率半径 R。设跟踪路径为半径 100m 的半圆，仿真结果如图 25-9 所示。从图中看出，前馈控制器能基本满足转向控制要求，但由于某些不确定因素，距离误差较大（最大约 7m）。为了提高控制精度，引入反馈控制，以抵消不确定因素对跟踪效果的影响。

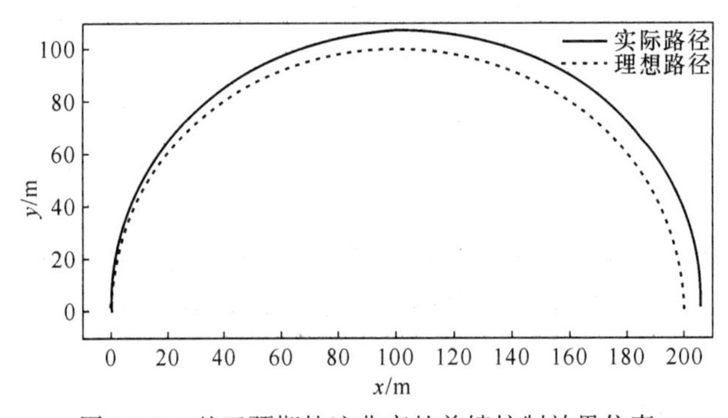

图 25-9 基于预期轨迹曲率的前馈控制效果仿真

25.5.2.2 基于强化学习的反馈控制

强化学习是机器学习的方法论之一，用于描述和解决智能体在与环境的交互过程中通过学习策略达成回报（奖励）最大化或实现特定目标的问题。强化学习的常见模型是标准的马尔可夫决策过程。按给定条件，强化学习可分为基于模式的强化学习和无模式强化学习，以及主动强化学习和被动强化学习。将强化学习引入智能车辆控制，使得智能车辆能够有更好的环境适应性能和响应性能。

在 Matlab 中建立基于强化学习的铰接车自主行驶转向反馈控制仿真模型，其逻辑框图如图 25-10 所示。整个模型分为三部分：强化学习控制器、基于 Maplesim 的铰接车模型和基于 Frenet 曲线坐标系的误差模型。其中，强化学习控制器的结构如图 25-11 所示。在强化学习控制器中，信息处理模块有三个输入：与环境的交互信息、奖励以及提前终止的条件。

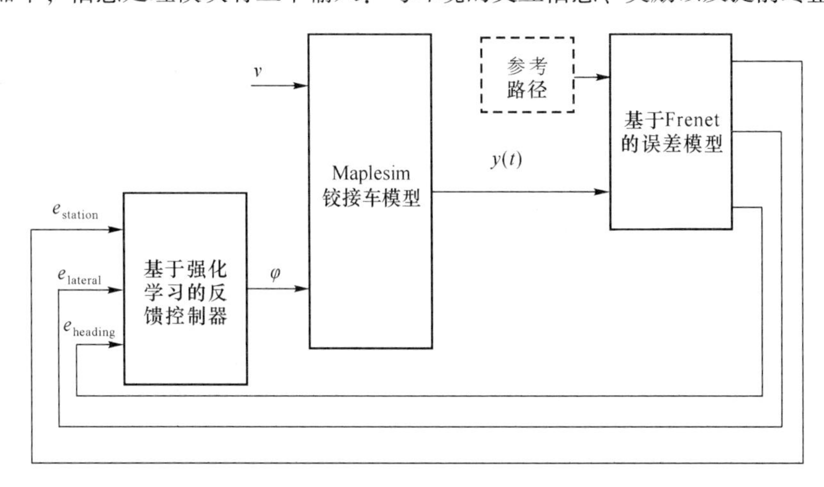

图 25-10　基于强化学习的反馈控制逻辑框图

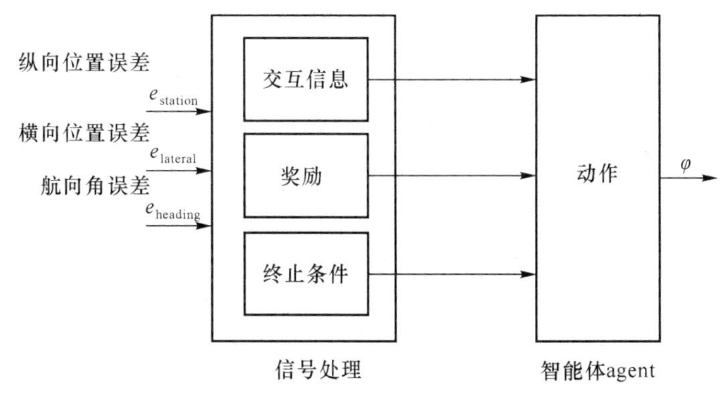

图 25-11　强化学习控制器的结构

首先训练的路径为直线，训练结果如图 25-12 所示。此时智能体得到了约 900 的奖

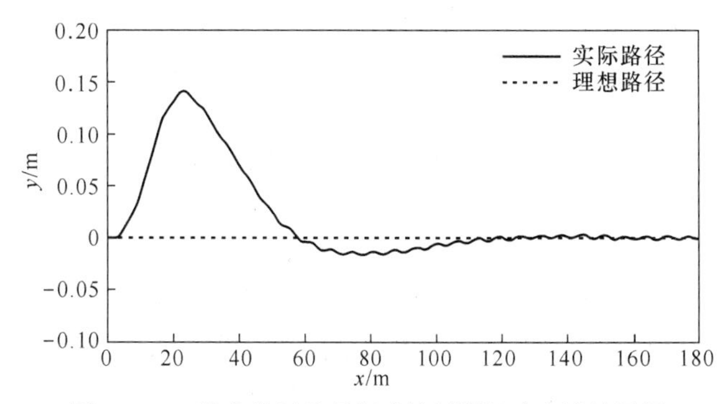

图 25-12　强化学习路径跟踪控制器跟踪直线结果图

励，控制精度得到了一个比较良好的状态：纵向位置误差可以忽略不计；最大横向位置（y）误差小于 0.2m，稳定时误差几乎可以忽略不计；航向角误差小于 0.015rad。

在直线训练的结果上继续训练，路径设为单移线。单移线是指车辆在规定的距离内从一条直线驶入，经过转向后从另一条平行偏移一定距离的直线驶出，单移线训练是为了考验车辆在转向过程中车身的稳定性。训练结果图 25-13 所示。在单次奖励到达 850 左右时，可以得到一个比较好的控制精度：纵向位置误差可以忽略不计；最大横向位置（y）误差的绝对值小于 0.2m；最大航向角误差的绝对值小于 0.08rad，验证了基于强化学习的反馈控制的有效性。

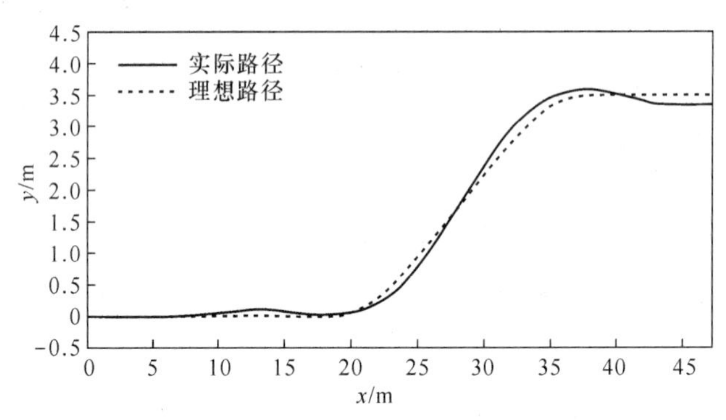

图 25-13　强化学习路径跟踪控制器跟踪单移线结果图

25.5.3　电子地图

电子地图就是以数字地图为数据基础，以计算机系统为处理平台，能够在屏幕上实时显示的一种地图形式。

在电子地图中规划出的目标路径是无人车辆的导航依据。有了规划好的目标路径，无人车辆就无须自主决策行走路线，运算数据量就会大为减少，可以以更快的速度进行自主行驶，从而提高无人车辆的运行效率。另外，有了电子地图也可以方便地在屏幕上显示无人车辆所处位置，方便中控室人员对无人车辆的监控和管理。此外，电子地图中巷道的轮廓曲线也为无人车辆在进行地图匹配定位时提供了参考依据。

为了检测巷道空间信息，传统的方法是在巷道中铺设、放置辅助检测设备，如巷道顶板光信号检测、底板磁信号检测等。这种方式需要较大的初期建设投入及较高的维护费用，并且灵活性差。如今，巷道空间信息的检测可以用电子地图构建技术来完成。目前常用的电子地图构建技术有两种：一种是基于矿山已有的地理信息平台软件进行二次开发；另一种是激光雷达扫描与立体视觉相机相配合的空间信息检测技术。这些技术不依赖于基础设施，不需要对巷道进行改造，就可构建出地下巷道空间的电子地图。

25.5.3.1　利用已有地理信息平台进行二次开发

如果矿山已经建立了井巷工程的地理信息（GIS）管理系统，可在此系统的软件平台基础上针对井下移动设备精确定位和管理的需求进行二次开发，形成满足巷道和车辆定位的巷道空间电子地图。形成电子地图的主要方式是基于图纸或其他格式的矢量数据，利用 GIS 软件平台的功能制作二维环境地理地图和专题地图。

地图数据的输入一般有两种方式：

（1）利用GIS平台对工程图纸进行扫描和矢量化，生成电子地图基本数据。

（2）利用GIS平台支持多种数据格式（如ARC/INFO、AutoCAD、MicroStation、Map-Info、空间数据交换格式等）的转入和转出功能，把通过其他方式获得的地图数据格式转入到系统，然后对电子地图进行修正和完善。修正地图和地图构建所用的数据主要来源于矿用车辆上的环境感知系统的激光雷达扫描；在此基础上，再由人工对障碍物位置进行补充，得到扫描平面内的巷道形状和尺寸，并转化成GIS所需的数据格式。

所建立的各种电子地图的数据库用于存储和管理地图信息。在数据处理过程中，提供资料、存储结果；在检索和输出过程中，形成绘图文件或各类地理数据的数据源。利用GIS系统可实现电子地图的网络通信、用户管理、数据安全、数据高效调度等功能。

25.5.3.2 即时定位与地图构建

即时定位与地图构建（SLAM）就是无人车辆利用车载传感器实时检测周围环境来确定环境地图以及自身在地图中的位置，同时实现车辆的自身定位和周围环境的地图构建。典型的SLAM框架主要由前端里程计、后端优化、回环检测以及地图构建四个模块组成，如图25-14所示。前端里程计主要计算相邻时间内传感器的运动关系，从而求解运动轨迹；后端优化是对初始结果（按照里程计数据推算的结果）进行优化，以获得最优解，生成统一轨迹和地图；回环检测主要解决随时间的误差积累问题。

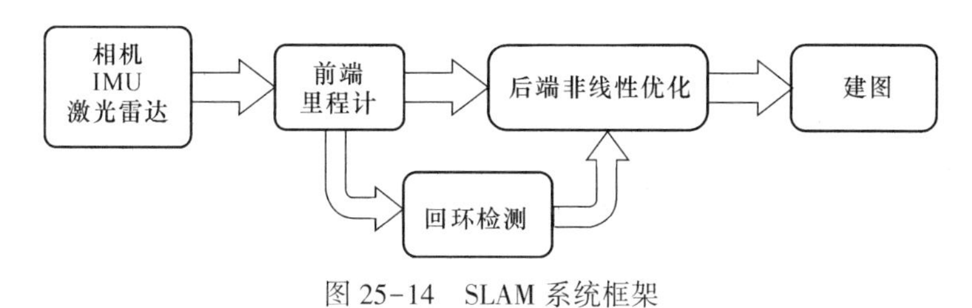

图25-14 SLAM系统框架

根据所采用的传感器类型，SLAM主要分为激光SLAM与视觉SLAM两种。视觉传感器具有体积小、功耗低、信息获取丰富等特点，可提供丰富的外部环境纹理信息。但视觉信息的数据量大，处理算法又较为复杂，所以处理器的运算负荷大，难以满足定位导航的实时性要求；而且相机受环境光的影响较大，在暗处（无纹理区域）无法工作，因此当车辆行驶环境的光照较差时，视觉SLAM技术难以保证能够采集到清晰可靠的环境信息。基于激光传感器的SLAM技术在理论和应用方面都已相对成熟，其可靠性和准确性都有保证。因此，目前矿山应用中最为成熟的SLAM技术是激光SLAM技术。

A 点云配准

通过扫描匹配（scan matching）对点云进行配准，是从激光雷达扫描所获得的扫描点云中提取自主行驶车辆的位姿信息的最常用方法。有了车辆的位姿信息就可确定车上激光扫描器所处的位置和角度，进而确定扫描点的坐标，做出电子地图。点云配准就是为两个点集求解最优空间变换而达到最佳配准的过程。由于多个点云的配准可以通过两两点云的配准来实现，因此通常所说的点云配准都是指两个点云的配准。点云配准已经在3D重建、虚拟现实、增强现实和无人车导航等领域得到了广泛的应用。典型的扫描匹配方法有两种，即基于扫描点和基于特征的匹配方法。

基于扫描点的匹配方法是指直接匹配两个不同扫描时刻的全部点云数据。目前，应用最为广泛也是最为经典的方法是迭代最近点（iterative closest point，ICP）算法。该算法的基本思想是给定初始变换，通过选取当前扫描数据中用于匹配的点，并在参考扫描中找到其对应点，然后采用迭代的方式使距对应点的距离的平方和最小化，求得两者之间的最佳位姿变换关系。该算法简单、易于实现，能够很好地估计平移分量；但对两个点云的初始位置要求较高，且要求两个点云具有包含关系（即两个点云具有重叠部分）。另外，该算法对初值敏感，选择不当时会使得迭代次数多、收敛慢，甚至陷入局部最优，导致算法失效。针对这一问题，一种改进算法是采用基于扩展高斯图像的快速配准方式求得两帧点云的变换，作为 ICP 算法的初值；另一种改进算法是结合八叉树结构对 ICP 点云配准算法进行改进，利用八叉树结构的快速数据搜索优势，来快速选取相对精度较高的起算数据，以此改善 ICP 算法对初值的敏感度。

基于特征的扫描匹配方法是从激光雷达扫描数据中提取特征值（如特别的突点或凹点数据），并在不同测量位置对扫描到的同一特征进行匹配。该方法大幅度删减、压缩了点云数据，减小了匹配计算中的数据量，运算速度和效率都比较高。随机抽样一致性（random sample consensus，RANSAC）算法是目前比较流行的特征点匹配算法之一，具有结构简单和鲁棒性高等优点。基于特征的扫描匹配方法的难点在于特征的提取；特征不够清晰、传感器数据噪声较大时，可能导致特征提取误差较大，影响位姿估计的精度。

B　SLAM 后端优化

传感器噪声、环境动态变化等会不可避免地在 SLAM 前端中累计误差，所以需要采用 SLAM 后端处理来消除累计误差。处理方法大致分为两类：一类是以扩展卡尔曼滤波（extended kalman filter）、粒子滤波（particle filter）、信息滤波（information filter）为代表的滤波方法；另一类是以图优化为代表的非线性优化方法。

滤波方法也被称为在线 SLAM 算法（on-line SLAM methods）。该类方法对测量异常值较为敏感，而且矿用车辆结构形态较为复杂，难以获得精准的动力学模型，而简化为线性的动力学模型会降低滤波器预测效果，甚至会引入额外误差。由于滤波器仅利用当前测量和先验估计，因此还可能由于短期测量损失而造成结果发散，导致地图构建出现较大误差甚至失败。

图优化方法是从测量体系中估计车辆的完整轨迹（据此可确定车载激光扫描器的轨迹，进而确定激光扫描点的位置数据，构建出电子地图），解决了完全 SLAM 问题（full SLAM problem）。该方法使用最小二乘法使过程中的误差最小化，可消除对动力学模型的依赖性，提高环境适应能力。使用图优化方法的另一个原因是传感器的升级。之前使用单线激光雷达构建二维地图，随着技术的发展，二维地图不能满足需要，而多维传感器数据量大，需要使用图优化来平衡视觉 SLAM 中扩展卡尔曼滤波带来的高消耗问题。

图优化方法中，处理数据的方式和滤波的方法不同，它不是在线纠正位姿，而是通过记录所有数据，进行完整的一次性优化。求解图优化 SLAM 问题涉及构建位姿图，图的节点表示车辆位姿或路标，两节点之间的边由约束连接姿态的传感器数据组成。显然，有多个传感器时，这种约束可能是相悖的，因为传感器的观测值总是会受到噪声的影响。一旦构建了这样的位姿图，关键问题是找到与所有传感器观测值有最大一致性的节点配置。因此，图优化问题的本质就是通过预测与观测的比较，使得当前时刻取得的车辆位置与路标位置偏差全局最小，即寻求最符合观测量的车辆状态和激光扫描器状态，得到扫描点位置数据，最终得到扫描点连线构成的电子地图。

C 回环检测

回环检测主要用来解决 SLAM 中随时间的误差积累问题。随着路径的不断延伸，无人驾驶车辆在建图过程中会存在一些累计误差，除了利用局部优化、全局优化等来调整之外，还可以利用回环检测来优化位姿。回环检测是指无人驾驶车辆通过识别曾经到达过的场景使地图闭环的过程。

常用的回环检测是基于图优化的算法，当机器人运动到已经探索过的原环境时，SLAM 可依赖内部的拓扑图进行主动式的闭环检测。当发现了新的闭环信息后，SLAM 使用 Bundle Adjustment(BA) 等算法对原先的位姿拓扑地图进行修正（即进行图优化），从而能有效地进行闭环后地图的修正，实现更加可靠的环境地图构建。

D 地图表示方法

地图构建是 SLAM 的重要组成部分，而地图的表示方法的选择对无人驾驶车辆的导航精准度至关重要。根据使用目的的不同，需要构建不同种类的地图。

(1) 二维地图表示方法。对于在地面环境较好、结构性强的室内环境中运行的地面机器人来说，利用单线激光雷达构建的二维地图就可以基本满足自身定位与导航的需要。常用的二维地图表示模型主要有：特征地图、栅格地图，以及近年来发展较快的拓扑地图和混合地图。其中，栅格地图和特征地图在 SLAM 中应用较早且较广泛。

栅格地图表示法是将整个环境分为相同大小的栅格，每个栅格都携带地图的一部分信息。在栅格的生成过程中，对每个栅格根据其被障碍物占用的情况赋予相应的概率值，通过这种带有概率信息的栅格来表示环境信息，如图 25-15(a) 所示。栅格地图的优点是容易创建和维护，最大限度地保留了整个环境的各种信息，便于定位和路径规划；缺点是当栅格数量很大时（在大规模环境或对环境划分较细时），对地图的维护会变得困难，同时定位过程中搜索空间大，实现实时应用比较困难。

特征地图表示法是指机器人从收集的对环境的感知信息中，提取更为抽象的几何特征(如直线或曲线段)，使用这些几何信息来描述环境，如图 25-15(b) 所示。该方法更为紧凑，且便于位置估计和目标识别。这种方法可利用卡尔曼滤波在局部区域内获得较高的精度，且计算量小；但在广域环境中难以维持精确的坐标信息，而且对几何信息的提取需要对感知信息做额外处理，只有在感知数据达到一定数量才能得到结果。

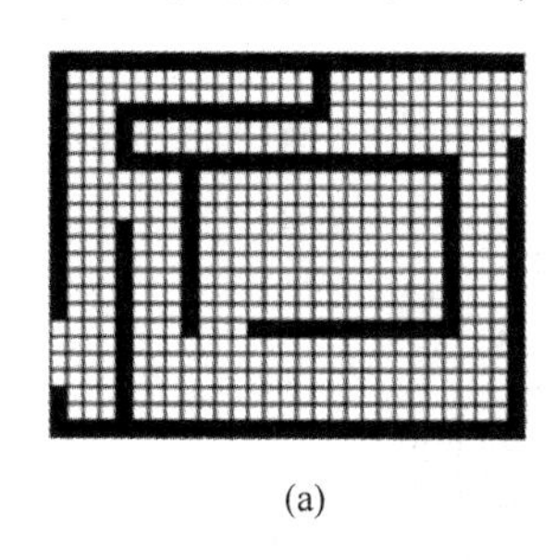
(a)

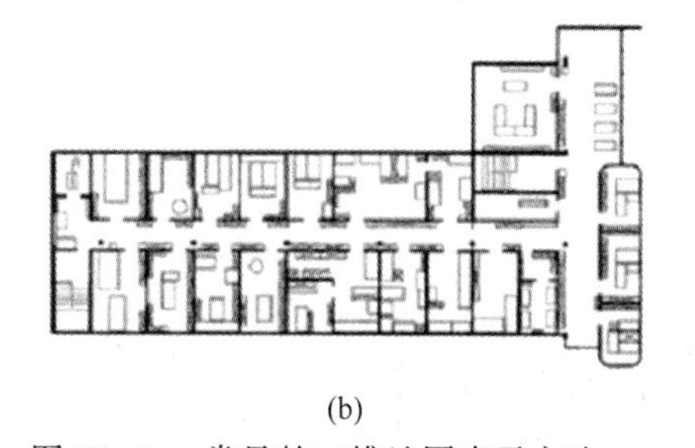
(b)

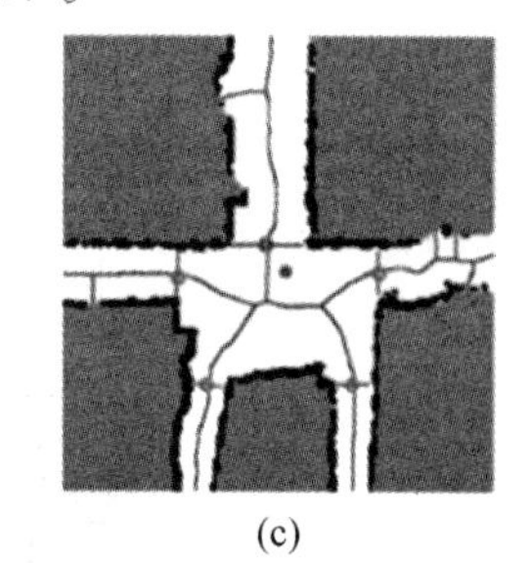
(c)

图 25-15 常见的二维地图表示方法

(a) 栅格地图；(b) 特征地图；(c) 拓扑地图

拓扑地图是一种能同时表达实体的空间特征、属性特征、符号表达以及实体之间的空间关系的空间数据模型，其抽象度更高，如图 25-15(c) 所示。拓扑地图将环境表示为一张拓扑意义上的图（graph），图中的节点对应于环境中的一个特征状态、地点；如果节点间存在直接连接的路径，路径就相当于图中连接节点的弧。

拓扑地图的主要优点有：有利于进一步的路径和任务规划；存储和搜索空间都比较小，计算效率高；在使用中可以应用很多现有成熟、高效的搜索和推理算法。其缺点在于拓扑图是建立在对拓扑节点的识别匹配基础上的，如果传感器信息模糊，则很难构建大环境下的地图，并且当环境中存在两个很相似的地方时，很难确定这是否为同一点，由此可能产生错误的路径。

（2）三维地图表示方法。对于在空中运动拥有六种运动自由度的飞行器，或者在类似于路面坎坷起伏度较大、环境复杂的地下巷道中行驶的矿车来说，二维地图难以满足自主定位与导航的需求。此种情况下可使用 RGB-D 摄像头或多线激光雷达作为主要传感器的 SLAM 方法，构建三维地图。

最容易得出的是点云地图，它可以直观描述周围环境，已具备基本的环境展示功能。但因为点云数量庞大，一般需要通过体素滤波才能正常显示，如图 25-16(b) 所示。另外，单纯的点云无法表示障碍物信息，所以无法直接用于导航和避障；又因为没有特征，点云地图也不能用来进行基于特征的定位。在点云地图的基础上进一步处理，可以得到用于导航和避障的占据网格地图以及压缩性能很好的八叉树地图，如图 25-16(c) 所示。这两种地图都是将空间划分为一系列的可调尺寸的小立方体，然后在每个小立方体中用 0 和 1 或者概率值表示立方体被占据的状态或被占据的可能性，从而表示出该空间的可通过性。八叉树地图与占据网格地图之间的不同之处在于，前者通过八叉树结构将占据概率相等的小立方体合并，从而大大节省了地图的存储空间。

(a)

(b)

(c)

图 25-16　常见的三维地图表示方法
（a）地下巷道实景；（b）点云地图；（c）八叉树地图

地下巷道的激光三维扫描点云图，如图 25-17(a) 所示。在此三维扫描点云图基础上，向地面投影可得到用于路径规划的地下巷道二维地图，如图 25-17(b) 所示。

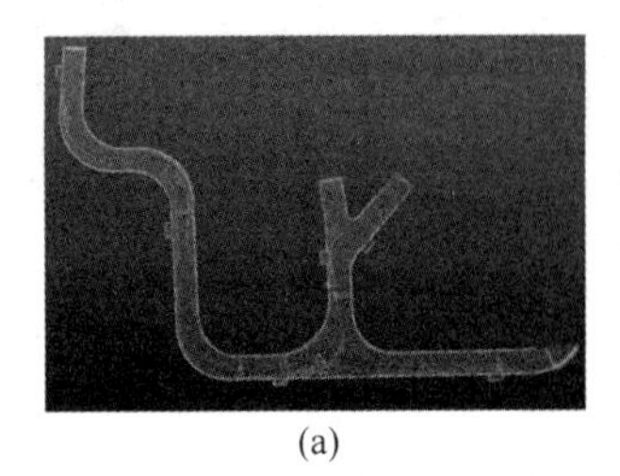
(a)

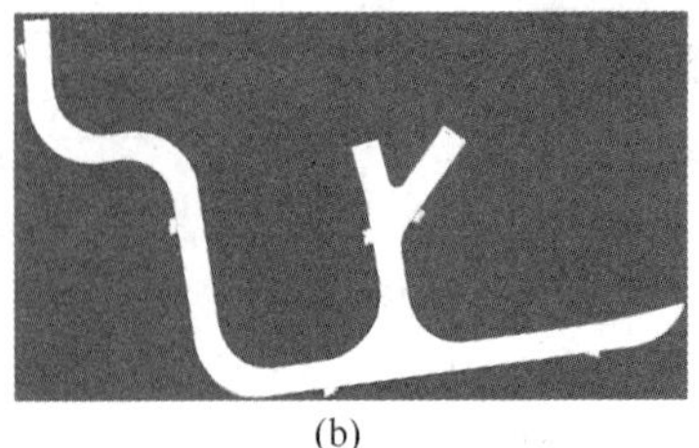
(b)

图 25-17　反射值地图与结构化地图
（a）地下巷道激光三维扫描点云图；（b）地下巷道二维投影地图

25.6 车辆无人驾驶作业模式与系统构成

无人驾驶是指在车辆司机室内无驾驶员的情况下，车辆按特定路线行驶和工作，完成作业循环，并能在意外情况出现时减速或停车。在无人驾驶状态下，数据采集（即自身位姿与环境感知）、定位、导航、通信、控制等技术以及相应的软件所组成的无人驾驶系统取代了驾驶室内的司机。可见，前述各项技术是实现矿用车辆无人驾驶作业的基础和关键技术。

在露天矿山，由于可以接收到卫星定位信号，卫星定位与导航技术也相对成熟，而且无线通信信号覆盖可通过 5G/4G 基站等成熟的技术实现，所以露天矿生产车辆的无人驾驶相对易于实现。在地下矿山的井下，无法接收到卫星定位信号，而且车辆在环境复杂的狭小空间作业，所以实现井下车辆的无人驾驶相对困难，无人驾驶的系统构成也相对复杂。本节针对地下矿井下车辆的无人驾驶，简要介绍其作业模式和系统构成。

井下车辆无人驾驶系统需要具备自主控制、自主环境识别、远程遥控操作、无线通信、状态监控和故障诊断等智能化功能。按功能和控制对象划分，系统一般有八个模块：数据采集模块、发动机控制模块、自动换挡控制模块、自主行驶控制模块、工作装置控制模块、状态监测与诊断模块、车载通信控制模块、动态称重计量模块。各模块由相应的若干硬件单元和配套软件组成。以井下铲运机为例，在常规铲运机的基础上加装集成这些模块所需的数据采集、定位、导航、通信、控制等硬件和相应的软件，就可实现无人驾驶作业，主要硬件及其典型布置如图 25-18 所示。

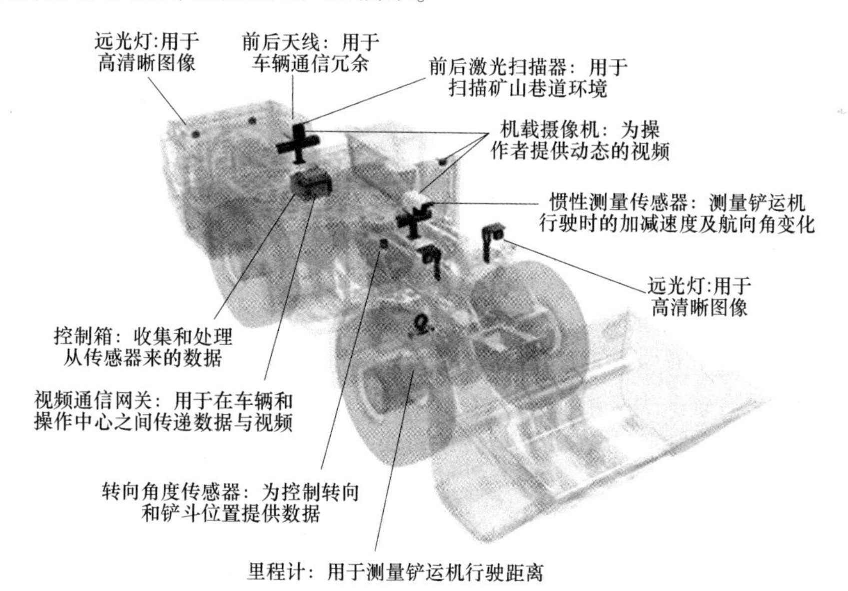

图 25-18 无人驾驶地下铲运机典型传感器及控制器布置

无人驾驶可分为遥控驾驶作业模式和自主行驶作业模式。

25.6.1 遥控驾驶作业模式

遥控驾驶作业模式分为视距遥控模式、就地视频遥控模式和远程遥控模式。

25.6.1.1　视距遥控模式

视距遥控模式就是操作者在视距范围内通过遥控装置对车辆进行遥控操作。地下矿山在开采过程中，为了保障人员安全，往往需要对不稳固的顶板进行大量的支护，不仅增加开采成本，而且影响生产效率。使用视距遥控模式作业可以避免人员直接进入危险区域，从而降低支护成本，提高作业的安全性。

遥控车辆由遥控装置、电液转换装置和车辆主体等部分组成。在约 100m 的范围内，操作人员可以看到车辆，通过无线电装置遥控车辆作业。遥控装置包括一台发射机和一台接收机，发送的信号为调频制。操作人员的遥控指令在发送机内每秒扫描 20~30 次，转换成发射信息发向装在车辆上的接收机，信息为二进制脉冲序列，包括同步、识别和控制三种数据信息。车辆上的接收机接收信号后，把二进制码转换成模拟电信号，电液转换装置把模拟电信号转换成液压操纵控制来操纵车辆主体动作，完成遥控驾驶作业。遥控地下铲运机的动作和功能一般包括：柴油机预热、柴油机启动、柴油机停机、加油门、减油门、前进、后退、空挡、一挡、二挡、制动、左转弯、右转弯、动臂举升、动臂下降、铲斗上转、铲斗下转、喇叭鸣笛、紧急停机等。

操作者从远处遥控操作车辆时不易看清作业现场的情况，缺少现场感，导致驾驶操作的准确性、反应速度和效率降低，遥控车辆的碰撞风险也有所增加。所以，在实际作业过程中，操作者常常是采用扬长避短的方式灵活使用视距遥控。以铲运机为例，在安全区域直接上车驾驶车辆；到达危险区域前下车，遥控车辆到危险区内装载；完成装载后，遥控驾驶车辆返回到遥控出发地停车；操作者上车驾车到卸载点；卸载后按原路返回，开始下一个作业循环。

视距遥控模式有其固有的缺点和局限性。不断上车、下车和站着操纵遥控手柄容易使操作者疲劳，可能出现误操作而引发安全事故。操作者遥控时离装载点和车辆有一定距离，而且只能看到铲斗背面，再加上地下光线暗、粉灰尘较大等因素，不但铲斗难以装满，而且车辆与巷道侧壁及巷道中障碍之间的距离也不易准确判断，影响行车安全。另外，操作者在远处听不清设备工作时发出的声音，难以判断设备的运转状态，也会影响设备的使用效率和运行安全。遥控车辆的车速一般不超过 10km/h，故生产效率也较低。在井下危险范围较大、操纵距离过远，或在车辆需要拐弯行驶等情况下，视距遥控就显得无能为力。虽然视距遥控有这些不足，但毕竟可使驾驶员远离危险区域，更多地回收危险区域矿石，所以还是有较高的应用价值，特别是对于无底柱分段采矿法、VCR 法、房柱法的矿柱回采等，应用视距遥控车辆可提高残矿回收，降低矿石损失，并可简化采场底部结构，减少采准工程量。

视距遥控功能已经是地下矿用车辆的一项常规可选功能，国内外各主要矿用无轨设备厂商几乎都生产视距遥控矿用车辆，在矿山的使用也取得了良好的效果。井下视距遥控铲运机应用实景如图 25-19 所示。

25.6.1.2　就地视频遥控模式

就地视频遥控是在原有视距遥控器的基础上，增加了视频图像和声音的无线电传输功能，使操作者能够在井下距离作业点更远的（视距外的）位置遥控操作车辆。视频摄像机一般安装在车辆前后两个方向，提供车辆前后的清晰图像。操作者可以在遥控器上看到矿用车辆前方和后方的现场视频图像并听到声音，从而能够在视距外操纵车辆，完成作业。

图 25-19 井下视距遥控铲运机作业现场

就地视频遥控的距离范围一般为 500m 左右，所以进一步提高了人员的安全性。视频遥控系统包括 2~3 个车载摄像机、车载发射器和装在遥控器上的接收器与监视器等，如图 25-20 所示。带有视频图像和音频信号的遥控器如图 25-21 所示。

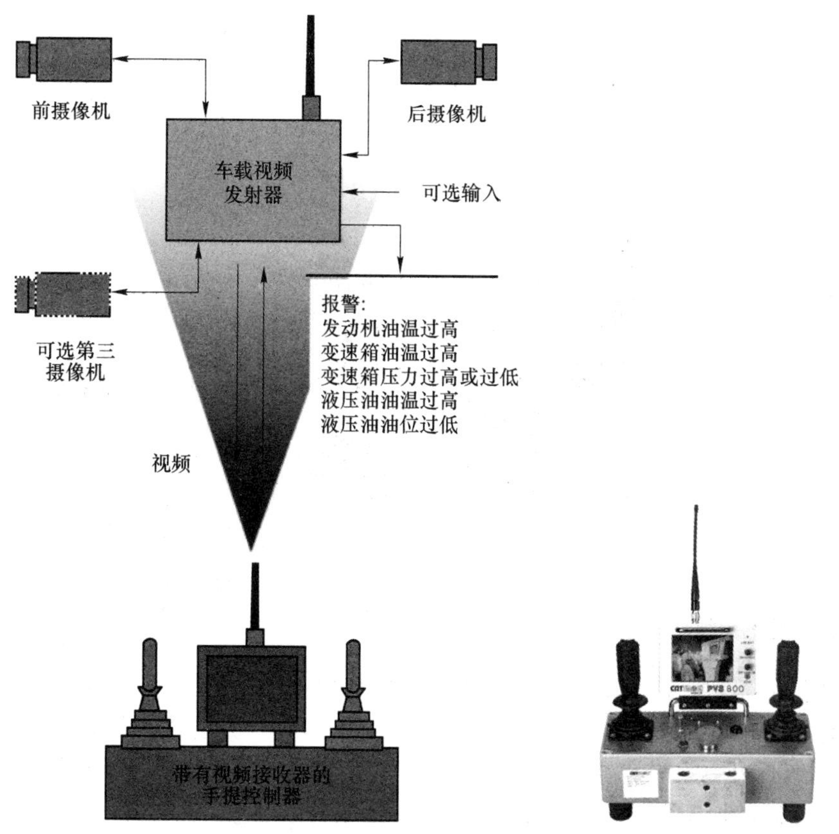

图 25-20 视频控制系统组成　　图 25-21 带有视频图像和音频信号的遥控器

这种模式能使操作者看到设备作业场景并听到设备发出的声音，增强了现场感，提高了操作的准确性和快速性，从而提高了遥控驾驶操作的效率。所以，就地视频遥控模式克服了视距遥控模式的诸多不足。

25.6.1.3　远程遥控模式

远程遥控中，增加了远程网络通信系统来实现信号的网络远程传输，将作业现场的图像传输到更远、更安全的操作地点，把操作信号从操作地点远程传输给车载接收机。这样，操作者可以在井下更安全的设施内或地面控制室内，安全又舒适地通过操作台上的操作机构远程操控井下车辆。图 25-22 和图 25-23 所示为巷道内的远程遥控拖车和地面远程遥控控制室。

图 25-22　巷道内的远程遥控拖车

图 25-23　地面远程遥控控制室

25.6.2　远程遥控驾驶系统

远程遥控的无人驾驶作业是通过远程遥控驾驶系统来完成的。远程遥控驾驶系统的硬件主要由操作台、信号通信控制器、上位机、无线摄像头、无线路由、车载控制与通信平台等构成，如图 25-24 所示。车辆（包括车载控制与通信平台）、遥控驾驶员和远程操控系统构成一个闭环控制系统，实现车辆的远程遥控行驶作业。

远程遥控操作台如图 25-25 所示，由操作板、控制器、指示灯与操作机构等组成。操作机构包括若干手柄和按钮。以铲运机为例，手柄和按钮的功能设计一般为：一个手柄控制铲斗的举起、放下、上翻和下翻，另一个手柄控制车辆的左、右转向和加速、制动，三个按钮分别对应前进、后退和空挡。

信号控制器的主要功能是采集操作机构的各类信号，对信号进行识别和逻辑转换，编

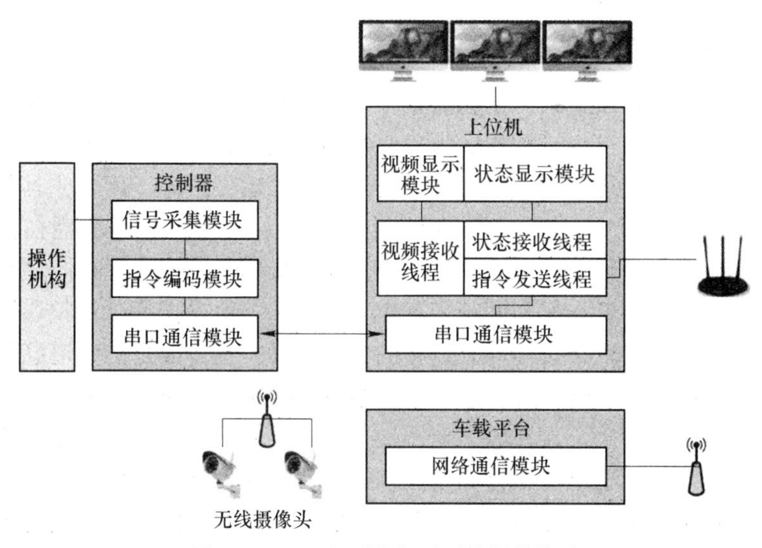

图 25-24　远程遥控驾驶系统硬件构成

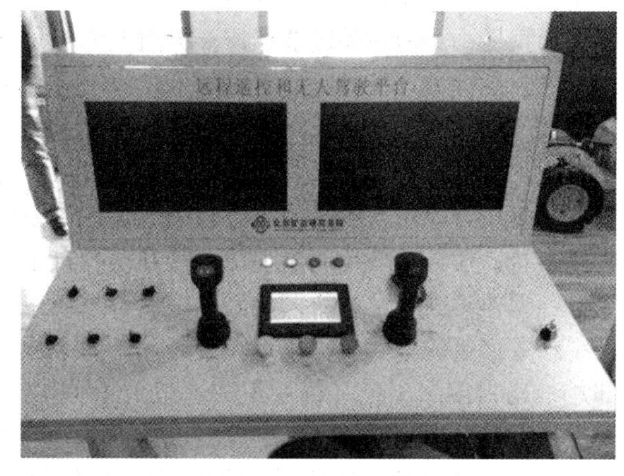

图 25-25　远程遥控操作台示例

译生成上位机能够接收的指令信号，通过 RS232 串口或其他通信方式传送至上位机进行识别，再通过有线和无线网络信号传输给车载控制平台，实现对矿用车辆的启动、变速、转向、油门、刹车及工作装置的动作遥控，使其按指令要求的速度和路线行驶和作业。

上位机包括一台主机与三台显示器，其主要功能包括：运行控制软件，与操作台、摄像机和车载控制平台通信，显示操作、状态与环境信息；一台显示器显示操作与状态信息，其他两台显示器显示环境视频信息。

无线摄像头主要用来获取井下车辆周围的视频信息，并支持通过无线方式将视频信息传送给上位机。无线路由主要用来通过无线方式联接摄像头与车载控制平台。车载控制平台按照接收到的指令控制车辆整体和工作装置的动作，完成相应作业。

远程操控系统的软件主要有上位机软件、控制器软件、车载平台软件三大部分。上位机软件主要用于对车辆的运行状态和参数的监测、显示和分析，随时显示摄像头采集到的环境视频数据，并将远程驾驶员操作所需的参数以合适的方式进行显示。

25.6.3　自主行驶作业模式

在上述遥控驾驶作业模式下，车辆的整个作业循环仍是人工控制，只是操作员不在车辆的驾驶室内直接操纵。自主行驶作业则是由车辆自主行驶、自主作业，是真正意义上的智能化作业模式。全自主运行的井下车辆目前还处在试运行阶段。半自主运行的井下车辆在20世纪90年代已经研发成功，现已投入生产运行。半自主运行车辆在整个作业循环中，大部分时间是自主运行，小部分时间靠人工遥控操作来完成。以半自主地下铲运机为例，行驶和卸矿由车载导航、控制系统来自主完成，铲装由操作者以视频遥控方式完成。

井下车辆自主行驶可以是按照规划路径的自主行驶，也可以是沿巷道壁的自主行驶。

基于规划路径的自主行驶是沿着全局坐标系下的指定目标路径行驶，导航中使用电子地图，目标路径以坐标形式记录在电子地图上。自主导航依赖传感器以足够高的精度采集位置姿态数据，定位精度要求高，计算量大，前期路径规划准备工作量也较大。

沿巷道壁的自主行驶使用环境拓扑地图，导航中巷道两壁既是需要避免的障碍物，也是自主导航的参照物。自主行驶中传感器探测周围可行驶的区域，在关键节点路径上（如岔路口和十字路口）由信标引导，决策最优行驶路线。这种导航行驶方法可以在车辆自主行驶时有效地避障，所需计算量小；但在关键节点需要提前人为规划好信标布置及行驶路线，同时由于前瞻范围有限，在弯道处行驶速度低，对生产效率有一定影响。

25.6.4　自主行驶驾驶系统

自主行驶的无人驾驶作业通过自主行驶控制系统来完成。控制系统根据所执行的功能可分为三个层次：自主控制器、信号处理控制器和执行控制器。自主控制器是控制系统的大脑，主要负责对车辆进行无人驾驶和整体协调控制，由多个控制单元组成，如各种模拟量的输入采集、输出控制和数字量的输入、输出控制单元等。为了达到各模块硬件资源的可配置，需要构建内部总线通信网络，使各模块组成有机的整体。内部局域网采用CAN总线型局域网为主的模式，设计有通信调度主站单元，负责子系统的管理和通信命令的下达，子系统按要求执行相应操控。信号处理控制器主要用于各种传感器数据的前端处理、融合和分析。执行控制器主要负责控制车辆的电-液比例阀、电控阀等执行部件的操控，实现对车辆行驶和作业动作的控制。自主行驶驾驶系统的一般硬件组成如图25-26所示。

车载智能控制系统（即自主行驶控制系统）是整个自主行驶驾驶系统的关键，该系统感知巷道环境参数，计算车辆的关键参数；然后根据偏差计算出纠正偏差所需要的控制电压信号，将该信号传送给PLC控制器；PLC控制器实时接收车辆转向控制电压信号，输出脉宽调制波控制转向电液比例阀，使矿用车辆前后车体转动相应角度，改变原有的轨迹，实现车辆对目标路径的自主跟踪。车载智能控制器同时是信息通路的枢纽，将信息上传下达，完成的功能主要有：将车辆的实时信息（如车辆的控制方式状态、发动机转速等）通过网络传输至地表；通过CAN总线采集车辆底层数据；通过CAN总线发送控制指令；采集激光雷达数据，并且实时计算关键参数（如航向角、横向位置偏差）；执行无人驾驶控制算法。

实现车辆的常规控制和自主行驶相关功能，还需要编写控制程序软件来指挥、控制和协调各硬件子系统的工作。控制软件一般包含三大部分：第一部分是自主控制器的主控程

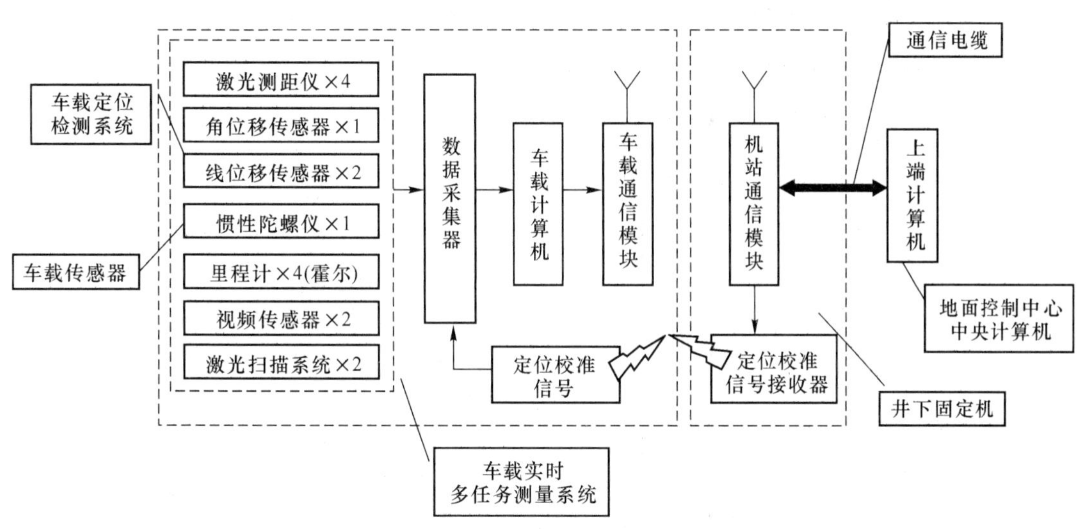

图 25-26 自主行驶驾驶系统硬件组成

序，主要功能是完成整个控制系统的协调控制，其主控程序的逻辑框图如图 25-27 所示；第二部分是自主控制器的无人驾驶和自主卸载控制子程序（以地下铲运机为例），主要功

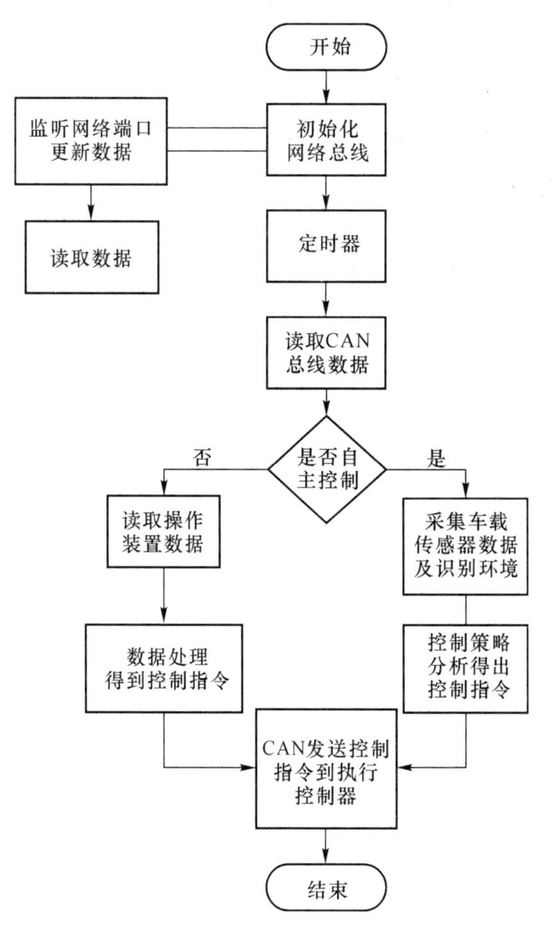

图 25-27 自主控制器主控程序流程框图

能是提供无人驾驶和自主卸载的控制策略，其中自主行驶控制的逻辑框图如图 25-28 所示；第三部分是执行控制程序，主要功能是完成车辆实测的信号检测和执行部件的操控。

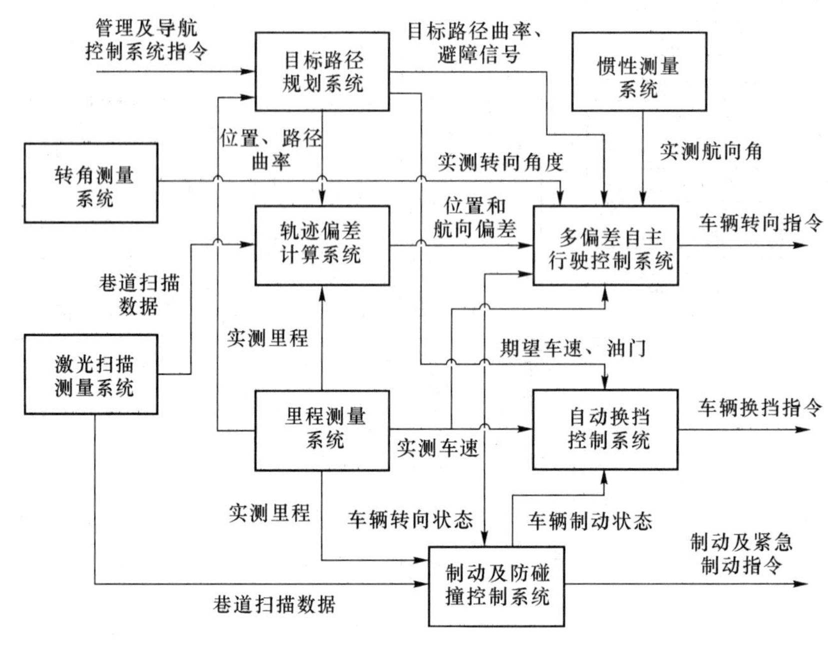

图 25-28　自主行驶控制逻辑框图

需要指出的是，为了满足不同作业环境下的控制需求并保障运行安全，无人驾驶矿用车辆一般设计为四级独立控制：驾驶室控制、视距遥控系统控制、中央调度室远程遥控系统控制和自主行驶系统控制，根据需要可以在不同控制模式间切换。在自主行驶系统控制时，遥控系统仍然可以对车辆实行控制，以保障车辆在自主行驶中出现危急状态时实现人工干预，避免发生事故。

26 矿山智能开采装备

智能开采装备是指具有较高自主作业能力的各种开采设备，开采装备智能化是矿山生产智能化的主要标志和核心组成。智能开采装备可以在遥控或无人驾驶/无人值守的模式下作业，大幅减少现场人员，提高安全性和作业效率；可以实现相关作业参数的精细化控制，提高作业质量；还可在作业过程中实时采集大量数据，为实现整个矿山乃至整个矿业公司的精细化、优化管理提供数据支持。上一章介绍的各种技术是实现开采装备智能化的关键性基础技术，这些技术与各种开采设备的有机集成使设备具有了智能化功能。本章结合矿山智能开采装备现阶段的发展水平，简要介绍主要开采设备的智能化系统构成和功能。

26.1 露天矿智能开采装备

露天矿开采工艺主要包括穿孔、爆破、采装和运输，相应的常用设备主要有穿孔设备、装药车、挖掘机和卡车。

26.1.1 智能穿孔设备

露天矿的主体穿孔设备是牙轮钻机和潜孔钻机。钻机的智能化主要包括钻进过程的精确控制、一系列动作的自主完成、远程监控和故障诊断等。

（1）钻孔位置精准定位与孔深精确控制。钻孔位置和深度相对于设计值的精度是影响爆破能否达到预期效果的重要因素。应用卫星定位和激光测距的数字化精确导航与定位系统，可以实现钻孔位置的高精度定位；通过安装在位于钻头处的光电传感器实时显示钻进深度，可以实现钻孔深度的精确控制。这样，就可消除传统钻孔作业中人工标记孔位、手动操控钻机进行钻孔对位和人工确定钻进深度的不准确性对爆破质量的影响。

（2）智能化穿孔作业控制。通过各种传感器采集相关参数并传输到数据处理微机系统，对凿岩数据进行实时分析，指导操纵执行控制器完成各种动作调节，实现精细凿岩钻进作业。钻机是通过液压系统利用各种液压回路调节液压，改变执行元件的运动特性和状态，控制整个穿孔过程的。所以，智能化钻进的核心是液压系统的自主调节和控制。钻进控制系统应用智能 PLC 控制电路，结合指尖式操作手柄，以手柄操作的角度大小来完成液压缸速度的精确调节。就目前已进入应用阶段的技术而言，钻机远程遥控是最为先进的智能控制模式，将这一控制系统与远程操作台和无线通信系统集成，可实现穿孔过程的远程控制。

钻进控制的更高水平是具有自优化能力的凿岩流程。在穿孔过程中，通过传感器检测钻机穿孔过程的相关参数（如钻进速度、轴压等），并上传至计算机形成数据库。将这些数据与预采集的矿岩的力学性质参数相结合，建立钻进参数优化模型。计算机在凿岩流程的各阶段应用模型对主要参数进行定量分析，实时优化钻进参数并反馈到设备智能控制系统，从而实现自优化穿孔作业，达到大幅度提高钻孔效率和钻头寿命的目的。

钻机智能化控制还包括机体自主/遥控移动，自动调平、调压、注水、接卸钻杆等辅助穿孔作业，以及基于多传感器融合的钻机提升/行走、回转、加压、调速等运行状况的实时监控。

（3）自适应故障诊断和远程通信。钻机在钻进中可能出现卡钻、钻孔跑偏、过电流、过电压、发动机失励磁（发动机定子电源失电）、回转超速、轴压过大等异常情况。通过智能检测设备对钻机主要工作过程和设备运行状态进行监控，故障诊断模型软件基于传感器监控信息自动提供故障诊断，为维修计划的编制提供参考。无线通信模块实现整个控制系统各模块间信息的交换与反馈。远程通信模块将机载传感器不断采集的压力、电流、电压、温度等信号传送到远程计算核心进行处理，然后按照设定的程序将结果分别传到相应的执行模块和结构去执行，并与矿山监控调度中心进行无线数据传输，将钻进过程的各种参数、设备状态及检测诊断信息提供给远程操作者/监视者，同时传输操作者的各种指令。

26.1.2　智能装药车

装药车是一种工业炸药现场混装设备。装药车在固定式或移动式地面站装载炸药半成品或原材料后驶入爆破作业现场，车载系统根据设计的计量要求将药料充分混合后装填到炮孔内，在孔内变为炸药。如今露天矿爆破中使用的炸药主要是铵油炸药、乳化炸药和重铵油炸药。所以现在生产的露天矿装药车也主要是针对这三种炸药设计，有单品种炸药装药车和多品种炸药装药车。由于岩性、节理发育程度和炮孔含水情况等爆破条件的变化，有时需要在同一爆破现场的不同炮孔装填不同品种的炸药，甚至需要在同一炮孔的孔底装填高威力抗水炸药、炮孔中部装填低成本的铵油炸药，多品种炸药装药车就是为满足此类爆破需要而设计。装药车混装炸药与人工装药相比有诸多优点：解决了人工装填成品炸药存在的作业效率低、装药质量不高、劳动强度大、有安全隐患等问题；装药车装载的是炸药半成品或原料，其生产、运输和装药过程的本质安全性高；装药量控制精确、装药密度可调，可实现耦合装药，爆破效果有保障；无炸药包装物，爆炸后更趋于零氧平衡，爆生有毒气体少。

在 20 世纪 70 年代中期，发达国家就研发出现场混装铵油炸药的装药车和现场混装浆状炸药的装药车，并在露天矿山得到了工业化应用。80 年代中期又研发成功现场混装乳化炸药技术，并于 90 年代改进发展为第二代技术。炸药现场混装技术的发展改变了传统工业炸药的生产和使用概念。在美国、澳大利亚等国家，形成了大规模集中制备乳化基质与硝酸铵原料，在集中制备站与分散爆破现场装药点之间通过发达的运输网路实现乳化基质、多孔粒状硝酸铵、柴油等半成品和原料的远程配送，在爆破现场由装药车进行混装作业的新模式，构建了以现场混装为核心的工业炸药产、运、装体系，大大提高了爆破作业的整体效率和安全性。随着相关技术的发展，装药车的自动化、智能化水平也不断提高。

我国从 20 世纪 80 年代中期开始，通过技术引进、合作和自主创新，在炸药现场混装技术方面取得了不小的进展。单一品种的铵油炸药、重铵油炸药和乳化炸药装药车技术已成熟，在国内多家矿山和爆破公司得到应用。近年来又成功研发出在同一台车上实现乳化炸药、铵油炸药和重铵油炸药三个品种炸药的现场混制与装填技术，并可实时监控和存储装药车生产数据、卫星定位信息、装药量、炸药性能参数、设备运行状态等，实现了较高水平的装药车智能化作业与管理。

露天矿智能装药车的智能化功能主要有自主行驶与寻孔定位、自动配药与装填、远程管理与监控等。

（1）自主行驶与寻孔定位。装药车应用卫星导航、激光雷达、毫米波雷达、超声感知等技术，实现自主行驶。装药车可自主对道路障碍物进行识别、避让，及时进行决策控制和路径规划，保证了自主行驶的可靠性和安全性。使用传感器融合技术融合卫星定位与惯性传感器数据，达到较高的定位精度。通过无线传输模块自动读取爆破设计的炮孔坐标，并使用卫星定位与图像识别技术实现精确的寻孔定位。

（2）精细化配药与装药。装药车通过智能装药系统根据孔网参数和钻孔过程中采集的岩性参数，匹配不同能量密度的炸药配方、装药品种和单孔装药量，实现装药精细化。装药中，自动送管、退管，自动计量，并根据孔径自动匹配和控制药流速度与退管速度。装药操作由 PLC 自动控制完成，达到设计装药量后自动停止。单孔装药量和累计装药量均可准确记录并上传。

（3）远程管理与监控。装药爆破一体化远程智能管控软件平台可实现装药车智能化调度、精确爆破等功能。平台数据库通过信息网络系统实现露天矿作业点装药车的生产数据、卫星定位信息、装药量、炸药性能参数、设备运行状态等数据的采集，通过网页浏览器实现生产查询、数据统计、装药车生产参数设定、历史记录查询、车辆卫星定位历史轨迹回放等功能，并对装药车的关键参数进行实时监测。通过人机交互可对装药车实行远程故障诊断和远程管理。自动控制系统设置了物料超温、超压、断流联锁停车等安全保护功能，对关键参数（如温度、压力等）实现在线监控，一旦出现超压或超温现象，发出声光报警，并延时连锁停车，确保装药作业的安全。

26.1.3 智能挖掘机

国际上多家研究机构和挖掘机制造商对挖掘机智能控制作了大量研发工作。澳大利亚机器人技术中心的自主挖掘项目，对日本 Komatsu 生产的微型挖掘机进行改造，使其具备了作业任务分解、状态监控及路径规划等功能，自主挖掘作业的轨迹精度可以控制在 20cm 以内。英国兰卡斯特大学研发的智能挖掘机系统 LUCIE（lancaster university computerized intelligent excavator），可以在不同土壤和障碍环境中高效完成直沟渠的自主挖掘作业。美国威斯康星大学研制的智能挖掘控制系统 IES（intelligent excavation system）具有环境感知、自主避障、自主作业等功能。Komatsu 公司将智能化挖掘机与智能施工（smart construction）技术结合，实时采集工况信息并制定施工方案，部分实现了面向工况的挖掘机自主作业。韩国斗山公司 2018 年展示了利用 5G 对工程机械进行远程控制的技术，可以远程操控 880km 之外的挖掘机。

国内在智能挖掘机的研发上也取得了长足进展。遥控挖掘机的遥控半径不断增加，控制精度不断提高。在 2019 年上海举办的世界移动通信大会上，三一重工展示了与华为、中国移动等联合研制的 5G 遥控挖掘机，在上海的会场远程控制河南洛阳栾川钼矿的挖掘机作业，操作误差可控制在 10cm 之内。目前三一重工在洛阳栾川钼矿改造了一台挖掘机，尚未大规模推广应用。

挖掘机的智能化系统主要包括感知系统、网络通信系统、智能控制系统、运行状态监测与故障诊断系统等，通过这些系统实现挖掘机的遥控/自主作业、在线监控和故障诊断等功能。

（1）智能感知。智能感知包括挖掘机的姿态测量和环境感知。姿态测量有接触式和非接触式。接触式测量是指在工作装置上安装传感器来测量其姿态，如在液压缸上安装位移传感器来测量其伸缩量，进而通过运动学模型求解工作装置的姿态信息。接触式测量由于传感器安装在工作装置上，作业中的碰撞会造成传感器的损坏，剧烈震动也会对数据采集精度产生影响。非接触式测量是在不接触被测物体的情况下获取其位姿信息，主要有惯性测量、卫星定位测量、无线局域网测量、视觉测量等方法。视觉测量是一种源自计算机视觉的新型非接触式测量技术，需要对图像特征进行准确提取。

挖掘机智能施工需要感知施工环境，建立施工现场全局模型，实时更新局部地形。环境感知常用的传感器主要有视觉传感器、激光传感器等。每种传感器各有特点和局限性，有效组合各类传感器，采用多源信息融合技术对不同传感器信息进行融合，互相验证、补充，可以有效增强感知系统的灵活性和鲁棒性，取得更加可靠、准确的结果。

（2）铲斗轨迹智能控制。铲斗轨迹是指挖掘机在铲装作业中铲斗齿尖的运动轨迹。最优轨迹是一条能够使某一或多个性能指标达到最优，而且满足相关约束条件（如机械臂的速度、加速度等）的轨迹。运动时间和能量消耗是轨迹优化中主要考虑的两个指标。应用人工智能技术的强化学习算法，在挖掘机与环境的相互作用中不断试错、学习，可以较好地完成铲斗轨迹规划。

智能控制系统会根据轨迹规划结果来控制工作装置的运动，同时判断实际轨迹与期望轨迹的吻合度。轨迹控制可分为两类：以精度为目标的位置伺服控制和以力适应为目标的柔顺控制。挖掘环境存在较大的不确定性，可能存在连续多障碍物的情况，且具有不可观测性，能够在此类环境中避开多个障碍物，同时满足满斗率要求，是挖掘机智控制的重要目标。

（3）无人驾驶作业。无人驾驶作业是指遥控作业或自主作业。通过遥控操作台、无线通信系统和机载控制系统，可以实现挖掘机视距遥控、超视距视频遥控或远程遥控。近年来，有研究机构研发力觉感知遥控挖掘机，力觉感知遥控能够使远程操作员真实感知挖掘机与环境之间的相互作用力，有如亲临现场般的操作感，从而更加准确地完成复杂的挖掘动作。力觉感知主要通过力反馈式操作手柄来实现，目前该技术还处于试验阶段，尚未成功应用。现阶段，国内外远程遥控挖掘机主要集中在中小型挖掘机，大吨位的较少。

挖掘机自主作业的发展主要分为两个阶段：基于铲斗轨迹规划的自动挖掘与面向现场工况的自主作业。基于轨迹规划的自动挖掘主要是面向确定性工况，采用离线的轨迹规划方式，结合挖掘机感知、控制系统和控制算法，来完成工况较为单一的自主挖掘作业。这是一种较低水平的自主作业，如果环境改变，轨迹就无法实时更新，也不能与其他机械配合完成复杂的作业任务。面向现场工况的自主作业可以根据作业现场情况，通过实时工况建模、任务分解和轨迹调整，实现在非确定性环境下的自主作业。

（4）在线监测与故障诊断。挖掘机监控系统可以实时监测作业过程中的各节点关键信息，显示挖掘机的“健康”状况和故障类型，在重大故障发生前发出警告，避免损失。监测数据可上传到公司服务器，提供挖掘机状态参数（如油耗、作业情况、故障等）的查询、统计服务，同时为基于状态的维护策略（condition based maintenance，CBM）提供数据支持。应用人工智能方法分析挖掘机的关键性能指标和运行数据，可以对挖掘机的状况进行诊断，预测设备的潜在故障。国外的一些大型挖掘机生产厂商（如美国的Caterpillar公司）通过无线通信系统直接收集现场设备监测信息，并开发有故障诊断、CBM优化等软件系统，远程为客户提供故障诊断、维护建议及设备管理等服务。目前，大部分故障诊断方法只针对单一故障的发生，对多故障联合发生的诊断研究较少；故障诊断系统也主要是针对挖掘机液压系统。国内远程故障诊断智能化程度较低，虽然有的挖掘机生产企业与客户实现了远距离故障诊断对接，但仍需人工判断故障。

26.1.4 智能卡车

露天矿卡车无人驾驶如今已是成熟技术。Caterpillar公司在1994年就开始在美国的矿山测试自动驾驶卡车，如今仅Caterpillar和Komatsu两个公司的自动驾驶卡车就有约500台投入生产运营。我国也有多家企业从事露天矿无人驾驶卡车相关技术的研发，2017年开始现场测试运行，正在逐步投入生产运营。

露天矿卡车的智能化主要体现在无人驾驶、发动机智能管理、智能传动控制和故障诊断等方面。

（1）无人驾驶。露天矿运输卡车的运行场景较公共交通场景相对简单（人员严格管控、矿车行驶严格限速、行驶路线相对固定），车辆自动驾驶在露天矿场景下也相对容易实现。无人驾驶系统一般由车辆位姿控制系统、卫星定位与导航系统、障碍物侦测系统、无线网络通信系统等组成。由监测调度中心为每辆卡车规划路径，车辆通过接收无线指令以合适的速度按照目标路线运行，在无人操作的情况下实现倒车入位、精准停靠、运输、卸载等作业，并能自主避障。

（2）发动机智能管理。发动机智能管理系统（EMS）通过各种传感器把发动机的吸入空气量、冷却水温、转速与加减速等数据转换成电信号，输入控制器；控制器将这些信息与储存信息比较，计算后输出控制信号，实现对发动机的优化精确控制。EMS不仅可以精确控制燃油供给量，取代了传统的化油器，而且可以控制点火提前角和怠速空气流量等，大大提高了发动机性能。通过喷油和点火的精确控制，可以降低污染物排放约50%；如果采用氧传感器和三元催化转化器，可进一步降低有毒物排放。采用怠速调节器可在调节范围内降低怠速转速100~150r/min，使油耗下降约3%~4%。如果采用爆震控制，在满负荷范围内可提高发动机功率3%~5%，并可适应不同品质的燃油。

（3）智能传动控制。德国Liebherr公司研发的Litromic Plus AC传动系统，能以最佳方式从柴油机接收动力，使卡车有足够的加速和爬坡动力。将发动机和四轮均带有传感器的牵引控制系统结合在一起，能自动调节后轮扭矩，从而在转弯，或从静止加速，或在湿滑和冰雪路面运行时，使牵引力最大。

26.2 地下矿智能开采装备

地下金属矿山的开采工艺主要包括采准、切割、落矿、出矿、矿柱回收、充填等，使用的主要设备有凿岩台车、装药车、铲运机、卡车和电机车等。

26.2.1 智能凿岩台车

智能凿岩台车也称为凿岩机器人，国外一些公司在20世纪80年代就已研制成功，并在不断改进的过程中形成了多型号、系列化产品，如瑞典Atlas Copco公司的Robot Boomer M2C、L2C和L3系列、W469型，芬兰Tamrock公司的Datamatic系列、Tamrock Solo型等。随着相关技术的发展，凿岩台车的自动化和智能化水平不断提高，如今已经能够实现自动移位、定位、循环凿岩、防卡钎、退钎、停机等一系列功能和远程遥控作业。

我国于20世纪末，在“863”项目的支持下成功研制出门架式两臂隧道凿岩机器人样机。“十二五”期间，作为重点攻关项目又研制出第一台智能化全液压中深孔凿岩台车，并成功完成了井下现场工业试验。

凿岩台车的智能化功能主要有以下几方面：

（1）钻孔自动定位。凿岩台车的自动定位包括车体定位和钻孔定位。车体定位是指通过建立运动学模型，计算得到车体坐标与凿岩断面坐标的变换矩阵，结合补偿技术实现高精度定位。车辆停稳后，其钻臂的工作空间应能覆盖所有目标炮孔，避免为单独某个或某几个无法达到的炮孔再次移动凿岩台车。钻孔定位是指针对炮孔的目标位姿，依靠机器人逆向运动学模型逆向求解其各个关节的运动量，各运动关节按指定运动量运动到预定钻孔位置，同时钻钎在空间的姿态角度也需符合预定要求。

（2）高精度电液控制。通过电磁比例阀既可以由手柄控制，也可以通过信号传输控制。电磁比例阀的控制精确度高，并可在同一时刻实现对多个液压缸进出油量的调配，实现多钻臂凿岩过程的快速、精准调控。

（3）孔序自动分配与次序自动规划。凿岩台车是多钻臂共同作业，控制系统代替人工决定如何给各个钻臂分配炮孔，以及各个钻臂按照怎样的顺序依次钻凿所分得的炮孔，达到最省时间、最大限度地提高钻孔效率的目的。

（4）钻孔参数自动匹配及卡钎处理。通过建模分析，根据岩层情况的变化自动匹配相应的凿岩参数（如钻机推进压力、回转压力）。通过监测参数变化可以预判卡钎发生，防卡钎系统会做出相应的响应动作来防止卡钎。

（5）远程监控。通过无线通信、视频传输和远程控制台，可实现凿岩台车的运程监控。操作人员可以在地表监控中心通过远程操作台操控凿岩台车作业，并通过各种数据和视频显示监视其工作状态。

26.2.2 智能地下装药车

随着露天现场混装乳化炸药技术的不断发展和推广应用，世界上一些著名炸药公司也相继开展了地下现场混装乳化炸药技术的研发工作。多家炸药公司从20世纪90年代开始，先后研发成功地下现场混装乳化炸药技术及其装药车，如以澳瑞凯公司产品为代表的乳化炸药混装车，可以即时调整炸药密度和炸药能量，实现炸药装药与岩性的最佳匹配。地下装药车的自动化和智能化水平也不断提高，如加拿大Maclean公司生产的Mine-Mate AC-3型和Mine-Mate EC-3型装药车，采用多节式工作臂和送管器结构，具有无线遥控寻孔和自动送退管等功能。

我国从20世纪末开始“BCJ系列中小直径散装乳化炸药装药车”的研制工作，形成了多个型号，得到广泛应用。“十一五”期间实现了地下矿用铵油混装炸药车的国产化。“十二五”期间，通过“863”项目科技攻关，成功研发出自动化、智能化水平较高的地下智能装药车，2015 年投入生产运营，已批量生产。

地下智能装药车能够实现井下乳化炸药现场混制与炮孔装填，不仅自动化程度高，还解决了上向深孔及第一排孔装药困难的问题。与人工装药相比，地下智能装药车可使作业人员减少约 50%、装药效率提高约 50%、炮孔利用率提高约 20%，使爆破综合成本降低约 30%。

地下智能装药车在硬件上由汽车底盘、多自由度工作臂、智能送管器和卷筒系统、物料储存与输送系统、液压系统、寻孔系统、自动控制系统等组成，其智能化功能主要有自主行驶、智能寻孔、智能装药和远程智能管控等。

（1）自主行驶。自主行驶的定位导航有相对导航和绝对导航两种模式。相对定位导航的自主行驶系统通过车载激光测距传感器感知巷道信息，实现自动避障行驶，主要由航迹推算子系统、激光测距/识别子系统、车载激光收发器、导航算法模块等组成。航迹推算子系统主要由转角传感器、里程计等组成，对装药车的姿态和位置进行推算定位。激光测距/识别子系统通过激光测距仪采集的数据进而对航迹推算的累计误差进行修正。车载激光收发器将激光定位数据和定点激光收发器信息通过 CAN 总线发送至车载计算机进行处理，对车辆进行精确定位。导航算法模块通过对激光定位数据、距离数据及其他传感器数据进行计算，输出车辆的定位结果、轨迹偏差、角度调整量等。

绝对定位导航的自主行驶系统由车载定位模块、激光接收追踪模块及自主行驶控制模块等组成。地面智能调度系统通过井下无线通信系统、井下精确定位与导航系统引导车辆自主行驶。在这种定位导航模式下，装药车通过安装在前后车体的高精度定位模块与安装在巷道壁的多个定位模块进行数据交互。巷道壁的定位模块的绝对坐标是标定好的，通过车载定位模块与巷道壁定位模块之间的距离信息可以计算出装药车的绝对坐标。通过前后车体的定位模块又可以计算出装药车的航向角，结合车载转角传感器信息就可实时获得装药车的姿态信息，为导航控制提供实时数据。

相对定位导航的自主行驶不需要搭建井下无线通信系统、智能调度系统及构建井下巷道电子地图等，系统的整体建设成本比绝对定位导航低。目前，在实际应用中常采用相对导航和绝对导航相结合的模式。

（2）智能寻孔。自动寻孔系统通过安装在送管器上的视觉传感器（相机）获取炮孔在坐标平面中的位置，通过单点激光阵列（4 个激光测距仪）获取炮孔距离送管器的垂直距离和法向量，引导送管器寻孔。智能履带式液压送管器采用基于电液比例控制技术和负载敏感技术的液压控制系统，实现炮孔深度的自动测量和孔底自动判断；与五自由度工作臂配套使用，可实现在 5m×6m 爆破作业面内全方位自动寻孔。

（3）智能装药。智能装药系统具有自动送管、退管和联动调速、自动计量等功能。通过对卷管速度与装药流速的数字化联动调速，达到退管速度、装药流速和炮孔直径之间的自动匹配，实现炮孔的完全耦合装药；通过对乳胶泵和添加剂泵速度的数字化联动调速，实现装药密度、配比与岩性的自动匹配；装药过程中，结合孔深探测数据自动计算装药量。

（4）远程智能管控。远程智能管理系统主要由数据采集、数据交换、车载视频采集与储存、计算平台等系统组成。该系统通过网络把井下数据采集、定位、无线通信等系统与地面调度控制中心连接，实现对地下装药车的远程监控、远程故障诊断、远程管理以及作业数据和生产任务的上传下达。系统可自动完成装药车生产数据及位置信息的采集与上传，以及产量、位置信息的汇总和定时发送。通过对装药车关键工作参数的实时监测，系统自动诊断装药车运行状态，一旦发现设备工作参数与数据库数据相比有异常，就自动产生报警信息，技术人员可通过报警信息对设备故障进行远程诊断，及时预防或排除故障。

26.2.3　智能铲运机

铲运机是地下无轨化采矿工艺的主要设备，主要用于采场出矿运输，也用于运送设备、材料等辅助作业，具有一定智能化功能的铲运机于 20 世纪 90 年代初问世。1990 年，比利时 Vielle Montagne 公司研制出一种可遥控操作且有导向功能的地下铲运机。1999 年，美国 Tunnel Radio 公司与瑞典 LKAB 公司合作，研制出自主行驶铲运机。芬兰 Sandvik、美国 Caterpillar、瑞典 Epiroc 三家世界知名矿山设备制造公司在铲运机智能化系统方面处于领先地位，为铲运机的智能化发展构筑了基础框架。我国从“十一五”开始，多家科研单位开展了铲运机无人化操纵技术的研发，试验样机在井下巷道环境实现了无人操作的自主行驶、自动称重、自动卸载等功能。目前，完全自主运行的铲运机还处在试运行阶段，但半自主运行的铲运机已经投入生产运行。

铲运机智能化系统一般包括机载控制系统、遥控操作系统和通信系统等，为了保障无人驾驶作业时的安全，常配备有生产区安全管控系统。

（1）机载控制系统。该系统由控制箱、通信网关、前后激光扫描仪、角度传感器、测距仪、高清摄像头、惯性测量传感器、前后天线等组成，实现铲运机的定位、导航和工作装置的控制。芬兰 Sandvik 公司的机载控制系统包括两个导航系统：一个导航系统采用惯性导航，用回转仪测量正负加速度，并把信息传送到铲运机驱动装置的控制计算机，实现对铲运机运行路线与速度的连续监测；另一个导航系统通过安装在铲运机前、后部的激光扫描仪，连续观测巷道断面形状，以此获得辨认工作区域每一局部的情况信息，激光扫描仪还能连续对惯性导航系统的加速度测量数据做出修正，得到需要的定位精度并校正距离测量中的偏差。机载视频系统为远距离遥控操作提供所需要的高质量视频。局域网移动终端用于铲运机与生产区内通信系统之间的无线链接。

（2）遥控操作系统。该系统为铲运机遥控作业提供控制和操作界面，包括操纵台和服务器机柜。操纵台包括监视器、控作盘等；服务器机柜包括网络开关、管理计算机、控制模块等。操作者可以在遥控操作站全面控制车辆和系统，并可在自主和远程遥控模式之间实现快速转换。

（3）通信系统。该系统在车辆、井下生产区、遥控操作站以及其他系统之间建立信息传输网络。

（4）生产区安全管控系统。采用专用栅栏系统将生产区与外部隔离，以防止人员进入正在进行无人驾驶作业的铲运机运行区，发生安全事故。当铲运机自主/遥控作业时，该系统关闭进出生产区巷道的大门；当要维修设备或添加燃料时，巷道大门打开。一旦有人进入生产区，铲运机就会立即停车。巷道门的开闭由地表控制室的可编程控制器远程控制。

26.2.4　智能地下卡车

地下矿用自卸卡车诞生于20世纪60年代。目前世界上制造地下矿用卡车的公司有20多家，如瑞典的Epiroc和Atlas Copco、芬兰的Sandvik、美国的Caterpillar、德国的GHH和Paus、加拿大的DUX和MT等。地下卡车的载重主要为8~60t，有的达80t。随着相关技术的发展，地下卡车的智能化水平也不断提高，如Sandvik公司生产的TH663i型（载重量63t）地下智能卡车，具有智能控制、自主导航、遥控操作、自动称重等功能。我国于2015年研制成功架线式/柴油-电机双动力驱动的地下智能卡车，具有自主驾驶、动力监测等功能，已在个别矿山得到应用。

地下卡车的运行环境与铲运机相同，两者的结构性能也类似，所以实现地下卡车的定位、导航和无人驾驶作业的方法及系统构成与铲运机基本相同，这里不再重复。事实上，有的厂家就是把为铲运机研发的无人驾驶系统应用到了地下卡车上。

地下卡车特有的智能化功能主要体现在动力和传动系统上。目前国外最新的地下卡车均采用电子控制直喷涡轮增压发动机，通过对进气量和排放的检测，控制每次燃烧所需要的柴油油量，使燃烧更加充分，在降低油耗的同时减少污染物排放。发动机还有自诊断和检测功能，通过自带的计算机芯片将故障代码输出，便于维修人员查明故障。变矩器具有电子控制的闭锁功能，以便在地面条件良好的情况下不通过变矩器的动力转换，减少能量损失。变速器采用电子自动换挡，可根据车辆速度和阻力的变化自动调节挡位。

26.2.5　智能有轨运输系统

由于受井下巷道断面尺寸的限制，目前地下矿山使用的电机车大都为窄轨机车，且以小吨位机车为主，常用机型的粘着质量集中在20t以下。一些大型地下矿山也使用100t、150t、200t等级的准轨电机车，最大吨位达到224t。国外还有350t的重联车组用于深部开采运输。早在20世纪70年代，瑞典基律纳铁矿就成功实现了井下电机车的无线遥控驾驶。我国也在2013年研制成功智能有轨运输系统并投入生产运营，实现了机车无人驾驶、智能装载、自动卸载及生产数据精细化管理等功能。

井下有轨运输系统的智能化功能主要有以下几个方面：

（1）无人驾驶运行。机车的无人驾驶运行通过车载控制、控制室远程操控、气制动、定位、通信、障碍物识别与防碰撞等系统实现。无人驾驶机车按照设定好的程序循环运行，在弯道、道岔处或者装载、卸载时按设定的不同速度行驶，在设定的位置自动升降集电弓、自动鸣笛、自动停车等待。在无人驾驶运行过程中，可以自动识别前方运行车辆，与前方车辆之间的距离小于设定值时自动减速停车。电机车能够自动区分弯道和障碍物，障碍物识别与防碰撞系统能够发出报警信息提示，并在遇到紧急情况时自动刹车。

（2）信号灯和轨道设备的闭锁控制。通过信集闭系统集中显示和管理井下信号灯、转辙机和道岔等设备，自动闭锁信号，指挥电机车安全运行。当遇到对方或前方有车、道岔发生故障或未搬到位置等情况，不能开放机车前方的信号灯时，无人驾驶机车会在红灯前方自动停车，机车后方的信号灯同时被锁定为红灯，防止后车追尾。

（3）运程监控与调度。把安装在机车头、尾等重要位置的高清夜视摄像机视频信息和其他信息数据通过网络传输到地表监控与调度中心，监控系统以视频和适当的信息表达方式对机车控制状态、机车运行状态、视频监视系统的监视状态等进行实时监控，可以显示机车前进、后退、加速、减速、前灯、后灯、喇叭以及速度和位置等状态信息，同时具有参数设定和报警功能。机车可以按调度员给定的运行任务自动循环运行，需要时也可由具有高级权限的调度人员单独操作信号灯和转辙机，对某列车进行调度。电机车的驾驶模式可以视需要在遥控、全自动和人工驾驶之间切换。图 26-1 所示是某智能有轨运输系统的远程操控室。

图 26-1 某智能有轨运输系统运程操控室

（4）故障诊断与报警。故障诊断与报警系统将故障和报警信息在计算机界面上做醒目提示，并指明故障设备、故障类型和位置。通过安装在矿车车体的无源标签记录车节运行里程、时间及检修时间，当运行里程或时间达到设置数值时，提醒维护人员进行维护保养。如出现故障，机车可自我诊断并将诊断信息集中反馈到控制室显示屏，提示工作人员进行必要的人工干预。

26.3 固定设施自动化系统

矿山固定设施是指固定安装在工业场地的成套生产设备，主要包括提升、充填、通风、排水、压风、变配电、破碎等系统。固定设施自动化就是通过传感器、工业网络、可编程控制器等对一套设施的各种回路和系统（如电气回路、控制回路、安全回路、制动系统、信号系统等）进行程序控制，实现其自动化运行，完成指定的功能。本节仅对提升、充填和通风这三种矿山主要固定设施的自动化系统做简要介绍。

26.3.1 提升自动化系统

提升自动化系统的逻辑架构如图 26-2 所示，由设备层、控制层和调度层组成。

（1）设备层。该层主要包括信号装置、装卸载装置和相关的传感器以及现场开关等。

信号装置位于提升井的各中段开口附近，主要作用是给控制系统反馈提升容器位置，系统接收到位置反馈后根据系统预设逻辑进行操作。例如，容器停止位置偏高时，信号装置将位置过高的信号反馈给控制系统，后者控制电机缓慢下降至指定位置。信号系统配置可编程控制器，通过光纤工业以太网和 PROFIBUS 实现与控制系统之间的通信。

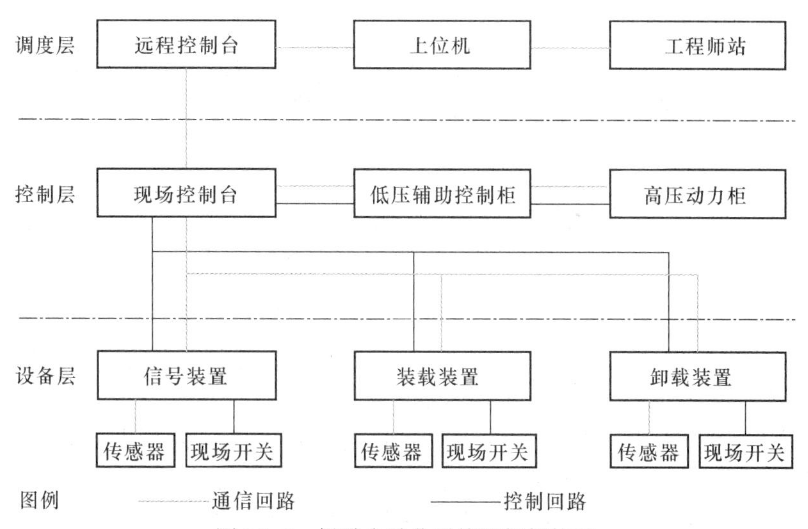

图 26-2 提升自动化系统逻辑架构图

装卸载装置位于井口、井底和各个中段开口位置，根据提升内容的不同（人员、物料或者人物混合）采用不同的装卸载形式和不同的控制逻辑。例如，箕斗井的提升装卸载装置通过 I/O 控制站连接液压站、放矿机、皮带、计量斗门、溜槽等设备，实现装矿、启动、运行、卸矿的自动连续工作以及联锁闭合控制等。

根据提升对象的不同，设备层采用不同的传感器和开关等现场设备，以完成各种状态量的反馈和控制。例如，通过称重传感器和继电器开关实现箕斗的定量上料；通过接近开关和光电传感器实现罐笼的精确定位等。

主井和副井提升自动化系统的设备层传感器等设备，如图 26-3 所示。

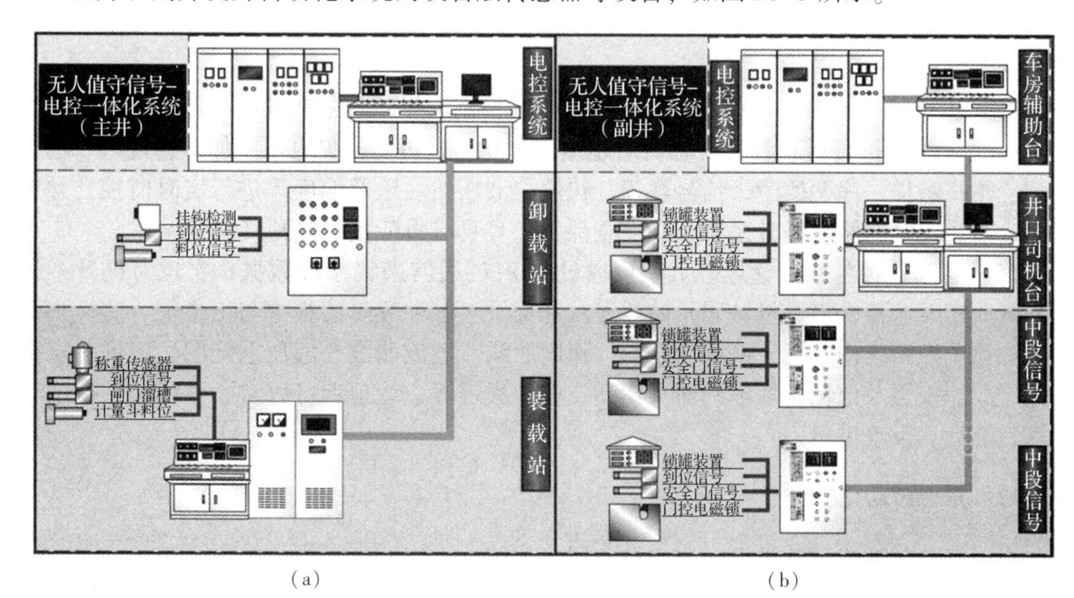

(a) (b)

图 26-3 主井（a）和副井（b）提升自动化系统设备层示意图

（2）控制层。该层是整个系统的现场控制核心层，主要包括现场控制台、低压控制柜和高压动力柜。

现场控制台是提升设备的现场集中控制终端，通过控制回路和通信回路连接设备层并运行本地控制程序，实现对现场设备的直接控制。现场控制台主要用于现场操作员手动控制设备和监控系统运行状态，例如，在维护设备或进行非常规作业时，可通过现场控制台对提升系统进行人工操作。

低压控制柜用于承载控制回路的相关功能模块，通过各模块的功能输出来实现控制动作的执行和传递。各个PLC模块的输入输出线路也集中在柜内，通过隔离器和继电器完成信号的输入和输出。

高压动力柜主要由高压电源柜、变频柜、直流屏等部分组成，其主要作用是控制提升主电机的动作，通过低压控制柜传输来的控制信号来控制变频器及配套的机械装置，完成主电机的正反向运行、调速运行、刹车等动作。

(3) 调度层。该层一般位于矿山总控室或调度中心，其主要作用是监视系统运行状态和根据运行情况对矿山生产进行总体调度，主要包括远程控制台、上位机和工程师站。

远程控制台用于管理人员远程控制设备和监视系统运行状态。

上位机是整个系统的控制核心，通常采用高性能的工控机来承载软件系统和数据库。其主要功能是通过预先编制的控制程序来控制各个PLC功能模块，并显示控制结果、状态数据、统计数据、监控画面等。

工程师站与上位机对应，可以对系统的数据、运行环境进行全方位的控制和模拟，主要用于功能调试、系统测试和系统维护。

提升自动化系统的功能主要有：

(1) 多模式运行。系统通常设计有自动运行、远程控制运行和手动控制运行模式，可以按实际工况需求在不同模式间切换。

(2) 运行速度和方向自动控制。根据运行区间的不同，在钢丝绳的安全载荷下自动进行速度和加速度的控制，保证提升容器的平稳运行；根据提升容器的当前位置和需求位置自动控制电机的正反向运行。

(3) 位置控制。根据传感器的反馈信号自动控制和提示容器在井内的精确位置。

(4) 安全保护。通过各种传感器对超速、过卷、过负荷、欠电压、加减速过速、电机温度、闸瓦磨损、弹簧疲劳、信号联锁、快熔、液压站油压及温度等进行实时监控，并通过软、硬件安全回路对提升系统实施安全保护，且具有故障报警或预警功能。

(5) 状态监控与数据管理。上位机通过与PLC通信采集系统数据，实现对提升系统的多画面实时监控、多参量数码及曲线显示和记录、各种故障的报警与记录等。监控画面主要包括电控系统构成图、系统状态图、速度曲线、电流曲线、液压系统图、图形化安全回路、故障报警及记忆、故障判断及诊断、生产报表等。管理者可以对各种相关数据进行查询、统计和报表输出。

26.3.2 充填自动化系统

充填自动化系统可分为设备层与控制层，如图26-4所示。

(1) 设备层。该层由位于现场的流量计、浓度计、压力传感器、料位计等传感器，配套的泵、电动阀门等机电设备，以及上料控制箱、料浆制备控制箱、泵送控制箱和监视摄像机等组成，实现对充填料浆制备和加压输送过程的检测、计量、控制、调节和监控，并采集和上传相关数据。

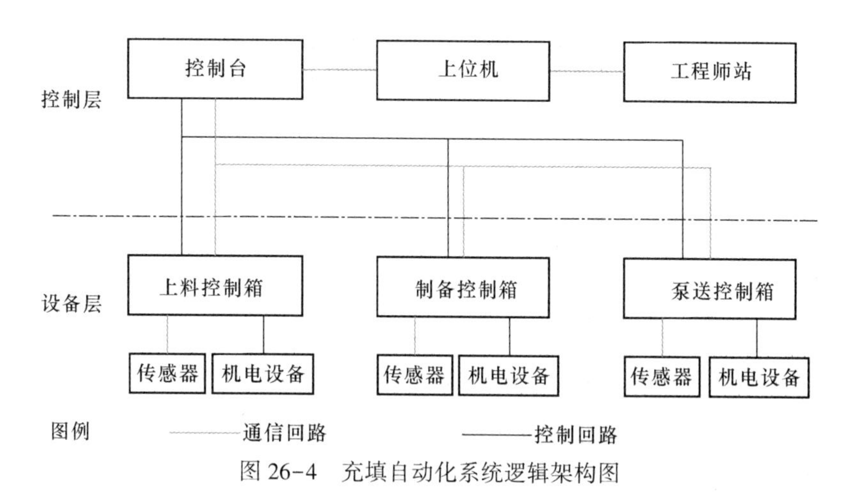

图 26-4 充填自动化系统逻辑架构图

(2) 控制层。一般设置在控制室，包括控制台、上位机和工程师站。控制层通过网络接收设备层采集并上传的数据，计算相关参数；通过控制回路和现场控制箱自动控制现场执行机构动作，得到满足工艺要求的流量、配比、浓度等，从而实现对充填料浆制备和输送全过程的监控管理与自动化运行。通过控制层还可以对充填工艺参数进行设定，对各类相关数据进行存储、管理和显示。

充填自动化系统的主要功能有：

(1) 数据采集与监测。实现生产数据的不间断采集和实时监测，通常以工艺组态流程图和适当的数据表格作为用户侧表达形式，实时显示物料浓度、流量、液位、阀门开闭状态以及各个设备的运行状态等。

(2) 远程控制。可在控制室集中控制电动阀、水泵、搅拌机、加料机等设备，实现远程启停控制以及设备相关动作控制。

(3) 液位与加料自动控制。通过液位计与阀门的联动，自动控制容器内的液位，使之始终保持在给定范围；通过控制电机运转速度，达到理想的物料加料量，实现设定的配料比例。

(4) 工艺参数设定。可根据具体的充填工艺需求设定相应的工艺参数，如料位、压力、浓度和流量等参数的上、下限值以及充填砂浆的配料比例等。

(5) 数据管理。可以查询任一时间段的相关数据，并生成历史数据图表；自动生成日报、月报、年报和自定义报表等。

26.3.3 通风自动化系统

通风自动化系统的逻辑架构如图 26-5 所示，由设备层和控制层组成。

(1) 设备层。该层主要包括：用于测量负压、静压、风速、风硐参数、风门开合状态、风机振动、电机温度、电力参数等的传感器，PLC 控制柜，视频监视器和启停传感器等。其功能是完成相关数据的采集、前端处理和通信，并执行对风机、风门的控制。通过电压、电流传感器对电机工作状态进行检测，保证电机的正常运转；通过在风机附近安装的视频监视装置和风速、风压、启停传感器，监视和控制风机机械装置的工作状态；通过工业网络把风机工作状态（包括故障）信息和视频图像传送至控制层。PLC 控制是实现这

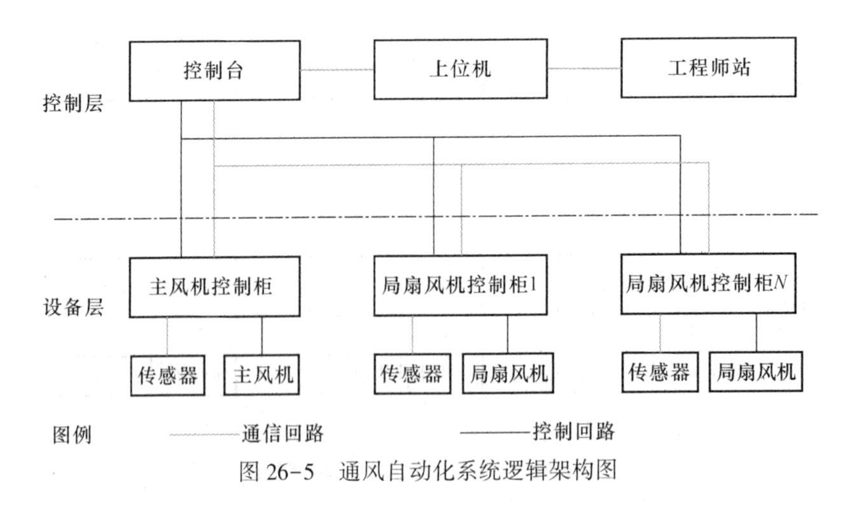

图 26-5　通风自动化系统逻辑架构图

些功能的核心。

(2) 控制层。该层包括控制台、上位机和工程师站，负责整个系统的集中控制、操作、监视和维护，并对系统的相关数据进行存储和管理。上位机的一项重要功能是依据井下各作业面类型、分布和工作状态以及井下空气环境监测数据，计算实际供风量与需风量之间的差值，以便系统按照预设逻辑自动调节控制风机的开停或变频调速，实现按需通风。

通风自动化系统的主要功能如下：

(1) 多模式控制。为了满足不同状况下的控制需求，风机控制一般设置有自动控制、手动远程控制和就地控制模式，可以根据实际工况进行模式选择。在自动控制模式下，系统根据传感器反馈的参数按照预设逻辑自动控制各台风机工作；手动远程控制是通过上位机控制台来手动控制各台风机的工作状态；就地控制是通过风机旁电控柜上的按钮对风机进行控制，一般用于检修或其他特殊情况。

(2) 按需通风。系统依据对井下各区域作业人员数量，设备数量、类型和工作状态，作业面数量、类型和工作状态，以及井下环境参数（温度、湿度、有毒有害气体浓度等）的实时监测数据，计算实际需风量，给定风机运行频率；并根据实际供风量的实时监测数据反馈其与需风量之间的关系，在设定的运行频率范围内进行调整，确保实际供风量控制在安全合理的范围，尽可能在实现良好的井下工作环境的同时，降低通风能耗和成本。

(3) 自动定时启停。按照根据生产情况预先编制的自动开停控制方案，由计算机远程自动定时控制任意一台或多台风机的启停。

(4) 分时段节能控制。根据预先设定的时段及频率，系统自动控制各风机实行分时段变频运行，以尽可能节省能耗。

(5) 风机过载保护。当计算机检测到风机过载一定时间长度时，自动报警，自动关闭过载风机，以保护风机不被烧毁。

(6) 数据管理。对操作员的操作记录、风机运行记录、报警信息、风机运行状态参数、风流参数、有毒有害气体浓度等数据进行存储和管理，提供查询、统计、报表生成等服务。

27 智能安全保障技术

矿山生产中存在诸多安全隐患，可能发生各种各样的安全事故。金属矿山可能发生的重大安全事故主要有大面积冒顶、大面积滑坡、尾矿库溃坝、大量涌水、火灾等。应用先进技术建立起矿山安全保障体系，是尽可能避免发生重大安全事故和一旦事故发生实施有效救援的有效手段。本章简要介绍这一体系的主要内容，包括：针对冒顶、滑坡和尾矿库溃坝的智能监测预警技术，智能人员定位技术，以及安全培训与救援虚拟现实技术。关于与开采设备相关的安全问题（如碰撞等），上一章介绍的各种智能开采设备及其配套系统已具备预防发生此类问题的功能；关于井下空气环境安全问题（即粉尘和有害气体的浓度超标），依托上一章介绍的通风自动化系统稍加扩展就可解决。

27.1 地压监测

地压显现是地下矿山安全事故的重要致因之一，能够引发顶板冒落、片帮、采空区塌陷甚至岩爆等，危及作业人员和设备的安全，影响生产正常进行。建立地压监测和预警系统，应用各种技术手段对地压进行连续监测，通过对监测数据的分析、处理和智能化判别，实现危险区域的识别和地压显现预警，可有效预防地压灾害的发生。

目前国内外各种地下工程岩体的监测形式大致分为三种：原岩应力及应力/压力变化测量、变形位移测量、外观形态和内部微破坏监测。常用的监测方法有：水准测量、沉降测量、围岩体内部位移测量、开挖空间的收敛测量、围岩体内应力测量、围岩体内破坏状况测量、围岩体内破坏过程的声频测量等。每种方法都有其一定的监测适用范围，应依据具体的监测目的和要求、测量精度要求、地下工程体的环境状况、围岩体的力学特性等进行选择。

传统的应力、应变、位移等监测手段属于单点监测，只能监测空区的局部变化情况，难以掌握整体变化情况及稳定状态。微震监测可实现采空区大范围三维整体监测，其传感器安装在空区外，布置较为灵活。根据微震监测中的微震定位结果，可以识别地压活动的重点活跃部位。在这些部位增加表面裂缝监测、围岩体内应力和位移监测等，作为微震监测的补充，可以实现采空区及其周边区域整体或局部突发灾害的监测和预警。地压监测系统的典型结构如图 27-1 所示。

微震监测系统的硬件主要包括：微震传感器（速度或加速度、单向或三向）、数据采集器、通信系统、时间同步授时器、数据采集与处理服务器等。系统需要一系列的软件对监测数据进行分析处理和显示，这些软件的功能主要包括：微震数据实时采集、微震事件自动定位、交互式三维事件图像显示、射线追踪与地震模拟、多的跟踪/多分量处理、走时层析成像和误差分析、跟踪显示和互动解释、衍射堆栈深度偏移计算等。目前技术、设备和服务完善并具有一定市场占有率的微震监测系统主要有南非的 IMS、加拿大的 ESG

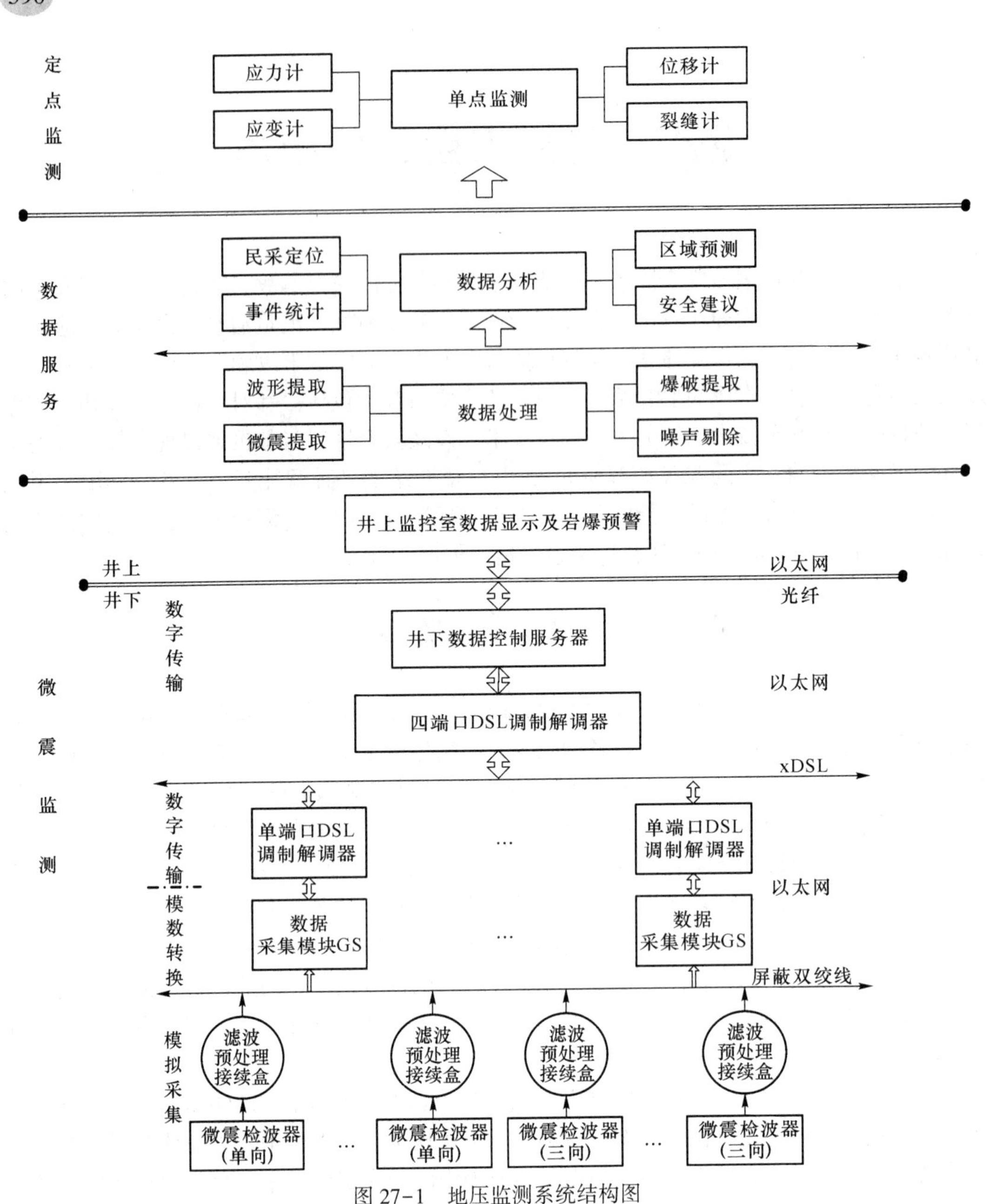

图 27-1　地压监测系统结构图

Solution 和 mu-SIC、美国的 MicroSeismic、澳大利亚的 CSIRO、英国的 Semore Seismic 等。

地压监测系统的智能性主要体现于监测数据的分析处理和岩体失稳的智能判别，涉及各种数学模型和算法（包括神经网络等人工智能算法）。这些内容超出了本书范围，不作介绍。

27.2　尾矿库监测

金属矿山的尾矿颗粒微细、泥流流动性大。尾矿库一旦发生事故，危害性极大且事后清理的难度也大。对尾矿库实施全方位的监测，融合各种数据对安全隐患进行智能识别和定位，实现安全隐患及时、自动预警，可以有效预防重大事故的发生。

27.2.1 监测系统构成

尾矿库在线监测系统一般包括：由各种监测传感器和视频监控装置组成的监测子系统、供电和通信子系统以及中心控制子系统。整个系统可划分为三级平台架构，如图 27-2 所示。

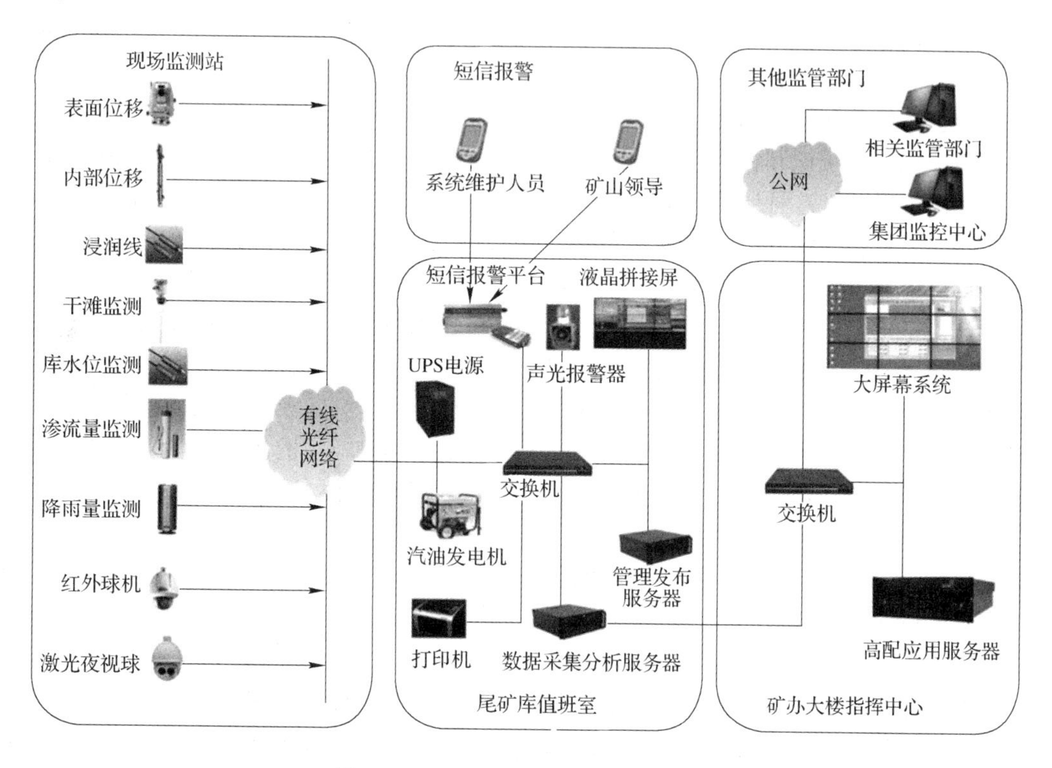

图 27-2 尾矿库在线监测系统结构图

第一级为现场监测站，布置在尾矿坝及相关区域，由数据采集、数据转换、数据传输设备以及供电、网络、防雷系统等组成。用于在线获取各监测点实时监测数据，并传输至现场监测管理站。

第二级为现场监测管理站，设置在尾矿库值班室，由数据采集分析服务器、数据与视频发布管理服务器、数据转换模块、报警模块，以及供电、网络、防雷系统和显示终端等组成。用于数据的采集、显示、查询、发布以及故障报警等。

第三级为远程监控中心，一般设在矿山办公楼指挥中心，由应用服务器、网络和显示终端等组成。其主要功能包括：展示监测数据与视频监控图像，提供数据管理和查询服务，以便矿山管理层实时掌握尾矿库的运行情况；融合各种监测数据，应用专家系统、人工智能等技术对安全隐患进行分析、研判和定位，及时发现隐患，及时处理，预防安全事故的发生。其他相关部门（如矿山的上级公司、政府监管部门等）可通过互联网由该中心接入尾矿库监测系统，对尾矿库的运行状态进行实时查看和分析。

27.2.2　监测内容与技术

尾矿库可能发生的事故主要包括：遭遇暴雨时由于泄洪不力发生洪水漫顶，由坝顶、坝肩、坝基处的侵蚀、渗漏等逐渐发展为溃坝，在地震作用下尾矿发生液化造成坝体严重变形甚至溃坝等。所以，尾矿库监测内容一般包括对坝体表面位移、内部位移、浸润线、库水位、干滩、降雨量和渗流量的监测以及视频监控等。

27.2.2.1　表面位移监测

目前，表面位移监测中应用较成熟的高精度自动化监测技术主要有两种，一是智能全站仪监测，二是全球卫星定位监测。

智能全站仪监测使用智能全站仪和测点棱镜来测量测点的位移。智能全站仪是一种能自动搜索、跟踪、辨识和精确找准目标，并获取角度、距离、三维坐标和影像等信息的智能型电子测量设备。这种监测技术具有精度高（一般高于卫星定位精度）、设备故障率低、维护简单、工程实施快捷（不需开挖布线）、用途广泛等优点，尤其适合于监测范围不大（约700m以内）、监测点多的场合；但要求全站仪与测点棱镜之间具备良好的通视条件。

全球卫星定位监测是通过卫星定位接收机和安装在测点的卫星定位接收天线实现对测点的位移测量。该技术在位移监测方面与传统技术相比具有许多优点：环境适应性强、测站之间无须通视、全天候监测、监测精度较高、操作简便、易于实现监测自动化等。该技术尤其适合于监测范围大、测点数量少、监测场所地表起伏较大的场合；但工程实施较全站仪监测烦琐（每个测点均需开挖布线），设备维护工作量较大。

27.2.2.2　内部位移监测

内部水平位移通常采用固定式测斜仪技术，即利用倾角传感器通过测量被测物发生形变时产生的倾角变化来监测位移。该技术具有灵敏度和精度高的特点，常用的设备为垂直型固定式测斜仪。

测斜仪主要由测管、铅锤和倾角传感器组成，通过倾角传感器测量测管轴线与铅垂线之间的夹角，计算出测点的水平位移。因此，在尾矿坝监测位置用钻孔或预埋方式安装测斜管，在测斜管内不同高程安装倾斜传感器，即可获取坝体内部不同高程的水平位移。

27.2.2.3　浸润线监测

在尾矿库坝体浸润线的监测中，通常是选择能反映主要渗流情况的坝体横断面，或预计有可能出现异常渗流的横断面，作为监测断面，埋设适当数量的测压管，采用渗压计在线测量测压管中的水位，实现对浸润线埋深的实时监测。

浸润线监测传感器通常采用振弦式渗压计和配套的采集仪。其工作原理是：水压引起弹性膜片的变形，进而带动振弦引起振弦应力的变化，改变振弦的振动频率（当渗水压力增加时，传感器的输出频率降低）；电磁线圈激振振弦并测量其振动频率，频率信号经电缆传输至读数装置（采集仪），从而测出埋设点的水荷载压力值。监测断面上不同位置的渗压数据及其变化，反映出该断面的浸润线位置及其变化。

27.2.2.4　渗流量监测

通常采用量水堰方式对渗流量进行监测。量水堰设置在尾矿坝下游渗流水积水区域，由集水沟、堰板、量水堰计等组成，如图27-3所示。

量水堰计是渗流量的测量装置，图27-4是量水堰计的安装示意图。量水堰计采用磁

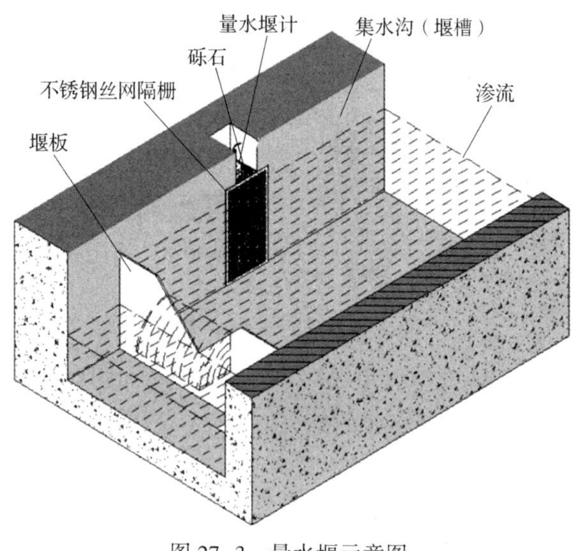

图 27-3 量水堰示意图

致伸缩液位计作为传感器，是基于磁致伸缩原理的新一代非接触式高精度液位测量传感器。传感器浮子在测杆上的位置随堰槽水位的变化而同步变化，通过二次仪表测得变化数据，从而计算出水位的变化量。

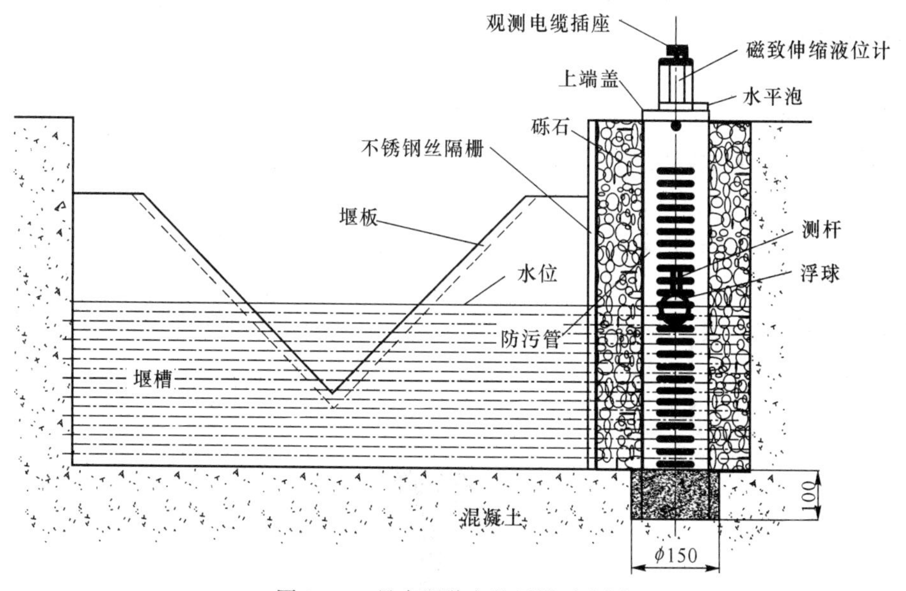

图 27-4 量水堰计安装埋设示意图

27.2.2.5 干滩监测

坝体干滩长度监测通常是通过测量干滩高程的方式实现。如图 27-5 所示，通过测量干滩监测点的高程（干滩高程测量通常采用超声波物位计、雷达物位计等），结合库水位高程和实测的干滩坡度，用数值拟合的方法推算出干滩长度。该技术成本低，操作简单，监测精度满足要求。

视频监测也是一种可用的方法，但在干滩较长、滩面走向弯曲、干滩面与水边线分界

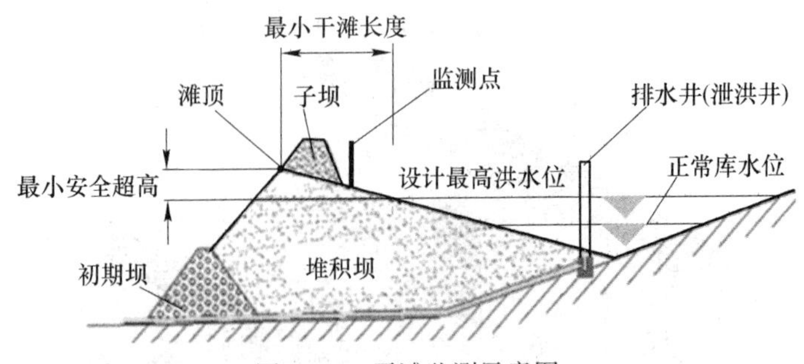

图 27-5　干滩监测示意图

不明显（即干滩较短、滩面较湿润）等情况下，监测精度难以满足要求，而且受能见度的影响。因此，视频监测可作为辅助手段使用。

27.2.2.6　库水位监测

库水位监测主要有非接触式测量和浸入式测量两种技术。非接触式测量主要采用超声波、雷达或激光液位计等非接触传感器，通过测量传感器和水面之间的距离计算水位。其优点是仪器稳定性好、技术成熟；缺点是受水面波动和雷电影响大，随着水位的升高，需要不断提高传感器安装位置。

浸入式测量采用压力传感器，通过测量水压计算水位。其优点是受水面波动及雷电影响小、后期维护量少；缺点是气压、温度等影响传感器的稳定性和精度。该技术成功应用的工程实例较少。

27.2.2.7　降雨量监测

目前国内外用于测量降雨量的仪器有容栅式雨量计、翻斗式雨量计、虹吸式雨量计、称重式雨量计等。应用较普遍的是容栅式雨量计，它通过容栅位移传感器检测降雨量，不仅传感器的分辨率高（为 0.01mm），而且采用上下电动阀控制进水和排水，在记录降水过程中雨量不流失，所以能够保证计量过程的准确性。容栅式雨量计采用数字化电路设计，不但计量精度高、操作方便、可靠性好，而且可以与数据采集器、服务器、显示器等连接成监测系统，实现监测数据的实时采集、显示和管理。图 27-6 为雨量计及降雨量监测系统示意图。

(a)

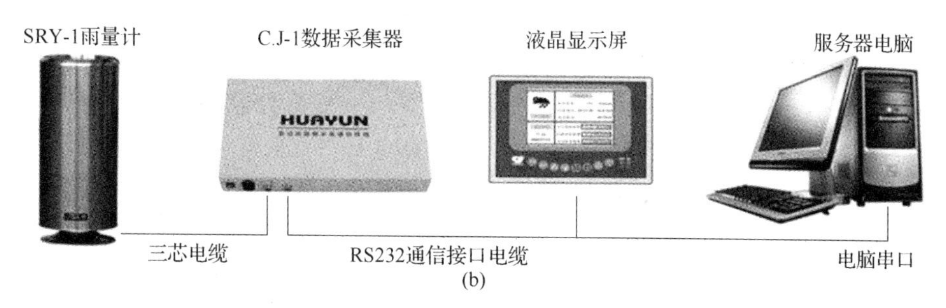

图 27-6　雨量计（a）及降雨量监测系统示意图（b）

27.2.2.8　视频监控

在尾矿库的排水隧洞进出口、排水井、初期坝、堆积坝、子坝等重要位置安装摄像头，对干滩情况、排水隧洞进出口情况、库岸滑坡情况、尾矿排放情况等进行实时监视。视频监控系统可实现视频图像的存储、预览、回放以及云台控制等，使管理人员能远程实时掌握各重要区域发生的情况。一旦事故发生，该系统可为事故处置的快速指挥决策提供可视化支撑，视频回放也是事后查明事故致因、提取证据的有效技术手段。

27.3　边坡监测

大型金属露天矿在开采过程中形成高达数百米的高陡边坡，其本身就不很稳固，爆破又使岩体的稳定性进一步降低。大面积边坡滑坡会危及人员和设备安全，严重影响生产。如果是山坡露天矿，滑坡在雨季还可能引发泥石流，危害更大。因此，对露天矿高陡边坡的稳定性进行监测十分必要。

目前国内外的露天边坡监测主要包括表面位移监测、内部位移监测和应力监测。基于监测数据、岩石力学特性实验数据、岩体构造测量数据、滑坡事故数据库等，应用智能岩石力学、数值计算和专家系统等方法，对边坡稳定状态进行分析评判，可大大提高对滑坡事故的预测预防水平，这也是监测系统智能性的主要体现。另外，在边坡重点部位（如高陡、软岩、裂隙发达、断层等部位）设置视频监控装置，也有助于某些边坡失稳预兆（如大块岩石剥落）的及时发现。

27.3.1　表面位移监测

常规表面位移监测技术（如全球卫星定位和智能全站仪）都可用于边坡表面位移的测量，且监测结果比较直观，可直接反映边坡的变形特征；但对典型位移监测点的布设要求较高，加之表面位移在边坡变形过程中具有迟滞性，常导致测量到的表面位移滞后于边坡破坏，不能有效发挥监测对边坡失稳的预测预报作用。三维激光扫描和雷达测量技术可以克服这一问题。

用于边坡表面位移测量的三维激光扫描设备，其主要特点是基于多次回波技术，能够消除植被的影响，实现露天矿边坡典型性表面位移场的监测。该监测手段的表面位移监测精度为6mm，测距为2km。可通过设置监测站，固定安装三维激光扫描设备，实现远程自动监测和预警。

表面位移监测雷达有合成孔径雷达和真实孔径雷达两种。合成孔径雷达是利用一个小天线沿着长线阵的轨迹等速移动并辐射相参信号，把在不同位置接收的回波进行相干处理，从而获得较高分辨率的成像雷达。合成孔径雷达的表面位移场监测的距离向精度为 0.1mm，测距为 4km，空间分辨率为 0.5m×4.3m@1km（像元大小）；但需要数字高程模型（digital elevation model，DEM），测量范围（扫描范围）有限，对测量对象扫描一次的时间为 5~10min。

真实孔径雷达是由一个实际天线在一个位置上接收同一地物回波信号的侧视雷达。要提高其方位分辨率，必须加大天线的孔径。真实孔径雷达的主要特点是无须数字高程模型，直接输出三维深度数据。其表面位移场监测的距离向精度为 0.7mm，测距为 2.5~3.5km，空间分辨率为（4.4m×4.4m@1km）~（10m×10m@1km），可实现大范围扫描。

27.3.2　应力监测

边坡应力监测主要是测量边坡岩体内不同部位以及地表的应力变化情况，反映变形强度。应力监测数据可与其他监测资料配合，用于分析和预测变形动态。传统的应力监测仪器有锚杆应力计、锚索应力计、钻孔应力计、土压力计、地应力测试仪等。

深部滑动力监测是目前较为先进有效的边坡应力监测方法，源于锚索应力监测。滑坡是主要在重力作用下产生的坡体变形，所以作用在天然滑坡体的基本力系主要由下滑力、抗滑力和滑体自身重力这三组力构成。通过在不可测的天然滑坡体力学系统中加入一个人为的扰动力，即高能量吸收锚索的锚固力（见图 27-7），使之变为一个可测的力学系统，便可建立起边坡深部滑动力力学模型，实现对深部滑动力的监测和分析。基于这一方法，还可研发滑坡灾害监测-加固-预警-防治一体化控制技术。

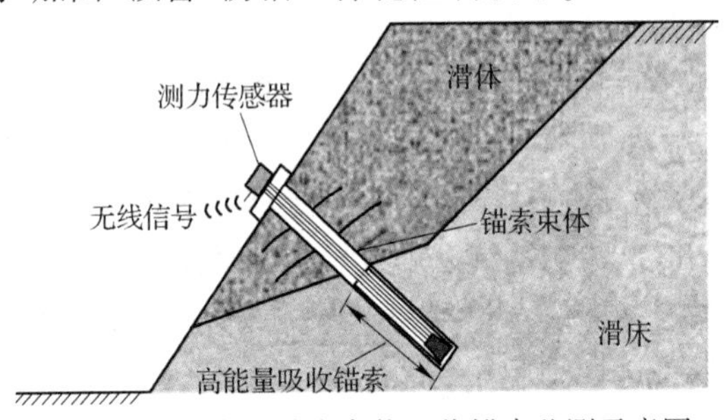

图 27-7　深部滑动力高能吸收锚索监测示意图

27.3.3　内部位移监测

通过钻孔测斜仪、TDR（time domain reflectometry，时域反射）等岩体深部位移测量仪器，能够监测岩体内部的位移，确定滑面位置。但当边坡产生较大错动后，监测设备就被剪断而失效，后期的滑坡位移数据无法获得。

TDR 测试中，采用同轴电缆作为传输具有一定能量的瞬时脉冲的传播介质，电脉冲信号在同轴电缆中传播的同时，能够反映同轴电缆的阻抗特性。当电缆发生变形时，它的特性阻抗也发生变化。当测试脉冲遇到电缆的特性阻抗变化时，就会产生反射波。对反射波信号的传播时间进行测量，就可以确定其传播时间和速度，由此可以推断出同轴电缆特性阻抗发生变化的位置。

在待监测的岩体或土体中钻孔，将同轴电缆放置于钻孔中，顶端与 TDR 测试仪相连，并以砂浆填充电缆与钻孔之间的空隙，以保证同轴电缆与岩体或土体的同步变形。岩体或土体的位移和变形使埋置于其中的同轴电缆产生剪切、拉伸变形，从而导致其局部特性阻抗的变化，电磁波将在这些阻抗变化区域发生反射和透射，并反映于 TDR 波形之中。通过对波形的分析，结合室内标定试验建立起的剪切和拉伸与 TDR 波形的量化关系，便可掌握岩体或土体的变形和位移状况。图 27-8 是深部位移 TDR 监测示意图。

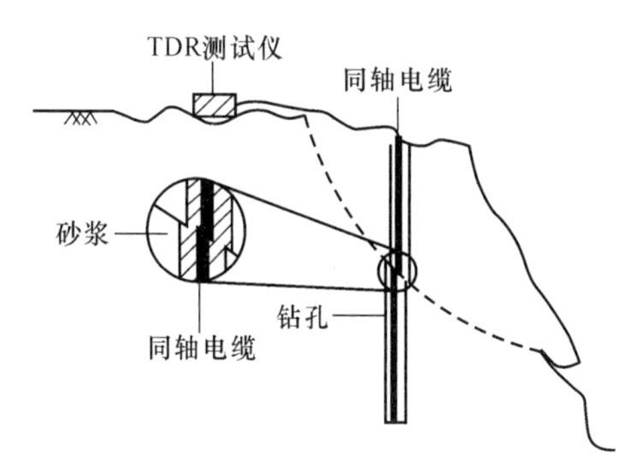

图 27-8　深部位移 TDR 监测示意图

27.4　井下人员定位

实现对井下人员的实时定位，对于保障井下人员的人身安全有重要作用。通过井下人员定位系统，可以实时掌握井下人员的活动轨迹，实行有效管理；井下人员可以及时上报出现的险情，实现对险情的及时处置；更重要的是在发生重大安全事故时，该系统是实施有效救援的有力支撑。

井下人员定位系统主要由人员定位基站、人员定位标识卡、服务器、网络传输设备以及定位管理软件和无线通信管理软件等组成，如图 27-9 所示。人员定位基站具有光交换机功能，基站和基站之间通过光缆连接，然后通过数据采集传输主站（分站）接入工业环网，实现井上井下数据无缝对接和信息实时调度。井下所有的人员定位基站通过其无线覆盖功能形成立体无线网络，当携带定位卡的人员通过井下任何一个人员定位基站时，基站与定位卡进行数据交换，并将信息通过网络上传到控制中心的计算机。系统通过检索人员信息数据库，查找出当前定位卡的具体信息（包括携带者身份信息、所在位置、当前时间等），并根据定位卡的实时数据进行人员定位和轨迹跟踪。人员定位数据被实时存储到管理数据库，管理人员可以通过软件平台对携卡人员的出入井时刻、重点区域出入时刻、工作时间、活动路线以及井下和重点区域人员数量等信息进行监测、查询、显示、打印和管理等，需要时可通过系统向井下人员发出指令或警报。

常用的人员定位技术有射频识别（RFID）技术、Zigbee 技术和 WiFi 技术。从目前的发展趋势看，WiFi 技术是发展方向。

（1）RFID 技术。在井下需要进行人员定位跟踪的区域和巷道中，安装 RFID 监控基站（也称为读卡器），给每一个下井人员佩戴矿用人员识别卡。识别卡不断发出 2.4G 无线电信号，由读卡器接收。识别卡发出的无线信号带有编码，而每个识别卡的编码是唯一

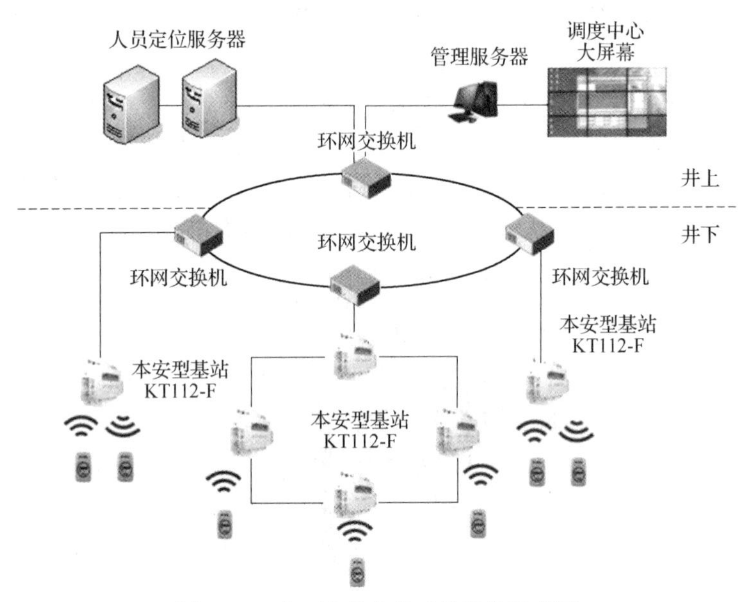

图 27-9　井下人员定位系统结构示意图

的。当佩卡人员经过读卡器附近时便被获知，从而实现对识别卡佩戴者的定位和身份识别。识别卡具有双向通信功能，不但能发送佩戴者的数据，还能接收来自上层软件的命令，进行单卡或多卡广播。当某个地方出现险情时，佩卡者可以通过操作识别卡按钮，将险情信号发送到监控中心；监控中心根据获取的险情信息立即采取相应的处理措施，同时通过读卡器给识别卡发送广播指令，通知相关人员避险或撤离。

(2) Zigbee 技术。Zigbee 是一种近距离、低复杂度、低速率的双向无线组网通信技术，主要应用于距离短、功耗低且传输速率要求不高的各种电子设备之间的数据传输，以及典型的周期性数据、间歇性数据和低反应时间数据的传输。在井下需要进行人员定位跟踪区域的巷道壁安装 Zigbee 无线定位基站，定位基站与人员定位卡通过无线方式进行数据交换，并将信息通过网络上传，系统利用接收到的不同基站场强信号来有效判别人员所在位置。该技术具有低功耗、低成本、低时延等特点，但信号传输受多径效应（指电磁波经不同路径传播后，各分量场到达接收端时间不同，按各自相位相互叠加而造成干扰，使得原来的信号失真或者产生错误）和移动的影响大。

(3) WiFi 技术。WiFi 是一种允许电子设备连接到一个无线局域网（WLAN）的技术。在井下需要进行人员定位跟踪的区域和巷道中，安装 WiFi 人员定位基站，当携带 WiFi 定位卡的人员通过任何一个人员定位基站时，基站与定位卡进行数据交换，并将信息通过网络上传，系统利用接收到的不同基站场强信号来有效判别人员所在位置，实现人员定位。该技术具有并发识别量大、不丢卡、不漏卡等优点。

27.5　安全培训与救援虚拟现实技术

对矿山员工进行安全培训，针对各种可能发生的安全事故进行应急救援演练，以及事故发生后实施科学有效的救援，对于保障员工的人身安全至关重要。虚拟现实和增强现实技术在这方面提供了有效、便捷的手段。

虚拟现实（virtual reality，VR）技术又称为灵境技术或虚拟仿真技术，始于20世纪90年代，是计算机图形学、仿真、传感、多媒体、人工智能等多种现代科技的创新性综合应用。所谓虚拟现实就是应用计算机技术生成的具有视觉、听觉、触觉的特定范围的逼真三维虚拟环境，用户可以借助数据头盔、数据手套等特定的设备，通过语言、动作等方式与虚拟环境进行实时交互，获得身临其境的感受。后来，在虚拟现实的基础上又发展出增强现实（augmented reality，AR）技术。AR将真实世界和虚拟世界的信息集成，把计算机生成的虚拟物体、场景或系统提示信息等叠加在真实场景中，实现对现实的“增强”，从而增强人对现实世界的感知和认识。

VR和AR技术如今已在许多领域得到广泛应用。在采矿工程方面的应用主要有：安全培训、应急演练与救援、事故模拟与分析、工艺过程仿真、技术培训与远程技术指导、井下环境增强、设备导航等。本节对VR和AR技术在矿山安全培训和应急演练与救援方面的应用作简要介绍。

需要指出的是，本节介绍的虚拟仿真安全培训与应急演练，虽然有很高的现实逼真度，但不应完全替代现场培训与演练。虚拟技术的作用是提高培训与演练的效率和效果，减少现场培训与演练次数，在取得良好培训与演练效果的同时，尽量降低现场培训与演练对正常生产的影响及可能带来的安全风险。

27.5.1 安全培训

矿山有大量的安全培训。一般讲座式培训与实际的结合度低，效果有限，无法做到即学即用，也会耗费教导人员的时间和精力；大量的现场培训则危险系数高。应用VR技术对矿山员工进行虚拟仿真安全培训，具有逼真、快速、重复性强、不受时空环境限制和安全性高等优点。通过VR系统，学员可以快速熟悉矿山各个系统的布置，掌握安全知识和技能；系统的灾害模拟、自助逃生模拟等功能可以有效提高学员的应急处置和自救能力。虚拟环境的逼真以及培训中人与环境之间的交互，使培训内容和过程紧贴实际，从而大幅提升培训效果。

应用VR技术建立起一个逼真的虚拟矿山环境后，学员通过与系统的人机交互在虚拟矿山环境里漫游，身临其境般地看到井筒、车场、大巷、联络巷、风巷、工作面、设备、设施等实景，获得对矿山生产环境的深刻感性认识。在漫游过程中，系统对各个部位的相关作业规程和安全知识作提示或讲解，实现安全知识学习与实际场景的紧密结合，可以大大提高安全知识的学习效率和实用性。在巷道漫游时，也可开启安全问答模块，依据不同部位的安全规程和实际案例，从题库中选择若干相应的问题进行提问，将学员的回答结果记录在数据库中供学员自己和管理人员查询，也可通过这种方式对学员进行考核。

应用VR技术可以在矿山不同部位预先构建该部位可能发生的事故灾害的虚拟情景（称为虚拟事故）。在漫游的过程中，系统触发虚拟事故，学员通过人机交互进行应急处置或自救。这种训练犹如学员亲身经历了事故一样，能够有效提高其在不同事故发生时的应急处置和自救能力。通过虚拟事故，也可对救援人员的应急救援能力实施培训。

27.5.2　应急演练与救援

矿山事故具有突发性、连锁性、扩展性、复杂性等特点。大量事实证明，针对各类事故进行应急救援预案演练，可以在事故发生时提高各级应急救援人员的救援熟练度和应急反应能力，强化各部门之间的配合，有效减少事故造成的人员伤亡和财产损失。通过演练还可以发现应急救援预案的不足，对预案进行不断完善。

一般的应急演练通常需要各个部门的停工配合，花费大、效率低、安全性差且重复率高，很难在灾害来临时起到理想的作用。应用 VR 和 AR 技术可以克服这样的缺点。计算机可以对真实灾害环境下的救援组织指挥、事故现场处置等进行模拟，具有成本低、效率高、安全性好、不受时空环境限制等优点。

应用 VR 技术进行应急救援演练，可以通过数据库中的典型安全事故案例，情景再现每个危险征兆出现的重要节点，动态展示事故的发展过程，分析事故原因，并给出正确的处理方法，以此增强救援人员对多场景、多类型事故的发生及其处置方法的深入了解。VR 系统可以针对顶板冒落、爆炸、火灾、涌水、触电等主要事故，按照相应的应急救援预案对救援全过程进行三维虚拟现实演示，供救援队员及相关人员学习，增强他们执行应急救援预案的能力。救援人员可通过人机交互的自主操作进行各项应急救援练习，如灾区侦察、遇险人员抢救、灾区恢复等。图 27-10 所示为触电事故紧急救援的虚拟现实场景。若进入考试模式，系统会自动记录救援人员在应急救援模拟中的操作情况，自动评分，以此对救援人员进行考核考试。

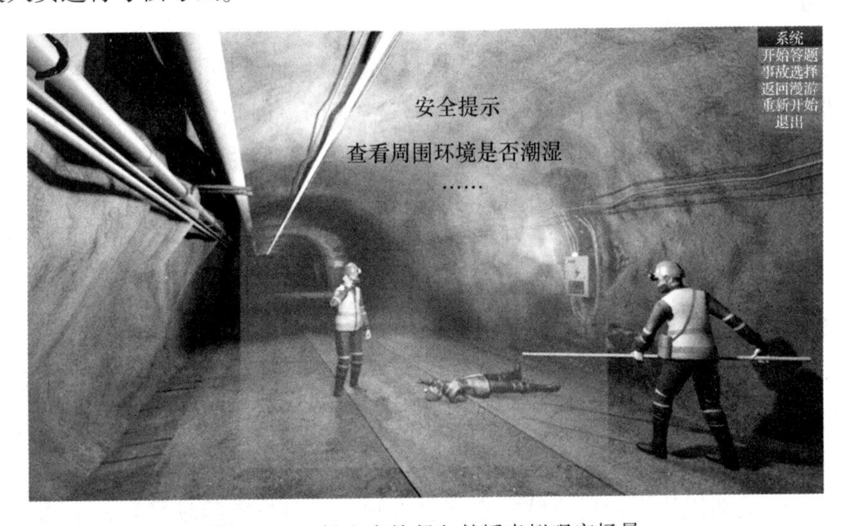

图 27-10　触电事故紧急救援虚拟现实场景

AR 技术也可在应急演练中发挥作用。将虚拟世界信息与真实世界信息重叠，进行实景演练，可以增强救援人员对事故现场的感知，从而提高其临场应变能力，提升演练效果。

AR 技术在事故发生后的实际应急救援中，也能发挥巨大的作用。首先，在事故发生时，现场各类智能采集、传感、感知设备可将事故实况远程传输到应急指挥中心，增强现实借助主动 3D 成像技术还原现场，辅助救援专家根据立体场景布局现场救援工作，并对现场传回的图像进行跟踪，实时下达救援命令。其次，为救援队伍配备 AR 眼镜和头盔，可以使救援队员实时获得现场的精确信息，为他们选择最佳的行动方案提供信息支持。最后，通过救援现场中队员佩戴的 AR 手套、头盔等设备的数据采集功能，指挥中心可以实时得到受力、温度等数据，队员之间的联系也可以更加紧密，为救援的科学实施提供支持。

参考文献

[1] 解世俊．金属矿床地下开采［M］．北京：冶金工业出版社，1986.
[2] 采矿手册编辑委员会．采矿手册［M］．北京：冶金工业出版社，1990.
[3] 解世俊．矿床地下开采理论与实践［M］．北京：冶金工业出版社，1990.
[4] 何正忠．我国地下金属矿山采场装运设备的应用现状及发展建议［C］//采矿技术进展评述论文集 1986~1990.
[5] 张永惠，等．国内外金属矿山自动化现状及其发展［C］//采矿技术进展评述论文集 1986~1990.
[6] 徐基磐．露天矿穿孔设备述评［C］//采矿技术进展评述论文集 1986~1990.
[7] 戴克俭．有色金属矿山采矿技术发展水平［C］//采矿技术进展评述论文集 1986~1990.
[8] 李运堤．露天矿开采设备［C］//采矿技术进展评述论文集 1986~1990.
[9] Woof M. 矿山自动化的发展现状［J］．马驰德，李显靖，译．国外金属矿山，1999(5)：41~44.
[10] 张雷．中国矿产资源开发与区域发展［M］．北京：海洋出版社，1997.
[11] 赵瑞荣．中国铁矿石需求预测与资源配置优化研究［D］．沈阳：东北大学，1999.
[12] 黄勇．信息技术在露天采矿业中的应用［J］．黄金科学技术，1999，7(4)：74~77，81.
[13] 丁喆，刘廷安，译．卡特彼勒公司推出 327t 797 型最大型矿用自卸汽车［J］．国外金属矿山，1999(5)．
[14] Hendrickson D W，等．克利夫兰——克利夫斯铁矿公司工艺过程自动化的改进［J］．马驰德，李显靖，译．国外金属矿山，1999，24(4)：21~26.
[15] Kholman P. 提高采矿工业生产效率的趋势［J］．周叔良，译．国外金属矿山，1996，21(11)：11~14.
[16] 王青，马沂夫．计算机应用与优化开采——矿业可持续发展的微观技术支柱［J］．世界采矿快报，1997，13(8)：3~4.
[17] Mineral Commodity Summary，1998，1997，1996，U. S. Geological Survey and Bureau of Mines.
[18] Hustrulid, ed. Underground mining methods handbook，Society of Mining Engineers of the American Institute of Mining，Metallurgy and Petroleum Engineers，Inc.（SME-AIME）New York，1982.
[19] 周昌达．井巷工程［M］．北京：冶金工业出版社，1979.
[20] 陶颂霖．爆破工程［M］．北京：冶金工业出版社，1979.
[21] 陶颂霖．凿岩爆破［M］．北京：冶金工业出版社，1986.
[22] 林德余．矿山爆破工程［M］．北京：冶金工业出版社，1993.
[23] 李文全．爆破原理及应用［M］．大连：大连出版社，1997.
[24] 张守中．爆炸基本原理［M］．北京：国防工业出版社，1988.
[25] 钮强．岩石爆破机理［M］．沈阳：东北大学出版社，1990.
[26] 王文龙．钻眼爆破［M］．北京：煤炭工业出版社，1984.
[27] 秦明武．控制爆破［M］．北京：冶金工业出版社，1993.
[28] 王明林．凿岩爆破［M］．沈阳：东北大学出版社，1990.
[29] 刘同有，金铭良．中国镍钴矿山现代化开采技术［M］．北京：冶金工业出版社，1995.
[30] 任凤玉．随机介质放矿理论及其应用［M］．北京：冶金工业出版社，1994.
[31] 刘兴国．放矿理论基础［M］．北京：冶金工业出版社，1986.
[32] 王家齐，施永禄．空场采矿法［M］．北京：冶金工业出版社，1988.
[33] 辛洪波．冶金矿山准采矿体采矿技术［M］．北京：冶金工业出版社，1994.
[34] 焦玉书．金属矿山露天开采［M］．北京：冶金工业出版社，1989.
[35] 中国矿业学院．露天采矿手册［M］．北京：煤矿工业出版社，1985.

[36] 李宝祥，等．金属矿床露天开采［M］．北京：冶金工业出版社，1992.

[37] 牛成俊．现代露天开采理论与实践［M］．北京：科学出版社，1990.

[38] 钟良俊，王荣群．露天矿设备选型配套计算［M］．北京：冶金工业出版社，1988.

[39] 张玉清．矿山技术经济学［M］．北京：冶金工业出版社，1987.

[40] Hustrulid W，Kuchta M. Open pit mine planning and design[M]．Balkem，Rotterdam，1995.

[41] Hughes W E，Davey R K. Drill hole interpolation：mineralized interpolation techniques[M]．In：Open pit planning and design(Crawford and Hustrulid ed.)，1979.

[42] Rendu J M. An Introduction to geostatistical method of mineral evaluation[M]．South African Institute of Mining and Metallurgy，Johannesburg，1981.

[43] Journel A G. Arik A. Dealing with outlier high grade data in precious metal deposit［M］．computer application in the mineral industry，Fytas，et. al(ed.)，1988.

[44] Royle A G. Estimating small blocks of ore，how to do it with confidence[J]．World Mining，1979(4)．

[45] Armstrong M. Champigny N. A study on kriging small blocks[J]．CIM Bulletin，1989(82)．

[46] David M. Grade-tonnage curve：use and misuse in ore-reserve estimation［J］．Transactions of the institution of mining and metallurgy(IMM)，London，1972(7)．

[47] Lerchs H，Grossmann I F. Optimum design of open pit mines[J]．CIM Bulletin，1965(1)．

[48] Korobov S. Method for determining optimum open pit limits[J]．Report Technique ED 74-R-4，1974.

[49] Lemieux M. Moving cone optimization algorithm[J]．Computer methods for the 80's in the mineral industry，1979.

[50] Dowd P A，Onur A H. Open-pit optimization-part1：optimal open-pit design［J］．Transactions of the Institution of Mining and Metallurgy，1993(102)．

[51] Koenigsberg，E. The optimum contours of an open pit mine：An application of dynamic programming[J]．Proceedings，APCOM，1982.

[52] Wright E A. The use of dynamic programming for open pit mine design：Some practical implication[J]．Mining Science and Technology，1987(4)．

[53] Johnson T B. Optimum open pit mine production scheduling，A decade of digital computing in the mining industry，SME-AIME，1969.

[54] Yegulalp T M，et al. New development in ultimate pit limit problem solution methods［J］．Transactions，SME，1993(294)．

[55] Zhao Y，Kim Y C. A new graph theory algorithm for optimal pit design［J］．Transactions，SME，1991(290)．

[56] Wang Q，Sevim H. Alternative to parameterization in fining a series of maximum-metal pits for production planning[J]．Mining Engineering，1995(2)．

[57] Wang Q，Sevim H. Open pit production planning through pit-generation and pit-sequencing［J］．Transaction，SME，1993(294)．

[58] Collier C A，Ledbetter W B. Engineering economics and cost analysis，2nd ed［M］．Harper & Row，Publishers，New York，1988.

[59] Vogely W A，ed. Economics of the mineral industries，4th ed[M]．AIME，New York，1985.

[60] Lane K F. Choosing the optimum cutoff grade[J]．Quarterly of the Colorado School Mines，1964(59)．

[61] Lane K F. Commercial aspects of choosing cutoff grades[C]// Proceedings，16th International Symposium on Application of Computers and Operations Research in the Mineral Industry(APCOM)，1979.

[62] Koskiniemi B C. Hand methods，In：．Open pit mine planning and design(Crawford and Hustrulid ed.)，SME-AIME，1979.

[63] Crawford J T. Open pit limit analyses —— some observations on its use, 16th APCOM, 1979 .
[64] Kennedy B A, et al. Surface mining, 2th ed[M] . AIME, Littleton Colorado, 1990.
[65] 孙庆业，蓝崇钰，廖文波 . 尾矿植被法治理初探［J］. 国土与自然资源研究，1999(3)：58~60.
[66] 王宏镔，文传浩，谭晓勇，等 . 云南会泽铅锌矿矿渣废弃地植被重建初探［J］. 云南环境科学，1998，17(2)：43~46.
[67] 马彦卿 . 矿山土地复垦与生态恢复［J］. 有色金属，1999，51(3)：24~29.
[68] 马彦卿 . 微生物复垦技术在矿区生态重建中的应用［J］. 采矿技术，2001，1(2)：66~68.
[69] 张军英，席荣 . 金川镍尾矿库复垦的限制因子及植物适应性［J］. 甘肃冶金，2007，29(4)：92~95.
[70] 许乃政，陶于祥，高南华 . 金属矿山环境污染及整治对策［J］. 火山地质与矿产，2001，22(1)：63~69.
[71] 胡振琪，凌海明 . 金属矿山污染土地修复技术及实例研究［J］. 金属矿山，2003(6)：53~56.
[72] 张发旺，韩占涛，侯新伟 . 矿区地表破坏的土地资源利用研究［J］. 地理学与国土研究，2002，18(4)：51~53.
[73] 马立宏 . 潞安矿区土地破坏预测及复垦适宜性评价［D］. 北京：中国农业大学，2004.
[74] 李小虎 . 大型金属矿山环境污染及防治研究——以甘肃金川和白银为例［D］. 兰州：兰州大学，2007.
[75] 宋书巧 . 矿山开发的环境响应与资源环境一体化研究——以广西刁江流域为例［D］. 广州：中山大学，2004.
[76] 李国强，蒋雷，李荣，等 . 露天矿复垦技术措施［J］. 内蒙古水利，2007(1)：55~57.
[77] 杨才敏，卫元太，曲继宗 . 篦子沟矿尾矿库复垦的经济效益研究［J］. 山西水土保持科技，2000(1)：10~13.
[78] 周连碧，代宏文，吴亚君，等 . 胡家峪铜矿尾矿库复垦农作物种植研究［J］. 采矿技术，2002，2(2)：54~56.
[79] 王中生 . 吉林镍业公司尾矿库复垦治理技术初探［J］. 有色矿冶，2001，17(2)：37~40.
[80] 饶绮麟，张立诚，代宏文 . 可持续发展的矿业生态技术范例——尾矿库复垦与污染防治技术［J］. 中国土地科学，2000，14(4)：13~14.
[81] 李杰颖，韩放，梁成华，等 . 浅谈矿区土地的生态复垦［J］. 采矿技术，2009，9(3)：75~76.
[82] 靳东升，张强，聂督 . 山西省工矿区土地破坏调查研究［J］. 山西农业科学，2008，36(11)：18~22.
[83] 颜世强，姚华军，胡小平 . 我国矿业破坏土地复垦问题及对策［J］. 中国矿业，2008，17(3)：35~37.
[84] 谭辉，钟铁，何孝磊，等 . 冶金矿山废弃地生物恢复植物优选试验研究［J］. 金属矿山，2010(3)：145~147.
[85] 胡振琪，等 . 土地复垦与生态重建［M］. 徐州：中国矿业大学出版社，2008.
[86] Ewing B, Reed A, Galli A, et al. 2010. Calculation Methodology for the National Footprint Accounts, 2010 Edition. Oakland: Global Footprint Network.
[87] 赵同谦，欧阳志云，郑华，等 . 中国森林生态系统服务功能及其价值评价［J］. 自然资源学报，2004，19(4)：480~491.
[88] 葛继稳，蔡庆华，刘建康 . 水域生态系统中生物多样性经济价值评估的一个新方法［J］. 水生生物学报 . 2006，30(1)：126~128.
[89] 张颖 . 中国林地价值评价研究综述［J］. 林业经济，1997(1)：69~74.
[90] 蔡细平，郑四渭，姬亚岚，等 . 生态公益林项目评价中的林地资源经济价值核算［J］. 北京林业

大学学报，2004，26(4)：76~80.
[91] 谢高地，张钇锂，鲁春霞，等．中国自然草地生态系统服务价值［J］．自然资源学报，2001，16(1)：47~53.
[92] 于格，鲁春霞，谢高地．草地生态系统服务功能的研究进展［J］．资源科学，2005，27(6)：172~179.
[93] 赵同谦，欧阳志云，贾良清，等．中国草地生态系统服务功能间接价值评价［J］．生态学报，2004，24(6)：1101~1110.
[94] 柳碧晗，郭继勋．吉林省西部草地生态系统服务价值评估［J］．中国草地，2005，27(1)：12~16.
[95] 刘起．中国草地资源生态经济价值的探讨［J］．四川草原，1999(4)：1~4.
[96] 闵庆文，刘寿东，杨霞．内蒙古典型草原生态系统服务功能价值评估研究［J］．草地学报，2004，12(3)：165~169.
[97] Stephen C Farber, Robert Costanza, Matthew A Wilson. Economic and ecological concepts for valuing ecosystem services[J]. Ecological Economics, 2002, 41: 375~392.
[98] 张宏武．我国的能源消费和二氧化碳排出［J］．山西师范大学学报（自然科学版），2001，15(4)：64~69.
[99] 蔡美峰．岩石力学与工程［M］．北京：科学出版社，2002.
[100] 李夕兵．凿岩爆破工程［M］．长沙：中南大学出版社，2015.
[101] 徐小荷．岩石凿碎比功的可钻性分级［J］．探矿工程，1981(5)：46~49.
[102] Intergovernmental Panel on Climate Change(IPCC). 2013. Climate Change 2013: The Physical Science Basis[M]. Cambridge University Press, New York. Chapter 8, Anthropogenic and Natural Radiative Forcing: 659~740.
[103] 刘洋. 2019. 基于块体模型的金属矿山温室气体排放核算模型及其应用［D］．沈阳：东北大学.
[104] 中国生态环境部，2018. 2017年度减排项目中国区域电网基准线排放因子. www. huanjing100. com.
[105] 高井祥，吴立新，吕亚军．矿山测量新技术［M］．徐州：中国矿业大学出版社，2007.
[106] 孙雪梅．数字测量技术［M］．郑州：黄河水利出版社，2012.
[107] 杜玉柱. GNSS测量技术［M］．武汉：武汉大学出版社，2013.
[108] 麻金继，梁栋栋．三维测绘新技术［M］．北京：科学出版社，2018.
[109] 谢宏全，韩友美，陆波，等．激光雷达测绘技术与应用［M］．武汉：武汉大学出版社，2018.
[110] 廖建尚．物联网长距离无线通信技术应用与开发［M］．北京：电子工业出版社，2019.
[111] 胡瑛. Zigbee无线通信技术应用开发［M］．北京：电子工业出版社，2020.
[112] 赛迪顾问，物联网产业研究中心，新浪5G频道．"新基建"之中国卫星互联网产业发展研究白皮书［R］，2020.
[113] IEEE P802. 11axTM/D3. 0 Draft Stardard for Information technology-Telecommunciations and information exchange between systems Local and metropolitan area networks-Specific requirements, 2018.
[114] 杨波．大话通信［M］．第2版．北京：人民邮电出版社，2019.
[115] 战凯．地下遥控铲运机遥控技术和精确定位技术研究［J］．有色金属，2009，61(1)：107~112.
[116] 战凯．我国地下矿山无轨采矿设备现状及发展动态［J］．世界有色金属，2004(6)：20~25.
[117] 高梦熊．采矿信息技术的现状与发展［J］．矿山机械，2006，34(2)：37~44.
[118] 石峰，战凯，顾洪枢，等．地下铲运机跟踪轨迹推算模型研究［J］．有色金属（矿山部分），2010，62(6)：66~69.
[119] 陈盟．地下铲运机自主导航研究现状及发展趋势［J］．中国安全科学学报，2013，23(3)：130~134.

[120] Woof Mike. Underground Haulage [J]. World Mining Equipment, 2004(10): 8~9.

[121] Woof Mike. Technology for underground loading and hauling systems offers exciting prospects [J]. E&MJ, 2005(4): 32~33.

[122] HARAS, ANZAID, YABUT, et al. A perturbation Analysis on the Performance of TOA and TDOA Localization in Mixed LOS/NLOS Environments [J]. IEEE Transactions on Communications, 2013, 61(2): 679~689.

[123] 梁久祯. 无线定位系统 [M]. 北京：电子工业出版社，2013.

[124] 李鑫. 电子地图在车载导航系统中应用的研究 [D]. 长沙：湖南大学，2006.

[125] 黄智. 车载导航系统组合定位技术研究 [D]. 长沙：湖南大学，2006.

[126] 石峰，等. 典型路径下的地下铲运机行驶轨迹分析 [J]. 矿冶，2009，18(2)：67~70.

[127] 石峰，顾洪枢，战凯，等. 地下无轨车辆自主导航控制器的研究 [J]. 矿冶，2010，19(4)：79~87.

[128] 高梦熊，甘育林，赵金元. 地下装载机自动化技术的发展 [J]. 采矿技术，2006，6(3)：429~436.

[129] 高梦熊. 浅谈地下装载机、地下汽车自动化技术的发展（一）[J]. 现代矿业，2009，25(12)：1~6.

[130] 刘荣，李事捷，卢才武. 我国金属矿山采矿技术进展及趋势综述 [J]. 金属矿山，2007(10)：14~17.

[131] 张要贺. 基于 PLC 的全液压牙轮钻机智能钻进控制系统研究 [D]. 长沙：长沙矿山研究院，2011.

[132] 于世杰，张洪宇，李万涛，等. 研山露天铁矿牙轮钻机技经指标的研究与应用 [J]. 现代矿业，2021，37(1)：173~175，200.

[133] 王长春. 牙轮钻机液压控制系统研究 [D]. 沈阳：东北大学，2012.

[134] 李艳萍. 露天潜孔钻机工作参数采集系统设计 [J]. 露天采矿技术，2016，31(11)：57~59，62.

[135] 林伊，杨浩基. 新型一体化露天潜孔钻机在露天矿山的应用 [J]. 煤矿现代化. 2008(5)：56~57.

[136] 史建. 露天潜孔钻机钻孔自动定位研究 [D]. 长沙：中南大学，2014.

[137] 赵宏强，林宏武，陈欠根，等. 国内外液压潜孔钻机发展概况 [J]. 工程机械与维修，2006(4)：72~73.

[138] 张青成. 深部巷道智能化钻爆技术研究与应用 [J]. 采矿技术，2021，21(1)：40~43.

[139] 刘旭，金枫，吕潇，等. 基于无线通信技术的 1354 凿岩台车远程遥控技术研究 [J]. 中国矿业，2018，27(7)：168~170.

[140] 蒋先尧，胡国斌，李延龙，等. 智能凿岩台车在谦比希铜矿的应用 [J]. 黄金，2018，39(2)：43~48.

[141] 孙达仑，李万鹏. 智能中深孔全液压凿岩台车 CAN 总线控制系统 [J]. 矿业研究与开发，2016，36(9)：69~71.

[142] 冯夏庭，刁心宏，王泳嘉. 21 世纪的采矿—智能采矿 [A]. 中国黄金学会、中国金属学会、中国有色金属学会. 第六届全国采矿学术会议论文集 [C]. 中国黄金学会、中国金属学会、中国有色金属学会、中国矿业协会，1999：3.

[143] 李鑫，查正清. 分体式井下乳化炸药现场混装车的设计与应用 [J]. 工程爆破，2012，18(2)：86~88.

[144] 汪旭光，李国仲. BGRIMM 乳化炸药技术新进展 [J]. 矿业工程，2003，1(1)：10~15.

[145] 田丰，查正清．装药车送管器负荷传感调速液压系统设计研究［J］．有色金属(矿山部分)，2014，66(1)：36~38.
[146] 李鑫，查正清，臧怀壮，等．地下矿智能乳化炸药混装车的研制［J］．有色金属（矿山部分），2015，67(增刊)：50~55.
[147] 李运华，范茹军，杨丽曼，等．智能化挖掘机的研究现状与发展趋势［J］．机械工程学报，2020，56(13)：165~178.
[148] 蔡文．电动挖掘机发展展望［J］．装备制造技术，2019(3)：132~134，150.
[149] 王志明，王雷振．智能化挖掘机感知技术［J］．汽车博览，2021(15)：44~45.
[150] 王富民，贺昌斌．露天矿卡车无人驾驶技术的现状与展望［J］．露天采矿技术，2021，36(3)：45~47.
[151] 牟均发．露天矿山宽体自卸车无人运输应用探索［J］．重型汽车，2020(6)：44~45.
[152] 赵浩，毛开江，曲业明，等．我国露天煤矿无人驾驶及新能源卡车发展现状与关键技术［J］．中国煤炭，2021，47(4)：45~50.
[153] 丁震，孟峰．矿用无人卡车国内外研究现状及关键技术［J］．中国煤炭，2020，46(2)：42~49.
[154] 孙庆山，张磊，庞东君，等．矿用卡车无人驾驶系统实现方式及效益优势分析［J］．露天采矿技术，2020，35(2)：35~38.
[155] 李庆玲，张慧祥，赵旭阳，等．露天矿无人驾驶自卸卡车发展综述［J］．煤炭工程，2021，53(2)：29~34.
[156] 闫凌，黄佳德．矿用卡车无人驾驶系统研究［J］．工矿自动化，2021，47(4)：19~29.
[157] 王本金，王山东，尹力，等．露天采场无人驾驶矿车试运行［J］．现代矿业，2021，37(6)：159~161.
[158] 国家能源集团．无人驾驶矿用卡车助力智慧矿山建设［J］．中国机电工业，2020(9)：66~67.
[159] 马飞，杨皞屾，顾青，等．基于改进 A* 算法的地下无人铲运机导航路径规划［J］．农业机械学报，2015，46(7)：303~309.
[160] 杨洋．地下矿山铲运机无人驾驶技术发展及应用［J］．现代矿业，2018(10)：73~77.
[161] 李建国，战凯，石峰，等．基于最优轨迹跟踪的地下铲运机无人驾驶技术［J］．农业机械学报，2015，46(12)：323~328.
[162] 战凯，余乐文，张达，等．地下无轨采矿装备智能避障技术和方法研究［J］．黄金，2020，41(9)：77~80.
[163] 姜丹，王李管．地下铲运机自主铲装技术现状及发展趋势［J］．黄金科学技术，2021，29(1)：35~42.
[164] 李恒通，郭鑫，李建国，等．地下铲运机静态自动称重技术研究［J］．矿业研究与开发，2015，35(11)：85~88.
[165] 杨清平，赵兴宽，吴国珉，等．铲运机自动化出矿技术及其应用前景［J］．采矿技术，2016，16(6)：21~25.
[166] 饶绮麟，高孟雄．无轨采矿技术与无轨设备的新发展［J］．矿业装备，2012(4)：36~41.
[167] 陆宇超，张君鹏，于涛．无人化智能装备在大尹格庄金矿的应用［J］．有色设备，2021，35(4)：15~20，38.
[168] 高梦熊．国外地下汽车的现状与发展（续)［J］．现代矿业，2014(3)：前插 4~前插 7.
[169] 王步康，金江，袁晓明．矿用电动无轨运输车辆发展现状与关键技术［J］．煤炭科学技术，2015，43(1)：74~76.
[170] 朱炳先，张朋飞．地面无人车辆及关键技术研究进展［J］．山西大同大学学报（自然科学版），2017(1)．

[171] 付相华，曹宇．浅析液压正铲挖掘机国内外发展现状［J］．矿业装备，2016(11)：34~37.
[172] 尉建龙，王柏强．浅谈液压铲的现状和技术发展趋势［J］．机械工程与自动化，2014(6)：218~220.
[173] 马羚，王艳莹，柴育鹏．浅谈液压挖掘机智能控制技术［J］．建筑工程技术与设，2019(14)：242.
[174] 韩苇．大型液压挖掘机发展概况［J］．建设机械技术与管理，2013(4)：33~37.
[175] 于骞翔，张元生．井下电机车轨道障碍物图像处理方法的智能识别技术［J］．金属矿山，2021(8)：150~157.
[176] 王京华，王李管，毕林．基于计算机视觉技术的矿井电机车无人驾驶障碍物检测技术［J/OL］．黄金科学技术：2021，3(4)：1~13.
[177] 冯迭腾．一种矿山有轨电机车无人自动驾驶系统［J］．采矿技术，2019，19(2)：114~117.
[178] 吴超．井下电机车地面远程遥控系统研究与应用［J］．矿业装备，2016(7)：46~51.
[179] 韩江洪，卫星，陆阳，等．煤矿井下机车无人驾驶系统关键技术［J］．煤炭学报，2020，45(6)：2104~2115.
[180] 袁猛猛．基于 RFID 的井下机车定位监控系统研究［D］．合肥：合肥工业大学，2013.
[181] 王壬，谢昭莉，张德全．基于图像识别的井下机车轨道检测方法［J］．计算机工程，2012，38(14)：147~149.
[182] 施跃新．基于 DCS 控制技术的充填自动化系统设计［J］．采矿技术，2021，21(1)：150~154.
[183] 张艳鹏．矿山井下通风自动化改造应用研究［J］．当代化工研究，2020(24)：72~73.
[184] 黄建东，李有邦，边振伟，等．自动化技术在矿山提升机中的应用［J］．集成电路应用，2020，37(12)：154~155.
[185] 张东永，孙越．自动化技术在矿山多台提升机远程集控系统中的应用［J］．采矿技术，2020，20(6)：63~66.
[186] 郭加仁，齐兆军，寇云鹏，等．基于 FCS 总线技术膏体充填控制系统设计［J］．矿业研究与开发，2020，40(5)：154~158.
[187] 冯飞年．阿舍勒矿井自动化技术应用要点［J］．世界有色金属，2020(7)：40~41.
[188] 李天杰．金矿通风中自动化技术的应用［J］．世界有色金属，2020(6)：35~36.
[189] 周洪海，徐尚宏，刘坤，等．电气工程自动化技术在矿山工程中的应用研究［J］．世界有色金属，2020(3)：26，28.
[190] 周强，于先坤．冬瓜山铜矿充填技术的发展与应用实践［J］．现代矿业，2019，35(8)：76~79.
[191] 李岩松．矿山提升机自动化控制趋势［J］．设备管理与维修，2019(14)：156~157.
[192] 吕世武，史采星．阿舍勒铜矿充填自动化控制系统应用［J］．中国矿业，2018，27(S1)：226~231.
[193] 王越顶．自动化控制在矿山提升机中的应用［J］．电子技术与软件工程，2017(18)：133~134.
[194] 扈彦平．单片机在矿山电气自动化控制技术中的运用［J］．新疆有色金属，2017，40(4)：96~97.
[195] 卢新明．矿井通风智能化技术研究现状与发展方向［J］．煤炭科学技术，2016，44(7)：47~52.
[196] 杨小聪，袁子清，周汉民，等．尾矿库安全自动化监测系统在铜矿峪矿尾矿库的应用［C］．金属矿山，第三届尾矿库安全运行技术高峰论坛论文集，2010(4)：70~72.
[197] 周汉民．尾矿库建设与安全管理技术［M］．北京：化学工业出版社，2012.
[198] 中华人民共和国住房和城乡建设部公告第 811 号．尾矿库在线安全监测系统工程技术规范（GB 51108—2015）[S]，2016.
[199] 秦秀山，张达，曹辉．露天采场高陡边坡监测技术研究现状与发展趋势［J］．中国矿业，2017，

26(3)：107~111.

[200] 吴聪．探究虚拟现实技术在煤矿安全培训中的应用［J］．科技创新与应用，2021，11(21)：182~184.

[201] 肖安南，张蔚翔，朱宏，等．基于虚拟现实技术的电力消防安全培训系统研究［J］．信息技术，2021(6)：154~159.

[202] 刘晓丹，张东旭，赵英君，等．基于虚拟仿真技术开发的安全培训演练系统［J］．煤矿机电，2021，42(3)：60~63.

[203] 孟龙．虚拟现实技术在矿井灾害防治演练中的应用［J］．现代信息科技，2021，5(8)：108~111.

[204] 黄小燕，王永松．VR 技术在矿山安全培训中的应用［J］．现代矿业，2020，36(1)：207~208.

[205] 谢嘉成，王学文，李祥，等．虚拟现实技术在煤矿领域的研究现状及展望［J］．煤炭科学技术，2019，47(3)：53~59.

[206] 黄仁东，吴同刚．非煤矿山虚拟现实安全培训系统的研究与构建［J］．中国安全生产科学技术，2017，13(8)：36~41.